作者簡介｜
伊恩・漢菲爾 Ian Hemphill

　　伊恩是土生土長的澳洲人，從事與香料相關產業已經超過 50 年。身為澳洲諸多植物應用先驅——約翰與露絲瑪麗・漢菲爾（John and Rosemary Hemphill）之子，從小就在香草與香料環繞中長大。

　　現今澳洲頂尖的香料公司——香草家香料公司（Herbie's Spices）正是由他經營管理的，歡迎拜訪他的網站：

www.herbies.com.au

www.herbiesspicesusa.com

凱特・漢菲爾 Kate Hemphill

　　凱特從父母和祖父母那兒學習到了與香草香料相關的全方位深入知識。她是一位經驗豐富的主廚，擔任家政師、食物造型師、食譜作家與廚藝課老師的工作，同時也是香草屋香料公司（Herbie' s Spices）的英國代表。

譯者簡介｜
陳芳智

　　東吳大學英文系畢業。曾任國內外知名科技公司英文技術撰稿與亞洲語言本土化主管多年，並有譯作數十冊。喜歡旅行與閱讀。近年除了翻譯，與先生從事友善耕作。農場依時序種植蔬菜與多種香草植物，泡茶入菜，自得其樂。

3rd Edition

The Spice & Herb Bible

香草&香料聖經

97種香料與香草‧66款調和香料配方‧170道美味食譜

三代傳承香草香料世家

伊恩·漢菲爾 —著
Ian Hemphill

凱特·漢菲爾 —食譜設計
Kate Hemphill

陳芳智—譯

CONTENTS 目錄

香草生活最需具備的實用書

尤次雄

香草教父
台灣香草家族學會榮譽理事長

近幾年在台灣，香草植物除了逐漸成為各種生活中不可或缺的存在，香料的運用，更是極普遍地出現在料理之中。我們知道香草植物在料理、茶飲、健康、芳香、園藝、花藝、工藝、染色等各方面呈現生活多樣性，香料則是在各式異國料理或是台式大餐小吃中具有畫龍點睛的絕佳搭配。

民以食為天，在最新出版的《香料＆香草聖經》中，收錄了全世界香草與香料的運用指南，由伊恩‧漢菲爾 Ian Hemphill 先生及其家族，多年在香草香料的專業領域中，集結出來的大作，在全世界成為暢銷書排行榜的常客。台灣的香草香料愛好者，更可以透過此書，獲得許多相關的知識以及多方的技術，進而實際運用在日常生活之中。

本書中特別說明了香草與香料之間的差異，讓我們可以更進一步的加以認識與運用，並透過了解各種香草植物精油、精華以及萃取的方法，來加以製作。作者更教導大家自己種植並繁殖香草植物，以增添生活上的樂趣，也可以進行香草的乾燥以及儲存，並在香草香料品質控管、食品安全上做把關。更藉由 97 種香草香料的詳細解說，讓我們更加明白香草香料在我們日常生活中所帶來的諸多幫助。

次雄推廣台灣香草產業，已經 23 年，也透過出版社出版香草生活相關的七本書籍，因此極為深刻地了解在我們認識香草、栽種香草以及運用香草的同時，尤其要知悉每種香草植物的特性及運用方法。非常榮幸有機會向廣大的香草愛好者推薦本書，無論是專業廚師，亦或是對香草香料料理有興趣的家庭煮夫煮婦們，不管是對實際運用香草香料多年的資深香草生活家，還是初學香草香料的愛好者們，實在是香草生活必備的重要指南，更可藉由此書，擴大我們的視野，豐富我們的人生。

掌握香料，共創佳餚

王陸通

開平餐飲學校廚藝總監

香草香料在遠古時期，被用於治病、醫療，類似中國之藥草；使用於薰香，以防止、去除蟲害疫情；用於泡澡，作為精神上安神用；同時也導入烹調，作為加味使用，在各地創造出具有區域性、各具獨特風味的菜餚。

近代因交通發達、物流便利，使得全球香草香料取得變得容易，此外由於科技分析的進展愈趨精準，提升了我們對香草、香料的知識與認知，可說是對餐飲的一大貢獻。

香草、香料使用於烹調，須透過多層方式，如烹調前的醃泡、醃漬入味，期能完全融入於食材，傳遞風味。低溫烹調的工法最為傳神，燴、燉、煮更透過前段、中段、後段的香料添加改變並融入食材，使湯汁展現更多元且豐富的風味。在烘烤上可借由香料的輔助去除羶腥，讓梅納反應出更多元飽滿的芳香風味。

美味的食物能滿足口慾，撫慰心靈，借由香草香料的添加，對於製作創新美味的菜餚，有非常大的助益。香料在烹調上的用法非常多元，近代科學的發展使我們更加認知香料的本質，進而精進了廚藝。大廚們需經過多次的使用、嘗試，才能掌握香料的使用時機與方法，讓我們一起認識它、使用它，共同創造出更多的風味佳餚。

讓香草成為生活的一部分

| 尼克
和香草說說話 talk2herb 創辦人
尼克の香草田園生活 創作人

　　本書作者在充滿香草／香料的家族中長大，我也是從小在媽媽的帶領下，跟著媽媽拾花弄草，我想在那時我已經在心中埋下香草的種子。長大後，我到德國見習、到泰國 Long Stay、到全世界尋找香草的蹤跡，如今香草已融入我的生活與生命裡。

　　記得剛接觸香草的時候，我也想過「香草和香料有什麼不同？」，常常傻傻分不清，其實你只要常常接觸香草／香料，自然就能慢慢體會香草與香料的不同之處，不然在書中的一開始就幫大家做了解答。在實務上，有些人比較喜歡／熟悉香料，有些人比較喜歡／熟悉香草，這本書正好結合了香料與香草，為香料與香草建立友誼的橋樑，可以創造讀者更精彩的生活體驗。

　　書中的食譜由作者的女兒設計，每一道都是美味的佳餚，喜歡用香料／香草調理異國美食的朋友絕不能錯過。在實際應用上，可能部分材料一時間無法取得，你可以參考奧利佛那般做菜，加入一些創新與變化，搞不好還變出你的獨家配方。只不過若是甜點，還是建議你乖乖依照食譜操作噢！

　　說到香料，常常直覺會聯想到印度料理，特別是咖哩。但香料料理不只是如此，世界各地都有特色香料料理，所以這本書有一個很大的章節介紹「調和香料的藝術」，讓你認識異國香料美食，像是印度馬德拉斯咖哩、普羅旺斯香草料理、墨西哥玉米捲餅、四川辣椒香料等。我一直都覺得，香味可以喚起美好記憶，這些作者介紹的混搭香料，也能讓我們的心，一起跟著去世界旅行。

　　這是一本豐富的工具書，你不用一次看完，跟著你的生活節奏，慢慢享受它！

來一場充滿異國風情的香料冒險！

陳彥宇

台灣生態教育推廣協會理事長
台北市中正社區大學 < 香草與生活 > 課程講師

香草與香料，是美味料理的靈魂！

回想我與香草香料的緣分，是多年前為了興趣，報名了西式料理的研習課程，在課堂中，我的老師使用各種乾燥的香料與新鮮的香草入菜，每種食材與香料間的搭配都讓初入香草世界的我驚艷不已！搭著新鮮迷迭香一起品嘗的羊小排、用番紅花調味的西班牙海鮮飯、使用香草莢製作出來的烤布蕾，再來杯鮮採薄荷葉調製出來的 Mojito……香草香料雖然不是料理的主體，卻左右了每道菜的層次與風味！

香草與香料的運用，如同遊戲一般有趣！

從栽培香草開始，舉凡薰衣草、羅勒、百里香等西方料理常用的香草，或是日常生活常用的蔥、香菜與辣椒，都可以在陽台培育，有需要時摘一些來用，既方便又能享受採收的成就感。不方便栽培或是非得乾燥才有香氣的香料如丁香、八角、胡椒等，就用玻璃瓶密封放在櫥櫃方便隨時取用。

我非常享受在廚房裡面用香草與香料進行「料理實驗」的過程，用各種香氣與主食材碰撞出各種火花，就好像巫師在煉丹一般，依著自己以往的經驗，有時冒險性地加上一些新的組合，最後再嚐嚐自己的「實驗成果」，有趣得不得了！

把香草與香料融入生活，增添生活的興味！

《香草＆香料聖經》這本書可說是非常全面的搜羅了各種香草與香料的資訊與照片，更加可貴的是，本書的食譜包含許多經典菜色及作者家傳的獨家料理，步驟清楚易懂，您不妨隨著本書的腳步，來一場充滿異國風情的香料冒險，讓香草與香料豐富你的生活！

一起進入香料的魔法世界

陳愛玲
香料譯述家
《辛香料風味學》作者

博大精深、香料的浩瀚世界永遠有驚喜！

從小吃香料、香草，不覺得有甚麼特別，只覺得美味可口，聞起來心情愉快。一直到遷徙來台定居，這些有層次、香氣繚繞的日常瞬間消失，頓覺好像失去了甚麼，吃甚麼都覺得不對。後來才發現原來習慣被滋養的味蕾就是香料，香料是一種魔法，讓你進來之後就再也離不開！

作者肯定跟我一樣，一樣掉入香料的深淵不可自拔，一輩子泡在香料世界中悠游自在，從彙集香料歷史到單方闡述最後進入堆疊概念，用淺顯易懂的方式隨作者筆觸循序漸進；一開始彷彿進入時光隧道，眼前出現古人焚香祭祀烹調，邊聞香邊攪動湯勺，腦海也一點一滴累積香料排序，古人智慧成就後人聰穎。

書中條列之單方涵蓋美洲、歐系及亞系香草及香料並細緻描述作者個人認知、植株型態、採收加工方式、購買與保存，在應用部分作者更不吝分享實務經驗——不同食材拿捏比例，精準程度讓讀者一目了然。為了加深對單方香料的深刻印象特別收錄各地旅行所見所聞，讀萬卷書不如行萬里路，累積香料運用功力，這一點尤其重要！書中的第三部分：〈調和香料的藝術〉與我提出的堆疊有異曲同工之妙，強調輕重比例、講究調配平衡非常重要，香料或隱或顯或柔或飄逸取決於調香師深厚功力，最後附上食譜，除了扎馬步、科普之外，練習實作必不可少。

香料世界無限浩瀚，香料更可以跨越國界，傾一生之力專研香料者該擁有的一本書。

豐富創意，多元融合

楊嘉明

艾斯特烘焙創辦人

香料自古即為人類使用，早在西元 3000 年，就開始將多種香料應用在烹調中，香料具有促進食慾並幫助消化吸收，提高新陳代謝，溫潤身體等諸多功效。

在西式甜點的使用上更是廣泛，以香草來使用更是多元，冷點慕斯、各類水果甜派，不同的食材搭配不同的香料，創造出更豐富的想像。不論是專業人士或大眾，都可透過飲食烹調深刻的了解研究它們，並且將邏輯與處方連結；最重要的是香料的實際應用，它不僅改變了飲食方式，還改變了廚師們的烹調功法。

有香草與香料在手，製作甜點烘焙有了樂趣，可引出自己的多元創意，更多的融合不就是因此而來的嗎？

值得入駐您書架的香草香料聖經

FiFi

食色天然香料研究所 粉絲頁創辦人

「再多也不夠：雖然印尼是世界最大的丁香產地國之一，但是它丁香的進口量卻比出口多。」——《香草＆香料聖經》

對香料香草這主題有興趣的人來說，解析這些迷人植物的書籍蒐藏也是，再多也不夠。（＊為了行文方便，以下將「香料與香草」統稱為香料。）

身為一個綜合香料品牌的研發兼負責人，我的書架上蒐集了大量不同的香料相關書籍。

從各式香料介紹百科、香料相關食譜、香草栽種叢書、到探討被香料貿易大幅影響的世界歷史、飲食文化研究叢書，每本由不同角度去撰寫香料的相關書籍，都能為這個主題帶來新的火花。

即使是介紹同一種香草如月桂葉，由中藥行角度出發介紹的、由熟稔南洋菜餚的香料講師介紹的、或是由本書作者，一位從小在香草農場長大，50 年來一直在相關產業工作的澳洲香料商人伊恩．漢菲爾，與其經過正統料理培訓的長女凱特聯手所介紹的，都傳達了他們對月桂葉不同面貌的知識，與提供了感受截然不同的應用食譜與搭配。

當然，不同香料專家所特別挑選介紹的香料也會有所不同。而使這本《香草＆香料聖經》精彩且獨特的，不只是它涵蓋了一些在亞洲的我們不熟悉的澳洲本土香料，還有它全面性的香料論述、精準的香氣速寫、與調香的邏輯呈現。

對於單一香料介紹，它全面性地概括了歷史文化、挑選保存、如何種植、處理方式、該香料的原粒／磨粉平均克重數、推薦搭配、與對應食材的用量等。在我自己目前蒐藏的香料書籍中，知識量可說是數一數二的完整。

伊恩．漢菲爾更在前言詳細定義了他幫香料做風味類組分類的邏輯準則，讓讀者不會在後續的描述上產生困惑。在其中穿插的，漢菲爾一家與該香料的小趣事，也很引人入勝。

對於精準的香氣速寫，以胭脂樹籽為例，伊恩詳細且直接地描述了該香料的特質：「帶點甜味和胡椒味，還有一絲淡淡的陳舊乾燥薄荷味。口味不甜、柔和，有土香」，讓即使沒有接觸過該香料的人，也能毫不費力地想像出它的氣味。

調香的邏輯呈現更是精彩，我覺得自己在做調香時的經驗法則，都被很好地用淺顯易懂的文字描述與圖表揭露，將綜合香料創作的經驗量化、變得可複製、方便讀者以此為基準做自己的創新與應用。

　　《香草＆香料聖經》，實在是一本故事性與理性分析兼具的完美香料百科。不只對專業廚師與食品相關從業人員十分有助益，對於想系統性了解香料的人也是十分有趣易讀的。不管你的書架上還有沒有空位，《香草＆香料聖經》都絕對值得入駐。

翻開「香」當迷人的武功祕笈，
打造芬芳生活

Iris 青容
《自種香草應用超入門》作者
一植愛著 粉絲專頁主埋人

　　身為一個植物愛好者，從生活的日常觀察一枝草、一朵花、一片葉、一棵樹，在在都能發現生命的奧妙，讚嘆造物主的無限大能。因緣際會下，讓我在偶然的機會戀上香草，也編著了個人第一本拙作《自種香草應用超入門》，細數過往都會栽植的諸多失敗經驗，終於逐漸找到與植物的相處之道，慢慢也能偶而享受到自栽自煮的自慢生活。

　　很榮幸在城邦出版原水文化編輯 Penny 的邀請下，有幸優先拜讀《香草 & 香料聖經》（The Spice & Herb Bible）一書。澳洲職人 Ian Hemphill 傾畢生之力在香草／香料界付出心力。令人感動的是，Ian 與妻子 Liz 加上女兒 Kate 的食譜合作，透過出版，將他們一生所接觸、學習、探訪、領略到的香草香料知識，彙整付梓，無私地分享。更感謝原水文化將此書（英文已出到第三版）譯為中文《香草 & 香料聖經》，造福廣大的中文書迷。

　　在一篇篇清晰的香草料介紹中，我發現了原來台灣人熟悉的青芒果，竟然也是一種酸 V 的通行香料！日前在嘉義太平山上遇見的豔紅胭脂樹，除了做為食用色素、染料，可以怎麼採收保存使用；更喜孜孜地在書中一窺自調獨門咖哩香料的武功祕笈！

　　身為一個四處走跳品嘗美食，日日洗手作羹湯的小廚娘，四時節令的在地豐饒物產，就是我用愛滋養、照料家人健康的能量來源。《香草 & 香料聖經》讓小廚娘在家就能嘗試數不完的點子，展開 kitchen Lab 的瘋狂實驗！這樣的一本香草料百科，推薦給像我一樣，對料理有興趣的家庭廚娘擁有珍藏！

　　在壓力繁重、步調飛快的現今社會，學習放慢腳步，轉換心情，透過五感的體驗，以香草料的芬芳及能量滋潤身心，專注面對自己，是一件非常重要的事！因此，我非常鼓勵大家將香草帶入生活，透過《香草 & 香料聖經》讓五感三餐更為生活。

　　讓我們一起珍惜身邊點點滴滴的簡單幸福，願你日日平安喜樂。

連印度料理專家都大開眼界的香料專書

Usama（蘇宇揚）

阿里巴巴的廚房 印度料理老店，第二代老闆

　　《香草＆香料聖經》讓最了解香料應用的印度料理專家都大開眼界！它匯集了全世界各地香草以及香料的完整資訊，除了常見的應用方式以及精準的食譜搭配以外，還論及其藥性、植物學、歷史等，讓對香料不了解的各位能夠精準的掌握住使用上的訣竅，讓原本的好手藝能達到另一個新境界。

　　我們在找尋特殊香料的過程中，常常會因為名稱混淆以及理解上的代溝，花費更多時間甚至找錯，原因是許多同屬的香料名稱或是樣貌極度相仿，舉例有名的茴香家族明明都叫做茴香、看起來也幾乎一模一樣，卻有 10 幾種不同的品種，相對每個品種的用法都不盡相同。

　　在此書中對於專有名詞、俗名、以及各國語言名稱的貼心整理下，看似簡單卻能夠在找尋正確香料的過程中，透過交叉比對的方式，精準且快速的找到你所想要的。

　　生動有趣的香料介紹讓這本百科全書變得像故事書一般，在輕鬆的閱讀當中能夠印象深刻的瞭解關於香料的歷史背景以及豐富的專業知識。

　　漢方中藥有分為單方以及複方的使用，香料香草的應用也是如此，《香草＆香料聖經》中不單單只個別介紹單方香料的應用，更以食譜的方式讓你了解多種香料結合在一起，透過互輔互補的特性呈現出的夢幻層次，讓你的味蕾有前所未有的體驗。

值得收藏的香草寶典

Julia
香草生活家
《療癒香草餐會》《香草生活家 Julia 的日常幸福》作者

十多年來，香草已然如呼吸般，在我的生活裡。當翻開此書電腦檔案，即無法停止的一頁頁讀著，作者將五十多年來自身的寶貴經驗傾囊相授。

〈Part One 香料世界〉章節裡，幾乎囊括香草料理餐會中，學員們經常詢問的問題。

〈Part Two 香料筆記〉更貼心羅列香草（料）的諸多知識及常識，而本人尤愛「香草生意中的旅行」及「背後的故事」等單元。

〈Part Three 調和香料的藝術〉則令我感到獲益匪淺。

這是一本罕見且十分值得收藏的香草寶典。

味道・感受・回憶

任樂軒
台北文華東方酒店西點行政總廚

香料和香草是制作甜點不可缺少的原材料之一，最經典的就是香草冰淇淋，香草目前是價格上漲，非常珍貴。

節日來臨時，總是少不了使用香料來製作甜點。例如聖誕節，有加了肉桂的肉桂捲，加了豆蔻、肉桂、薑粉的薑餅人；又如感恩節，有蘋果派、南瓜派和胡桃派。香料香草加入甜點中，使味道層次更加豐富，經過烘焙後，餅房內充滿著香料的香氣，香草香料帶給我們的，除了味覺上的享受，更是一段段溫暖而美好的回憶。

此書詳細說明香草香料的特性，令我更加深入了解，作為一名廚師，這本書絕對是不可或缺的收藏品。

致
台灣讀者

Introduction
for Taiwan

請容我對台灣料理中不斷出現的多樣性與源源不斷的靈感表示敬意。

台灣料理具有獨特的個性，遠遠超出其起源自於中國和日本歷史淵源融合的明顯影響之上。台灣的夜市聞名全球，對於辛辣香料的創意用法，包括剝皮辣椒五花肉（chile with pork belly）以及椒鹽魷魚（prickly ash seasoned squid），吸引了在地人，也同樣吸引了觀光客。

在我最新版（第三版）的《香料＆香草聖經》中，我把自己在香草香料業界 50 年多的經驗公開，揭開神祕面紗，以期與掌家中廚房大杓以及專業的廚師們共同分享。

充滿熱情的廚師們不斷的在尋求創新的口味，讓來自各地的豐富新鮮食材，能獲得相輔相成的加分效果，就像在台灣。香料與香草不僅能傳遞令人驚奇的口味，更是深植於歷史與民間傳奇之中。香料交易不僅僅是世界最古老的行業之一，還是一種不受到現代科技影響，能維持極大擴展性的行業。在全世界各地種植香料的農夫與他們的家人溫暖的和我分享了他們的知識，而將這份知識以及我與讀者之間的經驗分享出去，已經成為我的使命。

在這個最新的增修版中，我針對現代廚房中使用的，範圍廣泛的全球香草與香料進行了描述，有些以單一成分方式，有些則是以創意調和香料的方式。當廚師們面對著許多可用的香料時常常會感到困惑，不知道如何有效混合才能收到最的效果。

我在揭密混搭香料藝術上付出了很大的心力，也在書中收羅了許多廚師們會想了解的課題，例如：

- 香料與香草之間的差異
- 了解精油、精油樹脂、精華以及萃取
- 自己種植並繁殖香草
- 自己進行香草的乾燥、購買以及儲存
- 品質控管、食品安全以及最佳作法
- 香草與香料的新鮮 vs. 乾燥，整顆 vs. 研磨
- 97 種香草香料的詳細解說，內容包括植物學名、品種、別名（譯註：中文版添加了中文別名）、不同語言的稱法、

使用部位、背景故事、購買及保存

- 每一種表列項目的料理資訊，包括與哪些材料混合、傳統用法、每茶匙（5 毫升）的重量，每 500 公克的建議用量

- 由小女凱特研發並執筆的食譜，她畢業於倫敦的利斯餐飲管理學校（Leith's School of Food and Wine），並取得該校文憑

- 調配香料的原則，以及 66 種調和香料的詳細資訊

所有香草香料項目都以英文字母順序排序，搭配了詳實的彩色照片，並提供周全又簡便的保存建議以及各種細節。這本最新增訂的《香料＆香草聖經》收錄了全世界香草與香料的料理經驗，是本領域絕對必備的參考書籍。

——**伊恩 ‧ 漢菲爾** Ian Hemphill

前言
Preface

對一個在香草農場長大，接下來的 50 年又一直在香草與香料行業工作的人來說，很容易就以為每個人在料理時都能輕鬆安心的使用香草和香料。

當然，這跟事實相去甚遠。這麼多年來，一直有人問我許許多多的問題，從最基本到稀奇古怪的都有。大家最想從一個每天與這些神奇東西為伍的人身上了解的就是香料世界的內情。我在本書中要給各位的，就是以我在這個古老又刺激行業中浸淫多年的所學和經驗為基礎而成的「內幕故事」。

第一卷從解說各種香草香料都適用的基本知識，並分享一些有趣的事實開始，似乎很合適。由於香料在各個不同國家的招牌菜中扮演了至關重要的角色，我便提供了一些背景資料，告訴大家我們每天是如何使用香料的，也把香料交易的簡要歷史包括進去。此外，我還把香料香草的各式用法以及描述的技術資料也放進去了，並一併提供種植、乾燥方式和保存的基本資訊。

第二卷開始則是個別的香草和香料資訊，依照通用英文名稱的英文字母順序編排，以方便大家快速參考查詢，植物學名也附在後面。我也把基本的料理資訊，包括用法，以及購買保存資訊一起納入。只要合適，我也會添加個人的經驗和旅行見聞進去，讓書中多一點閒談的「當地色彩」。

第三卷內容是透過調製屬於自己的綜合香料，來談論混合香料的藝術。第二和第三卷中都有使用個別香料或綜合香料製作出來的食譜。

一旦掌握了個別香草和香料的特性，那麼將多種風味迥異的味道組合在一起，創造出令人出難以想像而滿意的結果也就是合乎邏輯的下一步了。希望讀者會覺得這是一件有趣又刺激的事情，而最重要的是，覺得有了本書的幫助，把成功使用香料的藝術運用在每日的料理之中已經不再神祕，而是一件令人享受的事了。

——伊恩 · 漢菲爾 Ian Hemphill

致謝
Acknowledgments

本書雖是集我畢生在香料業經歷著作而成的顛峰之作，但多年以為一直有人慷慨的與我分享他們的所知所學，在我撰寫本書的初版與這次的新增版時提供我某些資料與支援。其中，我將最深摯的謝意獻給我的妻子伊莉莎白，她總是無怨無悔的支持著我對香料的執念，忍受同赴偏僻熱帶地區「渡假」的作法，在完全沒有舒適可言的地方追求一種又一種罕見的香料。在本書撰寫之時，伊莉莎白的熱誠、常識以及渾然天成的編輯天賦是最最珍貴無價的。而我家三個女兒，凱特、瑪格麗特和蘇菲在我全心全力撰寫本書、無暇他想時，給了我所需要的愛與精神支持。能有機會和長女凱特一起工作，看她研發、測試並改良所有的食譜是我很大的樂趣，身為父親的我深深以她為傲。我的雙親，約翰和羅絲瑪麗對香料的熱情，我耳濡目染，他們一次又一次的幫助我檢查原始的手稿，這種鼓勵與引領之情只有父母親能夠給予。

在香料業界，大家親如手足，我在香料交易業中的朋友和夥伴多到不勝枚舉，但是如果沒有印度香料局宣傳總監譚皮博士（Dr. P. S. S. Thampi）慷慨相助，要寫出一本香料專書大概會相當不易。多年以來，譚皮博士已經成為我的好友，他對於這個古老又令人沉迷的行業和我們一樣抱持著熱忱。他曾幫助我們尋找在芒格洛爾（Mangalore）的有機香料種植者、幫我們檢視在喀拉拉邦（Kerala）的肉桂拍賣，並協助我們拜訪位於古吉拉特邦（Gujarat）的香料研究單位。我也要特別感謝已經故去的 Neil Stewart，我們家在 1960 年代開始行銷包裝好的香草和香料時，他曾給予極其寶貴的意見。我們也受過澳洲香料貿易商 Craig Semple 的恩情，他住在土耳其，曾安排我們拜訪位於土耳其東南部的農場。西班牙 El Clarin 香料公司的 Pepe Sanchez 曾帶我們進入貢蘇艾格拉（Consuegra）的番紅花節。河內來的 Mark Barnett 曾助我們找到位於北越的中國肉桂林。澳洲的原住民婦女以及北領地 Napperby Station 牧地的 Janet 和 Roy Chisholm、不丹農業部的 Yuden Dorji 和 Kadola、希臘契歐斯島（Chios）乳香脂生產者聯盟（Gum Mastic Producers Association）的 Stelios Damala 以及他的女兒 Maria、克羅埃西亞的 Skracic 家族帶我們去見識野生鼠尾草在科納提島（Kornati）上生長的情形；此外，還有許多農夫、香料貿易商與商家與我們分享他們所知，並熱情溫暖的招呼我們。在澳洲，Rolf Hulscher 一直以來都是我們香草家香料（Herbie's

Spices）以及我們香料之旅的支持者。每當我們遇上來源困難或技術性問題時，Lawrence Lonergan 與 Hugh Talbot 總是隨時和我們分享他們的知識，並提供建議。

在本文最後我想說，本書的初版如果沒有我代理人 Philippa Sandall 的堅持與支持、編輯 Elspeth Menzies 和 Catherine Proctor 的耐心與在細節上的注意，以及發行人 Jane Curry 的熱情與承諾，是肯定無法發行的。至於本次的新增版，我納入了更多有用的資訊，其中包含了 97 種香草與香料、66 種混合香料、以及 170 道作法簡單、令人垂涎的食譜。這得感謝內子伊莉莎白開發食譜的技巧與創意，以及小女凱特經過正統培訓練就出來的專業。這一切心血都因為出版公司 Robert Rose Inc. 中 Bob Dees of 的大力支援，以及三位編輯 Judith Finlayson、Sue Sumeraj 及 Tracy Bordian 令人感到神奇的高水準建議及對於細節的注意而變得可能。而 PageWave Graphics 的 Kevin Cockburn 則展現了驚人的本事，將 800 多頁的龐大訊息量以如此易用又吸引人的設計方式融合呈現。

Part One

香料的世界

生活中的香料
The Spices in Our Lives

　　可以想像一個沒有香草，也沒有香料的世界嗎？沒有香草冰淇淋、肉桂捲這類東西，琴酒中也沒有杜松子來增添香氣風味？想像一下沒有羅勒青醬、伍斯特辣醬油、芥末、泡菜、辣椒醬，又或者，加籽麵包（譯註：在麵包的麵團中入許多不同種類的種子一起烘焙，如葵花籽、南瓜籽、芝麻等）和墨西哥玉米捲餅上沒有辛辣有勁的莎莎醬，生活會是什麼模樣？我們大部分的人每天都會食用辛香料。而和一般認知相反的是，辛香料未必辛辣。或許，從現在起，英文的 spicy food（辛辣食物）都應該改成 spiced food（加了辛香料的食物）才對。（譯註：辛香料 spice，俗稱為香料。本書後面篇幅，主要採取這種通用的稱法。）各式各樣形形色色的藥草與香料，數千年來一直滋補著、養護著我們人類的健康。事實上，現代製藥的許多原料正是由香草與香料中的有效成分研製而來。而「在食物中加香料」一詞則是泛指把任何能增添風味的少量東西加到整個食物中，讓食物產生特定口味的舉動，無論添加物屬於哪一種類型。Spice 這個字有「勁力」與「功效」的意思，當你想到只要少少的量，就能對相當份量的食物產生那麼明顯的效果，也就可以了解其中的意思了。舉出兩個例子就能充分說明這一點：加入少量的香草能讓一整桶冰淇淋擁有香草風味，而添加一點點辣椒和肉桂，份量扎實的豆子和牛絞肉就能立刻化為美味的辣燉肉醬。

　　數千年來，人類一直往食物中添加香料，讓食物更能引發食慾、延長保存期限，而在某些極端的例子中，更有掩蓋食物原來氣味的效果，因為該食物如果單獨食用，味道實在可怕。2000 多年前，香料的使用開始被以文字記載，那是富貴人家才用得起的奢侈品。即使新的香料被發現，香料的來源仍被包圍在層層神祕之中，原因是香料貿易商大力維護著對取得香料產品的獨占性。香料交易的獲利極豐，一趟生意走下來，利潤幾乎高達投資成本的 10 倍。

香料貿易簡史

　　下面介紹的香料貿易史是一段簡史，主要在提供一些深入的觀察所得，幫助了解這項歷史悠久的傳統貿易對人類發展的影響，以及香料在我們生活中扮演的重要角色——至今依舊如此。

　　許多文化的民間傳說都支持香草與香料在人類發展史上已經有 5000 多年歷史的說法。就算只是斷簡殘編，第一份使用香草與香料的可靠記錄就能回溯到埃及的金字塔時期，大約是在西元前 2600 至 2100 年之間。洋蔥與大蒜被用來供給據說是正在進行古夫大金字塔（the Great Pyramid of Cheops）工程的 10 萬名苦力們食用。自那時起，大蒜與洋蔥就不僅限於食物之用，還因其藥性，兼具保健的功能。

▶西元前 2000 年

　　大約西元前 2000 年左右，肉桂（桂皮）和中國肉桂就已經成為埃及屍身防腐程序中不可或缺的成分了，而這兩種肉桂則是由中國和東南亞進口的。在古文明中，不好聞的氣味會與邪惡聯想在一起，而香甜、乾淨的味道則與純潔與善良相聯。因此，令人愉悅的香味就有需求了。

　　在這時期，調理食物風味的植物、藥用植物，以及作為宗教儀式祭拜之用的植物之間是沒有明顯區分的。當某些特定植物的葉、種子、根部以及樹脂被認為具有令人愉快的口味與怡人的香氣後，對於這些植物的興趣就逐漸被培養出來了，而利用這些植物來作為調味佐料的需求也因應而生。藥用的香草與香料或許難以入口，但因為藥效，後來就受到醫事人員的讚許與愛用。而隱晦的宗教聯想則被套用到聞起來有「天堂氣味」的香料上，把植物松脂當做香來燃燒被認為可以透過裊裊輕煙，讓虔心直達天聽。

▶西元前 1700 年

　　在敘利亞（古代的美索不達米亞）進行的某次考古挖掘中，當地一個約西元前 1700 年的廚房遺跡裡發現了丁香殘跡。在當時，丁香只生長於印尼群島中的少數島嶼。可以想像，這些丁香是一定是經歷了一趟令人驚奇的不凡旅程，才能繞過半個世界，到達該處。

最早的油品之一

很早以前，亞述人就利用芝麻榨油做蔬菜油使用了。

埃伯斯草紙醫典
（Ebers Papyrus）
中含有和下面香草
與香料相關的資料：
大茴香、葛縷子、中
國肉桂、芫荽、茴
香、小荳蔻、洋蔥、
蒜頭、百里香、芥
末、芝麻、葫蘆巴、
番紅花、以及罌粟
花籽。

科學的基礎

香草與香料在古希
臘的醫藥科學上扮
演著重要角色。
被尊稱為醫學之
父的希波克拉底
（Hippocrates，
西元前 460 至 377
年），曾針對藥用
植物寫過不少專論，
其中包括了番紅花、
肉桂、百里香、芫
荽、薄荷和馬鬱蘭
（marjoram）。

▶西元前 1500 年

1874 年，德國的埃及古物學家喬爾・愛柏斯（Georg Ebers）發現了一份文件，日期可追溯到西元前 1550 年，這份文件現在被稱作埃伯斯草紙醫典（the Ebers Papyurs）。這份文件中包含了大量與內、外科相關的資料，也列出了大約 800 種藥物，這些藥物全部是從天然的植株中提煉製作。埃及人用這些芬芳的香草及香料來製作藥物、美容用油膏、香水、燻香、防腐劑，也拿來用於烹飪。

▶西元前 1000 年

在印度河流域，也就是今日的巴基斯坦與印度西北方所進行的挖掘顯示，早在西元前 1000 年之前，該地區已經在使用香草與香料了。

在西元前 200 到 100 年之間，阿拉伯人將貨物由東方運送到西方，這個獨占事業為他們創造了昌盛繁榮。這些供應香料給現在歐洲某些地區的阿拉伯商人，神秘兮兮的將他們香料產品的來源保護得滴水不漏，以維護自身的商業利益。許多令人難以置信的香料來源故事，至今依然在流傳。多少個世紀以來，這些商人將來自於亞洲的香料來源緊緊握在手裡，嚴格施行獨占，假裝中國肉桂和肉桂來自非洲，並且還不遺餘力的打擊地中海地區的進口商，不讓他們與正確的來源方建立任何關係。直到西元 1 世紀，羅馬學者老普林尼（Pliny the Elder）才指出，許多荒誕的故事實際上都是商人杜撰出來的，為的是抬高這些珍奇商品的價格。

▶西元前 600 年

一卷來自於亞述王巴尼拔（King Ashurbanipal，西元前 668 到 633 年）在尼尼微城（Nineveh）所建之大圖書館的楔形文字文件，記載了一長串芳香植物的資料，包括了百里香、芝麻、小荳蔻、薑黃、番紅花、罌粟、大蒜、孜然、大茴香、芫荽與蒔蘿。

▶西元前 300 年

從西元前 331 年到西元 641 年之間，希臘與羅馬在香料的使用量上提高了。亞歷山大大帝把希臘的影響力擴大到曾為波斯帝國部分國土的地區，其中就包括了埃及。自西元前 331 年

起，他的征服舉動建立了希臘的殖民，以及地中海與印度之間的商業郵遞站。而這些殖民地正好沿著之後成為「絲路」的貿易路徑西段，一路過去。征服埃及後，亞歷山大大帝建立了亞歷山卓港，此港後來成為了通往東方的門戶，以及地中海與印度洋之間最重要的貿易中心。

▶西元 100 年

在了解到季風對於船隻揚帆前進，以及逆風對於阻礙前進的重要影響後，這份認知就打造出一條直通的海路，讓船隻能從羅馬時期的埃及港口直接航向印度瑪拉巴海岸（Malabar Coast）的胡椒市場。

▶西元 641 年

西元 641 年羅馬帝國的衰落為香料交易帶來了重要的改變。印度與羅馬井然有序的商品交易因為伊斯蘭的擴張而告終。阿拉伯人的征服行動粉碎了地中海的團結一體，讓商業變得混亂不堪、停滯不前。

▶西元 800 年

第 8 世紀中期之前，由穆罕默德一手創建的偉大帝國從西方的西班牙延伸到東方中國的邊界。穆斯林的影響也延伸到錫蘭與爪哇，而原因主要是阿拉伯貿易商人到處走動所致。在印度藉由武力贏得了宗教勝利後，穆斯林的傳道者在瑪拉巴海岸定居了下來，成為香料貿易商。

查理曼大帝（西元 742 到 814 年），法蘭克國王暨西方的皇帝，在歐洲香草生產的發展上是個舉足輕重的人物。身為文學、藝術與科學贊助者的他，是第一個在自己國度中將香草進行大規模、有秩序栽種的人。西元 812 年，查理曼大帝下令將一些有用的植物種植在現在位於德國的皇家農場上，其中包括了大茴香、茴香與葫蘆巴。

▶西元 900 年

西元 641 年（亞歷山卓港衰退）到 1096 年（第一次十字軍東征）之間，被稱作歐洲的黑暗時期。在這段時期中，歐洲與香料的資料相當稀少。在義大利阿爾卑斯山之北，在日常餐食中使用亞洲香料的情況非常罕見。他們能夠取得的香料量很少，而且也僅限於宗教團體以及少數關係良好的商人使用。在 10 世紀末的

不僅僅是預言家

以可蘭經建立伊斯蘭教道理的穆罕默德（西元 570 到 632 年）不僅僅是位偉大的預言家、立法者、以及世界主要宗教之一的創立者，他還是一位經驗老道的香料商人，娶了雇主家的女兒。

非常黑暗期

一整個黑暗時期的歐洲，香草與香料的栽種是由教會負責的，而且大多種於本篤會（Benedictine）修道院的園子裡。在這段時期中，社會上充斥著許多未經證實的藥草方子，而兜售的人就相當於中古世紀早期賣蛇油的人。這些由自稱是藥劑師調配出來的藥劑融合了幻想以及少許的常識，製出的成果則是從無害但時靈時不靈的民間土方、危險的墮胎藥、令人作嘔的愛情魔藥到毒性劇烈的毒藥都有。

英格蘭，根據埃瑟雷德王（Ethelred）的法令，伊斯特林人（來自波羅的海與漢莎聯盟城鎮的德國人）必須支付貢金，才能取得與倫敦商人交易的權利。這貢金中包括了 10 磅（5 公斤）胡椒。

▶西元 1096 年

第一次十字軍東征發生在 1096 年。在那之前，與近東有關的資訊是根據一些零零星星的旅人報告得來。而現在，敘利亞與巴勒斯坦的生活型態就直接曝露在數以千計的朝聖者眼前，而其中一個收獲就是令人愉快的新口味，例如，加了香料的食物。

▶西元 1180 年

西元 1180 年，在亨利二世統治期間，倫敦成立了胡椒批發商行會。1429 年，行會變成了食品雜貨公司（the Grocers' Company），由亨利六世簽發特許，進行批發販賣— vendre en gros （大批整賣），名稱是由 grocer（食品雜貨店老闆）這個字衍生而來。

▶西元 1200 年

在 13 世紀的英格蘭，1 公斤（2 磅）重的胡椒要價 1 英磅，換算成今日幣值，在 1000 美元以上。胡椒籽是一顆一顆計價，可以當貨幣使用。換句話說，在當時，香料的價格遠高於今日的售價。所以，我們很容易了解，香料在將食物——像是索然無味的食物，或是味道濃烈的野味肉食——由平淡變神奇上有多麼重要。

13 世紀末，馬可波羅旅途歸來。他以讓人驚奇連連的故事描述了中國的繁華富足，以及位於印度南部，現在被稱作坦米爾那杜邦（Tamil Nadu）的地方物產有多麼豐饒。他用相當準確的敘述方式，報告了爪哇和南中國海其他島嶼上大面積栽培胡椒、肉荳蔻、丁香，和其他珍貴香料的故事。

▶西元 1453 年

西元 1453 年在君士坦丁堡敗落於土耳其人之手後，對於安全航行到亞洲海路的需求就更迫切了。由於奧圖曼帝國的擴大，古老的陸路路線已經變得不安全，葡萄牙的亨利王子便裝配了一支遠征隊，想要找出一條能到達印度的海路。1486 年，葡萄牙貴族兼航海家巴爾托洛梅烏‧迪亞士（Bartolomeu Dias）繞過了好望角，證實了印度洋可以經由海路抵達。

克里斯多福·哥倫布（Christopher Columbus）雖是代表西班牙「發現」了新大陸，但他的航海知識卻大多來自於在葡萄牙服務時期。哥倫布找出了香草豆、多香果以及辣椒，這些都是辣椒家族（capsicum）的成員，而不是他苦苦尋找的胡椒（*Piper nigrum*）品種。

▶西元 1498 年

瓦斯科·達伽馬（Vasco da Gama）1498 年抵達了印度西岸的卡利卡特（Calicut），完成了第一次由西歐出發，繞過非洲到達東方的海上航程。這是香料歷史上最具意義的一項功績，因為此後便在最重要的香料交易港之間開啟了更快速、也更安全的一條海上航線。

▶西元 1520 年

西元 1520 年，斐迪南德·麥哲倫（Ferdinand Magellan）的船隻穿越了巴塔哥尼亞海峽（Straits of Patagonia，後稱麥哲倫海峽）。一年之後，在歷經一段許多船員喪生的艱辛航程後，他抵達了菲律賓。麥哲倫本人被殺，但是生還的人帶著 29 噸丁香，以及塞滿肉荳蔻和肉桂的麻袋返回家鄉。如果不提以生命為代價的莫大損失，該趟遠洋之旅在金錢上的報酬是很成功的。

▶西元 1600 年

英國人在西元 1600 年創立了東印度公司。兩年後，荷屬東印度公司（全名為聯合東印度公司 United Dutch East India Company，另稱 VOC）成立。高利潤的風險生意讓荷蘭在亞洲打造出一個帝國。

▶西元 1629 年

荷蘭船艦巴達維亞號（Batavia）1628 年建於阿姆斯特丹，是為了把香料從印尼香料群島載運到荷蘭而專門打造的。船艦的特色之一是有能通風的特別裝載艙，可以確保珍貴的貨物在長途運送過程中經過熱帶地區也不會損壞。

然而悲哀的是，這艘船的船員間存在嚴重的不安情緒，部分人員更是發生了暴動。1629 年，該船艦在西澳洲的西海岸失事。倖存者和叛變者之間展開了可怕的戰鬥，很多人被屠殺。巴達維亞號未能有幸依照當初打造的原意帶回大量的香料，但或許是因為下場太過血腥，這段故事也就流傳了下來。

偉大探險家的安息之所

西元 1524 年，瓦斯科·達伽馬在印度馬拉巴爾海岸（Malabar Coast）的柯欽（Cochin）過世，他最初被葬於該城的聖方濟堂（St. Francis church）裡，直到現在，依然能看到當時留下的陵墓。後來他的遺體在 1539 年被遷回葡萄牙，改葬在維迪蓋拉（Vidigueira），而他的棺槨被飾以珠寶。

荷蘭壟斷市場

西元 1605 和 1621 年間，荷蘭將葡萄牙趕出香料群島，在丁香和肉荳蔻的交易上取得壟斷地位。

這是澳洲初期的一段歷史，發生在澳洲被英國人正式「發現」之前的一個多世紀。

▶西元 1770 年

皮耶·波伊維禾（Pierre Poivre，英文繞口令 Peter Piper 中的主角）是模里西斯島（Mauritius）的法國行政官，模里西斯島位在非洲東岸外海，之後被改名為法蘭西大島（Ile-de-France）。他冒著被處絞刑的危險，從荷屬的香料群島（Spice Islands）走私了丁香、肉荳蔻、中國肉桂植株。在嘗試過幾次之後，他證明了這些植物在原產地國之外也能生長。他的成功成為了其他熱帶國家的學習模式，而訴訟也隨之而至。這件事徹底打破了荷蘭在丁香和肉荳蔻貿易上獨占的局面。

▶西元 1800 年

在近 18 世紀尾聲時，美國插足進入了世界的香料交易市場。19 世紀初期，拜積極的發貨商、快船及經驗老道的航員之賜，新英格蘭的塞勒姆（Salem）港享受了好一陣蘇門答臘胡椒的獨占時光。在那段期間裡，蘇門答臘胡椒生意昌盛繁榮，唯一的例外是 1812 年 3 年戰爭期間，英國封鎖了美國的港口。而這生意也在 1861 年隨著美國內戰的爆發而沒落。

▶西元 1900 年起至今

雖說香草與香料仍在許多傳統的地區進行生產，但是到了 20 世紀，種植地點已經比從前分散多了。到了今天，實際上並沒有哪一個國家擁有任何一宗大宗香料商品的獨占權。印度、印尼、越南和馬來西亞是都是胡椒的主要生產國。而中國和美國也大量栽種了香草與香料。同時，現代的技術也以更新穎、更方便的方式來處理、儲藏並使用香料。只是，我們也別忘了，這世界上大多數的香料還是以流傳了無數世代的方式來進行種植。我會在標示著「香料筆記」以及「香料貿易中的旅行」的段落裡，嘗試記錄一些不受時間影響的操作方式。這些段落會散落在本書各處。

就我們知道，香草與香料在商業世界的發現與演進上扮演了重要的角色。雖說對香料的追求已經無法再驅使人們去做進一步的探索與貿易，然而這些大自然的商品在人類未來的世紀裡，還是會繼續珍貴下去，為料理帶來喜悅、為醫療帶來益處。

再多也不夠

雖然印尼是世界最大的丁香產地國之一，但是其丁香的進口量卻比出口多。用量這麼大是因為他們用它來生產一種獨特的丁香菸（*Kretek*）。

香草和香料有什麼不同？

　　「香草和香料有什麼不同？」這是我最常被問到的其中一個問題。一般來說，我們把用於烹飪的植物葉子稱為料理用香草，而被乾燥後使用的植物其他部分則稱為辛香料或香料。香料可以是花苞（丁香）、樹皮（肉桂）、根（薑）、漿果（胡椒）、帶有香氣的種子（孜然），或甚至是花的柱頭（番紅花）。許多被稱為香料的香氣種子都是在我們所謂的香草植物開過花後，採集而來的，我們熟悉的一個例子就是芫荽。我們把芫荽的葉子視作香草（香菜），但是乾燥過後的種子就一定是香料了。

　　那麼也會被用來作菜烹飪的芫荽莖和根，算是什麼呢？蒜頭和茴香美味的球莖又算什麼呢？蔬菜食材的這些部位一般傾向被歸類為香草類，因為大多都是趁新鮮時使用的，烹飪的方式也跟香草相近。

　　大多數的香料或是香料還有一個重要的特質，那就是多半是乾燥後使用。事實上，許多香料都得乾燥之後，才能產生特有的香氣。在乾燥過程中，自然產生的酵素會被激發出來，繼而產生它本身獨特的風味。在處理過程中，這種特質尤其明顯的香料包括丁香、胡椒和多香果。

由於多數的香料都來自於赤道地區（溫帶地區產出的種籽類香料只有在開花後才能採收），所以大部分的香料都不必在新鮮的狀態下使用，這對大家來說真是福音。香料可以在最好的時間點採收、乾燥以取得最佳的風味後，再運送到世界的每個角落。香料能夠船運、交易並保存，這一點影響重大——任何商品要取得長遠的成功，這是先決條件。

料理及藥用的香草與香料

料理用香草與香料主要作用是增添食物風味。可以在烹飪時添加，也可以在食物煮好後加入調味。許多料理用的香草與香料也都可以作為藥用；例如大蒜、百里香、丁香、肉桂以及薑黃只是香草與香料在應用上可以變化使用的部分例子。

藥用的香草和香料看重的純粹是其藥效上的特質，所以經常會帶著強烈、不討喜的味道。在本書中，我並未把料理用香草與香料的醫療用法包含進去，因為我不是醫療專家，跨足醫療領域會讓我感覺不妥。根據被廣泛認可的說法，香草與香料中會自然產生高比例的抗氧化物（antioxidants）與植物生化素（phytochemicals），對人體的整體健康很有益處，而這些食物中的藥用價值，科學家也正在積極研究之中。就比重上來說，成分中含有這樣對身體有益特質的食物並不多。

精油、精油樹脂、精華以及萃取

在與香草與香料相關方面，大家常常會問到以下詞彙的意思：精油（essential oil）、精油樹脂（oleoresin）、精華（essence）以及萃取（extract）。以下的解釋雖不算長，但有助於你在日後見到這些詞彙時，有一些了解。

精油是芳香產品，從天然的鮮料，例如葉、莖、根、或種子取得，處理方式是透過蒸餾、機器壓碎或壓榨。這些濃烈的蒸餾產物是香水製造者和調香師使用了千百年的基本生料。（遺憾的是，現在大部分的香水和香味都是利用化學成分巧妙的調配而成。）

現今，精油最常被聽到的是用於芳香療法。芳香療法使用的精油絕大多數都取自於香草與香料。話說回來，大家在烹飪時，應該要忍住誘惑，別把用於芳香療法的精油運用到料理上來——這些精油在製造時，並非是為了食用。有些可能有毒，

或是因為濃縮程度太高，攝入後有害人體。我父親就曾購買過一款非常昂貴的玫瑰天竺葵精油，與鳶尾草根粉及磨粉的肉桂調和以後，加到香氛乾燥花中。這種香氛乾燥花是由多種有香味的香草與花朵混合而成，香氣迷人，但是絕對不會拿來吃。

精油樹脂是透過特定的揮發性溶劑進行萃取製造出來的。在萃取之後，會利用真空低溫，以蒸發的方式將溶劑移除。最近開發的萃取方式則是利用二氧化碳來進行精油樹脂的萃取製作；經由這種方式製造出來的成品完全沒有溶劑殘存。精油樹脂保存了原來香草與香料中所有的香味，味道特徵的範圍也比精油廣，精油只保留了揮發性的香氣。由於這個原因，食品製造業者喜歡用精油樹脂：因為在添加香料調味時，對於風味的濃烈度不必有顧慮，而這濃烈度則會因香料的種類而有所不同。精油樹脂並不提供給一般家用，因為要使用前還必須經過適當的稀釋，所以要在家庭廚房裡用於食物上是不切實際的。

精華這個詞彙是用來形容某東西的基礎味道的，天然或人工合成皆可。因此，香草精（vanilla essence）可以是香草莢的天然萃取，也可以是完全不含任何天然香草成分的不同的東西。只不過，它嚐起來，味道像香草（這一點就能耗費大幅篇章爭論），所以就代表香草味道的精華。

而**萃取**就定義上來說是天然的，因為萃取唯一的途徑就是從真正的東西中來提煉。舉例來說，香草萃取（vanilla extract）是將香草莢浸泡在酒精中萃取製作的；酒精會將香草的味道萃取出來，然後存在該懸浮液中。這個只含有香草、酒精和水的萃取物也被稱作精華，因為它也能代表香草的味道。看得一頭霧水了吧？希望不會。大部分的食品法規都會要求將人工合成的香精如實標示出來，所以請你一定要好好檢查標示上是否有註明「人工」這類的字眼（無論是哪種情況，檢查都是個好習慣）。

自己種香草
Growing Your Own Herbs

本書儘量把您可能接觸得到的所有料理用香草與香料都收羅進來。有些可能不容易在市面找到，不過，希望您能覺得尋找香草也是發現並了解香草的樂趣之一。

雖說香料的製造可能相當複雜，而且跟氣候土質大有干係，不過，如果有些香料的鮮品在市面上不易購得，你可能還是會想自己在家種種看。自己栽種可能會讓你心滿意足。

香草用桶子或盆子來種，能和在園子裡長得一樣好。你可以根據喜好，用很大或很小的空間來種植。對於種植的基本要求只有一個，能成功種活就好。由於種植香草的主要目的是每天廚房要用時能隨時取得，所以建議您要把香草種在方便摘取的地方。無論地點在哪裡，最無敵的「廚房花園」就是能方便摘取並好好享受的。

香草植物通常具備生命力強健、需求簡單的特性。它們畢竟存活了千百年，已經展現了強大的存活力，無論我們是否介入都各自繁茂。話雖如此，你還是得遵守一些基本的原則。香草和我們人一樣，需要陽光和新鮮空氣。我很少看到在室內也能長得好的香草；香草必須種在室外，能獲得充足新鮮空氣的地方。

有些香草只能活一季，之後就枯死，這是他們自然的生命循環。而一年生植物和多年生植物的差別也就在這裡。一年生的植物，像羅勒、芫荽、小茴香、蒔蘿等，只能活一季；有些能好好的活上兩季，像是亞歷山大芹（Alexanders）、葛縷子、芹菜及細葉香芹（chervil），被稱作兩年生植物。能活一兩季還不會死掉的香草叫做多年生香草，如百里香、迷迭香、奧勒岡、月桂樹；多年生香草大多數是生命力相當強健的灌木。

有些一年生香草，天氣如果溫暖，就長得非常迅速，如芫荽和羅勒，它們開花早、花朵多，結了種子之後就死掉。這種似乎無可避免的命運是可以阻止的，只是無法無限期的延後。我會建議，只要花苞一出現就趕快摘除，要確確實實的把花苞整個掐掉。這個動作可以避免香草開花結種，過早結束生命週期。

多年生植物則省事多了，不過還是需要一點照料。百里

香、鼠尾草、奧勒岡、迷迭香這類的多年生香草如果不常常摘收或修剪,會胡亂的蔓長,並且木質化。夏天進入尾聲時,可以將多年生香草的枝葉加以修剪,最多能修剪掉一半——夏末正是幫植物修整的好時間。剪下來的枝葉不要丟棄,乾燥之後冬天可以使用。冬天新枝葉的成長會變緩慢,可能還會停滯不長。

至於施肥和生長的條件,香草就真的不挑剔了。想到香草在風味、香氣及功效上給你的回饋,你就知道這一個特點有多討人歡心了。幾乎所有的香草植物都喜歡疏鬆、排水良好的土質,土壤要事先施肥。香草植物不需要施用太多的肥料或太貴的營養素——香草植物不喜歡。與過度施肥澆水的香草相比,許多長於較為貧瘠土質的香草,香味反而更濃烈。

盆栽種植

無論是種在盆子裡、桶子裡或是吊籃裡,香草都能長得一樣好。想要成功的種植香草,有些細節需要先了解。

種植的容器一定要夠大,足以讓植物的根系好好生長。根據栽種灌木的經驗法則,盆子的深度應該要等於植株的高度。所以,如果你種的是一般園藝的百里香,植株約可長到 20 公分左右高度,那麼盆子至少要有 20 公分(8 吋)深。對於月桂這類的灌木而言,盆深大約成株高度的三分之一即可。

培養土一定要挑選品質好的;市售的培養土已經調配過了,可以在保水與排水之間取得最佳的平衡。盆子底部放一些扁平的石頭或是破陶片可以確保水分能有效排出,而土也不會從盆底的洞裡面流出去。至於盆子的放置位置得看該特定香草被推薦放哪裡而定。雖說幾乎所有的香草植物都應該放室外,但是它們偏好的日照程度從半遮蔭、全遮蔭到全日照都有,對自然環境因素的喜好也不同。

最重要的是,盆栽別忘了澆水。如果你忽略了這一點,長在園子裡的香草還能把根伸展出去,尋求水氣,就算你疏忽,植株可能還活得下來。不過,養盆子裡面的香草就全得仰賴你持續澆水了。如果盆子完全乾掉,根部無處可以尋求水氣,植物就會死掉。所以把你的盆栽香草當成籠子裡的金絲雀吧:每天都必須照顧。

購買植株

　　你可以從各種零售商手上購買香草——以及種類有限的香料植物，像是芫荽、蒔蘿、茴香（為了收籽），以及薑、薑黃和南薑（為了收塊莖）。育苗所和園藝中心香草的備貨種類可能會最齊全，但是超市和小雜貨店通常也會賣。請問一下銷售人員，他們販賣的植物是否經過「強化」處理。有些批發商會把直接從暖房拿出來的植物拿來販賣；這些植物一旦暴露在天然的環境下，可能會因為禁不起風吹雨打而陸續死掉。

繁殖植物

適合香草與香料植物的繁殖方式主要有四類：分株法、扦插法、壓條法和播種法。

分株法

分株法最適合用於薄荷這樣的香草植物，薄荷會擴散，長成一大片。要保持植株的健康，並繁殖出數量更多的香草，方法之一就是採用分株法。分株法作法很簡單，把糾結長在一起的一叢植株挖出來。小心的將 20 公分（8 吋）大小的根系分成較小的 5 叢，每叢大約 4 到 5 公分（1 又 1/2 到 2 吋），然後重新種回去就可以。

扦插法

扦插法是一種古老的繁殖形式。方法為從植株上取出一段進行培育，使其長出根來。扦插法最適合木質的香草，像是迷迭香、百里香、以及月桂、肉桂、多香果、丁香、肉荳蔻等樹叢。

要切取插條時請用尖銳的刀，或是園藝剪子。選擇比較強健的枝，從頂端（枝椏末端）取大約 10 公分（4 吋）長，從蒂節點的下面，把莖剪下來。莖下段大約 4 公分（1 又 1/2 吋）左右的葉子都要除去（這部分要埋入砂土裡），莖頂端的葉子至少要留三分之一。在準備插條時，一定要記得除葉時葉子要往上拔，或是用園藝剪來修除，以免把皮撕裂了。

插條從母株切取下來到種到砂土之前，都要先插在水裡或用溼布包著，要注意不要讓它枯萎了。可以用粗河砂來插枝，把插條好好的固定在盆子裡。河砂在園藝店有賣，絕對不要使用沙灘上的沙子，一則太細，再則可能含有鹽分。插枝時記住別把插條推入砂土裡，因為末端會傷到，降低插枝成功的機率。首先，先用比插條粗一點的烤肉串叉或鉛筆在沙子中挖一個洞。將插條底端弄溼，將底端 1 公分（1/2 吋）沾上合適的生根粉（園藝行有賣）。將多餘的生根粉甩掉，將插條尾端的三分之一插入砂洞裡。儘量要覆蓋至少兩個葉節點（也就是已經除掉葉子的部分），將插條四周的沙子壓實。澆飽水，插條要一直保持溼潤。

種植插條

你可以把幾枝單獨的插條種在一個盆子裡，只要插條間隔 2.5 公分（1 吋）就好。把盆子放在半遮蔭的地點，這樣陽光才不會太快把沙質土壤晒乾，或把插條晒焦。根據天氣狀況，幾週後插條就會長出根來。這時就能把它們分開，放在各自盆中的混合土中假植，之後再定植到較大的盆子或花園裡。

壓條法

　　利用壓條法來繁殖，道理和扦插法一樣，只是實際作業時不會先把莖從母株上切取下來，而是等它先長出根來。壓條法最適合枝椏橫向生長，或是枝可以輕易被壓彎到地上的植物，例如法國薰衣草（*Lavandula dentata*）。

　　選一段莖，把它往地上壓。小心的將尾端算起約 5 公分（2 吋）長莖上的葉子除去（從接觸地面的部分算起），方法就和扦插法取插條時一模一樣。將兩個葉節點弄溼，撒上生根粉，埋到地面下 2.5 公分（1 吋）左右的深度。莖上如果能綁上一個纜圈，把它埋入土裡，將可以防止壓條彈回。這個區域必須充分澆水。幾週後，你就可以把壓條拉出來，這時候根應該已經長出來了，將壓條與母株切開。這時候壓條就成為一棵獨立的植株，可以從自己新長出來的根系來生長了。

播種

　　香草也可以靠播種來繁殖。播種時，選直徑大約20公分（8吋）的盆子或是淺槽，把一半河砂、一半泥土混合後放入種植。用一小塊木頭把混合的砂土壓時，在表面挖出約 0.5 公分（1/4 吋）深的小穴。把種子撒入穴中，每顆種子之間有點小空間比較理想。將種子上面覆蓋砂土，要確定不會有成塊的砂土。再度把砂土壓實，整個表面好好撒溼透，撒水時手法要輕柔，不要擾亂到裡面的種子或是把它沖開。

　　苗床要一直保持溼潤；即使是只變乾了一小段時間，發芽的動作也會停止。將容器放在平坦的地面上（這樣可避免澆水過多或是突來的一陣大雨把所有種子沖到一邊）。當發出來的苗長到大約 5 公分（2 吋）高時，請小心的把苗從苗床上移下來，重新植入個別的盆子裡，讓苗茁壯長大。苗長到適合的大小時，可以移植到更大的花盆裡或是種到外面園子裡。

將香草進行乾燥處理
Drying Your Own Herbs

自己有種香草時，自行乾燥既實用，結果也令人滿意。有些香草自己在家乾燥最合適，這類香草有百里香、鼠尾草、馬鬱蘭草、奧勒岡、迷迭香，以及芫荽和茴香的種籽。以下的敘述主要是關於香草的，因為大多數人不會在家種植香料植物。某些香料（例如紅辣椒、胡椒和香草）的乾燥細節則放在香料列表（spice listings）裡。

紮成把風乾

這種傳統的乾燥方式很多國家都還在採用，方法是把植物從莖部繫住，綁成一把小掃把的大小。之後再把紮成把的香草掛在陰暗、溫暖、乾燥且通風良好的地方，放上一個禮拜。香草乾燥所需的時間是根據相對溼度來決定的。在溼度低的地方，乾燥時間可能幾天就夠了。希臘、土耳其和埃及是乾燥香草的大產區，這些地區的氣候能讓香草的種植者不必透過昂貴、又耗費能源的烘乾機，就能進行香草的乾燥。

當香草的葉子摸起來已經酥酥脆脆又很乾燥時，請把它從莖上面剝下來，放到密閉的容器保存。如果葉子摸起來還是軟軟的，或是有皮革感，那就是尚未乾透，儲藏時會長黴。

利用框架來風乾

對於熱衷於香草乾燥的人來說，用木頭來製作風乾用的方框並不困難。用起來很方便的方框尺寸大約是長寬各 45 公分（1又 1/2 呎），深度 10 公分（4 吋）。在框的底部加上防蟲的網，然後用纜線繫好，或是用釘子釘住。如果先把葉子從莖上取下來，然後把莖丟掉，香草會乾得比較快。這樣你就不必一邊乾燥較薄的葉子，還要同時除去較粗莖幹上的溼氣。把葉子鬆鬆的撒在框架中，深度大約 2.5 公分（1 吋）。將框架放在陰暗、通風好的地方，空氣要能自由流通。

對於種植香草的商家而言，每種香草都有其特有的結構特徵，所以乾燥方式略有不同，如何掌握其中訣竅就是一個特別的挑戰了。葉的大小、密度、溼氣含量、以及一堆其他的實體

新鮮的最好

用自己摘取的香草進行乾燥，品質最好。從店面買來的香草可能已經經過冷藏，或是摘下後經過長途運送。不是現摘的香草葉面上通常會出現褪色的斑點，這是氧化或是部分發酵導致的結果；所以，用這樣的香草進行乾燥會製造出次級品，顏色和風味都不佳。香草要早上採收——在露珠乾了之後、白天的熱度還未把香氣勁道的程度降低之前。

簡單的替代方法

要省卻製作框架的麻煩可使用 29 頁上的方法來乾燥,簡單的替代方法就是將葉子攤開,鋪在一層紙上。每隔一兩天去翻動一下葉子,因為鋪在紙張上,沒辦法像網子一樣可以讓空氣流通。

屬性都會讓每一種香草以不同的方式釋出其中所含的水分。這就意味著,在你自己動手進行乾燥時,一定要去感受乾燥中的香草質地是否已經具有適度乾燥後會有的乾脆情況。

在烤箱或微波爐中乾燥

香草也可以在烤箱或微波爐中進行乾燥。若利用傳統烤箱,請先將烤箱預熱到大約攝氏 120 度(華氏 250 度)。將葉子從莖上取下來,單層鋪在防油烤盤上。將烤盤送入烤箱裡,把烤箱溫度關掉,烤箱門微微打開,留一個縫。半個鐘頭後,將香草取出,再把烤箱預熱一次,重複上面的步驟,直到香草葉變得又脆又乾為止。(步驟可能要重複 3 到 5 次)。

如果利用微波爐來乾燥香草,請先把香草的葉子從莖上摘取下來,單層鋪在紙巾上。旁邊放一杯半滿的水,將微波爐轉到高溫,加熱 20 秒。把所有已經變乾變脆的葉子取出來。繼續把微波爐開火 10 秒鐘,每次都要將乾燥好的葉子拿出來,重複直到所有葉子都完成乾燥。這樣不會對微波爐造成損害,因為即使是數量不多的全部葉子都被拿出來,杯子中的水還是會繼續吸收微波。

購買及保存香草與香料
Buying and Storing Spices and Herbs

保存新鮮香草

大部分軟葉的香草，例如羅勒、細葉芹、香菜、蒔蘿、巴西利、龍蒿（tarragon）等，插到一杯清水放進冰箱裡，最多可以保存到一個星期。先把香草用乾淨的冷水洗乾淨，把莖從底部算起大約 2.5 公分（1 吋）左右插入水裡，上面的葉子用乾淨的塑膠袋包起來。硬梗或是葉子比較強健的香草，像是百里香、鼠尾草、馬鬱蘭及迷迭香等，插在一杯清水裡，在室溫中、曝露在空氣中的情況下，最多也能保存到長達一個星期。無論是上述哪種情況，都要每兩天換一次水。

如果想要更長期保存，許多香草是可以冷凍的。硬梗的香草，如果枝葉用鋁箔裹住，放進冷凍夾鍊袋裡，可以保存得很好。軟葉的香草利用製冰盒，就能簡單的冷凍。把香草切碎（像香菜這樣整株都能使用的香草，可以整株連根莖帶葉切碎）。在每格製冰格裡放滿三分之二的剁碎香草，加水把香草蓋過然後冷凍。結冰之後，把香草冰塊倒出來，放入夾鍊袋（以免沾上其他食物的氣味），繼續存放在冷凍庫裡。

購買時要注意什麼

購買乾燥香草與香料時，就算價格比較便宜，也絕對不要購買瓦楞紙盒或是薄塑膠袋包裝的香草。包裝不良會讓揮發油散掉、氧氣跑進去，也就是在你買回家之前，產品的品質就已經逐漸變差了。

散裝的香料看起來很棒，容易讓人心動。但是，可能已經曝露在蟲子、細菌和大量的空氣之中，還可能跟其他產品交互汙染過。放在有密封瓶蓋裡面的狀況會比較好，但是還是不理想，除非蓋口用氣密式瓶蓋封存得很好。當瓶子裡開始變空，放在表層的香草與香料就會曝露在空氣裡，容器的效果也會打折扣。最新的包裝技術——多壓條式厚夾鍊袋效果則相當不錯。你在重新密封袋子之前，可以把裡面的空氣擠掉，這樣裡面的東西就能存放得久些。

罐裝新鮮香草

罐裝或封包裝的「新鮮加工處理」香草與香料在開封之後需要冷藏，這種包裝的香草愈來愈容易在市面看到，是新鮮香草相當不錯的代用品。不過，由於保存需要，這類香草有時候會有甜味、鹹味或是／以及酸味，因為裡面添加了醋、糖或是食物酸劑這類的添加物。使用這類產品前，做菜時最好先嚐嚐味道，調整一下甜度、鹹度或酸度。

保存乾燥的香草與香料

　　如果你想把乾燥的香草放在香料架上陳列，那麼架子要在陽光無法直射的地方，也只選你經常使用的香料上架。所有細胞結構脆弱的香草，像是細香芹或是巴西利都應該放在儲藏櫃裡，遠離光線、熱氣和潮溼。

　　一般不建議把香草儲存在冰箱的冷藏庫或冷凍庫裡。因為當包裝以凝結的狀態從低溫的環境被移出後，就會產生不必要的水氣。不過，如果你住在天氣很熱的地方，某種香草又好幾個月不會再次用到，那麼放冷凍庫應該是最佳選擇。在打開包裝前，先放到室溫中回溫，確定所有凝結的狀況都消失後再使用。

架上的保存期與保存

　　就算是已經是乾燥型態的香草，還是會從細胞結構中的揮發油和油脂產生香氣和風味。所有的香草的品質都會隨著時間變差，因為其中的油會逐漸的蒸發，風味和香氣也會隨之失散。因此，如果要把乾燥的香草和香料放在儲藏櫃裡，不要買太多。用完再補充，或是在最佳賞味期前用完才是。定期掃除時，看到過期的香草，不要猶豫，直接丟掉。幾乎沒有香氣和風味的東西添加到食物裡也是白搭。也不要以為香草放太久，多加一點就好。香料芳香的揮發性前香消失了，但存在於油脂中較深層的後香卻變質得較慢。加多了，只會產生怪味甚至苦味。

　　如果你正在猜自己那些研磨好的香料還能不能用，只要拿起來聞一聞就可以。聞起來如果還有香味，也有勁道，那麼應該還是好的。要檢查整顆香料的新鮮度則必須先敲破（像是肉桂棒或是丁香）、用刀刮開，或是磨碎（例如像肉荳蔻這類的香料）。每次烹飪添加香料之前，都先嗅嗅味道（除了紅辣椒片或是辣椒研磨粉），這樣你就能熟悉該種香料的香味，而且聞得久了，自然能分辨出品質的好壞。此外，你也會有感覺，知道那一種風味最適合添加到你的食譜裡。

別直接從包裝袋裡使用

別把香草直接從包裝袋裡撒出來，倒在冒著熱氣的菜餚上。騰騰的熱氣會聚集在包裝的開口周圍，溼氣鑽進去，會讓裡面的香草變硬或氧化得更快，情況嚴重時，可能還會長黴。

檢查香草的新鮮度

要檢查乾燥香草的新鮮度，可以把幾片香草葉放在手掌心，用大拇指前後按揉。葉子變成粉末後，聞聞這因為揉動和你掌心溫度製造出來的香氣。如果香氣明顯又怡人，香草應該是還可以使用的。如果發出霉味，或聞起來有稻草味，就像放了很久的割草，那就可以直接扔掉了。

陳舊了
就是陳舊了！

大家容易有個錯誤觀念，認為陳舊的香料只要再乾烤一下就能讓它變得新鮮。把過期的香料加熱或乾烤會把裡面存留的揮發性香氣逼出來，產生一些新的烘烤香味，但是香料本身是無法重新恢復活力的。

潔淨很重要

由於要達到潔淨的效果，在農場階段進行最好，所以政府機構，例如印度的香料局付出了極大的努力，透過一些實用的實作辦法，讓當地官員教導農民學會最佳的作業方式，以提昇香料生產的標準。

買家注意

以下是幾句提醒的話，告訴你從不認識的貿易商或是在多采多姿的異國市集上購買香料時可以注意的事。香草與香料是農業產品，但變化很多。對這些香草與香料個別的影響，我們在個別的章節中會敘述。這裡只提一些值得注意的通則：

- 購買番紅花時要非常謹慎。這是世界上最昂貴、並且最容易被騙的香料了。
- 如果香料是存放在有開口的大袋中販賣，要看看有沒有蟲害。
- 香料一定要包裝在密封袋中，上面貼上名稱。許多國家的海關和檢疫單位並不允許旅客攜帶不明的物品。

品管和最佳使用期

雖說香料業在品質控管、運送、包裝、保存、市場行銷和用法上，精細程度已經達到了新高點，但是大多數的香草與香料在農場這個階段的採收和乾燥上，多數還是沿用數百年來的老方法。你在市場上買到的胡椒粒，幾乎每一顆都是手摘的；每一段真正的肉桂棒都是由斯里蘭卡傳統的肉桂剝皮工人手工剝皮並捲成棒的。每一朵香莢蘭都是由人工授粉的，而每一莢香草莢都必須經過數十道繁複困難的生香處理工序。所以，當許多香草可能帶有高得不正常的細菌量也就不稀奇了，想想在這過程中由土壤、肥料和人手接觸中所傳播的細菌。

1986 年，我參加了一個在印度舉行的世界香料大會。印度代表對於西方世界對於乾淨程度上明顯的執念，根本不知所措，無法明白。從他們的觀點來看，香料上大部分的細菌在烹煮的時候，就會被高熱殺菌了呀。這時候，問題就浮現出來了：西方人使用香料的方式，很多都未必經過高溫殺菌啊。舉例來說，西方人會把胡椒磨碎，抹在乳酪外層，或把紅辣椒粉撒在蛋上面，而蛋則放在加熱燈下保溫，這些都會導致滋生細菌的高風險。

香料業於是想辦法利用（環氧乙烷 ethylene oxide，簡稱 ETO）來對香料進行殺菌，但是這種物質被認為在高濃度下會致癌。現在大多數國家都禁用 ETO。除了改善在農場階段的潔淨標準外，只剩下兩種可行的替代方案可以考慮：輻射照射

與各種形式的加熱殺菌法。

輻射照射是將食物曝露於低劑量的游離輻射（ionizing radiation）中，這樣一來，大部分的細菌和幼蟲都可以被殺死。這種方式被廣泛的用於醫療產品的消毒上，在許多國家也被允許用於食品的消毒上。不過，想到要吃的產品被輻射線照射過，消費者一般都不會感到安心。也由於輻射消毒的產品必須明白標示，所以也沒有什麼大的香料零售商會採用這種作法。輻射消毒的安全性仍具有爭議，對大多數的民眾而言，這情勢尚未明朗。

高溫殺菌是減少香料中細菌最常被採用的方法。基本上，整顆的香料會以超高溫的蒸汽瞬間加熱，這樣大多數的微生物會被殺死，但風味不致於受損。之後，香料會被送到非常潔淨的環境去研磨。

有機比較好嗎？

那麼，購買有機產品如何？幾年前，我和妻子麗姿一起去拜訪了印度芒格洛爾（Mangalore）的一座有機香料合作農場。我們很有興趣了解農夫為什麼會回到有機耕種的方式。我們被告知，早幾年前，一些被賣到已開發國家的胡椒船貨被退了回來，因為胡椒中有高比例的殺蟲劑殘留（有趣的是，這些殺蟲劑是同一批退貨的國家賣到印度來的）。因此，有一批農夫就決定回頭去使用數百年來，他們父輩、祖父輩，以及更早的世代祖先使用的耕種方法。

有機的香料和香草在市場上，愈來愈能買到了。不過，就算我們願意相信，有機認證也不是品質的保證；它只與認證機構對於化學藥物使用的標準規範有關。就我來看，有機產品只有風味與不曾做過有機認證的一樣好或甚至更好，又或是你對化學藥物特別敏感，賣得價錢較高才算值得。我們經常會忽視一個事實，大部分已開發國家對於進口商品的化學藥物殘留標準已經訂定得相當嚴格了。這樣的作法能縮小一般產品和有機產品間的差距。

有機栽種

有機香草消耗的量非常少，一餐或許只有 10 公克（1/3 盎司）或更少，所以香草是不是有機和其他量比較大的食物，像是蔬菜、雞肉或牛排等相比，重要性實在相差太多。

新鮮與乾燥香料與香草的使用
Using Fresh and Dried Spices and Herbs

「新鮮」這個詞在香草與香料的世界被濫用、錯用得厲害。當零售商說是「新鮮」的香草與香料時，指的是不經過任何乾燥、冷凍或處理的鮮品。在某些例子中，鮮品明顯才是大家愛用的。例如，在泰式料理中，新鮮的芫荽葉（香菜）、薑、蒜頭、香茅、泰式酸柑葉（卡菲爾萊姆葉）和辣椒才能做出經典的風味。不過，還是有些菜色──像是墨西哥混合辣醬莫利醬（Mexican moles），要的是乾辣椒中具有的焦糖果香特質，所以當然是乾品為上。一種義大利新鮮番茄沙拉要加上新鮮的羅勒，味道才棒，但是做波隆那肉醬時，乾燥的香草，像是羅勒、奧勒岡、百里香、和月桂葉是不二選。

乾燥的香草風味強烈濃郁，更容易融入菜餚裡。由於是乾品，所以精油可以輕易的從葉的結構中釋放出來，增添令人喜愛的風味。如果你對新鮮香草的風味特別喜愛，那麼在菜餚煮好之前一、二十分鐘前就可以把香草加進去了。那樣，烹飪的溫度不會破壞新鮮香草的細緻的前香。換句話說，在決定要使用新鮮香草或乾品之前，你必須考慮如何運用最為合適（雖說，有時可能因為季節，或是無法取得而必須有所妥協。）

為什麼乾燥如此受歡迎？

幾百年來，人類因為各種不同的原因而去乾燥香草與香料。最常見的乾燥理由是為了能以適當的形式加以保存，留待日後使用。不過，香草與香料之所以要乾燥，其實還有第二個重要理由。那就是在乾燥或是處理的過程中會發生酵素反應，產生出我們喜愛的獨特風味。舉例來說，胡椒粒在太陽下曝晒乾燥時會變黑，產生揮發性的油性胡椒鹼，這就是胡椒獨一無二的口味。香草在進行生香程序前，香草莢是青綠色、無香無味的。在經過多個月的窖乾及生香處理，我們熟知並喜愛的香草風味才會產生，而這個風味就是在乾燥及生香過程中，酵素發生作用產生某種物質所致。乾燥胡椒和香草發生的酵素反應同樣也能完全作用於像丁香、多香果、肉荳蔻及小荳蔻這樣的

正確的使用量：乾燥 vs 新鮮

香草經過乾燥之後，裡面所含的水分消失了。乾燥縮水後的葉子小了許多，但是裡面所含的，會產生風味的基本油脂量還是一樣。換句話說，乾燥的香草就像是鮮品的濃縮版本。因此，使用乾燥香草的經驗法則就是用量大約是鮮品的四分之一到三分之一。不過，大多數乾燥香草中的確已經失去了鮮品的那種「新鮮揮發性特質」。在芫荽葉（香菜）、羅勒、香茅、青蔥和巴西利這類的香草上，這種新鮮的特質尤其明顯。就算是新鮮的辣椒，吃起來的味道跟乾品也是差異極大。

香料，然後產生該香料特有的風味，上面提出的只是其中的一些。乾燥的第三個重要理由，特別是對香草來說，就是要製造出能隨時、有效散發出風味的形式。想想看拿新鮮薄荷葉來泡茶的例子吧。新鮮薄荷葉泡茶風味很淡，有治療效果的揮發油濃度也低。不過，以乾燥薄荷葉，沖熱水泡出來的茶就會產生我們非常熟悉的特有薄荷風味。

整顆或是研磨？

什麼時候應該使用整顆的香料，什麼時候又該用研磨過的香料？這得看烹飪的方式，以及那種方式最能有效的讓香氣散發出來。舉例來說，燉煮水果時，你可能會把一整條肉桂棒加進去。這種技巧能讓水果沾上肉桂的風味，但湯汁還能保持清澈。如果加的是肉桂研磨粉，湯汁會變濁。不過，如果是在做咖哩醬、將香料混入做蛋糕或餅乾的麵粉中，又或是在煮肉之前用香料醃肉，那麼選用研磨粉就很重要了。研磨過的香料很容易和其他材料混合，風味也比使用整顆香料時容易釋放，因為已經被壓成粉末了。

自家研磨

自己動手研磨香料非常值得，特別是當你用研磨缽和研磨杵來磨時，陣陣香味會在你壓破香料的那一刻四下飄散。香料的大小、硬度、質地、和含油情況差異太大，所以除了研磨缽和研磨杵外，幾乎找不到一種適用於各種香料的家用研磨器。種籽類的香料，像胡椒，可以用胡椒研磨罐來磨。你也可用咖啡磨豆器來磨，只是如果是電動磨豆器，磨的時候會散發過多的熱氣，所以輕質的揮發油可能多少會被破壞。如果採用電動磨豆器，不要過度研磨，這點很重要。大部分的電動香料研磨器都是從咖啡研磨器改裝而來，所以香料的硬度如果高於咖啡豆，時間一久，可能會傷及機器。如果香料真的很硬，那麼請使用可靠耐用的研磨缽和研磨杵。這是幾千年來，廚師們最有用的廚房配備之一。

清理咖啡研磨機

有些廚師會有一台專門研磨香料的咖啡豆研磨機。不過，只要你好好清理你的咖啡豆研磨機，緊要關頭，你還是可以用它來磨你的香料的。如果你不想你的咖啡喝起來有肉桂或葫蘆巴味，那麼最簡單的清理辦法就是在磨完香料後，再磨一湯匙的米。米粉有顆粒感，在吸收殘餘精油的同時還能有效的清理接觸表面，而機器也能保持得相當乾淨。

有些廚師會認為你應該要買整顆的香料，然後自己磨。如果你不確定買來的研磨香料品質和新鮮度如何，這倒是個不錯的主意。而且，如果你不是太常使用香料，那麼整顆的香料的確比研磨成粉的更能在架上久放。平均來說，整顆的香料如果遵照建議的方式（參見第 33 頁）保存，大約可以放 3 年。而研磨成粉的香料，大概 12 到 18 個月就會開始走味了。市面上品質優良的香料研磨粉風味和自家研磨的一樣好，所以如果你用量很大，買磨好的會比較方便。

烤過風味更好？

有些廚師會告訴你，香料烤過味道會被帶出來，但這是不正確的。香料烤過後風味會改變。這道理就和土司與麵包吃起來味道不一樣，烤土司和沒烤的土司味道也不一樣。香料烤過可以產生更有深度的風味與勁道。大部分的印度咖哩使用烤過的香料味道更好，但是肉桂、多香果、肉荳蔻和薑在加進蛋糕前，絕對不要先烤。我本身在魚和蔬菜的料理中，偏愛使用未烤過的香料，這是因為香料未烤，前香細膩、口味新鮮，也容易分辨得出來，搭配起來要比風味強烈、深奧、有烤過香氣的香料更為合適，而後者我較愛與紅肉這類的食物搭配。

無論是整顆還是研磨好的香料都可以乾烤。許多廚師喜歡烤整顆香料，理由就和他們愛買整顆的香料一樣。但是優質的現磨香料也能被完美的乾烤。無論是要乾烤整顆或研磨好的香料，請在爐子上熱一支厚底平底鍋，要熱到鍋幾乎無法碰觸的程度（太熱的話，香料會燒焦，嚐起來就有苦味）。把香料倒到熱鍋裡，一直不斷的搖動，不然會沾鍋或燒焦。當香料開始飄出香味，顏色也變深後，烤的程度就夠了。這時從平底鍋裡倒出來，完全放涼後，再存放到氣密式容器裡，一兩天之內就要用完。（烤過之後，揮發油氧化得更快，風味也容易變差，所以烤過的香料不要久放，幾天就算多了。）

Part Two
香料
筆記

　　本書的這個章節針對 97 種香草與香料提供相關資訊，方便讀者快速查詢。這些香草與香料入選的原因不一，有些是料理中最常使用的、有些則具有特別有趣的歷史背景及料理應用方式。每個條目中包含的詳細資訊是我對該香草或香料與消費者相關性的認知。我曾在許多與香草香料行業相關的場所工作過，兒時種植過香草，後來管理一家位於新加坡的香料公司，之後在 1990 年代中期開創了屬於我個人的職人香草與香料事業。50 年演講和教學的經驗、與各式各樣不同類型消費者的對話，對象包括了主廚、食品製造商，都讓我明白大家想了解的是哪些資訊。

　　過去 18 年來，我和內子伊莉莎白走過很多地方，為我們位於澳洲雪梨的生意：香草家香料公司（Herbie's Spices）進行採買，我們也曾經常帶團到印度去進行香料探索之旅。拜工作與旅行之賜，我們有幸能體驗香料貿易中許多迷人的不同層面，我覺得讀者對這些可能也有興趣。我把這些（我希望是）有用的事實與趣聞都收錄到這裡來了，我相信你應該也會覺得很有趣。

如何使用香料與香草名冊
How to Use the Spice and Herb Listings

　　本書收錄的香料與香草是以其英文常用名稱進行編排，按照英文字母排序的。中文版以中文常用名稱為標題，保留英文常用名稱與原編排順序，方便讀者查閱。植物學名以斜體標示在名稱下。以下是使用的各種副標題介紹。

常用名稱

　　香草與／或香料的單一名稱，也是最常被使用並認識的名稱。

植物學名

　　許多植物都有許多不同的叫法，包括我們採收的香料和香草。這些命名上的各種變化可能讓人極為混淆，尤其是對消費者而言。為了確保不弄錯，我把每一個條目的植物都標上了學名（科學名稱），科學家們對於植物界某些科屬雖然還有些爭議，但是植物學名的確可以提供一個植物分類的系統，也為舉世所接受。

　　第一個嘗試為植物分類的是西元前 4 世紀的一位希臘哲學家西奧弗拉斯塔（Theophrastus）。西奧弗拉斯塔將植物粗分為草本（herb）、灌木（shrub）及木本（tree），當時，herb 這個字只是單純的用來作為植物大小的參考；沒有任何食用或醫藥屬性的指示含意。下一個重大的跨步則是 1753 年由卡爾・林奈（Carl Linnaeus）所邁出，在他開創性的著作《植物種誌（*Species Plantarum*）》中，他指出了花在型態上的區別。這種分類方式將植物依照某種特有的特質分在一組，不過，這種方式未必能顯示出與其他類似植物在基因上的共同性。林奈以雙名法命名每一株植物，一個是屬或屬名，另一個則是種名。這種作法被接受了，由於使用的是拉丁文，所以這系統就變得世界通用了。完整的植物名稱通常還會跟著當初第一位描述這物種的植物學家名字（或縮寫），以小荳蔻 cardamom 做個例子說明，綠荳蔻（green cardamom）的植物學名為 *Elettaria cardamomum* Maton，*Elettaria* 是屬名，*cardamomum* 是種名，Maton 則是第一位描述該植物的植物學家名字。

科名

　　高一個程度的共通性則是該植物所屬的科名，許多植物都有具有足夠類似的特質，讓我們把它們歸在同一科，綠荳蔻是薑科（Zingiberaceae），和薑以及南薑同屬於一科，都是從根莖生長起來的。有些科名進行過變動，以便能夠更精確的反應其共通性，例如繖形科（Umbelliferae）包括的是有傘狀花序（我喜歡這個形容）的植物。Umbelliferae這個名稱已經被改為香芹科（Apiaceae）了，新名稱更能精確的形容有中空莖的植物——這個字源自於拉丁字 *apium*，是羅馬人用來類似於芹菜的植物（植物圈裡仍傾向於同時認可兩種名稱）。當科名被更新之後，例如 Umbelliferae 變成 Apiaceae，之前使用的科名會被列在現行科名之後。

品種

　　有些植物有不同的品種；舉例來說，在「羅勒」之中，就有甜羅勒（sweet basil）、灌木羅勒（bush basil）、紫紅羅勒（purple basil）、樟腦羅勒（camphor basil）和聖羅勒（holy basil）等，而這些只是其中一部分。有些品種是透過異花授粉自然產生的，有些則是人工培育出來的。當某個新品種被刻意栽培出來時，會被稱作栽培品種（cultivar）（大部分的香草與香料都不是大面積栽培、高產量的單品種種植作物，如稻米和小麥，因此截至目前為止，我並不知道有什麼進行研發中的基因改造栽培品種 GMO cultivars）。只要有適合的，相同植物的其他品種及其植物學名也會一起被列出來，就像羅勒一樣。

別名

　　如同之前所提，植物的一般名稱，根據生長所在或是購買的地方，變化很大。舉例來說，黑種草籽（nigella seeds）經常被錯叫為「黑蒔蘿」（black cumin）籽或「黑洋蔥」（black onion）籽，印度藏茴香（ajowan）籽也被叫做「主教草」（bishop's weed）籽、「葛縷子」（carum）籽、「白葛縷子」籽。這些「其他」名稱經常被用來取代常用名稱使用，讓消費者非常混淆。例如，芫荽葉（coriander leaf）常被稱作香菜（cilantro）。

　　由於英文香草和香料的名稱常常是由其他語言翻譯過來的，所以英文常用名稱的拼法可能會有不小的出入。不過，

無論如何，聲音應該是很相近的，如果英文名稱不是從羅馬字母拼寫而來，拼法都應該是最相近的音譯。舉例來說，中東香料 sumac（鹽膚木）在英文中的拼法就可能會是 *sumak*、*sumach*、或是 *summak*。在實作中，我們也很難說其中一種拼法就比另外一種正確，不過，為了建立一致的標準，在名稱上，我已經盡可能使用最常見拼法了。

中文別名

這是中文版根據植物的中文名稱特別新增的部分。

風味類組

香料分屬於五種主要的風味（flavor）類組：甜香（sweet）、激香（pungent）、香濃（tangy）、辣味（hot）、和中和（amalgamating）型。而香草是屬於氣味（savory）類型，氣味可以進一步分為溫和（mild）、適中（medium）、濃香（strong）或激香（pungent）。風味類組對於烹飪時該成分要使用多少量，是個很有用的參考。如果你知道該香料是激香型，那麼使用時，下手的量就要斟酌了！這些分類在你調配香料時，特別有用。在第三卷「調配香料的藝術」中，我會討論該如何著手調配這些分屬於不同類組的風味，以製作出比例均衡的混合式香料。

使用部位

在本節中，會把植株中會使用的各個部位都列出來，而不論其型態一般是乾品還是鮮品，也不管該植物是被歸為香草還是香料。

各國語言名稱

我盡可能的把除了英文之外，香草與香料的各國語言名稱提供出來。如果你找不到某種香草的某種語言名稱，很可能該產品在講該語言的國家很少被用到。在許多國家，官方語言和方言對於香草與香料可能有不同的叫法，所以在該國之中就會產生差異。舉例來說，在印度，ajowan（印度藏茴香）就因為地區的不同，而有 *ajwain*、*omum*、*ajvini*、*javanee*、*yamani*、*carom*、*lovage* 等叫法。在用英文寫這些變異時，我採用了拼音法，非羅馬語系的文字，如阿拉伯語和中文，我也用拼音來顯示念法，

中文的名稱則提供了粵語（C）與國語（M）兩種選擇（譯註：在中文版的這個段落中，我們保留了原作中的音譯拼法，因為中文名稱在標題與新增的中文別名段落中都會提供。）

背後的故事

香草與香料最有趣的某些層面，可能要算是它不尋常的來源以及多采多姿的歷史了，所以每一種植物，我們都提供了簡短的歷史小故事。

香料筆記／香料生意中的旅行

我一生與香草和香料買賣打交道，經歷了許多非常有趣的事。我覺得某些故事頗值一提，所以就寫入相關的條目中與大家分享。希望你喜歡這些故事，但或許更重要的是，我希望你會因為這些資料而提高對香草與香料的喜愛程度。

植株

在這個段落裡，我會用一些淺顯易懂的名詞來對植物進行非技術性的說明。有時，我會把和繁殖及種植的條件寫進去。不過，本書終究是著重於這些植物在料理上的應用，所以這些園藝上的資訊也就顯得次要了。如果你想進一步了解相關訊息，可以參考一段通用的敍述，裡面告訴你如何自己種植香草與香料植物（第24到28頁）。本段落中的風味特徵（flavor profiles）可以幫助你認識這些植物，並提昇你對這些植物的了解程度。

「其他品種」這個段落提供的是一開始主條目之下所列各品種的詳細資料，其中包括了相關的植物、以及有些雖具類似特質但其實並無關連，卻容易與主要條目混淆的植物。我在某些例子中提到了一些雖不可食，但名稱卻類似的植物，希望能幫助讀者避免可能發生的混淆。

處理方式

我把植物如何進行處理的方式一起寫進來了，因為在許多例子裡，處理方式對於其獨特風味特質的產生，非常關鍵。

購買及保存

無論你是在家裡附近的超市購買，還是去找香料專門店或遠赴伊斯坦堡的市場去討價還價買番紅花，在購買香草和香料時具有

基本的了解，知道該看什麼，將有助於你買到市面上的最佳產品。而當產品到家以後，適當的保存方式是維持優良品質最重要的事。

應用

　　這個段落裡面會根據所提供的食譜，做更多的說明，為的是要幫助你信心滿滿的利用這些香草與香料來料理食物，而不必拘泥於某份特別的食譜。

料理情報

可搭配：就如同馬配馬車，有些香草和香料就是能自然的搭配在一起。這裡把其他在風味上能與討論中項目進行出色搭配的其他香草與香料都列出來。

傳統用法：這個段落把最適合加入該香草或香料的食物種類都列出來——無論是經典菜色或創新菜色都收羅了。

調和香料：這個段落把該香草或香料最可能被加入的調和香料列出來。

每茶匙重量（5毫升）：每茶匙重量表示的是量與重量間的關係。舉例來說，一茶匙（5毫升）整粒的香料可能是3公克，但是一茶匙磨成粉的香料可能重5公克。如果你想把食譜中容量的計量方式改為重量，或是反向施行，那麼知道這個資訊很重要。這裡的重量只用公克計算——相同的重量轉成盎司，單位就太小了，在家裡很難精準的量出來。

每500公克（1磅）建議用量：由於香草和香料風味的濃淡不同，所以我建議了一個量，方便添加到每500公克（1磅）的紅肉、白肉（包括雞肉和魚肉）、蔬菜、穀類和豆類（豆莢）或是烘烤食物裡。

食譜：我們把加入該條目（也有的是加入該條目的混合式香料）的食譜放進來，因為提到香草與香料的使用，最好的著手點之一就是使用含有你剛剛所閱讀過的成分來做菜。在菜餚中，有時候香草與香料是主角，有時候只是扮演重要地位的配角而已。小女凱特研究出一些能利用這些風味，好好展示經典與創新菜餚的食譜。凱特的食譜設計的本意是想讓你了解這些香草與香料最佳的使用方法，依照這些食譜做出菜後，你就能想像出風味如何，也明白這些材料是如何提昇菜餚最終成品的。從此之後，你應該就能放心的把香草和香料加到其他食譜去了。

提示　每茶匙重量（5ml）是以優質等級的香草與香料來計算，成分中不摻入澱粉或是充數的粉。重量可能會隨季節而有所變化，但是這裡提出來的量還是可以做為相當準確的參考。

印度藏茴香 Ajowan

Trachyspermum ammi（也稱為 *Carum ajowan*）

各國語言名稱

- **阿拉伯文**：kamme muluki、talib-el koubs
- **中文（粵語）**：yan douh johng wuih heung
- **中文（國語）**：yin du zang hui xiang
- **荷蘭文**：ajowan
- **法文**：ajowan
- **德文**：Adiowan、indischer Kummel
- **印度文**：ajwain、omum、ajvini、javanee、yamani、carom、lovage
- **義大利文**：ajowan
- **俄文**：ajova、azhgon
- **西班牙文**：ajowan
- **土耳其文**：misir anason、emmus

科　名：	香芹科 Apiaceae（舊稱繖形科 Umbelliferae）
別　名：	ajawin、bishop's weed（主教草籽）、carum（葛縷子）、white carum（白葛縷子）、bleached ajowan seeds（淡色葛縷子籽）。
中文別名：	獨活草、阿印茴
風味類型：	激香型
使用部位：	種子（香料）

背後的故事

　　印度藏茴香（譯註：也常被稱為獨活草）是印度次大陸的原生植物。生長在阿富汗、埃及、伊朗和巴基斯坦。19 世紀晚期、20 世紀初，印度藏茴香是世界主要的百里酚（thymol）來源。百里酚是一種揮發油，在製造漱口水、牙膏、咳嗽糖漿、潤喉糖和某些草藥時都會用到（這種成分在百里香香草裡面也能找到）。在 1914 年前，幾乎所有的印度藏茴香籽都是出口到德國去萃取出百里酚，作為藥用。印度藏茴香籽中含有 2.5% 到 5% 的揮發油，其中 35% 以上是百里酚。

植株

印度藏茴香是香芹的近親，植株看起來很相似；不過，印度藏茴香的葉子不會用來烹飪。種子小、成淚滴狀，淡褐色，樣子和芹菜籽很像，長在傘狀的花序中。印度藏茴香籽味道嚐起來像百里香，因為其中含有高比例的百里香揮發油——對種子類的香料來說是很不尋常的香草風味。香氣中帶有稍嗆的胡椒味，有後韻的溫暖回味。淡白葛縷子籽雖然少見，風味上倒是比較柔和，也被稱作白葛縷子籽。

處理方式

印度藏茴香籽在仲夏採收，那時候的花序會變成褐色。整株植物採收時會連根拔起，放在蓆子上晒太陽，接著在用手去揉花，將種子分離。揮發油百里酚是透過蒸氣蒸餾法提煉的。

購買與保存

印度藏茴香籽的顏色要一致，沒有多出來的柄狀物。買的時候一定要購買整顆顆粒，需要的時候自己用研磨砵和研磨杵（研磨砵組）磨，乾淨的胡椒罐也行。新採收的種子會有明顯的香草芳香，以及一點點嗆鼻的胡椒味。如果沒有這些屬性，就是種子放太久了，不要拿來料理。請存放在氣密式的容器中，避免放置在溫度太高、光線太亮、或太潮溼的地方。在這樣的條件下，最佳的保存時間大約是 2 到 3 年。

料理情報

可搭配
- 辣椒
- 芫荽籽
- 孜然
- 葫蘆巴籽
- 薑
- 芥末
- 肉荳蔻
- 紅椒粉
- 多數香草

傳統用法
- 麵包
- 摩洛哥塔吉鍋（tagines）
- 印度蔬菜炸餅（pakoras）、印度拋餅（parathas）、印度香料餃（samosas）
- 鹹味餅乾
- 蔬菜魚咖哩
- 蔬菜菜餚
- 顆粒芥末醬

調和香料
- 柏柏爾綜合香料
- 咖哩粉

我們夫妻去旅行時，我太太麗姿一定會隨身帶上一包加有印度藏茴香的柏柏爾綜合香料（參見697頁），讓平淡無味的飛機餐能變得有滋有味。有一次飛行時，提供的熱食上蓋滿了一層不知為何物的乳白色醬汁。當麗姿把柏柏爾綜合香料撒到食物上後，食物立即散發出一種令人心馳神迷的香氣。當空服員被這香味香暈後，麗姿不得不把柏柏爾綜合香料轉遞給附近的旅客們。由於高緯度會讓我們的味覺變差，所以掌管飛機餐的負責人應該要好好考慮一下，提供更多摻有濃烈香料的菜色才是。

每茶匙重量（5ml）

- **整粒未磨籽**：3.3公克

每500公克（1磅）建議用量

- **紅肉**：1茶匙（15毫升）
- **白肉**：2茶匙（10毫升）
- **蔬菜**：1茶匙（5毫升）
- **穀類和豆類**：
  1茶匙（15毫升）
- **烘烤食物**：1茶匙
  （5毫升）

應用

就和許多種子類的香料一樣，印度藏茴香能襯托出蔬菜、穀物和豆類的風味。這些個頭小、勁道足、香氣濃的種子可以幫鹹味餅乾增添迷人的香味，還能幫肉類、海鮮、蔬菜派的麵皮增加一點辛辣味。在烹煮時，把半茶匙（2毫升）的印度藏茴香籽加到一杯（250毫升）量的高麗菜去蒸，就能讓這種受到很多（西方）人討厭的蔬菜成為烤肉的可口配菜。一開始試用印度藏茴香籽時，請少量使用，因為它的味道十分濃烈。加到泡菜和印度辣味酸甜醬（chutney）時就可以隨意一點，因為久煮之後，味道會變得柔和。由於印度藏茴香籽顆粒很小，煮後又能咀嚼，所以幾乎不必研磨。

馬鈴薯豆子香料餃
Potato and Pea Samosas

香料餃是印度一種主要的開胃菜，絕大多數都做成素菜餡。馬鈴薯豆子香料餃加入的香料味道柔和，讓印度藏茴香在內餡和麵皮中都能顯得出色閃亮。這道料理外帶時是種罪惡的美味，不過親自製作一點也不難。我在家自己動手時不會選擇油炸——用烘焙來料理是種完美的方式——不過，如果你家中有一口油炸鍋，那當然還是炸吧！上菜時可以配上萊塔醬（raita，碎薄荷優格醬）。

製作12人份香料餃

準備時間：
- **20 分鐘，加上**
- **30 分鐘，醒麵團**

烹煮時間：
- **1 小時**

 提示 Ghee 是一種印度料理常用的澄清奶油。如果你手上沒有，可以用等量的奶油或是無水奶油來代替。

● 襯有防油紙的烤盤

麵皮

2 杯	中筋麵粉	500 毫升
1 茶匙	細海鹽	5 毫升
½ 茶匙	印度藏茴香	2 毫升
4 大匙	Ghee 印度澄清奶油（參見左側提示）	60 毫升
6-8 大匙	水	90-120 毫升

內餡

1½ 磅	馬鈴薯，去皮切成 2.5 公分的丁狀大小（大約 2 大顆）	750 公克
1 大匙	油	15 毫升
½ 顆	洋蔥，切成細丁	½ 顆
1 大匙	生薑磨碎	15 毫升
1 根	青辣椒去籽，切成細丁	1 根
½ 茶匙	整顆的孜然	2 毫升
½ 茶匙	印度藏茴香	2 毫升
1 茶匙	印度恰馬薩拉綜合香料 Chaat masala（參見 704 頁）	5 毫升
½ 茶匙	細海鹽	2 毫升
¼ 茶匙	現磨黑胡椒	1 毫升
2 大匙	香菜葉粗切	30 毫升
½ 杯	豆子	125 毫升
2 大匙	水	30 毫升
2 大匙	奶油，融化	30 毫升

1. **麵皮**：拿一個大碗，把麵粉、鹽和印度藏茴香放進去混合。用手指去揉印度澄清奶油，直到混合物變得像麵包屑。加一大匙（15 毫升）水，一次一大匙，直到形成硬硬的麵團。拿到乾淨的檯面揉 5 分鐘，直到麵團變得平滑。輕輕拍成球形，用保鮮膜裹上，放置一旁，在室溫下醒，至少 30 分鐘。

2. **內餡**：這同時，用湯鍋燒鹽水，將馬鈴薯煮到能入叉的軟度，約 20 到 30 分鐘。瀝乾水，放到一旁。

3. 平底湯鍋開中大火，開始熱油。將洋蔥和薑倒入炒 3 分鐘，直到變軟。加入辣椒、孜然、印度藏茴香、印度恰馬薩拉綜合香料、鹽和胡椒繼續炒，不斷的翻炒，大約 2 分鐘，直到香味散出。加入煮過的馬鈴薯、香草、豆子繼續煮，不斷翻動，大約 5 分鐘，直到馬鈴薯均勻的覆滿混合香料，並開始化開。熄火，用馬鈴薯叉或大叉子輕輕壓成泥。放置一旁待涼（將馬鈴薯泥換一個碗，會涼得更快。）

4. 烤箱預熱到攝氏 200 度（華氏 400 度）。

5. 將麵團分成 12 小團，繼續用保鮮膜蓋住，直到使用之前。在工作平台上撒上一層薄薄的麵粉，用擀麵棍擀成大約 0.2 公分厚的方形。在每張方塊的中央放一大匙（15 毫升）的馬鈴薯餡。指頭上沾水，在麵皮四周糊一圈，然後輕輕把內餡對摺在中間，做成三角形。把邊緣緊緊壓住密封。想要的話，還可以用叉子在封邊的周圍妝點出花樣（參見右側提示）。

6. 把香料餃移放到一旁準備好的烤盤上。每一個餃子的兩邊都刷上一些融化的奶油。在已經預熱好的烤箱烤 20 到 30 分鐘，轉一次面，直到麵皮呈現酥脆的金黃色。立即上桌食用。

 提示 你可以事先把香料餃做好但別煮，用保鮮膜或是塑膠夾鏈袋包好，放入冰箱冷凍，這樣可以最多可保存達 1 個月。準備食用時，先拿到室溫中，再刷上奶油，如步驟 6 所示，進烤箱去烘焙。

澳洲灌木番茄 Akudjura

Solanum centrale

各國語言名稱

■義大利文：pomo-dorina selvatico Australiano macinato

火之花

就像許多澳洲原生的植物一樣，澳洲灌木番茄在叢林失火之後還能茂盛的成長。它最初會穩定的結出許多果子，幾年後產量下降，但是植株在浴火重生之後又會再度恢復活力。

科　　名：	茄科 Solanaceae
品　　種：	灌木番茄 bush tomato（*S. chippendalei*）、野番茄 wild tomato（*S. quadriloculatum*）
別　　名：	bush raisin（灌木葡萄乾）、bush sultana（灌木淺色葡萄乾）、desert raisin（沙漠葡萄乾）、kutjera（庫特拉果）
中文別名：	（澳洲）沙漠葡萄乾
風味類型：	激香型
使用部位：	莓果（香料）

背後的故事

　　澳洲灌木番茄可算是人類最古老的香料之一，因為根據報導，澳洲原住民已經使用了好幾千年了。澳洲灌木番茄原生於澳洲中、西部，與澳洲瓦爾皮里（Walpiri）及安馬提爾（Anmatyerr）族的神話有緊密的關係。

　　被澳洲中部原住民視為重要植物的澳洲灌木番茄果實是在灌木上自然乾燥的，採集之後用水磨，製造出一種濃稠的膏狀物。原住民把這種膏做成大球，放在烈日下曝晒。澳洲灌木番茄的強酸，帶著香濃的風味以及豐富的維生素 C，被當成防腐劑使用，好讓保存的時間可以盡量延長。這些球經常被嵌在樹木的分岔枝椏中間，方便日後使用。雖說澳洲原住民主要是把灌木番茄當成食物，但是現代人的好奇心加上追求多樣口感經驗的慾望讓澳洲灌木番茄被當成了香料使用，每日各式各樣的飲食中，只要添加一點點的量，就可以增加食物的風味。

植株

　　澳洲灌木番茄的樹叢是外觀堅硬的多年生植物，有木質的莖幹以及尖銳的長刺，刺的間距約 5 到 8 公分（2 到 3 又 1/4 吋），是馬鈴薯和番茄的近親。葉柔軟，葉下呈灰綠色，新葉則是紅褐色，會開出迷人的紫羅蘭形狀花朵，就像顆五星芒的星星，和琉璃苣有點類似。果實直徑約 2 公分（3/4 吋），初生時是紫綠色，成熟後會轉成淡黃色。黏呼呼的果實在沙漠的條件下會被乾燥，縮成 1 到 1.5 公分大小（1/3 到 1/2 吋），顏色轉深，接近巧克力般的褐色，變得有嚼勁，類似葡萄乾的黏性。

其他品種

　　除了澳洲灌木番茄之外的植物，一般被稱作灌木番茄。舉例來說，*Solanum chippendalei* 就是類似的植物，和最常被利用的料理品種 *S. centrale* 相較，味道淡而無味。**野番茄**（*S. quadriloculatum*）看起來和 *S. centrale* 以及 *S. chippendalei* 相像，不過因為含有一定程度的毒素，所以不適合食用。

處理方式

　　澳洲灌木番茄在澳洲中部的沙漠野外成熟；果實在採摘之前，可以在植株上自然乾燥。澳洲中部溼度極低，你幾乎可以感覺到眼珠子持續不斷的變乾。如果想要在沒有有害性副作用的情況下食用澳洲灌木番茄，那麼乾燥過程就很必要了，因為在這過程中，生物鹼濃度會降低，風味也會濃縮，創造出更濃郁、複雜的風味香氣，方式就類似於日晒法會使許多我們熟悉的香料風味發生變化一樣。

香料生意中的旅行

　　如果你在澳洲地圖的中央釘上一支大頭釘，應該可以確定釘子會落在愛麗斯泉（Alice Springs），也就是我曾經和一群原住民婦女一起去採收野生澳洲灌木番茄的所在。有一名叫凱蒂的婦女將我的注意力吸引到另外一個植物的品種去了——*Solanum chippendalei*，這種植物幾乎與 *S. centrale* 長得一模一樣，只是它長出來的是亮綠色的圓形果實，直徑大約 3 公分（1 又 1/4 吋），而果實則是由一朵大大的、有刺的、精靈帽型的花萼裡懸掛出來的。凱蒂將其一分為二，把裡面的種子（看起來就像油亮亮的黑芝麻）以及裡面的內膜挖出來，然後邀請我品嚐看起來像哈密瓜的果肉。但是這果肉平淡無味，讓我想起羅馬甜瓜，沒人會想拿這樣的東西去增添食物風味的。

　　我也不會建議你在沒有採摘熟手幫助你確定哪些是可食用品種的情況下，自行去採澳洲灌木番茄。當時，凱蒂就曾指出另外一種相近的植物 *S. quadriloculatum* 來教我認識。這種植物長著幾乎一模一樣的花朵，像鼠尾草一樣的大葉子、以及海綿材質感的綠色果實。但這種植物是不能食用的，因為其中含有生物鹼龍葵素（Solanoine）毒素。而凱蒂就說了，「Cheeky（有毒）！只有鴯鶓和袋鼠才吃。」

購買與保存

　　購買整顆的澳洲灌木番茄時，你會發現果實的顏色變化很大。通常來說，這不是品質好壞的指標，而是果實生長的季節雨水多少影響所致。最重要的是，果實的黏度應該要跟葡萄乾的嚼度相近；太軟了，表示乾燥的程度不夠。磨成粉狀後有時會容易結塊，這是因為裡面存有高比例的油。只要粉摸起來不會覺得潮溼，有點小硬塊並不會影響應用於料理上的品質。澳洲灌木番茄無論是整顆或是研磨成粉，最好都要裝入氣密式容器中，遠離溫度過高、光線太亮、或潮溼的場所。在這樣的條件下，最佳的保存期限大約在 2 到 3 年左右。

應用

　　澳洲灌木番茄的風味獨特，少量使用效果最好。就像許多味道刺激的香料一樣，加太多會產生苦味、嗆味、搶掉果實的果香、甜味和焦糖味。整顆的果實可以一開始就加到菜餚裡面長時間慢煮，例如湯品、泡菜或印度辣味酸甜醬、砂鍋裡。粉末可以讓餅乾和蘋果奶酥（apple crumble）帶來令人懷念的「鄉村烘焙」味道。我發現，澳洲灌木番茄如果和芫荽籽、澳洲金合歡樹籽、檸檬香桃木和一點點鹽混合，做成燒烤的醃料，效果特別好。

每茶匙重量（5ml）

- 平均：整顆乾燥的果實：0.8 公克
- 磨成粉：2.7 公克

每 500 公克（1 磅）建議用量

- 紅肉：1 茶匙（5 毫升）
- 白肉：1/2 茶匙（2 毫升）
- 蔬菜：1/2 茶匙（2 毫升）
- 穀類和豆類：1/2 茶匙（2 毫升）
- 烘烤食物：1/2 茶匙（2 毫升）

澳洲丹波麵包
Aussie Damper

丹波麵包是一種傳統的澳洲麵包，早期是由所帶口糧有限的流動工人和牲口販賣商製作的。這種麵包和司康（scone）麵包類似，烘烤時使用的是營火中的碳火。孩童時期的我們喜歡把麵團壓在一根棒子的尾端，靠近逐漸熄滅的火焰去烘烤，烤好後拿下，中間填入金澄澄的糖漿，當做晚餐後頹廢至極的享受。這種麵包，澳洲的原住民有屬於他們自己的版本。他們使用穀物和果仁來製作，還放澳洲灌木番茄。吃的時候配上新鮮鷹嘴豆醬（作法參見596 頁），就是簡單快速的午餐。

製作4人份

準備時間：
● **10 分鐘**

烹煮時間：
● **30 到 40 分鐘**

提示 商店裡如果找不到自發性麵粉，可以自行製作。要製作等量於一杯（250 毫升）的自發性麵粉，可以用一杯（250毫升）的中筋麵粉，1 茶匙半（7 毫升）的發酵粉或泡打粉，以及半茶匙的鹽混合。

如果你沒有白脫牛奶（buttermilk），可以自行製作。將 1 茶匙半（7毫升）的檸檬汁、1 又1/4 杯（300 毫升）的牛奶混合，放在一旁靜置 20分鐘，直到牛奶開始凝結。

● **襯有防油紙的烤盤**
● **烤箱預熱到攝氏 180 度（華氏 350 度）**

1 ¾ 杯	自發性麵粉（參見左側提示）	425 毫升
1 大匙	澳洲灌木番茄磨粉	15 毫升
¼ 茶匙	甜味煙燻紅椒粉	1 毫升
½ 杯	切達起司（Cheddar cheese），磨粉	125 毫升
1 大撮	細海鹽	1 大撮
1 ¼ 杯	白脫牛奶（參見左側提示）	300 毫升

1. 拿一個大碗，把麵粉、澳洲灌木番茄、紅椒粉、切達起司和鹽混合。把白脫牛奶放進去攪拌，用手粗混做成麵團。移到輕輕撒上麵粉的工作台，輕揉 1 到 2 分鐘，直到麵團變得光滑。將麵團做成直徑 18 公分的圓形，放在預備好的烤盤上。在預熱好的烤箱中烤 30 到 40 分鐘，直到上面變成金黃色，而底面變扎實為止。

變化版本
若想增添風味，可以切兩片熟培根肉下來粗切一下，加入麵團裡。

澳洲灌木番茄燉飯
Akudjura Risotto

這道菜雖然不是澳洲內地沙漠的傳統菜餚，但酸中又帶點焦香味的澳洲灌木番茄加在燉飯裡，滋味實在不錯。如果想讓菜色更豐盛，可以配上烤雞或烤蝦一起上菜。

製作6人份			
2 大匙	磨碎的澳洲灌木番茄		30 毫升
1 大匙	滾水		15 毫升
1 大匙	番茄醬		15 毫升
1 茶匙	磨碎的澳洲金合歡樹籽		5 毫升
1 大匙	初榨橄欖油		15 毫升
1 顆	小洋蔥，切碎		1 顆
2 瓣	蒜頭，壓碎		2 瓣
1 ¾ 杯	義大利燉飯米（Arborio rice）		425 毫升
½ 杯	干型白葡萄酒		125 毫升
5 到 6 杯	蔬菜高湯或雞肉高湯		1.25 到 1.5 公升
2 大匙	動物性鮮奶油（含脂量 35%）		30 毫升
些許	海鹽及現磨黑胡椒		些許
2 大匙	新鮮羅勒葉，撕碎		30 毫升
些許	現削的帕馬森起司（Parmesan）		些許

準備時間：
● **20 分鐘**

烹煮時間：
● **30 分鐘**

 提示 如果想事先多準備起來，在步驟 2 加入一半的高湯後就先停止，之後再冷凍。要完成菜餚時把澳洲灌木番茄和剩下的高湯加進去，繼續煮就可以了。

1. 拿一個小碗，澳洲灌木番茄用滾水蓋過，放置一旁 10 到 15 分鐘。瀝乾，倒掉泡番茄的水。在浸泡過的澳洲灌木番茄上加入番茄醬和澳洲金合歡樹籽，攪拌均勻。放置一旁。

2. 找一個深的炒鍋或平底鍋，把油加熱到中溫。加入洋蔥煮到軟，大約要 3 分鐘。加入蒜頭繼續翻炒，大約 2 分鐘。加入米攪動，米粒都要能沾上油。倒入白酒繼續煮，要經常攪拌，大約 1 到 2 分鐘，直到冒出蒸氣。調到小火，加入一半的高湯。一次加入一杯（250 毫升）的量。每次加高湯都要攪到湯汁被收乾為止（參見左側提示）。當一半的高湯被煮完，把澳洲灌木番茄的混合材料加入，繼續攪拌混合。再繼續加高湯攪拌，直到米變得有點濃稠，吃起來稍硬為止。離火，加入鮮奶油，用鹽和胡椒調味到適口。用羅勒和帕馬森起司裝飾後上桌。

亞歷山大芹 Alexanders

Smyrnium olusatrum

科　　名：香芹科 Apiaceae（舊稱繖形科 Umbelliferae）

別　　名：black lovage（黑圓菜當歸）、
horse parsley（馬歐芹）、potherb（野菜）、
smyrnium（馬芹）、wild celery（野芹菜）

風味類型：溫和型

使用部位：葉（香草）、莖和花苞（作蔬菜食用）

背後的故事

　　亞歷山大芹是原生於地中海地區的植物。大約 2000 年前被羅馬人引介到英格蘭，自此便在那裡蓬勃生長了。在土壤溼潤、肥沃的陽光地區，以及懸崖石壁，靠近海的地方都能見到它的蹤跡。除了被廣為用於與洋蔥、胡蘿蔔、蕪菁一起煮湯或燉菜，增加份量也添加風味外，亞歷山大芹也被當做野菜來種植，嫩葉和管莖被當做蔬菜食用。

可搭配

可與大多數香草搭配，但與下列搭配特別適合

- 羅勒
- 圓葉當歸
- 奧勒岡
- 巴西利
- 小地榆
- 風輪菜

傳統用法

- 豆子跟豆莢
- 胡蘿蔔
- 馬鈴薯
- 沙拉
- 蔬菜湯

調和香料

- 不常用於調和香料中

歷史小故事

據說，亞歷山大芹是根據亞歷山大大帝命名的，它長的樣子跟亞歷山卓港的「岩香芹」（rock parsley，學名 *Petroselinum crispum*）非常相似。除了早期風行一時外，在 18 世紀中期之前，亞歷山大芹作為香草的使用就大多被芹菜取代了。

植株

亞歷山大芹是外表強健的多年生草本植物，可以長到 1.5 公尺（60 吋）高，粗壯有溝紋的莖幹上長著有光澤的墨綠色圓形葉子，葉子三葉一組。植株舊的科名是繖形科，因為黃綠色的花朵生在無數的傘形花序裡。小小的黑色種子曾被用來作為胡椒的替代品；相信這種關連應該是它的別名「黑圓葉當歸」引起的。嫩葉和莖的味道介於芹菜與巴西利之間，因此才有「馬歐芹」和「野芹菜」這樣的別稱。

其他品種

黃金亞歷山大芹（Golden alexanders，學名 *Zizia aurea*）長於北美洲東部，花有時候會被加到沙拉裡。莖和葉很少使用，因為有苦味，根最好也不要吃，據報導，其中可能含有毒素。

處理方式

亞歷山大芹主要是新鮮食用，只有很偶而的情況下才會使用乾品。若想要把葉子乾燥起來以備日後使用，技巧就和乾燥巴西利以及其他嬌弱的香草一樣。在早晨把長著葉子的長莖剪下來，在紙上或絲網上攤開，放到光線陰暗、溫暖、通風良好的地方。不要把它綁成把懸掛起來，因為一碰到葉就可能讓葉子的邊緣轉黑。當葉子縮到大約原來的五分之一大小，而且摸起來乾乾脆脆時，就把它從莖幹上搓下來，存放在氣密式容器裡。

購買與保存

亞歷山大芹的乾品在市面上不容易買。如果你決定自己動手進行乾燥，成品要放入密閉的容器裡，存在陰涼的地方。最佳的保存期約 1 年。

應用

　　嫩葉和莖可以細切，加到沙拉、口味溫和的炒菜、湯品和燉菜裡。投到少量橄欖油中後，也可以用來當做煮熟蔬菜的裝飾。粗大的莖蒸過以後，淋上橄欖油、鹽和現磨的黑胡椒，就是一道美味的蔬菜。花苞蒸五分鐘去除苦澀味後，可以做成沙拉。蒸好後放涼，淋上油醋醬就可以上桌，也可以加到萵苣沙拉中增加反差。

每 500 公克（1 磅）
建議用量

- **紅肉**：1/2 杯（125 毫升）
- **白肉**：1/2 杯（125 毫升）
- **蔬菜**：1 杯（250 毫升）
- **穀類和豆類**：1 杯（250 毫升）
- **烘烤食物**：1 杯（250 毫升）

亞歷山大芹散拼沙拉
Alexanders Ragtime Salad

我的祖父是一個超級爵士音樂迷（音樂以相當不錯的舞步來陪襯），在 1940 年代，他還是安德魯姊妹（Andrews Sisters）的粉絲呢。她們唱了一首名為「亞歷山大散拍樂團」（Alexander's ragtime band）的歌，正是這道沙拉名稱的靈感來源。這是一道很吸引人的沙拉，由於加入了各種不同新鮮沙拉菜的碎葉而變得更加美味。

製作6人份沙拉

準備時間：
● **10 分鐘**

烹煮時間：
● **無**

提示 如果你找不到亞歷山大芹，可以用 3/4 杯（175 毫升）粗切的新鮮巴西利葉子 1/4 杯（60 毫升）粗切的嫩芹菜葉來代替。

做這道沙拉要選擇柔軟的萵苣，像是奶油萵苣（butter lettuce）或是貝比（Bibb）萵苣。削球莖茴香時最好使用刨刀，如果沒有，可以用刨絲器上面附的片刀來削。

1 大匙	初榨橄欖油	15 毫升
2 茶匙	現壓的檸檬汁	10 毫升
1 杯	撕碎的新鮮亞歷山大芹，葉子和管莖，輕壓成平杯（參見左側提示）	250 毫升
1 杯	撕碎的柔軟萵苣，輕壓成平杯（參見左側提示）	250 毫升
1 球	球莖茴香（bulb fennel），刨片或切成非常薄的薄片（參見左側提示）	1 球
1 大匙	新鮮的奧勒岡葉	15 毫升
2 茶匙	酸豆，水瀝乾，稍微洗過	10 毫升
些許	現磨黑胡椒	些許

1. 拿一個小碗，把油和檸檬汁攪拌均勻。

2. 拿一個要上菜的大碗，把亞歷山大芹、萵苣、球莖茴香、奧瑞岡和酸豆放進去混合。撒上預備好的沙拉淋醬，用黑胡椒調味（不必加鹽，因為酸豆已經很鹹了）。

多香果 Allspice

Pimenta dioica

各國語言名稱

- **阿拉伯文**：bahar halu、tawabil halua
- **中文（粵語）**：do heung gwo
- **中文（國語）**：duo xiang guo
- **丹麥文**：allehande
- **荷蘭文**：piment
- **法文**：piment de Jamaïque、poivre giroflée
- **德文**：Piment
- **希臘文**：bahari、aromatopeperi
- **印度文**：kabab cheene、seetful
- **義大利文**：pepe de Giamaica
- **日文**：hyakumikosho
- **葡萄牙文**：pimenta da Jamaica
- **俄文**：yamayski pyerets
- **西班牙文**：pimenta gorda
- **瑞典文**：kryddpep-par
- **土耳其文**：yeniba-har、Jamaika biberi

有趣的用法

墨西哥的阿茲特克人把多香果和香草一起加到某種巧克力飲料中，馬雅人則把多香果放進屍體防腐的過程中。

科　　名：	桃金孃科 Myrtaceae
品　　種：	香葉多香果 bayberry tree（*P. racemosa*）、卡羅萊納多香果 Carolina allspice（*Calycanthus floridus*）、加州多香果 Californian allspice（*Calycanthus occidentalis*）
別　　名：	bay rum berry（貝蘭果）、clove pepper（丁香胡椒）、Jamaica pepper（牙買加胡椒）、pimento（西班牙胡椒）
中文別名：	牙買加胡椒、玉桂子、眾香子
風味類型：	甜香型
使用部位：	莓果（香料）

背後的故事

　　疑似多香果的首次記錄出現在哥倫布 1492 年初航美洲的日誌中。哥倫布把從黑胡椒藤（*Piper nigrum*）上摘取的胡椒粒拿給古巴的當地人看，結果他們自以為認識。在一番比手畫腳後，他們指出附近區域就有這種莓果，而且數量豐富。當地的原住民指的其實是多香果樹的莓果，自那時起，命名上的混淆就開始了。這些像胡椒的莓果被給了一個植物學名稱叫做 *Pimenta*，西班牙文字意是「胡椒」。

可搭配

- 月桂葉
- 小荳蔻
- 肉桂
- 丁香
- 芫荽籽
- 孜然
- 甜茴香籽
- 薑
- 杜松子
- 芥末籽
- 肉荳蔻
- 紅椒粉
- 薑黃

傳統用法

- 煮熟的根類蔬菜
- 熟菠菜
- 番茄底的醬汁
- 肉醬和法式醬糜
- 肉類和蔬菜湯
- 烤肉
- 肉汁
- 醃料和醬汁
- 海鮮，尤其是貝類
- 泡菜、調味料和保存劑（整粒香料）
- 蛋糕、派和餅乾

調和香料

- 英式綜合香料／南瓜派香料／蘋果派香料
- 咖哩粉
- 肉的調味
- 牙買加肉類調味香料
- 賽爾粉
- 泡菜用香料
- 溫熱香料（mulling spices）
- 胡椒研磨混合香料
- 甜味版法式綜合四辛香（quatre epices）
- 塔吉綜合香料
- 中式滷味包

1534 年，西班牙國王菲力浦四世被告知胡椒長在牙買加野外的樹上。一想到這珍貴香料豐富的供應量將能把皇家的金庫塞得滿盈，這位國王便指示他的僕從們去投資牙買加胡椒（la pimento de Jamaica）。當船隻滿載著多香果歸國，而投資者們發現這船貨物的價值遠不如真正的胡椒（Piper nigrum）時，一定有不少人拉長他們的苦臉。大家一定能夠想像，當初投下多少心力去找出這些「新」香料的用法。多香果一直到 1601 年才傳到英格蘭，而（大家相信）那裡正是它第一次被拿來作為小荳蔻替代品的所在。在 17 世紀，多香果的防腐效果受到看重，特別是對於海上長途旅程中肉類與魚的保存。有趣的是，即使是現代新式的食物處理方式已經被廣為採用，許多加工產品中還是因為風味而繼續使用多香果。

植株

多香果（pimento）是一種原生於牙買加、古巴、瓜地馬拉、宏都拉斯和墨西哥南方的熱帶常綠木所長出來的未成熟莓果，經乾燥製作而成。多香果樹高 7 到 10 公尺，甚至還有高達 15 公尺的。樹皮呈銀灰色，有香味，裡面的木材堅硬、耐久、質地細密，在 19 世紀被拿來製作走路用的拐杖。不過，這項作業已經被立法終止的，因為害怕這些珍貴的樹木會被破壞殆盡。多香果的葉子呈墨綠色、堅韌有光澤，味道芳香，以叢聚方式長於細長次枝的末端。

傳統上，多香果樹不是人工有秩序栽種的；鳥兒把種子叼到哪裡，樹就長在那裡。種子會沿著圍牆或在樹叢中發芽，因為這些地方才能受到遮護，不被家禽家畜吃掉。還曾有一度，人們相信種子必須穿過鳥兒的肚腸出來之後才發得出芽；無論如何，現在大家知道如果種子從新鮮成熟的果實中取出來後立刻下種，就會發芽。雌株和雄株都需要育苗。種植多香果的農夫會把不要的樹木清除掉，採收時才方便採摘，

當地人稱它為「小徑」，而不是「種植場」。

多香果的莓果，如果被正確的加工整治並乾燥會呈現深紅棕色，果實是球形，直徑大約 3 到 5 公釐。抓一小把在耳邊用力搖，你會聽到明顯的喀喀碰撞聲，這得拜小種籽在裡面轉動所賜。整顆的多香果莓果散發出來的香氣只是淡淡的，但研磨過後的多香果則會發出獨特的芬芳，讓人想到丁香、肉桂和肉荳蔻。

其他品種

香葉多香果（*Pimenta racemosa*）是同類的品種。它的葉蒸餾後可產出月桂油，用於香水調製及生產有香味的化妝用品，**稱為貝蘭香水**（*bay rum*）。其他兩種名稱中有多香果的分別是**卡羅萊納多香果**（*Calycanthus floridus*）和**加州多香果**（*C. occidentalis*）。這兩中都是落葉灌木，葉子有香味。這些植物幾乎不用於料理，因為含有些輕微的毒性，不過，葉子有時候倒是會被放進乾燥香花裡。

處理方式

多香果是酵素與香料產生反應，在乾燥過程中製造出濃烈特色濃香的另外一個好例子。多香果在採摘時用剪子把長著一小簇一小簇未成熟莓果的小枝椏剪下來。這些果實被人從莖幹上脫粒，然後進行乾燥製作；此步驟會把其中所含水分從 60% 降低到 10-12%。有件事情挺有趣的，就算是在多香果的原生地，這些新鮮的莓果也沒有被應用在料理上。

整治的過程就從把莓果在一大片樣子像網球場的水泥地上攤開開始，這種場所叫做「燒烤場」，場子是塗黑的，以便吸收太陽的熱度。莓果被均勻的攤開鋪在燒烤場上，厚度約 5 公分（2 吋）。一日之中要翻扒數次，讓它均勻乾燥。在過去，到了晚上，莓果會被扒成堆，上面覆以大塊防水帆布。不過，這個作法已經變了，因為晚上常有盜匪出現去偷莓果。現

芬芳的花朵

當一簇簇的小白花盛開在多香果樹枝頭，空氣中那溫暖又帶著丁香氣息的芬芳是一種最美麗的香氣，美到無法想像。

名稱還是一團亂

多香果的植物學名從被哥倫布發現的那天起，就註定要混淆不清，直到今天還是如此。*Pimenta* 在西班牙文中是「胡椒」的意思，可用來表示藤上的椒、辣椒家族的全部成員（包括甜椒和辣椒），以及多香果。同時，許多消費者還把多香果和「英式綜合香料」搞混，這是一種綜合的甜味香料混合。在亂中還來添亂的還有法文的多香果名稱 *toute épice*，有些人更堅持把它叫做 *quatre épices*（參見 418 頁），而不管事實如何，這個名詞實際上指的是兩種混合式的香料，而其中只有一種含有多香果。「牙買加胡椒」直到今日，還是會出現在某些食譜裡，而另一個更鮮為人知的錯誤名稱則是「貝蘭莓果」（香葉多香果，bay rum berry）。

香料生意中的旅行

親眼目睹多香果樹長在牙買加聖安妮灣（St. Anne's Bay）的山丘上是一次真正令人永生難忘的經驗，這也讓我們見識到牙買加有多麼重視多香果事業。他們的農業部長把「多香果正確採收與製作程序」寫進了他們的農業實作方案裡：「違反這些條例就構成法律上的犯罪，要被處以罰金或監禁。」

雖說多香果在不少熱帶國家都有栽種，但是好像從未在哪個地方能長得像原生地一樣繁茂，這樣當然就可以理解為什麼牙買加要如此保護這個產業了。他們祭出的辦法包括了積極阻止傳統折砍樹木枝幹來收取未成熟莓果的作法（採摘工人依照採摘重量來領工錢，直接把長著果實的枝椏砍斷，比好好剪切快得多）。原先這種作法不僅對樹造成損傷，也是樹木枝葉得枯萎病的主因，是他們農業部所謂「長果斷續」。果實被採收過的樹木可能會失去多達 80-90% 的枝葉，因此這種作業方式會導致樹木可能要花上四年時間才能恢復過來，再次產果。再者，樹木的枝幹經常被砍折，造成樹木受驚，留下極大的開放性傷口，容易導致腐爛。

決定乾燥程度

大多數的香料乾燥時，水分大約被乾燥到剩下 10-12%，再高就會發黴。傳統上判斷是否已經乾燥好的方式是「手搖」法。這是個簡單的技巧——抓一把莓果，搖搖看是否會發出喀喀的聲音。如果發出聲音了，內含的溼度應該在 12% 左右。這種方法不是太科學，但是管用。有些農夫號稱自己連 0.5% 左右溼度上的差異，也能測得出來。

在整治中的莓果到了晚上會被扒起來，鎖在有遮蔽的地方，上面蓋上防水帆布以保住熱氣。這個「逼汗」的程序會激發酵素反應，也會保護剛剛晒在外面的多香果不變溼。

購買與保存

整顆的多香果莓果應該是呈現一致的暗紅棕色，圓球形。表面應該有點粗糙，這是因為揮發油腺體所致。果實會散發怡人的香味，如柔和的丁香，不會有任何一點發霉的味道。莓果果實的大小不會影響品質；不過，如果拿整顆多香果來入菜，還是選大顆的好，因為視覺上比較好看。整顆的多香果如果存放在氣密的包裝中，請避免放置在溫度太高、光線太亮、或太潮溼的地方。在這樣的條件下，風味最多可以維持 3 年。

研磨後的多香果應該是豐潤的深褐色，帶有丁香明顯溫暖的香氣，還隱隱散發出肉桂的味道。用大拇指和食指搓揉時，粉會有點油，絕不會乾乾的像粉塵。研磨過的香料會比整顆的香料散發出更多揮發質，所以若採用與整顆多香果相同的保存方式，有效的保存期限大約在 12 到 18 個月左右。

應用

許多蛋糕和餅乾的食譜裡都能發現多香果。它是「（英式）綜合香料」（mixed spice）其中的一種成分，這是英國一種烘焙的混合香料，和北美的南瓜派香料類似。有些廚師會用多香果取代甜點裡面的丁香，因為多香果的味道更加奧妙而隱約。多香果裡含有丁香中發現的相同揮發油——丁香油酚（eugenol），令人驚訝的是，羅勒這種香草裡面也有。下次手上有新鮮羅勒時，可以壓碎，聞聞那種和丁香類似的香氣。這也就難怪多香果和番茄風味會相得益彰，在製作許多以番茄為基底的烤肉醬和義大利麵醬中經常會放。北歐人把多香果放進他們著名的醃製生鯡魚裡，它也經常是他們泡菜、肉醬和煙燻肉品裡的特色。

如果你只想要多香果的風味，但不希望它暗褐色的粉讓菜餚被上色，那麼就用整粒的莓果。舉例來說，燉煮水果時加入一些多香果莓果，再配上一條肉桂棒、一顆八角、一個香草莢，就能讓這道甜點變成帶著香甜辛味的美味。雖說多香果和胡椒沒關係，不過把胡椒粒放到胡椒研磨罐時，加入一茶匙（5 毫升）的多香果是常見作法。研磨時，多香果甜甜的辛香和傳統的現磨黑胡椒是絕配。許多咖哩的調和香料和市面上特別為海鮮和紅肉調配的綜合香料裡，都能發現多香果。只要加入一點點量的多香果，根菜類的蔬菜和菠菜在煮食時就能增添風味，蔬菜湯，特別是番茄類的湯，加入多香果也有很好的提味效果。

每茶匙重量（5ml）

- **約 10 顆整粒的莓果：** 2 公克
- **研磨：** 2.8 公克

每 500 公克（1 磅）建議用量

- **紅肉：** 1/2 茶匙（2 毫升）
- **白肉：** 1/2 茶匙（2 毫升）
- **蔬菜：** 1/8 茶匙（0.5 毫升）
- **穀類和豆類：** 1/4 茶匙（1 毫升）
- **烘烤食物：** 1/4 茶匙（1 毫升）

乾燒雞腿
Jerk Chicken

17 世紀，從英國人手下逃脫的牙買加黑人奴隸將他們獵來的山豬用香料醃製，然後在火上慢燒之後保存。這種技巧後來被稱作「乾燒」（jerking），而他們所使用的調味料就保持了下來，成為牙買加的一項傳統。這道菜帶有一些美國肯瓊黑燒魚或黑燒雞的辣度和辛香味，但是多香果則賦予這道菜獨特而令人垂涎的風味。可和米飯及沙拉一起食用，或是夾在小圓麵包裡面，上面放高麗菜沙拉。

製作6人份

準備時間：
● 1 小時 15 分鐘

烹煮時間：
● 15 分鐘

 提示 如果想讓味道更濃郁，把雞腿放入冰箱醃製一個晚上。

● 食物處理機
醃料

1 大匙	橄欖油	15 毫升
1 顆	洋蔥，粗切	1 顆
1 瓣	蒜頭，剁碎	1 瓣
2 大匙	蘭姆酒	30 毫升
1 茶匙	平匙的赤砂糖	5 毫升
1 大匙	現擠萊姆汁	15 毫升
2 茶匙	多香果粉	10 毫升
1 茶匙	乾辣椒片	5 毫升
1 茶匙	薑粉	5 毫升
1 茶匙	乾燥百里香	5 毫升
½ 茶匙	現磨黑胡椒	2 毫升
½ 茶匙	細海鹽	2 毫升
6 隻	雞腿	6 隻

1. **醃料**：煎鍋開中火，熱油。放入洋蔥和蒜頭，炒 2 分鐘，直到變軟。

2. 食物處理機裝上金屬刀片，把洋蔥和蒜頭放到食物處理機裡。加入蘭姆酒、赤砂糖、萊姆汁、多香果、乾辣椒片、薑、百里香、胡椒和鹽，打成泥。將這泥放進夾鏈袋，把雞腿也放進去，封好。翻動袋子，讓醬泥均勻的覆蓋在雞腿上。放入冰箱冷藏至少 1 個鐘頭（參見左側提示）。

3. 用中火乾煎雞肉，或用烤的，每一面 5 分鐘，或直到汁收乾。

青芒果粉 Amchur

Mangifera indica

各國語言名稱

- **法文**：mangue
- **德文**：Mango
- **印度文**：aamchoor、
  amchur
- **義大利文**：mango
- **西班牙文**：manguey

Amchur 這個名稱源自
於印歐語系印地語中的
「芒果」（am）和「粉」
（choor）。

科　　名：漆樹科 Anacardiaceae

別　　名：aamchur（青芒果乾粉）、amchoor（青芒果乾
　　　　　粉）、green mango power（青芒果粉）

中文別名：青芒果乾粉

風味類型：香濃型

使用部位：果實（香料）

背後的故事

　　芒果樹原生於印度、緬甸和馬來西亞半島；在印度被人
工種植的歷史超過 4000 年。16 世紀，蒙兀兒帝國的皇帝阿
克巴在他統治印度期間，開始種植了 10 萬棵的芒果樹。大約
在相同時間，16、17 世紀的歐洲人把芒果樹的種植擴大到世
界大多數的熱帶與亞熱帶地區，也就是芒果樹能茂盛生長的
地方。芒果樹所有的部分都可以使用，不過，樹皮、樹葉、
花和種子多作為藥用。鬧饑荒的時候，芒果籽還曾被磨成麵
粉。青芒果絕大多數是印度和東南亞菜在使用。

植株

　　青芒果粉是取樹上未成熟的果實乾燥後製作的，芒果樹是一種熱帶長青樹，樹高可以長到 40 公尺（130 呎），壽命有 100 年。

　　對於我們許多享受芒果豐收，或是在盛產季節迷戀上這美味水果的人來說，想到這樹居然可以提供有用又有效的酸味劑，實在是令人驚訝。

　　青芒果粉有兩種形式：芒果乾燥之後切片或磨粉。乾燥的青芒果片顏色是淡棕色，質地較粗糙；磨成粉後，成粉倒是很細緻，顏色從淡灰色到略帶黃色的米色都有，要看是否添加了薑黃、加了多少量來決定（參見處理方式）。研磨的青芒果粉香氣溫暖，充滿果香，還有一點點樹脂的感覺；會在鼻子後面製造出刺鼻，幾乎是嘶嘶的感覺。這個味道像水果，散發著高比例天然檸檬酸（約在 15% 左右）具有的怡人酸味。

處理方式

　　未成熟的青芒果在長到 5 到 10 公分（2 到 4 吋）長時採下，去皮、切片，然後日晒。在乾燥之後，將芒果片磨成細細的灰色粉末，有時候會摻入高達 10% 的薑黃粉一起混合，讓顏色更好看。薑黃的土香味也能平衡一些青芒果粉的酸性和樹脂特質。

購買與保存

　　建議直接購買青芒果粉，因為青芒果片在家不容易磨粉。少量購買就好，因為細膩的風味特質在

料理情報

可搭配
- 小荳蔻
- 辣椒
- 肉桂
- 芫荽（葉和籽）
- 孜然
- 咖哩葉
- 薑
- 紅椒粉
- 胡椒
- 八角
- 薑黃

傳統用法
- 咖哩
- 泡菜和印度辣味酸甜醬
- 肉類和海鮮
- 蔬菜

調和香料
- 咖哩綜合香料
- 印度恰馬薩拉綜合香料
- 海鮮馬薩拉綜合香料
- 調味綜合香料（seasoning blends）
- 抹粉（作為檸檬酸的替代選擇）

每茶匙重量（5ml）
- **磨成粉：** 2.6 公克

每 500 公克（1 磅）建議用量
- **紅肉：** 1茶匙（5毫升）
- **白肉：** 1/2 茶匙（2 毫升）
- **蔬菜：** 1/2 茶匙（2 毫升）
- **穀類和豆類：** 1/2 茶匙（2 毫升）
- **烘烤食物：** 1/4 茶匙（1 毫升）

12 個月裡就會消失，就算保存得再好也一樣。請用氣密式的容器來保存，避免放置在溫度太高、光線太亮、或太潮溼的地方。

應用

青芒果粉是因為酸味而被使用的。它是檸檬汁很好的替代品：1 茶匙（5 毫升）的青芒果粉可以代替 3 大匙（45 毫升）的檸檬汁來使用。青芒果粉迷人的酸味是咖哩和蔬菜菜餚中羅望子方便的替代品，和鷹嘴豆也是。在調和香料中添加時，會比加檸檬酸香氣更好、更濃，一比就見真章了。青芒果粉常被用作醃料中的一個成分，因為它有軟嫩肉質的效果，跟其他醃料中的香料，如薑、胡椒、芫荽、孜然、和八角，也都搭配得很好。

青芒果粉香草醃料
Amchur and Herb Marinade

這種醃料拿來醃鮭魚或鮪魚再完美不過了,但是拿來醃雞肉或羊肉也適合。青芒果粉中帶著果香的酸味能將醃料中的新鮮香草襯托得更出色。

**製作½杯/
125毫升的醃料**
(能醃4到6塊的肉或魚)

準備時間:
● **10 分鐘**

烹煮時間:
● **無**

● **食物處理機或果汁機**

1 根	中辣度的綠辣椒,去籽切碎	1 根
1 杯	新鮮香菜,輕壓成平杯	250 毫升
½ 杯	新鮮薄荷葉,輕壓一下	125 毫升
2 大匙	橄欖油	30 毫升
1 茶匙	青芒果粉	5 毫升
1 茶匙	印度馬薩拉綜合香料 (garam masala)	5 毫升
1 茶匙	薑黃粉	5 毫升
3 大匙	原味巴爾幹風優格	45 毫升
些許	海鹽和現磨黑胡椒	些許

1. 把食物處理機裝上金屬刀片,或用高速果汁機,將辣椒、香菜、薄荷、油、青芒果粉、印度馬薩拉綜合香料以及薑黃打成泥。加入優格混合,用鹽和黑胡椒調味。醃料要裝在氣密式的容器裡,放在冰箱最多可以保存 3 天。

香濃鷹嘴豆咖哩
Tangy Chickpea Curry

我很愛這道做起來快速又簡單的咖哩中酸酸的味道。青芒果粉賦予這道菜鮮明的特色，又和帶著土香的孜然及薑黃配合得很好。上菜的時候可以跟印度香料飯（Basmati Pilaf，參見 164 頁）一起吃，印度蝦咖哩（Shrimp Moilee，參見 248 頁）可以當配菜。

製作4人份

準備時間：
● **5 分鐘**

烹煮時間：
● **20 分鐘**

 提示 Ghee 是一種印度料理常用的澄清奶油。如果你手上沒有，可以用等量的奶油或是無水奶油來代替。

喀什米爾（Kashmiri）辣椒未必來自喀什米爾。這是一種極受歡迎的印度辣椒，天然色素含量非常高，可以讓加這種辣椒的食物顏色紅得鮮明。如果沒有，可用中辣度的辣椒研磨來用，例如長型的紅辣椒。

煮鷹嘴豆的方法：用一大碗的水將鷹嘴豆浸泡一個晚上，水至少要淹過豆子 2.5 公分以上。把水瀝乾，洗乾淨，然後放入一大鍋的鹽水裡，水至少要淹過豆子 12.5 公分以上。小火慢煮一個半鐘頭，或煮到豆子變軟，然後瀝乾水分。放入冷藏最多可保存 3 天，冷凍則可以保存到 3 個月。

1 大匙	印度澄清奶油（參見左側提示）	15 毫升
1 顆	洋蔥，切細	1 顆
3 瓣	蒜頭，剁碎	3 瓣
1½ 茶匙	芫荽籽粉	7 毫升
1 茶匙	孜然粉	5 毫升
½ 茶匙	薑黃粉	2 毫升
1½ 茶匙	青芒果粉	7 毫升
½ 茶匙	印度馬薩拉綜合香料	2 毫升
¼ 茶匙	細海鹽	1 毫升
¼ 茶匙	喀什米爾辣椒（參見左側提示）研磨粉	1 毫升
1 杯	番茄壓碎，帶汁	250 毫升
2 杯	煮好的鷹嘴豆（參見左側提示）	500 毫升
1 杯	水	250 毫升
些許	海鹽和現磨黑胡椒	些許

1. 拿一支大鍋，開中火，融化印度澄清奶油。把洋蔥、蒜頭放進去，炒 3 分鐘，直到變軟。加入芫荽、孜然、薑黃、青芒果粉、印度馬薩拉綜合香料、鹽和研磨好的辣椒一起炒，攪拌 2 分鐘，直到所有材料均勻混合。加入番茄、鷹嘴豆和水，好好混合。火轉小，用細火慢燉，偶而攪拌一下，煮 15 分鐘，直到湯汁變濃稠。用鹽和胡椒調味。

歐白芷 Angelica

Angelica archangelica（也稱為 *Archangelica officinalis*）

科　　名：香芹科 Apiaceae（舊稱繖形科 Umbelliferae）

別　　名：garden angelica（花園當歸）、great angelica（大天使）、holy ghost（聖鬼）、masterwort（大星芹，譯註：多種繖形科植物都稱作此名）、wild celery（野芹）

中文別名：洋當歸、天使草

風味類型：適中型

使用部位：根部、莖、莖幹和葉（香草）

背後的故事

　　就我了解，民間以「守護天使」來稱呼歐白芷是無需爭論的事情。根據傳說，有一位天使出現在修道士的夢裡，表示歐白芷的功效正是治療瘟疫的藥方。歐白芷在其他宗教和基督教的祭典中被廣泛使用；一般相信這種植物源自於歐洲極北之處，特別是拉普蘭、冰島和俄國等地，不過某些植物歷史學專家卻認為應該是源自於敘利亞。

　　我們大部分人熟悉的歐白芷是糖煮型態，可以幫蛋糕、餅乾和冰淇淋增添風味以及作為裝飾。不過，未經處理的歐白芷也可以用在鹹味的料理上。舉例來說，在拉普蘭，歐白芷的莖幹會在花朵開花前就被採集起來，去掉葉子，留作日後使用。莖會被去皮，而新鮮肉多的部位則拿來生吃，被視為一種美食。最近，歐白芷最受到歡迎的商業應用則是把根用於酒，如苦艾酒、蕁麻酒等；它也是某些品牌琴酒的「祕方」之一。

可搭配

- 杜松子
- 薰衣草
- 檸檬香蜂草
- 肉荳蔻
- 胡椒

傳統用法

- 鮮葉：和歐洲大黃跟菠菜
- 乾葉：茶
- 種子：萃取，用於酒
- 糖水泡莖：蛋糕和餅乾

調和香料

- 不常用於調和香料中

植株

　　歐白芷是外觀最炫麗的香草之一。它又高又壯、中空有如芹菜的莖上長著翠綠色的鋸齒形葉，在其上巍巍顫顫的支撐著開青白色頭狀花的巨大傘形花序。歐白芷植株大約 1.5 公尺到 2.5 公尺高；長到第二年才會開出精緻的芬芳花朵，之後，植株就會死掉。歐白芷植株的所有部位都能利用。根、莖、葉和種子中全部都含單寧酸，有酸性，和杜松子那淡淡泥土香、似苦似甜又溫暖的香味只有細微的差異。它的莖和葉拿來料理很不錯；利用蒸餾法從根部和種子萃取出來的精油主要是用在食品和飲料的製作上。

處理方式

　　要保存歐白芷，最受歡迎的方式就是用糖水浸泡帶著凹槽的厚實莖幹，加入綠色的食用色素，這樣就能做出甜點用的漂亮翠綠色裝飾，並為食物添加風味。

　　歐白芷的葉子可以乾燥，沖泡成花茶。乾燥歐白芷葉子時，要選擇顏色比較深、比較成熟的葉子，將葉子攤於乾淨的紙張上，放在光線陰暗但是通風良好的地方幾天。當葉子摸起來乾乾硬硬時，壓碎，放進氣密式的容器中保存。

　　要乾燥歐白芷籽時可以將帶著種籽的花序綁起來倒吊，放在溫暖、光線陰暗的地方。乾燥後，把種籽脫下來，收集好。

購買與保存

　　新鮮的歐白芷市場供應有限，所以如果你想使用新鮮的葉子或莖，可能得自己種植。歐白芷的種子或幼苗最好在春天下種，選擇溼潤、排水良好、肥沃的土壤、陽光不要直射的地方。

　　乾燥的歐白芷葉子保存的地方一定要遠離溼氣，

最好放在氣密式的容器裡，在這樣的條件下，乾葉的色澤和風味最多可保持 3 年。歐白芷的種子也應該裝在氣密式的容器中，避免放置在溫度太高、光線太亮、或太潮溼的地方，在這樣的條件下，種子最多可以保存 2 年。

　　購買糖煮歐白芷或是裹糖歐白芷時，請跟買方確認買的產品真的是歐白芷。市面上有很多仿冒品被當成真品來賣，最常見的贗品是綠色的硬質軟糖塊。

應用

　　歐白芷的嫩葉可以加到沙拉裡。莖和葉柄則可以讓燉水果、果醬和果凍，特別是那些用很酸的材料，例如歐洲大黃和梅子製做的，產生一種出色的甜味。歐白芷的根可以當成蔬菜煮來吃，方式就跟球莖茴香的球根類似。歐白芷的乾葉可以用熱水沖泡來當茶成喝，喝的時候可以選擇加或不加牛奶和糖，和中國綠茶不一樣。糖煮歐白芷（由莖做成）切成小塊，混入蛋糕、小鬆糕、蘇格蘭奶油酥餅的麵團中時，可以做成很漂亮的裝飾，烘焙後直接擺上面也可以。

每 500 公克（1 磅）建議用量

- **蔬菜**：1/2 杯（125 毫升）乾葉
- **烘烤食物**：1 大匙（15 毫升）切碎的糖煮莖

糖煮歐白芷
Crystallized Angelica

我祖母的一位朋友曾用這種糖煮方式來處理柳橙和檸檬皮。在當時,這種做法相當常見,但令人難過的是,現在再也不流行了。奶奶用下面這個食譜來糖煮歐白芷,製作時需要一些耐心。過程不算複雜,只是費時。但是,做好後的成品拿來裝飾蛋糕會讓你覺得非常值得。

製作1杯(250毫升)

準備時間:
● 1 天

烹煮及乾燥時間:
● 8 天

 提示 要讓成品風味好,製作糖煮歐白芷的時候要選擇天氣乾燥時,溼度太高的時候可不好。

6-8 段	歐白芷的嫩莖,切成 10 公分(4 吋)長度	6-8 段
½ 杯	細海鹽	125 毫升
2 杯	滾水	500 毫升
3½ 杯	細砂糖	875 毫升
2¾ 杯	水	675 毫升
適量	額外的細砂糖	適量

1. 把歐白芷放進一個耐熱的碗裡。用量杯把鹽和滾水混合,直到鹽完全溶解。倒在歐白芷上(應該會全部浸泡在其中),蓋上蓋子,放在室溫中一個晚上。

2. 用濾勺或濾籃把歐白芷瀝乾水。用手指頭把外皮那層類似芹菜一樣的纖維撕掉,皮丟掉。用流動的冷水把去皮的歐白芷洗乾淨,放置一旁備用。

3. 取一個中型的鍋,開中火,把糖和水放進去煮沸。加入準備好的歐白芷,再煮 20 分鐘,直到開始變軟。用一支漏勺把東西撈出來,放到網架上瀝乾(糖漿倒進氣密室容器中,放冰箱冷藏),放到一旁,不要加蓋,在室溫中放 4 天,直到歐白芷變得乾又有亮澤。

4. 取一個中型的鍋,開中火,把準備好的歐白芷放到存起來的糖漿中煮 20 到 30 分鐘,直到糖漿被吸乾。離火,將鍋放到一旁待涼。將冷卻的歐白芷放到網架上瀝乾(把剩下來的糖漿丟掉),放到一旁,不要加蓋,放置 4 天,直到歐白芷變乾又有亮澤。均勻完整的撒上額外準備好的糖,存放在氣密式容器裡可以放上 1 年。

阿嬤的糖梨
Granny's Glazed Pears

在我祖父母曾經住過的薩默塞特小屋（Somerset Cottage），晚餐就是一頓饗宴。奶奶有一座神奇的香草園，香草隨手可得，她常用來測試她自己好幾本書中的食譜。清脆碧綠的歐白芷是我們大家最希望在甜點盤中看到的甜味，所以這道是我們的愛菜。

製作4人份

準備時間：
● **10 分鐘**

烹煮時間：
● **30 分鐘**

 提示 超細砂糖（super fine sugar，糖霜粉 caster sugar）是顆粒非常細的砂糖，通常用於需要砂糖能快速溶解的食譜裡。如果商店裡面找不到，可以自己動手做。把食物處理機裝上金屬刀片，將砂糖打成非常細、質地像沙子一樣細緻的糖粉。
如果你手上的百香果數量不足，大多數的超市都能買到罐裝的百香果果漿。

梨

4 顆	整顆的波士梨（Bosc pear），去皮，梨核取出	4 顆
1 茶匙	肉桂粉	5 毫升
1 茶匙	超細砂糖（糖霜粉，參見左側提示）	5 毫升
2 大匙	奶油，放軟	30 毫升
1 杯	百香果果漿（參見左側提示）	250 毫升
4 段	莖，糖煮歐白芷（參見 76 頁）	4 段

糖漿

1 杯	水	250 毫升
½ 杯	超細砂糖	125 毫升
適量	鮮奶油或冰淇淋，隨盤上	適量

1. **梨子**：在小碗裡將肉桂和糖混合，把一小坨奶油，以及四分之一的肉桂加糖放進每顆梨的中空部分。在中型的鍋子裡，把梨子排好，梨要直放，接著將鍋子放在一旁。

2. **糖漿**：小鍋中開中火，將水與糖混合，煮到滾；煮 10 分鐘，要一直不斷的攪拌，直到糖完全融化。

3. 把糖漿澆到每一顆梨子上，蓋上蓋子，用中火慢煮，直到梨子變軟就好，大約 10 分鐘左右（時間長短看梨子的熟度）。離火，繼續用杓子把糖漿澆到梨子上，持續幾分鐘，直到梨子上了美麗的亮澤。

4. 利用漏杓，小心翼翼的把梨子盛到要上桌的盤子上。把百香果果漿加到剩餘的糖漿裡，迅速的攪動一下混合。把糖漿倒到梨子上。每顆梨子都用一段歐白芷莖來裝飾，放 1 到 2 個鐘頭讓梨子變冷。上桌時可配上鮮奶油或是冰淇淋。

大茴香籽 Anise Seed

Pimpenella anisum

各國語言名稱

- **阿拉伯文：**
  yanisun、habbet hilwa
- **中文（粵語）：**daai wuih heong
- **中文（國語）：**da hui xiang、yang hui xiang
- **荷蘭文：**anijs
- **法文：**anis vert、boucage
- **德文：**Anis
- **希臘文：**glikaniso、anison
- **印度文：**saunf、somph、sont、souf、suara
- **印尼文：**jintan manis
- **義大利文：**anice
- **日文：**anisu
- **葡萄牙文：**erva-doce
- **俄文：**anis
- **西班牙文：**anis
- **瑞典文：**anis
- **土耳其文：**anason、mesir out、nanahan

科　　名：香芹科 Apiaceae（舊稱繖形科 Umbelliferae）

別　　名：aniseed（大茴香籽）、anise（西洋茴香）、sweet cumin（甜孜然）

中文別名：大茴香籽、茴芹、洋茴香、西洋茴香、歐洲大茴香

風味類型：甜香型

使用部位：種子（香料）、葉（香草）

背後的故事

　　大茴香原生於中東，廣為種植於溫帶地區，尤其是北非、希臘、土耳其、南俄、馬爾他、西班牙、義大利、墨西哥和中美洲。據稱，早在西元前 1500 年，大茴香在埃及就已經被發現了。當然了，在西元 1 世紀的羅馬，大茴香因其在消化方面的特性而被重視，這得歸功於它的揮發油化合物大茴香腦（anethole），這個成分在茴香籽和八角中也有發現。在縱情吃喝的宴會結束時，古代的羅馬人（缺乏現代的制酸劑）會吃一些由大茴香籽和其他香料製作的蛋糕來幫助消化、清新口氣。

　　在中世紀時期，大茴香的種植擴及歐洲，這一點很有趣，因為這種植物只有在溫暖的天氣條件下，才會開花結籽。大茴香過去常被拿來增添牛馬飼料的風味。狗也很喜歡這個味道，所以外面販賣的寵物食品中常有添加。聽說大茴香也能吸引老鼠。

　　經由蒸餾提煉出來的大茴香油可以替甜點添加甘草風味，現在的糕餅製作也多有使用。大茴香也出現在咳嗽糖漿裡，法

國一種叫做茴香酒（anisette）的甜味烈酒、以及不少有茴香加味的酒精飲料裡也有它，例如希臘茴香酒烏佐酒（ouzo）、法國綠茴香酒（Pernod）、法國茴香酒巴斯提司（pastis）以及劣餾酒（aguardiente），後者是拉丁美洲人的最愛之一。不要把大茴香跟八角茴香弄混，後者基本上是一種中國的香料。不過，八角的精油倒是常被用來當做大茴香的替代品。

植株

　　大茴香是最精緻的香草植物之一，可以長到 50 公分（20 吋）高。葉柔軟平滑、呈鋸齒邊，讓人想起義大利香芹。晚夏在纖細如絲的葉柄開乳白色小花。大茴香籽是在花開之後採集作為香料的，每顆種子由 2 顆小小的籽構成，分別呈橢圓形和新月型，長約 0.3 公分（1/8 吋）。這些種子在分開後，許多還會留在細細的葉柄上，葉柄穿過果實的中心，讓種子的外表在仔細的觀察下，像一隻小老鼠。帶著淺色細骨的淺棕色種子有種獨特的甘草風味，不會太過濃烈或久不散去。

處理方式

　　只有經歷漫長燠熱的暑夏，大茴香才會開花結果，這樣的天氣條件對於種子的乾燥也很有利。種頭（譯註：

料理情報

可搭配

- 多香果
- 肉桂
- 丁香
- 芫荽籽
- 孜然
- 蒔蘿籽
- 甜茴香籽
- 肉荳蔻
- 胡椒
- 八角

傳統用法

- 蔬菜和海鮮菜餚
- 義大利麵醬加起司
- 蛋糕和餅乾
- 雞肉以及貝殼類的派
- 酒精（從種子萃取）

調和香料

- 不常用於調和香料中

seed head，是指植物開花的部分在乾掉後會含有種子的地方。有些植物的種頭很容易辨認，像是蒲公英。它黃色的花瓣在枯萎掉落後，就被蓬鬆的白色種頭所取代。蓮蓬也是種頭。）被採集後，懸掛或攤在溫暖、通風良好，又有陽光直射的地方進行乾燥。當頭狀花序乾燥變硬後，透過搓揉可讓種子從花和葉柄段上剝離下來，篩選後準備保存。這個過程通常會把部分還與種子連結在一起的細葉柄移除，讓種子看起來更加乾淨一致。

購買與保存

當市場錯把新鮮的球莖茴香（fennel bulb）標示成大茴香，或是西洋茴香時，混亂就產生了，其實球莖茴香不是大茴香。大茴香最好在整顆型態時購買；正確保存後，風味最多可以維持到 3 年。

由於大茴香籽體積小，所以烹飪時通常是整顆入菜，而不是採用磨粉。種子的顏色應該是帶綠的褐色到淺褐色，還有極少量的外殼和纖細如髮的葉柄。保存時請裝入氣密式的容器中，避免放置在溫度太高、光線太亮、或太潮溼的地方，因為這樣的環境會加速品質的惡化，讓大茴香清新的香氣喪失。

應用

大茴香籽中清新、獨特的甘草與茴香香氣讓它成為印度蔬菜與海鮮菜餚中非常理想的香料，只是印度菜更常使用它的近親兄弟，甜茴香籽（或稱茴香籽）。大茴香籽中柔和的甘草風味和餅乾蛋糕很搭配，在德國與義大利的傳統烘焙中也很常用。北歐斯堪地那維亞的黑麥麵包中會加大茴香籽，許多不同種類的加工肉品中也有。可以把小量整顆或是磨成粉的大茴香籽加進蔬菜湯、奶油白醬、雞肉和貝類的派中。大茴香籽新鮮的風味可以平衡較為膩味的起司類菜餚；也被用來減少摩洛哥菜系和土耳其、希臘的葉捲飯（dolmade）。

新鮮的大茴香葉可以加到綠色沙拉裡，也可以放到蛋類的菜色中，添加一點淡淡的龍蒿風味。

每茶匙重量（5ml）
- **整粒未磨籽**：2.1 公克
- **研磨成粉**：2.7 公克

每 500 公克（1 磅）建議用量
- **紅肉**：2 茶匙（10 毫升）
- **白肉**：1 茶匙（5 毫升）
- **蔬菜**：1 茶匙（5 毫升）
- **穀類和豆類**：1 茶匙（5 毫升）
- **烘烤食物**：1 茶匙（5 毫升）

糖水蜜棗
Date Compote

這道簡單的糖水蜜棗是起司盤的美味搭檔，也可以用來取代上面加著切達起司和嫩葉菠菜（baby spinach）法式長棍麵包上的美乃滋，滋味不錯。

製作2杯（500毫升）

準備時間：
- 10 分鐘，外加最多 1 個小時的放涼時間

烹煮時間：
- 15 分鐘

 提示 我推薦使用加州 Medjool 的蜜棗，因為果肉非常柔軟。

1 杯	去核的乾蜜棗，切成 4 等份（參見左側提示）	250 毫升
1 杯	軟的乾燥無花果，切成 1 公分長的塊狀	250 毫升
1 杯	波特酒	250 毫升
1 茶匙	整顆的大茴香籽	5 毫升

1. 小鍋開中火，把蜜棗、無花果、波特葡萄酒和大茴香籽一起放進去混合，煮到滾。內容物一滾，立刻離火，用可以密封的蓋子蓋緊。放置一旁，蓋子要一直蓋著，直到完全冷卻。裝到氣密式的容器中保存，置於冷藏庫最多可放 2 個星期。

義式小麻花餅 Torcetti

義式小麻花餅 Torcetti 是來自義大利西北部皮埃蒙特（Piemonte）地區的發酵義式餅乾，你也可以稱它作甜麵包棒子（grissini）。小麻花餅的風味變化多樣，不過大茴香籽是很常被添加進去的一種香料。

製作16塊大餅

準備時間：
- **10 分鐘**

烹煮時間：
- **15 分鐘**

 提示 要讓酵母發揮作用，牛奶一定要加溫，跟人體血液的溫度一樣（大約攝氏 37 度）或是「手溫」——如果你把手指頭伸進牛奶裡，應該感覺不到溫度的變化。
如果想做小一點的餅乾，把 4 個大麵團都分成 6 或 8 個等量大小。

- 電動攪拌器
- 2 個襯有防油紙的烤盤

½ 杯	溫牛奶（不要沸騰的，參見左側提示）	125 毫升
2 茶匙	砂糖	10 毫升
1 茶匙	速發乾酵母粉	5 毫升
8 盎司	奶油，軟化	250 克
2 顆	雞蛋，打散	2 顆
3 杯	中筋麵粉	750 毫升
2 茶匙	整顆的大茴香籽	10 毫升
¼ 杯	額外 ¼ 杯（60 毫升）的糖，沾在外面	60 毫升

1. 在碗中把牛奶、糖和酵母粉混合；攪拌，直到溶解。放置一旁 5 到 10 分鐘，讓酵母發酵（混合物會起泡沫，表示可以使用了。）

2. 用低轉速將奶油打成霜，變成淡白色，時間約 1 分鐘。放蛋進去打，打到融合在一起，接著把發酵的酵母混合物加進去。好好打一打，然後把一半的麵粉加進去。一直攪到融合，然後再把另外一半的麵粉和大茴香籽加進去，好好混合直到變成硬麵團形式。用廚房毛巾把碗蓋上，放置一旁大約 1 個鐘頭（會有一點點發，但不像一般的麵團。）

3. 將烤箱預熱到攝氏 190 度。把 1/4 杯（60 毫升）的糖放在一個盤子上或是淺碗裡。

4. 將麵團拿到撒上一些薄麵粉的工作台上。分成 4 等份，然後每一塊再平均分成 4 塊（你該有 16 個等塊）。用手掌平面的地方，把每一個小塊擀成小薄片，大約 1 公分厚，15 公分長。每一條麵團片都要放平，將兩端拿起，在尾端往上 1/3 的地方交叉，用手指頭緊緊壓住，把口封起（看起來有點像交叉緞帶結，或是交叉的雙腿）。用額外準備的糖在上面薄薄撒一層，移到備好的烤盤上。在預熱好的烤箱中烤 10 到 12 分鐘，直到變成金棕色。用鍋鏟或刮鏟小心的將餅乾移轉到網架上放涼。保存在氣密式的容器中，室溫下最多可放 3 天。

胭脂樹籽 Annatto Seed

Bixa orellana

各國語言名稱

- **中文（粵語）：**
  yin ju syuh
- **中文（國語）：**
  yan zhi shu
- **荷蘭文：** achiote、
  roucou
- **菲律賓文：**
  achuete、atsuete
- **法文：** rocou、
  roucou
- **德文：** Annatto
- **印度文：** latkhan、
  sendri
- **印尼文：** kesumba
- **義大利文：** anotto
- **俄文：** biksa、po-
  madnoe derevo
- **西班牙文：** achiote、
  achote
- **土耳其文：** arnatto
- **越南文：** hot dieu
  mau

科　　名：紅木科 Bixaceae

別　　名：achiote（胭脂樹紅）、achuete、bija、latkhan、
lipstick tree（胭脂樹）、natural color E1606（天
然食用色素 E1606）、roucou、urucu

中文別名：婀娜多、胭脂樹紅

風味類型：激香型

使用部位：種子（香料）

背後的故事

　　胭脂樹原生於加勒比海、墨西哥、中美洲和南美洲，現在
許多熱帶國家都有種植。從中美洲和西印度過去的西班牙殖民
地移民在 17 世紀把胭脂樹帶到了菲律賓。胭脂樹油亮的葉子，
以及婀娜多姿、有如玫瑰般的花朵讓它成為殖民地移民花園中
很受歡迎的樹籬。胭脂樹的歷史跟它作為天然食物色素的關連
最深，紡織業使用的「牛血紅」（oxblood）染料，就是由胭
脂樹籽周圍的果肉製造出來的。加勒比人把胭脂樹應用在作戰
時的人體彩繪上，也兼具防晒功能。大家普遍認為，來到美洲
的早期歐洲拓荒者創出新詞彙「紅皮膚」（redskins）來形容
美國的原住民時，指的就是這種胭脂樹紅的顏色。胭脂樹也是
關達美拉的古代馬雅人非常重視的植物。

　　婀娜多樹為什麼會被稱作「胭脂樹」，原因很容易理解
——只要取一些種子附近的豔紅色果肉塗抹在嘴唇上，效果就
能跟市面上販賣的許多口紅比美了。胭脂樹也會被用來當做番

可搭配
- 多香果
- 辣椒
- 芫荽
- 孜然
- 蒜頭
- 奧勒岡
- 紅椒粉
- 胡椒

傳統用法
- 天然的黃色色素（許多食物都採用）
- 醬可調味雞肉和豬肉
- 亞洲烤物以及醃製肉類

調和香料
- 胭脂樹籽醬

紅花的替代品；只是顏色在某個程度上雖然能夠仿效，但番紅花的風味當然是絲毫無法捕捉的。

天然食用色素 E1606 就是從胭脂樹提煉製作的。在食品製造業的使用上，尚用它來替代可能導致過敏的人工色素檸檬黃（黃色四號 tartrazine，E102）以及日落黃（黃色五號 Sunset Yellow，E110）。話說回來，最近的一些研究倒也顯示，有些人對於胭脂樹紅還是會過敏。

植株

胭脂樹籽是從算是小型的熱帶長青木上採集的，樹高大概只有 5 到 10 公尺（16 到 33 呎）。這種樹的葉呈心型、葉面光亮，很能襯托出其大花亮麗的粉紅色彩，其花型類似野玫瑰。開花之後，會結出帶刺的心型含籽莢果；莢果在成熟後裂開，露出裡面帶點紅色的黃色果肉，而裡頭則包圍著大約 50 顆金字塔形、往內縮的紅色種子。

乾燥的胭脂樹籽大約 5 公釐（1/4 吋）長，看起來像是一顆顆小石頭，顏色則是深的紅褐色（鏽紅色）。對切時，會露出白心，白心是包在一層會在指頭上留下顏色的灰紅色皮裡。胭脂樹籽香氣怡人，帶點甜味和胡椒味，還有一絲淡淡的陳舊乾燥薄荷味。口味不甜、柔和，有土香。

處理方式

這種多刺、讓覓食動物卻步的果實是在成熟後才採收，採收後在水裡泡軟讓染料沉澱。把泡出來的沉澱物收集起來、然後乾燥、壓成餅狀，以便後續處理做成染料、化妝品、及食用色素。如果要作為料理用，只要把種子乾燥，包裝後運送即可。

購買與保存

胭脂樹籽應該要呈一致的深磚紅色，乾燥的果肉中沒有碎片。購買整顆的籽，保存在氣密式的容器中，避免放在溫度太高、光線太亮和太潮溼的地方。適當保存的話，品質好的胭脂樹籽可以放到 3 年之久。

- **整粒未磨籽**：4.3 公克

**每 500 公克（1磅）
建議用量**

- **紅肉**：1 茶匙（5 毫升）
- **白肉**：1 茶匙（5 毫升）
- **蔬菜**：1/2 茶匙（2 毫升）
- **穀類和豆類**：1/2 茶匙（2 毫升）
- **烘烤食物**：1/2 茶匙（2 毫升）

應用

　　胭脂樹主要是用來作為魚、米飯和蔬菜菜餚的染色之用。在牙買加，胭脂樹會被加進阿開木（ackee，一種來自於西非的果實，在牙買加菜中會用到）煮鹹鱈魚的傳統醬汁裡，這是一道牙買加名菜。在菲律賓，胭脂樹則是皮皮安（pipian）的重要原料，這道菜是雞肉和豬肉切丁煮成的。墨西哥人用胭脂樹來幫燉菜、醬汁和玉米捲餅上色。你在逛墨西哥超市看到所賣的新鮮雞肉時，一定會注意到雞肉的顏色十分黃，這對消費者來說，是品質的指標，這個顏色通常來自胭脂樹。在猶加敦半島，胭脂樹是醬料裡面的一種成分，例如胭脂樹紅醬（recado colorado）和阿斗波醬（adobo）。在亞洲的料理中，中國人用胭脂樹來幫多種肉類上色，從烤肉、滷豬鼻、豬耳朵和豬尾巴都有。在西方，胭脂樹是許多起司使用的色素，包括柴郡紅起司（Red Cheshire）和萊斯特紅起司（Leicester）。埃德姆起司（Edam cheese）的外皮也是用胭脂樹上色的，和燻魚一樣。

　　有兩種方法可以有效的從胭脂樹籽中把色素提煉出來：
- 要替 1 杯（250 毫升）的米飯或蔬菜上色，達到類似番紅花的效果，可以把 1/2 茶匙（2 毫升）的胭脂樹籽放在 2 大匙（30 毫升）的水稍微煮一下，大約煮個幾分鐘，然後讓湯汁冷卻。
- 要幫咖哩或肉類上色，先來製作油（aceite 橄欖油），把 1/2 茶匙（2 毫升）的胭脂樹籽和 2 大匙（30 毫升）的油放進鍋子裡，開小火加熱幾分鐘，直到油色變成金黃色——小心別把籽燒焦了（用豬油來製作時，這油就稱作 manteca de achiote）。離火，放在一旁冷卻。用細網目的篩子將油瀝出（籽丟掉），放在氣密式瓶罐中，最多可放 12 個月。

　　可以說，胭脂樹紅醬（Achiote paste，墨西哥菜的重要材料之一）是胭脂樹籽最傳統的用法。

胭脂樹紅醬
Achiote Paste

胭脂樹紅醬可能是胭脂樹籽最傳統的使用方式了，這種樹籽以獨特的泥土香和深深的色澤著稱。胭脂樹紅醬源自於墨西哥的猶加敦半島，現在許多不同的墨西哥菜都會使用。我最喜歡的是墨西哥慢火烤豬排（Pork Pibil）。

製作大約3大匙
（45ml）

準備時間：
● 5分鐘

● 研磨缽和杵或是香料研磨器

½ 茶匙	胭脂樹籽	2 毫升
½ 茶匙	乾燥的奧勒岡	2 毫升
½ 茶匙	孜然籽	2 毫升
½ 茶匙	整顆的黑胡椒粒	2 毫升
½ 茶匙	整顆的多香果	2 毫升
2 瓣	大瓣的蒜頭，壓碎	2 瓣
1 大匙	水	15 毫升
½ 茶匙	白醋	2 毫升
¼ 茶匙	細海鹽	1 毫升

1. 把胭脂樹籽、奧勒岡、孜然、胡椒粒、和多香果放入香料研磨器，或是研磨缽組中混合，直到磨成細粉。加入蒜頭、水、醋和鹽，再徹底混合。倒入消毒過的罐子裡，放在冷藏庫中，最多可放 1 個星期。

墨西哥慢火烤豬排
Pork Pibil

這份來自墨西哥猶加敦半島的食譜使用的是傳統的胭脂樹紅醬（參見 87 頁），這個醬是胭脂樹籽製作成的，會讓菜餚呈現極有特色的紅色。這道慢火燒烤的豬排風味濃烈，和米飯一起吃最好，作為墨西哥玉米捲餅的餡料也很棒。

製作6人份		

準備時間：
- **20 分鐘，外加 2 個鐘頭（或至多 24 小時）的醃製時間**

烹煮時間：
- **3 到 4 個鐘頭**

1 份	胭脂樹紅醬（參見 87 頁）	1 份
2 磅	豬的肩胛肉切塊，大約 12.5 公分	1 公斤
1 杯	現壓柳橙汁	250 毫升
1 顆	大顆的紫洋蔥，切半後切絲	1 杯
3 撮	新鮮奧勒岡	3 撮
1 大匙	奶油	15 毫升
2 顆	大顆的番茄，粗切	2 顆
1 茶匙	細海鹽	5 毫升
½ 杯	水	125 毫升

1. 拿一個夾鏈袋或是不會起反應的碗，將預備好的胭脂樹紅醬、豬肉、柳橙汁、洋蔥和奧勒岡都放進去。蓋上蓋子，放進冰箱冷藏至少 2 個鐘頭，或是放置一晚。

2. 烤箱預熱到攝氏 120 度（華氏 250 度）。

3. 鑄鐵鍋開中高火，將奶油融化。奶油開始冒泡時，將準備好的豬肉帶料一起加進去。持續不斷的翻動，要煎 5 分鐘，直到肉呈現淡淡的焦黃色；接著把番茄、鹽和水加進去。用鋁箔紙緊緊封住，或蓋上蓋子，然後放進預熱好的烤箱中，烤 2 到 3 個鐘頭，直到肉變軟到可以分離。從烤箱拿出來，用叉子把肉搗進醬汁裡面，直到混合均勻。

阿魏 Asafetida

Ferula asafetida（也稱為 *F. scorodosma*）

各國語言名稱

- **阿拉伯文**：tyib、haltheeth、abu kabeer
- **緬甸文**：sheingho
- **中文（粵語）**：a ngaih
- **中文（國語）**：a wei
- **荷蘭文**：dyvels-draek
- **法文**：ferule asa-foetida
- **德文**：Stinkendes、Steckenkraut
- **希臘文**：aza
- **印度文**：heeng、hing powder、perunkaya
- **義大利文**：assafeti-da
- **日文**：agi、asa-hueteida
- **俄文**：asafetida
- **西班牙文**：assa foetida
- **瑞典文**：dyvel-strack
- **土耳其文**：seytan-tersi、setan

科　　名：香芹科 Apiaceae（舊稱繖形科 Umbelliferae）

別　　名：asafoetida powder（阿魏粉）、devil's dung（魔鬼的糞便）、food of the gods（諸神的食物）、hing（興渠，譯註：梵語譯音）、hingra（薰渠，梵語譯音）、laser（雷色粉）、yellow asafoetida（黃阿魏）

中文別名：阿虞、形虞、興渠、薰渠、哈昔尼、芸臺

風味類型：激香型

使用部位：汁（香料）

背後的故事

　　阿魏 *Asafetida* 這個名字是從波斯文 *aza*，意思是「乳香脂」（mastic）或是「樹脂」（resin），以及拉丁文的 *foetidus* 組合而來的，拉丁文的意思是「惡臭」。這植物被早期的波斯人大力稱許，稱它為「諸神的食物」。眾所皆知，阿魏這種植物源自於大型多年生茴香（甜茴香），長在阿富汗、伊朗以及北印度海拔人約 1000 公尺（3,300 呎）高左右的野外地區。有些人在猜測它與類阿魏（Laser root，*Ferula tingitana*，通常被叫做 silphium 羅盤草，laserpitium 或 laser）之間的關係，而後者在古羅馬時期因其風味和能帶來健康的特質而受到羅馬人的珍視，而它很多特質都跟阿魏相

可搭配

- 小荳蔻
- 辣椒
- 芫荽籽
- 甜茴香籽
- 薑
- 芥末
- 胡椒
- 羅望子
- 薑黃椒

傳統用法

- 印度咖哩，尤其是海
  鮮和蔬菜
- 煮蔬菜和豆類菜色
- 印度薄餅
  （pappadums）和饢
  （naan bread）
- 泡菜和印度辣味酸甜
  醬
- 伍斯特辣醬油
- 作為蒜頭一般性用途
  的代替品

調和香料

- 印度恰馬薩拉綜合香
  料
- 咖哩的綜合香料

同。類阿魏主要生長於昔藍尼（Cyrene，今日的北非），被認為在西元第一世紀中之前就滅絕了，原因是牛隻過度啃食、被當做蔬菜（其濃烈的風味只要經過煮食就會消失）、以及缺乏有計劃的繁衍——可以想像得到，在許多香草和香料在野外不用人工種植的環境中就能採集得到的時代，這是很可能發生的。據說，亞歷山大大帝在西元前 4 世紀就已經把類阿魏帶到西方了；當時，它被稱作「臭手指（stink finger）」，這個名稱在阿富汗境內也被使用。最後，當他們很喜愛的類阿魏被剝奪之後，羅馬人就從波斯和亞美尼亞進口了波斯阿魏（被認為和我們今日知道的阿魏類似）的樹脂；大約 2000 年前這些阿魏被引薦介紹到英國。這並不令人訝異，只要想想它挑戰性那麼高的氣味，就了解為什麼在英倫諸島的料理史上，用阿魏來入菜的參考那麼少了。

植株

這是世界上香料中受到最多非議的其中一種了，尤其是西方的作者們——其氣味還被拿來與糞便和爛掉的蒜頭相比擬。阿魏是一種樹脂狀（含油樹脂 oleoresin）的膠狀物。是為數不多從大型茴香裡面提煉出來的香料，這類茴香約有 50 個品種（有些還有毒）。經濟價值最高的阿魏植株大約長大到 3 公尺（10 呎）左右高，有強壯的莖以及粗糙的外表，類似甜茴香；亮黃色的花只出現在長到 5 年以上的植株。

阿魏這種香料主要以 4 種型態出現：淚滴狀、塊狀、片狀，以及粉狀。對某些人來說是臭不可聞，而名字也把這一點表現出來。不過，如果想到幫食物添加風味的材料中，有多少是第一次初見時會讓人覺得氣味非常濃烈的，那麼當然也就可以用比較溫和的態度來面對阿魏了。它的花束有微微的硫磺味、辛辣，像發酵過的蒜頭，只是還帶著甜味，讓人想起鳳梨的香味。阿魏有兩大品種：**興渠**（hing），水溶性（從 *Ferula asafetida* 提煉），以及**形虞**（或稱薰渠 *F. scorodosma*），後者是脂溶性，被認為品質較次等。淚滴狀、塊狀、以及片狀的味道最濃。顏色從暗紅到褐色，品質優良的阿魏有會四處擴散的獨特香味。阿魏通常會被磨成粉，和其他可食用的澱粉類一起混合，方便使用。

市售的粉有兩種形式：一種是「褐色」（事實上是淡茶色），另一種則是黃色。後者的味道稍微柔和一點，比較容易融入食物，因為其中添加了澱粉和薑黃。

處理方式

阿魏汁是從至少 4 年的植株採集而來。處理過程是將根部露出來，敲打一番，然後放在太陽晒不到的遮陰處 4 到 6 個星期，直到樹脂滲漏出來並變硬。在印度的某些地區，植株的莖幹底部會被切割，裝上收集頭，方式就和橡膠樹被割，裝上收集頭收集乳膠一樣。乾掉的樹脂會被刮下來，樣子先是淡乳白色的塊狀，之後會帶點紅色，最後隨著時間熟成變成深的紅褐色。含油的樹脂膠之後會被拿去進一步處理，方便之後使用。褐色的阿魏粉是把硬膠和一些形式的澱粉直接拿去磨（用的通常是麵粉，最近則改用米粉），做出可以順暢流洩而出的粗粉。黃色的阿魏則是將磨成粉的阿魏膠混入小麥麵粉、澱粉、阿拉伯樹膠、和薑黃，有時候還會加入一些胡蘿蔔素來染色。黃阿魏的風味不像褐阿魏那那麼濃烈；不過，質地倒是細緻了些，外表看起來威脅性沒那麼大，加工程度也較高。

購買與保存

購買阿魏的時候一定要找裝在密封良好的氣密容器中的產品，理有有二：首先，和其他香料一樣，揮發油溢散，風味就會消失；其次，濃烈的氣味會瀰漫在你整間房子裡。深的紅褐色阿魏塊風味最濃，但除非你對這個材料很熟悉，否則還是買褐色或紅色的粉比較方便，容易使用。

香料筆記

阿魏樹脂，也就是阿魏植株被固體化的樹汁，在傳統上會跟小麥麵粉一起混合，方便使用。結果，就有許多有麩質不耐症的人就無法用它來烹飪了。幸運的是，我們香料業界裡有些人已說服某些「興瓦拉士」（hingwallas，給阿魏製作商的名稱）製造出一種只添加米粉和阿拉伯樹膠的阿魏粉。

請存放在氣密式的容器中，避免放置在溫度太高、光線太亮、或太潮溼的地方。有時候，我會把裝阿魏的容器放在另一個容器裡，提供雙重保護。

應用

阿魏以能減少脹氣而聞名，研究也顯示它對消化極有幫助，所以經常被用於印度餐食中含有高量小扁豆、豆類，以及其他容易產生脹氣的蔬菜類菜餚。雖說阿魏本身的味道很濃烈，但是在烹煮過程中，味道會淡化，產生一種美妙的風味，讓你無論選擇用於哪種菜餚都會更加美味。隸屬於印度教中婆羅門（Brahmin）與耆那教（Jain）教派的人是禁止吃蒜頭的，因為蒜頭以催情的特質而聞名，所以阿魏就是他們的蒜頭替代品。

阿魏用在有小扁豆的菜餚中特別合適，例如印度香辣豆湯（sambar），它還能增進魚類和蔬菜咖哩的風味，效果好到我做這些菜餚時是少不了它的。有些印度廚師還會在鍋蓋下黏一小塊樹脂，讓阿魏的風味能以這方式滲透到菜裡面。亞匹希阿斯（Apicius），羅馬的哲學家，也是西元 1 世紀初的美食家，老饕（epicure）這個名稱就是從他而來，就曾把一塊阿魏樹脂放在他儲藏松子的容器罐子裡；那散發出來的氣味就足以滲入松子裡，讓松子被當成材料使用時能染上想要的風味。煮菜時，加入阿魏粉可能是最簡單的應用方式了。只要把它當做另一種不同版本的蒜頭——這樣你就能好好享受它在菜餚中的樂趣，而不僅僅只是在傳統的印度食譜中品嚐了。

每茶匙重量（5ml）

- **研磨：**4.1 公克

每 500 公克（1 磅）建議用量

- **紅肉：**1 茶匙（5 毫升）
- **白肉：**1 茶匙（5 毫升）
- **蔬菜：**1 茶匙（5 毫升）
- **穀類和豆類：**1 茶匙（5 毫升）
- **烘烤食物：**1/2 茶匙（2 毫升）

印度香辣蔬菜豆子湯
Vegetarian Sambar

這道菜料豐味足，是印度素食菜餚中我們最喜歡的經典之一。阿魏在很多印度菜中都會用到，在香辣豆湯粉中更是扮演了重要的角色，它不僅幫湯頭添加了開胃的蒜頭香氣，還能減少因食用大扁豆和豆類菜餚產生令人尷尬時刻的可能性。上桌時可以配上印度香米或是印度香料飯（參見 164 頁）一起食用，盤邊可以新鮮的香菜葉裝飾。

製作4人份

準備時間：
● **30 分鐘**

烹煮時間：
● **40 分鐘**

提示 你喜愛的蔬菜全部都能加進來，例如茄子、馬鈴薯或胡蘿蔔，不過請注意烹煮時間的長短。舉例來說，煮馬鈴薯需要的時間就比豆子長。把兩三種蔬菜一起煮時，味道會很微妙的混合在一起。如果想要有某種比較明顯的風味，那麼只要一種蔬菜就好，例如，胡蘿蔔或花菜。

煮小扁豆：拿一個細網目的篩子，將一杯（250 毫升）乾的小扁豆在流動的冷水下面沖洗，接著再放到中型的湯鍋中，加入 4 杯（1 公升）的水，和 1 茶匙（5 毫升）的鹽。中火燜煮約 20 分鐘，或直到豆子變軟。

2 大匙	油	30 毫升
2 大匙	印度香辣豆湯粉（參見761頁）	30 毫升
2 杯	粗切（約 1 公分）的混合蔬菜	500 毫升
2 杯	水	500 毫升
½ 茶匙	細海鹽	2 毫升
1 杯	煮好的小扁豆，或是黃豌豆（參見左側提示）	250 毫升
些許	海鹽和現磨的黑胡椒	些許
些許	新鮮的芫荽葉（香菜）	些許

1. 拿一口大鍋，開中火，熱油。加入酸豆湯粉炒一炒，持續攪拌 1 分鐘，直到香味溢散。加入蔬菜，繼續翻炒 2 分鐘，直到蔬菜顏色開始變深。加入水和鹽，蓋上蓋子燜煮，直到蔬菜熟透（烹煮時間的長短看使用的蔬菜種類而定）。加入小扁豆，再燜 5 分鐘，直到完全熱透。用鹽和黑胡椒調味到適口。立即上桌，旁邊用芫荽葉裝飾。

香蜂草 Balm

Melissa officinalis

各國語言名稱

- **阿拉伯文**：turijan、hashish al-namal
- **保加利亞文**：matochina
- **中文（粵語）**：heung fung chou
- **中文（國語）**：xiang feng cao
- **捷克文**：medunka
- **丹麥文**：citronmel-lise
- **荷蘭文**：citronme-lisse
- **法文**：baume、melisse
- **德文**：Zitronmelisse
- **希臘文**：melissa
- **義大利文**：melis-sa、erba limona
- **日文**：seiyo-yama-hakka
- **韓文**：remon bam
- **葡萄牙文**：erva cidreira
- **俄文**：melissa li-monnaya
- **西班牙文**：balsami-ta maior
- **土耳其文**：ogul out、melisa otu

科　　名：唇形科 Lamiaceae（舊稱唇形花科 Labiatae）

別　　名：bee balm（蜜蜂花）、common balm（一般香蜂草）、lemon balm（檸檬香脂草）、melissa（蜂蜜草）、sweet balm（甜蜜香蜂草）

中文別名：檸檬香草、檸檬香蜂草

風味類型：適中型

使用部位：葉（香草）

背後的故事

香蜂草原生於南歐，大約在西元 70 年左右被羅馬人傳入英格蘭，之後在北美洲和亞洲都有種植。這種植物的拉丁植物學名 *Melissa* 來自於希臘字 honey 蜂蜜，與蜜蜂的關連可以回溯到 2000 年前，當時香蜂草被揉爛，塗抹在峰巢上，以防止蜜蜂成群的飛離蜂巢，並鼓勵牠們返巢。雖說這種植物通常被稱作「香蜂草」（bee balm），但是實際上，真正的 bee balm 是大紅香蜂草（bergamot，參見 119 頁），是一種不同屬的植物。

balm 這個字是 *balsam* 的縮寫，中文意思是香膏，用來形容各種來自於植物、有怡人香味的產品；之所以用這個字來命名這種植物，是因為它帶著甜甜的香氣。16 世紀的西班牙皇帝查理士五世很喜歡一種補品，天天要喝，叫做「加爾慕羅酒水」（Carmelite water）。那是一種古老的配方，由香蜂草、檸檬皮、肉荳蔻和歐白芷根泡酒製作而成。近來，香蜂草這種香草在料理上用得少了；種植它主要是為了裝飾及香氣，它可以加到以甜香為主的乾燥花、異國情調的精油、以及乾燥燻香花（potpourri）中當做香料。

植株

香蜂草和薄荷有關係。它在外表上和一般花園常見的薄荷類似，葉呈寬卵型，深綠色，葉緣是鋸齒狀。植株密實，多葉，可長到 80 公分（32 吋）高左右，喜歡有日照的園子，溼潤、肥沃的土壤。香蜂草粗壯、糾結、但空心的根系和薄荷相比，蔓生程度較低，所以在花園中比較容易控制。它雖然是多年生植物，但是到了秋天還是要修剪，讓根系保持休眠狀態直到來春，到時要繁衍植株最好透過分根的方式。小小白色花的花簇吸引春天在高枝上出生的蜜蜂。香蜂草的葉子有一種非常獨特、沁透又久久不散的檸檬香氣，清新誘人又芬芳，這正是它為什麼常被稱作「檸檬香蜂草」的原因。

處理方式

香蜂草最好是新鮮使用，因為它揮發性的檸檬前香一經乾燥，很容易就會消失不見。如果你想自己進行乾燥，以備日後做泡菜或香草茶之用，那麼一定要特別注意，乾燥時務必盡可能少曝露於光線下、並避

免溫度太高及太潮溼的環境。要除去香蜂草的溼氣，保留香氣最好的方式就是把葉子攤開（絕對不可以重疊），放在紙上面，或是頭下腳上，整把鬆鬆的倒懸於光線陰暗但通風良好的地方。為了達到最佳的乾燥效果，進行香草乾燥時，相對溼度應該要在 50% 以下。當葉子摸起來乾又脆硬時，含水量應該就降到 12% 左右了，這是延長保存最理想的程度。

購買與保存

剛摘取的新鮮香蜂草枝可以插在一玻璃杯的水裡（如同插在瓶中一樣），上面套上塑膠袋，放到冰箱冷藏庫裡，這樣可以保存好幾天。乾燥的香蜂草要放在氣密式的容器中，存放在涼爽、黑暗的地方。

應用

香蜂草有檸檬薄荷的香味，所以它在料理應用上的範圍幾乎沒有限制。傳統上，在比利時和荷蘭，香蜂草會被用來製作醃鯡魚和鰻魚。它被做成甜酒飲 *eau-de-melisse des carnes* 的基底，這是 17 世紀的一種仙丹靈藥，用香草和酒製作而成，也稱作「香蜂草酒水」（Melissa water）。香蜂草也是數種知名酒類的原料之一，例如法國廊酒（Benedictine）和蕁麻酒（Chartreuse）。對居家料理而言，把迷人的檸檬香味添加到水果沙拉中，味道清爽；而只用少量醋作為拌醬的綠色沙拉，加入香蜂草就能增添一抹濃香。雞鴨類禽肉肚子裡塞入香蜂草，味道絕佳。它和魚肉搭配也是相得益彰，特別是只用少許奶油，裹在鋁箔紙中烹調的方式。你可以製作特別的薄荷香蜂草醬來拌羊肉和豬肉，方法是將 1 大匙（15 毫升）切碎的新鮮香蜂草和薄荷葉、1 茶匙（5 毫升）的糖、1 撮細海鹽、1 大匙（15 毫升）的白酒醋，以及 1/2 杯（125 毫升）的熱水加以混合。

每茶匙重量（5ml）

揉碎的乾葉：1 公克

每 500 公克（1 磅）建議用量

紅肉：4 茶匙（20 毫升）

白肉：4 茶匙（20 毫升）

蔬菜：4 茶匙（20 毫升）

穀類和豆類：4 茶匙（20 毫升）

香蜂草檸檬水
Balm Lemonade

夏日的烤肉會或野餐時，來上一杯自家製的檸檬水滋味實在太美好了。香蜂草是絕妙的添加品，而本食譜中的糖漿也能用來調製雞尾酒（參見以下的提示）。

製作6杯份（1.5公升）

準備時間：
- 5 分鐘

烹煮時間：
- 10 分鐘，外加 1 小時沖泡時間

提示 要製作雞尾酒用的糖漿，在浸泡一個鐘頭後，把茶湯用細網目的篩子濾過，放入瓶子或罐子裡即可。這種糖漿裝在氣密式容器中，存放於冰箱冷藏庫，最多可以放上 2 個星期。想做琴酒雞尾酒時，可以把 3 大匙（45 毫升）的琴酒倒入一支高球杯裡，加入 3 個香蜂草冰塊（參見下一則提示），以及 2 大匙（30 毫升）的香蜂草糖漿，上面再倒入 1/3 杯（75 毫升）的汽水或蘇打水。

想要製作香蜂草冰塊，可以挑選 12 小片完整的香蜂草葉子，一片片分別放進 12 個製冰盒格子裡。上面倒入水，然後放進去冷凍。

½ 杯	細砂糖	125 毫升
6 杯	水，分批使用	1.5 公升
3 顆	大顆檸檬去皮，切成厚片，現壓成檸檬汁	3 顆
½ 杯	香蜂草葉，撕碎，輕壓一下	125 毫升

1. 小鍋中開小火，將糖和 1 杯的水倒進去煮，要經常攪動，直到糖融化，大約 5 分鐘左右。糖完全融化後，小火再燜 2 分鐘，直到變成糖漿。離火。

2. 把糖漿放到耐熱的碗或廣口壺中。將檸檬皮、檸檬汁和香蜂草放進去，放置一旁至少 1 個小時，讓味道沖泡出來。

3. 將剩下的 5 杯（1.25 公升）水倒進去，然後攪拌均勻。要喝時配上香蜂草冰塊（參見左側提示）。

香蜂草馬斯卡彭起司冰沙
Balm and Mascarpone Sorbet

這個簡單的食譜清淡又清爽，可以當做甜點，或是晚宴的小點心。

製作6-8杯份（1.5公升）

準備時間：
- 5 分鐘

烹煮時間：
- 10 分鐘，外加 3 到 4 小時的冷凍時間

 提示 糖粉是一種很細的砂糖，一般用在需要快速溶解砂糖的食譜裡。如果你在商店裡買不到，可以把食物處理機裝上金屬刀片，將砂糖打成很細很細、像沙子一樣均勻的糖粉。
如果手上沒有新鮮的香蜂草，用等量的新鮮薄荷或蘋果薄荷取代也可以。

● 食物處理機

¾ 杯	糖粉（參見左側提示）	175 毫升
1⅓ 杯	水	325 毫升
8 盎司	馬斯卡彭起司，放置室溫中	250 公克
1 杯	香蜂草葉切碎，輕壓成平杯	250 毫升
1½ 茶匙	現壓檸檬汁	7 毫升

1. 小鍋中開小火，將糖和水倒進去混合。輕輕攪動，直到糖完全融化，大約 5 分鐘左右。離火，放置一旁等待完全冷卻。

2. 拿一個中碗，將馬斯卡彭起司、香蜂草和檸檬汁混合，攪拌到完全混勻。倒入冷卻的糖漿，混合到內容物變得滑順為止。倒入四角形或方形的氣密式容器（容量為 4 杯，也就是 1 公升），冷凍 3 到 4 小時。把食物處理機裝上金屬刀片，處理到混合物剛被絞破就好，然後再倒回容器中，供食前冷凍 1 個小時。

刺檗 Barberry

Berberis vulgaris

各國語言名稱

- 阿拉伯文：berberis
- 法文：epine vinette
- 波斯文：zareshk
- 西班牙文：agracejo

科　　名：小檗科 Berberidaceae
別　　名：berberry（刺小蘗）、European barberry（歐洲小檗）、holy thorn（神聖荊棘）、jaundice berry（黃皮莓）、pipperidge bush（刺檗灌木）、sowberry（雪果）、zareshk（刺檗）
中文別名：黃蘆木、刺黃檗樹
風味類型：香濃型
使用部位：莓果（香料）

背後的故事

　　刺檗一般認為是出自於歐洲、北非和溫帶的亞洲。小檗屬各式各樣的親戚現在長遍了北美洲和澳洲。樹皮和根早已作為藥用，而質地堅硬有花輪的木材則被拿來做牙籤。由樹皮萃取的黃色染料在 20 世紀化學染料還沒發明之前，被用於羊毛、亞麻、絲綢和皮料的染色。在德國，一些傳承傳統手藝的染色工匠還繼續使用樹皮來染色。「神聖荊棘」這個名稱來自於義大利的信仰，他們相信耶穌受難之前，頭上戴的荊棘冠冕就是由刺檗編成的。

對刺檗灌木而言，相當不幸的是它是鏽斑病的宿株，會影響小麥的健康。當它被當做香料廣為種植時，直接影響的是小麥的鏽斑病被散播了開來，所以農夫非常厭惡。西班牙 10 世紀初期的饑荒，主要是麥類作物受到鏽斑真菌的感染所引起的損害。這也多少解釋了為什麼現在刺檗很少聽人提起，以及某些國家至今仍禁止它進口。刺檗最常見的用途就是作為阿富汗和伊朗料理中的材料之一，在這些地區，它被拿來幫米飯料理增添風味。

植株

成熟的刺檗（*Berberis vulgaris*）的莓果因其令人愉悅的酸味和果香被用在料理上，跟羅望子不同。刺檗是落葉灌木，大約長到 2.5 公尺（8 呎）高。開一簇簇、小小的亮黃色花朵，花落後結出暗紫紅色的果實，成熟時會轉為紅色。乾燥後的成熟刺檗長度約 1 公分（1/2 吋），形狀呈橢圓形，觸感溼潤，看起來有點像迷你的醋栗。鮮紅的色澤會隨著時間氧化而變成深色。

其他品種

日本小檗（Japanese barberry, *Berberis thunbergii*）、**山葡萄**（*B. aquifolium*）以及在花園中常見的小檗都是觀賞用灌木（*B. thumbergii atropurpurea*），具輕微毒性，不可食用。

購買與保存

你應該只跟信譽良好的商家購買乾燥的刺檗。由於其他一些小檗品種具有毒性，所以不推薦你買新鮮的刺檗，因為來源無法確認。乾燥的刺檗摸起來手感溼潤（乾果典型的感覺），顏色應該是紅色到深紅色。

料理情報

可搭配
- 多香果
- 小荳蔻
- 辣椒
- 芫荽籽
- 薑
- 胡椒
- 番紅花
- 薑黃

傳統用法
- 香料飯
- 燉煮水果，尤其是蘋果
- 伴隨紅肉食用的果凍

調和香料
- 不常用於調和香料中

購買後，請保存在氣密式的容器裡，放在冷凍庫裡以保持最大程度的色澤和風味，用這種方式保存，刺檗最多應該可以放上 12 個月。

應用

傳統上，刺檗是因為其高酸度而被使用的。做成果凍時，被認為很適合搭配羊肉（就和紅醋栗果凍通常被拿來搭配獵來的野味一樣）。刺檗會被製成泡菜，和咖哩一起食用，而阿富汗人跟伊朗人也會在米飯裡面加入刺檗。刺檗和以摩洛哥綜合香料（ras el hanout spice blend）調味的菜餚非常搭配，可以讓北非的庫司庫司（蒸粗麥粉，couscous）和米飯增添迷人的撲鼻香氣。我們也喜歡把刺檗加到水果裡，特別是蘋果。添加後，蘋果派會產生一種特別迷人風味，另一大優點則是偶而還會散發出陣陣撲鼻果香，加到幾乎任何一種水果鬆餅裡，也都能有這樣的享受。

每茶匙重量（5ml）

- **整粒未磨：**1.8 公克

每 500 公克（1 磅）建議用量

- **紅肉：**2茶匙（10毫升）
- **白肉：**1½ 茶匙（7 毫升）
- **蔬菜：**1 茶匙（5 毫升）
- **穀類和豆類：**1 茶匙（5 毫升）
- **烘烤食物：**1 茶匙（5 毫升）

番紅花雞刺檗飯 Zereshk Polo

這道經典的波斯佳餚能展現刺檗的美味濃香。

製作6人份

準備時間：
- 2 小時

烹煮時間：
- 1 小時 30 分鐘

 印度香米的前置作業：拿一個碗，用冷水淹過米，加入 1 大匙（15 毫升）的細海鹽。混合均勻，在一旁放置 2 個小時。這樣會使米的柔軟度以及吸收菜餚味道的能力提高。使用一個細網目的篩子，瀝乾米，在流動的冷水下沖洗。

番紅花的前置作業：拿一個小碗，用 2 大匙（30 毫升）的牛奶把番紅花絲淹過去，放在一旁浸泡 15 分鐘。使用前從牛奶中撈出來。

如果找不到杏仁條，可以用杏仁片代替。

大湯鍋用之前，先用 2 大匙（30 毫升）的油塗過。雞肉加進菜餚中後，把剩下的醃料丟掉（步驟 5）。

3 杯	印度香米，浸泡過（參見左側提示）	750 毫升
6 大匙	橄欖油，分批使用	90 毫升
1 顆	中等大小的洋蔥，切半後切片	1 顆
5 隻	帶骨去皮雞腿，去除肥油	5 隻
½ 茶匙	薑黃磨粉	2 毫升
2 茶匙	細海鹽，分批使用	10 毫升
1 茶匙	現磨黑胡椒	5 毫升
9 杯	水，分批使用	2.25 公升
¾ 杯	原味優格	175 毫升
½ 茶匙	番紅花絲，泡在牛奶中	2 毫升
1 顆	蛋	1 顆
¼ 杯	刺檗	60 毫升
2 大匙	杏仁條（參見左側提示）	30 毫升
1 大匙	細砂糖	15 毫升

1. 煎鍋開中火，倒入 2 大匙（30 毫升）的橄欖油加熱。加入洋蔥炒，一直翻炒直到洋蔥變成金黃色，大約 3 分鐘。加入雞肉、薑黃、2 茶匙（5 毫升）的鹽和胡椒，然後繼續翻炒，直到雞肉兩面都變成焦黃色。加入一杯（250 毫升）的水，然後燜煮，不要加蓋，煮大約 10 到 15 分鐘，直到雞肉熟透。離火，將雞肉放到盤子上待涼。把洋蔥和湯汁留在鍋中。

2. 拿一個碗，把優格、浸泡過的番紅花和蛋放進去，混合均勻。加入雞肉，蓋上蓋子，放入冰箱冷藏 1 個小時。

3. 拿一個鍋，開中火，將刺檗和 2 大匙（30 毫升）的油、杏仁和糖混合。繼續煮，要翻炒直到變成金黃色。離火，放置一旁。

4. 再拿一個鍋，開大火，將 8 杯（2 公升）的水和 1 茶匙（5 毫升）的鹽煮沸。倒入浸泡過的米，煮 5 分鐘，直到米粒的邊緣稍微變軟。把水瀝乾，在冷的流動水下沖洗。

5. 將煮過的米鋪一半在抹過油的大湯鍋中（參見左側提示）。把雞肉從醃料中拿出來，放在米飯上。將刺檗的混和料以及剩下的米放進去，然後攤在雞肉上。拿一支漏杓將預留的洋蔥平均分在米粒上。輕輕的把留下來的湯汁澆在上面。用密合的鍋蓋蓋住，小火煮 30 分鐘，直到米粒變軟，湯汁收乾。盛到供食的盤子上。

羅勒 Basil

Ocimum basilicum

科　　名：	唇形科 Lamiaceae（舊稱唇形花科 Labiatae）
品　　種：	甜羅勒（sweet basil，*O. basilicum*）、灌木羅勒（bush basil，*O. basilicum minimum*）、泰國羅勒（Thai basil，*O. cannum Sims*；也稱為 *O. thysiflora*）、聖羅勒（holy basil，*O. sanctum*，也稱為 *O. tenuiflorum*）、樟腦羅勒（camphor basil，*O. kilimandscharicum*）、檸檬羅勒（lemon basil，*O. citriodorum*，也稱為 *O. americanum*）、多年生羅勒（*O. kilimandscharicum*，也稱為 *O. cannum*）
別　　名：	bush basil（灌木羅勒）、camphor basil（樟腦羅勒）、holy basil（聖羅勒）、lemon basil（檸檬羅勒）、perennial basil（多年生羅勒）、purple basil（紫羅勒）、sweet basil（甜羅勒）、Thai basil（泰國羅勒）、hairy bail（毛羅勒）
中文別名：	九層塔、羅勒、甜羅勒
風味類型：	濃香型
使用部位：	種子（香料）、葉（香草）

背後的故事

　　羅勒的來源可以追溯到 3000 年前的印度，當時那裡的羅勒還被認為是一種神聖的香草。羅勒的原生地還有伊朗和非洲，在古埃及、希臘和羅馬就已經為人所認識。羅勒這種香草肯定是不會給人冷漠聯想的。老蒲林尼（Pliny）這位第一世紀羅馬著名的學者就認為羅勒是春藥，在馬匹交配的季節會餵給馬吃。在義大利，羅勒是愛的象徵；女性如果在窗台放了一盆羅勒，就代表歡迎情人的拜訪。在羅馬尼亞，年輕的男人如果從年輕淑女的手中接受一束羅勒，就被認為跟她訂了婚。不過，在古代的希臘，羅勒可就沒那麼使人陶醉了，它是仇恨的象徵。法國早期的醫師希拉略（Hilarius，這就是他的名字沒錯）就聲稱，人只要一聞到羅勒的味道，腦子裡就會長出一隻蠍子。

　　幸運的是，羅勒正面元素流行了起來。它在 16 世紀被引

介到歐洲,在義大利和地中海料理中,羅勒經常扮演重要的角色,這可能是因為當地的氣候溫暖,適合羅勒生長,所以容易取得。在歐洲比較寒冷的地區,羅勒難以生存,因此不像在地中海地區、北美洲、亞洲和澳洲一樣受到歡迎。

植株

羅勒的品種繁多,雖說美味、味道有點像大茴香的泰國羅勒有著較硬的梗,但是葉子又厚又大的甜羅勒還是目前最受歡迎的料理用品種。羅勒的味道清香,似丁香又像大茴香,帶出屬於夏日的記憶,所以當這喜愛溫暖的一年生植物在夏日炎熱的氣候條件下

甜羅勒

料理情報

可搭配
- 蒜頭
- 杜松子
- 馬鬱蘭
- 芥末
- 奧勒岡
- 紅椒粉
- 巴西利
- 胡椒
- 迷迭香
- 鼠尾草

傳統用法
- 番茄(新鮮或煮兩相宜)
- 義大利麵醬
- 煮茄子
- 美洲南瓜和櫛瓜(zucchini)
- 沙拉
- 香草三明治
- 禽肉內餡料
- 醬汁和肉醬
- 香草醋

調和香料
- 義大利綜合香料
- 美國紐奧良肯瓊(Cajun)和克里奧綜合調味料(Creole)
- 肉類調味料
- 內餡綜合調味料
- 香料抹粉

強大的香草

有一派理論認為羅勒這個名字是從 *basilikon phyton*,也就是希臘文的「國王的香草」來的。他們相信,由於羅勒的香氣實在令人愉悅,所以很適合拿來放在國王的屋子裡。另一派理論則認為它是根據 basilisk 來命名的,這是一種看一眼就能讓人致命的神祕之蛇。

香料生意中的旅行

　　聖羅勒總是讓我回想起和麗姿一起拜訪過的一座有 300 年歷史的香料農場，農場位於印度西海岸果亞邦南部的芒格洛爾（Mangalore）。在看過必看的黑胡椒藤、香莢蘭、薑、薑黃和蓽茇（long pepper）後，我們坐在涼爽的陽台上，喝著點綴著薑和小荳蔻的紅茶。這時我們眼前出現了一個婦人，她正用一座大磨石壓碎新鮮的香料，而農場上的工人們則收穫著作物，在不知不覺中，我們被轉移了時空。當我們聊著香料的種種，我敏銳的察覺到房子東邊靠近門口處，細心的擺放著一個方瓶的聖羅勒，這是他們的習俗。印度人相信 *tulsi* 是神聖的，有它的存在就能保佑家宅安康。在那個平靜的早晨，蜜蜂嗡嗡的繞著 *tulsi* 叢叢的花簇飛舞，顯而易見，這個家宅的確受到了護祐。

　　蓬勃生長，但是冬日第一道冷鋒一到就凋零也就不令人意外了。甜羅勒可以長到 50 公分（20 吋）高，生長條件理想的話，還能長更高。它的莖幹硬，有方形溝紋，葉子是深綠的橢圓形，微微捲曲著，葉長約 2.5 到 10 公分（1 到 4 吋）。一長串重疊的小白花應該要摘掉，才能避免植株進入結子期。跟所有一年生的植物一樣，植物一旦到達結子期長出種子後，實際上生命週期就結束了。一般來說，摘除頭狀花序後，葉子也會變得更加厚實。

　　甜羅勒嚐起來的味道遠比剛摘下來的鮮葉沁鼻又濃烈的香氣讓人感受的柔和多了。這表示，就算大量使用也不會破壞菜餚的味道。乾燥的甜羅勒葉和鮮品極為不同，它芬芳、清新的前香一旦乾燥之後，就會消失無蹤，就算脫水葉子裡的細胞中仍留有濃縮的揮發油，能散發出濃烈的丁香和多香果餘韻也一樣。這剛好由它淡淡的薄荷香，與稍帶胡椒的風味來彌補，拿來慢火細燉再理想不過。

其他品種

　　灌木羅勒（*Ocimum basilicum minimum*）的葉子小，大約 0.8 到 1 公分（1/3 到 1/2 吋），植株大約可以長到 15 公分（6 吋）高，葉子香氣較不濃郁，風味也比不上甜羅勒。我覺得灌木羅勒拿來作為裝飾擺盤倒是很理想，因為小小的葉子看起來比切碎的甜羅勒好看。

　　而**紫羅勒**（*O. basilicum* 栽培品種）的兩個種類 ——鋸齒狀葉的「皺葉紫羅勒」（Purple Ruffle）和葉緣及葉面都

較為平滑的「紫葉羅勒」（Dark Opal' basil）都是為了裝飾用途而種植的品種。它們的香味柔和、怡人，在沙拉中當做裝飾看起來比較漂亮。

毛羅勒或**泰國羅勒**（*O. cannum Sims.*）卵型的葉子比較瘦長，葉緣的鋸齒深，和甜羅勒相比，香味中帶著較重的樟腦味，有明顯的甘草和茴香香氣。這個品種的籽（在印度被稱作 subja）沒有獨特的風味，但是泡水後會膨脹，變得膠稠，所以被用來當做印度與亞洲甜點和飲料的濃稠劑，也因為它可以抑制胃口而愈來愈受到歡迎。

聖羅勒（*O. sanctum*），或稱 tulsi，就如同其印度名稱，是一種多年生植物，開淡紫紅色的花，有淡淡的檸檬香。**肉桂羅勒**（Cinnamon bail，*O. basilicum* 'Cinnamon'）有明顯的肉桂香味，以及長長的直立頭狀花序。植株動人，葉子和亞洲菜餚搭配相得益彰。

樟腦羅勒（*O. kilimandscharicum*）是不耐寒的多年生植物，並不建議用於料理，但由於它有獨具一格的樟腦香氣，所以種在花園裡倒可以成為一種令人感到愉快的觀賞性香草。

處理方式

羅勒大概可以算是最難處理的香草之一了。它溼潤的深綠色皺葉只要一進冷藏庫、冷凍庫或是進行脫水，就會變黑。（如果採用剛摘的葉子來進行上述的處理，效果會比較好。）要把羅勒做乾燥處理，請摘取花苞開始出現之前的長莖，選擇葉子較多的。乾燥時，攤開放在紙張或是網子上，放置於

聖羅勒

光線陰暗、溫暖、通風良好的地方。不要紮束懸掛，葉子一旦互相碰撞，邊緣就容易變黑。當葉面縮小到大約原來的五分之一、摸起來也又乾又硬時，從莖上捻下來，放在氣密式的容器裡。

購買與保存

採購新鮮羅勒時，盡量避免買到枯萎或是葉子已經出現黑斑的。現採的羅勒如果冷凍保存，可以放上好幾個星期。最佳的保存辦法就找個乾淨的夾鏈袋，放一小把進去，然後吹點氣進去讓袋子膨脹起來，放在冷凍庫不會被壓到的地方。你會發現，要用到時，隨手掐幾片冷凍的葉子出來實在太方便了。保存羅勒的另外一個好辦法就是挑選大葉，洗淨晾乾，然後一層層疊放在消毒過的寬口淺瓶中（參見 169頁）。在疊放葉子時，每片葉子都要撒一點點鹽。將罐子加滿橄欖油，油要將葉子完全淹過，把蓋子旋緊，放進冰箱裡。視鮮葉的品質，以這種方式保存的羅勒，最多可到 3 個月，葉子才會開始有發黑的情況出現。

店家販賣的「新鮮」羅勒罐通常是混合鮮品與乾燥品製作的。這種罐頭雖然是新鮮羅勒不錯的替代品，但是請你了解，為了達到保存的效果，罐頭裡使用了一定量的食用酸料，這樣會使味道更濃烈。所以使用這種罐裝香草時，務必要減少食譜中檸檬汁或醋的用量，才能把酸度平衡過來。

乾燥的羅勒顏色是深綠色。食品店中有成品販售；不過，和其他的乾燥香草產品一樣，要買包裝良好的乾燥羅勒，保

知道不同的香草與香料風味有類似的屬性實在挺有趣的，通常就是這種共通程度才能顯示出它們可以涵蓋的使用範疇有多廣。就像羅勒、丁香和多香果剛好都跟番茄非常搭配，而許多市售的番茄醬和罐裝食品，像是北歐的番茄鯡魚中加的不是丁香，就是嚐起來很有丁香味的多香果。

存時要避免放在溫度太高、光線太亮和太潮溼的地方。

應用

羅勒芳香四溢的丁香香氣是來自於所含的丁香油酚（在丁香和多香果中也有此成分），所以和番茄搭配非常理想，因此羅勒常被稱為「番茄香草」。

羅勒和一些蔬菜搭配的效果也好，像是茄子、美洲南瓜、櫛瓜和菠菜。在料理進行到烹煮的最後半個鐘頭時，把新鮮羅勒加進去可以增加蔬菜和扁豆湯的風味。羅勒葉有種乾淨、清新的好滋味，我母親常常用奶油起司（cream cheese）和切碎的羅勒葉來做香草三明治。大多數的沙拉，特別是裡面有番茄的沙拉，加入新鮮羅勒後效果極佳。羅勒天然簡樸的風味在完全沒下鍋煮的時候最能展現，像是沙拉和青醬風醬汁。

乾燥的羅勒用在禽肉類的內餡料、湯品和燉菜剛要開始料理時，以及加入醬汁和肉汁中，也是很合味的。在食譜中以乾燥羅勒取代鮮葉，用量只要鮮品的三分之一即可。舉例來說，如果某份義大利麵醬汁中要加入 1 湯匙（15 毫升）的新鮮羅勒碎葉，那麼用乾燥羅勒來替代時，只要用 1 茶匙（5 毫升）的量就可以了。

魚肉刷上橄欖油，撒上現磨的黑胡椒，加入一些羅勒葉一起用鋁箔紙包住拿來燒烤，是享受這種百搭香草一種簡單又有效的方式。肉醬和法式肉糜中也會加入羅勒，因為它揮發性的香味有助於去除肝臟和野味的油膩。你手邊也可以準備好美味的醋，來製作沙拉沾料，把大約 12 片或更多洗過並瀝乾水（去除多餘水分）的新鮮羅勒葉放入一瓶白酒醋中，然後放到涼冷的地方幾個星期。

羅勒葉整片用或用手撕碎用最好，大多數的廚師都會建議不要用刀切羅勒葉，因為這樣似乎會讓香味消散。要在番茄、美洲南瓜或茄子上放乾燥的羅勒來燒烤，但希望吃起來和新鮮的葉子更像時，可以將 1 茶匙（5 毫升）的羅勒、各 1/2 茶匙（2 毫升）的檸檬汁、水、橄欖油和 1/8 茶匙（0.5 毫升）的多香果粉加以混合。放置一旁數分鐘，燒烤前，把這醬汁抹在切半的番茄或切片的茄子上再拿去烤。

每茶匙重量（5ml）

- **整片乾燥葉**：0.8 公克

每 500 公克（1 磅）建議用量

- **紅肉**：2 茶匙（10 毫升）乾葉，8 茶匙（40 毫升）碎鮮葉
- **白肉**：2 茶匙（10 毫升）乾葉，8 茶匙（40 毫升）碎鮮葉
- **蔬菜**：1½ 茶匙（7 毫升）乾葉，2 大匙（30 毫升）碎鮮葉
- **穀類和豆類**：1½ 茶匙（7 毫升）乾葉，2 大匙（30 毫升）碎鮮葉
- **烘烤食物**：1½ 茶匙（7 毫升）乾葉，2 大匙（30 毫升）碎鮮葉

羅勒油無花果 Figs with Basil Oil

這種甜甜鹹鹹的無花果可以和馬斯卡彭起司一起上桌，當成甜點；配上芝麻菜後可以當作前菜，還可以放在烤過的小方塊佛卡夏麵包（focaccia）上當成開胃小菜。這些組合搭配得很好，最佳品嚐時間則是在短短的夏日時光裡，那時新鮮的無花果和羅勒正當季。羅勒油也可以當做沙拉醬汁或義大利麵醬。

製作4人份

準備時間：
● **24 個小時**

烹煮時間：
● **10 分鐘**

 **提示** 剩下的羅勒油裝在密閉的容器中可以放在櫥櫃或冰箱裡，最多可以放2個星期（冷卻後會凝結）。

● **食物處理機**

羅勒油

½ 杯	新鮮羅勒葉，輕壓一下	125 毫升
½ 杯	橄欖油	125 毫升
¼ 茶匙	現壓檸檬汁	1 毫升
1 撮	細海鹽	1 撮

無花果

12 顆	成熟的新鮮無花果	12 顆
些許	義大利葡萄醋（巴薩米可醋 Balsamic Vinegar，可以的話，陳年老醋最好）	些許
12 片	很小片的新鮮羅勒葉，自行選用	12 片

1. **羅勒油：** 把食物處理機裝上金屬刀片，攪拌羅勒、油、檸檬汁、和鹽，直到打成滑順的油料（也可以使用磨砵杵組來研磨）。把羅勒拿出來放進鍋中，開小火，緩緩加熱5分鐘。放置一旁、蓋上蓋子，放置一晚；然後拿一個細網目的篩子過濾油，將渣丟掉。

2. **無化果：** 將烤架放在烤箱高的位置。烤箱預熱。

3. 用一把銳利的刀，在無花果的頂部劃十字開口（小心，不要切到底）。將被劃開的瓣皮往下拉，變成一個星星形狀。把無花果切口朝上，排在烤盤上，烤2到4分鐘，直到顏色開始變焦黃。上桌時，在無花果上淋上羅勒油以及幾滴巴薩米可醋。每顆無花果上擺上一片小羅勒葉裝飾（如果有的話）。

青醬蛤蠣麵 Pasta with Pesto and Clams

在一個燠熱難當的八月天，我們在義大利的普利亞（Puglia）包了一輛車，載我們去義大利皮靴上鞋跟的最盡頭，也就是「義大利的馬爾地夫」。在蔚藍的海水中神清氣爽的游了個泳後，就算是酷熱，我們還是飢腸轆轆。這道當地的特色美食讓我的一天美好了起來。要注意店裡面販賣的青醬，那種青醬裡面充滿了防腐劑和便宜的成分，有可能會用花生和巴西利代替松子和羅勒。

製作4人份

準備時間：
● **10 分鐘**

烹煮時間：
● **30 分鐘**

 提示 特飛麵（Trofie）是一種短短的、呈扭曲形狀的義大利麵，如果買不到，可以用筆管麵（penne）或螺旋麵（spirals）來替代。

烤松子： 乾的煎鍋開中火，在裡面烤松子。鍋子要輕輕搖動，大約 3 分鐘，直到顏色呈現淡淡的金黃色。一開始上了色後立刻離火。

青醬是保存並利用羅勒最有效的辦法之一。可以用來作為速成餐的基本材料，無論是費事親自動手去現煮義大利麵，或是塗在新鮮的麵包上，上面放新鮮的番茄片，青醬都很好用。

青醬裝在氣密式的容器中放入冰箱冷藏，最多可以放到 2 個星期，只是材料物上面要倒入 2 公釐高的橄欖油，防止氧化。

● 食物處理機

青醬

2 杯	新鮮羅勒葉，輕壓成平杯	500 毫升
½ 杯	松子、稍微烤過（參見左側提示）	125 毫升
½ 杯	帕馬森起司粗切	125 毫升
2 瓣	蒜頭、壓碎	2 瓣
¼ 茶匙	檸檬皮細磨	1 毫升
¼ 茶匙	細海鹽	1 毫升
¼ 茶匙	現磨黑胡椒	1 毫升
⅓ 杯	初榨橄欖油	75 毫升

義大利麵

10 盎司	特飛麵（參見左側提示）	300 公克
1½ 磅	小蛤蠣（海瓜子），洗淨瀝乾水	750 公克
¼ 杯	白葡萄酒	60 毫升
些許	海鹽和現磨黑胡椒	些許

1. **青醬：** 把食物處理機裝上金屬刀片，將羅勒、松子、帕馬森起司、蒜頭、檸檬皮、鹽和胡椒大略絞碎。馬達還在轉的時候，把橄欖油透過食物添加管倒進去，繼續攪打，直到青醬混合料攪拌成泥狀，但還保留一些組織纖維。放置一旁。

2. **義大利麵：** 在一大鍋沸騰的水裡加鹽，義大利麵倒進去煮 8 到 10 分鐘，直到麵變得有嚼勁。把水瀝乾，麵撈到碗裡。將青醬放進去攪拌均勻後，放置一旁。

3. 在同一口鍋中開大火，將蛤蠣和白酒混炒。蓋上蓋子煮 6 到 8 分鐘，偶而要動動鍋子，直到蛤蠣全部打開（沒開的要丟掉）。把剛剛準備好的義大利麵倒入，再煮 2 分鐘，直到麵徹底熱透。立刻上桌食用。

變化版本

如果想改成蔬菜版，可以用 250 公克（8 盎司）蒸過的青花椰菜來取代蛤蠣。

泰式羅勒雞
Thai Basil Chicken

這肯定是每一家泰國餐廳菜單上會受到歡迎的菜色。這道泰式羅勒雞（泰式拋打雞，gai pad krapow）材料種類不多，喜歡的話，你在家隨時都可以快速端出手。這道菜供食的時候，常會放在白飯上，上面擺一顆半生熟的單面荷包蛋，就和印尼炒飯上放一顆這種蛋一樣——拿來當早點真是美味！

製作6人份

準備時間：
● **10 分鐘**

烹煮時間：
● **10 分鐘**

提示 這道菜通常都用雞絞肉來代替雞肉塊，泰國羅勒（別用地中海區的羅勒，風味完全不同）代替也行。雖說聖羅勒直接使用鮮品最好，但是聖羅勒的葉子可以冷凍，3 個月之內使用都沒問題（參見 108 頁）。

● **炒菜鍋**

2 大匙	味道清淡的油，像是蔬菜油或花生油都可以	30 毫升
5 顆	紅蔥頭，切半後切片	5 顆
6 瓣	蒜頭，切碎	6 瓣
2 條	小的紅辣椒，切細片	2 條
1½ 磅	無骨去皮的雞胸肉，切成 4 公分大小的丁（參見左邊提示）	750 公克
5 茶匙	魚露	25 毫升
4 茶匙	醬油	20 毫升
1½ 杯	聖羅勒葉，輕壓成平杯（見左側提示）	375 毫升

1. 開大火，在炒菜鍋中熱油。加入紅蔥頭、蒜頭和辣椒，炒 2 分鐘，直到爆香料變軟。加入雞肉炒，持續翻炒大約 5 分鐘，或炒到肉開始變焦黃色。把魚露和醬油加進去，繼續翻炒，直到雞肉熟透，約 4 到 6 分鐘。倒入羅勒葉翻炒幾下離火。立刻上桌食用。

月桂葉 Bay Leaf

Laurus nobilis

各國語言名稱

- **阿拉伯文**：ghar、waraq ghaar、rand
- **中文（粵語）**：yuht gwai
- **中文（國語）**：yue gui、yue gui ye
- **捷克文**：vavrin uslechtily
- **丹麥文**：laurbaer
- **荷蘭文**：laurier
- **法文**：laurier
- **德文**：Lorbeer
- **希臘文**：dafni
- **義大利文**：alloro、lauro
- **日文**：gekkeiju、roreru
- **葡萄牙文**：loureiro
- **俄文**：lavr
- **西班牙文**：laurel
- **瑞典文**：lager
- **土耳其文**：defne agaci
- **越南**：la nguyet que

科　　名：	樟科 Lauraceae
品　　種：	「月桂葉」（bay leaf）這個詞在使用上相當寬鬆，不少不同科的葉子都被稱做這個名字，並以極為類似歐洲月桂葉的方式被加到食譜裡。這樣的葉包括了印度月桂葉（柴桂葉，*Cinnamomum tamala*）、印尼月桂葉或稱 daun salam（*Eugenia polyantha*）、加州月桂葉（*Umbellularia californica*）；墨西哥月桂葉（*Litsea glaucescens*）、西印度月桂葉（*Pimenta acris*）、以及波爾多（boldo，*Peumus boldus*）
別　　名：	bay laurel（月桂）、European bay leaf（歐洲月桂葉）、noble laurel（貴族月桂）、poet's laurel（詩人月桂）、Roman laurel（羅馬月桂）、sweet bay（甜月桂）、true laurel（真月桂）、wreath laurel（花冠月桂）
中文別名：	月桂、桂冠、甜月桂、月桂冠
風味類型：	激香型
使用部位：	葉（香草）

背後的故事

　　月桂樹原生於安那托利亞（Asia Minor）。地中海沿岸地區早已廣泛種植，或許是受到了羅馬的影響，在中世紀之前就已經傳到了英國。羅馬人珍視並尊重月桂葉。英國的草藥醫生（兼植物學家）約翰・帕金森（John Parkinson）在 1692 年曾寫過，奧古斯都（Augustus Caesar）曾戴過一頂由瀉根（bryony）和月桂做成的花環來保護自己免受雷擊。在希臘神話中，諸神曾和阿波羅惡作劇：他註定要一直追求女神達芙妮，而達芙妮則註定會拒絕他的求愛。而故事到了最終，諸神將達芙妮變成一棵月桂樹，讓她能在阿波羅堅持不輟的追求下喘一口氣，而身心交瘁的阿波羅則宣示，此後他將以她之葉作為冠

可搭配

- 羅勒
- 辣椒
- 蒜頭
- 馬鬱蘭
- 奧勒岡
- 紅椒粉
- 胡椒
- 迷迭香
- 鼠尾草
- 百里香

傳統用法

- 慢火燉煮的菜
- 湯、砂鍋和烤物
- 法式醬糜
- 蒸魚
- 蔬菜菜餚
- 番茄底的義大利麵醬

調和香料

- 燉煮用香草束
  （bouquet garni）
- 摩洛哥綜合香料（ras
  el hanout）
- 牛排和白肉綜合調味
  料
- 普羅旺斯料理香草
  （herbes de provence）
- 泡菜用香料（pickling
  spices）
- 紅肉的香料抹料

冕，永遠戴著。

月桂樹的拉丁名字來自於 laurus，英文是「laurel」，月桂之意，nobilis，意思則是「聞名」。因此，我們發現在希臘和羅馬時代，生死相搏運動項目的優勝者，例如戰車比賽，都是用月桂冠來加冕的；同理，得勝歸來的戰士用的也是月桂冠。以前的傳統會頒給傑出的學者和醫師月桂莓（bacca lauri），認可他們的成就，而「poet laureate」（桂冠詩人）和「baccalaureate」（學士學位）這兩個名稱就來自這個傳統。

植株

月桂樹是一種樹葉濃密的中等高度常綠木，氣候適合的話，可以長到 10 公尺（33 呎）左右。葉呈深綠色，葉子上面油亮但是顏色稍淡，葉背則沒有亮澤。葉形為橢圓形，葉尖細，葉長約 5 到 10 公分（2 到 4 吋），葉寬 2 到 4 公分（3/4到 1 又 1/2 吋）。嫩葉綠色較淺，和成葉相比較為柔軟，香氣和風味都較淡，而成葉葉子較為強韌，呈深綠色。

新鮮的月桂葉破裂釋放出揮發油時，香氣濃烈、溫暖，有新鮮樟樹的氣味，以及濃烈、久久不散的澀味。其風味刺激、濃烈、帶有苦味又持久。乾燥以後，月桂葉的墨綠色會變淺，葉面變霧、沒有光澤。捏碎時，會釋放出甚至更具特色的香味，帶著礦油類的香氣，和新鮮的月桂葉相比，苦味也比較淡。

月桂樹開小花，花朵有蠟一樣的光澤，呈乳白色，花蕊是種特殊的黃色，花開後結紫色的莓果，乾燥後會變得又黑又硬。這些莓果有毒，絕對不可以拿來料理（含有月桂酸的乙醚成分 laurostearine 以及月桂酸 lauric acid）。

有些園丁會種些月桂樹來做做樣子，他們策略性的把 1、2 棵種在盆缽裡或花園裡。在澳洲，我父母親有一排大約 12棵 20 年以上的月桂樹，現在這些樹已經長成了一片相當壯觀的樹籬。月桂樹可在單一直立的莖幹上進行修剪，把頂上剪成一個近乎球形的模樣，但是如果放任它自由生長，主幹周圍會冒出一堆新椏，讓樹長得濃密又低矮，形成效果更佳的樹籬。

其他品種

在某些文化中，「月桂葉」一詞的使用相當寬鬆，可以拿來形容不少不同的樹葉，這或許是因為月桂葉在西方太受歡迎了。以下的月桂葉**沒有任何一種是真的**。

印度月桂葉（*Cinnamomum tamala*）和真正的月桂葉非常不同。它是肉桂樹的其中一個品種。**印尼月桂葉**（*Eugenia polyantha*）也被稱作 daun salam，是另外一種被稱為月桂葉的非月桂葉，帶著淡淡的丁香風味，很多印尼菜中都會使用。**加州月桂葉**（*Umbellularia californica*）外觀上和 *Laurus nubilis* 非常相近，但是它帶有濃烈許多的尤加利樹風味；使用時用量要斟酌——也就是說，大約是歐洲月桂葉量的一半。**墨西哥月桂葉**（*Litsea glaucescens*）甚至是**西印度月桂葉**——它們是貝蘭果樹（bay rum berry tree，多香果，*Pimenta acris*）的葉子，也是因為類似於丁香的風味被添加到料理中的。

波爾多（Boldo，*Peumus boldus*）是另外一種風味濃厚的樟腦葉，來自於杯軸花科（Monimiaceae）。南美洲的料理中會用到。波爾多是智利中部的原生種，已經遠傳到歐洲，不過據我了解，在歐洲尚未作為料理之用。它的葉常被混合製成香草茶，是一種藥草茶。波爾多的葉子中含有波爾丁生物鹼（alkaloid boldine），有些來源把它當成抗氧化劑來宣傳。無論如何，它有毒的疑慮已經被提出，這可能是對過度使用的一個警告吧。

有些品種不能吃

不要把料理用的月桂樹（bay tree）和貝蘭果樹（bay rum berry tree）或其他不同品種的月桂樹（laurel tree，也稱桂冠樹）弄混了，那些很多都有毒。

處理方式

　　月桂葉乾燥後用於慢火細燉的菜色最好，因為在乾燥的過程中，新鮮葉子中的苦味會消散掉，而能增加風味的揮發油則可以更有效的融入菜餚之中。要採收月桂葉時，可以依照你想要的樹型修剪樹枝，但是樹木開花的季節請避免這麼做──因為花朵會吸引大量的蜜蜂。在枝椏被修剪下來的幾個小時內，請用修枝剪把所有的葉子從枝椏上剪下來，只留乾淨、成熟，上面沒有白甲蠟蚧（white wax scale）痕跡的葉子。白甲蠟蚧是一種害蟲，會在葉子上留下一種烏黑的物質。

　　和其他香草一樣，月桂葉最好在光線陰暗、通風良好的地方進行乾燥，請放置大約 5 天左右，讓葉中的含水量蒸發掉，葉子變成又乾又硬，那個程度的葉中溼度大概低於12%。為了避免葉子捲起來不好看，並達到漂亮的扁平葉效果，請在網子（防蟲網）上放一層葉，要確保通風良好，然後再放另外一張網子在上面，用一些小木頭在上面壓重。當葉子變硬變乾後，裝入氣密式容器中保存，然後放在涼爽、光線陰暗的地方。

購買與保存

　　全世界市售的大多數乾燥月桂葉都是土耳其製造生產的，品質主要分為兩級：級數最低以 50 公斤（110 磅）大捆包裝，裡面通常夾有數量不少的無關雜質，從枝椏、網線、石塊都有（就是來混重量的）。土耳其出品的最佳等級被稱

記憶中，和月桂葉相關又最有趣的事發生在我十幾歲時。那一次，我把我家神俊的大灰馬海克特整理得漂漂亮亮，準備去參加一個秀。牠全身潔淨無斑，馬蹄被塗上了漆，準備第二天一早就送到展覽會場去。因為牠不能弄髒，所以我把牠關到老爸種滿月桂樹的院子裡。第二天早晨，當我們一眼瞧見大多數的月桂樹幾乎都被牠啃得七零八落時，我們簡直驚呆了！認識馬兒的人都會熟悉他們那清新、帶著乾草香味的氣息。想像一下，當這匹英俊的大灰馬對著馴馬師和裁判噴著充滿月桂葉味道的氣息時，他們該有多驚愕！我每次剪月桂枝下來乾燥時，總是會想起海克特。

為「手挑精選品」，和捆裝的相比，這個等級的葉子風味較佳、乾淨很多，葉子的大小和顏色也一致得多。

購買乾燥的月桂葉時，要選乾淨的綠葉——葉子的顏色愈深，品質愈好。黃葉代表採收時的品質就已經不良，或是在光線下曝露太久。如果保存方式正確，避免放置在溫度太高、光線太亮、或太潮溼的地方。整片的月桂葉最多可保3年的品質。磨成粉的月桂葉用起來方便，不過應該要少量購買就好，不然就自己動手磨。葉子一旦磨好，12個月內風味就會喪失，就算保存的條件再好也一樣。

應用

月桂葉大多用於細火慢煮的料理中，很多不同的湯品、燉品、砂鍋、法國醬糜、肉醬、鋁箔烤菜，月桂葉都是不可或缺的材料。在法國的傳統經典燉煮用香草束（bouquet garni）中，月桂葉是必要的材料，其他還有百里香、馬鬱蘭和巴西利，這束香草和其他食材一起放在鍋子裡面燉，等煮好了準備上桌時再撈出來。熬煮高湯時常常會加入月桂葉。

使用月桂葉時，份量一定要斟酌，因為它的風味很濃郁，烹煮時會融入菜餚中。4人份左右的一般份量大約放2到3片乾葉即可，看是要放整片，方便稍後取出，還是壓碎加到菜中，燉煮時讓它變軟都可以。我在烤魚時，喜歡把魚用鋁箔包住，裡面放一些青翠的蒔蘿尾尖、一片月桂葉以及薄薄一層青芒果粉。

每茶匙重量（5ml）

- 整片乾燥的葉：0.3公克
- 研磨：2.5公克

每500公克（1磅）建議用量

- 紅肉：2片乾葉，3片新鮮葉子
- 白肉：1片乾葉，2片新鮮葉子
- 蔬菜：1片乾葉，2片新鮮葉子
- 穀類和豆類：1片乾葉，2片新鮮葉子
- 烘烤食物：1片乾葉，2片新鮮葉子

月桂米布丁
Bay Rice Pudding

熟米飯製作的甜點在世界各地都可以見到，各式變化繁多。這道是典型的歐洲風味布丁，用爐具製作，還加上新鮮的月桂葉，讓柔軟滑順的米飯增添了一股獨特的淡香。這道料理看起來雖然耗時，但我讓它在一旁自行煮著，趁機做其他料理。這道料理絕對讓人開心滿意，覺得花費的時間非常值得。

製作6人份

準備時間：
● 5 分鐘

烹煮時間：
● 1 小時 15 分鐘

提示 可以的話，請用「布丁米」，或是其他圓米，像是阿勃瑞歐（Arborio）或是卡納羅利（Carnaroli risotto）（譯註：這兩種米都是義大利出名的燉飯用米）。

1 杯	圓米（參見左側提示）	250 毫升
2 片	小片新鮮的月桂葉	2 片
1 片	厚切的檸檬皮	1 片
3 杯	水	750 毫升
4 杯	全脂牛奶	1 公升
½ 杯	細砂糖	125 毫升
½ 茶匙	純的香草萃取	2 毫升
些許	現磨的肉荳蔻，自選	些許

1. 中型鍋開中火，把米、月桂葉、檸檬皮和水一起放進去煮到水滾，中間偶而要攪拌一下。水滾之後，蓋上密閉良好的蓋子，改小火，燜煮約 15 分鐘，直到大部分的水被吸乾。把牛奶、糖和香草加進去攪拌。燜煮、蓋上蓋子，偶而攪拌一下，燜煮大約 40 到 50 分鐘，直到米粒變得又軟又滑順（應該還有一點稠稠的米湯）。關火，把鍋子移開，將月桂葉和檸檬皮拿出來丟棄，然後放置一旁讓它稍微冷卻，大約 10 到 15 分鐘。趁著還溫熱上桌，可以直接吃或是冰涼後食用，如果想要，可在上面撒一點肉荳蔻。

大紅香蜂草 Bergamot

Monarda didyma

各國語言名稱

- **阿拉伯文：** munardah
- **法文：** bergamote、thé d'Oswego
- **德文：** Monarde、Goldmelisse
- **義大利文：** bergamotto
- **日文：** taimatubana
- **韓文：** perugamotu
- **西班牙文：** bergamota

科　　名：	唇形科 Lamiaceae（舊稱唇形花科 Labiatae）
品　　種：	香檸檬（lemon bergamont，*M. citriodora*）、野香檸檬（wild bergamot，*M. fistulosa*）薄荷葉馬薄荷／薄荷葉香蜂草（mint-leaved bergamot、*M. menthifolia*）
別　　名：	bee balm（管蜂香草）、fragrant balm（芬芳香蜂草）、Indian's plume（印第安人羽毛）、Oswego tea（奧斯威爾茶）、red balm（大紅香蜂草）
中文別名：	管蜂香草、美國薄荷、大紅蜂香草
風味類型：	適中型
使用部位：	葉和花（香草）

背後的故事

　　大紅香蜂草，北美洲原生，在 16 世紀由西班牙的醫師暨植物學家尼可拉斯・孟納爾德斯（Nicolas de Monardes）進行鑑定識別，因此就用他的姓氏來做為此屬植物的名稱了。而奧斯威戈（Oswego）人，也就是居住在現在紐約州地方的人，用這種植物來沖茶——所以便以「奧斯威戈茶」來命名。美國的移民在 1773 年的波士頓茶葉事件（Boston tea party）之後，為了抵制由英國人進口的印度茶，便愛用這種植物來沖茶，當做飲品。

植株

　　大紅香蜂草 Bergamot 是薄荷家族的一員，香草園中的招搖植物。它蔑視一般香草低調的光環，不以風味與藥效取勝，外貌張揚。大紅香蜂草開花時會有一打或甚至更多帶著柑橘類芳香的管狀花，花朵叢聚於像絨毛球的輪上；這些花朵長在強壯的方形莖之上，莖上有帶毛的對生卵形葉片，長約 8 公分（3 又 1/4 吋），寬 2 公分（3/4 吋）。燦爛耀眼的花朵顏色

從粉紅色、紫紅色到色澤豐潤、鮮豔的紅色（最受歡迎的「Cambridge Scarlet 劍橋緋紅」種）都有。花朵中飽含花蜜，會吸引蜜蜂——所以俗稱才會是「bee balm 管蜂香草」（可別與料理用的香草香蜂草搞混，該種香草也會吸引蜜蜂）。

其他品種

香檸檬（Lemon vergamot，*Monarda citriodora*）用於沙拉，和柑橘相比，它的風味與檸檬更接近。**野香檸檬**或是**紫香檸檬**（wild bergamot 或 purple bergamot，*M. fistulosa*）有淡淡的檸檬香氣，但是較少用在料理。**薄荷葉香檸檬**（mint-leaved bergamot，*M. menthifolia*）葉子捲捲皺皺的有如薄荷葉，有時候會跟檸檬薄荷（eau de cologne mint，*Mentha x piperita citrata*）搞混。

處理方式

想要新鮮的大紅香蜂草可能得自己動手種。新鮮的葉子採收完畢後切細，放入製冰盒中，上面加水後冷凍。新鮮的花朵也可以採用相同的方式冷凍。

購買與保存

乾燥的大紅香蜂草是以「Oswego tea」（奧斯威戈茶）之名販售的，裡面可能有乾燥的花朵和葉子。正確保存的話，風味可以維持大約 12 到 18 個月。

應用

大紅香蜂草最常用在料理上的是新鮮的葉子和花，可以讓料理擁有不同於薄荷或羅勒的香味。色彩明艷、質地柔軟有蜂蜜味道的花朵口感細膩，但香味濃烈，加到沙拉中很是吸引人。葉中含有揮發油百里酚，還帶著柑橘系列的香氣，讓人聯想起百里香、鼠尾草和迷迭香，所以大紅香蜂草是很適合搭配豬肉和鴨肉的香草，這兩種食材都會因為柑橘香味而更加美味。

料理情報

可搭配
- 羅勒
- 薄荷
- 迷迭香
- 鼠尾草
- 百里香

傳統用法
- 沙拉
- 豬肉和鴨肉的醬汁

調和香料
- 不常用於調和香料中

不是伯爵茶
大紅香蜂草的英文名稱 Bergamot 由來是因為香氣與佛手柑（bergamot orange，*Citrus bergamia*）的香氣類似。佛手柑精油是從佛手柑萃取的，而用來幫為伯爵茶加味的是佛手柑油，不是這種大紅香蜂草。

每 500 公克（1 磅）建議用量

白肉：2 大匙（30 毫升）新鮮葉子
蔬菜：2 大匙（30 毫升）新鮮葉子
穀類和豆類：4 茶匙（20 毫升）新鮮葉子
烘烤食物：4 茶匙（20 毫升）新鮮葉子

番茄和大紅香蜂草菜捲
Tomato and Bergamot Loaf

這道食譜初次出現是在我祖父母於 1983 年出版的大作《Hemphill's Herbs: Their Cultivation and Usage》裡。當我的母親剛開始對素食主義感到興趣時，她把這道菜拿來繼續研究改造。現在這道美味又營養的素菜已經可以替代肉捲，是我們全家都喜愛的料理。

製作2人份

準備時間：
● **5 分鐘**

烹煮時間：
● **20 分鐘**

 提示 **製作新鮮的麵包屑**：食物處理機裝上金屬刀片，將 5 到 6 片至少放一天以上的麵包（太新鮮無法絞碎成屑）放進去急速絞碎。把麵包屑均勻撒在烤盤上，放置一旁，直到麵包屑變得乾硬，大約要 20 分鐘。放進夾鏈袋中放進冷凍庫可以保存到 6 個月。

● **20 x 10 公分的長條麵包烤模，抹上油**
● **烤箱預熱到攝氏 180 度（華氏 350 度）**

2 顆	蛋，打散	2 顆
1 罐	番茄丁，帶汁（約 398 毫升）	1 罐
1½ 杯	現絞的白麵包屑（參見左側提示）	375 毫升
1¼ 杯	削絲的切達起司，分批使用	300 毫升
1 杯	切細的芹菜	250 毫升
2 大匙	新鮮大紅香蜂草葉子，切碎	30 毫升
2 大匙	碎洋蔥	30 毫升
2 大匙	橄欖油	30 毫升
½ 茶匙	細海鹽	2 毫升

1. 拿一個大碗，把蛋、番茄、麵包屑、1 杯（250 毫升）的起司、芹菜、大紅香蜂草、洋蔥、橄欖油和鹽都放進去混合。用湯匙挖到事先準備好的長條麵包烤模裡，上面再用剩下的起司蓋好，用已經預熱好的烤箱烤 20 分鐘，直到顏色變成金黃色，而且餡料熟透。趁熱跟綠色沙拉一起上桌食用。

黑萊姆 Black Lime

Citrus aurantifolia

各國語言名稱

- **丹麥文**：sort lime
- **荷蘭文**：zwarte limoen
- **法文**：;opm mpor
- **德文**：schwarzer Limette
- **匈牙利文**：fekete lime
- **義大利文**：limetta nero
- **西班牙文**：lima nero

科　　名：芸香科 Rutaceae

別　　名：amani、black lemon（黑檸檬）、dried lemons（乾檸檬）、dried limes（乾萊姆）、loomi（乾檸檬）、noomi Basra（巴斯拉檸檬）、Oman lemons（歐曼檸檬）、新鮮時稱為 Tahitian lime（大溪地萊姆）或 Persian lime（波斯萊姆）

風味類型：香濃型

使用部位：果實（香料）

背後的故事

　　萊姆原生於東南亞，可能是由摩爾商人或土耳其商人引進到中東的。枸櫞（或稱香櫞，citron），在柳橙之前就是為人熟知的柑橘類果實，中國人在西元前 4 世紀早已經認識，而且埃及人也曾經提到過。西元前 4 世紀，義大利南部、西西里島和科西嘉島都有種植；現在用來製作糖漬果皮和香水的枸櫞，大多數還是來自於科西嘉島。

可搭配

- 多香果
- 小荳蔻
- 肉桂
- 丁香
- 芫荽籽
- 孜然
- 紅椒粉
- 胡椒
- 薑黃

傳統用法

- 燉魚
- 米蘭燉牛膝（osso bucco）
- 燒烤肉類
- 烤全禽（整顆塞入禽類的肚子裡烤）

調和香料

- 波斯調和香料
- 檸檬胡椒變化版
- 海鮮的調味
- 家禽類的辛香塗抹料

曾經有位侍酒師請我們幫忙找出可以跟貴腐葡萄酒（botrytis，有時也被稱作 noble rot）這種甜點酒能互相搭配的香料，這時黑萊姆令人出乎預料的用法出現了。麗姿製作了一款加糖的冰沙，以黑萊姆沖泡加味。雖說它灰灰的色澤不太吸引人，不過，每個人卻認為它的風味簡直是天作之合！

萊姆這種在熱帶氣候長得比檸檬好的植物，時常被人跟檸檬搞混，而萊姆樹的歷史多少算是妾身未明的。萊姆有幾種類型，不過萊姆全都長在個頭比檸檬樹小一些、灌木叢也密些的樹上，萊姆突出刺的數量也不同。常見的印度和亞洲萊姆皮薄、味酸而且多汁。歐洲和美洲生長的萊姆風味不一樣——味道比較不酸，一般相信是屬於墨西哥萊姆與枸櫞的雜交種。波斯萊姆也具有獨特的口味。這是原來就會在樹上乾掉的品種，可能是有人意外發現了這些因為被忽略，而放著被夏日炙熱豔陽烤乾的果實味道實在太好了。

植株

一般長出會在樹上變乾後採收果實的萊姆樹，都是比較小型、外表參差不齊的常綠木，樹高最高可達 5 公尺（16 呎）。這種萊姆樹的枝椏充滿了小小的、尖銳的刺（刺到會痛）。萊姆果實是由小小的白色花朵開始長出來的，小白花很能吸引蜜蜂，幾乎終年都能結果。新鮮的果實從淺綠色到黃色都有，通常皮薄、汁極多，味道芬芳。由於萊姆極易與其他柑橘科樹木雜交，所以我們永遠無法確定黑萊姆是出自哪些雜交的樹種。

黑萊姆通常是整顆日晒的大溪地萊姆，直徑約 2.5 到 4 公分（1 到 1 又 1/2 吋）。這些黑萊姆的顏色不同，從淡棕色到非常深的暗褐色都有，幾乎是接近黑色——果體上有最多 10 條深褐色的縱紋，從果實的一端延伸到另外一端。打開後，裡面會露出內襯皮的黑色殘留物，澀澀黏黏的，而一股濃烈發酵過的柑橘香氣也會隨之釋出。黑萊姆的芳香總是讓我想起可口又味濃的自家製柑橘果醬。

處理方式

雖說原來的萊姆果實是還掛在樹上時就乾掉，但更常採用的作法則是在果實成熟時採下，在鹽水中煮沸，然後放到陽光下曝晒。採用這種方式，溼度條件必須非常低，否則果實乾燥的時間就會拖得太長，讓果實變得很黑，常常還會有發霉的徵兆。曾經有人告訴我，傳統的作法是把新鮮採摘下

> 和黑萊姆的第一次邂逅將我帶回到早期的童年時光，那時我父母親還擁有一座柑橘果園。在分級的棚子裡，也就是果子被整理裝箱的地方總會散落著一些柳橙或檸檬，這些果子不是滾到長凳下的地板上，就是留在分級的槽溝裡。果子乾掉了──在過程中無疑會發霉而且發酵──散發出一種甜甜的濃烈香氣，令人難忘。

來的萊姆埋在熱呼呼的沙漠沙子裡，直到所有的水分幾乎脫乾為止。

購買與保存

黑萊姆在中東食材店裡可以買得到，特別是香料零售專賣店。黑色指的是乾掉的內瓣膜，乾掉的萊姆皮未必是黑色的。深褐色到淺褐色的通常品質最好，但有些顏色很深的萊姆味道特別濃烈，風味也更深奧──只要沒有發霉的跡象，就是好東西。存放在氣密式的容器中，避免放在溫度太高、光線太亮、或太潮溼的地方。

- **整顆萊姆平均**：6 公克
- **黑萊姆粉**：3.5 公克

**每 500 公克（1 磅）
建議用量**

- **紅肉**：2 顆整顆的萊
  姆、刺破
- **白肉**：2 顆整顆的萊
  姆、刺破
- **蔬菜**：1 顆整顆的萊姆、
  刺破
- **穀類和豆類**：1 顆整顆
  的萊姆、刺破
- **烘烤食物**：1 顆整顆的
  萊姆、刺破

應用

　　香氣十足，還帶著些發酵風味的黑萊姆和雞肉、魚肉搭配特別適合，用法類似於摩洛哥菜和中東菜中的香料鹽漬檸檬（preserved lemon）。令人感到驚喜的是，如果把一兩顆刺破的黑萊姆放到燉牛尾裡去，就會產生某種受人歡迎的辛辣感。要把整顆黑萊姆加到菜餚裡，或是塞到雞鴨肚子裡去料理之前，先用烤肉叉子或是一般的叉子在每顆萊姆上面戳洞，這樣可以讓料理時的湯汁泡到裡面美味的餡料。在把萊姆丟掉之前，先把吸滿濃郁汁液的萊姆擠一擠，保證出來的口味會令人特別滿意。

　　黑萊姆也可以研磨成粉，和胡椒混合，在雞肉和魚肉燒烤之前撒在上面，當做檸檬胡椒調和香料的替代品。

科威特黑萊姆燉魚
Kuwaiti Fish Stew with Black Lime

我父母親曾多次拜訪印度，在某次旅程中，他們遇見了一對來自科威特的夫婦。這對夫婦造訪印度的原因一方面是攝影，另一方面則是學習更多與香料相關的知識。貝德和蘇是最早把黑萊姆介紹給我父母認識的人，他們還很大方的分享了自家的私房食譜。這道香氣四溢的燉菜上桌時，可以配上米飯與炸洋蔥。

製作4人份

準備時間：
- **10 分鐘**

烹煮時間：
- **40 分鐘**

提示 想要風味更濃郁，在進行步驟 2 時候可以加上 1 茶匙（5 毫升）的波斯香料。

2 茶匙	孜然粉	10 毫升
2 茶匙	現磨的黑胡椒	10 毫升
2 茶匙	小荳蔻粉	10 毫升
2 茶匙	薑黃粉	10 毫升
2 茶匙	細海鹽	10 毫升
3 大匙	油，分批使用	45 毫升
2 顆	洋蔥，每顆切成 4 份	2 顆
3 顆	番茄，每顆切成 4 份	3 顆
2 顆	整顆的黑萊姆，每顆都要用烤肉叉子刺 4 到 5 次	2 顆
1 根	大根的綠辣椒，切碎	1 根
2 大匙	番茄醬	30 毫升
1 大匙	蒜頭絞碎，分批使用	15 毫升
2 杯	水	500 毫升
2 大匙	中筋麵粉	30 毫升
4 片	去皮的魚排，如鱈魚或鱸魚，每片約 170 公克（6 盎司）	4 片
1 杯	切碎的新鮮蒔蘿尖	250 毫升
1 杯	切碎的芫荽葉	250 毫升

1. 在小碗中混合孜然、胡椒、小荳蔻、薑黃和鹽。

2. 大鍋開中火，倒入 2 大匙（30 毫升）的油。把洋蔥放進去炒 2 分鐘，直到洋蔥變軟。把番茄、黑萊姆、辣椒、番茄醬、2 茶匙（10 毫升）的蒜頭和 2 茶匙（10 毫升）研磨好的綜合香料倒進去一起翻炒。加水進去攪拌，轉到小火，蓋上蓋子以保持溫度。

3. 找一個淺的碗或盤子，將所有剩下的綜合香料粉都倒進去，加上麵粉混合均勻。把魚片放到混合的粉中，讓外表均勻裹上粉。

4. 煎鍋開大火，將 1 大匙（15 毫升）剩下的油倒進去加熱。把魚片放進去，每一面煎 1 分鐘，直到表現呈現淡淡的焦黃色。將魚拿到裝有番茄混合料的鍋子裡（魚片要完全浸在湯汁中，需要的話，可以加水。）加入蒔蘿、芫荽、和剩下的蒜頭。小火慢慢燜煮 15 到 20 分鐘，或到魚片用叉子一插很容易就剝離的程度。

琉璃苣 Borage

Borago officinalis

科　　名：紫草科 Boraginaceae

別　　名：bee bread（蜜蜂的麵包）、star flower（星花）

中文別名：琉璃苣、玻璃苣

風味類型：溫和型

使用部位：葉子和花（香草）

背後的故事

　　一般相信琉璃苣起源自中東（現今敘利亞的東南部）的阿勒坡（Aleppo），由羅馬人帶到英國。大面積的琉璃苣生長在英格蘭南部的白堊地形山丘上，這種香草現在已經被廣泛的種植於地中海沿岸、北美洲以及許多其他的溫帶地區。傳統上，琉璃苣令人聯想到勇氣與幸福。引用老普林尼的說法，「一杯琉璃苣茶就能減少哀傷，慶幸自己仍然活著。」大家堅決相信琉璃苣有提振精神的力量，所以十字軍在長途出征之前會喝，古羅馬的鬥劍士在令人膽顫心驚的戰鬥前也會喝上一杯。在威爾斯，琉璃苣也稱為「llanwenlys」，意思是「歡欣之草」。

植株

　　琉璃苣是被拍攝最多照片的香草之一，也是最常出現在織錦、繡品和彩繪陶瓷的料理香草。這些難以計數的詮釋表現實在是因為受到這植物經典「香草」外型的啟發。它的莖幹粗壯、柔軟、中空、多肉多汁，可長到 1 公尺（3 呎）高，植株覆蓋著皺皺的深綠色葉子，葉子最長可達 15 公分（6 吋），頂上則開著為數眾多的瓷藍色星形花朵，花朵中央有很容易辨別的黑色花藥。整株植物覆蓋著直立的細毛，讓人想到和薊一樣「別來碰我」的神態。在琉璃苣眾多傳統藍花之中經常會出現一些柔柔的粉紅色花朵，而所有的花中都充滿了花蜜，很能吸引蜜蜂，所以才有「蜜蜂的麵包」這樣的俗稱出現；另有一種開白花的稀罕品種。

琉璃苣很容易自播繁殖，雖然是一年生植物，不過除了嚴寒的酷冬之外，種子都會自行掉落，並發芽長大。花園景觀中，很少有視覺饗宴能美過一叢叢自播長大的琉璃苣的：一大片星星點點的湛藍色花朵在霧綠色葉海與低垂的花苞中，迎風招展。

處理方式

琉璃苣的葉子一般是新鮮使用。葉子摘下後，很快就會枯萎，所以要有效乾燥需要相當的技巧。最好的辦法就是在清晨採收葉子，然後把葉子鋪開放在一張單層的紙張，或是裝著網目的框架上，例如防蟲的網子。把這些葉子放到陰暗乾燥，而且空氣能自由流通的地方，這樣溼氣才能蒸發掉。當葉子變乾硬後，取下來裝進氣密式容器中保存，遠離溫度過高、光線太亮、或潮溼的場所。琉璃苣的花也能透過相同的方式來進行乾燥。

料理情報

可搭配
- 羅勒
- 青蔥
- 西洋水芹
- 歐當歸
- 巴西利
- 小地榆

傳統用法
- 雞尾酒
- 綜合水果飲料
- 綠色沙拉
- 香草三明治
- 湯

調和香料
- 不常用於調和香料中

香料筆記

　　1950 年代，我母親偶然間發現了一個古怪的現象。她把琉璃苣加到塗抹了澳洲經典酵母塗醬維吉麥（Vegemite）或普羅麥醬（Promite，英國的版本名叫馬麥醬Marmite）的三明治後，結果發現味道居然和現挖的生蠔味道很相似。

　　琉璃苣精油以抗發炎功效而聞名，這種精油是從種子蒸餾提煉出來的。

購買與保存

　　如果你想一年四季都能享用這種高人氣、自播繁殖的料理香草，最好的選擇就是自己動手種。由於琉璃苣摘下來之後很快就會枯萎，所以要買到品質優良的新鮮葉子非常困難。琉璃苣的花倒是比較強健，所以採收之後經常會跟其他較奇特的葉和花一起放在可以現吃的沙拉裡。花如果在盛開時摘取，並小心放置，也就是一格製冰盒格子放一朵，就可以被好好的冷凍起來。哪一天你想對客人擺擺派頭，展現你獨特的創意時，就可以把含著花的冰塊丟到果汁、琴通寧（Gin Tonic）或是任何飲品裡。

應用

　　琉璃苣有小黃瓜的味道，所以被加到綠色沙拉中也是很有道理的，不過一定要記得把葉子切得夠細，這樣吃的時候才不會感覺到鬃鬃一樣的毛。你可以把切碎的葉子加到奶油起司（cream cheese）或茅屋起司（cottage cheese）裡，把這以琉璃苣調味的起司加入一點鹽和胡椒，製作香草三明治。把琉璃苣的嫩葉裹上麵糊去炸也可以當做開胃菜或配菜中不同的蔬菜選擇。琉璃苣的花朵漂浮在綜合果汁飲料或是英式飄仙酒（Pimm's）這類清涼飲品中極為賞心悅目，味道與飲品也有相得益彰之效。把琉璃苣的花裹上打散的蛋清，再撒上糖，放置到乾後是大受歡迎的甜點和蛋糕裝飾。

每 500 公克（1 磅）建議用量

- 紅肉：1/2 杯（125 毫升）切碎的新鮮葉子
- 白肉：1/2 杯（125 毫升）切碎的新鮮葉子
- 蔬菜：1/2 杯（125 毫升）切碎的新鮮葉子
- 穀類和豆類：1/2 杯（125 毫升）切碎的新鮮葉子
- 烘烤食物：1/2 杯（125 毫升）切碎的新鮮葉子
- 加入花朵主要是作為裝飾之用

琉璃苣湯
Borage Soup

這道碧綠青翠的湯品無論熱食或冷吃都極好，湯做好後如果能以湛藍色的琉璃苣花朵做最後裝飾就更完美了。

製作2人份

準備時間：
● **10 分鐘**

烹煮時間：
● **20 分鐘**

● 果汁機

1 顆	大的馬鈴薯，去皮切成 4 份	1 顆
2 杯	蔬菜高湯	500 毫升
4 杯	新鮮琉璃苣葉，粗切，輕壓成平杯	1 公升
½ 杯	咖啡用鮮奶油（18% 脂肪）	125 毫升
½ 茶匙	現磨的肉荳蔻	2 毫升
些許	細海鹽和現磨的黑胡椒	些許
6 朵	新鮮的琉璃苣花，自選	6 朵

1. 中型鍋開中火，把馬鈴薯和高湯放進去燜煮，直到馬鈴薯變軟，用叉子能插進去，大約 15 分鐘。把琉璃苣葉子倒進去，煮 2 分鐘，直到葉子變軟，混合均勻。鍋子離火，放到一旁稍微冷卻。將剛才的混合材料放到果汁機打成滑順的泥狀。把混合材料再倒回鍋中，開中火。把鮮奶油和肉荳蔻攪拌進去，加入鹽和黑胡椒調味，試試鹹淡，然後煮到完全熱透。分裝到要盛上桌的碗中，上面飾以琉璃苣花（如果想加花的話）。

菖蒲 Calamus

Acorus calamus americanus

科　　名：天南星科 Araceae
別　　名：flag root（旗根）、muskrat root（麝鼠根）、
　　　　　myrtle grass（桃金孃草）、rat root（老鼠根）、
　　　　　sweet calomel（甜甘汞）、sweet cane（甜蔗）、
　　　　　sweet flag（甜旗）、sweet grass（甜草）、
　　　　　sweet rush（甜燈心草）、sweet sedge（甜莎草）、
　　　　　wild iris（野鳶尾）

中文別名：菖蒲、白菖蒲、白菖、藏菖蒲
風味類型：激香型
使用部位：根（香料）、葉（香草）

背後的故事

　　菖蒲，或俗稱「甜旗」的這種植物是否真的原生於印度山區的沼澤，似乎還有爭議。不過，利用它的根莖一事倒是可以回溯到古代。這種植物顯然很早之前就開始旅行了：證據顯示，埃及圖唐卡門的墓中就已經有它。即使之後這種植物被介紹到歐洲，而且在 16 世紀被維也納的植物學家克盧修斯（Clausius）推廣種植，印度產的根莖還是最有名，既強健，風味又怡人。文獻上第一次人工種植是在波蘭，據說是由韃靼人引薦進入的。

　　而其名稱 *calamus* 則是源自於希臘文的 *calamos*，意思是「蘆葦」。在英格蘭，菖蒲被用來當做宗教節慶時拿來鋪在教堂地板、以及某些人家地板的蘆葦草。在英格蘭東部的諾福克郡尤其受到歡迎，那裡也是菖蒲盛產的地區。現在菖蒲廣泛的生長於英格蘭的沼澤地區，然而蘇格蘭並不常見。西班牙雖然找不到菖蒲，但歐洲其餘各地、東到南俄羅斯、中國以及日本，卻是數量眾多。在美國北部，由於數量太多，所以都被視為是在地植物了。

　　菖蒲的根可以糖煮，方法就和糖煮歐白芷一樣（參見 76 頁）。無論是在英國還是北美洲，都被拿來作為蛋糕和甜點的

甜料。它的舊名 *galingale*，就是用來形容菖蒲根和亞洲的香料南薑的。在歐洲的某些地區，嫩花有時候會因為甜味而被食用，荷蘭的孩子則會把根拿來嚼。從菖蒲萃取出來的精油則被用在琴酒的製作，以及某些啤酒的釀造。

　　目前，糖煮菖蒲還會被英屬的特克斯群島人拿來祛除疾病，用於料理倒是罕見。近年來，菖蒲 *Acorus calamus* 中含有致癌物 β- 細辛醚（beta-asarone）已經是一件大家都知道的事情，因此它也就被列為「不建議料理使用」的香草了。美洲的品種 *Acorus calamus americanus* 據說不含 β- 細辛醚。無論如何，有些國家已經把所有產地的菖蒲精油列在禁用的植物與葷類名單上。精油會被禁用是因為植物裡所有不要的成分（以及可能有益的成分）在經過蒸餾萃取後都被濃縮。菖蒲根在醫藥、化妝品和香水產業中，還是一種持續被使用的成分。

料理情報

可搭配
- 多香果
- 荳蔻
- 肉桂
- 丁香
- 薑
- 肉荳蔻
- 香草

傳統用法
- 卡士達（蛋奶凍 custards）和米布丁
- 沙拉
- 阿拉伯和印度甜品

調和香料
- 不常用於調和香料中

植株

　　見到這種耐寒的多年生植物長在北半球清淺多穴的溪流和水溝中，會讓人聯想起沼澤的植物、蘆葦以及香蒲。它的葉長、呈劍形，略有皺紋，有甜香，可以長到大約 1.2 公尺（4 呎）高，小小的黃色花朵生長在一支硬梆梆的圓柱穗上，像是香蒲。雖說這種植物有時候也會結果，但是繁衍主要是透過生長旺盛的根莖。

　　雖說這植物的各個部分味道都香甜芬芳，但桿子內部卻居然有類似柑橘的味道。作為料理和醫藥用途的部分大多是以根系或塊根製作的。根莖的直徑大約是 2 公分（3/4 吋），乾燥後是淡灰棕色，採收時是從像蟲子一樣的根節帶鬚部位切下。根莖的橫切面顏色很淺，幾乎是白色的，多孔，質地有點像木本植物。菖蒲根香味濃烈，味道一開始略甜，有點像是肉桂、肉荳蔻和薑綜合起來，之後轉苦。

處理方式

採收菖蒲會弄得很髒亂。錯綜糾結的根有一部分埋在水面下大約 30 公分（12 吋）深的泥巴裡，要從淤泥裡切斷扒出來。葉子要剝除，跟根莖分開，根莖本身必須徹底清潔乾淨，在切片並乾燥之前就把香氣比較不足的根鬚剝除。菖蒲根不應該去皮，因為含有芳香揮發油的細胞就位在外層，靠近表皮的地方。外表一向深受重視，因此，白色、去了皮的德國菖蒲就很受歡迎；不過，話說回來，這樣的品質被認為比不上未去皮的版本，尤其是用於醫藥用途時。

購買與保存

現在，市售的菖蒲產品似乎大多來自於印度與北美。就算是為了料理而購買，也很可能是和藥用或印度阿育吠陀藥用的香料一起。菖蒲的揮發油很容易就消散，所以要找還沒存放太久的最好。保存時整片裝進氣密式容器中，遠離溫度太高、光線太亮、或潮溼的場所。以這種方式保存，菖蒲最多能放上 3 年。

應用

用菖蒲來料理要非常小心，因為其中可能含有 β- 細辛醚（參見 133 頁）。此外，因為它通經（促進月經）的特質，所以懷孕期間不可使用。它的葉子可以採收下來，趁新鮮用來沖泡牛奶，用於卡士達、米布丁以及其他甜點中，方式就和用來增添風味的香草莢或肉桂棒一樣。嫩的葉蕾可以加到沙拉裡。磨成粉的根有時會被加到印度和阿拉伯的甜品中，因為它具有細緻的肉桂、肉荳蔻和薑的香氣。

每茶匙重量（5ml）
- **磨成粉的根**：2 公克

每 500 公克（1 磅）建議用量
- 紅肉：1/2 茶匙（2 毫升）
- 白肉：1/2 茶匙（2 毫升）
- 蔬菜：1/2 茶匙（2 毫升）
- 穀類和豆類：1/2 茶匙（2 毫升）
- 烘烤食物：1/2 茶匙（2 毫升）

燭栗 Candlenut

aleurites moluccana

各國語言名稱

- 緬甸文：kyainthee
- 丹麥文：candlenut
- 荷蘭文：bankoelnoot
- 菲律賓文：lumbang bato
- 法文：noix de bancoul
- 德文：Candlenuss
- 印尼文：kemiri
- 馬來文：buah keras、kemiri
- 斯里蘭卡文：kekuna

科　　名：大戟科 Euphorbiaceae

別　　名：buah keras（石栗）、candleberry（蠟燭果）、Indian walnut（印度核桃）、kemiri kernels（南洋石栗）、kukui nut tree（夏威夷胡桃樹）、varnish tree（黑桐油樹）

中文別名：燭果樹、黑桐油樹、鐵桐、油果、檢果、海胡桃、南洋石栗、燭栗

風味類型：中和型

使用部位：核果（香料）

背後的故事

　　燭栗又稱石栗，原生於澳洲北部的熱帶雨林、印尼的摩鹿加群島（Molucca）以及馬來西亞，南太平洋上的許多島嶼也都能發現。植物學上的名稱 *Aleurites* 源自於希臘字的「floury」

（麵粉），當初參考它嫩葉銀色粉狀的外表。而俗名則是取自於這植物核果被拿來製作油燈的傳統，也就是把棕櫚葉主脈穿過生核果（像燈蕊），然後點燃。由於核果中的含油量很高，所以這樣的裝置燒起來就像蠟燭。燭栗被用來製作塗料、亮漆以及肥皂，萃取的油則用來作燈油。燭栗烤熟之後也是澳洲原住民與其他太平洋民族的食物來源之一。

植株

燭栗是一種包在硬殼核果裡的種子，種子柔軟、多油，呈乳白色。長出這種核果的樹木相當雄偉，樹高可達到 24 公尺（80 呎），葉大，形狀像手，可以提供極佳的遮蔭效果。這種熱帶樹木和蓖麻油植物有關。而大戟科家族中許多其他成員，其新鮮的核果是有毒的，但是烤過或煮過之後，毒性就會消失。沒有煮過的生燭栗有一點聞得出來的芬芳香味，以及淡淡的肥皂味道。燭栗烤過的薄片或刮片有一種聞起來很舒服的核果味道，就像杏仁，但是沒有杏仁背後的苦味。果實中圍繞著種子的果肉人類是不吃的，但據說是食火雞的重要食物，這種食火雞是一種不會飛的大型鳥，原產於澳洲的昆士蘭。

處理方式

採收後，通常會先把核果烤過。堅硬的外殼會事先被取下，在馬來西亞和印尼的市場中販賣。

購買與保存

由於燭栗果實的含油量很高，導致容易變質，因此最好少量購買，並存放在陰涼、乾燥的地方。由

- **整粒未磨核果平均：**
  3.2 公克

每 500 公克（1磅）建議用量

- **紅肉：**4 顆核果
- **白肉：**3 顆核果
- **蔬菜：**3 顆核果
- **穀類和豆類：**3 顆核果
- **烘烤食物：**3 顆核果

於無法確定果實在剝殼之前是否已經烤過，所以在食用之前一定要先用預熱到攝氏80度（華氏170度）的烤箱烤3分鐘，以確保毒性已被消除。

應用

燭栗在許多亞洲菜餚中是被用來作為增稠劑的，這種用法特別常見於馬來食譜中，尤其是沙嗲裡。使用燭栗時，效果最好的方式就是先用廚房銼刀或是肉荳蔻的研磨機磨細，然後再加入其他食材裡。有種有趣的食用方法是先把銀粉刮掉，用鍋子乾烤5分鐘，或是等到顏色變成金棕色。把這些乾烤過的美味核果塊加到咖哩和沙嗲醬裡，在米飯類菜色上撒一點再上桌也可以。

馬來式咖哩
Malay Curry

我和姊姊們還沒上中學之前，有一次，爸媽帶著我們到馬來西亞的檳城去家庭旅行。對於那些香料放很重的食物，我雖然有些小心翼翼的，不過卻記得那些令人感到驚奇的娘惹菜。在娘惹料理中，燭栗常被視為祕密的材料，而這道獨特的咖哩（請注意，裡面沒放辣椒）是我們全家都喜愛的一個完美例子。這道菜是跟蒸的米飯一起上桌的，盤上還飾以烤過的燭栗條。

製作6人份

準備時間：
- **15 分鐘**

烹煮時間：
- **2 小時 20 分鐘**

 提示 泰式酸柑／箭葉橙（Makrut lime）的葉有時候也稱為「卡菲爾萊姆」（kaffir lime）葉，在亞洲的雜貨店買得到，新鮮的、冷凍的、乾燥的都有。

● **烤箱預熱到攝氏 200 度（華氏 400 度）**

1 大匙	芫荽籽粉	15 毫升
2 茶匙	孜然粉	10 毫升
½ 茶匙	甜茴香籽粉	2 毫升
½ 茶匙	薑黃粉	2 毫升
½ 茶匙	薑粉	2 毫升
¼ 茶匙	肉桂粉	1 毫升
¼ 茶匙	丁香粉	1 毫升
¼ 茶匙	現磨的黑胡椒	1 毫升
¼ 茶匙	綠荳蔻籽粉	1 毫升
3 大匙	油	45 毫升
1 顆	大顆的洋蔥，切碎	1 顆
2 瓣	蒜頭，切碎	2 瓣
2 磅	燉牛肉，切成 5 公分（2 吋）的丁狀	1 公斤
4 顆	燭栗，切成條狀烤過，分批使用	4 顆
2 片	乾燥的泰式酸柑葉，撕破（參見左側提示）	2 片
1 罐	整顆去皮番茄，帶汁（398 毫升/14 盎司）	1 罐
1⅔ 杯	水	400 毫升
2 茶匙	棕櫚糖或赤砂糖，輕壓成平杯	10 毫升
½ 茶匙	細海鹽	2 毫升
¼ 茶匙	山奈（kenchur，或稱沙薑）粉	1 毫升
1 顆	萊姆，現壓萊姆汁	1 顆
1 杯	椰奶（參見 141 頁的提示）	250 毫升

1. 找一口厚底、可以進烤箱的鍋，爐上開小火，把研磨過的芫荽、孜然、茴香籽、薑黃、薑、肉桂、丁香、黑胡椒、綠荳蔻一起放進去炒 1 到 2 分鐘，直到香味飄散出來，顏色也開始變深。把油倒入，攪拌成泥狀。把洋蔥放進去，炒到顏色變透明，大約要 3 分鐘。加入蒜頭，攪拌混合。下面的作業要分次進行，鍋子才不會太滿，加入牛肉翻炒，讓肉均勻的包覆在香料中，再炒到每一面都呈現淡淡的焦黃色，大約 7 到 8 分鐘；之後將炒好的肉盛在盤子上。

2. 當所有的牛肉都變成焦黃色後，倒回鍋中，把四分之三的燭栗、泰式酸柑葉、番茄、水、糖、鹽、山奈粉和萊姆汁都放進去。火轉小，慢慢燜煮並攪拌，大約 3 分鐘。把鍋子加上蓋子，並移到已經預熱好的烤箱中烤 2 個鐘頭，直到牛肉變軟。

3. 把椰奶拌入，要混合得很均勻。用預先保留的燭栗條飾盤，立刻上桌。

提示 椰奶（Coconut milk）是從椰肉萃取出來的液體，之後再加水稀釋。椰奶上的「乳霜」會留在罐頭的最上面，所以使用之前最好先搖勻，這樣椰奶的組織成分比例才會正確。

續隨子 Capers

Capparis spinose（也稱為 *C. inermis*）

各國語言名稱

- **阿拉伯文**：azaf、kabar
- **中文（粵語）**：chi saan gam
- **中文（國語）**：ci shan gan、suan dou
- **捷克文**：kapara
- **丹麥文**：kapers
- **荷蘭文**：kappertjes
- **法文**：câpre、tapeno、fabagelle
- **德文**：Kaper
- **希臘文**：kaparis、kappari
- **印度文**：kiari、kobra
- **義大利文**：cappero
- **日文**：keipa
- **葡萄牙文**：alcaparras
- **西班牙文**：alcaparra、tapana
- **土耳其文**：gebre、kapari、kebere
- **越南文**：cap

科　　名：山柑科 Capparidaceae
別　　名：caper berry、caper bud、caper bush
中文別名：酸豆、刺山柑
風味類型：香濃型
使用部位：花苞和莓果（香料）

背後的故事

　　續隨子，俗稱刺山柑或酸豆，已經有數千年的食用歷史了。這種耐寒的多年生植物野生於地中海的盆地地區、北非、西班牙、義大利和阿爾及利亞。多岩石的土地上經常可以見其蹤影，而老石牆縫隙和建築物的廢墟上也可見它蔓生一片。在這種狀況下都能欣欣向榮的續隨子，很難去指出它確切的原生地點。而 caper 這個名稱來自於希臘字的「he-goat」（公山羊），所以，我們這些香料界的人用 goaty（山羊的）這個字來形容它獨特的風味也算不上是憑空想像而已。

植株

　　這種植物植株矮小，最多只有 1.5 公尺（5 呎）高，蔓爬、類似懸勾子的灌木，葉堅硬，呈卵形，開迷人的白色或粉紅色花，花瓣有 4 瓣，上面插著一大捧飛噴而出的雄蕊，長度長，呈紫色。而花的花期非常短暫，晨開暮謝，花朵大小有如蒲公英。野生的品種（*Capparis spinosa*）長著讓人看起來就

不舒服的刺；不過，在法國栽種的商業用品種（*C. inermis*）就沒有刺。

正如我們所知，續隨子那小小、還未曾開放的花苞不是用鹽醃製，就是泡在濃鹽滷水裡醃漬保存。花朵如果留到成熟開放，就會結出類似玫瑰果（rose hips）的卵形果實，被稱作續隨子莓果。新鮮的續隨子莓果吃起來味道極為苦澀，一點也不好吃。不過經過醃製後，就會產生一種獨特的酸性，鹹鹹的、像汗水、經久不散的金屬味道，以及一種「像山羊」尿的氣味，不過，綜合起來居然是令人驚喜的迷人又清新。

處理方式

續隨子的花苞必須在最佳的時間點採摘，這點非常重要。大小適中的花苞（太大、過於成熟的花苞醃製起來會酸澀）要在清晨，也就是太陽尚未升起、花朵也未隨之開放之前採集，採摘後要在遮蔭處放置一天，讓它乾枯。通常會帶苞0.3公分（1/8吋）保留柄的乾枯花苞隨後會被放進裝著重鹽的酒醋中醃漬成泡菜。在這個過程中，續隨子的酸味會產生出來；就是這種淡淡的酸味造就了醃漬的續隨子（酸豆）那獨具一格的風味。另外一種處理方式則是以鹽醃製，用這種方式處理的花苞不會被浸泡在醋裡。和酒醋醃漬的酸豆相比，以鹽醃製的酸豆味道沒那麼強烈，嚐起來還稍微甜了一點。續隨子莓果（有時候甚至還有葉和刺）也有人醃製成泡菜，特別是在賽普勒斯（Cyprus），那裡的續隨子多得驚人！

購買與保存

品質最佳的醃漬酸豆以法國產的最為聞名。最小、也是最細嫩的，直徑大約只有0.3公分（1/8

料理情報

可搭配
- 大茴香籽
- 羅勒
- 月桂葉
- 細葉香芹
- 蒔蘿
- 甜茴香
- 蒜頭
- 巴西利
- 龍蒿

傳統用法
- 煙花女醬（puttanesca sauce）
- 風味強烈又油膩的魚
- 塔塔醬（tartar sauce）
- 斯洛伐克羊奶起司（Liptauer cheese）
- 番茄（新鮮和煮熟的）

調和香料
- 不常用於調和香料中

香料生意中的旅行

在拜訪過土耳其伊茲密爾（Izmir）外面一處大型的月桂葉與乾燥香草處理設施後，我們離開了那偏僻的地方。當車子沿著塵土飛揚的道路蹦蹦跳跳前進時，我們一眼就看到了路邊的續隨子灌木有如野草般狂長。居然有人會想到把味道難吃的花苞從長著刺、像懸勾子那樣的灌木叢裡採摘下來，醃製成泡菜，在諸多美味中，製作出煙燻鮭魚的天生調味好搭檔。

替代品

金蓮花（nasturtium，學名 *Tropaeolum majus*）的綠色種子和花苞也被拿來醃製，作為續隨子的替代品；不過這些替代品味道比較濃烈，吃起來口感更類似芥末。金蓮花的花朵也能以鮮品方式使用，加入沙拉中作為裝飾。

每茶匙重量（5ml）

- **整粒瀝乾重量：** 5.3 公克

每 500 公克（1 磅）建議用量

- **紅肉：** 2茶匙（10毫升）
- **白肉：** 2茶匙（10毫升）
- **蔬菜：** 1茶匙（5毫升）
- **穀類和豆類：** 1茶匙（5毫升）
- **烘烤食物：** 1茶匙（5毫升）

吋），被稱為 nonpareils（極品）。酸豆依照大小分成 4 個等級：surfine（超細嫩）、fine（細嫩）、mi-fine（半細嫩）、capucines（金蓮花），最後一種直徑大小可到 1 公分（1/2吋）。等級最低的酸豆直徑大小可達到被評為極品等級的 5 倍之多。以鹽醃製的酸豆通常都以極品等級販售，而其直徑大小不超過 0.5 公分（1/4 吋）。以鹽酒醋醃漬的酸豆，罐子打開後一定要置於冰箱中，完全浸泡在原來的醃漬液裡。絕對不要讓它乾掉，需要多少量，直接從罐子中取出來，剩下的繼續浸泡著就好。酸豆一旦暴露在空氣中，很快就會走味。用鹽醃製的酸豆有個好處，就是打開之後不必放冰箱冷藏。

應用

大多數浸泡於醋中的酸豆從醃漬液中被取出後，經常就被直接使用，不過，我喜歡很快的沖洗一下，一方面去掉鹽醋鹵汁的味道，一方面降低一點酸性。用鹽醃製的酸豆則應該徹底洗淨，並放在紙巾上稍微讓水乾一下再使用。酸豆那帶著鹽味與撲鼻味道的風味可以促進胃口，而且是味道強烈或油膩的魚最佳的襯底。酸豆也是塔塔醬中極為重要的成分。跟番茄也非常搭配（就和其他屬於撲鼻風味的食物一樣——參見612頁的鹽膚木sumac），可以提昇沙拉的風味（加有黑橄欖的尤其適合），跟禽肉也超合味。在西班牙，大多數正餐前小菜的菜單上都能見到續隨子莓果。在南法的蒙彼利埃奶油（Montpellier butter）和匈牙利的斯洛伐克羊奶起司裡，續隨子莓果都是重要材料。酸豆另外一種美味的吃法就是洗淨後，放在紙巾上讓它乾透，然後下鍋油炸。這酥脆美味的小口滋味配上起司和餅乾實在太好吃了。

煙花女義大利麵
Puttanesca Pasta

Puttanesca 這個字在義大利文中是「沒有價值」的意思，源自於 *puttana*（妓女）這個字，但是這種醬汁和其名稱字源實在相去甚遠。這一道以鯷魚、橄欖、酸豆這些簡單食材進行組合，再混以番茄、蒜頭和香草的義大利麵醬汁，實在美味又令人滿意呀！

製作4人份

準備時間：
- **15 分鐘**

烹煮時間：
- **30 分鐘**

提示 無論是鹽醋漬或是鹽醃的酸豆都可以使用。只是要加到醬汁中使用之前，務必要把多餘的鹽分洗乾淨。

● **研磨缽和杵**

醬汁

6 片	鯷魚魚排	6 片
4 瓣	蒜頭	4 瓣
½ 茶匙	赤砂糖	2 毫升
18 顆	黑橄欖，去籽切碎	18 顆
2 茶匙	乾的紅辣椒片	10 毫升
1 罐	切丁番茄（398 毫升 /14 盎司），帶汁	1 罐
⅓ 杯		75 毫升
¼ 杯	酒體中等到飽滿的紅酒	60 毫升
1 大匙	橄欖油	15 毫升
1 大匙	酸豆，洗淨（參見左側提示）	15 毫升
	乾燥的義大利綜合香草料（參見 740 頁）	

麵條

1 磅	義大利麵條或筆管麵	500 公克
些許	現削帕馬森起司	些許

1. **醬汁：**用研磨缽和杵把鯷魚、蒜頭和赤砂糖壓碎，約略做成糊狀。倒入鍋中開中火。加入橄欖、乾燥的辣椒片、番茄、酒、油、酸豆和義大利香草。慢慢燜煮，不要加蓋，煮 30 分鐘，期間偶而要攪動，直到湯汁收斂，變濃稠。

2. **麵條：**煮醬汁的同時，在另外一口鍋子裡煮鹽水，根據麵條包裝上的指示煮麵，直到麵變得有嚼勁。把水瀝乾，把麵條放回鍋中，加入煮好的醬汁並好好攪拌均勻。上面撒上帕馬森起司，立刻上桌。

葛縷子 Caraway

Carum carvi（也稱為 *Bunium carvi*、*Carum aromaticum*、*C. decussatum*、*Foeniculum carvi*）

各國語言名稱

- **阿拉伯文**：karawiya
- **中文（粵語）**：yuan-sui、goht leuih ji
- **中文（國語）**：ge lü zi
- **捷克文**：kmin、kmin lucni
- **丹麥文**：kommen
- **荷蘭文**：karwij、kummel
- **法文**：carvi、cumin des près
- **德文**：Kummel
- **希臘文**：karo、karvi
- **印度文**：shia jeera、gunyan、vilayati jeera
- **義大利文**：comino、cumino Tedesco
- **日文**：karuwai
- **馬來文**：jemuju
- **葡萄牙文**：alcaravia
- **俄文**：tmin
- **西班牙文**：alcaravea
- **瑞典文**：kummin
- **泰文**：hom pom、tian takap
- **土耳其文**：frenk kimyonu

科　　名：香芹科 Apiaceae（舊稱繖形科 Umbelliferae）

品　　種：黑葛縷子 black caraway（*Bunium persicum*，也稱為 *Carum bulbocastanum*）、

別　　名：caraway fruit（葛縷子果）、Persian caraway（波斯葛縷子）、Persian cumin（波斯孜然）、Roman cumin（羅馬孜然）、wild cumin（野孜然）

中文別名：香芹籽、藏茴香

風味類型：激香型

使用部位：種子（香料）

背後的故事

葛縷子被認為是世界上最古老的食品之一。西元前 3000 年的食物殘留舊跡中已經可以找到它的種子。古代埃及人下葬時，會用葛縷子陪葬，它在醫藥和料理上的用途是早期希臘與羅馬人都重視的。西元 12 世紀之後，阿拉伯人就知道了葛縷子，並以 *karawiya* 稱呼，這也是今日其俗名有名的來源。無論如何，西元 1 世紀羅馬聞名的學者老普林尼倒是曾寫過，它的名稱是來自於安納托力亞（小亞細亞）一個叫做 Caria 的舊省份分。

葛縷子在中世紀是一種廣為人知的東西。好幾世紀以來，它被用來幫助消化，並經常被加進麵包、蛋糕和烤水果裡。用

於居家料理時，葛縷子被認為可以防止戀人變心離開。家鴿會被餵以加了葛縷子的烤麵團，以鼓勵鴿子飛回自家的巢，這就是相信葛縷子「停駐」能力的證明。在英格蘭，葛縷子的歡迎度在 20 世紀時嚴重下挫，近來似乎因為異國料理逐漸受到青睞，而有人氣回升的態勢——在某些異國料理中，葛縷子被視為是不可或缺的香料——例如印度馬薩拉綜合香料（garam masala，參見 735 頁）和突尼西亞哈里薩辣醬（Tunisian harissa 參見 737 頁）。

整個歐洲都有在地的葛縷子，而且被認為原生地是亞洲的某些地區、印度和北非。葛縷子在溫帶氣候中生長情況茂盛，現在許多國家都有種植。

植株

葛縷子植株是嬌弱的兩年生植物，可以長到 60 公分（24 吋）高，淡綠色、細細的葉就長在纖瘦、空心的莖幹上，開白色傘狀形的花。果實（大多都稱呼正確）可一分為兩個半月形、深褐色的「種子」，長約 0.5 公分（1/4 吋），有五條顏色分明的淺色肋紋，從一端延伸到另外一端。（為了方便起見，我們在此稱呼他們為種子。）根部又長又粗厚、逐漸變細，就像一條胡蘿蔔；顏色淺，味道與種子類似。羽狀葉的前端散發著淡淡的味道，就像蒔蘿的葉尖。葛縷子種子的香氣溫暖、有土味、又厚重，帶著甜茴香、大茴香，和淡淡的橘子皮的感覺。嚐起來的味道也類似，初入口是新鮮的薄荷味，混合了大茴香和尤加利的味道，之後則是久久不散的核仁味。

其他品種

葛縷子還有另外一個多年生品種，一般被稱為**黑**

料理情報

可搭配
- 多香果
- 荳蔻
- 肉桂
- 芫荽籽
- 孜然
- 甜茴香籽
- 薑
- 紅椒粉
- 胡椒
- 薑黃

傳統用法
- 歐洲起司
- 豬肉類菜色
- 麵包
- 蔬菜，尤其是大白菜與馬鈴薯

調和香料
- 印度馬薩拉綜合香料
- 香腸調味料
- 哈里薩辣醬
- 沙茶香料
- 北非塔比爾肉類綜合香料（tabil）
- 印度坦都里綜合香料（tandoori spice blends）
- 摩洛哥綜合香料（ras el hanout）

令人混淆的名稱
葛縷子的瑞典文名稱是 *kummin*，和處處都能見到的香料 cumim（孜然）當被混淆，但是孜然的風味是很不同的，像咖哩。

孜然（black cumin）或是**黑小茴香**（jeera kala，參見 235 頁），植物學名分別是 *Carum bulbocastanum* 和 *Bunium persicum*。這種子的味道比起葛縷子，其實更像孜然，通常用於北印度含有鮮奶油、優格、白罌粟花籽和碎核果仁的豪華菜色裡。

處理方式

葛縷子必須一大清晨，露珠還掛在脆弱的花傘時就摘採。採集時，陽光一旦撒在花朵上，乾燥的頭就會破裂，令裡面的種子撒出來。採收後，必須把整株完整的莖幹保存起來，放上 10 天好好乾燥並熟成，之後再將種子敲打下來（剩下的桿子當做牛的草料）。

葛縷子籽可以透過蒸餾方式提煉精油，精油中富含香芹酮（carvone）的活性組織成分。這種精油是德國茴香甜烈酒庫梅爾（Kümmel）、北歐香芹酒阿夸維特（aquavit）、琴酒（gin）和香甜利口酒（schnapps）裡的成分之一。此外，它也是漱口水、牙膏和口香糖的香料。

購買與保存

荷蘭葛縷子一般公認品質最佳，但是來自於不丹、加拿大、印度和敘利亞的高等級產品，品質也是非常優良。整顆的葛縷子在正常的保存狀態下，可以存放到 3 年，除非你知道短期內很快就能用掉，否則不建議購買研磨過後的葛縷子，因為它揮發性的前香很快就會消散不見。請存放在氣密式的容器中，避免放置在溫度太高、光線太亮、或太潮溼的地方。

應用

葛縷子被廣泛的運用在歐洲許多起司裡，因為它清新的大茴香與甜茴香氣味有助於中和濃膩厚重的油膩感。葛縷子和有核的水果也是超搭，如蘋果、梨子和榅桲（木梨，quince）。葛縷子籽可用於豬肉香腸裡，和高麗菜的搭配也是出色得令人驚喜，而葛縷子最出名的用法則是加在黑麥麵包裡。另一種添加了葛縷子也能增添美味的碳水化合物是馬鈴薯，拿來加在馬鈴薯濃湯中調味味道特別好。

每茶匙重量（5ml）
- **整粒未磨**：3.4 公克
- **研磨**：2.4 公克

每 500 公克（1 磅）建議用量
- **紅肉**：1½ 茶匙（7 毫升）研磨籽
- **白肉**：1½ 茶匙（7 毫升）研磨籽
- **蔬菜**：3/4 茶匙（3 毫升）整顆籽
- **穀類和豆類**：3/4 茶匙（3 毫升）整顆籽
- **烘烤食物**：3/4 茶匙（3 毫升）整顆籽

三色高麗菜沙拉
Three-Cabbage Coleslaw

這是一道搭配烤肉完美無比的沙拉，高麗菜還可以混合各種蔬菜（或水果），如甜茴香、胡蘿蔔或是蘋果。可以和石榴蜜五花肉（參見 525 頁）一起上桌食用。

製作4人份

準備時間：
● **10 分鐘**

烹煮時間：
● **無**

 提示 切高麗菜絲時，用銳利的刀子切，別用食物處理機。高麗菜絲如果切太細，吃起來會水水的。

1 杯	白色高麗菜，切成 0.6 公分左右寬的菜絲	250 毫升
1 杯	紫色高麗菜，切成 0.6 公分左右寬的菜絲	250 毫升
1 杯	綠色高麗菜，切成 0.6 公分左右寬的菜絲	250 毫升
⅓ 杯	美乃滋	75 毫升
2 大匙	酸奶油（sour cream）	30 毫升
1½ 茶匙	葛縷子籽	7 毫升
2 大匙	現擠檸檬汁	30 毫升
些許	海鹽和現磨黑胡椒	些許

1. 找一個大碗，把白色、紫色、綠色三種顏色的高麗菜絲、美乃滋、酸奶油、葛縷子籽和檸檬汁都放進去混合。好好攪拌均勻，用鹽和胡椒調味。想要滋味更好，把碗蓋好，食用前放入冰箱冷藏庫，至少冷藏 1 個小時。放在冷藏庫中最多可以保存 2 天。

變化版本

以一杯（250 毫升）混合了切片甜茴香、胡蘿蔔或蘋果的綜合蔬果，取代其中任何一種高麗菜。

香料生意中的旅行

葛縷子總是能讓我和麗姿回想起那趟拜訪不丹東北部布姆唐區（Bumthang）小村鎮優拉（Ura）的時光。我們那趟旅程是打算尋找一些產量少、經濟價值高的作物，像是黑荳蔻（brown cardamom）、花椒（Sichuan pepper）和葛縷子籽，看看有沒有做生意的機會。我們的目標是要幫助不丹當地了解進口國對於品質規格的需求，好提高他們香料出口的機會。我們拜訪的農夫民洲（音譯）栽種了一小片葛縷子，作物看起來很健康。我們對於在那種高度的海拔，也就是 3,100 公尺（10,170 呎）上種植葛縷子的事情非常感興趣，況且在那樣的氣候條件下，以多年生方式栽種的植物能活到 5 年。在民洲對我們的翻譯比手畫腳，大聲講完了一大串長長的話後，我猜想緊接而來的回答應該是又長又複雜的，結果，回答是一句直接了當的「500努爾特魯姆（不丹幣）」，換算後大約是每公斤 8 塊美金。

葛縷子籽蛋糕
Caraway Seed Cake

在維多利亞時期的英國，這道蛋糕大為風行，而它的食譜則可以回溯到 16 世紀。這輕軟的長條形蛋糕跟簡易的磅蛋糕（pound cake）相似，但是用類似於大茴香的葛縷子和清香的檸檬皮來加味。

製作1條蛋糕

準備時間：
● 10 分鐘

烹煮時間：
● 40 分鐘

提示 如果您在商店裡沒找到自發性麵粉，可以自行製作。製作等量於 1 杯（250 毫升）自發性麵粉的材料是中筋麵粉 1 杯（250 毫升）、1 又 1/2 茶匙（7 毫升）的小蘇打粉、1/2 茶匙（2 毫升）的鹽，混合均勻。

這種蛋糕在冰箱冷凍庫裡可以放到 3 個月之久。冷凍蛋糕之前，蛋糕要先完全冷卻，之後用塑膠袋緊緊包好。在室溫下解凍後即可食用。

● **23 x 12.5公分（9x5吋）的長條形烤模一個，塗上油，內襯防油紙**
● **烤箱預熱到攝氏 180 度（華氏 350 度）**

¾ 杯	奶油，放軟	175 毫升
¾ 杯	砂糖	175 毫升
3 顆	雞蛋，稍微打散	3 顆
2 杯	自發性麵粉（參見左側提示）	500 毫升
1½ 大匙	葛縷子籽	22 毫升
1 茶匙	現磨檸檬皮	5 毫升
3 大匙	牛奶	45 毫升
2 茶匙	砂糖	10 毫升

1. 電動攪拌器調到低速，在碗中加入奶油、3/4 杯（175 毫升）的砂糖，打到成為輕綿的霜狀。加蛋進去，一次一顆，每加一顆就打一次。加麵粉，葛縷子籽、檸檬皮和牛奶，混合到所有材料變得滑順。

2. 把麵糊倒進預備好的長條形烤模裡，把 2 茶匙（10 毫升）的糖均勻的撒在上面。放進預熱好的烤箱中，烤 40 分鐘，直到變成金黃色。把測試棒探進蛋糕中心，看看抽出來的棒子是否乾淨沒沾黏。把蛋糕留在模中，在網架上放 10 分鐘待涼，之後再把蛋糕翻轉倒在網架上，讓蛋糕完全冷卻。

小荳蔲—黑荳蔲 Cardamon -Brown

Cardamomum amomum（也稱為 *Amomum subulatum*）

各國語言名稱

- **阿拉伯文**：hal aswad
- **不丹文**：elanchi ngab
- **緬甸文**：phalazee
- **中文（粵語）**：chou gwo、cangus
- **中文（國語）**：cao guo、tsao kuo
- **丹麥文**：sort kardemomme
- **荷蘭文**：zwarte kardemom
- **法文**：cardamome noir
- **德文**：schwarzer Kardamom
- **印度文**：elchi、elaichi、illaichi、baui
- **印尼文**：kapulaga
- **義大利文**：cardamomo nero
- **日文**：soka
- **馬來文**：buah pelaga
- **西班牙文**：cardamomo negro
- **泰文**：luk kravan

認識荳蔲

如果食譜中只寫「荳蔲莢」，並未特別標示顏色，指的一定就是綠荳蔲。食譜中如果需要用到黑荳蔲，一定會清楚的標示出來。

科　名：	薑科 Zingiberaceae
品　種：	印度黑荳蔲（Indian cardamom，*amomum Cardamomum*）、中國荳蔲（Chinese cardamom，*Amomum globosum*，也稱為 *A. tsao-ko*）
別　名：	bastard cardamom（混種荳蔲）、Bengal cardamom（孟加拉荳蔲）、black cardamom（黑荳蔲）、Chinese black cardamom（中國黑荳蔲）、false cardamom（假荳蔲）、large cardamomn（大荳蔲）、Nepal cardamom（尼泊爾豆蔲）、winged cardamom（翅荳蔲）
中文別名：	草果、香豆蔲、棕豆蔲、草荳蔲
風味類型：	激香型
使用部位：	豆莢以及種子（香料）

背後的故事

　　介紹綠荳蔲（green cardamom，參見 158 頁）的篇幅中曾描述荳蔲家族的一般性歷史。黑豆蔲與綠豆蔲不同，這個品種原生於喜馬拉雅山區，通常長於涼冷的溪流沿岸，稍微有森林遮陰的區域。在這個區域種植的品種是由原來野生品種開始的。黑荳蔲的香料農園可以持續經營 25 年以上，還有些位於

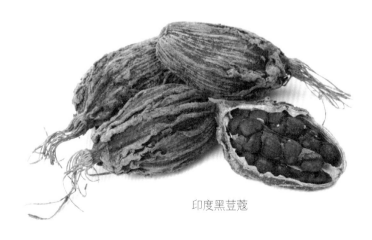

印度黑荳蔲

可搭配

- 多香果
- 辣椒
- 肉桂
- 芫荽籽
- 孜然
- 薑
- 綠荳蔻
- 芥末
- 紅椒粉
- 胡椒
- 八角
- 薑黃

傳統用法

- 烤肉浸泡料
- 印度咖哩
- 中式滷味包
- 亞洲湯品

調和香料

- 印度坦都里綜合香料（tandoori spice blends）
- 印度咖哩綜合香料

我許多經營印度餐館的朋友都異口同聲的告訴我，他們在烹飪時，總會把幾個黑荳蔻莢一起放進料理中，等到要上菜了，再把這幾莢黑荳蔻全拿出來。因為很多來用餐的客人都愛抱怨菜裡面有蟑螂，其實那不過是帶翅的印度黑荳蔻莢罷了。

其原生地尼泊爾和不丹的種植戶，種植時間已經超過百年。黑荳蔻從以前開始，最好的待遇也只是被當做綠荳蔻的劣質替代品，而且在交易時，以不擇手段的方式替代。1970 年代的北歐，綠荳蔻價格居高不下，有些不肖貿易商就把黑荳蔻的種子從豆莢裡取出，直接當做綠荳蔻籽販售。

植株

和綠色的近親一樣，黑荳蔻是多年生植物，從根莖繁殖。葉長，呈柳葉刀狀，植株可長到達 2 公尺（6 呎）高，25 到 30 朵正黃色的花以密集叢聚的姿態出現在靠近地面的地方。開花後會結出卵形的豆莢，長約 2.5 公分（1 吋），寬 1 公分（1/2 吋），成熟時是深紅色到紫色。豆莢中約有 40 顆圓圓硬硬的深褐色種子，被包覆在柔軟、聞起來味道甜蜜的果肉中。

乾燥的印度黑荳蔻呈深褐色，表面粗糙有肋紋（帶著毛的肋紋有時被稱為翅膀），把皮革似的外皮撕開後，會露出裡面成塊黏黏的焦油色種子，而種子會釋放出類似木頭、有煙燻味、又帶著樟腦味道的香氣。種子被放入口中咀嚼時，味道偏澀，有尤加利樹的消毒味，氣味清新。

其他品種

中國黑荳蔻（Chinese black cardamom、*Amomum globosum*）是一種類似的植物，但是它的豆莢比印度黑荳蔻大得多，大約有 4 公分（1 又 1/2 吋）長、2.5 公分（1 吋）寬。豆莢外皮在外觀上很相似，只是比較硬、也略微平滑了些。切開後，裡面部分的樣子和核桃內裡類似，會露出最多可達 20 個的金字塔形種子，種子外面覆蓋著像紙張一樣的膜。和印度黑荳蔻相比，它的香氣比較像藥物，少了一點煙燻味，氣味類似松樹與尤加利樹，有濃濃的澀味、麻麻的，還有胡椒味。這讓我想起一種既稀有又古老的天堂椒（Grains of Paradise，參見 313 頁），又稱梅萊蓋塔胡椒（Melegueta pepper），它也是近親。

處理方式

採集黑荳蔻的過程，初次觀看時非常有趣，因為不知道的人在植株上根本看不到豆莢的蹤影。其實，豆莢長在地表上，在莖連著根的深深之處。用來乾燥印度黑荳蔻莢的方法對於產生它獨特的味道特徵極為關鍵。新鮮摘採下來的深紅色豆莢要在檯子上攤開，放在遮蔭之處一個星期。而乾燥用的檯子則要放在微燃的燜火上，火上飄出的熱空氣會加速乾燥過程，讓豆莢轉成深褐色，並散發出獨特的煙燻香味。中國黑荳蔻之所以缺乏煙燻香氣主要就是乾燥時採取的是日晒法。中國黑荳蔻主要由泰國供應，有時候還會由數種中南半島上的荳蔻品種來替入。

購買與保存

不要被袋中印度黑荳蔻莢的骯髒外表所蒙蔽，因為有些翅會從豆莢上掉落，讓豆莢外表染塵而變髒。購買黑荳蔻最重要的是豆莢的完整性，不可以破裂，而且必須有 152 頁上描述的典型香氣特色。品質不良的豆莢可能會含土，一旦被

名字裡的學問

別被香料世界中一些「醜小鴨」式的命名給弄糊塗了。像黑荳蔻這樣俗名中有一些可笑字眼，例如「假」、「雜種」等的香料，會讓你不加思考、不知不覺的就拿來跟它大受歡迎的綠荳蔻兄弟相比，並低看了這種香料。當你以一種調味料該有的特質來評估黑荳蔻時，一定會覺得它的價值是值得大力讚賞的。

香料生意中的旅行

麗姿和我曾有幸拜訪不丹，這是一個位於尼泊爾、印度和西藏之間的內陸國家。當飛機著陸時，我們可以看到喜瑪拉雅山上的皚皚白雪在地平面上閃閃發亮。身為不丹農業部邀請來的客人，我們的任務是觀察香料的生產製作，並提供西方買方國在香料品質與食品安全需求上種種深入的詳情給他們參考。在沿著陡峭險峻的山路開了好幾個鐘頭的車後，我們拜訪了在一座位於丹普（Dampu）偏遠村落中的荳蔻農場。我手腳並用的攀下了一個陡坡，並消失在一大片植物林中；在那裡，兩位工人正揮舞著手中狹長銳利的鋼刀。工人們對著植物的基部又刺又劈，直到挖出一堆又雜又亂、兩個拳頭大小的老團塊。我們從林下植物叢裡現身，帶著被我們珍寵著的團塊。農業部官員卡多拉那時正陪在身邊，他把團塊分開，露出裡面大約 20 個粗糙的紫色豆莢。我們把豆莢扒開，試吃了其中一個剛剛才摘下的豆莢，種子周圍那柔軟、半透明新鮮果肉中充滿果味的甜香，讓我們深深感到驚奇。

初次聞到黑荳蔻時，我想起了 12 歲那年一個下著雨的冬日，我騎著我那灰黃色的小牡馬，在澳洲灌木叢中發現了一棟廢棄的屋子。那老木頭的氣味以及濃烈刺激的煙燻味依然緊緊依附在牆壁上，而空氣中還混合著長著茂密樹葉尤加利林的濃厚香氣。現開黑荳蔻莢的香味讓昔日那幅景象，鮮明的回到我腦海。

每茶匙重量（5ml）

- **整個豆莢平均：**
  1.5 公克
- **研磨：** 3 公克

每 500 公克（1 磅）建議用量

- **紅肉：** 2 莢
- **白肉：** 1 莢
- **蔬菜：** 1 莢
- **穀類和豆類：** 1 莢
- **烘烤食物：** 1 莢

扒開了就要拒絕購買。從豆莢中被拿出來的黑荳蔻籽又黏又糊，會髒手，豆莢破裂後，很容易就會乾掉，最好的特質也會迅速失散，所以請保持豆莢的完整直到使用之前。跟所有香料一樣，豆莢請存放在氣密式的容器中，避免放置在溫度太高、光線太亮、或太潮溼的地方。以這樣的方式保存，最多可以保存 3 年左右。

應用

把黑荳蔻是綠荳蔻次級品的觀念都丟了吧。想想看它濃烈的風味，也請記住這是一種不同的香料，這樣你就能發現它有多好用。印度黑荳蔻的煙燻香味讓許多印度菜餚更添風味，這一點，當你得知大部分傳統的印度菜都是在炭火泥爐子上，用木柴燒明火做成的就會覺得有道理了。印度黑荳蔻對於所有泥爐柴火式的食譜而言，是個無比寶貴的香料，因為它獨特的木頭、煙燻香味可以把泥爐炭火料理中深奧的感官風味傳達出來。同理，中國黑荳蔻中類似樟腦的香氣也能有效的均衡許多東南亞料理中使用的濃香型香料（例如，八角）。中國黑荳蔻莢可以加到清湯裡，而它的種子被取出後，可以和八角茴香一起壓碎，製作成獨特的添加料，放到烤豬里肌肉，以及快炒的青菜牛肉絲裡。

想把黑荳蔻與其他香料一起混合使用時，先把黑荳蔻種子從莢中取出，利用研磨砵組將這些種子與另外一種較乾燥的香料一起壓碎，以便吸收其黏度；之後再添加到其他混合的香料中。如果要放進溼的浸泡料中（例如，含有優格的醬中），先用湯匙背重重敲打豆莢，將豆莢分開，然後整個加入。黑荳蔻的風味會滲透到整道菜餚裡，而上桌之前，豆莢也能很容易的取出。

中國黑荳蔻

印度奶油雞
Indian Butter Chicken

這道濃郁、豪華的咖哩源自 1950 年代的德里，已經成為現在印度料理最受歡迎的菜色之一了。這道菜的材料單很長，但並不難做，您的一番努力在食物入口品嚐之後就會獲得回饋。

製作6人份

準備時間：
- **20 分鐘，外加一夜的醃製時間**

烹煮時間：
- **40 分鐘**

提示 喀什米爾辣椒研磨粉（Kashmiri）辣度中等，風味佳，用途也多。大多數的印度市場都能買到不同的辣度（研磨時使用的種子和內膜量決定了辣度）。

印度澄清奶油（Ghee）是印度料理中使用的一種無水奶油。如果手上沒有，可以用等量的奶油或是其他無水奶油代替。

● **研磨砵和杵**

奶油雞綜合香料

2 莢	黑荳蔻莢	2 莢
2½ 茶匙	甜紅椒粉	12 毫升
1 茶匙	孜然粉	5 毫升
1 茶匙	芫荽籽粉	5 毫升
½ 茶匙	薑粉	2 毫升
½ 茶匙	肉桂粉	2 毫升
½ 茶匙	葫蘆巴籽粉	2 毫升
½ 茶匙	現磨的黑胡椒	2 毫升
¼ 茶匙	中辣度辣椒粉（參見左側提示）	1 毫升
¼ 茶匙	綠荳蔻籽粉	1 毫升
¼ 茶匙	葛縷子籽粉	1 毫升

咖哩

1½ 杯	原味優格	375 毫升
6 塊	無皮無骨的雞胸肉（大約 1 公斤 /2 磅）	6 塊
2 大匙	番茄醬	30 毫升
1 大匙	棕櫚糖或包裝的紅砂糖	15 毫升
1 大匙	中辣度咖哩粉，例如印度馬德拉斯咖哩粉（Madras，參見 716 頁）	15 毫升
1 大匙	杏仁粉	15 毫升
1 大匙	番茄糊	15 毫升
1 大匙	番茄或芒果印度酸辣醬，或醃芒果	15 毫升
2 茶匙	印度馬薩拉綜合香料（參見 735 頁）	10 毫升
1 大匙	Ghee 印度澄清奶油（參見左側提示）	15 毫升
1 大匙	孜然粉	15 毫升
3 顆	洋蔥，細磨或打成泥	3 顆
1 大匙	攪碎的蒜頭	15 毫升
1 罐	90 毫升（3 盎司）椰奶	1 罐
1 杯	咖啡用鮮奶油（18%），分批使用	250 毫升
1 大匙	新鮮的芫荽葉（香菜），再額外多準備一些，裝飾用	15 毫升
些許	細海鹽	些許

1. **奶油雞綜合香料：**利用研磨砵組，把黑荳蔻莢粗磨一下。倒到小碗中，加入紅椒粉、孜然、芫荽籽、薑、肉桂、葫蘆巴、胡椒、研磨過的辣椒、綠荳蔻籽和葛縷子。混合均勻。

2. **咖哩：**利用夾鏈袋將優格和一半已經備好的綜合香料放進去混合，另一半香料先保留著。把雞肉加進去，封好，讓雞肉徹底沾上香料，放到冰箱冷藏一晚。

3. 把烤箱的架子調到最高位置，烤架先預熱，烤盤上襯一層鋁箔紙。

4. 把雞肉從浸泡料中取出，盡可能多留點浸泡汁在雞上（剩下的浸泡液丟掉）。將雞肉放在準備好的烤盤上，每一面各烤 4 到 5 分鐘，直到雞肉熟透，完全變成焦黃色。

5. 這同時，拿一個小碗，把剩下的一半綜合香料放進去，加入番茄醬、糖、咖哩粉、研磨過的杏仁、番茄糊、酸甜醬、和印度馬薩拉綜合香料。

6. 在大鍋中開中火，融化印度澄清奶油。加入孜然，不斷翻炒大概 30 秒，直到出現香味。加入洋蔥和蒜頭，炒 2 到 3 分鐘，直到洋蔥變軟。把預先準備好的混合番茄糊加入，煮到將近沸騰，約 2 到 3 分鐘。加入已經烤過的雞肉，以及鍋中所有的湯汁，攪拌到雞肉均勻的覆上湯汁。把椰奶、鮮奶油、芫荽葉倒進去攪拌，加鹽調味，小火再燜煮一下，不要蓋上鍋蓋，讓湯汁略微減少，大約煮 10 分鐘。再以多準備的芫荽葉裝飾，和印度香米一起上桌食用。

變化版本
如果想做成素菜版，可用等量的南瓜、小南瓜或任何根莖類蔬菜來代替雞肉。

 提示 綜合香料可以提前一個星期製作，裝進氣密式容器中保存即可。

小荳蔻－綠荳蔻 Cardamom-Green

Elettaria cardamomum Maton

各國語言名稱

- **阿拉伯文**：hal
- **緬甸文**：phalazee
- **中文（粵語）**：baahk dau kau、siu dau kau（*A. krevanh*）
- **中文（國語）**：bai dou kou、xiao dou kou、dou kou（*A. krervanh*）
- **捷克文**：kardamom
- **丹麥文**：kardemomme
- **荷蘭文**：kardemom
- **法文**：cardamome vert
- **德文**：Kardamom
- **希臘文**：kakoules
- **印度文**：elaichi、illaichi、elaychi
- **印尼文**：kapulaga
- **義大利文**：cardamomo verde
- **日文**：karudamon、shozuku
- **馬來文**：buah pelaga、ka tepus（*A. krevanh*）
- **葡萄牙文**：cardamomo
- **俄文**：kardamon
- **西班牙文**：cardamomo
- **斯里蘭卡文**：enasal
- **瑞典文**：kardemumma
- **泰文**：kravan
- **土耳其文**：kakule tohomu
- **越南文**：truc sa, sa nhan（*A. krervanh*）

科　　名：薑科 Zingiberaceae

品　　種：小荳蔻（small cardamom，*Elettaria cardamomum* Maton）、泰國荳蔻（Thai cardamom，*Amomum krervanh*）、斯里蘭卡野荳蔻（Sri Lankan wild cardamom、*Elettaria ensal*）、褐荳蔻或黑荳蔻（brown or black cardamom，參見 151 頁）。

別　　名：cardamom（荳蔻）、small cardamom（小荳蔻）、queen of spices（香料之后）

中文別名：小豆蔻、白豆蔻、豆蔻

風味類型：激香型

使用部位：豆莢以及種子（香料）

背後的故事

　　綠荳蔻原生於印度喀拉拉邦西南部的山脈，在這個熱帶天堂裡，荳蔻被稱為「香料之后」，它在籠罩著清晨薄霧的遮蔭季風森林中長得欣欣向榮，而這裡的高度超過海平面 1000 公尺（3300 呎）以上。斯里蘭卡也是荳蔻的原生地，直到 19 世紀，這種小荳蔻（Elettaria cardamomum）以及野荳蔻（*E. ensal*）品種在印度與斯里蘭卡的採收都是來自於雨林中的野生植物，有計劃的栽植一直到 20 世紀才真正出現。

小荳蔻的歷史有某種程度的混亂；和今日我們所認識並喜愛的小荳蔻相比，有些歷史文件對這種香料的敘述既粗略又矛盾。西元 4 世紀就有文件描述過小荳蔻出自於蔓藤類植物，或許，這種混淆是因為與梅萊蓋塔胡椒（Melegueta pepper），也稱天堂椒（參見 313 頁），另外一種帶胡椒味道的薑科植物，在植物上的類似。無論如何，如果該香料真的是小荳蔻，或是與小荳蔻類似的東西，那麼提到它的出處就是西元前 4 世紀希臘一篇講貿易的文章。希臘字 *kardamomum* 是用來形容所謂優質等級的，而古代閃米語族（Semetic）字彙 *amomum* 的意思是「非常辛辣」，這是用來形容次一等的品質。所以黑荳蔻的植物學名為 *Cardamomum amomum* 就非常有趣了。西元第 1 世紀，羅馬進口了大量的小荳蔻，這是羅馬料理中最受歡迎的亞洲香料。除了料理上的用途之外，小荳蔻還因為有清潔牙齒，使飯後口氣清甜的功效，（尤其是吃了大蒜等味道濃厚的食物之後），因而備受重視。

植株

綠荳蔻是熱帶的多年生植物，喜愛遮蔭，葉子長，呈柳葉刀形，色淡綠，可以長到 1 到 2 公尺（3 到 6 呎）高。外表上與薑科植物或是百合類似。葉面稍微有點光亮，葉背暗沉。受到折損或是被切剪時，會釋放出纖細的樟腦香味，讓人想起薑和萊姆的味道。小荳蔻一個較不尋常的特色是，它是藉由根莖

籠統的名稱

荳蔻這個名詞使用得十分寬鬆，許多香料都使用此名。舉例來說，小荳蔻常被以為在巴比倫的空中花園中就曾種植，而西元前720年，巴比倫的氣候條件並不是讓綠荳蔻能蓬勃生長的理想環境。

繁殖的，跟薑、薑黃、南薑、莪術（zedoary）一樣。

小荳蔻的花長在莖上，從植物的基部冒出來，有靠向基部散出去的傾向，幾乎要開到地面上去。小小纖細的白花，大約 8 到 10 公釐（1/3 到 1/2 吋）大，有大約 10 條從中心放射而出的紫色細紋，幾乎像一朵迷你的蘭花。綠荳蔻的豆莢或囊會在花朵授粉後形成。

綠荳蔻的豆莢在乾燥之後呈淡綠色的卵形，外表質地有凸起的疙瘩，長度大約 1 到 2 公分（1/2 到 3/4 吋）長。像紙張一樣的薄殼裂開後，就會露出裡面分成三部分的種子，而每個部分裡面含有 3 到 4 個帶油質、味道濃烈的褐黑色種子。種子吃起來的感覺是溫暖、帶有樟樹和尤加利香氣，品嚐起來有令人愉快的澀味與清新感。

其他品種

泰國荳蔻（Thai cardamom，*Amomum krevanh*）的豆莢在乾燥之後會有一層像紙張一樣的薄殼，和綠色品種很類似；不過，它的形狀比較偏球形，而泰國荳蔻豆莢顏色通常是淡乳白色的。泰國荳蔻味道和香氣都比綠色品種來

香料生意中的旅行

在荳蔻收穫和乾燥的季節，很多村莊都會進行拍賣會。我和麗姿跟著鼻子，一路聞香到一座名為凡丹美都（Vandamettu）的香料村子，這個村子就位在印度西南部喀拉拉邦種植荳蔻的山丘上。拍賣室大約有一間大教室的大小，裡面沿著四周，面朝中心，排著成排的桌椅。一天早上，要敲鎚拍賣的貨物大約有 40 批，甚至更多，大約是 2、3 噸荳蔻莢的量。一批貨上來時，每個買家都會被提供一小個塑膠袋裝的豆莢樣本。買家會把袋子打開，將豆莢倒到盤子上，在拍賣之前先檢驗荳蔻莢的品質。荳蔻拍賣員以該行業難以模仿的特有的風格，展現非常誇張的銷售技法。先是用馬拉雅拉姆語（當地方言）發出一陣刺耳的叫喊，拍賣便隨著價格的提升變得愈來愈興奮，此時就會有一位買家拍案買定。在一眨眼之間，買家、價格、和批貨編號會以粉筆寫到黑板上，而一盤盤的荳蔻莢就被扔到鋪著紅地毯的地板上，接著，一批裝著新荳蔻莢的塑膠袋就會再次傳發過來。到了拍賣結束，被丟棄在地板上的青檬色荳蔻莢樣本已經堆高到腳踝深度了。大家應該可以了解我們都快暈了——辛刺的香味，既刺鼻又通鼻。

得清淡，樟腦味也較少。**斯里蘭卡野荳蔻**（Sri Lankan wild cardamom，*Elettaria ensal*）的植株比印度綠荳蔻大且強壯，是斯里蘭卡的原生種。這品種在市場上比較不受歡迎，因為香味比較淡。

處理方式

　　以香料界的術語來說，還在植株上的荳蔻豆莢叫做「囊」（capsules）。囊必須算好在剛要成熟之前採收，否則豆莢在乾燥過程中會裂開，無法有效保存想要的綠色。由於囊不是在同一時間同時發育成長的，所以採收期可能長達好幾個月；採收者必須小心翼翼的只採收剛要成熟的囊來進行乾燥。一籃籃新鮮採下的青豆色綠荳蔻莢，豆莢飽滿、光滑，是一幅美妙的景緻。新鮮的綠豆莢香氣不濃，如果打開，你會看到顏色很淺、稍微有些果肉的內裡包圍著幾顆淡色的種子。那豐富濃烈的風味是在乾燥過程中，極具戲劇化而形成的。

　　傳統的乾燥過程是在一個大棚屋裡面進行的，棚屋地板上鋪設木板條，上面張著網目，好讓空氣能自由流通，一端有一個燒柴的爐子，還有引管，將煙排出，這樣才不會汙染了小荳蔻。地板下30公分（12吋）大的引管提供了溫暖乾燥的空氣，可以把荳蔻莢所含的水分降低到12%以下，但是荳蔻業的進步是與時俱進的，古樸雅緻的老式芬芳木棚悲傷的被棄置一旁，取而代之的是電腦控制的乾燥機器，用電或燒瓦斯，很有效率。

　　無論是採用何種方式乾燥，豆莢乾燥了之後，那翠綠、香氣濃厚的荳蔻莢就會被放在篩子上搓揉，把還殘餘的莖去除，最後的風篩（winnowing）與依大小分級等作業則是在出貨之前才進行的。

　　淡乳白色的荳蔻莢不是因為太晚採摘，就是因為採用日晒乾燥法。在維多利亞時代蔚為風潮的白荳蔻是把豆莢以過氧化氫（雙氧水，hydrogen peroxide）漂白，或用燃燒的硫磺煙燻，漂白的荳蔻或白荳蔻偶而仍會看到，這是因為印度的某些儀式中會用到純白或是淺色的東西。

保持鮮綠不容易

當你看到一包深褐色的種子被標示著「綠荳蔻籽」會一頭霧水嗎？你可不是唯一一個感到困惑的人。這些種子之所以被稱作綠荳蔻是因為它們取自於綠荳蔻莢。老的豆莢如果存放在沒有光線的地方，就會褪成灰撲撲的黃棕色。有些只見過這種品質豆莢的人會錯以為這些是黑荳蔻或是泰國荳蔻，而不是綠荳蔻。

沖煮出味

荳蔻豆莢，以及許多其他整顆粒的香料之所以被完整加進料理中是為了烹調之時，味道可以被沖煮出來，而上菜之前，整顆完整的香料也可以被拿出來。不是大家都和我一樣，有些人吃飯時並不喜歡咬到整個完整的荳蔻莢。

購買與保存

　　品質最上等的綠荳蔻莢是均勻的萊姆綠，看起來不應該是淺色或漂白過的，不要選到豆莢尾端有分開的；這是這個莢太晚摘採的象徵，所以才會導致乾燥的過程中，揮發油量減少。綠荳蔻的種子顏色是深褐色的，之所以被成為綠豆莢，是因為它們取自於綠色的豆莢。你可以聞聞看，有一種獨特的香氣，跟尤加利非常相近，摸摸看還有稍微油油的感覺。種子從豆莢取出後，很快就會失去風味，所以除非你是重度的使用者，否則還是買整莢比較好。

　　而小荳蔻粉，除非你很清楚商品是最近才現磨，並用可以保存風味的隔絕材料包裝的，否則不要購買。小荳蔻一旦磨成了粉，其中的揮發油香氣很快就會消散，所以更要觀察商品是否依循了香料保存的基本法則來保存，這一點非常重要。小荳蔻粉的顏色應該是深灰色的，如果顏色太淺、裡面還有一些纖維，那就表示磨粉時除了種子，豆莢也一起被放進去磨了。由於豆莢的外殼味道幾乎沒什麼味道，所以這不

是我們想要的。小荳蔻一定要存放在氣密式的容器中，避免放置在溫度太高、光線太亮、或太潮溼的地方，在這樣的條件下，小荳蔻最多可以保存到 1 年左右。

應用

綠荳蔻是一種多用途、效果又好的香料。不論食物是甜是鹹，都能添加風味。這種香料味道濃烈，加進菜餚中時，應該酌量使用；不過，它新鮮的前香味實在是適合當做許多餐食的添加品。傳統上，荳蔻被用來增添糕點、蛋糕、餅乾和水果菜色的風味。印度人把它加到各種咖哩中，摩洛哥的塔吉如果加了它，能添加一股很鮮明的香氣。

印度香飯（biryani）裡面通常會加荳蔻莢，這種美妙的香味只要在煮飯時把一、兩個有裂痕的荳蔻放到水中去煮就能產生。荳蔻能讓牛奶布丁和卡士達增添風味，它跟柑橘系列的水果和芒果也非常搭味，切半的葡萄柚上撒一點糖和研磨好的荳蔻籽就可以當做一道美味的早餐。我們也喜歡在巧克力食譜裡加入一些研磨的荳蔻粉，像布朗尼和巧克力餅乾裡面就會放。

許多料理都需要用到割開的荳蔻莢。用擀麵棍把豆莢轉一轉，或用刀面用力的將豆莢一壓，都能使豆莢產生一些厭裂的痕跡，讓裡面含有揮發油的細胞受傷，讓香味釋放，能與其他的材料融合得更好，即使使用的是從豆莢裡面取出的種子，都建議在種子上稍微製造一些裂痕。如果你想在家自己研磨小荳蔻籽（已經從豆莢中取出），可以使用研磨砵組、胡椒研磨器，或是乾淨的咖啡豆研磨機，如果使用的是咖啡豆研磨機，使用完畢後把約 1 大匙生米放進去打一下，就能把接觸面清理得乾乾淨淨，磨成粉的米還能把所有殘留的氣味帶走。

在中東，小荳蔻還是咖啡的調味劑，他們會把分成一半的豆莢塞進咖啡壺窄窄的壺嘴裡，倒咖啡的時候，咖啡會被有裂痕的荳蔻莢濾過，產生一種清新的口感。下次當你用咖啡濾壓壺沖泡咖啡時，不妨把一些有裂痕的荳蔻豆莢和咖啡粉一起放進壺裡，試試這種美味的口感。

每茶匙重量（5ml）

- 整粒種子：4.4 公克
- 種子研磨後：3.5 公克

每 500 公克（1 磅）建議用量

- 紅肉：2 茶匙（10 毫升）種子
- 白肉：2 茶匙（10 毫升）種子
- 蔬菜：1½ 茶匙（7 毫升）種子
- 穀類和豆類：1½ 茶匙（7 毫升）種子
- 烘烤食物：1½ 茶匙（7 毫升）種子

印度香料飯
Basmati Pilaf

沒有哪一道印度料理是不跟米飯一起上的，而我很愛拿香噴噴的印度香料飯來搭配幾乎所有的菜。香料飯的變化萬千；這一種作法簡單又美味，主要材料是綠荳蔻莢。如果不想留莢，上菜之前可以取出來，不過，我個人倒是很喜歡在不經意中咬到一點豆莢，一嚼種子那濃烈的味道。

製作6人份

準備時間：
- **30 分鐘，外加浸泡 2 個鐘頭**

烹煮時間：
- **25 分鐘**

提示 要讓小荳蔻的豆莢產生裂痕，可以用搗杵或擀麵棍在豆莢上輕輕壓，讓豆莢的皮產生一點龜裂。
煮飯前先泡米可以減少米粒中的澱粉，避免飯粒沾粘。另一種替代方法則是把米洗乾淨，要換 2 到 3 次水。

1½ 杯	印度香米	375 毫升
1 大匙 + ¼ 茶匙	細海鹽	15 毫升 + 1 毫升
1 大匙	奶油	15 毫升
½ 顆	洋蔥，剖半並切片	½ 顆
1 根	7.5 公分（3 吋）長的肉桂棒	1 根
1 茶匙	小荳蔻豆莢，壓裂（參見左側提示）	5 毫升
1 撮	番紅花絲，泡在 2 大匙（30 毫升）的溫水裡	1 撮
1 片	月桂葉	1 片
2 杯	雞高湯或蔬菜高湯	500 毫升

1. 找一個碗，把米放進去，冷水蓋過米，放入 1 大匙（15 毫升）的鹽，混合均勻，在一旁放置 2 個鐘頭。利用細目篩將水瀝乾，在水龍頭的冷水下沖洗（參見左側提示）。

2. 找一個厚底、有密合鍋蓋的鍋將奶油用中火融化，加入洋蔥，炒 3 到 4 分鐘，直到變成金黃色。將洗好的米放進去攪拌，均勻覆上奶油，煮到顏色變成半透明，大約要 2 分鐘。加入肉桂、小荳蔻、番紅花以及其浸泡水，還有月桂葉；攪拌 1 分鐘。把高湯和 1/4 茶匙（1 毫升）的鹽放進去攪拌，煮到滾，然後蓋上蓋子，把火轉到最小（如果使用的是電熱爐，關掉熱度。）繼續煮，不要翻開蓋子或攪拌，大約 10 分鐘，直到米還不會太軟（米還有一點嚼勁）的程度。離火，放置一旁，蓋子蓋著，直到要上桌供食（這樣就能確保米飯的乾鬆）。

小荳蔻芒果
Cardamom Mangoes

芒果總是讓我想起澳洲的聖誕節，那個時候，我們總會買一盤又一盤這種新鮮的水果，在早餐時食用，不過，當然了，這水果一年之中任何時刻食用滋味都是美好的。這道甜點準備起來很快，但是嚼起來卻是一番絕妙享受，而甜蜜的小荳蔻味奶油更讓這水果添加了絕佳風味。食用時可以和鮮奶油、冰淇淋或是原味優格搭配。

製作4人份

準備時間：
● 10 分鐘

烹煮時間：
● 10 分鐘

4 顆	成熟芒果，去皮去核，切成 1 公分（½ 吋）寬的片	4 顆
¼ 杯	奶油	60 毫升
¼ 杯	赤砂糖	60 毫升
1 大匙	綠荳蔻籽粉	15 毫升

1. 煎鍋開中火，融化奶油。加糖進去持續攪拌，直到糖融化。把小荳蔻種子放進去攪拌。把芒果貼在鍋底上，要單層排列（需要的話分批）去煎，把融化的糖奶油澆在芒果上，直到芒果熱透，大約 2 分鐘。將芒果拿出放到要上桌的盤子上，需要的話，剩下的芒果重複相同步驟。用剩下的奶油淋在上面，上桌食用。

變化版本

芒果可用等量的蘋果、香蕉、梨或季節水果來代替。

芹菜籽 Celery Seed

Apium graveolens

科　　名：	香芹科 Apiaceae（舊稱繖形科 Umbelliferae）
品　　種：	蔬菜芹（celery vegetable、*A. graveolens dulce*）、塊根芹（celeriac、*A. graveolens rapaceum*）
別　　名：	garden celery（野園荽）、smallage（旱芹）、wild celery（野芹）
中文別名：	旱芹、西芹、藥芹
風味類型：	激香型
使用部位：	種子（香料）

背後的故事

原生於南歐、中東和美國的旱芹（從野芹衍生而來的芹菜，也就是我們採收芹菜籽的芹菜）古代人其實早已知曉。西元前2200年左右，埃及人主要是因為其藥性而使用，他們也將它編入花環裡。旱芹（野芹）常被希臘和羅馬人拿來與死亡聯想，原因可能是覺得它氣味難聞。

芹菜被拿來作為調味料，最早記錄的應用是1623年在法國，那時這種植物被稱為 ache。現在種植的芹菜品種很多，全

部都沒有古老原始旱芹的苦味了；有些品種甚至還自然泛白，被稱為「自發白」。芹菜也可以當做一年生植物栽種，作為一年生植物種時，植物基部的土會被堆高，包覆基部，讓它長出泛白的球根來作蔬菜，這和茴香球莖是一樣的方式。

植株

採收芹菜籽的芹菜被稱為旱芹（smallage，或稱 wild celery 野芹），這是一種古老、耐寒的兩年生沼澤植物，和我們現在熟知的、吃莖管的蔬菜芹菜相似度不多。旱芹植株在生的時候可能是有毒的，它的莖管和鋸齒狀的葉有令人不愉快的氣味。傘狀的白花會長出成對的微小種子，大小只有 1 公釐（1/16吋），採收時會從中分開。這種種子實在非常細小，1 公斤（2 磅）中就有一百多萬個。

乾燥的芹菜籽顏色從淡棕色到卡其色都有，有類似乾旱的穿透味道，會讓人想到芹菜管。它的風味濃烈、帶苦、溫暖、有澀味，帶著特別的「青」味道，味道久久不散。跟葛縷子一樣，芹菜籽這種香料，大多數人「非愛即恨」，很少有冷漠無感的。

其他品種

18 世紀初期，義大利人決定要培育出不苦的旱芹品種，味道要比較溫和，好作為料理蔬菜之用，這就養出了我們今天所熟知的栽培品種**蔬菜芹**（vegetable celery，*Apium graveolens dulce*），汁濃莖管纖維少。另一個品種，也是歡迎度日漸提高的蔬菜則稱為**根莖芹**（celeriac，*A. graveolens rapaceum*），這種芹長著偏白的球莖狀可食根。

料理情報

可搭配
- 多香果
- 月桂葉
- 葛縷子
- 細葉香芹
- 辣椒
- 肉桂
- 芫荽籽
- 甜茴香籽
- 薑
- 紅椒粉
- 胡椒

傳統用法
- 蔬菜汁
- 海鮮和蛋類的菜色
- 起司
- 沙拉醬料和美乃滋
- 烤雞
- 麵包和餅乾
- 煮螃蟹

調和香料
- 月桂調味粉（bay seasoning）
- 芹菜鹽
- 肉類抹粉
- 豬肉香料
- 通用的肉類綜合調味料，烤或微波用

每茶匙重量（5ml）

- **整粒**：2.9 公克
- **研磨**：3 公克

每 500 公克（1 磅）建議用量

- **紅肉**：2 茶匙（10 毫升
- **白肉**：1½ 茶匙（7 毫升）
- **蔬菜**：1 茶匙（5 毫升）
- **穀類和豆類**：1 茶匙（5 毫升）
- **烘烤食物**：1 茶匙（5 毫升）

處理方式

兩年生的旱芹，芹菜籽是在種植後的第二年才能採收，採收時把帶著種子的莖切下來乾燥，然後進行脫粒，把細小的種子從殼中取出來。

種子以蒸氣蒸餾時，可以產出 2% 的揮發油，芹菜籽油被用於製作加工的肉類、非酒精飲品、糕餅、冰淇淋，以及烘烤類的產品。

購買與保存

購買芹菜籽時，最好整顆購買，這樣如果正確保存，可以放上 3 年。由於芹菜籽實在太小了，所以用於料理時，大多直接使用，不必再研磨。研磨過後的芹菜籽要在短時間內用完，因為新鮮的揮發香氣很快就會蒸發不見，1 年之後使用風味走失、苦味漸增。芹菜鹽一般比芹菜籽容易買得到，這可能是因為對較多人來說，吸引力較大。芹菜鹽通常由 60% 的鹽、30% 的研磨芹菜籽，和 10% 的綜合乾燥香草，如巴西利和蒔蘿製作而成。芹菜籽和芹菜鹽在保存時應該和其他的香料一樣，存放在氣密式的容器中，避免放置在溫度太高、光線太亮、或太潮溼的地方。

應用

芹菜籽濃烈的風味和番茄正好是絕配，因此被用到番茄和蔬菜汁以及雞尾酒血腥瑪莉之中，也啟發了後頁（169 頁）的辣味酸甜醬配方。片菜籽在許多湯品、燉品、泡菜和酸甜醬的食譜中都能看見。搭配魚、蛋類非常適合，有時候，乳酪起司裡面會放，而它和沙拉醬汁以及高麗菜沙拉的美乃滋也很合味。在鹹味的糕餅中，芹菜籽就跟印度藏茴香籽一樣能增添清新、和碳水化合物相互增色的澀感。市面上許多受歡迎的雞肉、海鮮和紅肉綜合調和香料中就含有芹菜籽，及一些其他的香料，如紅椒粉、肉桂、薑、胡椒和鹽。

血腥瑪莉酸甜醬
Bloody Mary Chutney

這個酸甜醬配方取自於經典的雞尾酒調配，和炒蛋一起上時，是非常完美的解酒方子。

製作2杯
（500毫升）

準備時間：
● **20 分鐘**

烹煮時間：
● **50 分鐘**

提示 烤紅色彩椒：烤箱預熱到攝氏 200 度（華氏 400 度）。把紅色彩椒放在烤盤上，烤到變黑，大約要 30 分鐘，中間彩椒要翻面。另一個替代方法則是用鉗子把彩椒夾住，在瓦斯明火上烤，變黑後慢慢翻面。把烤過的彩椒放進夾鏈袋裡待涼。從袋中取出彩椒，把皮撕掉（剛好撕掉就好），去籽。想要的話，這道食譜也可以使用從商店購買已經烤好的紅色彩椒。

消毒罐子時，先用熱肥皂水將瓶子徹底洗淨，然後瀝乾。把罐子的開口朝上放在烤盤上，移進已經預熱到攝氏 200 度（華氏 400 度）的烤箱烤 10 分鐘。消毒瓶蓋時，找一個乾淨的鍋子，將瓶蓋放進去，水要淹過蓋子，煮 5 分鐘。處理蓋子和瓶子時，雙手一定要非常乾淨。

2 茶匙	油	10 毫升
1 顆	小顆的紫洋蔥，切細	1 顆
1 瓣	蒜頭、剁細	1 瓣
3 顆	成熟的番茄，切丁	3 顆
2 顆	烤紅色彩椒，去皮去籽（參見左側提示）	2 顆
½ 條	長的紅辣椒，切細	½ 條
½ 杯	蘋果醋	125 毫升
3 大匙	赤砂糖	45 毫升
1 大匙	番茄糊	15 毫升
1 茶匙	芹菜籽	5 毫升
1 茶匙	細海鹽	5 毫升
1 茶匙	伍斯特辣醬油（Worcestershire sauce）	5 毫升
½ 茶匙	多香果粉	2 毫升
½ 茶匙	現磨的黑胡椒	2 毫升
½ 茶匙	山葵醬（參見 323 頁）或新鮮現磨的山葵	2 毫升

1. 找一個中鍋開小火，熱油。加入洋蔥，炒 5 分鐘，直到洋蔥變軟。加入蒜頭後再炒，要不斷翻炒，時間 2 分鐘，直到蒜頭變軟。把番茄、烤彩椒、辣椒、醋、糖、番茄糊、芹菜籽、鹽、伍斯特辣醬油、多香果、胡椒和山葵醬都一起放進去，好好攪拌混和均勻。繼續煮，要常常攪動一下，大約煮 30 到 40 分鐘，直到混合的材料變得濃稠，有點果醬的質感，嚐一下味道，需要的話調整一下。離火，放置一旁待涼。

2. 用湯匙把辣味甜酸醬放進消毒過後的瓶子裡（參見左側提示），完全冷卻後，密封後放入冰箱冷藏保存，可放上 3 個月。

細葉香芹 Chervil

Anthriscus cerefolium

科　　名：香芹科 Apiaceae（舊稱繖形科 Umbelliferae）

別　　名：French parsley（法國香芹／法國歐芹）、garden
chervil（車窩草）、gourmet's parsley（美食家歐
芹）

中文別名：車窩草、山蘿蔔、細葉峨參、細葉芹

風味類型：溫和型

使用部位：葉與莖（香草）

背後的故事

　　細葉香芹原生於東歐；殖民時期的羅馬人將它傳播到更遠的地方。它曾一度被命名為 *myrrhis*，因為從細葉香芹葉中萃取出來的揮發油，氣味跟沒藥（myrrh）的樹脂狀物質類似。民謠的歌詞中也吟唱著，說細葉香芹會使人愉快，變得機智，賜給老年人青春活力，並象徵真誠。

　　細葉香芹似乎在法國料理中最受到歡迎，歐洲其他地方的料理有時也能看到，而北美菜餚中只是偶而得見。1647 年，葡萄牙人將它引進巴西，現在在加州有商業化的種植。在那裡，細葉香芹和香芹，也就是歐芹一樣被脫水乾燥，用在湯包與綜合香草細末包中，這種綜合香草細末包混合了一些口味溫和的香草料，味道清雅，在法國料理中很受歡迎。

植株

　　漂亮、帶著蕾絲邊，纖細又具有裝飾性的細葉香芹是喜歡遮蔭的兩年生植物，無法忍受炙熱、乾燥的氣候條件。這種小型的植物大約可以長到30公分（12吋）高，葉子翠綠，像厥類，樣子有如迷你的香芹（巴西利）。它開細小的白花，種子既長又細薄，料理中是不使用的。新鮮有破痕的細葉香芹葉子香味充滿了青草香，有淡淡的大茴香味道；風味類似於法國龍蒿。

　　乾燥的細葉香芹葉子有類似乾草的香氣以及歐芹的風味，

原先淡淡的大茴香香氣在脫水乾燥過程中，大多已經散失了。

其他品種

　　雖然不是真正的細葉香芹，不過倒是還有一種植物被稱為**香菜芹**（turnip-rooted chervil）、**球根香芹**（bulbous chervil）或是**蕪菁香芹**（parsnip chervil，*Chaerophyllum bulbosum*）。在 19 世紀，這種可以食用的根被當做蔬菜，受到大家歡迎，不過現今已經不常見了。

處理方式

　　採收細葉香芹時，應該優先摘採取外側、長得比較強健的，讓比較纖細的裡葉能繼續成長。經常摘取可以促進生長，讓植株更茂密，也可以避免它結種死去。要有效的乾燥細葉香芹其實是個不小的挑戰，因為它的葉子構造十分脆弱，在脫水過程中，細葉香

料理情報

可搭配
- 羅勒
- 芹菜籽
- 芫荽葉
- 蒔蘿尖
- 歐當歸
- 洋蔥和蒜頭
- 歐芹
- 小地榆

傳統用法
- 炒蛋和歐姆蛋包
- 奶油起司和香草三明治
- 綠色沙拉
- 馬鈴薯泥

調和香料
- 法式綜合調味香草（fines herbes）
- 蔬菜加味鹽（vegetable salts）

每茶匙重量（5ml）

- 整片乾葉：0.8 公克

每 500 公克（1 磅）
建議用量

- **紅肉：**1/2 杯（125 毫升）新鮮的葉、4 茶匙（20 毫升）乾燥的葉
- **白肉：**1/2 杯（125 毫升）新鮮的葉、4 茶匙（20 毫升）乾燥的葉
- **蔬 菜：**1/4 杯（60 毫升）新鮮的葉、2 茶匙（10 毫升）乾燥的葉
- **穀類和豆類：**1/4 杯（60 毫升）新鮮的葉、2 茶匙（10 毫升）乾燥的葉
- **烘烤食物：**1/4 杯（60 毫升）新鮮的葉、2 茶匙（10 毫升）乾燥的葉

芹葉幾乎縮到不剩什麼，在這過程中，它揮發性的前香也會流失。所以要進行細葉香芹葉的乾燥，最好的辦法就是把葉子攤開晾在網架上，放置在溫熱空氣可以自由流通的陰暗地方，幾天之後，葉子就會變得很脆，可以收起來放到氣密式容器裡了。另一個替代方法則是把新鮮的細葉香芹葉剁碎，放進冰塊盒格子裡，上面覆上一點水之後加以冷凍，留待後用。

購買與保存

新鮮的細葉香芹雜貨店有時候能買到，乾燥的細葉香芹顏色應該是深綠色的，沒有變黃的跡象，如果有就是因為曝晒到光線。保存在氣密式的容器中，放在涼冷、陰暗的地方應該至少可以放上 1 年。

應用

料理中使用細葉香芹的要訣是，要用得巧妙，雖說細葉香芹永遠不會是掌控菜餚的主料，不過，許多廚師都愛用它來提昇其他一起合用的香草的風味。傳統的法國綜合香草細末中摻有龍蒿、歐芹、細香蔥和細葉香芹，所以細葉香芹的存在很重要。細葉香芹可以增讓炒蛋和歐姆蛋包、奶油起司與香草三明治、沙拉，甚至是馬鈴薯泥的風味都更上層樓。由於它本質非常纖細，所以這種香草不可以多煮，煮時溫度也不能太高。細葉香芹應該在烹煮最後 10 到 15 分鐘時才加入，用新鮮的葉子當做裝飾也可以。

細葉香芹湯
Chervil Soup

我的祖母總是能夠從她砌著石牆的香草花園裡摘取一些新鮮香草，創作出簡單，但是飄著淡淡香草味道的佳餚。我老爸記得這道湯品是出現在一場場氣候怡人的夏日午宴上，而出席的是澳洲前衛的美食、美酒、戲劇和文學界人士。水芹（cress）三明治是這道湯品絕佳的搭配。

製作4人份

準備時間：
- 10 分鐘

烹煮時間：
- 1 小時 15 分鐘

● **果汁機**

1 磅	馬鈴薯，去皮切成 2.5 公分（1 吋）大小的丁	500 公克
1 顆	洋蔥、切碎	1 顆
4 杯	雞高湯	1 公升
些許	細海鹽和現磨黑胡椒	些許
⅓ 杯	切碎的新鮮細葉香芹，輕壓一下	75 毫升
⅓ 杯	減脂的酸奶油（sour cream）或是原味優格	75 毫升
適量	多準備一些新鮮的細葉香芹葉	適量

1. 湯鍋開中小火，把馬鈴薯、洋蔥和雞高湯放進去混合，蓋上蓋子，燜一個鐘頭，偶而要攪拌一下，直到馬鈴薯變軟。移到果汁機打成泥，要打到滑順，然後再倒回湯鍋去。加入鹽和黑胡椒試試看味道，再加入細葉香片；改成小火，燜 10 分鐘。用杓子分盛到 4 個碗裡，加入一圈酸奶油，上面再用額外準備的細葉香芹裝飾。

尼斯鮪魚拌細葉香芹油醋
Tuna Niçoise with Chervil Vinaigrette

尼斯沙拉（Niçoise salad）來自於法國蔚藍海岸地區，材料有鮪魚、馬鈴薯、四季豆、橄欖和蛋。我喜歡在沙拉中添加細緻的細葉香芹。

製作4小份

準備時間：
● **40 分鐘**

烹煮時間：
● **5 到 10 分鐘**

提示 水煮蛋：找一個大湯鍋，放一層蛋，倒冷水進去蓋住蛋，水高約 2.5 公分（1 吋）。用中火把水煮開，沸騰後立刻把火轉小，燜煮 6 分鐘。之後將蛋取出瀝乾，放在大量冷水中以免再繼續變熟，接著剝掉蛋殼。

乾烤芝麻：把芝麻放在乾的煎鍋中，開中火加熱，要經常搖動鍋子，直到芝麻稍微變焦黃色，大約 2 到 3 分鐘。立刻盛到其他的盤子去冷卻，以免顏色繼續變深。

喜歡的話，可以選用平底鍋將鮪魚煎得焦黃。

油醋

1 大匙	新鮮的細葉香芹，切碎	15 毫升
1 大匙	蘋果醋	15 毫升
1 大匙	現壓檸檬汁	15 毫升
1½ 茶匙	迪戎（Dijon）芥末醬	7 毫升
½ 茶匙	蒜頭，壓碎	2 毫升
2 大匙	初榨橄欖油	30 毫升

鮪魚

1 片	大塊的去皮鮪魚排（大約 375 公克/12 盎司）	1 片
1 大匙	橄欖油	15 毫升
些許	細海鹽和現磨黑胡椒	些許
2 棵	小寶石萵苣（baby Gem）或貝比萵苣（Bibb lettuce），把葉子分開	2 棵
2 顆	水煮蛋，1 顆切成 4 份（參見左側提示）	2 顆
12 盎司	新馬鈴薯，煮熟，水分瀝乾切半	375 公克
3½ 盎司	四季豆，煮熟，水分瀝乾	100 公克
⅓ 杯	尼斯（Niçoise）橄欖或黑橄欖	75 毫升
¼ 杯	新鮮的細葉香芹葉	60 毫升
3 大匙	芝麻，稍微乾烤過（參見左側提示）	45 毫升

1. **油醋：** 拿一個小碗，把細葉香芹、醋、檸檬汁、芥末和蒜頭一起放進去混合。放入橄欖油中快速打一下。

2. **鮪魚：** 煎鍋開大火加熱。鮪魚用橄欖油抹好，用鹽和黑胡椒調味。每一面煎 3 分鐘（裡面還會是生的，所以如果你喜歡吃熟的，每一面煎的時候可以再延長 2 分鐘）。

3. 在 4 個盤子上（或是一個大托盤），把準備好的萵苣、蛋、馬鈴薯、四季豆和橄欖均分，放在上面。將煎好的鮪魚均分成 4 等份，放在沙拉上。每一片上都淋上準備好的油醋，上面再以細葉香芹和芝麻裝飾，立刻上桌。

辣椒 Chile

Capsicum

各國語言名稱

- **阿拉伯文**：filfil ahmar、shatta
- **緬甸文**：nga yut thee
- **中文（粵語）**：laaht jiu
- **中文（國語）**：la jiao
- **捷克文**：pepr cayensky
- **荷蘭文**：spaanse peper
- **菲律賓文**：sili、siling haba（長）
- **法文**：poivre de cayenne、piment enragé
- **德文**：roter Pfetter
- **希臘文**：piperi kagien、tsili
- **匈牙利**：csilipaprika、igen eros apro
- **印度文**：hari mirich（綠）、lal mirich（紅）
- **印尼文**：cabe、cabai、cabai hijau（綠）、cabai merah（紅）、cabai rawit（鳥眼）、lombok
- **義大利文**：peperoncino、pepe rosso picante
- **日文**：togarashi
- **韓文**：gochu
- **寮文**：mak phet kunsi
- **馬來文**：cili、lombok、cili padi
- **葡萄牙文**：pimento
- **俄文**：struchkovy pyeret
- **西班牙文**：aji、pimenton、pimienta picante、chile、guindilla
- **斯里蘭卡文**：rathu miris
- **泰文**：prik chee faa、prik haeng pallek
- **土耳其文**：aci kirmize biber、toz biber
- **越南文**：ot

科　　名： 茄科 Solanaceae

別　　名： aji（漿果辣椒）、cayenne pepper（卡宴辣椒）、chilli（辣椒）、chilly（辣椒）、ginnie pepper（吉利椒）、piri piri（霹靂椒）、red pepper（紅辣椒）

中文別名： 牛角椒、長辣椒、辛椒、番椒、番薑、辣子、秦椒

風味類型： 辣味型

使用部位： 莢和種子（香料）、葉（香草）

背後的故事

　　1492 年，當哥倫布來到新世界時，其實他尋尋覓覓的是黑胡椒的新來源。這點有助於解釋，為什麼人家會把辣椒家族引薦給他——他初次體驗了另一種與胡椒一樣辣的香料——於是便把辣椒也稱為 pepper（椒，就像黑胡椒）了。自那時起，從黑胡椒藤（*Piper nigrum vine*）產出的真正胡椒與辣椒在北美洲和歐洲的許多地方就都被稱為 pepper 了。這經常引起大家的困惑。

　　當時，售世界的人們不當知道的是，有證據顯示 *aji* 或 *axi*（辣椒當時的名稱），早在西元前 7000 年就被墨西哥當地人食用了，他們開始種植的時間可能介於西元前 5200 年到 3400 年之間，因此是美洲最早被種植的植物之一。

可搭配

- 多香果
- 青芒果粉
- 月桂葉
- 荳蔻
- 丁香
- 芫荽（葉和籽）
- 孜然
- 葫蘆巴（葉和籽）
- 薑
- 檸檬香桃木
- 泰國檸檬葉／馬蜂橙葉
- 芥末
- 紅椒粉
- 胡椒
- 八角
- 薑黃
- 越南香菜

傳統用法

- 墨西哥醬汁
- 亞洲炒菜
- 各國咖哩
- 實際上，各國料理皆有使用

調和香料

- 燒烤用抹料
- 咖哩香料
- 墨西哥玉米捲餅（taco）調味料
- 柏柏爾綜合香料（berbere）
- 泡菜用香料
- 哈里薩辣醬（harissa）
- 塔吉（tagine）綜合香料
- 印度恰馬薩拉綜合香料（chaat masala）
- 許多一般用途的綜合調味料

在辣椒被發現之後，深受世界上其他人的熱烈歡迎，認為是「窮人的（胡）椒」，即使是最貧困的人也能取得這種繁殖容易、又能促進胃口的調味品了。

1650 年之前，辣椒就被種遍全歐洲、亞洲、和非洲了。在歐洲，由於雜交所致，以及土壤與氣候的影響，以致於側重較溫和的普通辣椒（*Capsicum annum*）品種，而在熱帶地區，各式各樣較辣的辣椒 *C. annum* 和朝天椒（*C. frutescens*）品種則受到歡迎。熱帶地區的人之所以喜較辣的辣椒，有個說法說是因為辣的辣椒可以提高體溫，使身體排汗，當汗水從皮膚上蒸發後，就產生了涼爽的效果。

至今，許多辣椒品種的認定仍然一團亂，部分原因是因為異花授粉（cross-pollination）以及雜交，此外，還加上許多語言與各地方言都給了它不同的地區性名稱。在世界許多地方，包括了印度、非洲和中國，辣椒的歷史相對短暫，以這些國家今日龐大的辣椒消耗量來看，無辣不歡的時間居然只有短短 500 年，想起來幾乎不合邏輯。

植株

全世界現在種植的數百種辣椒栽培品種，主要是由五大品種的辣椒雜交而來，這個擁有龐大家族的植物早有許多專著論述，但是大多數的作者仍然謙卑的祈求讀者能寬容他們在引用出處方面的不完美。心中也念著這一點的我，試圖把一些精簡過的資訊提供給大家，希望有助於解開辣椒的神祕面紗，並提供辣椒在料理應用上的相關細節。

辣椒的植株在大小和外觀上差異性很大。最常見的普通辣椒（*Capsicum annum*）被描述成香草，或是小型、直立的早熟性（early-maturing）灌木，葉呈卵形，莖強健，但非木本，可以長到 1 公尺（3 呎）左右。這個品種通常被視作一年生植物種植，因為它的結果量在第一年之後就會減少。一些辣度較為溫和的辣椒 *C. annum* 被稱為紅椒 paprika，我在紅椒的篇幅（參見 455 頁）中會敘述。下一個常見的品種就是生命期較短的多年生朝天椒（*C. frutescens*），大約只存活兩三年。它和普通辣椒 *C. annum* 最明顯的差異就是果實較小，辣味也更重，這類品種包括了鳥眼辣椒（bird's-eye）和塔巴斯科辣椒（tabasco）。漿果

辣椒（*C. baccatum*）、燈籠椒（*C. chinese*）以及多毛番椒（*C. pubescens*）較不常見。燈籠椒有些品種超級辣，像是哈瓦那辣椒（habanero，或稱黃燈籠辣椒）和蘇格蘭帽椒（Scotch bonnet），而極端暴辣的印度魔鬼辣椒（Bhut Jolokia，或稱斷魂椒）據說是燈籠椒和辣椒的雜交種。

辣椒莢是一種多籽的莓果，根據其品種的不同，有可能是下垂型，藏在像馬鈴薯葉或菸草葉的軟葉中，也可能是愉快的伸展著直立生長，等著被鳥兒啄食，讓鳥把種子帶進消化道中，將種子散播到更遠的地方去繁殖。辣椒莢的形狀、顏色和辣度形形色色，很是不同，它們都有光亮的外皮，覆蓋著厚度不同的果肉，以及 2 到 4 個幾乎是中空的子室（chamber），裡面含有大量碟狀的淺黃到白色種子。辣椒的形狀範圍極廣，從小而圓，直徑只有 1 公分（1/2 吋）大小，到超過 20 公分（8 吋）長的大果莢。其中還包括了偏長形的迷你辣椒，寬小於 1 公分（1/2 吋），長約 4 公分（1 又 1/2 吋）；圓滾滾有如番茄樣的，直徑為 2.5 公分（1 吋）；中等大小，長度約 10 公分（4 吋）的；以及不常見的蘇格蘭帽椒品種（*C. chinese*），樣子介於蘇格蘭圓扁帽與南瓜之間。

大部分的辣椒在成熟之前都是綠色的，成熟後才轉成紅色、黃色、棕色，或近於黑色。新鮮辣椒的香氣是很明顯的番椒（caspicum）香，風味和青椒（在澳洲，也被稱作 caspicum，和辣椒一樣）相似，成熟的辣椒飽滿味濃，有果香，就和紅色彩椒吃起來跟綠色青椒間的差異一樣。辣度則是從美味的麻味，到令人心生畏懼的熱辣都有，而這辣度就取決於裡面辣椒素（capsaicin）的含量。

辣椒的辣度通常可以用莢的大小來預估。一般來說（但並非絕對），辣椒個頭愈小愈辣，因為裡面的種子以及含有辣椒素的胎座（placenta）相對於果肉，比例很高。至於研磨過的辣椒，愈辣的品種磨出來顏色通常更偏橘色，而非紅色，這是因為裡面淺色種子的比例較高。有一點蠻有趣的值得注意，那就是辣度較高的品種，辣椒素的濃度範圍相當戲劇性，從 0.2% 到 1% 以上都有。現在很多關注的重點都放在如何測量不同辣椒的辣度上，畢竟，大家還是需要有某些方式，來區分辣椒家族中辣度超高的印度魔鬼辣椒、哈瓦那

辣味的來源

辣椒素（Capsaicin）是一種結晶物質，在種子以及與種子連結的胎座中濃度最高，辣椒素會讓腦部釋放腦內啡（endorphins），製造出一種幸福感與刺激。

辣椒、鳥眼辣椒，以及辣味較溫和的辣椒，像是紅椒這類。

辣度的測量

1912 年發展出一套史高維爾（Scoville）測量法，提供食品科技業者一種可量化的方式來判斷辣椒的辣度。雖說直到現代科技介入之前，這套方法都算主觀，但這種測量辣椒刺鼻程度，以及以「史高維爾單位」（Scoville unit）來表示辣度的方式還是食品業界最廣為採用的方式。在過去，一組組品嚐的人會將大量稀釋的辣椒進行採樣，找出該種辣椒可以品出程度多少的辣度。辣椒素（capsaicin）是很強烈的，只要千分之一，我們的味覺就能偵測出來，史高維爾單位是以千為單位，使用數值來計量；舉例來說，如果測出的辣椒素是 1%，換算起來就是 150,000 史高維爾單位。

所以辣椒辣度的測量結果範圍可能從 0 到 1,000,000，辣到要燒起來的程度。拜現代科技之賜，現在測量史高維爾辣度單位比較科學的方式是採用高效能液相層析法（high

香料生意中的旅行

1980 年代中我在新加坡掌管一家香料公司時，很想了解一下以傳統方式加工處理香料的最新動態，腦中有了這想法後，我拜訪了裕廊（Jurong）工業區中一家研磨香料的小企業，那是個很棒的經驗。這家企業的老闆是一個印度家庭，他們非常善於研磨從印度、巴基斯坦和中國進口的辣椒，一年要出口很多噸辣椒粉，工廠是一座帶著熱帶苔痕的水泥建築，混合著狄更斯筆下破舊工作坊與 17 世紀馬來西亞「貨棧」的氛圍。印度的工人上身赤裸到腰部，下身圍著一條像沙龍的籠基（longyi）。

五台看起來像是古代使用的平板式研磨機吵雜不堪的轉動著，將一個個麻袋中滿裝著豔紅色彩的辣椒不斷吃進去，化為橘紅色的粉末，由於這種機械式的運動會產生大量的熱度，所以研磨好的辣椒粉出了研磨機後就必須冷卻，否則會燒焦變色。看著一堆堆讓人淚水直流的辣椒粉被攤開在水泥地上冷卻的情景，我實在難以置信這是在 20 世紀末。流著汗、赤著腳，站在深及腳踝辣椒堆裡的工人用耙子將辣椒粉耙回，送入研磨機進行第二次研磨，讓辣椒粉變得非常細滑，之後還會展開另一個階段的耙開、攤開冷卻作業，然後才是最後的裝袋。

我也看到了為什麼辣椒粉的顏色從豔紅到淺橘色都有：你實在無法確定，乾辣椒裡面到底含有多少淺黃色的辣椒籽。因此，一批少籽的辣椒產出的就是顏色大紅的辣椒粉，而另一批辣椒籽比例高的辣椒研磨出來的辣椒粉，顏色就成橘色了。我從研磨機持續喳喳作響的研磨聲中離開 20 分鐘後，耳朵依然耳鳴著，不過雖然我涕淚直流，空氣中那充滿著辣椒甜蜜果香與縈繞不去的灼熱感卻讓我印象深刻。

performance liquid chromatography，縮寫為 HPLC），這種方法需要使用很複雜的機器來檢測，效果也可靠得多。另一種非專業的，屬於老饕愛用的友善辨辣系統則是把辣度分成從 1 到 10，10 是最辣的。

乾辣椒 vs. 新鮮辣椒

　　乾辣椒與新鮮辣椒的風味迥異，差別就像日晒的番茄與新鮮番茄，口味截然不同一樣。在乾燥的過程（通常是在太陽下曝晒）中，糖的焦糖作用（caramelization）以及其他化學的改變會使辣椒的風味變得更複雜，大大提昇了菜餚的風味。新鮮的辣椒有明顯的辣度，新鮮青椒的前香和甜度，而乾辣椒則會釋放出濃郁飽滿的果香，像葡萄乾一樣的甜度，以及程度不一的菸草和煙燻味道，程度則依照辣椒的品種 / 栽培品種而有所不同。

　　許多墨西哥辣椒會依照是鮮品或乾品而有不同名稱。舉例來説，一種被稱為 jalapeño（哈拉皮紐鮮辣椒）的辣椒，乾燥並煙燻後就被稱作 chipotle（奇波雷煙燻辣椒）了。下列的乾辣椒列表不是最詳盡完整的，有些較常見的品種會被簡單的介紹一下，並提供分為 10 級的辣度以供參考。

其他栽培品種

Aleppo pepper 阿勒坡辣椒（*C. annum*）：深紅色、粗磨、中辣度的辣椒，產自土耳其；有豐富、火烤過的菸草香，久久不散的溫和苦感，3 份中辣度辣椒粉加 1 份奇波雷煙燻辣椒可作為不錯的替代品。乾辣椒片，用鍋子乾烤，加一撮鹽一起研磨成粉可以製作出類似的風味。辣度：6

Anaheim 安那罕辣椒（*C. annum*）：個頭大、口味非常溫和的新鮮辣椒，無論是還未成熟的青色或成熟的紅色都很受歡迎。傳統上，塞料（chiles rellenos，鑲餡辣椒）來吃，和墨西哥菜一起吃的時候，可以增添一些鮮綠口味到醬汁和沙拉裡。轉紅成熟後，通常會被稱作「chile Colorado（科羅拉多辣椒）」。辣度：4

Ancho 安丘辣椒（*C. annum*）：個頭大的乾燥波布拉諾辣椒（poblano chile），長度約 8 公分（3 又 1/4 吋），寬度 4 公分（1 又 1/2 吋），顏色從深紫色到黑色。辣度溫和，果

儘管辣椒之中預藏無法預期的辣度，乾辣椒中令人驚嘆的香味也不該被小覷。

最辣的辣椒

測量 100 萬史高維爾單位的印度魔鬼辣椒辣度，發現結果可以直接爆破辣度表——這種辣度我真的不建議用來烹飪。這樣的辣度也可以稱為 10x3。

香中帶著咖啡、菸草、木頭和葡萄乾香味，是墨西哥料理中最常使用的乾辣椒之一。辣度：4

Bhut jolokia 印度魔鬼辣椒（C. Chinese x _C. annum_）：也稱為鬼椒、魔鬼辣椒、斷魂椒或納加辣椒（Naga chile），這種辣椒大多長於印度阿薩姆（Assam）地區，以當地印地語的名稱「Bhut」來命名，意思就是「鬼」，曾被譽為世界最辣的辣椒，史高維爾辣度單位高達一百萬單位以上。現在為了商業用途，特別培育出一個品種，要添加到加工食品中時，只需放入少量的辣椒油脂（oleoresin，參見 23 頁）即可。這種辣椒被廣泛的用於辣椒噴霧劑中，這是一種防身產品，也被稱為 Mace（與香料肉豆蔻 mace 並無關連）。辣度：10^3

Bird's-eye 鳥眼辣椒（_C. frutescens_）：超級辣的新鮮小辣椒；味道非常強烈刺激，在非洲常被稱為「霹靂辣椒」，純粹用來增添食物的「單純」辣度，而不要有太多不要的辣椒香味。辣度：9

Cascabel 小鐘辣椒（_C. annum_）：圓形，像李子顏色的乾辣椒，有淡淡的果香和煙燻味，墨西哥料理中常使用。種子在乾掉的果實中會噹噹作響，因此取名為「鐘 _cascabel_」，在西班牙文之中是噹噹作響的意思。辣度：4

Cayenne pepper 卡宴辣椒（_C. annum_）：通常是研磨辣椒粉混合粉，混合是為了達到統一的橘到紅色，以及固定的辣度。有人說這種辣椒的名稱來自於卡宴（Cayenne），法屬圭亞那的首府名稱，但這說法似乎沒有證據支持。辣度：7

Chile flakes 辣椒片（_C. annum_）：通常是由印度的清奈（teja）或山納姆（sannam）類辣椒切細乾燥製成，顏色火紅，辣椒籽很多。撒在義大利麵醬和披薩上，非常美味。辣度：7

Chipotle 奇波雷煙燻辣椒（_C. annum_）：煙燻、乾燥後的哈拉皮紐辣椒，煙燻味濃厚，辣度均衡。墨西哥料理中會使用，許多素食者也會拿它來代替豬大骨，放在燉菜、湯品和砂鍋中，大家最為熟知的是墨西哥罐裝的阿斗波醬（Adobo Sauce）。辣度：5

Guajillo 瓜希柳辣椒（_C. annum_）：乾辣椒，外觀和口感都和新墨西哥辣椒非常類似；長度約有 15 公分（6 吋）；帶土味，有點類似櫻桃的香味，風味獨特但是辣度一般。和種子相比，

它的果肉比例高，所以瓜希柳辣椒可以幫食物添上令人愉悅的飽滿紅艷色彩。辣度：4

Habanero 哈瓦那辣椒（*C. chinese*）：乾辣椒，有美妙的香味，甜蜜溫暖的果香以及辣味，可別被它如天堂般美妙的香味所迷惑——它辣到有如魔鬼！加在調味醬和細火慢燉的砂鍋中都很美味。辣度：10+

Jalapeño 哈拉皮紐辣椒（*C. annum*）：個頭中等的新鮮辣椒，通常在成熟之前，趁青採收；有新鮮綠色青椒的風味，以及相當程度的辣味，是極少數趁著尚未成熟，還是青色時就摘採下來乾燥的辣椒之一，成品通常都泡在鹽水罐頭裡販售。辣度：8

Kashmiri chile 喀什米爾辣椒（*C. annum*）：印度出產的乾辣椒，整條或磨成粉狀的都能買到，整條時，辣椒的外皮是深紅色，粗糙有皺紋，研磨成粉後，顏色艷紅，這是印度坦都里（tandoori-style）式菜餚喜歡的特質，況且還有迷人甜蜜、絕對的辣椒口感。在大多數要用到研磨辣椒粉的印度料理裡，我很愛用這一種。辣度：7

Long chile 長辣椒（*C. annum*）：這是一種鬆散的稱法，用來涵蓋各種栽培種的山納姆（sannam）、清奈（teja）和中國辣椒（Chinese，天津 tien tsin）的品種。辣椒長約 6 公分（2又 1/2 吋），顏色從艷紅到深紅都有，四川菜裡的快炒中，可吃到整根的這種辣椒。辣度：7

Mulato 慕拉托辣椒（*C. annum*）：乾燥波布拉諾辣椒一類，和安丘辣椒非常類似，顏色是深褐色，口味也與安丘辣椒類似，有點像菸草，有煙燻味——但煙燻味程度還比不上奇波雷煙燻辣椒。辣度：3

New Mexico chile 新墨西哥辣椒（*C. annum*）：市面上紅色、綠色的鮮品都買得到，乾燥之後也稱為「科羅拉多」（Colorado）或「加州」（California）辣椒；這是非常大的乾辣椒，長約 15 公分（6 吋），帶土味，有點類似櫻桃的香味，風味獨特但是辣度一般。辣度：4

Pasilla 帕西拉乾辣椒（*C. annum*）：乾燥的其拉卡辣椒（chilaca），有時候也稱為「黑辣椒」（chile negro），風味和安丘辣椒以及慕拉托辣椒相近，帶著水果和香草的香氣，以及淡淡的甘草調。傳統上，是用於製作著名墨西哥巧克力

墨西哥辣椒粉

這可不是單一品種的純辣椒粉，而是綜合的調和辣椒粉。通常是由辣椒、紅椒、以及孜然研磨而成，有時候還會加上奧勒岡和鹽。這就是你撒在玉米餅上的粉，也是你希望有「墨西哥」特色風味時會使用的調味料。

辣度：相差很大；看品牌，辣度從 2 到 8 都有。

辣醬（mole poblano）料理的三種主要辣椒之一。辣度：4

Pequin 皮奎辣椒（*C. annum*）：小小、亮晶晶的乾辣椒，非常的辣，外表像一顆顆珠子，和鳥眼辣椒類似，但是形狀圓滾滾的，幾乎像個球。辣度：9

Piment d'Espelette 艾斯佩雷辣椒：極受到喜愛的紅椒品種，常常被當成辣椒的一種，產自法國南部的巴斯克（Basque）地區，是 AOC（appellation d'origine contrôlée，原產地命名控制）的項目產品（譯註：2009 年 AOC 改為 AOP 原產地法定保護），只有產於艾斯佩雷一地的辣椒才能冠上「艾斯佩雷辣椒 Piment d'Espelette」之名。這種辣椒風味溫暖、充滿果香，辣度適中，所以添加到大多數鹹味的菜中，都很合適，把它撒在披薩、義大利麵上，或加到炒蛋和歐姆蛋包裡，甚至撒在沙拉上都可以。

Piri piri（或 peri peri）霹靂辣椒：這個名稱被鬆散廣泛的用於南非和印度某些地區的辣椒上，霹靂辣醬基本上是辣椒醬加上一些固定口味的綜合配方。霹靂辣椒粉通常是多種辣椒的混合，外加一種特定的、類似於撲鼻檸檬香氣的風味，對南非的消費者頗有吸引力，這就好像歐洲的消費者對於卡宴辣椒情有獨鍾。我也曾在印度購買過一種醃製的山納姆辣椒，名字也叫做「霹靂辣椒」。辣度：9

Poblano 波布拉諾辣椒：綠色未成熟的辣椒莢，乾燥以後叫做安丘辣椒（參見「Ancho 安丘辣椒」，180 頁）。

Serrano 聖納羅辣椒（*C. annum*）：乾燥以後，外觀和鳥眼辣椒類似，但是更大，長度可到 5 公分（2 吋），鮮品綠色和紅色都有，口感討喜，有果味。成熟的紅莢乾燥之後，稱為「Serrano seco 聖納羅西科辣椒」，當你需要相當辣度時，這種辣椒是個好選擇。辣度：8

Tabasco 塔巴斯科辣椒（*C. frutescens*）：小小的辣椒，新鮮時，顏色有黃色、橘色或豔紅；果肉薄，但是味道極辣；幾乎沒見過乾品，用來製作辣到灼熱的同名辣椒醬。辣度：9

Tepin 天品辣椒（*C. annum*）：皮奎辣椒的野生版，果肉薄，形狀呈球形，跟皮奎辣椒非常相似，這種又小又辣的辣椒名字通常被合起來，稱為「品辣椒 chiltepin」。辣度：8

Urfa biber 土耳其烏爾法辣椒：土耳其產的乾辣椒，和阿勒坡辣椒非常相似，產於烏爾法（Urfa）區，東北 200 公里（120

英哩）就是敘利亞的阿勒坡。烏爾法乾辣椒片顏色深紅到近乎黑，和安丘辣椒相似，同樣類似的還有它幾近甜蜜的乾果口感，跟溫和辣感。辣度：4

White chiles 白辣椒：也稱為「凝乳辣椒（curb hiles）」，進行乾燥之前，要先放在優格和鹽中醃過；辣椒顏色是淺黃色，印度旅館常常把它和泡菜一起供應，當成自助咖哩餐的配菜，和海鮮搭配效果極佳，可以用一點油炒過，當成喝酒的開胃菜。辣度：6

處理方式

　　世界各地乾燥並處理辣椒的過程，複雜性程度各自不同，不過，大部分的辣椒還是用相當基本的方式處理。辣椒新鮮時，含水量大概是 65% 到 90%，而含水量的多少則是看採收之前，是否已經在植株上乾燥過了。適當的乾燥必須將水氣降低到 10% 左右，以免長黴。

　　在印度的許多地方（印度現在已經是世界最大的辣椒製造國了），過程通常從新鮮辣椒果實被交易商買下開始。辣椒會被堆在室內 2、3 天，室內溫度在攝氏 20 度到 25 度（華氏 68 度到 77 度）左右，這樣所有尚有部分未成熟的辣椒才能完全成熟，整批達到一致的紅色。這個階段，應該避免陽光直射，因為可能會使一些地方變成白色或黃色，接著把辣椒移出來到太陽下，最好放在水泥地、房屋的平面屋頂或編織墊上，進行保護，以避免灰塵、昆蟲、和囓齒動物。到了晚上，乾燥中的果實要堆成堆，上面覆上防水帆布，第二天再攤開到太陽下去晒，大約 3 天過後，辣椒就會變乾，大條的辣椒要踩平，或在上面滾動，這樣才方便放入袋中進行運送。平均來說，100 公斤（220 磅）的新鮮辣椒在進行乾燥時，大概可以晒出 25 到 35 公斤的乾辣椒。

　　另外一種墨西哥和西班牙等國家很流行的乾燥方法就是把辣椒串成一環，或是一長串（ristras），掛在房子的牆上，甚至是晒衣繩上乾燥。在棚子或窯中進行人工乾燥的方法也變得愈來愈多人採用，這樣可以克服天氣變幻莫測的問題，製造出品質更一致的成品。

　　在家自行進行辣椒乾燥時要記住，辣椒果實光亮的外皮不容易脫水，所以過程如果拖得太長，辣椒莢內部發霉的風

植物的另一部分

辣椒葉（Pepper leaves, *C. frutescens*）可不要和澳洲原生的胡椒葉（pepperleaf, Tasmannia lanceolate，參見 508 頁）弄混。辣椒植株上的葉子被亞洲菜餚拿來當做辣味香草使用，而其中最常被使用的是鳥眼辣椒葉。由於這些葉子可能有毒性，所以一定要煮過，以中和任何可能含有的毒性。

辣椒 Chile

險就高。要克服這個問題，可以先把辣椒切半，讓裡面的水分更容易發散出來，接著再將辣椒鋪開放在通風良好的網目上，放置在溫暖、陰暗的地方 2 天左右。接著，選擇一天之中最溫暖的時候，將辣椒移到太陽底下晒 6 到 8 個小時，晒個 2 到 3 天，或晒到辣椒感覺起來又硬又乾時。

購買與保存

購買新鮮辣椒時，要挑選堅硬、沒有枯萎情況的。新鮮的辣椒，無論顏色是紅、黃、褐、紫，還是近乎黑色，外表都應該要很光滑。外皮變皺表示辣椒已經開始乾燥，或是在植株上並未成熟，這樣正合我們心意，可以取得最佳風味。新鮮辣椒放在冰箱可以存放 1 到 2 個星期；天氣如果溫暖又乾燥（溼氣高的情況肯定不行），放在果籃中就可以放個好幾天，需要時隨時取出來用。

乾辣椒的外觀依照辣椒品種的不同，差異極大。給你的最好的建議就是一定要從信譽良好的來源購買，他們的貨源流動頻繁，也能針對你想購買的辣椒，提供種類和辣度上的意見。乾辣椒要存放在氣密式的容器中，避免放置在溫度太高、光線太亮、或太潮溼的地方，在這樣的條件下，乾辣椒最多可以保持大約 2 年的風味。

應用

按重量計算，辣椒所含的維生素 C 比柑橘類水果還多，今天的辣椒已經變成全球數百萬人口每日餐食中「必用」的調味品。辣椒的風味與辣度，最常被人與印度、非洲、亞洲以及墨西哥料理產生聯想。印度的咖哩或泡菜中如果沒有辣椒，那就不完整了；辣椒也是特定招牌調味品中的基本材料，例如北非突尼西亞的哈里薩辣醬（harissa paste）和亞洲的參巴辣醬（Sambal）。地中海沿岸各地也都使用辣椒，通常用的是乾辣椒。乾辣椒風味香氣繁複，和許多希臘與義大利食譜中蒜頭、奧勒岡、番茄以及橄欖的濃烈風味，相得益彰。

在料理中使用辣椒時，辣椒的辣度和辣度衝擊你的時間通常會受到菜餚中脂肪量的影響，油和脂肪會把辣椒中的辣分子包覆起來，讓辣感覺較淡，或延遲了感受的時間。因此，加了辣椒及泰式香料的快炒就會特別火辣。加了高脂椰奶，

雪莉酒辣椒醬汁

我父母親有個朋友，在印度住了很多年。他手邊一直放著一小瓶乾雪莉酒，裡面泡著 3、4 條新鮮辣椒。把這酒滴到湯中後，味道居然讓人極度驚喜。很顯然的，這一定是那些經常光顧英國酒吧的前印度住民，發現自家的湯品實在平淡無味後採取的常見作法。百慕達也有一個知名的販賣版本，由 Outerbrige（外橋）公司所生產。

吃不了辣？

如果你對辣度的容忍力很差，我建議用綠色或紅色的彩椒來代替綠色或紅色的辣椒，然後以甜的紅椒來代替乾燥和研磨好的辣椒，這樣你就能享受到辣椒特有的風味於一二，而不必被辣到。

每茶匙重量（5ml）

- **研磨：** 2.7 公克

每 500 公克（1 磅）建議用量

以辣度介於 6 到 10 的辣椒粉為基礎。

- **紅肉：** 1 茶匙（5 毫升）
- **白肉：** 1 茶匙（5 毫升）
- **蔬菜：** 1/2 茶匙（2 毫升）
- **穀類和豆類：** 1/2 茶匙（2 毫升）
- **烘烤食物：** 1/2 茶匙（2 毫升）

不但會使辣度比較溫馴，衝擊味蕾的時間也會延後一點。甜度也會讓辣度降低，意思是，你伸手去拿甜辣醬的機會很可能會比往不甜辣醬伸手的機會多。

如果你不確定辣椒有多辣，那麼先放少一點，之後要加可以再加。如果你一開始下手太重，辣椒放多了，那麼加一點糖進去試試看（別忘了維持口味的均衡），適合的話，放鮮奶油或椰奶也行。加一些切碎的馬鈴薯，30 分鐘後再取出來是個救辣的老方法，就跟加切碎的彩椒一樣。把菜放進冰箱冷藏一晚有時也有效，因為隨著時間過去，菜的風味成熟了，也更完整了；不過，無論怎麼做，辣椒的辣度還是不會大幅消失。

面對暴辣如火山噴發的情況時，別喝水在嘴中放火。水只會讓情形更糟糕！放一湯匙糖進嘴裡可讓辣感快速紓緩。啤酒也是辛辣食物的良伴，效果跟印度傳統的優格飲品拉昔（lassi）一樣。小黃瓜和優格薄荷醬（raita）一樣是你大啖辣咖哩時可清涼滅火的好助力。

處理新鮮辣椒時要小心，除非把手徹底洗乾淨了，不然不要碰到敏感的皮膚部位和眼睛，用溫的肥皂水洗手通常就有效了，如果還是有點辣，用一點丙酮（指甲去光水）輕輕一擦也能奏效，一些辣到極致的辣椒甚至會讓手指燙到起泡，不過不常見就是。不確定辣椒有多辣時，戴上拋棄式手套是明智的謹慎作法。當廚師想減少新鮮辣椒的辣度時，慣用的作法是去除辣椒裡面的辣椒籽，以及果肉中含辣椒素最多的胎座。辣椒切絲通常會用在快炒和沙拉裡，這是受到亞洲風的影響，辣椒絲也會用來裝飾肉醬（pâtés）和法式肉糜（terrines）。

乾辣椒可以整根用到咖哩中，以及幾乎是任何慢燉的湯湯水水裡，因為辣椒的風味和辣度會慢慢滲透出來，融入菜餚裡。通常來說，製作醬汁使用辣椒時，會先將辣椒整根戳一戳，放在熱水裡泡 20 分鐘，然後切開去籽和蒂，接著用研磨砵組捶，或是加上其他材料一起放進食物處理機裡面處理。研磨過的辣椒辣度不一，廣泛的用於各種咖哩、調味醬汁、泡菜、辣味酸甜醬和醬料裡面。你能想到的所有餐食，幾乎都能用辣椒的辣度和口味來提味，從異國風味的蝦蟹等甲殼類到不起眼的炒蛋，稍微撒上一點辣椒粉所能提昇的口味程度，是你無法想像的。

辣椒油
Chile Oil

各國料理中都有辣的調味方式。義大利食物中最常使用的辣味就是辣椒油。這種簡單的浸泡油使用的是火紅的乾辣椒，滴在熱騰騰的披薩和麵上面頗能增添風味與辣度。

製作1½杯（325毫升）

準備時間：
● 無

烹煮時間：
● 10 分鐘

 提示 使用調和油來減少橄欖油的橄欖味，讓辣椒的風味能徹底發揮。

米糠油是從米的胚芽和糠中提煉的。冒煙點高，風味溫和，所以用途多樣化。

消毒罐子時，先用熱肥皂水將瓶子徹底洗淨，然後瀝乾。把罐子的開口朝上放在烤盤上，移進已經預熱到攝氏 200 度（華氏 400 度）的烤箱去烤 10 分鐘。

消毒瓶蓋時，找一個乾淨的鍋子，將瓶蓋放進去，水要淹過蓋子，煮 5 分鐘。處理蓋子和瓶子時，雙手一定要非常乾淨。

1 杯	橄欖油	250 毫升
½ 杯	味道清淡的油，像米糠油或蔬菜油	125 毫升
6 根	整根的紅色乾辣椒	6 根
1 茶匙	辣椒片	5 毫升

1. 小平底鍋開小火，將油、辣椒和辣椒片放進去混合，熱 10 分鐘，或直到油冒出小泡泡，散發香味為止。離火，放置一旁完全冷卻。

2. 利用漏斗把熬好的油，帶著香料一起放進消毒好的瓶子或罐子裡（參見左側提示）。這個油馬上就能用，不過風味在 3 個月內會繼續變濃。放在涼爽陰暗的地方可以放上 1 年。

土耳其碎羊肉烤餅
Lahmucin

土耳其碎羊肉烤餅（拉牡辛，Lahmucin）是滋味極佳的土耳其披薩：加了香料的羊絞肉薄薄的鋪了一層在脆餅皮上，上面加上松子、加了薄荷的優格和香草。而重點則是，這是你可以在家自行製作的最佳「速食」，不過，如果少了阿勒坡辣椒的畫龍點睛，風味就不會一樣了。塔布勒沙拉（Tabouli，參見 476 頁）是這道菜的絕佳配菜。

製作8人份		

準備時間：
- **30 分鐘，外加 1 小時的發麵時間**

烹煮時間：
- **10 分鐘**

 提示 想要製作更快、更簡單版本的拉牡辛，可以使用做好的餅皮。

● 食物處理機

麵團

1½ 杯	溫水	325 毫升
2 茶匙	速發乾酵母粉	10 毫升
1 茶匙	砂糖	5 毫升
3 大匙	橄欖油	45 毫升
5 杯	中筋麵粉	1.25 公升
2 茶匙	細海鹽	10 毫升

餡料

¼ 杯	新鮮薄荷葉，輕壓一下	60 毫升
1 杯	新鮮巴西利葉，輕壓成平杯	250 毫升
1 茶匙	孜然粉	5 毫升
1 茶匙	阿勒坡辣椒片，多準備一些用來撒在上面	5 毫升
½ 茶匙	芫荽籽粉	2 毫升
½ 茶匙	紅椒粉	2 毫升
1 茶匙	細海鹽	5 毫升
⅓ 杯	番茄醬	75 毫升
1½ 磅	瘦的羊絞肉	750 公克
½ 杯	松子	125 毫升
½ 杯	新鮮的巴西利葉	125 毫升
些許	蒜味小黃瓜優格（Cacik，參見 400 頁）	些許

1. **麵團：** 在量杯中，把水、酵母粉、糖和油混合。將麵粉和鹽放在一個大碗裡，中間挖一個洞，將酵母粉的混合料倒入。利用一支木頭湯匙或用手混合均勻。把麵團拿出來，放到撒了麵粉的檯面，揉 5 分鐘，直到麵團變得光滑、有彈性。把麵團放回碗裡，蓋上抹了一層薄油的保鮮膜。拿到一邊，在溫暖的地方放置 1 個鐘頭，直到麵團稍微膨脹。

2. **餡料：**同時，食物處理機換上金屬刀片，將薄荷、巴西利、孜然、阿勒坡辣椒片、芫荽籽、紅椒粉、海鹽和番茄醬放進去打均勻。把羊肉加進去，打 3 到 4 次，讓材料變成濃稠的糊狀。

3. 烤箱預熱到攝氏 240 度（華氏 475 度），先在烤箱中放入 2 到 3 張烤盤，數量要看你的烤箱有幾層烤架，將 8 張防油烤盤撕成和烤盤一樣大小，放置一旁備用（不要襯在烤盤中）。

4. 工作檯面薄薄撒上一層麵粉。把麵團倒出來，揉 1 分鐘。將麵團分成 8 等份，一次只拿一份出來處理。把麵團放在一個防油烤盤上，用擀麵棍將麵團擀成薄盤狀，厚度至少要 5 公釐（1/4 吋）。把準備好的餡料平均的鋪在麵皮上，從邊緣把烘焙紙揭起，將披薩（連同防油烤盤）放在烤箱中已經預熱過的烤盤上。用相同的步驟重複處理剩下的麵團和餡料。每份披薩烤 8 到 10 分鐘，直到羊肉熟透，而麵團也變成脆脆的金黃色為止。

5. 立刻供食，把熱騰騰的披薩從烤箱端出來後，撒上額外準備的阿勒坡辣椒、松子、巴西利葉、蒜味小黃瓜優格。

提示 羊肉餡料可以事先做好，放在密閉的容器中置於冰箱冷藏，可以放兩天。冷凍的話，最多可以放 1 個月。

辣煮番茄雙椒
Chakchouka

辣煮番茄雙椒是一道美妙的早餐菜色，中東地區到處可見，許多地方還有當地的變化版。這裡的版本比較偏摩洛哥口味——也就是以北非的哈里薩辣醬配上慢燉彩椒與辛辣乾辣椒的組合，是番椒家族的完美展示。

製作6人份

準備時間：
- **20 分鐘**

烹煮時間：
- **30 分鐘**

 提示 若想減少烹煮時間，雞蛋在使用前，先放到室溫中。

2 大匙	橄欖油	30 毫升
2 顆	紅色彩椒，去籽並切成 1 公分（½ 吋）寬的片狀	2 顆
2 顆	青椒，去籽並切成 1 公分（½ 吋）寬的片狀	2 顆
2 瓣	蒜頭，切碎	2 瓣
1 根	小條紅辣椒，去籽切細丁	1 根
1 罐	398 毫升（14 盎司）去皮切丁的番茄，帶汁	1 罐
1 茶匙	哈里薩辣醬（參見 737 頁）	5 毫升
1 茶匙	葛縷子籽粉	5 毫升
½ 茶匙	甜紅椒粉	2 毫升
½ 茶匙	孜然粉	2 毫升
¼ 茶匙	細海鹽	1 毫升
4 顆	蛋	4 顆

1. 找一支深的大平底鍋，開中火，熱油，加入紅色彩椒和青椒，煎 5 分鐘，直到椒開始變軟。把蒜頭和辣椒一起放進去炒，煮 1 分鐘，加入番茄、哈里薩辣醬、葛縷子、紅椒粉、孜然和鹽；翻炒均勻。轉小火，慢火燜煮 10 到 15 公分，直到醬汁變濃稠，用湯匙的背面，在混合材料中做出 4 個印記。在每個印記上倒入一個敲開的蛋，蓋上蓋子燜煮 5 分鐘，直到蛋白煮熟，但蛋黃仍在流動狀態（或隨你喜歡的熟度）。立刻上桌供食，搭配阿拉伯口袋麵包（pita）或土耳其薄餅（pide）一起食用。

變化版本

想要吃肉類版本，在炒彩椒時可以把 2 片西班牙臘腸（chorizo）或是辣香腸加到鍋子裡一起炒。

阿斗波醬奇波雷煙燻辣椒
Chipotle in Adobo

不少料理經常會用到阿斗波醬奇波雷煙燻辣椒（Chipotle in Adobo），這倒是幫料理添加一擊重拳的一種簡單方式（真的非常辣！）。不過，許多市售的現成品鹽、防腐劑、和玉米糖漿中的果糖含量都很高。所以，想要有品質最好的阿斗波醬奇波雷煙燻辣椒，自己在家動手做看看吧。

製作1杯（250毫升）

準備時間：
- **45 分鐘**

烹煮時間：
- **1 小時 15 分鐘**

 提示 你可以把阿斗波醬放到製冰格裡冷凍，再把冰塊放到冷凍袋中存放，需要的時候隨時取出。冷凍的阿斗波醬冰塊最多可以保持到 1 年。

消毒罐子時，先用熱肥皂水將瓶子徹底洗淨，然後瀝乾。把罐子的開口朝上放在烤盤上，移進已經預熱到攝氏 200 度（華氏 400 度）的烤箱去烤 10 分鐘。

消毒瓶蓋時，找一個乾淨的鍋子，將瓶蓋放進去，水要淹過蓋子，煮 5 分鐘。處理蓋子和瓶子時，雙手一定要非常乾淨。

● 一般的果汁機或手持攪拌器

分量	材料	分量
8 根	奇波雷煙燻辣椒，去蒂	8 根
½ 個	白洋蔥，切碎	½ 個
3 瓣	蒜頭、切碎	3 瓣
1 撮	乾燥的奧勒岡	1 撮
1 撮	多香果粉	1 撮
¼ 茶匙	孜然粉	1 毫升
¼ 茶匙	細海鹽	1 毫升
¼ 杯	番茄糊	60 毫升
¼ 杯	蘋果醋	60 毫升
2 大匙	赤砂糖，輕壓一下	30 毫升
½ 杯	水	125 毫升

1. 找一個小碗，把辣椒用滾水蓋過去，放置一旁 45 分鐘，直到辣椒變軟。

2. 利用果汁機或攪拌器，把 1/4 杯（60 毫升）的辣椒浸泡水和 2 根泡過的辣椒、洋蔥、蒜頭、奧勒岡、多香果、孜然和鹽一起放進去攪拌成泥狀，將混合材料放到鍋中，以中火煮 3 分鐘，直到完全熱透。把剩下的奇波雷煙燻辣椒（剩下的浸泡辣椒水不要了）、番茄糊、醋、糖和水都加進去，轉小火，燜煮 1 小時，偶而要攪動一下，煮到醬汁變濃稠，辣椒解體（需要的話，多加點水，這樣可以幫助辣椒化掉）。離火，放置一旁，直到完全冷卻。阿斗波醬奇波雷煙燻辣椒盛入消毒過的瓶子裡（參見左側提示），放到冰箱，最多可放到 3 個月。

墨西哥巧克力辣醬雞
Chicken Mole Poblano

波布拉諾乾辣椒版本的巧克力辣醬（Mole Poblano）是所有墨西哥巧克力辣醬中知名度最高的，而且大部分是在宴會和慶典時供應。這種辣醬的材料種類極為精采豐富、醬汁複雜又極為美味，而且還很容易製作。我發現要選出自己最喜歡的墨西哥菜有點難，但是這道料理肯定能輕鬆的擠進前三名。

製作4人份

準備時間：
- **25 分鐘**

烹煮時間：
- **30 分鐘**

提示 如果覺得雞胸肉太大片，煮好之後可以在加醬汁之前，先對切或切片。

你可以事先把醬汁做好，放在氣密式容器中置於冰箱冷藏庫，這樣最多可以放上 3 天，冷凍的話，則可以放 1 個月。

● 一般的果汁機或手持攪拌器

4 塊	去皮無骨雞胸肉（大約 210 到 250 公克，7 到 8 盎司）	4 塊
4 杯	水，或低鹽的雞高湯	1 公升
2 根	帕西拉乾辣椒（pasilla chiles）、去籽	2 根
1 根	小條的奇波雷煙燻辣椒（chipotle）、去籽	1 根
1 茶匙	油	5 毫升
1 顆	洋蔥，切碎	1 顆
1 茶匙	赤砂糖，輕壓一下	5 毫升
2 瓣	蒜頭，切碎	2 瓣
1 茶匙	肉桂粉	5 毫升
½ 茶匙	紅椒粉	2 毫升
¼ 茶匙	煙燻紅椒粉	1 毫升
1 茶匙	細海鹽	5 毫升
¼ 茶匙	現磨黑胡椒	1 毫升
¼ 茶匙	大茴香籽粉	1 毫升
1 撮	丁香粉	1 撮
1 撮	乾燥的墨西哥奧勒岡	1 撮
6 顆	小番茄，切半，高溫烘烤到顏色變黑	6 顆
1 片	軟的白色墨西哥玉米薄餅，切碎	1 片
2 大匙	生的未加鹽杏仁	30 毫升
2 大匙	切碎的美洲山核桃（pecan）	30 毫升
3 大匙	烤過的芝麻，分批用	45 毫升
2 大匙	湯普森無核葡萄乾（Thompson raisins）	30 毫升
1½ 大匙	可可粉	22 毫升

1. 大鍋開中火，雞肉用水淹過，煮到水滾，熄火並放置一旁。

2. 在耐熱碗中放入帕西拉乾辣椒和奇波雷煙燻辣椒，倒入沸水，水要淹過辣椒，在一旁放置 10 分鐘，直到辣椒變軟，粗切一下（泡辣椒的水倒掉不要），放置一旁備用。

3. 找一個平底鍋或深的煎鍋，開小火熱油，把洋蔥和糖加進去炒，加蓋煮，偶而要翻動一下，大概煮 5 分鐘，直到洋蔥變透明，加入蒜頭、剛剛備好的辣椒、肉桂、紅椒粉、煙燻紅椒粉、鹽、胡椒、大茴香籽、丁香、奧勒岡、番茄和玉米薄餅。火調大到中火，繼續煮，要經常翻動，大約炒 1 分鐘，直到所有材料混合均勻。加入杏仁、美洲山核桃、30 毫升的芝麻、葡萄乾和可可粉繼續煮，並翻動，持續 1 分鐘。加入 2 杯（500 毫升）煮雞肉的湯，攪拌混合，再煮 2 分鐘，直到熱透。熄火，並利用果汁機，開中速把所有材料醬汁粗略打一下，混合均勻（裡面應該還保留著些許材料的質感）。

4. 把醬汁倒回鍋中（如果需要的話），加入已經煮好的雞肉，用中火再煮 5 分鐘，直到熱透。供食時將剩下來的芝麻撒在上面，一旁放上煮好的飯。

變化版本
可用火雞胸肉取代雞肉。

韓國白菜泡菜
Kimchi

韓國白菜泡菜是全世界最受歡迎的調味品之一，而且製作方法真的簡單，我們當地韓國餐廳有一種神奇的韓國泡菜飯，我在家就能用自己的韓國白菜泡菜做出來。韓國的紅辣椒粗粉（gochugaru）在好的亞洲雜貨店就能買到，這是製作韓國泡菜必備的材料，這種日晒的紅辣椒被研磨成粗粉，味道辣辣、甜甜的，還稍微帶一點煙燻味，質地介於辣椒粉和辣椒片之間。

製作6到8杯
（1.5到2公升）

準備時間：
- **24 小時，外加 5 天發酵**

烹煮時間：
- **無**

提示 有些韓國人家會把白菜泡菜放 2 到 3 年，而泡菜就繼續放著發酵。我建議放入冰箱冷藏，最多放到 2 個月，不過，到底放多久得看你個人對口味的愛好（以及你使用泡菜的速度）。

白菜泡菜是許多韓國食物和菜餚的搭檔，像是泡菜飯、泡菜煎餅和泡菜炒菜。當大白菜的菜葉變軟，並稍微有點縮水，風味完全融合後，白菜泡菜就做好了。味道吃起來就是醃製的菜，帶一點酸味。如果泡菜變白，或口味變得太酸，那麼就是壞掉了，應該要丟掉。

1 磅	山東大白菜	500 公克
½ 杯	粗海鹽	125 毫升
½ 杯	在來米粉	125 毫升
1 杯	水	250 毫升
1 整顆	蒜頭，蒜瓣剁碎	1 整顆
1 大匙	薑，磨碎	15 毫升
2 大匙	粗的韓國紅辣椒粉	30 毫升
1 杯	（gouchugaru）或辣椒醬（gochujang）	250 毫升
1 把	青蔥，切成 2.5 公分（1 吋）的長度	1 把
1 把	韭菜，切成 2.5 公分（1 吋）的長度	1 把

1. 用一把銳利的刀，將大白菜從縱向對開成兩半，用刀在對開的大白菜菜核所在切個三角，把菜核拿掉，把白菜葉切成 2.5 公分（1 吋）的長條，在流動的冷水下洗乾淨。找一個大碗，把白菜葉堆進去，每層之間都要撒上鹽，最上面再撒一層鹽，用大約 2.5 公分（1 吋）高的水把大白菜蓋住。找一條廚房毛巾把碗蓋住，上面再壓一個重的鍋蓋或盤子，確保大白菜可以泡在水中。在一旁放置 24 小時，直到菜葉變軟、有柔韌度，在流動的冷水中把鹽分洗掉，把水好好瀝乾或是用蔬菜脫水器把水脫掉，把大白菜重新放回乾淨的碗中。

2. 小鍋開小火，把在來米粉和水調和，文火加熱 2 到 3 分鐘，直到變成糊狀米漿，加入蒜頭、薑、洋蔥和粗辣椒粉。離火，並倒在白菜上，攪拌一下，每一葉都要完全沾上辛辣混合材料，把青蔥和韭菜拌入。用消毒過的瓶罐裝起來，在室溫下放置 3 天，讓泡菜發酵。打開瓶蓋，讓發酵產生的氣體排出，之後在冰箱冷藏庫放 2 天後再拿出來使用（參見左側提示）。

蔥韭 Chives

蝦夷蔥 Onion chives：*Allium schoenoprasum*
韭菜 Garlic chives：*A. tuberosum*

各國語言名稱

- **阿拉伯文**：thoum muammar
- **中文（粵語）**：gau choi、sai heung chung
- **中文（國語）**：jiu cai、xi xiang cong
- **捷克文**：patzika、snytlik
- **丹麥文**：purlog
- **荷蘭文**：bieslook
- **菲律賓文**：kutsay
- **法文**：ciboulette、civette
- **德文**：Schnittlauch
- **希臘文**：praso、schinopraso
- **印尼文**：kucai
- **義大利文**：aglio selvatico、erba cipollina
- **日文**：nira、asatuki
- **馬來文**：ku cai
- **葡萄牙文**：cebolinha
- **俄文**：luk rezanets、shnitluk
- **西班牙文**：cebolleta
- **泰文**：kui chaai
- **土耳其文**：frenk sogani、sirmik
- **越南文**：la he

科　　名：	蔥科 Alliaceae（之前隸屬於百合科 Liliaceae）
品　　種：	齒絲山韭（blue chives，Allium nutans）、野韭（Chinese chives、A. ramosum）、巨型香蔥（giant chives、A. schoenoprasum sibiricum）
別　　名：	rush leek（細香蔥）、Chinese chives（韭菜）
中文別名：	細香蔥、小蔥、北蔥、香蔥、西洋絲蔥、韭菜、起陽子
風味類型：	適中型
使用部位：	葉（香草）

背後的故事

　　雖說蔥韭等近親，如洋蔥、蒜頭等的歷史可以追溯到 5000 年前，但是 19 世紀以前，西方的廚師們對於這種風味細

緻的料理香草並不感興趣。原生於歐洲和亞洲氣候比較涼爽區域的蔥韭（譯註：以統稱蔥韭代替蝦夷蔥與韭菜），現在加拿大和美國的北部地區到處都有野生。它的名稱來自於拉丁文的洋蔥 cepa，而演變成今日法文中的 cive。

植株

這種全世界最受歡迎的料理香草之一，沒有開花的時候看起來毫不起眼，就像是一蓬青草。蔥韭是洋蔥家族中最小群的成員，這群成員包括了蒜頭、大蔥（leek）和紅蔥頭。蔥韭有兩個主要品種：蝦夷蔥（onion chives，或稱細香蔥，直譯為洋蔥韭菜）以及韭菜（garlic chives，直譯為蒜頭韭菜）——英文名稱分別是根據它們獨特的洋蔥和蒜頭風味而來的。這兩種都只吃葉，因為它小小的細長球莖幾乎是不存在的。

蝦夷蔥（Onion chives）可以長到 15 到 30 公分（6 到 12 吋）高，葉細長，像青草，色碧綠，尖端逐漸變窄，在生長時，橫切面愈來愈像管狀。開花時是一團團紫紅色的絨毛球形狀，由圓柱型花瓣所組成，將夏日妝點得萬分迷人，是植物藝術家們的愛。**韭菜**（garlic chives）長得就比細香蔥高一點了。比較起來，成熟的淡綠色葉子形狀明顯扁平。開白花，花朵長在硬硬的莖上，開花的莖太硬了不適合食用（譯註：莖嫩、花苞尚未開放時就是韭菜花）。兩個品種都因為其淡淡的洋蔥與蒜頭香味而受到重視，品嚐起來味鮮翠玉，口感溫合適中，沒有洋蔥蒜頭的刺激味，也沒有（某些人）吃太多洋蔥蒜頭後產生的「不斷的歡樂回味」。

其他品種

齒絲山韭（Blue chives）也稱**西伯利亞韭**（Siberian garlic chives，學名 *Allium nutans*）葉子較寬、較厚，扁平帶灰色；長於中國、哈薩克、蒙古和俄羅斯，和韭菜相比，齒絲山韭的蒜頭味道比較淡。**野韭**（Chinese chives，學名 *A. ramosum*）味道類似於蝦夷蔥和韭菜的綜合。**巨型香蔥**（giant chives，學名 *A. schoenoprasum sibiricum*）個頭不

是特別大，只是名字如此而已。花和葉子都可以用，而球莖雖小，倒是可以當做蔥的替代品。

處理方式

20世紀發明的冷凍乾燥法對於蔥韭的歡迎度影響深遠，遠大於其他任何香料和香草。冷凍乾燥法是一種複雜、資金投資龐大的脫水乾燥法，可以把植物內的水分去除而不會對其纖細的細胞結構造成傷害，此法依賴的是一種昇華（sublimation）技術：直接將固體轉移成氣體，當蔥韭用手工採收並分級後，就直接冷凍，之後送進真空室將冷凍的水氣逼出，直接把物體相從固體轉化成氣態，跳過液體階段。在脫水過程中，會破壞細胞與風味的潛熱（latent heat）並未產生，最後的成品無論是在顏色、形狀和風味上都與新鮮的蔥韭無異，缺少的只是水氣而已。由於許多食物中含有的水氣已經足夠還原冷凍乾燥後蔥韭的水分，所以使用之前不用再復原，冷凍乾燥的蔥韭可以直接加到食物裡，像是奶油起司、醬汁、調味醬、馬鈴薯泥和炒蛋等。

購買與保存

新鮮的蔥韭通常是紮成一把把直徑約 2.5 公分（1 吋）的蔥束來販賣。很多雜貨店對於蔥韭的標示並不正確，但是如果光聞看不出種類，看一下被切的蔥韭尾端是不是管狀，就知道買的是蔥（管狀）還是韭菜（扁平狀）了。由於蔥韭非常怕光，所以最好買商家從「櫃檯下面」拿出來的貨品，這樣品質比較不會變壞。避免買到看起來已經枯萎無力的蔥韭，新鮮的蔥韭如果放在夾鏈袋中，在冰箱冷藏可以放上 1個星期（要用的時候才拿出來洗）。

自己進行蔥韭的乾燥是不切實際的，所以新鮮的蔥韭可以切好後直接冷凍，放入製冰格後裡面要放一點水，如果混合奶油一起冷藏，能放 1 個禮拜。蔥韭奶油是很可口的三明治基底，煮好的蔬菜上放一點也有畫龍點睛之妙。

大部分被拿來乾燥的都是蝦夷蔥，或許是因為小小的翠環看起來比較迷人，而且重量較輕就能有效填滿包裝。冷凍

每茶匙重量（5ml）

- **冷凍乾燥的蔥花**：0.3 公克

每 500 公克（1 磅）建議用量

- **白肉**：4 茶匙（20 毫升）乾品、8 茶匙（40 毫升）鮮品
- **蔬菜**：1 大匙（15 毫升）乾品、2 大匙（30 毫升）鮮品
- **穀類和豆類**：1 大匙（15 毫升）乾品、2 大匙（30 毫升）鮮品
- **烘烤食物**：1 大匙（15 毫升）乾品、2 大匙（30 毫升）鮮品

乾燥的蔥韭（通常也會如實標示）品質比風乾的好非常多。

乾燥的蔥韭一定要放在氣密式的容器裡，放在陰涼、乾燥、離開光源的地方，在這樣的狀況下保存，大約可以保存到 1 年。

應用

蔥韭口味怡人，有淡淡的迷人鮮味，在鹹味的菜色中，放再多也幾乎不會過量，它是法國傳統綜合香草料的基本成分之一，這種綜合調味香草被稱為「fines herbes」，材料包括了蔥韭、細葉香芹、巴西利和龍蒿，在許多市售的包裝湯和醬汁中也常可以見到它。烹飪時間短的菜餚，蔥韭可以馬上加，例如蛋包、炒蛋和白醬，而用到其他菜餚時，到烹飪時間要結束的最後 5 到 10 分鐘才好加入，不然久煮的熱氣會把它大多數的風味都破壞。新鮮的蔥韭是魚和雞絕佳的裝飾，加到沙拉醬和美乃滋中也是迷人又美味。

法式綜合調味香草蛋包
Fines Herbes Omelet

法式綜合調味香草（Fines herbes）是很經典的法國新鮮香草綜合料，材料包括了細葉香芹、龍蒿、巴西利和蝦夷蔥。這種混合的綜合香草跟許多菜色都能結合得很好，跟蛋搭配尤其美味。

製作1人份

準備時間：
- 5 分鐘

烹煮時間：
- 5 分鐘

提示　想把蝦夷蔥切成細蔥花，可以抓一把蔥，整理整齊、平均後，用剪刀剪，或用尖銳的刀子橫面切。
想要把蛋包折起來，一定要趁蛋尚未凝固前，否則就閉合不起來了。

● 15 公分（6 吋）的煎鍋

2 顆	大顆的雞蛋	2 顆
1 大匙	咖啡用鮮奶油（18% 脂肪）	15 毫升
1 茶匙	新鮮的細葉香芹葉，切細	5 毫升
1 茶匙	新鮮的蝦夷蔥，切細（參見左側提示）	5 毫升
1 茶匙	新鮮的龍蒿葉，切細	5 毫升
1 茶匙	新鮮的巴西利葉，切細	5 毫升
1 茶匙	奶油	5 毫升
些許	海鹽和現磨的黑胡椒	些許

1. 找個小碗，把蛋和鮮奶油放進去輕輕打一打。加入細葉香芹、蝦夷蔥、龍蒿、和巴西利，打均勻。

2. 煎鍋開中火，把奶油融化，直到奶油冒泡，把準備好的蛋汁倒進去，煎到邊緣開始凝固，大約 1 分鐘。用煎鏟把邊緣往內拉，讓剩下還會流動的蛋汁流到外緣，再重複一次。當蛋汁幾乎都已經凝固，但稍微會搖晃時，大約 2 分鐘，把蛋包對折，之後盛到盤子上（參見左側提示），立刻上桌。

變化版本
想讓蛋包更有味道、內容更豐富，可以加 1 到 2 大匙（15 到 30 毫升）的軟式羊奶乳酪（soft goat cheese），及／或 1 顆番茄，去皮去籽切細丁，放到步驟 1 中。

胡蘿蔔濃湯佐蝦夷蔥瑪芬
Carrot Soup with Chive Muffins

新鮮的蝦夷蔥是這道湯品不可或缺的裝飾，也會讓輕盈、充滿乳酪味道的瑪芬（杯子鬆糕）大大增色。這兩道食譜正好可以做成一頓完美的午餐，還剩下為數不少的瑪芬可以之後享受或是冷凍起來。

製作4人份

準備時間：
● 20 分鐘

烹煮時間：
● 45 分鐘

提示 如果在商店裡沒買到自發性麵粉，可以自行製作。製作等量於 1 杯（250 毫升）自發性麵粉的材料是中筋麵粉 1 杯（250 毫升）、1 又 1/2 茶匙（7 毫升）的小蘇打粉、1/2 茶匙（2 毫升）的鹽，混合均勻。
瑪芬冷卻之後，放在氣密式容器裡面可以放 3 天，冷凍的話，最多可以放 2 個月

- 一般的果汁機或手持攪拌器
- 12 杯份的瑪芬烤盤，刷上融化的奶油並撒上細玉米粉
- 烤箱預熱到攝氏 180 度（華氏 350 度）

湯

2 大匙	奶油	30 毫升
1 顆	小顆洋蔥，切碎	1 顆
4 杯	雞高湯或蔬菜高湯	1 公升
1 磅	嫩的胡蘿蔔（不要去皮），切成 1 公分（½ 吋）寬的厚圓片	500 公克
1 茶匙	煙燻紅椒粉	5 毫升
½ 茶匙	現磨黑胡椒	2 毫升
1 杯	咖啡用鮮奶油（18% 脂肪）	250 毫升
2 大匙	新鮮蝦夷蔥，切成 1 公分（½ 吋）長度	30 毫升

瑪芬（杯子鬆糕）

2 杯	自發性麵粉（參見左側提示）	500 毫升
2 茶匙	細海鹽	10 毫升
1 茶匙	烘焙粉	5 毫升
1 茶匙	甜紅椒粉	5 毫升
2 顆	蛋，稍微打一下	2 顆
1 杯	白脫牛奶（buttermilk）	250 毫升
¾ 杯	牛奶	175 毫升
½ 杯	切達起司，削絲	125 毫升
½ 杯	現磨的帕馬森起司	125 毫升
½ 杯	油	125 毫升
1 把	蝦夷蔥，切成 1 公分（½ 吋）長（約 ¼ 杯或 60 毫升）	1 把

1. **湯：**鍋子開中火，融化奶油，把洋蔥放進去炒軟，大約 5 分鐘。加入高湯、胡蘿蔔、紅椒粉和胡椒，煮到湯滾，把火轉小燜煮 15 分鐘，或煮到胡蘿蔔變軟。使用果汁機，打成滑順泥狀，倒回鍋中（必要的話），拌入鮮奶油，試試味道，調整鹹淡。

2. **瑪芬：**在大碗中，把麵粉、鹽、烘焙粉和紅椒粉混合均勻。

3. 另外找個碗，把蛋、白脫牛奶、牛奶、切達起司、帕馬森起司和油放進去混合，慢慢的把溼的材料放入乾燥的材料中，攪拌到完全滑順為止。把蝦夷蔥拌進去。將麵糊倒進預先準備好的瑪芬烤模中，烤 15 到 20 分鐘，直到發酵起來並呈金黃色，從烤箱中拿出來，並放在烤模中等待冷卻，大約 5 分鐘，然後翻開到網架上，等待完全冷卻。

4. 用杓子將溫熱的湯盛到要上桌的碗裡，上面以蝦夷蔥裝飾。一旁放上瑪芬，一起上桌。

 提示 如果沒有白脫牛奶，可以用一般的牛奶代替，或是自己製作白脫牛奶。把 1 大匙（15 毫升）的現壓檸檬汁加到 1 杯（250 毫升）的牛奶中，在一旁放置 20 分鐘，等它凝結。

肉桂和桂皮 Cinnamon and Cassia

肉桂：*Cinnamomum zeylanicum*；
桂皮：*C. cassia*（也稱作 *C. burmannii*、*C. loureirii*、*C. tamala*）

各國語言名稱

肉桂 Cinnamon

- **阿拉伯文**：qurfa
- **緬甸文**：thit-ja-boh-gauk
- **中文（粵語）**：yuhk gwai、sek laahn yuhk gwai
- **中文（國語）**：jou kuei、rou gui、xi lan rou gui
- **捷克文**：skorice、skorice cejlonska
- **丹麥文**：kanel
- **荷蘭文**：kaneel
- **法文**：canelle、cannelle type ceylan
- **德文**：Zimt、echter Zimt
- **希臘文**：kanela
- **匈牙利文**：fahej
- **印度文**：darchini、dalchini
- **印尼文**：kayu manis
- **義大利文**：cannella
- **日文**：seiron-nikkei
- **馬來文**：kayu manis
- **葡萄牙文**：canela
- **俄文**：koritsa
- **西班牙文**：canela
- **斯里蘭卡文**：kurundu
- **瑞典文**：kanel
- **泰文**：ob chuey
- **土耳其文**：Seylan tarcini、darcin
- **越南文**：cay que、nhuc que

科　　名：樟科 Lauraceae

品　　種：肉桂（cinnamon，*C. zeylanicum*）、中國肉桂／桂皮（Chinese cassia，*C. cassia*）、陰香（Batavia cassia，*C. burmannii*）、西貢肉桂（Saigon cassia，*C. lureirii*）、柴桂（Indian cassia，*C. tamala*）

別　　名：cinnamon bark（肉桂皮）、cinnamon quills（肉桂棒）、Sri Lankan cinnamon（cinnamon 肉桂、錫蘭肉桂）；baker's cinnamon（直譯：烘焙師的肉桂）、bastard cinnamon（雜種肉桂）、false cinnamon（桂皮、偽肉桂）、Dutch cinnamon（直譯：荷蘭肉桂）、Indonesian cinnamon（直譯：印尼肉桂）、Saigon cinnamon（cassia，直譯：西貢肉桂）；Indian cassia leaves（印度桂葉）、Indian bay leaves（直譯：印度月桂葉）、tejpat（Indian cassia，印度桂皮）

中文別名：錫蘭肉桂（斯里蘭卡肉桂）、玉桂、桂皮、桂心、官桂、香桂、牡桂

風味類型：甜香型

使用部位：樹皮和裡層樹皮（香料）、葉（當做香草）

背後的故事

　　肉桂（Cinnamon）和中國肉桂／桂皮（cassia）自古以來在命名上就非常混淆，因為肉桂這個通用的名稱一直被廣泛的用來描述肉桂和桂皮這兩者，結果，在查詢肉桂的歷史後，也沒有可靠的方式可以了解被描述的到底是哪一個品種。舉例來說，聖經裡面的肉桂可以被用來形容任何肉桂屬成員的組合，裡面就同時包含了肉桂和桂皮。

　　甚至連專家們對於這個家族成員中所含 50 到 250 種以肉桂和桂皮命名的不同種類，都持有不同的意見，但確定的是，

肉桂棒（cinnamon quills）

各國語言名稱

中國肉桂／桂皮 Cassia

- 阿拉伯文：darasini、kerfee
- 中文（粵語）：gun gwai、gwai sam、mauh gwai
- 中文（國語）：guan gui、gui xin、keui tsin
- 捷克文：skorice cinska
- 丹麥文：kinesisk kanel
- 荷蘭文：kassia、bastaardkaneel
- 法文：canelle de cochinchine、casse
- 德文：chinesischer、Zimt、Kassie
- 希臘文：kasia
- 匈牙利文：kasszia、fahejkasszia
- 印度文：tej pattar（葉）、kulmie dalchini（樹皮）
- 義大利文：cassia
- 日文：kashia、keihi、shinamonkassia
- 波蘭文：kasja、cynamon chinski
- 葡萄牙文：canela da china
- 俄文：korichnoje derevo
- 西班牙文：casia、canela de la china
- 瑞典文：kassia
- 泰文：bai kravan（葉）、ob choey（樹皮）
- 土耳其文：cin tarcini
- 越南文：que don、que quang、que thanh

無論是肉桂還是桂皮，交易都很廣泛，而且兩種都不是長於荷蘭的。

據稱，肉桂和桂皮屬於最古老的香料之列。參考日期可以回溯到 2500 年前法老王所統治的領土，那時被稱作肉桂（事實上是桂皮）的香料被用來作為屍體防腐之用。在西元前 1500 年前，埃及人來到「朋特之地」（land of Punt，意思為神之領地，今天的索馬利亞一帶）尋找貴金屬、象牙、異國的動物和香料，這其中就包括了肉桂（和／或桂皮），而毫無疑問的，這些東西一定是通過阿拉伯商人到達那裡的，因為當時的非洲並不產這兩種香料。而進一步要尋找這些肉桂和桂皮交易的來源之處就迷霧團團了，因為商人們散播了一堆令人難以置信的離奇故事，這些人的確有高度的動機要讓供貨來源保持神祕。

舉例來說，有個寓言故事就宣稱肉桂棒是「狄俄尼索斯之地」（land of Dionysus，希臘神話中的眾神之地，位置在希臘、印度或東歐之東地區），巨鳥用來在陡峭山巔建巢所使用的。為了要收集這些珍貴的香料，充滿勇氣的商人必須把牛驢屍體割開，放在鳥巢的附近，然後躲在安全的距離下；巨鳥會俯衝而下，撿起這些沉甸萬分的帶骨大肉塊，帶回巢

可搭配

- 多香果
- 葛縷子
- 小荳蔻
- 辣椒
- 丁香
- 芫荽籽
- 孜然
- 薑
- 甘草
- 肉荳蔻
- 八角
- 羅望子
- 薑黃

傳統用法

- 蛋糕
- 甜糕點和餅乾
- 燉水果
- 咖哩
- 飲品，例如印度奶茶 （chai tea）
- 摩洛哥塔吉鍋
- 鹽漬檸檬

調和香料

- 咖哩粉
- 南瓜派香料粉
- 甜味綜合香料
- 摩洛哥綜合香料（ras el hanout）
- 塔吉綜合香料（tagine spice blends）
- 印度馬薩拉綜合香料 （garam masala）
- 法式綜合四辛香 （quatre épices）
- 烤肉用綜合香料
- 亞洲滷味包
- 泡菜用香料
- 美國紐奧良肯瓊綜合香料（Cajun spices）

穴去。由於鳥巢不夠堅固，無法承擔如此沉重的重量，所以就會破掉，掉到地上，這時香料獵人們才能收集這些珍貴的肉桂棒，賣到西方去。

就我來看，這個寓言故事正好支持了這些肉桂棒實際上是錫蘭肉桂（Sri Lankan，*C. zeylanicum*）的看法。細緻、手捲的肉桂棒在重壓之下，的確比堅固、甚至有點硬的桂皮棒來得易碎。

對古代的希臘人和羅馬人來說，肉桂和桂皮可能都買得到。西元 66 年，羅馬的政治家老普林尼（Pliny the Elder）已經非常關心羅馬收支的問題，當尼祿皇帝在妻子的喪禮上把一整年肉桂的供應量都燒掉時，他嚇壞了。13 世紀之前，旅人已經寫過肉桂是由錫蘭（斯里蘭卡）來的事了，那時正是印度的加來姓（Chalais）——也就是專精於肉桂採收及剝皮的種姓從印度移民到斯里蘭卡的時候，今天斯里蘭卡主要的肉桂剝皮人員都是那些加來姓氏的後代子孫。

桂皮在中國的紀錄可以回溯到西元前 4,000 年。由於從沒聽過桂皮長於野外的說法，所以桂皮應該是從阿薩姆，也就是印度東北和中國的交界處進入中國的。陰香，或稱爪哇桂皮（Batavia、Java cassia），在印尼群島中的蘇門答臘、爪哇、婆羅洲都有野生。在西元第 1 世紀，印尼殖民統治馬達加斯加時，把當地的桂皮也一起帶過去了，他們和阿拉伯人交易桂皮和丁香等其他香料，大概是無庸置疑的。

可以想像一下肉桂和桂皮傳遍已知世界的路線網：從印尼到馬達加斯加，之後被阿拉伯、腓尼基和羅馬的商人帶到地中海沿岸和埃及與非洲各地。同時，這些香料也從錫蘭傳到了羅馬和希臘，從阿薩姆透過聞名遐邇的絲路進入了中國。

肉桂是 15、16 世紀之後探索家們最追捧的香料之一。原本葡萄牙人在 1505 年到達錫蘭後，擁有了肉桂實際供應的專賣權，這生意後來被荷蘭人奪去，荷蘭在 1636 年之後控制了錫蘭，直到 1796 年才輸給了英國人。今天世界公認品質最頂尖的肉桂棒還是來自於斯里蘭卡（錫蘭），而其他不同等級的桂皮則主要來自於中國、印尼和越南。

植株

肉桂和桂皮/中國肉桂都出自於熱帶常綠喬木，和月桂、

桂皮棒（cassia quills）

酪梨、和黃樟有親屬關係。而剝自於肉桂和桂皮的樹皮則經常被弄混，就算他們在外觀和味道特徵上明顯不同。

肉桂樹被容許自然在野外長大時，樹高可以達到 8 到 17 公尺（26 到 56 呎），而樹幹的周長則是 30 到 60 公分（12 到 24 吋）。肉桂樹的嫩葉是深艷的紅色，後轉為淺綠，成熟時則上面變成油亮的深綠色，開淡黃色的小花，直徑約 3 公釐（1/8 吋），有點臭臭的味道。

桂皮樹則比肉桂樹來得高大，可以長到 18 公尺（59 呎）高，粗壯結實的樹幹直徑可到 1.5 公尺（5 呎）。在越南，這些樹都長在桂皮栽種園裡，每棵樹通常未滿 10 年就會被採收。這意味著，為了要維持生產量，好好育苗是必要的作業，這樣才能重種。桂皮樹從種子培育，而種子則可以在樹下收集得到，據說，品質最好的種子應該是那些被鳥兒吃下肚的小青果，裡面的種子通過鳥肚子後排出發芽的。

其他品種

在印度，**柴桂**（*Cinnamomum tamala*）這個品種（參見 115 頁）被用來製作低等級的肉桂皮。柴桂的葉子被加到料理中，當做烹飪時的一種常用材料，稱作 *tejpat* 提巴，或印度月桂葉，味道有一點點像丁香。在印尼，**陰香**（*C. burmannii*）被用來烹飪，西方人通常稱它為「印尼月桂葉」。不過，嚴格說來，印尼月桂葉，或稱 *daun salam*，

香料生意中的旅行

初次拜訪斯里蘭卡肉桂農場時，麗姿和我被傳統肉桂剝皮工人純熟的技術震撼了，看他們工作彷彿在看一場魔術表驗，他們的手快到我們的眼睛難以捕捉。這些工人雙手非常靈巧，他們拿起一段切割下來的枝條，手持一片簡陋的金屬工具，將肉桂樹那有點像軟木塞一樣的外皮刮除後丟掉。接下來，用一根黃銅小棒棍在枝條上揉動，把剩下一層薄如紙張，叫做內層樹皮（agissa）的挫鬆，就開始準備剝皮了。他們坐在地上，手拿一把看起來很危險的鋒銳尖刀，肉桂枝條的一端用腳的大拇指與食指夾住，手上的刀則在另一端的莖周圍割兩刀，兩刀之間大約相隔30公分（12吋）。接著沿著枝條割出一條縱向裂縫，再將底下細緻的樹皮以半環狀圓筒形的大小割取下來，動作純熟靈動。這些取下的內層樹皮會被放到太陽下去進行短時間的曝晒（一個鐘頭以用），讓它變硬、捲起來並稍微變乾。

剝皮工人是以製作長的肉桂棒來計費的，他們將一張張紙張薄度的30公分（12吋）肉桂內層樹皮製作成一個長度為1公尺（3呎）長的捲棒。有破損、裂痕，或是取自於凹凸節點上的小片樹皮被放在棒捲的裡面，直到棒上捲滿了肉桂的裂片。這時候的捲棒還帶著些溼氣，味道芬芳並飄出令人驚訝的檸檬香，捲棒持續被捲到非常緊密，然後放到一旁等待完全乾燥。乾燥過程必須在有遮蔭的地方進行，因為陽光會使樹皮捲起來、並讓捲棒產生裂痕，讓賣相變得不佳。我們進入農夫家去看乾燥的樣子，由活動繩索做成的吊架被架在天花板的高度上，從牆的一端延伸到另外一端。乾燥中的肉桂棒被懸掛在空中，有如一片芬芳的假天花板，乾燥過程會一直持續到肉桂棒變乾，可以拿去交易商裏那裏交貨為止。空氣中瀰漫著肉桂甜甜的芳香，那屋子當然就不需要任何空氣芳香劑了！

是 *Syzygium polyanthum* 的葉子，有溫和的丁香和類似肉桂的香味。這兩種，我都不建議以歐洲的月桂葉（*Laurus nobilis*）來替代；真要替代的話，在食譜中加入整顆丁香或是研磨好的丁香粉或多香果粉還比較好。

處理方式

今日，在斯里蘭卡所進行的肉桂處理方式大概是香料交易行業中人工技術最純熟，而且作業依然被傳統工人主宰的技術之一了，光是看，就令人心旌神馳。肉桂剝皮工人是分組作業的，他們是由兩三個家庭所包工，簽訂契約，為農家提供勞力。

肉桂樹在栽種2到3年之後，會被砍到大約離地15公

分（6 吋），樹墩四周堆起土堆，以促進新枝芽的形成。大約有 4 到 6 枝新枝芽會被容許繼續生長，長到最多 2 年時就會被採收，這時的枝條大約有 1.5 公尺（5 呎）高，直徑約有 1 到 2.5 公分（1/2 到 1 吋）。在切收後，不要的枝條就會被修剪掉，然後再堆起土堆，讓更多直立的枝條繼續生長，以待下次採收。當第一批嫩葉的紅色開始轉成淺綠色，樹的汁液開始任意流出後，採收作業就開始了。收割工人會測試一下枝條，看樹皮是否是最容易剝除的時候，然後再砍下來，運送到農夫的屋子裡，或是棚子下去進行剝皮作業。

斯里蘭卡產的錫蘭肉桂以四種形態進行交易，品質最高的是一根根整根的肉桂棒以粗麻布覆蓋，用繩索捆成圓筒形，捆長剛好超過 1 公尺（3 呎），重量是 45 公斤（100 磅）。製作完美、捲製緊密、結合平均的肉桂棒被認為品質最佳，這樣的肉桂通常被稱為「C5」。在搬運和處理過程中，有些肉桂棒會受到損傷，當這些破損片被放成一包時，被稱作「quillings」（全尺寸碎品）。另外一個等級被稱為「featherings」（羽量品），由小枝和小的枝芽內皮製作，製作這等級的枝條還沒大到足以製作成全尺寸的肉桂棒，但卻是實實在在的肉桂，只是缺乏品質優良肉桂棒的視覺吸引力。肉桂碎片（Cinnamon chips）是真正錫蘭肉桂的最低等級，是出刨下來的小片和修剪剩下的薄片製作而成，裡面可能會有一些外皮的殘渣，偶而還會出現小枝或石頭。還有一種品質不佳的深褐色肉桂粗粉，這種粉可能從肉桂碎片，或是從非洲南部塞席爾（Seychelles）或馬達加斯加產的一種成熟的半野生樹木的外皮和裡層樹皮製作，占世界「未刮（unscraped）」肉桂皮供應的大宗。

桂皮採收的方式就跟肉桂不一樣。首先，會先用小刀刮一刮這種樹的樹幹下半部，去除青苔和外面像木塞一樣的外層，之後，樹皮會被切成數段，樹木倒下，而剩下來的樹皮會被用相同的方式取出。在中國的南方，當樹皮從樹上取下來後，苦苦的外層物質會先被刮除，之後，在太陽下曝晒，讓它捲成一捲，而厚厚的捲棒通常會和肉桂混淆不清。在越南的某些地區有一種複雜的處理程序可以整治、清洗、乾燥並發酵一種桂皮磚，讓這種香料產出價值較佳的等級。

肉桂花苞是以中國肉桂未成熟的花苞進行乾燥，有時會

用於甜的醃製品中。這種花苞有種類似肉桂的芬芳，以及溫暖、撲鼻的氣味。由於市場上對於肉桂花苞的需求一直不是太高，所以一般種植場只會留下少數的樹並不去干擾它，專門用來生產花苞。

購買與保存

肉桂和桂皮有不同等級，而肉桂和桂皮也有不同，之間的差異，無論是整條或是研磨成粉的產品，都能很容易看出來，研磨粉的品質會因用來磨粉的肉桂種類而有差別。

錫蘭（斯里蘭卡）肉桂市面上通常有三個主要等級。肉桂皮（Cinnamon bark）是其中等級最低的；這是一種粗粉，稍微有點苦味，呈深褐色，價格通常也最低。研磨好的肉桂棒粉是真正錫蘭肉桂粉中品質最好的，就算是研磨的材料取自於肉桂棒的全尺寸碎品，或是羽量品也一樣。肉桂棒的全尺寸碎品（quillings）是破掉的肉桂棒，而羽量品（fetherings）也是裡層樹皮，只是削下來的片較小，無法捲進全尺寸的肉桂棒中，但並風味並未減損。

在過去，有些國家，如澳洲和英國，把桂皮 cassia 標示為肉桂 cinnamon 來販賣是違法的（就算許多商家都這麼做）。但在法國，*canelle* 這個字就同時代表了肉桂與桂皮。美國倒是對到底叫做肉桂還是桂皮沒什麼限制；而放大到全世界，*cinnamon* 肉桂這個字通常是兩種都含括。不過，現在美國的一些香料品牌已經把把肉桂區分開了，桂皮 cassia 只用「cinnamon」（肉桂），而肉桂 cinnamon 則稱為「Sri Lankan cinnamon」（錫蘭肉桂／斯里蘭卡肉桂）。

手捲的肉桂棒，長度可以到達 1 公尺（3 呎），在斯里蘭卡的批發市場有時能看見。不過，消費者最常見到的肉桂棒只有 8 公分（3-1/4）長，肉桂薄如紙張的層層裡層樹皮以同心圓方式被緊緊的捲成圓筒狀，直徑約 1 公分。肉桂棒的顏色一致是淺褐色到淡棕色，研磨之後，會變成氣味芳香的粉狀，顏色與肉桂棒類似，質地細膩如塵。肉桂粉的氣味甜美、芬芳、溫暖、帶著怡人的木頭香，完全沒有苦味或是強烈的刺鼻味，這也說明了為什麼數百年來，它一直被認為有春藥的特質。

相對比之下，**桂皮**通常有兩種完整的型態。一種是平平

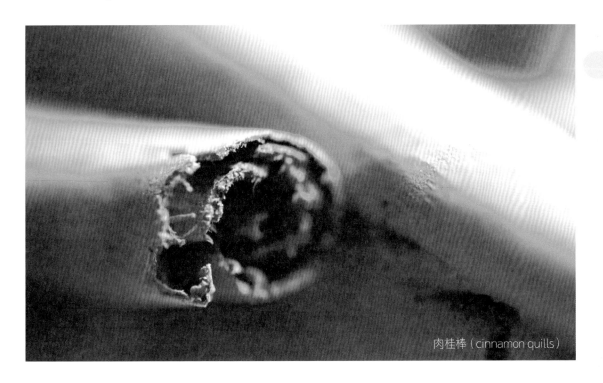

肉桂棒（cinnamon quills）

的條狀，深褐色，長 10 到 20 公分（4 到 8 英吋），寬 2.5 公分（1 吋），一面平滑，另一面粗糙有如軟木塞，另一種型態則是棒狀或是捲狀。這兩種都是光滑的，外表和肉桂棒類似，除了樹皮捲的厚度不一樣之外──相對於紙張的厚度，它的厚度大約是 3 公釐（1/8 吋），顏色是紅棕色。研磨好的桂皮粉（研磨會讓裡面的揮發油釋放出來，讓味道變得很明顯）味道非常香濃、有穿透力、甜味久久不散，口味帶一點還能接受的苦感，很多人覺得這點優於肉桂。桂皮粉顏色通常比肉桂粉來得深又紅，由於質地非常細膩，所以漂浮的特質和最細膩的痱子很類似，研磨好的桂皮粉在澳洲通常被婉轉的稱為「烘焙師的肉桂」或是「荷蘭肉桂」，價格比肉桂棒粉來得低，不過比肉桂皮研磨粉貴，許多糕餅師父喜歡它甚於肉桂。

　　肉桂和桂皮都不容易自己在家研磨，所以如果食譜中需要肉桂粉或桂皮粉，推薦你買品質優良的粉狀成品。由於最迷人、最芬芳的揮發性前香很快就會逸散，所以非常重要的是將磨好的肉桂和桂皮粉放在密閉式容器中保存，以免溫度太高或太潮溼。在這樣的條件下，大概可以保存 1 年多一點。整條的肉桂棒和桂皮相對比較安定，只要不暴露在溫度太高的環境下，大約可以保存 2、3 年。

- 一整根肉桂棒平均重量（8公分 /3¼吋）：4 公克
- 研磨：2.7 公克

每 500 公克（1磅）建議用量

- 紅肉：1 根棒
- 白肉：1/2 根棒
- 蔬菜：1/2 根棒
- 穀類和豆類：1 大匙（15 毫升）肉桂粉，2 茶匙（10 毫升）桂皮粉
- 烘烤食物：1 大匙（15 毫升）肉桂粉，2 茶匙（10 毫升）桂皮粉

應用

完整的肉桂棒長約 8 公分（3 又 1/4 吋），在食譜中通常被叫做「肉桂棒 cinnamon stick」，而加在菜餚中的桂皮片用途一般是泡在湯汁中出味的。因此，要糖燉水果、準備咖哩或製作香料飯，例如印度香飯（biryani），或甚至調製香料熱飲酒（mulled wine），都是使用整根或整片的肉桂或桂皮。墨西哥人酷愛肉桂茶— té de canela，這種茶以肉桂棒碎片製作，和印度茶或香草茶一樣，需要浸泡幾分鐘讓香料出味之後，再倒入杯子或玻璃杯中熱熱的喝，也可加糖調味。

粉狀的肉桂最受到西方國家的歡迎，和其他材料混合後可以幫蛋糕、糕餅、水果派、牛奶布丁、咖哩粉、印度馬薩拉綜合香料、綜合香料、南瓜派香料及其他混合香料增添風味。味道較為濃烈的桂皮在市售的烘焙商品，如肉桂甜甜圈、德式蘋果捲（apple strudel）、水果瑪芬鬆糕、和香料甜餅等較受歡迎。北美大多數的烘焙店都愛用桂皮來取代肉桂，原因可能是烘焙過的桂皮會散發出誘惑客人的香氣，比肉桂更能有效的充盈在周遭的空氣裡。

至於你要用哪一種，純粹屬於個人偏好。只要記住，和肉桂相比，桂皮的香氣更為濃烈撲鼻，所以最適合和其他有獨特風味的食材一起使用，例如乾燥水果。從另一方面來說，肉桂和較清新的食材，如蘋果、梨子和香蕉搭配，能收到相輔相成的效果。我經常將一半的肉桂、一半的桂皮混搭，以求同時擁有兩者的優點。肉桂葉和桂皮葉都有一種明顯的、類似丁香的香氣和口味，可以新鮮用，也可以使用乾燥品，印度和亞洲的菜色中都有使用。從前，我們到越南北部 Khe Dhu 地區的桂皮樹林參觀時，接待我們的主人從地上拾起了幾大片的桂皮樹乾葉，塞進鞋子裡，這可是他們芳香的除臭腳墊呢。

蘋果肉桂茶點蛋糕
Apple and Cinnamon Teacakes

孩提時期，我最愛吃的莫過於我奶奶那熱呼呼的肉桂甜甜圈了。那酥酥脆脆的裹糖與溫熱鬆軟甜甜圈上芳香肉桂的組合，讓人彷彿置身天堂。奶奶也會做一種美味的肉桂茶點，這道甜點的作法出自於她幼時的一本烹飪書《料理真有趣》（*Cooking Is Fun*）。我的小女兒梅西也喜歡把這種茶點蛋糕用模型做成愛心形狀，她對肉桂糖霜的喜愛，完全不亞於我。

製作9吋（23公分）蛋糕

準備時間：
- **10 分鐘**

烹煮時間：
- **20 分鐘**

提示 超細砂糖（super fine sugar，糖霜粉 caster sugar）是顆粒非常細的砂糖，通常都是用於需要砂糖能快速溶解的食譜裡。如果商店裡面找不到，可以自己動手做。把食物處理機裝上金屬刀片，將砂糖打成非常細，質地像沙子一樣細緻的糖粉。雖說這道食譜可以使用任何一種蘋果，但是通常來說不太甜的料理用蘋果，是最好的選擇。你可以找找看是否有布瑞本蘋果（Braeburn）、蜜脆蘋果（honeycrisp）或是紅龍蘋果（Jonagold）。

蛋糕混合材料的濃稠度流動性（dropping consistency）指的是 1 湯匙量的麵糊在幾秒之間能輕易滴落回碗中的程度。

- **9 吋（23 公分）的蛋糕模型，塗上油**
- **直立式電動攪拌器或是手提式攪拌器**
- **烤箱預熱達攝氏 180 度（華氏 350 度）**

蛋糕

½ 杯	超細砂糖（參見左側提示）	125 毫升
¼ 杯	奶油	60 毫升
1 顆	蛋	1 顆
1¼ 杯	中筋麵粉	300 毫升
½ 茶匙	肉桂粉	2 毫升
1 茶匙	泡打粉（baking powder）	5 毫升
6 大匙	牛奶	90 毫升
1 顆	大顆的料理用蘋果，去皮除核，切成 1 公分（½ 吋）大小的丁	1 顆

餡料

1 大匙	超細砂糖	15 毫升
1 茶匙	肉桂粉	5 毫升
1 大匙	奶油，融化	15 毫升

1. **蛋糕：** 在攪拌碗中，以高速攪動糖和奶油，直到奶油變得輕軟蓬鬆。把蛋加進去，並用攪拌器混合，加入麵粉、肉桂和泡打粉，攪拌均勻。將牛奶以一次 1 或 2 大匙（15 或 30 毫升）的量放進去攪拌，直到麵團到達濃稠度會滴落的程度（參見左側說明）。將麵糊倒入準備好的烤模中，上面平均的放上蘋果，並將蘋果輕輕壓入麵糊裡。在預熱過的烤箱烤 20 到 25 分鐘，直到上面變焦黃，串棒插到中心再拔出來依然是乾淨的為止。從烤箱把蛋糕拿出來，留在烤模中，放在一旁待冷，大約 5 分鐘，接著移到網架上，再冷卻 5 分鐘。

2. **餡料：** 用一個小碗，把糖、肉桂加以混合。用融化的奶油刷一下蛋糕上面，然後平均的撒上肉桂糖混合物，趁熱上桌或冷吃都好。蛋糕放在氣密式容器中最多可保持 3 天。

庫莎莉
Koshari

很多年前，我曾以背包客的身分去埃及旅遊。在很多方面，那時候的經驗都令人難以忘懷（大部分是好的）。其中一個亮點就是旅遊巴士停在路旁，讓我們所有人都下車去享受一杯用塑膠杯子裝的庫莎莉（Kosharis）。在這道傳統的扁豆飯料理中，辣番茄和焦糖洋蔥餡料在上，底下支撐的是香甜、令人感到舒心的肉桂和肉荳蔻扁豆飯——呀，無疑是天堂呀！

準備時間：
- **10 分鐘**

烹煮時間：
- **45 分鐘**

提示 綠金扁豆（puy lentil）是來自法國的綠色小扁豆，質感和風味都很好，不需要和其他豆類一樣必須經過長時間的浸泡和準備。如果市面上買不到，可以改用一般的綠扁豆。

煮綠金扁豆：將 1/2 杯（125毫升）的扁豆，用流動的冷水沖洗乾淨後瀝乾。鍋子開中火，將扁豆與 3 杯（750 毫升）水混合，燜煮到豆子變軟，大約 20 到 25 分鐘。瀝乾水分，加到步驟 2 的鍋中。

洋蔥料

2 顆	洋蔥，切半後切絲	2 顆
2 大匙	油	30 毫升

扁豆飯

1 大匙	奶油	15 毫升
1 大匙	油	15 毫升
1 杯	煮好的綠金扁豆（參考左側提示）	250 毫升
1 杯	米粉（rice vermicelli），弄碎	250 毫升
1 杯	印度香米（Basmati），洗淨瀝乾	250 毫升
1 茶匙	肉桂粉	5 毫升
½ 茶匙	肉荳蔻粉	2 毫升
½ 茶匙	細海鹽	2 毫升
3 杯	水	750 毫升

番茄醬汁

1 罐	398 毫升（14 盎司）的碎番茄，帶汁	1 罐
1 瓣	蒜頭，切碎	1 瓣
½ 茶匙	細海鹽	2 毫升
1 大匙	白醋	15 毫升
½ 茶匙	孜然粉	2 毫升
½ 茶匙	辣椒片	2 毫升

1. **洋蔥料：**鍋子開中火，熱油。加入洋蔥，蓋上很緊密的蓋子開始煮，偶而要攪拌一下，直到洋蔥變軟，呈透明色，大約 20 分鐘。火調大，煮 5 到 10 分鐘，要時常攪拌，直到洋蔥顏色變深、變脆。盛到襯著餐巾紙的盤子上，放置一旁。

2. **扁豆飯：**找一個大湯鍋，加熱奶油和油。加入扁豆、米粉、和米，攪拌一下讓材料覆上油。加入肉桂和肉荳蔻一起煮，不斷攪拌大約 2 分鐘，直到飄出香味。加入鹽和水，煮到滾，不斷攪拌。把火轉小，蓋上蓋子燜煮大約 15 分鐘，或直到湯水被吸乾，米變軟。

3. **番茄醬汁：**這同時，小鍋開中小火，將番茄、蒜頭、鹽、醋、孜然和辣椒片放進去混合。燜煮，偶而攪拌一下直到湯汁收濃，大約 10 分鐘。

4. 準備上桌時，將飯和扁豆分到 4 個碗中，上面淋上 1 湯匙的番茄醬汁，並撒上炒洋蔥。

提示 想要飯食更健康，可以在每一份飯上面加上一把煮好的鷹嘴豆。

越式燉牛肉
Vietnamese Beef Stew

在越南，這道香味四溢的牛肉料理被稱作 *bo kho*，是早餐時配烤法國長棍麵包（French baguette）一起吃的。香甜的香料味道均衡美妙，吃起來非常舒暢，雖說我主要是在晚餐時候吃它，但感受也一樣好。當這道菜餚在爐子上慢火細熬時，整間房子聞起來香噴噴的。我非常推薦大家不妨在寒冷的夜晚，坐在爐火前享受這道餐點，當做傳統燉牛肉的另一種選擇。可以和法國長棍麵包一起上桌食用，澆在白飯或河粉上也不錯。

製作6人份

準備時間：
- **20 分鐘，外加 2 小時的醃製時間**

烹煮時間：
- **4 到 5 小時**

- -

提示 製作胭脂樹籽油：小鍋開中火，將 1/4 杯（60 毫升）的油和 2 大匙（30 毫升）的胭脂樹籽加進去煮，持續攪拌，大約 5 分鐘（樹籽的顏色會把油染紅）。用細目的篩子過濾浸泡油，將籽丟掉。

- -

醃製料

2 顆	紅蔥頭（shallot），切半	2 顆
1 茶匙	中式五香粉（參見 707 頁）	5 毫升
3 顆	整顆的八角	3 顆
1 塊	2.5 公分（1 吋）長，去皮切片	1 塊
2 根	桂皮棒（約 7.5 到 10 公分 /3 到 4 吋長）	2 根
1 枝	香茅，縱向對切	1 枝
2 瓣	蒜頭、敲破	2 瓣
1¾ 磅	牛腩，粗切成 5 公分（2 吋）塊狀	800 公克

燉煮料

3 大匙	胭脂樹籽油，分批用（參見左側提示）	45 毫升
1 茶匙	中式五香粉	5 毫升
1 枝	香茅，縱向對切	1 枝
2 大匙	番茄醬	30 毫升
2 片	月桂葉	2 片
3½ 杯	牛肉高湯	875 毫升
2 根	胡蘿蔔，對角斜切成 5 公分（2 吋）塊狀	2 根
1 杯	泰國羅勒葉，輕壓成平杯，自行選用	250 毫升

1. **醃製：** 把紅蔥頭、五香粉、八角、薑、桂皮、香茅和蒜頭放到夾鏈袋中。把牛肉加進去，封好並混合均勻。進冰箱冷藏庫冰 2 個鐘頭，或過夜，要把袋子翻動一兩次，讓醃製料可以分散開來。

2. **燉煮：** 烤箱預熱到攝氏 120 度（華氏 250 度）。

3. 把牛肉從袋子裡面拿出來，將醃製醬汁倒入大的鑄鐵鍋中。用餐巾紙將牛肉拍打乾淨。

4. 煎鍋開中火，把 15 毫升（1 大匙）的胭脂樹籽油加熱。加入 1/3 的牛肉，炒 5 到 7 分鐘，直到每一面都呈現均勻的焦黃色。把炒過的牛肉盛到鑄鐵鍋裡，剩下的油和牛肉重複上面步驟。

5. 在鑄鐵鍋中加入 1 茶匙（5 毫升）的五香粉、香茅、番茄醬、月桂葉和牛肉高湯。將材料攪拌均勻，開中火煮到將近沸騰。蓋上蓋子，並換到預熱的烤箱中，烤 3 到 4 小時，直到肉變軟，但還不會散開的程度。加入胡蘿蔔再烤 45 分鐘，直到胡蘿蔔熟透，而肉也變得非常軟爛。撒上羅勒（如果想加的話）後上桌。

丁香 Cloves

Eugenia caryophyllata（也稱為 *Syzygium aromaticum*）

科　　名：Myrtaceae 桃金孃科

別　　名：nail spice（指甲香料）、nelken（內爾肯）、ting hiang（丁香）

風味類型：激香型

使用部位：花苞和莖（香料）、葉（香草）

背後的故事

　　丁香原生於印尼群島東方被稱為摩鹿加群島（Moluccas）的地方，群島包括了德那第島（Ternate）、蒂多雷島（Tidore）、摩提爾島（Motir）、馬坎島（Makian）和巴姜島（Batjan）等諸島。考古學上曾意外的在敘利亞（古代的美索不達米亞）發現過丁香的殘跡，殘跡出現在當地一個廚房的所在地，而時間可以回溯到西元前 1700 年左右。大家幾乎想不到丁香會千里迢迢的從摩鹿加群島，飄洋過海、渡山越嶺去到那兒，而這一路還要經過多雙手才能抵達目的地。

　　一般相信，丁香是在漢朝（西元前 206 年到西元 220 年）時傳到中國，或許，當時是以口氣芳香劑的形式傳入的。根據記載，那時的朝臣們與君王上奏時，會把丁香含在口中，讓口氣香甜。

　　阿拉伯商人則是從印度中心和錫蘭運入丁香的，這樣才能讓他們珍貴的貨品產地保持高度的機密性。羅馬人知道以蓬車進口丁香，而丁香也在西元第 2 世紀被帶進埃及的亞歷山卓港。

料理情報

可搭配

- 多香果
- 青芒果粉
- 小荳蔻
- 辣椒
- 芫荽籽
- 孜然
- 薑
- 印度鳳果
- 甘草
- 肉荳蔻
- 八角
- 羅望子
- 薑黃

傳統用法

- 蛋糕
- 火腿
- 甜糕點和餅乾
- 燉水果
- 咖哩
- 飲品，例如德國熱甜酒（glüwein）
- 摩洛哥塔吉鍋
- 香料鹽漬檸檬
- 醃鹹肉
- 泡菜

調和香料

- 咖哩粉
- 南瓜派香料粉
- 甜味綜合香料
- 摩洛哥綜合香料（ras el hanout）
- 塔吉綜合香料（tagine spice blends）
- 中東巴哈拉香料（baharat）
- 柏柏爾綜合香料（berbere）
- 印度馬薩拉綜合香料（garam masala）
- 中式五香粉
- 溫熱香料（mulling spices）
- 泡菜用香料
- 法式綜合四辛香（quatre épices，鹹味與甜味版）

在西元第 4 世紀前，丁香已經是地中海周遭地區眾所皆知的香料，在第 8 世紀之前，它的名氣和應用已經擴及歐洲各地。

在歐洲，隨著十字軍東征而來的，是常常可見的死亡與瘟疫；空氣中經常充斥著腐敗垃圾與死亡的氣味，所以大家持續尋找可以讓空氣清甜的香料。丁香被發現是天然的防腐劑，有麻醉的效果，從丁香莖蒸餾萃取的丁香油味道濃烈，可以快速紓解牙痛，13 世紀前的人們會製造香丸（蘋果或柑橘，內塞丁香）隨身攜帶，認為可以驅散瘟疫。

1297 年，馬可波羅（Marco Polo）從東方載譽歸國，他記得曾在中國海上東印度群島上看過丁香的栽植，哥倫布向西航行找尋香料諸島，但卻發現了西印度群島（West Indies），5 年後，瓦斯科·達伽馬（Vasco da Gama）在找尋相同目標時，航行繞過好望角到印度，他在卡利卡特（Calicut，又稱 Calcutta）取得了丁香，這是個交易中心，供應的是可能來自於東印度群島的香料。

1514 年，葡萄牙人控制了丁香交易，在那時候，找尋香料是一項正經的生意。1522 年，麥哲倫（Magellan）周遊世界艦隊唯一存留的一艘船載著 29 噸（26,000 公斤）的丁

香料生意中的旅行

　　桑吉巴爾（Zanzibar）是個能讓人聯想起濃濃異國形象的地名之一，而押的韻就和 bazaar 這個東南亞市場的字類似。我一輩子都會記得我開始集郵時，集郵冊中那張來自於桑吉巴爾的郵票，小小的、紅紅的，那時我大約 10 歲。郵票的背景插圖裡有個漁夫在獨桅帆船上撒網，我覺得圖充滿了異國情調。那張圖讓我第一次生出了去桑吉巴爾看含苞丁香樹的想法。在多方尋找並聽從我香料生意上的朋友的意見，我終於找到了一個貿易商，他卻跟我解釋，桑吉巴爾已經不是世界丁香交易的中心了。當桑吉巴爾在 1968 年脫離英國獨立後，信奉馬克思主義的政府把所有私有的丁香種植場都搶奪到手裡，分給人民。從那時起，丁香事業開始走下坡，因為沒有技術能力的種植場新主人並無法適當的照顧並養護丁香樹。在很短的時間內，桑吉巴爾就失去了在世界市場上的優勢地位了。所以後來我去拜訪了歷史上的丁香之島——那第島（Ternate），這是印尼香料群島中的一個島。我見到了數以千計的健康丁香樹，而道路與步道上則佈滿了剛剛才採收下來的丁香花苞，這些花苞正在太陽下乾燥呢。在潮溼的熱帶空氣中呼吸丁香濃郁的香氣，彷彿置身天堂。

香回國了，這些香料的價值已經足以支付這趟探險的所有花費。船長塞巴斯提安·艾爾卡諾（Sebastián Elcano）獲得養老金的獎賞，以及一套甲冑，上面綴以 3 個肉荳蔻、2 根肉桂棒及 12 顆丁香。1605 年，葡萄牙在摩鹿加群島的專營權被荷蘭人打破，他們驅逐了葡萄牙人，並繼續維持了另外 200 年的控制權，使用的手段殘酷又可恨。荷蘭維持高價丁香政策的部分原因是為了將丁香的栽種範圍合法的限制在印尼哈馬黑拉島海岸外的蓋比島（island of Gebe），試圖在香料群島外的任何地點栽種或販賣香料都會被處以死刑，然而，從 1750 年到 1800 年代早期，還是有許多人前仆後繼，嘗試去打破丁香交易上的箝制。其中最成功的是一位強悍無畏的法國人，名叫皮耶·波伊維禾（Pierre Poivre，英文繞口令 Peter Piper 中的主角），他是法蘭西大島（Île-de-France，現稱為模里西斯 Mauritius）一地的行政主管。在經過數次嘗試後，他想辦法從蓋比島走私了一些丁香種苗出來，並成功的種活了少量的樹，結果，丁香的種植場便在法國的幾個海外大區留尼旺（Réunion）、馬提尼克（Martinique）和海地（Haiti）以及塞席爾（Seychelles）等建立起來了，只是種植的成功度不同而已。

　　這同時，在西方，廢除奴隸制度的聲勢已經愈來愈強，而其中一個結果就是桑吉巴爾（Zanzibar）的奴隸過剩了。意識到皮耶·波伊維禾成功破除了荷蘭在丁香貿易上的專營權代表著的是機會，一個叫做薩雷（Saleh bin Haramil al Abray）的阿拉伯人便在這座島上建立了多座丁香種植場，並讓奴隸在那裡工作。不幸的是，他也引起了阿曼蘇丹賽義德（Sultan Said of Oman）的注意，而這位正是從首都馬斯喀特（Muscat）統治王國的君王（範圍也包括了桑吉巴爾）。1827 年，蘇丹坐船航行到桑吉巴爾，和美國簽訂了一項商業條約，內容主要和象牙貿易有關，不過，他很快就發覺，如果想增加桑吉巴爾的財富，他必須把貿易擴大到美洲和歐洲去，他把丁香貿易定位成為達到目標的一個手段。蘇丹把薩雷視作他政治上的威脅，因此沒收了他所有的種植場，然後，蘇丹下令，在桑吉巴爾和奔巴島（Pemba）上，每種 1 棵椰子樹就必須種 3 棵丁香樹。蘇丹死於 1856 年，在那之前，桑吉巴爾已經躍身為全世界丁香最大的產地了。除了 1960 年代「猝死病」襲擊造成樹木的重大損失外，桑吉巴爾一直與馬達加斯加一起保有世界最主要丁香產地之一的地位，不過，到了 20 世紀末期，由於桑吉巴爾和奔巴島的農業經營管理不善，印尼東山再起，成為世紀最大的丁香產地。

　　有一點相當有趣，丁香 clove 之名來自於拉丁文的 clavus，意思是「指甲」。

植株

　　正如我們所了解的，整顆的丁香是含苞未放的丁香乾燥而成，而這花苞則出自一種迷人的熱帶常綠喬木，高度可達 10 公尺（33 呎），葉子濃密而深綠。丁香的樹幹直徑約 30 公分（12 吋），靠近基部的地方通常成分成 2 或 3 股的主枝幹，木質堅硬，有粗糙灰色的樹皮。較低的枝椏通常會枯萎，種植密集的話，這些錐形的樹會形成一種神奇的芬芳頂蓬。新葉是清亮的粉紅色，成熟時葉面會轉成油亮的深綠色，葉背則是較淡的綠色，色澤黯淡。

　　丁香花苞是以 10 到 15 朵叢聚方式生長的，當花苞長到最大尺寸，但顏色仍保持青綠、正要開始轉粉紅時，就是

採摘的時候———這時候的花讓人聯想起有袋動物寶寶那還未睜開的眼睛。如果花苞沒被採收，就會開放，之後結成會流出汁液的長圓形果實，被稱為「母丁香」（mother of cloves），這在香料交易市場上是沒有用的。乾燥之後，丁香會呈現紅棕到深褐色，長度約 8 到 10 公釐（1/3 到 1/2 吋）、指甲形狀、一端逐漸變尖。花苞端有個容易破掉的淺色球，外觀好像一個訂婚戒指，而鑽石就鑲嵌在四爪鑲座之上。

丁香的香氣濃烈溫暖、芬芳有如樟樹，又帶點胡椒味，風味濃烈刺激，與之相關的字眼包括：藥用、溫暖、甜美、縈繞不去與舌麻感。適度使用時，丁香可以帶來怡人、口氣一新的清新感，能使食物產生香甜、辛辣的風味。

處理方式

丁香樹第一次採收大約在樹齡在 6 到 8 歲之間，之後能持續採收 50 年，據報導，有些樹還能活上 150 歲。這些樹敏感得令人訝異，通常來說，4 年一豐收，而隨後的收成主要得看上次收穫時，受到照料的程度。處理手法粗糙或折枝斷椏，會讓丁香樹受驚而衰弱，使後續的產出逐漸減少。

在詹姆斯·弗雷澤爵士（Sir Jame Frazer）聞名的作品《金枝：巫術與宗教之研究（The Golden Bough）》中，他用以下的方式來形容當地人對於這些作物的態度：「當丁香樹開始含苞，他們用對待孕婦的方式相待。靠近樹的時候不可以發出吵鬧的聲音；夜晚經過樹木旁邊時，不可以有光線或用火；戴帽的人不能接近樹；在他們面前，所有的人都必須脫帽。這些小心翼翼的謹慎作法都只為了不驚擾到樹，避免讓樹結不出果實，或是太早就落果，就像懷孕的女人如果受到驚嚇就會早產。」雖說現在對待丁香的態度已經有所改變，不過，還是有些村落在種植和採收丁香時，仍然具有某些宗教意義。

當丁香花叢長到完整尺寸，但花瓣還未開始掉落，露出裡面的雄蕊時，就是開始用手採收的時候。由於花朵不會一起到達收成階段，所以採收的工人必須有足夠的技巧去判斷花叢是否已經達到最佳採收時間。裝滿花苞的籃子會被送回中心區域，而花苞就在那裡進行摘苞的作業，工人把花苞叢靠在手掌心上，將花蒂一扭，花苞就能取下來。被除去莖蒂的花苞會被攤開放在編織蓆上乾燥，而熱帶的豔陽在幾天之

內就能將它們晒成特有的紅棕色。在乾燥期間，酵素作用會被啟動，產出揮發油丁香油酚（eugenol），這種成分在濃度較低的乾燥丁香花蒂中也存在。

傳統判斷丁香乾燥程度的方式是將丁香緊緊的握在手裡；如果花苞有損傷，突出的部分變硬，那就表示已經適度乾燥了。在乾燥過程，花苞會失去三分之二的重量，1公斤（2磅）的丁香可能有高達 15,000 朵花苞。

丁香葉也可以採收，以蒸餾法來製作丁香葉精油，這種揮發油被用於製造香水、食物和飲料。由於採收帶葉的枝椏來取油會嚴重影響丁香後續的產量，讓樹容易受到黴菌感染，所以主要的丁香生產國並不常這麼做。

購買與保存

購買整顆丁香時，要找乾淨、形狀完好的花苞，這是在採收過程時花苞受到多少良好處理的最佳指標。大部分的花苞應該是完整的，上面應該還留有小小的、柔軟的易碎小球，如果小球破掉了也別擔心；花苞本身還含有大部分的風味。不過，還是找找看是不是有較短、大小有如丁香的小條，但上面沒有突出的尖刺；實際上，這些東西就是丁香的花蒂。

丁香的花蒂內含的揮發油只有丁香的 30%，是沒有誠信的香料商魚目混珠最常採用的方法之一。這些香料商另一種技倆則是把丁香放在水裡煮沸，提取出部分精油，經過這步驟後，丁香就被消耗殆盡，之後再被乾燥後賣出。

要買丁香粉一定要從有信譽的店家買，這樣才能保證丁香是最近剛碾碎的，因為研磨後，丁香的揮發油會在相當短的期間內就消散掉（參見下述）。研磨成粉的丁香應該是深褐色的；如果粉呈淺咖啡色，還有纖維感及沙礫狀，或許是加多了研磨後的丁香花蒂。

無論是整顆或研磨成粉的丁香都要放在氣密式的容器中，避免放在溫度太高、光線太亮、或潮溼的地方，整顆的丁香，如果保存得當，最多能放到 3 年以上，研磨過後的丁香存放的期限大約只有 18 個月。

應用

在印尼，研磨過後的丁香花蒂會與菸草混合，製作成丁香菸（kretek cigarettes）。這種菸在燃燒時會劈啪作響，散發出獨特的香氣。無論是在世界哪個角落，只要一聞到丁香菸的氣味，立刻就會將我帶回那段坐著雙桅帆船，繞著印尼香料群島航行的時光。

丁香是製作丁香柑橘或香丸（參見 448 頁）必要的材料之一，而這種柑橘不易腐爛的事實正是丁香擁有抗菌特質的一個鮮活例子。

由於丁香的味道刺激性強，所以在料理上使用時，一定只能少量撒在食物上，不然很容易就會搶了食物的味道。即使如此，我們還是很難想像一些傳統食物，像是蘋果派、火腿、糖燉水果和泡菜，如果沒加丁香會是什麼味道。在丹麥的「胡椒蛋糕」裡，丁香正是其中的一種材料，而丁香也經常被加到充滿異國風味的阿拉伯菜餚裡。中世紀有一種很受歡迎的加味溫熱酒，叫做「香料甜葡萄酒」（hippocras），使用的材料就有小荳蔻、薑、丁香、匙葉甘松（spikenard）以及其他香料；即使到了現代，歐洲和北歐的溫熱香料酒還是以相同的方式加料調味。丁香在印度和亞洲咖哩中也會使用，它是一種真真正正的國際香料，世界各大洲的廚房裡都能看到。

每茶匙重量（5ml）
- 整粒未磨籽：2.1 公克
- 研磨成粉：3.1 公克

每 500 公克（1 磅）建議用量
- 紅肉：5 顆丁香
- 白肉：3 顆丁香
- 蔬菜：3 顆丁香
- 穀類和豆類：2 顆丁香或 1/4 茶匙粉（1 毫升）
- 烘烤食物：1/4 茶匙粉（1 毫升）

香草家的聖誕火腿
Herbie's Christmas Hams

從我有記憶起，這種火腿就一直放在我家族聖誕大餐餐桌的中央。它是聖誕前幾天就開始準備的，當烹煮火腿散發出天堂般的香味時，大家的興奮之情就開始累積了。聖誕早餐一向都是從火腿蛋開始，隨後中餐會吃火腿，而之後的幾天則會放在三明治、湯、和派裡面。我家老爸最後終於把他的祕密配方分享了出來，讓這道火腿能夠被其他家庭分享並喜愛，一如我們家。

製作4人份
（2公斤）

準備時間：
● **20 分鐘**

烹煮時間：
● **1 小時 30 分鐘**

● **烤箱預熱到攝氏 160 度（華氏 325 度）**

3 到 4 磅	帶骨的火腿肉	1.5 到 2 公斤
20 到 30 顆	整顆丁香	20 到 30 顆
1½ 杯	金桔（kumquat）或柳橙醬	375 毫升
1½ 杯	顆粒芥末醬（whole-grain mustard）	375 毫升
1 茶匙	八角，研磨	5 毫升
2 杯	鳳梨汁	500 毫升
2 杯	烈性黑啤酒（stout beer）	500 毫升

1. 小心的把火腿皮撕掉，可能的話，一整塊一起撕，然後丟掉。用一把銳利的刀，在火腿露出脂肪的地方切花，用斜刀畫菱格，每一面都要畫，每一刀之間大概間隔 2.5 公分（1 吋），用手指頭在每個菱形中心塞入一顆丁香。把火腿放到深的烤盤上。

2. 找個碗，把金桔或柳橙醬、芥末和八角粉混合均勻，用湯匙隨意在火腿上厚厚塗上一層。把鳳梨汁和烈性黑啤酒倒進烤盤裡。每一磅肉要在預熱好的烤箱中烤 12 分鐘（1 公斤就是烤 25 分鐘），偶而打開一下，把湯汁抹上去（如果火腿顏色太快變深，就用鋁箔紙蓋起來）。當火腿變成金棕色時，改以內溫（internal temperature）攝氏 70 度（華氏 150 度）烤。把火腿從烤箱中拿出來，在一旁放置 15 分鐘後，再來切片。沒有吃完的火腿用氣密式罐子放在冰箱冷藏，可以放上 1 個星期；或是切片，分開冷凍，可以放上 3 個月。

香料酒李
Mulled Plums

如果你喜歡喜慶節日喝的香料熱飲酒，那麼也會喜歡這些李子。這種李子是趁熱上桌的，配上冰淇淋，或是耶誕布丁，有時候會被加到蘋果奶酥（apple crumble）或蘋果派上。

製作4人份（2公斤）

準備時間：
● **5 分鐘**

烹煮時間：
● **15 分鐘**

 提示 煮酒時，記得使用你愛喝的酒，就算是酒精煮後會揮發掉也一樣，因為酒的風味還是會留下來。做這道點心時請選擇酒體中等（medium-bodied）的酒，像是黑比諾（Noir）、西拉（Shiraz）、梅洛（Merlot）或奇揚地（Chianti）。

如果想讓糖漿濃稠些，李子煮好後就先取出，湯汁繼續煮，直到達到你想要的稠度。

1 杯	酒體中等的紅酒（參見左側提示）	250 毫升
½ 杯	細砂糖	125 毫升
8 盎司	成熟的李子，切半，去核（約10 顆）	250 公克
½ 茶匙	整顆丁香	2 毫升
1 根	5 公分（2 吋）的肉桂棒	1 根
½ 顆	橘子剝皮，切厚片	½ 顆
2 塊	長度 0.5 公分（1/4 吋）的塊薑	2 塊

1. 鍋子開中火，將酒與糖混合。繼續煮，要持續攪拌直到糖融化，大約 5 分鐘。加入李子、丁香、肉桂、橘皮、薑，煮到稍微沸騰。火轉小，燜煮大約 10 分鐘（時間長短依照李子的成熟度而有所不同），直到李子變軟，但肉還未分離（刀子可以輕易插進去，但肉不會分離）的程度。離火，放置一旁直到李子在糖漿中變涼。立刻上桌，或是最多可以冰上 1 個星期。

變化版本
想做香料溫熱酒，直接把李子省略即可。

芫荽 Coriander

Coriandrum sativum（也稱為 *C. sativum vulgare*）

各國語言名稱

- **阿拉伯文：** kuzhbare
- **緬甸文：** nannambin（葉），nannamazee（種子）
- **中文（粵語）：** wuh seui（葉）、heung seui（種子）
- **中文（國語）：** yuen sui（葉）、hu sui（種子）
- **捷克文：** koriandr
- **荷蘭文：** koriander
- **菲律賓文：** ketumbar（葉）
- **法文：** coriander
- **德文：** Koriander（種子）、chinesische petersilie（葉）
- **希臘文：** koliandro、koriandro
- **印度文：** dhania pattar、hara dhania（葉）；dhania kothimbir（種子）
- **印尼文：** daun ketumbar（葉），ketumbar（種子）
- **義大利文：** coriandolo
- **日文：** koendoro
- **馬來文：** daun ketumbar（葉）、ketumbar（種子）
- **葡萄牙文：** coentro
- **俄文：** koriandr
- **西班牙文：** cilantro（葉），coriandro（種子）
- **斯里蘭卡文：** kothamalli kolle（葉）、kothamalli（種子）
- **瑞典文：** koriander
- **泰文：** pak chee（葉），luk pak chee（種子）
- **土耳其文：** kisnis
- **越南文：** ngo（葉），ngo tay（種子）

科　　名：香芹科 Apiaceae（舊稱繖形科 Umbelliferae）

品　　種：芫荽籽（coriander seed，*C. sativum vulgare*）、印度芫荽籽（Indian coriander seed，*C. sativum microcarpum*）、香菜或多年生芫荽籽（culantro 或 perennial coriander，*Eryngium foetidum*）

別　　名：cilantro（香菜）、coriander leaves（芫荽葉）、Chinese parsley（中國香芹）、Japanese parsley（日本香芹）、fragrant green（香綠）

中文別名：胡荽、香菜、鹽須

風味類型：中和型

使用部位：種子（香料）、葉、莖和根（香草）

背後的故事

　　芫荽原生於南歐和中東一帶，自古以來就一直被使用。在希臘南部的一次考古挖掘裡就發現了使用芫荽籽的證明，出土的該地層時間可以回溯到西元前 7000 年。西元前 1550 年的《埃伯斯草紙醫典》（The Ebers Papyrus）就曾經提到芫荽，聖經裡也提過。埃及法老王的墳墓裡曾發現過芫荽籽，據知，芫荽籽是古代希臘人、希伯來人、和羅馬人都很喜歡的香草，羅馬醫師希波克拉底（Hippocrates）

可搭配

葉（香菜）
- 羅勒
- 咖哩葉
- 蒔蘿葉
- 葫蘆巴葉
- 蒜頭
- 香茅
- 檸檬香桃木
- 香蘭葉
- 巴西利
- 越南香菜

種子（籽）
所有料理用香料皆可，但與下列特別合味：
- 澳洲灌木番茄
- 多香果
- 葛縷子
- 小荳蔻
- 辣椒
- 肉桂
- 丁香
- 孜然
- 甜茴香籽
- 薑
- 胡椒
- 薑黃
- 澳洲金合歡樹籽

傳統用法

葉（香菜）
- 亞洲和中東的沙拉／涼拌菜
- 南美洲的檸檬汁醃生魚（ceviche）、調味醬（salas）、沙拉，以及已經煮好的醬汁
- 炒菜和咖哩
- 印度飯類（當做裝飾）

種子（籽）
- 咖哩
- 甜糕
- 小餅乾和餅乾
- 水果派
- 雞肉和海鮮砂鍋

調和香料

葉（香菜）
- 亞洲的綜合香料粉
- 泰式綠咖哩
- 海鮮調味料

種子（籽）
- 咖哩粉
- 南瓜派香料粉
- 甜味綜合香料
- 摩洛哥綜合香料（ras el hanout）
- 中東巴哈拉香料（baharat）
- 柏柏爾綜合香料（berbere）
- 塔吉綜合香料（tagine spice blends）
- 埃及杜卡綜合香料（dukkah）
- 北非突尼西亞哈里薩辣醬（harissa paste blends）

在西元前 400 年前也提過它。巴比倫的空中花園也種植過芫荽，西元 812 年法蘭克王國的查理曼大帝（Charlemagne）曾下令在中歐帝國的農場上種植芫荽。中世紀的愛情魔藥就是利用芫荽製作的，而在阿拉伯的《一千零一夜》的故事中曾被當做春藥提過。

芫荽是經由羅馬軍團引進到英國的，當時他們隨身攜帶芫荽籽，為麵包添香。雖說芫荽是到了伊莉莎白女王時期才在英國流行起來，不過似乎在工業革命之前曾在料理界失寵過一陣子。這種植物被早期的殖民者帶到美國。在印度和中國料理上，種子和葉子都被使用好幾千年了。今天，大部分國家的料理都會使用芫荽籽，而芫荽在拉丁美洲尤其受到歡

迎，鮮品會被用在生吃的調味醬中，煮過的醬汁也會用它來增加香味，鮮葉在亞洲和中東的料理中，應用得很廣泛。

植株

芫荽是一年生植物，生長在溫帶區域，而這個區域像小麥、大麥、燕麥、孜然、葛縷子、葫蘆巴、芥末這類的種子作物也能蓬勃生長。這種植物活力旺盛，可以長到約 80 公分（32 吋）高，葉子深綠如扇，和義大利香芹長得頗像。芫荽的莖纖細而多分枝，下面的葉子形狀比較圓，但是愈朝莖方向就愈分開，也愈呈現鋸齒形。當植物成熟後，長著厚實濃密葉子的莖會往上推出，長出大量傘形的淺粉紫色到略呈白色的小花，這些花正是種子的來源。

芫荽葉（香菜）的香味清新、如草，有類似昆蟲的氣味，而口味則清爽、有檸檬味，可以促進食慾。就我的經驗，大約有 10% 的西方人不愛芫荽葉的這種味道，有些作家還用「惡臭」來形容。

芫荽籽（種子）很小，直徑大約只有 5 公釐（1/4 吋），近乎球形，種子上面有超過一打的縱肋線，樣子就像個小小的中國燈籠。在乾燥之後，種子的特質與葉子、莖和根完全不同，美妙的口味讓人想起柑橘和檸檬皮以及鼠尾草。芫荽籽有一層像紙張一樣的外殼，就算是細細研磨之後，還是會有粗糙如砂的質感，但是沒有砂粒感。外殼的纖維會吸收水分，讓咖哩、辛辣醬汁之類的菜餚更濃稠。

芫荽精油是以芫荽籽經過蒸餾萃取的，可用於香水、可增添甜食、巧克力、肉類及海鮮產品的風味，酒類如琴酒也行，還能屏障藥物中令人不快的氣味。

名字裡的學問

coriandrum 這個名字是老普林尼使用的，該字來自於希臘字 *koros*，意思是「蟲子」或「昆蟲」。一派理論認為會取這名是因為新鮮葉子的香味像昆蟲，而另一派則認為平滑的淡棕色種子看起來就像小甲蟲。

香料生意中的旅行

　　從事香料這行，其中一個好處就是麗姿和我有幸得以拜訪一些不尋常的地方。例如有一次，我們受印度香料局之邀去一所位於古吉拉特邦（Gujarat）靠近阿邁達巴德（Ahmedabad）的研究站。這所研究站專門研究種子類香料的相關農藝（全方面的作物改良）；研究人員利用傳統的植物繁殖法來培育新品種，以期達到最高的產量，他們甚至還研究天然的病蟲害控制法，希望能降低對化學藥劑的依賴。看見研究人員因為要提高種子產量而致力研究中的芫荽植物是一件有趣的事。這些植物看起來亂亂的，和家中栽種的、鬱鬱蔥蔥、有著類似巴西利複葉的芫荽非常不同。還是一樣，當我們走在一排排行植之間，那被壓碎了的植物釋放出來的獨特氣味，那有如昆蟲般的氣味，讓多年來從事香料行業的我們，早已深深的愛上。

氣味警示

芫荽植物含有有機化合物，其中包括了在昆蟲身上也能發現的脂族醛（aliphatic aldehydes）。這或許有助於解釋，為什麼有些人有時候對這種香草的香氣和口味，反應激烈。

其他品種

　　市面上通常有兩類種子。以淡茶色到淺棕色的（*Coriandrum sativum* var. *vulgare*）的類型最常見，並廣泛的用於全世界各地的料理之中。這個種類味道溫和，屬於最典型的芫荽籽，也是用於大部分咖哩、摩洛哥塔吉鍋和東南亞菜的品種。另一個種類被稱為印度種或綠色種（*C. sativum* var. *microcarpum*），尺寸略小，葉子更偏卵形，顏色是淡淡的黃色中帶綠，味道吃起來有如新鮮葉子，但透著檸檬香氣。這個品種用來製作新鮮的醬料，拿來與許多新鮮材料快炒，滋味絕佳。我甚至還喜歡放一些在胡椒中一起研磨，趁鮮撒在魚和雞肉上，用法就和把現磨的胡椒撒在煮好的食物上一樣。

　　多年生「鋸齒」、「鋸齒葉」或「長葉」芫荽（*Eryngium foetidum*）較少人知道，這個品種的葉子被當做香草使用。它的味道品嚐起來雖然像是芫荽（香菜），事實上是完全不同的品種———所以植物學名當然就不一樣了。這個品種認真說起來，還是有些受歡迎的，因為它是多年生。種植芫荽的人對於一年生的芫荽（*C. sativum*）會失去耐心，因為一年生的芫荽只要一開始變得茂盛，就會開始開花、結籽並死去。一般相信，多年生芫荽芫產於加勒比海島嶼，現在已經廣植於東南亞一帶，我們最初見到這個品種是在越南，此後也曾見它長於印度南部喀拉拉邦（Kerala）香料局的一所研究站。

「長芫荽」葉片是鋸齒狀，長度有 7 公分（2 又 1/2 吋），在越南料理中特別有用，因為很適合拿來包食物。這種葉被壓碎後，香氣和傳統的芫荽葉很相近，唯一的缺點就是品嚐之後有淡淡的青草味，嘴中的感覺比較強烈，有點刺刺的。無論如何，它就和 *C. sativum* 一樣，加上蒔蘿，味道就變得均衡美妙。我有時候也會用它，但是一般都傾向於整葉放入湯中，等到菜要上桌時再撈出來。和許多成熟後質感就變硬的葉子不同，多年生芫荽最大的葉子比嫩葉明顯柔軟得多。

處理方式

葉

　　芫荽葉（香菜）乾燥的方式，和巴西利這類的綠色香草方法相同。使用複雜的脫水技術將葉子裡面的溼度消除可以不損及葉子的顏色，而風味也不會失掉太多，可以做成品質不錯的產品。芫荽葉是很難在家自行乾燥的，因為乾燥過程中通常會導致揮發性的頭香喪失，你可以用兩種方式，延長享用新鮮芫荽的時間：

1. 將綁成把的芫荽插在一杯清水裡，芫荽的根部最好要完整，並將塑膠袋套在上面，像搭帳棚一樣。存放在冰箱的冷藏庫，這樣可以放好幾天。如果幾天之內用不完，可以進行冷凍。

2. 要冷凍芫荽葉，可以將現洗乾淨的小枝葉用鋁箔紙包好，鋁箔紙邊緣要密密的折好，把這樣的鋁箔包芫荽葉放在冷凍庫，可以放上一個月。如果想連莖和根部一起冷凍，可以採用製冰格的方式（葉子用這種方法，效果就沒那麼好），將莖帶根部切好，要切得很細（如果喜歡的話，根部可以磨碎），將製冰格的每個格子裝滿四分之三的芫荽，上面再加水，之後冷凍，結冰之後，就可以把香菜冰塊倒出來，放入夾鏈袋，置於冷凍庫了。

　　利用這種方式，整株芫荽的每個部分都不會被浪費──買了一把芫荽常常只用葉子，實在浪費。當你烹調的湯品需要有輔助的味道特徵（亞洲菜、南美洲菜和中東菜最可能）時，只要在煮好之前 10 分鐘加一塊芫荽冰塊進去就可以了。如果你在製作咖哩醬時想使用冷凍的芫荽根，使用之前要先解凍，將水分瀝乾再用。

保存新鮮芫荽

新鮮的香菜在冰箱裡可以放很多天。自家種的香菜一定會比外面賣的撐得更久，因為市售的香菜在你購買之前，可能已經在冷藏庫裡放很多天了，或是在你買前很多天就摘下來了。（參見 230 頁，有更多與保存相關的細節）

調解高手

製作綜合香料時，香料的味道如果相衝，可以利用調解高手芫荽籽來讓味道獲得控制，而芫荽籽幾乎可説是用再多也不怕的。事實上，有些北非的菜色，例如柏柏爾香料雞（berbere chicken）以及山羊肉咖哩，芫荽籽的用量是以杯計，而不是用匙。如果你在製作綜合香料時發現某種味道濃烈的香料加得太重，如丁香或小荳蔻，要修正錯誤最簡單的方式，就是加入兩倍量的研磨芫荽籽（量以主要香料的用量相比）。

舉例來説，如果你用了1茶匙（5毫升）的丁香粉，那麼就加2茶匙（10毫升）的研磨芫荽籽。在大多數情況下，這綜合的香料將可再次恢復均衡的口味。有些食譜使用的芫荽籽粉，芫荽籽在研磨之前要鮮整顆鮮稍微烤或烘過，然後再加到菜餚裡。烤過的芫荽味道會產生溫和變化，讓口味更有層次。

芫荽籽

芫荽籽必須一大早或下午很晚採收，那時的露水會讓果實不易破碎，這個階段的芫荽籽成亮綠色，嚐起來跟葉子很像，在乾燥過程中，芫荽籽會變成淺褐色，也會產生一種迷人的柑橘香味。在許多國家，例如印度，整株植物都會被砍下來吊乾，之後再脫粒取籽。在許多已開發國家，芫荽籽的採收是利用小麥收割機，這樣既能有一貫的高品質產出，還能降低大量的人工成本。

購買與保存

新鮮的芫荽（香菜）最好是帶根，成把買，因為這樣新鮮度可以維持得較久（參見229頁）。此外，芫荽的根很有用途，特別是在亞洲菜裡。品質優良的乾燥芫荽葉評價並不高，因為幾乎沒有香氣。無論如何，當烹煮快完成時加入乾燥的芫荽葉，或是將它撒在熱熱的食物，如蒸熟的米飯上，蒸汽的溼氣還是足以讓乾品釋放出令人驚喜的風味，在沒有鮮品可用時，作為還能湊合著使用的替代品。要看看乾燥芫荽葉的風味程度如何，可以將一點芫荽葉乾品放在舌上，等上大約1分鐘，如果吃不出它特有的味道，那就是過了最好的賞味期，就不要再用了。

芫荽籽的樣子應該是乾乾淨淨的，有些籽雖然還可能帶著小小的，大約是0.2公分（1/16吋）的尾巴，但是應該不會有梗或是較長的莖。芫荽籽粉最好是少量購買，因為研磨之後的芫荽籽如果保存不當，揮發性的香味很快就會消失。

而整顆的芫荽籽如果裝在在密閉式容器中，避免放在溫度太高、光線太亮、或潮溼的地方，最多可以放到 2 年左右。研磨之後，芫荽籽最多大概只能放 1 年。

應用

芫荽葉（香菜）大多用於亞洲、印度、中東和拉丁美洲的食譜之中，由於它細緻的風味久煮便會消失，所以為了發揮最佳風味，請在烹煮時最後的 5 分鐘再加入。

在各國料理中，芫荽籽都是最有用的香料之一，因為它是一種用調和用的香料（參見 682 頁），和幾乎和任何香料的組合都能調和得很好，不論甜或鹹。在知道芫荽籽的萃取物居然被用來讓藥物更容易入口實在是一件有趣，卻又不令人意外的事──一直以來，我就注意到，芫荽籽磨成粉後可以有效的平衡綜合香料中甜味與濃烈的香料，作用多樣，例如甜味的綜合香料、南瓜派中的香料或是突尼西亞火辣辣的哈里薩辣醬（harissa paste）。

雞肉砂鍋中的整顆芫荽籽相當美味，因為它的味道在燉煮時會融入菜餚中，而烹煮時，籽也會變軟。不少綠色的印度芫荽籽會被放入胡椒研磨器中研磨，磨成的粉被撒在烤魚上，讓魚肉變得很美味。至於需要使用芫荽籽粉的食譜，可以用磨砵和杵來研磨，或是採用咖啡或胡椒研磨器，將芫荽籽進行更有效的研磨，如果磨得不夠細，而煮的時間又不夠長，芫荽籽的外殼吃起來似乎會有點渣渣，而要煮軟，大約得 30 到 40 分鐘。

乾烤

你可以把芫荽籽乾烤一下，讓它產生比較濃郁的風味，製作顏色較深的咖哩醬汁。這一招對於牛肉或其他紅肉類的咖哩料理也很有用，而口味強烈的海鮮，如鮭魚和鮪魚也適用。乾烤時，平底鍋開中火，將芫荽籽倒進去烤，搖動鍋子，最多 3 分鐘，直到飄出香氣。香料乾烤過後，裡面的油脂會以更快的速度氧化，讓風味變差，所以乾烤過後的香料幾天內就要用完。

蛋糕、派和其他水果類的甜品料理中使用的芫荽籽最好別先烤過。

每茶匙重量（5ml）
- **整粒未磨籽：**1.6 公克
- **芫荽籽研磨：**2 公克

每 500 公克（1 磅）建議用量
- **紅肉：**5 茶匙（25 毫升）籽研磨，1/2 杯（125 毫升）新鮮葉子
- **白肉：**4 茶匙（20 毫升）籽研磨，1/2 杯（125 毫升）新鮮葉子
- **蔬菜：**4 茶匙（20 毫升）籽研磨，1/2 杯（125 毫升）新鮮葉子
- **穀類和豆類：**4 茶匙（20 毫升）籽研磨，1/2 杯（125 毫升）新鮮葉子
- **烘烤食物：**4 茶匙（20 毫升）籽研磨，以新鮮葉子點綴

檸檬汁醃生魚
Ceviche

在墨西哥時，我們請計程車司機在他吃飯的地方讓我們下車。這真的很值得——最後，我們被放在一家路邊的小咖啡館前，而咖啡館緊鄰著繁忙的主要幹道，店家端上了一大盤檸檬汁醃生魚（Ceviche），價格實在便宜到不行。現捕鮮魚、萊姆汁和芫荽籽，簡簡單單，幾乎沒再放什麼別的，但由於地區性的變化差異，在整個拉丁美洲，這道菜餚的變化還包括了洋蔥、辣椒、番茄和酪梨，愛吃什麼就加什麼。雖說魚沒被煮過，但是萊姆汁中的酸性卻讓生魚片中的蛋白質產生變化，方式就和烹煮幾乎是一樣的。

製作2小份

準備時間：
- **15 分鐘**

烹煮時間：
- **10 到 20 分鐘**

（譯註：這道菜使用的雖然是萊姆，但是習慣上還是泛稱為檸檬。）

10 盎司	去皮、肉身堅實的白肉魚，如鱸魚、鱈魚、比目魚，切成 1 公分長的塊（½ 吋）	300 公克
些許	紅辣椒，去籽切丁	些許
1 個	新鮮的芫荽葉（香菜）細切	1 個
2 大匙	紫洋蔥，細切	30 毫升
1 大匙	初榨橄欖油	15 毫升
1 茶匙	細海鹽	5 毫升
½ 茶匙	3 顆現壓的萊姆汁	2 毫升
適量	玉米片	適量

1. 在一個不會和酸性或鹽產生反應的碗裡，將魚、辣椒、芫荽籽、洋蔥、油、鹽和萊姆汁混合，好好的攪拌均勻，在一旁放置 10 到 20 分鐘。當魚被萊姆汁「煮」好，魚肉便會轉成蛋白色。和玉米片一起上桌食用。

橙汁豬里肌
Pork Tenderloin in Orange Sauce

作為一種調和性質的香料，芫荽籽是很少當做主成分使用的。在這道菜餚中，它與柳橙、醬油和甜洋蔥搭配得十分完美。

製作6人份

準備時間：
- **1 小時 10 分鐘**

烹煮時間：
- **40 分鐘**

提示 超細砂糖（super-fine sugar，糖霜粉 caster sugar）是顆粒非常細的砂糖，通常都是用於需要砂糖能快速溶解的食譜裡。如果商店裡面找不到，可以自己動手做。把食物處理機裝上金屬刀片，將砂糖打成非常細，質地像沙子一樣細緻的糖粉。

3 片	豬里肌肉（大約 250 公克 /8 盎司）	3 片
浸泡料		
2 大匙	橄欖油	30 毫升
2 顆	柳橙的皮和汁	2 顆
2 大匙	醬油	30 毫升
2 大匙	白酒醋	30 毫升
1 茶匙	細海鹽	5 毫升
2 大匙	芫荽籽研磨成粉	30 毫升
焦糖洋蔥		
¼ 杯	橄欖油	60 毫升
4 顆	洋蔥，切細絲	4 顆
¼ 杯	超細的糖粉（參見左側提示）	60 毫升
¼ 杯	橄欖油	60 毫升
¾ 杯	干型的不甜雪莉酒	175 毫升
些許	細海鹽和現磨的黑胡椒	些許

1. **浸泡料：**找一個淺碗，將橄欖油、柳橙皮、柳橙汁、醬油、醋、鹽和芫荽籽一起放進去混合。把豬里肌肉放進去，翻面，好好沾覆上醬汁。蓋上蓋子，放入冰箱的冷藏庫，至少放 1 個鐘頭以上。

2. **焦糖洋蔥：**找個平底鍋，開小火熱油。放入洋蔥並加糖，徹底攪拌，蓋上緊密的蓋子。開始煮，偶而攪拌一下，煮 15 分鐘，直到洋蔥變軟。把蓋子拿掉繼續煮，經常去翻動，炒 2 到 3 分鐘，直到洋蔥變成金黃色。放置一旁。

3. 將豬肉從浸泡汁中取出，去除多餘的醬汁，並放入碗中，浸泡汁要留起來。平底鍋開中火熱油。加入醃製好的豬肉，並繼續煮。煮到將即時溫度針插入豬肉最厚的部分時，顯示是攝氏 71 度（華氏約 160 度），大約要 8 到 12 分鐘左右。取出放到盤中，用鋁箔紙蓋住，以保持溫暖。

4. 同一口平底鍋開中火，將剛剛留下來的浸泡汁倒進去，煮到滾。續煮 10 分鐘，直到收成濃稠的糖漿。把雪莉酒加進去，回到爐上煮到滾。用鹽和胡椒調味，試試濃淡，並好好攪拌均勻。

5. 將豬肉對角線斜切，厚度約 2.5 公分（1 吋），並等量分到 6 個盤子上。上面加上焦糖洋蔥，並倒一些醬汁在上面。

蘋果大黃香菜奶酥
Apple and Rhubarb Coriander Crumble

我爸記得祖母寫她的香草書是 1950、60 年代的事了。當時他最愛的菜色之一就是這道水果酥皮，後來，媽媽為我們做了改良版。當時我和家裡姊妹們一直覺得，如果我們誰的碗中出現這四個丁香中的一個，就是中大獎了。這道奶酥使用的是現磨的芫荽籽，很能展現這種美妙香料的多樣性。上桌時可以加上打發的鮮奶油、冰淇淋或是卡士達醬。

製作6人份

準備時間：
- **20 分鐘**

烹煮時間：
- **40 分鐘**

- - - - - - - - - - - - - -

 提示 這道奶酥可以事先做好，放進冰箱冷凍，要吃時候再調理。放入夾鏈袋後進冷凍庫冰，最多可以放到 1 個月。冷凍狀態進烤箱烘烤大約要 35 分鐘，烤到蘋果變軟、餡料呈金棕色即可。

- - - - - - - - - - - - - -

- 23 公分（9 吋）的方形玻璃烤盤，塗上奶油
- 烤箱預熱到攝氏 180 度（華氏 350 度）

6 顆	澳洲青蘋果（或稱翠玉蘋果，Granny Smith apple）	6 顆
1 把	大黃（大約 300 公克 /10 盎司），切成 5 公分（2 吋）左右的段	1 把
4 顆	整顆丁香	4 顆
2 茶匙	肉桂粉	10 毫升
1 杯	老式的傳統燕麥片	250 毫升
1 杯	中筋麵粉	250 毫升
½ 杯	赤砂糖，輕壓成平杯	125 毫升
2 茶匙	芫荽籽研磨粉，最好現磨	10 毫升
½ 杯	奶油	125 毫升

1. 在已經準備好的烤盤上鋪上蘋果和大黃。把丁香和研磨好的肉桂粉撒上去，放置一旁。

2. 找一個碗，將燕麥片、麵粉、糖和芫荽籽放進去混合。利用指尖將奶油揉進去，直到混合物成碎屑狀。將這屑狀的混合物平均的撒上去，並輕輕的（不要往下壓）覆在蘋果和大黃上。烤 30 分鐘，直到蘋果變軟，餡料呈金棕色。

變化版本
可以試試用等量的梨子去皮、切碎來取代大黃。

孜然 Cumin

孜然 Cumin：*Cuminum cyminum*；
黑孜然 Black cumin：*Bunium persicum*

各國語言名稱

- **阿拉伯文**：kammun
- **中文（粵語）**：siu wuih heung
- **中文（國語）**：kuming、xiao hui xiang
- **捷克文**：rimsky kmin
- **丹麥文**：spidskommen
- **荷蘭文**：komijn
- **法文**：cumin、cumin de Maroc
- **德文**：Kreuzkummel
- **希臘文**：kimino
- **印度文**：jeera、zeera、safed zeera（cumin seed）；jeera kala、shah jeera（black cumin）
- **印尼文**：jinten-putih
- **義大利文**：comino、cumino bianco
- **日文**：kumin、umazeri
- **馬來文**：jintan puteh
- **葡萄牙文**：cominho
- **俄文**：kmin
- **西班牙文**：comino
- **斯里蘭卡文**：sududuru
- **瑞典文**：spiskummin
- **泰文**：yeeraa
- **土耳其文**：kimyon

科　　名：香芹科 Apiaceae（舊稱繖形科 Umbelliferae）

別　　名：black cumin（黑孜然）、green cumin（綠孜然）、jeera（小茴香）、white cumin（白孜然）

中文別名：小茴香、孜然芹、伊朗小茴香、阿拉伯茴香、安息茴香

風味類型：激香型

使用部位：種子（香料）

背後的故事

　　孜然被認為原生於中東，早在西元前 5000 年前古代人就已經非常熟悉了。孜然籽在埃及法老王的金字塔中有發現，據了解，埃及人在製造木乃伊的過程中會使用，時間點在開始使用肉桂與丁香之前（孜然在埃及的醫學文獻，西元前 1550 年的《埃伯斯草紙醫典（*the Ebers Papyrus*）》中曾被提及）。西元第 1 世紀，羅馬學者老普林尼（Pliny）曾把孜然稱為「調味料中的最佳開胃品」，聖經中的新舊約也都曾提到孜然。羅馬時期，孜然是貪婪和貪慾的象徵；對於守財奴的一種常見奚落方式就是說他們吃了孜然。因此，第 2 世紀羅馬那位貪婪的

可搭配

- 多香果
- 小荳蔻
- 辣椒
- 肉桂
- 丁香
- 芫荽籽
- 甜茴香籽
- 葫蘆巴籽
- 薑
- 芥末
- 黑種草
- 紅椒粉
- 羅望子
- 薑黃

傳統用法

- 印度咖哩，特別是所有亞洲的紅咖哩
- 雞肉和海鮮料理
- 米飯和蔬菜類料理
- 麵包
- 墨西哥醬汁
- 利口酒類，如茴香甜烈酒（kümmel）

調和香料

- 中東巴哈拉香料（baharat）
- 烤肉用綜合香料
- 咖哩粉
- 柏柏爾綜合香料（berbere）
- 中式滷味包
- 切爾末拉辛香辣醬（chermoula）
- 埃及杜卡綜合香料（dukka）
- 北非突尼西亞哈里薩辣醬（harissa paste blends）
- 墨西哥辣椒粉
- 摩洛哥綜合香料（ras el hanout）
- 孟加拉五香粉（panch phoron）

皇帝馬可士‧奧理略士（Marcus Aurelius）就得了一個「孜然士（Cuminus）」的稱呼。

在英格蘭，孜然從 13 世紀起才被使用，16 和 17 世紀的藥草名單中有被提到。在中東，孜然是一種頗受歡迎的調味料，只是所含的暗示上有些過於迷信（被認為可以防止愛人變心薄情）。在中世紀的德國婚禮儀式上，新娘和新郎的口袋裡都要裝入孜然、蒔蘿和鹽，以確保對於彼此的忠誠。西班牙人探索美洲時，將孜然沿著北美南部的格蘭德（Rio Grande）河一路介紹過去，將孜然傳給美國人。閱讀 20 世紀初期英國食物相關文獻對於孜然的描述，實在令人感到很有趣，它是這樣被形容的：帶著「令人無法恭維」的風味，比較起來葛縷子還令人喜愛得多——那個時期，英國的食物有多麼索然無味，這顯然就是明證。

孜然現在主要產於伊拉克，這個地方以出產品質最佳的「綠孜然籽」而聲名大噪，孜然籽的其他重要產地則還有印度、摩那哥和土耳其。

植株

孜然是一年生植物，植株矮小（60 公分 /24 吋高），外表細緻，有纖細的分支莖，由於纖弱，開了白色或粉紅色小花後，莖幹就會因為隨後所結的果實重量被壓沉，所結的果實就是一般所稱的孜然（籽）。細長、幾乎是藍綠色的葉子類似複葉，被分成窄長的分段，和茴香很類似。孜然雖然是熱帶氣候的植物，但是在溫度人高的氣候條件下也是長不好的。

孜然籽的長度平均是 0.5 公分（1/4 吋），兩端收尖，只有微微的彎度，厚度約 0.3 公分（1/8 吋）。種子的顏色從淡棕色到卡其色，表面有細毛，看起來有些不出色，每顆種子都有 9 道很細的脊，或稱油溝（oil canal），呈縱線，一端還有一條像頭髮的小尾鬚，長度大約 0.3 公分（1/8吋）。孜然粒研磨成粉後，質地粗礫，有油潤感，顏色則是深卡其色。孜然的香氣濃烈、溫暖、帶點土味、久久不散又甜蜜，還有一絲隱隱的乾燥薄荷味。嚐起來的風味也是類似的濃

郁、有土味，微苦又溫暖，讓人想起咖哩。

　　孜然和葛縷子種子在外表上有些相似，但是會被搞混，通常出於兩個理由：葛縷子的德文字是 *Kummel*（和英文的 *cumin* 聽起來蠻像的），而印度文中的葛縷子和孜然通常都稱作 *jeera* 或 *zira*。由於葛縷子在印度使用的普及度不及孜然（除了品質上好的馬薩拉綜合香料 garam masala）外，所以不會造成問題，但是在其他國家就容易混淆了。

處理方式

　　採收孜然的時間是在植株開完花，而成熟的果實尚未從負重累累的纖型枝上掉落之前。用長鐮刀割取帶果實的莖幹後，將莖綁成束，原樣吊掛起來乾燥，或是割下來後，直接放到陽光下曝晒，之後再將果實脫粒取下，脫粒之後，搓揉果實，這樣 90% 的尾鬚就會脫除。在印度西北的古吉拉特邦（Gujarat），當我看到這項作業依然以手工進行時，十分著迷。那裡的女性直接用雙手手掌搓揉孜然籽，籽在掉落下來時經過工業用的大風扇一吹，細細的尾鬚就不見了，而孜然也落在地上。

購買與保存

　　孜然雖然是一種味道濃烈的香料，但是一旦研磨之後，最令人喜愛的香氣就會開始散失，所以如果購買孜然粉，一

黑孜然籽
Black Cumin Seeds

黑孜然（Bunium persicum）在外形上和大多數人都熟悉的孜然（Cuminum cyminum）類似，但是顏色是更深的褐色，幾乎可以算黑色了。被壓碎時，香氣濃郁—可比松香——沒什麼土味。滋味則類似松樹、有澀味以及苦味。不要把黑孜然和黑種草（nigella，也稱 kolonji）搞混了。

香料筆記

　　自從我被邀請協助食品公司研發綜合香料配方後，有一次，我調製了一種和魚一起使用的混合配方，配方中有薑黃、新鮮的蒔蘿、胡椒、芫荽籽、萊姆葉，但是味道就是不到位。不過在加入少量的孜然——量少到大多數人都不會注意到——整個配方就飽滿均衡了。另一家公司則請我另行研發一種塞入家禽肚子裡的內餡香料。我第一次嘗試時，材料中放了洋蔥、蒜頭、百里香、鼠尾草、馬鬱蘭草、月桂夜、薄荷和紅椒粉，效果雖然不錯，但是不夠出色。我明智的添加了一點點孜然，果然讓風味更加完整而均衡。所以請別忘記，孜然不僅僅是咖哩的調配香料之一，它還是一種帶著圓潤、暖心風味香氣的香料，可以讓材料眾多的香料與食物風味組合顯得更均衡。

孜然、葛縷子分不清

葛縷子有個多年生品種（*Carum bulbocastanum* 或 *Bunium persicum*），一般被稱為「黑孜然」或「*jeera kala*」（參見 236 頁），這種種子的味道吃起來和孜然較接近，不太像葛縷子，通常被用於北印度含有鮮奶油、優格、白罌粟花籽及碎核仁等濃郁菜色之中。請不要被愚弄了：在任何要使用孜然的食譜裡，它都可不能被用來替代真正的孜然。如果以相同的比例使用，它產生的味道比較刺激，有苦味，而不是孜然那種溫暖、帶土味的感覺。

定要找品質優良，質地有油，棕中帶綠，幾乎呈卡其色，並且以氣密式包裝的產品。由於孜然籽在研磨時可能很會出油，所以一些不肖商人把價格較低的芫荽籽混進去一起磨以降低成本，也不是什麼少見的事。如果孜然放在氣密式的容器中，避免溫度太高、光線太亮、或太潮溼的環境，整顆的孜然可以放到 3 年左右，而研磨過後的孜然粉期限大約只有 1 年。

應用

許多廚師可能會覺得孜然的味道太嗆，並令人討厭的想起咖哩，但是請別忘記，孜然的風味並不需要凌駕在其他香料上。只要聰明的少量添加，孜然在讓其他香料香氣取得均衡與飽滿上，有令人驚喜的表現。當然了，在印度咖哩中，孜然使用得極為廣泛；孜然在米飯和蔬菜的料理中、在麵包裡，以及製作泡菜和印度辣味酸甜醬（chutneys）時也都會用到。著名的印度綜合香料籽「孟加拉五香」（panch phoron）中就含有整顆的孜然粒。中東的菜餚，孜然通常是特色，因為孜然和羊肉搭配特別出色；在摩洛哥的香料組合，像是爾末拉辛香辣椒醬（chermoula）和哈里薩辣醬（harissa）中，孜然也是重要的材料之一。墨西哥辣椒粉，也就是我們因為玉米捲餅和墨西哥辣味番茄牛肉醬（chili con carne）而變得熟悉的綜合香料，通常是由辣椒、紅椒粉、孜然和鹽簡單混合的。孜然也是橙色蔬菜（胡蘿蔔和南瓜）的好搭檔，因為孜然粒可以加到水裡去，無論是煮或蒸都合適。孜然研磨成粉後加到南瓜湯和蔬菜砂鍋裡面都能使美味加分。

食譜中用到孜然粒或孜然粉時，常說要先烤過，因為烤過以後會帶出一股迷人的堅果香味，苦味也會減少一些。要乾烤孜然，先把乾鍋子以中火加熱，接著加入孜然粒或孜然粉，之後翻炒或搖動鍋子，讓孜然在裡面不斷移動，這樣才不會黏鍋或燒焦。當孜然開始釋放出一股烘烤過後的香氣，而顏色也開始變深後，將鍋子離火，裡面的內容物立刻倒出，才不會因為鍋子的餘溫而讓孜然繼續烘烤。

對許多印度菜和馬來西亞菜來說，烤孜然這種作法很合適；不過，這作法也會讓風味產生變化，讓最細膩的香氣散發掉，對於溫和的雞肉、海鮮料理，或是墨西哥辣味番茄牛肉來說，可能就不是想要的效果了。想更了解孜然的用法，請參考「調和香料的藝術」（參見 679 到 781 頁）這個部分，特別是「咖哩粉」的篇幅。

經由蒸餾法從孜然籽萃取出來的精油是香水和利口酒，如德國的飲品茴香甜烈酒（kümmel）中的一種成分。

甜蜜的驚喜

對某些人來說，有些事就是一種驚喜，而這驚喜是孜然居然能讓甜味的蘇格蘭奶油餅乾更加出色，這是我和麗姿有一次在尼羅河上喝下午茶時親身享受過的美味。從那時起，我也發現了以堅果、香料和孜然一起調製的埃及杜卡綜合香料（dukkah）撒在塗上蜂蜜的麵包上時，非常美味。喜歡在三明治中塗花生醬和蜂蜜的人應該會喜歡蜂蜜與埃及杜卡綜合香料這個組合。

每茶匙重量（5ml）
- 整粒未磨籽：2.4 公克
- 研磨成粉：2.6 公克

每 500 公克（1 磅）建議用量
- 紅肉：2 茶匙（10 毫升）的孜然粒或孜然粉
- 白肉：2 茶匙（10 毫升）的孜然粒或孜然粉
- 蔬菜：1½ 茶匙（7 毫升）的孜然粒或孜然粉
- 穀類和豆類：1½ 茶匙（7 毫升）的孜然粒或孜然粉
- 烘烤食物：1½ 茶匙（7 毫升）的孜然粒或孜然粉

孜然 Cumin

孜然洋蔥辣炒牛肉 Stir-Fried Beef with Cumin, Onions and Chile

多年前，我曾協助泰式料理專家大衛·湯普森（David Thompson）進行一場廚藝展示。所有的食物都令人感到驚奇，但是這道牛肉卻讓人衝擊感最強。會用這麼多孜然通常會讓人想到咖哩，但在這道炒菜裡，孜然實在令人心喜。

製作4人份

準備時間：
● 20 分鐘

烹煮時間：
● 20 分鐘

 乾烤孜然粉：將孜然粉放在乾的平底鍋中，開中火，溫和的烘烤，鍋子要經常搖動，1、2 分鐘後，孜然粉會稍微變棕色，並散發香氣。立刻將鍋從火上移開。

很多種類的辣椒都會先乾燥後使用。最基本的乾燥紅辣椒通常會比新鮮的來得辣些，而且會帶著甜甜焦糖風味，這是新鮮辣椒中沒有的。亞洲雜貨店裡會有多種不同的乾辣椒可供選購。

● **研磨砵組**
● **中式炒鍋**

辣椒醬

½ 杯	乾的長條紅辣椒（參見左側提示）	125 毫升
1 茶匙	細海鹽	5 毫升
5 顆	紅蔥頭，粗切	5 顆
5 瓣	蒜頭，切碎	5 瓣
1 大匙	孜然粉，稍微烤一下（參見左側提示）	15 毫升

牛肉

1 杯	油	250 毫升
5 條	乾的小條紅辣椒	5 條
5 顆	紅蔥頭，切薄片	5 顆
1 塊	300 公克（10 盎司）牛肉塊，逆紋切成 2.5 公分（1 吋）大小的塊狀	1 塊
1 茶匙	孜然粉	5 毫升
1 撮	中辣度的辣椒粉（參見 241 頁提示）	1 撮
1 撮	細海鹽	1 撮
1 撮	砂糖	1 撮
2 茶匙	羅望子水	10 毫升
2 茶匙	魚露（nam pla）	10 毫升
½ 顆	白色洋蔥，對切後切細絲	½ 顆
½ 杯	新鮮香菜莖葉，輕壓成平杯	125 毫升

1. **辣椒醬：**找一個小碗，將乾的長條辣椒用溫水浸泡，在一旁放置 10 分鐘，讓辣椒變軟；水瀝乾（浸泡辣椒的水倒掉）。用一把尖銳的刀子將辣椒切碎，用研磨砵組將切碎的辣椒加點鹽後搗成醬，加入紅蔥頭、蒜頭和孜然，繼續搗到完全融合在一起，放置一旁備用。

2. **牛肉：**中式炒鍋開大火，開始熱油，直到底部冒出泡泡。把乾的小段辣椒加進去，偶而攪拌一下，炒 2 到 3 分鐘，直到辣椒顏色變成暗紅色。使用漏杓將辣椒盛到襯著紙巾的盤子上。加入紅蔥頭再炒大約 3 分鐘，直到顏色開始變成棕色。使用漏杓將紅蔥頭盛到另外一個襯著紙巾的盤子上。炒鍋中所有內容物都丟掉，只留下 2 大匙（30 毫升）炒過的油，放置一旁。

3. 找一個大碗，把牛肉、孜然、辣椒粉、鹽、糖和炒過的辣椒都放進去混合。

4. 在炒鍋中將留下來的油開大火加熱。倒入牛肉還有香料後，不斷持續拌炒，大約炒 2 分鐘，直到開始呈現焦黃色。將事先準備好的辣椒醬加進去，用木匙的背將辣椒醬攪散開，加入羅望子水和魚露。牛肉剛熟透之後，把切絲的洋蔥、香菜以及剛剛保留下來的炒紅蔥頭加進去，繼續翻炒大約 1 分鐘，直到熱透。立刻上桌食用。

 提示 研磨後的喀什米爾辣椒風味頗佳，應用也廣。大部分的印度市場裡，各種不同的辣度都能找到。辣度全看研磨辣椒粉時，加入了多少量的辣椒籽和膜。

墨西哥辣味番茄牛肉醬
Chili con Carne

可能沒哪道菜比這墨西哥辣味番茄牛肉醬更具爭議性了；對新手來說，加入豆子，甚至番茄，爭議都很多。不過，孜然倒是一種無可否認的材料，它剛好形成了一種土味的基礎，讓味道濃郁、煙燻味濃的墨西哥乾辣椒當基底。一道好的墨西哥辣味番茄牛肉醬不應該做得匆促，細火慢燉才能帶出它最佳的風味。上桌時，簡單為好，只要在米飯撒上新鮮的香菜和一湯匙的酸奶油，或和墨西哥捲餅或玉米餅一起食用。這是一道可以事先完美製作然後冰到冰箱的菜色，也是一道實實在在能讓大家愉快享受的菜。

製作6到8人份

準備時間：
● **45 分鐘**

烹煮時間：
● **1 小時 40 分鐘**

提示 想要更辣，可以在步驟 4 時，把 1 大匙（15 毫升）切碎的奇波雷煙燻辣椒（chipotle pepper）加入阿斗波醋醬（adobo sauce）以及肉與番茄中。

----

1 根	安丘辣椒（ancho chile pepper/ 個頭大的乾燥波布拉諾辣椒）	1 根
2 根	奇波雷煙燻辣椒（chipotle pepper）	2 根
2 茶匙	整顆的孜然粒	10 毫升
1 茶匙	整顆的芫荽籽	5 毫升
2 磅	瘦的牛絞肉	1 公斤
2 大匙	油	30 毫升
1 顆	洋蔥，切碎	1 顆
4 瓣	蒜頭，切碎	4 瓣
1 根	長的綠辣椒，去籽切細末	1 根
1 大匙	乾的奧勒岡	15 毫升
¼ 茶匙	肉桂粉	1 毫升
1 罐	398 毫升 /14 盎司的碎番茄罐頭	1 罐
1 大匙	番茄醬	15 毫升
1 杯	牛肉高湯	250 毫升
1 茶匙	細海鹽	5 毫升
1 罐	398 毫升 /14 盎司的腰豆罐頭（kidney bean，參見 243 頁）	1 罐
¼ 盎司	黑巧克力（可可含量 70% 到 90%）	7 公克
些許	細海鹽以及細磨的黑胡椒粉	些許

1. 在耐熱碗中，用滾水把安丘辣椒和奇波雷煙燻辣椒淹過，浸泡 30 分鐘。之後將辣椒瀝乾，浸泡的水和莖都丟棄。將辣椒切末，放置一旁。

2. 乾的平底鍋開中火，將孜然和芫荽籽稍微乾烤一下，要經常翻動，直到香味散發出來，大約 3 分鐘。移到乾淨的香料研磨器中研磨，或利用研磨砵組，研磨到成細粉狀。放置一旁。

3. 找一個厚重的大湯鍋，或是鑄鐵鍋，開中火，將牛肉分兩三批炒到變成焦黃色，小心別黏鍋，如果牛絞肉絞得不夠細，可用湯匙弄碎（最好像小顆的穀物一般大小，效果最好），大約需要 10 到 12 分鐘。使用漏杓將煮好的牛肉盛到另外一個碗中，把鍋中剩下的油脂倒掉。放置一旁。

4. 同一個鍋，開小火熱油。加入洋蔥、蒜頭和綠色辣椒炒，偶而要攪動一下，直到洋蔥變軟，大約 3 分鐘。將烤過的孜然和芫荽籽粉、奧勒岡、肉桂粉以及剛剛保留下來的浸泡辣椒倒進去，再煮大約 3 分鐘，直到材料完全混合。把剛剛的牛肉、番茄、番茄醬、高湯和鹽都倒進去。煮大約 5 分鐘，期間偶而要攪動，然後蓋上蓋子，燜煮 1 個鐘頭，偶而要攪拌一下。加入腰豆和巧克力繼續煮，不要加蓋煮 20 到 30 分鐘，偶而攪動一下，直到湯汁收斂，但還未收乾。需要的話，用額外準備的鹽和黑胡椒調味，試試鹹淡，立刻上桌。

變化版本

如果想吃肉塊版本，可以用等量的牛腱肉或牛腰肉切丁，來取代牛絞肉。

 提示 如果你喜歡事先把辣椒準備好，辣椒放冷後盛到氣密式容器中去，放進冰箱冷藏可以放到 3 天，冷凍的話，可以放到 3 個月。罐頭腰豆可以用 2 杯煮好的豆子來代替。

咖哩葉 Curry Leaf

Murraya koenigii

科　　名：芸香科 Rutaceae

別　　名：meetha neem（咖哩葉，印度卡納達語）、karipattar（咖哩葉，印度印地語）、karuvepillay（咖哩葉，印度馬拉雅拉姆語）

中文別名：可因氏月橘、調料九里香、麻絞葉、咖哩樹、綠咖哩

風味類型：濃香型

使用部位：葉子（香草）

背後的故事

　　咖哩樹原生於斯里蘭卡和印度。喜瑪拉雅山山麓，從拉維（Ravi）到錫金邦（Sikkim）以及阿薩姆邦（Assam）的低緯度森林中常常能看到。許多當地的花園中也有種植，特別是印度南部的喀拉拉邦（Kerala），在我印象中，這已經變成南印度料理中的獨有特色了。安得拉邦（Andhra Pradesh）、坦米爾納德邦（Tamil Nadu）、卡納塔克邦（Karnataka），以及奧里薩邦（Orissa）裡面的許多農場都種植了咖哩樹。孟加拉灣中的安達曼（Andaman）群島、印度洋上的尼科巴（Nicobar）群島，以及斯里蘭卡、馬來西亞、緬甸（Myanmar），和太平洋上的許多島嶼上也都多有種植。咖哩樹是芸香科月橘屬（citrus family）的一員，所以它的根狀莖從前一直被用來作為

柑橘嫁接的品種。咖哩樹也與眾所周知的觀賞植物月橘（*Murraya paniculata*，又稱七里香）有關。澳洲大部分的地區與美國南部，只要沒有太嚴重的霜害，並進行防風措施，咖哩樹大多也能生長。

植株

咖哩葉出自於一種香氣愉悅的小型熱帶常綠喬木的葉，在適合的條件下，植株可以長到 4 公尺（13 呎）高。它的樹幹細長有彈性，可以支撐一系列長著下垂葉的枝條，讓整棵樹的外表看起瘦瘦窄窄的。而每一個「瘦窄」的枝條上大約有 20 片葉子從中心的莖向外長出，這些葉子的大小差異頗大，長度從 2.5 到 7.5 公分（1 到 3 吋），寬度從 1 到 2 公分（1/2 到 3/4 吋）都有。夏天，葉子表面是油亮而翠綠的，葉背則是黯淡的淺綠色。嚴格來說，這種樹並非落葉木，但是在某些氣候較為涼爽的區域，入了冬，葉子會轉黃、許多葉子甚至還會掉落，不過溫暖的春風一到，燦亮的新芽和葉就會冒出頭。在熱帶區域，葉子是一年四季都可以採收的。

咖哩葉並非味道像咖哩，而是因為咖哩中會使用而得名，尤其是在印度南部的咖哩中。咖哩樹和柑橘、檸檬同屬於一個屬，無意間擦過，空氣中還會飄來濃濃的柑橘香氣，裡面帶著微微的辛香。這個味道有點像檸檬，但沒有檸檬和萊姆的果味。

其他品種

咖哩樹有兩類。*Murraya koenigii senkambu* 有一條綠色的中脈，葉子小又窄，平均 2.5 公分（1 吋）長，1 公分（1/2 吋）寬。*M. koenigii suwasini* 的中脈是粉紅色的，葉子比較大，烹飪料理時較偏愛這一種，因為風味比較濃郁。

可搭配
- 多香果
- 小荳蔻
- 辣椒
- 肉桂
- 丁香
- 芫荽（葉和籽）
- 甜茴香籽
- 葫蘆巴籽
- 薑
- 泰國檸檬葉
- 芥末
- 紅椒粉
- 羅望子
- 薑黃
- 越南香菜

傳統用法
- 印度菜的裝飾
- 印度以及亞洲咖哩
- 咖哩椰汁蝦（shrimp moilee）
- 炒菜
- 海鮮浸泡料

調和香料
- 咖哩粉
- 印度香辣豆湯粉（sambar）
- 印法風咖哩粉（vadouvan curry powder）

草木弄不清

請千萬不要把咖哩樹和源自於歐洲的裝飾用植物，銀絲咖哩草永久花（Helichrysum italicum）弄混了。雖然有些人聲稱永久花具有類似咖哩的風味，但我相信它其實不具有料理價值。

香料生意中的旅行

我和麗姿居住在新加坡的時候，有一天我們沿著東海岸的公路大道開車，兩人不約而同的說出聞到咖哩葉的味道了。我們來到一台貨車的後面，認為那車上一定載滿了咖哩葉。不過，後來我們卻只聞到機油燃燒的味道！咖哩葉除了具有明顯的柑橘特色外，其實還會釋放出一種奇怪卻會讓人想流口水的辛辣味，而這味道真的很古怪，有如機油在燃燒。

處理方式

咖哩葉可以自行乾燥，只要處理時小心點，確保其顏色與風味即可。將看起來最漂亮的鮮綠色葉子從枝條上採下，單層鋪放在紙張或是網目上，將葉子放置在光線陰暗但通風良好的地方，要避免溼氣，幾天之內，葉子應該就會變成墨綠色，上面沒有變黑或棕色的斑塊，當葉子乾乾酥酥時，就是可用的時候了。

購買與保存

購買新鮮咖哩葉時，一定要確定葉子是連在莖條上的，而且沒有枯萎的情況。連在莖上的新鮮葉子放在夾鏈袋中時，可以在冰箱冷藏庫裡保存 1 個星期以上，放在冷凍庫裡可以放到 2 個月之久。要找到品質優良的咖哩葉並不容易，大部分的咖哩乾葉不是顏色黑烏烏，就是已經缺少特有的揮發性香氣了。要買乾燥的咖哩葉，得找顏色仍然保持墨綠色的，而乾葉應該裝在氣密式的容器中，避免放在溫度太高、光線太亮以及潮溼的地方，在這樣的條件下，乾葉子可以放到 1 年。

應用

咖哩葉被用來幫印度咖哩添香，特別是印度南部和馬德拉斯（Madras）式的咖哩，想要收到最好的效果，可以把新鮮或乾燥的葉用油先炒過，然後再加入其他材料。

每茶匙重量（5ml）

- **整片乾燥葉平均：**0.1 公克

每 500 公克（1 磅）建議用量

- **紅肉：**10 片葉，鮮葉或乾葉均可
- **白肉：**6 到 8 片葉，鮮葉或乾葉均可
- **蔬菜：**6 片葉，鮮葉或乾葉均可
- **穀類和豆類：**6 片葉，鮮葉或乾葉均可
- **烘烤食物：**6 片葉，鮮葉或乾葉均可

咖哩椰汁蝦
Shrimp Moilees

我的第一次印度之旅是跟著父母親去的，那時他們正帶團進行香料發現之旅。科欽市（Cochin）中新鮮海鮮的數量讓我大為著迷，科欽是喀拉拉邦（Kerala）西南的大城。而來自該區的這道食譜，作法簡單，味道令人驚艷，風味清新簡單，充滿了南印度料理的特色。

製作4人份

準備時間：
● **20 分鐘**

烹煮時間：
● **15 分鐘**

 提示 你也可以使用冷凍熟蝦來製作這道菜餚。只要先將蝦解凍，然後如步驟 3 的指示加進去即可，這樣一來烹煮時間將可減少到 1 分鐘左右，只要熱透就好。（小心別煮過頭，不然蝦子口感就會變硬）椰奶霜嚐起來味道和椰奶一樣，只不過更加濃郁，水含量也比較少。

2 杯	印度香米（basmati）	500 毫升
16 隻	中等大小的蝦，剝殼抽腸，蝦尾保持完整（參見左側提示）	16 隻
1 茶匙	細海鹽	5 毫升
1½ 茶匙	磨好的薑黃，分批用	7 毫升
2 大匙	椰子油	30 毫升
20 到 30 片	新鮮的咖哩葉	20 到 30 片
1 顆	小顆的洋蔥，切絲	1 顆
3 根	小條的綠辣椒，去籽切丁	3 根
1 塊	薑塊（2.5 公分 /1 吋），去皮切片	1 塊
2 瓣	蒜頭，切片	2 瓣
2 顆	番茄，去皮去核，切片	2 顆
1 杯	椰奶霜（參見左側提示）	250 毫升

1. 帶蓋的湯鍋中，放入米，加入 2 杯（500 毫升）的冷水淹過米，在一旁放置約 10 分鐘。放回爐上，開大火將水煮到滾後改小火，加蓋後繼續煮，直到水完全收乾，米變軟，大約 15 分鐘。鍋子離火，蓋上蓋子，放置一旁。

2. 在這同時，找一個大碗，放蝦子進去，撒上鹽和 1 茶匙（5 毫升）的薑黃，均勻搖動，讓蝦沾上薑黃和鹽。放置一旁。

3. 大的平底鍋或中式炒鍋開中火，融化椰子油，並加入一半的咖哩葉，炒到葉子變乾變脆。用漏杓將咖哩葉撈起來，放到襯有紙巾的盤子上，放置一旁。鍋子中放入洋蔥、辣椒、薑和蒜頭混合，炒到洋蔥變透明，大約要 5 分鐘。拌入番茄以及剩下的咖哩葉一起炒，燜煮 2 分鐘。將剩下的 1/2 茶匙（2 毫升）薑黃加進去，再煮 1 分鐘。將椰奶倒入攪拌。把蝦子也倒進去，燜煮 2 到 3 分鐘，直到蝦子變紅熟透。

4. 上桌時，先把煮好的米飯用叉子弄鬆。分成 4 盤，上面淋上椰奶醬汁，用剛才炒過的咖哩葉裝飾。

蒔蘿 Dill

Anethum graveolens

各國語言名稱

- **阿拉伯文**：shibith
- **中文（粵語）**：
  sih loh
- **中文（國語）**：
  shi luo、tu hui xiang
- **丹麥文**：dild
- **荷蘭文**：dille
- **法文**：aneth odorant
- **德文**：dill、
  Gurkenkraut
- **希臘文**：anitho
- **印度文**：sowa、
  anithi
- **印尼文**：adas
  manis、adas sowa
- **義大利文**：aneto
- **日文**：deiru、inondo
- **寮文**：phak si
- **馬來文**：adas china
- **葡萄牙文**：endro
- **俄文**：ukrop
- **西班牙文**：eneldo
- **斯里蘭卡文**：enduru
- **瑞典文**：dill
- **泰文**：phak chee lao
- **土耳其文**：dereotu
- **越南文**：tie hoi
  huong

科　　名：	香芹科 Apiaceae（舊稱繖形科 Umbelliferae）
品　　種：	歐洲蒔蘿（European dill，*Anethum graveolens*）、印度或日本蒔蘿（Indian dill，Japanese dill，*A. sowa*）
別　　名：	dill seed（蒔蘿籽）、dillweed（蒔蘿草）、garden dill（花園蒔蘿）、green dill（綠蒔蘿）
中文別名：	刁草
風味類型：	激香型（種子）、濃香型（葉尖／複葉）
使用部位：	種子（香料）、複葉和葉尖（香草）

背後的故事

　　蒔蘿原生於地中海區域以及俄羅斯南部，據知，早在西元前 3000 年古代的巴比倫人和亞述人就已經懂得種植它了。後來羅馬人認識了蒔蘿，並視為活力的象徵：他們把蒔蘿撒在食物上，提供給競技場上的鬥劍士食用。西元第 1 世紀，羅馬學者普林尼就曾寫下與蒔蘿相關的內容。中古世紀的作家們則相信蒔蘿有神奇的特質，能祛除邪惡，增強愛的魔力，而且也是春藥。據了解，英國從 1570 年開始種植，而在 17 世紀時，受歡迎的程度還勝於今日。在美國，蒔蘿籽被稱為是「聚會用籽」，去參加教堂禮拜的人常會身懷一包來啃一啃，以度過禮拜天漫長的佈道時間。

料理情報

可搭配

葉尖（葉）
- 羅勒
- 月桂葉
- 芫荽葉
- 西洋水芹
- 茴香複葉
- 蒜頭
- 歐當歸
- 巴西利

種子
- 多香果
- 月桂葉
- 芹菜籽
- 辣椒
- 肉桂
- 丁香
- 芫荽籽
- 甜茴香籽
- 薑
- 芥末籽
- 胡椒

傳統用法

葉
- 茅屋起司（cottage cheese）和奶油起司（cream cheese）的風味添加
- 雞肉和海鮮白醬
- 炒蛋和歐姆蛋包
- 魚料理
- 沙拉醬和香草醋

種子
- 泡菜，尤其是小黃瓜
- 黑麥麵包
- 胡蘿蔔
- 南瓜（squash）和高麗菜（烹煮時加入）

調和香料

葉
- 沙拉香草
- 海鮮調味
- 蔬菜鹽

種子
- 魚和家禽類調味
- 泡菜用香料
- 摩洛哥綜合香料（ras el hanout）

植株
葉尖

蒔蘿非常耐寒，外表纖細，模樣瘦長，是一年生植物。蒔蘿植株長到 1 公尺（3 呎）左右，葉子絲絲縷縷細如髮，長在直立、光滑、外表閃亮的空心莖幹上。蒔蘿開淡黃色的花，和巴西利、葛縷子、大茴香、芫荽、孜然等都是同一科的成員，有類似的傘狀型頭狀花序，之後則是叢聚結籽。新鮮的蒔蘿葉尖有獨特、類似巴西利的香氣，以及淡淡的大茴香氣味。乾燥後的綠蒔蘿葉尖是墨綠色、細細的，每一絲大約只有 0.3 到 0.4 公分（1/8 到 1/6 吋）長。香氣中有草味，但是比許多乾燥的香草香多了，放進口中後，會很快軟掉，並釋放出巴西利和大茴香的風味，和新鮮蒔蘿相當相近。

種子

蒔蘿種子（蒔蘿籽）實際上就是果實一分為二，它的顏色是淡棕色，有 3 條顏色較淡的細線，或稱油溝，以縱向貫穿整顆種子，每顆種子大約有 0.4 公分（1/6 吋）長，呈卵型。由於大多數種子在採收後分成兩半，所以大多數的蒔蘿籽看起來一面平、一面凸，不過有些種子還是保留了原來那 0.1 公分（1/16 吋）長的蒂，和綠色的蒔蘿葉尖相比，蒔蘿籽的香味和風味都比較濃厚。在乾燥過程中，蒔蘿籽會出現一種獨特的大茴香特色，也有葛縷子的暗香，而新鮮蒔蘿葉中擁有的巴西利暗香則會消失。

其他品種

蒔蘿還有一個品種稱為**印度蒔蘿**（Indian dill 或 sowa，學名：*Anethum graveolens* var. *sowa*），在印度和日本都有種植。印度蒔蘿植株比歐洲蒔蘿小，風味也沒那麼迷人，不過，卻可以透過蒸餾法進行精油的萃取，而這種精油則被用來添加在泡菜和加工食品的製造，以增加風味。

處理方式
葉尖

如果小心製作，新鮮的蒔蘿綠尖是可以自行乾燥的，這樣就能確保這種美妙的香草一年四季都有得供應。無論是為了新鮮現吃，或作為乾燥之用，蒔蘿葉尖最好的採收時間是當植株還尚未完全成熟，花蕾正要開始形成之時。此時將莖

鎮定作用的香草

得知 *dill* 蒔蘿這個名字源自於古諾斯語（譯註：old Norse，14 世紀前斯堪的納維亞人所講的北日耳曼語）*dilla*，意思是「舒緩或安撫」時，不免覺得有趣，字本身就暗示了蒔蘿有鎮定效果，相信對消化系統能發生作用，這也正是哭泣的寶寶會被餵蒔蘿水的原因。

香料生意中的旅行

我們上次去北越的肉桂林時，隨行人員在小鎮中找了一家賣越南河粉的小餐廳，而我們自動把這河粉解釋為中式的米製麵條。這頓餐食全是以湯為底，裡面加了新鮮的綠色蔬菜、麵條或米飯。

我們在一片綠意的湯中發現了份量不少的新鮮蒔蘿葉尖，覺得十分有趣。在澳洲和許多西方國家，我們根本不曾想過新鮮蒔蘿（*Anethum graveolens*）會是亞洲菜的食材之一；不過，當你想到蒔蘿和芫荽葉、胡椒、小荳蔻、孜然和薑黃在科威特燉魚中搭配得多好時，就不覺得蒔蘿美味現身在亞洲菜中有什麼好驚訝的了。下次當你下廚做亞洲式炒菜或湯時，可以試著加入等量的芫荽葉和蒔蘿葉尖，蒔蘿將會帶來一種令人愉悅的清新感，類似大茴香和巴西利的風味。

剪下，用剪刀剪掉毛毛的尾端，再將剪好的葉尖平鋪在一張薄薄、乾淨的吸水紙上（紙巾就很合適），放置在溫暖、通風良好、光線陰暗的地方幾天即可。

蒔蘿也可以用微波爐（參見 30 頁）來乾燥。將 1 平杯（250 毫升）稍微輕壓過的剪好葉尖攤開，鋪在紙巾上，放入微波爐，用高溫微波 2 分鐘，繼續再微波 30 秒鐘，直到葉子摸起來酥酥脆脆為止。

種子

蒔蘿籽是在植物成熟，完成開花，而果實（種子）完整形成後進行採收的。採收的時間通常是清晨或黃昏，那時果實上還會帶著露珠的溼氣，這個溼氣可以避免種子在後來從結實累累的莖上進行脫籽時裂開或落下。

購買與保存
葉尖

新鮮的綠蒔蘿市場就能買到，而且可以容易的保存好幾天。購買外表看起來既亮又新鮮的成把蒔蘿，不要選出現枯萎跡象的。將蒔蘿莖底部 5 公分（2 吋）的長度用鋁箔紙包起來，插到盛水的容器中，放進冰箱的冷藏庫。

乾燥的綠蒔蘿葉尖應該要一直有酥脆感，顏色呈墨綠色，不能有變黃的跡象。乾燥的香草要保存在氣密式的容器中，遠離所有的光源（暴露在光線下會讓顏色變淡，風味很快流失）、熱度和溼氣，保存良好的話，乾燥的蒔蘿風味和

顏色至少能維持 12 個月。

種子

　　蒔蘿籽市場就能買到；整顆裝在氣密式容器中，遠離溫度太高、光線太亮、或潮溼的場所，可以放到 3 年左右。整顆的蒔蘿籽不像綠色葉尖對光線那麼敏感，所以如果要的話，放在香料架子上也沒什麼問題。

　　蒔蘿籽磨成粉後，風味很快就會流失，所以當食譜中說需要蒔蘿籽粉時，我建議你自己動手磨，只要用研磨砵杵或是香料研磨機（沒有研磨機的話，利用胡椒磨罐也行），你就能輕鬆的磨好。在許多應用的例子裡，蒔蘿籽在烹煮的過程中就會變軟，風味也會被釋放出來，所以其實不太需要進行研磨。

應用

　　在今日，蒔蘿籽和新鮮的蒔蘿香草已經進入許多國家的廚房了；而似乎在斯堪地那維亞、德國和俄國，最受歡迎。

葉尖

　　新鮮的綠蒔蘿口感清新、細緻，用量得當的話，可以讓許多不同的食物擁有開胃的效果。蒔蘿複葉（葉和莖梗的合稱）細切和茅屋起司（cottage cheese）和奶油起司（cream cheese）特別搭配，與白醬、海鮮及雞肉料理、歐姆蛋包和炒蛋、沙拉、湯品、蔬菜料理很適合，和多種加料浸泡醋也合搭。蒔蘿葉尖和酸豆已經變成煙燻鮭魚片的「必要」搭配。原味的優格中加入一些蒔蘿葉作為調味醬，拌入新鮮的小黃瓜，就是辛辣料理和味道濃厚的海鮮最佳的佐菜。

種子

　　蒔蘿籽常常用來醃製泡菜，因此「蒔蘿泡菜」之名便給了美式的醃製小黃瓜。蒔蘿籽也用在麵包，特別是黑麥麵包中，它和其他的碳水化合物，如馬鈴薯也很搭配。蒔蘿籽讓一些蔬菜，如胡蘿蔔、櫛瓜、和高麗菜有加分的效果。蒔蘿籽也是異國風味濃厚的摩洛哥綜合香料（ras el hanout）中的一種材料，市售的魚肉和雞肉綜合調味香料中也常發現它的存在。

每茶匙重量（5ml）

- **整個乾燥的蒔蘿葉尖：**
1 公克
- **整粒種子：** 3 公克

每 500 公克（1 磅）建議用量

- **紅肉：** 2 茶匙（10 毫升）蒔蘿籽，1 茶匙（5 毫升）蒔蘿葉尖
- **白肉：** 1½ 茶匙（7 毫升）蒔蘿籽，1 茶匙（5 毫升）蒔蘿葉尖
- **蔬菜：** 1 茶匙（5 毫升）蒔蘿籽，1/2 茶匙（2 毫升）蒔蘿葉尖
- **穀類和豆類：** 1 茶匙（5 毫升）蒔蘿籽，1/2 茶匙（2 毫升）蒔蘿葉尖
- **烘烤食物：** 1 茶匙（5 毫升）蒔蘿籽，1/2 茶匙（2 毫升）蒔蘿葉尖

越式蒔蘿薑黃魚
Vietnamese Dill and Turmeric Fish

我最喜歡的越南菜中就有這一道傳統的「河內燴魚鍋」（hanoi cha ca），這道魚料理採用蒔蘿加上薑黃的魅力組合，而魚露讓味道變得更加濃郁。這道料理上菜時是用小火鍋鍋子直接端上桌的。不要因為所加的蝦醬份量而有所遲疑——味道雖然非常濃烈，但是加了才會對味。朋友麥可是我的美食同好，他的雙親都是越南人，他大方的和我分享他家的私房食譜，現在我很愛做來與家人和朋友共享。

製作4人份			
準備時間： ● **1 小時 30 分鐘** 烹煮時間： ● **15 分鐘**	1½ 磅	鯰魚、烏魚、湄公河的巴沙魚（basa）、吳郭魚、鱈魚皆可，切成 5 公分（2 吋）大小	750 公克

醃製料

¼ 杯	油	60 毫升
1 大匙	砂糖	15 毫升
2 茶匙	蝦醬	10 毫升
2 大匙	薑黃粉	30 毫升
1 大匙	蒜頭粉	15 毫升
1 茶匙	薑粉	5 毫升

醬汁

2 大匙	砂糖	30 毫升
2 大匙	溫水	30 毫升
2 茶匙	蝦醬	10 毫升
2 顆	萊姆，現壓汁	2 顆
1 瓣	蒜頭，剁碎	1 瓣
½ 根	長的紅辣椒，切絲	½ 根
6 盎司	越南米粉（rice vermicelli）	175 公克
3 茶匙	油，分批使用	15 毫升
½ 顆	紫洋蔥，切半後切絲	½ 顆
6 根	青蔥，切斜絲	6 根
1 把	新鮮蒔蘿，切碎	1 把
½ 杯	烤過的花生，壓碎，自行選用	125 毫升

1. **醃製料**：找個大碗，將油、糖、蝦醬、薑黃、蒜頭粉和薑放入混合。把魚肉塊放進去，拌勻，讓醃製料完全沾滿魚肉。蓋上蓋子，放入冰箱冷藏至少一個鐘頭。

2. **醬汁**：找個小碗，將糖、水、蝦醬、萊姆汁、蒜頭辣椒放入混合，攪拌到糖融化。放置一旁備用。

3. 用一大鍋的滾水將河粉煮到軟，大約要 5 分鐘。用漏杓將河粉瀝乾水，在流動的冷水下沖洗 2 分鐘，直到河粉完全冷卻。水分仔細瀝乾，將河粉撈到要上桌的碗中，蓋上蓋子，放置一旁。

4. 大平底鍋開中火，熱 1 茶匙（5 毫升）的油，加入紫洋蔥和青蔥，炒 3 分鐘，直到開始變軟。用有洞的湯杓將洋蔥盛到盤子裡，放置一旁。

5. 把剩下的 2 茶匙（10 毫升）油放到煎鍋裡，魚肉放進去，每一面煎 2 到 3 分鐘，直到魚肉變成蛋白色，用叉子測試時，可以輕鬆的插入。小心的將煮好的蔥和蒔蘿放上去。

6. 要上桌的時候，將河粉分裝到要上桌的碗裡，把魚和混合料放上去，淋上醬汁調味，如果喜歡，可以撒上花生。立刻上桌享用。

優格蒔蘿拌小黃瓜
Yogurt and Dill Cucumbers

這道食譜是我祖母為她的書《*Herbs for All Seasons*》所作。它讓我想起在炎炎夏日的樹蔭下享受一頓清爽的午餐,通常就是紓解白日暑氣最佳的方式,而這道菜清新的小黃瓜菜色正是其中之一。

製作4人份

準備時間:
● 5 分鐘

烹煮時間:
● 5 分鐘

提示 如果想把小黃瓜變成漂亮的薄片,可以用丫型削皮刀,或是刨片器。

2 條	2 大條小黃瓜,去皮,切成縱向長絲(參見左側提示)	2 條
1 杯	原味優格	250 毫升
1 大匙	切碎的新鮮蒔蘿葉尖	15 毫升
些許	海鹽以及現磨的黑胡椒	些許
適量	額外多準備一些新鮮的蒔蘿葉尖,切碎	適量

1. 在一鍋燒開的加鹽水中,把切成薄片的小黃瓜燙 1 分鐘。立刻放到篩盆中,並用流動的冷水沖洗。好好瀝乾。

2. 在淺盤中混合煮過的小黃瓜、優格和蒔蘿,用鹽和胡椒調味,試試鹹淡。一直冷藏到要上桌為止,用另外多準備的蒔蘿裝飾(做好的當天吃最佳)。

西洋接骨木 Elder

Sambucus nigra

各國語言名稱

- **荷蘭文**：vlierbes、vlierboom
- **法文**：baie de sureau
- **德文**：holunderbeere
- **義大利文**：bacca di sambuco
- **葡萄牙文**：sabugo
- **西班牙文**：baya de sauco
- **瑞典文**：fladerbar

石蕊試紙

西洋接骨木莓果提煉出來的一種藍色染料被用來當做石蕊試紙的試劑，遇鹼變綠，遇酸則轉紅。

科　名：	接骨木科 Sambucaceae（舊屬忍冬科 Caprifoliaceae）
品　種：	歐洲接骨木 European elder（*S. nigra*）；美洲接骨木 American elder（*S. nigra canadensis* 也作 *S. mexicana*）
別　名：	black elder（黑接骨木）、bore tree（孔洞樹）、common elder（一般接骨木）、elderberry（接骨莓）、pipe tree（管子樹）
風味類型：	溫和型
使用部位：	莓果（香料）、花（香草）

背後的故事

　　西洋接骨木原生於歐洲、北非、和西亞一帶，自古埃及時代就為人所知了，而與這種植物相關的迷信之多以及各部位在使用上的多樣性，在植物王國中更是少有匹敵。它的嫩芽有一層柔軟的襯皮（pith），簡單往外一推就能形成一個中空的管子，所以才被稱作「管子樹」（tube tree）或「孔洞樹」（bore tree）。17世紀的英國藥草學家卡爾佩柏（Culpepper）曾提過，這種植物對小男孩很有吸引力，會把它拿來做成玩具槍。老樹

可搭配

花

- 歐白芷
- 大紅香蜂草
- 香茅
- 檸檬香桃木
- 檸檬馬鞭草
- 薄荷

莓果

- 多香果
- 肉桂
- 甘草
- 八角

傳統用法

花

- 水果加味水
  （cordials）清新冷飲
- 蔬菜類菜餚

莓果

- 酒
- 果凍
- 蜜餞和果醬

調和香料

- 不常用於調和香料中

不同樹，別弄混

可別把歐洲接骨木和矮接骨木（*Sambucus ebulus*）搞錯了！後者的果實有毒，是強烈的瀉劑。

紋理細密的白色木材被打亮，做成屠夫叉肉用的木籤、鞋匠的鞋底木釘、修補或編織網子的木製網針、木梳、數學儀器，甚至樂器（可能是木管類）。

一般人普遍相信，十字架就是用接骨木製造的，這或許也解釋了為什麼接骨木會變成死亡與不幸的象徵。接骨木幼枝會被拿來與死者一起埋葬，以保護他們免於巫婆的騷擾，也會被用來製作靈柩馬車車夫用的馬鞭。在中古世紀，使用樹籬修剪器時會避免刀子大力修剪到歐洲接骨木生長猖獗的植株，吉普賽人的營火中也不會拿這種樹的木材來燃燒；在歐洲許多地方，歐洲接骨木都和魔法，尤其是黑魔法有關連！說起來真是有點令人費解，這樣一種擁有黑暗名聲的樹木，在日常實用、醫藥和料理方面的運用居然那麼廣泛。

植株

接骨木的品種超過 30 種，帶有不同程度的毒素，而歐洲接骨木是大家最喜歡，也是唯一一種被推薦可以食用的品種。可作為料理之用的歐洲接骨木是一種長相迷人，生氣蓬勃的落葉木，生長條件適合的話，可以長到 10 公尺（33 呎）高。由於它會在樹木的底部周圍長出許多像竹竿一樣的幼苗，所以外表看起來更像樹籬，而非樹木。歐洲接骨木的葉子是墨綠色，形狀像荷蘭薄荷（spearmint）一樣的葉子，長 4 到 8 公分（1 又 1/2 到 3 又 1/4 吋），有細細的鋸齒邊緣。被擦傷之後，葉子會出現一種難以描述的香味，飄著淡淡青草香。

歐洲接骨木的花會形成一片大大的、平頂的奶油白色叢聚，直徑有 7.5 公分（3 吋）。看起來就像用蕾絲精心製作，並設計來支援蜜蜂成群結隊忙碌工作的。新鮮的花朵略有苦味；不過在經過加糖處理，做成歐洲接骨木花調味糖漿（elderflower cordial）這類產品後，花朵怡人的特質就會變得更加明顯。在開花後，深紫色，近乎黑色的莓果會開始長出來；完全成熟後，直徑大約有 0.8 公分（1/3 吋）。

新鮮的歐洲接骨木莓果不應該拿來吃：因為其中含有生物鹼，還帶著點苦味。不過，在乾燥或是烹煮的過程中，味道就會變得比較能令人接受，毒性也會消散。葉子則是完全不要吃，因為其中含有微量的氰化物（cyanide）。

處理方式

花

　　雖說歐洲接骨木在它的原生地歐洲，開花季節只有相對短暫的幾個星期，但在美國和澳洲較為溫暖的區域生長時，花期卻可長達數個月。在歐洲，歐洲接骨木的花會在盛開的時候被採摘，然後堆成堆，放上幾個鐘頭來溫暖。這個步驟會使花瓣變鬆，之後再進行篩選，把花瓣從花柄和花莖上分離出來。

　　要想自行乾燥歐洲接骨木，可以趁清晨，在太陽的熱度尚未發威之時進行採摘。將花頭放在乾淨的紙上，在溫暖、光線陰暗、乾燥的地方放上幾天。

莓果

　　莓果是在完全成熟後採摘的，而且新鮮品只用於烹飪和加工處理，處理時會摧毀裡面的生物鹼。歐洲接骨木莓

香料筆記

　　如果哪一天你決定不要你家的歐洲接骨木了，或是想把它移植到其他地方，那麼祝你好運。我們曾經努力過想擺脫一棵長在鄉下，我們家孩子成長地方的歐洲接骨木，結果卻徒勞無功。首先，我們先試著去砍它，並把樹墩燒掉；當它再長出來後，我們絕望的採用了圍堵的方式去打擊它。不過在我們居住在那裡的期間，該樹依然屹立不搖，之後還長成了一大叢！就我們所知，直到現在它還欣欣向榮！

注意： 如果採用的是新
鮮莓果，而非乾
莓果，用量就要
加倍。

- **蔬菜：**1 杯（250 毫升）
  花
- **紅肉：**1 茶匙（5 毫升）
  乾莓果
- **白肉：**1 茶匙（5 毫升）
  乾莓果
- **蔬菜：**1/2 茶匙（2 毫
  升）乾莓果
- **穀類和豆類：**1/2 茶匙
  （2 毫升）乾莓果
- **烘烤食物：**1/2 茶匙（2
  毫升）乾莓果

果進行乾燥，以備日後烹飪之用的方式和黑加崙極為相似。你可以將成熟的歐洲接骨木莓果進行乾燥，從蒂頭上摘下來，均勻的攤開放在一張單層的紙上，或是以框框住的細網，如防蟲用的紗網上。將莓果放在光線陰暗、乾燥、通風良好，而溼氣也可以蒸發掉的地方。乾燥後，這些莓果看起來就像葡萄乾。

購買與保存

歐洲接骨木的花草茶，也時候健康食品店也能看到，不過，歐洲接骨木莓果倒是很少見到在架上販賣，所以如果想要，可能真的得自己栽種。歐洲接骨木在花園中非常賞心悅目，最好種植在大盆子或大容器中，這樣植株才不會狂長到失控狀態。

乾燥的歐洲接骨木花保存的方式和乾燥的香草一樣，約可保存 1 年。

新鮮的歐洲接骨木莓果可以放在冷凍袋中進行冷凍，並在 6 個月內用完，乾燥的歐洲接骨木莓果應該裝入氣密式容器中，避免放在溫度過高、光線太亮、或潮溼的地方，這樣應該可以保持 3 年。

應用

歐洲接骨木的花和莓果都能用來製酒，雖說一般較常用莓果來將酒類進行染色，特別是葡萄牙生產的波多爾葡萄酒，而不是直接用來生產歐洲接骨木酒。

歐洲接骨木小小的花瓣可以用來製作花草沖泡茶，像是歐洲接骨木花的調和水和花草茶。花朵浸泡在檸檬水中一夜，就能做出清新的飲品；花頭沾上薄薄的麵糊下去炸，能做出獨特的配菜。我母親發現，歐洲接骨木盛開的花用紗袋綁緊，在果糖快煮好之前的 3、4 分鐘放下去煮一煮，能讓醋栗、蘋果或是榲桲果凍產生麝香葡萄的味道。

而歐洲接骨木的莓果吃起來有點像黑加崙，可以做成可口的蜜餞和果醬，和蘋果特別搭味。乾燥的莓果也能加到派裡面，用法和黑加崙一樣。

歐洲接骨木花調味糖漿
Elderflower Cordials

我朋友蘿希每年都會用採自她自家鄉村花園的歐洲接骨木花來製作幾批歐洲接骨木花調味水。不用說，這是一份人見人愛的禮物，夏天時用礦泉水一泡，或是加到綜合果汁飲料或雞尾酒裡，味道都很清新提神。

製作2½杯（625毫升）

準備時間：
● 25 分鐘

烹煮時間：
● 24 小時

 提示 檸檬酸（citric acid）是一種天然的保存劑，還能增加風味，一些備貨較完整的雜貨店和健康食品店裡都能找到。

消毒瓶瓶罐罐時，可以用熱的肥皂水先將瓶子徹底清潔，然後晾乾。將瓶子放在烤盤上，烤箱預熱到攝氏 200 度（華氏 400度），烤 10 分鐘，將瓶蓋放入爐上正在沸騰的水中煮 5 分鐘，之後用乾淨的手小心處理。

● **殺菌過的可封口玻璃瓶**

12 到 14 朵	新鮮的歐洲接骨木花	12 到 14 朵
2 顆	沒有上蠟的大檸檬，果皮及果肉切片	2 顆
1 磅	砂糖	500 公克
1½ 杯	水	375 毫升
2½ 大匙	檸檬酸（參見左側提示）	37 毫升

1. 找一個大碗，將歐洲接骨木、檸檬皮和檸檬片放進去混合，放置一旁。

2. 湯鍋開小火，把砂糖和水放進去，煮 5 到 7 分鐘，要一直攪拌，攪到糖完全融化。火開大，煮到滾。將熱呼呼的糖漿倒到歐洲接骨木花上，攪拌均勻。加入檸檬酸，用廚房毛巾蓋在上面，在室溫下放置 24 小時。

3. 細目的漏杓上襯薄紗棉布，將浸泡的液體倒入瓶罐裡（固體物丟棄），好好封緊。這樣的調味糖漿放在氣密式容器之中，室溫下可以存放 3 個月。

歐洲接骨木花奶油拌水果
Elderflower Fool

奶油拌水果是一種英式甜點，早在冰淇淋現身之前很久就已經存在了。這道甜點相當美味，在夏天也很容易做，那時的歐洲接骨木莓果和花都正盛產。請和義式脆餅 biscotti 一起上桌。

2 杯	動物性鮮奶油或發泡鮮奶油（脂肪含量 35%）	500 毫升
1 杯	法式酸奶油（crème fraiche）	250 毫升
6 大匙	歐洲接骨木花調味糖漿（參見 261 頁）	90 毫升
1/3 杯	糖粉	75 毫升
1/4 茶匙	精純的香草萃取	1 毫升
1½ 磅	新鮮的覆盆子，分批使用	750 公克
5 朵	新鮮的歐洲接骨木花，花朵輕輕摘取下來（參見左側提示）	5 朵

1. 找個大碗，把鮮奶油、法式酸奶油、歐洲接骨木花調味糖漿、糖粉和香草放進去，輕輕打一打。將四分之三份量的覆盆子攪拌進去。把這混合料用湯匙盛入甜點碗盤中，或是馬丁尼酒杯裡，上面放剩下的覆盆子和新鮮的歐洲接骨木花。

土荊芥 Epazote

Dysphania ambrosioides（舊學名為 *Chenopodium ambrosioides*）

各國語言名稱

- **中文（粵語）：** chau hahng
- **中文（國語）：** chou ching
- **捷克文：** merlik、 merlik vonny
- **荷蘭文：** welriekende ganzenvoet
- **芬蘭文：** sitruunasavikka
- **法文：** epazote、thé de Mexique
- **德文：** mexicanischer traubentee
- **匈牙利文：** mirhafu
- **義大利文：** farinello aromatico
- **日文：** Amerika-ritaso
- **波蘭文：** komosa pixmowa
- **葡萄牙文：** erva-formigueira、 mastruz
- **俄文：** epazot、mar ambrozievidnaya
- **西班牙文：** yerba de Santa Maria、 epazote
- **瑞典文：** citronmalla
- **土耳其文：** meksika cayi
- **越南文：** ca dau giun

科　　名：	藜科 Chenopodiaceae
品　　種：	蟲種 wormseed（*Dysphania anthelmintica*）、
別　　名：	American wormseed（美國蟲種）、goosefoot（藜）、Jerusalem parsley（耶路撒冷香芹）、Jesuits tea（耶穌會青草茶）、Mexican tea（墨西哥青草茶）、paico（帕尼可草／土荊芥）、pigweed（豬草）、skunkweed（臭鼬草）
中文別名：	臭草、殺蟲芥、鴨腳草
風味類型：	濃香型
使用部位：	葉子（香草）

背後的故事

　　原生於墨西哥的土荊芥已經被移植到其他地方種植了，最北還可到達紐約市，這裡的公園和民眾家後院都可以見到它自行野生的情況。1732 年，它被引介到歐洲，或許是因它的藥用特質，還曾一度被列在美國藥典（the United States Pharmacopoeia）中，不過，現在通常只有在美國的民俗用藥中才會被提及。

　　隨著拉丁美洲料理的歡迎度逐漸提昇，對於南美洲許多傳統風味的興趣也有回升現象，而其中領頭的就是土荊芥和小萬壽菊（huacatay）。Epazote（土荊芥）這個名稱源自於墨西哥南部與中美洲的納瓦特爾語（Nahuatl）語言，意思是「髒髒的東西，聞起來像動物的味道」──描述得很實在，卻沒什麼讚美的好意思！

植株

　　土荊芥品種很多，但是在墨西哥菜中最常被用來料理的是一種分枝很多的一年生種，樣子長得像生長過茂的荷蘭薄荷（spearmint），高度可以達到 1.2 公尺（4 呎），葉子的顏色不是綠色，就是深紅色與綠色夾雜。

鋸齒壯的葉子長大約 2.5 到 7.5 公分（1 到 3 吋），香味不怎麼好聞，嚐起來的味道倒是不尋常；大多數人對它味道感到習慣的方式，就和對芫荽葉或阿魏（asafetida）差不多。雖然許多園藝人員認為土荊芥是野草，但是很多種植廚房香草的園子裡面現在都有栽種。

其他品種

蟲種（Wormseed，學名 *Dysphania anthelmintica*）之所以得名是因為它能有效對付蛔蟲。不過，蟲種這個品種不會用來料理。

處理方式

土荊芥通常使用鮮品，不過也可以乾燥，方式就和其他綠色香草一樣。想要將葉子乾燥後留待日後使用，先將葉子在紙張或紗網上攤開，放置在光線陰暗、溫暖、通風良好的地方，當葉子變得又乾又脆，很容易碎掉時，就是可以使用了。

購買與保存

土荊芥播種植容易，而土荊芥本身在許多專賣墨西哥產品的零售店都能買到。紮成把的整束土荊芥可以插在裝滿水的玻璃杯中，放在冰箱冷藏庫中保存，它的根部最好能保持完整，土荊芥上面最好蓋一個塑膠袋，就像搭帳棚一樣，以這樣的方式保存，土荊芥能夠維持好幾天。你也可以把洗淨的新鮮分枝用鋁箔紙包住，而邊緣則緊緊摺好，這樣的鋁箔紙包放在冷凍庫，可以放到 1 個月。

乾燥的土荊芥，有些香料零售商處就能買到。乾品雖然無法完美的替代新品，不過乾品使用的方式就和以乾燥香菜（芫荽葉）來代替新鮮葉一樣。乾燥後的土荊芥如果裝在密閉式容器裡，遠離溫度太高、光線太亮、潮溼的場所，大約可以保持 1 年。

應用

墨西哥猶加敦半島（Yucatán Peninsula）上的料理愛用土荊芥，其中以一道叫做「*mole de epazote*」最有特色，

料理情報

可搭配
- 辣椒
- 孜然
- 奧勒岡
- 紅椒粉
- 胡椒

傳統用法
- 墨西哥砂鍋以及豆類菜餚
- 墨西哥玉米餅（tortillas）

調和香料
- 不常用於調和香料中

每 500 公克（1 磅）建議用量
- **紅肉**：1 大匙（15 毫升）乾葉
- **白肉**：2 茶匙（10 毫升）乾葉
- **蔬菜**：2 茶匙（10 毫升）乾葉
- **穀類和豆類**：2 茶匙（10 毫升）乾葉
- **烘烤食物**：2 茶匙（10 毫升）乾葉

這道菜就是山羊肉做的帶湯紅色砂鍋。土荊芥最有名的特點就是能控制餐食中含大量豆子時引起的脹氣（又是一個和阿魏類似的地方），常被用於湯品、許多豆類菜色以及墨西哥捲餅中。用土荊芥時用量得小心計算一下，用得太多會破壞菜餚的風味。

　　土荊芥的確有某些醫療效果，所以市面上買得到以土荊芥製作的藥草茶，不過，不要喝過多，一旦過量（錯誤的觀念是喝愈多愈好），會產生令人不舒服的副作用，包括噁心。

綠莫利辣醬
Mole Verde Sauce

如同名稱所示，這種墨西哥醬料和經典的調和辣醬莫利醬（mole，192 頁）很接近，但是加入了更多「綠色」。煮好之後立即吃進肚子裡好處多多，它和一般的莫利醬不同，時間放得長不會變得更好。和水煮的魚、雞肉和米飯一起上桌食用。

製作6人份

準備時間：
● 15 分鐘

烹煮時間：
● 45 分鐘

提示　乾烤南瓜籽時，平底鍋開中火去炒，鍋子要經常搖動以免南瓜籽燒焦，乾烤 2 到 3 分鐘，直到開始爆跳。
墨西哥胡椒葉可以到賣南美洲食品的市場去找。

● 食物處理器
● 果汁機

2 杯	未去殼、未加鹽的生南瓜籽，烤過（參見左側提示）	500 毫升
2 杯	雞高湯，分批使用	500 毫升
6 盎司	綠色番茄或黏果酸漿（tomatillo），粗切，一顆大概切 4 或 5 片	175 公克
6 片	大片的酸模葉	6 片
4 片	新鮮的墨西哥胡椒葉（Mexican pepper leave、hoja santa，參見左側提示）	4 片
8 枝	大枝的新鮮土荊芥	8 枝
4 根	哈拉皮紐鮮辣椒（Jalapeño chile）	4 根
¼ 杯	油	60 毫升
些許	海鹽及現磨黑胡椒	些許

1. 把食物處理器裝上金屬刀片，將南瓜籽打成細粉，盛到小碗，混入 1/2 杯（125 毫升）的雞高湯，放置一旁。

2. 在果汁機中倒入剩下的 1 又 1/2 杯（375 毫升）高湯，番茄、酸模、胡椒葉、土荊芥和辣椒也放進去，開中速打到所有材料變得滑順。

3. 厚底湯鍋開中火，將番茄的混合材料煮 5 分鐘，要一直攪拌才不會黏鍋，直到湯汁開始變稠並散發香味。轉小火繼續燜煮 20 分鐘，偶而要攪拌一下，直到湯汁變得濃稠。加入南瓜籽的混合材料繼續煮 10 分鐘，要經常攪拌，直到完全混勻並熱透。用鹽和胡椒調味，試試鹹淡後立刻上桌食用。

番茄玉米餅辣湯
Tortilla Soup

初次造訪墨西哥那次，我們到達時已經又累又餓了。當這碗上面點綴著脆脆玉米捲餅條、切丁酪梨、和碎起司的番茄辣湯被端上桌時，我們覺得是上帝聽到我們的心聲了。

製作6人份

準備時間：
● **10 分鐘**

烹煮時間：
● **25 分鐘**

提示 浸泡安丘辣椒：將莖去掉，籽搖出來。把辣椒放在小的耐熱碗中，用沸騰的滾水剛好蓋過。在一旁放置 5 分鐘，直到辣椒變得軟又柔韌。將泡辣椒的水留下來，和高湯一起加入湯裡。

乾燥的土荊芥有一種土香，還帶著煙燻辣椒的味道，不過如果買不到，可以用乾燥的奧勒岡代替。

墨西哥薄餡餅起司（Queso quesadilla）是一種奶油狀的墨西哥軟起司，特別為起司墨西哥薄餡餅（que-sadilla）而製，不過許多用到起司的墨西哥菜也會用到。如果買不到，可以用等量切達起司（ched-dar）削碎來代替。

● 一般的果汁機或是手持式攪拌器

1 大匙	油	15 毫升
½ 顆	紫洋蔥，切好	½ 顆
1 瓣	蒜頭，切好	1 瓣
1 根	安丘辣椒、浸泡好並粗切（參見左側提示）	1 根
1 茶匙	乾燥的土荊芥（參見左側提示）	5 毫升
1 罐	398 毫升（14 盎司）的番茄罐頭，帶汁	1 罐
4 杯	雞高湯	1 公升
些許	炒菜油	些許
3 塊	大塊的玉米捲餅，切成 7.5 x1 公分（3x½ 吋）的長條	3 塊
1 杯	墨西哥薄餡餅起司（queso quesadilla），削碎	250 毫升
2 顆	酪梨，切丁	2 顆
1 顆	萊姆	1 顆
1 杯	新鮮的芫荽葉（香菜），粗切，輕壓成平杯	250 毫升
些許	海鹽和現磨的黑胡椒	些許

1. 大平底鍋開中火熱油，加入洋蔥、蒜頭和辣椒一起攪拌，炒 5 分鐘直到顏色變成金黃色。加入土荊芥、番茄和雞高湯，煮到滾後轉為小火，繼續燜煮 15 分鐘。

2. 這同時，在另外一口平底鍋中加熱 2.5 公分（1 吋）高的油，分批將玉米捲餅條炸 2 分鐘，或到顏色變成金黃色。使用漏勺將炸捲餅盛到下面襯有紙巾的盤子上。

3. 利用果汁機或是攪拌器將湯打到滑順，用鹽和胡椒調味。

4. 要上桌前，將湯舀入湯碗中，上面放上炸玉米餅條、削碎的起司、切丁的酪梨、擠一點檸檬汁，撒上芫荽葉。

變化版本

想要讓湯更豐盛，上桌之前可以加入煮熟的雞肉。

茴香 / 甜茴香 Fennel

Foeniculum vulgare

各國語言名稱

- **阿拉伯文**：shamar
- **緬甸文**：samouk-saba
- **中文（粵語）**：wuih heung
- **中文（國語）**：hui xiang
- **捷克文**：fenykl obecny
- **丹麥文**：fennilel
- **荷蘭文**：venkel
- **芬蘭文**：fenkoli
- **法文**：fenouil
- **德文**：fenchel
- **希臘文**：finokio、maratho
- **印度文**：saunf、sonf、moti sonf
- **印尼文**：jinten manis、adas
- **義大利文**：finocchio
- **日文**：uikyo
- **馬來文**：jintan manis、adas pedas
- **葡萄牙文**：funcho
- **俄文**：fyenkhel
- **西班牙文**：hinojo
- **斯里蘭卡文**：maduru
- **瑞典文**：fankal
- **泰文**：yira、pak chi duanha
- **土耳其文**：rezene、irziyan、mayana
- **越南文**：cay thi la、hoi huong

科　　名：	香芹科 Apiaceae（舊稱繖形科 Umbelliferae）
品　　種：	一般（野生）茴香（common /wild fennel，學名 *F. vulgare*）、佛羅倫斯茴香（Florence fennel，學名 *F. vulgare* var. *azoricum*）、印度茴香（Indian fennel，學名 *F. vulgare* var. *panmorium*）、甜茴香（*sweet fennel*，學名 *F. vulgare* var. *dulce*）
別　　名：	aniseed（大茴香籽）、finnichio（甘茴香）、Florence fennel（佛羅倫斯茴香）、Indian（Lucknow）fennel（印度／印度勒克瑙茴香）
中文別名：	甜茴香、球莖茴香
風味類型：	中和型（種子）、濃香型（花粉、複葉）、溫和型（球莖，蔬菜）
使用部位：	種子和花粉（香料），葉子（香草）

背後的故事

　　和茴香相關的大部分歷史，或許主要得參考野生的多年生品種，而這種品種現在還在托斯卡尼一帶茂盛的生長著。在 20 世紀，義大利人移民到澳洲與美國之前，這種已經被馴化的一年生植物大多還被局限在它原生的義大利。

　　茴香原生於南歐以及地中海一帶，從古時候開始，它的種子就被中國人、印度人和埃及人拿來當做調味品，羅馬人則用它當

可搭配

種子和花粉
- 多香果
- 小荳蔻
- 辣椒
- 肉桂
- 丁香
- 芫荽籽
- 孜然
- 葫蘆芭籽
- 南薑
- 薑
- 芥末
- 黑種草
- 紅椒粉
- 羅望子
- 薑黃

複葉
- 月桂葉
- 細葉香芹
- 蔥韭
- 芫荽葉
- 西洋水芹
- 蒔蘿葉
- 蒜頭
- 巴西利

傳統用法

種子
- 麵包和餅乾
- 義大利香腸
- 馬來式咖哩
- 義大利麵和番茄類菜餚
- 沙嗲醬

花粉
- 魚派
- 培根蛋麵
- 巧克力甜點

複葉
- 沙拉
- 湯
- （由熟肉塊、熟魚塊或蔬菜拼成的）風味冷盤 terrine（當做裝飾）
- 白醬

調和香料

種子
- 咖哩粉
- 印度馬薩拉綜合香料（garam masala）
- 中式五香粉
- 泡菜用香料
- 美國紐奧良肯瓊綜合香料（Cajun spice blends）
- 摩洛哥綜合香料（ras el hanout）
- 孟加拉五香（panch phoron）

花粉和複葉
- 不常用於調和香料

做香料，也拿來當蔬菜吃，所以肯定在將其引介到北歐一事，起了一定的作用，而在北歐，茴香被認識也已經超過 900 年了。西元 961 年，茴香曾在西班牙農業的一份記錄中被提及，查理曼（或稱查理大帝 Charlemagne），西元第 8 世紀法蘭克王國之王、西方之皇，在促進諸多香草植物有計劃的被種植於位在現今德國的皇家農場上，是個重要的人物。茴香正是他種植的植物之一，對茴香擴散到全歐洲，很有幫助。

植株

Foeniculum vulgare var. *dulce*，或稱甜茴香，是一種主要種來生產種子的品種。這種植物在夏天成片成片的開著亮

黃色、傘狀的花朵，接著秋天就結出淡綠色的果實（種子）了。茴香葉（複葉）有淡淡的大茴香（西洋茴香）氣味。

乾燥的甜茴香種子是黃色，帶一點綠色，有些會比較綠——種子愈綠，品質愈好。平均來說，種子長度約 5 公釐（1/4 吋），很多會一分為二，變成一面平坦，一面有曲度。種子縱向有淡淡的、髮絲寬度的線條，有時候你會發現種子還有小小緊緊黏著的柄。茴香種子最初的香味有點像小麥，有淡淡的大茴香清香。吃到嘴裡後，就會釋放出濃烈的大茴香風味，溫暖有辛味（但絕不是辣），有點像薄荷醇（menthol），可以讓口氣清新。茴香種子的特色在烤過以後會產生變化，而乾烤茴香籽在印度和馬來料理中很常見。烤過之後的茴香籽會產生一種獨特的甜味，像極加了赤砂糖。

在義大利，甜茴香的花粉一般會被收集並使用，且現在已經逐漸傳到全世界，當成既有異國獨特風味又昂貴的材料。支持者聲稱花粉的風味就像強化了百倍的茴香。而其稀有性和圍繞在風味上的誇張描述程度已經被提高到類似番紅花的狀態。嚴格來說，這種花粉並非真正花粉，它還包括了相當比例從花中被一併收集的植物物質。雖說茴香花粉味道芬芳怡人又甜蜜，但它可不像又小又有甜香味道的南印度茴香籽（Lucknow fennel seeds），可以當做能夠被接受的替代品，就我來看，它的濃度是稍微被誇大了。

其他品種

野生茴香（Wild fennel，學名 *F. vulgare*）是大型的植物，風味沒有**佛羅倫斯茴香**（Florence fennel，學名 *F. vulgare* var. *azoricum*）那麼好。野生茴香的高度可達到 2 公尺（6 呎）或更高，路邊的水坑和低窪多溼氣的地區經常可以看到它的蹤跡。佛羅倫斯茴香是一年生植物，也是最受歡迎的料理用品種，而它產出來的獨特球莖則被當做蔬菜來吃。這是一種小型的迷人香草，高度 90 公分（35 吋），莖柔軟，像芹菜，上面覆蓋著無數亮綠色、複葉一般的葉子，整株植物給人一種蕨類的印象，經過特別加強培育的球莖是白色、結實的，有些人會把它的植株錯認為大茴香，可能是味道嚐起來像大茴香。

印度茴香籽（Indian fennel seed，學名 *F. vulgare* var.

茴香球莖

茴香球莖是特意栽種到比天然大小還大的尺寸。當球莖長到高爾夫球大小時，要把土堆高，圍在底部周圍，而且底部必須用土覆蓋好。植物再長大時，土也要繼續添加。出現頭狀花序時必須把它移除，以免植物繼續結出種子來。當茴香球莖長到比網球還大時就可以採收了；那時要把根切除，清洗球莖，而且收割十天之內必須用掉。

香料生意中的旅行

我們和種子香料打交道的經驗中，有幾段比較值得記憶，其中有一段是由位於印度西北方古吉拉特邦（Gujarat）朱納格特農業大學（Junagadh Agricultural University）的梅塔博士（Dr. Mehta）作陪，去拜訪一所香料研究站。我興奮的消失在直直挺立的茴香（*F. vulgare*）之中，麗姿看不見我的身影。這種植物產量奇高的花朵上被覆蓋著布，以避免和其他也在進行高產量實驗的品種發生交叉授粉的現象。溫暖的陽光下，我穿越在一排排種子香料之中，耳邊是蜜蜂嗡嗡的聲音，以及葉子被壓碎散發出來的香氣。這讓我想起童年時徜徉在香草及它芳香中的日子，難怪我在這樣的環境中總是感到非常舒服。

panmorium）來源只有印度，而且通常指的就是南印度茴香籽（Lucknow fennel seed）。這個品種的種子大小只有標準茴香籽的一半，而且是亮綠色，顏色和品質優良的小肉桂莢類似，南印度茴香籽有強烈的大茴香香氣，香氣中還夾雜著溫和的甘草味。它嚼起來的味道是甜的，像甘草，所以能成為平時和飯後理想的口氣清新劑。這正是你在印度餐廳收銀機旁看到的那種以亮麗色澤糖衣包覆的東西。

處理方式

茴香的球莖和葉很少會被加工處理，因為它新鮮時才能顯示最好的特質，不過，在許多國家，植株在開完花，果實完全長好後，茴香籽會進行商業性生產。就和大多數的種子作物一樣，茴香是清晨或是黃昏採收，那時候的溼氣（露珠）會讓種子不易碎裂。茴香籽最好在有遮蔭的地方進行乾燥，這樣有助於保留較高比例的綠色，以及香甜的大茴香風味。茴香種子蒸餾後可以製造茴香精油；茴香精油可用於非酒精類飲料、冰淇淋和茴香酒（anisette）這類的利口酒之中。

購買與保存

茴香球莖要帶著複葉狀的綠葉才算完整，果菜販賣商通常會賣，尤其是義大利人經營的店，他們總是把這種蔬菜稱為「finocchio」（茴香）或是「anise」（大茴香，誤稱）。保存球莖茴香時，如果想留下最佳的鮮脆度，可以用碗盛球莖，碗

名字裡的學問

Fennel 這個名字源自於羅馬字 *foeniculum*，意思是「芳香的乾草」。在 16 世紀的義大利，茴香是「奉承恭維」的象徵，因此出現了一種口語的表示方式「*dare finocchio*」，直譯的意思是「給茴香」。在古代希臘，茴香 fennel 是成功的象徵，而 fennel 也被稱為「*marathon*（馬拉松）」，這是西元 490 年希臘打敗波斯，在馬拉松城這個戰場上獲得了空前勝利之後的事。現在的茴香，在世界上所有的溫帶氣候地區都有栽種，或是野生。

每茶匙重量（5ml）

- **整粒未磨籽**：2.1 公克
- **研磨成粉**：2.7 公克
- **花粉**：1.7 公克
- **複葉和球莖沒有乾品**

每 500 公克（1 磅）建議用量

- **紅肉**：1 大匙（15 毫升）種子或複葉，2 茶匙（10 毫升）粉
- **白肉**：1 大匙（15 毫升）種子或複葉，2 茶匙（10 毫升）粉
- **蔬菜**：2 茶匙（10 毫升）種子或複葉，2 茶匙（10 毫升）粉
- **穀類和豆類**：2 茶匙（10 毫升）種子或複葉，2 茶匙（10 毫升）粉
- **烘烤食物**：2 茶匙（10 毫升）種子或粉

中加水蓋住球莖，再進冰箱冷藏，之後可以切成薄環，一環環分開加進沙拉裡，就像洋蔥，球莖幾天之內就必須用完。

茴香籽市面上買得到，不過風味的品質和乾淨程度差異性相當大。種子要找至少還帶著綠色的，買時要注意看，不要買到被小塊沙土或囓齒動物糞便（信不信由你）汙染過的。茴香種子的形狀讓外來物很不容易被篩淘出來，所以對某些商人來說，最省事的方法就是隨便清潔一下。整顆的茴香籽如果裝入氣密式容器中，遠離溫度過高、光線太亮、或潮溼的場所，可以放上 3 年。

研磨好的茴香籽應該是淡淡的黃褐色，帶著一絲絲綠，質地有點粗糙，但是香氣十足。研磨好的茴香籽粉風味可以維持至少 1 年，但前提是必須裝在氣密式容器中，遠離溫度過高、光線太亮、或潮溼的場所。

應用

茴香新鮮的葉（複葉）用法和新鮮蒔蘿草的綠色葉尖大致相同：加到沙拉、白色醬汁、配海鮮、裝飾砂鍋、湯品和肉凍。在整隻魚下面墊一層新鮮的茴香葉放到鍋裡蒸，是讓烹飪時發出香味的傳統方式。

茴香可以對切，當做蔬菜來料理，上面撒上些帕馬森起司，或和白醬或起司醬汁一起上桌。我家還喜歡把新鮮的茴香球莖切碎，混入煮熟的義大利麵中，再加一點橄欖油、撕碎的新鮮羅勒，並撒上一些現磨的帕馬森起司粉。茴香籽則被加進湯品、麵包、香腸、義大利麵和番茄料理中，泡菜、德國酸菜（sauerkraut）和沙拉裡。在印度菜和亞洲菜式中，茴香籽幾乎清一色都被烤過，讓它產生一種相當不同的辛甜風味。雖說喜歡純粹味道的人可能不同意，我個人倒是相當能接受烤過的茴香籽磨粉，烤這個動作很簡單就能進行，只要爐上放個小鍋開中火就行。鍋子熱了之後，加入大概 2 大匙（30 毫升）的粉，輕輕搖晃鍋子避免茴香燒焦。當茴香粉的顏色開始產生變化，並將一股天堂般的濃濃香氣散入空氣之中時，請把內容物倒到盤子上。烤過的茴香籽粉裝入氣密式容器中，遠離溫度過高、光線太亮、或潮溼的場所，可以存放大約 3 個星期。

羊奶起司捲 Rolled Goat Cheeses

這道菜實在細緻味美，茴香花粉最美味的方式就是簡單烤一下，或是直接使用。茴香溫和的大茴香風味與羊奶起司完美結合，讓此菜成為絕佳的開胃菜，手邊方便的話，可以配上醃甜菜（beets）和一些西洋菜（nasturtium）的葉子。

製作2人份			
½ 茶匙	茴香花粉	2 毫升
¼ 茶匙	現磨黑胡椒	1 毫升
5 盎司	厚條的軟式羊奶起司	150 公克

準備時間：
- 5 分鐘

烹煮時間：
- 無

1. 找個小盤子，把茴香花粉和黑胡椒均勻的撒一層，用手指將羊奶起司在調味料上滾動，讓調味料完全包覆上去。要上菜時，換到要上桌的盤子，起司切成 1 公分（1/2 吋）的片狀。你可以事先切好，包在保鮮膜，或是裝入氣密式容器中，最多能放 3 天。

燉茴香 Braised Fennel

燉茴香是搭配烤肉或烤魚的絕佳菜色，它本身就是一道很可口的蔬菜料理，用酥脆的麵包沾菜汁來吃很合味。

製作4人份配菜

準備時間：
- 5 分鐘

烹煮時間：
- 1 小時 15 分鐘

- **20 公分（8 吋）的方型玻璃烤盤**
- **烤箱預熱到攝氏 180 度（華氏 350 度）**

2 顆	球莖茴香，去葉，切成 4 瓣	2 顆
1 顆	檸檬，現壓檸檬汁	1 顆
些許	海鹽和現磨黑胡椒	些許
1 大匙	橄欖油	15 毫升
1 支	大蔥（leek），切絲（約 ½ 杯／125 毫升）	1 支
1 茶匙	薑塊，現磨	5 毫升
¼ 茶匙	孜然粉	1 毫升
¾ 杯	白酒	175 毫升

1. 把球莖茴香一片片在烤盤上並排排好，薄薄的撒上檸檬汁，用鹽和胡椒調味。

2. 煎鍋開中大火，熱油。加入大蔥、薑和孜然，炒 3 分鐘，直到轉成金黃色。倒入白酒，煮到滾。將醬汁倒在茴香上面。

3. 將烤盤的蓋子蓋上，或用鋁箔包好，放到預熱好的烤箱烤 45 分鐘，直到茴香變軟。掀開蓋子，再烤 20 分鐘，直到顏色稍微變焦黃。趁熱上桌或是在室溫放一下。

烤沙嗲雞肉串
Grilled Chicken Satay

我童年居住在新加坡期間，沙嗲雞肉串絕對是我最深愛的記憶之一。我們每次到熱食攤販中心，沙嗲雞肉串一定是第一份必點的食物，那肉質柔嫩的雞肉浸在甜甜的花生醬中燒烤，總讓我們張嘴大吃特吃一番。沙嗲是絕佳的入門款辛辣雞肉款，而這個版本沒有許多市售沙嗲醬（為了防腐必須添加）的嗆酸口感。這種沙嗲醬拿來沾蔬菜沙拉也好吃。

製作6人份

準備時間：
● **15 分鐘**

烹煮時間：
● **20 分鐘**

 提示 如果用木籤來串雞肉，使用前請在水中浸泡 30 分鐘以上，烤的時候才不會起火燃燒。
醬汁可以在 4 天前先做好，裝進氣密式容器中，冰在冰箱裡。如果醬汁變得太濃稠，或是有點乾，只要加點水進去就可以了。萬一倒了太多水進去，爐上開小火攪拌，讓它再次變濃即可。

● **金屬或木頭串籤（參見左側提示）**

沙嗲醬

1 大匙	茴香籽磨成粉	15 毫升
2 大匙	馬來式咖哩粉（參見 718 頁）	30 毫升
1½ 茶匙	棕櫚糖或赤砂糖	7 毫升
1 茶匙	油	5 毫升
1 杯	有顆粒的花生醬	250 毫升
1 茶匙	醬油	5 毫升
些許	水	些許

雞肉

4 塊	無骨雞胸肉（約 1 公斤 /2 磅），切成 4 公分（1½ 吋）大小的丁	4 塊
1 茶匙	油	5 毫升
些許	海鹽和現磨黑胡椒	些許
1 條	小黃瓜，去皮去籽，切成 10 公分（4 吋）的長條	1 條
6 根	青蔥，蔥白和蔥綠切長絲（參見 275 頁）	6 根

1. **沙嗲醬：** 乾的湯鍋開中火，把磨成粉的茴香倒進去持續攪動 30 秒，將咖哩粉也倒入再炒 30 秒。將糖和油倒進去一起攪拌，持續再攪拌 1 到 2 分鐘，直到變成濃厚的黑色醬膏型態。加入花生醬和醬油，混合均勻，加水，攪拌成想要的濃稠度。離火放置一旁。

2. **雞肉：** 找個大碗，把雞肉和油放進去，用鹽和胡椒調味，試試鹹淡，等量串到 6 支叉籤上。覆蓋一下，放入冰箱冷藏，要料理時再拿出來。

3. 將烤肉架或烤盤以高溫加熱，將烤串放進去烤到雞肉熟透，並有點微焦（風味更佳），每一面大約要 4 到 5 分鐘。趁熱上桌食用，用小黃瓜和青蔥裝飾。沙嗲醬淋在上面或放在一旁沾用。

提示 切長絲（julienne）是把食材切成長條狀的用語，厚度約 0.3 公分（1/8 吋），長度 7.5 公分（3 吋）。這裡也可以使用雞腿肉，只是烤的時候，每一面要多烤 2 分鐘左右。

葫蘆巴 Fenugreek

Trigonella foenum-graecum

科　　名：豆科 Fabaceae（舊稱豆科 / 荳科 Leguminosae）

品　　種：blue fenugreek（藍葫蘆巴，學名 *T. melilotus-caerulea*）

別　　名：bird's foot（鳥腳）、cow's horn（牛角）、foenugreek（葫蘆巴）、goat's horn（山羊角）、Greek hayseed（希臘乾草種子）、methi（梅希草）

中文別名：雲香草、香草、苦草、苦豆、苦朵菜、香苜蓿或香豆子

風味類型：激香型（種子）、濃香型（葉）

使用部位：種子（香料）、葉（香草）

背後的故事

　　葫蘆巴的拉丁植物學名 *Trigonella* 指的是它三角形的花，*foenum- graecum* 的意思是「希臘的乾草」，名字是羅馬人從希臘將此草帶來時命名的。它的葉子在從前是用來幫陳舊乾草或是酸掉的乾草增加香甜氣味的，讓乾草對牛隻來說吸引力較高，甚至到了今天，牛馬的飼料裡還是會添加這種草——很多人相信，它會讓牛馬的胃口變好，毛色油亮。葫蘆巴原生於西亞和南歐，在該區的野外已經生長了好幾世紀，這得歸功於它的耐寒特性。現在地中海地區、南美洲、印度和中亞許多地方都已經有人工種植。

料理情報

可搭配

葉與種子
- 多香果
- 小荳蔻
- 辣椒
- 肉桂
- 丁香
- 芫荽籽
- 孜然
- 茴香籽
- 南薑
- 薑
- 芥末
- 黑種草
- 紅椒粉
- 胡椒
- 八角
- 羅望子
- 薑黃

傳統用法

葉
- 蔬菜和魚咖哩
- 菠菜和馬鈴薯菜色

種子
- 印度咖哩
- 美乃滋（想要有刺激、類似芥末的口感）
- 萃取物用於製作類楓糖糖漿

調和香料

葉
- 不常用於調和香料中

種子
- 柏柏爾綜合香料（berbere）
- 咖哩粉
- 葉門葫蘆巴香辣醬（hilbeh）
- 孟加拉五香（panch phoron）
- 印度香辣豆湯粉（sambar powder）
- 葉門蘇胡克辣醬（zhug）

據了解，這種植物是最早被人工栽種的植物之一；醫學文獻中的證據顯示，西元前 1000 年，埃及人在防腐過程中就已經在使用。查理曼大帝在西元 812 年曾在中歐推廣種植，此舉有助於提高它的受歡迎程度。

葫蘆巴的味道讓我想起小時候祖母在剝豆子時，我在一旁生吃的味道。

植株

葫蘆巴是小型的、纖細、直立的一年生香草植物，屬於豆科家族的一員，外表和苜蓿芽（alfalfa，lucerne）類似，它的葉子是亮綠色，有 3 片小小的橢圓形葉。葫蘆巴開黃白色的花，果實長 10 到 15 公分（4 到 6 吋），形狀具有典型的豆類特質，外表像迷你的蠶豆，裡面有 10 到 20 顆種子，「山羊角」和「牛角」這些俗稱指的就是種子豆莢的形狀。

葫蘆巴種子就像硬梆梆的金棕色小石頭，長度約 0.3 到 0.5 公分（1/8 到 1/4 吋）。種子的一面有一條深深的皺紋，看起來好像用指甲摳下去一樣。種子的香味帶點辛辣的刺激感，味道苦苦的，有豆味。葫蘆巴籽經常會被烤過，以凸顯苦味，並釋放出一些堅果的焦甜味與楓糖的特質，種子乾烤時要小心，不要烤過頭，不然會非常苦。

找個時間在朋友身上試試看：我開香料欣賞課程的時候，最喜歡的猜猜看遊戲之一就是拿一整盤葫蘆巴籽，請大家傳著聞聞看。我請大家想像一下這是哪種超市買得到的人工甜味糖漿，因為這產品裡會用葫蘆巴籽的萃取物和另外一種材料來調味。20 個人裡面有時候有 1、2 個人會猜對：答案是，仿楓糖糖漿！答案一揭曉，似乎就會覺得味道實在太明顯了。

實用的處理方式

我記得曾在印度的古吉拉特邦（Gujarat）看過一種非常好用的葫蘆巴籽脫粒方法。葫蘆巴被剪下來堆成一堆，一輛牛車則以繞圈圈的方式不斷的從上面碾壓過去，把豆莢弄破，露出裡面的種子。這時被壓碎的葫蘆巴會被裝到一個直徑有 2 公尺（6 呎）的篩子裡，由幾位年輕力壯的男人進行搖晃，將種子從豆莢和莖柄上剝離。沒有多久，這些搖晃篩子的男人就站在深及腳踝的金黃色葫蘆巴籽裡了。

乾燥的葫蘆巴葉是由細細的鬚狀莖柄以及 3 片葉糾結而成的淡綠色片。香氣中帶著青草味和溫暖，還有淡淡的椰子香，味道嚐起來和種子類似，只是沒有其中的苦味。

其他品種

葫蘆巴有一個較不為人所知、味道比較溫和、也比較不苦的品種，**藍花葫蘆巴**（blue fenugreek，學名 *Trigonella melilotus-caerulea*）。這個品種原生於高加索山脈（Caucasus）和東南歐一帶，名稱的由來就是因為它開藍色花。它的料理用途顯然只限制在產地一帶，那裡大多用它來幫起司和麵包增添風味。

處理方式

葫蘆巴從種子播種後，3 到 5 個月就能成熟。最常見的收穫方式是把整棵植物連根拔起，在陽光底下乾燥，這樣種子就能很輕鬆的脫粒了。之後種子會再度乾燥一次，達到大約 10% 的溼度，這是最佳的保存溼度。

購買與保存

葫蘆巴葉，或是印度人的叫法：methi ka saag，在專門的香料店通常可以買得到乾品。品質最佳產品顏色是豆綠色、沒有變黃跡象，而且有陽光晒過的乾草香氣，與明顯的豆香。保存時，放在氣密式容器，不要見光是很重要的，因為一見了光，顏色就會轉白，風味也會喪失。

葫蘆巴種子在品質上的差異倒是不大，不過，由於它的外表有如石頭，所以清潔不徹底是很常見的事，也容易混入真正的石頭。因此，要把葫蘆巴種子放進香料或胡椒研磨器之前要仔細檢查過。

每茶匙重量（5ml）

葉
- **整片**：0.4 公克

種子
- **整粒未磨籽**：4.5 公克
- **研磨成粉**：3.5 公克

每 500 公克（1 磅）
建議用量

葉
- **紅肉**：2 茶匙（10 毫升）乾葉
- **白肉**：2 茶匙（10 毫升）乾葉
- **蔬菜**：1½ 茶匙（7 毫升）乾葉
- **穀類和豆類**：1 茶匙（5 毫升）乾葉
- **烘烤食物**：1 茶匙（5 毫升）乾葉

種子
- **紅肉**：1 茶匙（5 毫升）整顆未磨，1½ 茶匙（7 毫升）研磨成粉
- **白肉**：1/2 茶匙（2 毫升）整顆未磨，3/4 茶匙（3 毫升）研磨成粉
- **蔬菜**：1/2 茶匙（2 毫升）整顆未磨，3/4 茶匙（3 毫升）研磨成粉
- **穀類和豆類**：1/2 茶匙（2 毫升）整顆未磨，3/4 茶匙（3 毫升）研磨成粉
- **烘烤食物**：1/4 茶匙（1 毫升）整顆未磨，1/2 茶匙（2 毫升）研磨成粉

購買研磨好的葫蘆巴籽粉時要少量購買：因為一磨成粉，風味很容易就會散失。要裝在氣密式容器中，遠離溫度過高、光線太亮、或潮溼的場所，整顆種子可以放到 3 年或以上；不過磨成粉後，就只能放 1 年。

應用

葫蘆巴籽常和苜蓿芽與綠豆（mung，moong 學名：*Vigna radiata*）這類混合的芽菜放在一起，或是單獨發芽，加入沙拉裡。它的葉有一種獨特的香味，與蔬菜與魚咖哩搭配相得益彰，和菠菜、豆子、和馬鈴薯類菜色搭配也很合適。

葫蘆巴籽對於食品製造業很重要，因為它的籽能提煉萃取來製作人工的楓糖糖漿，也能用於泡菜和烘焙食品。咖哩香料中常會添加葫蘆巴，以產生一種獨特的嗆感和微微的苦味，和火辣辣的葡式溫達露咖哩（vindaloo curries）中的一樣。

在菜餚中添加葫蘆巴時要謹慎，如果這種價格不高的香料添加過量，就會出現有時在廉價咖哩中會發現的情況：苦味太重，破壞整個混合的均衡。在孟加拉五香（panch phoron，參見 748 頁）中，葫蘆巴籽是很重要的材料，這種以多種種子香料進行混合的香料用途很廣，拿來製作咖哩時，一開始通常會先用油炒香，或是添加到辣味的糕點和馬鈴薯菜色中。

研磨成粉的葫蘆巴籽可以加到美乃滋裡，方式就和芥末粉一樣，它的口感和芥末類似，但是沒那麼辣。

葉門葫蘆巴香辣醬
Hilbeh

葉門葫蘆巴香辣醬（hilbeh）是一種美味的葉門調味醬，有葫蘆巴、香菜和辣椒。葫蘆巴籽很少會被拿來當做主角，不過吃過這個醬之後，你會想問為什麼。葫蘆巴籽在經過一夜的浸泡後會變得有點膠狀，成為極佳的醬料材質。葫蘆巴香辣醬的用法和哈里薩辣醬（harissa，參見 737 頁）類似，可以加到湯品或燉品中，也可以擺在酥炸鷹嘴豆蔬菜丸（法拉非，falafel）或旋轉烤肉串卡巴（meat kebabs）旁一起上菜，還能單獨當做沾醬。

製作1杯（250毫升）份

準備時間：
● 24 小時

烹煮時間：
● 無

● 果汁機

2 大匙	葫蘆巴籽	30 毫升
3 杯	水，分批使用	750 毫升
2 杯	香菜（芫荽葉），輕壓成平杯	500 毫升
1 根	綠色長條辣椒，去籽切好	1 根
4 瓣	蒜頭，切碎	4 瓣
2 大匙	現壓檸檬汁	30 毫升
1 茶匙	細海鹽	5 毫升
1 大匙	油	15 毫升
2 到 6 大匙	水	30 到 90 毫升

1. 找個小碗，用一杯（250 毫升）水把葫蘆巴籽浸泡起來，在一旁放置 24 小時，這期間，水瀝乾，換兩次水（水濁了就換），泡好之後，種子就會變得柔軟，像果凍一樣。用細目的篩漏將水瀝乾。

2. 把備好的葫蘆巴、芫荽葉、辣椒和蒜頭放進果汁機中混合，用瞬轉方式打到內容物變得滑順。加入檸檬汁、海鹽和油繼續打，加入 2 大匙（30 毫升）的水，再打到成膏狀（需要的話，可以再加更多水，打成你要的濃稠度）。這種香辣醬裝入氣密式容器中，冰在冷藏庫可以放到 3 個星期之久。

變化版本
在步驟 2 可以加入 2 顆去皮去籽的番茄，和檸檬汁、鹽、以及油一起打。

腰果咖哩
Cashew Curry

這道菜可以完美示範香料能將腰果和椰奶的濃郁口感襯托得多麼出色。食譜是我參加父母親舉辦的香料探索之旅，在印度的拉克西米維拉斯宮（Laxmi Vilas Palace）吃過以後研究出來的。這個地方是一個古老的皇家狩獵屋子，位於印度的阿格拉（Agra）和齋浦爾（Jaipur）之間，四周圍繞著芥末田。這是可以和朋友分享的美妙素食佳餚，上桌時，可以當成宴席中的一道菜，也可以單獨搭配米飯，在旁邊以新鮮的芫荽葉（香菜）裝飾。

製作6人份

準備時間：
● **15 分鐘**

烹煮時間：
● **1 小時**

 提示 你可以提前一天把醬汁做好，不過在步驟 2 加完椰奶後就先停住，把醬汁倒入氣密式容器中放進冰箱冷藏到要用之時。要吃的時候，只要繼續進行下面的步驟，加入印度家常起司（paneer）和葫蘆巴後，再熱透即可。如果找不到印度家常起司，可以用等量的老豆腐代替。

● 果汁機或食物處理器

2 茶匙	黃咖哩粉	10 毫升
1 大匙	油	15 毫升
1 顆	洋蔥，切碎	1 顆
2 瓣	蒜頭，壓碎	2 瓣
1 茶匙	印度恰馬薩拉綜合香料（chaat masala，參見 704 頁）	5 毫升
1 茶匙	細海鹽	5 毫升
2½ 杯	生的無鹽腰果	625 毫升
1 杯	水	250 毫升
1 罐	椰奶（400 毫升 /14 盎司）	1 罐
2 磅	印度家常起司（paneer cheese），切成 2.5 公分（1 吋）大小的丁（參見左側提示）	1 公斤
½ 杯	新鮮葫蘆巴葉，輕壓一下	125 毫升
¼ 杯	新鮮香菜	60 毫升

1. 大的乾煎鍋中開中火，把咖哩粉炒 1 分鐘，直到變成金黃色並散發出香氣。倒入油和洋蔥，炒到洋蔥變軟，大約 2 分鐘。加入蒜頭再炒 2 分鐘，直到蒜頭變軟。把印度恰馬薩拉綜合香料和鹽倒進去拌炒。加入腰果和水，轉成小火，燜煮到堅果變軟，大約要 45 分鐘。

2. 把咖哩的混合材料盛起來，倒入果汁機或換上金屬刀片的食物處理器中，高速攪拌到材料變得滑順。將醬汁倒回鍋中，開中火，加入椰奶，混合均勻。把印度家常起司和葫蘆巴加進去，加熱到完全熱透。以芫荽葉裝飾後上桌。

黃樟粉 Filé Powder

Sassafras officinalis（也稱為 *S. albidum*、*S. sassafras*、*Laurus albida*）

各國語言名稱

- 阿拉伯文：sasafras
- 中文（粵語）：
  wohng jeung
- 中文（國語）：
  huang zhang
- 捷克文：kastan
  belavy
- 荷蘭文：sassafras
- 法文：sassafras
- 德文：
  fenchelholzbaum
- 匈牙利文：
  szasszafrasz baberfa
- 義大利文：
  sassafrasso
- 日文：sassafurasu
- 葡萄牙文：sassafras
- 俄文：lavr
  amerikanski
- 西班牙文：sasafras
- 越南文：cay de vang

科　　名：樟科（Lauraceae）

別　　名：ague tree（洋檫木）、gumbo filé（秋葵費里）、
red sassafras（紅檫木）、sassafras leaf（檫木葉）、
silky sassafras（絲檫木）、white sassafras（白檫木）

中文別名：美國檫樹、美洲檫木、白檫、紅檫、黃樟

風味類型：溫和型

使用部位：葉（香草）

背後的故事

原生於墨西哥灣的黃樟樹被認為是第一種引進歐洲的美國藥用植物。它在 1564 年被西班牙的藥用植物學家尼可拉斯・孟納爾德斯（Nicolas de Monardes）鑑定，而他的大名則被用來命名某個屬的植物。這種植物的根和樹皮經過蒸餾之後，可以提煉藥用的精油，而精油也能作為黃色染料的來源、製作香水和香皂的香氛、並當做無酒精飲料的風味添加劑。在美國的維吉尼亞州，某種麥根啤酒就是用這種樹根部長出的新芽來製作的。黃樟精油現在已經被美國食品藥物管理局以及其他許多國家禁止用於食品，因為其中含有被認為會導致肝癌的黃樟素（safrole），由根部製造而成的黃樟粉也被許多國家禁用了，絕對不可以內服。

黃樟粉在料理上的應用是由美國東南部的喬克托人（Choctaw，譯註：美洲原住民部族之一。美國東南部指的是

今天的密西西比州、佛羅里達州、亞拉巴馬州及路易斯安那州一帶）所帶起的，在食用上是安全的。喬克托人會把黃樟的嫩葉拿來乾燥並研磨，在紐奧良的市場上販賣，當做調味品以及湯品與燉品的濃稠劑。

植株

請不要和黑檫木（香皮檫 black sassafras，學名 *Antherosperma moschatum*）弄混，這是一種原生於澳洲的樹木，據報導是有毒的。黃樟粉是由美洲檫木的嫩葉所製作，這種樹木是高 30 公尺（100 呎）的落葉木，有纖細的枝椏、平滑的橘褐色樹皮以及寬闊的卵形樹葉。開小小的綠黃色花，花開形成 5 公分（2 吋）長的花簇，並長出帶有紅色莖柄的藍黑色果實。葉子可以長到 12.5 公分（5吋），但是用來製作黃樟粉的葉是採用 5 到 7.5 公分（2 到3 吋）的小葉。黃樟粉是墨綠色的，質地細膩，香味有點像是乾燥的風輪菜，風味則會讓人想到味道溫和的混合香草，主香是百里香和馬鬱蘭香。

購買與保存

不要把黃樟粉（Filé powder）和上面曾經敘述過的檫木粉或油弄混（通常是由樹皮或樹根製作而成，味道濃烈、像肉桂，有藥物的口感）。雖說黃樟樹中含有對肝臟有毒性的黃樟素，拿葉來做為料理之用倒是無妨的。不過，無論是料理用還是醫藥用，都不建議使用樹根或樹皮。

由樹葉製作的粉顏色是墨綠色，質地非常乾燥而細緻。裝入氣密式容器中時要遠離光線太亮的場所，尤其要避免溼氣，因為粉末會吸收周圍的溼氣，加速品質的劣化。保存在理想狀態下的黃樟粉可以存放 1 年以上。

應用

黃樟粉最受歡迎的用法是當成秋葵濃湯的濃稠劑。

料理情報

可搭配
- 羅勒
- 辣椒
- 肉桂
- 芫荽籽
- 茴香籽
- 蒜頭
- 洋蔥
- 紅椒粉
- 巴西利
- 胡椒
- 百里香

傳統用法
- 秋葵濃湯（濃稠劑）

調和香料
- 不常用於調和香料中

每茶匙重量（5ml）
- 整粒未磨籽：2.6 公克

每 500 公克（1 磅）建議用量
- 白肉：2 大匙（30 毫升）
- 蔬菜類：2 大匙（30 毫升）

秋葵濃湯 Gumbo

秋葵濃湯（Gumbo）是一道美國南部名湯／燉菜，是地區性的本地、法國、西班牙和非洲文化的大結合。傳統上的加稠方式是放秋葵，但是喬克托人（Choctaw）在 18 世紀中期引入了黃樟粉（filé powder）。我先生從前和朋友們去參加紐奧良的爵士節慶典時，天天都是靠著這道秋葵濃湯來撐過這場讓人精疲力竭的慶典。他還記得這湯的滋味有多棒；家裡的音樂或許沒有現場來得生動，不過這個版本的湯倒是會令人豎起大拇指稱好。

製作6人份

準備時間：
● **15 分鐘**

烹煮時間：
● **45 分鐘**

提示 製作魚骨頭高湯：湯鍋開中火，將 500 公克（1 磅）的魚骨頭、1 條胡蘿蔔、1 枝芹菜管、1 顆洋蔥切好，再加入 3 根新鮮的巴西利。加入 8 杯水（2 公升），燜 45 分鐘，把浮在上面的泡沫渣撈掉。用細網目的漏杓將湯汁過濾，固體內容物丟棄。

2 大匙	油	30 毫升
1 大匙	中筋麵粉	15 毫升
1 顆	小顆的洋蔥，切丁	1 顆
½ 個	青椒，去籽切成 1 公分（½ 吋）大小的丁	½ 個
2 瓣	蒜頭，切碎	2 瓣
2 顆	成熟的番茄，去籽切成 1 公分（½ 吋）大小的丁	2 顆
¼ 杯	番茄醬	60 毫升
1 大匙	美國紐奧良肯瓊綜合香料（參見 703 頁）	15 毫升
½ 茶匙	乾燥的百里香	2 毫升
1 片	月桂葉	1 片
½ 茶匙	細海鹽	2 毫升
½ 茶匙	現磨黑胡椒	2 毫升
10 條	秋葵，切成小片	10 條
4 杯	魚骨頭湯（參見左側提示）	1 公升
4 盎司	干貝	125 公克
6 盎司	中等大小的生蝦，去殼抽沙腸	175 公克
6 盎司	綜合海鮮，如蟹肉、淡菜、蚵或蛤蠣	175 公克
1½ 茶匙	黃樟粉	7 毫升
3 杯	煮熟的長米	750 毫升

1. 大的不鏽鋼鍋開中火，熱油，倒入麵粉炒，持續攪拌直到變成金棕色的膏狀。倒入洋蔥、青椒，炒到洋蔥變透明。把番茄和番茄醬加進去，以中火繼續加熱 5 分鐘，期間要常常攪拌，直到混合均勻，湯汁變濃。加入肯瓊綜合香料、百里香、月桂葉、鹽和胡椒，攪拌均勻。加入秋葵煮 5 分鐘，直到秋葵變軟。把高湯倒進去，攪拌均勻，煮到滾，火轉小，繼續燜煮 30 分鐘。加入干貝、蝦子和綜合海鮮，調整火的大小，讓湯汁能繼續燜煮。煮 5 分鐘，直到海鮮變熟。

2. 找一個小碗，把 1 杯（250 毫升）事先備好的高湯和黃樟粉打勻（會變得非常濃稠，黏呼呼的，這是正常現象）。倒入湯中，繼續煮 2 到 3 分鐘，直到湯汁變稠（參見左側提示）。

3. 上桌前，把煮好的飯平均分到 4 個深碗中，將秋葵濃湯澆在上面。立刻端上桌食用。

變化版本

如果想讓味道溫和，但是稍微鹹一點，可以用等量的紐奧良克里奧綜合調味料（Creole seasoning，參見 709 頁）取代肯瓊綜合香料粉。

提示 如果你使用的綜合海鮮中有蚵或蟹肉，起鍋前幾分鐘再下鍋，以免煮得太老（蚵和蟹肉變硬，變成乳白色就可以了）。

黃樟粉再次加熱時會變得黏糊糊的，所以除非打算把秋葵濃湯一次全吃完，才能把黃樟粉的量一次下足。秋葵濃湯如果提前做好，要上桌前再加黃樟粉就好。建議的用量是每 4 杯湯（1 公升）用 1 到 2 茶匙（5 到 10 毫升）的黃樟粉。

南薑 Galangal

Alpinia galanga

各國語言名稱

- **阿拉伯文**：khalanjan
- **緬甸文**：pa-de-gaw-gyi
- **中文（粵語）**：gou leuhng geung、huhng dau kau、saan geung
- **中文（國語）**：hong dou kou、shan jiang
- **捷克文**：galgan obecny、kalkan
- **丹麥文**：galanga
- **荷蘭文**：grote galanga
- **法文**：grand galanga、souchet long
- **德文**：Galanga、Galgant
- **希臘文**：galanki
- **印度文**：kulanjan、kosht- kulinjan
- **印尼文**：laos
- **義大利文**：galanga
- **日文**：garanga、nankyo
- **馬來文**：lengkuas
- **葡萄牙文**：gengibre de laos
- **俄文**：galgant
- **西班牙文**：galanga
- **泰文**：khaa、dok kha
- **土耳其文**：galanga
- **越南文**：rieng nep、son nai、cao luong khuong

科　　名：	薑科（Zingiberaceae）
品　　種：	大高良薑（greater galangal，學名 *A. galanga*）、小高良薑（lesser galangal，學名 *A. officinarum*）、山奈（kenchur，學名 *Kaempferia galanga*）
別　　名：	galanga（良薑）、Java root（爪哇根）、Laos powder（寮根）、lengkuas（高良薑）、Siamese ginger（greater galangal 暹邏薑、大高良薑）；China root（中國根）、Chinese ginger（中國薑）、colic root（腹痛根）、East Indian catarrh root（lesser galangal，東印度感冒根）、kentjur（沙薑）、kencur（印尼文良薑 kenchur）
中文別名：	高良薑、大高良薑、良薑、藍薑、山奈、沙薑、三奈
風味類型：	激香型
使用部位：	根莖（香料）

背後的故事

　　大高良薑（Greater galangal，學名 *Alpinia galanga*）是最常用於料理的品種，原生於爪哇。小高良薑（Lesser galangal，學名 *A. officinarum*）通常是藥用，原生於中國

南方。南薑被列於與遠東的交易項目之一,而這兩個品種在西元 869 年的歐洲都已經有記錄。古代的印度人就知道南薑了,而阿拉伯人則用它來餵馬,讓馬的活力提高。在亞洲,南薑粉被拿來當做鼻煙(如果大力一吸,南薑粉清鼻的效果倒是值得稱道。譯註:泰國有一款草藥的錫罐通鼻筒,南薑是其中一種主要成分,號稱有提神醒腦、通鼻的效果)。「*galingale*」這個古詞可以同時用來表示南薑(galangal)以及菖蒲(sweet flag,也稱為 calamus,參見 132 頁)的根。

植株

南薑有不同的品種,但全部都是薑科植物(Zingiberaceae),這一點從這些熱帶植物的外觀上就可以看出,他們都有長長的、像劍一樣的綠葉,以及類似薑的根莖。

大高良薑是最常用於料理的品種,可以長到大約 2 公尺(6 呎)高,開著帶淡綠色的白色蘭花形花朵,上面有深紅色的脈紋到尖端。紅色的莓果中有種子,有時候可以代替小荳蔻。地底下糾結的根莖有淡淡的橘褐色外皮,以及深深淺淺的「虎紋」圈,淡黃色的果肉則在根莖裡面。

大高良薑的香味會讓人想到薑,有一種又嗆又刺鼻的香氣,口感和薑類似,咬下去會辣但味道清新。大高良薑磨成的粉呈乳白的米色;質地粗、比較蓬鬆,有時候有纖維感。

小高良薑高大約 1 公尺(3 呎),根莖是橘紅到鏽褐色,有類似的條紋,果肉是淡棕色。這個品種可以藥用,除了在馬來西亞和印尼的藥方中有限定的用途外,很少用於料理。

可搭配
- 多香果
- 小荳蔻
- 辣椒
- 肉桂和桂皮
- 丁香
- 芫荽籽
- 孜然
- 葫蘆芭籽
- 薑
- 芥末
- 黑種草
- 紅椒粉
- 羅望子
- 薑黃
- 莪述

傳統用法
- 泰式湯品
- 亞洲咖哩和炒菜
- 海鮮菜餚
- 參巴辣醬(sambal pastes)

調和香料
- 泰式紅咖哩和綠咖哩綜合香料
- 仁當咖哩(rendang curry)粉
- 叻沙綜合香料粉(laksa spice mixes)
- 摩洛哥綜合香料(ras el hanout)

其他品種

山奈（Kenchur，學名 *Kaempferia galanga*）看起來和小高良薑類似，有紅褐色的外皮，不過，它裡面的果肉卻沒什麼纖維感，磨成乳白的米色後，有香甜的香味，會讓人想到鳶尾花根（orris root）磨成的粉。山奈口味比大高良薑溫和，幾乎不辣。

優良替代品

想要比較溫和但依然芬芳的口感時，以山奈粉（Kenchur powder）來代替南薑也是蠻有趣的。

處理方式

要製作南薑和山奈粉，根莖上的小出芽要先拿掉。外皮也會刮一點掉，以加速乾燥的速度（通常在陽光下曝晒），這樣只要幾天就能晒好。要研磨成粉之前，根莖要

先擦磨一番，這個動作包括了在篩籃中翻轉滾動，把大多數殘留的小根和外皮除掉。

購買與保存

新鮮大高良薑的根莖，大多數的亞洲菜市場和其他專門產銷店都能買到，這種南薑看起來像薑，但是被條紋一圈圈圍繞，和新鮮薑黃的紋圈比，比較大圈，但是沒那麼偏橘色。

新鮮的根莖應該要飽滿、結實、乾淨才好。存放在櫥櫃中開放式容器的方式和你保存新鮮的薑、洋蔥及蒜頭是一樣的；可以放到 1 個星期。南薑的根莖也可以整塊進冰箱冷凍，但應該要在 3 個月之內用完。

南薑切片的乾品在亞洲店和專門的香料店裡通常都能買到。保存在氣密式容器中，放在涼爽、乾燥的地方，可以放到 2、3 年之久。

南薑和山奈的研磨粉要少量購買，這些粉在研磨之後 12 個月左右就會失去風味，其保存方式和其他香料的研磨粉一樣。

應用

南薑是許多東南亞料理中一種很重要的材料，特別是泰式料理。在泰國極受歡迎的泰式酸辣湯，如泰式酸辣蝦湯（tom yum kung）中，就能發現新鮮研磨或是切成片的南薑，以及香茅和箭葉橙葉（泰國酸柑葉）。要準備料理用的新鮮南薑時，可以先用刀子把薑皮刮掉，之後，按照食譜上的指示，將南薑切成薄片，或用廚房刨刀將根莖磨成細末。

南薑粉除了被加在泰式綠咖哩、紅咖哩中，在中國、馬來西亞、新加坡和印尼的料理中也有一席之地。南薑撲鼻的香氣有助於中和魚腥味，所以經常用於海鮮料理中，方式就和薑類似。南薑粉是參巴辣醬裡的重要成分，參巴辣醬是一種很辣的亞洲醬料，用辣椒、乾蝦仁、羅望子水製作而成；它也是充滿異國風味的摩洛哥綜合香料（ras el hanout）中的成分之一。

每茶匙重量（5ml）

- **整片切片乾品的平均重量：**2.5 公克
- **研磨成粉：**2.3 公克

每 500 公克（1 磅）建議用量

- **紅肉：**1½ 茶匙（7 毫升）研磨粉
- **白肉：**1 茶匙（5 毫升）研磨粉
- **蔬菜：**1 茶匙（5 毫升）研磨粉
- **穀類和豆類：**1 茶匙（5 毫升）研磨粉
- **烘烤食物：**1/2 茶匙（2 毫升）研磨粉

香菇南薑湯
Shiitake and Galangal Soup

這道泰式湯品不可思議的好喝，令人非常滿意，而且製作還很容易。南薑可以把湯品中的酸甜鹹苦，調和得極好。

準備時間：
- **10 分鐘**

烹煮時間：
- **50 分鐘**

 馬蜂橙／箭葉橙（Makrut lime）葉也被稱做泰國酸柑或泰國檸檬（kaffir）葉，在亞洲雜貨店中鮮品、冷凍品和乾品大概都能找到。

如果買不到新鮮的南薑，可以把 10 片乾燥的切片加入步驟 2 的湯中，然後多煮 30 分鐘。

芫荽的根部擁有令人難以想像的風味。但不巧的是，在市場上紮成束販賣時常常會被切掉，這樣一來，莖的用量就要加倍。如果有根的話，根上面的土要刮掉、洗乾淨之後再切碎。如果市場上買不到新鮮的香菇時，可以用等量的乾品替代。你也可以用新鮮的杏鮑菇來取代。

● 磨杵和砵

2½ 杯	雞高湯	625 毫升
1 罐	400 毫升 / 14 盎司的椰奶	1 罐
1 塊	15 公分（6 吋）的新鮮南薑，切成 10 等份	1 塊
3 枝	新鮮的芫荽根（參見左側提示）	3 枝
2 粒	紅蔥頭，切成 4 份	2 粒
2 片	箭葉橙葉（泰國酸柑葉），切半（參見左側提示）	2 片
1 枝	香茅，粗切	1 枝
1 瓣	蒜頭，切半	1 瓣
1 根	紅的長條辣椒，切好	1 根
1 大匙	棕櫚糖或紅糖	15 毫升
1 杯	新鮮的香菇（參見左側提示）	250 毫升
2 大匙	魚露（nam pla）	30 毫升
1 大匙	新鮮現壓檸檬汁（大約的量）	15 毫升

1. 在大湯鍋倒入高湯和椰奶，以中火煮到將近沸騰。

2. 這同時，用研磨砵組用力搗打南薑、芫荽根、紅蔥頭、泰國酸柑葉、香茅、蒜頭、辣椒和糖，將材料打成膏狀。把這辛辣的醬膏加到混合的高湯中，煮到滾，然後將火轉小，文火煮約 30 分鐘。

3. 用細目的篩漏將湯汁過濾到碗裡，固體材料丟棄。將高湯倒回鍋中，加入香菇、魚露和檸檬汁之後試試鹹淡（可能完全不需要再調味）。立刻上桌食用。

印尼炒飯
Nasi Goreng

這道印尼炒飯是他們的國寶。食譜的變化很大，因為這道炒飯在傳統上是由剩飯、剩肉、剩菜再製而成。這是一道絕佳的備用菜色，非常適合星期天晚上拿來放在電視機前當餐吃。

製作6到8人份

準備時間：
- **15 分鐘**

烹煮時間：
- **10 分鐘**

提示 如果你不用中式炒鍋，那麼就選擇很大的煎鍋來炒，或是將材料分成兩份，分兩次炒製。製作印尼炒飯的綜合香料：在碗中放入 1 大匙（15 毫升）的喀什米爾辣椒粉、2 茶匙（10 毫升）的蒜頭粉、2 茶匙（10 毫升）中辣度的辣椒片、1 茶匙（5 毫升）的砂糖、1 茶匙（5 毫升）的細海鹽、1/2 茶匙（2 毫升）的青芒果粉、1/2 茶匙（2 毫升）研磨好的南薑粉、以及 1/4 茶匙（1 毫升）的研磨薑粉。攪拌均勻。這個量可以製作 10 茶匙（50 毫升）的綜合香料粉。把剩下的香料粉裝入氣密式容器中，可以再做一次印尼炒飯。

● **中式炒鍋（參見左側提示）**

1 大匙	油，分批使用	15 毫升
3 顆	雞蛋，打散	3 顆
4 杯	冷飯	1 公升
1½ 大匙	印尼炒飯香料（參見左側提示）	22 毫升
1 杯	青豆，新鮮或冷凍	250 毫升
1 個	煮熟的雞胸肉（150 到 210 公克 /5 到 7 盎司），切絲，或是一杯（250 毫升）撕成絲的沒吃完烤雞	1 個
8 枝	青蔥，蔥白和蔥尾都要，切細片	8 枝
6 盎司	煮好的小隻蝦子，去殼並抽沙腸	175 公克
2 大匙	醬油	30 毫升
2 大匙	番茄醬	30 毫升
1 大匙	魚露（nam pla）	15 毫升
些許	海鹽和現磨黑胡椒	些許
1 杯	芫荽葉（香菜）	250 毫升
2 顆	萊姆，一顆切成 4 塊舟形	2 顆

1. 炒鍋開中大火，加熱 1 茶匙（5 毫升）的油，把蛋汁倒進去，將鍋子提起來轉動，讓鍋子盡可能攤開一層薄薄的蛋皮，煎到蛋汁完全變硬。把蛋皮倒到砧板上粗切，放置一旁。

2. 同一支炒鍋開大火，把剩下的油倒進去加熱。把冷飯和印尼炒飯香料倒進去炒 2 分鐘，直到米粒鬆開，並覆上香料。加入豆子、雞肉、青蔥、蝦、醬油、番茄醬和魚露，繼續炒，要持續不斷的翻動，直到完全混合均勻，而且熱透。把保留在一旁的蛋皮絲倒進去，用鹽和胡椒調味，試試鹹淡。上桌時用芫荽葉和萊姆塊裝飾。

變化版本
蛋常會用煎的，上菜時放在最上面。你也可以把蛋跟飯一起在步驟 2 的最後，炒出有點黏的討喜菜色。

蒜頭 Garlic

Allium sativum（也稱為 *A. controversum*、*A. longicuspis*、*A. ophioscorodon*、*A. porrum*）

科　　名：蔥亞科 Alliaceae

品　　種：象大蒜（elephant garlic，學名：*A. ampeloprasum*）、大蒜（又稱硬頸蒜，serpent garlic，學名：*A. sativum ophioscorodon*）、社交蒜頭（也稱野蒜、紫嬌花，society garlic，學名：*Tulbaghia violacea*，也稱為 *T. alliacea*），熊蒜（也稱野韭菜、熊蔥，wild garlic，學名：*A. ursinum*）

別　　名：clown's treacle（小丑糖蜜）、poor man's treacle（窮人的糖蜜）、stinking rose（臭玫瑰）

中文別名：蒜、大蒜

風味類型：激香型

使用部位：鱗莖和花莖（香草）

背後的故事

　　蒜頭在我們身邊存在的時間已經太久了，久到出處來源的各種細節已經無法細考了。一般認為蒜頭原來產於西伯利亞的東南部，之後傳播到地中海地區，在那裡被馴化栽種，也有人堅定的相信它是產於印度、中國和埃及，在歷史尚未

有任何記載之前就存在了。蒜頭是已知最早被種植的植物之一，埃及法老王圖唐卡門的墓穴中就發現幾球鱗莖，那時是西元前 1358 年。金字塔的建築工人常吃，而羅馬大醫師希波克拉底（Hippocrates）在西元前 400 前也曾標出其藥用價值。舊約聖經、伊斯蘭經典、羅馬和希臘的文學、以及《塔木德經》（譯註：Talmud，古猶太人宗教、生活的律法集）都曾提及蒜頭。蒜頭雖然是羅馬勞工階級的日常食物，但是當時上層社會卻是嗤之以鼻，認為吃蒜頭是粗鄙不堪的象徵。無論如何，羅馬士兵在上戰場之前，會給他們發下蒜頭，以帶來勇氣——毫無疑問的，他們認為接觸「大蒜的口氣」有助於戰勝野蠻的敵人。

蒜頭是由羅馬人介紹到英格蘭的，從 10 世紀開始出現在古英格蘭的植物記錄中。喬叟（Chaucer）和莎士比亞的文章中都曾提及蒜頭，主要是因為它的氣味獨特，並非一直令人喜愛。不過，它有益健康的特質倒是被好好的記錄下來：法國著名的微生物學家路易·巴斯德（Louis Pasteur）在 1858 年就曾報導過蒜頭的抗菌活性，生的蒜頭汁曾在第一次世界大戰中，被用來當做野外戰壕中應急的抗菌敷料。而英文的俗稱「小丑的糖蜜」（clown's treacle）和「窮人的糖蜜」（poor man's treacle）則說明了蒜頭在居家醫療上的地位；「糖蜜」是毒藥、和被蚊蟲叮咬的解毒劑。甚至到了 21 世紀，由於它在微生物上的穩定性，所以被用來當做食品製造業上的防腐輔助成分；一些知名醫藥的執業人員還會開方，將它廣泛用於許多小病症上。

植株

蒜頭和洋蔥、蔥韭（chives）、大蔥（leeks）、紅蔥頭都是同一科（蔥亞科 Alliaceae）。蒜頭是耐寒的多年生植物，葉長而扁、結實，呈茅狀，灰綠色，長約 30 公分（12 吋），寬約 2.5 公分（1 吋）。蒜頭 garlic 的名字來自於盎格魯撒克遜的字，*garleac*。*gar* 意思是

料理情報

可搭配

大多數料理用香草和香料都能搭配，但是與下面項目特別合味

- 獨活草（印度藏茴香）
- 月桂葉
- 葛縷子
- 蔥韭
- 芫荽（葉和籽）
- 咖哩葉
- 甜茴香（複葉和籽）
- 箭葉橙葉（泰國酸柑葉）
- 印度鳳果（kokam）
- 芥末
- 奧勒岡
- 巴西利
- 胡椒
- 迷迭香
- 鼠尾草
- 龍蒿
- 百里香
- 越南香菜

傳統用法

- 蒜泥蛋黃醬（aïoli）
- 事實上，想得到的所有鹹味菜餚都能加

調和香料

- 烤肉香料
- 紐奧良肯瓊綜合香料
- 北非爾末拉辛香辣椒醬（chermoula）
- 咖哩粉
- 北非哈里薩辣醬（harissa paste mixes）
- 義大利綜合香草與香料
- 叻沙綜合香料（laksa spice blends）
- 紅肉或白肉用綜合調味料

黑蒜頭

黑蒜頭是整球生蒜頭放在發酵的鍋爐中，以固定的溫度和溼度放置約一個月後製作而成。在這段期間，糖分和胺基酸會被活化，產生梅納汀（melanoidin），讓鱗莖裡面的蒜頭轉化成黑色。製作好的成品會變成深色、軟軟的、像義大利巴薩米可醋，又像酸豆這樣的膏狀，可以從每一個蒜瓣中一擠而出。我最愛的黑蒜頭食用方式就是和起司一起吃；加到義大利麵、燉飯和菇類中也很能添加風味，用法和松露（truffles）大致一樣。

「茅」，leac 則是「植物」。蒜頭植株最吸睛的部分是它頂著的一頭沉重的花，這花是由一叢叢密集的粉白色花瓣所組成，高高站立在一根長長的、像棒子一樣的莖上。

蒜頭最有用的部分是它藏在地底下的鱗莖，蒜頭的鱗莖，外皮或白、或粉紅，大小差異很大，從小小的亞洲品種到加州種植的高大品系都有。蒜頭的球型鱗莖是由圓型、塊狀的小鱗莖組合而成，被包覆在一片片像是烘焙紙一樣的外皮中，看起來就像用衛生紙緊緊裹住、揪握在一起的指節。小鱗莖，通常稱為蒜瓣 clove，是從 cleave 這個字而來，意思是可以順著紋路剝開，或是可以分離開來。蒜瓣緊緊的集中擠壓在球莖之內（通常稱為蒜球或蒜頭球），可以順著皮膜分開。雖說蒜瓣被包在保護膜時不會散發出味道，不過一旦被壓破或剝皮，裡面的酵素就會很快被激化，產生大蒜素（allicin），然後分解為二烯丙基二硫（allyl disulfide），讓氣味變得濃烈、有點硫磺味，也很持久。

生的蒜頭味道嗆又辛辣，會在顎產生熱辣的感覺。蒜頭煮過之後會有甜味，而且味道不會太強烈。

乾燥的蒜頭是淡黃色，被切成 0.8 到 1 公分（1/3 到 1/2 吋）長的薄片、或直徑為 0.2 公分左右（1/16 吋）的顆粒，又或是磨成細粉來販賣。

蒜苗（蒜頭的花莖）是 45 公分（18 吋）長的花莖，通常是從大蒜（硬頸蒜 hard-neck garlic，學名：*A. ophioscorodon*）的植株採集而來的。在過去，很多園丁都會把這種花莖除掉，因為長著大量彎曲有如蛇形花莖的植物會產出較小的蒜頭鱗莖，不過，過去幾牛來，這些蒜苗已經變成料理用的珍饈了。蒜苗有蒜頭獨特的口感，但味道比鱗莖稍微溫和些。

其他品種

象蒜頭（Elephant garlic，學名：*Allium ampeloprasum*）和標準的蒜頭相比，和大蔥（leek）更為接近。雖說它的鱗莖非常大，不過風味到底有點不夠力，所以還不能成為真正蒜頭的替代品。**硬頸蒜**（Serpent garlic，學名：*A. sativum ophioscorodon*）是最常用來生產蒜苗的品種。它細長的花莖不會真的留著來開出花朵。**社交蒜頭**（紫嬌

花，Society garlic，學名：*Tulbaghia violacea*）這種植株會開小小的、星形六瓣的粉色花朵，之所以被稱作社交蒜頭是因為它以吃了不會產生蒜頭的口氣而聞名，所以在禮儀社會的忍受度較高。這種社交蒜頭不是真正的蒜頭，所以近來的醫藥專業人員並不建議大家去吃。**野蒜菜**（wild garlic，學名：*A. ursinum*）或許是這近 20 種被稱作蒜頭，但其實並非蔥屬植物的品種中最不尋常的了，它也被稱為「熊蒜」（bear's garlic），歐洲和西亞多有發現。它的葉子很寬，可以食用，但是鱗莖小，小到讓人覺得採收也是白費力氣，所以在香草和蔬菜的種植者間也就不那麼受歡迎。

處理方式

蒜頭在全球各地都受到歡迎，因此各種處理形式，從新鮮的冷藏品到瓶罐裝的醃製品、形形色色的乾燥脫水蒜頭片、小顆粒和粉末，都有需求。乾蒜頭是最常見的，因為容易運送與保存，而且用於烹飪時，和新鮮品的相似度十分相近。要生產製作蒜頭片和小顆粒時，蒜瓣必須先去皮，看是要切片或切丁，之後再用脫水乾燥機，這機器熱到足以將溼度壓低到 6.75％左右，但還不會讓風味消散。

蒜頭粉的製造方式有兩種。一種是將乾燥的切片蒜頭加以研磨，這樣的作法通常會使溼度增加（技術上來說，被稱作受潮 hygroscopic），所以一般會加入澱粉，以免蒜頭粉變黏。另一種方式是把新鮮的蒜頭做成膏狀，之後再以和製造即溶咖啡粉相同的噴霧乾燥法（spray-dried）進行處理。這樣製作出來的成品在料理中會立即溶解，對於正在採取無麩質飲食的人來說，好處是沒有添加小麥澱粉。

瓶裝蒜頭醬是把蒜頭壓碎，再混入油或食物酸劑，例如檸檬汁或醋，以達到保存的效果。有時候，這種蒜頭醬裡面會含有一定比例的復原脫水蒜頭，所以顏色會呈現更深的黃色。

有人有蒜頭口氣嗎？

據說，吃蒜頭時配紅酒可以讓蒜頭的臭味減少（就我來看，這個主意非常好），而吃過蒜頭後再吃巴西利會讓蒜頭的口氣存留的時間減短。我還發現，咀嚼一點茴香籽效果特別好（雖說喝紅酒這一招聽起來最吸引人）。隨著食用適量蒜頭人口的逐漸增加，這些日子以來，對蒜頭口氣的敏感程度已經沒那麼明顯了。

剝蒜皮小技巧

要剝除蒜瓣的皮膜過程有些繁瑣，不過有些實用的方法和家用的小道具倒是可以讓這項工作變得簡單些。

傳統的剝蒜頭的方式是用重刀的刀面拍蒜頭，這樣的輕拍會讓蒜瓣變形，蒜皮鬆脫，就能輕易用手剝皮了。有些廚子乾脆把蒜瓣放入壓蒜頭器裡，蒜頭會被擠出，而皮就留在擠壓器裡。現在還有另外一種簡單的小發明，那是大約12.5公分（5吋）長、直徑約2公分（3/4吋）的橡皮管子。把幾顆蒜瓣放到管子裡，用手掌心把管子用力前後搓揉幾秒鐘。神奇的事發生囉！把管子裡面的東西倒出來，蒜瓣已經被完美剝皮，而如紙張般的分離蒜皮也隨之而出。

購買與保存

購買新鮮蒜頭時，要找整顆結結實實緊緊糾在一起的，蒜瓣要硬實，沒有從紙樣包覆皮膜脫落跡象的。剝皮時，蒜肉上只要有一點變色，最好就切掉，因為這樣風味才最好。蒜頭以整顆完整狀況保存最佳，因為蒜瓣一旦被分開，風味就會比較散失。把整顆完整的蒜頭放在開放式的容器中，置放在涼爽、光線陰暗、沒有溼氣的地方，新鮮的蒜頭不要放在冰箱裡，因為容易出芽。

蒜苗晚春時，有一段短短的時間可以在生鮮市場買到。蒜苗以新鮮、柔軟為佳，長得太大，口感較硬又較辣，纖維質也比嫩品粗。

蒜頭醬上通常會標示「開封後請冷藏保存」，這點很必要，因為即使裡面有加食物酸劑，且蒜頭天然的抗菌成分也有助於保存，但是開罐後，長時間曝露於正常的室溫下容易發霉。

所有形式的乾燥蒜頭都能在市場上買到，不過最好購買包裝阻隔程度良好的，像是用厚層塑膠、鋁箔或是玻璃包裝。絕對不要買看起來已經結塊的蒜頭粉，這樣的產品已經吸收了過多的溼氣，風味會變壞。乾燥的蒜頭一定要裝入氣密式容器中，放在涼爽、光線陰暗的場所。要特別注意，避免放在溼氣過高的地方；絕對不要在冒著蒸氣的鍋子上方打開包裝倒乾燥的蒜頭產品，用這種謹慎程度來處理乾蒜頭產品，乾蒜頭至少可以保存1年，或許2年。

應用

蒜苗風味的濃淡得看嫩度。嫩的幼蒜苗可以切細，放進沙拉裡當做裝飾，和蔥韭一樣，也可以炒了以後放進義大利麵、歐姆蛋包和炒蛋裡。

至於任何形式蒜頭的應用之廣，大家很可能就只是隨口一問，「有沒有哪道鹹味的菜是沒加蒜頭的？」這樣的說法簡直就在嚴重損傷這種美妙無比的香草。雖說蒜頭的辛辣可能會讓不吃蒜頭的人皺眉，但是幾乎沒有哪一道菜不會因加入蒜頭而提昇風味的，常所有的人都在盡情享受蒜頭時，蒜頭味道久久不散的口氣在眾多蒜頭同好之間，

也就幾乎不會被注意了。

　　和生蒜頭相比，蒜頭煮熟之後會發出一種較為溫和而甜甜的味道，把一整顆蒜頭放到烤肉架上去慢烤30分鐘，這種轉變最能被明顯的注意到，蒜頭裡面奶油白的蒜肉已經沒有生蒜頭的嗆辣味。美味無比的蒜肉從被烤得焦脆的外皮殼中被挖出來，塗抹在伴隨一起烤的肉類和蔬菜上（我推薦茄子切片）。

　　蒜頭不必主導整道菜，一點點量通常就能產生驚喜，讓使許多食物的口感提升，包括了鮮美的蔬菜，而且無論是香甜、強烈或辛辣，都能與其他風味均衡共處。在大部分國家的料理中，都能找到蒜頭，特別是地中海沿岸、印度、亞洲和墨西哥區域；蒜頭也經常被應用到市售的肉醬（pâtés）、法式醬糜（terrines）和香腸的製作中。蒜頭在許多調和香草和綜合香料中都發揮了很重要的作用，例如義大利綜合香草料、披薩調味料、蒜頭鹽，以及事實上所有被研發來撒在紅肉或白肉的綜合香料裡。它是火辣辣的突尼西亞哈里薩辣醬（harissa）中的一種成分，摩洛哥的爾末拉辛香辣椒醬（chermoula）和葉門的蘇胡克辣醬（zhug）都因為添加了蒜頭而讓風味更有深度。

　　想讓沙拉有溫和的蒜頭風味，可以用切開的蒜瓣在沙拉的碗內抹　抹；這種作法也適用於湯品、燉品的製作，煮湯燉東西之前在鍋子裡面抹一抹。羊肉、烤牛肉、或家禽類在烹煮之前也可以採用類似的方法，用切開的蒜瓣在肉上搓揉搓揉。

　　用新鮮壓碎蒜頭增添風味的香蒜奶油和海鮮非常合味，用新鮮蒜頭切片浸泡在橄欖油中的蒜味橄欖油也一樣超搭。蒜泥蛋黃醬（Aïoli）這種來自於南法，濃郁無比的蒜頭美乃滋醬是一種用途廣泛的調味醬，和朝鮮薊（globe artichokes）、酪梨、蘆筍、魚、雞肉和蝸牛搭配，相得益彰。而帶骨羊腿塞入蒜頭、迷迭香、胡椒、杏桃和碎開心果（pistachio nuts）後烤出來的美味一直是我的最愛之一。有些廚師會把剝皮的蒜瓣切成一半，取出中心裡面薄薄的淡綠色初芽，這種芽依照生長情況的不同，有些（長到相當綠的時候）可能會讓蒜頭吃起來有點苦味。

每茶匙重量（5ml）

- **整顆新鮮蒜瓣的平均重量**：5公克
- **乾燥的脫水蒜頭粉**：4.6公克

每500公克（1磅）建議用量

- **紅肉**：3到4瓣的新鮮蒜瓣，2茶匙（10毫升）蒜頭粉
- **白肉**：3到4瓣的新鮮蒜瓣，2茶匙（10毫升）蒜頭粉
- **蔬菜**：2到3瓣的新鮮蒜瓣，1½茶匙（7毫升）蒜頭粉
- **穀類和豆類**：2到3瓣的新鮮蒜瓣，1½茶匙（7毫升）蒜頭粉
- **烘烤食物**：2到3瓣的新鮮蒜瓣，1½茶匙（7毫升）蒜頭粉

香蒜奶油
Garlic Butters

香蒜奶油用途很廣，無論是製作大蒜麵包、加到海鮮、肉類或蔬菜裡之後拿去烤，都是再完美不過的，而且作法還很簡單。蒜碩的用量可依照個人的口味調整，選購菜市場裡賣的新鮮蒜頭，品質可以大幅提高。

製作1/2杯
(125毫升)

準備時間：
● **10 分鐘**

烹煮時間：
● **無**

½ 杯	優質奶油，放置於室溫中	125 毫升
1 到 2 瓣	蒜瓣，切細	1 到 2 瓣
1 撮	細海鹽	1 撮

1. 用湯匙或直立式攪拌器的槳片把放在攪拌碗中的奶油打軟，加入蒜末和海鹽，混合均勻。在乾淨的工作檯面上把一大張方形的保鮮膜鋪開，奶油放在中央。將奶油緊緊捲成圓筒形，放進冰箱冷藏。香蒜奶油在冷藏庫裡可以放 3 天，冷凍庫裡則可以放到 3 個月，要用時，只要把需要的量切下來即可。

變化版本
加入蒜末和海鹽時，一起加入 1 茶匙（5 毫升）的義大利綜合香草料（參見 740 頁）。

超級食物沙拉
Superfood Salads

蒜苗通常是大蒜植株中經常被忽視的部分。它的用途非常廣泛，幾乎可以讓蒜味加到任何一道料理中。每當我覺得需要來點實在又美味的東西時，這就是我的首選。

製作6人份

準備時間：
- 40 分鐘，外加浸泡一整晚

烹煮時間：
- 5 分鐘

提示 煮藜麥：把藜麥加到一大鍋冷鹽水裡。煮到滾，轉小火，燜 10 分鐘，或是直到胚芽從種子上剝離（看起來像被剝開，露出裡面小小的白粒，這就是胚芽） 用細目的篩漏將水瀝乾，然後在流動的冷水下沖洗乾淨後，把水好好瀝乾。

煮綠豆： 把浸泡一晚的綠豆瀝乾，加到一大鍋冷鹽水裡。煮到滾，轉小火，燜 10 分鐘，直到綠豆變軟。

4 盎司	綠豆，浸泡一晚，煮熟，瀝乾水	125 公克
4 盎司	藜麥，煮熟，瀝乾水（參見左側提示）	125 公克
4 盎司	洋菇，切薄片	125 公克
4 盎司	荷蘭豆，對角斜切	125 公克
1 顆	大顆的酪梨，切丁	1 顆
5 枝	蒜苗，切薄片	5 枝
¾ 杯	現擠檸檬汁	175 毫升
⅔ 杯	初榨橄欖油	150 毫升
2 大匙	醬油	30 毫升
1 撮	細海鹽以及現磨黑胡椒	1 撮
2 大匙	烤過的芝麻	30 毫升
1 大匙	醃紅薑，水瀝乾	15 毫升

1. 找一個大碗，把綠豆、藜麥、洋菇、荷蘭豆、酪梨和蒜苗放進去。

2. 在小碗中把檸檬汁、油、和醬油混合打勻，加到沙拉裡，將沙拉拿起來晃動均勻。用鹽和胡椒調味，試試鹹淡。上桌時上面撒上芝麻和醃薑。

變化版本
想要吃材料更豐富的沙拉，可以加入 1 杯（250 毫升）煮熟的鱒魚片或鮭魚片。

40 瓣蒜頭烤雞
Chicken with 40 Cloves of Garlic

光是為了這道料理在屋子裡製造出來的香味就值得動手來做。做這道菜，蒜頭和雞肉的品質非常重要，所以努力去找到最好的品質來做出無敵烤雞吧。把和雞一起炙烤的整瓣蒜頭裡軟軟、甜甜的蒜肉擠出來是一種極大的樂趣。上桌時可以和奶油小南瓜鷹嘴豆沙拉（參見 597 頁）、中東蔬菜脆片沙拉（Fattoush，參見 618 頁）或香烤綜合蔬菜（參見 673 頁）一起上。

製作6人份

準備時間：
- **5 分鐘**

烹煮時間：
- **1 小時 50 分鐘**

 提示　別把烤盤中美味無比的蒜頭浸泡汁丟掉。倒入瓶罐裡，放在冰箱，做其他菜或調味醬時可以用。

1 隻	大隻的雞	1 隻
些許	細海鹽	些許
½ 杯	油，分批使用	125 毫升
40 瓣	蒜瓣，去皮，分批使用	40 瓣
1 把	新鮮的百里香，分批使用	1 把
4 片	新鮮的月桂葉，分批使用	4 片
1 顆	檸檬，切片，分批使用	1 顆
1 顆	洋蔥，切片，分批使用	1 顆

1. 用大約 1 大匙（15 毫升）的油塗抹在雞上面，用鹽調味，試試鹹淡。

2. 在大的鑄鐵燉鍋（大到可以把整隻雞塞進去）中放入剩下的油、30 瓣蒜頭、一半的百里香、月桂葉、檸檬和洋蔥。

3. 把剩下的蒜頭、百里香、月桂葉、檸檬和洋蔥塞進雞的肚子裡，雞胸肉那面往下，貼在鍋中的蒜瓣上。在預熱過的鍋中，不加蓋，烤 45 分鐘。從鍋中移開，小心的將雞翻面（雞胸肉那面朝上了），把鍋子裡的油汁大量的塗上去，再放回鍋中，再烤 45 分鐘。

4. 把雞從鍋中移開，把鍋加熱到攝氏 200 度（華氏 400 度）。當鍋到達該溫度時，把油抹在雞上，再烤 15 到 20 分鐘，或烤到雞皮呈金棕色，用叉子插入靠近雞腿的部分時，流出來的汁液是透明的。盛到大托盤上，上桌時旁邊擺上烤過的蒜瓣。

熊蒜里科塔起司麵團子
Wild Garlic and Ricotta Gnocchi

我第一次見到熊蒜是和我先生在英格蘭的南唐斯（South Downs）樹林裡散步時。一股無法被錯認的薑香包圍了我；我突然就意識到，這整個地下應該長滿了熊蒜！我採集了一些，並竭盡所能的多帶一些回去料理。現在熊蒜已經比當時受歡迎得多，在春天，不少農夫的生鮮市集裡已經買得到了。

G
蒜頭 Garlic

製作4人份

準備時間：
● **15 分鐘**

烹煮時間：
● **25 分鐘**

提示 如果你買的是一整把熊蒜，那麼在步驟 4 把多餘的葉子加到鍋子裡。如果找不到熊蒜，可以用等量的野芝麻菜（wild arugula）來取代。
00 類型的義大利麵麵粉是細磨的白麵麵粉。在這個食譜中，可以用中筋麵粉來取代，不過麵粉一定要先好好的篩過。

2 杯	熊蒜葉切碎，輕壓成平杯	500 毫升
2 杯	里科塔起司（Ricotta）	500 毫升
1/4 杯	帕馬森起司（Parmesan cheese），磨成屑	60 毫升
1 顆	蛋	1 顆
1 杯	00 類型的義大利麵麵粉，多準備些，揉麵時會用到（參見左側提示）	250 毫升
些許	海鹽和現磨黑胡椒	些許
1 大匙	橄欖油	15 毫升
12 盎司	聖女小番茄（cherry tomato）或小番茄（pomodorino tomato）	375 公克
些許	熊蒜花	些許

1. 在碗中混合蒜葉、里科塔起司、帕馬森起司和蛋，把麵粉拌入，一次一點點，直到麵團的黏稠度和馬鈴薯泥差不多。用鹽和黑胡椒調味，試試鹹淡。

2. 將麵團的四分之一放在乾淨、撒有麵粉的工作檯表面。手上了麵粉後，用雙掌，輕柔的把麵團捲成直徑 2.5 公分（1吋），又長又薄的圓條，用沾了麵粉的刀，將麵團切成 2.5 公分（1吋）的段，剩下的麵團也重複這個步驟。

3. 在大鍋沸騰的鹽水中，分批把麵團子煮 3 到 5 分鐘（浮起來就是煮好了），用漏杓把煮好的麵團子盛到襯著保鮮膜的托盤或盤子裡。（麵團子可以事先做到這種程度，覆蓋後，放入冰箱可以冷藏 1 天。）

4. 大的煎鍋開中火熱油，把番茄和煮好的麵團子加進去並炒一炒，要經常攪拌，大約煮上 5 分鐘，直到番茄有一點爆開，麵團子呈焦黃色。上桌時以熊蒜花（有的話）來裝飾。

PART TWO 香料筆記 **301**

薑 Ginger

Zingiber officinale

各國語言名稱

- **阿拉伯文**：zanjabil
- **緬甸文**：gin
- **中文（粵語）**：
  saang geung（鮮品）、geung（乾品）
- **中文（國語）**：
  sheng jiang（鮮品）、jiang（乾品）
- **捷克文**：zazvor
- **丹麥文**：ingefaer
- **荷蘭文**：gember
- **芬蘭文**：inkivaari
- **法文**：gingembre
- **德文**：ingwer
- **希臘文**：piperoriza
- **印度文**：adrak（鮮品）、sonth（乾品）
- **印尼文**：aliah
- **義大利文**：zenzero
- **日文**：shoga
- **馬來文**：halia
- **葡萄牙文**：gengibre
- **俄文**：imbir
- **西班牙文**：jengibre
- **斯里蘭卡文**：inguru
- **瑞典文**：ingefara
- **泰文**：khing
- **土耳其文**：zencefil
- **越南文**：gung

科　　名：薑科 Zingiberaceae

品　　種：火炬薑（torch ginger，學名：*Etlingera elatoi*，也稱為 *Nicolaia alatior* 以及 *N. speciosa*）

別　　名：gingerroot（薑根）、ginger stems（薑莖）

風味類型：激香型

使用部位：根莖（香料）、花（香草）

背後的故事

薑的來源說不清楚。雖說，許多熱帶地區都長薑，當地住民也聲稱薑是他們的東西，但我們並不知道世界哪裡有真正的野生薑。儘管如此，文獻中薑在中國和印度的栽種時間可以回溯到很早的古代，這也表示薑可能來自北印度和東亞之間。

薑是最早到達歐洲東南的亞洲香料之一。有個故事曾經詳細敘述了西元前 2400 年，靠近希臘的羅德島上的一位烘焙的師父是如何做出第一個薑汁餅乾的。西元前第 5 世紀，波斯國王大流士（Darius）派遣貿易團到印度，帶回了薑。薑的諸多好處，孔子（西元前 551 到 479 年）曾經提過，而西元第 1 世紀，

可搭配

- 多香果
- 小荳蔻
- 辣椒
- 肉桂和桂皮
- 丁香
- 芫荽（葉和籽）
- 孜然
- 咖哩葉
- 茴香籽
- 南薑
- 香茅
- 檸檬香桃木
- 泰國酸柑葉
- 紅椒粉
- 八角
- 薑黃

傳統用法

- 蛋糕
- 糕點和餅乾
- 南瓜司康（scones）
- 烤櫛瓜（烤前撒在上面）
- 所有的咖哩
- 亞洲的炒菜
- 紅肉（有軟肉的效果）
- 海鮮（去除腥味）

調和香料

- 綜合烤肉調味醬
- 柏柏爾綜合香料（berbere）
- 中式滷味包
- 牙買加肉乾香料
- 紅綠咖哩的綜合香料
- 咖哩粉
- 綜合香料／南瓜派香料／蘋果派香料
- 印度坦都里（tandoori）綜合香料
- 摩洛哥綜合香料（ras el hanout）
- 法式綜合四辛香（quatre épices）

薑 Ginger

希臘的醫師迪奧斯科里德斯（Dioscorides）在他的大作《藥物誌》（*Materia Medica*）中，曾經大力讚揚薑的好處，阿拉伯人的商人把薑帶到希臘和羅馬，卻把供應地當成機密。

　　西元第 2 世紀，薑被列在亞歷山卓港的進口項目單上，要課羅馬關稅，可蘭經中曾提及薑，表示美德足以進入天堂的人是不會拒絕薑味水之樂的。薑在第 9 世紀為德國和法國所認識，而英格蘭則要到第 11 世紀。在 14 世紀之前，薑已經成為繼胡椒後，英國最常見的香料了，亨利八世了解薑的藥效，並且加以推薦，之後，薑汁餅成為伊莉莎白一世喜愛的甜品。

　　由於薑可以種在盆裡用船隻運送出國，所以活的薑根莖在中世紀的交易就很旺盛，因此，薑被轉植到許多地區。就像阿拉伯人在 13 世紀把薑從印度帶到東非，西班牙人在 16 世紀也在牙買加開拓了種植基地來種薑。1547 年之前，據說有超過 1000 公噸的薑從牙買加被運送到西班牙，大約同一時期，葡萄牙也在西非建立了薑的種植基地，瑞士的城市

不是真薑

薑科中有為數不少的植物外表看起來像薑，還帶著淡淡的薑香。這些植物通常會以「野生薑」來命名，但其實多少被誤稱了，因為這些植物並非料理用薑的野生版本。

巴塞爾（Basel）裡面有一條香料商人的交易街，街名叫做「Imbergasse」，意思是「薑之巷」。

植株

薑是一種青蔥翠綠的多年生熱帶植物，生著直立的葉狀芽，直徑約 0.5 公分（1/4 吋），高度可以長到 1.2 公尺，這長矛狀的葉狀芽每年會死掉，之後發出蘆葦狀的莖。獨立的花莖會直接從根莖中長出來，尾端抽長穗，開白色或黃色的花，上面有紫紋的唇瓣。而薑，正確來說是薑的根莖，是

香料生意中的旅行

1997 年的一月，我和麗姿在印度南部的喀拉拉邦（Kerala）待了 1 個月，我們拜訪了不少香料農場和處理設施。其中一段讓我們印象最為深刻的經驗就是去該邦最大的城市與港口科欽（cochin）北方 45 公里（28 哩）處的柯紗曼葛蘭（Kothamangalam）地區拜訪一家進行薑乾燥的設施。

經過了一路的顛簸，我們抵達了一處時光靜止的景點，12 畝的石頭山坡在我們眼前展了開來。數以百計的農夫正在將他們收穫來的薑攤開在租來的一小塊平坦石頭地上，讓灼熱的陽光進行曝晒。而他們三兩成群的聚集在臨時搭成的遮幕下，遮幕是用布掛在木頭棍上搭成的。他們的工作是將薑根莖兩面的皮都粗刮掉，好加速乾燥。他們把鋼製的鐮刀夾在腳間，這樣兩隻手就能都空出來把薑靠在刀面上刮皮。

我們眾人之間逛著，這些人種薑弄薑已經好幾百年了，眼前的景象讓我們真心覺得彷彿穿越時空，回到了過去。放眼所及，沒有任何一件機械裝置。當兩個年輕的男人清理乾薑的情形進入眼簾時，我們更是清楚地了解到這最基本的簡單作法。他們面對面站立，手裡各自抓著麻袋的一端，而袋子裡有 3 公斤（6 磅）重的乾薑。他們用力上下他們用力上下翻轉麻袋，雙臂動作不斷交換，就像用沙灘的大毛巾揮舞沙子一般。靠著薑與薑之間的摩擦產生的部分清潔力，幾分鐘激烈攪動之後，手執麻袋開口端的男人把袋口一鬆，裡面的東西就落到地上了。那是一堆相當乾淨的薑，周圍佈滿了一片片，可以輕鬆篩掉的不要碎屑。

我們還看到了一種更迷人的清薑和薑黃方法。就像海邊的水手一樣，兩個男人面對面坐在大約小艇大小的「船」上。他們的腳上圈著麻袋，而兩人中間則是一堆薑。他們使勁的用力來回推擠對方的腳，就像小孩子面對面坐在浴缸中用腳互相推踏一樣。而結果是，由於摩擦，薑又再度被清得乾乾淨淨。

根系在地面下長出並拓展開來管狀節點的糾結部分。業界稱之為「race」（種），也常被更適切的稱為「hand」（手），因為這糾結有如指節的樣子像極了有關節炎的人手。而根莖的分枝則被稱為「finger」（手指），這也很合乎邏輯。薑的根莖被刻痕一圈圈圍繞，形成了粗糙的米色外皮，將淺色的薑體包覆起來。

　　薑的香氣隨著育種的品種、採收的階段，以及生長的地區差異而有所不同，一般形容，薑有又甜又濃的香氣，以及檸檬般的清新。根據採收的時間，它的風味氣味濃烈、有甜味、辛香，辣度從溫和到辣都有。大致上來說，早期採收的薑根味道偏甜，也較嫩，而後期採收的薑纖維質較粗，味道也濃烈。

其他品種

　　薑花的亞洲料理品種使用的也是一種來自於薑科的植物，被稱為**火炬薑**（torch ginger，學名：*Etlingera elatior*）這種花裝飾價值很高，花蕾可食用，切碎生吃可以當做蔬菜，在娘惹菜系中還可作為一種食材，如叻沙。火炬薑因為其酸味，所以會被添加到印尼菜、馬來菜和泰國菜中，風味類似於越南香菜（參見 664 頁）與薑的綜合體。

處理方式

　　薑的處理方式主要有兩種：醃製（用鹽水或糖漿醃製，或加糖粉，例如，製作成蜜薑塊）以及乾燥（製作乾薑片或是薑粉）。

醃製薑

　　醃製或是蜜煉的薑是由嫩薑製作而成的，常被稱作「蜜薑塊」（stem ginger），這種型態的薑特別甜，因為在處理過程中使用了糖。就和新鮮的薑一樣，這種薑味道可能溫和也可能會辣。

　　要醃製薑必須採收還沒成熟的嫩薑（和熟薑相較之下，味道比較甜，纖維也比較少），將嫩薑洗乾淨，根修剪好。乾淨的薑要去皮，切成想要的形狀，並依照下列標準分為 3 級，以求得一致。

白薑

有些國家喜歡把薑漂白或變白。為了要讓薑變白，薑首先會被疊成1公尺（3呎）高的小山丘，樣子就像柳條編的中空煙囪。之後，會把一碗的硫磺粉點起來，放在煙囪中央，而一疊疊薑則用防水帆布蓋上，直到被硫磺燻成想達到的效果。因為近來消費者已經不喜歡食物為求外表漂亮，而用硫磺去燻，所以這樣的作法已經逐漸消失了。

雖說消費者可能不知道自己買到的研磨薑粉是用哪種等級的薑製造的，但是分級系統卻可以讓你明白，為什麼香料，如薑粉的品質變化差異可以如此之大。

- **第一級：**「幼薑」（young stem）以及「精選嫩薑」（choice selected stem），從薑根莖的尾端或是側支精選出來的薑，切成橢圓形，長度約 4 公分（1 又 1/2 吋）。
- **第二級：**側支（finger），尺寸比較小的，橢圓形的塊。
- **第三級：**從根莖主莖製作的「大塊薑」（cargo giner），依照尺寸大小，還可細分 3 級。

被分級好的薑塊之後會被放入桶子裡，加鹽並加上蓋子醃 24 小時，之後把生出來的水瀝乾。之後再加入新的鹽，這次也把醋一起加進去，然後把薑醃製 7 天。這個處理階段的薑被稱為「鹽漬薑」（ginger preserved in brine）或是「鹽薑」（salted ginger）。這樣的薑大多會進一步加糖再醃製，製作「醃甜薑」（ginger in syrup），或是「乾糖薑」（dry）又或是「糖粉薑」（crystallized）。

要製作醃甜薑時，先把薑從鹽水中取出來，洗乾淨，浸泡在冷水中，在 2 天中要多次換水。之後，把洗好的薑在水中煮 10 分鐘。接著，在糖水中煮 2 次，直到糖分徹底滲入。乾糖薑或是糖粉薑則是把薑放入糖水中煮第 3 次，將更多水分蒸發掉。之後把薑塊的糖水瀝乾，乾燥，或撒上糖粉，製作成超好吃的小口美食。

乾燥薑

薑粉（研磨後的薑）缺乏生薑那新鮮、有揮發性的香氣，但還保留了辛香、濃郁的香味以及薑獨具的口味。在香料的交易市場，乾燥薑分成 7 個等級販售，以明白表示在薑被研磨之前被處理的方式。

- 「去皮」（peeled）、「刮皮」（scraped）或「沒皮」（uncovered）的薑標示出整塊薑的外皮已經被乾淨的去除了，但沒有損及裡面的組織。這個等級的薑粉自然是風味最佳的。
- 「粗刮皮」（Rough scraped）的薑，這是品質屬第二等級的薑，外皮部分被刮去——只從平的一面去刮，為的是加速乾燥。
- 「未去皮」（unpeeded）或「帶皮」（coated）的薑塊是完整的被加以乾燥，帶著皮。
- 「黑」薑這個名稱其實有點會讓人產生誤解，因為它指的

是整個帶側枝的薑在沸水中燙 10 到 15 分鐘後，再予以刮
皮、乾燥。這樣一來，薑會死掉，無法再發芽，也會讓刮
皮這個動作變得容易些，而薑體顏色也有變深的傾向。

- 「漂白過」（bleached）或「泡過石灰」（limed）的薑
  是被乾淨去完皮的整根薑，用硫磺或石灰水處理後，顏色
  變淺。
- 「剝開」（splits）和「切片」（slices）的薑是薑塊不去皮，
  整根薑以縱向分開，隨後進行切片，以加速乾燥的速度。
- 「根生芽」（ratoons）是薑根留在土壤裡超過 1 年以上又
  再次長出來的作物，體型較小、顏色較暗、纖維質較多，
  通常也比較辣。

購買與保存

市場上賣給消費者的薑，通常有 7 種主要形式：

- 新鮮的生薑（莖）：被清洗乾淨了，但是未經加工處理
- 剝碎的薑：用瓶罐保存
- 醃製薑：大部分被切成片，染成粉紅色，當成壽司配薑來
  賣
- 醃嫩甜薑：用醃製的嫩薑塊製作而成
- 澳洲「裸」薑：浸泡過糖水的薑，糖水已經被瀝乾
- 薑糖：嫩薑以糖水浸泡後，糖水瀝乾，薑塊撒上糖粉
- 薑粉（研磨薑）：薑片或乾燥薑磨成的粉

新鮮的薑，大部分生鮮雜貨店都有賣。薑塊應該要飽滿、
堅實、乾淨，新鮮的生薑要用開放式容器儲存在壁櫥裡，方
式就和保存新鮮洋蔥和蒜頭一樣，以這種方式保存，薑可以
放上 1 個星期。

剝碎的薑末或研磨而成的薑泥一般會用醋或其他食用酸
劑保存，市場上能買到，包裝通常是玻璃瓶罐，這種薑罐打
開後一定要冷藏。至於包裝上的保存日期則依製作商採用的
保存方式而有所不同。

醃甜薑和糖粉薑必須放在陰涼、乾燥的環境中保存，保
存得當，可以放到 1 年以上。過去，大部分的醃製薑和浸泡
在糖水裡的薑（裸薑和薑糖）都來自於中國，但從 1970 年
以後，澳洲的醃製薑出於味道甜美，帶有檸檬風味，好吃又

先嚐嚐看

由於薑粉的辛辣程度差異
甚大，因此在添加入菜之
前，我建議你先聞聞看，
或是放一點點在舌尖，看
看辣度如何。如果味道明
顯偏濃烈、刺激或辛辣，
建議你把食譜中建議的量
減三分之一或一半。

細嫩無纖維質，受到糕餅和烘焙業的愛用。

乾燥薑片和薑粉可能來自於不同的國家，而產地則會影響其風味。牙買加薑香氣與口感都細緻，被認為是較佳的料理用薑之一，也被作為非酒精飲品的加味料，許多牙買加薑都打進了歐洲與美國的超市。奈及利亞薑香味濃烈，有樟腦味道，和西非獅子山（Sierra Leone）的薑一樣，這種薑因其揮發油和油性樹脂（參見 23 頁）被食品加工業所愛用。印度的乾燥薑來自於西南邊馬拉巴爾海岸（Malabar Coast）的科欽（Cochin）和卡利卡特（Calicut），出口到很多地方；這兩個產地出產的薑，一般以科欽出產的被認為品質較佳，因為它香氣中帶著類似檸檬的味道，濃烈迷人，而且產品不漂白（卡利卡特等級的薑常會漂白）。而澳洲的研磨薑粉根據世界的標準來看，產量雖少，但薑粉卻是纖維質含量最低的，對我的荷包來說，是料理效果最好的。品質不佳的薑粉有嗆味，以及辛辣刺激的香氣，裡面經常含有大量的纖維質（用一般篩麵粉的篩子就能篩掉）。保存整片或研磨乾燥薑的方式和保存其他整顆或研磨好的香料一樣；裝在氣密式容器中，遠離溫度過高、光線太亮、或潮溼的場所，用這種方式保存，薑可以放到 1 年以上。

應用

薑可被歸類於用途廣泛的香料類。它濃烈的清新、淡淡的辛香、暖暖的感覺和甜甜的味道都能使所有的菜餚增色，無論是甜是鹹。新鮮、蜜製或是研磨成粉的薑經常被加到蛋糕、糕點和餅乾裡。麗姿把醃製的薑剁碎，混合薑粉做出最美味的南瓜司康麵包（scone）。薑和柑橘類蔬菜（肉荳蔻粉也一樣）很合搭，櫛瓜上撒一點薑粉再進烤箱烘烤，也可以蒸好後，上面加點薑粉和奶油。

許多亞洲菜餚都會使用生薑，它和蒜頭、香茅、辣椒、泰國酸柑和芫荽的風味可以形成完美的組合。日式料理中經常用到醃（或染）紅薑或粉紅薑。薑和南薑類似，有助於中和過於腥羶的味道。我發現，味道濃的海鮮在料理時，幾乎都要加薑。印度和亞洲咖哩中，大多有薑粉。紅肉類燒烤前，常會抹上一些薑，讓口感更好，也有稍微讓肉軟嫩的效果。

每茶匙重量（5ml）

- **整片乾薑片平均：**1.5 公克
- **研磨成粉：**2.8 公克

每 500 公克（1 磅）建議用量

- **紅肉：**2 茶匙（10 毫升）研磨粉，1 大匙（15 毫升）新鮮的薑塊磨成末
- **白肉：**2 茶匙（10 毫升）研磨粉，1 大匙（15 毫升）新鮮的薑塊磨成末
- **蔬菜：**1½ 茶匙（7 毫升）研磨粉，2 茶匙（10 毫升）新鮮的薑塊磨成末
- **穀類和豆類：**1½ 茶匙（7 毫升）研磨粉，2 茶匙（10 毫升）新鮮的薑塊磨成末
- **烘烤食物：**1½ 茶匙（7 毫升）研磨粉，2 茶匙（10 毫升）新鮮的薑塊磨成末

薑絲醬油蒸鮭魚
Steamed Salmon with Soy and Ginger

我發現，在這道簡單的菜餚中蒸軟後的薑絲吃起來讓人心花怒放。這道菜配上青江菜、花椰菜或是香蘭葉椰奶飯（參見 454 頁）後，就是完美的「每日餐食」。我喜歡用生的鮭魚來蒸，這樣蒸的時間就可以按照自己的喜好來調整。

製作4人份

準備時間：
- **10 分鐘**

烹煮時間：
- **15 分鐘**

提示 鮭魚也可以放在用烘焙紙鋪好的蒸籠中，加蓋蒸 10 到 15 分鐘。
切絲是把蔬菜切成火柴棒般的細長絲，大約 0.3 公分（1/8 吋）寬，7.5 公分（3吋）長。

- **28 x 18 公分（11 x 7 吋）玻璃烤盤**
- **4 張 30 公分（12 吋）見方的鋁箔紙**
- **烤箱預熱到攝氏 180 度（華氏 350 度）**

4 塊	250 公克（8 盎司） 無刺的鮭魚排	4 塊
4 塊	7.5 公分（3 吋）長的薑塊，去皮切成細絲（參見左側提示）	4 塊
4 枝	蔥，只用蔥白，切細絲	4 枝
2 大匙	醬油	30 毫升
1 茶匙	麻油	5 毫升
些許	現磨的黑胡椒	些許

1. 將每個魚排都放在一張鋁箔紙的中間，把薑絲和蔥絲分成 4 等份，分別撒在魚排上，上面淋一些醬油和麻油，用胡椒調味，試試鹹淡。將鋁箔紙的四邊鬆鬆的拉起來，將魚裹住（中間要留足夠的空間），然後四邊封緊。

2. 把魚包有封線的一面朝上，放到烤盤上，用已經預熱過的烤箱烤 15 到 20 分鐘，直到鮭魚開始變成片狀（喜歡的話，可把烹調的時間拉長）。將魚包分別放在單獨的盤子上，或從包中拿出來，帶著煮好的湯汁一起上桌。

變化版本

比目魚用這種方式料理也很棒，干貝也一樣。
如果想要添加一點辣椒的辣味，可以在每片魚排上撒 1/2 茶匙（2 毫升）的七味辣椒粉（shichimi-togarashi）。

薑汁布丁
Stem Ginger Pudding

這道傳統蒸布丁中的嫩薑味道甜甜暖暖的，令人心情很愉快。

製作6人份

準備時間：
- **15 分鐘**

烹煮時間：
- **2 小時**

提示 很多烹飪材料或廚具店裡都有賣帶蓋的塑膠布丁模型，但是，另一種替代性作法是用鋁箔紙把模型封好。如果手上沒有布丁模型，找一個容量大約相近的耐熱深口碗也是可以的。

可以用等量的蜂蜜來取代黃金糖漿。

如果在店裡沒買到自發性麵粉，可以自行製作。製作等量於1杯（250毫升）自發性麵粉的材料是中筋麵粉1杯（250毫升）、1又1/2茶匙（7毫升）的小蘇打粉、1/2茶匙（2毫升）的鹽，混合均勻。

烤2個鐘頭後，就可以把火關掉了。需要的話，布丁可以在一旁放置2個鐘頭後再上桌。

- **5 杯（1.25 公升）的布丁模型，塗上油，底部襯上防油烘焙紙**
- **食物處理機**

4 根	2.5公分（1吋）長的醃甜嫩薑，剁碎（參見 305 頁）	4 根
2 大匙	醃嫩薑的糖水	30 毫升
4 大匙	黃金糖漿（參見左側提示）	60 毫升
1 杯	奶油，軟化	250 毫升
1 杯	自發性麵粉（參見左側提示）	250 毫升
1 杯	超細砂糖（糖霜粉）	250 毫升
1 茶匙	磨好的薑粉	5 毫升
3 顆	蛋，輕輕打散	3 顆
2 到 4 大匙	牛奶	60 毫升
適量	滾水	適量

1. 把薑平均的撒在準備好的布丁模型底部，把泡薑的糖水和黃金糖漿也細細的灑在底部上。放置一旁。

2. 把食物處理器裝上金屬刀片，將奶油、麵粉、糖、研磨好的薑粉和蛋都放進去混合。在馬達還在運轉時，透過食物處理器的加料管把牛奶加進去，將所有材料打成濃稠的麵糊（從湯匙上可以慢慢往下滴的程度）。

3. 把麵糊刮進布丁模型裡（在薑和糖水上），要均勻的展開。撕下一張大到足以蓋住模型的鋁箔，在鋁箔紙的一面上塗油，要留一點餘裕，把鋁箔有塗油的一面往下蓋，利用模型，把鋁箔邊緣往下壓緊，封好。用繩子將鋁箔綁好（鬆鬆的邊裁掉）。

4. 爐子上放一個大鍋，將一個盤子放在底部，把布丁模型排在盤子上面，將滾燙的水倒進深鍋裡，直到淹到布丁模型的一半高，開小火。用緊密的鍋蓋把鍋子蓋緊，蒸2個鐘頭，要確保鍋子中的水不會被蒸光，需要的話可以從上面再加滾水進去（參見左側提示）。

5. 上桌前，小心的把布丁從鍋子裡拿出來，去掉鋁箔紙，在上面蓋一個要拿上桌的盤子，快速的把模型翻過來，讓上面覆有薑和糖水的布丁被倒扣在盤子上。

薑蜜軟糕
Sticky Gingerbread

薑餅分成兩個主要類別：脆脆的人形餅乾，這也是小朋友最喜愛的，另一種是比較適合成人的蛋糕，滋味濃郁，帶著糖蜜和糖水，薑的風味也通常較重。這種蛋糕愈放愈好吃，不過大約是烘焙好後的 2、3 天左右最好吃。

製作30x20公分 （12x8吋）蛋糕

準備時間：
- 5 分鐘

烹煮時間：
- 45 分鐘

 提示 可以用等量的蜂蜜來取代黃金糖漿。
如果想讓薑味更濃，可以另外再加 1/2 杯（125 毫升）切碎的糖粉薑到麵糊裡面，然後再進烤箱去烤。

- **30 x 20 公分（12 x 8 吋）的蛋糕烤盤，抹油，襯上防油烘焙紙**
- **烤箱預熱到攝氏 150 度（華氏 300 度）**

分量	材料	容量
1 杯	奶油	250 毫升
1/3 杯	黃金糖漿（參見左側提示）	75 毫升
1/2 杯	赤砂糖，輕壓一下	125 毫升
3/4 杯	糖蜜（molasses）或金色糖蜜（treacle）	175 毫升
1¼ 杯	牛奶	300 毫升
1½ 杯	中筋麵粉	375 毫升
1 大匙	薑粉	15 毫升
1 茶匙	肉桂粉	5 毫升
1½ 茶匙	食用小蘇打	7 毫升
2 顆	蛋，輕輕打散	2 顆

1. 鍋開小火，把奶油、糖漿、糖、糖蜜融化，攪拌均勻。鍋子離火，拌入牛奶，放置一旁冷卻。

2. 找一個大碗，把麵粉、薑粉、肉桂粉和小蘇打混合，在中間挖一個洞，把奶油的混合材料倒入。把蛋加進去，輕輕的攪拌，直到混合均勻，倒入準備好的烤盤裡。

3. 放入烤箱中烘烤 40 到 50 鐘，或是直到把叉子插到中心，抽出後也不沾粘，而蛋糕摸起來感覺又軟又蓬鬆為止。從烤箱中把蛋糕拿出來，放在烤盤中等到完全冷卻後再切成方塊。蛋糕放在氣密式的容器中，在室溫下可以放上 1 個星期。

天堂椒 Grains of Paradise

Amomum melegueta（也稱為 *Aframomum amomum*、*Aframomum species*、*Amomum species*、*A. grana paradisi*）

各國語言名稱

- **阿拉伯文**：gawz as Sudan
- **捷克文**：aframom rajske zrno
- **荷蘭文**：paradijskorrels
- **法文**：poivre de Guinée、malaguette
- **德文**：Malagettapfeffer、Guineapfeffer
- **希臘文**：piperi melenketa
- **義大利文**：grani de paradiso
- **日文**：manigetto
- **俄文**：rajskie zyorna
- **西班牙文**：malagueta
- **土耳其文**：idrifil

科　　名：	薑科 Zingiberaceae	
品　　種：	鱷魚胡椒（alligator pepper）或非洲香料（mbongo spice）（*A. citratum*、*A. danielli*、*A. exscapum*）	
別　　名：	ginny grains（琴妮椒）、Guinea grains（幾內亞胡椒）、Melegueta pepper（梅萊蓋塔胡椒）	
中文別名：	非洲豆蔻，又稱椒蔻、幾內亞胡椒、天堂椒、樂園籽、梅萊蓋塔胡椒	
風味類型：	辣味型	
使用部位：	種子（香料）	

背後的故事

　　天堂椒這種香料在歐洲常被稱作梅萊蓋塔胡椒（Melegueta pepper），它原生於非洲的西海岸，從獅子山（Sierra Leone）到安哥拉（Angola）一帶。Melegueta 這個常用名稱來自於 Melle 一字，這是一個古老帝國，座落於上尼日地區，在茅利塔尼亞（Mauritania）與蘇丹（Sudan）

可搭配

- 多香果
- 月桂葉
- 小荳蔻
- 辣椒
- 肉桂和桂皮
- 丁香
- 芫荽籽
- 孜然
- 蒜頭
- 薑
- 印度鳳果
- 迷迭香
- 八角
- 羅望子
- 百里香
- 薑黃

傳統用法

- 許多非洲的菜餚（使用方式與胡椒同）
- 突尼西亞燉煮
- 野味野禽
- 細火慢燉的砂鍋

調和香料

這種香料極稀罕，通常不會被加到調和香料中。不過，還是會被加到下列的混合香料中：

- 摩洛哥綜合香料（ras el hanout）
- 塔吉調和香料（tagine spice blends）
- 綜合胡椒粒（mélanges of pepper）

之間，居民是曼丁哥人（Mandingo）。葡萄牙人稱它為「Terra de Malaguet」（辣椒之土），而它西邊的海岸常被稱為黃金海岸（the Gold Coast），也被稱為「椒海岸」（the Grain Coast）以及「胡椒海岸」（the Pepper Coast），這些名稱都是因為與這種香料有關。

天堂椒的記錄，最早可以追溯到 1214 年。在 13 世紀，小亞細亞古城尼西亞（Nicea）中帝國皇帝約翰三世的宮廷御醫就曾開過這個處方，可能是因為它抗菌與興奮的特質吧，而「grana paradisi」也被列在眾多香料之中，1245 年曾在里昂（Lyons）的市場上販賣。而天堂椒這個名稱則是義大利商人創造出來的，他們用船將它從地中海的蒙地笛波雷亞港（Monti di Borea）運送出來。對於天堂椒的產地來源，他們是沒概念的，因為這種香料是透過陸地，穿越沙漠，被運到的黎波里（Tripoli）的——所以便假設它是來自「天堂」。到了 14 世紀中期之前，和西非的直航海運路線上就有載滿象牙和幾內亞胡椒（malaguette）的船隻在往返了，雖說天堂椒和胡椒沒關係，但是卻是一種能被接受的代用品，同時也因為當時他們相對能被取得（當時能直接取得真正胡椒的印度直航路線一直到 1486 年才被發現），所以它在歐洲蠻受到歡迎的。

到了 16 世紀，英國在與黃金海岸的象牙、胡椒和天堂椒交易上十分活躍，而當時英國的草藥專家，約翰·吉拉德（John Gerard）曾提過它的藥用功能——在西非，種子和根莖都能作為藥用。種子也是香料酒希波克拉酒（hippocras）的材料之一，而種子的辛辣刺激被完全利用，好讓葡萄酒、啤酒、酒精飲料和醋的風味能獲得人為上的強化。據報導，伊莉莎白一世對於天堂椒頗為偏愛。到了 19 世紀，這種香料已經失寵於西方料理了，整個 20 世紀，一般只為了好奇才會提到它。無論如何，到了 21 世紀，天堂椒受歡迎的程度又重新席捲了料理界，這是因為消費者對於摩洛哥料理充滿興趣，而摩洛哥那充滿異國風情的綜合香料（ras el hanout，參見 757 頁）中就含有這種香料。

天堂椒在西方國家一直不好找，主要是因為它一直是野生採收的。由於沒有正式的栽種與採收架構，因此供應

上受到了嚴重的限制，如果你剛好有貨源，那真是很幸運，許多國家的進口規定都讓輸入成為夢魘。

植株

天堂椒是一種種子，植株來自於薑科荳蔻屬，這種像荳蔻的草本植物是長著葉狀莖的灌木，從粗壯的根莖長出來，而且差異性可能極大，得看它生長於西非的地區。和小荳蔻類似，它的花長在 5 公分（2 吋）長的莖上，而莖則是從底部的地面高度直接冒出來的，花開之後會結梨形、10 公分（4 吋）大小的果實，顏色由紅到橘色，裡面有許多小小的深褐色種子。堅硬、圓形、有香氣而味道強烈的種子直徑大約 0.3 公分（1/8 吋），味道初嚐起來帶一點松樹味，之後就是胡椒味，有辣度、麻麻刺刺的，和澳洲原生的山椒莓（Tasmannia lanceolata）相似。一樣類似的還有一種持久的樟腦味，香氣中還帶著隱約可辨的松脂氣味。

其他品種

鱷魚胡椒（Alligator pepper）或稱 mbongo spice（學名：*Amomum citratum*、*A. danielli*、*A. exscapum*） 和天堂椒有關係，它看起來像褐（黑）色的印度小荳蔻（Indian cardamom）豆莢，外表凹凸不平，像爬蟲類。鱷魚胡椒的風味與天堂椒類似，不過更為稀罕，甚至在它原生的北非也少見，除了儀式上的用途外，它還被用在突尼西亞風味的燉牛肉中。鱷魚胡椒會被乾燥處理，以整顆形式販售。

處理方式

天堂椒和它的親戚綠荳蔻、棕荳蔻以及鱷魚胡椒不同，它的種子必須用手從豆莢與周圍黏糊糊的果肉中取出，以便於放在太陽下乾燥，乾燥時間可達 1 週。

購買與保存

天堂椒在西方國家很難找到，因為它的供應嚴重受限於 3 個因素：（1）對緝毒機構來説，這個名稱容易讓人聯想到能改變人心智的物質。（2）某些國家因為它以胡椒摻

雜物進口並使用的理由而予以禁止。（3）這種作物本身從未被有計劃的進行過栽種。因此除了偏好香料之人由西非確保的極少數量之外，可能只有在非常專業的香料店才能買得到。

　　對於能購得這些充滿異國風情香料的幸運者，購買時要買整顆的種子，保存時也要裝在氣密式容器中，遠離溫度太高和潮溼的場所。在這樣的條件下，風味最多可以保持到 5 年。

　　想要用其他材料代替天堂椒粉，可以把 6 顆褐荳蔻、4 顆黑胡椒粒以及 1 顆澳洲的塔斯曼尼亞（Tasmanian）山椒莓或杜松子（juniper berry）一起放入研磨砵中以杵槌打，效果還不錯。天堂椒粉保存的方式和其他的香料粉一樣：放入氣密式容器，遠離溫度過高、光線太亮和潮溼的場所。在這樣的條件下，研磨粉的風味最多可以保持到 1 年。

應用

　　天堂椒的用法和胡椒幾乎一樣。在西非，它被認為能替代黑胡椒，而且有些當地的特色菜還會偏愛用天堂椒。充滿異國風味的各種摩洛哥調和香料，例如摩洛哥綜合香料（ras el hanout）中就加入了壓碎的天堂椒籽，而它類似胡椒的香味在突尼西亞燉菜中被發現和肉桂、肉荳蔻及丁香一起出現。天堂椒在加入料理之前，最好先磨成粉，因為種子在烹煮過程中並不會軟化，研磨後，它的風味才會被釋放出來。

每茶匙重量（5ml）
- **整粒未磨籽**：3 公克
- **研磨成粉**：2.8 公克

每 500 公克（1 磅）建議用量
- **紅肉**：1 茶匙（5 毫升）
- **白肉**：3/4 茶匙（3 毫升）
- **蔬菜**：1/2 茶匙（2 毫升）
- **穀類和豆類**：1/2 茶匙（2 毫升）
- **烘烤食物**：1/2 茶匙（2 毫升）

突尼西亞風燉牛肉
Tunisian Beef Stews

作為西非的在地香料，天堂椒在大多數的非洲菜色裡面都是一個特色。這個花生醬燉牛肉的料理方式叫做 Maafe，很能展示這種香料在日常中的用法。這道菜可以和馬鈴薯泥或米飯一起吃。

製作6人份

準備時間：
● 15 分鐘

烹煮時間：
● 1 小時

 提示　你可以用研磨砵組把天堂椒和花生一起壓碎，也可以選擇用碗和木湯匙背來壓。

2 大匙	油	30 毫升
1 顆	洋蔥，切碎	1 顆
1½ 磅	燉煮用的牛肉，切成 5 公分（2 吋）長的塊	750 公克
1 根	紅的長辣椒，切碎	1 根
1 罐	398 毫升（14 盎司）的番茄丁罐頭，帶汁	1 罐
2 茶匙	天堂椒，稍微壓碎（參見左側提示）	10 毫升
2 茶匙	甜紅椒粉	10 毫升
1 茶匙	奶油	5 毫升
½ 杯	沒加鹽的烤花生，稍微壓碎（參見左側提示）	125 毫升
些許	海鹽和現磨黑胡椒	些許

1. 厚底大鍋開中小火，熱油，加入洋蔥炒大約 4 分鐘，直到顏色變成透明。轉到中大火，牛肉分批炒，鍋子裡才有足夠空間，炒到牛肉每一面都變成焦黃色，大約要 8 分鐘。把辣椒、番茄、天堂椒和紅椒粉放進去炒，要煮到滾。轉成小火，加上蓋子開始燜煮，偶而要攪拌一下，這樣大慨要煮 1 個鐘頭，直到肉變軟。

2. 在這同時，另找一個小煎鍋開中火，融化奶油，加入花生，並使用木匙的背面將奶油壓進去，做成帶粗粒的糊狀。把花生糊一起加進去燉，用鹽和胡椒調味，再煮 5 分鐘，直到所有風味融和。趁熱上桌。

變化版本

如果想做成素食燉菜，可用等量的熟鷹嘴豆取代牛肉，並把烹煮時間減到 15 分鐘。

辣根 / 山葵 Horseradish

Armoracia rusticana（也稱為 *Cochlearia armoracia*、*A. armoracia*、
A. rustica、*Cardamine armoracia*、*Rorippa armoracia*）

科 名：	十字花科（蕓薹科 Brassicaceae，舊稱十字花科 Cruciferae，中文科名仍沿用舊科名）
品 種：	山葵（wasabi，學名：*Wasabia japonica*，也稱為 Eutrema wasabi）
別 名：	great raifort（大辣根）、Japanese horseradish（wasabi 日本辣根，山葵）、mountain radish（山蘿蔔）、red cole（紅油菜）
中文別名：	綠芥末、吐沙米、西洋山葵、西洋山崏菜、馬蘿蔔、山蘿蔔、粉山葵
風味類型：	辣味型
使用部位：	根（香料）、葉（蔬菜）

背後的故事

　　辣根的來源不明。有些歷史學家聲稱早期的希臘人在西元前 1000 年已經認識這種植物，而且在羅馬人入侵之前，英國已經在使用這種植物了，但奇怪的是，西元 1 世紀羅馬的美食家阿比修斯（Apicius）並未提及此事。辣根被認為原生於東歐，靠近裏海（Caspian Sea）一帶，在俄羅斯、波蘭和芬蘭都有野生。由於辣根在溫帶氣候中長得很好，所以很容易就擴展到原

生地以外的地方。到了西元 13 世紀，辣根已經被引進歐洲，到了 16 世紀，有報導表示在英國有發現野生辣根，那時，它被稱作「紅油菜（Red cole）」。約翰・吉拉德（John Gerard）曾在他 1597 年的著作《Herball》（草本植物通史）中提過德國人在吃肉和魚時會把辣根作為調味料一起吃。

辣根是猶太人過逾越節晚餐時會食用的多種苦草之一，這是為了要提醒他們勿忘在埃及被奴役之苦。辣根因為藥用特性而受到高度重視，直到今日，它仍然受到自然療法師（natural therapists）的歡迎，他們用它來紓緩呼吸道充血的問題。早期殖民地的移民把辣根帶到美國，而現在，在潮溼、有半遮蔭條件的地方，經常可以發現野生的辣根；許多園藝家都認為辣根是一種強健而難以根除的野草。

而根據日本的傳說，山葵是好幾世紀之前在遙遠的山中小村發現的，就跟大多數來源已經久遠到迷失在時光裡的植物一樣，它的來源已經幾乎無法得知了，不過，山葵的栽種似乎出現在 10 世紀左右的日本。而只要有適合的土壤條件和寒冷的氣候，許多國家都已經有種植，包括美國、加拿大、中國、紐西蘭和台灣。（譯註：在台灣，山葵也被稱作綠芥末、芥末或是哇沙米。）

植株

辣根是強健的多年生植物，肉肉的深綠色葉又大又柔軟，和菠菜的葉子相當類似，它的葉子可以長到 60 公分（24 吋），直立的莖上會開出無數的芬芳白色小花，隨後則會結出有皺紋的橢圓形莢，裡面的種子大多無法生長，所以繁殖要靠它的根狀莖。

辣根的嫩葉可以料理，就跟菠菜一樣，但是這樣的料理不常見，因為種植辣根大多是為了它根部味道的。辣根的根系包了一根長度 30 公分（12 吋）左右的主要直根，上面還有一些以不同角度長出去的側根；它的模樣就像一根肥肥胖胖的胡蘿蔔，披著黃褐色的外皮，但是毛鬚比較多，皺紋也更多。根部裡面的根體是帶著纖維質的白色，會釋放出特有的香氣，強烈而刺激度極高，香氣會直衝鼻

各國語言名稱

山葵 Wasabi

- **中文（粵語）**：saan kwai
- **中文（國語）**：shan kui
- **捷克文**：japonsky zeleny kren
- **丹麥文**：japansk peberrod
- **荷蘭文**：bergstokroosi、Japanse mierikswortel
- **芬蘭文**：japaninpiparjuuri
- **法文**：raifort de Japon
- **德文**：Bergstockrose、japanischer Kren
- **日文**：wasabi、namida
- **俄文**：vasabi
- **瑞典文**：
  japansk pepparrot
- **泰文**：wasabi

料理情報

可搭配

- 羅勒
- 月桂葉
- 蒔蘿（複葉和種子）
- 茴香（複葉和種子）
- 葫蘆巴籽
- 蒜頭
- 歐當歸
- 芥末
- 巴西利
- 迷迭香
- 芝麻
- 百里香

傳統用法

- 冷盤肉（當醬汁）
- 海鮮醬汁，含番茄
- 一般的日本料理
- 壽司和生魚片
- 山葵豆子

調和香料

- 不常用於調和香料中

價廉的刺激品

16 世紀時，少數能提供辛辣度的調味品之一就是胡椒，但當時胡椒是價格高昂的商品。即使後來在新世界中發現了辣椒，歐洲還是花了幾世紀才開始接受它，所以當地人會因為這野生植物辣根火辣辣的一擊而激動並不是什麼讓人意外的事。從那時起，辣根便成為英國廚房裡的支柱之一了。

內，讓人流出眼淚。辣根這種讓人神智一清的氣味以及濃烈又刺激的辣度只有在根部被切開，或是刮皮才會出現，這是個別的細胞被打破，將兩種元素——葡萄糖苷（glucoside）黑芥酸鉀（sinigrin）和酵素芥子酶（myrosin）合在一起時形成的揮發性油，力度強勁，在化學名詞上和黑芥末籽是一樣的。這種飽滿的強度存續時間短暫，除非加入酸性介質（如檸檬汁或醋），不然在 15 分鐘後也會開始消散。酸性會把酵素的作用中斷，因此被激發出來的辣度就會在過程中終止。

其他品種

山葵（Wasabi 或稱**日本辣根** Japanese horseradish，學名 *Wasabia japonica*），顏色淺綠，是一種多年生草本植物的塊莖（tuber），香氣與辣根類似，口感也相近，不過被認為深度更為深奧，味道也更濃烈。過去 20 年來，山葵的製造商一直在爭辯並遊說取締對於山葵的不當混製。現在市面上常見的一種作法是把辣根混合芥末，加上綠色染料，做成假的山葵來販售。而歐盟現在已經實施了新的標示作法，要求只有真正的 *W. japonica* 能被允許使用 *wasabi* 或 *washabi*

japonica 這個名稱。而成分的真偽，現在已經可以獨立檢測了。由於這個規則的影響，不少假的山葵產品已經從瑞士和德國的超市架上被撤掉，許多國家可能也會隨後跟進。

此外有一種樹叫做 **辣木樹**（horseradish tree，學名 *Moringa oleifera*），原生於喜瑪拉雅山西部的樹林裡。種植這種辣木樹是為了製作辣木油（ben oil），這種油是從種子中萃取的，用於化妝品中，也可以當做精密儀器的潤滑油。含籽的莢有點肉的口感，有時候會被到咖哩中增添風味。辣木樹之所以得名是因為根的味道濃烈，類似辣木，雖說它並非辣根的優質替代品，但有時還會以類似的方式，被用來添加食物的風味。

處理方式

辣根最好的收穫，或稱「提取」（lifed）時間在晚秋，因為天氣轉涼後，風味會提昇。在掘取根部之前的一週左右，葉狀的頂會先被砍掉（掘根時，大範圍採收時會用犁，小範圍則用耙子）。採收好的辣根根部會被洗淨、修剪，小的側枝則被切下來進行處理，主要的直根會被保存起來以便再植。在將辣根進行切剁、研磨，製作辣根醬之類的產品時，採收起來的根會被包覆起來以隔離光線，因為暴露在光線下時辣根會變綠，市場上的喜好度就會降低。辣根有個內核，就像胡蘿蔔裡面。研磨新鮮的辣根時，只用外面的部位，因為內核風味比較淡，而且還有點像橡膠，很難研磨。

購買與保存

新鮮的辣根要徹底洗淨，把殘留的泥土全部清掉，之後放到夾鏈袋置於冷藏庫，最多可以保存 2 個星期。研磨之後如果放在夾鍊袋中冰進冷凍庫，可以放到 2 個月。超市裡可能也會有辣根調味醬販售，在美國，辣根調味醬常會以甜菜根汁染成紅色，主要是為了製造出視覺上的吸引力，而不是因為風味上有什麼提昇。您也經常能買到脫水的辣根粒、辣根片或是辣根粉，這都是辣根醬不錯的替代品，可以用來調製成醬料，或是加到調味醬汁裡。所有脫水的辣根產品嚐起來和鮮品都會有差異。辣根片和辣根粒使用之前要浸泡很

久，因為它的質地很硬，纖維質也多。

辣根粉和山葵粉用起來就容易多了，因為它的辣度在調入冷水後，馬上就能被帶出來。有些山葵醬是用辣根染綠製成的，除非製造商能清楚的標示產品是仿山葵醬，否則這種作法應該要全面禁止。紐西蘭現在能生產品質很高的山葵粉，你可能不相信，這些產品其實被大量輸往日本。山葵粉和芥末粉一樣，只要接觸到冷水，幾秒之內立刻就能引出完全的辣度和濃烈風味，是僅次於新鮮山葵的最佳選擇。請將辣根粉、辣根粒和辣根片以及山葵粉放在氣密式包裝之中，不要接觸到溫度過高、光線太亮、或潮溼的環境。

應用

辣根通常是涼品上桌，或在烹調最後時才加入熱食裡，這主要是因為它迷人的辛辣風味一接觸到熱，就容易消失。使用辣根或山葵粉時，遵守下面幾個簡單法則，就能收到最佳效果：

- 絕對不要直接加到熱食裡；熱氣會抑制酵素的反應。
- 粉末要調製成濃稠的山葵醬，只能加冷水。這樣才能讓酵素發揮作用，製造出獨特的辣味。
- 從粉調製成醬之後，請用保鮮膜覆蓋，放入冰箱冷藏 5 到 10 分鐘，這樣辣度才會完全展現出來。
- 馬上使用（即使是只有 1 個鐘頭，勁道也會消失）。

辣根在應用上，大家最為熟悉的方式應該和芥末一樣，用於冷盤肉，像是火腿、牛舌、鹽醃牛肉（corned beef、salt-cured beef），特別是烤牛肉上。你可以用現磨或是現切的辣根，加上糖和醋來製作簡單的辣根醬或是辣根調味汁。如果要增添豬肉的美味，在這種混合佐料中還加可以加進現磨的蘋果、薄荷和酸奶油。辣根和魚、海鮮，以及許多高人氣的海鮮紅醬也很合味，海鮮紅醬是把辣根加到以濃郁番茄為基底的醬料中。東歐和北歐各國也會把辣根加入湯和醬汁裡，奶油起司中也會放，辣根和甜菜還被視為是有滋有味的美好結合。在日本料理中，山葵醬是填入壽司的材料之一，也是生魚片的好搭檔，經常與日本醬油混在一起作為沾料。

每茶匙重量（5ml）

- **乾燥切塊：**3 公克
- **粉：**5 公克

每 500 公克（1 磅）建議用量

- **紅肉：**1 大匙（15 毫升）現磨
- **白肉：**2 茶匙（10 毫升）現磨
- **蔬菜：**1 茶匙（5 毫升）現磨
- **穀類和豆類：**1 茶匙（5 毫升）現磨
- **烘烤食物：**1 茶匙（5 毫升）現磨

辣根醬汁
Horseradish Sauce

現做的辣根醬汁美味程度完勝各種罐裝產品，所以如果你買得到新鮮的辣根，不妨試試這道簡單的食譜。這款醬汁和略生的烤牛肉及煙燻鹹魚肉都非常搭配。

製作6人份

準備時間：
● **5分鐘**

烹煮時間：
● 無

提示 可以使用廚房銼刀，如研磨板來將辣根磨成細末。

3 大匙	去皮，現磨的新鮮辣根泥（參見左側提示）	45 毫升
1 杯	酸奶油（sour cream）	250 毫升
1 茶匙	迪戎（Dijon）芥末醬	5 毫升
些許	海鹽和現磨黑胡椒	些許

1. 找一個小碗，將辣根泥、酸奶油和芥末放進去混合。用鹽和胡椒調味，試試鹹淡。這個醬料裝入氣密式容器中，放進冷藏庫，可以放 1 個星期。

蕎麥麵配山葵沾料
Soba Noodles with Wasabi Dressing

蕎麥麵是用蕎麥粉製作的，有一種類似粗食、令人滿足的口感。在日本天天都能吃麵，時時都供麵──從繁忙的車站到高端的餐廳，處處有賣麵；麵有湯麵、炒麵和涼麵。山葵是他們不可或缺的調味聖品，全國上下都吃，每種菜餚都可搭配。這道涼麵因為山葵的襯托而有畫龍點睛之妙，是午餐飯盒或野餐代替三明治的優選。

製作4小份

準備時間：
● **5分鐘**

烹煮時間：
● **10分鐘**

 提示 為了要讓酵素發揮作用，產生辣度，山葵粉必須用冷水調和。
乾烤芝麻：把芝麻放在乾的煎鍋中，開中火加熱，要經常搖動鍋子，直到芝麻稍微變焦黃色，大約 2 到 3 分鐘。立刻盛到其他的盤子去，以免顏色繼續變深。

10 盎司	蕎麥麵	300 公克
2 茶匙	麻油	10 毫升
2 茶匙	山葵粉	10 毫升
2 茶匙	冷開水	10 毫升
2 大匙	米酒醋	30 毫升
2 大匙	油	30 毫升
1 大匙	醬油	15 毫升
1 大匙	現擠的檸檬汁	15 毫升
1½ 杯	荷蘭豆，對角斜切成 2.5 公分（1 吋）的塊	375 毫升
1 大匙	烤過的芝麻（參見左側提示）	15 毫升
適量	醃紅薑，自行選用	適量

1. 把蕎麥麵放進一鍋沸騰的鹽水中，煮到變軟，大約 5 分鐘，將水瀝乾，在流動的冷水下沖洗。盛到要上桌的碗中，上面撒上麻油（以防麵黏在一起）。

2. 找一個小碗，將山葵粉和冷水一起放入調和（參見左側提示），加入醋、油、醬油和檸檬汁打一打，把沾料和荷蘭豆、芝麻加入麵裡，晃動一下，混合均勻。上面再放上紅薑（如果有準備的話）。

變化版本

如果想吃熱麵，麵煮好後水瀝乾，但是不要用冷水沖。找一個鍋子開小火，將熱麵、調味的醬汁、荷蘭豆和芝麻一起放進去混合，煮 2 分鐘。

印加孔雀草 Huacatay

Tagetes minuta（也稱為 *T. graveolens*、*T. glandulifera*、*T. glandulosa*）

驅蟲

在近代，萬壽菊家族成員的驅蟲特質頗受到讚揚，而其中以印度孔雀草最為出色，它甚至還因此成為極受歡迎的混栽植物（companion plant）。它根部的分泌物對線蟲（nematodes）類，如一般線蟲（eel worms），有滅殺效果。被當做環境美化香草（strewing herb）栽種時，還能驅除甘藍夜蛾（cabbage moths）和其他昆蟲。

科　　名：菊科 Asteraceae 或 Compositae

品　　種：印加孔雀草（huacatay，學名：*T. minuta*）、葩葩蘿調味草（papaloquelite，學名：*Porophyllum ruderale*）

別　　名：anisillo（安妮西羅）、black mint（黑薄荷）、chinchilla（毛絲鼠草）、mastranzo（馬斯川柔）、stinking Roger（臭菊）、southern cone marigold（南方小盞萬壽菊）、suico（水寇）、wacataya（娃咖塔亞）、zuico（銳寇）

風味類型： 激香型

使用部位： 葉（香草）

背後的故事

　　原生於美洲，在哥倫布之前，世界其他地方並不認識的印加孔雀草（huacatay）被當地的原住民拿來當做藥草茶喝、或用於增添食物的香氣，可能也在傳統農業中當做控制害蟲的藥草。*Tagetes* 這個字指的是伊特魯里亞（Etruscan）的預言家特屈斯（Tages）。在神話中，特屈斯從泥土中一躍而出，向古代的農人展示探水之術（dowing，也可指為潛水之術）——這種形容，當你想到直挺挺的印度孔雀草，簡直就像從土中一躍而出的模樣很容易就能明白了。在西班牙殖民之後，印度孔雀草在全世界各地出現，從歐洲到亞洲、非洲以及澳洲，並在那裡獲得了「臭菊」的惡名。

　　除了以料理香草之姿出現外，印度孔雀草還可以當做天然的染色劑，並利用蒸餾法提煉萬壽菊精油（tagetes oil）。巴西出產的萬壽菊精油被用於香水、酒精與非酒精類飲料的製作，也會被加到加工食品與烘焙食物中。

植株

　　印度孔雀草是一年生植物，原生於南美洲南部的溫帶草

可搭配

- 羅勒
- 咖哩葉
- 蒔蘿葉
- 葫蘆巴葉
- 蒜頭
- 香茅
- 檸檬香桃木
- 香蘭葉
- 巴西利
- 越南香菜

傳統用法

- 阿蔻葩（ocopa）和印度孔雀草醬汁
- 黑薄荷醬
- 肉類的醃製料
- 芫荽葉的替代品

調和香料

- 不常用於調和香料中

原。除了被稱為是有害之草外，植株本身堅定的挺直往上生長。印度孔雀草可以長到 1.2 公尺（4 呎）高，有鋸齒型葉，在棒子一樣的分枝末端開奶油黃色小花。這植物準備了驚喜給充滿熱情的廚師們。首先是強烈、類似大茴香的藥香，這香味，一些人聞起來或許不太喜歡，但是這種喜好就跟芫荽葉和土荊芥是一樣的道理。其次，在經過仔細的檢視，並給予時間來學會欣賞這香氣後，就會發現它的香氣特質會使人聯想到蘋果、鳳梨和大茴香。和香菜不同的是，我發現它的葉子在乾燥之後會產生更怡人的風味。

其他品種

萬壽菊品種極多，有些被當做葉菜，有些是種來觀賞或作為藥用。**葩葩蘿調味草**（papaloquelite，學名 *Porophyllum ruderale*）也稱作「葩葩蘿」，是萬壽菊家族的另一位成員，具獨特的風味，聞起來像香菜（芫荽葉）。葉呈卵形，質地柔軟，而花在結種子時，外觀就像蒲公英（dandelions）一樣（譯註：有如一團蓬鬆的白色絨球）。

一般相信，葩葩蘿調味草以及土荊芥在墨西哥料理上應用的時間遠早於香菜，因為它是這地區真正的天然野香草，當地人也稱它為 quelites，意思是調味品。它的風味比香菜更複雜，而使用的方式非常類似，可以用在沙拉中，也能讓風味多一點變化。

處理方式

印度孔雀草很輕鬆就能從半潮溼的土中拔起，而這樣的土壤，正是它喜歡的生長環境，所以我總愛把整株印度孔雀草從土中連根拔起，把根洗乾淨，然後倒掛在光線陰暗、通風良好的地方直到葉子縮乾，摸起來乾乾脆脆的，乾枯的葉子要從莖上拔除。

購買與保存

新鮮的葉子西班牙市場裡買得到，在那裡，印度孔雀草通常被紮成一把把來賣，一把長度約 30 公分（1 呎），直徑 7.5 公分（3 吋）。紮束時，切下來的莖幹帶著葉子被

香料筆記

　　麗姿小時候住在澳洲北部的鄉下，但她從來不知道這種長得很茂盛卻又細細長長、瘦骨嶙嶙的「臭菊」可以吃。它單枝的莖幹隨手一拔就能當成竹馬來玩，底端握在髒兮兮拳頭裡，而上方羽毛般的葉子則拖在紅棕的火山塵裡。麗姿和她的玩伴們赤著腳跳躍，酣暢的騎在他們的小草馬上。而過了 60 個年頭後的現在，我們會把車子停在路邊，採集臭菊的葉子，現在我們可認得印度孔雀草了，會把這種草帶回家中的廚房裡。

一起用麻繩緊緊綑綁起來。

　　印度孔雀草的新鮮莖葉最好用新鮮的水稍微噴灑後，放到冰箱冷藏庫的蔬果保鮮櫃去保存，這樣大約可以放 2 到 3 天，但是請注意，葉子枯萎得很快。如果想冷凍，要先把葉子從莖上拔下來，不要切，直接放進製冰格，上面用水蓋過，放入冷凍即可。結冰後將冰塊轉下來，放進夾鍊袋中，再放回冷凍，這樣可以保存到 3 個月。隨著印度孔雀草歡迎度的提高，現在販賣拉丁美洲產品的市場上已經愈來愈容易買到乾燥的葉和粉了，你也能發現標示著「black mint paste（黑薄荷醬）」（印度孔雀草製成醬）的包裝，用它來替代新鮮印度孔雀草還算可以。

　　保存乾燥印度孔雀草的方式和保存其他乾燥香草一樣：裝入氣密式容器中，遠離溫度過高、光線太亮、或潮溼的場所，在這種情況下，乾燥的印度孔雀草葉可以保存到 1 年左右。

應用

　　以看待香菜、土荊芥和阿魏相同的方式來看印度孔雀草就對了。這些草都有強烈、乍聞之下會覺得奇怪的香氣和風味，但是一和其他食物取得均衡後，卻又令人十分讚賞。印度孔雀草和豬肉、羊肉、以及安地斯山脈、祕魯和玻利維亞的山羊肉醃製料搭配，料理會更出色，它也是阿蔻葩（ocopa）中一個很重要的材料，這種醬汁中加有滿滿的花生、辣椒和香草，所以印加的信使們都會隨身攜帶，休息時候吃。

　　近來阿蔻葩已經進化一成種醬料了，和含有洋蔥、蒜頭、印度孔雀草、辣椒、烤過的花生、麵包及起司單純的莫耳混醬（mole）不同。這些材料全部都會被煮過，調和在一起，在吃水煮蛋和馬鈴薯時一起享用，也可以把印度孔雀草拿來當做香菜（芫荽葉）的替代品，效果可能會讓你大吃一驚。

　　使用乾燥的印度孔雀草時，份量大約是鮮品的三分之一。

每 500 公克（1 磅）建議用量

- 紅肉：1/2 杯（125 毫升）鮮葉，2 大匙（30 毫升）乾葉
- 白肉：1/2 杯（125 毫升）鮮葉，2 大匙（30 毫升）乾葉
- 蔬菜：1/4 杯（60 毫升）鮮葉，1 大匙（15 毫升）乾葉
- 穀類和豆類：1/4 杯（60 毫升）鮮葉，1 大匙（15 毫升）乾葉
- 烘烤食物：以鮮葉裝飾

阿蔻葩
Ocopa

當我們發現澳洲野外的植物「臭菊」（Stinking Roger）實際上和南美香草印度孔雀草是同一種植物時，我就嘗試動手做阿蔻葩了。這是一種經典的祕魯醬汁，通常和白煮蛋和水煮馬鈴薯片一起食用。我還發現，阿蔻葩淋在綠色沙拉上也是很棒的。

製作大約3杯
（750毫升）

準備時間：
● **10 分鐘**

烹煮時間：
● **10 分鐘**

提示 阿瑪利羅黃辣椒（Aji Amarillo）是南美洲的一種黃色辣椒，市場上新鮮品、罐裝、乾品、或膏醬形式都買得到，而這道料理，無論哪種形式都能使用（1 根乾辣椒等於 1 根新鮮辣椒、罐裝辣椒，或是 1 茶匙／5 毫升辣椒醬的量）。大家可以在香料專賣店或是南美洲的雜貨店找找看。

● **果汁機**

1 大匙	油	15 毫升
1 顆	洋蔥，粗切	1 顆
1 瓣	大瓣的蒜頭，切碎	1 瓣
1 根	乾的阿瑪利羅黃辣椒（Aji Amarillo），去籽切好（參見左側提示）	1 根
¼ 杯	乾燥的印度孔雀草	60 毫升
⅓ 杯	沒加鹽的生花生，稍微烤過	75 毫升
1 盎司	原味薄片脆餅（plain crackers，約 4 片）	30 公克
1 杯	里科塔起司（ricotta cheese）	250 毫升
1 杯	奶水（evaporated milk）	250 毫升
¼ 茶匙	細海鹽	1 毫升

1. 煎鍋開中火，熱油。加入洋蔥，炒到變透明，大約要 5 分鐘。加入蒜頭、辣椒、印度孔雀草然後再炒 2 分鐘，直到材料變軟。盛起來放到料理果汁機裡，加入花生、薄片脆餅、里科塔起司、奶水和鹽，打到材料變得滑順。把醬汁裝入氣密式容器中，放入冰箱冷藏，可以放上 3 天。

杜松子 Juniper

Juniperus communis（也稱為 *J. albanica*、*J. argaea*、*J. compressa*、*J. kanitzii*）

各國語言名稱

- **阿拉伯文**：hab-ul-aaraar
- **中文（國語）**：：du song
- **捷克文**：jalovec、jalovcinky
- **丹麥文**：enebaer
- **荷蘭文**：jenever、jeneverbes
- **芬蘭文**：kataja
- **法文**：genièvre
- **德文**：Wacholder
- **希臘文**：arkevthos
- **匈牙利文**：borokabogyo
- **印度文**：araar、dhup、shur
- **義大利文**：ginepro
- **日文**：seiyo-suzu
- **挪威文**：einer
- **波蘭文**：scejzjobz、jagody jalowca
- **葡萄牙文**：junipero
- **俄文**：mozhzhevelnik
- **西班牙文**：nebrina、enebro、junipero
- **瑞典文**：enbar
- **土耳其文**：ardic yemisi、ephel
- **越南文**：cay bach xu

科　　名：	柏科 Cupressaceae
品　　種：	敘利亞杜松（Syrian juniper，學名：*Arceuthos drupacea*）、加州杜松（Californian juniper，學名：*J. californica*）、鱷魚杜松（alligator juniper，學名：*J. deppeana*）
別　　名：	juniper berries（杜松莓）、juniper cones（杜松筒）、juniper fruits（杜松子）
中文別名：	杜松、杜松漿果、杜松莓果、歐刺柏、刺柏、瓔珞柏、刺柏漿果
風味類型：	激香型
使用部位：	莓果（香料）

背後的故事

　　杜松樹木原生於地中海沿岸、極圈的挪威、俄國、喜馬拉亞山西北部，以及北美洲，杜松因為其數千年來的藥用特質，一直被視為是很有價值的香料，而在悠悠的歲月中，它一直被當做神奇的植物對待。聖經中，以及希臘的醫師蓋倫（Galen）和迪奧斯科里德斯（Dioscorides）都曾論述過杜松的優點，那時大約是西元 100 年左右。由於杜松具有使空氣清淨的松樹香氣，它的葉子便被用來當做環境美化香草來

讓陳腐的空氣變得清新。在冬天，瑞士人會把杜松子和加熱用的燃油一起燃燒，讓陳腐的教室空氣能變得衛生些。在發生瘟疫的時候，倫敦人曾燃燒杜松，希望能阻止感染的蔓延，卻不成功（他們並不了解這疾病是由跳蚤附在老鼠身上傳播的）。杜松子有時會被用來當做胡椒的替代品，有時還會被烘焙過，拿去代替咖啡。琴酒主要的精髓就自於杜松子獨特的香氣，而酒名正是源於於杜松 juniper 的荷蘭名稱 *jenever*。

植株

杜松（刺柏）有許多不同的品種，從 1.5 到 2 公尺（5 到 6 呎）高的小灌木，可以提供杜松子給我們的培育種，到 12 公尺（40 呎）的高大樹種都有。杜松的灌木叢相當密實，長著尖銳、中間壟起的針狀灰綠色葉，還會往適當的角度突長出去，讓採收莓果時十分痛苦，除非戴上厚厚的手套（或使用筷子！）。帶著青色的黃花不是雄性就是雌性；不過一株植物上只長一種性別的花，而授粉方式則是透過風力傳播，從周圍不同性別的植株上過來的。不太明顯的花開之後，隨之而來的是小小的雌性球果（female seed cones），球果直徑大約 0.5 到 0.8 公分（1/4 到 1/3 吋），這種球果則被我們稱為莓果，大概要 2 到 3 年才會成熟。小小的雄性球果是淡黃色，長在葉子的尾端，在料理上是不用的。

杜松莓果初結果時很硬，顏色淡綠，成熟之後則轉為藍黑色，裡面有漿果肉，內含 3 顆黏糊糊的堅硬棕色種子。進行莓果乾燥時，莓果要維持軟度，不過一旦爆開，就會發現圍繞在種子周圍的襯皮其實是相當容易破碎的。杜松子的香氣能立刻讓人聯想起英國的琴酒，有一種木系、類似松木的樹脂味道，裡面還飄著些花香，並含有松脂（turpentine）的香味。風味和松相當類似，有辛辣味、清

料理情報

可搭配

- 多香果
- 月桂葉
- 馬鬱蘭
- 洋蔥和蒜頭
- 奧勒岡
- 紅椒粉
- 迷迭香
- 鼠尾草
- 龍蒿
- 百里香

傳統用法

- 野味，以及味濃油膩的食物
- 酒精飲料（特別是琴酒）
- 湯品和砂鍋
- 烤禽類
- 和麵包及香草一起作內餡

調和香料

- 野味用的混合香料

新、芳香，所以對於味道濃郁、有野味或是油膩的食物來說，是絕佳的襯托。雖說杜松子被認為對大多數人是無害的，但還是建議孕婦和有腎臟疾病的人應避免大量食用。

其他品種

杜松大約有 30 個品種，但是這些品種產出的莓果大多太苦，無法用於料理。其中一些知名的例外有**敘利亞杜松**（Syrian juniper，學名：*Arceuthos drupacea*），在土耳其、南歐、和北非能發現；**加州杜松**（Californian juniper，學名：

香料筆記

多年前，我們家裡就有一棵小小的杜松樹。要摘長在奸詐針葉之中的杜松莓果是一件很痛苦的事，所以我們便靠筷子來夾，並讓果子落在下方地上放著的托盤裡。這個工作實在太過耗時了！不過，我們至少賺了個好處，大家的用筷技巧都突飛猛進。

Juniperus californica），長於美國西南方；以及**鱷魚杜松**（alligator juniper，學名：*J. deppeana*），長於亞歷桑納州、德州、和墨西哥州。這些品種的生長習慣、繁殖方式和結果方式與杜松（*J. communis*）類似，莓果也能用於料理。

處理方式

由於杜松莓果要 2 到 3 年才會成熟，所以一棵樹上會同時有未成熟的莓果和已經可以採摘的莓果。品質最好的莓果是在果子成熟時（通常是秋天）以手摘下的，這是因為任何形式的機器都可能把小小的、多漿柔軟的球體給壓破，讓球果在乾燥時失去風味。

只有成熟的新鮮或乾燥莓果才適合蒸餾用來製作琴酒的精油（新鮮的成熟莓果最好）。

購買與保存

杜松子品質最好的時候是在莓果依然溼潤，摸起來柔軟，夾在指間相當容易就能壓扁，但不會破裂的時候。藍黑色莓果的外皮上有雲朵狀的花紋不算少見，雖說這是無害的霉，但是如果莓果的乾燥不確實，它就可能產生過多的霉，應該要避免。一定要在使用之前才將杜松子壓碎或研磨，因為它裡面的揮發成分一旦接觸到空氣，很快就會揮發掉。杜松子裝入氣密式容器中，遠離溫度過高、光線太亮、或潮溼的場所，可以在架上放 2 到 3 年。

應用

杜松子以其「清新力」，在提高食物的特色上獨樹一幟，貢獻極大。除了作為料理的調味品之外，杜松子還能去除野味的強烈腥味，降低鴨肉和豬肉的油膩感，並能消除麵包內餡產生的積食感。在所有野味的食譜中，都能看到杜松子，杜松子會被加到魚肉和羊肉中，並與其他香草和香料混合，尤其是百里香、鼠尾草、奧勒岡、馬鬱蘭、月桂葉、多香果，以及洋蔥和蒜頭。

每茶匙重量（5ml）
- **整粒未磨籽**：2.3 公克

每 500 公克（1 磅）
建議用量
- **紅肉**：5 顆莓果
- **白肉**：5 顆莓果
- **蔬菜**：3 顆莓果
- **穀類和豆類**：3 顆莓果
- **烘烤食物**：3 顆莓果

鹿肉派 Venison Pie

我在蘇格蘭待了很長的時間，那是我先生的故鄉。在那裡，鹿肉是個好東西。在這道經典的作品中，有著類似松樹香氣的杜松子讓這道豐盛、令人欣喜的派中原本的野味肉口感變均衡了。這道食譜也能使用馴鹿（Caribou）或其他野味紅肉來製作。

製作6人份

準備時間：
● **20 分鐘**

烹煮時間：
● **3 小時**

 **提示** 要把杜松子壓碎，可以使用研磨砵組、擀麵棒、或是木頭湯匙的背面。杜松子相當柔軟，所以很容易就能被壓破。

● **5 公分（10 吋）深的派盤**
● **烤箱預熱到攝氏 140 度（華氏 275 度）**

2 大匙	油，分批使用	30 毫升
2 根	中等大小的胡蘿蔔，縱向對切後切片	2 根
2 杯	洋菇（bottom mushrooms），切成 4 半	500 毫升
5 顆	紅蔥頭（shallots），對切	5 顆
2 瓣	大瓣的蒜頭，切片	2 瓣
4 片	煙燻培根肉，切碎	4 片
1 大匙	中筋麵粉	15 毫升
½ 茶匙	細海鹽	2 毫升
½ 茶匙	現磨黑胡椒	2 毫升
2½ 磅	燉煮用的鹿肉，切成 4 公分（1½ 吋）大小的塊狀	1.25 公斤
1 杯	中等酒體（medium-bodied）的紅酒	250 毫升
2 杯	雞高湯	500 毫升
3 片	月桂葉	3 片
1 大匙	乾燥的杜松子，稍微壓碎（參見左側提示）	15 毫升
2 枝	新鮮的百里香	2 枝
2 茶匙	玉米粉	10 毫升
1 張	25x38 公分（10x15 吋）的酥皮	1 張
1 顆	蛋，打散	1 顆

1. 大的鑄鐵鍋開中火，加熱 1 大匙（15 毫升）的油，把胡蘿蔔、洋菇、紅蔥頭、蒜頭和培根肉都放進去，炒大約 5 分鐘，直到顏色變成焦黃色（小心別真的燒焦）。用漏杓將材料盛到碗中，放置一旁。把鍋子也放在一旁。

2. 用夾鏈袋將麵粉、鹽和胡椒加以混合，加入鹿肉，把袋口封好，搖晃搖晃，讓鹿肉沾上麵粉混合料。

3. 剛剛的鑄鐵鍋再開中大火，把剩下的 1 大匙（15 毫升）油倒進去加熱，分批將鹿肉的每一面煎焦黃，大約要 5 到 7 分鐘，之後盛到碗裡面。鍋中倒入紅酒，煮 1 分鐘，攪拌攪拌，把黏在鍋底的褐色碎渣刮起來。加入煎黃的鹿肉，剛剛留好的蔬菜、高湯、月桂葉、杜松子和百里香，蓋上蓋子，在預熱好的烤箱烤大約 2 個鐘頭，直到肉變軟。

4. 用漏杓將肉和蔬菜盛到派盤裡，把月桂葉去掉，將玉米粉加到鍋中剩餘的湯汁中，打均勻，用高溫將湯汁煮到剩下一半，大約 10 分鐘左右。倒到派餡上，在一旁放置 10 到 15 分鐘，直到稍微變涼。

5. 烤箱預熱到攝氏 200 度（華氏 400 度）。

6. 把酥皮蓋到派上，將邊緣捏緊封好，用刀子在酥皮上畫小十字，讓蒸氣透出來。在酥皮上面刷上蛋汁，放入預熱好的烤箱烤 20 分鐘，或直到酥皮變成焦黃色。

提示 餡料可以提前一天做好，放在冰箱冷藏一夜。

杜松子 Juniper

J

印度鳳果 Kokam

Garcinia indica Choisy

科　　名： 藤黃科 Clusiaceae（也稱山竹子科，舊稱金絲桃科 Guttiferae）

品　　種： 南瓜山竹（也稱藤黃果，asam gelugor，學名：*G. atroviridis*）、柬埔寨藤黃果（cambodge，學名：*G. cambogia*）、斯里蘭卡藤黃果（goraka，學名：*G. gummi-gutta*）

別　　名： black kokam（印度黑鳳果）、cocum（鳳果）、fish tamarind（魚用羅望子）、kokum（寇坎果）、kokum butter tree（鳳果奶油樹）、mangosteen oil tree（山竹油樹）

中文別名： 藤黃果

風味類型： 香濃型

使用部位： 果實（香料）

背後的故事

　　這棵孤獨的熱帶林木原生於印度邦聯中的卡納塔克邦（Karnataka）、古吉拉特邦（Gujarat）、馬哈拉施特拉邦（Maharashtra）、喀拉拉邦（Kerala）的西高止山脈（the Western Ghats）、西孟加拉邦（West Bengal）以及阿薩姆

邦（Assam），繁殖不易。雖說葡萄牙人在馬哈拉施特拉邦的舊城果亞（Goa）時，對它肯定已經熟悉，但在世界其他地方，倒是沒什麼人知道。

鳳果奶油是一種可食用的油脂，由小木屋型工廠從鳳果種子中所提煉，是一種商品，有時發現摻雜在奶油和印度澄清奶油（ghee）之中。不少產品都是由成熟的印度鳳果果實製作而成的；此外，它還是料理時的香料，用未成熟的印度鳳果果皮在太陽下曝曬製成，也被拿來當做天然的紅色色素。

植株

印度鳳果的樹木是纖細、優雅的熱帶常綠木，高度可達 15 公尺（50 呎），葉子密度中等，是卵形的淺綠色。它的果實看起來就像小小的李子，直徑約 2.5 公分（1 吋），成熟時是深紫色。印度鳳果樹在產出量上差異很大，每一季從大約 30 到 130 公斤（66 到 280 磅）。乾燥、整平的黑紫色果皮被處理成小小的、像皮革一樣的塊狀，長度大約 2.5 公分（1 吋），展開後可以恢復成果實大小的圓帽形皮。它的香氣中有淡淡的果味，以及一點點義大利巴薩米可醋（balsamic）的味道，還有丹寧酸（tannin）的氣味，而入口後立刻出現的感覺是強烈、酸味、澀感以及鹽味，會在口中留下愉快而清新的乾果甜味。印度鳳果的酸來自於它高濃度的蘋果酸（malic acid），和青蘋果以及香料鹽膚木（sumac）中發現的一樣，以及少量的酒石酸（tartaric）和檸檬酸，讓它的風味更具獨特的深奧度。

其他品種

在亞洲生長的一個近親香料就是**南瓜山竹**（也稱藤黃果，asam gelugor，學名 *Garcinia atroviridis*）。它的酸性特質和印度鳳果類似，不過卻有一個令人困惑的名字「羅望子片」，但其實它不是。它的果實不是切片乾燥

料理情報

可搭配
- 多香果
- 小荳蔻
- 辣椒
- 肉桂和桂皮
- 丁香
- 芫荽（葉和種子）
- 孜然
- 咖哩葉
- 甜茴香籽
- 南薑
- 香茅
- 檸檬香桃木
- 紅椒粉
- 八角
- 薑黃

傳統用法
- 印度咖哩，尤其是果亞老城的魚咖哩
- 水果加味水（cordials）

調和香料
- 不常用於調和香料中
- 南瓜山竹果皮（asam gelugor，或為市面的亞參皮）粉

香料生意中的旅行

我們初遇印度鳳果是在南印度，那時我們正接受席笛亞普（Sediyapu）家溫暖的農家熱情接待，他們在我們抵達時，拿出了自製的小點心和印度鳳果水。南印度的食物實在美妙無比，你很難不被吸引。我們坐在遮蔭的陽台迴廊上和他們的家族成員講話，一邊小口啃著著辛辣的小點，一邊用色澤明艷的粉紅色印度鳳果水配著。在一開始的寒暄之後，我們信步踱到一棟靠近他們小小家庭企業製作水果加味水的建築，他們家的專長是製作印度鳳果加味水（他們稱作 *birinda*）。整潔的兩室建築有一部分設有不鏽鋼大桶，這是為了要煮糖漿，而剩下的地方則是用來填瓶，以及給填瓶後的瓶子貼上標籤。這正是之前我們喝過的印度鳳果加味水，而我們也趁機看了附近的印度鳳果樹。席笛亞普家告訴我們，他們會在果子成熟時採收，然後只選用果皮來用，光是果皮就占了整顆果實的 50%，果皮會被放到太陽下曝晒後保存。他們有時候會在皮上揉一些鹽，加速乾燥，並有助於保存這皮革一樣的小塊美味。為了要製造出芳香撲鼻，味道清新的深紫色加味水，他們會把印度鳳果用糖漿煮過。主人跟我們打包票，只要常喝，印度鳳果對於減肥和降低膽固醇是很不錯的——被這麼多美麗的印度辛香美食包圍，真算得上是一場勞心勞神的戰爭呀。

後來販售，就是磨成粉。我也曾看過有人賣南瓜山竹的綜合香料，其中南瓜山竹被混著澱粉研磨，以便澱粉吸收黏度以及更多檸檬酸。**柬埔寨藤黃果**（cambodge，學名 *G. cambogia*）是一種類似的近親樹種，生長在南印度的尼爾吉里丘陵（Nilgiri Hills）。由乾燥果皮製造出來的濃縮物被用於食品的製造；不過，在印度，似乎還是被留作醫藥用途為多。**斯里蘭卡藤黃果**（goraka，學名 *G. gummi-gutta*）是長在東南亞的一個品種，南印度和非洲也有。果實是淺黃色，有肋紋，就像顆小南瓜。斯里蘭卡藤黃果的果皮和果實都因為有酸味而被拿去乾燥，而且還常被當作為印度鳳果的替代品來賣。

處理方式

印度鳳果果實在成熟時採收，光是果皮就占了果實的一半，但只有果實會被放到太陽下晒乾進行製作。有時候，果皮上會揉一些鹽，加速乾燥，也能幫助保存這香氣撲鼻、

有如皮般的小塊美味。印度鳳果也會被放到糖漿裡去煮，好產生美味的深紫色來染紅加味水，而正如之前所言，我們的印度主人家保證它對減肥降低膽固醇很有好處。無論是否有療效，霧濛濛的一月午後，在科欽（Cochin）這個可愛城市的外圍（科欽是我在印度最喜歡的地方之一），在走路看完一整天的胡椒、肉荳蔻和丁香園子後，印度鳳果飲料的清新的確令人難忘。

購買與保存

賣印度香料的零售商，或是印度香料專門店裡都有販賣印度鳳果。一次少量購買就好，大約 12 到 20 塊即可，因為這柔軟又有韌度的果皮乾得很快，保存太久會失去部分風味。如果你注意到表皮上有一些白色的結晶粉狀物，不要在意——這不是發霉，通常只是在乾燥過程中，稍微加多了鹽巴。

為了要確定菜餚不會過鹹，印度鳳果塊在使用前可以簡單的用冷水沖洗，再加到菜裡面去。保存印度鳳果的方式和其他香料一樣，裝入氣密式容器中，遠離光線直射，也不要接觸太多熱氣和溼度，在這樣的條件下保存，印度鳳果大約可放超過 2 年。

應用

印度鳳果用法和羅望子幾乎一樣，都是當做酸味使用的，它的風味中帶著淡淡果香，酸味效果比羅望子或青芒果粉（amchur）來得溫和。印度鳳果塊通常是整塊加進菜餚裡面，不必先切；不過加之前先檢查一下，確定被攤平的果皮裡面沒包著小石頭。它和所有的咖哩，特別是用魚烹製的咖哩搭配起來很有加分效果，所以在南印度還得了「魚用羅望子」的俗稱。我做咖哩時，通常會在番茄醬裡面放上幾塊，讓它出味，一邊再進行其他的準備。

每茶匙重量（5ml）

- 整粒：1.8 公克

每 500 公克（1 磅）建議用量

- 紅肉：4 塊
- 白肉：4 塊
- 蔬菜：2 到 3 塊
- 穀類和豆類：2 到 3 塊
- 烘烤食物：2 到 3 塊

南印度沙丁魚
South Indian Sardines

在海鮮產量豐富的印度南部，印度鳳果被稱作魚用羅望子。沙丁魚有永續性，還富含營養，拿來配上帶點果香但又有酸溜溜滋味的印度鳳果，是享用這種魚的一種完美方式。

製作4人份

準備時間：
● **10 分鐘**

烹煮時間：
● **20 分鐘**

 提示 當沙丁魚的魚翅輕輕一拉就脫落時，就是煮好了。

● **中式炒鍋，可自行選用**

2 大匙	油	30 毫升
½ 杯	沒有加糖的椰子絲（shredded coconut）	125 毫升
4 瓣	蒜頭，壓碎	4 瓣
4 顆	洋蔥，磨末	4 顆
2 根	綠色辣椒，切碎	2 根
2 片	新鮮或乾燥的咖哩葉	2 片
2 塊	印度鳳果	2 塊
1 塊	2.5 公分（1 吋）長的薑塊，去皮，磨末	1 塊
1 杯	水	250 毫升
8 盎司	新鮮的沙丁魚（約 3 條大的或 6 條小的）	250 公克
些許	海鹽和現磨黑胡椒	些許

1. 中式炒鍋或大的煎鍋開中火熱油，加入椰子絲、蒜頭、洋蔥、辣椒、咖哩葉、印度鳳果和薑去炒，翻炒約 5 分鐘，直到材料變軟，散發出香氣。加入水和沙丁魚，加上蓋子，火轉小，燜煮約 10 分鐘，直到沙丁魚變熟（參見左側提示）。使用漏杓，小心的把魚盛到盤子裡，把魚肉片下來（皮和骨頭丟掉）。

2. 把魚回鍋繼續煮，攪拌 2 到 3 分鐘，直到混合均勻，用鹽和胡椒調味，試試鹹淡，立刻上桌食用。

薰衣草 Lavender

Lavandula angustifolia（英國薰衣草 English lavender，也稱為 *L. spica*、*L. officinalis*、*L. vera*）

各國語言名稱

- **阿拉伯文**：khzama、lafand
- **中文**：（粵語）：fan yi chou
- **中文**：（國語）：：xun yi cao
- **捷克文**：levandule
- **丹麥文**：lavendel
- **荷蘭文**：lavendel、spijklavendel
- **芬蘭文**：tupsupaalaventeli
- **法文**：lavande
- **德文**：lavendel
- **希臘文**：levanta
- **義大利文**：lavanda
- **日文**：rabenda
- **挪威文**：lavendel
- **葡萄牙文**：alfazema
- **俄文**：lavanda
- **西班牙文**：lavanda
- **瑞典文**：lavendel
- **泰文**：lawendeort
- **土耳其文**：lavanta cicegi
- **越南文**：hoa oai huong

科　　名：	唇形科 Lamiaceae（舊稱唇形花科 Labiatae）
品　　種：	法國薰衣草（French lavender，學名：*L. dentata*）、義大利薰衣草 / 西班牙薰衣草（Italian lavender，學名：*L. stoechas*）、綠薰衣草（green lavender，學名：*L. viridis*）、銀香菊（綿杉菊）/ 棉薰衣草（cotton lavender，學名：*Santolina chamaecyparissus*）
別　　名：	broad-leaf lavender（寬葉薰衣草）、lavender vera（維拉薰衣草）、lavender spica（穗狀薰衣草）、true lavender 或 English lavender（真正薰衣草或英國薰衣草 / 狹葉薰衣草）；fringed lavender（齒葉薰衣草 /French lavender，法國薰衣草）；Spanish lavender（西班牙薰衣草，即義大利薰衣草 Italian lavender）；santolina（銀杉菊，cotton lavender 即棉薰衣草）
風味類型：	濃香型
使用部位：	花（香草）

背後的故事

　　薰衣草所有的品種都原生於地中海地區，有些品種古代的希臘人和羅馬人就已經知道了。薰衣草常被加到洗澡水裡——這沒什麼好懷疑的，英文字 *lavender* 就是源自於拉丁字 *lavare*，就是「洗」的意思。英國薰衣草在英格蘭一直沒種植，直到 1568 年左右，但自從那時起便在該處蓬勃茂盛的生長了。在英國和法國種植的薰衣草品質是公認的世界之冠，直到 20 世紀末期。澳洲的塔斯曼尼亞州（Tasmania）由於氣候和土壤的條件非常理想，從那時候起種起了薰衣草來製作精油。

可搭配

- 多香果
- 月桂葉
- 小荳蔻
- 芹菜籽
- 肉桂和桂皮
- 薑
- 馬鬱蘭
- 巴西利
- 龍蒿
- 百里香

傳統用法

- 冰淇淋
- 奶油餅乾
- 蛋糕和刨冰
- 香水和肥皂

調和香料

- 普羅旺斯料理香草（herbes de provence）
- 摩洛哥綜合香料（ras el hanout）

植株

　　薰衣草是一種香氣特別迷人的植物。在大部分的香草花園裡幾乎都找得到它，不過，在園中種植薰衣草大多是為了它的香味和美麗，而非料理。薰衣草有許多不同的品種，有些是雜交種，不會應用在烹飪上，而香氣最馥郁的英國種，以及香味稍遜的法國種，從歐洲到非洲北部的食譜中都會使用。英國薰衣草，也是大家較偏愛的料理品種，花叢小而濃密，大約可以長到1公尺（3呎）左右高度，葉子是銀灰綠，葉面平滑，葉形尖。而又長又纖細的麥桿狀莖幹則是直直往上伸，聚集在頂上的花簇起伏擺動，吸引著蜜蜂，這些香氣濃郁的頭狀花序是由一輪輪小小的紫紅色花瓣所組成，長度約6到10公分（2又1/2到4吋）。

　　法國薰衣草和英國薰衣草的區別在於法國種擁有很深的鋸齒形葉、粗壯的四角形莖、花梗較短較肥，而頭狀花

序看起來外表蓬鬆。值得注意的是，雖說法國薰衣草的花香氣遠遜於英國品種，但葉體中卻含有更濃厚的香氣，這讓它成為觀賞用的實用品種，採摘後帶入室內會散發令人愉悅的香氣。

英國薰衣草的頭狀花序會被乾燥作為料理之用，但只有柔軟的紫紅色花會從花輪中被採下使用。英國薰衣草的香味具有穿透性、甜蜜、芬芳，帶有木頭的味道，以及草香和花香。它的風味和樟腦類似，帶有松香、花香，類似於迷迭香，還有一點持續的苦味。

其他品種

法國薰衣草（French lavender，學名：*Lavandula dentata*）非常會開花，因為花期比春天開花的英國品種長很多，所以是花園種植的優秀品種。當花序枯萎後，大幅修剪植株，您就會獲得能吸引蜜蜂光臨的大量花朵作為獎勵。**西班牙薰衣草／義大利薰衣草**（Italian lavender，學名：*L. stoechas*）開深紫色的花，在頂端有直立帶翅的花瓣。這個品種雖然漂亮，不過卻不適合用來烹飪，因為有苦味。**綠薰衣草**（Green lavender，學名：*L. viridis*）開淡綠色的花，香味較淡，不過可以為花園增色不少。**棉薰衣草／銀杉菊**（Cotton lavender，學名：*Santolina chamaecyparissus*）開黃花，葉子有絨毛，因為外觀漂亮而受到歡迎，很適合作為覆地植物。

處理方式

薰衣草的花最好在清晨採收，在白天的熱度讓揮發的精油發散出來之前。花序上帶一些尚未打開的花苞，含油度

香料筆記

先來更正一下以前的記錄，我發現有一點非常有趣，在普羅旺斯遼闊薰衣草田中種植的實際上是高產量的 *Lavandula angustifolia*，也就是英國薰衣草。這兩個國家數百年來一直是對頭，所以法國人堅持把這種薰衣草「法國薰衣草」也就不足為奇了！我想這種稱法在某種程度上也不算錯，因為它長在法國。

是最好的。在把帶著沉沉花朵的花莖剪下來之後，20 支左右捆成一束，上下倒掛，放在光線陰暗、乾燥、通風的地方幾天。乾燥以後，可以把花從花莖上剝或輕輕打下來。

購買與保存

薰衣草花在一些香料零售商和花店裡都買得到。要用來料理的薰衣草，一定要從料理用的香料店或食物專售店裡購買：如果不是從專賣食材的店買，其中很可能會含有殺蟲劑，或是為了要增進花朵香味和外觀，而摻雜其他的油、香水或不能食用的成分。

保存薰衣草的方式和其他香草或香料一樣，裝入氣密式容器中，避免放在溫度過高、光線太亮、或潮溼的地方。用碗把薰衣草放在室內可以釋放香氣，如果想避免在幾個星期內就香氣全失，晚上請在容器上放上罩子，白天拿掉就好。

應用

在料理中用薰衣草必須斟酌，少量使用，因為它濃烈的香氣可能會喧賓奪主，而且讓食物產生不想要的苦味。雖說近年來，廚師們已經不認為薰衣草是料理香草了，不過，在 17 世紀，薰衣草和其他花朵倒是一起與砂糖混合製成糖漬，用來做成蛋糕和餅乾上的糖霜。在摩洛哥，薰衣草被稱作 khzama。薰衣草和玫瑰花瓣、鳶尾花根粉、番紅花和其他許多香料，及一些可以令人沉迷的成分一起被加到充滿異國情調的調和香料摩洛哥綜合香料（ras el hanout）中，名稱的意思翻譯起來就是「店裡面的頂尖品」——這是北非露天市場中香料商人能拿出的最佳調製香料。名氣很大的香草料理包「普羅旺斯料理香草（herbes de provence）」中也能發現薰衣草。曾經有法國香料進口商告訴我，如果只能買到品質不佳的乾燥香草，那麼在普羅旺斯料理香草中添加一點薰衣草就能提高這種綜合香料的風味，而且這已經變成一種慣性作法了。

薰衣草和加有奶油的甜味料理很是搭配，也能幫奶油餅乾加色並增進風味，17 世紀使用薰衣草糖霜的作法，至今仍然適用。

每茶匙重量（5ml）

- 整枝乾燥花：0.7 公克

每 500 公克（1 磅）建議用量

- 紅肉：1 茶匙（5 毫升）
- 白肉：1 茶匙（5 毫升）
- 蔬菜：1 茶匙（5 毫升）
- 穀類和豆類：1 茶匙（5 毫升）
- 烘烤食物：1 茶匙（5 毫升）

普羅旺斯洋蔥塔
Provençal Pissaladière

普羅旺斯是全世界我最喜歡的地方之一——七月中那綿延不絕的一排排薰衣草是一大亮點。當然啦，食物也令人感到驚奇，這道簡單的披薩風格菜色在每一家麵包店裡都有賣。剛出爐的時候趁熱吃，滋味實在很美妙，野餐時候冷著吃也不錯，最好還配上一杯粉紅香檳！普羅旺斯料理香草是一種綜合香草，裡面有乾燥的百里香、馬鬱蘭、巴西利、龍蒿和薰衣草。薰衣草的花香和這些味道濃烈的乾燥香草搭配起來實在很不錯，許多法國砂鍋都會加。

製作6人份

準備時間：
- **10 分鐘**

烹煮時間：
- **1 小時 30 分鐘**

 提示 為了節省時間，洋蔥混合材料可提前一兩天做好，裝入氣密式容器中進冰箱冷藏，等到要用時才拿出來。

如果想增添一點顏色和香料，可以撒些艾斯佩雷辣椒（piment d'espelette）或紅椒片。

如果想當開胃小點心（canapés）吃，每塊再切成 4 份，變成 24 塊。

● 襯有防油紙的烤盤

5 顆	大顆的洋蔥，切薄片	5 顆
2 大匙	橄欖油	30 毫升
1 大匙	奶油	15 毫升
2 瓣	蒜頭，剁碎	2 瓣
¼ 茶匙	細海鹽	1 毫升
1 張	25 x 38 公分（10 x15 吋）酥皮	1 張
2 盎司	泡油鯷魚，油瀝乾	60 公克
15 顆	尼斯（niçoise）橄欖，去核	15 顆
1½ 茶匙	普羅旺斯料理香草（參見739頁）	7 毫升
1 顆	蛋，打散	1 顆

1. 找一支平底湯鍋，要帶緊密鍋蓋的，開小火，把洋蔥、油、奶油、蒜頭和鹽放進去混合，蓋上鍋蓋。燜煮 1 個鐘頭，偶而要攪拌一下，直到洋蔥軟爛如果醬。移開鍋蓋，開到大火，繼續煮，要不斷攪拌，大約 3 到 4 分鐘，直到洋蔥變成焦黃色。放置一旁。

2. 烤箱預熱到攝氏 180 度（華氏 350 度）。

3. 酥皮放在準備好的烤盤上，用一把刀，在酥皮邊緣大約 2.5 公分（1 吋）寬的地方輕輕畫下去，沿著邊緣畫一圈（小心不要切穿），把洋蔥混合材料平均放在邊緣裡。從左上角開始到右下角，以網格狀放鯷魚，每一網格開口放一顆橄欖，上面撒上普羅旺斯料理香草，並用蛋汁刷酥皮邊緣。烘烤 15 到 20 分鐘，或直到邊緣變成金黃色。切成 6 個方塊後上桌，如果不是馬上吃，冷卻後放進氣密式容器中可以放個 2 天。

薰衣草檸檬橄欖蛋糕
Lavender and Lemon Olive Cakes

這些香氣迷人的蛋糕彷彿將我帶回到普羅旺斯的薰衣草田，那一望無際的遼闊鄉村美景，有如圖畫。當地人喜歡想方設法盡量利用薰衣草，而這款蛋糕就是個很好的例子。這種蛋糕相當密實，所以用瑪芬杯裝，份量很完美。

製作12份小蛋糕

準備時間：
- **10 分鐘**

烹煮時間：
- **15 到 20 分鐘**

 提示 蛋糕麵粉用的是高筋，如果不喜歡，可以用 1 又 1/4 杯（300毫升）的中筋麵粉，外加 1/4 杯（60 毫升）的玉米粉來取代。而薰衣草，無論是買乾燥好的（專為料理目的乾燥）或是自家種植後乾燥的（參見 343 頁）都行。如果想讓杯子蛋糕更令人墮落，上面可以加上紫紅色的糖霜奶油。

- **12 杯瑪芬蛋糕烤盤，上油並撒上薄薄的麵粉**
- **烤箱預熱到攝氏 180 度（華氏 350 度）**

1 杯	牛奶	250 毫升
2 顆	檸檬，皮磨成很細的末，果肉榨汁	2 顆
1 杯	初榨橄欖油	250 毫升
1 杯	細砂糖	250 毫升
3 顆	蛋	3 顆
1½ 杯	蛋糕用麵粉（參見左側提示）	375 毫升
1 大匙	乾燥的薰衣草	15 毫升
1 大匙	泡打粉（baking powder）	15 毫升

1. 在碗中把牛奶、檸檬皮、檸檬汁、和油打在一起。

2. 用電動攪拌器，把砂糖和蛋打到成白色的蓬鬆狀。慢慢倒入牛奶混合材料，再輕輕的打，讓材料融合。

3. 在碗中把麵粉、薰衣草和泡打粉混合均勻。輕柔的將乾的材料包覆到溼的材料中。用湯匙將麵團撥到已經準備好的烤盤中，用預熱好的烤箱烤 15 到 20 分鐘，直到顏色變成金黃色，或用測試叉棒插入中心後，抽出來不會沾粘。從烤箱中取出，整盤放到一旁待涼，大約 10 分鐘，再把烤盤翻轉，將蛋糕倒在要上桌的盤子上。趁熱吃，或在室溫下，在上面撒上裝飾用糖粉（糖霜），再加一團打發的奶油或法式酸奶油（crème fraîche）。同一天上桌，或放入氣密式容器中，放入冰箱冷凍。這樣可以放 1 個月。

香茅 Lemongrass

Cymbopogon citratus

各國語言名稱

- **阿拉伯文：** hashisha al-limun
- **緬甸文：** zabalin
- **中文（粵語）：** heung masu tso、chou geung
- **中文（國語）：** chao jiang、feng mao
- **捷克文：** citronovatrava
- **丹麥文：** citrongraes
- **荷蘭文：** citroengras、sereh
- **菲律賓文：** tanglad
- **芬蘭文：** sitruunaruoho
- **法文：** citronnelle
- **德文：** Zitronengras
- **希臘文：** lemonochorto
- **匈牙利文：** citromfu
- **印度文：** bhustrina、ghanda、ghandhtrina、sera
- **印尼文：** sere、sereh
- **義大利文：** erba di limone、cimbopogone
- **日文：** remon-su
- **寮文：** bai mak nao
- **馬來文：** serai
- **菲律賓文：** tanglad
- **葡萄牙文：** capim santo
- **俄文：** limonnoe sorgo
- **西班牙文：** limoncillo、zacate de limon
- **斯里蘭卡文：** sera
- **瑞典文：** citrongras
- **泰文：** takrai、cha khrai
- **土耳其文：** limon otu
- **越南文：** xa、sa chanh

科　　名： 禾本科 Poaceae（舊稱禾本科 Gramineae）

品　　種： 曲序香茅／科欽草（Malabar or Cochin grass，學名：*C. flexuosus*）、玫瑰草／羅莎香茅（rosha grass，學名：*C. martinii*）、檸檬草（citronella grass，學名：*C. nardusi*）

別　　名： camel's hay（駱駝乾草）、citronella（亞香茅）、serai（希萊伊，印尼文香茅稱法）

中文別名： 檸檬草、檸檬香茅

風味類型： 濃香型

使用部位： 莖和葉（香草）

背後的故事

　　香茅在亞洲所有熱帶地區都有生長。古代的羅馬人、希臘人和埃及人把它作為藥用，也是化妝品。它會在亞洲如此受歡迎可能和檸檬無法在熱帶地區茂盛生長有關，因此，檸檬草（香茅）就成了檸檬芳香味道的另一種來源，而且事實上，它在各國料理中都是被追捧的對象。香茅在南美洲、中美洲和西印度群島都有種植。在印度的馬拉巴爾海岸（Malabar Coast）大啖海鮮最特別的樂趣就是能享受香茅和薑、印度鳳果和咖哩葉的風味。在佛羅里達州，種植香茅是為了透過蒸餾法萃取莖幹裡面的精油：檸檬油醛（citral），

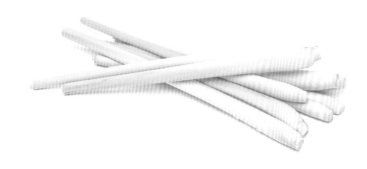

可搭配
- 多香果
- 小荳蔻
- 辣椒
- 肉桂
- 丁香
- 芫荽（葉和籽）
- 孜然
- 甜茴香籽
- 葫蘆芭籽
- 南薑
- 薑
- 芥末
- 黑種草
- 紅椒粉
- 羅望子
- 薑黃
- 越南香菜

傳統用法
- 亞洲的湯品
- 咖哩和快炒菜
- 清蒸海鮮
- 魚、豬肉和雞肉的醃製料

調和香料
- 泰國和印尼的綜合調味料
- 綠咖哩綜合香料

這是檸檬皮風味的天然替代品，也可以用於肥皂的製作。從另一個品種的香茅，玫瑰草（羅莎香茅，rosha grass）中萃取的精油有甜蜜的玫瑰天竺葵香氣，會被用來稀釋奧圖玫瑰（attar of roses）精油，而這種玫瑰精油則是用來製作香水的。

植株

第一眼見到香茅時，那 0.5 到 1 公尺（1 又 1/2 到 3 呎）高，刀劍一般的葉子，似乎不太能引起用它來作為料理香草的興趣。不過，一旦體驗過香茅美妙的香氣後，這個看法馬上就被推翻了。香茅長成密集的叢狀，每年尺寸會隨著增加，幾乎看不到開花。那剃刀一樣，稍微帶點粘性的刀刃中間有肋紋穿越，在某些階段，葉子尖端的顏色變化會很大，從淡綠色到鏽紅色都有。雖說那矛一樣的葉子有些香茅的香氣，但其實莖幹的下段，幾乎是全白的部分才是料理中用最多的地方。香茅的風味清新撲鼻，和檸檬皮類似，這得拜高比例的檸檬油醛（citral）之賜，這種物質在檸檬的外皮中也能發現。

其他品種

曲序香茅／科欽草（Malabar 或 Cochin grass，學名 *Cymbopogon flexuosus*）也被稱作東印度香茅，因為它的原生地區位於印度到斯里蘭卡及泰國一帶，還有緬甸和越南。雖說這個品種也會用於料理，但並不像 *C. citratus*

香料筆記

多年以前，我家院子有一蓬很美麗的香茅。隨著四季的遞換，這蓬香茅愈長愈大，直到變成一叢直徑約 1 公尺（3 呎）左右的大叢。之後，讓我覺得恐怖的是，它居然開始死去，這讓我想到當薄荷、蔥韭和香茅的生長如果失控了，會發生什麼事——基本上，外圍的生長會讓蓬叢中心的溼度和營養極度缺乏，讓中心開始死去、腐敗，散佈到整大片植株，導致全株死亡。這就是為什麼你每隔一、兩季就必須對香茅進行分株。

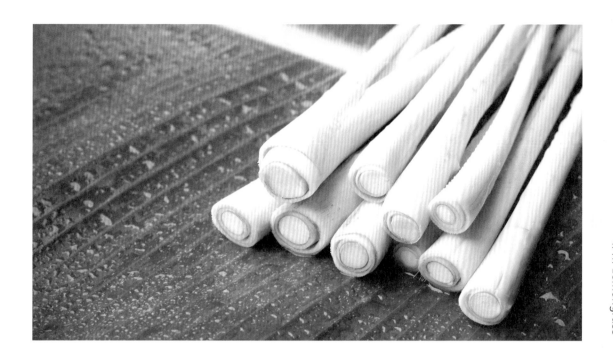

品種那麼合適。另一個品種**玫瑰草／羅莎香茅**（rosha grass，學名 *C. martinii*）有價值的是它的精油，可以用來當做驅蟲劑或殺菌劑。**檸檬草**（citronella grass，學名 *C. nardusi*）有種強烈、令人不喜的味道，不會用在料理上，但若要萃取香茅油，這是最受歡迎的品種，是很有效的驅蟲劑。香茅油防蚊的效果尤其好，只是它還有一個大家意想不到的特點，那就是會招蜂，因為它裡面含有一種和招蜂費洛蒙（pheromone）類似的物質。

處理方式

如果你很幸運的種了香茅，那麼記住，每一年都要把大叢分成較小的 2、3 叢；這樣植株才會繼續欣欣向榮，提供你更好的香茅莖段。要採收時，把莖幹低割，從土上即可，然後把尖銳、平平的葉段除掉。處理香茅有 3 種基本方式：利用蒸餾法萃取精油，或是將新鮮的莖幹脫水處理，或儲存在瓶罐裡。香茅似乎一經乾燥，最佳的揮發性香味特點就會不見，而且也不太能像檸檬香木發展出什麼濃縮的風味或其他特色。香茅罐頭通常用檸檬汁或醋來保存。

由於風味和香茅可以相容，要用到香茅的大部分食譜加入這種酸味也合適，所以醃製保存的香茅也就能成為新鮮香茅能夠被接受的替代品。

購買與保存

新鮮的香茅通常是成束賣的，一束大約 3 到 4 個莖段，長度約 40 公分，塊根會被去除，尖葉被切掉。莖段要結實，白中帶綠，看起來不要太乾或是太皺。新鮮的莖段用塑膠袋包好，放在冰箱可以保存好幾個星期；冷凍保存則可以放到 6 個月。乾燥的香茅不是切成片就是小圓段，直徑約 0.5 到 0.6 公分（1/4 到 1/3 吋），不然就是切細。保存的方式和其他乾燥的香草一樣；裝入氣密式的容器中，遠離溫度過高、光線太亮、或潮溼的場所。

應用

如果想讓香茅味道好好發揮，那麼入菜之前必須仔細準備。唯一讓我不會操心的作法就是細火燜煮後撈出丟掉。我會把香茅莖段整段綁成一個結（小心別讓葉緣割到手），放到鍋子裡去熬煮，而香茅在鍋中煮的過程中會互相碰撞摩擦，釋放出味道；我會在上菜前，把打結的香茅結丟掉。

把香茅切碎，或者是用磨砵和杵壓碎，加到快炒或是咖哩中時，上面有刀狀葉的外層都要剝除，也不要留沒有緊捲在上面的。外皮撕掉兩層，只留嫩的白色莖段部分，並橫面斜切成很薄的圓碟片狀。如果不這麼做，長長的纖維質就會產生渣渣的感覺，讓口感變得不佳。

香茅讓許多亞洲菜具有獨特的風味。清蒸海鮮或是禽肉這類的菜色、醃製豬肉或是整隻魚用鋁箔包住後火烤，都可以考慮添加。香茅裡面的檸檬油醛（citral）味道很強，能耐久煮，不會像檸檬香桃木那樣很快消散不見。

每茶匙重量（5ml）
- **乾燥切段：** 1.4 公克

每 500 公克（1 磅）建議用量
- **紅肉：** 8 到 10 公分（3¼ 到 4 吋）新鮮莖段
- **白肉：** 8 到 10 公分（3¼ 到 4 吋）新鮮莖段
- **蔬菜：** 8 到 10 公分（3¼ 到 4 吋）新鮮莖段
- **穀類和豆類：** 8 到 10 公分（3¼ 到 4 吋）新鮮莖段
- **烘烤食物：** 5 到 6 公分（2 到 2½ 吋）新鮮莖段

綠咖哩雞
Green Chicken Curry

這是泰國菜中最精華的菜色之一——我還沒在哪家泰國餐廳吃飯時沒看到人點的。這道菜的醬料需要剁碎，不過真的很簡單，而且還可以分成一份份冷凍起來，方便以後使用。

製作6人份

準備時間：
- **30 分鐘**

烹煮時間：
- **25 分鐘**

提示 **香茅的前置作業：** 用一把銳利的刀把下面球莖的部分切掉，把莖幹外層的皮剝 2、3 層掉，直到露出裡面柔軟的白心，或變得比較容易切片為止。

馬蜂橙／箭葉橙（Makrut lime）葉也被稱做泰國酸柑或泰國檸檬（kaffir）葉，在大多數的亞洲市場都能找到。

小顆的紅蔥頭，亞洲料理中常會用到。如果你買不到，可以使用一般大小的蔥頭，風味也是類似的。

- 果汁機
- 中式炒鍋

綠咖哩醬

5 根	綠色辣椒	5 根
2 大匙	細切的香茅（參見左側提示）	30 毫升
1 茶匙	細切的泰國酸柑葉（參見左側提示）	5 毫升
5 顆	小顆的紅蔥頭，切丁（參見左側提示）	5 顆
1 大匙	新鮮南薑（高良薑，參見 353 頁的提示），切碎	15 毫升
4 瓣	蒜頭，切碎	4 瓣
1 大匙	新鮮的芫荽根／莖，切碎	15 毫升
1 撮	現磨的萊姆皮	1 撮
½ 茶匙	蝦醬	2 毫升
½ 茶匙	芫荽籽粉	2 毫升
¼ 茶匙	孜然粉	1 毫升
1 撮	現磨白胡椒	1 撮
1 撮	細海鹽	1 撮
1 大匙	水	15 毫升

咖哩

2 茶匙	油	10 毫升
2 磅	去皮去骨的雞腿肉，修切成 4 公分（1½ 吋）的塊	1 公斤
2 杯	椰奶（參見 353 頁提示）	500 毫升
1½ 杯	混合蔬菜（洋菇、荷蘭豆、四季豆）	375 毫升
½ 杯	新鮮香菜（芫荽葉），壓緊	125 毫升

1. **綠咖哩醬：** 在果汁機中放入辣椒、香茅、酸柑葉、紅蔥頭、南薑、蒜頭、芫荽根、萊姆皮、蝦醬、芫荽籽、孜然、胡椒、鹽和水。開高速攪拌，直到變成膏狀。（有需要的話可加入更多的水）

2. **咖哩：** 中式炒鍋開中火熱油，把雞肉倒進去炒，要經常翻炒，炒 2 到 3 分鐘，直到略有焦色。把事先準備好的咖哩醬加進去煮，拌炒大約 3 分鐘，直到雞肉完全沾上醬料。倒入椰奶，煮到滾，然後火轉小，燜煮 10 分鐘，直到醬汁開始變稠。加入蔬菜，再煮 5 到 10 分鐘，直到蔬菜變得脆脆軟軟的，而雞肉也熟透。撒上芫荽葉後上桌。

變化版本

如果想製作紅咖哩醬，可以用 7 根紅辣椒取代綠辣椒。紅辣椒去籽，在滾水中浸泡 10 分鐘後瀝乾，切碎。步驟 1 中再加入 2 茶匙（10 毫升）研磨好的紅椒粉。

提示 如果嫌南薑的味道過甜，可改用薑來代替。

椰奶是從椰肉中提煉出來稀釋的。椰子的「奶油」會黏在罐頭上蓋下面，所以使用之前要先搖一搖，才能取得比例正確均勻的椰奶。

香茅 Lemongrass

香茅淡菜
Mussels with Lemongrass

在我這本食譜中，這道菜大概是最得先生歡心的了（也是我們最常吃的）。新鮮的淡菜實惠又營養，而且能把越南菜的風味表現得淋漓盡致。

製作4人份

準備時間：
● **15 分鐘**

烹煮時間：
● **10 分鐘**

提示 米糠油是一種非氫化（unhydrogenated）油，只有一點點淡淡的味道，冒煙點高。如果你沒買到，任何一種中性的油都能使用。

淡菜的前置作業： 在流動的冷水下沖洗。任何一顆淡菜如果口有打開，輕輕拍一下，沒有闔上的反應就要丟掉。使用刀背把所有黏附的籐壺（barnacles）刮下來，如果有上面捲鬚（鬍鬚），也要拉掉。放到碗裡，上面蓋上一條溼布，放到冰箱去冷藏，要吃再拿出來煮。淡菜最好在購買的當日就吃掉。

香茅的前置作業： 用一把銳利的刀子把堅硬的根部底端切掉，把莖幹外層的皮剝掉兩、三層，直到露出裡面柔軟的白心，或變得比較容易切片。

1 大匙	米糠油或橄欖油（參見左側提示）	15 毫升
6 根	香茅莖幹，去皮並切碎（參見左側提示）	6 根
2 瓣	蒜頭，切薄片	2 瓣
3 到 4 磅	淡菜（參見左側提示）	1.5 到 2 公斤
2 杯	雞高湯	500 毫升
2 大匙	蠔油	30 毫升
2 大匙	魚露（nam pla）	30 毫升
1 根	紅色辣椒，切片	1
1 杯	新鮮芫荽葉（香菜），輕壓成平杯	250 毫升

1. 大鍋開中火熱油。把香茅和蒜頭加進去快炒 1 分鐘，直到香味散出，加入淡菜，火轉大，緊緊蓋上蓋子，煮 5 分鐘。掀開蓋子，再輕輕翻炒一下，倒入高湯、蠔油和魚露。蓋上蓋子再煮 5 分鐘，直到所有的淡菜都打開（你可能得搖一搖鍋，或是再炒一兩次，讓熱度的分佈能均勻些。）

2. 上桌前，把淡菜盛到深碗中（沒打開的就要丟掉），把湯汁平均分配到各個碗中，上面撒上辣椒和香菜，立刻端上桌。

檸檬香桃木 Lemon Myrtle

Backhousia citriodora

各國語言名稱

- **中文（國語）**：ning meng xiang tao mui
- **捷克文**：myrtovnik citronovy
- **法文**：myrte citronné
- **德文**：zitronen Myrte
- **匈牙利文**：citrom allatu mirtuzsz
- **義大利文**：foglio di limoncino australiano macinate、mirto dal profumo di limone
- **日文**：remon-matoru
- **韓文**：remon meotul
- **俄文**：mirt limonnyj
- **西班牙文**：limon mirto
- **瑞典文**：citronmyrten

科　　名：	桃金孃科 Myrtaceae	
品　　種：	茴香桃金孃（anise myrtle，學名：*Syzygium anisatum*）、肉桂桃金孃（cinnamon myrtle，學名：*Backhousia myrtifolia*）	
別　　名：	lemon ironwood（檸檬鐵木）、lemon-scented myrtle（檸檬香桃金孃）、sand verbena myrtle（沙地馬鞭草桃金孃）、sweet verbena tree（甜馬鞭草樹）、tree verbena（樹馬鞭草）	
中文別名：	檸檬桃金孃	
風味類型：	濃香型	
使用部位：	葉和花（香草）	

背後的故事

　　雖說澳洲並無記錄正式記載自古以來就確實原生於澳洲的香草植物和香料，但是這種耐寒卻又對霜寒相當敏感的樹木在澳洲新南威爾斯（New South Wales）和昆士蘭

可搭配

- 多香果
- 小荳蔻
- 辣椒
- 肉桂
- 丁香
- 芫荽（葉和籽）
- 孜然
- 甜茴香籽
- 葫蘆芭籽
- 南薑
- 薑
- 芥末
- 黑種草
- 紅椒粉
- 羅望子
- 薑黃
- 越南香菜

傳統用法

- 亞洲菜（少量添加）
- 烤雞肉、烤豬肉和烤魚
- 鬆餅
- 奶油餅乾
- 蛋糕和瑪芬

調和香料

- 含有澳洲原生香草的綜合香草和香料
- 碳烤抹醬
- 快炒的調味料
- 叻沙綜合香料粉
- 綠咖哩綜合香料

（Queensland）的海岸野地已經生長好幾千年了。當這些植物被鑑定並分類之後，檸檬香桃木的種名 *Backhousia* 就以一位在 1832 到 1838 年間造訪澳洲的英國約克夏苗圃主人詹姆士・白克郝士（James Backhouse）之名來命名。

檸檬香桃木的樹木現在在南非、美國南部、南歐都有生長，近來由於要萃取精油，中國、印尼、泰國，以及澳洲都有繁殖栽種，而最活躍的則是澳洲。

植株

在澳洲所有有用途的在地植物中，高大的檸檬香桃木是我最愛用的料理植物之一。這種迷人的常綠雨林喬木可以長到 8 公尺（26 呎）高，若在熱帶的條件下成長，甚至可以達到 20 公尺（60 呎）高。它的成長狀況跟灌木一樣茂密，低低的枝椏上覆蓋著墨綠色的橢圓形葉子，葉的兩端會逐漸變尖，有點像月桂葉。秋天開一簇簇濃密、柔軟的小小白花，讓這種樹不僅有用，光是漂亮的外表，也能成為絕佳的栽種樹種。它的花和小小的果實都能食用，葉子也可以。

檸檬香桃木的香氣類似於檸檬馬鞭草、香茅和泰國酸柑葉的綜合體，還帶著揮之不去的尤加利暗香——在雨後，這種香氣更是明顯。它的風味像檸檬，清新撲鼻，有明顯的萊姆皮味道，以及久久不散、稍微有點麻麻的樟腦餘韻，相當怡人。檸檬香桃木的檸檬油醛含量大概在 90% 左右，相較之下，香茅大約 80%，而檸檬僅僅只有 6%。檸檬香桃木葉子磨成粉後質地粗，顏色呈淡綠色。現磨時，會把迷人的香味和口感全部釋放出來。

檸檬油醛（Citral）

檸檬油醛正是檸檬、香茅、檸檬馬鞭草那檸檬香味的主要原因。檸檬香桃木之中檸檬油醛的含量遠高於這些來源；它是 19 世紀末、20 世紀初第一個被鑑定為可透過蒸餾法萃取檸檬香味精油的植物，但或許是因為檸檬比較容易取得，而且利用它來加工製作檸檬油醛的歷史也比較長，檸檬香桃木也就退居幕後，直到 20 世紀許多企業化農夫開始栽種檸檬香桃木為止。

其他品種

茴香桃金孃（anise myrtle，學名：*Syzygium anisatum*）也被稱為環木樹（ringwood tree），長於澳洲新南威爾斯州北部。這是一種中到大型的樹木，葉狹長，最初的嫩葉是柔和的粉紅色，不過成熟後就轉成墨綠色，葉面油亮。它有明顯類似於大茴香和甘草的風味，原因是含有高含量的大茴香腦（anethole）。茴香桃金孃可以用來當做大茴香籽和八角的替代品，透過蒸餾法萃取的精油被用在肥皂和化妝品的製造中，能夠蓋掉不好的味道。

肉桂桃金孃（cinnamon myrtle，學名：*Backhousia myrtifolia*）之所以得到這個名稱是因為它有類似肉桂和桂皮的獨特風味。這樹的其他俗稱還包括了卡蘿鐵木（carrol ironwood）、永不折斷（neverbreak）和灰色桃金孃（grey myrtle）。這種雨林的樹木沿著澳洲的東海岸生長，南起雪梨，北至布里斯本，分佈地區很廣。新鮮的葉可用來泡茶、做餅乾甚至咖哩，但是請記住，肉桂桃金孃使用時量要斟酌，因為它有比較刺激的暗香，可能會把其他味道蓋過去。

處理方式

檸檬香桃木一年到頭都可以摘取。就跟月桂葉一樣，採收時只選深色的成熟老硬葉，這種葉才能有最好的風味。

香料筆記

講到詹姆士・白克郝士（James Backhouse）以及他與澳洲的關聯（參見 356 頁），我對於一封來自於英格蘭約克夏郡珍・卡倫（Jane cullen）的信很感興趣。在信中，她提到：「我正在進行一些和 *Backhousia citriodora*（檸檬香桃木）相關的研究，現在活動正在約克夏郡展開，希望能在詹姆士・白克郝士苗圃的舊址上建立一個自然遺產中心；這位詹姆士・白克郝士正是檸檬香桃木學名藉以命名的人。詹姆士・白克郝士除了是一位具有開創性的植物學家外，也是英國貴格（Quaker）教派的傳教士，而約克夏這裡原有的一百畝地苗圃則被形容為『北地的邱園』（Kew Garden，譯註：倫敦最大的植物園，原來的皇家花園，也是世界上最大、珍藏最多種子的花園之一。）」真心希望這個活動能順利成功。

薰衣草 Lavender

檸檬香桃木雖然也可以新鮮使用，不過乾燥後風味會更足，這跟許多香氣很濃的香草不同，在小心的以不要晒到陽光的陰乾方式乾燥以後，它細緻的前香似乎完全不會消散。果實的果肉只能趁新鮮使用，而且加到任何菜餚之前，要把裡面的硬核先拿掉，這一點很重要。

和其他香草一樣，檸檬香桃木葉最好在光線陰暗、通風好的地方乾燥。請讓葉子裡的水分蒸發大約 5 天，變成乾乾脆脆的樣子；在這個時間點，葉中的含水量大約低於 12%。要讓乾葉扁平漂亮，避免捲起來，請把葉子以單層方式鋪在網目（防蟲網）上，確保它的通風良好，上面再壓上一層網，用小塊的木頭重壓。當葉子變得又脆又乾的時候就可以使用了。

購買與保存

檸檬香桃木的新鮮葉子有時候可以在專門的澳洲當地食品供應店買到。由於它也是很受歡迎的街道樹種，現在很多澳洲人只要冒險對於路旁的檸檬香桃木施行「自然脫落法」，就能撿拾到不少新鮮的檸檬香桃木葉。話說回來，對於無法幸運輕鬆取得檸檬香桃木葉的讀者，香草香料專門店以及許多食品雜貨店都能更方便的買到整片或是磨成粉狀的檸檬香桃木葉。由於精油有揮發性，所以研磨好的粉只要少量購入就好，這點很重要——例如，一次買 50 公克（1 又 2/3 盎司）就足以滿足正常家用需求了。購買時一定要確定是氣密式包裝。

把乾燥的檸檬香桃木葉儲藏在氣密式的容器中，放在涼爽、光線陰暗的地方，整片葉約可保存 2 年，而磨成粉的葉至少可以放到 1 年。

應用

檸檬香桃木的用法多變化多端，因為它檸檬味道的香氣跟大多數食物都非常搭配。不過，如果想讓檸檬香桃木發揮最佳效果，有兩條基本指導原則值得費心記一下：加的時候，只能少量添加——例如，500 公克（1 磅）的肉類或蔬菜，添加 1/4 到 1/2 茶匙（1 到 2 毫升），或是 1 到 2

每茶匙重量（5ml）

- 整片乾葉：0.5 公克
- 研磨成粉：2.2 公克

每 500 公克（1 磅）建議用量

- 紅肉：1/4 到 1/2 茶匙（1 到 2 毫升）乾葉磨粉
- 白肉：1/4 到 1/2 茶匙（1 到 2 毫升）乾葉磨粉
- 蔬菜：1/2 茶匙（2 毫升）乾葉磨粉
- 穀類和豆類：1/2 茶匙（2 毫升）乾葉磨粉
- 烘烤食物：1/2 茶匙（2 毫升）乾葉磨粉

片葉，嚐嚐味道後再決定是否再多加。另一個原則是，檸檬香桃木只能放到烹飪時間短的食物中，絕對不要加到太高的溫度中煮超過 10 到 15 分鐘。如果檸檬香桃木放太多，或是烹煮時間過長，能增添風味的揮發油就會損耗殆盡，而讓比較刺激、有尤加利的藥味主宰味道了。

檸檬香桃木是香茅絕佳的替代品，和許多亞洲風格的快炒，尤其是雞肉、海鮮和蔬菜，相得益彰。烤雞、烤豬和烤魚之前撒一點檸檬香桃木在上面，能使風味提昇，煙燻鮭魚冷食時也一樣。雖說我通常比較喜歡在能用低溫快煮的甜味食物裡放檸檬香桃木，如小薄餅和鬆餅，不過，在蛋糕和瑪芬蛋糕中加檸檬香桃木能增添香氣。要將檸檬香桃木運用到這些能快煮的餐點上，先將檸檬香桃木放入略微溫熱的牛奶或水中泡出味道，然後再將這湯汁加到其他材料裡。奶油餅乾在用檸檬香桃木粉加味後特別美味，不過，這些最好在烘焙好的幾天之內就吃掉（如果你能忍住那麼久時間不吃），因為新鮮的檸檬香氣很快就會減少。

薰衣草 Lavender

檸檬香桃木雞肉捲
Lemon Myrtle Chicken Wrap

就跟一般的檸檬一樣，檸檬香桃木不論入菜的菜色是甜還是鹹，都能發揮得很好。它和口味溫和的雞肉搭配得尤其好，能使雞肉變得出色。這道美味的雞肉捲當做午餐或是輕晚餐都非常理想。

製作6人份

準備時間：
- **10 分鐘**

烹煮時間：
- **10 分鐘**

4 塊	去皮去骨的雞胸肉，每塊切成 3 條	4 塊
2 茶匙	檸檬香桃木粉	10 毫升
2 茶匙	橄欖油	10 毫升
少許	海鹽和現磨黑胡椒	少許
6 張	墨西哥玉米軟餅（soft tortillas）	6 張
12 顆	低溫慢烤的番茄（參見 617 頁）	12 顆
2 杯	野生芝麻葉（wild arugula leaves），輕壓成平杯	500 毫升
½ 杯	美乃滋	125 毫升

1. 在碗中將雞肉加入檸檬香桃木、油、鹽和胡椒，試試鹹淡。將雞肉條排在烤盤上，每一面進烤箱烤大約 4 分鐘，直到雞肉熟透。（另一種作法則是將雞肉放入鍋中煎，每面約 4 分鐘，直到雞肉熟透。）

2. 將 2 大匙（30 毫升）的美乃滋沿著每張墨西哥玉米餅的中心塗抹，上面放上 2 顆烤番茄、芝麻葉和 2 塊雞肉條。捲起來，立刻上桌（如果要攜帶，用鋁箔紙包起來）。

檸檬香桃木乳酪蛋糕
Lemon Myrtle Cheesecake

我很小的時候，媽媽週末會做蛋糕在祖父母的苗圃和店裡賣。那時，家中姊妹和我就是「服務生」。我最愛的甜點是簡單、不用烤的乳酪蛋糕。這是一種很簡單的蛋糕，餡料中只加檸檬香桃木，蛋糕基底料中則會加入澳洲金合歡樹籽（wattleseed）。這些澳洲原生的香料用在這裡實在非常完美，能幫基底添加一些堅果口感，而餡料則是有了清新感。喜歡的話，上桌時，蛋糕上可以加上一點檸檬皮以及新鮮的覆盆子。

製作6人份

準備時間：
- 5 分鐘

烹煮時間：
- 10 分鐘，加上 4 小時冷卻

 提示 蛋糕底的乾料部分也可以用壓碎的，方法是把材料放入夾鏈袋中（袋中所有的空氣都要擠掉），用擀麵棒敲打。超細砂糖（super fine sugar，糖霜粉 caster sugar）是顆粒非常細的砂糖，通常都是用於需要砂糖能快速溶解的食譜裡。如果商店裡面找不到，可以自己動手做。把食物處理機裝上金屬刀片，將砂糖打成非常細，質地像沙子一樣細緻的糖粉。

- **23 公分（9 吋）中空活動模（springform pan），上油並加襯上防油烘焙紙**
- **食物處理器** ● **電動攪拌器**

蛋糕基底材料

7 盎司	消化餅乾或全麥餅乾（graham crackers）大約 15 片	210 公克
¾ 杯	澳洲堅果 / 夏威夷豆（macadamia nuts）	175 毫升
1 茶匙	澳洲金合歡樹籽（wattleseed），研磨成粉	5 毫升
½ 杯	奶油，融化好	125 毫升

餡料

1 大匙	明膠粒（gelatin crystals）	15 毫升
3 大匙	水	45 毫升
1 磅	全脂奶油起司（full-fat cream cheese），放置室溫	500 公克
¾ 杯	超細砂糖（糖霜，參見左側提示）	175 毫升
½ 茶匙	精純的香草萃取	2 毫升
2 茶匙	檸檬香桃木研磨成粉	10 毫升
1 茶匙	細磨的檸檬皮末	5 毫升
1 杯	鮮奶油（table cream 含脂量 18%）	250 毫升

1. **基底：**把食物處理器裝上金屬刀片，處理餅乾、澳洲堅果和澳洲金合歡樹籽，攪拌到內容物變成碎屑（參見左側提示）。裝到碗裡，加入奶油，混合到非常均勻。使用湯匙的背柄將混合材料平均、緊緊的壓到中空模盤的底部去。先放進冰箱冷藏。

2. **餡料：**小平底鍋開小火，將明膠粒和水加進去混合，直到溶解（如果想要微波爐溶解明膠，要用防熱的碗先將明膠和水混合，開高溫加熱 20 秒鐘）。倒到混合的碗中，加入奶油起司、糖、香草、檸檬香桃木和檸檬皮，用電動攪拌器開中速打到材料滑順，加入鮮奶油，混合到均勻為止。將餡料倒到準備好的基底上，蓋上蓋子，放入冰箱冷藏至少 4 個鐘頭再上桌食用。

檸檬馬鞭草 Lemon Verbena

Aloysia triphylla（舊稱為 *Lippia citriodora*；也稱為 *A. citriodora*、*L. triphylla*、*Verbena triphylla*）

各國語言名稱

- **中文（粵語）**：nihng mung mah bin chou
- **中文（國語）**：ning meng ma bian cao
- **捷克文**：sporys
- **丹麥文**：jernurt
- **荷蘭文**：citroenverbena
- **芬蘭文**：lippia
- **法文**：verveine citronelle
- **德文**：Zitronenverbene
- **希臘文**：louiza、verbena
- **匈牙利文**：citrom verbena
- **日文**：boshu-boku
- **波蘭文**：lippia trojlistna
- **葡萄牙文**：limonete
- **俄文**：verbena limonnaya
- **西班牙文**：cedron、hierbaluisa

科　　名：馬鞭草科 Verbenaceae

別　　名：lemon beebrush（檸檬蜂叢）

中文別名：橙香木

風味類型：濃香型

使用部位：葉子（香草）

背後的故事

　　檸檬馬鞭草原生於南美洲，被西班牙人引介到歐洲。由於某些原因，這種植物引介到歐洲的歷史算是一波三折。有些品種在 17 世紀中期，被祕密的進口到西班牙；隨後，大概是 1760 年左右，法國的皇家植物學者與自然學家菲利伯特・康默森（Philibert Commerson）在歐洲公開認可了這種植物。1784 年之前，牛津大學的一位植物學教授把檸檬馬

鞭草介紹給英國的園藝家,自此它就在英國落地生根,很快成為極受喜愛的庭園植物了。

　　由於檸檬馬鞭草的葉乾燥後,香味依然能有效保持,所以它和玫瑰花瓣、薰衣草以及其他乾燥花就成為頗受歡迎的乾燥香花素材。希臘的民間說法是,只要把一些乾燥的馬鞭草塞進枕頭裡,就會進入甜甜的夢鄉。所以,這就是麗姿枕頭受到的啟發(參見第364頁的香料筆記),薰衣草是為了睡個好覺,檸檬馬鞭草是為了有個好夢,而玫瑰花瓣則是為了要醒來時神清氣爽。

植株

　　請別跟另外一種叫做馬鞭草(verbena 或 vervain,學名:*Verbena officinalis*)的香草搞混了!檸檬馬鞭草是一種迷人的落葉木,可以長到大約 4.5 公尺(15 呎)高,它淡綠色的尖型葉大約有 10 公分(4 吋)長,如果不修剪枝葉,這種樹可以拓展到 2 公尺(6 呎)寬。香氣濃郁的葉子底面感覺有點黏,幾乎有點粗粗的,這是因為上面有含油脂的腺體。開淺薰衣草色的柔美小花,花朵從覆滿葉子的枝椏尖端伸出,如煙似雨。當檸檬馬鞭草的新鮮葉子被壓破,或甚至只是被摩擦到,空氣中就會瀰漫著檸檬的芬芳,美妙有如天堂。要描述檸檬馬鞭草的香氣和口感,最簡單的方式就是香氣極其馥郁的檸檬,沒有絲毫的酸味和果實口感。

處理方式

　　檸檬馬鞭草最佳的採收時間是在新一季的葉子在春天冒出頭後 2 個月左右,新生的嫩葉似乎比較容易枯掉,也沒什麼香氣。當樹木長到 3 年左右,你可以在夏天,初次把枝葉修剪掉 30%,然後在夏天快進入尾聲時,再進行一次相同程度的修剪。這樣會促進新枝的生長,讓它長出濃

料理情報

可搭配
- 小荳蔻
- 肉桂
- 薑
- 羅望子
- 越南香菜

傳統用法
- 奶油餅乾
- 蛋糕和瑪芬蛋糕
- 米和牛奶布丁

調和香料
- 不常用於調和香料中

很少有植物能像檸檬馬鞭草一樣讓我強烈的勾起童年的種種記憶。我雙親有一小片檸檬馬鞭草林，能讓我們在夏天裡持續不斷的採收。我們會把葉子乾燥好，放在有軟木塞子的陶瓷碗裡，同時收藏的還有其他也能做成乾燥香花的材料，到了聖誕時節就會在我們路邊的小店裡面販賣。當我和太太麗姿建立了我們第一個家時，家中3個女兒都還小，夏天麗姿會從同一片林子收集樹葉製作香枕販賣來補貼家用。

密的葉子；如果不進行這種程度的採收或是修剪，樹就會變得瘦瘦長長，看起來一副稀稀疏疏的模樣。

在乾燥之前，把樹葉從砍下的枝椏剝下來是最簡單的辦法，作業方式只要輕輕的用大拇指和食指掐住較薄的一端，沿著厚端一拉提，很快就能採下一把葉子了。把剝下來的葉子放在裝著防蟲網或紙張的框架上，置放在光線陰暗、溫暖又通風的地方數日，直到葉子摸起來脆脆乾乾為止。

購買與保存

新鮮的檸檬馬鞭草市面上很少有店家賣。乾品大多能在芳香禮品或是和其他香草混合的綜合花草茶裡面找到，乾燥的檸檬馬鞭草應該是墨綠色的，又乾又脆有檸檬氣味，聞起來絕對不能有霉味。裝入氣密式容器中，置放在涼爽、光線陰暗的地方，直到你想享受它的芬芳再拿出來。當葉子跟其他乾燥香花草或有香味的物品混合在一起，放在開放的空間讓室內生香時，香味會自然揮發出來，時間大約可以超過1或2年。

應用

新鮮的檸檬馬鞭草可以讓巧克力蛋糕增添誘人的香味，在蛋糕模型的底部先放幾片葉子，接著放麵糊進去，然後再進烤箱烤，蛋糕烤好冷卻之後把葉子撕掉，那麼留下來的只有在烘焙時釋放出來的芬芳精油了。我母親通常會在米布丁或卡士達（蛋奶凍）進烤箱烘烤前放兩三片葉子在上面。葉子也能剁碎，加到亞洲料理裡，用法就和檸檬香桃木幾乎一樣。

每500公克（1磅）建議用量

- 紅肉：5片新鮮葉子
- 白肉：4片新鮮葉子
- 蔬菜：4片新鮮葉子
- 穀類和豆類：4片新鮮葉子
- 烘烤食物：4片新鮮葉子

檸檬馬鞭草茶
Lemon Verbena Tea

在我祖父母的香草香料店與苗圃薩默塞特小屋（Somerset Cottage）裡，有一個占地兩英畝（0.8 公頃 / 甲，8000 平方公尺）的園子，裡面種著一排蓊鬱可愛、香氣盈盈的檸檬馬鞭草樹。我和家中姊妹為了賺取零用錢，會去園子裡撿拾樹葉，而祖父就會把葉子放到盤子上去乾燥，然後拿到店裡去賣。檸檬馬鞭草的香氣在一瞬息之間就能把我帶回童年的歲月。這款「馬鞭草（verveine）」茶清新提神，極有滋味，還能幫助消化。炎炎夏日可以澆在冰塊上上桌。

製作4人份

準備時間：
● **5 分鐘**

烹煮時間：
● **10 分鐘**

提示 如果使用的是新鮮葉子，量可以減半。

1 杯	乾燥的檸檬馬鞭草葉（參見左側提示以及 364 頁的香料筆記）	250 毫升
4 杯	沸騰的開水	1 公升

1. 找一支大的沖茶壺或是咖啡濾壓壺（coffee press），將滾燙的開水倒在檸檬馬鞭草上，在一旁放置 10 分鐘，等它出味後即可倒出飲用。

變化版本

可加入 1 大匙（15 毫升）的乾燥薄荷，外加 2 條檸檬皮。

甘草 Licorice Root

Glycyrrhlza glabra

科　　名：	豆科 Fabaceae（舊稱 Leguminosae）
品　　種：	美國甘草（American licorice，學名：*G. lepidota*）、中國甘草／烏拉爾甘草（Chinese licorice，學名：*G. uralensis*）、俄國甘草（Russian licorice，學名：*G. echinata*）
別　　名：	black sugar（黑糖）、Spanish juice（西班牙果汁）、sweetroot（甜根）、sweetwood（甜木）
中文別名：	烏拉爾甘草、甜草、甜草根、國老、粉草、粉甘草、生甘草、蜜草、炙草
風味類型：	激香型
使用部位：	根（香料）

背後的故事

　　甘草原生於歐洲東南部、中東和亞洲西南部。在這些地方，早在甘草的藥性還沒被賞識之前，一代又一代的人早已開始以咀嚼方式享受它的甜蜜滋味了。古代的希臘人、埃及人和羅馬人已經知道甘草，拿它來治療咳嗽和風寒。甘草的學名 *Glycyrrhiza* 是從希臘字而來，意思是「甜根」。甘草甜素／甘草酸苷（Glycyrrhizin）是甜味的化合物，賦予甘草甜味特質風味的就是這種物質。希臘醫師西奧弗拉斯塔（Theophrastus）在西元前 3 世紀就曾寫過，將甘草含於口中可生津止渴。希臘和羅馬人也會從它的根部提煉出一種黑色的汁液，作為清新提神的飲料，提煉方式就和今天的一模一樣。

　　中世紀仍然持續保留甘草在醫藥上的應用，只是中歐與西歐在 15 世紀之前似乎並未開始人工種植。16 世紀，天主教道明會的黑衣修士（The Dominican Black Friars）首先在他們位於約克夏郡龐特佛雷特（Pontefract）的修道院中種植了甘草，之後，該地便成了英格蘭甘草糖果甜食業的中心。經由蒸發法濃縮而成的甘草萃取物被製作成黑色小圓

片，命名為「龐特佛雷特甜餅」（Pontefract cakes）。甘草根含有 4% 的甘草甜素（或稱甘草酸苷），以甜度是蔗糖的 50 倍而聞名。值得大家注意的是，甘草根的甜即使是糖尿病患者也能安全使用（但糖果甜食可不行，因為裡面添加了糖）。甘草特有的風味被用來掩蓋某些藥物的苦味，它也是一些酒精飲料的成分，如健力士黑啤酒（Guinness stout）、茴香利口酒（anesone）、土耳其拉克茴香酒（raki）、義大利珊布卡茴香酒（sambuca），還被掺入鼻菸中，或當成嚼菸的加味料。

植株

　　甘草是小型的草本多年生豆科植物，高度為 1 到 1.5 公尺（3 到 5 呎），成叢的莖直立挺拔，質地如木。羽狀複葉長在莖的周圍，鬆鬆的總狀花序（racemes）上開著蝶狀的淡紫藍色花，形成長長的穗狀花叢，從葉柄與主莖交接處抽長出來。花開之後會結出小小、像豆子一樣的豆莢，裡面含有 5 顆種子；這些都沒有料理用途。實際使用的是它大大的直根（taproot），這種根可以長到 1 公尺（3 呎）

亞洲滷汁

滷汁（master stock）就像是甜甜的、濃厚有辛香味道的醬油汁，我常用它來代替亞洲菜色裡面的一般醬油。滷汁的祕密就在它使用的香料，這些香料一般會被包在紗質棉布裡做成滷味香料包，浸泡在醬油、砂糖、和水的混合液中出味。滷味包可以使用不只一次，在中國，很多家庭會把滷味包一用數年，在裡面不斷添加更多香料以保持滷汁的風味，直到滷味包最後變成足球一般大小。我甚至還聽過有人把他們老滷的滷味包傳到下一代！不過，西方人還是謹慎為上策，我建議滷味包大約只用 3 次就好。在 2 次浸泡汁製作之間，滷味包最好放到冰箱裡，第一次出味的滷汁最好幾個星期內就用完。

深，無數的橫生塊根以彎彎曲曲的各種角度在地下延伸著。

雖說甘草有不少不同的品種，但是一般認為以光果甘草（G. glabra）的料理用途最佳。它根的部分，外表是灰褐色，裡面有纖維狀的黃心，香氣稍顯溫和了些（即使被切開或摩擦，味道也不濃），有甜味，還有類似於新割稻麥桿子的乾燥氣味。它的風味是先苦後甘，在口中會變成非常甜、像大茴香一樣的味道，甘草的獨特口感很持久，可以讓人口氣清新，甘草粉的顏色是灰綠色，非常細緻，就像爽身粉，有極為強烈的風味。

其他品種

美國甘草（American licorice，學名 G. lepidota）原生於北美洲，有甜蜜持久的甘草風味，多作藥用，也會拿來作為菸草的加味之用。不過，它到底沒有光果甘草（G. glabra）那麼常用，光果甘草的風味在製作糖果點心時，口味較好。**中國甘草/烏拉爾甘草**（Chinese licorice，學名 G. uralensis）是在中國栽培種植的，這種開花植物與光果甘草頗為不同，葉子是卵型，而不是羽狀複葉。它的主要用途是中藥材。**俄國甘草**（Russian licorice，學名 G. echinata）或稱作野生甘草，偶而也會代替光果甘草用在糖果甜點、無酒精飲料、菸草和鼻煙裡。

處理方式

甘草在種植到第 3 或是第 4 年時才會開始採收；採收季節是在秋天，整個根系都會被取出，冠狀莖和吸芽會被收藏起來，等待來年再種。根被清洗修剪之後，長長的筆直根塊有時候會被當做甘草棒（licorice sticks）販售，而直徑不一的扭曲狀根則會被切成碎末，磨成粉或是進行萃取。萃取甘草時是把根壓碎，用磨搗成汁液，然後在水中煮沸直到湯汁收乾，之後再繼續煮乾，讓水蒸發，留下黏糊糊的一片黑色狀物，這樣的狀態就可以捲起來變成棒子狀，疊在板子上乾燥了，這時常產生混淆，因為平平的根狀莖和乾燥濃縮的長條都被稱作「棒」。甘草處理過後留下來的纖維廢渣會被用來製造塑合板。

購買與保存

　　甘草在香料專賣店通常都有賣，形式很多種，通常有整根、碎末與粉狀。甘草相當穩定，除了要避免環境溫度太高之外，不需特別注意保存條件，不過，甘草粉倒是很會吸收空氣中的溼氣，所以必須放在氣密式的容器裡，潮溼的環境最好避免，因為容易讓粉黏答答並結成塊。甘草甜餅（pontefract cakes）和甘草棒都是以濃縮的甘草製作而成，暴露在溼溼的環境下會變黏，所以要裝在氣密式容器中，放在陰涼的地方。

應用

　　加太多會變苦。燉煮水果時，可以選用切成碎末的甘草並添加八角、肉桂和香草。亞洲的「滷味包」裡面可能含有甘草碎末、小荳蔻、八角、茴香籽、肉荳蔻、花椒、肉桂、薑和丁香。

每茶匙重量（5ml）

- 整根切碎：2.5 公克
- 研磨成粉：2.8 公克

每 500 公克（1磅）建議用量

- **紅肉**：1 茶匙（5 毫升）碎末
- **白肉**：3/4 茶匙（3 毫升）碎末
- **蔬菜**：1/2 茶匙（2 毫升）碎末
- **穀類和豆類**：1/2 茶匙（2 毫升）碎末
- **烘烤食物**：1/2 茶匙（2 毫升）碎末

中式滷肋排
Pork Spareribs in Chinese Master Stock

這種複雜又香味四溢的滷汁（參見 368 頁）有很多用途，雖說大家未必同意，但是最好的用途之一就是製作這種滷的子排。

準備時間：
- 3 小時

烹煮時間：
- 1.5 小時，外加醃製 1 小時

 乾薑和陳皮可以在亞洲雜貨店裡買到。如果買不到，可以用新鮮的薑和橘子皮來代替，不過乾品的風味較佳。

● 紗質棉布或細棉布

滷汁

3 顆	整顆的八角	3 顆
2 茶匙	甘草碎末	10 毫升
1 片	乾薑（參見左側提示）	1 片
1 片	乾燥的陳皮或橘皮	1 片
½ 支	桂皮捲（cassia quill）	½ 支
1 茶匙	整顆的花椒	5 毫升
½ 茶匙	整顆的多香果	2 毫升
½ 茶匙	甜茴香籽	2 毫升
½ 茶匙	芫荽籽	2 毫升
1 根	乾的紅辣椒	1 根
½ 杯	砂糖	125 毫升
2 杯	滾水	500 毫升
⅔ 杯	醬油	150 毫升
8 塊	豬肋排（子排）（約 500 公克 /1 磅）	8 塊

1. **滷汁：** 拿一個小碗，把八角、甘草、薑、陳皮、桂皮、花椒、多香果、茴香籽、芫荽籽和辣椒放進去混合。把材料放到 15 到 20 公分（6 到 8 吋）左右的方塊紗質棉布中，用廚房線繩把口束緊，變成滷味包。鍋子中開小火，把砂糖、水和醬油放進去，再加入滷味包，偶而攪拌一下直到糖融化。繼續用小火煮，不要加蓋，煮 1 個鐘頭。放置一旁待涼，之後將滷味包取出。

2. 把肋排和冷卻的滷汁放進夾鏈袋，冷藏至少 1 個小時，或是一個晚上。

3. 烤箱預熱到攝氏 150 度（華氏 300 度）。

4. 把肋排和醃製的滷汁裝到烤盤上，用已經預熱好的烤箱烤 1.5 個鐘頭，直到肉完全熟透，醬汁收成濃稠的焦糖狀。

萊姆葉（泰國酸柑葉）
Lime Leaf（Makrut）

Citrus hystrix（也稱為 *C. papedia*）

各國語言名稱

- **緬甸文**：shauk-nu、shauk-waing
- **中文（粵語）**：fatt fung kam、syun gam
- **中文（國語）**：suan gan
- **捷克文**：kaffir citrus
- **丹麥文**：kaffir lime
- **荷蘭文**：kaffir limoen
- **菲律賓文**：swangi
- **法文**：limettier hérissé
- **德文**：Kaffernlimette、Kaffirzitrone
- **印尼文**：daun jeruk purut、jeruk sambal
- **日文**：kobumikan
- **馬來文**：daun limau purut（leaves）、limau purut（fruit）
- **西班牙文**：hojas de lima cafre
- **斯里蘭卡文**：kahpiri dehi、odu dehi
- **瑞典文**：kafirlime
- **泰文**：makrut、som makrut、bai makrut（leaves）、luuk makrut（fruit）
- **越南文**：truc

科　　名：	芸香科 Rutaceae
別　　名：	Indonesian lime leaves（印尼萊姆葉）、"kaffir" lime leaves（卡費爾萊姆葉）、lime leaf（萊姆葉）、wild lime leaves（野生萊姆葉）
中文別名：	馬蜂橙、箭葉橙、泰國檸檬（kaffir）葉、泰國青檸葉
風味類型：	適中型
使用部位：	葉及果實（香草）

背後的故事

所有柑橘科的樹木都是原生於東南亞的。在中世紀被引介到歐洲，引介者可能是摩爾和土耳其的入侵者。從此之後，檸檬就被廣泛的使用了；不過，萊姆和檸檬經常被搞混，所以萊姆樹的歷史也就有些說不清了。直到近代，也沒什麼證

可搭配

- 羅勒
- 小荳蔻
- 辣椒
- 芫荽（葉和籽）
- 孜然
- 咖哩葉
- 南薑
- 薑
- 八角
- 羅望子
- 薑黃
- 越南香菜

傳統用法

- 沙拉
- 亞洲快炒
- 湯品，如叻沙
- 亞洲咖哩
- 清新提神的夏季飲料

調和香料

- 紅咖哩和綠咖哩綜合香料
- 泰國綜合香料
- 海鮮的塗抹料

據能顯示泰國酸柑樹在東南亞以外的地方有人認識。但是隨著對一般亞洲料理，尤其是泰國和巴里島料理興趣的提昇，泰國酸柑葉在西方很多城市也能買得到了。

植株

可別把泰國酸柑樹和一般常見結果實的品種弄混，如墨西哥、大溪地和西印度萊姆，也別和歐洲以及北美洲的萊姆（椴 linden）樹（*Tilia curopaca*）搞錯。

泰國酸柑樹是小型灌木，高約 3 到 5 公尺（10 到 16 呎），上面有無數像針一樣尖銳的小刺，以及不常見的單身複葉（double leaves）。每一對像柑橘科外型的葉子，頭尾銜接著，長度約有 8 到 15 公分（3 又 1/4 到 6 吋），寬度約 2.5 到 5 公分（1 到 2 吋）。葉面是墨綠色，如皮革一樣油亮亮，葉背則是淺綠色，粗糙無光，如果被撕破或切開，酸柑葉就會散發出如天堂般美好的氣味，有如在萊姆、柑橘和檸檬之間遊走，但卻不像這其中任何一種單獨的香氣。泰國酸柑葉的口味與柑橘類似，讓人想起橘子皮，不過卻沒有柑橘科成員經常會有的酸性調。酸柑的果實比大溪地萊姆大，外皮粗糙，多疙瘩，皮還很厚，不過果實一般用的就是外層的皮，因為裡面的萊姆汁實在很少。

處理方式

和一般認為的難乾燥相反，泰國酸柑葉如果充分照料，可以很有效的乾燥。葉面油亮如皮革的葉子要脫水乾燥，最大的問題在於葉子表面的膜無法讓裡面所含的水量輕易

香料筆記

新鮮香草葉的含水量、厚度和大小差異很大，因此如何找到最佳的乾燥辦法就是一個挑戰，特別是那種很厚、葉面光滑如皮革的葉子，如泰國酸柑葉。在脫水機還沒發明之前，我們一直是把各式各樣的香草放在搭蓋著鐵皮屋頂、通風良好、光線陰暗的屋頂閣樓空間裡乾燥的。天氣好的時候，這個地方提供了幾近完美的乾燥條件。

脱除。這就代表，在葉子乾燥之前，品質就開始劣化了，許多葉子最後會出現褐色和黑色的斑。不過，如果加熱過度，葉子就會縮捲起來並變黃。要取得最佳乾燥成果，最好是把現摘的葉子攤在單層的多孔紙上，放在溫暖、光線陰暗、溼度低的地方。當葉子摸起來脆脆的，不像皮革，也沒有柔韌的觸感後，就表示可以使用了。

購買與保存

新鮮的泰國酸柑葉經常可在新鮮的產品零售攤上買到，唯一比較可能缺貨的時間是在冬末。新鮮的整片葉子可以裝在夾鏈袋裡，放入冷凍庫中儲藏，這樣大約可以放 3 個月。

乾燥的泰國酸柑葉應該是綠色，而不是黃色的，而且最好和其他乾燥的香草一樣保存在相同條件的環境下。裝在氣密式容器中，遠離溫度過高、光線太亮、或潮溼的場所時，可以保存到 12 個月左右。

應用

只有新鮮的葉能加到沙拉裡。將葉心從上到下的硬葉肋摘除，葉子細細切成末，就可以把堅硬、有如皮革般的組織破壞掉。烹製清湯或高湯時，整片的鮮葉或乾葉都能使用，因為葉子不必吃，只要能添加風味就好。新鮮的泰國酸柑葉切成細末或乾葉壓碎可以應用到某些菜餚裡，如叻沙湯、蔬菜炒雞肉或海鮮，以及咖哩，特別是有加椰奶的咖哩。

名字裡的學問

多年以來，這種樹一直被稱作「卡費爾」（kaffir）萊姆樹，因為它結出來的果實皮很粗糙，被視為次級品。而「卡費爾」這個詞在南非以及其他曾涉及奴隸交易的國家裡，意思是次等的人；在某些亞洲國家，這詞則是指「沒有信仰的人」，這個字現在一般被認為有冒犯之意。所以，我便採用了這種葉子在泰國的名稱，makrut，酸柑，因為現在泰國料理已經世界聞名，而泰國料理中就經常用到這種葉子。

每茶匙重量（5ml）

- 整片乾葉平均：0.5 公克
- 乾葉碎末：2.1 公克

每 500 公克（1 磅）建議用量

- 紅肉：3 到 4 片整片的鮮葉或乾葉
- 白肉：3 片整片的鮮葉或乾葉
- 蔬菜：2 片整片的鮮葉或乾葉
- 穀類和豆類：2 片整片的鮮葉或乾葉
- 碳水化合物：2 片整片的鮮葉或乾葉

泰式魚餅
Thai Fish Cakes

這種魚餅在泰國為什麼成為高人氣的街頭小吃是有道理的：香味迷人的泰國酸柑葉子實在容易讓人上癮呀！咖哩醬做好之後，很容易就能加在一起了。這些味美多汁的小吃是再棒不過的開胃菜或小點心，最好熱呼呼的入口。

製作約20塊魚餅

準備時間：
- **40 分鐘**

烹煮時間：
- **20 分鐘**

 提示　如果嫌南薑的味道過甜，可改用薑來代替。

- **果汁機**
- **食物處理器**

紅咖哩醬

7 根	乾的紅辣椒，去籽，在滾燙的開水裡浸泡 10 分鐘	7 根
2 茶匙	紅椒粉	10 毫升
2 大匙	香茅切成細末	30 毫升
1 茶匙	新鮮的泰國酸柑葉切成細末	5 毫升
5 顆	小顆的紅蔥頭，切成丁	5 顆
1 大匙	新鮮的南薑，切碎（參見左側提示）	15 毫升
4 瓣	蒜頭，切碎	4 瓣
1 大匙	新鮮芫荽的莖和根，切碎	15 毫升
1 撮	現磨的萊姆皮	1 撮
½ 茶匙	蝦醬	2 毫升
½ 茶匙	芫荽籽粉	2 毫升
¼ 茶匙	孜然粉	1 毫升
1 撮	現磨白胡椒	1 撮
1 撮	細海鹽	1 撮
1 大匙	水	15 毫升

魚餅

1 磅	肉質結實的白色魚肉，例如鱈魚，切成塊	500 公克
1 茶匙	新鮮的泰國酸柑葉，切成細末	5 毫升
½ 茶匙	超細砂糖（糖霜粉）（參見 375 頁提示）	2 毫升
1 顆	蛋，輕輕打散	1 顆
20 莢	四季豆，摘去頭尾，切成 0.5 公分（¼ 吋）的塊	20 莢
些許	油	些許

1. **紅咖哩醬：**把辣椒、香茅、萊姆葉、紅蔥頭、南薑、蒜頭、芫荽、萊姆皮、蝦醬、芫荽籽、孜然、胡椒、鹽和水放進果汁機，開高速打成膏狀。

2. **魚餅：**食物處理器裝上金屬刀片，把魚肉、萊姆葉、糖、蛋和 3 大匙（45 毫升）已經做好的紅咖哩醬打到均勻混合。盛到上桌的碗裡，加入四季豆攪拌。

3. 煎鍋開大火，倒入 0.5 公分（1/4 吋）高的油，加熱到油開始冒出小泡泡。轉到中火。用手分批將魚漿做成圓形的餅狀，每個餅用大約 2 大匙（30 毫升）的油煎。每一面煎大約 3 分鐘，直到煎成金黃色並完全熟透。裝到襯有紙巾／吸油紙的盤子上，將多餘的油吸乾，並蓋上蓋子，保持熱度。重複步驟將所有的魚漿煎好後，立刻上桌。

提示 超細砂糖（super fine sugar，糖霜粉 caster sugar）是顆粒非常細的砂糖，通常都是用於需要砂糖能快速溶解的食譜裡。如果商店裡面找不到，可以自己動手做。把食物處理機裝上金屬刀片，將砂糖打成非常細、質地像沙子一樣細緻的糖粉。

萊姆葉（泰國酸柑葉）Lime Leaf (Makrut)

泰式酸辣蝦湯
Tom Yum Soup

這道湯結合了溫暖的南薑、火熱的辣椒、酸溜溜的萊姆，以及有著獨特香濃氣味的泰國酸柑葉，正是靈魂的良湯。當你覺得不太舒服時，這是雞湯之外的另外一種美妙選擇，也是開始品嚐泰國菜的最佳方式。

 泰國酸柑葉通常稱作「卡費爾」萊姆葉（參見 372 頁）。
如果嫌南薑的味道過甜，可改用薑來代替。

香茅的前置作業：用一把銳利的刀把下面球莖的部分切掉，把莖幹外層的皮剝 2、3 層掉，直到露出裡面柔軟的白心，或變得比較容易切片。

12 尾	生的大蝦，去殼並抽去砂腸，蝦殼保留	12 尾
1 茶匙	油	5 毫升
5 杯	水	1.25 公升
5 片	新鮮或乾燥的泰國酸柑葉，撕破（參見左側提示）	5 片
1½ 大匙	新鮮南薑，去皮並切碎（參見左側提示）	22 毫升
1 枝	香茅，只用白色部分，切碎（參見左側提示）	1 枝
1 根	紅辣椒，切片	1 根
¼ 杯	現壓萊姆果汁	60 毫升
1 大匙	魚露（nam pla）	15 毫升
1 杯	洋菇，切片	250 毫升
⅓ 杯	新鮮芫荽葉，裝飾用	75 毫升

1. 大的平底鍋開中大火熱油，倒入蝦子和蝦殼去炒，要經常翻動，炒 2 分鐘或是直到蝦子開始變色（但不要炒到熟透；炒的步驟會使蝦子更添風味），加水煮到滾。使用漏杓將蝦子和蝦殼盛到碗裡，放置一旁。用細目的篩子把湯汁過濾到一個乾淨的湯鍋裡。

2. 在鍋中煮高湯，放入萊姆葉、南薑、香茅、辣椒、萊姆汁和魚露，燜煮 15 分鐘，把剛剛留起來的蝦子以及切好的洋菇放進去，煮 5 分鐘，或直到蝦子顏色轉紅。試試味道，並根據個人口味調整，例如你可能還需要添加更多萊姆、魚露或辣椒。撒上芫荽葉，立刻上桌食用。

變化版本
如果想要有飽足感，可以再加入 1 杯（250 毫升）撕成絲的熟雞肉，以及 90 公克（3 盎司）煮好的河粉或米粉再上桌。

歐當歸 Lovage

Levisticum officinale（也稱為 *Hipposelinum levisticum*、 *L. levesticum*、
Ligusticum levisticum、*Selinum levisticum*）

各國語言名稱

- **中文（粵語）**：yuhn yihp dong gwai
- **中文（國語）**：yuan ye dang gui
- **捷克文**：libecek
- **丹麥文**：lovstikke
- **荷蘭文**：lavas
- **芬蘭文**：lipstikka
- **法文**：livèche
- **德文**：liebstoeckel、Badekraut
- **希臘文**：levistiko
- **義大利文**：levistico
- **日文**：robejji
- **挪威文**：lopstikke
- **波蘭文**：lubczyk ogrodowy
- **葡萄牙文**：levistico
- **俄文**：goritsvet、gulyavitsa
- **西班牙文**：ligustico
- **瑞典文**：libsticka
- **泰文**：kot cheyng
- **土耳其文**：selam out、deniz maydanozu

科　　名：	香芹科 Apiaceae（舊稱繖形科 Umbelliferae）
品　　種：	山歐當歸（mountain lovage，學名：*Ligusticum mutellina*）、蘇格蘭歐當歸 Scottish lovage，學名：*Ligusticum scoticum*）
別　　名：	Cornish lovage（康瓦爾歐當歸）、Italian lovage（義大利歐當歸）、Old English lovage（老英格蘭歐當歸）
中文別名：	圓葉當歸、保當歸、情人香芹、獨活草
風味類型：	溫和型
使用部位：	葉（香草）

背後的故事

　　一般認為歐當歸的原產地是地中海沿岸，但也有專家爭論應該起源於中國。腓尼基人是最先認可它的根、葉和種子藥用特質的，這種植物本身也因為在醫藥、料理和化妝品上的應用而受到古代希臘人和羅馬人的看重，他們在西元初年

可搭配

- 亞歷山大芹
- 芝麻菜
- 細葉香芹
- 蒔蘿
- 蒜頭
- 巴西利
- 小地榆
- 酸模（sorrel）

傳統用法

- 綠色沙拉
- 炒蛋和歐姆蛋包
- 馬鈴薯泥
- 白醬

調和香料

- 綜合調味香草（fines herbes）
- 沙拉香草

冒名頂替

除了真正的歐當歸，還有兩種其他的植物也被稱為是歐當歸：黑歐當歸，實際上是亞歷山大芹（alexanders，學名：Smyrnium olusatrum，參見 57 頁），以及印度藏茴香籽（獨活草籽，ajowan seeds，參見 46 頁），這種草的種子被用來冒充歐當歸籽，可能是因為它外觀和香味都像。

左右開始栽培種植。從西元 12 世紀起，捷克、法國和德國就開始以商業目的開始種植歐當歸，而在 14 世紀，它在英國是作為藥用的。

在近代，歐當歸那類似胡椒味的葉受歡迎程度在近代已經大為減退了，原因可能因為過去這種比較輕淡的風味在 21 世紀已經退了吸引力，我們現在的味蕾不斷的受到各種增強版風味美食的轟炸，從天然的辛辣到人工的化學味一應俱全。

植株

歐當歸是強健的多年生植物，外表就像稀疏版的歐白芷（angelica，參見 73 頁），它的葉子和義大利（平葉）香芹非常相像。莖管上有脈絡，和芹菜的類似，高大約 1 到 1.5 公尺（3 到 5 呎），纖細的繖形花序裡開著硫黃色的花朵，這花序比歐白芷大大的圓頭小。歐當歸有粗壯、多肉的棕灰色根，樣子像胡蘿蔔，長度約 10 到 15 公分（4 到 6 吋），根部有藥用功能，但沒有受歡迎的料理功能。歐當歸的葉有一點淡淡的酵母味道，也像芹菜、巴西利的綜合體，還帶著非常溫和的胡椒口感。

其他品種

山歐當歸（Mountain lovage，學名：*Ligusticum mutellina*）這個品種的葉看起來比較不像巴西利。開紫花，不是黃花，只用它的葉子，因為味道吃起來像巴西利和芹菜。**蘇格蘭歐當歸**（Scottish lovage，學名：*Ligusticum scoticum*）有時候也稱為「海歐當歸」，外觀上和真正的歐當歸最像。它的葉、莖和種子都因為味道類似巴西利而被使用。

處理方式

歐當歸的葉子可以用乾燥巴西利的方式進行乾燥，也就是在紙或紗網上攤平，在陰暗、通風良好的地方放上幾天，讓空氣多多流通，直到葉子變得酥脆為止。

如果想採收種子，可以在植物開完花後，小心的將莖

香料筆記

　　當年我母親蘿絲瑪麗・漢菲爾（Rosemary Hemphill）在為食譜書進行實驗時，我總是希望放學回家後，家裡還能留有一些好吃的小點心讓我填填肚子。我最美好的記憶之一，就是她美味的香草三明治。媽媽會把現採的香草加以混合——通常是當令的，什麼香草漂亮又茂盛就採什麼——在全麥去皮的土司上，厚厚抹上一層軟化的奶油起司，然後將三明治切成三角形。建議所有能取得新鮮香草的人，特別是歐當歸的，都把這些香草混合打一打，當做早晨或下午的點心。如果剩下的三明治用保鮮膜封起來放冰箱冷藏，就能留到孩子下課回來，秋風掃落葉一樣的全部吃光光。

上有纖細種子的傘狀花序帶莖剪下來，上下顛倒，吊掛在溫暖、乾燥的地方。幾天後，就能將歐當歸的種子脫落下來，存放起來方便日後再播種，或是拿來料理。

購買與保存

由於歐當歸不常作為料理香草，所以外面幾乎沒有人賣新鮮或是乾燥的葉子，有興趣自己栽種的人可以在專門培育香草的苗圃找到歐當歸的植株。要保存現摘歐當歸，最好的辦法就是將帶葉的莖插在一杯水中，上面用乾淨的塑膠袋套住，就像搭帳棚那樣，放在冰箱冷藏。記得每隔幾天要換水，最好採收後 1 個星期內用掉。新鮮的歐當歸葉可以切碎，放進製冰盒，倒一點水進去蓋過去後冷凍，結成冰塊後倒出來放進冷凍袋裡，有需要再拿出來，這樣可以保存 3 個月。

如果買得到乾燥的歐當歸，一定要是青綠色的，就跟巴西利一樣，而且要包在氣密式容器裡的才行。保存乾燥歐當歸的方式和其他乾燥香草一樣，要放在陰涼、光線暗的地方，這樣風味能夠保存到 1 年。

歐當歸籽要保存在氣密式容器中，遠離溫度過高、光線太亮、或潮溼的場所。

應用

歐當歸細緻的風味，隱隱帶著胡椒香，拿來搭配材料中有巴西利、細葉香芹、蒔蘿和洋蔥切末以及紅椒粉的沙拉，非常完美。這個組合也能加到歐姆蛋包、炒蛋和馬鈴薯泥中，讓顏色更漂亮，滋味更美妙。味道清淡溫和的湯品或醬汁，如果添加歐當歸，而非其他香味濃郁的香草或香料，風味能「安全」的提升。歐當歸我最愛用的方式就是加在香草三明治和烘蛋裡。

每 500 公克（1 磅）建議用量

- **紅肉**：1/2 杯（125 毫升）鮮葉，1 茶匙（5 毫升）乾葉
- **白肉**：1/2 杯（125 毫升）鮮葉，1 茶匙（5 毫升）乾葉
- **蔬菜**：1/2 杯（125 毫升）鮮葉，1 茶匙（5 毫升）乾葉
- **穀類和豆類**：1/2 杯（125 毫升）鮮葉，1 茶匙（5 毫升）乾葉
- **烘烤食物**：1/2 杯（125 毫升）鮮葉，1 茶匙（5 毫升）乾葉

歐當歸烘蛋
Lovage Frittata

這道烘蛋熱吃冷食兩相宜，出門野餐也很棒。歐當歸和蛋以及馬鈴薯搭配非常完美，不過如果你手上沒有新鮮的歐當歸，也可以使用嫩葉菠菜（baby spinach）。

製作6到8人份

準備時間：
● **10 分鐘**

烹煮時間：
● **35 分鐘**

● **30 公分（12 吋）可放入烤爐的深煎鍋**

¾ 杯	橄欖油，分批使用	175 毫升
3 顆	洋蔥，切對半後再切絲	3 顆
14 顆	蛋，輕輕打散	14 顆
2 顆	馬鈴薯，去皮，切成 2.5 公分（1 吋）的塊，煮軟	2 顆
3 杯	歐當歸，輕壓成平杯	750 毫升
7 盎司	菲達起司（feta cheese），弄碎	210 公克
些許	海鹽和現磨黑胡椒	些許

1. 煎鍋開中小火，加熱 1/4 杯（60 毫升）的油，加入洋蔥、炒 10 分鐘，偶而要攪拌一下，直到變成金黃色。將炒好的洋蔥放入大碗裡，鍋留著。

2. 在碗中，將洋蔥和蛋、馬鈴薯、歐當歸和菲達起司混合，用鹽和胡椒好好調味。

3. 烤爐先預熱好。

4. 把剩下的 1/2 杯（125 毫升）油倒入煎鍋中，用中小火加熱，倒入混合蛋汁，大約 30 秒後，輕輕攪拌，讓材料平均分配。煎 2 分鐘，火轉小，再煎大約 5 分鐘，直到蛋汁開始變硬。

5. 把煎鍋放到烤爐，在預熱好的烤爐架上開始烘烤，直到菲達起司開始附著在上面，約 3 到 4 分鐘。離開火源，在一旁放置 10 分鐘冷卻，然後翻面裝到大盤子裡上桌。

馬哈利櫻桃 Mahlab

Prunus mahaleb

科　　名：薔薇科 Rosaceae

別　　名：mach lepi（馬哈利皮櫻桃）、mahaleb（馬哈利櫻桃）、mahlebi（馬利比櫻桃）、mahlepi（馬利皮櫻桃）、St. Lucie cherry（聖露西櫻桃）

中文別名：馬哈利酸櫻桃、圓葉櫻桃

風味類型：激香型

使用部位：果核（香料）

背後的故事

　　原生於南歐，這種北半球的樹種在地中海地區到土耳其一帶野生野長著。第一次以書面提到馬哈利櫻桃的是 1 世紀的阿拉伯人；直到 12 世紀之前，阿拉伯的作者們不斷提及關於它的栽種事宜。馬哈利櫻桃最初在中東和土耳其是用於

香水和當成藥物，後來在該地它變成了人氣料理用香料，特別是用來幫麵包提味。現在世界上主要的馬哈利櫻桃生產國是伊朗，其次則是土耳其和敘利亞。

植株

馬哈利櫻桃是一種不常見的芬芳香料，它是從小小黑黑的野櫻桃取出來的帶殼核果，而這種散佈地廣大的落葉木和桃子、李子是同一科（薔薇科）的植物。樹木可以長到大約 12 公尺（36 呎）高，葉長約 6 公分（2 又 1/2 吋），碧綠色，葉子有細細的鋸齒邊，春天開單朵白花。青色的果實直徑只有 0.8 公分（1/3 吋），成熟後會轉成黑色，那也就是可以採收的階段了。馬哈利櫻桃的果核是淺褐色，淚滴形，長 0.5 公分（1/4 吋），裡面乳白色。關於馬哈利櫻桃，有件事倒是很奇怪，那就是即使你是初次聞到它的味道也會覺得異常熟悉。這種熟悉感來自於它獨特的香氣，那是混合著櫻桃的甜蜜、類似杏仁的香氣以及花香，和杏仁糖膏很像。吃起來的口味則像是一種綜合體，混合了類似玫瑰花露的甜美芳香、些許堅果味，以及令人感到訝異的苦苦餘韻。

處理方式

成熟的果實被採收後，直接切開露出並取出裡面的櫻桃果核，將果核弄破，露出裡面的櫻桃果核核心。

購買與保存

雖說馬哈利櫻桃有時買得到粉，不過一旦磨成了粉，就會從乳白色變成髒髒的黃色，並且因為氧化作用而很快失去了味道和香氣。因此，我建議大家買整顆果核核心回家，要用之前再研磨就好。研磨時可以用研磨砵組，乾淨的咖啡磨豆器也行。

料理情報

可搭配
- 多香果
- 肉桂和桂皮
- 丁香
- 芫荽籽
- 薑
- 肉荳蔻
- 罌粟種子
- 芝麻

傳統用法
- 中東麵包
- 餅乾和脆餅
- 蛋糕和糕點
- 土耳其米飯類菜餚
- 水果布丁餡餅（flans）與牛奶布丁

調和香料
- 不常用於調和香料中

一位希臘朋友給了我們一種傳統的復活節甜味圓麵包叫做「茲瑞奇（tsoureki）」。麵包用馬哈利櫻桃來提味，還用顏色鮮豔的彩蛋（蛋殼在紅色的食用色素裡泡過）來裝飾。這樣一來，麵包不僅在外觀上奪得高分，馬哈利櫻桃果核那種像杏仁又像杏仁糖膏（marzipan）的風味，把麵包襯托得更完美。

把馬哈利櫻桃核心保存在氣密式容器中，一方面是為了延長它在儲藏架上的保存期限，另一方面也為了不沾染上儲存櫃中其他食物的味道。存放的場所要避免光線直射，溫度過高或潮溼，以這種方式保存，馬哈利櫻桃果核核心大約可以放上 1 年。馬哈利櫻桃核心研磨成粉後，1 個月內要用完。

應用

馬哈利櫻桃核心可以幫中東和土耳其麵包、餅乾、脆餅、蛋糕和糕點帶來屬於他們的真正風味。它也是土耳其米飯會放的一種食材，加到餡皮後可以讓新鮮水果布丁餡餅風味更勝，和牛奶布丁也非常搭配。由於它同時具有香和苦的特質，所以只能少量使用——研磨成粉後，食譜中每 2 杯（500 毫升）的麵粉，只能使用 1/2 到 1 茶匙（2 到 5 毫升）。

每茶匙重量（5ml）
- **整粒未磨籽：**4.7 公克
- **研磨成粉：**2.8 公克

每 500 公克（1 磅）建議用量
- **穀類和豆類：**2 茶匙（10 毫升）
- **烘烤食物：**2 茶匙（10 毫升）

阿拉伯式早餐麵包
Arabian Breakfast Breads

這種阿拉伯式早餐麵包叫做 Ka'kat（卡卡特），配著櫻桃果醬非常美味，是可頌麵包之外一種可口的選擇。麵包裡面的馬哈利櫻桃核心會中和櫻桃果裡的甜味，讓兩者相得益彰。

製作16塊

準備時間：
- 10 分鐘，另加 2 小時的發麵

烹煮時間：
- 20 分鐘

提示 乾烤芝麻：把芝麻放在乾的煎鍋中，開中火加熱，要經常搖動鍋子，直到芝麻稍微變焦黃色，大約 2 到 3 分鐘。立刻盛到盤子上，以免顏色繼續變深。

酵母粉拌到麵粉裡面時，要順著同一方向攪拌，這樣麵筋才能更有效的發起來。

當你把手指頭壓進麵團時，麵團要光滑、有彈性，而且很快就彈回原來的形狀。

• 2 個襯有防油紙的烤盤

2 大匙	超細砂糖（糖霜粉）（參見 393 頁提示）	30 毫升
2 茶匙	速發乾酵母粉	10 毫升
2 杯	溫水	500 毫升
4 到 5 杯	麵包用麵粉	1到 1.25 公升
¼ 杯	無鹽奶油，融化好	60 毫升
1 茶匙	細海鹽	5 毫升
¼ 茶匙	馬哈利櫻桃核心，研磨成粉	1 毫升
1 顆	蛋，打散	1 顆
3 大匙	乾烤過的芝麻（參見左側提示）	45 毫升

1. 在大碗中，將糖、酵母粉和溫水溶解。一次加入1杯（250 毫升）的麵粉，不斷的以相同方向攪拌，直到厚重的麵團開始成形（參見左側提示）。3 杯（750 毫升）麵粉都加進去後，再攪拌 1 分鐘，然後在一旁放置 10 分鐘。

2. 把奶油、鹽、和馬哈利櫻桃核心粉攪拌到麵團裡去，然後再次把剩餘的麵粉加進去，一次 1 杯（250 毫升），直到麵團再也無法再加更多麵粉而不顯得太乾。

   將麵團放到撒上薄薄一層麵粉的檯面上，揉 10 分鐘，直到麵團變得光滑、有彈性（參見左側提示）。把麵團放到乾淨、塗上一點點油的碗中，用廚房毛巾蓋上，在溫暖的地方放置 1.5 個鐘頭，直到麵團發成 2 倍大。

3. 將麵團拿出，放到撒上薄薄一層麵粉的檯面上，繼續揉到空氣被擠出來，麵團變得光滑為止，大約要 2 分鐘。將麵團切成 16 等份，用雙手的掌心，將每一塊麵團揉成雪茄形狀，然後把兩端頭尾捏在一起，做成一個圓圈。把圈圈放在準備好的烤盤上，兩個圈之間只少要隔 5 公分（2 吋）。蓋上廚房毛巾，在一旁放置 30 分鐘。

4. 烤箱預熱到攝氏 200 度（華氏 400 度）。

5. 再進去烘焙之前，將圈圈刷上蛋汁，並撒上芝麻，烤大約 20 分鐘，直到顏色變成金黃色，拿到網架上讓麵包稍微變涼後再上桌。麵包如果放進氣密式容器裡，最多可以放上 2 天。

乳香脂 Mastic

Pistacia lentiscus（也稱為 *P. lentiscus* var. *chia*、*Lentiscus massiliensis*、*Lentiscus vulgaris*、*Terebinthus lentiscus*）

科　　名：	漆樹科 Anacardiaceae
別　　名：	gum mastic（黏膠乳香／乳香脂）、mastiha（乳香脂）、mastic tears（乳香淚滴）、masticha（乳香脂，保加利亞語）、mastika（乳香脂，馬其頓語）
中文別名：	乳香脂、薰陸香、乳香脂、希俄斯（契歐斯）之淚、黏膠乳香、乳香樹脂
風味類型：	激香型
使用部位：	樹汁／樹脂（香料）

背後的故事

　　乳香脂樹／乳香黃連木（mastic trees，學名 *Pistacia lentiscus*）生長於地中海地區及中東一帶，品種很多，但是世界上大多數的乳香脂產自有歐盟原產地認證（Protected Designation of Origin）的樹種 *P. lentiscus* var. *chia*，這種樹只長於希臘的契歐斯島（Chios）。在希臘東方的這個島

嶼上，投入於這種乳香脂樹的無比熱情和心力是顯而易見的，他們甚至組成了乳香脂種植者協會（the Gum Mastic Growers Association），專門負責乳香脂及其相關產品的研究、生產和推廣。

乳香脂的歷史悠久，可以回溯到古典時代（譯註：希臘的古典時代大約在西元前4、5百年前的200年左右）。學識淵博的希臘和羅馬作家，如老普林尼（Pliny）、迪奧斯科里德斯（Dioscorides）、蓋倫（Galen）、和西奧弗拉斯塔（Theophrastus）都曾提過它。埃及的法老王和被稱為醫學之父的希臘醫師希波克拉底（Hippocrates）都曾說它能治百病，從禿頭治到腸道及膀胱諸病、可當做牙痛藥膏，甚至連被蛇咬了都能治。有個傳說我覺得特別適合，傳說是這樣的，當聖徒伊西多爾（Saint Isidore）在西元前250年左右被羅馬人折磨致死時，屍體被拖到一棵乳香脂樹下。在看到聖徒手足俱斷的慘況後，樹便開始流下了真正的眼淚。

從第10世紀起，希臘的契歐斯島（Greek island of Chios）便以它的乳香脂（masticha）而聞名。這個名字源自於希臘字「mastichon」，意思是「咀嚼」，這個字也是英文「masticate」（咀嚼）的字根，而乳香脂一般被用來當做一種咀嚼的樹膠，以及口氣清新劑，到了14、5世紀之前，乳香脂的生產已經是高度組織化，並且受到乳香脂公證人（scribae masticis）的控制，這些人的工作就是記錄乳香脂的生產。由於乳香脂在土耳其占領時期重要性極高，所以在契歐斯島上生產乳香脂的村莊便被賦予特權，像是可以自己管理並允許教堂鐘聲的鳴響。在那裡，全部有21個生產乳香脂的村莊是以26公噸（29英噸）的乳香脂來繳納稅金的，除此之外，他們就不必再繳納任何其他的稅金了。由於貨品即為貴重，因此偷盜乳香脂的懲罰可以說是非常嚴峻，嚴酷的程度則和盜取的量有直接的關係。

料理情報

可搭配
- 多香果
- 小荳蔻
- 肉桂和桂皮
- 丁香
- 芫荽籽
- 孜然
- 薑
- 馬哈利櫻桃
- 香草

傳統用法
- 土耳其軟糖（Turkish delight）
- 冰淇淋
- 甜的布丁和蛋糕
- 牙膏和口香糖
- 細火慢燉的羊肉
- 土耳其旋轉烤肉／沙威瑪（doner kebabs/ shawarma）

調和香料
- 摩洛哥綜合香料（ras el hanout）

收取偷盜乳香脂的人，與偷盜者同罪，懲罰的手段從用燒得火紅的鐵條燙人的前額，到割或挖去他們的耳朵、眼睛，或者／以及鼻子，如果偷盜的量高於 180 公斤（400 磅），終極的懲罰則是吊刑。

因此，來自安溝那（Angona）的旅行家基里亞科斯·皮希寇利（Kyriakus Pitsiccoli），在 1435 到 1440 年間，多次拜訪契歐斯島時的某一次就曾被人聽到他說，「如果你想在契歐斯島上生活，那麼就好好管好你的乳香脂，千萬別去偷。」

今天，乳香脂種植者協會則列出了乳香脂的 64 種用法，除了力捧它優於其他東西的抗癌特質外，還有它用於治療十二指腸潰瘍的作用、對於口腔衛生的好處，以及在南摩洛哥（Morocco）和茅利塔尼亞（Mauritania）作為春藥的用途。

植株

乳香脂樹／乳香黃連木，或稱希諾樹（*schinos*），在它原產地的希臘契歐斯島被叫做「奇亞」（chia）種，是一種生長緩慢的耐寒常綠樹種，平均高度約 2 到 3 公尺（6 到 9 呎），不過據知，有些可達到 5 公尺（16 呎），乳香脂樹的葉子是發亮的深綠色，和桃金孃的葉子頗為相像。樹幹粗糙而彎曲多瘤，劃一下就會流出清澈的樹汁狀物質，之後凝結成為乳香脂。這些樹要完全長成需要 4、50 年的時間，有些樹甚至以已經達到 200 年以上樹齡而聞名。乳香脂的生產從樹木 5 到 6 歲開始，當樹齡到達 15 歲的時候，每棵樹最多可以產出 1 公斤（2 磅）的量，樹木最後的生產年限大約在 70 歲左右。史得利歐（Stelios），一位乳香脂的種植者就曾讓我們看一棵樹，他記得那棵樹在他還是男孩時就已經成熟，過了超過 65 年了，那樹依然在產出。

樹汁黏膠在採收和處理後會變硬，這種被稱為淚滴（tear）的樹脂塊，最常見的大顆約在 0.5 公分（1/4 吋），小顆則在 0.3 公分（1/8 吋）左右。這些淚滴的質地脆弱，有點像結晶體，破掉時，乳香淚滴會現出光亮的表面，很像石英片，還會釋放出淡淡的松樹香氣。它的風味初入口時是苦的，有點像礦物，咀嚼幾分鐘後，當質地開始變黏，顏色

轉成不透明的淺黃褐色，像是口香糖的樣子時，苦味就會變得不明顯了。即使嚼了 15 到 20 分鐘後，乳香脂會依然透出令人驚奇的清新風味，不像今天那種高度加味的口香糖，似乎幾分鐘就會失了味道。

運用在料理中時，乳香脂的主要功能雖在提供材料的口感，並當做黏合介質，但它在風味上還是有貢獻的。乳香脂樹也用來製作精油，方式是將葉和枝椏透過蒸餾的方式產生。不過，熟悉精油的廚師很少，因為精油主要是用來製作糖果、利口酒和藥品。

處理方式

乳香脂的製作仍然被嚴格控管，並且是在六月到九月之間進行的。製作過程最初由清洗開始，先將樹木根基周圍用白色高嶺土整憑，這個過程稱為「梳洗加色」（curring）。白色高嶺土中含有石灰石，可提高乾燥速度，對落在上面的乳香淚滴的清澈程度也有幫助。第一次割口，或稱為「傷害」（hurting），是在樹幹上劃出 10 到 20 道傷口，這一般都是在早晨進行，因為那是流出量最高的時候。傷口必須只能劃在樹皮上，不能傷及木材。當史得利歐向我們展示如何劃開樹皮時，我們看到在短短幾分鐘後，樹汁滴液就開始形成了，就像眼淚在眼角孕育，淚滴會緩緩滲出後滴下，有時候會形成鐘乳石樣的一灘，再掉到石灰土上。一季最多可以割100 道傷口，但是年輕的樹「傷害」不能太多，否則會影響日後的產出量。接下來的 10 到 20 天，當樹汁從割口流出來之後，就會開始凝結，很快形成珍珠狀的淚滴、小球形、甚至小水坑形狀的乳香樹汁，妝點著每棵樹下鋪著的獨特白色地毯。

之後把淚滴收集起來，首先會用一種叫做 timitiri 的特別工具將淚滴從樹幹上取下（如果繼續把這些淚滴留在樹上，就會氧化轉黃，產生較苦的口感）。然後從地上將乳香脂收集起來，淚滴放到木製的籮筐中，拿到屋子裡，在屋子中乳香脂會保持陰涼狀態，並進行分類，以便村裡面的女性在冬天過來進行清洗。在把黏附在上面的所有葉子和泥土篩掉之後，樹膠就會以冷肥皂水進行洗滌，徹底沖洗乾淨後，

乳香脂小提示

乳香淚滴利用研磨砵組，很容易就能磨成細細的白色粉末，不過請記得在加到料理之前再研磨成粉，否則磨好的乳香脂蠻容易就會重新結成淚滴狀，或是一大團。可以將乳香脂冰冷之後再磨，因為這樣質地會稍微脆一點。

如果你用來磨乳香脂的研磨砵組用完後結成了黏黏的、亮光漆一般的乳香脂層（就像我們家的在某個大熱天就變成這樣），可以放進冷凍庫中去冰幾個鐘頭，這樣就能把乳香脂的殘片剝掉了。

研磨好的乳香脂在脂肪和油脂中味道散發得最好，所以可以把磨成粉的淚滴加到加熱過的橄欖油中，這樣就能讓沙拉沾醬附著在沙拉上了。

香料生意中的旅行

我們第一次拜訪希臘的契歐斯島時，遇見了乳香脂種植者協會商業部的瑪麗亞，她給了我們深入的島嶼簡報，介紹了該島的歷史，以及乳香脂的神奇之處。拜訪一座還殘留著少許西元前 8 到 5 世紀建築廢墟的島嶼，讓人敬畏之心油然而生。殖民占據歷史以及施加在世界眾多人口上的不公暴政總是令人感到難過，而契歐斯島的居民幾百年來在許許多多侵略者的手上強忍著生活上的種種困境。

開車在島上四處逛，看到一林又一林的乳香脂，觸動了我在筆記本上寫下：「乳香脂是外表強韌的樹，生長力低，涵蓋範圍大，看起來比它真正的樹齡還老，原因是來自於它受到壓力、彎曲多瘤並受盡折磨的身軀和枝幹吧。樹的模樣不禁讓人覺得彷彿是一群老人走入了魔法森林後被變成了樹。

好幾世紀以來，契歐斯島上的住民忍受了許多無法為外人道的艱辛，所以當我們站在乳香脂樹面前，看著它流下的珍貴樹汁，滴滴如淚，彷彿見到了過去許許多多辛苦萬分、又受盡折磨的生命，化身為樹。細細凝視乳香脂樹，就如同在看契歐斯島上的歷歷往事，以及人類不屈不撓的堅持，受到傷害卻永不放棄，拚盡一切，最後終於倖存了下來。」

造訪契歐斯島，如果不去拜訪充滿歷史的乳香脂村莊就不算完整。我們大部分的時間都花在卡拉摩提（Kalamoti）附近，也到梅斯塔（Mesta）、皮爾吉（Pyrgi）、維沙（Vessa）以及利地（Lithi）狹窄的街道去走走。拜訪乳香脂村莊就等於走入時光長廊，安靜狹窄的街道（可別想要開車進村莊）兩旁是以黑白幾何圖案裝飾的美麗房屋，而紅艷艷的番茄則成串掛在牆上風乾，柔化了黑白帶來的對比。

在屋子裡面的袋子上攤開乾燥，乾了之後，用小刀把所有還殘留在上面的髒東西挖掉。在乳香脂村落裡，一整個冬天，大部分的時間都花在小心翼翼以手工清潔夏天的產出，準備販售。

乾淨的乳香脂分常三個主要的等級：特大（pitta）、大淚滴以及小淚滴。特大等級是由許多個淚滴結合成一個形成的；這個等級的塊頭最大，呈卵圓形，最大可達直徑 7.5 公分。大淚滴直徑尺寸大約從 0.6 到 1 公分（1/3 到 1/2 吋），小淚滴的直徑大約從 0.3 到 0.5 公分（1/8 到 1/4 吋），更小塊的則被歸類成粉級。所有沒有被清潔的剩餘品通常都被拿去蒸餾，用來製作香水和酒精飲料，像是乳香脂利口酒、希臘烏佐茴香酒（ouzo）以及土耳其拉克茴香酒（raki）。

購買與保存

乳香脂在希臘和中東的食品店以及食品專賣零售商處都能買到。最常見的包裝是 1 到 5 公克，因為它的價格昂貴，而食譜一次也只需要少量。淚滴可能很清澈，帶著淡淡的金色色調，就像印第安月光石。最佳的儲存地點是陰涼的地方，暴露在過熱的環境下，或是過久，都會讓乳香脂變得霧霧的，變了顏色，最後失掉風味。如果保存條件好，乳香脂最多可以放到 3 年以上。

應用

乳香脂的運用範圍極廣，從醫藥用途到功能性用途都有，其中包括了當作漆的穩定劑、亮光劑，特別是樂器的亮光漆。它早已被應用來製作芬芳的香皂、牙膏、殺蟲劑、電子隔絕料，以及輪胎。乳香（Frankincense）是由乳香脂和松脂（rosin）製作出來的，乳香脂能應用在皮革的鞣製、編織、以及養蜂等行業，但是最出彩的還是在料理的應用上。除了添加在口香糖和糖果糕點裡，乳香脂還是利口酒的材料之一。我們拜訪契歐斯島上一家濱水的酒吧時，他們甚至還端出了乳香脂莫希托雞尾酒（mojito）來招待！最優質也最道地的土耳其軟糖（Turkish delight）裡面會添加乳香脂，不少麵包、糕點、冰淇淋、甜布丁和杏仁蛋糕裡面的食譜裡面也會有它。雖說講究純正的人可能不同意，不過以乳香脂來代替幾乎買不到的蘭莖粉（salep，參見 655 頁）倒也是可以接受的。

乳香脂也被當做黏合介質使用，和油、檸檬汁以及香料一起配成塗層來塗抹傳統的土耳其旋轉烤肉（也稱為沙威瑪），相當於中東地區稱為「Greek gyros」的希臘旋轉烤肉。這種旋轉烤肉是把羊肩肉以摩洛哥綜合香料（ras el hanout）和乳香脂粉細火慢烤，讓肉質變得鮮美多汁。應用在甜品中時，會把乳香脂和一點點糖粉一起槌打，再混以成玫瑰花水或是橙花水；常用的比例是 1/4 茶匙（1 毫升）壓碎的乳香脂兌入 4 份的甜品中。

每茶匙重量（5ml）

● 整顆淚滴：2 公克

每 500 公克（1 磅）建議用量

● 紅肉：1/2 茶匙（2 毫升）磨成粉的淚滴
● 白肉：1/2 茶匙（2 毫升）磨成粉的淚滴
● 蔬菜：1/4 茶匙（1 毫升）磨成粉的淚滴
● 穀類和豆類：1/4 茶匙（1 毫升）磨成粉的淚滴
● 烘烤食物：1/4 茶匙（1 毫升）磨成粉的淚滴

蘆筍乳香脂夏日湯品
Asparagus and Mastic Summer Soup

這道蘆筍湯是夏日裡的開胃菜，非常可口，添加了乳香脂之後，讓原本已經令人垂涎的湯品口感更是滑潤如絲。

製作4小份

準備時間：
● **5 分鐘**

烹煮時間：
● **20 分鐘**

 提示 想讓湯品變得非常滑溜順口，在攪拌混合之後，用細目的篩網濾過，然後加入鮮奶油。

● 烘焙紙
● 果汁機

1 大匙	橄欖油	15 毫升
1 顆	小顆的洋蔥，切成細末	1 顆
1 茶匙	細海鹽	5 毫升
8 盎司	新鮮的蘆筍（3 到 4 小束）	250 公克
¼ 茶匙	研磨好的乳香脂	1 毫升
1 茶匙	橄欖油	5 毫升
½ 茶匙	乾燥的哈拉皮紐辣椒，研磨成粉，自行選用	2 毫升
1 杯	雞高湯	250 毫升
½ 杯	咖啡用鮮奶油（18% 脂肪）	125 毫升
些許	海鹽和現磨黑胡椒	些許

1. 煎鍋開小火，加熱 1 大匙（15 毫升）的油，加入切碎的洋蔥，用一張烘焙紙蓋在上面，往下壓一壓碎末（幫助出水）。煮12分鐘，直到洋蔥變得非常軟（小心別燒焦）。

2. 這同時，把一個大湯鍋的水煮滾，加入鹽和蘆筍，煮大概 2 分鐘，蘆筍剛變得軟軟脆脆即可。煮蘆筍的水保留 1/2 杯（125 毫升），將蘆筍瀝乾，把蘆筍 8 個最漂亮的筍尖切下來，放置一旁當做裝飾。

3. 在小碗中將乳香脂和 1 茶匙（5 毫升）的油攪拌均勻。

4. 把煮好的蘆筍、乳香脂油、炒好的洋蔥、留下來的煮蘆筍水、哈拉皮紐辣椒粉（如果要用的話）和雞高湯放到果汁機裡面混合，打成口感非常滑順的泥。回到鍋子上，把鮮奶油放進去攪拌，用鹽和胡椒調整鹹淡。如果要上熱湯，用小火稍微保持溫熱，不然就上冷湯，請用剛剛保留的蘆筍筍尖裝飾。

橙花冰淇淋
Orange Blossom Ice Cream

在埃及，橙花冰淇淋是一道珍饈。它獨特的天鵝絨般質地，以及美妙清新的風味是將乳香脂與橙花水混合後所產生的。特此感謝知名的料理書作者黛斯·馬樓斯（Tess Mallos）提供這份乳香脂食譜。

製作4人份

準備時間：
● 5 分鐘

烹煮時間：
● 1 小時，外加 1 天的冷凍時間

提示 如果你沒有冰淇淋機，可以將混合材料裝入氣密式容器中，放入冰箱冷凍到邊緣結成冰。將冰弄破，裝到碗裡。用電動攪拌器好好打勻，重新裝回氣密式容器中，然後放回冰箱再次冷凍。
超細砂糖（super fine sugar，糖霜粉 caster sugar）是顆粒非常細的砂糖，通常都是用於需要砂糖能快速溶解的食譜裡。如果商店裡面找不到，可以自己動手做。把食物處理機裝上金屬刀片，將砂糖打成非常細，質地像沙子一樣細緻的糖粉。

● **冰淇淋機（參見左側提示）**

¼ 茶匙	乳香淚滴，研磨成粉	1 毫升
½ 杯	超細砂糖（糖霜粉），分批使用（參見左側提示）	125 毫升
1½ 大匙	玉米粉	22 毫升
2 杯	全脂牛奶，分批使用	500 毫升
1¼ 杯	動物性鮮奶油或是打發的鮮奶油（含脂量 35%）	300 毫升
4 到 5 茶匙	橙花水	20 到 25毫升

1. 用一個小碗，將乳香脂粉和 1 大匙（15 毫升）的糖和玉米粉混合，把 1/2 杯（125 毫升）的牛奶放置一旁。

2. 湯鍋開中火，把剩下的牛奶和糖混合，將鮮奶油拌入，煮到幾乎要沸騰，大約要 8 到 12 分鐘。將事先準備好的玉米粉混合物攪拌一下，加到煎鍋裡，大約煮 30 分鐘，要不斷攪拌，直到湯汁變得濃稠，冒出泡泡。

3. 將鍋子放入注滿冷水的大碗中冷卻，要經常攪動，完全冷卻後，把橙花水拌入，並試試看味道。

4. 把混合材料倒進冰淇淋機裡，並根據機器所附的使用說明操作。

5. 把冰淇淋盛到氣密式容器中，冷凍 24 小時。食用之前，先拿到冷藏庫軟化 1 小時。

薄荷 Mint

Mentha（也稱為 *M. crispa*、*M. viridis*）

各國語言名稱

綠薄荷 Spearmint
- **法文**：baume vert, menthe verte
- **德文**：grün Minze
- **印度文**：podina、pudeena、pudina
- **印尼文**：daun kesom
- **義大利文**：mentastro verde
- **日文**：hakka
- **寮國文**：pak hom ho
- **馬來文**：daun kesom、pudina
- **西班牙文**：menta verde

胡椒薄荷／歐薄荷／辣薄荷 Peppermint
- **阿拉伯文**：naana
- **中文（國語）**：yang po ho
- **荷蘭文**：pepermunt
- **菲律賓文**：yerba buena
- **法文**：menthe anglaise
- **德文**：pfefferminze
- **義大利文**：menta pepe
- **日文**：seiyo hakka
- **馬來文**：pohok
- **葡萄牙文**：hortela
- **俄文**：myata
- **西班牙文**：hierbabuena
- **斯里蘭卡文**：meenchi
- **瑞典文**：pepparmynta
- **泰文**：bai saranae
- **越南文**：rau huong lui

科　　名：脣形科 Lamiaceae（舊稱脣形花科 Labiatae）

品　　種：綠薄荷／荷蘭薄荷（spearmint，學名：*M. spicata*、*M. crispa*、*M. viridis*）、胡椒薄荷（peppermint，學名：*M. piperita officinalis*）、科西嘉薄荷（Corsican mint，學名：*M. requienii*）、蘋果薄荷／芳香薄荷（apple mint，學名：*M. x rotundifolia*）、古龍水薄荷／檸檬薄荷（eau-de-cologne mint，學名：*M. x piperita f. citrata*）、脣萼薄荷／普列薄荷（pennyroyal，學名：*M. pulegium*）

別　　名：common mint（普通薄荷）、green mint（綠薄荷）、lamb mint（羊肉薄荷）、our-lady's-mint（仕女薄荷）、peamint（荷蘭薄荷）、sage of Bethlehem（伯利恒鼠尾草）、spire mint／spearmint（香薄荷／綠薄荷）；black Mitcham（黑色米察姆胡椒薄荷）、黑胡椒 mint（黑胡椒薄荷）、white peppermint／peppermint（白胡椒薄荷／胡椒薄荷）

中文別名：綠薄荷、香薄荷、荷蘭薄荷、青薄荷、香花菜、魚香菜

風味類型：濃香型

使用部位：葉（香草）

背後的故事

　　胡椒薄荷在英國似乎直到 17 世紀才為人所知，那時，這種薄荷被認為是水薄荷（watermint）和綠薄荷的雜交種。綠薄荷原生於舊大陸（譯註：哥倫布發現新大陸之前，歐洲所認識的世界，包括歐洲、亞洲和非洲）的溫帶地區，在羅馬神話中也曾提及。薄荷之名源自於一個美麗迷人的半神半人少女——蜜芙（Minthe），她的美貌讓普洛塞庇娜（Proserpina，冥王布魯托 Pluto 善妒的妻子）醋勁大

料理情報

可搭配
- 辣椒
- 芫荽（籽和葉）
- 孜然
- 馬鬱蘭
- 奧勒岡
- 巴西利
- 迷迭香
- 鼠尾草
- 風輪菜
- 百里香
- 薑黃
- 香草

傳統用法
- 燒烤的肉類，如雞肉、豬肉和小牛肉
- 新馬鈴薯以及豌豆拌奶油
- 番茄和茄子（少量）
- 沙拉醬料
- 清新爽口的冰沙（sorbets）
- 萊塔醬（raita 碎薄荷優格醬）
- 香草茶

調和香料
- 哈里薩綜合辣醬（harrisa paste mixes）
- 羊肉調味料
- 印度坦都里綜合香料（tandoori spice blends）
- 特製綜合香草調味料（special mixed herb blends）

發，將她變成了一種低下、受人踐踏的薄荷草。希波克拉底（Hippocrates）和迪奧斯科里德斯（Dioscorides）兩位都曾提到薄荷藥用的好處，而那時還是羅馬時期呢。薄荷是一種充滿香氣、能讓室內空氣清新美化的香草。在聖經裡，法利賽人（Pharisees）就拿薄荷、大茴香和孜然來納稅。薄荷的生長很茂盛，現在在世界許多溫帶地區的野地裡還能找到 25 種以上的薄荷。

綠薄荷和胡椒薄荷油是今日調味材料中最重要的其中幾種。在生活中，薄荷油的口味或風味總是以各種方式或型態被大家體驗著。話說回來，直到 18 世紀，胡椒薄荷和綠薄荷才在英國被大量種植——種植地點就在薩里郡（Surrey）米察姆（Mitcham）藥草園裡。在 1796 年之前，種在米察姆約 40 公頃（100 英畝）面積上的薄荷在倫敦以蒸餾法被提煉，萃取出大約 1350 公斤（3000 磅）的精油。這種胡椒薄荷的品種稱為「黑色米察姆」（Black Mitcham），是一個耐寒品種，產出的精油量比其他品種都來得高，所以依然是今天薄荷精油產業的主幹。

一個世紀之後，美國憑藉著企業化的行銷手法與大規模的生產能力，一躍成為薄荷精油產業的主力。美國產的薄荷精油等級高，保證沒有摻雜其他雜草與雜質，製作商一方面在操控種植者與原料價格的同時，也很聰明的進行了行銷。

薄荷精油產業經歷過無法想像的高點、價格的崩盤，以及在大多數開發中市場上明顯的起起伏伏，如投機買賣、專營以及不實的廣告等。而很多在當時都堅持面對無比艱辛環境的早期先驅，如果能見到今日消費者對於薄荷風味的喜愛，可能會安息得比較輕鬆些。

植株

薄荷家族裡品種系列龐大，這種情況是品種之間有頻繁雜交趨勢導致的。在所有品種中，以綠薄荷（spearmint）在功效上最為突出，也成為最受歡迎的料理香草。胡椒薄荷是醫藥上運用極廣的加味劑，而且也被用來為甜食增添風味，許多使口氣清香的產品中也會應用，不過，我不認為料理上會經常使用。

常見的**綠薄荷**有兩種形式：中綠到淺綠、窄葉、生長度低的經典品種（*Mentha spicata*），另外一種則是葉粗糙、有皺摺，圓葉的品種，在澳洲被稱為一般薄荷或花園薄荷（*M. viridis*），而且總是一成不變的長在有遮蔭的、離水龍頭滴水處不遠的地方。綠薄荷有種獨特的薄荷香氣，怡人的淡淡風味，味道不會太刺激、有溫暖的感覺，也不會有太多消毒水味。

胡椒薄荷的葉型比綠薄荷橢圓，葉色墨綠，有種近乎胡椒的辣味，並擁有明顯讓口氣清新、而且能殺菌的特質，這種薄荷嚐起來有香甜味巴薩米可醋的感覺，立刻就能產生潤喉糖的感覺。胡椒薄荷有兩種：「黑」胡椒薄荷（*M. spicata x piperita vulgaris*），有深色的莖，顏色近乎紫色，以及「白」胡椒薄荷（*M. x piperita officinalis*），莖是綠色。

其他品種

蘋果薄荷（Applemint，學名 *Mentha x rotundifolia*），也稱作鳳梨薄荷（pineapple mint）或毛茸薄荷（woolly mint），葉子有皺摺，有時還帶斑點，看起來與普通薄荷很相似，只是它覆蓋著薄絨毛，看起來柔軟且毛茸茸的。蘋果薄荷的風味與綠薄荷類似，但有一股淡淡的迷人青蘋果香，能替水果沙拉增色。**科西嘉薄荷**（Corsican mint，學名 *M. requienii*）的味道特徵與胡椒薄荷最接近，主要用來泡香草茶，而以蒸餾法提煉出來的萃取成分則可用來幫利口酒添加

風味。**古龍水薄荷／檸檬薄荷**（Eau-de-cologne mint，學名 *M. x piperita f. citrata*）植株較高，也比綠薄荷和胡椒薄荷直立性好，因觀賞價值而被種植，經過花園時如果碰撞到古龍水薄荷，薄荷便會散發出令人感覺清新的古龍水香味。此種薄荷一般並不用於料理，但也有廚師喜歡它香水般的香氣，而用於亞洲的菜式裡。**薑薄荷**（Ginger mint，學名 *M. x gracilis*）因為帶有淡淡的薑香氣而得名，和亞洲食物搭配很出色。**唇萼薄荷／普列薄荷**（Pennyroyal，學名 *M. pulegium*）生長力低、有覆地性，葉小，呈淺綠色。這種薄荷不能食用，不過放在狗毯之下，可以驅除跳蚤！

你可能還會聽到更多品種的名稱。**野薄荷／玉米薄荷**（Corn mint，學名 *M. arvensis*）略帶苦味。**水薄荷**（Water mint，學名 *M. aquatica*）的風味和胡椒薄荷類似。**日本薄荷**（Japanese peppermint，學名 *M. arvensis var. piperascens*）是另外一個口感類似胡椒薄荷的品種。**美國野薄荷**（American wild mint，學名 *M. arvensis var. villosa*）長於北美洲，薄荷的風味比大多數所謂的野薄荷淡。

越南香菜／越南薄荷（Vietnamese mint，學名 *Polygonum odoratum*）不是真正的薄荷，在越南香菜（參見 664 頁）中有更詳細的描述。**馬薄荷**（Horsemint，學名 *Monarda punctata*）和**草原狼薄荷**（coyote mint，學名 *Monardella villosa*）與大紅香蜂草（參見 119 頁）相關，多作為藥用，而非用於料理。

處理方式

食用以及製藥產業用的綠薄荷和胡椒薄荷精油都是以蒸餾方式萃取的。乾燥薄荷的製作方式和其他綠色香草葉的乾燥方式幾乎一樣：在溫暖、光線陰暗、溼度低的環境中讓水

香料生意中的旅行

我和麗姿曾去土耳其東南部拜訪，研究尼濟普鎮（Nizip）附近鹽膚木的生產製作，當時我們必須步行穿越一大片廣袤的薄荷田，才能到達種植鹽膚木的林區。我不得不想，這位半神半人的蜜芙到底有多迷人。新鮮薄荷的香氣隨著夏日暖暖的微風在空氣中飄蕩，讓人心醉神馳。

分脫除，直到含水量達到 10% 左右。

自家種植的薄荷以捆成束的方式，上下顛倒，吊掛在光線陰暗、通風良好並且乾燥的地方，直到葉子變得乾乾脆脆。你也可以用微波爐來乾燥，方法是把葉子放單層紙巾上，微波爐開到高，一次微波 20 秒，每次微波後檢查乾燥的程度。當葉子摸起來酥脆後，拿出來，換另外一批葉子，直到所有葉子都乾燥完畢。為了避免對微波爐的電磁管造成損害，每次微波時，除了葉子之外，還要在爐中放入 1/2 杯（125 毫升）的水，而杯子必須是可以安全微波的。

購買與保存

新鮮的薄荷葉在大多數的鮮品商店都可以買到，如果店家有光滑窄葉或是皺摺圓葉等品種可選，那就買前者，這種用於料理時，風味較佳。新鮮的薄荷葉如果整把放在水杯中，上面蓋個塑膠袋進冰箱冷藏，能夠保存得很好。每隔幾天換一次水，這樣新鮮的薄荷可以放到 2 個星期之久。

乾燥的薄荷販賣時，名稱通常只叫做「薄荷」，且葉子顏色大多為墨綠色，甚至近乎黑色。嚴格來說，這樣的薄荷應該稱為「碎」薄荷，因為葉子的塊狀相當小，大約是 0.3 公分左右（1/8 吋）——因為乾燥後把葉子從莖上捻下來時，

葉子往往就破了。品質優良的乾燥薄荷應該是深綠或是淺綠色的，但是看起來不能灰撲撲，或是沾染著淺黃色的莖。

市面上有時能買到土耳其的綠薄荷，這種薄荷是淺綠色的，而且口感和香氣都最明亮。乾燥薄荷保存的方式和其他乾燥香草一樣：裝入氣密式容器中，遠離溫度過高、光線太亮、或潮溼的場所，在這樣的條件下，乾燥的薄荷可以放到1年左右。

應用

胡椒薄荷在廚房中的應用遠比綠薄荷受限，只有少數的甜品，如薄荷冰淇淋會用到，它也可能被當成風味調味料加到烘焙食物，如巧克力蛋糕中。胡椒薄荷茶大概是所有香草飲品中最適合大眾飲用的口味了。這是一種口味迷人，又能讓人心情放鬆的茶，還具有幫助消化、祛除冬天小感冒的功能。

從另一方面來看，**綠薄荷**的應用就很廣泛。清淡、又充滿薄荷香氣的口味讓加了它的食物很有清爽的感覺。有些作者認為薄荷並不適合與其他香草一起使用；不過如果少量添加的話，我倒是看過它和百里香、鼠尾草、馬鬱蘭、奧勒岡和巴西利搭配出極佳的效果。很多人提起薄荷入菜，首先想到的就是烤羊排佐薄荷醬或薄荷凍。其實，薄荷還是雞肉、豬肉和小牛肉的好搭檔，撒在新馬鈴薯或薄奶油豌豆上也是極美味的。如果只用一點點量，它會和番茄、茄子很合味。沙拉和沙拉醬中如果加入少量薄荷，就會變得更加美味，而像冰涼小黃瓜湯以及新鮮水果沙拉等冷菜也一樣。傳統的薄荷威士卡（julep，譯註：白蘭地加上糖與薄荷）、薄荷甜酒（crème de menthe）以及許多酒精飲品，都是因為這不起眼的植物薄荷而有了自己的特色。

中東、摩洛哥、印度和亞洲的料理都因為食譜中添加了各種薄荷而更加美味，這些料理從葡萄葉包飯（stuffed vine leaves）、塔吉鍋、奶油雞，以及炒菜到由現磨椰子、咖哩葉、炒芥末籽以及辣椒製成的印度辣味酸甜醬（chutneys）都有，包羅極廣。我個人最喜歡的就是清涼的小黃瓜優格萊塔醬（碎薄荷優格醬，raita），辛辣的印度肉類菜餚如印度坦都里羊肉、雞肉以及肉丸（koftas）只要加一些就有畫龍點睛之效。

每茶匙重量（5ml）

- **揉碎的乾葉：** 1 公克

每 500 公克（1 磅）建議用量

- **紅肉：** 4 茶匙（20 毫升）切碎的鮮葉，1½ 茶匙（7 毫升）揉碎的乾葉
- **白肉：** 2 茶匙（10 毫升）切碎的鮮葉，3/4 茶匙（3 毫升）揉碎的乾葉
- **蔬菜：** 1 茶匙（5 毫升）切碎的鮮葉，1/4 茶匙（1 毫升）揉碎的乾葉
- **穀類和豆類：** 1 茶匙（5 毫升）切碎的鮮葉，1/4 茶匙（1 毫升）揉碎的乾葉
- **烘烤食物：** 1 茶匙（5 毫升）切碎的鮮葉，1/4 茶匙（1 毫升）揉碎的乾葉

薄荷醬汁 Mint Sauce

羊肉和薄荷是傳統的好搭檔。當我沒用摩洛哥或印度香料去蓋滿羊肉時，就愛採用老式作法，以薄荷醬搭配豌豆來烤羊腿，享受傳統好滋味。

製作約1/2杯
（125毫升）

準備時間：
- **10 分鐘，外加浸泡 30 分鐘**

烹煮時間：
- **無**

1 杯	輕壓成平杯的新鮮薄荷葉，切成細末	250 毫升
2 大匙	砂糖	30 毫升
3 大匙	沸騰的開水	45 毫升
2 到 3 大匙	白酒醋	30 到 45 毫升
些許	海鹽	些許

1. 在耐熱碗中加入薄荷、糖和沸騰的水，攪拌到糖溶解，在一旁放置 30 分鐘，讓薄荷出味。加入醋和鹽，試試鹹淡。這款醬汁裝進氣密式容器中，放到冰箱冷藏，最多可以放 3 天。

蒜味小黃瓜優格醬 Cacik

蒜味小黃瓜優格醬（卡稀克 Cacik）是土耳其相當於希臘小黃瓜優格醬（tzatziki）或印度碎薄荷優格醬（raita）的醬汁，由薄荷、優格和小黃瓜涼拌製作而成的清涼醬料。這種蒜味小黃瓜優格醬可以當成沾醬，也可以稀釋變成湯品，在炎熱的天氣下相當清爽提神。它是土耳其碎羊肉烤餅（188 頁）、茄子沙拉（524 頁）和塔布勒沙拉（476 頁）的絕佳搭配。

製作約1杯
（250毫升）

準備時間：
- **10 分鐘**

烹煮時間：
- **無**

提示 可以用 1½ 茶匙（7 毫升）的乾薄荷來取代新鮮薄荷。

½ 條	小黃瓜，大約 15 公分（6 吋）長	½ 條
1 杯	原味的希臘優格	250 毫升
1 瓣	蒜頭，切碎	1 瓣
½ 茶匙	細海鹽	2 毫升
1 大匙	新鮮薄荷葉，切成細末（參見左側提示）	15 毫升

1. 利用研磨盒來研磨小黃瓜，把磨好的小黃瓜放置到架著細目篩漏的碗上，在一旁放置 5 分鐘，把水分瀝乾。

2. 找個小碗，把準備好的小黃瓜、優格、蒜末、鹽巴和薄荷放進去攪拌，冰涼後上桌。最好在做好的同一天吃完。

變化版本

製作成湯： 可能會希望把步驟 1 中的小黃瓜磨得更細。把瀝水的步驟省略掉，在步驟 2 中倒入 1 杯（250 毫升）水，攪拌均勻。

薄荷巧克力慕絲 Mint Chocolate Mousse

巧克力和薄荷是一個美妙的組合，我很喜愛巧克力慕絲這種甜點的單純。這裡的胡椒薄荷萃取看起來量雖不多，但吃起來味道可是很濃厚的，你可別被愚弄了。慕絲做法簡單得難以想像，這也是招待客人前可以提前準備好的一道好東西。我喜歡用感覺並不搭配的雞尾酒杯或碗將這道甜點盛上桌。

製作4小份

準備時間：
● 5 分鐘

烹煮時間：
● 10 分鐘

提示 如果想慕絲的呈現看起來更讓人心動，上桌前可以配上一小枝薄荷、撒點可可粉或磨得很細的巧克力粉，在上面以打發的鮮奶油作裝飾也可以。

3½ 盎司	純度 70% 的巧克力，粗略的弄破	105 公克
1 大匙	奶油	15 毫升
¼ 茶匙	精純的胡椒薄荷萃取	1 毫升
3 顆	蛋，蛋白蛋黃分開，放置於室溫中	3 顆

1. 在一鍋水中放一個耐熱碗，開中火，加入巧克力、奶油和胡椒薄荷的萃取，把水煮到滾，然後熄火（此時還會有足夠的餘熱可以將巧克力融化）。
   把巧克力攪拌一兩次，讓它融化得更平均。巧克力一融化，就從爐上拿走，放置一旁。

2. 找一個碗，用電動打蛋器把蛋白打到變硬（打蛋棒拿起來，蛋白也會黏住掉不下來）。

3. 用刮刀把蛋黃拌入已經融化好的巧克力混合材料中，再把蛋白交疊拌入。作業時動作必須輕又快，好讓蛋白在拌入巧克力時能盡量保住最多的空氣和蓬鬆感。

4. 把慕絲分成 4 份或 4 杯（玻璃杯容量大約 125 公克 /4 盎司），蓋好，放入冰箱冷藏 6 個鐘頭或一夜。慕絲在冰箱中最多可以放 2 天。

芥末 Mustard

Brassica alba（也稱為 *Sinipas alba*）

各國語言名稱

- **阿拉伯文**：khardal abyad（黃）、khardal（黑）
- **中文（粵語）**：baahk gaai choi（黃）、gai lat、gaai choi（黑）
- **中文（國語）**：bai jie cai（黃）、hei jie zi（黑）
- **捷克文**：horcice bila（黃）、horcice cerna（黑）、horcice cerna sitinnvita（brown）
- **荷蘭文**：witte mosterd（黃）、zwarte mosterd（黑）
- **芬蘭文**：keltasinappi（黃）、mustasinappi（黑）
- **法文**：moutarde blanche（黃）、moutarde noire（黑）、moutarde de chine（brown）
- **德文**：weisser Senf（黃）、schwarzer Senf（黑）、indischer Senf（brown）
- **希臘文**：moustarda、sinapi agrio（黃）、sinapi mauro（黑）
- **印度文**：rai、sarson、lal sarsu、kimcea（黑）
- **印尼文**：biji sawi
- **義大利文**：senape bianca（黃）、senape nera（黑）
- **日文**：shiro-karashi（黃）、kuro-karashi（黑）
- **馬來文**：biji sawi（黑）

科　　名：	蕓薹科 Brassicaceae（舊稱十字花科 Cruciferae）
品　　種：	黃／白芥（菜）（Yellow/white mustard，學名：*Brassica alba*、*Sinipas alba*）、黑芥（菜）（black mustard，學名：*B. nigra*）、褐芥（菜）（brown mustard，學名：*B. juncea*）
別　　名：	中國芥菜／中國油菜（Chinese mustard）、印度芥（菜）（Indian mustard）、葉用芥菜（leaf mustard）、日本芥菜（mizuna mustard）、芥菜／褐芥（菜）（mustard greens/brown mustard）
中文別名：	（植株）芥菜、刈菜、芥子、芥子菜、小芥菜、大芥、油菜
風味類型：	辣味型
使用部位：	種子（香料）、葉（香草）

背後的故事

　　芥菜是人類最早認識的香草之一，從有歷史記錄以來就在使用了。它之所以受到喜愛是因為醫藥上的應用，內用時可做為興奮劑以及利尿劑，外敷時則用於一般性的肌肉酸痛

可搭配

- 多香果
- 小荳蔻
- 辣椒
- 肉桂
- 丁香
- 芫荽籽
- 孜然
- 葫蘆芭籽
- 南薑
- 薑
- 黑種草
- 紅椒粉
- 胡椒
- 八角
- 羅望子
- 薑黃

傳統用法

- 泡菜
- 印度咖哩
- 沙拉醬和美乃滋
- 香料醋
- 美式芥末（prepared mustard）
- 食用油

調和香料

- 咖哩粉
- 孟加拉五香（panch phoron）
- 泡菜用香料
- 肉類調味料
- 芥末粉
- 印度香辣豆湯粉（Sambar powder）

芥末 Mustard

紓解，古代的希臘人相當重視它，其中包括了西元前 5 世紀希臘的大哲學家畢達哥拉斯（Pythagoras），以及聞名遐邇的醫師希波克拉底（Hippocrates）。聖經中稱它為藥草之王。在西元前 334 年，波斯的大流士二世曾贈送亞歷山大大帝一袋芝麻，象徵他龐大的軍隊。而亞歷山大大帝則以芥菜籽回贈，暗示他的軍隊不僅人數眾多，而且力量和精力都很強大。在羅馬時期，芥菜籽芥末籽被用來當做調味料，被直接撒在食物上，用法就和胡椒一樣；而近代，它的葉子還常被當做蔬菜食用。今天，芥菜葉在亞洲料理中是很常用的，也是美國南部諸州重要的烹飪食材之一。

西元 812 年，法蘭克王國、西方之皇的查理曼大帝（Charlemagne）曾明令芥菜必須種在中歐的帝國農場中。當時，法國人在巴黎附近女修道院裡土地上種植芥菜，作為收入來源。在活化酶的效力被人稱許之後，芥末就變成一種基本材料，拿來進行更多複雜的調製，因此就出現了芥末蜂蜜、芥末醋、芥末葡萄醪（grape must，成熟葡萄製作的未發酵葡萄汁），並開始流行了起來。因此，有個理論說

各國語言名稱

- **葡萄牙文**：mostarda branca（黃）、mostarda preta（黑）
- **俄文**：gorchitsa belaya（黃）、gorchitsa chyornaya（黑）
- **西班牙文**：mostaza silvestre（黃）、mostaza negra（黑）、mostaza de la india（brown）
- **斯里蘭卡文**：abba
- **瑞典文**：vitsenap（黃）、svartsenap（黑）、brunsenap（brown）
- **泰文**：mastart
- **土耳其文**：beyaz hardal tohum（黃）、kara hardal（黑）
- **越南文**：bach gioi tu（黃）、hac gioi（黑）

mustard 這個名稱是從拉丁字 *mustum* 的 must（必須），
與拉丁字 *ardens*，意思是 hot（辣）的字衍生得來，好像也
說得通。

芥菜是由羅馬人引介到英國去的，在 13 世紀，巴黎醋
的製造商人被賦與了可製作芥末的權力，到 18 世紀前，英
國和法國都對製作芥末的方式加以改良，使之完美。法國方
面是在材料中增添了龍蒿、洋菇、松露、香檳酒，甚至香草。
而英國人針對的則是把心和外殼分離的各種方式，以便製造
出其中經常會含有麵粉和薑黃的超細芥末粉。這個動作讓芥
末製造業的業績因為做出能讓大眾買得到的美味調味品而成
長，而這也讓有時似乎總是沒完沒了的平淡蔬菜與加鹽的肉
料理增添了風味和樂趣。

香料生意中的旅行

　　幾年前，我們到印度的古吉拉特邦（Gujarat）去研究種子香料。當時我們看到有頭牛拖著車在一堆看起來像稻草的東西上繞圈圈。靠近之後，我們看到這頭牛和他的駕夫正在把褐芥菜籽（Brassica juncea）打下來，而那些含著種子的芥菜籽莢雖然已經完全長成了，但是還未成熟。趁這個時候採收是為了避免在收集時造成損壞，因而損失許多種子。在收割之後，芥菜「草堆」被綁成一束束，堆疊在一起乾燥，之後再將其鋪在地面上，用牛車碾壓過去，把深褐色的種子釋放出來。而另外一邊則有 3 個年輕的男人手持直徑約有 2 公尺（6 又 1/2 吋）的巨大篩子，他們人站在閃閃發亮、高度已經到達小腿肚的褐芥菜籽堆中。這些年輕的小伙子們臉上全掛著笑容，好像每天深深樂在工作之中。

植株

　　所有的芥菜都屬於之前的十字花科（現在稱為蕓薹科 Brassicaceae），之所以得此名是因為這種形態的花瓣看起來就像希臘的十字架。白 / 或黃芥菜生長期最短，可以長到大約 1 公尺（3 呎），而且有明顯的多毛外表。長度為 2.5 到 5 公分（1 到 2 吋）的籽莢形狀很鮮明，就像鳥嘴一樣，裡面大約有 6 顆黃色的種子。芥菜的葉是淺綠色、質地柔軟，葉形分裂，艷黃色的花相當大朵。而黃芥菜籽——我如此稱呼是因對這些種子是偏乳白的黃色，而非純白色，種子的直徑大約 3 公釐（1/8 吋），是芥末三大類（mustard triumvirate）中風味最溫和的。黃芥菜籽的外殼在顯微鏡下看孔洞很多，具很高的吸水特質，所以種子便是古代形式的矽膠吸溼器，而現在則被廣泛的用作化學製劑以及電子類產品的乾燥劑。

　　所有的芥菜籽在整顆時並沒有明顯的香氣。事實上，就算是被研磨成粉，香氣也幾乎不會釋放。芥菜籽中含有一種酵素，名為芥子酶（myrosinase），正是這種酵素讓芥末產生典型又辣又嗆的強烈口味，然而，不接觸到液體，它是不會被激化的。完全發揮出來的芥末辣味是衝、刺激，有嗆味的辣感——會直衝到鼻子後部，掃過鼻腔，讓眼睛流出淚水。不過，並非所有的芥末醬都是辣的（參見下面的「處理方式」一節），只是就算是溫和的芥末在口味上還是強烈、不甜、滑順、令人愉悅的。

芥末油

芥末油（Mustard oil）這種食材經常可以在印度的食譜中看到，它是以冷壓萃取法製作的。由於以冷壓法提煉，所以其中的酵素並未被激化，也就是說，就傳統上而言，這種油並不辣，它使用的方式和其他料理用的烹飪油是一樣的。

不過，澳洲一家企業化的製造商仰迪拉芥菜籽油企業（Yandilla Mustard Seed Oil Enterprises）也生產一種會辣的芥末油。他們在進行冷壓榨油之前會先把芥菜籽浸泡在水裡，這樣一來就能生產出帶有微微辛辣味的芥末油，這種油拿來煮咖哩或是做亞洲的炒菜最好不過。

在美國，美國食品藥物管理局（FDA）特別指出，芥末油僅能作為外用，因為這種油裡面含有高濃度的芥酸（erucic acid），而實驗室研究指出，這對老鼠有影響。不過，現在尚未有證據證明這種物質對人體有害。

其他品種

對於芥菜籽，大家還是有相當程度的混淆，這是因為作為料理用的芥菜有三類：白／黃芥菜、黑芥菜和褐芥菜。除此之外，還有兩種親緣關係相當接近的植物——中國油菜（field mustard，學名：*Brassica rapa*）和油菜／甘藍型油菜（rape，學名：*B. napus*），這兩種的種子也會以冷壓的方式來製作成烹飪用的芥花油。

黑芥菜／黑芥／黑芥末（Black mustard，學名：*B. nigra*）植株高，外表平滑，葉形如長矛，高度在 2 到 3 公尺（6 到 9 呎）左右。黑芥菜開黃花，外表看來和黃芥菜的花類似，但是花朵較小。黑芥菜的籽莢是直立、光滑的，長度約 2 公分（3/4 吋），裡面約有 12 顆左右暗紅褐到近乎黑色的種子，直徑約 1 公分。黑芥菜籽的味道比黃芥菜籽濃烈。

褐芥菜／褐芥／褐芥末（Brown mustard，學名：*B. juncea*）植株大小和黑芥菜類似，不過，它的葉子較大，也較橢圓。開淡黃色的花，籽莢約 2.5 到 5 公分（1 到 2 吋）。褐芥菜籽的外表看起來幾乎和黑芥菜籽一模一樣，只是當酵素被激化後，它的濃烈度大約只有黑芥菜籽的 70%。

黃芥菜／黃芥／黃芥末（Yellow mustard，學名：*B. alba*）的辣度幾乎和黑或褐芥菜籽一樣，不過比較沒有那種深沉、堅果的濃味，所以印度料理比較愛用。黃芥菜籽傳統上是用來製作英式芥末醬及芥末泡菜的。

中國油菜（field mustard，學名：*Brassica rapa*）和**油菜／甘藍型油菜**（rape，學名：*B. napus*），通常被稱作油菜，英文是「canola」，一般用來製作烹飪用冷壓芥花油（譯註：即一般市售的芥花油）和加工食品。它們的菜籽一般並不會被作為料理用的香料。

（譯註：我們在台灣常吃的芥菜、小芥菜是葉用芥菜的品種，多作為葉菜與醃製用。）

處理方式

芥菜籽需要在籽莢完全長成、但尚未成熟時採收，因為籽莢很容易爆開。黑芥菜尤其難以機器採收，所以在許多國家便以味道濃烈度略淡的褐色品種取代，褐芥菜的籽莢比較不會那麼容易受損。芥菜在收割後，芥菜「草堆」被綁成一束束，堆疊在一起乾燥，之後再將菜籽脫落。芥末粉是將黃、黑和棕三色的菜籽放在一起磨，去殼（分別或合在一起去殼）

之後，再用細目篩漏去篩過。有時候會在裡面加入澱粉和顏色，以達到想要的風味和外觀。市場上也有一種去辣的芥末粉是食品製造業用來製作溫和，但不會熱辣的芥末風味感的。製作方式是將菜籽以特定的溼度和溫度整治過，讓裡面的酵素芥子酶不要被激化。

芥末醬，也就是裝在瓶罐裡面的醬，製作時先把芥菜籽（芥末籽）放在冷水中浸泡，將裡面的酵素激化後，再加入酸性的液體，如醋、白酒或酸果汁（未成熟果實的果汁，大多是酸葡萄汁），加酸會抑制或停止酵素作用，讓醬停留在想要的辣度。黑和褐芥菜籽所含的葡萄糖苷（glucosides）和黃芥菜籽的不同，所以這些化合物和芥子酶的作用就更強烈了，這正是為什麼製作辣的芥末醬喜歡使用這些芥菜籽的原因。不過，話說回來，不同酸性水在酵素上引發的效果對於芥末醬最終辣度的影響程度，更高於使用的芥菜籽種類。水會產生劇烈的辣感，醋產生的風味溫和而濃烈，酒則是強烈、辛辣的口感，而啤酒則是極辣的風味。即使是使用了水來製作辣的芥末醬，還是應該加醋，這樣混合材料才能達到正確的辣度。這種酸不會破壞由酵素激發出來的揮發油，而且也能避免芥末醬因為時間久而品質變差。

芥末 Mustard

購買與保存

黃芥菜籽在市面上能買到，相比之下整顆的黑芥菜籽就比較稀少了，這是因為大規模的種植已經被棕色品種取代。不過即使是專家也難分辨兩者之間的差異。當食譜上表明需要黑芥菜籽時，改用褐芥菜籽也是能夠被接受的。

製作芥末粉會先將殼從菜籽上除去，接著研磨去了殼的菜籽，然後再度放進細篩漏中篩過。這種粉最適合用來製作辣的芥末醬。只要在芥末粉中加入一點點冷水，15分鐘後，混合材料就會變辣。研磨黃芥菜籽時會整顆帶殼磨，因為帶著殼，所以會有很好的吸水特質。

芥菜籽和芥末粉應該裝入氣密式容器中保存，遠離溫度過高、光線太亮、或潮溼的場所。整顆籽可以保存3年以上，而芥末粉大約可以放1到2年。

市售的芥末醬種類繁多，從工廠大量生產到精品專賣、自家手工品牌都有。最好不要買內容物已經開始有分離跡象的

每茶匙重量（5ml）

- **整粒未磨籽**：4.5 公克
- **研磨成粉**：2.6 公克

每 500 公克（1 磅）
建議用量

- **紅肉**：4 匙（20 毫升）
  籽，1 大匙（15 毫升）
  粉
- **白肉**：4 匙（20 毫升）
  籽，1 大匙（15 毫升）
  粉
- **蔬菜**：2 到 3 茶匙（10
  到 15 毫升）籽、1½
  茶匙（7 毫升）粉
- **穀類和豆類**：2 到 3
  茶匙（10 到 15 毫升）
  籽、1½ 茶匙（7 毫升）
  粉
- **烘烤食物**：2 茶匙（10
  毫升）籽、1½ 茶匙（7
  毫升）粉

芥末醬罐。如果醋浮到了表面，就是放久的跡象，這個產品可能已經過了它的最佳保存期。品質優良的芥末醬開瓶後不需冷藏，因為芥末有天然的微生物抑制特質，所以不太會發霉。

不過，芥末醬放到冰箱冷藏還是可以保存得久些，由於有些芥末製造商採用的製程不同，所以請遵循標籤上的說明保存。

應用

整粒的芥菜籽／芥末籽是製作泡菜混合香料與由種子混合而成的孟加拉五香（panch phoron）的重要材料。蒸蔬菜，例如高麗菜時，如果添加整粒的芥菜籽，就會有堅果的口感。在製作咖哩前用油爆香時，芥菜籽會釋放出一種美味的堅果味，而且就算沒有加辣（酵素也尚未被激化），也會帶出一點微微的辣感。在南印度菜系中，先將芥菜籽、咖哩葉、孜然粒、和阿魏（asafetida）用油炒香是一種常見作法，之後在菜上桌前，再把這美味的調合香料加進去，這個步驟稱為「回香」（tempering）。（芥菜籽進油鍋後，必須儘快把鍋蓋蓋上，以免它蹦出鍋外，在廚房各處亂跳。）

芥末粉不可以直接用醋調，因為這樣一來酵素就會死掉，產生苦味。調芥末醬時，芥末粉一定要先加冷水（不能用熱水，熱水一樣會殺死酵素）。如果想調製可以上桌使用的芥末醬，芥末粉先混合冷水，嚐嚐味道，然後放置一旁 15分鐘，讓辣度發出來。請依照當天所需的量來調製，因為第二天辣度就會不見。把芥末粉和水調製的醬加到油醋沙拉調味醬汁中是值得一試的作法，因為其中保留的殼具有吸水特質，可以作為乳化劑使用，可以讓混合材料在 10 分鐘內不分離，搖晃之後還可以維持更久。

還可以將 2 茶匙（10 毫升）的褐芥菜籽加上紅椒粉、鹽膚木、奧勒岡各 1 大匙，另加些許鹽調味，做成燒烤紅肉時上好的塗料。在製作美味烤肉的同時，這種抹料還能產生可口的副產品，也就是鍋底肉汁，濃郁、色黑、味道飽滿。

而味道比較溫和的芥末醬可以取代奶油或乳瑪琳，成為三明治的理想塗料。芥末醬裡面幾乎沒有脂肪，而且味道讓三明治典型的材料更加出色。

顆粒芥末醬
Whole-Grain Mustard

自己動手做芥末醬其實相當簡單，如果拿來當做調味品或是餽贈親朋好友的禮物，那就更值得了。這道食譜製作的是風味飽滿、有著實料口感的芥末醬，可作為搭配肉類，或是當做燒烤牛肉或羊肉時的外層塗料。你可以試著自己變化香料的用量，或是添加更多材料進去，例如辣椒或日晒番茄乾。

芥末 Mustard

製作約1/2杯		
（125毫升）		

準備時間：

● **10 分鐘**

烹煮時間：

● **10 分鐘，外加 1 到 2 週熟成時間**

- - - - - - - - - - - - - - -

提示 如果這款芥末醬做好之後味道衝又帶著苦味，請別太驚訝，它需要放上 1 個星期，風味才能完全展現。

芥末醬放 1、2 個星期後如果變得太稀，可以把更多芥菜籽敲碎，放進去和所有材料一起再次研磨，這樣一來多餘的水氣就會被吸收，接著再放回冷藏即可。

- - - - - - - - - - - - - - -

● 研磨砵和杵

1 大匙	黃芥菜籽	15 毫升
1 大匙	褐芥菜籽	15 毫升
½ 茶匙	綠色胡椒粒	2 毫升
¼ 茶匙	印度藏茴香籽（ajowan seeds）	1 毫升
¼ 茶匙	細海鹽	1 毫升
4 顆	多香果莓果	4 顆
¼ 茶匙	赤砂紅糖，壓實	1 毫升
½ 茶匙	乾龍蒿（tarragon）	2 毫升
¼ 杯	紅酒醋	60 毫升

1. 用研磨砵組，或是乾淨的香料或咖啡研磨器，將黃、褐兩種芥菜籽、胡椒粒、印度藏茴香籽、鹽和多香果一起放進去打。打到變成粗粒狀（要確定大多數的芥菜籽都已經破掉，這樣才能吸水並被製成可用湯匙計量的混合材料）。

   加入紅糖和龍蒿，混合均勻，把醋加進來，好好攪拌大約 3 分鐘，直到成為乳化狀。裝到消毒好的氣密式容器中，並放在涼爽、光線陰暗的地方約 1 個星期，讓風味形成。這樣的芥末醬放入冰箱冷藏，可以保存到 1 個月。

印度多薩脆薄餅 Dosa

我參加父母親的印度香料發現之旅時，三餐中最期待的就是早餐了，這得歸功於旅館自助式早餐餐廳提供的神奇印度脆薄餅，多薩（dosa）。香氣四溢的脆煎餅中塞進了以香料調味的馬鈴薯，上面再加優格，形成了天堂般的組合，而這款薄餅也已經成為我們家喜愛的早午餐了。根據傳統，多薩餅的麵糊裡包含了研磨好並發酵的過的小扁豆和米，不過我自己改製的這個版本做起來更快，也一樣好吃。

製作6人份

準備時間：

15 分鐘

烹煮時間：

1 小時 20 分鐘

提示 Ghee 是一種印度料理常用的澄清奶油。如果你手上沒有，可以用等量的奶油或是無水奶油來代替。

鷹嘴豆粉（chickpea flour）也稱作雞嘴豆粉（gram flour）或雞豆粉（besan flour），亞洲和印度市場或健康食品店都能找到。

● **烤箱預熱到攝氏 180 度（華氏 350 度）**

餡料

2 磅	白馬鈴薯（約 6 大顆）	1 公斤
1 大匙	印度澄清奶油（ghee，參見左側提示）	15 毫升
½ 顆	洋蔥，切片	½ 顆
1 大匙	現磨薑末	15 毫升
1 根	綠色辣椒，切片	1 根
1 茶匙	褐芥菜籽	5 毫升
1 茶匙	孜然粒	5 毫升
½ 茶匙	薑黃粉	2 毫升
½ 茶匙	葫蘆巴籽	2 毫升
¼ 杯	新鮮咖哩葉	60 毫升
些許	海鹽和現磨黑胡椒	些許

麵糊

1½ 杯	鷹嘴豆粉（參見左側提示）	375 毫升
½ 杯	在來米粉（rice flour）	125 毫升
1½ 茶匙	褐芥菜籽	7 毫升
1 茶匙	黑種草籽（nigella seeds）	5 毫升
1 撮	細海鹽	1 撮
1¾ 杯	水	425 毫升
2 大匙	原味優格	30 毫升
1 到 2 大匙	油	15到30毫升

裝飾

1 杯	原味優格	250 毫升
2 大匙	新鮮薄荷葉切碎	30 毫升
1 杯	新鮮芫荽葉，輕壓成平杯	250 毫升
適量	印度芒果辣味酸甜醬（Mango chutney）	適量

1. **餡料：**用叉子把整顆馬鈴薯戳一戳，在預熱好的烤箱中烤1個鐘頭，直到軟透。從烤箱拿出來，放置一旁待涼，直到能進一步處理為止。把皮剝掉，在碗中把馬鈴薯壓爛（應該會變成一大團泥）。

2. 中式炒菜鍋或大煎鍋開中大火，把澄清奶油融化，加入洋蔥、薑、辣椒、芥菜籽、孜然、薑黃和葫蘆巴，炒5分鐘，要一直攪拌，直到洋蔥變軟，香料散發香氣。加入馬鈴薯和咖哩葉，混合均勻，用鹽和黑胡椒調味，試試鹹淡。離火，置於一旁。

3. **麵糊：**在碗中將鷹嘴豆粉、在來米粉、芥菜籽、黑種草籽和鹽混合，在量杯中將水和優格打一打。在粉狀材料中心挖一個洞，把優格混合水倒進去，攪拌到麵糊滑順為止（會非常稀）。

4. 在大煎鍋或烤盤上加熱1大匙（15毫升）的油，熱到油微微發亮。用杓子把一湯匙的麵糊倒進鍋子裡，立刻把鍋傾斜、旋轉，讓麵糊能覆蓋最大的鍋面，而麵糊也盡可能的薄，每一面煎2到3分鐘，直到麵皮餅變脆。把煎好的餅皮裝到稍後要上桌的隔熱大盤上，上面用鋁箔覆蓋，放入有熱度的烤箱中。重複上述步驟把所有麵糊都處理完，需要的話可加入更多油。

5. 在要上桌的小碗裡，將優格和薄荷混合一下。

6. 要上菜時，重新把馬鈴薯加熱到滾燙，和煎餅、薄荷優格、芫荽、印度辣味酸甜醬一起上桌，吃的時候，大家可以自己動手。

變化版本

如果想要嘗試另外一種蔬菜版本，可以用500公克（1磅）的蒸花椰菜來取代馬鈴薯。把花椰菜和1杯（250毫升）切碎的印度家常起司（paneer cheese）一起粗壓成泥即可。

提示 馬鈴薯和煎餅混合材料可以在前一天做好，放冰箱冷藏一夜。

芥末 Mustard

香桃木 Myrtle

Myrtus communis

科　　名：桃金孃科 Myrtaceae

品　　種：鐵仔（cape myrtle，學名：*Myrsine africana*，也稱為 *M. retusa*）、香楊梅／沼澤香桃木（bog myrtle，學名：*Myrica gale*，也稱為 *M. palustris*）、毛楊梅（box myrtle，學名：*Myrica nagi*，也稱為 *M. integrifolia*）、蠟果楊梅（wax myrtle，學名：*Myrica cerifera*，也稱為 *M. mexicana*）

別　　名：common myrtle（香桃木）、Corsican pepper（科西嘉島胡椒）、sweet myrtle（細葉香桃木）、sweet gale（香楊梅／甜大風）、true myrtle（真正香桃木）

中文別名：細葉香桃木、香桃金孃、甜香桃木、綠香桃木、香葉樹

風味類型：濃香型

使用部位：葉、枝和花（香料）

背後的故事

　　香桃木原生於南歐、北非和西亞，在地中海一帶野生，聖經中也常提起它。在希臘神話中，它是愛神阿芙蘿黛提（Aphrodite）的聖花，這也說明了它為什麼有春藥（aphrodisiac）之名。由於與愛情與女性的誘惑相關，所以香桃木被放進了以色列新娘的婚禮花束裡。香桃木也與忠誠和不朽有關連。在亞洲某些地方，它乾燥、被磨成粉末的葉會被放進嬰兒用的爽身粉裡。在地中海地區，香桃木的莓果會被用來增添紅酒的風味；現在則偏向於在甜點與某些利口酒的配方中使用。

植株

乍看之下，常綠的香桃木並不會讓人聯想到能用於料理。這些大型灌木或小型喬木的葉長得很密集、有光澤、具蠟質，長度約 2.5 到 5 公分（1 到 2 吋），開動人白花，為數豐富的雄蕊有如海葵般迸出，看起來唯一的作用似乎只有觀賞。葉中的苦澀味以及莓果中如松般的杜松子與迷迭香香氣會在花謝之後形成，這意謂著在傳統用法中，這種香草在調味上的作用有限。不要把香桃木和觀賞用樹木紫薇（crepe myrtle，學名：*Lagerstroemea indica*）或是檸檬香桃木（lemon myrtle，學名：*Backhousia citriodora*）弄混，後者在第 355 到 357 頁中有介紹。

其他品種

在這裡提到的所有香桃木品種，味道特徵都很類似，而且在食物中的應用方式大致相同。**鐵子**（Cape myrtle，學名：*Myrsine africana*）生長在喜瑪拉雅山上，從北非到遠東都能見到它，果實新鮮或乾燥後都能食用，而裡面的籽就和許多小小的黑色種子一樣，被用來混充黑胡椒。這個品種多作為藥用。

香楊梅／沼澤香桃木（bog myrtle，學名：*Myrica gale*）是落葉灌木，可以長到 1.2 公尺（4 呎）高，葉型由粗漸細，和毛楊梅類似。它也被稱為「甜大風」（sweet gale），孕婦禁用，因為據報導會導致流產。從西歐到斯堪的那維亞，到北美洲都有發現。葉和莓果可以用來增添鹹味食物的風味。它的枝椏在英格蘭的約克夏郡被用來製造啤酒，生產的啤酒稱為「杏楊梅啤酒」（gale beer）。

毛楊梅（box myrtle，學名：*Myrica nagi*）比其他種類的香桃木都更甜也更酸，果實大多鮮吃。**蠟果楊梅**（wax myrtle，學名：*Myrica cerifera*）也被稱為「楊梅野肉桂」（bayberry wild cinnamon）。它的莓果有一層蠟質外皮，必須放進滾水後才能去除，這些蠟質隨後會被收集起來製造蠟燭，做出來的蠟燭在燃燒時會釋放出一種清新，類似松樹的清香。不要和香葉多香果（barberry，學名：*Berberis vulgaris*，參見第 100 頁）搞混了，香葉多香果這種果實酸酸甜甜，香味撲鼻，在波斯料理中會用到。

處理方式

香桃木的葉子用和乾燥月桂葉或泰國酸柑葉一樣的方式來乾燥並不難,把現採的葉子以單層方式攤在多孔洞的紙上,放在溫暖、光線陰暗、溼度低的地方,當葉子摸起來乾乾脆脆,有如皮革般柔韌的感覺也不見時,就是可以保存起來供日後使用的時候了。成熟的莓果最好在太陽下乾燥,因為以直接的熱度曝晒有助於去除皮革般外皮中的溼度。

購買與保存

枝、葉和莓果是香桃木植物最常被使用的部位,由於在食品商處買不到,所以值得在家自己種。種植時要挑選排水良好、肥沃度適中的土壤,陽光要充足。成束的新鮮香桃木葉以夾鍊袋收好放入冷凍庫可以保存 3 個月。

乾燥的香桃木葉和顏色為深紫到黑色的莓果可以在某些專門的香料店買到,型態可能是整顆或是壓碎成粗顆粒。保存在氣密式容器中,遠離溫度過高、光線太亮、或潮溼的場所。

應用

由於具有苦味,香桃木在烹煮後很少會和食物一起上桌,使用時不是把肉包裹在帶葉的枝椏中,不然就是把葉子塞入家禽類的腹中再進去烤。有些香桃木葉可以和月桂葉一樣放進砂鍋中煮,不過我建議上桌之前把它拿掉。

在中東,花謝之後結出來的果實有時候會在成熟時被食用,而乾燥好的莓果也會因為風味和溫和的酸味被添加到食物中。在義大利,甜甜的新鮮花朵放在沙拉中頗受到喜愛,花的味道嚐起來類似橙花。不過,香桃木還是以作為燃燒用的木材最受到歡迎,當香桃木被用來當做柴火燒烤肉類時,食物上會被薰上一種芬芳的煙燻味,開胃得不得了。

而香水、肥皂和皮膚保養品廠商使用的香桃木精油是以香桃木的樹皮、葉子和花蒸餾得來的,一種稱為 *eau d'ange* 的淡香水是利用花朵製成的。

每茶匙重量(5ml)

- **整片平均大小的鮮葉:**
  0.5 公克

**每 500 公克(1 磅)
建議用量**
煮好後拿掉

- **紅肉:**10 片葉
- **白肉:**5 片葉
- **蔬菜:**2 顆莓果
- **穀類和豆類:**2 顆莓果
- **烘烤食物:**2 顆莓果

香桃木燉帶骨小牛腱
Veal Osso Bucco with Myrtle

Osso bucco 是切片的帶骨小牛腱，慢燉非常美味。骨髓在烹煮的時候會融入湯汁中，讓料理增添更豐厚的美妙口感。在這裡，香桃木為牛腱注入如松般的溫柔香氣，可以平衡厚重的感覺。可以配上烤馬鈴薯或馬鈴薯泥一起上桌。

製作4人份

準備時間：
● **10 分鐘**

烹煮時間：
● **1 小時 45 分鐘**

 提示 牛腱肉（Veal shank）是牛的下腿部位，切的時候通常是不帶突骨的，就和羊膝一樣（lamb shanks）。牛腱肉切成 5 公分（2 吋）厚度以文火慢燉最佳。

● **烤箱預熱到攝氏 160 度（華氏 325 度）**

1 大匙	中筋麵粉	15 毫升
些許	鹽和現磨黑胡椒	些許
4 塊	帶骨小牛腱，切成 5 公分（2 吋）厚（參見左側提示）	4 塊
1 大匙	奶油	15 毫升
1 大匙	橄欖油	15 毫升
1 顆	洋蔥，切絲	1 顆
1 杯	白酒	250 毫升
1 杯	牛高湯	250 毫升
3 枝	新鮮的香桃木葉	3 枝

1. 用夾鏈袋把麵粉、鹽和胡椒混合好，試試鹹淡。把帶骨牛腱放進去，輕輕滾動，讓粉把肉完全包覆。

2. 找一個能進烤箱的厚底大鍋，鑄鐵鍋也行，開中大火加熱奶油和油。把牛腱加進去，每一面煎 2、3 分鐘，直到變成焦黃色。盛在盤子上，放置一旁。

3. 同樣一個鍋子開中火，放入洋蔥炒 5 分鐘，直到顏色轉成透明。加入酒和高湯，煮 1 分鐘，要攪拌一下。熄火，在洋蔥上撒上香桃木葉，再把剛剛煎過的牛腱肉放到葉子上。用緊密的鍋蓋蓋緊，在預熱好的烤箱中烤 1.5 個鐘頭，直到肉軟透。烘烤時間到一半時，要掀開翻面一次。

4. 上桌前，把香桃木葉子丟掉。將牛腱平均分配到各個盤子裡，上桌前先淋上一湯匙的洋蔥醬汁。

黑種草 Nigella

Nigella sativa

各國語言名稱

- **阿拉伯文**：habbet as-suda
- **中文（粵語）**：hak jung chou
- **中文（國語）**：hei zhong cao
- **捷克文**：cerny kmin
- **丹麥文**：sortkommen
- **荷蘭文**：nigelle
- **芬蘭文**：ryytineito、sipulinsiemen
- **法文**：cheveux de Vénus、nigelle
- **德文**：Zwiebelsame、Nigella、Schwarzkummel
- **希臘文**：melanthion
- **匈牙利文**：feketekomeny
- **印度文**：kolonji、kalanji、kalonji
- **印尼文**：jinten hitam
- **義大利文**：nigella、grano nero
- **日文**：nigera
- **馬來文**：jintan hitam
- **葡萄牙文**：nigela、cominho preto
- **俄文**：nigella、chernushka
- **西班牙文**：neguilla、pasionara
- **瑞典文**：svartkummin
- **泰文**：thian dam
- **土耳其文**：corek out、siyah kimyon

科　　名：毛茛科 Ranunculaceae

別　　名：charnushka（黑子草）、kalonji（黑色小茴香）、devil-in-the- bush（灌木叢惡魔）、love-in-a-mist（*N. damascena* 霧之戀）、black cumin（黑孜然）或 wild onion seeds（野洋蔥籽，誤稱）

中文別名：黑香芹、黑孜然、黑籽

風味類型：激香型

使用部位：種子（香料）

背後的故事

　　雖說黑種草現在埃及、中東和印度有大量栽種，但卻是原生於西亞和南歐。史上對黑種草的紀錄很少，但是古代的亞洲藥草家對它的藥用特質卻早有認識，古代的羅馬人料理時會用它，而早期開荒者將它帶到了美洲，並將把它的種子當成胡椒調味用。黑種草在名稱上一片混亂，例如在印度，它偶而會被稱作「黑孜然籽」。它和真正的黑孜然籽（true black cumin

可搭配

- 多香果
- 小荳蔻
- 辣椒
- 肉桂
- 丁香
- 芫荽籽
- 孜然
- 茴香籽
- 葫蘆芭籽
- 南薑
- 薑
- 芥末
- 紅椒粉
- 胡椒
- 八角
- 羅望子
- 薑黃

傳統用法

- 土耳其麵包和印度饢餅（naan）
- 鹹味餅乾
- 咖哩

調和香料

- 孟加拉五香（panch phoron）
- 咖哩粉

seed，學名：*Bunium persicum*）不僅是完全不同的香料，味道也截然不同。黑種草還常被稱作「黑洋蔥籽」或「野洋蔥籽」，這些不當名稱的錯用讓事實更加錯亂，在實體上真正的洋蔥（*Allium cepa*）籽和黑種草籽雖然相似，但是幾乎沒有風味，而且通常僅作為芽菜之用。為了能反應這一點，我相信食譜中使用洋蔥籽當做材料的地方，應該大部分都是要使用黑種草來烹飪才是。我曾經讀過，在法國的烹飪中，黑種草被稱作法式綜合四辛香（quatre épices），這一點倒是很奇怪，因為法式綜合四辛香是四種香料的混合（白胡椒、肉荳蔻、薑和丁香），傳統上是製作醃製肉，如培根、火腿、香腸、肉醬（pâtés）、以及熟食店中的法式醬糜（terrines，參見第 756 頁）。黑種草精油用於治療，使用的是讓人摸不著邊的名稱「黑籽油」（blackseed oil）。

植株

料理用的黑種草是直立的一年生植物，毛茛科（Ranunculaceae）成員，也是一種觀賞用植物「霧之戀」（love-in-a-mist，學名：*Nigella damascena*）的近親。黑種草外觀沒那麼動人。它植株高 30 到 60 公分（12 到 24 吋），灰綠色的葉細長如線，開藍色或白色的五瓣花，橫面大約有 2.5 公分（1 吋），中央會長出一些外表尖尖長長的膠囊，類似罌粟花的種子頭。每個膠囊又可分出 5 個可孕育種子的空間，上面冠以突出的明顯直刺，膠囊成熟後會爆開，散出霧黑色的細小種子，而每一顆有稜有角的淚滴型種子長度約 3 公釐（1/8 吋），中心成乳白色。這些種子偶而會和黑芝麻（black sesame，學名：*Sesamum orientale*）混淆，或被充當成黑芝麻。黑種草籽散發出來的香味很少，不過風味強烈得令人愉快，蠻像胡蘿蔔的。它有堅果味，帶著明顯的金屬感，久久不散、如胡椒般辛辣，令人喉嚨發乾。

其他品種

霧之戀（*Nigella damascena*），又叫做「灌木叢惡魔」，原因是它開花時外表像個大釘子。這品種屬於觀賞用一年生植物，也是毛茛科成員之一。藍色的花由深到淺都有，種植

- **整粒未磨籽**：3.7 公克

每 500 公克（1 磅）建議用量

- **紅肉**：4 茶匙（20 毫升）籽
- **白肉**：4 茶匙（20 毫升）籽
- **蔬菜**：2 到 3 茶匙（10 到 15 毫升）
- **穀類和豆類**：2 到 3 茶匙（10 到 15 毫升）
- **烘烤食物**：2 茶匙（10 毫升）

在多年生花卉旁邊特別動人，只是看起來彷彿灌木林裡居住了眾多放肆的藍色小惡魔！雖說霧之戀的種子據知並無毒，不過，通常是不會用於料理中的。

處理方式

黑種草的籽囊必須在它已經成熟，但尚未有機會爆開，散出種子之前採收。在進一步乾燥後，籽莢會被脫粒，取出裡面的種子；之後種子會被篩過，清除裡面所有還留著的籽殼。

購買與保存

黑種草籽最好整顆購買，顏色應該漆黑有如煤炭，因為它的價格比黑芝麻低，所以應該不會錯買成黑芝麻混充品，但是反過來倒是較常發生。沒清理過的品質不良品，目視就能看出，因為裡面會夾雜從籽莢帶來的淺色片狀物。黑種草籽整顆時相當穩定，裝入氣密式容器中放在陰涼乾燥的地方，風味可以保存到 3 年。

應用

由於黑種草的味道和碳水化合物非常合味，所以土耳其麵包和印度饢餅中常可見到。黑種草是印度 / 孟加拉（panch phoron，參見 748 頁）五香的基本材料之一，其他幾種則是孜然、甜茴香、葫蘆巴和芥末籽。孟加拉五香和另外一種碳水化合物馬鈴薯搭配也很合味。用一點點油把這些籽輕輕烤或炒過，再加到料理中比較能把其中的堅果味帶出來，並減少裡面一些金屬味。黑種草的料理方式中，我最喜歡的其中之一就是綜合香料餅乾（Spiced Cocktail Biscuits，參見 422 頁）。

辣炒花椰菜
Spicy Fried Cauliflower

這道美妙的配菜就裹在孟加拉五香裡。孟加拉五香這個由種子香料搭配出來的誘人組合跟蔬菜配合特別出色。

製作2人份

準備時間：
- **10 分鐘**

烹煮時間：
- **15 分鐘**

提示 Ghee 是一種印度料理中使用的澄清奶油。如果你手上沒有，可以用等量的無鹽奶油或是油來代替。

----

1 大匙	澄清奶油（參見左側提示）	15 毫升
1 茶匙	孟加拉五香（參見 748 頁）	5 毫升
1 瓣	大瓣的蒜頭，剁碎	1 瓣
1 大匙	現磨的薑末	15 毫升
½ 茶匙	薑黃粉	2 毫升
½ 茶匙	細海鹽	2 毫升
½ 茶匙	印度馬薩拉綜合香料（garam masala，參見 735 頁）	2 毫升
1 顆	花椰菜（大約 400 公克 /14 盎司），切成小朵花	1 顆
¼ 杯	水	60 毫升

1. 用中式炒菜鍋或大的煎鍋，以小火加熱澄清奶油，加入孟加拉五香去炒，偶而要翻動一下，大約炒 2 分鐘，直到顏色變成淺金褐色。把蒜頭和薑加進去，再炒 1 分鐘，直到變軟。加入薑黃、鹽、馬薩拉綜合香料和花椰菜，好好攪拌，讓菜裹上香料粉。把水倒進去煮，要經常攪拌直到花椰菜變軟，大約 5 到 7 分鐘。

雞尾酒香料餅乾
Spiced Cocktail Biscuits

我爸媽的香料事業香草家（Herbie's）開始後不久，我媽媽就開始做這種餅乾了，這款餅乾已經成為我家的愛，而且在許多香料鑑賞班的課程中也小有名聲。這款餅乾配上餐前酒是最完美的搭配組合，我們似乎從沒看過它有剩餘！

製作25塊餅乾

準備時間：
- 5分鐘

烹煮時間：
- 20分鐘，外加45分鐘的冷卻時間

- 擀麵棍
- 2個襯有防油紙的烤盤

分量	材料	毫升
1¼ 杯	中筋麵粉，多準備一些，擀麵團時用	300 毫升
2 茶匙	摩洛哥綜合香料（ras el hanout spice，參見 757 頁）	10 毫升
⅓ 杯	奶油	75 毫升
¾ 杯	長期熟成的切達起司削絲	175 毫升
2 茶匙	印度藏茴香（ajowan）籽	10 毫升
1 茶匙	黑種草籽	5 毫升
1 顆	大顆的蛋黃（或兩顆小的蛋黃），輕輕打散	1 顆
適量	水	適量

1. 找一個大碗，把麵粉和摩洛哥綜合香料混合好。用手指頭把奶油揉進麵粉裡，直到麵粉變得像麵包屑。加入切達起司、印度藏茴香和黑種草籽，混合攪拌。加入蛋黃，攪到變成結實的麵團，需要的話，加點水。拿出來放到撒了麵粉的檯面上，開始輕輕揉動，直到麵團變得光滑。用保潔膜把麵團包好，放入冰箱冷藏30分鐘。

2. 在撒了麵粉的乾淨平台上，將麵團擀成3公釐（1/8 吋）厚。用刀子把麵團切成4公分（1又1/2 吋）長的條狀，然後對角斜切，兩邊都切，切出菱形（喜歡的話，也可以用餅乾切模來切）。放到準備好的烤盤上，放入冰箱冷藏15分鐘。

3. 烤箱預熱到攝氏190度，華氏375度。烤15到20分鐘，直到冒泡，並變成金黃色。在烤盤上放2到3分鐘，等它涼，之後再拿到網架上去完全放涼。餅乾裝在氣密式容器中，可以放到1個星期。

肉豆蔻和肉豆蔻衣 Nutmeg & Mace

Myristica fragrans Houtt.（也稱為 *M. officinalis*、*M. moschata*、*M. aromatica*、*M. amboinesis*）

各國語言名稱

肉豆蔻 nutmeg

- 阿拉伯文：basbasa
- 緬甸文：zalipho thi
- 中文（粵語）：dauh kau syuh
- 中文（國語）：dou kou shu
- 捷克文：muskatovy orech
- 丹麥文：muskatnod
- 荷蘭文：notemuskaat
- 芬蘭文：muskottipahkin
- 法文：muscade noix
- 德文：Muskatnuss
- 希臘文：moschokarido
- 匈牙利文：szerecsendio
- 印度文：jaiphal
- 印尼文：pala
- 義大利文：noce moscata
- 日文：nikuzuku
- 馬來文：buah pala
- 挪威文：muskatnott
- 葡萄牙文：noz-moscada
- 俄文：oryekh-muskatny
- 斯里蘭卡文：sadikka
- 西班牙文：nuez moscada
- 瑞典文：muskot
- 泰文：chan thet
- 土耳其文：hindistancevizi
- 越南文：dau khau

科	名：	肉豆蔻科 Myristicaceae

品　　種：馬卡剎肉豆蔻（Papua nutmeg，學名：*M. argentia*）

別　　名：muskat（馬斯卡特，印尼文）、muskatnuss（馬斯卡特那，肉荳蔻 nutmeg）；nutmace（肉荳蔻衣 mace）

中文別名：肉蔻、肉果、玉果、麻醉果

風味類型：甜香型（肉荳蔻）、激香型（肉荳蔻衣）

使用部位：核果和假種皮（香料）、果肉（水果）

背後的故事

　　肉荳蔻原生於印尼群島中的班達群島（Banda Islands），也稱作摩鹿加群島（Moluccas），或是名氣更大的香料群島。這種香料早在西元年開始之前就已經傳到中國、亞洲和印度了，在西元 500 年之前，也傳到了地中海沿岸。十字軍東征時，它往北傳入歐洲，所以 13 世紀之前，它的用途已經被廣泛了解了。在 16 世紀，香料交易相當繁盛。葡萄牙、西班牙、和荷蘭都致力於這個行動，也冒著巨大的風險去保護珍貴的物資，並將其運入歐洲。今天光看肉荳蔻那毫不起眼的樣子，

■ 中文（粵語）：yuhk dauh kau
■ 中文（國語）：rou dou kou
■ 捷克文：muskatovy kvet
■ 丹麥文：muskatblomme
■ 荷蘭文：foelie
■ 芬蘭文：muskottikukka
■ 法文：macis
■ 德文：Muskatblute、Macis
■ 匈牙利文：szerecsendio virag
■ 印度文：jaffatry、javatri、tavitri
■ 印尼文：sekar pala
■ 義大利文：mazza
■ 日文：nikuzuku
■ 馬來文：kembang pala
■ 葡萄牙文：macis
■ 俄文：muskatnyi tsvet
■ 西班牙文：macis
■ 瑞典文：muskotblomma
■ 泰文：dok chand
■ 土耳其文：besbase

實在很難想像它曾經對全球經濟造成的巨大影響，也在 15 到 17 世紀間，激起各國的探索航程之旅。這種獨特的情況是地理關係造成的。肉豆蔻樹只長在印尼班達海域（Banda Sea）的安汶（Ambon）和附近幾個島嶼上，世界上其他地方並不知道，當時，肉豆蔻以及丁香（參見 216 頁）都被列在追捧度最高的香料之列。由於想要控制市場的慾望太過強烈，荷蘭東印度公司，或稱為聯合東印度公司（Vereenigde Oostindische Compagnie，簡稱 VOC），便建立屬於自己的武力，以極其殘忍的暴力行動來對付當地居民，確保自己的金錢利益。而 17 世紀之前，荷蘭失去他們對於安汶的控制力，自然也失去對肉豆蔻這厚利來源的取得權，而肉豆蔻則是滋養荷蘭黃金年代的主要收入來源。荷蘭人決心奪回對生產肉豆蔻諸島的控制權，在一個絕對可以稱得上千年來最大土地交易案中，新阿姆斯特丹（New Amsterdam，譯註：17 世紀荷蘭人在今日紐約曼哈頓島成立的殖民地，曾是新尼德蘭／荷蘭殖民政府所在地）總督彼得·斯特伊維桑特（Peter Stuyvesant）和英國簽訂條約，以曼哈頓島交換印尼摩鹿加群島中的幾個島嶼。

不過，故事還沒有結束。那時一般認為，肉豆蔻出了原生地國就無法成功生長，而所有試圖把這種香料種在香料群島之外，或是偷賣出去的人都會被處以死刑。即使如此，從 1750 年到 1800 年代早期，還是有許多人前仆後繼想打破肉豆蔻和丁香這種交易上的箝制。這些冒險犯難的企業主其中最成功的是一位強悍無畏的法國人，名叫皮耶·波伊維禾（Pierre Poivre，英文繞口令 Peter Piper 的主角）。他是法蘭西大島（Île-de-France，現稱為模里西斯 Mauritius）一地

香料筆記

我第一次被肉豆蔻的神奇吸引是在拜訪一座當地人稱為「香料花園」的香料種植農場，農場位於在印度南部的印度喀拉拉邦（Kerala）。我很幸運，剛好能看到一棵成熟的肉豆蔻（在當時的季節要找到成熟的作物還算有點早）。農夫把果實切開，亮亮溼溼的血紅色肉豆蔻衣閃出光來，美到令人屏息！肉豆蔻衣是將養分從果實傳輸到種子去的胎座，它黏附在肉豆蔻的殼內，就像一隻手，手指頭緊緊握住，沒留什麼空隙來顯示它在深褐色的脆殼上的位置。

的行政主管。在經過數次嘗試後，他想辦法從摩鹿加群島走私了一些肉荳蔻和丁香種苗出去，並成功在模里西斯島種活了少量的樹。結果，肉荳蔻和丁香的種植場便在法國的留尼旺（Réunion）島建立了起來，雖說種植的成功程度不同，但是也證明這些樹在大部分的熱帶地區都能生長。現在許多東南亞國家、以及印度和斯里蘭卡都種植了肉荳蔻，而加勒比海的格瑞那達島（island of Grenada）種出了一些品質最優良的肉荳蔻。

植株

在所有香甜型香料中，味道最強烈的就屬肉荳蔻（nutmeg）了，而系出同門，但是知名度稍低的激香型香料則是肉荳蔻衣（mace）。雖說這兩種在風味上有類似之處，但是使用的方式相當不同，應該要以不同的個別香料來看待。

肉荳蔻和肉荳蔻衣的植物學名都一樣是 *Myristica fragrans Houtt*。兩種都來自於一種熱帶常綠木，高度可達 7 到 10 公尺（23 到 33 呎）。葉面光亮顏色暗綠，而葉背則是淺綠色。肉荳蔻樹分雌雄株，只要一棵雄株就足以讓 10 棵雌株授粉（也就是能結果），所以將不需要的雄株挑掉是必要的動作。不過，樹的性別不到 5 歲左右是難以辨別的，肉荳蔻樹大約在 15 年左右才成熟，會一直產果到大約 40 歲。

肉荳蔻最早只原生於印尼的摩鹿加群島，現在世界上大部分種植香料的熱帶國家幾乎都有種植。肉荳蔻的果實看起來像是結實的黃色油桃，事實上連形狀都一樣。不幸的是，它不像油桃那麼美味，而是帶酸味，有相當強烈的味道。當地人用果實裡的果肉來製作泡菜，有時候還會用鹽和糖醃起來，當做滋味濃烈的果子來吃。肉荳蔻衣是果實的假種皮（胎座），包著肉荳蔻仁，而肉荳蔻（仁）則是被又脆又硬的殼包在裡面的種子。

將整顆肉荳蔻對切，含油的紋脈就會顯露出來，是對稱的深淺褐色花紋。肉荳蔻的揮發油和肉荳蔻衣裡面含有少量的肉豆蔻精（myristicin）和欖香素（elemicin），有麻醉作用及毒性；因此這些香料絕對不可過量食用。

可搭配

肉荳蔻粒
- 多香果
- 小荳蔻
- 桂皮
- 肉桂
- 丁香
- 芫荽籽
- 薑
- 香草

肉荳蔻衣
- 丁香
- 紅椒粉
- 胡椒

傳統用法

肉荳蔻粒
- 煮熟的小南瓜拌奶油
- 小南瓜和馬鈴薯（烘烤前）
- 肉醬和法式肉麋
- 煮熟的菠菜
- 起司醬汁
- 牛奶和米布丁
- 甜味、香料蛋糕
- 餅乾

肉荳蔻衣
- 海鮮（水煮或炒之前）
- 清蒸貝類的湯汁
- 小牛肉醬汁，肉麋
- 魚肉派

調和香料

肉荳蔻粒
- 綜合香料
- 南瓜派香料
- 法式綜合四辛香
- 略甜、濃郁的咖哩

肉荳蔻衣
- 泡菜用香料
- 摩洛哥綜合香料
- 海鮮辛香抹料

N

肉豆蔻和肉豆蔻衣 Nutmeg & Mace

其他品種

馬卡剎肉豆蔻（Papua nutmegs，學名：*Myristica argentia*）來自於西巴布亞省（West Papua）。和 *M. fragrans* 品種相比，外型比較細長，風味也比較淡，所以一般認為它品質較差。馬卡剎肉豆蔻經常被磨成粉出售，希望這樣消費者就不會注意到之間的差別。

處理方式

肉荳蔻

肉荳蔻果實收取的方式是以一支尾端掛刺的長竹竿將果實移位，當摘果人可以摸到樹上的果實並將它摘下來時，會用像籃子的一端將肉荳蔻接住。果實被切開後，就會把肉荳蔻衣從肉荳蔻的殼上剝除。不過有時候，肉荳蔻會直接連殼在陽光下乾燥，肉荳蔻衣也仍然依附在殼上。肉荳蔻一旦乾掉，裡面的籽在平滑的外殼中就會喀喀作響，殼上會有痕，那是肉荳蔻衣曾經包覆在上面的痕跡。在印尼、印度以及很多其他產肉荳蔻的國家，肉荳蔻常常是帶著這種脆脆的外殼賣的。不過在大部分的西方市場上，你只買得到那暗褐色、硬硬的，上面有皺紋的肉荳蔻內仁，這意味著仁已經從無滋無味的殼中被取出來了。這個就是我們認識並喜愛的肉荳蔻香料，散發著獨特的強烈風味與香氣。

數百年，甚至千年來，肉荳蔻一直是被摻假的對象，原因常是很實際的理由；高品質的帶殼肉荳蔻含油量很高，所以用市面上的香料研磨器來研磨時，常會黏成一團。在一些特別極端的例子裡，研磨出來甚至是泥漿一樣的東西，而不是粉狀。為了讓某些處理器克服這種過油的狀況，最簡單的方式就是加入一些澱粉來吸收多餘的油脂，不過，這樣一來，這些澱粉和研磨好的肉荳蔻實際上就無法區分了。

我在印度遇過一位英國的香料商人，他告訴我，他們會把一整袋的整顆肉荳蔻放在外頭過夜。到了早晨，肉荳蔻會結凍，在那種易碎的酥脆狀態，肉荳蔻就可以用研磨器研磨，一點問題也沒有。現在，很多香料研磨的方式不是將原料冷凍後再經過香料研磨器研磨（稱之為低溫研磨 cryogenic grinding），就是採用另一種更經濟的方式，把研磨器的研磨頭用液態氮冷卻，減少研磨時因為摩擦產生熱度而造成的

單片肉荳蔻衣

揮發油損失。由於肉荳蔻的含油量實在很高，所以即使研磨後風味依然能維持得很好，所以肉荳蔻粉應該是研磨包裝後，味道嚐起來和現磨品幾乎一樣好的香料之一。

肉荳蔻衣

肉荳蔻衣從核果上剝下來後，會被攤開，放在陽光下晒乾，在乾燥過程中，皮剛剝下後那水亮亮的漂亮外觀就會消失，皮會稍微縮水，而且因為接觸到外面的空氣氧化而變得暗沉無光。放在陽光下晒個1、2天後，這皮就會乾燥完成，變成沒有光澤的橘紅色優質肉荳蔻乾皮。

當皮在上述這種整張皮，或是稍微撕開的狀態時，它就是在食譜書中提到的「單片肉荳蔻衣」（blade mace）。

處理和包裝乾燥的單片肉荳蔻衣時必須小心，不然很容易就會破成小木片般的大小。

購買與保存

肉荳蔻

購買肉荳蔻時要知道，品質的差異可能非常大。整顆的肉荳蔻如果儲藏時間過久——這常會發生，特別是如果農夫認為價格還會上揚時——就會開始乾掉，失去部分的揮發油。而從那時起，乾掉的肉荳蔻容易被蟲咬，留下一個個小鑽洞，這種肉荳蔻在業界被稱為「BWP」（有破損、被蟲咬過的、鬆軟的），研磨後會變成淺褐色的乾粉，沒什麼風味。

BWP就算是整顆的形式，在肉荳蔻研磨器中研磨也是沒用的，因為這些肉荳蔻會破掉，產不出我們預期的均勻、

香料生意中的旅行

杏料群島在世界的歷史上扮演了舉足輕重的角色，特別是在香料交易上，所以我和麗姿跟隨著香料商人的腳步拜訪香料群島，也只是時間早晚的問題而已。即使是在 21 世紀，這些歷史上著名的島嶼依然很難到達。所以，當我們發現自己從安汶島到班達群島的班達內拉島（Banda Neira）搭的是 12 艙的雙桅船時，不禁覺得很幸運。我們拜訪了聞名的亞比火山（volcano of Gunung Api）之後往北航行，越過赤道，抵達丁香之島提多雷（Tidore）和特爾那特（Ternate）。

就在我們出發前，我把這趟行程告訴了我 90 高齡的老母親，她提醒我，我那住在西澳西北部布魯姆（Broome）的珍珠大王外祖父正好也是在 100 年前造訪了班達群島。她挖出一本破破爛爛的家族老相簿，裡面就有一張亞比火山的照片。你可以想像，當我們在我外祖父之後的 100 年，航行到這座當年他拍下照片的巍峨火山前，我有多麼激動。這座火山上次最近的噴發是 1988 年，所以當我們登上火山頂時，風貌已經不同——有一側已經被噴掉了。

這趟旅行的亮點之一就是探索那遙遠的香料之島愛依（Ai），這個寧靜祥和的地方居民很友善。當我們站在仇恨古堡的廢墟中，看著殘留的地牢遺跡和鏽蝕的加農砲被叢林占滿，實在很難想像在這裡曾經發生的衝突，以及這島嶼之前漫長的 5 個世紀在經濟上的重要性。

肉荳蔻衣的替代品

如果你的食譜裡要用到肉荳蔻衣，而你手上沒有，合理的替代品是用四分之一（或更少）量的肉荳蔻，混合等比例的芫荽籽。

帶著溼氣，又芳香的刨片。

不論是整顆或是研磨的肉荳蔻都應該裝入氣密式容器中保存，遠離溫度過高、光線太亮、或潮溼的場所。整顆的肉荳蔻至少可以放 3 年，而研磨成粉的肉荳蔻風味則可以保存 1 年多一點。

肉荳蔻衣

最常見到的肉荳蔻衣形式是研磨粉，整張的肉荳蔻衣，也被稱為「單片肉荳蔻衣」並不常見。如果你在賣現成食物的地方或超市見到，可能也已經注意到，它的賣價遠高於肉荳蔻。這是有道理的，想想看，一顆肉荳蔻果實只能取得少量的肉荳蔻衣：大約是 0.5 公克的皮相對於 3 公克的肉荳蔻。

研磨後的肉荳蔻衣就和研磨後的肉荳蔻一樣，應該要裝在氣密式容器中，遠離溫度過高、光線太亮、或潮溼的場所。研磨後的肉荳蔻衣大約可以保存 1 年，用相同的方式保存的單片肉荳蔻衣，大約可以放到 3 年。

應用

肉荳蔻

　　為了取得最佳風味，很多人喜歡要用肉荳蔻時才現磨（和胡椒一樣）。肉荳蔻的研磨器能把整顆的肉荳蔻削成碎末，或許值得購入，不然，你也可以用廚房最細的研磨器來磨，只是你的手指頭必須很小心！

　　肉荳蔻溫暖、芬芳、飽和的風味和許多種類的食物都非常搭配，雖說它在特質上主要屬於甜香味，不過通常只要少量添加即可。肉荳蔻在傳統的舊式食物中用得很多，如米布丁、牛奶奶昔上也會撒上一點。曾幾何時，在西方國家每一家賣牛奶、賣糖果飲料的小店櫃檯上都擺著一瓶子肉荳蔻粉讓客人自行撒用，這種作法就好像今天讓你在濃縮咖啡上撒上巧克力粉或肉桂粉一樣。很多餅乾蛋糕裡也都放了肉荳蔻，荷蘭有一道滋味非常美妙的肉荳蔻蛋糕食譜（參見 431 頁），不用懷疑，這絕對是因為荷蘭和肉荳蔻的故鄉印尼之間那份緊密的關連。

　　肉荳蔻配上微波料理的蔬菜，特別是根莖類蔬菜，或是蒸煮的馬鈴薯、胡蘿蔔或小南瓜都是很美味的，只要在蔬菜煮好後，放入奶油和肉荳蔻拌一拌就好。另一個受到大家喜愛的作法則是煮好的菠菜以肉荳蔻調味，肉荳蔻濃濃的甜香似乎能中和菠菜多少有的金屬口感。

肉荳蔻衣

　　肉荳蔻衣的風味和肉荳蔻類似，不過，感覺更加細膩，也多少覺得更清新、輕盈，香味沒那麼濃烈，所以加到像海鮮這樣的鹹味菜，以及以醬汁增加風味的肉類菜，如雞肉和小牛肉相當理想。肉荳蔻衣和碳水化合物，如義大利麵也很合味。

　　單片肉荳蔻衣使用時是整片用，把味道浸泡出來融入菜餚，例如貝類清湯裡，不會有研磨的肉荳蔻衣那種小顆粒。雖說單片肉荳蔻衣在上桌前大多會拿掉，不過某些印度米飯菜色中也會保留，方式就和把添加的肉桂碎片、整粒丁香和小荳蔻莢留在菜裡一樣。肉荳蔻衣更常見的是研磨好的形式，這時不需要久煮，因為研磨好的粉粒很快就會把味道釋放出來。

每茶匙重量（5ml）

肉荳蔻
- 整粒肉荳蔻仁平均：3.8 公克
- 肉荳蔻研磨粉：3 公克

肉荳蔻衣
- 單片：0.5 公克
- 肉荳蔻衣研磨粉：2.3 公克

每 500 公克（1 磅）建議用量

肉荳蔻
- 紅肉：2 茶匙（10 毫升）研磨粉
- 白肉：1½ 茶匙（7 毫升）研磨粉
- 蔬菜：1 茶匙（5 毫升）研磨粉
- 穀類和豆類：1 茶匙（5 毫升）研磨粉
- 烘烤食物：1 茶匙（5 毫升）研磨粉

肉荳蔻衣
- 紅肉：1½ 茶匙（7 毫升）研磨粉
- 白肉：1 茶匙（5 毫升）研磨粉
- 蔬菜：3/4 茶匙（3 毫升）研磨粉
- 穀類和豆類：3/4 茶匙（3 毫升）研磨粉
- 烘烤食物：3/4 茶匙（3 毫升）研磨粉

法式龍蝦濃湯
Lobster Bisques

這道豪華的湯品在場合特殊的晚宴上再完美不過。肉荳蔻衣是海鮮類菜餚的傳統用料之一，就如同這道湯品；它強烈的氣味正好平衡龍蝦和鮮奶油的濃厚感。

製作4人份

準備時間：
- 15 分鐘

烹煮時間：
- 45 分鐘

● 一般果汁機或手持攪拌器

2 尾	去頭的帶殼龍蝦	2 尾
1 大匙	奶油	15 毫升
1 大匙	油	15 毫升
2 顆	紅蔥頭，切末	2 顆
2 顆	番茄，切碎	2 顆
1 顆	檸檬，現壓汁	1 顆
2 張	單片肉荳蔻衣	2 張
2 大匙	干邑白蘭地（Cognac）	30 毫升
3 杯	魚或蔬菜高湯	750 毫升
1 片	月桂葉	1 片
1 枝	新鮮巴西利	1 枝
1 茶匙	新鮮的龍蒿葉，切碎	5 毫升
3 大匙	鮮奶油（含脂量35%）	45 毫升
些許	鹽和現磨黑胡椒	些許

1. 用一把銳利的刀或料理用剪刀，將龍蝦下身縱向切開。把肉挖出來，放置一旁備用。

2. 大的厚底平底鍋開中火，加熱奶油和油。倒入龍蝦殼和紅蔥頭，炒3分鐘，直到蔥頭軟化，顏色變成焦黃色。加入番茄、檸檬汁、肉荳蔻衣和干邑白蘭地，繼續煮1到2分鐘，直到酒精揮發掉。把高湯倒入，加入月桂葉、巴西利和龍蒿，燜煮20分鐘。加入剛剛保留的龍蝦肉，繼續煮8到12分鐘，直到龍蝦肉變白並熟透。把煮熟的龍蝦肉裝到碗裡。

3. 用細網目的篩漏把湯汁過濾到果汁機中（固體材料丟掉）。加入四分之三的龍蝦肉，用高速打到滑順（另一種作法是用手持式攪拌器在鍋子裡面打）。需要的話，把湯汁倒回鍋子裡，加入鮮奶油。溫火加熱，用鹽和胡椒調味，試試鹹淡。

4. 用刀將剩下的龍蝦肉切塊，分到要上菜的碗裡。把湯澆上去後上桌。

肉荳蔻蛋糕
Nutmeg Cake

這道美味、溼濡的甜蛋糕是展示肉荳蔻獨特又美妙滋味的料理典範。肉荳蔻蛋糕是傳統的歐洲食譜，靈感肯定來自於將這商品帶回歐洲的荷蘭東印度公司。蛋糕上桌時上面可以加上鮮奶油以及一點現磨的肉荳蔻粉或是黑巧克力粉。

製作20公分（8吋）的蛋糕

準備時間：
● 5 分鐘

烹煮時間：
● 1 小時 30 分鐘

提示 如果在商店裡沒買到自發性麵粉，可以自行製作。製作等量於 1 杯（250 毫升）自發性麵粉的材料是中筋麵粉 1 杯（250 毫升）、1½ 茶匙（7 毫升）的小蘇打粉、1/2 茶匙（2 毫升）的鹽，混合均勻。

● 20 公分（8 吋）的圓形蛋糕烤模，抹油，襯上防油烘焙紙
● 烤箱預熱到攝氏 180 度（華氏 350 度）

2 杯	自發性麵粉（參見左側提示）	500 毫升
2 杯	黑糖，輕壓成平杯	500 毫升
2 茶匙	肉桂粉或桂皮粉	10 毫升
1 茶匙	多香果粉	5 毫升
1 茶匙	芫荽籽粉	5 毫升
½ 杯	奶油	125 毫升
1 顆	蛋	1 顆
2 茶匙	研磨好或現磨的肉荳蔻粉	10 毫升
1 杯	牛奶	250 毫升

1. 在大碗裡加入麵粉、黑糖、肉桂、多香果和芫荽籽粉並混合，用手將奶油揉到混合材料裡，直到變成粗麵包屑的樣子。將混合材料中的一半用湯匙挖到準備好的烤模底部。

2. 在小碗中把蛋、肉荳蔻和牛奶打勻，把剩下的麵粉混合材料加進去，攪拌均勻（會形成很稀的麵團，徹底攪拌均勻，不要結塊）。把麵團倒到烤盤中的麵屑上，用預熱過的烤箱烤 1 小時 20 分鐘，或直到外表變成金褐色，蛋糕中間摸起來很有彈性。從烤箱中拿出來，烤盤中待涼約 5 分鐘，然後翻轉過來，倒在網架上，等到完全變涼。

歐力大 Olida

Eucalyptus olida

科　　名：	桃金孃科 Myrtaceae
別　　名：	forest berry herb（森林莓果草）、strawberry gum（草莓膠）
風味類型：	適中型
使用部位：	葉（香草）

背後的故事

　　歐力大（Olida）原生於澳洲新南威爾斯州東部北方高地的季節乾旱林區（dry forest and woodland），這個地區是澳洲原住民班吉倫恩人（Bundjalung people）傳統的家園，吉倫恩人在這片區域居住已經超過 2 萬年了，而歐力大就在這片淺淺的貧瘠土壤以及酸性花崗岩上欣欣向榮的生長著。歐力大中含有大量的肉桂酸甲酯（methyl cinnamate），而歐洲以這種成分來提升水果果醬和乾果果醬（conserves）已經很多年了。作為天然的風味提升劑，肉桂酸甲酯能讓製造商在製造以水果為基底的產品時，加入價格低廉、風味較差的材料。你可

以把它看成甜味食品的味精（monosodium glutamate，簡稱 MSG），而這種情形在天然的食物中也會發生。鹹味食品中過度使用高濃縮的味精，大家不免有疑慮，不過幸運的是，如果使用天然形式的肉桂酸甲酯，一如在歐力大中發現的，就沒什麼好疑慮了。

植株

歐力大在 1990 年代開始受歡迎，自此就成為命名最令人感到混淆的澳洲原生香草。直到 2005 年，它的俗稱都還叫做「森林莓果草」（forest berry herb），它之所以被如此命名是因為獨特的、類似莓果的香味。這個名稱相當有誤導性，因為這種樹被使用的部分，實際上是葉子；它圓錐形的果實是不吃的，雖說原住民一直拿來作為藥用。

歐力大（Eucalyptus olida）是種迷人的樹，高約 20 公尺（65 呎），灰褐色的樹皮如長長的緞帶般直瀉而下，露出裡頭威武強健的淺灰色樹幹。樹冠如灌木般濃密，佈滿墨綠色的樹葉，葉型橢圓，逐漸變細到葉尖，就像月桂葉和其他尤加利（桉）屬的葉一樣。它的香氣是明顯的百香果味道，還帶著肉桂和夏日莓果的特色。口味偏澀、有尤加利味道及青草味，嚐起來有麻麻的感覺和草味。

處理方式

歐力大葉最早是採收野生的，不過由於這樹的數量有限，不但有銳減的風險，而且還是一種愈來愈受歡迎的調味品，因此現在的歐力大多已採取人工栽種。它樹葉採收和乾燥的方式和其他香料葉，如月桂葉、檸檬桃金孃以及茴香桃金孃一樣，都是吊掛在溫暖、光線陰暗的地方。含有大量肉桂酸甲酯的精油是透過蒸餾法，從葉子裡面萃取出來的，可用於食品製造、香水和肥皂。

料理情報

可搭配
- 多香果
- 小荳蔻
- 肉桂
- 丁香
- 芫荽籽
- 甜茴香籽
- 薑
- 香草

傳統用法
- 水果沙拉
- 有果核的水果和莓果
- 鮮奶油和冰淇淋
- 起司蛋糕
- 蘇格蘭奶油餅乾
- 烤海鮮

調和香料
- 含澳洲原生香草和香料的組合
- 雞肉和海鮮的調味

每茶匙重量（5ml）

- **研磨成粉**：2.5 公克

每 500 公克（1 磅）建議用量

- **紅肉**：1/2 茶匙（2 毫升）
- **白肉**：1 茶匙（5 毫升）
- **蔬菜**：1/2 茶匙（2 毫升）
- **穀類和豆類**：1/2 茶匙（2 毫升）
- **烘烤食物**：1/2 茶匙（2 毫升）

購買與保存

新鮮的歐力大葉子市面上幾乎買不到。不過，整片的乾葉或磨成粉的葉使用起來更加方便，而在澳洲的香草和香料專門店、以及食物精品店也比從前更容易買到。這些供應商大多還是以「森林莓果草」（forest berry herb）或「草莓膠」（strawberry gum）來稱呼。

由於精油很容易揮發，所以建議以少量方式購入真空包裝現磨的歐力大粉即可——例如，一次 10 公克（1/3 盎司）就足以滿足一般家庭所需了。保存的方式就和其他比較細緻的綠色香草一樣：用密封性良好的容器裝，放在陰涼、光線暗的地方，大約可以保存至少 1 年。

應用

歐力大的用途很廣泛，不過最好還是當做風味提升劑來用，而不必期待它在增加菜餚風味上能展現多少獨特性。使用歐力大時如果想取得最佳效果，請記住兩個基本原則：

- 500 公克（1 磅）的水果或蔬菜只要先少量添加就好，例如 1/4 到 1/2 茶匙（1 到 2 毫升）或是 1 到 2 葉。試試味道之後再決定是否需要多加。
- 烹飪時間短的料理才好添加，絕不要把歐力大加到太高的溫度中超過 10 到 15 分鐘。如果加的量太多，或煮太久，能提高風味的揮發油就會被耗盡，取而代之的會是一種強烈如乾草、比較沒那麼好聞的尤加利味道。

雖說歐力大被加入果醬後，原本的風味就會消失，不過它還是會提升果醬中水果和莓果的風味。歐力大和蘇格蘭奶油餅乾、蛋糕和瑪芬搭配都很出色，但我還是喜歡把它加到甜的食物裡，而這食物不是不必煮的（例如水果沙拉），就是低溫快煮的，像是小薄餅和煎餅。歐力大要用在快煮的食物中時，最好先用微溫的牛奶或水把味道浸泡出來，再加入料理中效果最好。

香蕉可麗餅
Banana Crêpes

由於歐力大比較適合不必久煮的料理，所以很適合這道食譜。又薄又清淡的可麗餅裡包入有歐力大香甜可口味道的香蕉，讓這道料理無論是當做早餐、早午餐或是甜點都令人感到愉快。

製作8份

準備時間：
- **1 小時 15 分鐘**

烹煮時間：
- **30 分鐘**

 提示 如果沒有白脱牛奶，可以把 1½ 茶匙（7 毫升）的檸檬汁加到 1¼ 杯（300 毫升）的牛奶中。在一旁放置 20 分鐘，直到開始凝結。

如果在商店裡沒買到自發性麵粉，可以自行製作。製作等量於一杯（250 毫升）自發性麵粉的材料是中筋麵粉一杯（250 毫升）、1½ 茶匙（7 毫升）的小蘇打粉、1/2 茶匙（2 毫升）的鹽，混合均勻。

● 可麗餅鍋 **Crêpe pan**

可麗餅麵糊

2 顆	蛋	2 顆
1 杯	白脱牛奶（參見左側提示）	250 毫升
½ 茶匙	細海鹽	2 毫升
½ 茶匙	歐力大研磨粉	2 毫升
¾ 杯	自發性麵粉（參見左側提示）	175 毫升

餡料

2 根	熟香蕉	2 根
1 大匙	鮮奶油（含脂量 35%）	15 毫升
½ 茶匙	歐力大研磨粉	2 毫升

1. **可麗餅麵糊：** 在攪拌盆中，把蛋、白脱奶油、鹽和歐力大放進去，混合均勻，把麵粉篩進去，打到光滑為止。如果想要取得最佳成果，可以在煎之前包住，放入冰箱。

2. 烤箱預熱到攝氏 100 度（華氏 200 度）。

3. **餡料：** 找一個碗，用叉子將香蕉以及鮮奶油和歐力大一起壓成泥，放置一旁備用。

4. 厚底的可麗餅煎鍋或是煎鍋開中大火加熱，放入一坨奶油，在鍋中滾遍，直到融化而鍋子也上滿油。把 2 大匙（30 毫升）的麵糊放入鍋中，迅速將鍋子傾斜，轉動，讓麵糊在鍋中形成薄薄一層。煎 2 分鐘，直到可麗餅皮轉硬，下層呈微微的焦黃色，翻面再煎，直到也呈微焦黃色，大約需 2 分鐘。剩下的麵糊用同樣的方式煎好，需要的話，多加一點奶油進去。

5. 所有的可麗餅皮都煎好後，把餡料包進每張皮裡後捲起來。趁熱上桌。

變化版本

可以用 1 杯（250 毫升）的綜合夏日莓果來取代香蕉。如果想更享受，每張可麗餅的餡料裡面可以加入 1 湯匙的焦糖牛奶（dulce de leche）或焦糖（caramel）醬。

奧勒岡和馬鬱蘭
Oregano & Marjoram

奧勒岡：*Origanum vulgare*
馬鬱蘭：*O. marjorana*，也稱作 *Marjorana hortensis*

各國語言名稱

奧勒岡 Oregano
- 阿拉伯文：anrar
- 中文（粵語）：ngou lahk gong
- 中文（國語）：ao le gang
- 捷克文：dobromysl
- 丹麥文：oregano
- 荷蘭文：wil de marjolein
- 芬蘭文：makimeirami
- 法文：origan、marjolaine bâtarde
- 德文：dosten、oregano、wilder Majoran
- 希臘文：rigani
- 義大利文：oregano、erba acciuga
- 日文：hana-hakka
- 葡萄牙文：ouregão
- 俄文：dushitsa
- 西班牙文：oregano
- 瑞典文：oregano、vild megram
- 泰文：origano
- 土耳其文：kekik otu

科　　名：唇形科 Lamiaceae（舊稱唇形花科 Labiatae）

品　　種：希臘奧勒岡（Greek oregano，學名：*O. vulgare hirtum*）、墨西哥奧勒岡（Mexican oreganos，學名：*Poliomentha longiflora*、*Lippia graveolens*，也稱作 Sonoran oregano）、盆栽馬鬱蘭（pot marjoram，學名：*O. onites*）；冬馬鬱蘭（winter marjoram，學名：*O. heraclesticum*）、中東馬鬱蘭（Middle Eastern marjoram，學名：*Marjorana syriaca*）

別　　名：奧勒岡：wild marjoram（野馬鬱蘭）、rigani（瑞嘎尼）。馬鬱蘭：sweet marjoram（甜馬鬱蘭）、knotted marjoram（多節馬鬱蘭）、pot marjoram（盆栽馬鬱蘭）、winter marjoram（冬馬鬱蘭）、rigani（瑞嘎尼）

中文別名：奧勒岡：牛至、滇香薷、香芹酚、披薩草、野馬鬱蘭；馬鬱蘭：墨角蘭、馬郁草、馬約蘭草、馬喬蘭

風味類型：激香型

使用部位：葉和花（香草）

背後的故事

　　牛至屬植物（Origanum species，學名：*O. vulgare* 和 *O. marjorana*）原生於地中海地區，數百年來一直因為花和作為環境美化香草而被栽種。在古代的希臘和埃及，牛至屬植物很受歡迎；1 世紀的羅馬美食家阿比修斯（Apicius）就會使用這些香草。無論是奧勒岡和馬鬱蘭在亞洲、北非和中東的分布都變得非常廣泛，而甜馬鬱蘭也在中世紀被引介到歐洲。馬鬱蘭被視為幸福的象徵；在墓旁種植象徵離世的人能獲得永恆的寧靜。而這屬植物的學名 *Origanum* 出自於希臘字 oros 和 ganos，意思是「山的喜悅」，之所以用這種字彙來表現這些

奧勒岡

馬鬱蘭 Marjoram
■ 阿拉伯文：marzanjush
■ 中文（粵語）：mah yeuk laahn faa
■ 中文（國語）：ma yue lan hua
■ 捷克文：majoranka
■ 丹麥文：merian
■ 荷蘭文：marjolein
■ 芬蘭文：meirami
■ 法文：marjolaine
■ 德文：Majoran
■ 希臘文：matzourana
■ 匈牙利文：majoranna
■ 印度文：mirzam josh
■ 義大利文：maggiorana
■ 日文：mayarona
■ 挪威文：merian
■ 葡萄牙文：manjerona
■ 俄文：mayoran
■ 西班牙文：almaraco
■ 瑞典文：mcjram
■ 泰文：macheoraen
■ 土耳其文：mercankosk

植物，是因為這類香草就長在希臘多岩石的山坡上，它們無論是香氣和外表都令人感到喜悅。

中古世紀時期，刺激性的香料，如胡椒、天堂椒（grains of paradise）、小荳蔻和丁香等對一般人來說，不是取得困難，就是太貴。因此，風味濃烈的香草，如奧勒岡、迷迭香、百里香等就是享有特權者和富人常愛用來替代這類稀罕異國香料的香草。

20 世紀初期，奧勒岡和馬鬱蘭在澳洲和美國還沒什麼人氣，不過當二次世界大戰過後從義大利和希臘的移民潮出現後，這情況就徹底改變了。世界許多地方都開始了解到地中海料理之樂。可以這麼說，以奧勒岡增加風味的披薩和義大利麵醬汁出現在西方最受歡迎的菜色中，而我也注意到，地中海風味在亞洲消費者之間的歡迎度也大大提高了。

香料生意中的旅行

在我們力求能拜訪希臘的契歐斯島（Greek island of Chios）後，有幸看到奧勒岡這種強悍的小植物在島上遍布岩石的山坡上，也就是它的原生地茁壯生長，並實際體驗當地人使用的方式，實在令人十分開心。我們開車在島上逛著，不禁猜測為何如此貧瘠不毛的地貌能夠長出這麼美味的植物。無論是乾燥還是被揉碎的契歐斯島奧勒岡似乎在每道菜餚中都能找到融入的方式，特別是希臘式沙拉。看到乾燥香草的風味被發揮得淋漓盡緻，而且被大家喜愛著，我深感喜悅——這和許多電視主廚堅持只使用新鮮香草，並表示乾燥香草品質較差是完全的對比。雖說許多料理比較偏好使用新鮮香草，但如果使用的代價是損失最佳風味，那麼就不該使用。把乾燥的奧勒岡撒在菲達起司番茄橄欖沙拉上，或點綴一下餐點，效果並不輸把黑胡椒直接磨在食物上。

料理情報

可搭配

奧勒岡
- 獨活草
- 羅勒
- 月桂葉
- 辣椒
- 蒜頭
- 馬鬱蘭
- 紅椒粉
- 胡椒
- 迷迭香
- 鼠尾草
- 風輪菜
- 百里香

馬鬱蘭
- 獨活草
- 羅勒
- 月桂葉
- 辣椒
- 蒜頭
- 奧勒岡
- 紅椒粉
- 胡椒
- 迷迭香
- 鼠尾草
- 風輪菜
- 百里香

傳統用法

奧勒岡
- 披薩
- 義大利麵
- 希臘式沙拉
- 木莎卡 / 希臘茄盒（moussaka）
- 肉捲（meat loaf）
- 烤牛肉、羊肉或豬肉

馬鬱蘭
- 稍微煮過的魚和蔬菜
- 沙拉
- 炒蛋
- 歐姆蛋
- 鹹舒芙蕾鬆餅（savory soufflés）
- 家禽類的內餡
- 餃子

調和香料

奧勒岡
- 義大利綜合香草料
- 綜合香草料
- 烤肉綜合調味料
- 內餡綜合香料

馬鬱蘭
- 燉煮香料束（bouquet garni）
- 普羅旺斯料理香草（herbes de provence）
- 綜合香草（mixed herbs）

牛至屬中的成員有時會與其他也被稱為「牛至」的植物弄混（參見以下）。奧勒岡是墨西哥料理中常見的材料，但是南美洲種植並輸出到許多國家的奧勒岡其實是地中海牛至（*Origanum vulgare*）。

植株

在這裡，奧勒岡和馬鬱蘭被放在一起說明，因為這兩種關係太密切也太相似，似乎沒必要分開。

甜馬鬱蘭（Sweet marjoram）這個品種多用於料理，稱得上是枝葉濃密但較嬌氣的多年生植物（不過，冬天天氣如果太冷會進入冬眠狀態，或甚至頂端枯死）。植株高度 30 到 45 公分（12 到 18 吋），葉色深綠，長約 2.5 公分（1 吋），

有淺淺的脈絡，葉面顏色略深，葉背較淺，葉形橢圓到細長都有。馬鬱蘭和奧勒岡都開白色小花。馬鬱蘭花的特色是從莖末端緊包的綠節中冒出，它的味道和香氣溫和愉悅，帶著青草味，像百里香。乾燥的馬鬱蘭葉就像溫和版的百里香，有著適口的淡淡苦味以及久久不散的樟腦特質。風味強烈的**盆栽馬鬱蘭**（pot marjoram）口味就輸甜馬鬱蘭了。它在 18世紀被引介到英國，一般是在冷到無法栽種甜馬鬱蘭的地區才會改種盆栽馬鬱蘭。

奧勒岡（Oregano）的植株比甜馬鬱蘭強健，外表上也比較開散，在大部分的氣候條件下都能茂盛成長，而且還是多年生植物。植株高約 60 公分（24 吋），葉子圓多了，覆滿了細毛。奧勒岡的氣味比馬鬱蘭有穿透力，風味較濃厚。乾燥後，奧勒岡葉的口味深度較迷人，帶著獨特的濃烈、如胡椒般的特質。

其他品種

在希臘有許多不同種類的野生奧勒岡，這些野生的品種都分別被稱作 *rigani*（瑞嘎尼）。根據氣候和土壤條件的不同，這些品種在風味上差別很大，而外觀上的差異程度則較小。不過，當你從希臘渡完假回家，這種情況卻會讓你很難喜歡上某個特定品種的瑞嘎尼。

盆栽馬鬱蘭（pot marjoram，*O. onites*）的風味比甜馬鬱蘭來得濃烈，常被當做奧勒岡的替代品。**冬馬鬱蘭**（Winter marjoram，*O. heraclesticum*）也被稱作野馬鬱蘭，是希臘原生種。就像盆栽馬鬱蘭，它的風味較濃，被認為是奧勒岡和瑞嘎尼不錯的替代品。**中東馬鬱蘭**（Middle Eastern marjoram，*Marjorana syriaca*）味道比甜馬鬱蘭濃烈，但還是比最濃烈的奧勒岡品種溫和。

希臘奧勒岡（Greek oregano）或稱瑞嘎尼（rigani，*O. vulgare hirtum*），是最可能捆成束乾燥後包在玻璃紙裡賣的品種，很多人認為它是唯一一種真正的希臘奧勒岡。

墨西哥奧勒岡（Mexican oregano，*Poliomentha longiflora*）出自於德克薩斯州，是墨西哥奧勒岡的一個品種，屬唇形科，和地中海奧勒岡出自於同一科屬，不要和經常也被稱作「墨西哥奧勒岡」的索諾蘭奧勒岡（Sonoran

馬鬱蘭

中東馬鬱蘭

這個品種的名稱會令人混淆，因為它容易和薩塔（za'atar）產生一點聯想。不過，薩塔通常用來形容百里香（參見 633 頁），它也是一種受歡迎的綜合香料，裡面的成分有百里香、芝麻和鹽膚木。

乾燥的香草

奧勒岡和馬鬱蘭都是乾燥後，味道更為濃厚香烈。這兩種香草的風味特徵在乾燥後會更豐富，這也解釋了為什麼這兩種香草在傳統料理上的應用幾乎都是乾燥形式。乾燥的奧勒岡也成為醃製橄欖的熱門香草——此外還有馬鬱蘭、百里香、月桂葉、多香果莓果和胡椒。

oregano）搞混，這是不同的植物。

索諾蘭奧勒岡（Sonoran oregano，*Lippia graveolens*）事實上是馬鞭草科（Verbenaceae）的成員。它是一種小型的芳香灌木，植物學名是 *Lippia graveolens* 和 *L. berlandieri*。數百年來，它的葉子一直是由斯里人手摘，斯里人生活在墨西哥乾燥的北部海岸。和大多數在光線陰暗處乾燥的大部分香草不一樣，這些葉子是由墨西哥火焰般的豔陽曝晒乾燥的，收成後的風味極為強烈。

處理方式

新鮮的馬鬱蘭和奧勒岡加到沙拉和味道溫和的食物中雖然很不錯，但最佳的口感、和最濃烈的香味則出現在乾燥之後。採收的時間應該在植株開滿花之前，那時生命力最旺盛，風味也達到頂峰。將最長、葉最茂密的莖梗帶著全部已經長出來的花苞一起剪下，綁成一束，上下顛倒吊掛在光線陰暗、通風良好、溫暖乾燥的地方幾天。當葉子變乾變脆後，就可以從梗上剝下了。

自己乾燥奧勒岡和馬鬱蘭時，要保存前才將葉子從梗上剝下。葉子酥脆時，梗上還會帶一點溼氣，如果你連莖帶葉一起保存，莖梗裡的溼氣會滲回葉子裡去。請記住，在這些香草生長的故鄉，夏天的溼度極低，所以脫起水來特別有效（因此傳統上乾燥的香草才會紮成束販賣）。

購買與保存

新鮮的馬鬱蘭和奧勒岡在鮮貨零售店能買得到，購買成束香草時，要確定沒有枯萎。想要保持香草的新鮮，可以把莖

插入一杯水中；這樣一來，大約可以舒服的撐上至少1個星期。

過去，特別是上個世紀，對於乾燥的馬鬱蘭和奧勒岡一直有混淆不清之處。不過，這通常只跟價格與能否供得上貨有關，倒沒其他特別原因。當奧勒岡比較稀少的時候（歡迎程度遠勝於今），生意人總喜歡把一定比例的甜馬鬱蘭混入，讓它能繼續供貨。而奧勒岡的外表和風味根據產地的不同，差異極大，這讓辨識更加困難。

歐洲奧勒岡的顏色通常呈較深濃的墨綠色，濃到近乎黑色，就像乾燥的薄荷，而且有獨特的味道。智利產的奧勒岡是淺綠色，非常乾淨，不帶莖，有強烈、鹹鹹的味道，和歐洲品種相較，胡椒味道沒那麼濃。希臘產的奧勒岡，可能是瑞嘎尼、也可能不是，通常是乾燥後包在玻璃紙裡成束販賣的，這種奧勒岡味道最濃烈，購入後最好立刻把葉子搓揉剝下，放到氣密式容器中保存。

脫水乾燥後的馬鬱蘭和奧勒岡可用和其他乾燥香草相同的方式，放入氣密式容器中保存，遠離溫度過高、光線太亮、或潮溼的場所。在這種條件下，大約可以保存1年以上。

應用

奧勒岡的味道比馬鬱蘭濃烈得多，而且是很多國家地方菜中愛用的材料。奧勒岡能讓羅勒更加出色，這兩種香草混合後，加上不限多少用量的番茄，就是大部分國家披薩和義大利麵的同義字。奧勒岡會讓含有茄子、櫛瓜（zucchini）和青椒的菜色更添風味，在希臘茄盒（也稱「木莎卡」moussaka，參見442頁）和肉捲的食譜中經常可以看到。

在烤牛羊豬肉之前，如果把紅椒粉、鹽膚木（sumac）、奧勒岡和蒜頭這幾種香料混合抹上，烤後就會產生豐富飽滿的風味，外表酥脆、令人垂涎。

新鮮的馬鬱蘭可以讓沙拉風味更勝，和口感細緻的食物，如蛋料理、簡單烹煮的魚和蔬菜也非常搭配。馬鬱蘭乾燥之後，口感比鮮品更濃郁，和百里香和鼠尾草搭配，便是經典英國綜合香草調味料的傳統材料。馬鬱蘭很適合搭配豬肉和小牛肉，能讓禽肉內餡料、餃子以及香草思康（herb scones）更加出色。製作香草麵包時，在馬鬱蘭之外再加入一點點巴西利和奶油，麵包會變得非常美味。

每茶匙重量（5ml）

- 搓揉下來的乾葉：0.7公克

每500公克（1磅）建議用量

- **紅肉：**2茶匙（10毫升）乾品，5茶匙（25毫升）鮮品
- **白肉：**1茶匙（5毫升）乾品，1大匙（15毫升）鮮品
- **蔬菜：**1茶匙（5毫升）乾品，1大匙（15毫升）鮮品
- **穀類和豆類：**1茶匙（5毫升）乾品，1大匙（15毫升）鮮品
- **烘烤食物：**1茶匙（5毫升）乾品，1大匙（15毫升）鮮品

O

奧勒岡和馬鬱蘭 Oregano & Marjoram

希臘茄盒木莎卡
Moussaka

這道菜雖然製作耗時，但真是一道豐盛精彩的美味料理，也是千層麵（lasagna）的絕佳替代品。做這道菜時，我大多採取烤法，偶而才下鍋煎，這樣比較少油。料理這道菜時，大概沒有其他希臘香草比奧勒岡效果更出色的了。

製作6人份

準備時間：

● 20 到 30 分鐘

烹煮時間：

● 1.5 到 2 個小時

- -

提示 如果想節省時間，茄子和羊肉可以提前一天準備好。用等量的紅酒代替高湯，醬汁會稍微濃郁些。

凱法羅特里羊乳起司（Kefalotyri）是一種堅硬的鹹羊奶或山羊奶起司。如果買不到，可用等量的帕馬森起司（Parmeasn）或義大利佩克里諾羊乳起司（Pcorino）來取代。

- -

● 2 個烤盤
● 30 x 20 公分（12x8 吋）玻璃或陶瓷烤盤
● 烤箱預熱到攝氏 180 度（華氏 350 度）

1½ 到 2 磅	茄子，切成 1 公分（½ 吋）的厚片（大約 3 大條）	750 公克到 1 公斤
2 茶匙	細海鹽	10 毫升
¼ 杯	橄欖油	60 毫升
2 磅	羊絞肉	1 公斤
1 顆	洋蔥，切碎	1 顆
4 瓣	蒜頭，切碎	4 瓣
1 大匙	乾燥的奧勒岡	15 毫升
1 茶匙	肉桂粉	5 毫升
2 片	月桂葉	2 片
3 大匙	番茄醬	45 毫升
1 罐	398 毫升（14 盎司）碎番茄	1 罐
¾ 杯	雞或羊肉高湯（參見左側提示）	175 毫升
些許	海鹽和現磨黑胡椒	些許

白醬（Béchamel Sauce）

¼ 杯	奶油	60 毫刂
¼ 杯	中筋麵粉	60 毫升
2 杯	牛奶	500 毫升
¼ 茶匙	肉荳蔻粉	1 毫升
¼ 杯	凱法羅特里羊乳起司（Kefalotyri cheese）磨成碎屑（參見左側提示）	60 毫升
些許	海鹽和現磨白胡椒	些許
2 顆	蛋黃	2 顆

1. 在烤盤上，將茄子以單層方式鋪好，撒上鹽，在一旁置放 15 分鐘，然後用餐巾紙將水分拍乾。隨意刷上一層油，送進預熱好的烤箱烤 20 分鐘，直到茄子變軟，顏色轉成金黃色。從烤箱裡拿出來，放置一旁。

2. 大平底鍋開中火，把羊肉炒 8 到 10 分鐘，直到變成焦黃色。用漏杓裝到盤子去。

3. 同樣一個鍋開小火，加入洋蔥（鍋子裡應該還留著很多炒羊肉留下來的油脂），炒 5 分鐘。加入蒜頭、奧勒岡和肉桂，攪拌混合。加入炒好的羊肉、月桂葉、番茄醬、碎番茄和高湯，小火煮，不要加蓋，偶而攪拌一下直到湯汁收少，肉變得柔軟，大約要 40 分鐘。把月桂葉取出，用鹽和胡椒調味，試試鹹淡。

4. **白醬：**同時，另外一口小平底鍋開中火，融化奶油。加入麵粉，攪拌 1 分鐘，做成奶油麵粉糊。離火，慢慢的把牛奶加進去，持續攪拌，直到滑順。鍋子再次開火加熱，一直攪拌直到沸騰，一沸騰立刻熄火（醬汁會很濃稠），加入肉荳蔻和起司，用鹽和白胡椒調味，試試鹹淡。放置一旁。

5. **組合：**在玻璃或陶瓷烤盤底部鋪上一層茄子，上面放入一半的羊肉混合料，接著上面再疊上一層茄子。最後，再鋪上一層羊肉。

6. 把兩顆蛋黃打進準備好的白醬中，平均的倒在希臘茄盒木莎卡上。送進預熱好的烤箱烤 30 到 40 分鐘，直到顏色轉成焦黃色，食材也熟透。從烤箱裡拿出來，在一旁放置 15 分鐘，冷卻之後上桌。

變化版本

如果想吃素食版本，可用等量煮好的紅或綠色小扁豆來取代羊肉，高湯可改用蔬菜高湯。

奧勒岡和馬鬱蘭 Oregano & Marjoram

馬鬱蘭瑪莎拉酒炒野菇 Sautéed Wild Mushrooms with Marjoram and Marsalas

野菇季節開始時，這是種料理的絕妙方式。我最喜歡用的是漂亮的黃色雞油菌菇（chanterelles，有時也稱為黃菇），它和肉多的牛肝菌以及甜馬鬱蘭搭配，滋味實在很美妙。這道菜可以當開胃菜上，旁邊配上烤過的酸種麵包（sourdough bread），或均勻拌入原味的義大利燉飯（plain risotto）中。

製作4人份開胃菜

準備時間：

● **10 分鐘**

烹煮時間：

● **10 分鐘**

 提示　野菇不要水洗。仔細的用菇刷或是糕餅刷把上面的灰塵撢掉就好。

1 大匙	奶油	15 毫升
2 瓣	紅蔥頭，切成非常細的小丁	2 瓣
1 瓣	蒜頭，切碎	1 瓣
4 杯	野菇，太大顆就切片（參見左側提示）	1 公升
¼ 杯	義大利瑪莎拉白葡萄酒（Marsala wine）	60 毫升
2 大匙	新鮮的馬鬱蘭葉	30 毫升
¼ 杯	鮮奶油（含脂肪 18%）或法式酸奶油（creme fraîche）	60 毫升
些許		些許
	鹽和現磨胡椒	

1. 煎鍋開中火，融化奶油。加入紅蔥頭和蒜頭，炒 3 分鐘。加入野菇去炒，偶而攪拌一下，大約炒 4 到 5 分鐘，直到變軟，顏色呈現淡淡的焦黃色。倒入瑪莎拉白葡萄酒繼續炒，偶而攪拌一下，再炒 3 到 4 分鐘，直到酒精揮發掉。把馬鬱蘭和鮮奶油拌入，用鹽和胡椒調味，試試鹹淡。立刻上桌。

變化版本
如果想製成沾醬，在加入鮮奶油前，先把帶著湯汁的野菇瀝乾，然後用食物調理器打成泥狀。放進足夠的鮮奶油，打成想要的濃稠度。

鳶尾根 Orris Root

Iris germanica var. *florentina*

各國語言名稱

- **法文**：racine d'iris
- **德文**：florentina Schwertlilie
- **義大利文**：giaggiolo
- **西班牙文**：raiz de iris florentina

科　　名：鳶尾科 Iridaceae
品　　種：香根鳶尾（Dalmatian iris，學名：*I. pallida*）
別　　名：佛羅倫斯鳶尾（Florentine iris）
風味類型：激香型
使用部位：根（香料）

美麗的花朵

這個家族非常美麗，色彩繽紛，所以用彩虹女神愛麗絲來命名也不足為奇了。在古代的希臘羅馬，鳶尾根被用於香水的製作。到了 16、17 世紀，鳶尾根就用在料理了。不過，因其擁有類似紫羅蘭的濃烈香氣，並深受喜愛，因此它在香水上的應用顯然比料理重要。

背後的故事

　　製作鳶尾根粉的鳶尾原生於南歐。靠著繁衍傳入印度和北非，在義大利因為根莖而被種植。它的藥用價值西元 1 世紀的科學家們就曾表示讚賞，包括了西奧弗拉斯塔（Theophrastus）、迪奧斯科里德斯（Dioscorides）和普林尼（Pliny）。中世紀時期，義大利北部種植了佛羅倫斯鳶尾（Florentine iris，學名：*I. germanica* var. *florentina*）和香根鳶尾（Dalmatian iris，學名：*I. pallida*），結果，佛羅倫斯市便因種植這種植物而聞名。

可搭配
- 多香果
- 葛縷子
- 小荳蔻
- 丁香
- 芫荽籽
- 孜然
- 蒔蘿籽
- 薑
- 甜茴香籽
- 紅椒粉
- 胡椒
- 薑黃

傳統用法
- 摩洛哥塔吉鍋
- 乾燥香花瓣
  （potpourris）
- 丁香橙（波曼德
  pomanders）

調和香料
- 摩洛哥綜合香料（ras
  el handout）

植株

　　料理用的鳶尾根粉（也是香氣最濃郁的品種）來自於佛羅倫斯鳶尾的塊莖。這種花屬於因花開華麗燦爛而被種植的植物之一，其家族龐大，是很受歡迎的庭園觀賞植物，春天和初夏開花。雖然有時被稱作菖蒲鳶尾（flag iris），但是可不要和甜旗（菖蒲 calamus，參見 132 頁）搞混了，這種花在美國有時候也稱為野鳶尾（wild iris）。

　　佛羅倫斯鳶尾是很漂亮的多年生植物，葉呈藍綠色、扁平又窄，葉型如劍，寬約 2.5 到 4 公分（1 到 1 又 1/2 吋）。花莖可達 1 公尺（3 呎）或更長，上面開帶紫羅蘭色澤的白花，花瓣貼近花心的花鬚部分呈黃色，或是整朵純白，沒有花鬚。鳶尾根粉是淡乳白到白色，質地非常細緻，就像爽身粉，有明顯的香氣，和紫羅蘭類似，它的風味就是花香味，有獨特的苦味口感。

其他品種

　　香根鳶尾（Dalmatian iris，學名：*I. pallida*）是克羅埃西亞，亞得里亞海岸土生土長的植物，用於香水製造、肥皂和面霜的精油則是以蒸餾法萃取自其根部。

處理方式

　　製作鳶尾根粉最佳的品種是 *I. germanica* var. *florentina*。這個植物要成熟得等 3 年，之後才能把塊莖挖出來。挖出來後去皮並乾燥至少 3 年，才能達到最佳的濃香程度；之後再研磨成粉，去皮和準備塊莖時小心照護的程度對於品質影響甚鉅。優選等級的佛羅倫斯鳶尾顏色幾近全白，鳶尾根去皮時如果不夠小心，產出的粉顏色會變成棕色，裡面含有外皮中軟木塞般紅棕色的分子。

購買與保存

　　鳶尾根粉，過去在北美的藥房都能買到，但現在必須找專門的店供貨才能買到。買的時候應該買研磨好的粉，不值

寫到鳶尾根，我無法不提到深深刻劃在我腦海之中的兩種用法。一是父親使用玫瑰花瓣、燻香過的天竺葵葉、薰衣草和金盞花及檸檬馬鞭草來製作乾燥香花瓣。我們家人摘取了這些芳香材料，而父親就將採收的成果製作成乾燥香花瓣。製作其實是一種煉製的動作，添加了肉桂和丁香，並以鳶尾根來做為固香劑，以及精油的承載體（參見 22 頁）。但看看乾燥香花瓣這種觀念現在被劣質化的嚴重程度，我不禁感到悲哀。現在的乾燥香花瓣只不過是另一種量產的室內芳香劑，氣味中充滿是令人作嘔的人工味道。

鳶尾根另一種值得大家記住的使用方式是讓丁香橙波曼德放進粉中滾一滾。這是一道收藏之前最後的修飾動作，讓橙子在乾燥化時期能維持到 3 個月，這對製作能長久保存的丁香橙非常重要。

得自己費功夫去研磨。不要買到已經脫色或是有太多結塊的成品，這種粉本身極會吸溼，所以裝入氣密式容器中絕對必要，要好好保護起來，遠離溼氣。

應用

由於鳶尾根給人的第一聯想不會立即想到食物，所以當我發現鳶尾根在摩洛哥綜合香料中縈繞的花香居然沒有替代品時，十分驚奇。這種混合材料有獨特的香氣和風味（就算沒有西班牙金蠅和大麻這樣的違禁物質），是由 20 多種不同的香料共同產生的，而其中最關鍵的就是鳶尾根粉。

每茶匙重量（5ml）

- **研磨成粉：**2.3 公克

每 500 公克（1 磅）建議用量

- **紅肉：**1/4 茶匙（1 毫升）的研磨粉
- **白肉：**1/8 匙（0.5 毫升）的研磨粉
- **蔬菜：**1/8 匙（0.5 毫升）的研磨粉
- **穀類和豆類：**1/8 匙（0.5 毫升）的研磨粉
- **烘烤食物：**1/8 匙（0.5 毫升）的研磨粉

波曼德 Potpourri（丁香橙 Clove Orange）

波德曼是中世紀用來驅除邪惡，預防疾病及防蟲的。丁香橙掛在櫥子裡會散發迷人的芬芳，讓蛾類不會靠近。我記憶中曾和姊妹們一起做丁香橙，把丁香推進橙子時手指頭的酸麻感至今依然沒忘。當我們從兒時的家搬走時，丁香橙還是用褪了色的天鵝絨緞帶掛在櫥櫃裡。到今天或許還在呢！

製作1顆

準備時間：
- 45 分鐘，外加 8 到 12 週的乾燥

烹煮時間：
- 無

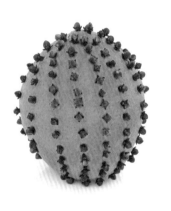

- 衛生紙，包裹用
- 緞帶，繫綁用

2 茶匙	鳶尾根粉	10 毫升
2 茶匙	肉桂粉	10 毫升
1 顆	非常新鮮的柳橙，可以的話，最好剛從樹上摘下	1 顆
1 杯	整顆乾燥的丁香	250 毫升

1. 在大到能讓柳橙在裡面滾動的碗中，將鳶尾根粉和肉桂粉混合，放置一旁。

2. 把丁香顆粒插入柳橙中，兩顆丁香間的距離大概和每顆丁香頭一樣寬（這點很重要，因為柳橙縮乾之後，如果丁香間的距離不足就會被推擠出來）。當柳橙完全插滿丁香後，在混合香料粉中滾動。用衛生紙把柳橙包覆起來，在乾燥的地方放上 8 到 12 個星期。

3. 要掛已經風乾好的柳橙時，用一條漂亮的緞帶把柳橙從上到下繫好，中間再圍一圈，上面鬆鬆的留一個圈，懸吊起來大約有 30 公分（12 吋）長。這樣的波曼德可以維持非常多年（可長達 50 年），它會慢慢的縮乾，隨著時間過去，變得跟石頭一樣硬。

波曼德（柳橙或蘋果）

爸爸小時候，家裡會在柳橙盛產的季節做丁香橙；我的曾祖母特別會做，她手指靈巧，做得比誰都快！家裡作了一首詩來描述製作波曼德的情形，還印在茶巾上，在我們的店薩默塞特小木屋（Somerset Cottage）裡面賣。詩是這樣的：

工作前先認真起來 *Before this task you begin to tackle*
好好選顆成熟、新鮮的柳橙或蘋果 *Select a ripe, fresh orange or apple*
尖尖的丁香插滿整顆果 *Sharp cloves all around the fruit you stick.*
接著找張紙（可別用太厚）*Then on some paper（not too thick）*
好好混合鳶尾根粉和肉桂 *Mix orris-root powder and cinnamon-spice*
滾動果子，讓它漂漂亮亮 *For rolling fruit, to keep it nice.*
紙張包起果子放一旁 *Fold paper round and put it away*
幾週之後變硬堅如石 *For several weeks, rock-hard to stay.*
我們的配方獻上滿滿的誠意 *Our recipe is given in all sincerity*
願這顆滿刺的波曼德長長久久 *This prickly pomander for posterity.*

乾燥香花瓣
Potpourri

我還是小女孩時，在爺爺奶奶家聞過一罐罐芬芳的乾燥香花瓣，那是一段美好的回憶。長大之後，我總是不了解，為什麼大家要改用人工的室內芳香劑。

這個乾燥香花瓣的配方是我爺爺製作時使用的，在 1983 年出版的《*Hemphill's Herbs: Their Cultivation and Usage*》一書中曾有介紹。

製作10杯份
（2.5公升）

準備時間：

● 15 分鐘，外加 1 個月
入味時間

烹煮時間：

● 無

提示　每隔 1、2 天把乾燥香花瓣蓋上休息，似乎可以讓它重新產生香氣。

● **容量 10 到 12 杯（2.5 到 3 公升）的有蓋玻璃罐**

4 杯	乾燥的玫瑰花瓣	1 L
2 杯	乾燥的燻香天竺葵葉	500 毫升
2 杯	乾燥的薰衣草花葉	500 毫升
1 杯	乾燥的檸檬馬鞭草葉	250 毫升
2 大匙	鳶尾根粉	30 毫升
1 茶匙	丁香粉	5 毫升
1 大匙	肉桂粉	15 毫升
1 茶匙	薰衣草精油	5 毫升
1 茶匙	玫瑰天竺葵精油	5 毫升
5 根	肉桂棒	5 根
12 顆	整顆丁香	12 顆

1. 在罐中裝入玫瑰花瓣、天竺葵葉、薰衣草和檸檬馬鞭草。

2. 找一個小碗，將鳶尾根粉和丁香及肉桂一起放進去混合。加入薰衣草和玫瑰天竺葵精油；好好攪拌，確保材料混合得非常均勻。把精油的混合材料倒入乾燥材料中，並用雙手輕柔、徹底的混合。密封並放置在陰涼、光線暗的地方至少 1 個月。

鳶尾根 Orris Root

O

香蘭葉 Pandan Leaf

Pandanus amaryllifolius

- **中文（粵語）**：baan laahn
- **中文（國語）**：ban lan
- **丹麥文**：skruepalme
- **荷蘭文**：schroefpalm
- **芬蘭文**：kairapalmu
- **法文**：pandan
- **德文**：pandanus、Schraubenbaum
- **匈牙利文**：panpung level
- **印度文**：rampe
- **印尼文**：daun pandan
- **義大利文**：pandano
- **日文**：nioi-takonoki
- **馬來文**：daun pandan
- **挪威文**：skrupalme
- **葡萄牙文**：pandano
- **西班牙文**：pandano
- **斯里蘭卡文**：rampe
- **瑞典文**：skruvpalm
- **泰文**：bai toey
- **越南文**：la dua、dua thom

科　　名：	露兜樹科 Pandanaceae
品　　種：	林投露兜樹（Nicobar breadfruit，學名：*P. odoratissimus*）、香露兜（screwpine，學名：*P. fascicularis*）
別　　名：	pandanus leaf（香露兜葉）、screwpine（香露兜樹葉）、rampe（七葉蘭）
中文別名：	七葉蘭、香露兜、香露兜樹、斑（班）蘭葉、香蘭葉、香林投、碧血樹、芳蘭葉
風味類型：	適中型
使用部位：	葉（香草）、果實（水果）

背後的故事

　　香露兜樹原生於馬達加斯加島，這是一種古老的植物，天然的生長地從印度洋跨越到東南亞、澳洲和太平洋島嶼，在這些區域，經常看到他們那一叢叢堅硬無比的氣根緊攀在水邊，保護也屏障了他們生長的水岸。

澳洲的原住民會食用香露兜樹所生如鳳梨般大小的球形果實。他們會先烤過，然後再咀嚼果肉，而火烤的熱度則會摧毀裡面所含的草酸鈣（calciumoxalate）。19 世紀，普魯士的探險家菲德列克·萊卡特（FriedrichLeichhardt）在 1842 年抵達了雪梨，他在經歷口舌生瘡、嚴重腹瀉的極度不適之後，發現了有些果實如果沒有先經過處理，把毒性中和掉之前是不能吃的。

而隨著東南亞料理人氣的提升，讓香蘭葉和香露兜樹果實變成大家熟悉的食材。

植株

作為料理用途的香蘭葉是從 8 公尺（26 呎）左右的香露兜樹（screwpine tree）上採摘下來的，這種看起來像是史前時代的古老樹種，像松樹也像棕櫚。堅硬的枝椏由一團團如高蹺聚集的氣根所支撐，邊緣尖銳的葉以螺旋狀排列（英文 screwpine 這個名字由 screw 螺旋及 pine 松組成，就是這個原因）。葉子在一半的地方會以 45 度角往下彎曲，賦予濃密向上的葉子一種下垂、如風拂過的感覺。香氣襲人的白花在開過之後結出的是直徑有 20 公分的果實，看起來像綠色鳳梨。露兜樹的品種在 500 種以上，變化之豐，正如繽紛的葉子顏色。

料理用的香蘭葉束有甜味，味道溫和，帶著青草香，一直讓我想到住在新加坡時米飯的味道，那米飯也有著類似的青草甜香和令人愉快的風味。新鮮的嫩香蘭葉外觀像是棕櫚葉的劍刃。

其他品種

被稱為**尼可巴麵包果**（林投露兜樹 Nicobar breadfruit，學名：*Pandanus odoratissimus*）的品種也被稱為「手杖棕櫚樹」（walking-stick palm），和真正的麵包果沒有關係，不過果實長得像。有種芬芳的精油叫做斑蘭油（kewra），就是由這個品種以及另外一個品種 *P.fascicularis* 提煉出來的。斑蘭油是強力的香水，充滿麝香和茉莉花的香氣，也是用來添加到印度包葉檳榔（paan）的獨特香味——而包葉檳榔是以修剪過的檳榔果配上蔞葉（betel leaf）一起咀嚼的。

料理情報

可搭配
- 辣椒
- 芫荽（葉和籽）
- 南薑
- 蒜頭
- 薑
- 泰國酸柑葉
- 檸檬馬鞭草
- 檸檬香桃木

傳統用法
- 亞洲海綿蛋糕
- 蒸米飯
- 綠咖哩

調和香料
- 不常用於調和香料中

多用途的植物

強韌、纖維多的香蘭葉在傳統上可以拿來做屋頂，編織成帆船布料、衣服、地板踩踏墊、和籃子。而沙沙作響、能讓身材若隱若現、令古代水手興奮激動的草裙就是把香蘭葉漂白梳開製成的。在亞洲很多地方，裝香米飯的漂亮編籃都是用香蘭葉編織成的。

處理方式

由於顏色是香蘭葉主要的特色之一，所以乾燥時一定要小心的放在有遮蔽的地方，不能直接曝晒於陽光下，才能維持它原來翠綠的模樣和獨一無二的芬芳。乾燥後會切成片，大小方便煮好之後取出，或是磨成粉，材質細到沒有粗渣感。香蘭葉的粉細膩，有點纖維感，氣味芬芳，呈翠綠色。整片新鮮的葉不是用壓碎的方式使用，就是熬湯萃取成分，當做蛋糕或糕點甜食的色素。

購買與保存

新鮮的香蘭葉在東南亞食品雜貨店和食品專賣零售商處都能買到，最好的保存方式就是整片放入夾鏈袋，進冰箱冷凍。香蘭葉粉在香料店能買得到，購買時先確定顏色是翠綠色的，保存時要放在避光處才能維持色澤。

蛋糕和糕點甜食用的香蘭葉染色料在東南亞能買到，不過，裡面通常有人工色素，而且風味也只是與香蘭葉類似而已。斑蘭萃取油在少數的東南亞食品專賣店裡買得到。

應用

在新加坡和其他東南亞國家第一眼看到切片的翠綠色香蘭葉蛋糕時，覺得顏色實在太人工了，但是這種海綿蛋糕卻是綿密、清爽得令人驚喜。不過，這種鮮嫩的黃綠色其實來自於香蘭葉。在亞洲許多地方，香蘭葉都會被切成絲，在煮飯時加進去，有時候甚至會把整片的葉子打上幾個結，作法類似香茅葉，在煮湯或是咖哩時放到去浸泡。被拍打過、打好結的葉子會釋放出風味，在料理煮好時也能輕易的取出。斑蘭香油由 *P. fascicularis* 或 *P. odoratissimus* 這兩種露兜樹科植物的花萃取製作而成，也被稱為「東方的香草」，被用於甜味的菜色、冰淇淋，以及像印度喀什米爾慶典美食以及某些咖哩裡。

每茶匙重量（5ml）
- 研磨成粉：1.3 公克

每 500 公克（1 磅）建議用量
- 紅肉：1/2 茶匙（2 毫升）研磨粉
- 白肉：1/2 茶匙（2 毫升）研磨粉
- 蔬菜：1/2 茶匙（2 毫升）研磨粉
- 穀類和豆類：1/2 茶匙（2 毫升）研磨粉
- 烘烤食物：1/2 茶匙（2 毫升）研磨粉

香蘭葉椰奶飯
Coconut Rice with Pandan Leaf

我在 1980 年代孩提時期搬到了新加坡，那是一段令人難以置信的經驗。用不了多久，我在那裡的菜市場和熱食中心就如魚得水了。當我們的味蕾習慣之後，米飯就一直是我們首選的主食。我們都喜歡這道香蘭葉椰奶飯。

製作6人份

準備時間：
- **10 分鐘**

烹煮時間：
- **40 分鐘**

提示 準備米飯：把米放在 1 碗冷水中，用掌心輕柔的搓洗米粒，除去上面的澱粉。換水，步驟重複 2 次，之後把水完全瀝乾。

椰奶是從椰肉萃取出的液體，之後用水稀釋。「椰子奶油」會黏附在罐頭上面，所以使用前最好先搖勻，椰奶的濃淡才會適中。

2 片	新鮮的綠香蘭葉	2 片
3 杯	水	750 毫升
2 杯	茉莉香米，洗好瀝乾（參見左側提示）	500 毫升
1 杯	椰奶（參見左側提示）	250 毫升
1 茶匙	細海鹽	5 毫升

1. 一次處理 1 片葉子。用一隻手握住葉頭的部分，叉子緊緊抵住葉面，以縱向從頭拉到尾，將劃開的香蘭葉打成一個結。

2. 大的平底湯鍋開中火，放入水、米、打好結的香蘭葉子、椰奶和鹽，蓋上蓋子煮到沸騰。熄火（蓋子別掀開），在一旁放置 30 分鐘讓米飯蒸熟。用叉子把飯撥鬆，上桌前把香蘭葉丟掉。

紅椒 Paprika

Capsi cumannum

P

紅椒 Paprika

各國語言名稱

- **阿拉伯文**：filfil ahmar
- **中文（粵語）**：tihm jiu
- **中文（國語）**：tian jiao
- **捷克文**：paprika、sladka paprika
- **丹麥文**：rod peber
- **荷蘭文**：spaanse peper、paprika
- **芬蘭文**：ruokapaprika
- **法文**：paprika、paprika de Hongrie
- **德文**：paprika
- **希臘文**：piperia
- **匈牙利文**：paprika、edes paprika、piros paprika
- **印度文**：deghi mirch
- **義大利文**：paprica、peperone
- **日文**：papurika
- **葡萄牙文**：pimentão
- **俄文**：struchkovy pyerets
- **西班牙文**：pimentón（粉）pimientos（新鮮莢）cascara（乾燥的整個莢）
- **瑞典文**：spansk peppar
- **泰文**：prik yowk、laiplai
- **土耳其文**：kirmizi biber

科　名：	茄科Solanaceae
別　名：	辣紅椒（hot paprika）、匈牙利紅椒（Hungarian paprika）、溫紅椒（mild paprika）、諾拉紅椒（ñora paprika）、胡椒辣椒（pimento）、朝天椒（pod pepper）、煙燻紅椒（smoked paprika）、西班牙紅椒（Spanish paprika）、甜紅椒（sweet paprika）、sweet pepper（甜辣椒）
中文別名：	牛角椒、長辣椒、辛椒、番椒、番薑、海椒、辣子、辣角、秦椒
風味類型：	中和型
使用部位：	莢（香料）

背後的故事

　　紅椒的起源可以回溯到 7000 年前，那時的原產地墨西哥會食用各式各樣的辣椒——而辣椒就是紅椒的前身——那是他們日常餐食的一部分。而新世界中的紅椒歷史相當短，直到哥倫布在 1492 年帶回辛辣和甜味的辣椒，提供了西班牙和匈牙利人環境來製造今日我們所知的紅椒。西班牙人首先將某個品種的辣椒製成一種深紅色的粉，稱之為 pimentón（跟著西班牙文的胡椒 pimienta 命名），這種辣椒粉很快就成為料理食材。很顯然的，紅椒最初是在西班牙關達魯佩（Guadalupe）

可搭配

幾乎與所有料理用香草和香料都可搭配，但與下面所列特別合適：

- 多香果
- 羅勒
- 葛縷子
- 小荳蔻
- 辣椒
- 肉桂
- 丁香
- 芫荽籽
- 孜然
- 甜茴香籽
- 蒜頭
- 薑
- 奧勒岡
- 巴西利
- 胡椒
- 迷迭香
- 鼠尾草
- 百里香
- 薑黃

傳統用法

- 匈牙利燉牛肉（Hungarian goulash）
- 雞肉
- 小牛腱和豬肉砂鍋
- 炙烤、碳烤和烤的肉類（烤前撒在上面）
- 蛋的料理（裝飾用）
- 醬汁
- 肉捲

調和香料

- 印度坦都里綜合香料（tandoori spice blends）
- 碳烤綜合香料
- 中東巴哈拉香料（baharat）
- 美國紐奧良肯瓊綜合香料（Cajun spices）
- 北非切爾末拉辛香辣椒醬（chermoula mixes）
- 咖哩粉
- 北非哈里薩辣醬（harissa paste mixes）
- 墨西哥辣椒粉
- 摩洛哥綜合香料（ras el hanout）
- 摩洛哥塔吉綜合香料（tagine spice blends）

的熱羅尼莫斯修道院（Jerónimos monastery）栽種的，那裡就在拉維辣（La Vera）附近（譯註：La Vera 今日仍是著名的西班牙紅椒產區）。現在有一種極具特色的西班牙紅椒就是他們多年來栽種、雜交培育得來，而伴隨發展的還有各種乾燥、煙燻以及研磨的方法。

匈牙利的辣椒胡椒都是 16 世紀中期，土耳其征服者引介進去的。從 17 世紀起，那裡便開始針對想要的品種進行培育，再配合氣候與土壤條件，製造出一種獨特的，適合涼冷氣候生長的紅椒，以其專有的特色而聞名。今天，布達佩斯以南的考洛喬鎮（Kalocsa），以及更南的塞格德市（Szeged）是匈牙利主要的紅椒產區。17 世紀，匈牙利被土耳其占據，雖說栽種「土耳其胡椒」，也就是之後所稱的紅椒，是被禁止的，而且還以死刑來威脅，但很多人在嚐試過它那溫暖、辛辣口感後便忍不住違法種植，這也說明紅椒為什麼這麼久

才能在當地變成受到認可的佐料。

植株

紅椒 Paprika 是一個通稱，用來稱呼很多 *Capsicum annum* 品種中不同品系的豔紅色辣椒，紅椒和辣椒同科（參見 175 頁）。紅椒的植株和果實大小與外觀差異相當大，但所有的紅椒都是早熟的直立灌木、橢圓型葉，單白花、非木質莖。紅椒的果莢，或稱果實，有可能很長（20公分 /8 吋），但細如大型的辣椒，或小又圓（直徑 4 公分 /1 又 1/2 吋），樣子就像個迷你青椒。果實的顏色從豔紅色、深紅色到近乎褐色；全部都是完全成熟後才採收。紅椒鮮活的色彩是由辣椒紅素（capsanthin）的量（存在的紅色素）以及缺乏辣椒素（capsaicin 辣椒中的辣性）造成的。紅椒中的辣度和苦感則是由含有辣椒素的胎座（placenta，譯註：俗稱植物胎盤，果實內生產種子的地方）和種子中比例，以及處理及乾燥方式決定的。

近年來，以色列、中國和辛巴威已經一躍成為紅椒的主要生產國，他們所生產的某些甜味的深紅色等級紅椒粉特色深奧、色彩濃豔還有令人愉悅又沒有苦感的風味，極為有用。這些來源的紅椒粉有時候會透過匈牙利和西班牙流入市場，被誤標是從這些國家出來的紅椒粉。

匈牙利紅椒粉

匈牙利紅椒粉被分為 6 個主要等級，由使用果實的等級來區分；種子和連接組織（胎座），以及果肉外面的莖柄；研磨過程中使用的充分程度，這些都對辣度和風味有影響。

- Különleges（「**究極細緻**」exquisite delicate）是非常溫和的等級，被認為是最佳品質，顏色也最飽滿。精心挑選優質果實精心細磨製成，粉末幾乎滑順如絲綢。在研磨之前會先除去種子、含有辣椒素的胎座以及莖柄，所以甜味令人激賞，完全沒有苦味，也不會有苦感留在舌上。

- Delicatessen（「**細緻**」delicate）溫和度不如究極細緻 különleges 等級，但是更有深奧的青椒風味，及較淺的紅色。

- Édesnemes（「**高貴甜**」noblesweet）是外銷最多的品種，

因為顏色豔紅又帶著甜味。它的風味帶甜、無苦味，香氣飽滿濃郁。製作時會將種子清洗乾淨並在水中浸泡，除去大部分會產生辣味的辣椒素後，再與果肉一起研磨。

- Félédes（「**半甜**」semisweet）和高貴甜類似，只是帶了一絲辣味。這個品種是由紅椒的外層果肉與一部分的胎座製成，具有幾可辨出的辣感。
- Rósza（「**玫瑰**」rose）由除了莖以及連接莖與果實的部分外，整顆果實都用上了。玫瑰的紅色沒那麼鮮豔，也比上面所有的等級都辣一點。
- Erös（「**粗實**」或稱次級）由完整的果實製作而成，由於品質不夠好，做不了前面所提的等級，質地方面一般較粗，顏色也比其他紅椒粉暗紅。粗實等級後味有點苦，辣味也持久，我喜歡較溫和的辣椒粉，這種相當辣。

西班牙紅椒粉

西班牙紅椒粉分級的方式和匈牙利紅椒粉類似，但是由於它的歷史、種植方式和處理方式不同，所以和匈牙利紅椒粉有明顯的差異。一般來說，西班牙紅椒的果實偏小，也較圓，顏色較深，有不同程度的煙燻和「煮過」的風味香氣，質地較粗（未必全部如此），香氣更濃郁。西班牙的煙燻紅椒粉（pimentón 他們的稱法）有 3 種主要類型，每種裡面又分 3 個等級。**特級**（extra），研磨的時候不加籽，只有果實；**精選**（select），有 10% 的籽，以及**一般**（ordinary），

香料生意中的旅行

為了研究匈牙利紅椒，我們來到了布達佩斯南面的考洛喬鎮，我們運氣很好，正巧碰上那裡在舉辦一年一度的紅椒節。考洛喬鎮在慶祝與紅椒千絲萬縷的聯繫，這聯繫密切到鎮上甚至還有一座紅椒博物館，館中的天花板上滿滿覆掛著一串串乾燥的紅椒，牆面兩側則展示著紅椒在此處的歷史，一旁還有古代農場使用器物的相關文章。次日，我們和招待人員一起參加了紅椒節，一個活潑開朗叫做蕎吉的女人帶我們在農場四處走動，並參觀了處理紅椒的設施。慶典場地周邊大多圍繞著類似市場攤販那樣的棚子，從社會各個階層湧入的競賽者正在搭設他們紅椒廚藝大賽的場地。有人給了我們試喝的紅椒帕林卡酒（paprika palinka，而我們也接受了），這種當地特有的烈酒酒精濃度高達 50%，溼溼冷冷的天來喝正好。

裡面大約有 30% 的籽。每種粉中籽的百分比自然會影響胡椒粉的辣度以及苦味。

　　煙燻紅椒粉是在紅椒的乾燥和處理過程中將果莢加上煙燻的步驟（參見下面的「處理方式」一節）。西班牙拉維辣（La Vera）地區產的煙燻紅椒粉在 2005 年已經獲頒原產地名稱保護（Denominación de Origen），這裡的煙燻紅椒粉根據其甜度、苦味以及辣度，可分 3 大類：

- Dulce（**甜味** sweet）有甜蜜的煙燻香味，以及令人愉快的金屬口感。顏色暗紅，質地細緻。

- Agridulce（**苦甜** bittersweet 或**半甜** semisweet）風味中有種獨特的苦味以及能引起食慾的刺激感。顏色與香氣都與甜味的 Dulce 類似。

　　市面上有許許多多被泛稱為「溫和」的西班牙紅椒粉等級，其中有些還被當做「匈牙利紅椒粉」來賣。有一種顏色特別暗紅，質地粗，微帶焦香，被當成次極品來賣，不過我卻發現拿它來搭配摩洛哥料理和中東菜，效果勝於其他任何紅椒粉。

　　西班牙穆爾西亞（Murcia）地區所產的諾拉紅椒（Ñora paprika）是以一種小小的（直徑 2.5 公分 /1 吋）、深酒紅色的辣椒所製成，它的香氣甜蜜、溫暖，又能引起食慾，帶著溫和、飽滿的青椒風味。這種紅椒的品種和其他標準的西班牙紅椒一樣，只不過，果莢一直被留在植株上，直到顏色變得很深、也成熟後才採收。這種諾拉紅椒粉和其他研磨的瓜希柳辣椒（Guajillo）和新墨西哥辣椒（New Mexico chile）粉都是我在做傳統的西班牙紅椒堅果醬（Romesco sauce）時最愛使用的。

　　艾斯佩雷辣椒（Piment d'Espelette）是極受到喜愛的紅椒品種，以溫暖、充滿果香的風味以及略像辣椒的辛辣味道而受到大家歡迎。這種辣椒產自於法國南部的巴斯克（Basque）地區，是 AOC（Appellation d'Origine Contrôlée，原產地命名控制）的項目產品（譯註：2009 年 AOC 改為 AOP 原產地法定保護），只有產於艾斯佩雷一地的辣椒才能冠上「艾斯佩雷辣椒 Piment d'Espelette」之名。這種辣椒風味溫暖、充滿果香，辣度適中，所以添加到大多數鹹味的菜中都很合適。把它撒在披薩、義大利麵上、加到

炒蛋和歐姆蛋包裡，甚至撒在沙拉上都可以。

處理方式

處理的方式根據世界這些主要生產國而有所不同。匈牙利和西班牙兩國由於處理紅椒的歷史悠久，且從事這行業的家族企業也傳續了許多代，所以能保持更多傳統的作法，這其中包括了加工整治手法（譯註：如煙燻、晾乾、烘烤等）、研磨的次數，以及最終成品粉末的細緻度。較不傳統的方式只是把果莢直接乾燥，沒有延伸的整治手法，而且研磨時也只是使用工業用的香料研磨機磨個 1、2 次而已。

紅椒農場的產出量差別很大，每公頃地大約從 1 到 4 噸（1 英畝地 900 到 3,500 磅）都有；平均來算，5 公斤（11 磅）新鮮的紅椒莢大概能產出不到 1 公斤（2 磅）的紅椒粉。

匈牙利紅椒

在匈牙利，這些果肉厚實、強韌的果實是被允許放到完全成熟、顏色轉成豔紅之後再行採收的。採收之後，成熟的果實會被晾 25 到 39 天，讓裡面的色素含量提升到最高——研究顯示，在這段晾乾期內，色素辣椒紅素最多可以增加到120%。除了色澤之外，裡面的抗壞血酸（ascorbic acid，維生素 C）比例也會隨著辣椒紅素濃度的提高而跟著提升。對於注重營養的人來說，有一點倒是有趣，據研究顯示，當辣椒素（辣度）高的時候，維生素 C 的含量就低。

一直以來，晾乾的方式都是把紅椒莢疊成一堆，放在房子窗邊有遮蔭的位置，或是把果實串成一大串，掛在圍牆上、開放式棚架、甚至晒衣繩上。當已經變乾的紅椒迎風喀喀作響時，晾乾的整治過程就完成了。晾乾期較現代的作法則是把成熟的莢放在大的棉網袋裡，然後疊放在開放性的晾棚裡。在考洛喬鎮見到拖車載著一車以棉網袋裝著的紅艷紅椒抵達加工場，情景實在令人驚奇。晾乾後，紅椒幾乎已達乾燥狀態，接著會鋪在陽光下曝晒 2、3 週，完成乾燥程序。不過近來，更常以攝氏 50 度（華氏 120 度）的連續窯（continuous kiln）來進行紅椒的乾燥。

下一個關鍵的階段就是研磨，研磨後會製作出上面提過的、不同等級的匈牙利紅椒粉。莖、籽和胎座被移除的量是

是紅椒還是辣椒？

只要記住，紅椒和辣椒的關係親勝堂表兄弟姊妹，你甚至可以說是親如手足兄弟！你可以想像有一條線，左邊是甜味的紅椒，而最右邊盡頭則是極端暴辣的印度魔鬼辣椒（Bhut Jolokia chile，或稱斷魂椒）。從左到右則是一列紅椒，辣度漸漸提升，直到變成辣椒。所以，紅椒什麼時候會變成辣椒呢？根據我的觀察，大約是在線條的中間點附近，最辣的紅椒和最溫和的辣椒並肩列在一起，就目的和用途上，他們在辣度上是完全相同的；唯一的差別在於變種或是處理方式所導致的不同。

等級的根據，不過，也要看有多少量的籽是用清洗降低辣度後，被研磨並加到研磨中的紅椒粉內。紅椒一般比典型的辣椒顏色紅多了，因為它的果肉厚、辣椒紅素含量較高，種子的數量則較少。

研磨過程中的摩擦會產生熱，這種熱經常是不被喜歡的，例如研磨含有較高揮發油的香料肉桂時就不希望有這種熱，但對紅椒來說，熱度會引起某個程度的焦糖化，提升產品品質，並形成這種精心加工產品的重要特色。無論如何，這算是個美味的平衡。在研磨過程中過熱意味著研磨出來的粉會有強烈的苦味，在最高等級的匈牙利紅椒粉中是不願見到的，有些最高等級、也是最滑順如絲的紅椒粉是以滾輾的方式，進行最多 6 次的研磨。

西班牙紅椒

西班牙紅椒粉，尤其是埃斯特雷馬杜拉自治區（Extremadura）拉維辣產區所出產的煙燻等級紅椒粉，美味又芳香，處理方式和其他紅椒粉有些不同。用來製作非煙燻紅椒粉的成熟紅椒果實被堆在山坡上大約 24 小時，開始整治動作。當水分含量降低 10% 到 15% 時，辣椒紅素就已經開始增加了，接著放在能將人烤焦的夏日豔陽下乾燥約 4 天。然後紅椒果莢會被對切成 2 瓣或 4 瓣，進一步曝晒 8 天，直到全乾為止。然後透過去籽去莖，再研磨篩選，製造出不同

程度的甜味，方式類似於匈牙利紅椒粉所採用的方式。

一直以來，西班牙紅椒的煙燻品都是將現採的成熟紅椒莢放進低矮的土胚煙燻房裡，而房中則架著煙燻烤架，下面燒著燃燒得很緩慢的橡木。煙燻過程必須進行密切的監督，以確保紅椒能好好的燻乾，溫度太高會讓紅椒在自己的水分中被煮熟，破壞了風味。研磨也是一件同樣辛苦費力的事——第1次研磨最多可能會耗上8個小時，這是因為摩擦產生的熱度會對最終的風味、深紅的色澤和如絲綢般滑順的質地產生影響。

購買與保存

紅椒除了少數幾個品種（例如諾拉），能在一些專門店裡找到整顆的，大多數乾紅椒都是以粉的方式販賣的。紅椒泡菜和紅椒醬，歐洲食品店裡能買到，雖說為了保存必須在裡面加醋，使得它們都多少有點酸，不過拿來當鹹味食物的塗醬還是很有用的在此外加到有番茄醬的料理搭配也是很合味。新鮮的紅椒在特產店裡可以買到；只是，你得知道，被當做大紅椒莢賣的實際上可能是大辣椒，會比你想像中來得辣。

紅椒粉應該要標示產地來源，看是匈牙利、西班牙還是其他地方。如果沒標，至少也該標明是甜味、溫和或是辣味。紅椒粉從豔紅、如絲般滑順到暗紅的粗粒都有，紅椒粉如果是棕褐色，那麼不是已經受潮，就是因為放太久褪色了，不要買。

購賞煙燻紅椒粉時，要確定你買的是真品。現在外面常會見到把煙燻味道和味素加到紅椒粉去提升它甜味或讓辣感變溫和，再當成真正的煙燻品來賣。煙燻紅椒粉顏色暗紅，質地粗礫，是通常含有研磨的籽和莖的較次等級。

雖說歷史上也發生過一些以駭人聽聞的填充物，如鉛丹（red lead）或碎紅磚粉來魚目混珠的，但是現在的食品法已經能保護消費者，不會遭受到這種明目張膽的欺騙。有麩質不耐症的消費者在購買前要跟供應商確認，紅椒粉裡面是沒有摻麩質的。文獻中曾記載，紅椒粉中的麩質是因為加工者以研磨固定量的小麥來清理研磨機所導致，而殘留物可能

對某些人有害。

應用

　　紅椒粉被廣泛用來增色及添加風味，是人工紅色色素極受歡迎的替代品，常被用來添加在香腸和醃製肉類裡。紅椒粉被我分類在調和型的基本香料中，因為它豐潤、美麗的均衡風味特色可以讓大部分的鹹味菜餚更加出色。市面用來在烹飪前撒在肉類上的調味粉，裡面大多都含有紅椒。速食烤肉和碳烤雞肉色澤和風味令人垂涎，是因為表皮上抹了調味粉，而裡面紅椒粉就有相當的量。

　　從居家料理的觀點來看，甜紅椒粉正是匈牙利燉牛肉不可或缺的材料，賦予這道菜那極具特色的色澤和風味：它和牛肉或牛腱及鮮奶油搭配的滋味非常美妙。紅椒也能提升豬肉和雞肉的風味。龍蝦、蝦子和蟹肉也常用它來裝飾，只要加一點就能讓視覺賞心悅目，味蕾愜意愉快。蛋的料理，無論是炒蛋、水煮半生蛋、煎蛋、水煮蛋或是歐姆蛋，只要適量的撒上你喜歡的紅椒粉，肯定能為你的料理大大增色。紅椒堅果醬是西班牙加泰隆尼亞（Catalonian）著名的醬汁，它艷麗的色澤和深奧的風味就來自於製作時使用的紅椒粉——常常是諾拉紅椒粉。

　　紅椒粉是辣椒粉絕佳的替代品，因為風味特徵類似，但沒有辣味。你可以用等量的紅椒粉取代咖哩裡面研磨的辣椒粉，就能做出溫和不辣，但依然美味、香氣四溢的咖哩。如果你平日辣椒粉下手容易過重的話，那麼用一些紅椒粉就能降低辣椒粉的辣度，加辣椒的料理放紅椒粉不會讓風味失色，還能讓舌尖上的火辣香味得到控制。新鮮辣椒 1 條，可以加入 1/2 茶匙（2 毫升）的紅椒粉，或以紅椒 2 倍量的辣椒粉或辣椒片取代新鮮辣椒。

　　煙燻紅椒粉在用量上要比非煙燻的紅椒粉謹慎，因為它的風味相對強烈。對於許多素食餐點來說，煙燻紅椒粉是絕佳的添加物，會讓菜餚雖無肉，卻有煙燻的培根味。美乃滋中加煙燻紅椒粉味道非常棒，特別是配海鮮料理時。烤起司三明治在烤之前，如果撒上甜紅椒粉，就幾乎可以當成正餐來吃了。

P

紅椒 Paprika

每茶匙重量（5ml）

- 整根諾拉乾紅椒平均：5.2 公克
- 研磨：3.5 公克

每 500 公克（1 磅）建議用量

- **紅肉：**最多 1/2 杯（125 毫升）甜紅椒粉
- **白肉：**最多 1/2 杯（125 毫升）甜紅椒粉
- **蔬菜：**4 茶匙（20 毫升）甜紅椒粉
- **穀類和豆類：**2 到 3 茶匙（10 到 15 毫升）甜紅椒粉
- **烘烤食物：**2 到 3 茶匙（10 到 15 毫升）甜紅椒粉

注意：如果使用辣味紅椒粉，建議用量減半。

西班牙紅椒堅果醬
Romesco Sauce

這種傳統的加泰隆尼亞醬汁出自於該區的塔拉戈納（Tarragona），所在地位於西班牙北部。這種醬汁和烤鮟鱇魚或碳烤羊腿一起吃，再完美不過，不過單單只作為沾醬，配著麵包或涼拌蔬菜也是相當不錯的。這種煙燻味原本是從諾拉紅椒來的，不過當諾拉愈來愈難取得時，甜煙燻味的紅椒粉就成為很不錯的替代品了。

製作約1杯（250毫升）

準備時間：
- 15 分鐘

烹煮時間：
- 5 分鐘

 提示 紅色彩椒可以自己烤，也可以使用罐裝的。

烤彩椒：烤箱預熱到攝氏200 度（華氏 400 度）。將彩椒放在烤盤上，烤到皮變成黑色，大約要 15 分鐘。拿出裝到袋子裡，封上袋口，放置一旁冷卻。冷卻之後，皮就能輕鬆剝掉了。用一把刀將籽挖出來丟掉。

● 食物處理器

4 片	酸種麵包，粗切一下	4 片
14 盎司	成熟的番茄，去籽切塊（大約6塊）	400 公克
3 顆	烤紅色彩椒（參見左側提示）	3 顆
1 大匙	甜味煙燻紅椒粉	15 毫升
2 大匙	現壓檸檬汁	30 毫升
1 茶匙	雪莉醋（sherry vinegar）	5 毫升
¼ 顆	中等大小紫洋蔥，切碎	¼ 顆
2 瓣	蒜頭，粗切	2 瓣
2 大匙	杏仁片	30 毫升
¼ 杯	初榨橄欖油	60 毫升
些許	細海鹽和現磨黑胡椒	些許

1. 把食物處理機裝上金屬刀片，將麵包、烤過的彩椒、紅椒粉、檸檬汁、醋、洋蔥、蒜頭和杏仁一起放進去攪打，打到混合物像粗粗的醬狀。在馬達繼續轉時，從入口管子慢慢將油倒入，用鹽巴和胡椒調味，試試鹹淡。此醬汁放在容器中進冰箱保存，最多可以放上 1 個星期。

匈牙利燉牛肉
Hungarian Goulash

我爸媽從匈牙利回來，帶著好多袋現磨的紅椒粉，我們做的第一道菜就是這道傳統的燉牛肉。這道菜也可以採用一般牛肉來做，不過我很愛小牛肩的細嫩。

製作6人份	

準備時間：
● **15 分鐘**

烹煮時間：
● **3 個小時**

 提示 純味番茄泥（Passata）是一種滑順、新鮮（未煮過）的番茄泥。如果你手上剛好沒有，可以用等量的碎番茄罐頭壓成泥代替。

● **烤箱預熱到攝氏 140 度（華氏 275 度）**

2½ 磅	小牛肩，切成 5 公分（2 吋）的塊	1.25 公斤
些許	鹽和現磨黑胡椒	些許
2 大匙	油	30 毫升
1 大匙	奶油	15 毫升
2 顆	洋蔥、對切，再切細絲	2 顆
4 瓣	蒜頭，切末	4 瓣
1 顆	紅色彩椒、去籽、切成 2.5 公分的塊	1 顆
3 根	胡蘿蔔，去皮、切成 2.5 公分的塊	3 根
3 大匙	甜味匈牙利紅椒粉	45 毫升
1 茶匙	葛縷子籽	5 毫升
½ 杯	白酒	125 毫升
2 杯	牛高湯	500 毫升
2½ 杯	純味番茄泥（Passata，參見左側提示）	625 毫升
2 片	月桂葉	2 片
2 顆	馬鈴薯，去皮、切成 2.5 公分的塊	2 顆
1 磅	義大利寬麵（fettucine），煮熟、拌上奶油	500 公克
½ 杯	酸奶油（sour cream）	125 毫升
½ 杯	新鮮巴西利切成細末	125 毫升

1. 用紙巾將小牛肩拍乾，以鹽和胡椒調味，試試鹹淡。大的鑄鐵鍋開中火，熱油。分批煎小牛肩肉，煎 8 到 10 分鐘，偶而翻炒一下，直到每一面都變成焦黃色，需要的話，再加一點油進去。煎好後，把小牛肩盛到盤子裡，放置一旁。

2. 同樣一支鍋開小火，融化奶油，倒入洋蔥，蓋上密封的鍋蓋，煮 10 分鐘，偶而攪拌一下，直到變成軟軟的透明顏色。打開鍋蓋，加入蒜頭，繼續炒 2 分鐘，直到蒜頭變軟。加入彩椒、胡蘿蔔、紅椒粉、葛縷子翻炒。將煎黃了的小牛肩倒回鍋中翻炒，直到沾滿香料為止。加入酒、高湯、番茄泥、和月桂葉，攪拌混勻。火開到中火，讓混合材料煮到滾，之後將鍋蓋緊緊蓋上，將鍋移轉到預熱好的烤箱中。烤 90 分鐘，每隔 30 分鐘把鍋子拿出來攪拌一下，煮到肉變得很軟，馬鈴薯也熟透（參見左側提示）。

3. 上菜時，將煮好的義大利寬麵分好，裝到要上菜的深碗中，上面淋上等量的燉肉。每 1 份要上菜的碗中都加入 1 圈酸奶油，並撒上一些巴西利。

 提示 番茄千萬不能太早加。如果煮過頭就會分解，融入湯汁裡了。

P

紅椒 Paprika

巴西利（香芹）Parsley

Petroselinum crispum（也稱為 *P. petroselinum,*
P. vulgare, Selinum petroselinum）

科 名： 香芹科 Apiaceae（舊稱繖形科 Umbelliferae）

品 種： 香芹／皺葉香芹／荷蘭香芹（curly parsley，學名：*P. crispum*）、義大利香芹／平葉香芹（Italian parsley，學名：*P. crispum neapolitanum*）、漢堡歐芹（Hamburg parsley，學名：*P. sativum tuberosum*）、毒歐芹（fool's parsley，學名：*Aethusa cynapium*；有毒）

別 名： curled parsley（皺葉香芹）、triple-curled parsley（三重皺葉香芹）、moss-curled parsley（curly parsley 皺葉香芹）；flat-leaf parsley（平葉香芹）、large-leaf parsley（大葉香芹）、Italian parsley（義大利香芹／平葉香芹）

中文別名： 洋香菜、歐香芹、歐芹、洋芫荽、番芫荽、荷蘭芹

風味類型： 溫和型

使用部位： 葉（香草）

背後的故事

巴西利已經被人工栽種並培育好幾世紀，所以確實的來源已經很難說清了。今日我們所知的所有香芹品種和他們的祖先都有些相似之處，這種或然率讓問題更加複雜。卡羅·林奈烏斯（Carl Linnaeus），18 世紀瑞典的植物學家，認為

皺葉香芹

義大利（平葉）香芹

巴西利原生於義大利的薩丁尼亞島（Sardinia），不過其他的人卻表示起源地應該在地中海地區的東部。巴西利的學名 Petroselinum 出自於希臘字「petra」（石頭之意），之所以得到此名是因為發現它長在希臘多岩石的山坡上。雖說古代的希臘人並未將巴西利用於烹飪，但是卻拿它來做為死亡的記號，以及喪禮用的香草。在希臘神話中，巴西利被認為是從希臘英雄阿耳刻摩羅斯（Archemoros），死亡先行者的血液中長出來的。巴西利會被做成花環，給馬當飼料。到了公元 2 世紀，羅馬人已經會欣賞巴西利在作為口氣清香劑上的功用了。

在中世紀，對於巴西利充斥著迷信。巴西利種子發芽時間比較久，因此就被認為它需要足夠的時間在地獄來回 7 次，才能發出芽來，迷信的農夫拒絕移植巴西利，有些人還因為害怕而完全不去種它。到了 17 世紀，早期的殖民地移民將巴西利帶到了美國，而且再也不回頭了——巴西利的用途和迷人的香味一旦被新世界所擁抱，現實就將所有揮之不去的迷信破除了。

現在，新鮮的香芹（無論是皺葉還是平葉）被廣泛的用於料理，而脫水的乾燥皺葉香芹也成為人氣很高的料理香草。居家料理、餐廳美食、速食食物和難以計數的加工及乾燥食品中都能找到它。

植株

巴西利是兩年生植物，由種子繁殖。身為胡蘿蔔家族的一員，巴西利的幼苗模樣跟胡蘿蔔葉相似得驚人，直到長出成葉後才容易辨識，那時也是區分品種的時間點，平葉或皺葉，可以輕易認出。

料理情報

可搭配
- 芝麻菜
- 羅勒
- 月桂葉
- 細葉香芹
- 菊苣
- 蔥韭
- 蒔蘿
- 甜茴香複葉
- 蒜頭
- 歐當歸
- 馬鬱蘭
- 薄荷
- 奧勒岡
- 迷迭香
- 鼠尾草
- 百里香

傳統用法
- 阿根廷青醬（chimichurri）
- 歐姆蛋包、炒蛋及鹹味的舒芙蕾（soufflés）
- 馬鈴薯泥
- 塔布勒沙拉（Tabouli）
- 湯品
- 義大利麵
- 巴西利醬，牛肚、魚、和家禽肉用

調和香料
- 燉煮用香草束（bouquetgarni）
- 普羅望斯香草料理（herbes de provence）
- 綜合香料（mixed herbs）
- 義大利香料
- 法式綜合調味香草（finesh erbs）
- 切爾末拉辛香辣椒料（chermoula spice mix）

香芹根

香芹根是蔬菜，不是香草。就跟胡蘿蔔一樣，它也是長根的，而不是葉。香芹根在農夫市集常能看見，而且在北美多有種植。它的外觀和歐洲蘿蔔（也稱歐洲防風草，parsnip）非常相似，只是帶有一點點苦味，這點跟芹菜根比較相近。香芹根就和它的胡蘿蔔親族一樣，無論是入湯還是燉煮，滋味都很美妙。

種植皺葉香芹時要有耐心：它的種子發芽可能需要 2 個星期之久。在播種之後（尤其是皺葉香芹），種子必須保持溼潤，直到發芽為止。由於香芹是 2 年生植物，避免植株在第 1 年就結籽是很重要的，一旦長出長柄的花穗就要儘快剪除，如果適當修剪，巴西利在次年葉子能長得很茂盛。

巴西利有種特殊的獨特香氣，這點倒是有趣，因為這種香草通常被人以溫和細膩來形容。它的口味則被形容是清新、爽脆，又帶點土味的，然而，和其他香草混合時卻不搶味，令人驚喜；因此巴西利也就成為許多綜合香草配方中的完美搭檔了，如法式綜合調味香草（fines herbs）、燉煮用香草束（bouquet garni）、和綜合香料（mixed herbs）。巴西利擁有「適合搭配」的特質，因為它能讓大部分混搭的風味更加出色——似乎絕不會出現搶味的情況，卻又能讓人感受到它的存在。

「中國香芹」（Chinese parsley）是新鮮芫荽葉（香菜葉，參見 255 頁）的俗稱，但這其實是不正確的稱法：在香芹屬（Petroselinum genus.）裡面並沒有一種叫做中國香芹的東西。

其他品種

- **皺葉香芹**（Curly parsley，學名：*Petroselinum crispum*）是傳統上提起巴西利就會聯想起的形象，幾乎就是縐紗樣鑲著摺邊的葉，處處可見，被當做擺盤上的裝飾，是兩個品種中，比較賞心悅目的一種。它可以長到約 25 公分（10 吋）高，翠綠色的葉子一團團、小小的、緊密成簇。皺葉香芹的品種在 30 種以上，有些可能捲得很密實，有些則是相對稀疏。

- **義大利香芹**（Italian parsley，學名：*P. crispum neapolitanum*），也稱為平葉或大葉香芹，可以長到 45 公分（18 吋）高，葉子顏色和皺葉香芹相比，偏深綠，看起來有點像是芹菜的頂端，也像香菜，風味和皺葉香芹相比略微強烈了些。由於義大利菜的人氣提升，以及對地中海及中東料理的著迷，平葉香芹在近代已經成為最受歡迎的料理品種了，而這兩類的料理都會使用大量的義大利香芹。由於風味濃郁、繁殖簡易、

生長健壯的習性，這個品種對廚師和栽種的農家都很有吸引力。

- **漢堡香芹**（Hamburg parsley，學名：*P. sativum tuberosum*）被栽種的主因是因為類似於歐洲蘿蔔的根，這種根在東歐都是當做蔬菜料理、食用的，方式跟甜茴香球莖幾乎一樣。香芹根在北美被當做香草盆栽來種植的風氣愈來愈盛，而作用就是要使湯更濃稠、風味更提升。
- **毒香芹**（Fool's parsley，學名：*Aethusa cynapium*）是有毒的植物，外觀上和義大利平葉香芹非常類似。毒香芹有種令人討厭的味道，很多人在無意之間和香芹一起採了回來，吃掉以後便生病了，這也說明了為什麼皺葉品種在英國是最受歡迎的品種。

處理方式

除了外表纖細，以及出了名的細緻風味外，巴西利在脫水乾燥方面也是相當好的。任何一種香草要有效乾燥得看能除去多少葉細胞結構中的水分，而不散失賦予味道的揮發油。如果葉上沒有強韌如革、光亮、水汪汪的表面，通常簡單就能乾燥，而巴西利就屬於這類例子。這種香草的企業化乾燥方式是相當驚人的。葉子洗淨，從莖上摘下後，用強大的氣流穿進一間由類似噴射引擎加熱的房間進行乾燥。在接觸到超熱的空氣（有些還攝氏好幾百度高溫）後，葉子幾乎立刻就流失百分之十的水分。在這種較輕的狀態下，這些葉子會從房間頂上被吸到房間外。令人驚奇的是，這個過程居然快速到葉面都還沒熱到讓風味消失。這樣就能製作出口味和新鮮巴西利相似到令人驚喜的乾燥巴西利，加到有溼潤度的食物，例如蛋的料理，甚至馬鈴薯泥中尤其如此。

自家種植的巴西利用家裡的烤箱，很容易就能乾燥。把葉子以單層的方式鋪排在烘烤盤上，烤箱預設到攝氏 120 度（華氏 250 度），接著把電源關掉。立刻將整個烤盤放進烤箱中，用餘溫來將巴西利乾燥，要用夾子，小心謹慎的將巴西利葉翻個幾次。15 到 20 分鐘後，巴西利應該已經變得又乾又脆了。將它從烤箱中取出，完全冷卻後，裝入氣密式容器，放置在光線陰暗的地方。

購買與保存

　　新鮮的巴西利是所有新鮮香草中最容易買到的，選擇沒有枯萎的巴西利束，葉子有彈性、挺立、算得上堅實的。在冷水下徹底洗淨，把葉上黏附的所有砂礫都洗掉，然後壓乾。要保存時可以選擇整束插在杯水裡（如插瓶一樣），上面再用塑膠袋以搭帳棚方式覆蓋，接著放進冷藏，或是將新鮮的枝葉用鋁箔紙包好，放進冰箱冷凍。

　　乾燥的巴西利最好少量購買、經常補充，因為它的色澤和風味消失得很快，要找葉片深綠色，不帶莖和黃葉的。保存乾燥巴西利的地方一定要遠離所有直接的光源，並放在氣密式容器中，避免太熱、太溼的環境。在這樣的條件下保存，大概可以放上 1 年。

應用

　　巴西利清新、均衡的風味以及脆脆的口感，讓它成為大部分食物的理想搭配。巴西利能消除某些食物會殘留口氣的問題，大家最知道就是蒜頭了。傳統上，巴西利是一些著名的綜合香草混合料裡的特色，例如法國的綜合調味香草（fines herbs，裡面還有細葉香芹、蔥韭和龍蒿），以及燉煮用香草束（bouquet garni，裡面還有百里香、馬鬱蘭和月桂葉）。無論是新鮮還是乾燥的巴西利都可以用在歐姆蛋包、炒蛋、馬鈴薯泥、湯品、義大利麵和蔬菜菜色裡，和魚類、家禽肉、小牛肉或豬肉搭配的醬汁也都可以使用。

　　和大部分其他新鮮的香草相比，新鮮巴西利比較耐煮。製作大蒜麵包時，可以和蒜頭及奶油一起放，多汁、烤得吱吱作響的牛排也能用它來做簡單的裝飾。在中東的塔布勒沙拉（Tabouli，參見 476 頁）中，巴西利是主要材料，此外還有薄荷。平葉的香芹是許多摩洛哥菜餚的特色，從以摩洛哥綜合香料作為香料的鹽漬檸檬塔吉鍋，到以切爾末拉綜合香料（chermoula blend）調製風味的菜色都放了巴西利，而切爾末拉綜合香料裡還放了芫荽葉、洋蔥、孜然和卡宴辣椒（cayenne pepper）。

每茶匙重量（5ml）

- 乾燥後切碎的葉：0.3 公克

每 500 公克（1 磅）建議用量

- 紅肉：5 茶匙（25 毫升）鮮品，1 到 2 茶匙（5 到 10 毫升）乾品
- 白肉：5 茶匙（25 毫升）鮮品，1 到 2 茶匙（5 到 10 毫升）乾品
- 蔬菜：5 茶匙（25 毫升）鮮品，1 到 2 茶匙（5 到 10 毫升）乾品
- 穀類和豆類：5 茶匙（25 毫升）鮮品，1 到 2 茶匙（5 到 10 毫升）乾品
- 烘烤食物：5 茶匙（25 毫升）鮮品，1 到 2 茶匙（5 到 10 毫升）乾品

巴西利醬汁
Parsley Sauce

這個簡單的醬汁是魚肉的經典好搭檔，我特別喜歡用它來配蒸的煙燻鱈魚及馬鈴薯泥——真是安撫腸胃美食的小縮影呀。

1½ 杯	牛奶	375 毫升
1 顆	紅蔥頭，切成 4 塊	1 顆
1 片	月桂葉	1 片
3 枝	新鮮的帶莖皺葉香芹	3 枝
1 大匙	奶油	15 毫升
1 大匙	中筋麵粉	15 毫升
3 大匙	巴西利葉，切成細末	45 毫升
1 大匙	鮮奶油（脂肪含量 18%，table cream）	15 毫升
些許	海鹽和現磨黑胡椒	些許

1. 小的平底鍋開中火，將牛奶、紅蔥頭、月桂葉和巴西利莖放進去混合，煮到將近沸騰（別讓牛奶沸騰），離火，用細網篩將內容物篩入碗裡（固形物丟掉），放置一旁。

2. 同一支鍋（洗過）開中火，融化奶油。加入麵粉，煮 1 分鐘，要攪拌，直到材料變成金黃色的糊狀（麵粉糊）。鍋子離火，以非常緩慢的速度，慢慢加入牛奶，持續不斷的攪拌，直到完全融合。鍋子放回爐上，開中火，煮到沸騰，持續攪拌，沸騰後立刻熄火，把切碎的巴西利和鮮奶油拌進去。用鹽和胡椒調味，試試鹹淡。

阿根廷青醬
Chimichurri Sauce

在巴西的窯烤店用餐是一場我永難忘懷的盛宴：架網碳烤的肉，以簡單的沙拉和一碗阿根廷青醬搭配，形成完美的組合。這種醬料最早起源自於阿根廷，由奶油或番茄為基底的醬汁改成帶著酸味的調味，淋在肉上，頗受歡迎。這款醬汁最好提前在食用之前1個鐘頭（或更早）就做好，這樣才有時間讓風味好好醞釀成熟。雖說這醬料的材料用食物處理機來處理輕鬆簡單，但我還是偏好用手工來剁料，讓這道食譜有真正贏家的感覺。

製作約1杯
（250毫升）

準備時間：
● **10 分鐘**

烹煮時間：
● **無**

提示 將香草剁成細末時，先將材料放在砧板上，再用一把銳利的刀子，以從3點到6點鐘方向來剁，落刀點要保持固定。

1 杯	壓實的平葉（義大利）香芹葉，剁成細末	250 毫升
2 大匙	壓實的芫荽葉（香菜），剁成細末	30 毫升
2 瓣	蒜頭，切碎	2 瓣
1/3 杯	初榨橄欖油	75 毫升
3 大匙	紅酒醋	45 毫升
1 茶匙	乾辣椒片	5 毫升
1/4 茶匙	細海鹽	1 毫升
1/4 茶匙	現磨黑胡椒	1 毫升

1. 用1個碗，將所有材料放入混合，試吃一下，需要的話，調整味道，在一旁放置1個鐘頭讓風味成熟。淋在燒烤的蔬菜和肉類上食用。醬汁放在氣密式容器中，置入冰箱冷藏可以放到1個星期。

塔布勒沙拉
Tabouli

塔布勒沙拉清新的風味，我永遠不會感到厭倦。它是完美的夏日碳烤沙拉，上中東的拼盤菜梅茲（mezze）時，更是不可或缺的一部分。世界各地有許多不同版本的塔布勒沙拉。黎巴嫩版的食譜使用的巴西利比例高於布格麥（Bulgur，譯註：也就是碎的乾小麥），是我最喜歡採用的製作方式。可以和土耳其碎羊肉烤餅（Lahmucin，參見 188 頁）和蒜味小黃瓜優格（Cacik，參見 400 頁）一起上菜。

製作6小份

準備時間：

● **20 分鐘**

烹煮時間：

● **無**

 提示 布格麥可以上爐去煮，就跟米飯一樣，不過卻不需如此大費周章——只要浸泡就行了。把布格麥放入碗中，水淹過麥 5 公分（2 吋），加入 1/2 茶匙（2 毫升）的鹽，攪拌均勻。在一旁浸泡，放置 20 分鐘。這樣一來，布格麥就能被「煮熟」了。此時再裝到濾籃中，在流動的冷水下洗淨，把水徹底濾乾後就能加到沙拉裡。

如果要冷藏 2 天以上，那麼先省略小黃瓜，要食用之前再加就好——小黃瓜無法像其他食材保持得那麼久。

½ 杯	細的布格麥，浸泡後濾乾水	125 毫升（參見左側提示）
3 顆	成熟的帶莖小番茄，去籽切丁	3 顆
1 條	小條的小黃瓜，去籽切丁	1 條
6 根	青蔥，蔥白和蔥尾切成細蔥花	6 根
3 杯	平葉（義大利）香芹，細切	750 毫升
½ 杯	新鮮薄荷，細切	125 毫升
½ 茶匙	多香果粉	2 毫升
1 顆	現壓的檸檬汁	1 顆
些許	海鹽和現磨黑胡椒	些許
1 大匙	鹽膚木	15 毫升

1. 在要上菜供食的碗中放入布格麥、番茄、蔥花、巴西利、薄荷、多香果粉和檸檬汁混合。用鹽和胡椒調味，試試鹹淡。食用之前先冷藏，上桌前上面撒上鹽膚木粉。放在氣密式容器中置放於冰箱冷藏，可以放上 3 天（參見左側提示）。

變化版本

如果想讓沙拉更健康，可以用 1/2 杯（125 毫升）煮熟的藜麥來取代，也可改用一半藜麥一半布格麥。

胡椒 - 粉紅巴西乳香胡椒
Pepper - Pink Schinus
Schinus terebinthifolius

各國語言名稱

- **中文（粵語）：**
  ba sai wuh jiu muhk
- **中文（國語）：**
  ba xi hu jiao mu
- **捷克文：** ruzovy pepr
- **丹麥文：** rod peber
- **荷蘭文：** roze peper
- **芬蘭文：** rosepippuri
- **法文：** poivre rose、
  baies roses、poivre
  de Bourbon
- **德文：** brasilianischer
  Pfeffer、rose Pfeffer
- **希臘文：** roz piperi
- **匈牙利文：**
  rozsaszin bors
- **義大利文：** pepe
  rosa、schino
  brasiliano
- **日文：** kurisuma-
  beri、sansho-modoki
- **波蘭文：** owoce
  schimusowe
- **葡萄牙文：**
  pimenta-rosa
- **俄文：** perets rozovyj
- **西班牙文：** arveira、
  pimienta roja
- **瑞典文：** rosepeppar
- **土耳其文：**
  pembebiber、yalanci
  karabiber

科　　名：漆樹科 Anacardiaceae

品　　種：胡椒木（pepper tree，學名：*S. areira*、也稱作 *S. molle* 祕魯胡椒木；具輕微毒性）

別　　名：peppercorn tree（胡椒子木）、Christmas berry（耶誕節莓果）、Brazilian mastic tree（巴西乳香木）

中文別名：巴西胡椒木、巴西肖乳香、巴西乳香、巴西清香木

風味類型：激香型

使用部位：莓果（香料）

背後的故事

　　這個品種的胡椒木原生於祕魯的安第斯沙漠（Andean deserts）。在過去，南美洲的原住民利用這種胡椒木的莓果來為酒精飲品加味。這些樹有時候會被稱作巴西或美洲「乳香木」，因為這個具有輕微毒性的品種 *S. molle*（祕魯乳香木）有偏白色的樹液，在南美洲還被當做口香糖來嚼。事實上，胡椒粒木和產出樹脂性樹液乳香脂（參見 386 頁）的樹都是同一科的成員。肖乳香屬（Schinus genus）的樹木在貧瘠、排水良好的土壤中長得很好，而世界各地的溫帶地區幾乎都有。

可搭配

- 多香果
- 月桂葉
- 辣椒
- 芫荽籽
- 甜茴香（複葉和籽）
- 杜松子
- 香桃木
- 紅椒
- 巴西利
- 迷迭香
- 鼠尾草
- 龍蒿
- 百里香

傳統用法

- 魚
- 野味和濃郁的食物（和杜松子用法同）
- 沙拉調味料

調和香料

- 一些研磨胡椒的綜合香料（不推薦）

常被稱作「粉紅胡椒」（pink peppercorn）或「耶誕莓果」（Christmas berry）的 *Schinus terebinthifolius*，現在法屬印度洋的留尼旺島（island of Réunion）上已有商業化栽種，而莓果不是以鹽水鹵起來就是乾燥。

植株

在我家鄉澳洲，胡椒粒的來源是引起眾多混亂的原因，我們那裡的人，很多成長環境裡都有「胡椒木」，為校園、家裡的院子或公園提供遮蔭。成排的胡椒木矗立在小湖岸的景象並不少見，而澳洲內陸和鄉下地區的牧場，也能看見牛隻在胡椒木下擠著休息，避免烈日的曝晒。所以，一般澳洲人會以為胡椒就是產自於胡椒木也是正常的事。真正的胡椒實際上是出自於藤本的黑胡椒（*Piper nigrum*），是生產市場上真正黑胡椒、白胡椒、綠胡椒和粉紅胡椒的植物（參見右頁說明欄）。

不過，還是有幾種植物可以生產可能被形容為「偽胡椒」的莓果。胡椒木的兩個品種能結出小小的紅色莓果，這些莓果通常會被當成粉紅胡椒來賣。最常種來作為料理用途的品種是 *S. terebinthifolius*，這是一種濃密、矮小的樹，葉子油亮，呈橢圓形，看起來像月桂葉。開小小的白花，果實則是濃密、直立的成束莓果，果實顆粒相當大，成熟時是深的粉紅色或深紅色。*S. terebinthifolius* 的莓果乾燥以後直徑大約5公釐（1/4 吋），有淺粉紅到亮粉紅的外殼，易碎，帶著微微的香氣或風味，裡面有一顆又小又硬的籽（3公釐，或1/8 吋），不規則狀、深褐色。這顆種子如果壓碎會釋放出一股甜甜的、輕快的松樹香氣，聞起來有一點點胡椒鹹油的感覺，這正是真正黑胡椒的主要成分。迸發出來的風味是類似的甜蜜、溫暖、新鮮及樟樹味，有久久不去的澀味，但帶點辣味。

其他品種。

胡椒木（Peppertrees，學名：*Schinus areira*、*S. molle*），在澳洲很常見，根據供水量的不同，高度可以長到7到20公尺（23到66呎）。胡椒木的樹葉下垂，有如複葉，開小小的黃色花朵，可以結出一長穗的莓果。這些莓

名字裡的學問

提到粉紅胡椒,「粉紅」其實指的是兩種完全不同的香料。真正的粉紅胡椒是黑胡椒(*Piper nigrum*)藤(參見 492 頁)上的成熟胡椒粒,原生於南印度,而其他所謂的粉紅胡椒則是巴西胡椒木(*Schinus terebinthifolius*)的莓果。雖然兩者都被稱作是「粉紅胡椒」,我倒寧可把印度的藤胡椒稱為「真正的粉紅胡椒」,而把本項標題下的粉紅胡椒稱為「粉紅巴西乳香胡椒」。

肚子的問題?

在過去,把粉紅色的胡椒粒加到玻璃或塑膠研磨罐子裡,和乾燥的黑胡椒、白胡椒、綠胡椒放在一起是一種時尚(大多因為外表好看,而非為了風味)。1980 年代,有些文章把食用過多這類粉紅色胡椒與腸胃道毛病牽扯在一起,不過,深入的研究卻顯示,粉紅胡椒的毒性並不會比其他胡椒來得高。但倒是有些權威人士告訴大眾不要使用 *S.ariera* 的莓果,他們相信這個品種的毒性比其他所有 *S. terebinthifolius* 的莓果都大,可能對腸子有問題的人會有負面影響。

果先是綠色,後轉為黃色,成熟後就變成一串串玫瑰紅的胡椒粒了。

處理方式

粉紅巴西乳香胡椒(*S. terebinthifolius*)的莓果在從一穗穗的莖上脫取下來後,不是以鹽滷醃製就是放到陽光下曝晒,進行乾燥,不過,在遮蔭處乾燥的莓果能保持較高的彩度,看起來比較討人喜歡。

每茶匙重量（5ml）
- 整顆乾燥：1.8 公克
- 整顆鹽滷：3.5 公克

每 500 公克（1磅）
建議用量

- 紅肉：2茶匙（10毫升）整顆胡椒粒
- 白肉：1½ 茶匙（7毫升）整顆胡椒粒
- 蔬菜：1茶匙（5毫升）整顆胡椒粒
- 穀類和豆類：1茶匙（5毫升）整顆胡椒粒
- 烘烤食物：3/4 茶匙（3毫升）整顆胡椒粒

購買與保存

　　購買鹽滷的粉紅胡椒時，很難去判斷買的是什麼品種。從黑胡椒藤摘下來的真粉紅胡椒一定要保存在鹽滷中，才能避免啟動酵素作用，讓粉紅色的胡椒粒變成黑色。外罐標籤上如果能標示內容物是「*S. terebinthifolius*」（木本粉紅胡椒）或是「*Piper nigrum*」（藤本粉紅胡椒）會比較理想。悲哀的是，商人往往不願意提供太多的資訊給消費者，甚至以「太多現實資料來讓消費者感到困惑不是明智的做法」當藉口。

　　我會推薦買巴西乳香胡椒（*Schinus*）時，只買乾燥品，這樣你才能聞出買到的是什麼。用一般保存的方式來儲存乾燥的粉紅胡椒，裝入氣密式容器中，遠離溫度過高、光線太亮、或潮溼的場所。在這樣的條件下保存，大概可以放上 3 年。不同的廠商可能會使用不同的鹽滷方式，所以一定要仔細看一下瓶罐標籤上的儲存說明和保存期限。

應用

　　木本的巴西乳香胡椒（*Schinus* pepper）地中海地區在做魚料理時，常會使用，它清新、帶著松樹香氣的風味能讓野味及其他味道厚重的食品更加出色，和杜松子非常相似，許多肝醬類食品上面的膠質中就含有木本粉紅胡椒粒，添加這些粉紅胡椒不僅是為了視覺效果好看，也因為那類似松樹、能讓口齒清新的風味，使這些風味濃郁的肝醬類食品口味完美均衡。雖說這種胡椒放在帶著研磨器的透明罐了裡雖然好看，不過它易碎的外殼卻容易讓研磨頭卡住，如果你需要研磨木本粉紅胡椒粒，還是用研磨砵組最好。

　　鹽滷的粉紅胡椒粒，比乾燥品來得柔軟，用在沙拉調味以及其他不用烹煮的料理中都很方便，使用之前要好好洗淨，降低鹽分並擠乾。

粉紅胡椒法式豬肉抹醬
Pink Peppercorn Pork Rillette

這道菜很美味，雖然耗時卻不費工，很容易做。法式抹醬（rillettes）是法國的一項大宗出口食品，就和肝醬（pâté）一樣，以室溫供食，再配上烤麵包或脆麵包。我每年的聖誕節都動手做，以便朋友不時來訪時不致短缺。粉紅胡椒除了看起來漂亮外，解豬肉的油膩也正好。

製作1½杯到2杯
（375到500毫升）

準備時間：
- 8 小時

烹煮時間：
- 5 到 6 個小時

- - - - - - - - - - - - - - - - - -

 提示 用研磨砵組或是湯匙背把胡椒粒壓破。

五花肉很肥，你煮好後要把一些肥油切掉——所以這道食譜才會用到那麼多的肉。

所需的油量依照你鍋具的大小而定。

- - - - - - - - - - - - - - - - - -

- **4 個圓型單人小烤模（ramekins）**

醃製料

2 顆	紅蔥頭，切碎	2 顆
2 瓣	蒜頭，壓碎	2 瓣
2 片	檸檬切片	2 片
2 大匙	橄欖油	30 毫升
1 大匙	細海鹽	15 毫升
2 茶匙	木本的粉紅胡椒（pink Schinus peppercorns）	10 毫升
½ 茶匙	杜松子	2 毫升

豬肉

2 磅	豬五花肉，切成 2 或 3 塊	1 公斤
2 到 4 杯	橄欖油（參見左側提示）	500毫升到1公升
1 大匙	乾燥的木本粉紅胡椒，輕輕壓碎（參見左側提示）	15 毫升

1. 把紅蔥頭、蒜頭、檸檬、油、鹽、整顆的胡椒粒和杜松子莓果一起放進夾鏈袋裡面混合，袋口封好，好好的搖晃搖晃，加入五花肉，在冰箱的冷藏庫至少放置 1 天（不要超過 2 天）。

2. 烤箱預熱到攝氏 110 度（華氏 225 度）。

3. 把豬肉從醃製料裡面拿出來，黏著的香料刷掉（把醃料丟掉）。將肉放進鑄鐵鍋或深的烤盤中，肥面朝上。把橄欖油倒在肉上，直到肉完全浸到油。蓋上鍋蓋（如果用烤盤，蓋上鋁箔紙），烤 4 到 5 個鐘頭，直到肉變軟，可以分離為止。從烤箱拿出來，放置一旁待涼。

4. 豬肉涼到能繼續處理時，把肉從油中拿出來（油留著）。用手把肥肉剝開，丟掉。用一把銳利的刀子把豬肉粗切一下，盛到碗中。加入已經被壓破的胡椒粒，以及 3 到 4 大匙（45 到 60 毫升）剛剛保留的油。用叉子把肉搗爛，讓肉混合在一起（需要的話，可以加更多油進去）。要上菜時，把肉醬的混合材料放進小圓模裡，壓緊。用一些稍微被壓破的粉紅胡椒裝飾。這樣的肉醬，如果蓋好，在冰箱裡可以保存到 1 個星期。要食用時，先拿出來恢復到室溫。

胡椒 – 塞利姆 Pepper - Selim
Xylopia aethiopica

各國語言名稱

- **阿拉伯文：**
  fulful as-Sudan、
  hab az-Zelim
- **荷蘭文：** granen van Selim
- **法文：** grains de Selim、poivre du Sénégal
- **德文：** Selimskorner、Negerpfeffer
- **希臘文：** afrikaniko piperi
- **匈牙利文：** arabbors
- **波蘭文：** pieprz murzynski
- **葡萄牙文：** pimenta-da-áfrica
- **俄文：** kumba perets

科　　名：番荔枝科 Annonaceae

品　　種：驢子胡椒（burro pepper，學名：*X. aromatica*）

別　　名：African pepper（非洲胡椒）、Ethiopian pepper（衣索匹亞胡椒）、grains of Selim（塞利姆胡椒）、Guinea pepper（幾內亞胡椒）、kimba pepper（辛巴胡椒）、negro pepper（黑胡椒）、Senegal pepper（塞內加爾胡椒）、West African peppertree（西非胡椒木）

中文別名：卡尼胡椒、塞內加爾胡椒、衣索匹亞胡椒

風味類型：辣味型

使用部位：莢果（香料）

背後的故事

　　塞利姆胡椒和天堂椒（grains of paradise）都產自於西非，因此常常被搞混。塞利姆胡椒也被用來當做胡椒的摻雜物，就和尾胡椒（cubeb peppers）一樣。16 世紀左右，在供應短缺

或是藤本黑胡椒（*Piper nigrum*）價格太高時，這種以低價的替代品取代黑胡椒作法很常見。不過風水輪流轉，命運大轉折，曾幾何時被用來作為黑胡椒替代品的塞利姆胡椒，現在也因為稀罕而備受追捧。如果市場上買得到現貨，價格可比黑胡椒貴多了。

植株

塞利姆胡椒（Selim pepper，或常被稱作 grains of Selim）是由胡椒粒大小的種子所組成，這些種子生在牛角狀的莢果裡，莢長從 2.5 到 5 公分（1 到 2 吋），外表有突出的節，就像小型的蠶豆莢。而生出這種莢果的樹被稱作西非胡椒木。這種樹，枝椏蔓生，樹幹直徑約 60 公分（24 吋），筆直狹窄，樹高可到 20 公尺（65 吋）。原生於西非洲潮溼的森林區，除了用於料理之外，還有許多用途，舉例來說，它非常芳香的樹根就被加在西非的酊劑裡，用來驅趕腸道裡面的蟲和其他寄生蟲。

其他品種

驢子胡椒（Burro pepper，學名：*Xylopia aromatica*）是在南美洲被發現的，巴西的原住民會使用它。這個品種和塞利姆胡椒相似，不過，可別跟也是原生於巴西的巴西乳香胡椒搞混。

處理方式

莢果裡面的種子是成串密集生出的，通常是在太陽下採收並乾燥的，不過，有時候會上火去烤，這樣的莢果會產生煙燻的風味。

購買與保存

由於塞利姆胡椒相當稀罕，而它的取得也因許多國家種

料理情報

可搭配
- 多香果
- 月桂葉
- 小荳蔻
- 辣椒
- 肉桂和桂皮
- 丁香
- 芫荽籽
- 孜然
- 蒜頭
- 薑
- 八角
- 羅望子
- 薑黃

傳統用法
- 非洲料理（和黑胡椒的使用方式完全相同）
- 奈及利亞燉菜
- 野味
- 細火慢煮的砂鍋

調和香料
由於太稀罕，所以通常不會被加到調和香料中，不過下列 2 種調和香料中有添加：
- 摩洛哥綜合香料（ras el hanout）
- 綜合胡椒粒（mélanges of pepper）

P

胡椒－塞利姆 Pepper - Selim

以氣密式容器中儲存時，至少可以放上 3 年。

每茶匙重量（5ml）
- **整顆種子**：3 公克

每 500 公克（1 磅）
建議用量
- **紅肉**：1 茶匙（5 毫升）
  莢果研磨粉
- **白肉**：3/4 茶匙（3 毫升）莢果研磨粉
- **蔬菜**：1/2 茶匙（2 毫升）莢果研磨粉
- **穀類和豆類**：1/2 茶匙（2 毫升）莢果研磨粉
- **烘烤食物**：1/2 茶匙（2 毫升）莢果研磨粉

應用

　　塞利姆胡椒一般使用的方式和黑胡椒、花椒（參見 486 頁）和天堂椒（參見 313 頁）完全相同。就和花椒一樣，那類似樟樹的麻藥風味出自於莢果本身，相較之下，種子實際上沒什麼味道。因為這個原因，所以把莢果整顆或是研磨成粉後加入料理中，以取得最濃的味道是最常見的作法。研磨時最好使用研磨砵組，研磨之後，把粗糙的纖維丟棄，只留細粉加到食物裡。在奈及利亞南部，乾燥的莢果會跟其他香料一起加到炒肉燉菜、香辣胡椒燉菜（obeata）和一種叫做易西哎唔（isi-ewu）的香辣羊頭湯裡。雖說塞利姆胡椒單品嚐起來的味道就像小護士曼秀雷敦軟膏，不過，和其他味道厚重、帶著野味氣味或是非常油膩的食材搭配起來，頗有去油解膩的效果。

布卡燉菜
Buka Stew

這道奈及利亞燉菜，傳統上含有各式肉類，包括內臟。它的味道強烈，帶有胡椒味，以及很濃烈的辣椒味。本書的這個版本不含內臟，但是如果想加的話（參見提示），也可以加進去，放到總重量裡面一起計算。水煮蛋在大家更熟悉的類似菜色中並不常見，不過卻能讓這道非洲菜更有飽足感。

製作6小份

準備時間：
- **15 分鐘**

烹煮時間：
- **1 個小時**

提示 **水煮蛋**：在平底鍋中放 1 層蛋，加水淹過蛋至少 1 公分。用中火將水煮到小滾，火轉小，再煮 6 分鐘。離火，用流動的冷水沖洗蛋，讓蛋不要變得更熟。用 1 到 2 個星期內的鮮蛋煮，效果最佳。

牛的內臟，像是牛心、牛肝、牛舌或是牛肚都可以用。

- **研磨砵和杵**
- **果汁機**

1 茶匙	塞利姆胡椒莢果	5 毫升
10 顆	中型的成熟番茄，粗切	10 顆
2 顆	紅色彩椒，去籽切塊	2 顆
1 根	蘇格蘭帽辣椒，切塊	1 根
2 顆	中等大小洋蔥，切塊，分批使用	2 顆
¼ 杯	油	60 毫升
1 磅	燉煮用牛肉，切成 5 公分（2 吋）的塊	500 公克
1 瓣	大瓣蒜頭，切碎	1 瓣
1 杯	牛高湯	250 毫升
4 顆	蛋，水煮後剝好殼（參見提示）	4 顆
些許	海鹽	些許

1. 用研磨砵和杵把塞利姆胡椒研磨成粗粉，放置一旁待用。

2. 果汁機開中速，把番茄、紅色彩椒、辣椒和一半的洋蔥放進去打成泥狀。加入研磨好的塞利姆胡椒和莢果，混合拌勻，放置一旁待用。

3. 厚底的平底鍋或鑄鐵鍋開中火，熱油。加入牛肉（需要的話可以分批），煎 8 到 10 分鐘，直到每一面都變成焦黃色。把煎過的牛肉盛到盤子上，放置一旁待用。

4. 同一支鍋開中火，炒蒜頭和剩下的洋蔥，炒 2 分鐘，直到變成焦黃色。把打成泥的番茄混合材料放進去持續攪拌，大約煮 2 分鐘，直到混合均勻，湯汁變濃稠。把剛剛放在一旁的牛肉和高湯加進去，煮到沸騰。降低溫度，繼續用小火燜煮，直到肉質變軟，大約要 45 分鐘。加入整顆剝好的水煮蛋，用鹽調味，試試鹹淡。

花椒 Pepper-Sichuan

Zanthoxylum simulans（也稱為 Z. bungeanum）

各國語言名稱

- **不丹文**：thingey
- **中文（粵語）**：chi faa jiu
- **中文（國語）**：hua jiao
- **捷克文**：pepr secuansky
- **丹麥文**：Sechuan peber
- **荷蘭文**：Sechuan peper
- **芬蘭文**：Setsuanin pippuri
- **法文**：poivre anise、poivre de Sichuan
- **德文**：Anisepfeffer、Szechuan-pfeffer
- **匈牙利文**：anizbors、szecsuani bors
- **印度文**：tirphal
- **印尼文**：andaliman（成熟）、mandalling（未成熟）
- **義大利文**：pepe d'anice
- **日文**：kinome（鮮葉）、sansho（乾葉磨粉）
- **尼泊爾文**：timbur
- **俄文**：Sychuanskij perets
- **西班牙文**：pepe di anis
- **瑞典文**：sezchuanpeppar
- **泰文**：ma lar
- **越南文**：dang cay

科　　名：芸香科（Rutaceae）

品　　種：日本胡椒木（Japanese pepper tree，學名：Z. anthoxylum. piperitum）、美洲花椒／北方花椒（northern prickly ash，學名：Z. americanum）、竹葉花椒/秦椒（winged prickly ash，學名：Z.alatum，也稱為Z. planispinum）、翼柄花椒（fagara，學名：Z. schinifolium）

別　　名：anise pepper（八角椒）、Chinese pepper（中國胡椒）、fagara（翼柄花椒）、Japanese pepper tree（日本胡椒木）、prickly ash（花椒）、sansho（山椒，葉）；Sichwan pepper（四川胡椒）、Szechwan pepper（四川胡椒）、tirphal（花椒的印度語，莓果）

中文別名：秦椒、川椒、山椒、野花椒

風味類型：辣味型

使用部位：莓果（香料）、葉（香草）

背後的故事

　　花椒原生於中國西南部的四川省，緊鄰西藏，被認為是受到印度文化的影響，從西元前 1 世紀開始作為料理之用。花椒屬（Zanthoxylum）下的胡椒樹在中國、不丹、韓國和日本皆有發現，日本人利用胡椒樹的木材製造研磨砵組，聲稱利用這種材質的砵杵來撞擊食物時，會產生獨特但溫和的風味。北美洲的原住民利用不同品種北方花椒（Z. americanum）的樹皮來當做一般性的興奮劑，以及止牙痛的祕藥；因此北方花椒稱作「牙痛樹」。

植株

　　可不要把花椒和藤本的胡椒弄錯，花椒是不少不同品種花椒樹所產莓果的乾燥品，這些花椒樹英文一般被稱為

「prickly ash」，屬於芸香科的成員。

　　大部分的品種都是小型落葉木，樹高平均約 3 公尺（10
呎），莖和枝椏上有尖銳發亮的刺。被稱為花椒（Sichuan
pepper）的品種有長約 30 公分的葉簇，上面分別長著 5 到
11 片橢圓形的小葉片，就像小片的月桂葉。晚春時節，小
小的黃綠色花朵會出現在葉子前，隨後則長出球形的紅色莓
果，直徑約 5 公釐（1/4 吋）。乾燥之後，莓果會裂開，露
出裡面一顆小小的黑色種子，壓碎之後，特別像砂礫。裂開
的莓果看起來有點像是八角單顆籽的部分。有個說法是，就
是因為這份相似，所以這種香料才獲得了「八角椒」的俗名。

　　花椒的香氣溫暖、類似胡椒，而且香味濃郁，帶著柑桔
類的味道，壓破後，聞起來又像薰衣草花，它的風味類似胡
椒，十分濃烈，會在舌上留下久久不去的滋麻感。葉則會被
磨成粉，在日本料理中被作為山椒使用。

其他品種

　　日本胡椒木（Japanese pepper tree，學名：*Zanthoxylum
piperitum*，也稱作 *Fagara piperita*）是一種落葉灌木，比花
椒略小。和所有花椒屬的植物一樣，它的花分雄雌，不過一
棵樹上只會開一種性別的花。莢果的特色風味和辛麻感與其
他品種是一樣的。

　　美洲花椒／北方花椒（northern prickly ash，學名：*Z.*

料理情報

可搭配
- 多香果
- 月桂葉
- 辣椒
- 芫荽籽
- 甜茴香（複葉和種子）
- 薑
- 杜松子
- 紅椒
- 巴西利
- 胡椒
- 迷迭香
- 鼠尾草
- 八角
- 龍蒿
- 百里香

傳統用法
- 味道厚重油膩的食物，
  如豬肉、鴨肉
- 北京烤鴨
- 椒鹽魷魚
- 乾炒加鹽作為調味品

調和香料
- 中式滷汁
- 中式五香粉
- 椒鹽雞調和香料
- 日式七味辣粉

香料生意中的旅行

對於這種類似胡椒、強力的小莢果，我倒是有兩次有趣的經驗。第一次是去不丹旅行，拜訪一座偏遠的小鎮丹普（Damphu）。在近距離觀察握棕色小荳蔻莢的採收後，我瞥見一棵掛滿成熟紅色莓果的花椒，正準備採收。心中想著新鮮的花椒嚐起來不知是何滋味，而且好奇得發蠢，我隨手撿了一顆，放入嘴裡咀嚼。馬上警鈴大作呀！大約 30 秒之後，口中辣度直直上升。記得糖是吃太辣辣椒時最佳的清解劑之一，麗姿遞給我一包止咳糖，我立刻入口。這個祕方倒是奏效了，不過也給了我一個警告：第一次品嚐植物時，務必小心呀！

我第二次經驗發生在印尼巴厘島的烏布（Ubud），印尼主廚威廉‧王叟（William Wongso）在示範料理時，直到那時，我才看到乾的花椒被用於料理。不過，威廉還加了新鮮的莓果，完整帶籽的到他的菜裡面，這樣製造出來的辛麻感更強烈。在北蘇門答臘，他們把這種新鮮的莓果稱為蔓答苓（Mandalling），口感又烈又麻。我建議在使用新鮮莓果時先把籽拿掉，就我來看，籽會讓食物有砂礫感，西方人吃起來可能會覺得口感不佳。

americanum）長在美洲的東海岸，從加拿大的魁北克到美國加州都有分布。當地的原住民因其辛麻感，也就是有點類似丁香但咬起來帶點辣味而使用它。**竹葉花椒／秦椒**（winged prickly ash，學名：*Z. alatum*，也稱為 *Z. planispinum*）是葉子濃密的灌木，發現於日本、中國和韓國，用於料理的方式和其他花椒屬植物一樣。**翼柄花椒**（fagara，學名：*Z. schinifolium*）也是出於日本、中國、韓國以及東亞的部分地區，最北到達不丹。它的外表和其他的花椒屬植物類似。

處理方式

花椒的莓果成熟後是以手工採摘的，在置於陽光下曝晒後，顏色會由豔紅轉為紅褐色。乾燥期間，莓果會裂開，露出裡面小小的黑色種子。清理時（過網以及風篩）會把許多種子、小梗、和尖刺從莢果上除去。

而葉子則會在變得堅實後才採收，採收後放置在溫暖、乾燥的環境以直接光線進行乾燥，之後研磨成粉後進行包裝，就和山椒一樣。由於這種山椒葉粉在中國和其他這種樹

花椒（含種子）

生長的國家需求量很低，所以葉子一般不採收。

購買與保存

雖說香料專賣店買得到研磨好的花椒粉，但是為了保持最佳風味，還是購買整顆龜裂的花椒果，料理之前再自行壓破比較好。要壓破或研磨之前，請小心除去裡面的黑色小種子，種子沒什麼味道，而且磨粉之後還會產生討厭的粗糙砂礫感。即使購買品質優良的整顆花椒時，也常會看到刺刺的小柄和尖銳、像玫瑰花刺般的刺，這是因為這種刺，很難用機器去除，因此使用之前，一定要自己撿選，在入菜之前把討人厭的刺渣丟掉。

山椒（磨成粉的葉），最常取自 *Z. simulans*（刺花椒／野花椒）品種的葉，專賣日本食材的店裡買得到。山椒粉通常採氣密式鋁箔小包裝，一次不要買多，因為它的顏色和風味在一開封後，很快就會散失。我發現，原生的澳洲檸檬香桃木（lemon myrtle leaves，參見 355 頁）是山椒還不錯的替代品，食譜中用到的山椒粉量，可用大約一半量的檸檬香

每茶匙重量（5ml）

- **整顆**：1.8 公克
- **研磨**：2.5 公克

每 500 公克（1磅）
建議用量

- **紅肉**：2 茶匙（10毫升）整顆
- **白肉：蔬菜**：1½ 茶匙（7毫升）整顆
- **穀類和豆類**：1 茶匙（5毫升）整顆
- **烘烤食物**：3/4 茶匙（3毫升）整顆

桃木粉來替代。

　　花椒和山椒都要裝入氣密式容器中存放，遠離溫度過高、光線太亮、或潮溼的場所。在這樣的條件下保存，整顆花椒的風味大概可以保持 3 年，但是研磨之後，只能 1 年。山椒粉大概能放到 1 年左右。

應用

　　中式的綜合調味料五香粉裡，傳統上一直都有花椒的存在，但由於強烈的辛麻度、相對的高價，以及（經常性）難以找到來源乾淨、研磨細緻、沒有渣感的花椒粉，所以真正的胡椒（*Piper nigrum*）就常常被用來取代花椒粉了。花椒這種香料風味濃烈刺激，是味道厚重油膩的食物，如豬肉、鴨肉等理想的搭配。北京烤鴨上桌時會搭配味道濃郁的深色鹹味醬料，鴨肉則捲在如薄如紙張的餅皮裡，這種烤鴨獨特的風味多來自於花椒。

　　將龜裂的莢果乾烤可以提升味道。我們有位朋友就喜歡把研磨好的花椒，和鹽一起乾炒，炒好之後就能抹在鵪鶉和其他野味上，再去燒烤，也能放在桌子上當做調味料，沾脆皮烤雞翅和其他的美食。椒鹽魷魚近年來已經成為亞洲餐館中人氣很高的菜色；椒鹽獨特的風味就是由等量的黑胡椒、花椒、辣椒和鹽混合製作出來的。

　　在日本，花椒是日式綜合香料七味辣粉的材料，此外還有鹽、黑芝麻和味素。山椒是用來作為麵條和辣味湯頭調味之用，而被稱為「kinome」的新鮮山椒葉則是作為蔬菜，如竹筍，的調味，也是湯品的裝飾。

　　花椒和八角及薑，非常對味。黑胡椒、白胡椒和綠胡椒（*P. nigrum*）的綜合調製料加入少量（少於總量的四分之一）的花椒就能使風味變得更強烈，可以在肉類烹煮之前就先行抹上。

椒鹽魷魚 Salt-and-Pepper Squid

外面的辛辣版鹹酥魷魚一定有數以千計個版本。對我而言,花椒是非常重要的材料,卻常常被遺漏了。花椒正是在舌頭上製造出那種「麻吱吱」感覺的東西,和「辣哄哄」的辣椒與來自於其他胡椒的辣味相得益彰。這道料理肯定是大家都愛的菜,保證一下就會盤底朝天。

花椒 Pepper-Sichuan

P

製作6份配菜

準備時間:
- 15 分鐘

烹煮時間:
- 5 分鐘

提示 清理魷魚:輕柔的將頭和鬚從身體裡拉出來。手伸進身體裡,把透明的背骨拉出來,內臟全部丟掉。用一把銳利的刀子將鬚從頭上切下,下手點就在魷魚眼睛下方,兩邊的背鰭和細皮膜都切掉。把身體、鬚、和背鰭在流動的冷水下徹底洗乾淨,然後拍乾。在乾淨的工作檯上讓每一隻魷魚管貼平,沿著某一面,橫向切去,這樣你就能把魷魚打開放平。把所有殘留的黏渣刮出來,在流動的冷水下洗淨拍乾。以間隔5公釐(1/4吋)的方式在魷魚身體上切斜紋,小心不要切透了,另一方面也重複切花。將魷魚切成橫向的條狀,長度約10公分(4吋)。

● 研磨砵和杵

1 茶匙	花椒粒	5 毫升
1 茶匙	白胡椒粒	5 毫升
1 茶匙	黑胡椒粒	5 毫升
1 茶匙	中辣度的辣椒粉,例如印度的喀什米爾(Kashmiri)辣椒粉	5 毫升
4 茶匙	細海鹽	20 毫升
2 茶匙	蒜頭粉	10 毫升
½ 杯	米粉或玉米粉	125 毫升
6 到 8 杯	油	1.5 到 2 公升
1 把	青蔥,只用蔥白部分,切成蔥花	1 把
1 根	長的紅辣椒,切薄片	1 根
1½ 磅	魷魚,清理乾淨,切成 10 公分(4吋)的條狀(參見左側提示)	750 公克
1 顆	萊姆,切成數塊舟形	1 顆
¼ 杯	芫荽葉,粗切	60 毫升

1. 利用研磨砵和杵,把花椒粒、白胡椒粒、黑胡椒粒、辣椒粉、鹽、和蒜頭粉放進去搗成細粉,把混合材料盛到小碗裡,加入米粉或玉米粉,混合均勻。放置一旁待用。

2. 中式炒菜鍋或是深口平底鍋開中火,熱油直到開始冒泡。把蔥花和切薄片的辣椒放入鍋中爆香,炒 2 到 3 分鐘,直到顏色變成金黃色。用漏杓把爆香料放到墊有紙巾的盤子上。

3. 魷魚分批放入調好味道的粉裡去翻動,多沾些粉,再把多餘的粉甩掉,然後放進熱油中。炸 2 分鐘,期間要經常翻動,直到顏色變成金黃色,口感酥脆(魷魚塊會捲起來,所以要不斷的翻動,確保魷魚熟透)。用一支漏杓將炸好的魷魚放到放到墊有紙巾的盤子上。

4. 要上菜時,將魷魚排在盤子裡,旁邊附上萊姆塊。將炒好的辣椒和蔥花以及芫荽葉都撒上去。

胡椒－藤本 Pepper-Vine
Piper nigrum

各國語言名稱

藤本胡椒 Vine Pepper

- **阿拉伯文**：fulful、fulful aswad（黑胡椒）、fulful abyad（白胡椒）、fulful akhdar（綠胡椒）
- **緬甸文**：nga-youk-kaun
- **中文（粵語）**：wuh jiu、hak wu hjiu（黑胡椒）、baahk wu hjiu（白胡椒）
- **中文（國語）**：hua jiao、hei hua jiao（黑胡椒）、bai hua jiao（白胡椒）
- **捷克文**：pepr、cerny pepr（黑胡椒）、bily pepr（白胡椒）、zeleny pepr
- **丹麥文**：peber、sort peber（黑胡椒）、hvid peber（白胡椒）
- **荷蘭文**：peper、zwarte peper（黑胡椒）、witte peper（白胡椒）
- **菲律賓文**：paminta
- **芬蘭文**：pippuri、mustapippuri（黑胡椒）、valkopippuri（白胡椒）、viherpippuri（綠胡椒）
- **法文**：poivre、poivre noir（黑胡椒）、poivre blanc（白胡椒）、poivre vert（綠胡椒）
- **德文**：pfeffer、schwarzer Pfeffer（黑胡椒）、weiber Pfeffer（白胡椒）、grüner Pfeffer（綠胡椒）
- **匈牙利文**：bors、feketebors（黑胡椒）、feherbors（白胡椒）、zoldbors（綠胡椒）
- **印度文**：kali mirich、gol mirch、gulki、kali mirch（黑胡椒）

科　　名：胡椒科 Piperaceae

品　　種：黑胡椒（black pepper）、白胡椒（white pepper）、綠胡椒（green pepper）、真粉紅胡椒（true pink pepper，學名：*Piper nigrum*）；蓽澄茄（cubeb 或尾胡椒 tailed pepper，學名：*P. cubeba*）；印度蓽芨／長胡椒（Indian long pepper，學名：*P. longum*）；印尼蓽芨／長胡椒（Indonesian long pepper，學名：*P. retrofractum*）；茗葉（betel leaf，學名：*P. betle*）；墨西哥胡椒葉（Mexican pepper leaf，學名：*P. sanctum*）；卡瓦醉椒／卡瓦胡椒（kava，學名：*P. methysticum*）；澳洲胡椒藤（Australianpeppervine，學名：*P. rothianum*、也稱作 *P. novae-hollandiae*）；薩汗胡椒（sakhan，學名：*P. boehmeriafolium*）

別　　名：black pepper（黑胡椒）、white pepper（白胡椒）、green pepper（綠胡椒）、pink pepper（粉紅胡椒）、mignonette pepper（米色胡椒）、shot pepper（子彈胡椒）

中文別名：黑胡椒、黑川胡椒、唐本草

風味類型：辣味型

使用部位：莓果（香料），葉（香草）

背後的故事

胡椒（Pepper，學名：*Piper nigrum*）被認為是「香料之王」，它的歷史幾乎就是整個香料貿易史。過去幾百年來，沒有哪種單一品種的香料對於商業、探險航程、文化和料理有如此深遠的影響。原生於印度南邊西高止山脈（Western Ghats），胡椒在早期梵文的文章中就曾被提及，時間可追溯到西元前 1000 年。Pippali 是梵語中用來形容蓽芨／長胡椒（long pepper，學名：*P. longum*）的字，希臘字 peperi、拉丁字 piper 以及英文字 pepper 都是從這個字衍生而來的。

料理情報

可搭配

幾乎與所有料理用香草和香料都可搭配，但與下面所列特別合適：

- 多香果
- 羅勒
- 葛縷子
- 小荳蔻
- 辣椒
- 肉桂
- 丁香
- 芫荽籽
- 孜然
- 咖哩葉
- 甜茴香籽
- 葫蘆巴（葉和籽）
- 蒜頭
- 薑
- 奧勒岡
- 紅椒
- 巴西利
- 迷迭香
- 鼠尾草
- 夏日風輪菜
- 百里香
- 薑黃

傳統用法

所有鹹味食物，無論是加在一起料理或在餐桌上添加

黑胡椒

- 紅肉
- 野味
- 調味強烈的海鮮
- 蛋的料理（適量使用）

白胡椒

- 醬汁
- 熟食
- 湯品和砂鍋
- 亞洲快炒和咖哩

綠胡椒

- 紅肉
- 家禽類
- 野味
- 豬肉和鴨肉
- 法式肝醬（Pâté）
- 法式醬糜（terrines）
- 白醬

真粉紅胡椒

- 沙拉調味醬
- 海鮮和飛禽
- 塔吉鍋
- 米白色醬

調和香料

- 綜合胡椒研磨
- 咖哩粉
- 中東巴哈拉香料（baharat）
- 柏柏爾綜合香料（berbere）
- 綜合內餡塞料（stuffing mix）
- 烤肉用綜合香料
- 中式滷味包
- 牙買加辣味香料（Jamaican jerk spices）
- 印度馬薩拉綜合香料（garam masala）
- 中式五香粉
- 摩洛哥綜合香料（ras el hanout）
- 美國紐奧良肯瓊綜合香料（Cajun spices）
- 泡菜用香料（pickling spices）

各國語言名稱

Vine Pepper（接續）

- **印尼文**：merica、merica hitam（黑胡椒）、merica putih（白胡椒）、merica hijau（綠胡椒）
- **義大利文**：pepe、pepe nero（黑胡椒）、pepe bianco（白胡椒）、pepe verde（綠胡椒）
- **日文**：kosho、peppa、burakku-peppa（黑胡椒）
- **寮國文**：phik noi
- **馬來文**：lada、biji lada、lada hitam（黑胡椒）、lada putih（白胡椒）、lada hijau（綠胡椒）
- **葡萄牙文**：pimenta、pimenta-negra（黑胡椒）、pimenta-branca（白胡椒）、pimenta-verde（綠胡椒）
- **俄文**：perets、chyornyj perets（黑胡椒）、belyj perets（白胡椒）、zelyonyj perets（綠胡椒）
- **西班牙文**：pimienta、pimienta negra（黑胡椒）、pimienta blanca（白胡椒）
- **斯里蘭卡文**：gammiris
- **瑞典文**：peppar、svartpeppar（黑胡椒）、vitpeppar（白胡椒）、gronpeppar（綠胡椒）
- **泰文**：prik thai
- **土耳其文**：biber、kara biber（黑胡椒）、beyaz biber（白胡椒）、yesil biber（綠胡椒）
- **越南文**：cay tieu、hat-tieu、tieu den（黑胡椒）、tieu trang（白胡椒）

　　西元前 4 世紀，希臘植物學家西奧弗拉斯塔（Theophrastus）曾經對長胡椒和黑胡椒做過描述。到了西元 1 世紀，普林尼（Pliny）曾提過長胡椒，在古代的希臘和羅馬，在黑胡椒被人認識之前，長胡椒已經為人所知了，而且被認為比黑胡椒更好。大約同一個時期的希臘醫生戴奧科里斯（Dioscorides）曾提過白胡椒，並相信它產自於和黑胡椒不同的植物。在西元前 100 年到西元 600 年之間，印度教的大陸移民把胡椒帶到了印尼群島去。西元 176 年，長胡椒和白胡椒在亞歷山卓港都有課稅；不過，相信基於特別的政治理由，黑胡椒──也就是一般市井小民更愛用的品種，倒是逃過了被課稅的命運。

　　胡椒是亞歐之間最早進行商業交易的商品之一。在全盛時期，亞歷山卓港、熱那亞（Genoa）和威尼斯港在一般香料的交易上都很興盛，尤其是胡椒。尋找更迅速、安全

的途徑將這「黑金」運回歐洲帶起了偉大的探索之旅，像是葡萄牙探險家瓦斯科‧達伽馬（Vascoda Gama）在 1498 進行的航程，當時他登陸了印度的瑪拉巴爾海岸（Malabar Coast）。

中世紀之前，胡椒是貴重的商品，可代替貨幣使用，許多當時的領主或因對當時地方的錢幣沒有信心，因此會要求佃農以胡椒粒來付租金，因此「胡椒租」就被鑄成錢幣（在當時與今日意味著廉價租金的意思剛好相反）。在 10 世紀末的英格蘭，埃塞雷德國王（Ethelred）的法規要求「東邊人」（Easterlings）——也就是從波羅的海及漢莎同盟城鄉（Hanseatic）過來英格蘭販賣香料和東方商品的德國貿易商所獻的貢品中必須包括 5 公斤（10 磅）的胡椒，才能獲得與倫敦商人進行交易的特許，而現在也有人說英國貨幣「sterling」一字是出自於「Easterling」。1180 年，在亨利二世統治時期，倫敦成立了胡椒商工會（Pepperers' Guild），這個工會之後併入了香料商工會（Spicers' Guild），並在 1492 年轉成了「雜貨公司」（the Grocers' Company）。

當 1453 年君士坦丁堡落入土耳其人手中後，回教統治者對香料交易課徵高稅，那時對於經由西方抵達亞洲的海路需求更形迫切，這也是決定贊助哥倫布香料之島航行的主要因素。他的水手們一心只有胡椒，所以當多香果的莓果（參見 61 頁）被發現時，才會被誤名為「Jamaica pepper（牙買加胡椒）」或是 pimienta，也就是西班牙文的胡椒。

另外一個不同品種的藤本胡椒 *P. cubeba*，價值向來沒那麼高，因為它吃起來有松樹味，風味也較淡。東印度人稱這個品種為蓽澄茄（cubeb）或尾胡椒（tailed pepper），因為它上面還黏著一支小刺。阿拉伯人認得這個品種，並認為是早至 10 世紀時就來自爪哇。尾胡椒的歡迎度在過去好幾世紀來起起落落，在 13 世紀時，它在歐洲因為既是調味料又有藥性而受到歡迎，但是到了 17 世紀，幾乎就看不見尾胡椒了。在 20 世紀，有時候胡椒的價格高昂，這時如果市面上剛好有價格夠低的尾胡椒，就會被用來當做真正胡椒的替代品。這種作法讓此品種名聲掃地，有些權威人士甚至連綜合胡椒裡也禁用它。

各國語言名稱

華茇 / 長胡椒 Long Pepper

- **中文（粵語）**：bat but、cheung jiu
- **中文（國語）**：bi bo、chang jiao
- **捷克文**：pepr dlouhy
- **荷蘭文**：langwerpige peper
- **法文**：poivre long
- **德文**：langer pfeffer
- **希臘文**：makropiperi
- **印度文**：krishna、pippal、pipar、pippli
- **印尼文**：cabe bali
- **義大利文**：pepe lungo
- **日文**：indonaga-kosho
- **馬來文**：bakek
- **俄文**：clinnyj perets
- **西班牙文**：pimienta largo
- **瑞典文**：langpeppar
- **泰文**：dok dipli
- **土耳其文**：uzun biber
- **越南文**：tat bat

■ 阿拉伯文：kabaaba
■ 中文（國語）：biji
■ 捷克文：pepr cubeba
■ 荷蘭文：cubebepeper
■ 法文：cubebe、poivre de Java
■ 德文：Kubebenpfeffer
■ 希臘文：koubeba
■ 匈牙利文：javai bors
■ 印度文：kabab-chini
■ 印尼文：tjabe djawa
■ 義大利文：cubebe
■ 日文：kubeba
■ 馬來文：chabai ekur
■ 葡萄牙文：cubeba
■ 俄文：dikij perets、kubeba
■ 西班牙文：cubebe
■ 泰文：prikhang
■ 土耳其文：hint biberi tohomu、kubabe
■ 越南文：tieu that

過去幾百年來，胡椒的交易起起落落，就和肉荳蔻及丁香一樣。各種胡椒供貨來源的控制權在葡萄牙和荷蘭人之間轉來轉去，到了英國人主宰的時候，胡椒的價值已經遠不如前，而交易的利潤也遠遜於過去好幾世紀。到了 18 世紀，荷蘭東印度公司垮了，企業化的貿易商以快速船隻將美國麻州的塞勒姆港和波士頓港變成了胡椒市場的主角，而這種情形也一路順利的持續到 20 世紀。

植株

胡椒粒是一種熱帶多年生蔓藤類的果實，高度可達 10 公尺（33 呎）以上。胡椒科有超過 1000 個品種，不過最重要的是能提供胡椒、尾胡椒和長胡椒（印度和爪哇兩種都是）的品種。胡椒藤在原生的印度南部是一道迷人的風景，在喀拉拉邦的西高止山（Western Ghat，ghat 高止山在印度語裡面意思是「步」），胡椒攀爬在棕櫚樹上（有時候是尤加利樹），當地人美稱為「香料花園」而非種植場。胡椒藤並非寄生於樹上，樹木只是提供一個可攀爬的地方，而茂盛的樹葉頂蓋則可提供藤蔓遮蔭，收穫時節也能給採摘者遮涼。在一些國家，像是馬來西亞和緬甸，胡椒藤則是插杆或依附架種植的。

胡椒藤的葉是深綠的橢圓形，葉面光亮，葉背色淺，葉的大小依種類而有差異，一般平均約 18 公分（7 吋）長，12公分（5 吋）寬。小小的花長在 3 到 15 公分長（1 到 6 吋）的葇荑花序（catkins）上，而花序就掛在葉間，這些圓柱狀的花簇在授粉之後會轉成胡椒粒。雌雄同株花朵的授粉可借助雨水進行，雨水能提高花粉傳布的效率，因為水會流到花簇上去。而這種雌雄同株的開花授粉則是大部分人工培育品種的基因特色。果實（胡椒粒）會形成濃密包裹的穗狀，長 5 到 15公分（2 到 6 吋），穗寬度最厚實的部分在靠近頂端處，寬度大於 1 公分（1/2 吋），往底部漸收到 5 公釐（1/4 吋）或更窄。每一支穗大約能產出 50 或更多顆的單籽果實，完全長成後會變成深綠色。胡椒粒之後會開始成熟，從綠轉黃，最後變成艷紅的粉紅色，那時就是完全成熟，看看胡椒穗的情形就一定能知道（印度洋）季風雨的品質了。如果穗柱上長了滿滿的果實，那麼該季的雨水一定不錯。如果果實稀稀疏疏，好像其

香料生意中的旅行

科欽（Cochin，現在改稱 Kochi）位在印度的馬拉巴爾海岸，那裡的聖方濟堂（St. Francis Church）座落著探險家瓦斯科 達伽馬（Vasco da Gama）的陵墓。每次拜訪這港口城市時，我總能想像當初那段香料交易鼎盛，狂熱又令人眼花撩亂的日子裡，城市看起來的模樣，聞起來的味道。位於科欽麻坦徹里區（Mattancherry）的國際胡椒交換中心，是我愛去的一個地方，那區也是歷史上猶太會堂的老家所在，展示著令人驚嘆的手繪中國藍磁磚，而薩爾曼魯西迪（Salman Rushdie）在《摩爾人的最後的嘆息》（*The Moor's Last Sigh*）一書中將它的氣氛描述得淋漓盡致。胡椒交換中心的入口就在會堂的轉角處，中心只採邀請制，我們香料交易界的人通常在安排之後就能進入。

科欽的胡椒交易中心作業方式就跟證券交易所一樣，有投機客、避險客、期貨和交易所所有的行話。

傳統的人工「公開喊價」交易方式，經歷起來真是刺激。在一片聽起來、看起來都混亂無比的雜亂中，所有買方和叫賣方都大聲的把內容和標價以馬拉雅拉姆語（喀拉拉邦通行的方言）喊出，帶著戰士在戰場上嘶喊憤怒的氣勢。在喧嘩聲中，他們還是和紐約、鹿特丹、倫敦及新加坡的客戶保持聯繫：一隻手拿電話，另外一隻手還要激烈的比手畫腳，喊出價格。1999 年，也就是我上次拜訪之時，他們已經全面安裝了電腦系統，所以我以為交易員間的亂鬥現象應該已經成為往事。不過，現在我還是很高興的跟大家報告，除了借助現代科技外，科欽的那些誇張的胡椒交易員還是用他們的「公開喊價」和內容，把午後的平靜氣氛粉碎得一乾二淨。

中有些落了果，那麼肯定是雨水不好，無法讓花朵獲得最理想的授粉。

綠色未熟的胡椒粒咬起來味道清新中帶辣味。即使是適當的乾燥後，風味還是會比黑、白、或真粉紅的胡椒粒來得清雅細緻。黑胡椒粒是由（黑）胡椒 *Piper nigrum* 的綠色果實乾燥後得來的，表皮上帶著深褐到烏黑色的皺紋，是目前為止最受歡迎的胡椒型態。黑胡椒香氣溫暖、含油，沁透，風味飽滿強烈，辣味持久。白胡椒粒顏色乳白，外皮是絕對的平滑，是把果實含油的外殼（果皮）去除後留下的果「心」。這種作法會讓香氣減少，但辣度提高，味道更強烈。真正的粉紅胡椒粒（有別於之前木本胡椒木 *Schinus* 的胡椒粒，參見 477 頁）是 *P. nigrum* 品種全熟的果實，擁有幾乎算是甜味、成熟、類似莓果的果實風味，有著開胃的胡椒後勁辣味。

人氣混合調味料

「Mignonette pepper」和「shot pepper」是兩種用來形容黑白胡椒混合粗磨的名詞，現在在法國相當受歡迎。

其他品種

- **蓽澄茄或尾胡椒**（Cubeb 或 tailed pepper，學名：*Piper cubeba*）產自於一種原生於印尼的熱帶攀藤品種。蓽澄茄胡椒是被乾燥到成為黑色，在外觀上和黑胡椒類似，只是它有 3 到 8 公釐（1/8 到 1/3 吋）從一邊伸出的突出柄——就像是帶著引線的卡通圓形炸彈。蓽澄茄胡椒裡面懸著一顆小小的種子，但是不像 *P. nigrum* 有白色的核。它的香氣清新，像胡椒、松樹和柑桔，風味則是明顯的松樹味道，又辣又強勁。

- **印度長胡椒/蓽拔**（Indian long pepper，學名：*P. longum*）和**印尼長胡椒/假蓽拔**（Indonesian long pepper，學名：*P. retrofractum*）都是產自於一種和黑胡椒 *P. nigrum* 相較，藤蔓較細，葉也稀疏的品種。兩種長胡椒間最顯著的不同在於印度長胡椒的果實體型較小，味道也不如印尼（爪哇）長胡椒那麼強烈。長胡椒之所以被稱為長胡椒，是因為果實是長的圓柱形穗狀，直徑 5 公釐（1/4 吋），長度 2.5 到 4 公分（1 到 1 又 1/2 吋）。每一支深褐到黑色、外表粗糙的穗就像是雄松花的葇荑花序；從橫切面來看，車輪狀裡面最多會出現到 8 顆小小的深紅色籽。長胡椒味道極為甜蜜，香氣四溢，像是香與鳶尾根粉的混合體，暗藏在它清純氣味下的是犀利辛辣、持久、又麻香的風味。

- **荖葉/蔞葉**（betel leaf，學名：*P. betle*）和所有其他的藤本胡椒屬於同一個家族，也就是胡椒科（Piperaceae）。它的葉在印度是用於檳榔這種讓整嘴變紅、牙齒崩壞的安神藥中（譯註：台灣的檳榔所用的包葉也是這種荖葉），放入口中咀嚼時會包入檳榔粒（areca nut，學名：*Areca catechu*），在印度有時候還會把檳榔粒誤稱為荖葉果（betel nut）。在東南亞很多國家的料理中，特別是泰國菜和印尼菜，荖葉也會被用來作為包裹食材的葉子。

- **墨西哥胡椒葉**（Mexican pepper leaf，學名：*P. sanctum*）也是胡椒科的一員，和灌木比較接近，而非藤蔓。橢圓形的葉和荖葉類似，鮮葉在墨西哥會用來作為料理，通常是包裹烤魚。主要使用新鮮食材製作的墨西哥綠色混醬（mole verde）中也會發現它的鮮葉。墨西哥胡椒葉出了產地墨西哥就少見了，不過，茗葉倒是能用來取代它來包裹食物，龍蒿和茗葉一起打成泥，在風味上也頗能代替墨西哥胡椒葉。

- **卡瓦醉椒／卡瓦胡椒**（kava，學名：*P. methysticum*）也是胡椒科的另外一員；它的根可以用來製作看起來是泥巴狀，卻有醉人之名的同名玻里尼西亞飲料。就我所知，這個品種並不會被用來為食物加味。

- **澳洲胡椒藤**（Australian pepper vine，學名：*P. rothianum*、也稱作 *P. novae-hollandiae*）在市面上並不為人所知。在北昆士蘭熱帶雨林中生長的幾個原生品種都是能爬得很高的藤本，葉子的構造也和其他的胡椒科植物類似。嫩的原生胡椒藤會黏附在樹幹上，但一旦成熟了，就不必依靠原來的支撐，而能自己自由生長，就像強壯結實的雨林木本藤類植物（liana），乾果的風味雖可勉強替代市面種植的胡椒，但是風味相差很多。唯一曾被記錄可食用的品種是 *P. rothianum*，但是仍未達到經濟價值。

- **薩汗胡椒**（sa khan，學名：*P. boehmeriafolium*）寮國北部會使用，特別是前皇都瑯勃拉邦（Luang Prabang）周圍，一道著名燉菜甌瑯（Or Lam）。這種藤蔓的葉和生長習性跟黑胡椒 *P. nigrum* 非常類似，不過這種植物用來添加食物風味的部位是莖，而不是胡椒粒。

處理方式

藤本胡椒，特別是黑胡椒 *P. nigrum* 的處理方式對於製造出市售的綠胡椒、黑胡椒、白胡椒及真粉紅胡椒是最關鍵的。胡椒粒的外皮（果皮）中含有一種酵素，對於是否能透過乾燥或是保存的處理方式，做出想要的最終成品非常重要。

黑胡椒粒

一直以來，黑胡椒粒都是採收黑胡椒 *P. nigrum* 開花後6 個月，果實已達完全尺寸的綠色未熟莓果來製作的。那時，已經被手採下來，但仍黏在原穗上的莓果會被脫粒，從莖上活化、準備在太陽下乾燥。在這個乾燥過程中，果皮中的酵素會被啟動，氧化，而讓胡椒粒轉黑。這時一種含有胡椒鹼（piperine）的揮發油會形成，加上精油樹脂（oleoresins）

及其他一些辛辣的元素綜合後，便產生了黑胡椒這種複雜深奧、令人垂涎的芳香氣味以及強勁的風味。

12月到3月間若在印度南部旅行，就能看見路邊一張張編織毯上滿鋪著不同乾燥程度，數以百萬計的胡椒粒。剛被採摘的胡椒莓果顏色翠綠，像一片迷你豌豆海；顏色深褐到烏黑的則準備可以裝袋了。此外，還有一種較複雜的處理方式就是把分類好的綠色莓果投入沸水中快速過一下撈起，這樣可以加速酵素反應。燙過的胡椒粒放在太陽下，不須花上數天，只要2到3個鐘頭就能轉成黑色。這些胡椒粒看是要用日晒法或入窯乾燥，將含水量降到12%左右。兩種處理方式都能製作出色澤濃黑、香味十足的胡椒粒，現磨撒在食物上時，會散發出濃烈無比的香氣。

黑胡椒粒都會有一定比例的空粒，也就是裡面沒有堅實的白色核心。在香料界的行話裡，這種顆粒被稱為「輕（light）」果。

整顆黑胡椒粒的規格中通常會明訂最高容許的輕果比例。而黑胡椒粉，尤其是顏色特別黑的胡椒粉，在研磨之前，常常會被加入比例過高的低價輕果。聽起來似乎有違常理，但顏色偏淺灰的黑胡椒粉品質通常比顏色極黑的好。這是因為較灰的胡椒粉裡面大多是含白心的完整果粒，而顏色很黑的胡椒粉通常是採用較高比例的空心輕果研磨製成。

綠胡椒粒

綠胡椒粒是在果實已達完全尺寸但未開始成熟時用手採摘的。為了保持顏色的翠綠，酵素作用不能被活化，以免果實變成黑色。而最古老、也是最傳統的方式則是不管綠胡椒粒是還緊緊的黏附在漂亮的穗上，還是已經脫粒成為單顆胡椒，都放進鹽水裡，鹽滷會讓酵素作用無法被活化，這樣果實便不會轉黑。這正是一直以來綠胡椒粒都是以鹽滷的方式裝罐或裝瓶販賣的原因。

若要製作乾燥的綠胡椒粒，現採的綠莓果要放進滾水中煮15到20分鐘。這樣的時間已經足以把酵素殺死，讓果實能放到太陽下或窯中乾燥；這種方式處理的綠胡椒粒可以維持深綠色，但外表會皺起來，質地變得像黑胡椒，不過仍然保有綠胡椒典型的風味。最適合製作放進帶研磨頭的乾燥綠

胡椒粒是晚收的莓果；晚收的莓果比較硬實，比在當季早收的莓果不易破碎或卡住研磨頭。

生產乾燥綠胡椒粒最佳的高科技處理方式是冷凍乾燥法，此法可以保住胡椒完整飽滿的外表與翠綠的色澤。冷凍乾燥處理的綠胡椒粒在接觸到水氣後，很快就能恢復水分，所以用來料理最好。不建議把此法乾燥的綠胡椒放進胡椒研磨瓶中，因為質地太軟。

白胡椒粒

白胡椒粒是在果實尚未乾燥前，把含有酵素的果皮去除後製作出來的，要達到這種效果，有兩種方法。可以利用一種稱為「脫殼」（decortication）的處理方式將外層以機械方式搓揉脫除。由於脫殼後的白胡椒製作不易，而且產出的成品效果不算好，所以傳統的浸泡鬆軟法是大家較喜歡採用的方式。

方法是，摘取正在成熟中，顏色正要由黃轉粉紅的果實，將莓果緊緊包裹在粗麻布袋中泡入水中——最好是水質乾淨、流動的溪水裡——大約 2 到 3 週，時間長短得看果實的成熟度。在這段期間，藉細菌作用之助，外層果肉會變軟，並從硬核上鬆落（一種叫「脫膠」（retting）的方式。）

從水中取出後，胡椒粒應該已經泡得軟爛：用腳踩踏，並沖洗到果皮完全不剩。在太陽下或烤箱中乾燥後，這種胡椒仍會保持原來的乳白色，這是因為缺少了會使顏色轉黑的酵素。在最後的階段，徹底乾燥至為關鍵。如果乾燥不徹底，白胡椒粒上很容易就會長黴，散發出一種陳腐、老襪子的味道。另外一種製作白胡椒的方式是只採收完全成熟的莓果，這樣的果實外皮更容易在短時間內就散脫，但只採收成熟莓果這種作法不切實際，因為成熟的果子容易破，鳥兒也愛啄食，損失更多。

白胡椒粉買得到罐裝或是袋裝品，不過，由於價格比黑胡椒高，所以不實商人混入麵粉或米粉也不是少見的事。

真粉紅胡椒粒

真粉紅胡椒粒製作的方式是把成熟的黑胡椒 *Piper nigrum* 紅色果子放入鹽滷中，方法就和傳統製作綠胡椒時一

模一樣。比較麻煩的是，粉紅胡椒粒不能用水煮，也不能進行乾燥或冷凍乾燥，因為在這個階段，它的果皮實在太軟，非常鬆弛，除了用鹽滷浸泡，任何其他方式處理都會讓它破碎。（乾燥的木本粉紅胡椒粒品種 *Schinus* 在 477 頁有介紹。）

胡椒萃取精

胡椒萃取精（Pepper oleoresin）主要是為食品加工業者製作的。它的氣味與風味都很一致，容易與其他食材混合，也沒有任何含菌的風險，這些都是食品加工時想要的特質。胡椒萃取精是利用有機溶劑，例如乙醇（ethanol）從黑胡椒中萃取出來的，更新的萃取方式則是使用二氧化碳，這種處理方式不會殘留任何溶劑，成品品質更佳。

黑胡椒精油

黑胡椒精油（Black pepper oil）主要用於香水業，作為提香之用，是以蒸餾法製作的。

購買與保存

購買胡椒時，請記住，胡椒粒特色的風味主要是受來源的影響，種植的品種、世界各地不同的氣候土壤條件都會對香氣和風味直接造成影響。另一個影響的因素就是胡椒乾燥、儲存及分級時處理的謹慎程度了。胡椒粒有時候乾燥得不夠，這種情況在農夫心存貪念時就會發生，原本應該含水

香料筆記

2005 年的一月，位於科欽的印度香料局告訴我，他們發展出一種製作白胡椒的新方法，叫做細菌發酵去皮法（bacterial fermentative skin removal，簡稱 BFSR）。在胡椒浸泡水中已經找出能將胡椒果皮鬆弛崩壞的細菌，而其中 4 種最強力的細菌被命名為 SPFB（pepper skin fermenting bacteria）1、2、3 和 4。用了這 4 種剝離劑後，胡椒皮的鬆弛崩壞時間就明顯的縮短了。這個工序之所以有用是因為當等量的細菌發酵 SPFB1、SPFB2、SPFB3 和 SPFB4 被使用之後，果膠（果皮下細胞之間的黏合物質）就會開始鬆弛，從胡椒粒的核心部分開始分離。把這些清理並乾燥後，白胡椒粒就會產生很好的風味與辣度，而不會有傳統製法常會有的霉味。時間會證明，以細菌發酵去皮法製作白胡椒的製法是否會被廣為商業化。

量 12% 才能批售，結果含水量 14% 就賣了（依重量付費），這樣秤起來較重。問題是，溼氣較高的胡椒容易發霉，應該會讓它無法販賣。可黑心商人卻會想方設法，利用一種美稱為「調整」（reconditioning）的手段把發霉的外觀進行整理。作法包括了在發霉的灰色胡椒粒上噴油（甚至有人還噴過機油！），讓霉消失不見後再瀝乾，這樣外表就會烏黑油亮。雖說油亮又超黑的胡椒粒讓人會有購買慾，但其實優質的黑胡椒粒光澤度不會好，帶著微微霧面，絕對不會發亮。

出自於不同產地的胡椒有其特有的特質，這和土壤及氣候條件、採收和處理時的費心程度，以及最後的分級都有關係。以下的說明雖說不上詳盡，但也能提供一些基本的準則，讓大家在購買時有所依據。

印度胡椒 最早產自於馬拉巴爾海岸，兩種主要的黑胡椒都是以當時交易中心的名稱命名的。特利奇里（Tellicherry）位於科欽北部，這個名稱是一種胡椒的等級，叫做 Tellicherry Garbled Special Extra Bold（特利奇里特級黑胡椒，簡稱 TGSEB）。來說明一下分級用名詞的意思：「garbled」意思是已經清理好，去除了莖柄、石頭、以及大部分的輕果；「special」表示就風味特徵來說，這是最高級的品質；「bold」是指大顆粒胡椒，這個等級屬於超大顆粒級。

另外一種對印度香料貿易來說也是非常重要的胡椒等級稱為 Malabar Garbled No.1（馬拉巴爾清一號，簡稱 MG1）。這是一種上等、已經清理好的胡椒粒，被稱作「Alleppey pepper 阿勒佩胡椒」（Alleppey 阿勒佩是一個風景秀麗的地區，以格狀的人工運河連接到科欽南部）。現在，這是最常被以產地馬拉巴爾海岸（Malabar Coast）命名的。

印度胡椒被許多人視為是世界品質最佳的胡椒，這得拜它高含量的胡椒萃取精和揮發油之賜，不過也說明了這裡胡椒的香氣和辛嗆度如此令人愉快的原因。

印尼胡椒粒 的個頭一般比印度胡椒粒小。近年來，印尼黑胡椒在亞洲的其他地區、澳洲和紐西蘭相當受歡迎，因為它具有獨特的香味，類似檸檬，而且價格很有競爭力。印尼

品質的認定

你有時會看到 ASTA（美國香料貿易協會）這個縮寫被用來形容胡椒，而形容的往往是產地非來自於印尼與馬來西亞的胡椒。這代表了該種胡椒在清潔度、揮發油內容、含水量和其他由美國香料貿易協會（American Spicetrade Association）開立的技術規格上，符合了最低標準的要求。因此這是一種特別的品質標準，對於企業級的香料買家在購入上噸的大宗胡椒商品時極具重要性。剛符合最低標準的低階品被稱為「良好平均品質」（FAQ，Fair Average Quality）。這個名詞也適用於其他許許多多的香料，也常被用在你在香氣四溢的香料市場看到，從袋口上滿出來的香料上。

不愉快的結合

黑胡椒常出現在很多綜合的香料調和料中，但是請食品科技業者特別注意，它在與含有高脂肪高油的食材（例如椰子）混合時會出現一個奇怪的屬性，也就是發生一種反應，導致口味上出現明顯的肥皂味，令人感覺不舒服。我自己在家料理時倒是沒出現過這種情況，不過這種現象會在加工製造的食品被包裝、儲存後幾週，在分配運送到超市的途中發生。

胡椒有兩大類：Lampong Black（楠榜黑胡椒），以蘇門達臘東南方的一個省分名稱命名，這裡是主要的胡椒生產區；和 Muntok White（門托克白胡椒），這是一種風味溫和的白胡椒，產自邦加島（Bangka），從門托克港運送出口。

馬來西亞的黑胡椒和白胡椒幾乎只出自於砂拉越（Sarawak，舊譯為砂勞越），從首府古晉港（Kuching）輸出。單看名稱就能了解，這是兩種以地名為名的胡椒。砂拉越胡椒（Sarawak pepper）香氣較柔和，無論是和印度或印尼胡椒相較，風味都沒那麼強烈。它被大量研磨成粉販售，在超市看到的那種眼熟的標準黑胡椒和白胡椒都是用它研磨的。

彭甲白胡椒（Penja white pepper），產自於喀麥隆（Cameroon），是另外一種風格的白胡椒，處理方式和其他的白胡椒完全一樣。這種白胡椒生長在非常肥沃的火山土中，因此風味特徵非常獨特。它的辣度相當高，香氣上比許多其他的白胡椒粒好，霉味少。

柬埔寨胡椒的歡迎度正在提升中，即使柬埔寨的產量就全球市場來看只是個小生產者。柬埔寨南部的貢布省（Kampot）出產一種相當有趣的特色黑胡椒：這種少見等級的貢布黑胡椒是以獨特的處理方式製作而成的。胡椒果實在成熟變紅時採摘，所有的果實在成熟時糖分都會開始提高，這是成熟過程的一部分，而黑胡椒的整體風味特徵也會因此添加了甜味。貢布黑胡椒也是這樣的，它的乾燥方法也不常見，開始先放在遮蔭下，將酵素作用的活化率延緩下來，這樣一來，胡椒鹼就不會那麼快形成，胡椒粒也不會太黑。這種方式做出來的黑胡椒黑中帶紅，有成熟甜美的芬芳，當貢布黑胡椒現磨在食物上時便會完全展現。

其他還生產胡椒的國家有斯里蘭卡、巴西和澳洲。和馬來西亞的砂拉越胡椒相比，澳洲黑胡椒粒在風味上，果味較濃，還帶著一種菸草的香氣特質。

在各區香料生產者高度競爭的世界，對真正有不同性或辨識度的商品進行行銷是一種趨勢。地理上的因素，像是土壤、氣候條件，以及採收和採收後的製程，都一定會讓香料的口感與其他地區的產品有所差異。因此胡椒的行銷人員強力造勢，根據這些獨特的元素來展現他們的不同之處也不算罕見。

應用

數千年來，胡椒一直是世界最受歡迎，也是最常被交易的香料。胡椒已經被認定是少數幾種既能讓廚師畫龍點睛的香料，又能讓食客自己掌握的工具。只要適時適度的把黑胡椒一搖、一抓，或是研磨，就算是原本讓人不完全滿意的餐食也能立即加分。

黑胡椒是所有胡椒中風味最為獨特的，通常搭配味道厚重的食物，如紅肉、味道濃的魚和海鮮，以及野味。用量適度的話，連細緻的食物搭配也有相得益彰的效果。現磨的黑胡椒撒一點在新鮮的草莓和切片的梨子上，佐以一片柔軟的起司，還能提升風味。

白胡椒通常是歐洲的大廚們不喜歡在白醬裡用黑胡椒時使用的。有些場合想要有點胡椒的口感，卻不想要黑胡椒來支配味道，那麼白胡椒倒值得一用。在泰國菜和日本料理中，尤其明顯；薑、香茅、泰國酸柑葉、南薑和芫荽清爽、新鮮的風味只要一沾上黑胡椒強勁的油膩感，味道就糟蹋了。所以一定要使用適量的白胡椒，因為它的辣度能凌駕於一些細膩的食材上（只是如果你用的是品質一般的白胡椒，下手又太重的話，可能會有發霉和臭襪子味道侵透食物的風險。）歐洲被稱為鹹味綜合四辛香（savory quatre épices，參見756頁）的綜合香料中就用了白胡椒、肉荳蔻、薑和丁香。除了熟食店使用之外，鹹味綜合四辛香放在餐桌上取代原來一般的白胡椒也是很好的作法。（甜味綜合四辛香材料幾乎一樣，除了白胡椒被研磨好的多香果粉取代之外。）

綠胡椒對黑胡椒和白胡椒都有加分作用，所以綜合的胡椒研磨瓶常會有它。綠胡椒的風味出現在家禽類、紅肉和海鮮用的醬汁和白醬中，特別迷人。肝醬類（pâtés）和法式醬糜（terrines）加入綠胡椒有加分的效果，味道濃厚油膩的食物，如豬肉、鴨肉和野味也一樣。

真粉紅胡椒在加到食物中料理之前，一定要先徹底洗淨，去除鹽滷的鹽分。這種胡椒用研磨杵搗碎，加入一點橄欖油，甚至一點點醋，就能調製出顏色漂亮、味道又好的沙拉醬汁。上面使用綠胡椒的地方改用粉紅胡椒粒效果也很不錯。

每茶匙重量（5ml）

- **整顆黑胡椒**：3.8 公克
- **黑胡椒磨粉**：3.2 公克
- **整顆白胡椒**：4.2 公克
- **白胡椒磨粉**：2.6 公克
- **冷凍乾燥的綠胡椒**：1.5 公克
- **瀝乾水分的綠胡椒**：6 公克
- **瀝乾水分的真粉紅胡椒**：6 公克

每 500 公克（1 磅）建議用量

- **紅肉**：2茶匙（10毫升）的整顆胡椒粒
- **白肉**：1½ 茶匙（7毫升）的整顆胡椒粒
- **蔬菜**：1茶匙（5毫升）的整顆胡椒粒
- **穀類和豆類**：1茶匙（5毫升）的整顆胡椒粒
- **烘烤食物**：3/4茶匙（3毫升）的整顆胡椒粒

綠胡椒醬
Green Peppercorn Sauce

這是一款經典的牛排搭配醬，簡單但是味道令人沉醉。可以改用愈來愈容易買到的冷凍乾燥綠胡椒粒。

1 大匙	油	15 毫升
1 顆	紅蔥頭（shallot），切碎	1 顆
1 茶匙	蒜頭剁碎	5 毫升
2 大匙	干邑白蘭地（參見左側提示）	30 毫升
2 大匙	泡鹽滷的綠胡椒粒，洗淨瀝乾水	30 毫升
1 杯	動物性鮮奶油（含脂量 35%）	250 毫升
些許	海鹽和現磨黑胡椒	些許

1. 煎鍋開中火，熱油。加入紅蔥頭和蒜頭，炒香，拌炒 2 分鐘，直到變軟。把白蘭地加進去攪拌。加入胡椒粒和鮮奶油，煮到沸騰，要持續攪拌，直到湯汁變濃。用鹽和胡椒調味，試試鹹淡並離火。立刻上桌，淋在料理好的牛排上。

胡椒水
Pepper Water

胡椒水是一種近乎透明的胡椒湯，通常是在吃辣到不行的咖哩時，用杯子或馬克杯裝來配著喝的。胡椒水雖然不能紓解咖哩的辣，但卻有清除的效果，在南印度最受歡迎。你可以用它來將配乾咖哩吃的飯加溼，或在用餐時配著一起喝，就好像吃中餐喝茶一樣。

製作約2杯（500毫升）

準備時間：
- 10 鐘

烹煮時間：
- 1 小時 10 分鐘

 提示 如果用的是新鮮羅望子的壓縮磚，而不是濃縮汁，那麼把羅望子磚放進碗裡，用沸騰的滾水淹過，放置一旁浸泡10 分鐘。之後用細網目的篩子過濾，用湯匙背把固形物往下推壓，再把剩下的果肉丟掉，將濾好的湯汁倒進菜餚裡。

如果想要呈現清澈的湯，那麼在上湯之前用細網目的篩子篩過。每一碗裡面再飄撒幾個整顆的胡椒粒。

● 研磨砵和杵

1 茶匙	整顆黑胡椒粒	5 毫升
½ 茶匙	孜然粉	2 毫升
½ 茶匙	褐色的芥末籽	2 毫升
1 根	紅辣椒乾	1 根
¼ 茶匙	薑黃粉	1 毫升
2 茶匙	蒜頭切碎	10 毫升
1 大匙	奶油或酥油	15 毫升
1 顆	小顆的洋蔥，切末	1 顆
6 片	新鮮或乾燥的咖哩葉	6 片
2 杯	高湯，牛肉、雞肉或蔬菜高湯皆可	500 毫升
½ 茶匙	羅望子濃縮液或壓縮磚 1 塊，4 公分（1½ 吋）長（參見左側提示）	2 毫升

1. 用研磨砵組把胡椒粒、孜然、芥末籽、辣椒和薑黃放進去研磨，直到變成粗粉。加入蒜頭，搗成糊狀。

2. 中型的湯鍋開中火，熱奶油。加入洋蔥、咖哩葉子，炒 5 分鐘，偶而要翻攪一下，炒到洋蔥變軟，咖哩葉變乾變脆。加入高湯、羅望子和剛剛準備好的香料醬，混合均勻。上桌之前再燜煮 1 個鐘頭。

澳洲高山黑胡椒葉和胡椒莓（塔詩曼尼亞島）
Pepperleaf and Pepperberry（Tasmanian）
Tasmannia lanceolata

各國語言名稱

- **中文（國語）：** shan hu jiao
- **荷蘭文：** bergpeper
- **法文：** poivre indigène
- **德文：** tasmanischer Pfeffer、Bergpfeffer、australischer Pfeffer
- **匈牙利文：** hegyi bors、tasman bors
- **義大利文：** pepe di montagna australiano macinate（高山胡椒葉）、bacche di pepe montagna australiano macinate（高山胡椒莓）
- **俄文：** tasmanijskij perets

當地所好

對於把澳洲當地原生植物的風味元素應用在料理上的興趣——現在通常稱為「叢林食物」（bush tucker），是 20 世紀才發展起來的，在澳洲已經蔚為風潮，而且現在在廚師界的人氣還在持續提升中。

科　　名： 林仙科 Winteraceae

品　　種： 多瑞格胡椒（Dorrigo pepper，學名：*T. insipida*）、墨西哥胡椒（Mexican pepperleaf，學名：*Piper sanctum*；沒有近緣關係）

別　　名： mountain pepper（高山胡椒）、mountain pepperberry（高山胡椒莓）、mountain pepperleaf（高山胡椒葉）、Cornish pepperleaf（康瓦爾胡椒葉）、native pepper（本地胡椒）、Tasmanian pepper（塔詩曼尼亞胡椒）

中文別名： 澳洲高山胡椒、假八角

風味類型： 辣味型

使用部位： 莓果（香料），葉（香草）

背後的故事

澳洲高山黑胡椒（Tasmannia lanceolata）原生於澳洲東部海岸，野生於塔詩曼尼亞島（Tasmania）和維多利亞省（Victoria）海拔 1200 公尺（3900 呎）的雨林與溪谷。另外一個品種多瑞格胡椒（Dorrigo pepper，學名：*T. insipida*）則生長在新南威爾士、昆士蘭，以及北領地。這些植物雖然在澳洲的東海岸茂盛生長，但幾乎沒有證據能證實當地原住民拿它來料理。它的葉和莓果是抗菌劑，所以推測原住民曾拿這種植物來做為藥用是挺合理的。一般認為，19 世紀的澳洲殖民曾以澳洲高山黑胡椒的樹皮，作為外用的塗敷劑。19、20 世紀時期，塔詩曼尼亞胡椒被傳播到英格蘭的康瓦爾郡，而它的葉子則在康瓦爾郡的廚房裡找到一席之地，被用作胡椒的替代品。雖説，它最早出自於康瓦爾郡一事還有不明之處，但一般在英國，特別是康瓦爾郡，它的葉子還是經常被稱作「康瓦爾胡椒（Cornish pepper）」。

植株

　　塔詩曼尼亞胡椒灌木嫩莖和枝椏顏色深紅動人，有如牙齦的新赤紅。條件理想的話，塔詩曼尼亞胡椒灌木可以長到 4 到 5 公尺（13 到 16 呎）高，所以基本上就是一棵小樹。我不太稱它為樹，因為會和其他不同種類的許多胡椒更加混淆，其中包括了一般被稱為胡椒木的品種（Schinus 品種，參見 479 頁）。塔詩曼尼亞胡椒底寬尖狹的葉長在低地區域時比較長，最長可達 13 公分（5 吋），但長在高山地區時就短多了，長度可能只有 1 公分（1/2 吋）。小小的黃色到乳白色花開之後，隨之而來的是光亮、飽滿的深紫到黑色的果實，直徑大約 5 公釐（1/4 吋），裡面含有簇狀的小小黑籽。它的葉子、果實，甚至是鮮花蕾都有塔詩曼尼亞胡椒獨特的香氣與口感，只是濃度不同罷了。

　　胡椒葉在乾燥之後，風味更濃，有令人愉快的木質芳香，還有淺淺的胡椒以及帶點肉桂卻無甜味的香氣。它先是出現類似木頭，有點像樟樹的風味，然後才是濃濃的胡椒口味以及明顯的、久久不散的辣味。胡椒莓有

可搭配
葉
- 澳洲灌木番茄
- 羅勒
- 月桂葉
- 芫荽（葉和籽）
- 薑
- 香茅
- 檸檬香桃木
- 芥末籽
- 澳洲金合歡樹籽

莓果
- 黑胡椒
- 小荳蔻
- 芫荽籽
- 孜然
- 甜茴香籽
- 蒜頭
- 杜松子
- 馬鬱蘭
- 巴西利
- 迷迭香
- 百里香

傳統用法
葉
- 大部分的食物（和黑胡椒、白胡椒的方式相同）

莓果
- 野味和油膩食物（撒上去）
- 砂鍋
- 袋鼠肉排

調和香料
葉
- 澳洲本地的檸檬胡椒
- 烤肉用綜合香料

莓果
- 烤肉用綜合香料
- 埃及杜卡綜合香料（dukkah，澳洲版）
- 海鮮綜合香料

種油脂、又像礦物的松脂香味，甚至只要一點點果實的研磨量，嚐起來就是入口有甜味、帶著果香，很快就變成強勁會咬舌的麻感以及淚流的辣味，這種麻辣感會繼續累積，好幾分鐘都不會散去。這種持續的辣度，無論是葉或莓果都有，這是塔詩曼尼亞屬胡椒中所含酵素被唾液活化後的結果。

塔詩曼尼亞胡椒及多瑞格胡椒的植株大多類似，除了一個新南威爾士東海岸，更靠北地的多瑞格品種以外，這種麻辣度較弱，因此植物的學名為 *T. insipida*。不要把澳洲原生的胡椒葉跟墨西哥胡椒葉（*Piper sanctum*）搞混，後者也是胡椒科的成員。

處理方式

塔詩曼尼亞胡椒的乾燥方式與月桂葉相同。為了取得最佳乾燥成果，在進行乾燥之前就先將葉子從枝椏上剪下來，在多孔的材料，例如防蟲紗網或網篩上攤平鋪開。之後在乾燥、光線陰暗、通風良好的地方放置幾天，直到每一片葉子都變乾變脆。乾燥後，胡椒葉就能用研磨砵和杵來磨成粉了。

成熟的胡椒莓不需要採用傳統胡椒（*Piper nigrum*）的日晒法來進行乾燥；只要和胡椒葉使用一樣的乾燥方式脫水、儲存就可以。胡椒莓也能放在鹽滷中保存，效果一樣持久，使用之前和綠胡椒或粉紅胡椒一樣徹底洗淨就好。截至目前為止，品質最優、口味最好的乾燥方式是冷凍乾燥法，這是一種以密集資金打造的工業乾燥法。冷凍乾燥的胡椒莓吃起來不如風乾法辣，但是後韻有怡人的果香和礦物味的開胃風味，搭配紅肉和野味一起食用，相當美味。

購買與保存

塔詩曼尼亞胡椒主要以粉狀方式販售，看起來是顆粒狀，卡其色。購買時少量購入，因為一點用量就足以增加食物風味，而且磨成粉後，即使在理想狀態下保存，風味也流失得極快。胡椒莓偶而也能買到冷凍品，但是磨成粗顆粒、帶點油光的黑粉形式更為常見。

冷凍乾燥的胡椒莓顏色紅黑，易碎而形狀飽滿。磨成粉後會變成深紫色，有點像是磨成粉的鹽膚木。

無論是葉還是莓果，研磨成粉後都要放在氣密式容器中好好保存，遠離溫度過高、光線太亮、或潮溼的場所。適當保存的話，整顆粒的胡椒莓風味至少可以保存 3 年，而磨成粉的胡椒莓和胡椒葉，可以放到 1 年。

應用

乾燥並研磨成粉的塔詩曼尼亞胡椒葉可以用黑胡椒或白胡椒粉（*Piper nigrum*）的方式使用，由於風味較為強勁濃烈，我建議用量只要黑胡椒或白胡椒的一半就好。如果喜歡的話，再自行增加用量，以適合自己的喜好。胡椒葉和其他澳洲原生的香草和香料很合味，如檸檬香桃木、澳洲金合歡樹籽（wattleseed）和澳洲灌木番茄（akudjura）。你可以根據自己的喜好來調整檸檬香桃木粉、胡椒葉粉和鹽的比例，來製作檸檬胡椒，也可以把胡椒葉混合研磨成粉的芫荽

澳洲高山黑胡椒葉和胡椒莓（塔詩曼尼亞島）Pepperleaf and Pepperberry（Tasmanian）

- **研磨成粉的葉**：2.4 公克
- **研磨成粉的莓果**：3 公克

每 500 公克（1 磅）建議用量

- **紅肉**：1 茶匙（5 毫升）葉磨成粉，1/4 茶匙（1 毫升）莓果磨成粉
- **白肉**：1 茶匙（5 毫升）葉磨成粉，1/4 茶匙（1 毫升）莓果磨成粉
- **蔬菜**：1 茶匙（5 毫升）葉磨成粉，1/4 茶匙（1 毫升）莓果磨成粉
- **穀類和豆類**：1 茶匙（5 毫升）葉磨成粉，1/4 茶匙（1 毫升）莓果磨成粉
- **烘烤食物**：1 茶匙（5 毫升）葉磨成粉，1/4 茶匙（1 毫升）莓果磨成粉

籽、澳洲金合歡樹籽、澳洲灌木番茄和鹽，在烹煮之前撒在羊肉、鹿肉或是袋鼠肉排上。

使用風乾的胡椒莓時務必非常謹慎，我的經驗法則是只要傳統胡椒用量的五分之一就好。冷凍乾燥的胡椒莓口味較溫和，用量可以稍微多一點。只有大膽的、傻傻的，或是舌頭不靈光的人才會把風乾的胡椒莓研磨粉直接加到食物上。這種粉又辣又麻，沒有經過烹煮的話，風味特質實在無法讓人發出真心的讚美。不過，我倒是吃過適量的冷凍胡椒莓撒在法式酸奶油佐水果上（crème fraîche and fruit），那滋味真的非常美妙！胡椒莓放進慢火燉煮的菜餚，像是燉菜和湯品中，特別美味。因為烹煮時間一長，辛辣的麻嗆味道會消散一些，不凡的風味會讓食物變得非常出色。和野味肉品搭配味道也絕佳，節制的用在白肉或紅肉的醃製料中也很美味。

塔詩曼尼亞胡椒醬羊排
Lambin Tasmanian Pepper Sauce

塔詩曼尼亞胡椒醬用途多，常常被用來搭配羊排。這種乳霜醬汁很清爽，帶著令人舒暢的胡椒香味，和肉類搭配非常合適。

製作4人份

準備時間：

● 5分鐘，外加1個小時醃製

烹煮時間：

● 40分鐘

4 塊	羊排，每塊約 175 公克（6 盎司）	4 塊
¼ 杯	辛口白酒（不甜）	60 毫升
1 茶匙	塔詩曼尼亞胡椒葉研磨成粉	5 毫升
1 大匙	奶油	15 毫升

醬汁

⅔ 杯	干型（不甜）白酒	150 毫升
3 大匙	白蘭地	45 毫升
½ 杯	雞肉高湯	125 毫升
1¼ 杯	鮮奶油（含脂肪量 18%）	300 毫升
1 大匙	波特酒（portwine）	15 毫升
1 茶匙	塔詩曼尼亞胡椒葉，磨成粉	5 毫升
4 顆	整顆胡椒果	4 顆
些許	海鹽和現磨黑胡椒	些許

1. 把羊排、酒、和胡椒葉放入大的夾鏈袋中。封好，讓醃料沾滿羊肉，並放入冰箱冷藏 1 個鐘頭或 1 晚。

2. **醬汁：**小湯鍋開大火，將白酒與白蘭地放人，煮到沸騰，繼續煮到湯汁收掉三分之二，大約要 8 到 10 分鐘。加入高湯，再度煮沸，大約煮 5 分鐘。加入鮮奶油，再煮到沸騰，攪拌 3 到 5 分鐘，直到醬汁變濃稠，收掉三分之一。把波特酒、胡椒葉和胡椒莓拌進去，用鹽和胡椒調味，試試鹹淡。放置一旁，要保溫。

3. 煎鍋開大火，融化奶油，加入羊排，每一面用大火燒 30 秒左右，轉到中大火，每一面繼續煎 5 分鐘（肉應該變軟了，但裡面還是粉紅色）。切片，和醬汁一起上桌。

變化版本

喜歡的話，可以用等量的袋鼠肉排來取代羊排。

紫蘇 Perilla

Perilla frutescens

科　　名：	唇形科 Lamiaceae（舊稱唇形花科 Labiatae）
品　　種：	紫蘇（shiso，學名：*P. frutescens* var. *crispa*）、紅紫蘇（red shiso，學名：*P. frutescens nankinensis*）、荏胡麻／白紫蘇（egoma，學名：*P.frutescens* var. *frutescens*）
別　　名：	Beefsteak plant（牛排草）、Chinese basil（中國羅勒）、perilla mint（紫蘇薄荷）、purple mint（紫薄荷）、rattlesnake weed（響尾蛇草）、wild sesame（野芝麻）
中文別名：	紅紫蘇、赤紫蘇、紅蘇、青紫蘇、青蘇、白紫蘇、回回蘇
風味類型：	溫和型
使用部位：	葉（香草）

背後的故事

　　紫蘇到底源自於哪裡顯然是不太確定的。在西元 500 年左右中國一位醫師曾在文章中回應過紫蘇應該是喜瑪拉雅山土生土長的說法。西元 8 世紀左右，紫蘇被引介到日本，在那裡青

紅兩色的紫蘇品種都受到了歡迎，常被統稱為紫蘇（shiso）。紫蘇油是由荏胡麻（紫蘇籽 seeds of egoma）冷壓提煉，在16世紀的日本曾作為燈油使用，不過後來被更具有經濟價值的燃油取代。紫蘇油也被用在日本神道的儀式中。紫蘇油以含有高濃度的多元不飽和脂肪（polyunsaturates）而聞名，所以開始有人對用於料理產生興趣。

　　紫蘇最初被引介到亞洲以外地區的花園時，是以觀賞植物的身分。而現在日本與韓國料理在西方文化中的廣大接受度，已經讓紫蘇的栽種與使用量增加，特別是在壽司店。

植株

　　紫蘇是一年生植物，在溫暖的地方也可多年生。它是薄荷家族的一員，屬於唇形科（Lamiaceae），有看起來像刺的橢圓形裂葉，摸起來比外觀看起來柔軟、友善，植株可長到60公分（2呎）高，叢株直徑從約30公分（1呎）。有兩種是葉用，另外一種則是為了收籽。作為香草用的其中一種紫蘇，葉子翠綠，在日本通常稱作 shiso（青紫蘇），暗紅葉品種的則稱為紅紫蘇。兩個品種的葉在外觀上極為相似，就是顏色不同。在韓國，占優勢數量的是青紫蘇，這種紫蘇葉顏色翠綠，葉片比日本看到的還大。所有種類的紫蘇都有香氣，香氣中隱隱飄著羅勒、桂皮、茴香、香菜和薄荷的味道，所以所有適合添加這些風味的菜餚也都適合加紫蘇。

其他品種

　　荏胡麻/白紫蘇（egoma，學名：*P. frutescens* var. *frutescens*）這個品種主要是為了生產富含油質的種子，以便製作紫蘇油。或許是因為要種來採收榨油籽，所以即使和芝麻沒有關係，有時候也被稱作「野芝麻」。

料理情報

可搭配
- 芝麻菜
- 羅勒
- 細葉香芹
- 菊苣
- 蔥韭
- 蒔蘿
- 甜茴香複葉
- 蒜頭
- 薄荷

傳統用法
- 生魚片
- 韓國泡菜
- 春捲
- 沙拉
- 湯
- 義大利麵和米飯料理

調和香料
- 七味辣粉（籽）

- **新鮮切碎的紫蘇葉：**
  0.5 公克

**每 500 公克（1 磅）
建議用量**

- **紅肉：**5 茶匙（25 毫升）
- **白肉：**5 茶匙（25 毫升）
- **蔬菜：**5 茶匙（25 毫升））
- **穀類和豆類：**5 茶匙（25 毫升）

處理方式

青的紫蘇葉很難成功乾燥，所以一般都是販賣鮮品。紫蘇油是將特定品種荏胡麻／白紫蘇（egoma）的種子在開花後採集，以冷壓法製作出來的。（譯註：在台灣，紅紫蘇有時會以日晒法乾燥後，用來醃製青梅或蒸蟹時鋪底。）

購買與保存

新鮮的紫蘇在新鮮蔬果店愈來愈容易買到了，尤其是專門販賣日本韓國食材的店家。新鮮的紫蘇葉很容易枯萎，所以從莖上摘下後，用溼紙巾包好，放入夾鏈袋裡冷藏。最好一回家包好就趕快進冰箱；這樣大約能保存 2 天。葉子從莖上摘下後，放入夾鏈袋進冰箱冷凍，可以放約 3 個星期。解凍之後，就能用來點綴食物的顏色與風味。不過，由於冷凍會使紫蘇脫水，顏色變深，所以解凍後的紫蘇不適合拿來做沙拉或裝飾。

應用

青紫蘇是日本料理中搭配生魚片一起食用的傳統配料。紫蘇葉在鹹味料理中的用法就跟羅勒、巴西利或香菜相同。在越南，青紫蘇葉會被用來包春捲，或加到越南河粉中。在韓國，青紫蘇葉常和辣椒一起做成泡菜裝罐，也常加到韓式白菜泡菜裡。紫蘇的花可以用來裝飾食物，乾燥的紫蘇籽有時也會被加到日式的七味辣粉中，成為用料之一（參見 764 頁），其他的材料還有芝麻、罌粟籽、辣椒、鹽，以及其他香料。在日本，傳統的醃梅常以紅紫蘇葉來染色。

夏日越南生春捲
Herb Summer Rolls

這款清爽的越南生春捲正好是一般炸春捲最完美的解膩菜。這種春捲常被稱作「夏日春捲」，米做的春捲皮中包入了柔軟的熟米粉、新鮮的香草和豆腐、豬肉、蟹肉或蝦肉。這種米做的春捲皮拿來包任何沙拉都很合適，而各種不同版本的生春捲也是人氣極高的健康午餐。甜甜辣辣的醬汁是理想的沾醬。

製作20捲

準備時間：
- **15 分鐘，外加 30 分鐘捲**

烹煮時間：
- **無**

提示 米做的春捲皮可在亞洲超市或是備貨齊全的超市裡面買到。如果真的買不到青紫蘇，也可以用 1/4 杯（60 毫升）的新鮮越南香菜 / 薄荷（Vietnamese mint）或泰國羅勒（Thai basil）來代替。如果想要享受親自動手的樂趣，可以把所有的材料端上桌，讓客人自己包來吃。

3½ 盎司	越南的米粉	100 公克
½ 杯	新鮮的薄荷葉，粗切、壓緊	125 毫升
½ 杯	新鮮的芫荽葉（香菜），粗切、壓緊	125 毫升
½ 杯	新鮮的紫蘇葉，粗切、壓緊（參見左側提示）	125 毫升
20 張	圓形的米製春捲皮，直徑 15 到 18 公分（6 到 7 吋）（參見左側提示）	20 張
1 顆	結球萵苣（head butter lettuce），葉和柄 / 心拿掉	1 顆
1 根	胡蘿蔔，去皮，切成薄的火柴棒狀	1 根
40 尾	煮熟的蝦子	40 尾

1. 大湯鍋開大火，水煮到沸騰，把米粉放進去煮幾分鐘，煮到米粉變軟。用漏杓舀出來，把水好好瀝乾，放置一旁備用。

2. 找一個碗，把薄荷、香菜和青紫蘇放進去混合，放置一旁備用。

3. 找個淺的大盤，把米製的皮分成 3 批，用溫水把米皮淹過去，在一旁放置 1 到 2 分鐘，直到皮完全變軟。

4. 把米春捲皮從水中撈出來，甩掉多餘的水分，並在盤子上或砧板上攤平。把一片萵苣葉放在中央，上面放米粉、2 大匙（30 毫升）的香草、幾絲胡蘿蔔絲，以及 2 隻蝦。把圓形米皮底部邊緣往上折，兩邊再折進來，然後將包著材料的米皮緊緊捲起來。把春捲放到盤子上，封口面朝下，重複上述步驟把春捲皮包完。封上保潔膜，放進冰箱冷藏，上桌之前再拿出來（參見左側提示）。生春捲放進冰箱冷藏可以放到 6 個小時。

石榴 Pomegranate

PPunica granatum（也稱為 P. florida、P. grandiflora 和 P. spinosa）

科　　名：石榴科 Punicaceae

品　　種：月季石榴（dwarf pomegranate，學名：
P. granatum var. nana）、大果胭脂紅石榴
（Russian pomegranate，學名：P. granatum
var. azerbaigani）、美國加州石榴，美好種
（pomegranate Wonderful，學名：P. granatum
'Wonderful'）

別　　名：grenadier（擲彈兵）、pomegranate molasses（石
榴糖蜜）、anardana（乾石榴籽）、Carthaginian
apple（迦太基蘋果）

中文別名：安石榴、若榴、丹若、金罌、金龐、塗林、天漿

風味類型：香濃型

使用部位：種子（香料）

背後的故事

石榴原生於波斯（現在的伊朗），至少 4000 年前就已經
開始人工栽種了。古埃及人和後來的羅馬人透過迦太基（譯
註：腓尼基人建立的國家）而認識石榴，有些人認為，聖經

裡伊甸園原來的蘋果指的就是石榴。石榴的植物屬名 Punica 源自於拉丁文的 malum Punicum，malum 的意思是蘋果，Punicum 是迦太基（Carthage），而 poma granata 的意思則是「很多籽的蘋果」。聖經的雅歌篇（Songof Solomon）提過石榴，穆罕默德在可蘭經中也曾提過，而猶太教的某些傳統儀式中，有些還會用到石榴。埃伯斯草紙醫典（the Ebers Papyrus）曾提及，巴比倫的空中花園曾經種植過，它還是所羅門王聖殿（King Solomon's temple）柱子上的裝飾。西班牙人把石榴帶到了南美洲，現在已經成為墨西哥料理中重要的材料，在墨西哥，石榴被稱作 granada。

石榴樹的樹皮和根皮一直以來都作為藥用。而石榴的果皮則曾被剝下來進行乾燥，做成橙黃色的條狀，稱為「乾石榴皮」（malicorium），用來鞣製皮革，也作為藥物使用。（譯註：乾石榴皮也是本草綱目所列的藥物之一，甚至在更早，即被中醫作為藥物使用。）石榴樹有好幾百個培育品種，培育目的不同，有觀賞用、產果用，風味特質也不同，從適合生吃和製作石榴果汁的香甜品種，到口味較酸、適合製作成石榴糖蜜，或香味濃郁、用於印度料理的乾石榴籽品種都有。

植株

落葉的石榴有可能是有著美麗而茂盛葉子的灌木，高度可達 4 公尺（13 呎），或是葉子稀疏但枝幹壯麗，高達 7 公尺（23 呎）的喬木。繁盛漂亮的深綠色葉長度約 8 公分（3 又 1/4 吋），看起來和月桂葉很相似，長於尾端有尖刺的枝椏上。明亮耀眼的朱砂橘蠟質花開之後，結的是紅褐中帶黃色的果實，大小有如蘋果，裡面有許許多多種子，就包覆在不能食用、又帶著苦味的柔軟果肉中，以隔瓣區隔著。新鮮的石榴籽有稜有角，長度可達 8 公釐（1/3 吋），這大小還包含多汁、如果凍般的粉紅膜皮。新鮮的籽散發出來的香味不多，但是風味帶有迷人的澀味與果味。

可搭配
石榴籽
- 獨活草 / 印度藏茴香
- 多香果
- 小荳蔻
- 辣椒
- 肉桂和桂皮
- 丁香
- 芫荽（葉和籽）
- 孜然
- 茴香
- 葫蘆芭
- 薑
- 芥末
- 胡椒
- 薑黃

糖蜜
- 多香果
- 小荳蔻
- 肉桂和桂皮
- 丁香
- 薑
- 芥末
- 胡椒

傳統用法
石榴籽
- 咖哩
  （用法與羅望子類似）

糖蜜
- 雞肉和豬肉
  （烹煮前先刷好）
- 沙拉調味料
- 夏日飲品

調和香料
石榴籽
- 印度馬薩拉綜合香料
  （Indian masala）
- 雞肉和海鮮調味料

用石榴卜卦

我們到土耳其旅行時，有人告訴我們當地新嫁娘有把石榴丟到地上的習俗。石榴裂開後，跌出來的種子數量就表示她會生的子女人數。

乾燥的石榴籽是印度料理中的材料，被稱為 anardana（乾石榴籽）。乾石榴籽顏色從暗紅到黑，非常黏膩，有美味的果香、味道香濃，是羅望子理想的替代品。石榴糖蜜在中東的料理中用得極多，顏色深紅近乎黑色，極為濃稠，有馥郁、類似莓果的果香，以及柑橘的濃烈味道。味道沒那麼強烈，濃縮度也較低，但一樣美味的是由香甜的石榴果汁製作而成的紅石榴糖漿（grenadine），不含酒精。

其他品種

月季石榴（dwarf pomegranate，學名：*P. granatum var. nana*）是觀賞用的石榴，葉子非常油亮，開花多，顏色朱紅，修剪後非常適合做圍籬。就我了解，這個品種並

不是因為要採收果實而種植的。**大果胭脂紅石榴**（Russian pomegranate，學名：*P. granatum* var. *azerbaigani*）這個品種果實大，大家多愛用來做成深紅色的石榴果汁。

美國加州石榴，美好種（pomegranate Wonderful，學名：*P. granatum* 'Wonderful'）開重瓣紅花，果實品質相當優良。這個品種從美國加州外銷到世界許多國家，已經成為世界標準，因色彩艷紅，風味濃郁而受到高度重視，無論是新鮮現吃或榨汁都非常美味。

處理方式

口感滋味最佳的石榴必須種在夏季乾熱、冬天寒冷的地方；石榴在潮溼的熱帶氣候是結不出好果子的。需要新鮮的石榴籽時，一定要小心翼翼的把籽從帶著苦味的隔膜（參見524頁）中取出。吃石榴的傳統方式是用針把每一棵籽從打開的果實中又出來，再好好享受一下風味大爆發的果汁以及有如果膠的透明果肉，但要避開帶有苦味的部分。

要製作乾石榴籽，籽在乾燥時，果肉要留在外面。要研磨乾石榴籽，除了研磨砵和杵之外，其他的工具都不可行，因為籽表面的黏度實在太高了，任何香料、胡椒、或咖啡的研磨器都會卡住。

石榴糖蜜是把籽直接煮沸，煮到水分蒸發，變成高度濃縮為止，煮到這種程度，石榴的濃稠性和強烈風味才會展現出來。

我愛吃的沙拉調味醬

我會利用石榴糖蜜，製作一種作法簡單的沙拉調味醬，方法分別是把3大匙（45毫升）的義大利巴薩米可醋（balsamic vinegar）、橄欖油、1大匙（15毫升）的石榴糖蜜，以及以1/2茶匙（2毫升）黃芥末研磨籽化入的水中。研磨好的芥末會發揮乳化的作用，讓這些液體在搖晃後至少10分鐘內也不至於分開。

香料生意中的旅行

我對石榴印象最深刻的一段回憶是在墨西哥。我去巡視了幾座帕潘特拉（Papantla）的香草（vanilla）種植農場，而帕潘特拉就在東南海岸蔭涼的山丘之間。巡視之後，我們回到了克雷塔羅州（Queretaro）的前首府。在進入一家迷人的小餐廳用餐時，餐廳端上了佐以乳白醬汁的水煮雞肉，醬汁以辣椒和新鮮的石榴籽調味。我愉快的品嚐了醬汁中帕西拉乾辣椒（pasilla chile）細膩的水果菸草香，但超出我預期的還有從石榴籽中噴發出來的絕佳風味，這味道完全席捲了我的味蕾。

- **整顆乾燥籽**：3.5 公克

每 500 公克（1 磅）建議用量

- **紅肉**：1 茶匙（5 毫升）籽，4 茶匙（20 毫升）糖蜜
- **白肉**：1 茶匙（5 毫升）籽，1 大匙（15 毫升）糖蜜
- **蔬菜**：1 茶匙（5 毫升）籽，1 大匙（15 毫升）糖蜜
- **穀類和豆類**：1 茶匙（5 毫升）籽，1 大匙（15 毫升）糖蜜
- **烘烤食物**：1 茶匙（5 毫升）籽

購買與保存

新鮮的石榴在許多新鮮蔬果零售商都有賣，絕對值得買，特別是你手上如果有好的食譜可用的時候。整顆的新鮮石榴應該放在涼爽、光線陰暗的地方，這樣能放到 1 個月。整顆果實如果放入冷凍袋進冰箱冷凍，能放到 2 個月。石榴籽可以先取出來，再放進夾鏈袋冷凍；這樣能放到 3 個月。

乾石榴籽（anardana）在印度食品店和香料專賣店裡買得到（店家應該也會賣石榴糖蜜，而中東的食材供應店也能買到）。乾石榴籽最好裝入氣密式容器中；空氣中的水氣會讓種子變得更黏膩。石榴糖蜜保存容易，打開後也不必放進冰箱冷藏，保存期至少有 1 年。不過到了冬天，糖蜜在瓶子裡會變得更濃稠，連罐放進熱水中幾分鐘，黏度應該就會下降，變得比較容易倒出了。

應用

新鮮的石榴籽可以加到醬汁中，和雞肉與海鮮特別搭配，還能加到水果沙拉中、撒在帕芙洛娃（pavlova，澳洲風格很濃的甜點，由酥皮、水果和鮮奶油製成）上。乾石榴籽可以和羅望子一樣泡水，浸泡的湯汁可以用來作為酸味介質，籽可用研磨砵杵搗碎，直接撒在食物上提升酸度。

石榴糖蜜可以提高沙拉醬汁的開胃程度，雞肉和豬肉在烹煮之前把糖蜜當成醃料一般刷上，會有讓肉質柔嫩的效果。夏日炎炎，如果把 1 茶匙（5 毫升）的石榴糖蜜放進倒滿氣泡水的玻璃杯底，就能做出一杯清涼解渴的清新飲品。

石榴馬鈴薯
Aloo Anardana

這道簡單的辛辣馬鈴薯配菜因為加入了乾石榴籽（anardana），味道變得鮮活了起來。可作為德里香燉豆（Delhi Dal，參見 651 頁）、印度奶油雞（參見 156 頁）或是南印度沙丁魚（參見 340 頁）的配菜。

製作6份配菜

準備時間：
- 25 分鐘

烹煮時間：
- 10 分鐘

 Ghee 是一種印度料理常用的澄清奶油。如果手上沒有，可用奶油或是無水奶油來代替。

印度恰馬薩拉綜合香料（chaat masala）是典型的印度調味料，許多菜餚都會用到，含鹽度高。

喀什米爾辣椒是一種優質的研磨辣椒粉，用途廣，很適合用在這個食譜裡。大部分的印度市場裡都能買到。

● 中式炒菜鍋

2 磅	馬鈴薯	1 公斤
1/3 杯	印度澄清奶油（ghee，參見左側提示）	75 毫升
1 茶匙	印度恰馬薩拉綜合香料（Chaat masala，參見 704 頁）	5 毫升
1 茶匙	孜然粉	5 毫升
1/2 茶匙	薑黃粉	2 毫升
1/4 茶匙	有辣度的辣椒研磨粉（參見左側提示）	1 毫升
1/2 杯	乾石榴籽（anardana）	125 毫升
些許	海鹽	些許

1. 在一鍋沸騰的鹽水中，把整顆馬鈴薯（帶皮）放進去煮到剛好變軟，大約要 40 分鐘。放置一旁待涼，直到可以進一步處理。涼了之後，粗切成 4 公分（1 又 1/2 吋）大小的丁。

2. 中式炒鍋或大的平底炒鍋開中火，將澄清奶油放進去融化。加馬鈴薯進去炒，要不斷拌炒約 1 分鐘，直到奶油均勻包覆。加入印度恰馬薩拉綜合香料、孜然、薑黃、和研磨好的辣椒。繼續炒，要一直翻炒，直到馬鈴薯完全被香料包覆，並開始變脆，大約要 5 分鐘。把乾石榴籽放進去拌炒 1 分鐘，直到混合均勻。想要的話，可以用鹽調味，試試鹹淡。立刻上桌。

茄子沙拉
Eggplant Salad

在中東，石榴常被用來幫辣的涼菜加味。石榴可以讓這道茄子沙拉的顏色和風味都有驚人的提升。

製作6人份

準備時間：
- 20 分鐘

烹煮時間：
- 30 分鐘

提示 傳統上，要把石榴籽取出會先在石榴皮上切一環「赤道」，然後扭成兩半。然後稍微拉開，用木湯匙在皮內打一打，把籽敲出來。這裡還有一種不會弄得太凌亂的作法：用一把銳利的刀把石榴對半切開，放進裝滿冷水的大碗裡。把手伸進石榴裡，將膜拉開（膜會浮到上面）。用手指頭將石榴籽輕輕弄鬆。將膜挖出，籽瀝乾。

- 烤箱預熱到攝氏 200 度（華氏 400 度）
- 烤盤 2 個

2 磅	茄子，切成 2.5 公分（1 吋）大小的丁（大約 3 大塊）	1 公斤
2 茶匙	粗海鹽	10 毫升
¼ 杯	橄欖油	60 毫升
1 大匙	整顆的芫荽籽，稍微壓碎	15 毫升
2 大匙	原味的希臘優格（Greek yogurt）	30 毫升
1 顆	石榴，籽取出（參見左側提示）	1 顆
½ 杯	巴西利葉，粗切	125 毫升

1. 把茄子以單層方式鋪排在烤盤上，撒上鹽，在一旁放置 15 分鐘後，用紙巾拍乾。

2. 用雙手將茄子徹底的抹上油和芫荽籽，在預熱好的烤箱中烤 20 分鐘，直到變成焦黃色。從烤箱裡取出，在一旁稍微放涼。

3. 要上菜時，將烤熟的茄子裝盤。上面加上些許優格，並撒上石榴籽與巴西利。這道菜最好是以室溫上菜。

變化版本

上菜時，撒上 1/2 杯（125 毫升）碎的菲達起司（feta cheese）。

石榴糖蜜五花肉
Pork Belly with Pomegranate Molasses

石榴糖蜜在這道簡單、美味的菜餚中提供的是酸甜元素。可和三色高麗菜沙拉（參見 149 頁）、印度香料飯（參見 164 頁）或綜合烤蔬菜（參見 673 頁）一起上菜。剩下的五花肉拿來作為三明治的內餡也非常美味。要避免讓五花肉的皮上沾上任何醃醬，因為一旦沾上，五花肉就無法烤出完美的酥脆度（對許多人來說，這是最棒的部分！）

製作4人份		

準備時間：

- **10 分鐘，另加 2 個小時醃製時間**

烹煮時間：

- **4.5 個小時**

● **23 公分（9 吋）方形的金屬烤盤，裡面襯上鋁箔紙**

3 磅	五花肉	1.5 公斤
⅓ 杯	石榴糖蜜	75 毫升
1 杯	沸騰的開水	250 毫升
5 瓣	蒜頭，稍微拍一拍	5 瓣
1 茶匙	細海鹽	5 毫升

1. 將五花肉皮面朝上放進準備好的烤盤上。用一把銳利的刀，在皮上劃上淺紋，兩紋中間間隔約 5 公釐（1/4 吋）。

2. 在耐熱碗中，將石榴糖蜜用沸水調開。拌入蒜頭，然後倒在五花肉底四周，小心不要濺到皮上。將海鹽揉到切好花的皮上，不加蓋，放入冰箱冷藏至少 2 個鐘頭或一夜。

3. 烤箱加熱到攝氏 150 度（華氏 300 度），烤五花肉，不要加蓋烤 4 個鐘頭，偶而要輕輕推一下烤盤，讓醃料能圈在五花肉周圍。從烤箱裡取出，烤箱溫度調高到攝氏 220 度（華氏 425 度）。把五花肉從黏呼呼的烤盤中取出，鋁箔紙丟掉，重新鋪上乾淨的鋁箔。將五花肉放回烤盤中，再烤 25 到 30 分鐘，直到皮烤成焦黃色，並變得酥脆。從烤箱中取出，在一旁放置 5 分鐘後再動刀切。

罌粟籽 Poppy Seed

Papaver somniferum

科　　名：罌粟科 Papaveraceae

品　　種：藍罌粟籽（blue poppy seed，學名：*Papaver somniferum*）；白罌粟籽（white poppy seed，學名：*P. somniferum album*）；野罌粟/field poppy、法蘭德斯罌粟/Flander spoppy、穀物罌粟/corn poppy，（學名：*P. rhoeas*）

別　　名：black poppy seed（黑罌粟籽）、maw seed（鳥食罌粟籽）

中文別名：御米、芥子

風味類型：中和型

使用部位：種子（香料）

背後的故事

　　鴉片罌粟（opium poppy）原生於中東地區，栽培作為料理及藥用植物已經超過 3000 年。荷馬（Homer）曾提過罌粟，早期的埃及人、希臘人和羅馬人也都認識它。西元 800 年，印度和中國已經有栽種。在印度，罌粟籽被拿來與甘蔗汁混合，做成糖果。

這個植物的種名 *somniferum*，意思是「引起嗜睡情況」，而鴉片罌粟獨特的麻醉特質正是它被廣為種植的原因。早至中世紀時期，醫者就曾使用一種稱為「催眠海綿」（soporific sponge）的麻醉劑，這是一種將罌粟、風茄（毒參茄，mandrake）、毒菫（hemlock）和常春藤浸劑倒在海綿上，放在患者鼻孔下，導致患者失去意識的東西。在 18 世紀，含有不少珍貴止痛生物鹼，如嗎啡（morphine）的鴉片開始被濫用，因為它具有改變人心智的特性。

令人悲傷的是，這種數千年來對人類極為有用的植物已經成為社會大眾唾棄的對象。

植株

罌粟花花姿燦爛，有時候莖上還帶著絨毛，植株可長到 1.2 公尺（4 呎）高，一年生、多年生都有。觀賞用的品種（Papaver rhoeas）花朵動人，顏色層次有如金字塔，從白色到淡紫，及粉紅帶著紅紫的斑紋都有。

開花之後，會開始結出一種圓形、羊皮紙色、外觀像紙張的木質囊壯蘋果，頂端還帶著小小的多尖頭皇冠。在脆弱、

料理情報

可搭配
- 多香果
- 小荳蔻
- 肉桂和桂皮
- 丁香
- 芫荽籽
- 薑
- 肉荳蔻
- 芝麻
- 鹽膚木

傳統用法
- 麵包
- 薄餅、脆餅和餅乾
- 義大利麵（撒在乳酪上面）
- 馬鈴薯泥
- 甜點上的鮮奶油

調和香料
- 葡式咖哩（vindaloo curry powder）
- 日式-七味辣粉

香料筆記

敬告國際旅客：新加坡、沙烏地阿拉伯和阿拉伯聯合大公國都是禁止攜帶罌粟籽入境的，因為罌粟籽中的麻醉生物鹼含量可達 50ppm。罰則嚴厲——我知道有個人旅客因為非蓄意攜帶罌粟籽進入新加坡，而被控攜帶毒品入境，雖然獲赦，但受到警告。因為許多國家都禁種罌粟（*P. somniferum*），所以輸入罌粟籽通常是違法的。較常採用的作法是改變罌粟籽的生物特質，也就是採取加熱處理或是燻蒸法處理，讓種子無法發芽，這樣才能自由販售。

雖說以正常的料理量食用罌粟籽並不會讓人情緒高昂，不過部分政府單位還是擔心進口的種子可能會發芽，並種出鴉片罌粟！罌粟籽中的生物鹼含量甚微，不具藥效。不過，讓某些接受藥檢的運動員失望的是，在大量食用後，尿液中還是能檢驗得出來。

譯註：台灣將罌粟、罌粟殼以及罌粟籽列為二級毒品管制，即使產品是購於國外的食品超市，旅客還是不要攜帶入境，以免誤觸法網。

罌粟花觀賞性極高。過去許多個世紀以來，早已培育出許多顏色絢爛的品種，即使今天，罌粟花還是和其他老式的香草及花朵一樣被拿來妝點草本花園的花壇。大英國協大部分的國家在紀念逝世英魂的儀式中會配戴艷麗如血的紅色法蘭德斯罌粟。

帶著肋紋的蒴果裡有幾個囊室，裡面有數以百計的小小腰果形種子。這些就是作為料理用的種子，基本上只是作為鴉片生產而種植的罌粟花副產品。不過，這種種子一旦在囊中形成，變得適合料理之用後，裡面所含的麻醉成分其實是很低的。

1公斤（2磅）的罌粟籽裡面含有 150 萬顆以上的種子，無論是灰藍色或是乳白色的料理用罌粟籽都有一種甜甜的、低調的香氣，以及淡淡的堅果口感。藍罌粟籽顆粒比乳白色罌粟籽大些，含油量高些，風味也較濃郁一點，在烘烤之後尤其明顯。

其他品種

藍罌粟籽（*Papaver somniferum*）因為種子是藍色的而得名。不要跟開藍花的罌粟（*Meconopsis grandis*）搞混了，後者是觀賞性植物，無法結出有料理用途的罌粟籽。

白罌粟籽（*P. somniferum album*）是產出白罌粟籽的品種，主要用於印度料理中。**野罌粟**（field poppy）、**法蘭德斯罌粟**（Flanders poppy）和**穀物罌粟**（corn poppy），學名都是 *P. rhoeas*，就如同大家一般所知，是觀賞用的豔紅品種。和種子一樣，花和葉也都能吃；在也加有其他種類花朵，如琉璃苣（borage）、金蓮花（nasturtiums）和紫羅蘭（violets）的沙拉中也常能發現。

處理方式

因為像嗎啡（morphine）這一類的鴉片衍生物仍然被用在各種止痛劑中，所以不少國家仍然有大面積的種植，只是在政府嚴格的監管之下。收集鴉片時，是用一把尖銳的小工具在種子尚未形成的綠囊上割出切口來。從切口緩緩流出的膠乳會被刮取下來，以便進行下一步的處理。之後，植物的蒴果會繼續成長，裡面將充滿種子，在頭已經成熟但尚未裂開之前採收。雖說種植罌粟（*P. somniferum*）的收入大宗主要是來自於鴉片製作，但是販賣料理用的藍罌粟籽也是農家一項極受喜愛的額外進項。

有兩種產品都是從罌粟籽油製作出來的。一是一種清澈的冷壓油，法國人稱它為 olivette，在料理時可以當作橄欖

油的替代品使用。還有另外一種精煉程度更加細緻的不可食
用版本，用在藝術家油畫用的油中。

購買與保存

　　藍罌粟籽在許多超級市場都能買到。白罌粟籽在專賣店
和不少印度、中東和亞洲食品店裡能買到。因為罌粟籽含油
量高，油脂容易變質發生油餿味，要適當保存，最好放在冰
箱冷藏，在合理的時間內用完。罌粟籽也容易被蟲咬，所以
放在儲藏室時，包裝一定要密封好。一定要從貨物流通量高

檸檬罌粟籽蛋糕

想要做出美味的檸檬罌粟籽蛋糕，可以採用葛縷子蛋糕的食譜（參見150頁），但以3大匙（15毫升）的罌粟籽取代葛縷子。另外加入2茶匙（10毫升）現磨的檸檬皮。

每茶匙重量（5ml）

- 整粒未磨籽：3.7公克

每500公克（1磅）建議用量

- 紅肉：2大匙（30毫升）
- 白肉：2大匙（30毫升）
- 蔬菜：2大匙（30毫升）
- 穀類和豆類：2大匙（30毫升）
- 烘烤食物：2大匙（30毫升）

的店家少量購買，這樣才能買到新鮮的商品。用氣密式容器保存，大概可以放12到18個月。

應用

藍罌粟籽常被認為是「歐洲」罌粟籽，因為在西方的麵包捲、圓麵包、貝果和糕餅糖果上最常見到。白罌粟籽有時候會被稱作「印度」、「中東」或「亞洲」罌粟籽，因為這些地方的料理中較常出現。

兩種罌粟籽間的風味差別不大，意思是，要選擇哪一種端看你的美感認定。跟許多種子型香料一樣，罌粟籽和碳水化合物搭配特別出色，如果不煮，先把罌粟籽稍微烤過（在乾的熱炒鍋中乾烤2分鐘，帶出堅果香味）是個不錯的作法。罌粟籽撒在馬鈴薯泥或義大利麵上也非常好吃，尤其在後者淋上起司醬汁，或用油炒過時。

罌粟籽顆粒非常小，除非你有襯手的捷克製小研磨器，不然很難磨成粉。如果手上沒有這種迷你的香料研磨罐，那麼先把籽浸泡磨成粉，做成濃醬比較實在。作法是把沸騰的開水倒在罌粟籽上，泡1、2個鐘頭，種子變軟後會稍微漲大，這樣就比較容易用果汁機或食物處理器來打成粉了。

罌粟籽在印度稱為「khus khus」（卡司卡司）；可不要跟中東叫做「couscous」（庫司庫司）的穀類產品弄混了。白罌粟籽可以讓印度咖哩，如葡式咖哩（vindaloo）變得濃稠，並增加風味，還能取代北印度次大陸（North Indian kormas）的杏仁研磨粉。在土耳其有一種有餡料的酥餅，內餡醬就是用罌粟籽研磨粉混合罌粟油製作的。

罌粟籽起司舒芙蕾
Poppyseed and Parmesan Soufflés

我在成長時，媽媽總是把罌粟籽拌入我家的通心粉和起司裡。我們喜歡看藍色的小點點撒遍在乳狀的醬汁上，也愛那種堅果的口感。長大成人後，自己製作起司舒芙蕾鬆餅時，加罌粟籽對我而言是天經地義的事，而現在我也只用這種方式做舒芙蕾（soufflés）。

製作6個舒芙蕾

準備時間：

- 10 分鐘

烹煮時間：

- 30 分鐘

提示 將蛋白打到傾斜也不倒，就是硬挺的山峰狀了。

如果想要事先做好，可以選擇烤2次的舒芙蕾。讓舒芙蕾冷卻後，倒到烘焙紙上，上面覆上3大匙（45毫升）鮮奶油（脂肪含量18%）、3大匙（45毫升）的帕馬森起司粉，另外再加1大匙（15毫升）的罌粟籽。在預熱好的烤箱再烤5分鐘（攝氏200度/華氏400度），立刻上桌。

- 6個15x10公分（6x4吋）的圓形小烤模（ramekins）
- 電動攪拌器
- 烤箱預熱到攝氏 200 度（華氏 400 度）

3 大匙	奶油	45 毫升
½ 杯	細的乾燥白麵包碎屑	125 毫升
¼ 杯	中筋麵粉	60 毫升
1 撮	乾芥末粉	1 撮
1 撮	卡宴辣椒粉（cayenne pepper）	1 撮
1¼ 杯	牛奶	300 毫升
4 顆	蛋，蛋白蛋黃分開	4 顆
½ 杯	切達起司削絲	125 毫升
½ 杯	帕馬森起司磨屑	125 毫升
2 茶匙	藍罌粟籽	10 毫升
些許	海鹽和現磨黑胡椒	些許

1. 底鍋開小火，融化奶油。離火，用一些融化的奶油稍微刷一下烤模，然後裡面沾上麵包屑，把多餘的麵包屑倒掉。鍋子重新開火，拌入麵粉、芥末粉、和卡宴辣椒粉，炒2分鐘。要一直攪拌，直到稍微焦黃（製作麵粉糊）。離火，加入牛奶慢慢打，直到變得滑順，沒有任何結塊。重新開火一直攪拌，直到醬汁煮滾，變得濃稠，大約5分鐘。離火放置一旁稍微冷卻。拌入蛋黃、切達起司、帕馬森起司和罌粟籽一起打。用鹽和胡椒調味。

2. 找個乾淨乾燥的碗，把蛋白打發，打到變成硬挺的山峰形狀（參見左側提示）。把蛋白加到起司混合材料中，輕柔的拌入，小心盡量讓量維持在最多狀態（避免用力攪拌，導致打發蛋白消泡）。填到圓形烤模裡，離邊大約1公分（1/2吋）左右。然後把手指頭伸進去在邊緣內側繞一圈，讓舒芙蕾做出一個「帽子」的形狀。

3. 在預熱好的烤箱中烤8到10分鐘，直到蓬起來，顏色轉成金黃色（搖動時應該還會稍微晃動一下）。立刻上桌享用——在舒芙蕾塌下來前！

玫瑰 Rose

Rosa damascena

科　　名：	薔薇科Rosaceae
品　　種：	大馬士革玫瑰（damask rose，學名：*Rosa damascena*）；捲心菜玫瑰/百葉薔薇（cabbage rose、hundred-leaved rose，學名：*R. centifolia*）；月季（China rose，學名：*R. chinensis*）；野生玫瑰/狗玫瑰（dog rose，學名：*R. canina*）
別　　名：	rosa（蘿莎）、rose hips（玫瑰果）、rose petals（玫瑰花瓣）、roza（蘿撒）
中文別名：	「玫瑰」已成為許多薔薇屬植物的泛稱，其中包括月季、薔薇等。
風味類型：	甜香型
使用部位：	花（香草）

背後的故事

玫瑰被認為原生於北波斯，散佈地區從美索不達米亞（Mesopotamia）到聖地（Palestine），以及小亞細亞及希臘（譯註：今日的伊拉克、巴勒斯坦、土耳其、希臘一帶）。自古以來，玫瑰早已被栽種：波斯人就已經把玫瑰花水賣到中國。Rose 一字的字源出自於希臘字「rhodon」，意思是「紅色」，因為開花時花朵是深紅色（事實上，在許多語言中，玫

瑰一詞都出自於意思是紅色的字彙）。羅馬的自然學家普林尼（Pliny）就曾對栽種最佳玫瑰所需的土質提出建議。

　　早期萃取玫瑰油的方式是把玫瑰花瓣浸泡在油裡，讓玫瑰的香氣被浸泡出來。而萃取揮發油的處理工序就比較複雜了。據説，早在 17 世紀蒙兀兒皇帝阿克巴（Moghul emperor Akbar）王朝時期，就已經發現奧圖（Otto，attar）玫瑰。在阿克巴的皇子丹尼亞（Daniyal）的婚宴上，曾繞著皇家花園周圍挖出一條水道，在裡面注滿了玫瑰花水，讓新婚夫妻在上面划船。在旁邊的人注意到水面上浮著油，而油是因太陽的熱度從水被分離出來的，把雜質去除後，含有令人驚奇的迷人香味。這項發現被有效的商業化，古波斯希拉城的 1612 家蒸餾商從那時起就大規模的生產奧圖玫瑰花精油了。讓大家對濃度有個概念，100 公斤（220 磅）的新鮮玫瑰花只能製作出 10 公克（1/3 盎司）重的玫瑰精油。

植株

　　人工栽培種植的玫瑰品種超過 1000 種，所有有香味的品種都能用在食物中，而最受歡迎的料理品種，無論是新鮮、乾燥，還是製作成玫瑰花水，就屬大馬士革玫瑰（damask rose）和百葉薔薇（cabbage rose）。香氣中帶著微微甜味，溫和似麝香，有花香味，乾爽令人舒服，而吃起來的口味則是青草味、清爽，有久久不散、令人開胃的乾澀感。

　　玫瑰花水的香氣和新鮮的玫瑰花瓣非常相似。一開始有點澀味，類似迷迭香，但是唇舌間會有清新花朵的乾澀感。

　　這種細緻的液體在加味上的影響遠超出大家想像。玫瑰花水被用於製作化妝品和皮膚保養品，在我們的印度香料探索之旅中，有一位企業家級的旅客帶了一瓶玫瑰花水，噴在皮膚上。在燠熱難耐的氣候下，沒多久她就把這一瓶交給全團輪流噴了。

　　種植某些品種的玫瑰花叢（尤其是狗玫瑰）會把花留下來，以長成球莖型的紅色果子，稱為玫瑰果（rose hip）。玫

可搭配
- 多香果
- 小荳蔻
- 肉桂和桂皮
- 丁香
- 芫荽籽
- 甜茴香籽
- 薑
- 薰衣草
- 馬哈利櫻桃核心
- 乳香脂
- 肉豆蔻
- 罌粟籽
- 番紅花
- 香草
- 澳洲金合歡樹籽

傳統用法
- 米飯和庫司庫司（蒸粗麥粉 couscous）
- 冰淇淋
- 蘇格蘭奶油餅乾和蛋糕
- 印度甜點玫瑰炸奶油球（gulabjamun）
- 伊朗和土耳其甜點
- 摩洛哥塔吉鍋

調和香料
- 摩洛哥綜合香料（ras el hanout）
- 甜味用綜合香料

玫瑰 Rose

玫瑰果

瑰果有一種水果的澀味，因為維生素 C 含量高而受到青睞。

其他品種

捲心菜玫瑰（cabbage rose，學名：*R. centifolia*），也稱作「百葉薔薇」（hundred-leaved rose）是荷蘭在 17 世紀雜交培育出來的品種。這個品種因為每一朵花的花瓣都層層疊疊，所以極受歡迎。用來當做特定印度菜，如印度香飯（biryani）在上桌前撒在飯上的品種，相當實用。**月季**（或稱中國月季，China rose，學名：*R. chinensis*）原生於中國的東南部，主要是觀賞裝飾用的品種。**野生玫瑰／狗玫瑰**（dog rose，學名：*R. canina*）是野生的攀爬品種，通常是使用它的果實（玫瑰果），果實中維生素 C 含量豐富。這個品種的花瓣數量稀疏，所以很少用於料理。

處理方式

玫瑰花瓣中精油的含量很少（低於 1%），必須選擇清晨，白天的熱度尚未將珍貴的揮發質驅散時採收。玫瑰花瓣的乾燥方式和其他香草一樣，將花瓣放在乾淨的紙張或紗網上攤開，鋪成薄薄的一層（厚度不可超過 2.5 公分 /1 吋），再置放在溫暖、黑暗、通風良好的地方直到變乾。1 個星期左右，花瓣就會縮水變乾，但原來的顏色大致還能保持，並

揮霍濫用

古代羅馬人對玫瑰揮霍的程度正是他們奢侈糜爛之名的縮影；宴會的地板上鋪滿了玫瑰花瓣，新娘和新郎頭上戴著玫瑰花環，彷彿自己是丘比特、維納斯和酒神巴克斯的化身。不過，特殊場合在地上鋪上玫瑰花瓣的作法倒是沿用至今。麗姿和我曾經在雪梨一家餐廳享受過一次非常難忘的情人節晚餐，餐廳在入口處和地板上鋪上了厚厚的玫瑰花瓣，而我們在拜訪印度的烏代浦（Udaipur）時，入住的旅館用拋撒玫瑰花瓣的方式來歡迎抵達的嘉賓。

形成迷人的好風味。

　　玫瑰油是從新鮮花瓣蒸餾得到的，玫瑰花水則是新鮮花瓣泡水製作出來的。由於後者還能保持一些透過蒸餾法會流失的元素，所以建議料理時最好使用玫瑰花水。玫瑰精油大多用來製作香水。

　　玫瑰果大多被製成果醬或果凍。這些果實中含有多毛的纖維，如果直接吃，可能會有些刺激性。這也解釋了為什麼最受歡迎的玫瑰果蜜釀是顏色清亮的透明果凍，因為裡面的纖維質已經被濾除了。

　　你還能在市面上看到一種艷粉紅色的產品，稱為玫瑰糖漿（rose syrup），這種糖漿通常是用糖、水、色素、檸檬酸和玫瑰油或玫瑰果製作的。

購買與保存

　　購買料理用的玫瑰花瓣時，無論是新鮮還是乾燥花瓣，一定要確定花瓣是以食用為目的栽種生產的。很多玫瑰花都是特地作為切花種植的，種出沒有瑕疵的花朵是主要目標，所以可能會使用大量的農藥。一樣的道理，許多乾燥的玫瑰花瓣也是賣去做乾燥香花的，注重的是外觀及香味，因此不會顧及食用的安全性。如果你想買新鮮花瓣來做料理，可能得自己種植。

　　適合添加到食物中的乾燥玫瑰花瓣和玫瑰花水，在許多食品專賣店和香料店都買得到。只是，玫瑰花水看起來雖然都是透明的液體，但製作過程未必相同，品質無法從外觀上

香料筆記

　　對我而言，玫瑰的芬芳就是溫暖的春日清晨記憶，我和父親一起採收玫瑰花瓣，製作他聞名遐邇的乾燥香花瓣（Potpourri，參見 449 頁）。既是朋友，又是苗圃合夥人的洛伊和希瑟・魯賽（Rumsey）夫婦是知名的玫瑰種植者，在 1950 和 60 年代，他們在新南威爾斯州杜若爾（Dural）的農場，有很多畝地在進行種植。他們家中的玫瑰花從未採收販賣，所以我爸和我會花上好幾個鐘頭去採摘，用新鮮玫瑰花瓣裝滿我們的柳枝籐籃，然後進行乾燥。這麼多年來，我們採收的玫瑰花肯定好幾百萬朵，可能還在不經意間綁架了不少躲在被我們摘下的花朵中快樂收集花粉的蜜蜂。我記得在採芳香的玫瑰天竺葵時，我曾經被叮過一次。

判斷。我發現，產地來自黎巴嫩的玫瑰花水，品質大多不錯。

玫瑰果大多以壓碎或磨成粉的形式，當做花草茶來販賣，因為其中維生素 C 含量高，所以受到歡迎。要買玫瑰果茶，可以在店中販賣花草茶的架櫃上找一找。

玫瑰糖漿用在甜點的加料，以及飲料的調味上，最常見應用的就是奶昔。玫瑰糖漿非常甜，不應該當做玫瑰花水的代替材料使用。

乾燥的玫瑰花瓣和玫瑰果應該要避免放在溫度過高、光線太亮、或潮溼的場所。乾燥的玫瑰花瓣大概可以放到 1 年，玫瑰果則是 3 年。雖然空氣中的溼度不會對玫瑰花水造成影響，不過放在避光的地方還是能維持得久一些。

應用

對許多西方人士來說，用花朵，例如玫瑰和薰衣草來幫食物添加風味似乎是不太常有的事。不過，這些傳統的風味提昇材料在大家對異國文化與料理接觸日多的情況下，也找到了新的忠誠愛好者。幾百年來，玫瑰花瓣一直被用來增加葡萄酒和利口久的風味。玫瑰花果醬在巴爾幹半島上是很常製作的，我記得我母親就做過玫瑰果蜜餞。糖霜玫瑰花瓣和其他可食用的花，如紫羅蘭，一起被用來裝飾蛋糕。

摩洛哥綜合香料中經常會使用玫瑰花瓣。這種豪華的綜合香料能讓塔吉鍋和庫司庫司（蒸粗麥粉）變得更美味。玫瑰醋，也就是把新鮮或乾燥玫瑰花瓣泡在醋裡幾週所製成的醋，可以用在沙拉調味醬汁裡。新鮮的玫瑰花瓣還能用來點綴沙拉。用來裝飾塔吉鍋、波斯米飯菜色，以及加了香料的庫司庫司也是非常適合的。

玫瑰花水被用作土耳其的小零嘴乳香口香糖（mastic chewing gum）以及印度甜點玫瑰炸奶球（gulab jamun，gulab 的意思就是「玫瑰」）的加味料。印度玫瑰炸奶球這道甜點是將煉乳做成的丸子入鍋油炸，上桌時再淋上糖漿。玫瑰花水和肉桂棒一起加入糖漿後，和草莓搭配也很合味。而糖漿配方是把 1 茶匙（5 毫升）的玫瑰花水加到 1 杯（250 毫升）的水中，再加入 1/2 杯（125 毫升）的糖，小火慢煮到糖完全融化為止，糖漿用來淋在炸丸子上。

每茶匙重量（5ml）

- 乾燥的玫瑰花瓣：0.3 公克

每 500 公克（1 磅）建議用量

- 紅肉：10 瓣整片的新鮮花瓣，2 到 3 茶匙（10 到 15 毫升）的乾燥花瓣，1½ 茶匙（7 毫升）的玫瑰花水
- 白肉：6 瓣整片的新鮮花瓣，1 到 2 茶匙（5 到 10 毫升）的乾燥花瓣，1 茶匙（5 毫升）的玫瑰花水
- 蔬菜：6 瓣整片的新鮮花瓣，1 到 2 茶匙（5 到 10 毫升）的乾燥花瓣，1 茶匙（5 毫升）的玫瑰花水
- 穀類和豆類：6 瓣整片的新鮮花瓣，1 到 2 茶匙（5 到 10 毫升）的乾燥花瓣，1 茶匙（5 毫升）的玫瑰花水
- 烘烤食物：6 瓣整片的新鮮花瓣，1 到 2 茶匙（5 到 10 毫升）的乾燥花瓣，1 茶匙（5-7 毫升）的玫瑰花水

玫瑰花馬卡龍
Rose Petal Macarons

馬卡龍真是一種饗宴。它總是讓我想起巴黎那令人驚奇的糕餅店櫥窗中，堆成金字塔形狀、五顏六色的精緻美味。加入玫瑰增加風味，再添加花瓣增加了視覺上的美感，讓這款馬卡龍成為非常理想的食用禮品。

製作20到25個馬卡龍

準備時間：

- 5 分鐘

烹煮時間：

- 20 分鐘，外加醒麵 45 分鐘

提示 超細砂糖（super fine sugar，糖霜粉 caster sugar）是顆粒非常細的砂糖，通常都是用於需要砂糖能快速溶解的食譜裡。如果商店裡面找不到，可以自己動手做。把食物處理機裝上金屬刀片，將砂糖打成非常細，質地像沙子一樣細緻的糖粉。

玫瑰花水是中東常見的食材，在主要的大超市和專門店中都能買到。

- 擠花袋，帶 1 公分（1/2 吋）的嘴
- 2 個襯有防油紙的烤盤

3 盎司	研磨的杏仁粉	90 公克
6 大匙	糖粉（confectioners' sugar）	90 毫升
3 顆	蛋白	3 顆
¼ 杯	超細砂糖（糖霜粉，參見左側提示）	60 毫升
2 茶匙	乾燥玫瑰花瓣，切碎	10 毫升
4 到 5 滴	玫瑰花水（參見左側提示）	4 到 5 滴
3 滴	純香草萃取精	3 滴

1. 在小碗中把杏仁和糖粉混合均勻，放置一旁待用。

2. 用電動攪拌器把蛋白打發。加入超細砂糖，一次 1 大匙（15 毫升），再繼續打，直到混合材料變得濃稠，變成發亮硬挺的山峰狀。輕柔的將杏仁混合粉、玫瑰花瓣、玫瑰花水和香草拌入，直到完全混合均勻。把混合材料裝進擠花袋中，在烤盤上擠出小圓形，直徑約 4 公分（1 又 1/2 吋）。

3. 麵糊用完後，在水中把手指頭打溼，輕柔的把所有突出的點壓平（這樣才不會烤焦）。把烤盤在一旁放置 45 分鐘，讓上面形成「皮」。

4. 烤箱預熱到攝氏 160 度（華氏 325 度），把馬卡龍放進去烤 10 到 15 分鐘，直到剛好變色，這時你就能輕鬆的把馬卡龍從烤盤上取下（這時應該還是蓬鬆狀態——顏色不會焦黃）。把烤盤從烤箱裡面拿出來，在一旁稍微待涼，然後把馬卡龍取下，放到網架上等到完全變涼。

變化版本

將 1/2 杯（125 毫升）的馬斯卡彭起司（mascarpone）或打發的鮮奶油，加入 3 到 4 滴的玫瑰花水，然後用鮮奶油當填料，抹在兩個馬卡龍之間。

摩洛哥雞肉派
Moroccan Chicken Bastilla

拜訪馬拉喀什（Marrkesh）時，我發現一件迷人的事，只要一踏進沉穩寧靜的摩洛哥傳統庭院住宅建築（大型的摩洛哥傳統住家，中央有庭院），幾乎就能在剎那之間把城市的所有混亂，拋諸身後。從外界無法得見的美麗池子與花園是非常特殊的用餐地點，而馬拉喀什的許多傳統中庭住宅現在都已經改為餐廳。我喜歡在這樣一個場所享受傳統的鴿子派。這真是一道神奇的菜，酥餅皮脆，撒著糖和肉桂，上面還以漂亮的乾燥玫瑰花瓣妝點。口味的均衡程度令人無法想像，細緻的甜蜜感足以滿足所有甜食的愛好者。這是一道非常特殊的菜餚，慶典和婚禮時通常會做。

提示 這種酥皮餅做的派雖然有時會用雞來做，但是一般是以鴿子做的，而我這裡做的是雞肉口味。

雞肉通常是切分成 6 大塊——雞胸 2 塊、雞腿 2 隻、翅膀 2 隻。有時也能用事先切好的雞肉塊來做。

● **襯有防油紙的烤盤**

1 大匙	奶油	15 毫升
2 顆	洋蔥，切細丁	2 顆
1 茶匙	現磨的薑	5 毫升
1½ 大匙	摩洛哥綜合香料（ras el hanout，參見 757 頁）	22 毫升
½ 杯	新鮮芫荽葉，分批使用	125 毫升
½ 杯	新鮮巴西利，分批使用	125 毫升
1 隻	中等大小的雞（重約 1.25 公斤 / 2½ 磅），切成 6 大塊（參見左側提示）	1 隻
4 顆	蛋，稍微打散	4 顆
1 大匙	現擠檸檬汁	15 毫升
¼ 茶匙	細海鹽	1 毫升
¼ 茶匙	現磨黑胡椒	1 毫升
8 張	薄酥皮（phyllo pastry sheets），每張 33x20 公分（13 x 8 吋）	8 張
¼ 杯	融化的奶油	60 毫升
¼ 杯	杏仁片，烤過	60 毫升
1 茶匙	糖粉	5 毫升
½ 茶匙	肉桂粉	2 毫升
2 茶匙	乾燥的玫瑰花瓣，壓碎	10 毫升

1. 大的厚底鍋或鑄鍋鐵開中火，融化 1 大匙（15 毫升）奶油。加入洋蔥、蓋上蓋子，煮 5 分鐘，直到洋蔥顏色變透明。加入薑末，再炒 1 分鐘，翻炒到完全混勻為止。把摩洛哥綜合香料、1/4 杯（60 毫升）芫荽葉、和 1/4 杯（60 毫升）巴西利拌入。把雞肉加入，拌到雞肉外層均勻覆滿香料。倒入剛好足以蓋過雞肉的水，火轉小，鍋加蓋，燜煮 25 到 30 分鐘，直到雞肉完全熟透。把煮好的雞肉盛到大碗裡（原來煮雞的湯汁留在鍋裡），放置一旁待涼。

2. 開大火煮湯汁，約 8 到 10 分鐘，直到湯汁變濃（應該會把洋蔥裹住）。轉成中火，加蛋進去；持續攪拌直到熟透。熄火，放置一旁。

3. 雞肉涼到能進一步處理時，把皮和骨頭剝除，粗切。找一個碗，把雞肉、檸檬汁、鹽和胡椒混合好。

4. 烤箱預熱到攝氏 200 度（華氏 400 度）。

5. 在乾淨的工作平台上，把 1 張薄酥皮攤開，刷上融化的奶油。用銳利的刀子把酥皮從中間直向對切。用適當的角度把酥皮疊起來，中間要放 2 到 3 大匙（30 到 45 毫升）的蛋汁混合液。把酥皮相對的兩端拉起來折到上面。將已經準備好的雞肉分四分之一放在上面，撒上芫荽葉、巴西利和杏仁片，兩端再折上來。拿一張新的薄酥皮，刷上融化的奶油，把剛剛的雞肉包放在一角（有奶油的一面）。將雞肉包以對角的方式包起來，包的時候邊緣要鬆鬆的握住。最後一角也折起來，就像封信封一樣。用手把雞肉包整成圓形，放到準備好的烤盤上，有香草的一面朝上。刷上融化的奶油。重複上面的步驟，把剩下的材料再包出另外 3 份。在預熱好的烤箱烤約 20 分鐘，直到顏色轉成金黃色。

6. 找個小碗，把糖粉和肉桂混合好。撒在雞肉派上，要上桌時再將玫瑰花瓣稀稀疏疏的撒在上面。

 提示 你可以用大的圓箍、派盤或是做西班牙海鮮飯的淺鍋來當模型，做大的酥皮派。烹煮的時間要再加 10 到 15 分鐘。

玫瑰 Rose

迷迭香 Rosemary

Rosmarinus officinalis

科　　名：唇形科 Lamiaceae（舊稱唇形花科 Labiatae）

品　　種：匍匐型迷迭香（prostrate rosemary，學名：*R. prostratus*）

別　　名：old man（老人家）、polar plant（極地植物）、compass weed（羅盤草）、compass plant（羅盤植物）

風味類型：激香型

使用部位：葉和花（香草）

背後的故事

　　迷迭香原產於地中海地區。植物學名由「*ros*」（晨露）和「*marinus*」（海洋）二字所組成，表示命名時有考慮該種植物蓬勃生長的地中海周圍地區。迷迭香在沙質、排水良好的土壤，以及多霧充滿海洋水氣的地方能生長得很好。古希臘的植物學家戴奧科里斯（Dioscorides）知道迷迭香的藥用特質，而羅馬的普林尼也了解。迷迭香有許多相關傳說，其中一則提到，迷迭香這種植物的花在聖母瑪利亞帶著聖嬰耶穌避入埃及之前，顏色都還是白色。她和約瑟夫在一株迷迭香旁休息時，把外袍蓋到了植株上，自此之後，迷迭香的花朵就開出了她衣服的藍色，而植物的名稱也被稱作「Rose of Mary」了。另外

一則和迷迭香有關的宗教傳說則是，迷迭香的樹叢絕對不會長得比耶穌基督的身高還高，也就是 2 公尺（6 英呎）高。

　　一般相信，迷迭香是羅馬人引介到英國的。或許在諾曼人征服英國之前就開始栽種了，因為迷迭香的藥用特質在 11 世紀的一本盎格魯 - 撒克遜草藥書中已有提及。在中世紀之前，歐洲已經將迷迭香應用在料理上了，尤其是以鹽醃製的肉類上。迷迭香精油是加泰隆尼亞（Catalonian）神祕主義的哲學家兼神學家拉蒙·柳利（Raimundus Lullus）在 1330 年首批蒸餾提煉出來的精油之一。

　　17 世紀的英國法庭會把迷迭香的小枝椏當成香來燒，以保護法庭官員不受疾病的侵擾，例如由倒楣的囚犯帶到他們面前的監獄熱（斑疹傷寒）。相同的道理，法國的醫院也會燃燒迷迭香和杜松子來清淨空氣，避免細菌散播感染。

　　迷迭香促進身體機能以及有益健康的特質早有文獻記載。洗髮精中含迷迭香據說能促進頭髮的活力及生長。希臘學者喜歡在把迷迭香的小枝纏繞在髮上，幫助他們在研讀時促進記憶力。迷迭香與記憶力、愛人之間的忠貞以及回憶間的關聯由來已久。在沙士比亞的名劇〈哈姆雷特〉中，奧菲莉亞（Ophelia）對她兄長雷爾提（Laertes）講出的名言是，「There's rosemary, that's for remembrance；pray love, remember.（這是迷迭香，幫助回憶。祈求摯愛的你記住。」——這不朽的傷懷至今依然流傳。在澳洲的澳紐軍團日（ANZAC Day），大家會配戴迷迭香來紀念第一次世界大戰死於加里波利之戰的軍人。

料理情報

可搭配

- 獨活草 / 印度藏茴香
- 羅勒
- 月桂葉
- 芫荽籽
- 蒜頭
- 馬鬱蘭
- 肉豆蔻
- 奧勒岡
- 紅椒
- 鼠尾草
- 風輪菜
- 龍蒿
- 百里香

傳統用法

- 司康麵包
- 餃子和麵包
- 豬肉
- 羊肉和鴨肉
- 馬鈴薯泥
- 黃豆
- 肝醬（pâté）和野味
- 櫛瓜和茄子

調和香料

- 義大利綜合香草料
- 調味內餡混合香料（seasoned stuffing mixes）

提升記憶力

有一天，當你發現自己聚精會神卻想不起東西，那麼拿幾片新鮮的迷迭香壓碎，把那刺激的香氣深深吸進去。當具有穿透力的氣體從你的嗅覺細胞中流動過去後，清明的神智和有目的性的思考就會出現了。

植株

迷迭香是一種強健耐寒，喜歡陽光的多年生灌木。主要有兩個品種：直立型，可長到 1.5 公尺（5 呎）高，外觀堅硬、葉濃密，作為樹籬相當合適；以及低矮型（匍匐型）的品種，高度不高於 30 公分（12 吋）。雖說迷迭香還有其他品種，但很少見，也鮮少用在料理上。

直立型和匍匐型兩種迷迭香都有著相似的木質莖，以及革質針狀的葉。每片葉都是墨綠色，葉面光亮，正中間有下壓的縱紋，葉緣外觀整齊往下捲。葉背是沒有光澤、顏色淺灰綠的凹面，中間有突出的肋紋；從這個角度來看，捲邊讓葉子看起來就像一艘獨木舟。直立型的迷迭香葉（通常稱作針葉）長約 2.5 公分（1 吋），匍匐型迷迭香的葉型是一樣的，只是較短，均長約 1 公分（1/2 吋）。

迷迭香的葉子摩擦之後，會散發出一種芬芳、有如松樹般清冷、又似薄荷的味道，香氣中還隱隱帶著尤加利（桉樹）的清新，可讓頭腦一清。它的風味偏澀、有胡椒味、溫暖、如木似草，有久久不散、類似樟腦的餘韻。直立型迷迭香的味道比匍匐型強烈，不過感官特質倒是一樣的。迷迭香乾燥之後，捲邊的葉就會緊緊的包起來，便成一個個小捲軸；原本扁平的外表不見了，開始變得像是堅硬的彎曲松針。乾燥葉常被切成 5 公釐（1/4 吋）長，方便使用。迷迭香乾燥後，風味依然濃烈，有木頭味，似松樹，但是有些揮發性的綠色特質會消失。

匍匐型的迷迭香葉子大小幾乎只有直立型的一半，花朵也較小，顏色是細緻的瑋緻伍德瓷藍（Wedgwood blue）。匍匐型的迷迭香在假山和斷垣殘壁上長得特別好。

不是人人愛

在某些國家，迷迭香生長得很茂盛，但是當地人從未想要去吃它。他們把迷迭香的口味形容成和紫羅蘭一樣，只有農人才會去吃。舉例來說，在某次造訪土耳其東南部的加濟安泰普（Gaziantep）城時，得知他們雖大量食用羊肉，卻從未使用那些美麗無比的迷迭香來作為調味品時，我們相當驚訝。

香料筆記

在某一本私人的筆記本上記載著，我的母親（澳洲寫香草書的第一人，時間為 1950 年代末期）被命名為 Rosemary，以紀念她在 1920 年正要來臨前死去，年僅 3 個月大的姊姊。姊姊在出生時便難產，餵食困難。我的英國祖母很是勇敢，而我那採珠大師的祖父也是英勇無比，但這件事對於當時居住在西澳西北部偏遠小鎮布魯姆（Broome）中的他們來說是個悲劇。

處理方式

迷迭香採收後一定要立刻進行乾燥，以免揮發油散發。將剛剪下來的枝椏上下倒掛在光線陰暗、通風良好、溫暖的地方幾天，葉子乾燥之後就能輕鬆的從莖上剝下，並壓成小碎片，這樣料理時容易變軟，風味也容易散發出來。

迷迭香精油是無色的揮發油，以蒸餾法提煉，用於糕餅甜點、加工肉類、飲料、肥皂以及香水的製作。

購買與保存

由於乾燥的迷迭香要煮軟（如果真會變軟的話），時間實在太久，所以盡可能買鮮品。新鮮的迷迭香枝可以放 1 個星期或是更久，只要把莖插在一點點水中（有如插花瓶），每隔幾天換水即可。可以直接放在櫃子上，因為進冰箱效果並不會更好。你也可以換個方式，把枝椏用鋁箔紙包住，放入夾鏈袋中冷凍，這樣可以保存 3 個月。

把新鮮的迷迭香從莖上拔下時，一定要一手握住莖的底部，用另外一隻手的拇指和食指捏住葉子往上拔。如果往下扯葉子，會把粗糙的外皮一起拉下，吃起來口感就不好了。

乾燥的迷迭香用途很廣泛。切成碎片後香味非常濃厚，不過如果要用乾燥的迷迭香，我會選擇用優質的粉，因為味道強勁，用起來也方便。一般來說，我不會建議大家買磨成粉狀的乾燥香草，因為其中的細緻的揮發油在研磨過程就會散掉，不過，迷迭香似乎是個例外。冷凍乾燥的迷迭香看起來和鮮品很像，而且在烹煮過程中很快就能軟化，只是這種方式處理的乾燥迷迭香缺乏傳統乾燥方式中被濃縮的揮發油。

乾燥的迷迭香葉子裝入氣密式容器中保存，遠離溫度過高、光線太亮、或潮溼的場所，應該至少可以放上 3 年，而研磨的迷迭香可以放 18 個月。

應用

味道帶澀的迷迭香清新、帶有鹽味的口感和許多含澱粉

每茶匙重量（5ml）

- **整片乾燥的葉**：1.8 公克
- **乾葉研磨**：1.6 公克

每 500 公克（1 磅）建議用量

- **紅肉**：2 茶匙（10 毫升）鮮葉，1 茶匙（5 毫升）乾燥葉
- **白肉**：1½ 茶匙（7 毫升）鮮葉，3/4 茶匙（3 毫升）乾燥葉
- **蔬菜**：3/4 茶匙（3 毫升）鮮葉，1/2 茶匙（2 毫升）乾燥葉
- **穀類和豆類**：3/4 茶匙（3 毫升）鮮葉，1/2 茶匙（2 毫升）乾燥葉
- **烘烤食物**：3/4 茶匙（3 毫升）鮮葉，1/2 茶匙（2 毫升）乾燥葉

的食物都很搭配，加到西式餃子、麵包和餅乾中很美味。它也有幫肉類去油解膩的作用，如豬肉、羊肉和鴨肉。義大利人愛用迷迭香，在義大利，肉鋪在賣切羊肉塊時，常會附贈一枝新鮮的迷迭香。在和味道強烈的食材搭配時，迷迭香濃烈的風味並不會壓過菜餚本身的味道，如蒜頭和葡萄酒。

我在做馬鈴薯泥或豆子時，喜歡加入 1/2 茶匙（2 毫升）切碎的迷迭香。大部分的砂鍋料理中，加入一枝迷迭香可以提昇風味。我最愛的一道基本款肉食就是迷迭香羊腿，加幾枝迷迭香，肉的切縫中再夾入蒜頭片，然後隨意撒上鹽膚木和甜的紅椒再進去烤。肝醬中會放迷迭香，迷迭香搭配野味也很合適，其中包括了鹿肉、兔肉和袋鼠肉（如果你生活在澳洲的話）。許多種類的蔬菜，如櫛瓜、茄子、抱子甘藍和高麗菜加入一點新鮮、有樹脂味的迷迭香，味道瞬間就能鮮活了起來。

迷迭香司康麵包非常美味。在能做大約一打鹹味司康的混合材料裡，加入 1 大匙（15 毫升）切成細末的新鮮迷迭香就可以了。趁熱上桌，配上奶油一起食用，一定連片麵包屑也不會留下來。

迷迭香餡羊腿 Leg of Lamb Stuffed with Olives, Grapesand Rosemary

我覺得羊肉和迷迭香肯定是最讓人有如置身天堂的美味搭配了，難怪會成為希臘人最愛的傳統配搭組合。橄欖和葡萄給內餡帶來甜蜜又帶著鹹味的果香，我還喜歡想像這些食材在野外一起出現的模樣，而非僅僅在餐盤上。這道料理是週日令人心滿意足的晚餐，享受時可搭配迷迭香烤馬鈴薯。

製作4到6人份

準備時間：
- 15 分鐘

烹煮時間：
- 2 個小時

 提示 買羊肉時請肉販幫你去骨。這種刀法通常稱為「蝴蝶刀法」（butterflying）。
如果你喜歡吃羊肉，但是不想費事烤一大塊，可以學學我家老爸喜歡的作法，烤羊肉排前，在上面撒上迷迭香粉。

- 33x23 公分（13x9 吋）金屬烤盤
- 可進烤箱的繩子
- 烤肉溫度計（**Meat thermometer**），可自由選用
- 烤箱預熱到攝氏 220 度（華氏 425 度）

1 顆	蛋，打散	1 顆
1 顆	紫洋蔥，切碎	1 顆
1 杯	新鮮的全麥麵包屑	250 毫升
1 杯	紅葡萄，每顆都切成 4 塊	250 毫升
½ 杯	希臘卡拉馬塔橄欖（kalamata olives），去核	125 毫升
½ 杯	煮熟的鷹嘴豆，粗略的壓一壓	125 毫升
2 茶匙	新鮮迷迭香切細末	10 毫升
½ 茶匙	孜然粉	2 毫升
些許	海鹽與現磨黑胡椒	些許
1 塊	無骨羊腿（2 公斤 /4 磅），一整塊	1 塊
些許	橄欖油	些許

1. 找一個碗，把蛋、洋蔥、麵包屑、葡萄、橄欖、鷹嘴豆、迷迭香和孜然都放進去，混合均勻，用鹽和胡椒調味，試試鹹淡。

2. 在乾淨的工作檯上把羊肉攤平，切面朝上，從一邊小心的捲到另外一邊。用幾段可進烤箱的繩子捆綁好，要確定餡料有包好。用油把羊肉抹遍，以鹽和胡椒調味後，裝到烤盤上。在預熱好的烤箱烤 20 分鐘，再將溫度調低到攝氏 190 度（華氏 375 度），繼續烤 1 個小時 20 分鐘，直到用烤肉用溫度計插入去量時，肉塊最厚的部分約攝氏 65 度（華氏 150 度），大約是三分熟（medium rare）的程度（這是烤羊肉最適合的上菜程度）。如果想要熟一點，可以多烤些時間。從烤箱中拿出來，在一旁放置 10 分鐘醒一下再切。

迷迭香及檸檬奶油玉米餅乾
Rosemary and Lemon Polenta Shortbread

這款討喜的餅乾，任何場合都適合。迷迭香和檸檬使用於鹹味料理中，歷史悠久，但是用在奶油餅乾中，效果一樣好。

準備時間：
- **35 分鐘，含冷卻**

烹煮時間：
- **10 分鐘**

提示 麵團可以捲成香腸形狀，放入冰箱冷凍，可保存3個月。要使用時，只要切成3公釐（1/8吋）的薄片，依照步驟4的指示放進去烤，但多烤5分鐘就行。

可以用1茶匙（5毫升）乾燥的迷迭香粉或1大匙（15毫升）切碎的乾燥迷迭香來取代新鮮迷迭香。

中等粗細度的玉米粉（波倫塔 polenta）是一種細穀，可讓這款餅乾多一點口感和脆度。

- **2 個襯有防油紙的烤盤**
- **餅乾切模**

7 大匙	無鹽奶油，放軟	105 毫升
¼ 杯	細砂糖	60 毫升
1 顆	大顆的蛋，打散	1 顆
1 顆	檸檬皮磨成末	1 顆
1 大匙	新鮮迷迭香葉，細細切碎	15 毫升
2½ 杯	中筋麵粉	625 毫升
⅓ 杯	中等粗細度的玉米粉（參見左側提示）	75 毫升

1. 大碗中放入奶油和砂糖，用電動攪拌器打到材料顏色變淡，有點蓬鬆。加入蛋、檸檬皮和迷迭香，繼續打到混勻即可。拌入麵粉和玉米粉繼續攪拌，直到材料混合成團。倒到撒上一層薄麵粉的平台上，輕輕揉到麵團滑順。用手把麵團做成兩個盤子狀，上面蓋上保鮮膜。放入冰箱冷藏 30 分鐘，或直到變扎實為止。

2. 烤箱預熱到攝氏 180 度（華氏 350 度）。

3. 在撒上一層薄麵粉的平台上，將麵團擀成3公釐（1/8吋）厚度，用餅乾切模將餅乾切好，排在準備好的烤盤上。

4. 在預熱好的烤箱烤 10 分鐘，或是烤到表面呈淺金黃色，小心的拿出來放在網架上等待完全冷卻。放在氣密式容器中可以保存 2 個星期。

變化版本
檸檬皮可用等量的橘子皮代替。

紅花 Safflower

Carthamus tinctorius（也稱為 *C. glaber* 或 *Centaurea carthamus*）

各國語言名稱

- 阿拉伯文：asfour
- 中文（粵語）：daaih huhng faa
- 中文（國語）：da hong hua
- 捷克文：svetlice barvirska
- 丹麥文：farvetidsel、safflor
- 荷蘭文：saffloer
- 菲律賓文：casubha
- 芬蘭文：varisaflori、saflori
- 法文：carthame、safran bâtard
- 德文：farberdistel、Saflor
- 希臘文：knikos
- 匈牙利文：magyar pirosito
- 印度文：kasubha
- 義大利文：cartamo、falso zafferano
- 日文：benibana
- 葡萄牙文：cartamo、açafrão-bastardo
- 俄文：saflor
- 西班牙文：cartamo
- 瑞典文：safflor
- 泰文：kham nhong
- 土耳其文：aspur、yalanci safran
- 越南文：cay rum、hong hoa

科　　名：	菊科 Asteraceae（舊稱菊科 Compositae）
別　　名：	American saffron（美國紅花）、bastard saffron（雜種紅花）、dyer's saffron（染匠紅花）、fake saffron（假紅花）、false saffron（偽紅花）、flores carthami（紅花）、saffron thistle（紅花薊）、Mexican saffron（墨西哥紅花）
中文別名：	草紅花、紅藍花、刺紅花、杜紅花、金紅花
風味類型：	溫和型
使用部位：	花（香料）

背後的故事

　　紅花的起源不太確定，有些研究人員認為原生於埃及和阿富汗，也有人說是印度。植物學名從阿拉伯文的染色一字「kurthum」得來，而「tinctor」意思是「染匠」。在許多其他語言中，紅花 safflower 的名稱都與顏色或染色有關。主要是為了榨油用的籽而栽種，在中東、中國、印度、澳洲、南非和南歐以及其他地方栽種，大多為了這個目的。它的花被廣

可搭配
- 所有香料和香草（染色用）

傳統用法
- 湯品
- 米飯類料理
- 糕餅甜點
- 麵包
- 香草茶

調和香料
- 不常用於調和香料中

泛的用作番紅花（saffron）的廉價替代品。請務必注意：世界各地香料市場中的香料商人都會注視著你的眼睛，跟你宣稱，「是的，這是真正的番紅花！」

紅花的花瓣被用來當做絲織品和棉料的染料，和法國白粉（滑石粉，French chalk、talcum powder）混合後，做出來的東西就是口紅（rouge）。對於希望加工食品能被稱作百分之百純天然的業者來說，紅花染色料是愈來愈受到歡迎了。

植株

紅花由於被當成番紅花的歷史而變得名聲不好。它是一種硬質、類似薊的直立型植物，莖偏白色、分枝在接近頂端處擴張開來。鋸齒狀的葉是橢圓形，帶刺、尖頭，葉長約 12 公分（5 吋）。根據品種的不同，1 公分（1/2 吋）的管狀型花可能是艷黃色、橘色或是紅色。花朵是由許多有刺的小花組成，花謝之後會結出一顆顆小小的淡灰色種子。這些種子可以製作出顏色金黃的紅花籽油，近來這種油愈來愈受到歡迎，因為其中含有高比例的多元不飽和脂肪（polyunsaturated fats）。

乾燥的紅花花瓣長度約 5 到 6 公釐（1/4 到 1/3 吋），顏色通常是黃褐色、鏽紅到艷黃色、火紅的橘色及磚紅色。想像力豐富的人可能會說紅花因為羽毛狀的外表，所以看起來像是番紅花的柱頭。它的香氣甜蜜，像皮革，吃起來稍微帶點苦味，但苦味並不持久。

處理方式

紅花花瓣中含有兩種著色劑：紅花素（carthamin），這是把花浸泡鹼性溶液提煉出來的紅色染劑，以及紅花黃色素（safflor-yellow），一種黃色色素，在水中重複多泡幾次就能除掉。花 1 個星期採收 2 次。

至於油籽的採收，則是在種子成熟之後把植株切下來，之後進行脫粒、風篩，把種子取出。我們有一次造訪土耳其東南部時，看到大量的紅花花瓣被攤開放在水泥的路面上日晒。這對紅花的顏色是一個考驗，因為一旦直接在陽光下曝晒，花朵中大部分的鮮艷色彩都會褪掉。

香料生意中的旅行

當我太太麗姿在伊斯坦堡遮頂的香料市場中，一雙眼睛盯著大聲叫賣著，「真正的土耳其番紅花啊～」的商販時，我真的被逗樂了（也感到驕傲）。他賣的其實是紅花，麗姿是知道的。「那不是番紅花，」她用一個冰冷的眼神殺過去。男人立刻回答，「當然不是了，」然後，繼續對著我們周遭不知情的遊客繼續叫喊，「真正的番紅花啊！真正的土耳其番紅花！」這麼說好了，如果你有機會，伊斯坦堡的香料市場絕對是你必須一遊的地方。這個地方太迷人了。就算你被矇騙，其實也花不了多少錢。你能讓某個商人感到快樂，自己在這過程中很可能還會找到樂趣。

購買與保存

不幸的是，在大部分的國家——澳洲、英國和美國在內，很少有香料商人會以紅花之名來販賣紅花花瓣。不過由於它過去被作為番紅花的黑歷史，它的確會有一定的用途。印度人稱它為 kasubha（科素巴），在菲律賓，它被稱為 casubha（克素巴），這幾種名稱應該會出現在紅花包裝袋上的某處。紅花儲存的方式和其他香料一樣，裝入氣密式容器中，遠離溫度過高、光線太亮、或潮溼的場所，這樣大概可以放 1 年以上。

應用

紅花的小花被用來作為食物的染色之用，就和番紅花的方式一樣。而重點是，紅花的價格只有真正番紅花柱頭的百分之一左右。不過，紅花雖然具有相同的染色效果，卻完全沒有番紅花的風味。在菲律賓，紅花是傳統湯品 arroz caldo，一種雞湯粥的染色材料。在西班牙，則用它來當做番紅花的替代品，加到湯和米飯類料理中。在波蘭，紅花是糕餅甜點和麵包的染色料。紅花也被不丹人拿來泡茶，在不丹，他們重視的是紅花降低膽固醇和減少心臟病風險的功用。由於小花實在小，只有 8 公釐（1/3 吋）到灰塵大小，所以建議沖泡時採用微溫的水泡 5 分鐘就好，接著把橘紅色的茶湯倒出，然後再將濾出的茶湯加到菜餚中去。

每茶匙重量（5ml）

- **完整**：0.6 公克

每 500 公克（1 磅）建議用量

- **紅肉**：15 朵小花
- **白肉**：12 朵小花
- **蔬菜**：10 朵小花
- **穀類和豆類**：12 朵小花
- **烘烤食物**：10 朵小花

番紅花 Saffron

Crocus sativus

各國語言名稱

- **阿拉伯文**：
  za'faran、zafran
- **中文（粵語）**：
  faan huhng faa
- **中文（國語）**：
  fan hong hua
- **捷克文**：safran
- **丹麥文**：safran
- **荷蘭文**：saffraan
- **芬蘭文**：sahrami
- **法文**：safran
- **德文**：Safran
- **希臘文**：krokos、
  safrani
- **印度文**：zaffran、
  zafron、kesar、kesari
- **印尼文**：kunyit kering
- **義大利文**：zafferano
- **日文**：safuran
- **馬來文**：koma-koma
- **挪威文**：safran
- **葡萄牙文**：açafrão
- **俄文**：shafran
- **西班牙文**：azafran
- **瑞典文**：saffran
- **泰文**：ya faran
- **土耳其文**：safran、
  zagferan
- **越南文**：mau vang
  nghe

科　　名：鳶尾科 Iridaceae

別　　名：azafran（西紅花）、Asian saffron（亞洲番紅花）、Greek saffron（希臘番紅花）、Italian saffron（義大利番紅花）、Persian saffron（波斯番紅花）、true saffron（真正番紅花）

中文別名：藏紅花、西藏紅花、西紅花、紅藍花

風味類型：激香型

使用部位：花柱頭（香料）

背後的故事

　　番紅花的歷史可追溯到人類文明之初，然而確切起源地點在哪裡，眾說紛紜。第一份人工種植的參考可以回溯到西元前2300年左右，克里特島上米諾斯文明的克諾索斯宮（Knossos Palace）的壁畫。上面畫著年輕的少女和猴子採摘著番紅花。這些壁畫的日期並不確定，所以有計畫的栽種可能發生在更早的時候。番紅花在化妝品上的應用在埃伯斯草紙醫典（Ebers Papyrus，西元前1550年）中有描述，而亞歷山大大帝在西元326年則發現它長在喀什米爾（雖說並非原生於該區）。在古代的希臘和羅馬，番紅花被撒落在戲院和公共大廳的地板上，為的是讓香氣擴散，有讓空氣香甜的作用。

　　番紅花可做為香料、染色劑，還具有藥效，所以古代的希臘、羅馬、波斯和印度人都相當看重。聖經舊約中的雅歌篇（Songof Solomon）曾提及，而舊約的寫成時間在西元前

1000 年左右。希臘人稱番紅花為「krokos」，是從意思是「緯線」的字而來——這是紡紗車上編織用的紗線。而 saffron 這個名稱是摩爾商人留下來的，就是他們在西元 900 年左右將番紅花介紹到西班牙的；這個名稱是從阿拉伯文的 sahafarn 和 zafaran 衍生得來，前者的意思是「線」，後者是「黃色」。西元第 1 世紀，羅馬的美食家阿比修斯（Apicius）曾描述過用番紅花沖泡的湯汁來做醬，料理魚和禽肉，並增添葡萄酒類餐前酒的風味。普林尼（Pliny）還曾提出警告，說番紅花是「最常被作假的商品」，這段話很有趣，因為當時羅馬人粗重的工作都是叫奴隸做的。即使當時勞力相當低廉，但是 20 萬朵花的柱頭（stigma）才能產出 1 公斤（2 磅）重的番紅花這項事實，肯定有人知道，並加以作假。番紅花的價格可比黃金，這沒什麼好驚訝的。西元 220 年，據說奢侈成性的羅馬皇帝埃拉伽巴路斯（Heliogabalus）沐浴時要用有番紅花香味的水，另外一個例子浪費的程度倒是低一些，埃及豔后克麗奧佩脫拉會用番紅花來洗臉，為的是要保持美貌，讓肌膚完美瑕疵。

　　腓尼基人是很優秀的番紅花商人。他們從土耳其奇利西亞（Cilicia）地區的寇立叮斯（Corycus，現稱 Korghoz）進口番紅花，供應羅馬人（羅馬人認為奇利西亞產的番紅花，品質最佳）。接著就是摩爾人在 8、9 世紀時將番紅花引進西班牙。而西班牙的地理中心曼查（Mancha）區成為了世界最頂尖的優質番紅花生產中心之一。那裡的夏天燠熱乾燥，冬天嚴寒為番紅花提供了非常理想的生長條件。

　　一般認為番紅花是在 13 世紀由十字軍引介到義大利、法國和德國的。十字軍在征旅中培養出對番紅花的喜愛，於是將球莖從小亞細亞帶回。英國開始栽種番紅花是在 14 世紀從艾塞克斯郡開始的。由於種植極為成功，到了 16 世紀前，名為 Chypping Walden（奇平沃爾登）的城市被改名為 Saffron Walden（薩弗倫沃爾登／番紅花沃爾登），而它的市徽中就鑲嵌著 3 朵番紅花。

　　消費者保護法不是什麼新法規，不過犯番紅花造假罪的處罰似乎極為嚴厲。番紅花由於價格高昂，所以是摻雜、偽造和張冠李戴最多的香料。在 15 世紀的德國，非常認真對待番紅花造假一事，他們專門成立了一個叫做「Safranschau」

可搭配

- 所有香料和香草（適量使用的話）

傳統用法

- 印度的米飯料理
- 義大利燉飯（risotto）和西班牙海鮮燉飯（paella）
- 海鮮和雞肉料理
- 麵包
- 庫司庫司（couscous）

調和香料

- 摩洛哥綜合香料（ras el hanout）
- 海鮮燉飯用香料（paella spice mixes）

奇妙的事實

番紅花屬（crocuses）雖然有 90 個左右被認定的品種，但不論是出於哪一個產地，所有的番紅花（saffron crocuses，學名：*Crocus sativus*）都是一樣的。這代表，所有的番紅花都出自於共同的來源，或許是希臘，或許是小亞細亞，在那裡，番紅花 *C. sativus* 品種（最出名的是卡萊番紅花 *C. cartwrightianus*）的不同形式都是野生的。因此我們堅信人力的介入——選種與培育出最想要的植物——應該是形成今日我們所認識番紅花的原因。

番紅花 Saffron

買家注意

看到那些五花八門，別出心裁的番紅花作假方式，我真是目瞪口呆。玉米鬚和椰子絲切段染色不算什麼，我見過最有創意的是把深紅色的明膠削成番紅花大小的絲線狀。洩漏一下機密，這些條狀物在熱水裡泡 10 分鐘就溶化了。最近有人給我一些番紅花的樣本，幾乎沒有香氣，但是看起來和真品非常相像。我用一杯熱水泡了 10 分鐘，拿到日光燈下一看，看出超過 50% 的「番紅花」都是由淡紫紅色的碎屑做成的。那是染過色的番紅花（crocus flower）花瓣；當染色褪掉，花瓣原來的顏色就顯露出來了。把番紅花花瓣、薑黃、染過色的椰子纖維絲、玉米鬚，加上一個突出的紅色明膠狀東西絞在一起就能充當番紅花來賣了，特別是賣給那些毫不懷疑的觀光客。

的單位來負責。這個組織的審查官員會懲處「造假者」，並將犯人綁在木柱上處以焚刑，或是把犯人和他們不純的香料一起活埋，藉以伸張正義。雖說今日番紅花的造假和 15 世紀相比算不上什麼有什麼藝術性，不過偽造的例子還是屢見不鮮。

番紅花或許是唯一一種曾經從英格蘭輸出到東方的真正香料，艾塞克斯郡生產的番紅花，榮景曾經超過 400 年，期間受到全球對這種奇特香料的迷戀，以及當地在紡織和染色工業上發展的帶動。不過到了 18 世紀之前，英國番紅花的商業性種植已經全面停止了；根據歷史學家的說法，它的傾覆之所以加速是因為受到更多低價位輸入品的衝擊，以及化學染料的發明。英國番紅花的忠實擁護者可能不同意，不過就我觀察其他料理用香草和香料中了解，番紅花種植在氣候條件更嚴苛的西班牙、義大利、喀什米爾、伊朗和希臘轄區內的科札尼（Kozani），不管是色彩的鮮豔度和香氣的濃烈度，可能都比艾塞克斯郡出產的更好。

植株

番紅花是秋天開花的觀賞性多年生植物，屬於百合家族的一員。植株高度只有 15 公分（6 吋）。絕對不要把真正的番紅花和劇毒植物秋水仙（autumn crocus，meadow saffron，學名：*Colchicum autumnale*）混為一談。秋水仙在英國是野生植物，在澳洲則是養在花園裡的觀賞花卉。番紅花開紫花，6 根雄蕊，3 根花柱（style），另一個非常顯著的特色則是單支的花梗上沒有葉子——直到秋天開完花之後，它才會長葉子。

番紅花有地下球莖——順便一提，那也有毒——外觀像洋蔥。球莖上會長出長長的灰綠色葉，形狀像韭菜，周圍圍繞著極像百合的花，顏色從藍色到紫羅蘭色都有。花的中心會凸出顏色對比性極強的豔橘色柱頭（收集花粉的雌性器官），以及蓬蓬的黃色雄蕊（雄性器官），內含花粉。每 1 朵花都有 3 根柱頭（stigma），透過一根細細、稱為花柱（style）的淡黃線絲，與花的底部連接。乾燥的番紅花柱頭會跟花柱分開——這些柱頭就是香料，長度為 6 到 12 公釐

番紅花束的威力在我們開了自己的香料專賣店後不久，我就領教了。當第一批番紅花從喀什米爾抵達的那一天，我花了 30 分鐘，小心翼翼的從 1 公斤（2 磅）重、裝飾美麗的錫罐中把番紅花分裝成 1 公克重的包裝。後來我從包裝室走進位在一棟不同建築物的店裡面時，麗姿問我，「你剛剛一直在包番紅花嗎？」這帶點甜味的木頭香氣實在非常濃郁，在短短的時間內就滲入我衣服裡了。

（1/3 到 2/3 吋），暗紅色，細薄，一端細薄如針，然後往上一點點變寬，直到在頂端張開出去，像支喇叭。

番紅花的花束、風味的濃郁度以及色彩，都因產地和品質的不同而有差異。不過，一般來說，番紅花可以這樣形容：濃濃的木質香、有蜂蜜和橡木桶葡萄酒的香氣，苦味久久不散，有開胃的效果。番紅花濃烈的香氣來自於番紅花醛（safranal），而它帶點土味、甜甜苦苦的風味則來自於番紅花苦甙（picrocrocin）。顏色則是來自於類胡蘿蔔番紅花素（carotenoid crocin），某些等級的番紅花中會含有一些比例的淡黃色，這些雖無柱頭的染色能力，但仍有經典的番紅花味道。

處理方式

番紅花的處理方式已經流傳了好幾個世紀，這個傳統之所以能被保留得歸功於番紅花高昂的價格，以及它對產區在經濟上的重要程度。番紅花是無菌的，要繁殖時只要將植株主球莖周圍的鱗莖分開即可。有些國家會把番紅花直接留在地裡面 5 年以上，甚至更久，讓它繼續出產，但也有國家會在春天把上一季的球莖挖出來，在盛夏重新種下。番紅花的採收期非常短，通常不到 3 個星期，該期間內，附近鄉鎮的居民都會來幫忙，而且還全家老少一起出動，全天努力不懈採收。每一棵植株在連續幾天的早晨中，最多可產出 3 朵花。這種又苦又累的採花工作從黎明，太陽還沒太熱前就開始。

採收後，下個階段就是把珍貴的柱頭取出來。這個工作通常在室內進行，由手指靈巧的女性負責，其中包括祖母級以及曾祖母級的婆婆們，他們一直工作到入夜，為的就是要

跟上一籃籃不斷從園裡送來貝殼型藍色花朵的速度。她們用拇指和食指擠壓一下花柱，被手指染上色的溼潤紅色柱頭就被輕巧的從花的底部拔了出來。3 根柱頭以及還黏附在上面的花柱就會一起被乾燥。

柱頭新鮮時，沒什麼明顯的香氣。它的特質必須在加工處理（乾燥）到溼度大約只有 12% 後才會形成。乾燥的方式每一地區略有不同，被摘下來的柱頭和相連的淺色花柱通常是放在篩籬上，用炭火餘燼的熱度來燻乾。而希臘科札尼（Kozani）出產的番紅花溼柱頭則是放在襯著絲綢的盤子上，在室內進行乾燥。這樣的程序能生產出品質非常優良、顏色極深紅的番紅花。無論採用的是哪種處理方式，一定要小心照顧，確保溼度能被去除，不會溫度過高或燒焦，這樣香氣和風味都可能會流失。新鮮的番紅花柱頭在乾燥過程中，大概會失去 80% 的重量，也就是一個地區一年如果產 11 公噸的番紅花，就需要採收至少 55 公噸新鮮的番紅花！

購買與保存

購買番紅花時要謹記的基本原則就是，要把購買鑽石、黃金或其他貴重商品的態度拿出來：只能從信譽良好的貨源購買。那些不擇手段又（或許是）愚昧的人會把薑黃當成印度番紅花粉，把紅花花瓣當做番紅花來賣。真正的番紅花柱頭在稱呼很多，像細絲（filaments）、線（threads）、股（strands）、絲（silks）、葉（fronds）、莖（stems）、刃（blades）、韭（chives）或雌蕊（pistils）都有。就像許多貴重商品都有專門的供貨商，番紅花的生產者也建立了一套認定標準來幫助交易商人了解自己買的是什麼。

兩種最常見的等級是細絲（filaments），也就是帶有淺色花柱的，以及純柱頭，連著的花柱已經分開了。帶著花柱的番紅花（你可以注意到上面有類似金屬線材的淺紅色絞股），價格應該要比純柱頭便宜 20%。西班牙和喀什米爾產的番紅花，上面還帶著花柱的，稱作「曼查級」（Mancha等級），在伊朗則被叫做「poshal」。已經把花柱分開的番紅花純柱頭在西班牙文中叫做「coupe」，喀什米爾文叫「mongra」，希臘文叫「stigmata」，而伊朗文叫「sargoal」。在主要等級之中，還有一些分級，以重要特質來做為分級標

準，而這些特質則是針對番紅花苦甙、番紅花醛含量、番紅花素（色澤），以及花朵廢料和雜質比例進行詳細分析後建立的。

番紅花也能買到粉狀包裝，但除非你對這種粉的等級和純度很有信心，否則我還是會建議你料理中需要用到粉時，自己動手研磨就好。番紅花磨粉很容易，把柱頭放到熱的乾鍋中乾烤一下，然後用研磨缽和杵搗碎，或是用量匙組其中兩根壓一壓就行。

每位生產者都會告訴你自己產的品質最好，不過，我倒是覺得不同的生產者產製的番紅花，在香氣、風味、色澤和相對價格上的特質都不盡相同。

就我的觀察，以下的特質似乎最盛行。20 世紀下半的西班牙採用的番紅花行銷策略無疑是最有效的。因此，許多食品專家便認為西班牙產的番紅花品質最佳，甚至有人還相信番紅花原產自西班牙。最好的西班牙番紅花品質自然非常好，不過，無論是什麼行業，品質上的變化差異都可能很大。舉例來說，我就曾看過托雷多（Toledo，顯然是針對觀光客進行銷售）販賣的曼查等級番紅花中所含的花柱比可容許的比例要多出 20% 以上。

喀什米爾 mongra 等級的番紅花品質和西班牙的優質等級就很相近。它有一種獨特、稍微帶點特殊味道的木頭香味，吸入之後，鼻子裡有種久久不散的乾爽味道。用溫水沖泡，顏色很快就能泡出來（5 到 10 分鐘），非常方便，但是還沒快到令人懷疑是否添加了人工染色料。希臘的番紅花是由位於克羅科斯（Krokos）鎮的科札尼番紅花產銷合作社（Saffron Producers Cooperative of Kozani）販賣的，控管十分嚴格，聲稱他們番紅花中的番紅花素含量是所有番紅花中最高的。他們的番紅花顏色深紅，香味和口感特徵都和來自西班牙與喀什米爾的番紅花類似。最明顯的是，他們的柱頭即使在沖泡了好幾個鐘頭之後，似乎還能保持深紅的色澤。

伊朗的番紅花年產量在 185 到 220 公噸之間，占世界產量的 90% 以上。南呼羅珊省（Southern Khorasan）是該國主要的番紅花產區，大多仍採取傳統的耕作方式。伊朗中部蓋了不少鴿子塔（pigeon towers），塔的設計有好幾千個洞，為的是要方便採集鴿糞作肥料。

悲情的是，這樣有機的耕種方式並無法獲得認證，因為有機認證的過程實在太過官僚與昂貴，不是這些傳統必須養家活口的農家能夠負擔的。

伊朗 sargoal 等級的番紅花有種獨特的花香，和其他地方的品種不太一樣，和中東料理非常合味。伊朗產的番紅花柱頭從前的價格只要其他高等級番紅花的　半到三分之二。不過，由於伊朗政府的介入，極力提高收益的作法讓價格上揚，現在幾乎已經可以和喀什米爾產的相比了。伊朗產的番紅花線長度似乎比喀什米爾產來得短些，質地上也比較脆弱，不過色澤的飽滿度倒是可以一比。伊朗番紅花的脆弱程度讓壓粉變得相當簡單。

澳洲塔斯馬尼亞（Tasmania）產的番紅花數量有限，但在澳洲倒是能買到，只是拜人力昂貴之賜，很不幸的，價格極高。塔斯馬尼亞產的番紅花色澤度上評價很高，只是在使用前，柱頭得泡水 8 個小時才到達最佳效果。

由於高價位以及少量就能擁有效果，番紅花通常以 1/2

香料生意中的旅行

　　西班牙的番紅花在全世界的產量中雖然只占 1% 不到，但卻因為番紅花而知名度極高。離托雷多（Toledo）不遠的小村莊貢蘇艾格拉（Consuegra）就緊緊守著舊日的傳統，在十月的最後一個周末舉行一年一度的番紅花節。我永遠忘不了置身在曼查平原上那一片深紫色番紅花海的田裡，眺望著山脊上唐吉軻德的風車，座落在那之前的就是這個風景如畫的小村莊。

　　貢蘇艾格拉番紅花節的亮點之一就是番紅花的分級（摘取）比賽。村中廣場有個平台，平台上擺了一張長桌，上面坐了大約 12 個參賽者。第一波熱潮由孩子們帶起，而到了三四點鐘左右就輪到大人們了。做了不知道多少年的阿嬤們一心一意的投入一場爭取最高榮譽的戰爭裡，她們的臉上掛著大大的笑容，興致高昂。每個參賽者有 30 朵花和一個白色盤子。信號一出，大夥兒靈巧無比的雙手就開始工作。第一位完成 30 朵花摘取工作的參賽者高興得跳了起來，在空中揮舞雙臂，彷彿獲得了世界摔角冠軍。之後評審會細細的檢查成果，只要有 1 根珍貴的柱頭被留在花裡，就會被扣 1 分，而盤子裡如果多出一個不小心和柱頭一起被摘進盤子的沒價值雌蕊，也會再失去 1 分。我非常推薦這個慶典，這是個令人非常享受的經驗，當地人的幽默和熱情更是讓這個慶典變得更美好。

公克或 1 公克的包裝來販賣。價格會因供應量而浮動，影響價格的原因有天氣狀況以及世界性的需求。在 21 世紀初期，1 公克純的番紅花柱頭價格與 1/2 公克的黃金同價。

　　番紅花保存的方式和其他香料一樣：裝入氣密式容器中，遠離溫度過高、光線太亮、或潮溼的場所。不要把番紅花放入冰箱冷藏或冷凍。

　　經常使用番紅花的人可以泡一點在水裡過夜。第 2 天把番紅花湯汁濾出來，倒進製冰盒裡冷凍，需要馬上用到番紅花時，立刻就能取出來用。

應用

　　番紅花當成香料用時，通常需要先泡成湯汁來使用；這種由陽光染就的色彩隨後會被加到料理中去施展它的魔法。一小撮（根據每個廚師詮釋的方式，數量可能從 10 到 30 根柱頭不等，但是我通常以 10 根計）就能把 2 到 3 湯匙（30 到 45 毫升）的溫水、牛奶、酒精（例如伏特加或琴酒）、

番紅花 Saffron

橙花水或玫瑰花水染上很深的顏色。番紅花一被泡入，幾秒之內就會開始出色；一段時間後，可能從 5 分鐘到幾個鐘頭，每根柱頭都會膨脹起來，顏色變淡，因為珍貴的色素已經被泡出來了。由於三分之二的番紅花顏色在最初的 10 分鐘內就會被釋出，所以不必泡上好幾個鐘頭。

我曾經用溫熱的油來浸泡番紅花，想嘗試製作番紅花油，方式就和做迷迭香油或辣椒油一樣，結果並不成功；油就封在柱頭上，把水溶性的色素和風味都留在柱頭裡了。

傳統上會用番紅花來幫印度米飯料理、義大利燉飯和西班牙海鮮燉飯上色。它獨特的風味和燦爛的顏色與魚類、海鮮及雞肉非常搭配。著名的英國康瓦爾番紅花蛋糕（Cornish saffron cake），一種含有水果乾的香料酵母蛋糕，就是用番紅花上色的，而法國海鮮湯馬賽魚湯（bouillabaisse）也一樣。充滿異國風情的摩洛哥綜合香料（ras el hanout）裡就有整根的番紅花柱頭。在北非會用番紅花來幫雞肉和羊肉塔吉鍋添加風味，也會用來幫加了香料的庫司庫司上色。味道厚重濃郁的蒙兀兒（Moghul）菜，裡面就經常會加番紅花，燴肉飯（pilaus）、印度香飯（biryani）和一些甜品、冰淇淋裡面也會加。利用番紅花來做那些料理時，我愛用玫瑰花水來浸泡番紅花柱頭，只是要斟酌用量，因為過量會產生一種苦苦的藥味。

用爐火方式煮飯時，有種番紅花用法相當有趣，那就是在米已經開始吸水（煮後 10 分鐘左右）之後再加入番紅花。當你開始用米煮飯時，用溫水泡大約 12 根的柱頭；之後當米已經開始把大部分的水分吸收以後，再以數字 8 的形狀將番紅花水細細的撒在表面上。把番紅花柱頭也加進去，蓋上鍋蓋繼續煮，不要攪拌。水分和蒸氣會把番紅花的色彩釋放出來，金色的紋理會滲入白色的米飯裡，在上桌時製造出非常漂亮的斑駁效果。

當你一旦用起番紅花，應該很快就會喜歡上它的精妙之處，以及用極少的量就能收到的好效果。動手試試看，了解一下不同浸泡湯汁間的差異是相當有趣的事，看看各種不同類型的番紅花得多久才能把選定的介質染上顏色，而各自變化出來的香氣與口感又是如何。

每茶匙重量（5ml）

- **整根：** 0.7 公克
- **研磨成粉：** 1.5 公克

每 500 公克（1 磅）建議用量

- **紅肉：** 12 到 18 根柱頭
- **白肉：** 10 到 12 根柱頭
- **蔬菜：** 8 到 12 根柱頭
- **穀類和豆類：** 8 到 12 根柱頭
- **烘烤食物：** 8 到 12 根柱頭

波斯堅果酥糖（哈爾瓦）
Persian Halva

哈爾瓦（halva）是一種甜食，中東、亞洲、印度和歐洲到處可見。這個伊朗版本使用了他們引以為豪的獨特番紅花，把它加到這款甜蜜蜜、充滿玫瑰香氣的奶油混合材料裡。

製作6到8人份

準備時間：
- **10 分鐘**

烹煮時間：
- **25 分鐘**

提示 超細砂糖（superfine sugar，糖霜粉 caster sugar）是顆粒非常細的砂糖，通常都是用於需要砂糖能快速溶解的食譜裡。如果商店裡面找不到，可以自己動手做。把食物處理機裝上金屬刀片，將砂糖打成非常細，質地像沙子一樣細緻的糖粉。

要將番紅花磨成粉，可以用研磨缽和杵來搗，搗成粗粉狀就可以了。

2 杯	溫水	500 毫升
1 杯	超細砂糖（參見左側提示）	250 毫升
½ 茶匙	番紅花柱頭，研磨好（參見左側提示），輕壓平	2 毫升
¼ 杯	玫瑰花水	60 毫升
1½ 杯	奶油	375 毫升
2 杯	中筋麵粉	500 毫升
1 大匙	開心果（pistachios），稍微壓碎或切碎	15 毫升
1 大匙	杏仁，稍微壓碎或切碎	15 毫升

1. 在碗中加入水和糖，一直攪拌到糖融化。拌入番紅花和玫瑰花水，放置一旁待用。

2. 深煎鍋開小火，融化奶油。慢慢加入麵粉，要不斷攪拌，大約 8 到 10 分鐘，直到顏色轉為焦黃色。把已經備好的糖水攪拌進去，繼續煮，持續攪拌約 10 分鐘，直到變成濃稠的滑順糊狀。

3. 將混合材料攤在要上桌的盤子上，做成圓盤型，厚度大約 2.5 公分（1 吋）。用一支湯匙沿著邊緣劃凹痕，每道凹痕間相隔 2.5 公分（1 吋）。凹痕要沿著上面和盤子的邊來劃，製造出美麗的扇形邊緣。把開心果和杏仁撒上去。放置一旁，直到完全冷卻後再上桌。

西班牙海鮮燉飯
Paella

海鮮燉飯通常會被認為是西班牙的國菜。這道菜雖然在西班牙四處可見，實際上卻是起源於瓦倫西亞（Valencia）地區。變化雖多，但絕對不會錯認的是共同的番紅花顏色和風味。我和父母親一起去拜訪貢蘇艾格拉，看番紅花的採收和一年一度的番紅花節時，興奮的見證了「世界最大的西班牙海鮮燉飯」在一口巨大的鍋子裡烹煮，攪拌時用的是半打長鏟子。以這個尺寸來說，它的味道是驚人的美味，只是那個版本並沒有用上番紅花。

製作6人份

準備時間：

● 10 分鐘

烹煮時間：

● 30 分鐘

提示　海鮮燉飯用的是一種中等大小的米，中心硬外面軟。在超市和專門店都很容易買到。

● 35 到 38 公分（14 到 18 吋）的煎鍋，或海鮮燉飯專用鍋

4 杯	雞高湯	1 公升
1 茶匙	番紅花	5 毫升
2 茶匙	辣度溫和的西班牙紅椒	10 毫升
2 茶匙	甜味的匈牙利紅椒	10 毫升
1 茶匙	甜味的煙燻紅椒	5 毫升
¼ 茶匙	乾燥的迷迭香，磨好	1 毫升
⅓ 杯	橄欖油	75 毫升
3 瓣	蒜頭，剁碎	3 瓣
1½ 杯	海鮮燉飯用的米（參見左側提示）	375 毫升
2 片	去皮去骨的雞胸肉，切成 5 公分（2 吋）大小的塊	2 片
1 顆	紅色彩椒，去籽切成長條狀	1 顆
2 顆	番茄，去籽，切成 1 公分（½ 吋）大小的丁	2 顆
½ 杯	豆子	125 毫升
1 隻	透抽（calamari tube，90 到 120 公克或 3 到 4 盎司，清理乾淨，切成環狀，參見 561 頁提示）	1 隻
1 片	比目魚排（halibut）180 到 210 公克（6 到 7 盎司），切成 5 公分（2 吋）大小的塊	1 片
12 隻	大蝦，頭尾要完整	12 隻
些許	海鹽和現磨黑胡椒	些許
2 大匙	新鮮的巴西利葉切碎	30 毫升
2 顆	檸檬，每顆切成 4 塊舟形	2 顆

1. 小湯鍋開中火熱高湯。把鍋子從火上拿開,加入番紅花、3 種紅椒和迷迭香,放置一旁備用。

2. 平底鍋或海鮮燉飯鍋開中火,熱油。加入蒜頭和米一起煮,要不斷攪拌大約 2 分鐘,直到米被油均勻包覆。把準備好的高湯倒進去煮,持續攪拌,煮 2 分鐘,直到熱透。把火轉成小火。

3. 把雞胸肉、彩椒和番茄放在米上面,上面鬆鬆的蓋上鋁箔紙(不要攪拌)。煮大約 15 分鐘,直到飯變軟。

4. 把豆子、透抽、比目魚和蝦子放上去(不要攪拌),用鹽和胡椒調味,試試鹹淡。鬆鬆的蓋上鋁箔紙,煮大約 10 分鐘,直到海鮮和米飯都熟透(飯不要煮得太軟,鍋底會形成鍋巴)。離火,撒上巴西利、檸檬塊裝盤一起上桌。最好整鍋直接端上桌。

提示 可以請魚販幫你清理透抽,也可依照下面方法自己動手:把頭和觸鬚輕輕的從身體上拉出來。用手指探入身體裡,把透明的軟骨拉出來;內臟丟掉。用一把銳利的刀把觸鬚從頭部眼睛以下切下來,頭丟掉。

把兩邊的鰭和薄膜切下來。把身體、觸鬚和鰭在流動的冷水下徹底沖洗乾淨,再用紙巾拍乾。

鼠尾草 Sage

Salvia officinalis

科　　名：	唇形科 Lamiaceae（舊稱唇形花科 Labiatae）
品　　種：	快樂鼠尾草（clary sage，學名：*S. sclarea*）、希臘鼠尾草（Greek sage，學名：*S. fruticosa*）、加州黑色鼠尾草（Californian black sage，學名：*S. mellifera*）、黑加侖鼠尾草（black currant sage，學名：*S. microphylla*）、鳳梨鼠尾草（pineapple sage，學名：*S. rutilans*）
別　　名：	garden sage（庭園鼠尾草）、true sage（真正鼠尾草）、salvia（撒爾維亞）
中文別名：	撒爾維亞、藥用鼠尾草、洋蘇草、普通鼠尾草、山艾
風味類型：	激香型
使用部位：	葉（香草）

背後的故事

　　鼠尾草原生於南歐的地中海北岸地區，人工栽種的歷史已經超過千年。西奧弗拉斯塔（Theophrastus）、普林尼（Pliny）和戴奧科里斯（Dioscorides）都曾提過它在治療方面的效果，他們叫它做 elelisphakon，這也是這種香草古代的名稱之一，

其他名稱還有 elifagus、lingua humana、selba 和 salvia。它的植物學名屬名 *Salvia* 源自於拉丁文的 salvere，意思是「救命」或「治療」，之所以用這個字來命名鼠尾草是因為鼠尾草的藥性。

西元 9 世紀，查理曼大帝把鼠尾草種在帝國位於中歐的皇家農場上，在中世紀還被認為是不可或缺的藥物。在 16 世紀的英國，當時紅茶還沒普遍，鼠尾草茶是很受歡迎的飲品。如果有人希望味道更濃郁一點，也有一種釀造的鼠尾草啤酒（sageale）。17 世紀的中國人非常喜歡鼠尾草茶，荷蘭生意人可以用鼠尾草茶換購 3 到 4 倍重量的中國茶。到了 19 世紀前，鼠尾草茶對於厚重油膩的食物，如豬肉、鴨肉的諸多益處受到了讚賞。

植株

鼠尾草（Salvia）大概有 750 個品種，但是庭園鼠尾草（garden sage，學名：*S. officinalis*）是主要的料理用品種。鼠尾草是耐寒的直立型多年生植物，可長到 90 公分（35 吋）高，綠色或紫色色澤的莖很結實，而底部在 2 到 3 年間後就會木質化。

鼠尾草的葉長約 8 公分（3 又 1/4 吋），寬約 1 公分（1/2 吋），顏色灰綠，質地粗糙，但是葉面上有絨毛，凹凸不平。葉背有深深的紋路，樣子華麗有如不透明的蟬翅。當葉子成熟變硬後，綠色便會轉成柔和的銀灰色。長長的莖在春天會開紫色的唇形花，對蜜蜂有天生的吸引力。這些在原生地達爾馬提亞的鼠尾草花能產出極有價值的鼠尾草蜜。

鼠尾草屬於激香等級，和迷迭香及百里香類似。它的香氣清新、可使頭腦清明，還有鎮定作用。風味有草本特質，及怡人澀味，帶點隱隱的薄荷味。乾燥的鼠尾草葉能高度保有原有的香味特性，以及新鮮鼠尾草的風味。鼠尾草葉大多採「搓揉」（rubbed）方式製作，顏色淺灰，質地蓬鬆有彈性。

料理情報

可搭配
- 羅勒
- 月桂葉
- 蔥韭
- 蒜頭
- 馬鬱蘭
- 薄荷
- 奧勒岡
- 紅椒
- 巴西利
- 胡椒
- 迷迭香
- 風輪菜
- 龍蒿
- 百里香

傳統用法
- 厚重油膩食物，如豬肉、鵝肉、和鴨肉
- 麵包內餡
- 餃子
- 鹹味司康麵包
- 湯品
- 砂鍋
- 烤肉

調和香料
- 義大利香草
- 綜合香草
- 內餡用混合香料

香料生意中的旅行

我從小就聽父母提到達爾馬提亞（Dalmatian）的鼠尾草。結果，麗姿和我在我們女兒離家後買了一隻大麥町（Dalmatian，譯註：英文都是同一個字）幼犬。有一天，我帶著這隻滿身斑點的狗狗出門散步，一位老先生把我叫住了，他說：「你的狗是從我故鄉來的呀。」因為這句意外的話，以及對亞得里亞海美麗的幾番討論，我和麗姿決定一訪達爾馬提亞。我們想看鼠尾草在野外生長的樣子——也想找找看，那裡是不是真的有大麥町犬。

我們知道野生的鼠尾草長在一座被保護的島嶼科納提（Kornati）上，而我們也非常幸運的聯繫上史崔西克（Skracic）家族，他們住在島上，而且還有能採收野生鼠尾草的許可（這個小小的家族企業以 Kadulja 品牌來行銷他們的鼠尾草產品）。光就我們在克羅埃西亞的美好經驗，我就能寫上一整篇長文。我們從杜布羅夫尼克（Dubrovnik）出發，開車沿著壯麗的亞得里亞海岸走，再搭船轉往科納提島，而一路的航程風景如畫，讓我們一飽眼福。我們住在島上 12 棟房子中的一棟；住宿簡單但乾淨。我們幾乎沒有遇過比這裡更平靜又美麗的環境，而主人待客非常親切熱情。

次日清晨，我們隨著主家一起去採鼠尾草。我們用裝電池的電動剪刀一小束一小束的割取，並將剪下來的莖放進袋中帶回屋子。有時，我對野外採收會心存顧慮，因為這種作法常會讓植物無法以自然的方式再度自行復育，容易導致物種的滅絕。在科納提島上，鼠尾草必須在開完花後才能採收。鼠尾草開花時，養蜂人家會帶著蜂巢來採收花粉。可以想見一大片紫色花海中，好幾百萬隻蜜蜂飛翔的盛況。品嚐這些蜜蜂製造的鼠尾草花蜜是另外一種絕對不可錯過的經驗。

島上的鼠尾草精油是以蒸餾法提煉的，而他們在蒸餾過程中還會產生副產品——水溶性的鼠尾草純露。這些產品既能藥用，還能用於芳香療法。

順便一提，我們在明信片和 T 恤上看到了很多大麥町的圖片，但是真的狗卻一隻沒見到。我們家狗狗的親戚們似乎都忙著去當全世界消防隊的吉祥物了，特別是美國！

野生鼠尾草

鼠尾草在達爾馬提亞（Dalmatia）的山丘裡還有野生，這地區位於前南斯拉夫克羅埃西亞區的亞得里亞海邊，以出產高品質的鼠尾草而聞名。

其他品種

快樂鼠尾草（clary sage，學名：*S. sclarea*）是鼠尾草中葉子比較稀疏的一個品種，近來已經不太用在料理上了。葉的顏色帶點鏽色，開藍白色到白色的花。**希臘鼠尾草**（Greek sage，學名：*S. fruticosa*）和庭園鼠尾草相比，風味比較不足，大多拿來泡花草茶。**紫葉鼠尾草**（Purple leaf sage，學名：*S. officinalis* var. *purpurascens*）可幫香草庭園添加一抹麗色。可用於料理，方法和庭園鼠尾草一樣。**加州**

黑色鼠尾草（Californian black sage，學名：*S. mellifera*）長在北美洲西南部，葉子味道雖然濃烈程度稍遜，但還是可以用來當作庭園鼠尾草的替代品。它的種子可以磨粉，用來加到稀粥或玉米粥裡。

黑加侖鼠尾草（Black currant sage，學名：*S. microphylla*）來自於南美洲，有些墨西哥菜中會用到。它的風味像是帶著黑加侖水果後韻的鼠尾草。**鳳梨鼠尾草**（Pineapple sage，學名：*S. rutilans*）原產於中美洲，是另外一個紅花的品種，因為花有鳳梨的風味，所以才會有此命名。鳳梨鼠尾草的花朵纖細，長約 1 公分（1/2 吋），瘦瘦的，花中滿是花蜜，可以直接摘起來加到沙拉中，也可以直接把花朵湊到嘴上，直接吸美味的甜蜜花蜜。

處理方式

由於鼠尾草的植株幾年之後就會變非常木質化，就算經常修枝也一樣，所以每隔 3 年就得重種一遍。壓條法（Layering，參見 28 頁）是繁殖鼠尾草的有效方式。

鼠尾草在開完花後採收。採收後上下倒掛，吊在光線陰暗、通風良好的地方乾燥。之後把莖搓揉一下就能把葉除下來。由於鼠尾草的含油量很高，即使好好晒乾（含水量低於

12%），被搓揉下來的葉子也不像許多其他乾燥的香草一樣酥脆。

鼠尾草精油是把現摘的葉蒸餾後萃取出來的，可以作為豬肉香腸、加工食品、香水、甜食糕點、和漱口水的調味。

購買與保存

在澳洲，一般賣生鮮的地方就能買到新鮮的鼠尾草了。購買的鼠尾草看起來不能有枯萎的樣子，整束買回來後用水杯插著（如同插花瓶一樣），放在室溫中就能維持至少 1 個星期，只是水每隔 2 天要換 1 次。也可以把鼠尾草葉剁碎，放入製冰格中，用一點點水稍微蓋過後進冰箱冷凍，需要時再取出（3 個月內用完）。

要買乾燥的鼠尾草泡茶時，盡量找達爾馬提亞（Dalmatian）的鼠尾草來買。因為這一種的藥用價值確實最高。如果用手去揉，應該會有羊毛的手感，灰色中帶點綠，而且還有新鮮鼠尾草典型的醋香（balsamic aroma）和怡人的口感。

把乾燥的鼠尾草裝入氣密式容器中，放在陰涼、光線暗的地方，這樣風味大概能保存 1 年以上。

應用

有些人或許覺得鼠尾草濃烈的味道過於霸道，不過它的澀味能去油消脂，搭配油膩的食物，如豬肉、鵝肉和鴨肉非常完美。鼠尾草如果適量的添加在需要久煮的菜餚，如米蘭燉牛膝（osso bucco）中，效果最好，它的風味不會因為燉煮的時間久而消失。

鼠尾草和碳水化合物很搭配，是麵包內餡、餃子和鹹味司康麵包重要的材料。豆子、青豆和蔬菜湯加鼠尾草很好吃，馬鈴薯泥也不錯。鼠尾草加洋蔥是有名的好搭檔，茄子和番茄中放入適量的鼠尾草，味道絕佳。鼠尾草是綜合調味香料中傳統的用料，一般還會配上百里香和馬鬱蘭。風味濃郁的湯品、燉品、肉條或烤肉類菜色搭配鼠尾草也很適合。鼠尾草葉油炸是很時尚的裝飾配菜。

每茶匙重量（5ml）

- 整片乾燥並揉碎的葉：1.2 公克

每 500 公克（1 磅）建議用量

- **紅肉：** 1 大匙（15 毫升）鮮葉，1 茶匙（5 毫升）的揉碎的乾葉
- **白肉：** 2 茶匙（10 毫升）鮮葉，3/4 茶匙（3 毫升）揉碎的乾葉
- **蔬菜：** 1½ 茶匙（7 毫升）鮮葉，1/2 茶匙（2 毫升）揉碎的乾葉
- **穀類和豆類：** 1½ 茶匙（7 毫升）鮮葉，1/2 茶匙（2 毫升）揉碎的乾葉
- **烘烤食物：** 1½ 茶匙（7 毫升）鮮葉，1/2 茶匙（2 毫升）揉碎的乾葉

焦香鼠尾草奶油
Burnt Sage Butter

這道食譜簡單,卻是義大利麵的最佳搭檔。我最喜歡的吃法是拌義大利麵團子(ricotta gnocchi)、南瓜義大利餃子(pumpkin ravioli)或是自家現做義大利寬麵(fettuccine)吃。你第一次做這種奶油時,心裡一定會想,從前為什麼就沒做過呢?這是一道很棒的晚餐宴會菜色,所花費的工夫很少,卻讓人驚豔。柔軟,幾乎算得上軟如毛的新鮮鼠尾草葉子化身為清爽、香脆的口感,整口吃起來實在非常美味(是新鮮葉子無法道出的感覺)。

製作 1 杯份 **(250毫升)**		
1 杯	優質含鹽奶油	250 毫升
½ 杯	新鮮鼠尾草,輕壓半杯	125 毫升

準備時間:
- **5 分鐘**

烹煮時間:
- **10 分鐘**

提示 鼠尾草奶油放入冰箱冷凍可保存到 3 個月。要冷凍時,先將混合材料放入氣密式容器,冷藏到完全冷卻為止。冷卻之後,用電動攪拌的攪拌槳,打到奶油滑順。依照需要分成小包,用保鮮膜包起來,進冰箱冷凍。

1. 小煎鍋開中火,融化奶油,直到奶油開始冒泡。加入鼠尾草爆香,大約 5 分鐘,直到奶油變成焦糖色,葉子也縮水,變得酥脆。立刻上桌。

變化版本

如果想要做香辣版,再加 1 茶匙(5 毫升)的辣椒片,和鼠尾草一起放入鍋子裡。

鼠尾草 Sage

鼠尾草內餡
Sage Stuffing

鼠尾草和烘烤食物天生有種契合感，這款美味的綜合香草內餡用來塞雞或火雞都可以。聖誕節一到，這種內餡本身就是一道料理，你還可以用優質的香腸肉和栗子泥來加碼。

製作6人份

準備時間：
● **10 分鐘**

烹煮時間：
● **5 分鐘**

提示 要製作新鮮的麵包屑，使用新鮮或做好1天左右的白麵包最理想。將麵包切厚片，夾在兩隻手掌間磨成細屑，你也可以使用盒型銼刀或是食物處理器。新鮮的麵包做出來的屑比乾麵包大得多。

2 大匙	奶油	30 毫升
½ 顆	洋蔥，切碎	½ 顆
1 大匙	新鮮的巴西利葉子，切碎	15 毫升
2 片	新鮮的鼠尾草葉子，切碎	2 片
1 大匙	甜紅椒粉	15 毫升
1 茶匙	芫荽籽粉	5 毫升
1 茶匙	乾燥的鼠尾草	5 毫升
½ 茶匙	乾燥的百里香	2 毫升
½ 茶匙	乾燥的奧勒岡	2 毫升
¼ 茶匙	細海鹽	1 毫升
¼ 茶匙	現磨黑胡椒	1 毫升
1 杯	新鮮柔軟的麵包屑（參見左側提示）	250 毫升

1. 煎鍋開中火，融化奶油。加入洋蔥，炒約3分鐘，直到洋蔥變軟。盛到碗裡，拌入巴西利和新鮮的鼠尾草，攪拌到混合均勻。加入紅椒、芫荽籽、乾燥的鼠尾草、百里香、奧勒岡、鹽、胡椒和麵包屑，混合均勻。（內餡一開始看起來似乎有點乾，不過料理時會吸收肉流出來的湯汁。）

變化版本

想要製作聖誕版配菜，大的煎鍋中除了原來的內餡，可以再加入500公克（1磅）的香腸、1杯（250毫升）煮熟磨成泥的栗子以及1/2杯（125毫升）乾燥的小紅莓（cranberries）。中火煮到肉熟透，大約20分鐘。

鼠尾草山羊乳酪奶油餅乾
Sage Shortbread with Goat Cheese

這道美味的奶油餅乾是我父親的最愛之一。餅乾是味道濃郁的起司絕佳的平台，因為裡面還有鼠尾草的澀味來平衡油膩的味道。我喜歡在歡慶的季節上這道料理，上面再放上一點小紅莓醬和一個美國山核桃（pecan）。

製作25片左右奶油餅乾

準備時間：

- **10 分鐘**

烹煮時間：

- **25 分鐘，外加 30 分鐘冷卻時間**

 提示 麵團可以冷凍起來放 3 個月。可以直接從冷凍庫拿出來烤，只是烘烤時間還要再加 3、4 分鐘。

- **食物處理器**
- **2 個襯有防油紙的烤盤**

3½ 盎司	藍起司，如羊乳起司 Roquefort 或英國的斯蒂爾頓起司（Stilton）	100 公克
1½ 杯	中筋麵粉，篩過	375 毫升
⅔ 杯	奶油	150 毫升
3 大匙	切碎新鮮的鼠尾草	45 毫升
½ 杯	美國山核桃（pecan），去殼切碎	125 毫升
3½ 盎司	軟的山羊乳起司（chèvre）	100 公克

1. 食物處理器裝上金屬刀片，把藍起司、麵粉、奶油和鼠尾草攪拌成黏糊的麵團。把麵團拿出來，放到乾淨的工作檯面，用雙手把碎的美國山核桃揉進去。把麵團一分為二，捲成直徑約 5 公分（2 吋）的圓條形。用保鮮膜緊緊包住，放入冰箱冷藏 30 分鐘，直到麵團變得非常硬實。

2. 烤箱預熱到攝氏 180 度（華氏 350 度）。包麵團的保鮮膜拿掉，用尖銳的刀切成 5 公釐（1/4 吋）的薄片，把薄片排在準備好的烤盤上，中間間隔 2.5 公分（1 吋）。在已經預熱好的烤箱中烤 10 到 15 分鐘，直到顏色變成金黃色，小心的把奶油餅乾拿到網架上待涼，等到完全冷卻。要上桌時，上面放 1 片羊奶起司。冷卻的奶油餅乾放進氣密式容器，可以放 2 個星期。

小地榆 Salad Burnet

Salvia officinalis

科　　名：薔薇科 Rosaceae

品　　種：地榆（garden burnet，學名：*S. officinalis*）

別　　名：lesser burnet（小地榆）、
　　　　　garden burnet（庭園地榆）

中文別名：黃瓜香、玉札

風味類型：溫和型

使用部位：葉（香草）

背後的故事

　　雖說歐洲的山區和英格蘭南部的白堊地形各郡一直是小地榆的棲地，但一般還是認為地中海地區才是起源地。羅馬的自然學者普林尼對於它的藥性相當欣賞。而小地榆舊的植物學名就是從希臘字 poterion 而來，意思是「酒杯」（葉子

會被加到酒杯和飲料中）。而另一個名稱「sanguisorba」則是從 sanguis（血液）以及 sorbere（制止）組合而來，暗示有止血的特性；而過去的確也會拿它來止血。早期的移民將小地榆帶到了美洲，現在小地榆在澳洲也是香草花園中常見的一景。

植株

小地榆（Salad burnet）是纖細的多年生香草，高度可長到 30 公分（12 吋）左右。葉小、呈圓形、鋸齒狀，顏色深綠，看起來像拿了鋸齒剪刀剪了邊一樣。葉對生，每對葉中間間隔約 2.5 公分（1 吋），長在纖細的莖上，變長變重後就會下垂，讓外表變得像蕨類。到了夏天，植物的中心會升起高高的莖桿，上面冠滿桃紅色、像莓果一般的花，裡面有紫色的雄蕊。小地榆的香味和口味都像小黃瓜：清涼、清爽、清新。

其他品種

地榆（Garden burnet，學名：*Sanguisorba officinalis*）的葉比小地榆的葉子粗實，大多作為藥用。有一些還不太確定的毒性報導，所以建議食用這個品種時請小心。

處理方式

小地榆只能新鮮吃，因為脫水乾燥的效果無法令人滿意。

購買與保存

在澳洲，成束的新鮮小地榆在一般賣生鮮的地方偶而能買到。不過，賣相通常有點乾萎，所以最好是要用當天再買。洗乾淨後，用保存萵苣的方式，以保鮮膜包好，放進冰箱底部的蔬果保鮮格裡，這樣能放 3 到 5 天。

可搭配
- 羅勒
- 細葉香芹
- 芫荽葉
- 歐當歸
- 奧勒岡
- 巴西利
- 越南香菜

傳統用法
- 沙拉
- 冷湯
- 香草三明治
- 炒蛋和歐姆蛋包
- 水果飲品

調和香料
- 不常用於調和香料中

小地榆 Salad Burnet

- **紅肉：**3/4 杯（175 毫
  升）鮮葉
- **白肉：**3/4 杯（175 毫
  升）鮮葉
- **蔬菜：**1/2 杯（125 毫
  升）鮮葉
- **穀類和豆類：**1/2 杯
  （125 毫升）鮮葉
- **烘烤食物：**1/2 杯（125
  毫升）鮮葉

為了要確保能有小地榆滴進飲品裡，先把葉子從莖上拔下來，整片放入製冰格裡，上面加一點水後冷凍。結成冰塊後，拿出來放進夾鏈袋，這樣在冷凍庫中能放上 2 個月。

應用

小地榆新鮮使用最好。就如同英文名稱 Salad burnet 所示，它類似小黃瓜的口味和纖細的外表，和沙拉、冷湯很搭配，和夾里科塔起司或奶油起司的香草三明治也合味。炒蛋上用小地榆和細葉香芹妝點一下，美觀又美味。和硫璃苣（borage）一樣，小地榆的葉子可以讓夏日水果雞尾酒外觀看起來更清涼。

沙拉拌烤穀物種子
Salad with Toasted Seeds and Grains

有如小黃瓜的口味以及漂亮的葉子，讓小地榆成為夏日沙拉的優選。這道沙拉上脆脆的加料，使清涼感十足的小地榆和甜甜的番茄增添了飽足感和口感。

製作4人份

準備時間：
● 5 分鐘

烹煮時間：
● 5 分鐘

 提示 如果買不到小地榆，可以用其他買得到的沙拉葉菜來替代，像是芝麻菜（arugula）或菊苣（chicory）都可以。某些超市和健康食品專賣店可以買到免煮的斯佩爾特（spelt）小麥和藜麥。另外一個選擇是把藜麥放入一鍋沸騰的鹽水中泡 10 分鐘，讓胚芽從種子上剝離（看起來像分開的樣子，裡面會露出一個小小白白的顆粒，那就是胚芽）。斯佩爾特小麥必須小火燜煮 25 分鐘，或是煮到變軟。綜合的穀物種子放在氣密式容器中，進冰箱冷藏可以保存 2 個星期，可以當零嘴、當醬料上的加料，或是加到三明治裡面。

2 茶匙	初榨橄欖油，分批使用	10 毫升
1 大匙	奇亞籽（chia seeds）	15 毫升
1 大匙	南瓜籽	15 毫升
1 大匙	未加鹽的葵花籽	15 毫升
2 大匙	煮熟的斯佩爾特小麥（spelt，參見左側提示）	30 毫升
2 大匙	煮熟的藜麥（quinoa，參見左側提示）	30 毫升
1 撮	迷迭香粉	1 撮
1 撮	細海鹽	1 撮
2 杯	小地榆葉子，輕壓成平杯（參見左側提示）	500 毫升
2 杯	嫩葉菠菜（baby spinach）	500 毫升
1 杯	黃色聖女小番茄（cherry tomatoes），對半切	250 毫升
1 茶匙	現壓檸檬汁	5 毫升

1 煎鍋開中火，加熱 1 茶匙（5 毫升）的油。把奇亞籽、南瓜籽、葵花籽、斯佩爾特小麥、藜麥和迷迭香都加進去炒。要持續翻炒，大約炒 5 分鐘，直到穀物和種子被烤香，稍有焦黃色。用鹽調味，放置一旁待涼。

2. 用一個淺盤，把小地榆、嫩葉菠菜和番茄以及 1 茶匙（5 毫升）的油和檸檬汁放進去，上面撒上炒好的綜合穀物種子。立刻上桌。

小地榆 Salad Burnet

鹽 Salt

Sodium chloride（NaCl）

各國語言名稱

- 克羅埃西亞文：so
- 丹麥文：salt
- 荷蘭文：zout
- 法文：sel
- 德文：Salz
- 希臘文：hals
- 義大利文：sale
- 拉脫維亞文：sals
- 波蘭文：sol
- 羅馬尼亞文：sare
- 俄文：sol
- 塞爾維亞：so
- 西班牙文：sal
- 瑞典文：salt

別　　名：common salt（一般鹽）、halite（岩鹽）

中文別名：食鹽

風味類型：自成一類，鹹味

使用部位：結晶體（香料）

背後的故事

在典型的「先有蛋還是先有雞」腳本裡，沒人知道到底海裡面的鹽是從哪裡來的。是岩石經過了千百萬年的侵蝕，流入了海裡，還是古代的海洋中留存著龐大的地下礦藏——例如，躺在地中海底部一千公尺深處的那層鹽？

鹽的味道和保存食物的能力一直受到高度重視，而證據顯示，它的採集（開採）可以回溯到新石器時代。希臘的蒲魯塔克（Plutarch）把鹽形容為「最高貴的食物，所有調味品之冠」，而耶穌也以「地上的鹽」來描述他的使徒們。羅馬帝國第一批主要道路其中的一條就叫做「Via Salaria」（鹽之街）。

羅馬軍團遠赴國外時，收到的薪餉中有一部分是鹽，事實上，這後來發展成了現金制度，變成「salary」（薪水）。

商人非常了解鹽對於距離地下鹽藏或是海洋很遙遠的地方的價值，而統治者很快的就開始嚐到課鹽稅的甜頭了。西元 1 世紀，羅馬的自然學者普林尼（Pliny）就寫過，印度和中國的統治者從鹽稅上賺到的歲收比金礦還多。

鹽被視為人類生存的重大課題。它的本質被視作是純淨的；永不會腐敗（溼掉的鹽一向可以被乾燥再製，味道無損）；因此，許多與鹽有關的迷信也就根深蒂固的盤據人心。撒鹽時，把一撮鹽從左肩拋撒過去，不是什麼少見的事，為的是除去眼中的惡魔。（聖經中）羅特之妻被變成鹽柱，在達文西的畫作「最後的晚餐中」，猶大的手肘下畫著一罐打翻的鹽罐。提到「撒一撮鹽」，我最愛提起的一則經典故事就是英勇的蒙特婁侯爵（Marquisde Montreval）在意外被撒上一撮鹽後，就死於 1716 的戰役中了。直至今日，數不勝數的宗教儀式中都還含有以鹽為象徵意義的儀式。但是，在過去漫長的歷史中，似乎鹽招致的批評還沒有近年來得多，而這或許是近年的濫用所導致。無論如何，鹽還是最基本的五種味覺之一（酸、甜、鹹、苦、鮮），我們的餐食中如果缺了鹽來平衡，就太過平淡了。

為什麼是鹽？

鹽雖然不是香料，但是毫無疑問，絕對是排名第一的調味料；用鹽的歷史可追溯到人類文明之初。鹽是最基本的口味之一，其他還有酸、甜、苦和鮮（umami）。鹽扮演著維持我們體內電解質平衡的功能，缺鹽導致脫水的風險比缺水還高，重要性實在太大了。不過一定得說的是，一個成年人一天只需要 6 到 8 公克的鹽，而這個量主要來自於我們所吃食物的調味。吃太多鹽，通常是因為吃進太多加工食品導致的，可能會讓健康出問題。

鹽是礦物，因此可能含有不少雜質，包括其他礦物質、藻類和來自於環境中的其他元素。這些會影響到鹽的顏色

料理情報

可搭配
- 所有香草和香料（不過量時）

傳統用法
- 所有鹹味菜色以及某些甜味菜

調和香料
大多數調配來撒在未烹煮的肉類，以及餐桌上使用的綜合香草與香料調味：
- 碳烤調味料
- 撒在牛排、魚、和禽肉上
- 調味鹽（seasoned salts）

猶太鹽

猶太鹽（Kosher salt）其實只是吸水晶體比較大的鹽而已；最初是用來「清洗」肉類（把肉上的血水去除，讓肉變得乾淨）。理想的情形下，它是不含任何添加物的，所以比桌鹽的味道更清新乾淨。而桌鹽通常會加碘。不過，今天有些品牌的猶太鹽裡卻含有抗結塊劑（anticaking agents）。

調味鹽

加味鹽（seasoned salts，參見762頁），如芹菜鹽、蒜頭鹽和洋蔥鹽等，都只是單純的把香草和香料調入大量的鹽而已。各式各樣的加味鹽（flavored salts）是現今的市場趨勢，就我來看，買這些大多只是浪費錢而已——你自己動手，用不了幾秒就能做好。那麼幹嘛多花大筆冤枉錢去買辣椒鹽、檸檬香桃木鹽或是香草鹽呢？你只要把上述材料以10%的比例加入你的鹽裡面就行了。鹽很便宜，而且相當重，它已經變成乾貨製造商想要灌水時的解答了——經常打著其他材料的名稱，加入大量的鹽，調出比較細緻的風味。

和風味。會產生鹹味的元素是氯化鈉（sodium chloride，NaCl），而各種其他的礦物質，如鹽中的鐵、碳酸鈉或鎂等都讓來自世界不同地方的鹽有不同的風味特徵。

鹽主要來自於地下的礦藏或海水。不管是粗鹽還是細鹽，鹽都是結晶狀，一碰到水氣很快就會溶化，這讓加鹽變得很容易，就算是要加到吃之前才加水的乾燥食品中都是很簡單的。

鹽的種類

特殊的鹽種非常多，每一種鹽都因為產地以及開採的傳統方式（通常會用人工手耙）不同而有其特別之處。

印度黑鹽（Indian black salt）是確確實實的岩鹽，採兩種方式販賣，一種較大，4到5公分（1又1/2到2吋），紫黑色到紅色的塊狀，另外一種則是磨成粉紅色的細粉狀，後者自然比較容易使用。黑鹽有一種特別的硫磺香氣，煮的時候大多會散發出來，就我的觀點來看，這是做印度料理食最佳的調味用鹽。黑鹽很適合加入海鮮中，可以和阿魏、孜然、印度馬薩拉綜合香料以及青芒果粉很好的混合，做成美味的香料鹽印度恰馬薩拉綜合辛香（chaat masala，參見704頁）。

黑色地中海鹽（Black Mediterranean sea salt）是把海鹽摻入火山活化碳粉製作而成的。成品相當漂亮，號稱裡面含有對健康有益的礦物質（最出名的是鎂）。

鹽之花（Fleur de sel）是產自法國鹽田的鹽，那裡製鹽的歷史超過1,500午了。這種鹽的價格高昂，帶有甜味與花香，產自於雷島（island of Ré）、諾穆提島（Noirmoutier）以及布列塔尼（Brittan）半島部分地區的天然鹽田。

凱爾特海鹽（Celtic sea salt，有時也稱灰鹽），和鹽之花來自於鄰近的產區。這是手工耙製的鹽，外觀粗糙，質地有點溼潤。要撒在食物上時不像鹽之花那麼方便，但是由於它帶有海洋風味，所以應用在大多數的料理上滋味都很好。

馬爾頓海鹽（Maldon sea salt）來自於英格蘭的艾塞克斯郡（Essex）。它典型的雪花片質地是把濃縮的溶液（經過初次蒸發後的鹽水）攤在扁平的表面上，乾燥後刮下來製成的。把馬爾頓海鹽放在餐桌上的瓷器鹽盅裡已經蔚為一種

黑色地中海鹽

煙燻鹽

煙燻鹽是把鹽片或結晶架在火的餘燼上燻烤製成的鹽。由於喜歡這種風味鹽的消費者日漸增加，有些鹽便以添加人工煙燻味和味精的方式來製作。

風潮，因為這種質地和稍微帶點甜味的口感最適合在菜餚快料理好之前，或在餐桌上添加。**南非的魚子醬鹽**（South African caviar salt）也是用和馬爾頓海鹽類似的作法製作的，只是它的外表不是扁平的雪花片狀，而是形狀如魚卵的小小球形。

澳洲墨蕾河鹽（Australian Murray River salt）有不同的形狀，有雪花片形狀的鹽，也有粉紅顏色的鹽。它是將高鹽度的地下水抽出後萃取製成的，以「美食專用鹽」方式進行行銷。在這些高鹽分已經造成環境問題的地區，農業用地以每小時一個足球場大小的速度在鹽化，這種加工方式可以讓先前已經沒有利用價值的土地再度恢復植被，對於生態有正面的效果。**夏威夷粉紅鹽**（Hawaiian pink salt）有多數鹽中沒有的甜味，粉紅色的鹽質地與顏色深淺不一。

處理方式

收集鹽的程序稱為「開採」，這個詞彙也用於採煤或是採礦。製鹽主要有 3 種方式：農業製鹽法、開採法和工業製

香料生意中的旅行

有一次我和麗姿到土耳其去研究鹽膚木，我們住在伊茲密爾（Izmir）的旅館裡，1924 年這座城市發生大火災，城中許多木造建築都付之一炬，但是離我們旅館幾條街距離的一條老街卻倖免於難。老街的兩旁是樓台，格子籬上爬滿了蔓藤。到了晚上，鋪著鵝卵石的道路便封閉了交通，而街道上的餐廳紛紛把桌椅拿出來排滿一路。當我們坐下來點晚餐時，餐廳主人建議我們點鹽燒魚，這道菜令人印象非常深刻，因為在烘烤中，鹽會變得硬梆梆的，有如貝殼。侍者在大力吹捧後，端著包著鹽殼的魚上桌了，他用力一敲，鹽殼、鹽的碎片和脆脆的魚鰭四處飛濺，越過了桌面，落到了鵝卵石上。硬殼裡是烤得非常漂亮的細嫩魚肉，魚片很容易就能從魚骨頭上剝下來，而這道魚的調味只有檸檬汁和現磨的黑胡椒。我們配著清淡、辛口的土耳其紅酒來享用。真是美味呀！

鹽法（使用的方法根據鹽的產地而有所不同）。像是農業製作法包括引海水入蒸發池、鹽沼（salt marshes）或鹽田（salt pans）。製作時分為好幾個蒸發階段。開採法，指的是古代海洋蒸發後，去開採大量存留於地下的岩鹽礦藏，像是波蘭的維利奇卡（Wieliczka）鹽礦就在地表 400 公尺（1300 英呎）之下。現在主要的採礦長廊大約有 1 座天主堂大小。在過去，開採鹽礦比現在更常見。不過現在大多已被工業製鹽法取代，這種工法還包括了將水注入有鹽岩礦藏的地方，將鹽水溶出、過濾、煮沸蒸發。

精鹽其實就是鹽，只是先溶於水中除去會影響顏色和風味的雜質而已。鹽被提純後，就會再度進行乾燥，製成各種不同的結晶大小。精鹽中的其他礦物質被提出後，還會添加一些成分，如碘和散粒劑（free-flow agents）來防止鹽結塊。

購買與保存

許多不同種類的鹽最明顯的特色，就是在基本鹽味之下的風味特質；鹽的質地會影響到風味，以及在烹飪中溶解或反應的方式；而顏色則能用來區分鹽種的不同。談到鹽時，純度上也會有些期待。最受歡迎的純白質地，就算用顯微鏡才能看出的雜質或顏色也是不能容許的。說來奇特的是，一些時髦的鹽，像是凱爾特海鹽和喜瑪拉雅粉紅岩鹽，和馬爾

研磨鹽罐

研磨鹽罐在餐桌上看起來很漂亮；把研磨頭一扭，碎鹽形成的晶花雨便紛紛落下，在餐食上增添了一片令人愉快的範圍。只是，選擇鹽的研磨器時要多用些心。

由於鹽具有高度的腐蝕性，大部分的金屬材質（就算是不鏽鋼）中都含有雜質，和鹽接觸後容易氧化。木製或塑膠製的產品會比較好用，只是容易磨損。鹽罐的研磨頭最好的材質是陶瓷，就算鹽有侵蝕性，也不會因此生鏽或壞掉。

最近一些攝取食物的浪潮
讓我有點不知如何是好
（我一定是老了！），
巧克力和焦糖中都被加了
鹽。我了解非鹹味的食物
加入了微量的鹽，風味可
能有所提昇。不過，有些
甜食中的鹽加得也太多了
吧！

健康提點

有力的醫學證據證實，大
多數人每日的食鹽攝取量
都太高，以致於產生了不
少健康上的問題。鹽的加
工食品以及速食食品的盛
行要為現在餐飲中的鹽分
過量負最大責任。

我在烹飪時會用鹽，不過
如果你習慣食物加重鹽，
那麼加鹽時用香草和香料
來取代可以降低對鹽的依
賴。

頓雪花片鹽相比，被認為是比較天然的鹽，因為顏色是深淺
不一的米白色。

　　一般鹽（Common salt，食用鹽、廚房料理鹽、一般家
用鹽）是從礦藏或是海水中精煉出的鹽。由於大部分的雜質
都已經被去除，所以呈現出來的是不複雜的標準味道。精鹽
顆粒可能粗，也可能細，有時候還會加添碳酸鎂（magnesium
carbonate）或矽鋁酸鈉（sodium aluminosilicate）讓鹽鬆
散，不會結塊。**餐桌鹽**是一般鹽更精煉的版本。它被磨得很
細，通常還會添加某些形式的抗結塊劑。碘鹽專為補充食物
中不足的碘而添加生產的，可減少發生甲狀腺問題的機率。
碘存在於天然的海鹽中，但在儲存時會消失。**岩鹽**之名一般
會給粗海鹽，這是因為它結實的形狀。嚴格來說，岩鹽應該
是礦鹽，也就是藏在地底下礦藏中的鹽才是。非食品級的岩
鹽被用來當做製作冰淇淋時外面的製冷劑、海水游泳池的添
加物（在鹽水中電解後會產生氯），也是冬天用來融化冰封
道路的鹽。

　　香草和蔬菜鹽（Herb and vegetable salts）是利用植物
或植物萃取（如海藻）做配方，裡面放高比例的天然礦鹽。
不幸的是，許多消費者以為他們買的產品只出自於蔬菜類。
然而事實上，這類鹽大多會用相當份量的一般鹽。1980 年
代，在對鹽的恐慌達到高峰時，市面上出現了利用氯化鉀製
作的代鹽，這種鹽如果加太多，就會有苦味，甚至出現難吃
的味道。吃這種鹽，某些人還產生了引起負面心理作用的併
發症，在吃低鹽餐的人打算要用任何代鹽前，都必須先詢問
醫師。

　　鹽最好裝入氣密式容器中，以免遇到太溼的情況，就
算鹽受了潮，品質也不會變壞，只是鹽會結塊，使用起來
不方便。

應用

　　說到加多少鹽才是適量，每個人都是專家。我們每個人
對鹽都有掌控權——我們可以放在桌上，隨自己高興愛多少
加多少。但是用鹽的矛盾在於，雖說加多少不用膽怯，不過
萬一加太多，可是無法挽回的。

鹽一般都會在菜快煮好前放，因為如果你在菜剛煮的時候就試過鹹淡，覺得鹹度剛好，但是在煮的過程中材料和水分如果有減少的情形，鹽和材料量的相對比例都會使鹽的濃度提高。要降低鹹度的唯一一種方式就是把其他的材料增加，稀釋鹽的比例。就算如某些美食作家所建議的加糖，也無法中和多少鹹度。

水煮蔬菜中如果加入鹽，蔬菜的風味會更好，因為水中的鹹度提高，蔬菜中的天然礦物質就會釋出較少。

櫛瓜、茄子和同類型的蔬菜切片後先撒上鹽再煮，會把裡面的苦汁逼出來。蔬菜在醃製之前先加鹽，多餘的水分會流出來，讓蔬菜變硬，爽脆度就會提高。鹽在醃製過程中是重要的元素，舉例來說，在醃魚時，鹽能逼出水分，抑制微生物的活度，讓魚有效的乾燥。而許多醃製類也得依賴鹽制菌和防止酵素作用的特性呢！

每茶匙重量（5ml）

根據分子的大小及含水量，鹽的體積密度（bulk density）並不相同。以下是一些參考例子：

- 凱爾特灰鹽：6.8 公克
- 馬爾頓雪花片鹽：4.6 公克
- 桌鹽：7.2 公克

每 500 公克（1 磅）建議用量

- 紅肉：1/2 茶匙（2 毫升）
- 白肉：1/2 茶匙（2 毫升）
- 蔬菜：1/2 茶匙（2 毫升）
- 穀類和豆類：1/2 茶匙（2 毫升）
- 烘烤食物：1/2 茶匙（2 毫升）

香料鹽漬檸檬
Preserved Lemons

在摩洛哥，香料鹽漬檸檬是塔吉鍋和燉菜不可或缺的材料。我喜歡檸檬在風味上的大變化——以及角色對換的方式（吃果皮，果肉一般就丟棄）。從樹上現摘的小顆檸檬拿來醃製最理想，但是所有檸檬都能使用。

製作8顆鹽漬檸檬

準備時間：

- 10 分鐘，外加 3 到 4 週的醃製時間

烹煮時間：

- 無

提示 檸檬搓洗乾淨後，用手掌根用力的在乾淨的工作平台上滾動，把汁釋放出來。

- **1 到 1.5 公升（4 到 6 杯量）消毒好的醃製瓶**

8 顆	沒有上蠟的檸檬，擦洗乾淨（參見左側提示）	8 顆
½ 杯	粗海鹽	125 毫升
2 根	5 公分（2 吋）的肉桂棒	2 根
2 片	月桂葉	2 片

1. 檸檬對半切，用多一點的鹽揉。將 8 個切半的檸檬放入醃製罐裡，往下多擠壓一下，讓檸檬汁擠出來。加入肉桂和月桂葉。再將剩下的 8 個切半的檸檬蓋在上面，之後把剩下的鹽和檸檬汁都加進去（檸檬必須完全被蓋住）。蓋子要緊緊封好，放在涼爽、光線陰暗的 3 到 4 個星期，每隔幾天，把罐子上下顛倒放。有需要的話，再加更多檸檬汁進去，因為檸檬必須完全浸泡在汁液之中。經過 3、4 個星期，檸檬皮應該會變得很柔軟。

2. 醃製瓶一旦打開，就必須進冰箱去冷藏了。香料鹽漬檸檬在冷藏庫可以放到 6 個月。要用時，用流動的冷水把多餘的鹽沖掉，再依需要加到料理中。

鹽燒鯛魚
Salt-Baked Snapper

我父母親第一次吃到這道料理是在土耳其。這種作法只用檸檬汁和胡椒來調味，烤熟的魚肉非常細嫩，魚肉很容易就能從魚骨頭上剝離。我們現在都認為這是在家吃魚的一種好方法——要把鹽殼敲破時，還帶有那麼點表演的樂趣。

製作2到4人份

準備時間：
- 10 分鐘

烹煮時間：
- 40 分鐘

- **33 x 23 公分（13 x 9 吋）的烤盤**
- **烤箱預熱到攝氏 200 度（華氏 400 度）**

2 尾	整隻連頭帶尾的鯛魚（375 公克 /12 盎司），去鱗片，清除內臟	2 尾
1 顆	檸檬，切片	1 顆
些許	現磨黑胡椒	些許
2 顆	蛋白，打散	2 顆
3 磅	粗海鹽	1.5 公斤

1. 把相同片數的檸檬片塞進兩隻魚的腹腔內，多撒些胡椒來調味。

2. 在大碗中將蛋白和鹽混合好，在烤盤底部平均抹上 層 1 公分（1/2 吋）的混合料。把魚放在上面。用剩下的材料把魚全部蓋住。在預熱好的烤箱烤 40 分鐘，直到鹽形成一個硬殼。端上桌，用刀背把鹽殼敲碎。把魚肉從魚骨頭上取出，將多餘的鹽搖掉。

鹽 Salt

濱藜 Saltbush

Atriplex nummularia（也稱為 *A. johnstonii*）

科　　名：藜科 Chenopodiaceae

品　　種：大洋洲濱藜／臺灣濱藜（old man saltbush，學名：*A. nummalaria*）、輪式濱藜（wheelscale saltbush，學名：*A. elegans*）、銀秤濱藜（silverscale saltbush，學名：*A. argentea* var. *expansa*）、納托爾濱藜（Nuttall's saltbush，學名：*A. nuttalli*）、袋形濱藜（sack saltbush，學名：*A. saccaria*）、楔秤濱藜（wedgescale saltbush，學名：*A. truncata*）

別　　名：giant saltbush（巨大濱藜）、bluegreen saltbush（藍綠濱藜）

風味類型：適中型

使用部位：葉（香草）

背後的故事

　　濱藜屬（Atriplex genus）大約有 250 個以上的品種，通常都被叫做濱藜（saltbush），生長在亞熱帶和溫帶地區。濱藜原生於澳洲，原住民會收集它的種子製作火烤硬燒餅（damper），是一種澳洲標誌性麵包，現在則是用小麥粉製

作。濱藜已在北美和墨西哥落地生根，大多只有當做動物飼料的價值。在澳洲南部，濱藜是最常見的牧草（飼料灌木）之一，在乾旱時期糧食不足時，可作為牲口的食物來源。

濱藜含有一般鹽 20% 的鈉含量。一般相信，在鹽短缺的時候，有些人會因為它的鹽味去吃它。而近年來，有些人追隨一股把鹽妖魔化的風潮，認為鹽是一種被過度使用的食物添加劑，所以這些希望減少餐食中鹽分的人轉而吃起像濱藜這類的香草，因為其成分中含有低量的天然鈉，能帶來鹽味。

植株

全澳洲大約有 60 個濱藜的品種生長在半乾旱的地區。最大的一群是我們稱作「大洋洲濱藜」（台灣濱藜）的品種，英文俗稱為「老人家濱藜」（old man saltbush）。這是一種常綠灌木，可長到 3 公尺（10 呎）左右，植叢的直徑大約和它的高度相等。葉長約 1 到 3 公分（1/2 到 1 又 1/4 吋），葉子上有一層鱗片狀的包覆，灰色的外表相當漂亮，有點像鼠尾草。葉子的形狀從接近圓形到橢圓都有，開很小的花（雄花和雌花不同株），靠風授粉。濱藜對乾旱的容忍度很高，在鹽分高的地區也能生長。

其他品種

在 584 頁提到的許多其他品種都和大洋洲濱藜（Atriplex nummularia）非常類似，主要用途都是當做牲口的飼料。葉和莖一樣有鹽味。

處理方式

濱藜採收和乾燥的方式和大多數料理用香草一樣，只是不像翠綠顏色的香草那般怕晒到陽光。乾燥以後，通常以搓揉的方式將葉子揉成大小約 2 到 4 公釐（1/16 到 3/16 吋）的碎片，這樣一加到食物中立刻就會變軟。

料理情報

可搭配
- 獨活草 / 印度藏茴香
- 澳洲灌木番茄
- 羅勒
- 月桂葉
- 芫荽籽
- 蒜頭
- 檸檬香桃木
- 馬鬱蘭
- 薄荷
- 肉荳蔻
- 奧勒岡
- 紅椒粉
- 迷迭香
- 鼠尾草
- 百里香
- 澳洲金合歡樹籽

傳統用法
- 海鮮
- 湯品
- 砂鍋
- 塔吉鍋
- 香腸

調和香料
- 魚的辛香抹料
- 在綜合香料中當做鹽的替代品

每茶匙重量（5ml）

- **揉碎的葉：**1.5 公克

**每 500 公克（1 磅）
建議用量**

- **紅肉：**1 茶匙（5 毫升）
- **白肉：**3/4 茶匙（3 毫升）
- **蔬菜：**1/2 茶匙（2 毫升）
- **穀類和豆類：**1/2 茶匙（2 毫升）
- **烘烤食物：**1/2 茶匙（2 毫升）

購買與保存

有賣澳洲當地產品的香料店和某些專門食品店會販賣乾燥的濱藜。儲存的方式和其他香草和香料一樣，裝入氣密式容器中，放在光線陰暗的地方，避免太熱、太溼的環境。乾燥的濱藜風味大概可以保存 1 年以上。

應用

濱藜除了被當成鹽的代用品外，還有人想出行銷的妙招，澳洲有些產羊肉的人在賣所謂的「濱藜羊」。他們堅持的說法是這樣的，餵食濱藜的羊，肉會特別好吃又多汁。濱藜羊的確美味，不過，現階段我還是不確定吃濱藜會對風味造成多大的影響。這種好結果有可能是因為優良的養殖水準。

濱藜用來料理時，除了明顯的鹽味外，還會帶著一點百里香和巴西利的風味。各種鹹味的食物都能添加濱藜，像湯品、砂鍋、烤肉，或是取代鹽。我喜歡把濱藜加到以搓揉法製作的海鮮調味香料裡，這種綜合調味料裡面還包括了紅椒粉、胡椒粒、澳洲金合歡樹籽（wattleseed）和檸檬香桃木。

風輪菜 Savory

Satureja hortensis

各國語言名稱

- **阿拉伯文**：nadgh
- **中文（粵語）**：fung leuhn choi、heung bohk hoh
- **中文（國語）**：feng lun cai、xiang bao he
- **捷克文**：saturejka
- **丹麥文**：bonneurt
- **荷蘭文**：bonenkruid、kunne
- **芬蘭文**：kesakynteli
- **法文**：sarriette、poivrette
- **德文**：Bohnenkraut, pfefferkraut、Saturei
- **希臘文**：throubi、tragorigani
- **匈牙利文**：csombord
- **印度文**：salvia-sefakups
- **義大利文**：santoreggia
- **日文**：seibari
- **挪威文**：sar、bonneurt
- **葡萄牙文**：segurelha
- **俄文**：chabyor
- **西班牙文**：sabroso
- **瑞典文**：kyndel
- **土耳其文**：dag reyhani、zatar

科　　名：	唇形科 Lamiaceae（舊稱唇形花科 Labiatae）
品　　種：	夏日風輪菜／夏香薄荷（summer savory，學名：*S. hortensis*）、冬香薄荷 winter savory，學名：*S. montana*；也稱 *S. illyrica*、*S. obovata*）、檸檬味冬香薄荷（lemon-scented winter savory，學名：*S.montana citriodora*）、百里香葉香薄荷（thyme-leaved savory，學名：*S. thymbra*）、伏生風輪菜／心葉水薄荷（creeping savory，學名：*S. spicigera*）
別　　名：	garden savory（庭園香薄荷）、sweet savory（甜香薄荷）
中文別名：	香薄荷、夏香薄荷、歐洲薄荷、夏日風輪菜、豆草、風輪草
風味類型：	激香型
使用部位：	葉（香草）

可搭配

- 獨活草 / 印度藏茴香
- 羅勒
- 月桂葉
- 芫荽籽
- 蒜頭
- 馬鬱蘭
- 肉豆蔻
- 奧勒岡
- 紅椒粉
- 迷迭香
- 鼠尾草
- 龍蒿
- 百里香

傳統用法

- 豆子
- 青豆
- 扁豆
- 蛋料理
- 湯品和砂鍋
- 麵包內餡
- 豬肉
- 小牛肉
- 禽肉
- 魚肉

調和香料

- 燉煮用香草束
  （bouquet garni）
- 法式綜合調味香草
  （fines herbes）
- 中東薩塔香料
  （za'atar）

背後的故事

　　風輪菜（Savory）原生於地中海地區，作為重要的料理香草使用已有數千年之久。古代的羅馬人把它當作綠葉蔬菜，也是調味料，在宴會時他們常會上一種醋泡風輪菜的醬汁。早期的記錄證實，在羅馬人還沒從印度進口胡椒之前，風輪菜的胡椒味是很受到讚賞的；古羅馬詩人維吉爾（Virgil）曾表示，它可以列身「眾多最芬芳的香草之中」。它的植物學名 *Satureja* 一般相信與薩提爾（satyrs）有關（譯註：古希臘羅馬神話中半人半獸、性慾強烈的森林之神），這是他選中的植物，也說明了為什麼風輪菜被認為有春藥的特質。正如 16 世紀的《班克斯香草藥草全書》（*Banckes's Herbal*，譯註：中世紀香草料理、醫療用書）中所述，「肉類中禁止使用過量風輪菜，因為會激發男人的色慾」。

　　羅馬人在 2000 年前把風輪菜引介到英國，之後風輪菜便在全英國各地的鄉下欣欣向榮的生長著。風輪菜有時候會被拿來當做黑胡椒的替代品，這也說明了為什麼在某些語言中，它的名稱被叫做某某胡椒之類的。德國人和荷蘭人會直接將風輪菜拿去料理；他們特別喜歡加在豆子類的菜餚中，這或許是因為風輪菜有消脹氣之名。德國人風輪菜用得很廣泛，所以常用名稱 Bohnenkraut 和 Bonenkruid 之名也就不脛而走了，這兩個字直譯就是「豆子用香草」。風輪菜是清教徒第一批帶到新大陸的香草之一，即使到了今天，風輪菜仍然是感恩節火雞肚子裡面的餡料。

植株

　　一年生的夏日風輪菜 / 夏香薄荷（summer savory）是廚師們喜歡的品種，而多年生的冬香薄荷就是園藝人員的愛了。夏日風輪菜是矮小又纖細的草本植物，長著分枝的莖上有毛，可長到 45 公分（18 吋）高。葉長 0.5 到 1公分（1/4 到 1/2 吋），顏色從翠綠到青銅綠（看起來像小小、柔軟、卵形的龍蒿葉）。夏日風輪菜在夏末開薰衣草色、粉紅或白色的小花，通常會跟著葉一起被採收。綁成束的夏日風輪菜芬芳、辛辣、像百里香，還隱隱夾著馬鬱蘭的味道。夏日風輪菜有如胡椒的口味讓人想起獨活草

（ajowan）。就是這種辛香味道，讓這種味道相當刺激濃烈的香草有了開胃的口感。

乾燥的夏日風輪菜通常是連花帶葉，顏色灰綠，看起來蓬鬆而凌亂。外表之所以呈現雜亂無章的樣子，是因為葉子有大有小，還帶著花瓣和花苞，細細的粉狀葉比例相當高。濃郁的風味是新鮮夏日風輪菜典型的特色。

其他品種

冬香薄荷（Winter savory，學名：*Satureja montana*）是耐寒的木質多年生植物，外觀直挺，就像百里香；夏日風輪菜過季時，是挺有用的替代品。乾燥的香薄荷通常是用冬香薄荷來乾燥的，或許因為冬香薄荷是多年生植物，一年四季大多時間都能採收。

檸檬味冬香薄荷（Lemon-scented winter savory，學名：*S. montana citriodora*）是在斯洛維尼亞（Slovenia）相當受歡迎的一種亞種，嚐起來有檸檬百里香的味道。葉狹窄，翠綠光亮，平均葉長 1 公分（1/2 吋），夏末秋初會開白色的唇形小花。植株高度比夏日風輪菜矮，可長到 30 公分（12吋）高，作花園的鑲邊植物很漂亮。

百里香葉香薄荷（Thyme-leaved savory，學名：*S. thymbra*）是來自西班牙的野生灌木品種。用在料理上，風味讓人強烈的聯想到百里香。**伏生風輪菜／心葉水薄荷**（creeping savory，學名：*S. spicigera*）是多年生的小葉品種，植株密實、具匍匐性，為觀賞用途而栽種。柔軟、如軟墊般的葉丘是填入樸素的石頭鋪面的理想品種。

處理方式

風輪菜是乾燥後仍能保持獨特風味的一種香草。就和許多口感香味濃烈的香草一樣，應用在各種料理上時，使用乾燥品較佳。商業化的採收在夏日風輪菜播種後的 75 到 120天後進行，有時候，開花之前就會開始採收，因為那時期的風味更加濃烈。連葉帶花的莖被收割下來後，會被綁成束，上下吊掛在光線陰暗、通風良好的場所進行乾燥。幾天之後，葉子就變脆了，這時可以將葉子脫打下來，之後再用風篩把所有殘留在梗上的葉片吹掉。

不是中東的薩塔（za'atar）

在土耳其，夏日風輪菜和其他一些香草，如百里香、奧勒岡、和馬鬱蘭等常被泛稱為 zatar。可不要把這種名稱和中東的綜合性香料薩塔 za'atar 弄混了，中東的薩塔裡面有百里香、芝麻、鹽膚木和鹽。

風輪菜 Savory

每茶匙重量（5ml）

- **整片揉下的乾葉**：1.3 公克
- **研磨**：1.1 公克

每 500 公克（1 磅）建議用量

- **紅肉**：5 茶匙（25 毫升）鮮葉，2 茶匙（10 毫升）揉碎的乾葉
- **白肉**：4 茶匙（20 毫升）鮮葉，1½ 茶匙（7 毫升）揉碎的乾葉
- **蔬菜**：2 茶匙（10 毫升）鮮葉，3/4 茶匙（3 毫升）揉碎的乾葉
- **穀類和豆類**：2 茶匙（10 毫升）鮮葉，3/4 茶匙（3 毫升）揉碎的乾葉
- **烘烤食物**：2 茶匙（10 毫升）鮮葉，3/4 茶匙（3 毫升）揉碎的乾葉

購買與保存

在澳洲，新鮮的夏日風輪菜如果正當季，專門的零售店可以買到。新鮮夏日風輪菜容易保存，所以成束販賣的風輪菜應該不會出現凋萎的狀況。

夏日風輪菜如果插入水杯，放進冰箱冷藏，上面再蓋塑膠袋搭個帳棚，就能維持鮮度。每隔幾天換一下水，新鮮的夏日風輪菜可以維持 1 個星期以上。你也可以連枝帶葉用鋁箔包好，放進冰箱冷凍，或把葉子摘下來，放入製冰格中加水淹過再冷凍。

乾燥的風輪菜通常是冬風輪菜，一年到頭都能買到。優質的風輪菜裝入氣密式容器中，放在涼爽、光線陰暗的地方大概可以放到快 2 年。

應用

夏日風輪菜美妙獨特的辛香可以為口味溫和的食物添加令人欣喜的美味元素，而不會搶了味道。經典的法式綜合調味香草（fines herbes）和燉煮用香草束（bouguet garni，砂鍋中常加的傳統香料束）中，經常會有風輪菜。風輪菜和蛋料理很搭配，切碎之後加到炒蛋和歐姆蛋包都行，和巴西利一起當做裝飾菜也好。

幾乎任何作法的豆子、扁豆和青豆，加入夏日風輪菜都會產生加分效果。它勁道十足的風味在慢火細燉的料理，如湯和砂鍋中，可以維持得很好。風輪菜和內餡的麵包屑搭配也很適合，在製作小牛肉和魚的外層包覆料時是很理想的調味料。在烹煮之前，把夏日風輪菜撒一些在要燒烤的禽肉或豬肉上，或是包在肉捲和自製香腸裡都是一種很理想的調味方式。

夏日風輪菜脆皮起司白腰豆
Cannellini Bean and Summer Savory Gratin

這道脆皮起司（gratin）是烤雞絕佳的配菜，可以取代馬鈴薯。可以配著檸檬香桃木雞肉捲（參見 360 頁）或 40 瓣蒜頭烤雞（參見 300 頁）試試看。如果你運氣好，家中院子裡剛好種了這種耐寒的香草，那麼就用新鮮的葉子，如果沒有，可以用乾品取代。

製作4份配菜

準備時間：
- **10 分鐘**

烹煮時間：
- **40 分鐘**

 提示 如果你只有全脂的法式酸奶油（crème fraîche），那就用 1/2 杯（125 毫升）的量兌 1/4 杯（60 毫升）的水，才能調出適合的濃稠度。

- **23 公分（9 吋）的圓形或方形烤盤**
- **烤箱預熱到攝氏 200 度（華氏 400 度）**

2½ 杯	煮熟的白腰豆（cannellini beans）	625 毫升
¾ 杯	減脂的法式酸奶油（crème fraîche）（參見左側提示）	175 毫升
1 茶匙	迪戎芥末醬（Dijon mustard）	5 毫升
2 大匙	新鮮或乾燥的夏日風輪菜葉	30 毫升
1 茶匙	新鮮或乾燥的百里香葉	5 毫升
½ 茶匙	甜味煙燻紅椒粉	2 毫升
¼ 茶匙	細海鹽	1 毫升
1 杯	新鮮的乾麵包屑	250 毫升
2 大匙	葛瑞爾起司（Gruyère cheese），擦磨成碎屑	30 毫升

1. 直接在烤盤中放入豆子、法式酸奶油、芥末醬、香薄荷、百里香、紅椒和鹽，混合均勻。上面覆蓋麵包屑和葛瑞爾起司，在預熱好的烤箱烤 40 分鐘，直到顏色轉為金棕色。

芝麻 Sesame

Sesamum indicum

科　　名：	胡麻科 Pedaliaceae
別　　名：	black sesame（黑芝麻）、white sesame（白芝麻）、benne（芝麻）、gingelly（芝麻）、semsem（芝麻）、teel（芝麻）、til（芝麻）
中文別名：	胡麻、脂麻、油麻
風味類型：	中和型
使用部位：	種子（香料）

背後的故事

芝麻原生於印尼以及熱帶非洲，不過有些專家力爭印度也是原生地，在印度，直到今日，芝麻主要還是被當做榨油作物，而不是香料，芝麻可能是最早栽種的食用油提取作物。芝麻的使用可見於許多古代的記錄，埃及一座 4000 年的古墓壁畫中就畫著烘焙師傅把芝麻加到麵團的情形。

古代的希臘人、埃及人和羅馬人都很重視芝麻，而記錄也顯示早在西元前 1600 年，就曾在底格里斯河和幼發拉底河河谷生產。西元前約 1550 年的埃伯斯草紙醫典（Ebers

Papyrus）曾經提過芝麻，而考古挖掘則顯示西元前 900 到 700 年間的亞美尼亞就曾種植過芝麻，並壓榨取油。挖掘舊約聖經中的亞拉拉特（Ararat）王國遺跡時發現了殘留的芝麻粒，這王國的所在就在現在土耳其的安那托利亞（Anatolian）地區。芝麻的使用在非洲流傳很廣；17、18 世紀，當非洲人被當做奴隸送到美國時，他們帶上了芝麻；benne（般尼）就是他們給芝麻的名稱，這個字在美國南部的某些地區，還是代表「芝麻」。芝麻的營養價值很高，是中東很重要的食物，在那裡，芝麻依然還是甜點哈爾瓦（halva）和中東芝麻醬（tahini）的主要材料，常被用來製作鷹嘴豆醬（chickpea hummus）。

植株

　　芝麻是直立型的一年生植物，高度可長到 1 到 2 公尺（3 到 6 呎）。有如灌木茂密的叢生，或無分枝的纖細型植株兩種。葉長度不定，形狀卵形，兩面有毛，還會散發令人十分不喜的氣味。沿著莖幹開白色、淡紫或粉紅色的花，從相當低處就開始開花，之後就是結果或結豆莢。芝麻就在長在四邊都成方形的豆莢裡，莢長 2.5 公分（1 吋）。完全成熟後會往四方散開，把裡面的內容物散播出來。

　　未去殼的芝麻籽大多是黑色或金褐色（後者易與炒過的芝麻弄混）。芝麻籽是扁平的淚滴型，長度不超過 3 公釐（1/8 吋）。去殼之後的籽實際上是乳白色，看起來像是上了蠟，其實是因為含油量高，會散發淡淡的堅果香味。黑色和褐色未去殼的芝麻籽幾乎沒有香氣，但入口咀嚼質地較白芝麻酥脆，兩種風味都是一樣的堅果香，但是還帶著刺刺的感覺。

處理方式

　　芝麻必須在莢尚未完全成熟前就採收，否則一旦爆開，裡面的芝麻籽就浪費了。為了順應現代廣為採行的機器收割

可搭配
- 多香果
- 小荳蔻
- 肉桂和桂皮
- 丁香
- 芫荽籽
- 薑
- 肉荳蔻
- 紅椒粉
- 鹽膚木
- 百里香

傳統用法
- 麵包
- 餅乾
- 中東芝麻醬（tahini）
- 鷹嘴豆醬（hummus）
- 沙拉（稍微炒香後）
- 哈爾瓦（halva）

調和香料
- （中東）薩塔香料（za'atar）
- 埃及杜卡綜合香料（dukkah）
- 日式七味辣粉

芝麻開門

在有名的民間故事「阿里巴巴和四十大盜」中，神奇的通關密語就是「芝麻開門」——一句了解內情，很容易就能記住的話，因為芝麻完全成熟之後，豆莢輕輕一碰就大開。

芝麻 Sesame

油籽

我對於芝麻的含油情形非常瞭解。1960 年代，我父親第一次開始買用粗麻袋裝的白芝麻。兩個星期後，我們家儲藏室的木質地板出現了大片油漬，這是被疊在一起的芝麻袋裡滲透出來的。

乾烤芝麻

乾烤芝麻是把白芝麻（去殼）稍微乾烤過，逼出堅果的風味。要烤芝麻時，先熱鍋，和乾烤其他任何一種香料一樣，接著加入芝麻，在鍋中晃動翻動，受熱均勻才不會黏鍋或燒焦。當芝麻開始在鍋子裡跳動，顏色也有轉深的跡象時，從鍋裡倒出來放冷，之後再放進氣密式容器中。

法，特別培育出豆莢不會太容易裂開的雜交品種。傳統的處理方式包括收割莖梗、上下倒掛在毯子上方，方便乾燥與落籽。芝麻籽去殼的方式不是採機械式，就是使用化學藥劑把殼溶解。由於北美洲芝麻的消費量非常大，墨西哥採有機農法種植及非化學藥劑溶解去殼法的芝麻需求正不斷增加之中。

和花生一樣，芝麻也被歸類於可能對某些敏感個人造成傷害的過敏原。這也正是為什麼購買加工食品時，標籤上會看到類似的說明：「生產本產品的機器也處理堅果及芝麻」。

購買與保存

芝麻最好要經常購買，使用前不要放太久，因為它的含油量高，可能會導致酸敗。白芝麻粒超市、健康食品店和香料店就能買到。黑芝麻比較少見，香料和亞洲食品店裡面可以找到。黑芝麻和黑種草籽外觀很類似，經常容易搞混；不過風味倒是大不相同。

無論是黑芝麻還是白芝麻，都要裝入氣密式容器中，遠離溫度過高、光線太亮、或潮溼的場所。以這種方式保存，未去殼的芝麻大概可以放 18 個月，去殼芝麻大約 1 年。

麻油應該放在不透明的玻璃瓶罐中，遠離太熱、太亮的環境。製造商會在標籤上標明有效日期，通常不到 2 年。

香料生意中的旅行

　　經常造訪印度最美好的事情之一，就是有機會能見到他們施行了數千年的傳統作業方式。在開車往北方邦（Uttar Pradesh）西邊偏遠的小鎮迪歐加爾（Deogarh）時，我們見到了最古老的榨芝麻油方式。想像一下一座直徑約 1.2 公尺（4 呎）的石磨，上面架著木頭支架，架子用一組繩子綁到矇著眼睛的牛身上，而牛則推著巨大的石磨繞圈，石磨裡滿溢著最近剛採收的芝麻。不斷的擠壓讓巨磨裡源源不斷的流出新鮮、濃郁的芝麻油。一位工作人員拿了一小壺油讓我們品嚐，那風味讓我們永生難忘。

應用

　　白芝麻撒在麵包和餅乾的方式和罌粟花籽大致相同。在烘焙的過程中，迷人的堅果香味就會飄出來。芝麻研磨之後，和糖漿與蜂蜜壓製能做出令人沉淪的中東甜點哈爾瓦（halva）。香烤芝麻撒在沙拉上很美味，說出來你或許不信，撒在冰淇淋上也好吃。香烤芝麻壓碎加鹽可以製成一種可口的日本蔬菜調味料，叫做芝麻鹽（gomasio）。

　　世界上大部分的芝麻都是為了榨麻油種植的（有時候也稱作「gingelly oil」）。麻油是一種烹飪油，有獨特的香氣和風味，就算在大熱天，也相當穩定。麻油拿來做亞洲快炒很合適，它的風味濃烈，所以只需要一點點量。亞洲風味的沙拉（香茅、萊姆、辣椒和薑）也可以加入麻油提香。

　　芝麻研磨成膏狀後，叫做 tahini，在中東料理上用法很廣泛。黑芝麻在亞洲菜中很受歡迎。中式甜點，像是拔絲香蕉（toffee bananas）會用，日本人將芝麻混入鹽和味素中，當成調味粉來撒。不過，黑芝麻烤起來不是太好吃，常會出現苦味。我看過土耳其麵包上用黑芝麻（也有人和黑種草籽交互使用）。

每茶匙重量（5ml）

- 整粒芝麻：4 公克

每 500 公克（1 磅）建議用量

- 紅肉：4 到 6 茶匙（20 到 30 毫升）
- 白肉：4 到 6 茶匙（20 到 30 毫升）
- 蔬菜：4 到 6 茶匙（20 到 30 毫升）
- 穀類和豆類：1 茶匙（5 毫升）
- 烘烤食物：4 到 6 茶匙（20 到 30 毫升）

芝麻 Sesame

鷹嘴豆醬
Hummus

中東的拼桌小菜梅澤（meze）沒有鷹嘴豆醬就不完整。鷹嘴豆醬營養美味，是整個中東用餐時間的主食，在全世界都受到歡迎。中東芝麻醬（Tahini），通常被單獨拿來作為抹醬、調味醬或沾醬，能為這道鷹嘴豆醬料添加豐富的濃稠感。我們每個星期做一批（這是我家孩子真心學做的第一道菜）──自家親手做的比外面買的好吃太多了。

製作約2杯 **（500毫升）**		

準備時間：

● **5 分鐘**

烹煮時間：

● **無**

- -

 喜歡的話，可以用一罐 398 毫升（14 盎司）的鷹嘴豆罐頭來做，把水瀝乾、洗淨。

中東芝麻醬（Tahini）是芝麻研磨成膏狀後做成的醬，在備貨充足的超市可以買到。

- -

● **食物處理器**

3 杯	煮熟的鷹嘴豆（參見左側提示）	750 毫升
2 瓣	蒜頭	2 瓣
1 茶匙	細海鹽	5 毫升
½ 茶匙	孜然粉	2 毫升
2 大匙	中東芝麻醬（參見左側提示）	30 毫升
7 大匙	初榨橄欖油	105 毫升

1. 食物處理器裝上金屬刀片，把鷹嘴豆、蒜頭、鹽、孜然、中東芝麻醬和油一起放進去打至少 5 分鐘，直到滑順為止。鷹嘴豆醬放在氣密式容器中放入冰箱冷藏可保存 1 個星期。

變化版本

想要有點辣味，可以在上述材料中加入 1 大匙（15 毫升）哈里薩辣醬（harissa paste，參見 737 頁）一起打。

奶油小南瓜鷹嘴豆沙拉
Butternut Squash and Chickpea Salad

這道滋味絕佳的秋季沙拉無論冷熱都很美味。我喜歡用瓶裝的大顆西班牙鷹嘴豆來做，不然就泡豆子自己動手做，自己做雖然會多花一點功夫，但能做出柔嫩的豆子，拿來做沙拉非常完美。埃及杜卡綜合香料（dukkah）是用堅果、孜然和芝麻做成的，加到沙拉裡可以讓口感和風味都有美妙提升。（譯註：butternut Squash 奶油小南瓜也稱冬南瓜，台灣近年來也有小農少量栽種。）

製作6人份

準備時間：
● **10 分鐘**

烹煮時間：
● **30 分鐘**

提示 喜歡的話，在沙拉上桌前，可以撒一些碎的菲達起司（feta cheese）在上面。

● **烤箱預熱到攝氏 190 度（華氏 375 度）**

2 大匙	橄欖油	30 毫升
½ 茶匙	芫荽籽粉	2 毫升
½ 茶匙	細海鹽	2 毫升
1 顆	奶油小南瓜（butternut squash，約 750 公克，1½ 磅），去皮去籽，切成 2.5 公分（1 吋）見方的塊	1 顆
2 大匙	中東芝麻醬	30 毫升
3 大匙	油	45 毫升
1 顆	現擠檸檬汁	1 顆
½ 茶匙	細海鹽	2 毫升
2½ 杯	煮熟的鷹嘴豆	625 毫升
2 大匙	杜卡綜合香料（dukkah，參見 731 頁）	30 毫升
2 大匙	新鮮的平葉香芹（義大利香芹）葉，切碎	30 毫升

1. 在碗中放入 2 大匙（30 毫升）橄欖油、研磨好的芫荽籽和鹽，混合均勻。把南瓜塊丟進去沾勻，平均的排在烘焙紙上。烤 30 分鐘，中間要翻面一次，直到顏色變成金黃色，肉變軟。

2. 在小碗中放入中東芝麻醬、3 大匙（45 毫升）的油、檸檬汁和鹽，打勻。放置一旁待用。

3. 在大碗或要上菜的盤子裡，把鷹嘴豆、烤好的南瓜和中東芝麻醬輕輕的拌勻。撒上杜卡綜合香料和巴西利後上桌。

變化版本

可以用等量的一般南瓜或胡蘿蔔來取代小南瓜。

芝麻鮪魚
Sesame Tuna

我很愛日本料理；他們許多菜色都非常清淡但風味絕佳，這得靠極度新鮮的魚才辦得到。這道菜的靈感來自於我們當地一家我很喜歡的日本料理餐廳，他們在做菜時把芝麻和麻油一起用上。這道料理可以上單人份一人獨享，也可以一大盤大家分享。

製作4人份

準備時間：
- **5 分鐘**

烹煮時間：
- **10 分鐘**

 提示 把減鹽醬油和一般醬油混合使用可以避免醬油過鹹。

如果你喜歡魚肉熟透，那麼在上菜前 10 分鐘就加上醬汁。醬汁的酸度會把魚肉「煮」熟，效果就像檸檬汁醃生魚（ceviche）一樣。

2 大匙	黑芝麻	30 毫升
2 大匙	白芝麻	30 毫升
2 塊	生魚片等級的去皮鮪魚排	2 塊
	（大約 625 公克 /1¼ 磅）	
12 片	紫蘇葉，自行選用	12 片

調味醬

6 大匙	減鹽醬油（參見左側提示）	90 毫升
2 大匙	一般醬	30 毫升
6 大匙	現擠檸檬汁	90 毫升
¼ 杯	現擠萊姆汁	60 毫升
2 茶匙	麻油	10 毫升

1. 找一個淺盤，把黑芝麻和白芝麻一起放進去混合。用手把魚肉放在芝麻上滾動，輕壓一下，讓魚肉整個沾滿芝麻。

2. 取一個不沾鍋的煎鍋，開大火，鮪魚放進去乾煎，每一面 2 分鐘。離火，切成 3 公釐（1/8 吋）厚的薄片。

3. 在小碗中放入醬油、檸檬汁、萊姆汁和麻油，打勻。

4. 把紫蘇葉（如果有的話）墊在要上菜的盤底，上面疊上鮪魚片。淋上醬汁，立刻上桌。

變化版本

用鮭魚取代鮪魚。想要加點辣味，可以在芝麻粒中放入 1 大匙（15 毫升）的七味辣粉（參見 764 頁）。

穗甘松 Spikenard

Nardostachys grandiflora（也稱作 *N. jatamansii*）

各國語言名稱

- 克羅埃西亞：nard
- 捷克文：aralie
- 丹麥文：spikenard
- 荷蘭文：nardus
- 法文：nard
- 德文：Spikenard
- 匈牙利文：nardusolaj
- 義大利文：nardo
- 馬來文：narwastu
- 葡萄牙文：espiganardo
- 西班牙文：nardo
- 瑞典文：nardus
- 土耳其文：hint sümbülü
- 越南文：cay huong cam tung

科　　名：敗醬科 Valerianaceae

別　　名：muskroot（匙葉甘松）、nard（哪噠）、nardin（哪丁）

中文別名：匙葉甘松

風味類型：激香型

使用部位：塊莖（香料）

背後的故事

　　穗甘松在古代的羅馬就被用來增加食物的風味，所以知名的美食家兼哲學家阿比修斯（Apicius）曾在食譜中提過它也就不值得大驚小怪了。在中古代世紀的歐洲顯然也曾使用它，它是希波克拉斯酒（hippocras）多種外來的泡酒材料之一，這種要加熱來喝的甜葡萄酒裡面還用了丁香、小荳蔻、薑和其他香料。聖經的雅歌中有提起穗甘松，一起被提及的還有「番紅花、菖蒲和肉桂，及各種製香木；沒藥、蘆薈，與所有最上等

可搭配

- 多香果
- 小荳蔻
- 肉桂
- 丁香
- 薑
- 天堂椒
- 杜松子
- 鼠尾草
- 百里香
- 薑黃
- 莪朮

傳統用法

- 砂鍋
- 熱甜酒
- 香料野兔（spiced hard）
- 鑲餡冬眠鼠（stuffeddor mouse）
- 海膽

調和香料

- 不常用於調和香料中

的香料。」從內容看起來似乎最可能是用來準備治療及奉獻用的油，而油萃取自植物的根和嫩莖。不過現在穗甘松已經轉作宗教儀式之用，拿來作為調味料倒是幾乎沒聽過。

植株

和藥草纈草（Valerian/Valerianaceae）同一個家族，穗甘松原生於東亞，原生地從喜馬拉雅山到中國的西南部。多年生，植株高約 30 公分（1 呎），夏末開粉紅色的鈴鐺型花朵，雌雄同株。

其他品種

美國穗甘松/楤木（American spikenard，學名：*Aralia racemosa*）、**加州穗甘松**（Californian spikenard，學名：*A. californica*）及**農夫穗甘松**（ploughman's spikenard，學名：*Inula conyza*）都是不相干的植物（只是英文名稱裡有 spikenard 穗甘松），就我了解，也從沒用在料理上。

處理方式

塊莖（地下莖）在開花之後採收，利用蒸餾法來製作香氣十足的精油。

想要乾燥穗甘松，挖出來後先徹底洗淨，再放在太陽底下晒幾天，當鬚毛糾結成團的塊莖很容易就能弄斷，而皮革的觸感也消失後，就可以使用了。研磨穗甘松的最佳方式是先把塊莖切成豆子大小的丁，之後再放進研磨砵用杵磨。

購買與保存

在店面能買到和穗甘松最接近的東西是纈草根（valerian root），那也是糾結成一大團的塊莖，某些中東的雜貨店和草藥店能買到。有興趣種植的人可以在網路上買到穗甘松的種子，穗甘松發芽率低，不過謹慎地跟著賣種子店家提供的播種說明去做，成功率還是可以提高的。

穗甘松要裝入氣密式容器中保存，遠離溫度過高、光線太亮、或潮溼的場所，乾燥的穗甘松塊莖能保存 3 到 4 年，研磨之後可以放 1 年。

穗甘松精油是這種植物唯一一種能買得到的產品。我不推薦用它來料理，因為它濃度極高，據報導是有毒的。

應用

穗甘松塊莖以風味類似肉桂和八角而聞名，香氣中還帶著濃濃的麝香味。只要些微的量，就能替野味帶來奇香，可和天堂椒（grains of paradise）、蓽澄茄（cubebs）、長胡椒和薑一起添加。整塊的穗甘松塊莖可以加到慢火細燉的菜餚中，煮好後拿出來就好。研磨成粉的穗甘松添加到料理的方式和加薑粉或薑黃粉一樣。

每茶匙重量（5ml）

● **研磨：** 2.5 公克

每 500 公克（1 磅）建議用量

● **紅肉：** 3/4 茶匙（3 毫升）研磨粉
● **白肉：** 1/2 茶匙（2 毫升）研磨粉
● **蔬菜：** 1/2 茶匙（2 毫升）研磨粉
● **穀類和豆類：** 1/2 茶匙（2 毫升）研磨粉
● **烘烤食物：** 1/4 茶匙（1 毫升）研磨粉

穗甘松 Spikenard

八角 Star Anise

Illicium verum（也稱為 *I. anisatum*）

科　　名： 百合科 Illiaceae（舊屬木蘭科 Magnoliaceae）

品　　種： 日本八角（Japanese star anise，學名：*I. religiosum*；有毒）、佛羅里達八角（Florida anise，學名：*I. floridanum*；有毒）

別　　名： anise stars（星茴香）、badian（八貝多）、Chinese anise（中國大茴香）、Chinese star anise（中國星茴香）、star aniseed（星型茴香籽）

中文別名： 八角茴香、大料、大茴香

風味類型： 激香型

使用部位： 果實（香料）

背後的故事

　　八角原生於中國南方與越南北部，印度、日本和菲律賓都有種植。八角樹要種植 6 年才開始結果，之後大約還能有 100 年的產出。從遠東帶八角進入印度交易已歷經許多世紀；我曾在印度南部的喀拉拉邦（Kerala）吃過許多美味的料理，不少菜餚裡面都加了八角。不過一直到 16 世紀前，歐洲是沒見過八角的。想到直到 1588 年，八角才被當成樣本（從菲律賓帶過去）送抵倫敦，不免讓人震驚。不過西方世界一旦認識了它，就利用蒸餾法提煉出八角精油，想方設法的加進糕餅甜點和利口酒裡，其中最出名的是茴香酒（anisette）。

植株

　　八角（star anise）是一種小型的亞洲常綠喬木所結的星星形狀果實乾燥之後的產品，樹高大約 5 公尺（16 呎）。八角樹是木蘭（magnolia）家族的成員之一，葉光亮、芬芳，大約有 7.5 公分（3 吋）長。沒有香味的花長得像水仙，黃綠顏色。開花之後，開始長出成輻射狀的果實，果實由 8 個內含種籽的部分組成（每次我只要看到一碗八角，就覺得

入眼的是一整碗澳洲漏斗網蜘蛛，這是澳洲一種討人厭的蜘蛛！）

仔細去觀察上下翻轉過來的八角那八個粗糙、暗褐色、拱型的莢，就會發現它每一個角都已經分開（有些分得比較開），形成一種獨木舟的形狀，裡面有一顆淺褐色蟬形的種籽，色澤非常光亮，但卻沒什麼料理價值。

整顆八角的香氣是明顯的大茴香味道。雖說八角和採集草本大茴香籽的植株（參見 78 頁）沒有關係，但八角和茴香籽中精油的化學成分倒是相似。八角的味道濃烈、甜蜜，有和甘草相似的特質，香氣馥郁、溫暖、辛辣，讓人想起丁香和桂皮。它的風味也與甘草類似，濃烈、持久又有麻味，讓舌頭的感受清新又刺激。如果分開購買的話，它的籽和外面像船形的星形木質部分相比，風味較淡，不過都一樣能讓食物產生有趣的堅果味道。

八角 Star Anise

其他品種

日本八角（中文也稱水莽草，Japanese star anise，學名：*I. religiosum*）是近支的品種，葉和果實都有毒（毒性來自於所含的莽草毒素 sikimitoxin）。過去曾被當成真正八角的摻雜品，在中國被稱為「瘋人草」（mad herb）。日本的喪禮上會用到它，辨識的方式是它沒有大茴香的氣味，味道有點像松節油（turpentine）。我曾見過符合這種描述的日本八角，這些八角通常比真正的八角小，而且星芒角可多達 12 個。

佛羅里達八角（Florida anise，學名：*I. floridanum*）則是另外一種毒草，也稱作「紫茴香」（purple anise）或「臭叢」（stink bush）。這個品種雖然是八角的近親，不過因為有毒，絕對不可以吃。

處理方式

八角處理的方式和採收丁香、多香果、胡椒，甚至香草

料理情報

可搭配
- 多香果
- 小荳蔻
- 辣椒
- 肉桂和桂皮
- 丁香
- 芫荽籽
- 孜然
- 茴香籽
- 薑
- 肉荳蔻衣
- 肉荳蔻
- 胡椒
- 花椒

傳統用法
許多美味的中式料理，包括：
- 北京烤鴨
- 豬肋和豬五花
- 湯
- 快炒菜

調和香料
- 中式五香粉
- 中式滷包料
- 咖哩粉

（vanilla）非常類似，八角果要趁綠採摘（即尚未成熟前），然後放在陽光下曝晒乾燥。在乾燥時，八角會轉成深紅褐色，出現特有的香氣，這是因為酵素作用被激發形成的。八角研磨時會整顆果實帶籽一起磨，磨成深色、質地滑順的粉狀。

運用於食品和飲料製作的八角精油是蒸餾法製作的。

購買與保存

整顆的八角在某些超市和大部分的食品專賣店都能買到。雖說八個角完整的八角漂亮，不過有些星芒角破掉倒未必是品質不佳的，只能說是包裝時不夠嚴謹，處理時手法粗糙造成的，或許兩種情況都有。要看整顆八角的新鮮程度，可將一個角折下來，用大拇指和食指壓住，直到裡面脆弱的種籽爆出來，然後聞聞獨特的茴香／甘草香味。如果香味不是立刻傳來，那麼可能就已經過了最佳賞味期了。最佳保存期是指裝在氣密式容器中 3 到 5 年，遠離溫度過高、光線太亮、或潮溼的場所。

八角最好整顆購買，大部分情況都能使用。不過，如果你需要粉，那就買已經磨好的粉，因為家用的研磨機研磨效果沒有商用研磨機好。八角粉應該要少量購買就好。磨好的八角粉裝入氣密式容器中，遠離溫度過高、光線太亮、或潮溼的場所，大概可以保存 1 年多一點。

應用

就我來看，八角是中國美味料理最具代表性的風味之一，和豬肉、鴨肉搭配特別合適，也是中式滷味香料包中很重要的材料。中式滷味包是裝滿香料的一個棉袋球，看起來像大包的燉煮用香草束（bouquet garni，參見 368 頁）。八角是中式五香粉最重要的香料。

八角的味道強烈，所以只要少許的量就能達到令人滿意的效果。

紅花 Safflower

八角大茴香籽搞不清

不要把英文的八角「star anise」寫成大茴香籽「star anise seed」，這種寫法只會造成混淆而已。大茴香籽（參見 78 頁）採自於一年生的草本植物，這種大茴香植物的籽風味和八角截然不同。

每茶匙重量（5ml）

- 整粒八角平均：1.7 公克
- 研磨：2.7 公克

每 500 公克（1 磅）建議用量

- 紅肉：2 粒整顆八角，1¼ 茶匙（6 毫升）研磨粉
- 白肉：2 粒整顆八角，1¼ 茶匙（6 毫升）研磨粉
- 蔬菜：1½ 粒整顆八角，1 茶匙（5 毫升）研磨粉
- 穀類和豆類：1 粒整顆八角，1/2 茶匙（2 毫升）研磨粉
- 烘烤食物：1/2 茶匙（2 毫升）研磨粉

越南河粉 Pho

越南河粉是一種極受喜愛的傳統湯食,最早起源於北越,由街頭的小販在客人面前直接現煮。氣味芬芳的高湯主要用料是八角,還加入了不少新鮮香草和其他風味,才製作出這道令人驚艷的料理。

製作4人份

準備時間:

● 15 分鐘

烹煮時間:

● 15 分鐘

提示 甜醬油膏(Kecap manis)是一種濃稠的醬油,用棕櫚糖來增加甜度,另外還加了蒜頭和八角,是東南亞常用的調味料,在主要大超市和亞洲雜貨店裡能買到。

4 盎司	乾河粉	125 公克
5 杯	牛肉高湯	1.25 公升
1 塊	5 公釐(¼ 吋)的薑塊,去皮切片	1 塊
2 顆	整顆八角	2 顆
1 大匙	甜醬油膏(kecap manis,參見左側提示)	15 毫升
3 盎司	香菇	90 毫升
12 盎司	牛後腿肉,切成薄片	375 公克
1 根	紅辣椒,切薄片	1 根
1 杯	豆芽菜	250 毫升
4 棵	青蔥,蔥白和蔥尾都要,切蔥花	4 棵
¼ 杯	新鮮芫荽葉(香菜),輕壓一下	60 毫升
½ 杯	新鮮九層塔葉,輕壓一下	125 毫升
½ 杯	新鮮薄荷葉,輕壓一下	125 毫升
1 顆	檸檬,切成舟形	1 顆

1. 找一個耐熱碗,把河粉用沸騰的水蓋過,放置一旁軟化 10 到 15 分鐘。

2. 大鍋開中火,把高湯、薑、八角和甜醬油膏放進去;小火慢慢滾。加入香菇和牛肉片,燜到肉剛好熟透,大約 7 到 10 分鐘。

3. 河粉水瀝乾,平均分到 4 個碗裡,上面澆上高湯。用豆芽菜、青蔥、香菜葉、九層塔、薄荷葉和一塊檸檬裝飾,或是放在盤中上桌,想要的人可以自行取用。

香料巧克力布朗尼
Spiced Chocolate Brownies

布朗尼是全球都愛的食譜之一，就算時間趕也能不慌不亂的做好。八角溫暖的甘草風味和巧克力搭配，滋味美妙無比，是成年人絕佳的饗宴。

製作20到25個布朗尼		

準備時間：

● 10 分鐘

烹煮時間：

● 50 分鐘

 超細砂糖（superfine sugar，糖霜粉 caster sugar）是顆粒非常細的砂糖，通常都是用於需要砂糖能快速溶解的食譜裡。如果商店裡面找不到，可以自己動手做。把食物處埋機裝上金屬刀片，將砂糖打成非常細，質地像沙子一樣細緻的糖粉。

帕西拉乾辣椒（pasilla）粉或安丘辣椒（ancho）粉中的果香和巧克力風味非常合味，但是一般中辣度的辣椒粉，像是喀什米爾辣椒粉也能使用。

想要簡單的製作成單人份，可以將麵糊倒入紙的瑪芬蛋糕杯中（裝半滿），烤 20 分鐘。

● 20 公分（8 吋）方型烤盤，上油，裡面襯上防油烘焙紙

● 烤箱預熱到攝氏 180 度（華氏 350 度）

2/3 杯	無鹽奶油	150 毫升
8 盎司	黑巧克力（70%），弄成碎塊	250 公克
1 杯	超細砂糖（參見左側提示）	250 毫升
3 大匙	松子	45 毫升
1 茶匙	純的香草萃取	5 毫升
1/2 茶匙	八角研磨成粉	2 毫升
1/4 茶匙	中辣度辣椒研磨成粉，自行選用（參見左側提示）	1 毫升
2 顆	蛋	2 顆
1 顆	蛋黃	1 顆
2/3 杯	中筋麵粉	150 毫升

1. 一鍋水中放一個碗（製造一個雙層加熱環境），放巧克力和奶油進去碗中，隔水加熱。水滾之後，熄火（這樣的熱氣就足以把巧克力融化了）。將巧克力攪拌到滑順。把碗從鍋中拿出來，加入糖、松子、香草、八角和辣椒粉（如果要加辣的話），攪拌到完全混合均勻。把蛋和蛋黃攪拌進去，麵粉篩進去，攪拌成滑順的麵團糊。

2. 把麵糊倒到準備好的烤盤中，用預熱的溫度烤 35 分鐘，用筷子或竹籤插入烤好的麵糊中心再拔出來，如果不沾粘就是烤好了。將烤盤放到網架上去完全冷卻，之後再翻面倒出來，切成等量的塊狀。

甜菊葉 Stevia
Stevia rebaudiana-Bertoni

比糖還甜

1931 年，兩位法國的化學家從成分中分離出一種成分，取名為甜菊糖苷（stevioside），其甜度是糖的 300 倍。1950 年代，日本禁止在飲料、泡菜、肉類、魚類產品、烘焙品、醬油和低卡路里食物中使用人工甘味，這無疑是在鼓勵發展甜菊的種植。在日本、韓國、中國、台灣、馬來西亞、巴西和巴拉圭，從甜菊葉中萃取出來的甜菊糖苷被廣泛的用來當作加工產品使用的甘味劑。

科　　名： 科名：菊科 Asteraceae（舊稱 Compositae）

別　　名： candy leaf（糖果葉）、sugar leaf（糖葉）、sweetherb of Paraguay（巴拉圭甜草）、sweet honey leaf（甜蜂蜜葉）

中文別名： 甜葉菊、糖菊、甜草、糖草

風味類型： 激香型

使用部位： 葉（香草）

背後的故事

　　甜菊（Stevia）原生於巴拉圭、巴西和阿根廷。甜菊葉顯然曾用來作為藥草，也被印第安人中的瓜拉尼族（Guaraní tribe）用來當作甜味，時間遠遠早於歐洲人來到美洲大陸之前。最先研究甜菊的是 16 世紀西班牙的一位植物學家，名為史提維士（Petrus Jacobus Stevus），這種植物就是以他的名字命名的。之後，所謂甜菊的發現以及作為甘味劑的

認定得歸功於一位南美洲的自然科學家柏爾透尼（Moises Santiago Bertoni），他在 1887 年進行了鑑定。他的名字現在出現在被鑑定為食用品種的甜菊植物學名中。

植株

甜菊植株纖細不起眼，柔綠色，寬葉稍有鋸齒，葉成對直接長於主莖上。外觀看起來就像小棵的野草，平均高度不超過 45 公分（1 又 1/2 呎）。甜菊葉粉是深綠色，有淡淡的青草香。口味極甜，後韻隱隱有苦味，如果吃太多，苦味會持續不去。

處理方式

將甜菊葉放在網目上，置於光線陰暗、乾燥、通風良好的地方乾燥，直到葉子摸起來變得酥脆，這代表含水量大約在 10% 左右了。

甜菊糖苷這種化合物則是透過專利的處理方式萃取，製成的白色粉末甜度比糖高出 300 倍：1/4 茶匙（1 毫升）的甜菊糖苷萃取可取代 1 杯（250 毫升）的糖。你也可以在家自行製作簡單且甜度效果降低，因而使用上更容易的萃取液，作法是將 1/2 茶匙（2 毫升）的甜菊葉粉放入 1/2 杯（125 毫升）的溫水中。放置一晚，然後用咖啡濾紙過濾，就能得到一些沒有小顆粒的液體。把這液體放入冰箱可放上 1 個月。

購買與保存

甜菊植株能在一些香草苗圃買到。半溼潤的亞熱帶環境能種植，生長溫度可從攝氏 20 度到 40 度（華氏 70 度到 100 度）。

乾燥的甜菊葉和甜菊葉粉在健康食品店以及某些香草專賣店能買到。甜菊糖苷通常以甜菊葉粉的形式出售，而且會因為用來萃取的植株品質而有極大差異。有些添加物，像是

可搭配
- 多香果
- 葛縷子
- 小荳蔻
- 辣椒
- 丁香
- 芫荽籽
- 薑
- 甘草
- 肉荳蔻
- 八角

傳統用法
- 飲料
- 鮮奶油與奶油起司
- 甜點
- 燉煮水果
- 冰淇淋
- 米布丁

調和香料
- 只作為砂糖替代品

甜菊葉 Stevia

我發現一件有趣的事，甜菊雖然是自然的產品，不過，嚐起來卻是不折不扣人工甘味劑的味道。甜菊的甜味大多來自於兩個複合物：甜菊糖苷（stevioside，這成分大約占了乾葉 10% 的重量），以及甜菊雙糖苷（rebaudioside，占乾葉約 3% 重量）。

每茶匙重量（5ml）

● **葉研磨成粉**：2.5 公克

每 500 公克（1 磅）建議用量

● **蔬菜**：1 茶匙（5 毫升）
● **烘烤食物**：1 茶匙（5 毫升）

麥芽糊精（maltodextrin）能把濃度稀釋，讓粉更容易使用，不過這同時也會影響到風味的濃淡。

應用

關於甜菊，首先也是最重要必須記住的是，它的甜度雖然穩定，不怕熱，料理時不會變化，不過卻不像糖一樣會焦糖化。因此，無法用來製作糕餅上的糖霜，或是需要用到大量糖的食譜。不過用自製的甜菊萃取液來幫飲料、醬汁、瑪芬蛋糕、冰淇淋、乳酪蛋糕和米布丁增加甜度，卻是很可行的。使用市售的甜菊糖苷粉時，最好遵循包裝上的用量指示，看看相當於多少分量的糖。試驗時，先以自己熟悉的食物和飲料，加入少量的甜菊糖來試試看，這樣你就能知道多少量才是你適合的甜度。甜菊葉有淡淡的甘草風味，很奇怪的是，居然和人工甘味阿斯巴甜（aspartame，E951，也稱代糖）相似，後者可不是人人都喜愛。

甜菊瑪芬蛋糕
Spelt Stevia Muffin

我喜歡幫孩子們製作無糖的瑪芬蛋糕，因為他們的餐食中的糖已經超過應有的攝取量了。現在甜菊甘味很多地方都能買到，非常適合用於烘焙。斯佩爾特小麥（spelt）粉比一般麵粉健康，也更有風味，值得你費點心思在超市或健康食品店裡找一找。

製作12個瑪芬蛋糕

準備時間：
- 10 分鐘

烹煮時間：
- 20 分鐘

提示 如果在商店裡沒買到自發性麵粉，可以自行製作。製作等量於一杯（250 毫升）自發性麵粉的材料是中筋麵粉一杯（250 毫升）、1½ 茶匙（7 毫升）的小蘇打粉、1/2 茶匙（2 毫升）的鹽，混合均勻。

甜菊葉 Stevia

- **12 杯份的瑪芬蛋糕烤盤，上好油**
- **烤箱預熱到攝氏 180 度，華氏 350 度**

2 杯	自發性麵粉（參見左側提示）	500 毫升
1 杯	斯佩爾特小麥麵粉（spelt flour）	250 毫升
½ 茶匙	烘焙用小蘇打	2 毫升
½ 茶匙	泡打粉	2 毫升
¼ 杯	甜菊粉／甘味劑	60 毫升
¼ 杯	奶油，融化	60 毫升
2 顆	蛋，打散	2 顆
1 茶匙	純的香草萃取	5 毫升
1 杯	牛奶	250 毫升
½ 杯	成熟的香蕉壓成泥（1 小根）	125 毫升
1 杯	藍莓（新鮮、冷凍皆可）	250 毫升

1. 在大碗中將自發性麵粉、斯佩爾特小麥麵粉、烘焙用小蘇打、泡打粉和甜菊粉混合均勻。

2. 在小碗中混合奶油、蛋、香草、牛奶和香蕉泥，攪拌均勻。

3. 把溼的材料加到乾的材料中，再加入藍莓，攪拌到滑順為止。把麵糊等量分入準備好的瑪芬蛋糕杯中（填到杯頂下方），之後送進預熱好的烤箱中烤 20 分鐘，直到顏色變成金褐色，頂端摸起來扎實為止。從烤箱中取出，繼續留在烤盤中，在一旁放置 5 分鐘待涼，之後再拿到網架上，等待完全冷卻。裝入氣密式容器中可以保存 3 天。想要冷凍的話，等完全冷卻後，裝入夾鏈袋中放進冷凍庫，可保存 3 個月。

鹽膚木 Sumac

Rhus coriaria

各國語言名稱

- 阿拉伯文：summak
- 捷克文：sumah、korenisumac
- 丹麥文：sumak
- 荷蘭文：sumak
- 法文：sumac
- 德文：farberbaum、Sumach
- 希臘文：roudi、soumaki
- 匈牙利文：szomorce
- 印度文：kankrasing
- 義大利文：sommacco
- 日文：sumakku
- 俄文：sumakh
- 西班牙文：zumaque
- 土耳其文：sumak、somak

科　名：	漆樹科 Anacardiaceae
品　種：	榆樹葉漆樹（elm-leaved sumac，學名：*R. coriaria*）、檸檬漆樹（lemon sumac，學名：*R. aromatica*）、光滑漆樹（smooth sumac，學名：*R. glabra*）、毒漆樹（poison sumac，學名：*R. vernix*，也稱作 *R. venenata*、*Toxicodendron vernix*）
別　名：	Sicilian sumac（西西里漆樹）、sumach（漆樹，德文）、sumak（漆樹，土耳其文）、tanner's sumac（鞣皮匠鹽膚木）
中文別名：	西西里漆樹
風味類型：	香濃型
使用部位：	莓果和莓果外層果肉（香料）

譯註：sumac 一般譯作漆樹，但作為香料時，常採鹽膚木為譯名。台灣常見的是另一品種羅氏鹽膚木（Rhusjavanica）。嫩心嫩葉可食用，果核外有薄鹽，是原住民的代用鹽。

背後的故事

　　鹽膚木野生於地中海地區與北美洲，在南義大利以及中東許多地方都能見到，尤其是土耳其南部與伊朗。鹽膚木的漿果，羅馬人早已使用，他們稱它為「敘利亞鹽膚木」（Syrian sumac）。在當時，歐洲人還不認識檸檬，鹽膚木是一種令人喜愛的酸味來源，味道沒有醋那麼刺激，也比羅望子史可口。

　　全樹都可以產出單寧酸（鞣酸，tannins）和染料，是皮革業已經使用了好幾世紀的原料。美國的原住民會利用光滑（深紅）漆樹（Rhus glabra）的莓果來製作酸飲。**毒漆樹**（poison sumac，學名：*R. vernix*）出自美國東北部，也被稱作「毒葛樹」（poison ivy tree），還有另外的植物學名 *R. venenata* 和 *Toxicodendron vernix*。它的白色果實可以作為辨識之用，樹皮汁液則用來製作墨水和清漆。這個品種絕對不可食用。西方的市場因中東移民的介紹而得以認識鹽膚木，他們開了沙威瑪（土耳其旋轉烤肉）餐廳，而現切的洋

蔥上就撒上味道香濃的鹽膚木粉。

植株

　　鹽膚木屬至少有 150 個不同的品種，但只有 6 種能長出適合料理的莓果，剩下的大多數有可能引起嚴重的皮膚刺激或發炎，吃它們的莓果也曾有中毒的報導。因此，我並不建議大家在沒有專家指導的情況下，去鑑別或使用自然狀態下的鹽膚木，若有需要，建議大家找有信譽的商家購買。

　　可食用的鹽膚木所屬家族和芒果一樣。我初次見到，是在土耳其東南部。它長在看似貧瘠的石質土壤中，樹高大約 2 到 3 公尺（6 到 10 呎），周遭都是長著節瘤的橄欖樹、結實累累的開心果和核桃園。它的葉相當濃密，顏色深綠，複葉，蠻像周遭的橄欖樹。雖說鹽膚木是落葉木，不過農夫伊必罕（Ibrihim）卻跟我們打包票，說可食用品種（*R. coriaria*）的葉絕對不會像那些觀賞用的鹽膚木深紅得那般艷麗。除此之外，他還表示，從沒見過有人因為接觸到葉或果實而產生過敏反應的。園子裡面有不少雄株，雄株不會結果，不過可以採收葉子，一起加進去做鹽膚木研磨粉，或和百里香及奧勒岡混合，調製薩塔綜合香料（za'atar，參見 781 頁）。

　　鹽膚木的莓果會從葉間伸出去，就像令人開心的聖誕裝飾。莓果以圓筒型的叢集方式緊緊束在一起，長度約在 8 到 10 公分（3 又 1/4 到 4 吋）之間，最寬的寬度約 2 公分（3/4

料理情報

可搭配
- 辣椒
- 蒜頭
- 薑
- 奧勒岡
- 紅椒
- 巴西利
- 胡椒
- 迷迭香
- 芝麻
- 百里香

傳統用法
- 番茄
- 酪梨三明治
- 沙拉（作為裝飾）
- 沙威瑪（土耳其旋轉烤肉）
- 土耳其薄餅（Turkish pide）
- 燒烤的肉類（料理前先撒上）
- 烤蔬菜
- 魚和雞

調和香料
- 薩塔綜合香料（za'atar）
- 烤肉用調味抹料

不可食用

鹽膚木大多數的品種都帶點毒性。不過，雖不能食用，功用可不少。有毒的品種可用來製作清漆——這是日本漆器最重要的元素——因此，有時候也被稱作「清漆樹」。

香料生意中的旅行

　　第一次聽到鹽膚木可以當香料使用時，我感到不安，因為想到這個品種與其他鹽膚木屬有毒品種間的關係。1980 年代，我有一位員工來上班時，身上出現了嚴重的過敏反應。她週末在家時切了一棵鹽膚木樹，放眼所見的每一寸皮膚都紅腫了起來，發炎情況非常可怕。我們當然送她回家休養了，她休息了好幾天。無論如何，她因樹而過敏的樣子一直留在我腦海中無法散去，這讓麗姿和我起了一訪鹽膚木農場的念頭，農場位在尼吉圃（Nizip），土耳其東南邊境的一座小城鎮。我們想直接看到鹽膚木生產的情形。

　　那次的經驗太有教育意義了。我們觀察了從採收到最後製成產品的整套過程，這讓我擁有了寫這種香料的信心。在體驗過鹽膚木之後，我們的香料貿易商請我們到附近一座叫做比拉西克（Biraçik）的小鎮吃中飯，那小鎮就位在幼發拉底河的河岸上。那是一家露天餐廳，能將滔滔奔流的壯麗河景盡收眼底。他們的特餐是當地的一種魚，油脂豐厚、肉質結實，配上鹽膚木濃烈的清新氣息實在太合適了。

雖說能提供美妙酸味的香料不少，像羅望子、石榴等，但是果酸味清新的鹽膚木還是很獨特的。近年來，它在西方的料理界知名度愈見增長。

吋），在靠近底部的地方。每一顆莓果都是從類似的一叢濃密小花束長成的，大小比一顆爆米花略大。莓果完全成形後是綠色的，披著向下的絨毛，和奇異果毛類似（大多數無毒的鹽膚木品種莓果都有絨毛，而觀賞用品種的果實有些是光滑的）。莓果成熟後會轉成帶粉紅的紅色，深紅色時採收。鹽膚木莓果有很薄的外皮，果肉圍繞在一顆非常堅硬的蟬形種子上。

　　鹽膚木粉是深紅的勃艮第紅酒色澤，質地粗糙，帶點溼潤度。有果香，香氣介於紅葡萄與蘋果之間，有久久不散的清新味道。吃起來最初帶點鹹味（處理後加了一點鹽），之後是香濃的酸味（蘋果酸 malic acid，來自於包覆在莓果上的絨毛，這種酸味在酸蘋果中也能發現），以及令人愉快的果香，不會有刺激感。

其他品種

　　雖說鹽膚木的葉、樹皮和根部有食用的前例，我還是建議大家謹慎，因為毒性的高低並不確定。由於這個原因，我只使用以下所列 3 個可食品種的莓果，並且只用鹽膚木（*Rhus coriaria*）雄株的葉。

　　榆樹葉漆樹（elm-leaved sumac，學名：*R. coriaria*）是食譜中採用最多的品種。**檸檬漆樹**（lemon sumac，學名：*R.*

aromatica）原生於北美洲東半部，從魁北克到佛羅里達直到德州都能見到。這個品種有明顯的檸檬風味，成熟的莓果可以浸泡在冷水中，製作出味道清新的檸檬味飲料（最好不要用熱水浸泡，因為會釋出較多單寧酸，讓飲料產生苦味）。**光滑漆樹**（smooth sumac，學名：*R. glabra*）見於北美洲，就和檸檬漆樹一樣，是原住民使用的品種之一，也會被用來製作一種香濃的飲料，方法和檸檬漆樹一樣。

處理方式

顏色深紅的成熟鹽膚木莓果串是用手採收的，之後放在太陽下曝晒，繼續乾燥熟成約 2 到 3 天（據說，當季第二次採收的莓果風味最濃烈），乾燥後，這些成束的果實會被放進石磨中進行研磨。這步驟會將含酸的外皮，以及果肉下薄薄的深紅色底層從堅硬如石的種子、莖塊碎片，以及所有殘留的花上分離開來。從石磨中出來的粉會過篩，產出顏色最深、最一致以及口感最甜的香料。此時會加一點點鹽進去當做防腐劑，加鹽還能提昇鹽膚木自然的風味。有時，還會混入一些棉籽油，以求顏色更深濃，溼潤度更佳。遺留在篩網上的東西會被刮下來，放回石磨中進行二度研磨，進一步把所有有用的鹽膚木成分都萃取出來，再用篩網篩一次。

- **研磨成粉**：3.1 公克

**每 500 公克（1 磅）
建議用量**

- **紅肉**：最多 2 大匙（30 毫升）
- **白肉**：最多 2 大匙（30 毫升）
- **蔬菜**：最多 2 大匙（30 毫升）
- **穀類和豆類**：最多 2 大匙（30 毫升）
- **烘烤食物**：最多 2 大匙（30 毫升）

下一步驟是把堅硬的種子與莖、葉和葉柄分開，這次用的是較大的網目，讓種子篩出去，把不想要的東西留在篩網上。種子會被單獨進行研磨，用的是傳統的研磨機，產出淡褐色的粉末。鹽膚木粉的等級是將第一次篩選出來的內容，加上不同比例的第二、第三次篩選物以及磨成粉的種子來決定的。最佳品質鹽膚木粉，相對於研磨的莖和種子，外層果肉的比例最高，看深濃的顏色、粗糙及一致的質地就能辨識出來。

購買與保存

正如之前所提，鹽膚木要向有信譽的商家購買，而且只買粉狀，絕對不建議自行辨認、種植並採集。

鹽膚木粉的顏色、質地和溼潤度不同。顏色和質地是品質優劣的指標：顏色愈深，質地愈一致的，莖和磨成粉的種子比例會較低，品質比淺色的等級好。值得注意的是，有些買家喜歡顏色稍淺的鹽膚木，這或許是因為他們習慣如此。溼潤度過高有時會導致結塊，不過這種軟軟的「感覺」是因為加了棉籽油，不是水分，所以就算是有不少結塊的粉，應該也不致於有發霉的風險。

鹽膚木最好裝入氣密式容器中保存，遠離溫度過高、光線太亮、或潮溼的場所，這樣至少可以保存 1 年。

應用

在中東，鹽膚木被大量用來作為酸介質，取代檸檬汁和醋。在烘烤之前，鹽膚木粉會被撒在沙威瑪上，鹽膚木也會用來裝飾沙拉，特別是摻有番茄、巴西利和洋蔥的沙拉。烤肉中摻入紅椒、胡椒和奧勒岡時，加入鹽膚木會非常美味（尤其是羊肉）。烤魚和烤雞在烤前撒上一層薄薄的鹽膚木，風味會大大提昇。鹽膚木和粗磨黑胡椒以對半比例混合，是餐桌上檸檬胡椒絕佳的替代品。中東的綜合香料薩塔就是將百里香、乾烤過的芝麻、鹽膚木和鹽混合製成的（參見 781 頁）。薩塔傳統的吃法是撒在已經刷上橄欖油的未發酵大餅上，然後稍微烤過。

慢火烤番茄
Slow-Roasted Tomatoes

新鮮番茄和鹽膚木是絕妙組合。番茄慢慢烤時，風味會變得非常濃郁。長久以來，這道料理在香料鑑賞班裡一直受到大家的喜愛。番茄熱吃冷食滋味都好，拿來當零食、放進沙拉中，或夾入三明治裡都非常好吃（尤其是檸檬香桃木雞肉捲，參見 360 頁）。

製作24個

準備時間：
- **5 分鐘**

烹煮時間：
- **3 個鐘頭**

 提示 因為番茄含水量高，烤時可能得把烤箱門打開 1、2 次，讓蒸氣散掉。

● **烤箱預熱到攝氏 100 度（華氏 210 度）**

12 顆	成熟的李子小番茄（羅馬番茄），縱向對切（譯註：這種番茄汁較少，常用來做罐頭或番茄醬）	12 顆
½ 茶匙	砂糖	2 毫升
½ 茶匙	細海鹽	2 毫升
½ 茶匙	現磨黑胡椒	2 毫升
1 到 2 大匙	鹽膚木粉	15 到 30 毫升
2 大匙	橄欖油	30 毫升

1. 把番茄排在烤盤上，切面朝上，均勻的撒上糖、鹽和胡椒。撒上鹽膚木粉，量隨意，再滴一點橄欖油。放入預熱好的烤箱烤 3 個鐘頭，直到番茄失去水分，縮小但仍然柔軟（參見左側提示）。上桌時，冷熱皆宜。番茄裝進氣密式容器中，放進冰箱冷藏可保持 3 天。

鹽膚木 Sumac

中東蔬菜脆片沙拉 Fattoush

這道沙拉依照傳統，是黎凡特地區（譯註：敘利亞、黎巴嫩、約旦一帶）的人家使用1天左右的麵包製作的。味道香濃的鹽膚木提高了這道菜餚的滋味，是烤肉的美味搭檔，單獨食用也是可口的餐點。

| 製作6人份 配菜沙拉 | | |

準備時間：
- **10 分鐘**

烹煮時間：
- **15 分鐘**

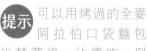 可以用烤過的全麥阿拉伯口袋麵包代替薯條，沾醬吃，例如像鷹嘴豆醬（參見596頁）和茄子泥沾醬（baba ganoush）。
烤過的全麥阿拉伯口袋麵包放在氣密式容器中可以保存1個星期。

- **烤箱預熱到攝氏 180 度（華氏 350 度）**

2 個	全麥阿拉伯口袋麵包（pitas）	2 個
2 大匙	初榨橄欖油	30 毫升
½ 茶匙	鹽膚木	2 毫升
½ 茶匙	細海鹽	2 毫升
1 條	中等大小的小黃瓜，去皮，切成1公分（½吋）大小的丁	1 條
½ 顆	小顆的紫洋蔥，切碎	½ 顆
2 顆	大顆的紅番茄，切丁	2 顆
½ 杯	新鮮的平葉巴西利（義大利香芹）葉，粗切、壓緊	125 毫升
10 片	薄荷葉，粗切	10 片
½ 顆	結球萵苣，切成1公分（½吋）寬的長條狀	½ 顆

調味醬

5 茶匙	現壓檸檬汁	25 毫升
5 茶匙	油	25 毫升
1 瓣	蒜頭，壓碎	1 瓣
1 撮	細海鹽	1 撮
1 大匙	鹽膚木	15 毫升

1. 用剪刀把口袋麵包剪成2.5公分（1吋）的方形，單層排列在烤盤上。

2. 將油、鹽膚木和鹽在小碗中混合，把口袋麵包隨意灑上油的混合材料，在預熱好的烤箱中烤10分鐘，直到酥脆，放置一旁備用。

3. 在要上桌的碗中，放入小黃瓜、洋蔥、番茄、巴西利、薄荷、萵苣和準備好的口袋麵包，混合一下。

4. 找個小碗，把調味醬的材料全部放入打勻，倒在沙拉上。上面再多撒一點鹽膚木，然後立刻上桌。

變化版本

喜歡的話，可以把1/2杯（125毫升）切碎的芹菜或紅皮小蘿蔔（radish）也放進沙拉裡。

茉莉芹 Sweet Cicely

Myrrhis odorata

各國語言名稱

- **捷克文**：cechrice
- **丹麥文**：spansk korvel
- **荷蘭文**：roomse kervel
- **芬蘭文**：saksan kirveli
- **法文**：cerfeuil d'espagne
- **德文**：spanischer Kerbel、Myrrhenkerbel
- **匈牙利文**：spanyol turbolya
- **義大利文**：cerfoglio di Spagna
- **日文**：mirisu、siseri
- **挪威文**：spansk kjorvel
- **波蘭文**：marchewnik anyzowy
- **俄文**：mirris dushistaya
- **瑞典文**：spansk korvel、aniskal

科　　名：香芹科 Apiaceae（舊稱繖形科 Umbelliferae）

別　　名：anise chervil（大茴香細葉香芹）、British myrrh（英國沒藥）、Spanish chervil（西班牙細葉香芹）、fern-leaved chervil（蕨葉細葉香芹）、giant sweet chervil（巨大甜味細葉香芹）

中文別名：歐洲沒藥、甜沒藥

風味類型：溫和型

使用部位：葉和未成熟的種子頭（香草）、根部（蔬菜）

背後的故事

茉莉芹（sweet cicely）原生於歐洲，曾經被當作盆栽灌木種植，在西元 1 世紀時希臘醫師戴奧科里斯（Dioscorides）稱它為西西莉（seseli），和今日英文的發音 cicely 是一樣的。學名來自於 *myrrhis*，「香水」之意，而 *odorata* 意思是「芬芳」。它的名稱之前冠上一個甜字，是因為品嚐起來有獨特糖的甜味。它的老名稱有錯誤的暗示，會讓人錯以為是「細葉香芹」（chervil）之類，之所以與茉莉芹產生錯誤聯想是因為它的外表和大茴香類似，葉的結構類似蕨類，像是巨大版本的細葉香芹。它含油量豐富的種子曾經一度被收集起來壓破磨粉，擦拭木質的地板和家具，擦完極為光亮、氣味迷人。

植株

茉莉芹植株相對來說算高，在涼爽的氣候條件或山區，可以長到 0.6 到 1.5 公尺（2 到 5 呎），是非常漂亮的多年生草本植物。粗大中空的分枝莖和歐白芷（angelica）類似，濃密的葉形狀像蕨類，顏色翠綠，披覆著如絲般的絨毛，質地柔軟。葉子長度約 30 公分（12 吋），葉背顏色較淡。這種植物開花時觀賞性很高：1 到 5 公分（1/2 到 2 吋）的白

可搭配

- 多香果
- 小荳蔻
- 細葉香芹
- 肉桂和桂皮
- 薄荷
- 肉荳蔻
- 巴西利
- 香草

傳統用法

- 沙拉
- 水果塔，當酸莓果使用

調和香料

- 不常用於調和香料中

色傘狀花，開展起來極具戲劇效果，宛如點點海上泡沫，浮在挺直的綠色種子頭（seed head）上，覆蓋了植株，遠看有如某種薰衣草。成熟後，種子就會出現脊背，樣子拉長，變深褐色，像大顆的（加拿大）野米（wild rice）。茉莉芹的葉和新鮮種子有種溫暖迷人的大茴香香氣，讓人想到沒藥，還有一種令人愉快的香甜口感。根的風味也相似，可以和茴香球莖一樣削片放進沙拉裡，或是放到冬天的湯中去煮，作為其中的一種蔬菜食材。

處理方式

茉莉芹幾乎都是使用鮮品；因此，很少脫水處理。如果你自己種植，葉子可在冬末和夏末採摘。還未成熟的種子頭可以趁還是綠色時採收，不過，冷凍保存效果不好。成熟的種子顏色會轉成褐色，採收後可以上下倒掛，進行乾燥。植物在秋天死掉後，可以把根挖出來乾燥。要將根乾燥方便日後料理之用，可以先將根切成環狀，厚度約5公釐（1/4吋），以利水分的釋出。將切片放在乾燥、溫暖、光線陰暗的地方幾天，直到切片變結實，皮革感消失一些。

購買與保存

茉莉芹如果選擇氣候涼爽、溫度適中也不潮溼的氣候條件種植，其實很好種。新鮮的零售市場買不到茉莉芹，只能自己種植。

新鮮葉子採收下來後，先洗淨，以保存蒔蘿的方式來保存它。最好先用保鮮膜包住，放進冰箱底層蔬果盒，可以維持3到5天。乾燥後的種子和根最好裝入氣密式容器中，遠離溫度過高、光線太亮、或潮溼的場所，這樣的條件下大概可以保存1年。

應用

茉莉芹的根以胡蘿蔔或蕪菁的方式切好去煮時，是過去很受歡迎的蔬菜，而它中空的莖可以用歐白芷相同的方式去糖漬。葉和切碎的未熟種子頭料理功用最強，因為加入沙拉

中很美味。放一些茉莉芹到水中和其他味道強烈的水果，例如大黃（rhubarb）或酸味的莓果類一起煮，它天然的甜味能中和莓果的酸澀。對糖尿病人來說，茉莉芹是安全的甘味劑，和夏季冷飲中的鮮奶油和優格非常對味。從前法國山中加爾都西會（Carthusian）中的修士們就用茉莉芹來幫他們製作的利口酒查爾特勒（Chartreuse，以他們所居的山脈命名）加味。

每 500 公克（1 磅）建議用量

- 紅肉：5 茶匙（25 毫升）切碎的鮮葉和種子頭
- 白肉：5 茶匙（25 毫升）切碎的鮮葉和種子頭
- 蔬菜：5 茶匙（25 毫升）切碎的鮮葉和種子頭
- 穀類和豆類：5 茶匙（25 毫升）切碎的鮮葉和種子頭
- 烘烤食物：5 茶匙（25 毫升）切碎的鮮葉和種子頭

羅望子 Tamarind

Tamarindus indica

各國語言名稱

- **阿拉伯文：**al-hindi
- **緬甸文：**ma-gyi-thi
- **中文（粵語）：**daaih mah lahm、loh fong ji
- **中文（國語）：**da ma lin、luo huang zi
- **捷克文：**tamarind
- **丹麥文：**tamarind
- **荷蘭文：**tamarinde、indischedadel、assem
- **菲律賓文：**sampalok
- **芬蘭文：**tamarindi
- **法文：**tamarin
- **德文：**tamarinde、indischedattel
- **希臘文：**tamarin
- **匈牙利文：**tamarindusz gyumolcs
- **印度文：**pulee、amyli、chinch、imlee、imli
- **印尼文：**assam、assamjawa、asamkuning
- **義大利文：**tamarindo
- **日文：**tamarindo
- **寮文：**malkham
- **馬來文：**assam、assamdjawa
- **葡萄牙文：**tamarindo
- **俄文：**finikindiskiy
- **西班牙文：**tamarindo
- **斯里蘭卡文：**pulee、siyambala
- **瑞典文：**tamarind
- **泰文：**makahm、som ma kham、mak kham peak
- **越南文：**cay me、me chua、trai me

科　　名：科 Fabaceae（舊稱豆科 Leguminosae）
別　　名：assam（阿薩姆）、Indian date（印度棗）
中文別名：羅晃子、酸角、酸果、酸子、亞參、九層皮果、泰國甜角、酸梅樹、亞森果
風味類型：香濃型
使用部位：莢（香料）

背後的故事

　　羅望子（Tamarind）樹原生於熱帶的非洲東部，也可能在南亞。在印度是野生植物，生長情況繁盛，有如原棲地。耐旱的羅望子樹在其他熱帶和亞熱帶國家也有，像是澳洲和墨西哥。中世紀時，阿拉伯人在歐洲曾使用羅望子。

　　羅望子在亞洲的俗名是阿薩姆（assam），意思是「酸」，名字本身就認可了它的酒石酸（tartari cacid）含量高。這種酸性的清潔效果非常有名，在印度，羅望子的豆莢早就被用來擦亮青銅和銅器。在過去，羅望子的葉會被用來製作紅色和黃色的染料，大多用在紡織品上。

　　羅望子樹是殖民時期花園很受歡迎的裝飾元素，尤其是在印度西海岸。當地人還相信，羅望子豆莢裡面住著惡靈。19 世紀居住在果阿邦（Goa）的英國人便經常利用這個迷信，

在上市場時在一隻耳朵上戴著羅望子豆莢（就像木匠耳朵上別鉛筆一樣），這樣就不會受到當地人的騷擾了。因此，在果阿邦的英國人就被當地人取了個 lugimlee（羅望子頭）的俗稱，我相信在那時候該名稱對外國人應該還有一些不客氣的下流意思。

在阿拉伯國家、印度和東南亞，羅望子的藥效一直為人所稱道。據說有清熱解暑的效果，對肝臟和腎臟大有益處。

植株

羅望子樹高大，枝椏茂盛。它的樹幹粗實，覆蓋著灰色樹皮，高度可達 20 公尺（60 呎），淡綠色的葉組有 10 到 15 對小葉，形狀類似咖哩葉（curry-leaf），樹冠遮蔭效果極優。開花時期，綠葉襯托著一簇簇小小的紅紋黃花。羅望子樹的果實長約 10 公分（4 吋），淺棕色的豆莢上有瘤，外殼脆薄。殼打開後，露出黏黏的淺棕色團狀物，有縱紋與纖維脈絡——這就是果肉。果肉裡有大約 10 顆平滑深褐色的種子，種子有角，每顆大小約 3 到 8 公釐（1/8 到 1/3 吋）。一接觸到空氣，果肉立刻開始氧化，變成深褐色，近乎黑色。

處理方式

站在高大無比的、枝椏茂盛的樹下，實在很難想像要如何摘這些豆莢。當我們拜訪印度南部靠近芒格洛爾（Mangalore）西迪雅布（Sediyapu）家的有機香料園時，我們看到了羅望子正在採收的情形。招待我們的主家請我們抬頭往上看，突然之間，一棵巨大羅望子樹上層的樹葉產生了劇烈的搖晃。樹端高高的地方有個農場工人正在搖晃樹枝，他要把滿枝椏的羅望子豆莢給震下來，果然豆莢就開始跌落地面，喊喊喳喳有如冰雹狂下。豆莢被收集起來，拿回屋子裡，我們就在那裡和主人家享受了美味的午餐。

西迪雅布太太跟我們展示了如何將豆莢外皮撕掉，露出

可搭配

- 獨活草 / 印度藏茴香
- 多香果
- 阿魏
- 葛縷子籽
- 小荳蔻
- 辣椒
- 肉桂和桂皮
- 丁香
- 芫荽籽
- 甜茴香籽
- 葫蘆芭籽
- 薑
- 芥末
- 黑種草
- 紅椒
- 薑黃

傳統用法

- 東南亞湯品
- 咖哩或所有需要一點酸味的菜餚
- 印度泡菜
- 印度辣味酸甜醬（chutney）
- 咖哩醬

調和香料

- 阿薩姆（assam）粉

T

羅望子 Tamarind

裡面柔軟又黏膩的淺棕色羅望子果肉，果肉邊還綴著細細的絲絡。接著，她開始進行種子的處理，她的雙手極為靈巧，處理的手法幾乎和中世紀的方式一模一樣。她用半個乾燥椰殼的硬底當做容器，一手拿著一團羅望子果肉，另一手直直握著一把看起來極為剛猛的鐮刀。光亮的黑色種子像小石頭一樣不斷落入椰殼盤中，而左手中，已經去籽的羅望子果肉團愈結愈大。話說回來，這種去籽的仔細程度是很少見的。

羅望子濃縮液是一種濃稠的黑色糖蜜狀液體，是將氧化的羅望子膏萃取物煮製而成，裡面的種子和纖維都會被去除。羅望子膏是由新鮮的、還未氧化的果肉混和鹽和一些防止氧化的食用醋酸製成的。

購買與保存

羅望子在香料專賣店，或東南亞和印度的雜貨店裡買得到。販賣時是磚塊狀：黏呼呼、用保鮮膜包住的一塊氧化的

香料生意中的旅行

　　羅望子樹的壯麗，我記得非常清楚，印象很深刻。我和麗姿曾在 1991 年帶過一個香料旅行團到印度。車開了一段燠熱、塵土又飛揚的路段後，我們想找一個地方坐下來野餐。就在海得拉巴（Hyderabad）外面，我們發現了一個理想地點，那是一棵羅望子樹涼爽的樹蔭下。一般相信，羅望子樹會散發一種有害的酸性氣體。所以在樹下睡覺不僅不安全，大家還相信連植物都不會長在樹下，以免吸入該種氣體。羅望子樹的根部附近通常沒什麼植被，這可能就是原因。不過，大熱天正中午的，它的確提供了一個很理想的野餐地點。

果肉板，裡面帶有比例不一、堅硬如石的種子。印度出產的羅望子磚（tamarind block）質地相當乾燥，裡面夾雜著手指甲大小的紙片狀豆莢內皮。從東南亞，大多是泰國來的羅望子比較乾淨，看起來非常黏。兩者風味上區別不大，只是有些廚師偏愛泰國羅望子的美，有些廚師則覺得印度羅望子比較容易處理，因為黏度較低。因為羅望子的含酸量，所以它品質穩定，不需要太特別的儲存條件，只要把羅望子磚裝入氣密式容器中，防止它乾掉即可。

　　羅望子濃縮液（tamarind concentrate）使用上比較方便，罐裝瓶的大小從 100 公克（3 又 1/2 盎司）到 500 公克（18 盎司）都有。濃縮液不需要特別的儲存條件，因為它含酸量高。不過，請務必遵循包裝上的指示，因為製造商可能添加了某些材料，在室溫存放時，穩定性可能就會變低。

　　羅望子膏（tamarind paste）是淺棕色，有一點鹽味，所用的包裝容器大小上可能和濃縮液類似。儲存羅望子膏的方式和儲存羅望子濃縮液一樣。

　　羅望子還有一種比較不常見的型態——粉，稱為「羅望子霜」（cream of tamarind）或是「阿薩姆粉」（assam powder）。這是羅望子萃取加入承載體，如葡萄糖（dextrose）所做出可順暢流動的粉末。阿薩姆粉印度或東南亞市場裡能買到。應該要裝入氣密式容器中，遠離溫度過高、或潮溼的場所，因為溼度會讓粉末結塊變得很硬。

　　印度鳳果（kokam）成員中有一種叫做亞參果（asam gelugor），雖說也是酸味的果子，但是切片被稱作「羅望子

隱藏在顯眼的地方

印度人利用羅望子製作了一種清新的飲料，叫做 imli panni，在中東還有一種加糖的版本，用漂亮的玻璃酒瓶型瓶子裝著賣。在東南亞有些地方會賣一種美味的甜點，那是加了甜味的羅望子丸在糖中滾動製成的，有時候還會添點辣椒粉加味。雖說西方不知道羅望子的人多得讓人吃驚，不過很多人卻是經常吃它而不自覺——羅望子是伍斯特辣醬油（Worcestershire sauce）的主材料之一。

每茶匙重量（5ml）

- **胡桃大小的塊：** 12 公克

每 500 公克（1 磅）建議用量

1 個胡桃大小顆粒泡 1/2 杯（125 毫升）熱水

- **紅肉：** 1/2 杯（125 毫升）羅望子水
- **白肉：** 1/3 杯（75 毫升）羅望子水
- **蔬菜：** 1/3 杯（75 毫升）羅望子水
- **穀類和豆類：** 1/2 杯（125 毫升）羅望子水
- **烘烤食物：** 1/2 杯（125 毫升）羅望子水

片」就不對了。在印度南部，印度鳳果（參見 336 頁）常被稱作「魚用羅望子」（fish btamarind），這也有點混淆不清，因為印度鳳果和羅望子唯一的相似之處，只有它的酸味。

應用

由於羅望子中的酒石酸成分高，所以在大多數熱帶國家，羅望子都是最受歡迎的食物酸味劑之一。食譜中標示使用的通常是在料理中加入多少量的羅望子水（最常見的是 2 大匙 /30 毫升到 1/2 杯 /125 毫升）。要從磚塊狀態製作羅望子水，先要敲出一顆胡桃大小的塊（直徑 2cm，約 3/4 吋）加到 1/2 杯（125 毫升）的熱水中。好好攪拌均勻，用湯匙稍微往下壓一壓，在一旁放置 15 分鐘。把泡過的水濾出來，剩下的果肉盡可能壓乾後再丟掉。

羅望子水也可以用濃縮液來製作，把 2 茶匙（10 毫升）的濃縮液放入 1/2 杯（125 毫升）水中溶解。如果你把羅望子水當成另一種形式的檸檬汁，那麼用的比例大致和檸檬汁相同，運用到任何料理中，風味的濃淡應該要適度就好。

羅望子膏顏色是淺褐色，在東南亞的快炒中常會使用；使用時要酌量，因為裡面含鹽量很高。它不是羅望子水的替代品——沒有氧化的膏風味不同，更鹹些，也不那麼酸。

羅望子粉是料理時，很容易使用的酸味，在烹飪時直接加入菜餚中即可，方法和使用青芒果粉（Amchur powder，參見 68 頁）大致相同。

羅望子酸甜蝦
Sweet Tamarind Shrimp

這道可口的蝦料理是根據北印度料理「印度甜辣蝦」（prawn patia）去調整的，該道料理源自於波斯。

製作6小份

準備時間：

● 20 分鐘

烹煮時間：

● 20 分鐘

 提示 羅望子可以用在其他一些使用檸檬或檸檬汁的料理，用來平衡甜味、鹹味和辣味。

這道料理可以使用喀什米爾（Kashimiri）辣椒粉，風味佳，用途也多。大多數的印度市場都能買到不同的辣度（研磨時使用的種子和內膜量決定了辣度）。

如果沒有棕櫚糖，等量的包裝砂糖也能替代。

● **研磨砵和杵**

1 杯	羅望子果肉	250 毫升
1½ 杯	熱水	375 毫升
8 根	青辣椒，去籽切碎	8 根
5 瓣	蒜頭，剁碎	5 瓣
2 茶匙	孜然粒	10 毫升
¼ 杯	油	60 毫升
3 顆	洋蔥，切碎	3 顆
2 茶匙	孜然粉	10 毫升
2 茶匙	芫荽籽粉	10 毫升
2 茶匙	印度馬薩拉綜合香料（garamma sala，參見 735）	10 毫升
1½ 茶匙	中等辣度辣椒粉（參見左側提示）	7 毫升
1 茶匙	薑黃粉	5 毫升
4 顆	番茄，切丁	4 顆
4 茶匙	棕櫚糖（參見左側提示）	20 毫升
20 片	新鮮或乾燥的咖哩葉	20 片
些許	海鹽	些許
12 盎司	中等大小的生蝦，去殼抽筋	375 公克
½ 杯	新鮮芫荽葉（香菜）	125 毫升

1. 小碗中放入羅望子，以熱水蓋過，放置一旁 15 分鐘。用細網目將湯汁瀝乾，果肉擠壓後再丟棄。

2. 使用研磨砵組，把辣椒、蒜頭、孜然粒等一起研磨，放置一旁。

3. 大鍋開中火，熱油。把洋蔥放進去，炒 5 分鐘，直到變軟。將備好的辣椒食材混入，再炒 2 分鐘，直到變香，好好混勻。把研磨好的孜然、芫荽、馬薩拉香料、研磨好的辣椒和薑黃一起拌入。繼續翻炒，持續 1 分鐘，直到混合均勻。加入番茄繼續煮，要經常攪拌，大約 5 分鐘，直到番茄變得像醬汁。拌入羅望子水、糖和咖哩葉；用鹽調味，試試看鹹淡。煮到滾，火轉小，放入蝦子煮 4 到 5 分鐘，直到蝦子轉紅熟透。離火，用芫荽葉裝飾。立刻上桌。

龍蒿 Tarragon

Artemisia dracunculus

各國語言名稱

- **阿拉伯文**：tarkhun
- **中文（粵語）**：ngaai hou、luhng ngaai、yan chahn hou
- **中文（國語）**：ai hao、long ai、yin chen hao、long hao
- **捷克文**：estragon、pelynek kozalec
- **丹麥文**：esdragon
- **荷蘭文**：dragon、drakebloed
- **芬蘭文**：rakuuna
- **法文**：estragon、herbedragonne
- **德文**：dragon、estragon
- **希臘文**：estrangon、drakos、tarankon
- **匈牙利文**：tarkony
- **義大利文**：dragoncello、estragone
- **日文**：esutoragon
- **挪威文**：estragon
- **葡萄牙文**：estragão
- **俄文**：estragon
- **西班牙文**：estragon、tarragona
- **瑞典文**：dragon
- **泰文**：taeragon
- **土耳其文**：tarhun、tuzla otu

科 名：菊科 Asteraceae（舊稱 Compositeae）

品 種：法國龍蒿（French tarragon；學名：*A. dracunculus*）、俄國龍蒿（Russian tarragon；學名：*A. dracunculus dracunculoides*）

別 名：winter tarragon（冬龍蒿）、Mexican tarragon（墨西哥龍蒿）、Spanish tarragon（*Tagetes lucida*；西班牙龍蒿）

中文別名：香艾菊、狹葉青蒿、蛇蒿、椒蒿、青蒿、他拉根香草

風味類型：濃香型

使用部位：葉（香草）

背後的故事

13 世紀之前，很少有文字提及龍蒿，而伊本·貝塔爾（Ibn Baitar）這位居住在西班牙，受人敬重的阿拉伯醫師敘述了龍蒿的優點，並稱它為「tarkhun」（阿拉伯語，龍的意思）。龍蒿一直到 6 世紀才以調味品的作用被較多人認識，法國也有種植，他們稱它為「estragon」，意思是小龍。它的名字裡面帶有「龍」的意思，相信不是與它盤捲如蛇般的根系，就是曾為蛇毒的解毒劑有關。

龍蒿在 1548 年被引介到英國；《傑拉德的藥草與植物應用圖誌》（*Gerard's Herball*，1597 年）曾提過。在法國，它最受歡迎的作用是料理香草，很多傳統的食譜裡都能見到。龍蒿在 1806 年前就出現在美國了。

植株

法國龍蒿是小型的草本多年生植物。深綠色的葉光滑油亮，形狀狹長，從堅韌如鐵絲般的莖梗相對兩面往上長出葉子，和莖形成一個三角形，高度約 90 公分（35 吋）。小小

可搭配
- 羅勒
- 月桂葉
- 細葉香芹
- 蒔蘿
- 蒜頭
- 歐當歸
- 馬鬱蘭
- 紅椒
- 巴西利
- 風輪菜

傳統用法
- 韃靼（tartare）醬
- 法式伯那西醬
  （béarnaise）
- 沙拉調味醬及調味醋
- 魚和貝類
- 雞肉
- 火雞
- 野味
- 小牛肉
- 蛋料理

調和香料
- 法式綜合調味香草（fines
  herbes）
- 沙拉香草（salad herbs）

的黃色花蕾很少長成花朵，據說，就算是種子是在很不尋常的環境中形成的，也通常是發不了芽的。

因此，被稱為「真正龍蒿」的法國龍蒿只能利用分株法，或扦插法（參見 27 頁）來種植。種植的土壤排水必須良好，不能遇到堅霜（hard frost）的氣候，種植位置也要日照充足，但是午後最好能有遮蔭。法國龍蒿因為具有獨特的甘草——大茴香香味而受到廚師的推崇，能促進食慾的辛香風味久久不散。

其他品種

俄國龍蒿（Russian tarragon；學名：*A. dracunculus dracunculoides*）無論是辛香口感或香氣都不如法國龍蒿。要辨認俄國龍蒿很容易，因為它高度是法國龍蒿的 2 倍，植株較大、顏色淺、鋸齒葉，花會結種子。

冬龍蒿（winter tarragon；學名：*Tagetes lucida*，也稱墨西哥龍蒿或西班牙龍蒿），是金盞花（萬壽菊 marigold）家族的一員，和小萬壽菊（huacatay，325 頁）一樣。開艷黃色的花；植株健壯，看起來很乾淨，有結實的深綠色葉子；香氣算是相當濃郁、辛香，和法國龍蒿類似。冬龍蒿可以用種子播種，常被誤認為法國龍蒿。

優質香草

法國龍蒿原生於地中海地區，是料理愛用的香草，而俄國龍蒿原產於西伯利亞，味道較淡，口感也沒那麼好。法國龍蒿在加州進行商業化栽種已經很長的時間了，意思是，當西方世紀在 20 世紀中葉戀上法國料理時，市面上已經能買到品質優良的乾燥龍蒿了。

我們曾拜訪過一座位在紐西蘭南島坎特伯雷（Canterbury）區外的香草農場，他們的法國龍蒿農田緊鄰著乾燥脫水設備。這意味著，農夫剛採收下來、切好的鮮葉，不到半個小時就能送進乾燥機裡，這對維持龍蒿獨特的風味頗有幫助。

處理方式

種植法國龍蒿時，一定要記住，至少3年就要重新種1次，最好是從植物頂端剪一段下來扦插。尤其是在澳洲這樣的天氣條件下，法國龍蒿3年後，葉子的香氣和風味都會開始變差，直到跟次級的俄國龍蒿品種相似為止。

法國龍蒿的乾燥效果好得令人驚訝，當你想到這種多年生植物在冬天時是如何凋零的，就會覺得很幸運。和巴西利一樣，法國龍蒿可以在家自行乾燥，但是被精心乾燥的商品品質通常很優良。

要利用自家種植的龍蒿乾燥，請在植株很茂密時將莖梗剪下來（最好在不會結子的花苞出現之前），採收可以

持續進行，直到秋天轉黃的跡象初次出現為止。將剪下來的莖幹綁成一小束，上下顛倒，放在光線陰暗、溫暖、乾燥、通風良好的場所乾燥，這場所要有足夠的空間讓空氣能好好流通。葉子幾天之內就會轉成深綠色，但沒有變黑的跡象，摸起來有酥脆的感覺。用大拇指和食指順著莖幹往下滑，把葉子取下。

龍蒿精油是以蒸餾法萃取的，可用在香水、飲料、甜品、企業生產的芥末醬與沙拉調味醬。

購買與保存

法國龍蒿不易取得，所以購買鮮品時要多留一點心。如果大茴香香氣或是濃烈的滋味並不明顯，或許是買到俄國龍蒿了。有一大簇漂亮黃花的則是另外一個馬腳，它是另外一個品種，冬龍蒿。

新鮮的龍蒿如果把莖插在水裡（像花插瓶一樣），每天換水並放進冰箱冷藏，容器上蓋個塑膠袋搭棚，可以維持很多天。也可以把葉子切碎，放入製冰格，上面用水稍微蓋過，放入冷凍庫，要用時取用即可（可維持 3 個月）。

乾燥的龍蒿葉可以買得到，而且味道一定要芬芳，口感濃厚。葉子必須是深綠色，絕對不要黑褐色或是卡其色的。裝入氣密式容器中，遠離溫度過高、光線太亮、或潮溼的場所。這樣，乾燥的龍蒿葉風味至少可以保存 1 年。

應用

法國龍蒿造就了某些法國醬汁產生獨特的風味，像是韃靼醬（tartare）和法式伯那西醬（béarnaise），它也是風味細緻的法式綜合香料（fines herbes）中一個重要的材料（其他還有蔥韮、細葉香芹和巴西利）。龍蒿特別能增添醋的風味，只要把一整枝龍蒿洗好、連枝帶葉的放進一瓶優質的白醋中浸泡幾個星期即可。龍蒿醋是調製沙拉調味醬和自製芥末醬時，相當有用的成分。龍蒿能讓魚和貝類風味提昇，和雞肉、火雞、野味、小牛肉和大多數的蛋料理搭配都很合適。切碎的葉（或乾燥的葉子重新泡好）放在美乃滋、融化的奶油醬汁和法式調味醬中既漂亮又美味。

每茶匙重量（5ml）

- 乾燥葉，整片和切碎：0.8 公克

每 500 公克（1 磅）建議用量

- 紅肉：1 茶匙（5 毫升）乾品，4 大匙（20 毫升）鮮葉切碎
- 白肉：3/4 茶匙（3 毫升）乾品，1 大匙（15 毫升）鮮葉切碎
- 蔬菜：1/2 茶匙（2 毫升）乾品，2 茶匙（10 毫升）鮮葉切碎
- 穀類和豆類：1/2 茶匙（2 毫升）乾品，2 茶匙（10 毫升）鮮葉切碎
- 烘烤食物：1/2 茶匙（2 毫升）乾品，2 茶匙（10 毫升）鮮葉切碎

法國龍蒿雞
French Tarragon Chicken

龍蒿、雞肉和鮮奶油的組合能令人飛昇到天堂，就如同這道簡單又經典的料理能帶給你的感受。龍蒿類似大茴香的獨特風味能消除鮮奶油的油膩，而且不會搶了雞肉的風味。請賣雞的人幫你把雞肉切好，或是買八塊已經切好的雞肉，料理後和馬鈴薯泥或米飯一起上菜。

製作4人份

準備時間：
- **10 分鐘**

烹煮時間：
- **50 分鐘**

 提示 想要醬汁更濃郁、更豐潤，可以用鮮奶油（含脂量 18%）來取代雞高湯，用鹽和胡椒來調味，試試鹹淡。

- **33x23 公分（13x9 吋）陶瓷或玻璃烤盤**
- **烤箱預熱到攝氏 180 度（華氏 350 度）**

1 大匙	奶油，分批使用	15 毫升
3 顆	紅蔥頭，切末	3 顆
1 隻	雞，切成 8 塊	1 隻
些許	海鹽和現磨黑胡椒	些許
2/3 杯	白酒	150 毫升
2/3 杯	雞高湯	150 毫升
2/3 杯	鮮奶油（含脂量 18%）	150 毫升
1/2 杯	新鮮龍蒿葉，輕壓一下，分批使用	125 毫升
1 大匙	現壓檸檬汁	15 毫升

1. 煎鍋開中火，融化 1 又 1/2 茶匙（7 毫升）的奶油。加入紅蔥頭，炒到變成金黃色，大約要 3 到 4 分鐘。用漏杓把紅蔥頭裝到烤盤。鍋子轉到中小火，把剩下的奶油融化。

2. 把雞用紙巾拍乾，用鹽和胡椒調味。雞肉皮面朝下放入煎鍋，中火煎到變成焦黃色，大約 5 到 8 分鐘。雞肉塊翻面，再煎 2 分鐘，直到稍微變焦黃。把雞塊盛到烤盤中，皮面朝上。

3. 將白酒和高湯加進煎鍋裡，把鍋底黏附的焦褐色料刮起來。將湯汁倒入烤盤中，加入鮮奶油、1/4 杯（60 毫升）的龍蒿和檸檬汁。在預熱好的烤箱中烤 40 分鐘，直到把叉子插入雞腿流出清澈的湯汁為止。

4. 把雞肉從烤箱中拿出來，在上面加上剩餘的龍蒿。用鹽和胡椒調味，試試鹹淡，立刻上桌。

變化版本

雞肉如果沒吃完，可以把肉從骨頭上剝下來，用美乃滋混合，就能做成美味的三明治內餡，或是雞肉派的料。

百里香 Thyme

Thymus vulgaris

科　　名：唇形科 Lamiaceae（舊稱唇形花科 Labiatae）

品　　種：庭園百里香（garden thyme；學名：*T. vulgaris*）、檸檬百里香（lemon thyme；學名：*T. citriodorus*）、野生百里香（wild thyme；學名：*T. serpyllum*）、寬葉百里香（larger wild thyme；學名：*T. pulegioides*）

別　　名：common thyme（普通百里香）

中文別名：麝香草、麝香百里香、直立百里香

風味類型：激香型

使用部位：葉（香草）

背後的故事

百里香原生於地中海一帶；這種植物有許多品種都來自於包含南歐、西亞和北非在內的地區。埃及人（用百里香來做屍體防腐）和古代希臘人（用它來燻蒸）都對它的殺菌特質相當讚許。西元第 1 世紀的希臘醫師戴奧科里斯（Dioscorides），曾提過它祛痰的價值，而老普林尼

可搭配

- 獨活草／印度藏茴香
- 羅勒
- 月桂葉
- 芫荽籽
- 蒜頭
- 馬鬱蘭
- 薄荷
- 肉豆蔻
- 奧勒岡
- 紅椒
- 迷迭香
- 鼠尾草
- 風輪菜
- 龍蒿

傳統用法

- 湯品
- 砂鍋
- 肉捲
- 肝醬（pâtés）
- 法式醬糜（terrines）
- 香腸
- 馬鈴薯沙拉
- 禽類的內餡
- 濃郁的醬汁和肉汁

調和香料

- 燉煮用香草束
  （bouquet garni）
- 美國紐奧良肯瓊綜合
  香料（Cajun spices）
- 普羅旺斯料理香
  草（herbes de
  provence）
- 義大利綜合香草料
  （Italian herbs）
- 牙買加辣味香料
  （Jamaican jerk
  seasoning）
- 綜合香草料（mixed
  herbs）

（Pliny）則推薦用它來燻蒸。百里香（thyme）的名字源自於希臘字 thymon，意思是「燻蒸」，只不過，還是有一些使用類似字彙的不同解釋方式，分別代表了「勇氣」和「犧牲」——這是與百里香聯想在一起的其他特質。在希臘語中，「百里香之香」是一句真誠的恭維，暗喻優雅。而野生百里香學名的字尾「serpyllum」則源自於希臘字，意思是「匍匐」，可能是出於矮生、纏繞，習性如蛇一般的地被型百里香。古代的羅馬人發現百里香令口齒清爽的感覺對油膩的起司有很好的互補效果，百里香也用來幫酒精類飲品增添風味。傳說中曾提過，聖母瑪利亞和聖嬰耶穌鋪床的草中就含有百里香。

1725 年，德國的製藥師紐曼（Neumann）將百里香的精油——百里酚（thymol）分離出來了。但值得注意的是，直到 20 世紀初期，世界大多數的百里香精油實際上是從獨活草籽（ajowan seeds，參見 46 頁）中萃取出來的，而不是百里香香草。

百里香是由羅馬人引介到英國的，從中世紀起在英國就極為常見。到了 16 世紀，百里香在英國已經馴化種植了（傑拉德在他 1597 年的《藥草與植物應用圖誌（Herball）》中曾提及），只是英國種植的百里香味道比不上地中海較熱氣候下種出來的香味濃冽。

希臘聞名遐邇的伊米托斯蜂蜜（Hymettus honey）有一種獨特的風味，這是因為製造這種蜂蜜的蜜蜂在百里香開花季節，從雅典附近的伊米托斯山採了數量豐富的野生百里香花粉。

植株

雖說百里香的品種在 100 種以上，這其中還包括了許多雜交品種，事實上，真正具有料理用處的只有兩種：一般的普通庭園百里香（*Thymus vulgaris*）和檸檬百里香。

庭園百里香是小型的多年生灌木，根據種植地土壤和氣候條件的不同，外觀差異很大。一般來說，這個品種的百里香外觀硬挺，枝叢茂密。有許多細瘦、直立的莖桿，高度不超過 30 公分（12 吋），披覆著許多成對的橢圓形

小窄葉，葉子顏色灰綠，長度5到6公釐（1/4到1/3吋），有時葉背還會是鏽紅色。粉紅色的白唇花朵從枝椏尖端的輪生葉處冒出，非常招蜜蜂。

百里香的香氣嗆烈、溫暖、辛香又好聞。風味也一樣嗆烈而溫暖，有種久久不散的藥味，像口腔清新劑的刺激，這是來自於裡面重要的揮發油——百里酚。

其他品種

檸檬百里香（lemon thyme；學名：*Thymus citriodorus*）是庭園百里香和寬葉百里香的雜交種，植株構造類似，但高度矮，只有15公分（6吋）左右。葉子顏色比庭園百里香翠綠，只是風味濃烈度較弱，帶著一種特別迷人的檸檬香。**野生百里香**（又稱紅花百里香，鋪地香，匍匐百里香，wild thyme；學名：*T. serpyllum*）可算是最出名的矮生型地披百里香，在假山林園和砂石細縫間數量極豐。**寬葉百里香**（larger wild thyme；學名：*T. pulegioides*）只當做觀賞性植株種植。不像野生百里香低矮匍匐有覆地性，倒是可以種在家中的庭園花床上和假山林園中。

處理方式

百里香種在大家認為最適合的氣候條件下採摘下來時，幾乎已經近乎乾燥狀態。我記得曾在土耳其南部看到百里香種在非常乾旱的狀態下，旁邊圍繞著鹽膚木，那時我心想，這種植物看起來真是又小又乾呀！不過，由於生長環境中缺乏溼氣，陽光又充足，所以它的風味被濃縮了，強勁到令人驚奇。

百里香乾燥的方式和其他硬葉子的草本植物，像鼠尾草、奧勒岡和迷迭香一樣：放置在有遮蔭，溫暖、溼度低的地方。葉子用大目的篩網一揉動，很容易就能從莖上脫落下來，小小的葉子被篩落出去，留下一段段木質的莖梗。

非料理用品種

觀賞類的百里香很少用在料理中，品種包括了西摩蘭百里香（Westmoreland thyme；學名：*T. vulgaris' West more land'*）、黃斑百里香（golden thyme；學名：*T. x citriodorus 'Aureus'*）、銀斑百里香（silver posie thyme；學名：*T. vulgaris' Silver posie'*）、（假）羊毛百里香（gray woolly thyme；學名：*T. pseudolanuginosus*）、斑葉檸檬百里香（variegated lemon thyme；學名：*T. citriodorus 'Variegata'*）以及荷芭百里香（caraway thyme；學名：*T. herba-barona*）。

香料生意中的旅行

我們拜訪位在普羅旺斯的農場時，被引介給一群種植百里香、風輪菜和迷迭香的農夫，他們正在攜手努力，希望能繁殖普羅旺斯的野生百里香。春日開車穿越普羅旺斯一些較空曠的地區，一叢叢勇敢的粉紅野生百里香（Thymus vulgaris）花朵紛紛冒出了頭。這種野生百里香獨特之處在於它揮發油的成分比其他的 T. vulgaris 品種拼命提煉還要高得多。不過，由於它並非人工企業化栽種，所以有逐漸消失的危機。過去許多世紀以來，許多只能從野生品種採收的植物都經歷過類似的命運。採收的人摘取花朵的花序、種子以及葉子，結果，這些植物就無法自行播種，繼續繁衍。我們遇見的農夫群在過去幾年一直在收集野生百里香的種子，並進行種植，以利企業化生產。雖說栽種野生品種聽起來很矛盾，不過有機農夫們以及以延續為目的的收集種子的人就是在做這樣的事情。這個野生品種的口感濃郁，每年在採收輸出後都被大力吹捧，而每年的採收量雖然超過 16 噸，但還是有許多訂單等著交貨。

新鮮未必一定最好

我們在法國南部的普羅旺斯時，我問一位遇見的農夫，為什麼當地的市集上看不見新鮮的百里香販賣。她是這樣回答的：「當然是因為我們只用乾燥的百里香嘍，因為新鮮的做菜不好用。」這印證了我的觀點，在許多料理中，某些香草還是採用乾品比較好。

幾年前，有人告訴我一個超級簡單的方法可以取下葉片——把乾燥後的百里香枝椏放在一塊水泥板上，上面用個大滾輪壓過去。灌木枝一壓就會再次彈跳起來，很容易撿拾，留下來的葉子掃成一堆，收集起來就好。

品質最上等的乾燥百里香葉通常是風篩，去除殘留莖梗的。風篩是一種古老的農作方式，是一種將不想要的部分分離的辦法。把要風篩的東西投入空中，讓風把較輕的部分吹走，留下來較重的、想要保留的部分就會直接跌落地面。而以百里香的例子來說，較重的莖梗會落在風篩機器的前面，而葉子則被吹落到較遠的地方等待收集，距離遠近看風的強度決定。近來，風篩法已經被機械取代了，機器有一系列的濾網可以將不同大小和重量的物質分離，不會造成浪費。

購買與保存

新鮮的庭園百里香和檸檬百里香通常能在生鮮的零售商處買到成束出售的。這種植物實在太強韌，所以很難想像會買到枯萎的百里香。百里香保存時如果太溼，葉子就會開始變黑，失去風味。

百里香枝如果插在水裡（像花插瓶一樣），放進冰箱

冷藏，可以維持 1 個星期以上。葉子也可以剝下來，放入製冰格後加一點水去冷凍，在冷凍庫中可以保持 3 個月。整枝帶葉以鋁箔包好放進冷凍庫，也能保持 3 個月。

乾燥的百里香在超市和食品專賣店能買到。優質的乾燥庭園百里香葉子顏色是灰綠色。裡面應該不含任何莖梗，因為煮了不會變軟，吃到會不舒服。

在中東，他們那種顏色頗為青綠、味道辛嗆誘人的百里香被稱為薩塔（zatar），同一個詞也被用來稱呼一種綜合香料。如果你要在中東的店裡買百里香，要說「薩塔香草」（zatar herb），如果要買混有鹽膚木的綜合香料，要講「薩塔綜合香料」（za'atar mix）。

檸檬百里香很少看到以乾燥型態販售，可能是因缺乏需求，而不是因為乾燥後是否能保持原有風味的原因。保存百里香的方式應該和其他乾燥香草一樣：裝入氣密式容器中，遠離溫度過高、光線太亮、或潮溼的場所。百里香如果保存正確的話，儲存時間會比大部分乾燥的香草來得久——保存期大約可以從 18 個月到 2 年。

應用

如果說要列出加入百里香的食譜，倒不如說把沒有用它的菜色列出來——這樣說可能有點言過其實，不過，在西方和中東的料理，很多傳統的菜色中，都能發現百里香的蹤影。它獨特的美味嗆辛味能為湯品、燉品和砂鍋，以及所有帶肉的菜色帶來令人愉快的深度風味。

百里香在燉煮用香草束（bouquet garni）中是重要的成分，其他還有馬鬱蘭、巴西利和月桂葉。而綜合香草裡，大多會加入百里香、鼠尾草和馬鬱蘭。百里香能把雞的味道襯托得相當好，我們家最喜歡的雞肉料理中，其中一種就是將雞塊外面沾滿薩塔綜合香料，然後再去燒烤、油煎或烘烤。百里香加到肝醬和法式肉糜味道絕佳，加一點到肉捲、牛絞肉和香腸中也能增添美味的甘味。它和番茄以及馬鈴薯非常對味，加到馬鈴薯沙拉中特別出色，和玉米及四季豆也很搭配。百里香在味道濃郁的香腸中效果不錯，是製作泡菜和辛香橄欖時重要的提味材料。

每茶匙重量（5ml）

- 整片乾燥並揉碎的葉子：1.5 公克
- 研磨成粉：1.3 公克

每 500 公克（1 磅）建議用量

- 紅肉：1 茶匙（5 毫升）乾品，1 大匙（15 毫升）鮮葉
- 白肉：3/4 茶匙（3 毫升）乾品，2 茶匙（10 毫升）鮮葉
- 蔬菜：1/2 茶匙（2 毫升）乾品，1½ 茶匙（7 毫升）鮮葉
- 穀類和豆類：1/2 茶匙（2 毫升）乾品，1½ 茶匙（7 毫升）鮮葉
- 烘烤食物：1/2 茶匙（2 毫升）乾品，1½ 茶匙（7 毫升）鮮葉

香腸百里香砂鍋
Sausage and Thyme Cassoulet

這道鄉村風味、內容精采的法式砂鍋是我有朋友來訪時最愛做的菜色之一，冬日的宴會，我常會一次準備一大份。我用碗來裝砂鍋料，菜餚上還會放上酥脆的香草碎屑，用來取代香檳和放著肉或起司的小餅乾。大夥兒在爐火前時，或站或坐，手拿叉子或湯匙享受，還能配上一杯可口的卡本內（Cabernet）或西拉（Shiraz）紅葡萄酒。如果想要更有飽足感，還可以享用馬鈴薯泥。

製作4人份

準備時間：
- **20 分鐘**

烹煮時間：
- **45 分鐘**

提示 這道料理裡面加土魯斯（Toulouse sausage）最好，不過如果買不到，風味濃郁的全豬肉香腸也可以。北非辛辣紅香腸（merguez）、西班牙喬利佐香腸（chorizo）或是坎伯藍香腸（Cumberland）也都可以試試看。

● **烤箱預熱到攝氏 200 度（華氏 400 度）**

麵包屑配料

1 杯	新鮮的酸種麵包屑（Sourdough bread）	250 毫升
1 瓣	蒜頭，剁成很細的末	1 瓣
½ 顆	小顆紫洋蔥，剁成很細的末	½ 顆
1 大匙	新鮮的百里香葉	15 毫升
1 大匙	新鮮的巴西利葉，切細末	15 毫升
1 茶匙	現磨的檸檬皮	5 毫升
2 大匙	橄欖油	30 毫升

砂鍋

2 茶匙	橄欖油	10 毫升
1 顆	紫洋蔥，切末	1 顆
2 瓣	蒜頭頭，切碎	2 瓣
1 顆	紅色彩椒，去籽切塊	1 顆
4 條	豬肉香腸，切成 1 公分（½ 吋）厚的片（參見左側提示）	4 條
2 塊	鯷魚肉（anchovy fillets），切碎	2 塊
1 塊	油封鴨胸（confit duck breast）切碎（參見 639 頁提示）	1 塊
1 罐	番茄丁（398 毫升 /14 盎司），帶湯汁	1 罐
1 杯	皇帝豆（利馬豆 lima beans），煮熟瀝乾	250 毫升
1 杯	黑眼豆（black-eyed peas），煮熟瀝乾	250 毫升
1 杯	干型（不甜）的紅酒	250 毫升

1½ 大匙	乾燥的百里香	22 毫升
1 茶匙	乾燥的迷迭香	5 毫升
1 茶匙	紅椒粉	5 毫升
1 茶匙	煙燻甜味紅椒粉	5 毫升
1 茶匙	艾斯佩雷辣椒（piment dEspelette 參見 459 頁）	5 毫升
些許	海鹽和現磨黑胡椒	些許

提示　油封鴨（confit duck）熟食店和食品專賣店可以買得到即食品。

1. **包屑配料：** 在碗中加入麵包屑、蒜頭、洋蔥、百里香、巴西利、檸檬皮和油，混合均勻，麵包屑一定要完全沾覆到油。均勻塗抹到烤盤上，在預熱好的烤箱烤 5 分鐘，直到變成金黃色。從烤箱取出，放置一旁。

2. **砂鍋：** 大砂鍋或鑄鐵鍋開中火，熱油。加入洋蔥，炒到透明為止，大約要 5 分鐘。加入蒜頭和紅椒繼續炒 2 分鐘，直到變軟。加入香腸，炒到兩面變成焦黃色，大約要 6 分鐘。加入鯷魚、碎鴨肉、皇帝豆、黑眼豆、酒、百里香、迷迭香、兩種紅椒粉和艾斯佩雷辣椒粉。攪拌均勻，火轉到小火，繼續燜煮約 30 分鐘，直到湯汁變稠，香腸變柔軟。用鹽和胡椒調味，試試鹹淡。要上桌時，以杓子盛入碗中，上面撒上酥脆的麵包屑配料。

零陵香豆 Tonka Bean

Artemisia dracunculus

各國語言名稱

- **中文（國語）**：ling ling xiang dou
- **捷克文**：tonko semen
- **荷蘭文**：tonkaboon
- **芬蘭文**：tonkapapu
- **法文**：fève de tonka
- **德文**：tonkabohne
- **匈牙利文**：tonkabab
- **日文**：tonkabinzu
- **韓文**：tongga bin
- **波蘭文**：tonkowiec wonny
- **葡萄牙文**：cumaru
- **俄文**：bob tonka
- **西班牙文**：haba tonka

科　　名：豆科 Fabaceae（舊稱 Leguminosae）

別　　名：tonkin bean（東陵香豆）、
tonquin bean（東寧香豆）

中文別名：東加香豆、黑香豆

風味類型：激香型

使用部位：種子（香料）

背後的故事

零陵香豆原生於南美洲北部，主要產區在委內瑞拉，但是哥倫比亞、巴西和尼加拉瓜也有出產。回首零陵香豆的歷史，最有趣、也是爭議性最大的地方就在它可能具有的毒性。這種豆子含有大約 3% 香豆素（coumarin），大量食用可能會對肝臟有損。香豆素在桂皮（cassia，學名：*Cinnamomum cassia*、*C. burmannii* 和 *C. loureirii*）、甘草（licorice，學名：

Glycyrrhiza glabra，也是豆科成員）以及薰衣草（*Lavandula angustifolia*）中也都有。正常料理的使用量，一般對健康的人是不會產生不良影響的。在澳洲和歐洲許多地方，零陵香豆在主廚以及美食愛好者之間已經受到高度的歡迎。它新近名聲的崛起大多拜媒體對其獨特風味特質的高度追捧，而它在美國不合法的危險性所引發的興奮或恐懼感，也很可能提高了它的名氣。無論如何，大多數國家的食品安全當局發出來的忠告都還是維持「謹慎使用」。

植株

生產零陵香豆果實的東加樹長得高大雄偉，通常都有濃密又油亮的葉子，樹高可達 20 公尺（65 呎）以上，樹幹直徑可達 1 公尺（3 呎）。樹木生長在溼潤、排水良好的土壤中，土質相對貧瘠。不過，樹木生長的茂密、花苞的數量，以及豆莢的生產都可以因為良好的土質、肥料與堆肥而有所提昇。這種樹木的木質堅硬，會被拿來作地板。在開花後的 3 個月左右，青綠色，然後是淺棕色到偏黃色的豆莢會形成，樣子看起來像是成熟中的小顆芒果。種子（或稱豆子）就是在這些豆莢之中。零陵香豆味道極為嗆濃，非常複雜的香氣會讓人聯想到英國的杏仁蛋白層（marzipan）、苦味杏仁、肉桂和香草。

處理方式

全熟的豆莢會從樹上掉下來，從落葉間撿拾後，放進柳編籃子裡接著處理。豆莢切開，或用鎚子敲開，露出裡面看起來皺皺的橢圓形褐色種子（零陵香豆），長度大約有 2.5 公分（1 吋）。如果切到露出裡面的橫斷面，就能看到豆子裡面乳白色的心。這些豆子是全籽，要放到太陽下曝晒。

可搭配
- 多香果
- 小荳蔻
- 桂皮
- 肉桂
- 丁香
- 芫荽籽
- 薑
- 香草

傳統用法
- 以牛奶為基底的甜點
- 烘焙食物
- 燉煮水果
- 乾果盤

調和香料
- 不常用於調和香料中

香豆素的問題

1954 年，由於早期明顯錯誤的資料所致，香豆素被認為有抗凝血劑的作用（其實沒有），美國食品藥物管理局立法禁止零陵香豆以調味料的功能進口。就我所知，這條禁制至今仍在。

零陵香豆 Tonka Bean

- **整粒零陵香豆平均重量**：2 公克
- **研磨成粉**：2.5 公克

每 500 公克（1 磅）建議用量

- **紅肉**：1/3 茶匙（1.5 毫升）研磨粉
- **白肉**：1/4 茶匙（1 毫升）研磨粉
- **蔬菜**：1/4 茶匙（1 毫升）研磨粉
- **穀類和豆類**：1/4 茶匙（1 毫升）研磨粉
- **烘烤食物**：1/4 茶匙（1 毫升）研磨粉

購買與保存

　　零陵香豆在某些香料專賣店能買到。購買時要選擇顆粒完整的並少量購買，因為食譜中的用量都只有一點點。有些豆子表面上稍微有粉，有點像是杜松子莓果。這不是什麼問題，只是有些香豆素在表面產生結晶而已。保存時要放在密封性非常好的氣密式容器中，因為它的香氣滲透力很強，很容易就會讓附近的材料染上它的味道。整顆的零陵香豆放在遠離溫度過高、光線太亮、或潮溼的場所，大概可以保存 3 年或是更久。

應用

　　使用零陵香豆時關鍵字是「酌量」——一點點量，效果就很好。我發現，料理中要使用零陵香豆最好的方式就是先磨再用，方式和肉荳蔻相同。它磨成粉後和現磨的肉荳蔻一樣，香氣濃厚。它的香氣能幫冰淇淋、義大利式奶酪（panna cotta）、煮梨、焦糖布丁（crème brûlée）、海綿蛋糕、蘇格蘭奶油餅乾、水果蛋糕和聖誕布丁增添美好風味。零陵香豆也能加到野味、肝醬和鵝肝醬裡，因為它厚重的口感能均衡濃郁食物的味道，效果就和八角用在鴨肉和豬肉上一樣。

　　零陵香豆在非食物料理方面的用途包括菸草的加味，以及把用蒸餾法抽出的萃取物用於乳液和香水。

焦糖布丁 Crème Brûlée

焦糖布丁（Crème Brûlée）是一道經典甜食，似乎永不褪流行。傳統上使用的是香草豆，不過這個版本改用零陵香豆，風味特質相當類似。做這道甜點的祕訣在於蛋漿的部分不可過熟，不然就等著吃炒蛋了。

製作4人份

準備時間：
● 5 分鐘

烹煮時間：
● 30 分鐘

提示 超細砂糖（superfine sugar，糖霜粉 caster sugar）是顆粒非常細的砂糖，通常都是用於需要砂糖快速溶解的食譜裡。如果商店裡找不到，可以自己動手做。把食物處理機裝上金屬刀片，將砂糖打成非常細，質地像沙子一樣細緻的糖粉。
如果你沒有噴槍（噴燈），那麼把蛋漿放在烤箱最上面的烤架上，盡可能靠近熱源，然後開始烤。要很小心的觀察變化，直到砂糖融化，並變成深金褐色為止，大約要 3 到 5 分鐘。

● 直徑 10 公分（4 吋）的圓形烤模 4 個
● 23 公分（9 吋）方形的玻璃烤盤
● 細紗布襯著的濾網
● 廚房用噴槍 / 噴燈（參見左側提示）
● 烤箱預熱到攝氏 170 度（華氏 340 度）

1¼ 杯	動物性鮮奶油（含脂量 35%）	300 毫升
2 顆	零陵香豆，粗切	2 顆
4 顆	蛋黃	4 顆
1 大匙	超細砂糖（糖霜粉），多準備一點給雞蛋布丁（參見左側提示）	15 毫升

1. 平底鍋開中火，把鮮奶油和零陵香豆放進去混合。小火煮一下（不要煮到沸騰）。離火，蓋上蓋子，在一旁放置 10 分鐘。

2. 這同時，找一個混合用的碗，把蛋黃和糖放進去打，打到蛋黃顏色變淺，質地變蓬鬆。將剛剛的鮮奶油混合進去。在耐熱的碗上架上襯了細紗布的濾網，將混合物過濾，蛋絲和零陵香豆會被濾掉。

3. 烤盤上擺好圓形烤模，將蛋漿混合液倒進去。烤盤上慢慢倒入熱水，直到水到烤模的一半高度。放進預熱好的烤箱烤約 20 分鐘，直到蛋漿的上面轉成淺金色，但是還會晃動的狀態。小心的把烤盤從烤箱拿出來，烤模從水盤中拿出來。在一旁放置 30 分鐘待涼。之後，蓋上蓋子，放入冰箱冷藏至少 3 個鐘頭，或 1 晚（比較理想），小心別把表皮弄破。

4. 上桌前，在每個蛋漿上撒上 1/2 到 1 茶匙（2 到 5 毫升）的糖，厚度大約會有 5 公釐（1/4 吋）。用廚房噴槍噴出大約 5 到 7.5 公分（2 到 3 吋），從蛋漿頂上往下噴，加熱砂糖，均衡的移動噴槍，直到砂糖融化，並變成深的金褐色（動作要快，才不會把蛋漿「煮熟」）。剩下的幾模蛋漿都用相同方式處理。把布丁在一旁放置 5 分鐘，讓砂糖冷卻變硬再上桌。

零陵香豆 Tonka Bean

薑黃 Turmeric

Curcuma longa（也稱為 *C. domestica*）

科　　名：薑科 Zingiberaceae

別　　名：Madras turmeric（馬德拉斯薑黃）、Alleppey turmeric（阿勒皮薑黃）、Indian saffron（印度番紅花）、yellow ginger（黃薑）

中文別名：黃薑、毛薑黃、寶鼎香、黃絲鬱金

風味類型：中和型

使用部位：塊莖（香料）

各國語言名稱

- 阿拉伯文：kurkum、kharkoum
- 緬甸文：sa-nwin
- 中文（粵語）：wohng geung、watgam
- 中文（國語）：yu jin、huang jiang
- 捷克文：kurkuma、indicky safran
- 丹麥文：gurkemeje
- 荷蘭文：geelwortel、kurkuma、tarmeriek
- 菲律賓文：dilaw、dilao
- 芬蘭文：kurkuma、kurkum
- 法文：curcuma、safran des indes
- 德文：curcuma、Kurkuma、indischer Safran、Gelbwurz
- 希臘文：kitrinoriza、kourkoumi
- 匈牙利文：kurkuma
- 印度文：haldee、halad、haldi、kaha、manjal
- 印尼文：kunjit、kunyit；daunkunyit（葉）
- 義大利文：curcuma
- 日文：ukon、tamerikku
- 馬來文：kunyit、kunyit basah
- 挪威文：gurkemeie
- 葡萄牙文：açafrão-da-terra
- 俄文：zholty imbir
- 西班牙文：curcuma
- 斯里蘭卡文：munjal、kaha
- 瑞典文：gurkmeja
- 泰文：khamin
- 土耳其文：sariboya
- 越南文：nghe

背後的故事

　　據了解，薑黃沒有真正的野生品種，一般相信它是由鬱金（wild curcuma）演進而成的。經過一連串對於鬱金品種的挑選以及種植者進行的營養器官繁殖（vegetative propagation，與薑的繁殖類似。譯註：以植物的營養器官，如根、莖、芽、葉進行繁殖），薑黃才演進成今天我們所知道的樣子。薑黃原生於南亞，主要是因為醫藥與宗教上的應用而被人工培養。薑黃在西元前 600 年就被列為亞述人的香草，他們當時是作為染料使用；在西元第 7 世紀抵達中國。馬可波羅曾在 1280 年敘述過，中國的廣州使用薑黃，並註記薑黃與番紅花類似。大家不禁猜想，他是否也拿了其他有趣的東西來做取樣，因為除了顏色，薑黃和番紅花實在沒什麼共同點。就算是薑黃最艷麗的黃色，也與金澄澄的橘黃相去甚遠。

　　薑黃在第 8 世紀時，在馬達加斯加共和國為人所知，到了 13 世紀，西非人用它來當染料。當做香料時，薑黃是印度阿育吠陀（ayurvedic）的藥材之一，是印度傳統的「天然」藥材。它的療效在民俗醫有諸多被記載，現在科學家正在進行研究。含有薑黃的油膏被當殺菌劑使用，在亞洲某些地方，薑黃水則被拿來當做化妝品。

可搭配
- 多香果
- 葛縷子
- 小荳蔻
- 辣椒
- 肉桂和桂皮
- 丁香
- 芫荽（葉和籽）
- 甜茴香籽
- 葫蘆芭籽
- 南薑
- 蒜頭
- 薑
- 香茅
- 檸檬香桃木
- 泰國酸柑葉
- 芥末
- 黑種草
- 紅椒
- 巴西利
- 羅望子
- 越南香菜

傳統用法
- 亞洲和印度咖哩
- 摩洛哥塔吉鍋
- 快炒雞肉
- 海鮮和蔬菜
- 泡菜
- 醬汁
- 米飯料理

調和香料
- 咖哩粉
- 印度馬薩拉
  （masalas）綜合香料
- 切爾末拉綜合香料
  （chermoula spice
  mix）
- 摩洛哥綜合香料（ras
  el hanout）

薑黃 Turmeric

　　因對於天然染色料的消費需求提高，所以薑黃被廣泛的用作食品的染色劑（包括甜點與藥物）。黃色的薑黃紙被當成鹼性試紙。紡織業用薑黃來染色已經有非常多年，雖然依照今天的標準，它的色牢度並不太好。薑黃的價格會往上攀可能是它在料理上的應用變多，而作為染料的功能，持久度較高的合成染未來應該就會取而代之了。

植株

　　薑黃是熱帶多年生薑科（Zingiberaceae）植物的塊莖（從根部長出的主塊莖），因為要採收，所以都以一年生方式種植。薑黃葉長而扁，色翠綠，從基部長出，高度可達1公尺（3呎）。淡黃色的花看起來和薑花及某些百合類似。薑黃的塊莖常被形容為「指狀」，外表和薑類似，長約5到8公分（2到3又1/4吋）。它的橫斷面比薑來得圓，厚度約1公分（1/2吋），顏色是深橘黃色。

　　薑黃粉是艷黃色，有獨特的土香，以及令人感到驚喜的深度風味，愉快、強烈、苦味、辛辣，久久不散。

香料生意中的旅行

　　寫到薑黃時，我無法不想起我們曾經有趟旅行是到印度南部的喀拉拉邦去拜訪一座很大的薑黃種植場。在那之前，我只看過小農的香料園，薑黃種在胡椒藤和肉荳蔻與丁香樹間。有一天，在我們看過大規模的薑乾燥過程後，收到通知，表示同一地區還有一座大型的薑黃種植場。為了要找薑，我們在顛簸的路面旅行了好幾個鐘頭，然而這都只是個開端。一路上牛車經常出現阻道，我們車行的路況相當悲慘，在太陽開始西斜時，車子抵達了一片空曠的地區。司機先生指了指那類似聖經中的泥磚屋子，屋裡是剛採收下來的薑黃，正等著要清洗，送到市場去。我們問，薑黃種植場在哪裡？他說，這就是種植場啊，所有的薑黃剛剛都採收完畢了！

　　我很確定，很少有人會像我們那天那般長途跋涉，只為了看一眼已經沒有薑黃生長的農場。但至少我們腦海中還留下了一幅跨越時間的影像（光線太暗，無法照相），那椰子樹搖曳的景致，起伏如浪。

　　我喜歡大口吸入儲存的薑黃散發出的香氣（強烈的泥土味，很刺激）。起初，我以為那是要變壞，以及塵土附著在塊莖上的味道；現在，我只要一聞到優質的薑黃，就會回想到南印度儲藏屋裡那泥土的氣味。

處理方式

　　薑黃塊莖被挖出後，會被投入滾水中一個鐘頭左右，這樣能加速乾燥時間，讓薑塊產生質變，不會發芽，而塊莖中的顏色也能變得均勻——新鮮的薑黃切開時，可以看到橫斷面的橘黃色分布並不均勻。之後塊莖會被放到太陽下乾燥。

　　乾燥後，指狀塊莖會被擦洗清理，以除去外皮、細根和所有殘留在上面的泥屑。傳統的擦洗方式是工人們以手用力摩擦薑黃，或是腳上裹上數層粗麻袋套，提高摩擦力（也保護工人）。另一個方式則是把薑黃塊莖放在長麻袋中，裡面放些石頭，兩個工人搖晃兩人之中的袋子（和抖出沙灘大毛巾上的沙子方式一樣），把髒兮兮的棕色塊莖擦洗成光滑的深黃色，準備到市場販售。現代的擦洗方式是用大金屬網，或打了洞、套在軸上旋轉的的金屬桶內進行。不要的東西會從洞中掉出去，而擦洗好的塊莖則留在桶內。

研磨薑黃粉時，會先把硬如石板的塊莖先用鎚碎機壓碎，然後再換到研磨機去磨，製作出我們熟悉的艷黃色粉末（水煮過程中的膠化作用會讓薑黃塊莖堅硬如石，所以這正是幾乎無法在家自行研磨的原因）。

萃取薑黃油是為了當做食物的天然染色料（E100），或是製藥業之用，藥用有時也稱作「薑黃油樹脂」（curcuma oleoresin）。

購買與保存

隨著亞洲食物在北美洲的歡迎度提昇，廚師們也因此知道可以使用新鮮的薑黃塊莖來幫食物染色並增添風味。新鮮的薑黃鮮貨專賣店裡通常會有，特別是供貨給亞洲市場的店。挑選塊莖時應該選飽滿、結實又乾淨的。新鮮薑黃保存的方式和新鮮洋蔥及蒜頭一樣，放在櫥櫃中開放的容器裡，這樣大約可以保存 2 個星期左右。

薑黃葉（馬來菜和印尼菜中會用到）和泰國菜中用的嫩芽，也能在亞洲鮮貨店裡找到。把這些很扎實的葉子放在冰箱的蔬果保存格裡，大約能放 1 個多星期。

薑黃粉主要有兩種，馬德拉斯（Madras）和阿勒皮（Alleppey）。雖然說許多品種名稱會冠上地區之名，但卻未必種於該區，這點挺有趣的。名稱可能是來自於該香料特定的等級或類型，而貨源剛好都一直出自該地區的交易商，又或是，該區出產的香料名氣大於別區。例如，馬德拉斯薑黃種植地在坦米爾納德邦（Tamil Nadu），但是大部分在馬德拉斯進行交易。阿勒皮薑黃種植地在喀拉拉邦，但是名稱卻來自於水陌縱橫的阿勒皮區，靠近柯欽的該區是這種薑黃最大宗的交易所在地。

馬德拉斯薑黃顏色淺黃，是最常買得到的料理品種。英國人視它為上品，可能是因為它的顏色，風味上倒是沒什麼貢獻。馬德拉斯薑黃主要是用來作為咖哩、芥末和泡菜的色料，它的薑黃素（curcumin，著色劑）含量大約在 3.5% 左右。

阿勒皮薑黃顏色要深得多，它的薑黃素含量高達 6.5%，染色效果更好。它也有出色的新鮮薑黃香氣，即使

乾燥後也還有。阿勒皮薑黃和新鮮的薑黃風味更類似，帶著一點土香和令人意外的細膩檸檬和薄荷香氣，讓人想起它的堂兄弟薑。

由於阿勒皮薑黃的薑黃素含量較高，質地偏油，所以和其他香料一起混合時，我建議要先用小支的粗濾網篩過，以免結塊。

薑黃粉保存的方式和其他研磨的香料相同：裝入氣密式容器中，避免溫度過高、光線太亮、或潮溼的場所。在這樣的情況下，無論是阿勒皮薑黃或是馬德拉斯薑黃大概都可以讓色澤和完整風味保存 12 到 15 個月。

應用

一旦心裡面有個觀念，覺得薑黃主要是拿來作食物染色劑，那麼對它看起來很廣泛的用途就會印象深刻了。當然了，這些用途大多數與咖哩有關，如果用量適當的話，阿勒皮薑黃對提昇風味大有助益。摩洛哥切爾末拉綜合香料（Moroccan chermoula spice）主要得靠薑黃溫暖的泥土味來中和其他香料的味道，如孜然、紅椒、辣椒、胡椒配洋蔥、蒜頭、巴西利和芫荽葉。我們的科威特黑萊姆燉魚（Kuwaiti Fish Stew with Black Lime，參見 127 頁）還得靠薑黃水中和肉荳蔻、胡椒、孜然和辣椒的香氣，以及芫荽葉和新鮮蒔蘿。薑黃在快炒中和萊姆葉、南薑、辣椒以及澳洲原生的檸檬香桃木搭配很合味。

甲必丹咖哩雞（Kapitan chicken）是一道美味的料理，歐洲殖民在馬來西亞時非常喜歡，菜餚中還有洋蔥、蒜頭、辣椒，薑黃是主要風味成分。雖說薑黃有「印度番紅花」這樣的俗稱，但是絕對別把它當作真正番紅花的替代品使用，風味截然不同的。不過，你倒是可以用薑黃製作漂亮又美味的黃色米飯料理。用燜煮方式煮飯，以 1 杯（250 毫升）蓋過水的米加入 1/2 茶匙（2 毫升）的薑黃粉、4 公分（1 又 1/2 吋）的肉桂棒、3 顆整顆的丁香和 4 個綠荳蔻豆莢。

用薑黃時一定要非常小心，別濺到衣服上，因為幾乎洗不掉，會在衣服上留下印漬。

薑黃 Turmeric

每茶匙重量（5ml）

- 研磨成粉：3 公克

每 500 公克（1 磅）建議用量

- 紅肉：1 大匙（15 毫升）研磨粉
- 白肉：1 大匙（15 毫升）研磨粉
- 蔬菜：2 茶匙（10 毫升）研磨粉
- 穀類和豆類：1 茶匙（5 毫升）研磨粉
- 烘烤食物：1 茶匙（5 毫升）研磨粉應用

切爾末拉香辣醬
Chermoula Paste

很多食譜中都會提到，加一點「摩洛哥香料」；從塔吉香料、摩洛哥綜合香料（ras el hanout）到柏柏爾綜合香料（berbere）都是摩洛哥風味香料。不過，切爾末拉（chermoula）才是最能代表摩洛哥風味的香料。這款讓人彷彿置身天堂的綜合香料，如果用來調製清爽、莎莎醬型的調味料，那麼使用乾品或新鮮香草來做都行。它採用的辣椒辣度不高，風味飽滿，幾乎百搭，從麵包到烤肉都很合適。我最愛的切爾末拉使用方式是混合一些原味優格，以隨心所欲的量塗在旗魚排上，再拿去燒烤。

製作約1杯（250毫升）

準備時間：

● **10 分鐘**

烹煮時間：

● **5 分鐘**

 提示 新鮮的薑黃很容易染色，所以研磨時要戴手套。

● **食物處理器**

1 瓣	蒜頭，切碎	1 瓣
1 顆	紅蔥頭，切碎	1 顆
1 大匙	孜然粉	15 毫升
½ 茶匙	芫荽籽粉	2 毫升
2 茶匙	紅椒粉	10 毫升
2 茶匙	新鮮的薑黃，削屑（參見左側提示）	10 毫升
1 茶匙	薑，削屑	5 毫升
1 撮	卡宴辣椒（cayenne）粉	1 撮
1 大匙	細切好的新鮮的芫荽葉	15 毫升
2 大匙	細切好的新鮮的巴西利葉	30 毫升
¼ 茶匙	細海鹽	1 毫升
2 大匙	橄欖油	30 毫升
1 大匙	現壓檸檬汁	15 毫升

1. 食物處理器換上金屬刀片，把蒜頭、紅蔥頭、孜然、研磨好的芫荽、紅椒、薑黃、薑、卡宴辣椒、芫荽葉、巴西利和細海鹽放進去，用快速瞬轉的方式打均勻。在馬達還在轉的時候，把油和檸檬汁從食物添加口倒進去，打成膏狀，需要的話，刮一刮混合盆內部。裝進氣密式容器放進冰箱冷藏可以放上 1 個星期。

變化版本

要製作肉類或魚肉用的醃料，可以把 1/4 杯（60 毫升）杯的切爾末拉和 2 大匙（30 毫升）原味希臘優格調勻。

德里香燉豆
Delhi Dal

紅腰豆（red kidney beans，又稱紅腎豆、芸豆）在北印度很常見，用來製作這種紅色小扁豆料理滋味令人非常滿意。這是我母親在德里最喜歡吃的料理，我也因為她而愛上這道菜——我向來會在冰箱冷凍庫裡放個 1、2 份，下雨天時拿出來吃。上桌時可以和蒸的香米飯和或印度香料飯一起吃（參見 164 頁）。

製作6人份

準備時間：
● **40 分鐘**

烹煮時間：
● **20 分鐘**

提示 紅色小扁豆（red lentils）拿來做香燉豆很合適，因為當豆子煮好變軟後，會產生很美味的濃湯感。豆子煮前先泡 1 個鐘頭，可以縮短烹煮時間，還能幫助消化，只是這不是必要步驟。

● **食物處理器**

醬料

1 杯	新鮮的芫荽葉帶莖，輕壓成平杯	250 毫升
1 顆	小顆洋蔥，粗切	1 顆
1 大匙	薑，粗切	15 毫升
1 大匙	蒜頭，切碎	15 毫升
1 根	青辣椒，去籽切好	1 根
2 大匙	印度香燉豆綜合香料（Lentil and dalspice mix，參見 715 頁）	30 毫升
1 大匙	油	15 毫升

豆子

1 大匙	油	15 毫升
2 杯	紅色小扁豆，以 3 杯水浸泡（750 毫升）（參見左側提示）	500 毫升
1½ 杯	煮熟的紅腰豆（參見 779 頁）	375 毫升
2 罐	每罐398毫升（14 盎司）的番茄丁，帶汁	2 罐
1 撮	糖	1 撮
2 大匙	新鮮咖哩葉	30 毫升
1 茶匙	細海鹽	5 毫升
些許	現磨黑胡椒	些許
適量	多準備一些新鮮的芫荽葉	適量

1. **醬料：** 食物處理器換上金屬刀片，把芫荽葉、洋蔥、薑、蒜頭和辣椒放進去打。要打成滑順的膏狀。加入豆類用綜合香料以及 1 大匙（15 毫升）油。用快速瞬打的方式好好打均勻。

2. **豆子：** 大的平底湯鍋開中火，加熱 1 大匙（15 毫升）的油。加入醬料炒，要不斷翻炒約 3 分鐘，直到香氣飄散出來，顏色開始變深。加入小扁豆和泡豆子的水、紅腰豆、番茄、糖、芫荽葉和細海鹽。煮到沸騰後轉小火，繼續燜煮 15 分鐘，偶爾攪拌一下，煮到小扁豆和腰豆都變得非常軟爛。用細海鹽和胡椒調味，上面以芫荽葉裝飾。

香草 Vanilla

Vanilla planifolia

科　　名：蘭科 Orchidaceae

品　　種：香莢蘭／波旁香草（vanilla，學名：*V. planifolia*、也稱為 *V. fragrans*）、西印度香草（West Indian vanilla，學名：*V. pompona*）、大溪地香草（Tahitian vanilla，學名：*V. tahitensis*）、強壯紅門蘭（salep，學名：*Orchis latifolia*、*O. mascula*、*O. maculata*、*O. anatolica*）

別　　名：vanilla bean（香草豆）、vanilla pod（香草莢）、vanilla extract（香草萃取）、vanilla essence（香草精）、vanilla bean paste（香草莢醬）

中文別名：香莢蘭、香草精、香子蘭、香草蘭

風味類型：甜香型

使用部位：豆莢（香料）

背後的故事

　　香草原生於墨西哥東南方，以及中美洲的部分地區，生長的地區土壤需排水良好，含有周邊熱帶植物造成的豐富腐植土。雖然當墨西哥的阿茲特克人開始應用香草時，香草並不為人所知，但是當西班牙人在 1520 年被引介認識這種香料時，香草的生產已經達到相當的複雜程度了。阿茲特克皇帝蒙特蘇馬（Montezuma）曾給科爾特斯（Cortés，譯註：摧毀阿茲特克文明，在墨西哥建立西班牙殖民的人）一種蜂蜜巧克力香草飲料。西班牙人對於這項發現印象深刻，他們便進口的香草豆，並在西班牙建立工廠，製作用香草增添風味的巧克力。除了風味之外，香草在刺激神經以及作為春藥上，顯然也相當有名。它也用來增添菸草的味道。

　　雖說這種植物早在 1733 年就被帶到英國，但是在 19 世紀又重新被引介了一次，所有試圖在天然生產地之外種植的努力都宣告失敗。19 世紀中期，植物學家發現了這種植物之所以不結果是因為缺乏天然的授粉者。命運的轉折就是如

料理情報

可搭配
- 多香果
- 歐白芷（糖煮）
- 小荳蔻
- 肉桂和桂皮
- 丁香
- 薑
- 薰衣草
- 檸檬香桃木
- 檸檬馬鞭草
- 甘草
- 薄荷
- 肉荳蔻
- 香蘭葉
- 罌粟籽
- 玫瑰花花瓣
- 芝麻
- 澳洲金合歡樹籽

傳統用法
- 冰淇淋
- 甜點的奶油和醬汁
- 蛋糕
- 餅乾
- 利口酒
- 香草糖

調和香料
- 糖和綜合香料

此神奇，留尼旺島（island of Réunion）上一個年僅 12 歲的奴隸，名叫愛得蒙·阿布士（Edmund Albius）發現了他能人工幫香莢蘭的花朵授粉。自此之後，令人滿意的人工授粉方式被設計了出來，傳到全世界。到了 20 世紀初期，留尼旺島、大溪地、非洲的部分地區及馬達加斯加都種植香草。

令人悲傷的是，人工香草的發明——由造紙廠出來的亞硫酸廢液（waste sulfite liquor）加上煤焦油提煉物（coal-tar extracts）或丁香油酚（eugenol，譯註：從丁香提取的丁香油）幾乎毀了天然的香草工業。這種仿冒的香草價格是真正天然香草的十分之一——雖然風味特質不如真品，但卻很快雄霸了香草加味用量的大宗，用在冰淇淋、糕餅甜點以及飲料的製造上。不過到了 20 世紀末，對於天然風味的消費需求，以及真正天然香草優質風味的喜愛，讓墨西哥的香草業有了復甦的現象，也給一些新的生產國，如印度、巴布亞新幾內亞和印尼帶來了機會。

香料生意中的旅行

麗姿和我到墨西哥的帕潘特拉（Papantla）時，有人告訴我，由於香草的價格高昂，所以便成為小偷的眼中寶。盜賊會偷竊已經準備採收的香草莢，並在賣到黑市之前先祕密進行生香整治。招待我們的人說，為了對付這種小偷，他們有個精妙的手法（只是很費工）可以讓這種問題成為歷史。現在很多農夫都會在每顆香草莢上烙印，他們用一種帶針的軟木塞在莢上刮出一種花紋，就算加香之後也不會消除。所以如果你看到香草莢上的某一端有小小點狀的花紋，那就見識到一種最不常見的農作物烙印應用了！這種方式顯然讓失竊率大幅下降，而且也逮到不少賊！

植株

香莢蘭／香草是蘭科的一員，蘭科是世界開花植物最大的家族，品種超過 2 萬種以上。而香莢蘭的品種約有 100 種，卻是蘭科中唯一具有料理價值的屬之一，另外一種則是鮮為人知又難找的強壯紅門蘭（salep，學名：*Orchi slatifolia*，參見 655 頁）。香莢蘭屬中最重要的品種是 *V. planifolia*，這是一種熱帶的蔓藤性蘭花。莖多肉，直徑約 1 到 2 公分（1/3 到 3/4 吋），靠著長長的氣根依附在寄主樹，可攀爬 10 到 15 公尺（33 到 50 呎）。葉扁平、多肉又大，長度 8 到 25 公分（3 又 1/4 到 10 吋），寬度 2 到 8 公分（3/4 到 3 又 1/4 吋）。底部圓，急遽收減到尖尾，很像一撮翹起來的頭髮。微具香味的淡綠色花朵有黃唇，平均直徑約 8 到 10 公分（3 又 1/4 到 4 吋）。幾乎呈圓柱型的有角囊約 10 到 25 公分（4 到 10 吋），隨後成串吊掛出來——稱為豆莢（或豆）。新鮮的豆莢沒有香味或味道；加工生香處理後會激起豆莢中本就具有的酵素開始作用，產生風味元素香草醛（vanillin，或稱香蘭素，香草風味的有效成分）。香莢蘭還有另外兩個品種，但是一般認為風味不如 *V. planifolia*，因為香草醛含量較低。

生香過的香莢蘭豆顏色深褐到黑，長度平均 18 到 20 公分（7 到 8 吋），外表乾乾皺皺，有很多縱向的凹凸紋路。質地有彈性，有如一條上好油的皮質馬籠頭。表層有時會出現如塵狀的糖白色粉末，稱做「霜」（givre），這是結晶的香草醛。縱向剝開後，裡面出現一團黑色、黏呼呼，由上百萬顆微細種子組成的東西，每顆種子的大小不超過研磨好的

黑胡椒顆粒。香草豆的氣味芬芳、帶著花香、甜蜜，非常好聞。嚐起來的味道也類似，濃郁、滑順、迷人，只是風味必須配合著它本身誘人的香氣才能完全發揮。

其他品種

西印度香草（West Indian vanilla，學名：*V. pompona*）和香莢蘭 *V. planifolia* 類似，但葉和花較大，豆莢則較短、較厚。它的風味不及香莢蘭 *V. planifolia* 和大溪地香草 *V.tahitensis*，很少作為商業用途。**大溪地香草**（Tahitian vanilla，學名：*V. tahitensis*）是西印度香草和香莢蘭的雜交種。1848 年被法國海軍上將哈梅林（Ferdinand-Alphonse Hamelin）介紹到大溪地，現在夏威夷和其他許多熱帶國家，包括留尼旺和紐埃（Niue）都有種植。大溪地香草莖纖細、葉子窄，豆莢也小，兩頭中的一端收縮。雖說香草醛的含量比不上香莢蘭，大溪地香草卻具有獨特的香氣與風味，讓它現在在許多主廚之間炙手可熱。

處理方式

處理香草莢是極度耗費人力的過程，從幫蘭花授粉開始，授粉必須手工進行，才能確保授粉及收成。在原生地，花的授粉是由一種品種為梅利普那（Melipona）的小蜜蜂進行的，但由於這些蜜蜂的數量不夠將全部的花授粉，或是蘭花蔓藤生長在蜜蜂無法生存的地區，所以授粉還是必須手工。更麻煩的是，香莢蘭的花有個小薄膜，會阻隔雄蕊與雌蕊自然接觸授粉。因此，為了要確保花朵能結出豆莢，農場上的每一朵花都必須大費周章的將雄雌蕊的花絲彎曲，讓它們能彼此接觸到（通常以一種類似牙籤的小工具進行）。

你或許會注意到，大部分的香草豆莢長度都很一致，看起來豆莢也挺直。我們在拜訪墨西哥帕潘特拉種植場時，農夫告訴我們他都會把長得彎彎曲曲的豆莢除去，讓藤蔓上只留下好的、直的繼續成熟。由於香草莢的成熟時間不會一樣，所以收穫期可能會跨越 3 個月。豆莢被採收之後，送到城裡面去繼續加工整治。

採收時，豆莢是綠色的，不過這個階段還是無香無味的。豆莢會被放入盒子裡，放進燒木頭的窯中去開始乾燥和生香

蘭莖粉 Salep

蘭莖粉（Salep，植物名稱為強壯紅門蘭，學名：*Orchislatifolia*）是一種由土耳其安那托利亞平原（Anatolian plateau）特有的蘭花塊莖所製成的粉。加到冰淇淋（salepi dondurma）中，味道協調得令人驚艷，我們很幸運能在拜訪土耳其時取到一些樣本。蘭莖粉拿來製作飲料也很出色。由於全世界對於蘭花交易令人無法置信的政策（建議參考 Eric Hansen 的《Orchid Fever》，以及 Susan Orlean 的《The Orchid Thief》）以及蘭莖粉對於土耳其的獨特性，它的出口受到嚴厲的控管，一般輸出是違法的。

好東西過多未必好？

大家可能會以為再沒什麼工作能比整天和香草為伍更令人愉快的了。不過，據了解，香草工人會產生一種稱為「香草症」（vanillism）的副作用。這是因為接觸過多香草引發的，症狀有頭痛、疲憊和過敏反應。

的整治過程。在窯中 24 小時後，豆莢會被攤開放到陽光下去吸收熱氣（會變得非常熱，一摸就會燙到手指）。一天結束時，豆莢會被收起來，用羊毛毯子或稻草毯子裹住，然後放到多層棚架的床架上過夜，進行「出汗」。為避免天氣變壞，棚架必須有遮頂保護。

香草豆莢這段整治過程可能必須反覆進行 28 天之久，直到顏色變成非常深的褐色，甚至黑色，整治的領頭工人滿意了，整治過程才算完成，這時候，再拿去儲藏 6 個月。在這段時間裡，香草豆莢可能被處理過上百次，或更多次，一開始 5 公斤（10 磅）重的綠色未處理豆莢在適當整治後，會變成 1 公斤（2 磅）的香草豆莢。之後依品質分級，60 到 100 個豆莢緊緊捆成一束，準備輸出。

香草豆莢不會全都完美，有些會出現很短或是扭曲的形狀。在帕潘特拉這個村鎮裡，女性會用靈巧的雙手，費工的將無法成紮的柔韌豆莢做成迷人的小玩件以及花飾。當地另外一種特產是由香草豆莢製作而成的美味利口酒，這種酒嚐起來有點像瑪利亞咖啡香甜酒（Tia Maria），只是取代獨特咖啡味道的是強烈，幾乎算是煙燻、木頭味道十足的香甜香草風味。

天然的香草萃取（vanilla extract）是將香草豆切成細末，浸泡在酒精、水和一點點糖中，將豆莢裡的香氣和風味元素萃取出來。之後，部分的水會被蒸餾掉，把可溶性的香草萃取精華素留在酒精含量約 35% 的溶液裡；這稱為「單倍萃取」（single-fold extract）。依據的標準是大約 100 公克（3 又 1/2 盎司）的豆莢以 4 杯（1 公升）的酒精萃取。雙倍萃取的量則是 2 倍的香草豆莢以 4 杯（1 公升）的酒精萃取。也有人製作 3 倍、4 倍的萃取。只是，倍數愈高的蒸餾萃取因為強度高、濃縮度也高，似乎比較會保留商用。有些所謂的「濃厚香草精華」（thick vanilla essences）其實裡面添加了糖、甘油（glycerin）、丙二醇（propylene glycol）以及葡萄糖（dextrose）或玉米糖漿（corn syrup）。一定要好好讀一下產品標籤才是！

最近，有些製造商出了香草莢醬（vanilla bean pastes）。這一般是用萃取過香草豆莢（萃取過程中產生的廢料）研磨成粉，加上香草萃取、玉米糖漿和濃稠劑製成。

這些醬很受餐廳歡迎,因為能給客人一種印象,覺得東西是以整顆豆莢上刮下來的種子製成的。不過,這些醬在料理上的效果一般都比真正的萃取或真正的種子要差,因為東西到底與真正從整顆豆莢刮取下來的不同。我見過最好的香草莢醬是從太平洋島嶼,瓦努阿圖(Vanuatu)來的。他們將香草豆莢研磨成粉,加入有機的粗糖以及非常少量的檸檬汁,醬中再沒別的成分了,連酒精都沒有。糖會提供醬的濃稠度,而檸檬汁則有防腐的作用。

購買與保存

香草豆莢在食品專賣店可以買得到。不過,買整莢香草時,無論出產國為何,一定要好好確定豆莢沒有過乾,喪失風味和香氣。優質的香草豆莢顏色深褐或黑,摸起來有點溼潤,像做甜品的甘草一樣柔韌。香味是立即可聞出的,尺寸與風味品質無關,只是商人總會告訴你,最長的豆莢(17公分/7吋或以上的)最好,是優選等級。聞到並摸到柔軟芬芳的黑色香草豆莢時,你幾乎能感受到它曾被處理過好幾百次,才能產生這樣完美的狀態。你能品嚐出陽光以及加速酵素反應那一個個出汗的溫柔夜色,而這些造就了它誘人的風味與真正的個性。

市場上有五種主要的香草種類,每一種都有不同的分級(跟大多數香草一樣),以反應其整體品質。

墨西哥香草(Mexican vanilla)歷史悠久,在交易上專賣了300年(一直持續到19世紀),長久以來一直被認為香氣與風味最細緻。有些只用過人工香草的廚師可能會覺得墨西哥香草在風味上缺乏特定的深度,不過,他們卻沒能鑑賞出這個種類細膩的前香,這也是這個種類的特質。

波旁香草(Bourbon vanilla)有3個主要來源:馬達加斯加、非洲科摩羅群島(the Comoro Islands)以及留尼旺。它濃郁風味的深度比墨西哥香草好一些,所以是萃取業者偏愛的品種。不過,就我個人的意見,波旁香草缺乏最頂級墨西哥香草那種細緻香氣。

印尼和巴布亞新幾內亞香草(Papua New Guinean)有一點深沉、飽滿濃郁的風味,但是品質一直不太穩定。當真正的香草被用來和其他合成的香草醛和糖漿一起混合時,這

種子團份量與品質

我們想對影響香草品質的原因之一做個小測試:黏稠的種子團份量與整個豆莢重量的比例。飽滿、圓渾的豆莢有時內容物也有令人害羞的時候(我們在斯里蘭卡的市場上就遇過很胖的豆莢,卻種子稀少的情況),當我們分批測試不同來源豆莢中的種子團份量時,發現比例差距很大。刮下來的黏稠黑色種子團可能少到豆莢總重量的6%,或高達20%。就我們的觀察,種子團量的比例最高的,風味最好。

香草精
還是香草萃取？

我常會被問到，如何區分香草精（essence）和香草萃取（extract）。萃取是把某種物質想要的特質萃取出來。例如，把香草浸泡在酒精中就能把香草風味萃取出來。讓事情再更混亂一點，萃取也可以被稱為精，因為被萃取出來的品質中含有風味的精華。還能聽得懂我在說什麼吧？雖說混亂，但是「精」不是用蒸餾提煉、濃縮萃取，就是用人工模仿產品的獨特的特質。以香草的例子來說，你可以說這是製作出來的風味精。請注意，人工香精不能被稱作萃取，因為它並不是從本物中萃取出來的，以這個例子來說，本物就是香草。這也說明了為什麼人工香草精通常會被標上「仿香草精」。

不是什麼重要問題，這樣的組合是這種類型現在最受歡迎的應用方式。不過近來，印尼頂級的香草在生香和選豆上比之前謹慎，所以產品在市場上較能買到，而在完整豆莢的市場上也取得了一些成功。

西印度香草（West Indian vanilla，學名：*V. pompona*）等級比墨西哥和波旁香草都低。它主要的生產地是法國之前的哥德洛普島（Guadeloupe）。這種香草的香草醛含量低，主要用來製作香水，因為風味被認為實在太差，不適合用來做香草萃取。

大溪地香草（Tahitian vanilla，學名：*V. tahitensis*）在大溪地種植，夏威夷和其他熱帶國家，包括巴布亞新幾內亞、太平洋島嶼紐埃（Niue）都有生產。它的香草醛含量比香莢蘭（*V. planifolia*）低。有些人說它吃起來味道不好（可能是對手傳出來的汙衊言語），這種說法讓它在食品加味上的受歡迎度就比不上墨西哥和馬達加斯加香草了。我個人倒是覺得大溪地香草的香氣和風味有異國風情，相當不錯。而支持大溪地香草的人毫無意外的表示，這個雜交種近來採收的一些豆莢品質相當出色。由於風味眾多，你喜歡什麼，就只能自己判斷了。

香草豆莢應該裝進氣密式容器中，避免放在溫度過高、光線太亮、或潮溼的環境。在這樣的條件下保存，香草豆莢大概可以放上 18 個月。

購買香草精或萃取時，要仔細看標籤，才知道產品真正的內容。之前提過，有些混合的調製品可能含有其他風味和人工的香草醛。根據每個國家包裝法規的不同，真正的香草萃取很可能會被標示成「天然香草萃取」（natural vanilla extrac），裡面可能含有酒精，例如「酒精含量低於 35%」。香草萃取應該存放在光線陰暗的地方，不要過熱。在這樣的條件下保存，大概可以放上 18 個月。

在極少見的情況下，香草粉是將香草生香處理後，豆莢表面自然形成的糖化結晶刮下來製作的。這種形態的香草粉實在太昂貴了！市面比較常見的香草粉是把粉狀的香草豆莢和香草萃取混合澱粉和糖來製作。人工的香草醛粉通常會混入細糖，在超市可以買到。不過，現在製作香草糖粉的趨勢是只加入研磨好的香草豆莢粉和糖。這種講究

使用香草的新方法

因為香草不會太甜，所以加到鹹味料理中也能非常美味。在雪梨有一家創意模里西斯餐廳，他們就供應一種很美味的香草雞，雞肉裹在濃郁的醬汁中，而醬汁則是用剁成細末的香草豆莢，以及一點點黑胡椒提味的。這道料理氣味芬芳、細緻而且非常均衡。

近來，大家紛紛用新技巧來進行實驗，例如在食譜中增添切成細末的香草豆莢，這樣顯然有趣多了。有些廚師喜歡把香草莢一分為二，將黏呼呼、高度濃縮的果肉和種子刮出來，加到料理中。就算採用這種方式，可以的話，我還是喜歡把刮出來的豆莢物放到有湯汁的材料中去沖泡。香草如皮革般黑壓壓的外皮中，還是有一些很重要的口味特質值得去保留。

每茶匙重量（5ml）

- **完整豆莢平均重量**：3 到 4 公克

每 500 公克（1 磅）建議用量

- **白肉**：1 莢
- **穀類和豆類**：1 莢，1/2 到 1 茶匙（2 到 5 毫升）萃取
- **碳水化合物**：1 莢，1/2 到 1 茶匙（2 到 5 毫升）萃取

的香草糖粉還會加入具有特色的黑色香草種子，是市面上品質最好的香草糖粉。

應用

香草精可以用來幫冰淇淋、餅乾、蛋糕、甜食和利口酒提味。它也能幫香水增添芬芳。真正的天然香草有種很容易擴散出去的香甜氣味，而微微的焦糖口感以及淡淡的煙燻後香則剛好可以平衡它。相較之下，人工的香草似乎有刺激的苦味，以及特有的「化學品」味道。這正是人工香草如果下重了，就會毀掉一道菜的原因，天然的真品就算稍微加重了，還是可以被原諒的。無論是香草精或香草萃取都很強烈，所以 1 茶匙（5 毫升）就足以幫典型的蛋糕提增添風味了。

整莢的香草豆莢可以放在糖罐子裡，這樣就確定有風味細緻的香草糖可以用了（1 莢對上 2 杯 /500 毫升的糖就夠了）。香草豆莢可以用來幫烤布丁和餐後的水果盤提味。我家人有一道很喜歡的甜點，香草酒糖煮梨（參考 663 頁）。做的時候只要把一整莢的香草豆放進鍋裡去煮，之後取出豆莢，洗乾淨，小心放乾，再放回糖罐子裡以後可以再用。這種方法可以反覆使用好多次，直到豆莢變得全無風味為止。不過，請記住，你拿去浸泡的豆莢如果浸泡液中含有蛋白質，例如牛奶，那麼香草豆莢在洗好乾燥後就必須用保鮮膜包起來，放進冰箱冷藏了。這種方式保存的豆莢要在 1 週之內用掉，不然就會發霉。

香草鮭魚沙拉
Vanilla Salmon Salads

就算大部分香草種植場從模里西斯消失了，香草也還是在這裡的料理留下了印記。我很幸運能到模里西斯度假，並享受了因為受到多種文化影響而產生的各式美味。一如預期，這裡的海鮮非常非常新鮮，我每天午餐幾乎都有一道這種沙拉的變化版本。

製作2人份		

準備時間：
● **10 分鐘**

烹煮時間：
● **15 分鐘**

1 莢	香草豆莢	1 莢
¼ 杯	現壓萊姆汁	60 毫升
1½ 大匙	赤砂糖，輕壓一下	22 毫升
1 根	紅辣椒，去籽並切成很細的碎末	1 根
½ 茶匙	薑，現磨成屑	2 毫升
1 大匙	橄欖油	15 毫升
7 盎司	比利時苦菊苣（Belgian endive），粗切成 5 公分（2 吋）大小	210 公克
2 顆	成熟的番茄，去籽並切碎	2 顆
2 大匙	新鮮的芫荽葉	30 毫升
1 茶匙	油	5 毫升
12 盎司	生魚片等級的無皮鮭魚排，切成 2 塊	375 公克

1. 用一把銳利的刀子將香草豆莢縱向切開。把籽挖到小平底鍋中，加入香草莢、萊姆汁和糖。小火慢慢加熱，要一直攪拌，直到糖融化，大約 3 分鐘。將這種醬汁裝 3 大匙（45 毫升）到小碗裡（保留剩下醬汁）。把辣椒、薑和橄欖油加到碗裡並混合。放置一旁待用。

2. 在碗中放入苦菊苣、番茄和芫荽葉。加入準備好的香草辣椒調味醬汁，輕輕晃一晃，讓菜沾滿醬汁。把沙拉分裝到要上菜的盤子裡，放置一旁備用。

3. 平底鍋開中火，加熱 1 茶匙（5 毫升）的油。把鮭魚放進去，每一面煎 2 分鐘，或是你喜歡的熟度（這種鮮度的鮭魚最佳風味應該很生）。把鮭魚擺在沙拉上，上面細細灑上剛剛保留下來的香草醬汁。

優格香草鮮奶油
Yogurt Vanilla Cream

幾乎所有的甜點旁放一點這種鮮奶油都會讓美味提昇。當我很想讓自己放縱一下時，會在放滿堅果和果乾的格蘭諾拉麥片（granola）以及莓果上加一匙這種香草鮮奶油。

製作約2杯（500毫升）

準備時間：

● **1晚**

烹煮時間：

● **5分鐘**

提示 超細砂糖（super fine sugar，糖霜粉 caster sugar）是顆粒非常細的砂糖，通常都是用於需要砂糖能快速溶解的食譜裡。如果商店裡找不到，可以自己動手做。把食物處理機裝上金屬刀片，將砂糖打成非常細，質地像沙子一樣細緻的糖粉。

香草鮮奶油可以加到早餐麥片、拌入燉煮的水果，或是放在蘋果派或鬆餅上。

● **棉紗布**

2 杯	原味優格	500 毫升
2 茶匙	超細砂糖（糖霜粉，參見左側提示）	10 毫升
½ 杯	動物性鮮奶油（含脂量 35%）	125 毫升
2 莢	香草豆莢	2 莢

1. 濾網杓上放 1 片棉紗布，架在碗上。將優格放在濾網杓上，放進冰箱冷藏 1 晚。

2. 把瀝乾水的優格放到乾淨的碗中（流出的湯汁倒掉），把糖和鮮奶油加進去。用 1 把銳利的刀子將香草豆莢縱向切開，把小小的黑籽挖到優格鮮奶油中。攪拌均勻，蓋上蓋子，冷藏至少 1 個鐘頭後再上桌供食（放在冰箱冷藏庫可以放到 1 個星期）。

香草酒糖煮梨
Vanilla Poached Pears

離家後，我開始學習如何餵飽自己。這道料理是我最早的晚宴甜點名單之一。這是經典菜式，絕對不會失敗。我發現在味道濃郁的大魚大肉後，吃起來特別清爽。

製作6人份		
3 杯	微甜的麗絲玲白葡萄酒（off-dry Riesling wine）	750 毫升
2 到 3 杯	水	500 到 750 毫升
½ 杯	砂糖	125 毫升
6 顆	梨，削皮，中間的梗留著（參見左側提示）	6 顆
1 根	5 公分（2 吋）的肉桂棒	1 根
2 莢	香草豆莢，縱向切開	2 莢
適量	優格香草鮮奶油（參見 662 頁），或香草冰淇淋，自行選用	適量

準備時間：
● **5 分鐘**

烹煮時間：
● **25 到 35 分鐘**

 提示 要選擇梨形久煮不塌的梨，如波士梨（Bosc pear）或威廉斯梨（Bartlett pear，譯註：經典的鈴型西洋梨種）。想讓糖漿更濃稠，梨子取出後，糖漿再煮約 15 分鐘，直到達到想要的濃稠度。

1. 湯鍋中開小火，把酒、水和糖加入混合。煮到糖完全融化，偶而要攪拌一下，煮大約 7 到 10 分鐘。放入梨子、肉桂和香草豆莢，小火慢煮 15 到 20 分鐘，直到梨子變軟，用串叉或刀子可以穿刺為止（梨子的熟度不同，煮的時間也不一樣）。

2. 要上桌時，將梨子縱向對切。每個盤子裡放 2 個切半的梨，盤中放煮梨的糖酒漿。上面再加 1 杓優格香草鮮奶油，或是 1 球冰淇淋（有準備的話）。

越南香菜 Vietnamese Mint

Polygonum odoratum（也稱為 Persicaria odorata）

各國語言名稱

- **中文（粵語）：** yuht naahm heung choi
- **中文（國語）：** yue nan xiang cai
- **捷克文：** kokorik vonny
- **丹麥文：** vietnamesisk koriander
- **匈牙利文：** vietnami menta
- **印尼文：** daun kesom、daun laksa
- **馬來文：** daun laksa、daun kesom
- **寮文：** phak pheo
- **葡萄牙文：** hortela-vietnamita
- **俄文：** kupiena lekarstvennaya
- **泰文：** phak phai、phrik maa、chan chom、hom chan
- **越南文：** rau ram

單獨限種

如果你打算在自家庭園裡種越南香菜，那麼一定要種在單獨的框架花床或是限制在盆子裡。這種植物的蔓延性實在太強，會隨便亂竄並霸占種植的地方，素有「野草」（weed）的損名。

科 名：	蓼科 Polygonaceae
品 種：	水蓼（water pepper，學名：*Persicaria hydropiper*，也稱作 *Polygonum hydropiper*）
別 名：	Asianmint（亞洲薄荷）、Cambodian mint（柬埔寨薄荷）、hot mint（辣蓼）、knot weed、laksa leaf（叻沙葉）、smartweed（辛辣蓼）、Vietnamese coriander（越南香菜／越南薄荷）
中文別名：	越南芫荽、叻沙葉、香辣蓼、馬來香蓼、辣蓼
風味類型：	濃香型
使用部位：	葉（香草）

背後的故事

蓼（Polygonum），這個越南香菜所屬的屬名，原文的意思是「多節」，直接說明這種香草植物的莖外表多節，多角度。蓼屬大約有兩百多個品種，有些從文藝復興時期就已經被列入瑞士、法國、俄國的藥典中。雖說它早期的用法並

未被記錄下來，但有趣的是它在東南亞料理受歡迎的程度倒是和歐洲使用酸模（sorrel）相差不遠。

　　新鮮的越南香菜有類似的辛辣感，還帶一點點苦味，有開胃的效果。

植株

　　這個多年生草本植物根本不是薄荷家族的一員，而是和酸模（sorrel，學名：Polygonaceae）同科。它最常被稱作「越南香菜」或「叻沙葉」，纖細的莖頂端開粉紅或白色長花，植株高度約 35 公分（14 吋），莖幹上有很多看起來腫脹的節點，節點間距離大約 1 到 5 公分（1/3 到 2 吋）。深綠色的葉子呈尖橢圓型，長 5 到 8 公分（2 到 3 又 1/4 吋），從節點長出。拜色素之賜，葉子顏色深綠，可能還有斑駁的黑斑，讓它看起來像是長在遮蔭處的植物，不太起眼。不過，它的香氣馥郁，帶有薄荷香氣，昆蟲很喜歡。味道像芫荽和羅勒，帶著隱隱的柑橘香。這些特質在口味上也是一樣，吃起來有溫暖的辛辣味，有點像很辣的胡椒。

其他品種

　　水蓼（water pepper，學名：*Persicaria hydropiper*），在澳洲也叫做辛辣蓼（smartweed），被認為是半水生植物，長在沼澤和潮溼的環境，在澳洲、紐西蘭以及亞洲大多數地方及歐洲較溫暖的地區都能見到。水蓼外觀和越南香菜非常類似，但是看起來更是雜亂無章，亂長一氣。它的葉有胡椒的辛辣味，所以才有辛辣蓼的俗名。

處理方式

　　越南香菜乾燥效果不佳，不是萎縮到幾乎沒有，就是特有的風味和香氣都消失不見，比乾燥的芫荽還糟糕，所以都是使用鮮品。

可搭配

- 羅勒
- 小荳蔻
- 辣椒
- 芫荽（葉和籽）
- 孜然
- 咖哩葉
- 南薑
- 薑
- 胡椒
- 八角
- 羅望子
- 薑黃

傳統用法

- 東南亞湯品，例如叻沙
- 亞洲咖哩和快炒
- 新鮮的綠葉沙拉
- 沾醬

調和香料

- 不常用於調和香料中

越南香菜 Vietnamese Min:

越南香菜的味道總讓我想起在新加坡吃叻沙的美好記憶而口水直流。叻沙是一種辛辣的芳香湯麵,裡面加了雞肉或海鮮。

每500公克(1磅)建議用量

- **紅肉:**6到8片鮮葉
- **白肉:**6到8片鮮葉
- **蔬菜:**6到8片鮮葉
- **穀類和豆類:**6到8片鮮葉
- **烘烤食物:**6到8片鮮葉

購買與保存

越南香菜很容易種植,就算隨便找個盆子或在窗邊擺個箱子都能種。種植的地方如果氣候溫和,自己種是確保能穩定供應的好方法,幾乎全年都能採收。就跟它英文俗名中的薄荷一樣,越南香草可以長得很茂盛,到處亂竄(參見664頁的「單獨限種」一節)。越南香菜在專門店和東南亞市場中有賣,在那裡很可能叫做「叻沙葉」或「柬埔寨薄荷」。成束的越南香菜如果插水(像插花瓶)並放入冰箱冷藏,可以維持個幾天。不過,我發現如果鬆鬆的放入大塑膠袋中放入冷凍庫,可以保持好幾週。需要的時候,將適量的量取出,用跟鮮品一樣的方式使用就行。

應用

越南香草除了用來幫東南亞的湯品提香外,還能加入新鮮沙拉中增加風味並裝飾。和芫荽、萊姆葉、薑和魚露一起做成沾醬,滋味也不錯。馬來式咖哩在料理時,加個6片葉子進去也是有趣的作法。

蝦叻沙
Shrimp Laksa

這道很受歡迎的馬來／新加坡湯麵變化版本很多，已經變成澳洲長紅的外帶菜了。外帶省時迅速，我很喜歡，不過在家自己烹飪，風味上的深度和蔬菜的量我倒是更喜歡。如果你家裡有種越南香菜，自己動手做這道蝦叻沙味道會更美味。

製作6人份

準備時間：

● 15 分鐘

烹煮時間：

● 20 分鐘

 提示 要切出「蝴蝶蝦」，首先把蝦頭和蝦殼剝掉，尾留著。用一把銳利的刀小心的沿著蝦背縱向切下去，深切，但是不要切斷。接著把蝦打開攤平，做出「蝴蝶」效果。

1 大匙	油	15 毫升
1 顆	洋蔥，切好	1 顆
¼ 杯	叻沙綜合香料（參見 741 頁）	60 毫升
2½ 杯	椰奶	625 毫升
1¼ 杯	高湯，雞、蔬菜或魚的高湯皆可	300 毫升
2 茶匙	魚露	10 毫升
20 尾	蝦（帶尾），去殼抽沙腸，切成蝴蝶型（參見左側提示）	20 尾
10 盎司	小棵嫩青江菜，縱向對切（約 8 小棵）	300 公克
1 杯	金針菇或洋菇對切	250 毫升
10 盎司	米粉，煮熟瀝乾	300 公克
2 杯	豆芽菜，輕壓成平杯	500 毫升
2 大匙	新鮮的越南香菜，撕碎	30 毫升
2 大匙	新鮮的芫荽葉	30 毫升
1 顆	萊姆，切成 4 塊	1 顆

1. 大鍋子或中式炒鍋開中火，熱油。加入洋蔥，炒到透明，大約 3 分鐘。加入叻沙香料翻炒，要攪拌，炒大約 2 分鐘讓材料變成泥狀。加入椰奶、高湯和魚露，煮到沸騰。轉小火繼續煮，不要加蓋，大約煮 10 分鐘。加入蝦子、青江菜和菇，煮大約 5 分鐘，直到蝦子顏色轉紅、肉變硬呈白色，蔬菜也剛好熟透。

2. 米粉均分成 4 份，放入深口碗裡，舀一些叻沙湯料。上面再放豆芽、越南香菜和芫荽葉。萊姆塊放上面，讓用餐的人己動手擠汁。立刻上桌食用。

變化版本

蝦子可用等量的雞肉或板豆腐取代。

越南香菜 Vietnamese Min▪

澳洲金合歡樹籽 Wattleseed

Acacia aneura

各國語言名稱

- **法文**：graines d'acacias
- **德文**：Akaziensamen
- **義大利文**：semi di acacia australiano macinate

澳洲籬笆樹（Wattle Trees）

澳洲金合歡樹（Australian acacias）過去被稱作「圍籬樹」，是因為澳洲早期的移民用它細細的枝椏和樹幹來編成圍籬，上面再糊上泥巴和粘土來造房子——在歐洲，這種方式叫做「圍籬抹泥」（wattle and daub）。圍籬樹有時被稱作「含羞草」（mimosa），兩者之間雖然有些關連，但金合歡其實不是真正的含羞草。

科　　名：	豆科 Fabaceae（舊稱 Leguminosae）
品　　種：	茂加 / 澳洲金合歡（mulga，學名：*A. aneura*）、濱海合歡 / 長葉相思樹（coastal wattle，學名：*A. sophorae*）、勝利金合歡（gundabluey wattle，學名：*A. victoriae*）、密花相思樹（golden wattle，學名：*A. pycnantha*）
別　　名：	acacia（相思樹）、mimosa（含羞草 / 金合歡）
中文別名：	澳洲籬笆樹、無脈相思樹
風味類型：	激香型
使用部位：	種子（香料）

背後的故事

澳洲的原住民了解澳洲金合歡樹在營養上的價值已經好幾千年了。各種不同類型合歡樹的樹籽、根、樹膠和樹皮都被他們拿來作為藥用。合歡樹樹膠，也就是樹皮裂開

滴出來的膠質可以被吸吮著吃，就像一枝棒棒糖，也可以泡在水中，做出一種果膠狀的東西。顏色深沉的樹膠大多又澀又難吃，但是顏色較淺，帶著金色色澤的樹脂口味則相當不錯。

合歡樹皮公認是重要的丹寧（tannin）來源。到了19世紀末，從澳洲輸出的合歡樹皮高達 22,000 噸，這些單寧都被用於皮革鞣質業。到了 20 世紀，澳洲人急遽成長的叢林食物業製作出口感受到大家歡迎的烤澳洲金合歡籽，添加在冰淇淋、鬆糕、巧克力和甜點中。

植株

雖說合歡樹原產於澳洲、非洲、亞洲和美洲，但是只有澳洲的合歡樹才做料理之用。澳洲的合歡樹也最具有觀賞性：它會在突然之間開出一簇簇蓬鬆輕軟、燦亮亮的花朵，花朵的形狀各異，顏色從乳白色和燦爛的黃色都有。料理用的金合歡子則是出自於數量相當稀少的合歡樹種，這種樹會結出可以食用的豆科豆莢。合歡樹有超過 700 個品種，大多數的樹籽都有毒，所以務必要完全確定所選的料理品種是完全無毒的。

有個品種被認為是「食物合歡」，那就是「茂加」（澳洲金合歡樹 mulga，*Acacia aneura*）。它營養豐富的種子裡含有濃度很高的鉀、鈣、鐵和鋅，以及蛋白質，蛋白質主要存在於類似尾巴的連結組織中，而這組織連在種子上。茂加樹長在澳洲內陸，高度可達 6 公尺（20 呎），外觀看起來與豆科其他的成員似乎截然不同，不過，如果你仔細觀察一下它和豆子類似的豆莢，就會發現它典型的豆莢中含有種子。

有些合歡品種完全沒有葉子，而莖已經扁平化成為類似葉子的模樣，擔負起葉子的作用。這樣的構造能讓它熬過漫長的乾旱期。攻擊茂加樹的寄生昆蟲會讓枝椏上出現腫塊。這些塊狀物裡又甜又多汁，被稱為「茂加蘋果」

可搭配
- 澳洲灌木番茄
- 多香果
- 小荳蔻
- 肉桂和桂皮
- 芫荽籽
- 檸檬香桃木
- 胡椒
- 胡椒葉
- 百里香
- 香草

傳統用法
- 冰淇淋和雪寶（sorbet，也稱雪酪冰沙）
- 優格
- 乳酪蛋糕
- 鮮奶油
- 炭烤鮭魚
- 雞肉
- 袋鼠肉
- 野味

調和香料
- 澳洲本土烤肉綜合香料
- 海鮮調味料
- 烤蔬菜調味料

W

澳洲金合歡樹籽 Watteseed

（mulga apples）。

雖說澳洲的原住民為了飽腹而煮食綠色的澳洲金合歡樹籽，但也只有烤過，並通常是研磨好的金合歡樹籽才會用來當做香料，幫食物提味。整顆烤過的香料是球形體，顏色深褐，大小跟小的芫荽籽差不多。研磨過的金合歡樹籽比較容易加入食物中；它是顆粒狀的粉，外觀和研磨好的咖啡粉類似。有獨特淡淡的咖啡香氣，稍帶怡人的苦味與堅果般的咖啡口感。

其他品種

用來作為料理用途的金合歡樹籽大多出自茂加樹（Acacia aneura）或是以下 3 個品種，這 3 種在澳洲都很常見。

濱海合歡 / 長葉相思（coastal wattle，學名：*A. longifolia* var. *sophorae*）高度可長到 0.5 到 3 公尺（1-1/2 到 10 呎），和雪梨金合歡（Sydney golden wattle，學名：*A. longifolia*）類似。種子被磨成麵粉，製作火烤硬燒餅（damper），這是很典型的澳洲麵包，種子也能烘烤來製作香料。**勝利金合歡**（gundabluey wattle，學名：*A. victoriae*）在澳洲大多數地方都能見到。初夏開花，豆莢中的種子常被收集起來，研磨製作火烤硬燒餅的麵粉，也能烘烤，用來當做香料。**密花金合歡**（golden wattle，學名：*A. pycnantha*）是澳洲的國花。對於在澳洲長大的我們，多年來一直只把九月一日當成國家金合歡日（National Wattle Day），金合歡在我常學生時都還未被正式認可，直到 1992 年才正式被承認為澳洲國花。

處理方式

金合歡樹生長茂盛，結莢累累，不過收集並準備可以食用的種子卻是一項大費周章又勞力密集的工作。含種籽的豆莢是在綠色還未成熟時採收。傳統的處理方式，也是原住民使用的方式，只是把豆莢扔到開放式的火上去蒸。這樣製作出來的金合歡籽雖能入口，但是幾乎就是毫無味道的豆子。蒸煮的程序會將隱藏的澀味減少一定的量，並讓種子與連結的內膜容易從豆莢上剝離下來。下個步驟則

介紹我認識澳洲金合歡樹神奇之處的人是大家想不到的：地理學家，法蘭克・巴爾達（Frank Baarda），他工作的地點位在澳洲中部。法蘭克告訴我，澳洲金合歡樹的根系可以往下延伸到 30 公尺（100 呎）之深，以確保能渡過漫長的乾旱期。他體內的地理學家之魂讓他忍不住要告訴我他是如何知道這件事的。於是他開始進行了一段精采的講述，說起黃金探勘以及澳洲金合歡樹的種種。

黃金探勘員現在擁有很敏感的裝置，可以探出所謂的「黃金值」（gold value），就算比例非常低，低到甚至十億分之幾也能探到。法蘭克說，他們在地表發現了黃金值，表示地下可能藏金，但是在 9 公尺（30 呎）的地下，他們什麼也沒找著。當他們實驗性的再鑽一個洞眼時，在地表下 30 公尺（100 呎）發現黃金了，有趣的是，那裡也有已經變成化石的澳洲金合歡樹根。傷腦筋的難題解開了，澳洲金合歡樹的根從前曾將微量的金輸送到葉子去，不知道多少世紀累積下來，地表上便留下了少量，但還能探測出來的黃金值。誰說，樹上不長錢呢？

還有另外一小則訊息也相當有趣，在高濃度的金礦中發現了砷（arsenic），而砷也是金存在的重要指標之一。那麼，為什麼地表的黃金值中偵測不出砷呢？因為砷有毒，而澳洲金合歡樹有拒絕吸收礦藏中砷的能力。

W

澳洲金合歡樹籽 Wattleseed

是去烤已經整個蒸好的種籽。這過程包括了將豆莢加到一盤裡面滿是發亮高熱餘火的盤子裡，放置一旁直到所有種子的外層露出裂開的跡象。下一步則是把烤過的種子從正逐漸熄滅的餘火中取出，放置一旁冷卻。冷卻後，用篩子把殘留的灰燼篩掉——這項工作真的是塵土到處飛揚，會把自己搞得滿臉汙垢。最後，被清理好的烘烤種子就被送去研磨，製成「烤金合歡樹籽研磨粉」，準備用來作料理了。

就我一個澳洲人的角度來看，金合歡樹籽比傳統上那大受歡迎的天然山核桃木煙燻烤肉風味吸引力大多了。對我們在澳洲鄉下長大的人來說，後者吃起來總覺得有人工味道。

購買與保存

烤金合歡樹籽研磨粉在香料專賣店、專賣奇珍異饌的店，以及澳洲當地土產食品批發店裡可以買得到。和其他大部分香料相較，金合歡樹籽價格相當昂貴（大概是肉荳蔻粉的 5 倍），這是因為處理的過程步驟實在太多。此外，金合歡樹籽大多是野生（從野外採集），沒有商業化的種植。近年來，由於對澳洲當地原生材料的需求提高，以及擔心野外採集會危及當地植物的數量，所以開始強化了商

每茶匙重量（5ml）
- **研磨粉粒**：4.2 公克

每 500 公克（1磅）
建議用量
- **紅肉**：3/4 茶匙（3 毫升）烤金合歡樹籽研磨粉粒
- **白肉**：1/2 茶匙（2 毫升）烤金合歡樹籽研磨粉粒
- **蔬菜**：1/2 茶匙（2 毫升）烤金合歡樹籽研磨粉粒
- **穀類和豆類**：1/2 茶匙（2 毫升）烤金合歡樹籽研磨粉粒
- **烘烤食物**：1/2 茶匙（2 毫升）烤金合歡樹籽研磨粉粒

業化種植。從長期來看，這種有計劃的種植將會使金合歡樹籽在未來更容易買到，價格也會降低。

金合歡樹籽可以少量常買。即使它的風味特徵相當穩定，保存期最好也不要超過 2 年。和其他研磨的香料一樣，烤金合歡樹籽的研磨粉要裝入氣密式容器中保存，遠離溫度過高、光線太亮、或潮溼的場所。

應用

金合歡樹籽可以讓甜品，如冰淇淋、雪寶、慕斯、優格、乳酪蛋糕和鮮奶油等提味。加入鬆餅時很可口，和麵包也相配。在這些應用方式中，烤金合歡樹籽研磨粉粒使用時要先和湯汁材料泡開，湯水最好要煮沸，起碼必須加熱。產生的湯汁可以過濾使用，又或者可把煮軟的烤金合歡樹籽研磨粉粒也加入，增添顏色和口感。

金合歡樹籽和雞肉、羊肉及魚肉（尤其是鮭魚排）非常合味，如果用少量與研磨過的芫荽籽、一撮檸檬香桃木葉和鹽一起混合，那就更加美味。這樣的混合香料無論是撒在食物上，或是入鍋去炒、燒烤或碳烤都行。金合歡樹籽能增加一種淡淡的碳烤香氣。

香烤綜合蔬菜
Mixed Vegetable Bake

根莖類蔬菜加上香草提味，滋味極佳。可惜的是，市售的香草調味料放了太多鹽和味素，毀了這種作法。在這道料理中，鹽膚木和金合歡樹籽讓傳統的綜合香草增加深度，讓這種用途廣泛的混合香料能在任何蔬菜組合進行烘烤時，都能撒在上面。這道烤蔬菜用來作為配菜，搭配迷迭香餡羊腿（參見 545 頁）或是 40 瓣蒜頭烤雞（參見 300 頁）都很出色。

製作6人份

準備時間：
● **15 分鐘**

烹煮時間：
● **45 分鐘**

提示 想讓這道料理和馬鈴薯千層派（dauphinoise）相似度提高（但更有趣一點！），可將高湯換成鮮奶油（含脂量 18%）。
蔬菜如果想切成很薄的薄片，可以用刨刀。
綜合香草料如果有剩，可放入氣密式罐子裡保存。其他的烤蔬菜，甚至肉類都能添加一些來提味。

● **23 公分（9 吋）方形的玻璃烤盤，上面塗上奶油**
● **烤箱預熱到攝氏 180 度（華氏 350 度）**

綜合香草料

¼ 杯	鹽膚木	60 毫升
3 大匙	細海鹽	45 毫升
1½ 大匙	乾燥的奧勒岡	22 毫升
1 大匙	乾燥的百里香	15 毫升
1 大匙	蒜頭粉	15 毫升
2 茶匙	研磨的金合歡樹籽粉	10 毫升
1 茶匙	乾燥的羅勒	5 毫升
1 茶匙	乾燥的鼠尾草	5 毫升
1 茶匙	乾燥的巴西利	5 毫升
½ 茶匙	乾燥的迷迭香研磨成粉	2 毫升

蔬菜

1 磅	馬鈴薯，削皮並切薄片	500 公克
1 磅	南瓜或奶油小南瓜（butternut squash），削皮並切薄片	500 公克
1 磅	地瓜，削皮並切薄片	500 公克
1 杯	雞高湯	250 毫升
1 杯	瑞士葛瑞爾起司（Gruyère）、法國康提起司（Comté）或切達起司（Chedda），削絲	250 毫升

1. 在小碗中混合鹽膚木、鹽、奧勒岡、百里香、蒜頭粉、金合歡樹籽、羅勒、鼠尾草、巴西利和迷迭香。

2. 準備好的烤盤中，鋪上馬鈴薯、南瓜和地瓜，每一層都要撒上大約 1/2 茶匙（2 毫升）混合好的綜合香草料，以及約 1 大匙（15 毫升）的起司。把高湯倒入烤盤中，上層再撒上大約 1 茶匙（5 毫升）的綜合香草料，以及所有剩下的起司。用鋁箔紙或是烘焙紙鬆鬆的覆蓋，在預熱好的烤箱烤 40 分鐘，直到蔬菜用叉子一插就透。把鋁箔紙拿出來，再烤 10 多分鐘，直到上層顏色轉為棕色。

金合歡樹籽松露巧克力
Chocolate and Wattle seed Truffles

松露巧克力（Truffles，一種有餡料的巧克力糖）不像你想像中的難做，只是會搞得有點髒兮兮的罷了。它絕對是結束晚宴的好方式，肯定令人印象深刻。金合歡樹籽能讓巧克力更加濃郁，是搭配義大利濃縮咖啡的絕佳組合。

製作約30顆	

準備時間：

● **5 分鐘**

烹煮時間：

● **30 分鐘，另加 1 個小時冷卻時間**

 提示 如果搓松露巧克力球時，巧克力開始在你手中融化，那麼把雙手放在非常冷的水中，或在冰水中浸泡 30 秒，之後將手擦乾再繼續搓。

● **電動攪拌器**

8 盎司	黑巧克力（70%），弄碎成小塊	250 公克
6 大匙 + 2 茶匙	濃厚的鮮奶油或動物性鮮奶油（含脂量 35%）	100 毫升
¼ 茶匙	金合歡樹籽研磨好，分批使用	6 毫升
2 大匙	無鹽奶油，放置室溫	30 毫升
⅓ 杯	沒加糖的可可粉	75 毫升

1. 巧克力放在耐熱的小盆中，再放置於裝水的鍋子裡（隔水加熱）。水煮到沸騰，立刻熄火（裡面的餘溫已經足以融化巧克力），將巧克力攪拌到滑順為止。從爐上取下，放置一旁。

2. 小鍋開小火，把鮮奶油和 1 茶匙（5 毫升）金合歡樹籽放入混合。煮 3 到 5 分鐘，經常攪拌，直到冒出蒸氣，鍋緣四周冒出小泡泡（不要煮沸）。離火，放置一旁待涼。

3. 電動攪拌器開中速，把奶油打到非常柔軟，如乳霜狀，約 3 分鐘。加入巧克力，打到滑順為止。用抹刀把鮮奶油拌入，攪拌到混合均勻。蓋上蓋子，放入冰箱冷藏至少 1 個鐘頭，直到變硬為止。

4. 把可可粉篩進一個淺的烤盤中，拌入剩下的 1/4 茶匙（1 毫升）金合歡樹籽。趕快用圓的茶匙（5 毫升）把巧克力混合材料挖成球，用手掌心搓揉成球形。輕柔的把搓好的球放入可可混合材料中，並盛入盤子裡。松露巧克力裝在氣密式容器中，在冰箱冷藏可保存 1 個星期。

莪術 Zedoary

Curcuma zedoaria、C. zerumbet

各國語言名稱

- **阿拉伯文：**zadwaar
- **中文（粵語）：**
  ngohseuht、watgam
- **中文（國語）：**ezhu
- **捷克文：**zedoar
- **荷蘭文：**zedoarwortel
- **法文：**zédoaire
- **德文：**Zitwer
- **匈牙利文：**feher
  kurkuma、zedoaria-
  gyoker
- **印度文：**kachur、amb
  halad、shoti
- **印尼文：**kencur
  zadwar、kunir putih
- **義大利文：**zedoaria
- **日文：**gajutsu
- **葡萄牙文：**zedoaria
- **俄文：**zedoari
- **西班牙文：**cedoaria
- **瑞典文：**zittverrot
- **泰文：**khamin khao
- **土耳其文：**cedvar
- **越南文：**nga truat

科　　名：薑科 Zingiberaceae

別　　名：shoti（秀地，印度文莪朮）、white turmeric（白薑黃）、wildturmeric（野薑黃）

中文別名：莪朮、蒁藥、山薑黃、藍心薑、黑心薑、薑七、綠薑

風味類型：激香型

使用部位：塊莖（香料）

背後的故事

　　莪術／莪朮原生於印度、喜瑪拉雅山以及中國。最初是由阿拉伯人在中世紀時帶入歐洲的。現在的印尼有種植，而熱帶和亞熱帶地區都能茂盛生長。雖說 16 世紀在歐洲甚受歡迎，但是幾百年過去，莪術作為料理用香料的作法已經式微了。式微的原因，一說是因為種植之後，2 年才能採收，比它近親的薑和南薑經濟效益差。另一個似乎更講得通的原因則是，它的風味特質通常被認為不如薑和南薑，這 2 種香料都很受到歡迎，而且也容易買到。（譯註：莪術是一種中藥材，近年來更有不少深入的研究。）

植株

　　莪術和南薑、薑黃和薑都是同一家族（薑科）的植物。它長長的淺綠色葉子是從塊莖（長著根的莖）發出來的，裡面是黃色，和南薑比較不像。大的葉可達 1 公尺（3 呎），叢聚而生，像百合。從艷紅的葉節（leaf sections）中，會綻放黃花。莪術有兩種：長又圓型（學名：*Curcuma zedoria*）和橢圓型（學名：*C. zerumbet*）。從名稱的描述上就能看出，它們唯一的差別在於塊莖的形狀。莪術有種獨特的氣味，溫暖、芬芳，和薑類似，還泛著麝香樟腦的暗香，餘韻微苦。

　　乾燥的莪術塊莖外觀像薑，但是顏色偏灰，比薑略大，質地也粗些。

可搭配
- 多香果
- 小荳蔻
- 辣椒
- 肉桂和桂皮
- 丁香
- 芫荽籽
- 孜然
- 葫蘆芭籽
- 薑
- 芥末
- 黑種草
- 紅椒
- 羅望子
- 薑黃

傳統用法
- 東南亞咖哩
- 印尼海鮮料理
- 印度料理（當做濃稠劑）

調和香料
- 咖哩粉
- 仁當咖哩（rendang curry）

處理方式

和薑以及薑黃一樣，莪術也是在開花後採收。塊莖通常會被切片乾燥，以利保存及運送。莪術研磨後，顏色是黃灰色，纖維質很多。纖維的多寡取決於塊莖被挖取時的年份。和薑一樣，塊莖愈老，纖維質愈多。

購買與保存

莪術通常只能買到切片的乾品，不過，有時候也能從中國香料香草店買到粉。如果儲存條件理想：放在氣密式容器中，遠離溫度過高、光線太亮、或潮溼的場所，切片的塊莖能保存 3 年或更久。粉狀物也該用相同的條件去保存，存放的時間大概長於 1 年。

應用

雖說莪術在料理上的應用大多被薑和南薑取代了，不過東南亞的一些咖哩中還是會利用它來增添風味。山奈（沙薑，kenchur，參見 288 頁）是一種類似的香料，印尼菜中會使用，塊莖較小，樟腦的風味濃些。整片乾燥的莪術通常會被加到湯裡，上菜之前就取出。莪術粉則放到咖哩和醬料中，用法和薑粉或南薑粉一樣。

莪術可以幫海鮮料理增添一種溫和的風味，而爪哇料理中有時會用到葉，他們拿葉來當做香草。莪術的根澱粉含量很高，在印度被稱為秀地（shoti），有時會代替葛根（arrowroot），當作濃稠劑使用。

每茶匙重量（5ml）

- **研磨：**2.7 公克

每 500 公克（1 磅）建議用量

- **紅肉：**1½ 茶匙（7 毫升），研磨粉
- **白肉：**1 茶匙（5 毫升），研磨粉
- **蔬菜：**1 茶匙（5 毫升），研磨粉
- **穀類和豆類：**1/2 茶匙（2 毫升），研磨粉
- **烘烤食物：**1/2 茶匙（2 毫升），研磨粉

Z

莪術 Zedoary

莪術辣醬
Zedoary Pickle

這是一道很受歡迎的辛辣佐料，常和印度餐食一起上。莪術和新鮮的薑讓這道料理充滿濃濃的薑香和風味。可以和印度多薩脆薄餅 Dosa（參見 410 頁）、德里香燉豆 Delhi Dal（參見 651 頁）或是本書中任何一道印度咖哩一起食用。

製作1/4杯
（60毫升）

準備時間：

- 10 分鐘，另加 1 個小時冷卻

烹煮時間：

- 無

提示 如果有新鮮的莪術，可用鮮品直接現磨。

廚房用品店中的小型磨薑板也能用來磨莪術、蒜頭或南薑。廚房中其他的銼刀，如美國品牌 Microplane 出的銼刀，或是盒型磨板的細面也都能用。磨之前先去皮。

喀什米爾（Kashimiri）辣椒粉風味佳，用途也多。大多數的印度市場都能買到不同的辣度（研磨時使用的種子和內膜量決定了辣度）。

2 大匙	現壓檸檬汁	30 毫升
4 茶匙	莪術粉（參見左側提示）	20 毫升
2 茶匙	現磨的薑（參見左側提示）	10 毫升
1 茶匙	蒜頭切碎末	5 毫升
½ 茶匙	中等辣度的辣椒研磨粉（參見左側提示）	2 毫升

1. 在小碗中放入檸檬汁、莪術、薑、蒜頭和研磨辣椒混合均勻。蓋上蓋子，放入冰箱冷藏至少 1 個鐘頭再拿出來食用。這種醃製的佐料放在氣密式容器中，可以在冰箱冷藏保存 1 個星期。

Part Three
調和香料的藝術

調製綜合香料的原則

調製綜合香料時，我追求的是獨特的口味。有時，綜合口味會和所用香料的其中一種有些相似。有時，幾種有特色的風味會同時主控了味道，例如，在綜合香料（mixed spice，北美洲蘋果派或南瓜派使用的香料）中，肉桂和丁香經常是最早被認出來的香味。

使用香料最大的樂趣之一是將每種香料混合，製造出完全不同的味道。調和香料（spice blends），也稱調味料、綜合香料、混合香料，在印度稱馬薩拉（masalas）或抹料（rubs），是一種在烹飪時增加風味的方式，方便又有效率。只要有一些基本認識，每個人都能將各種不同的香料調製成屬於自己的調和香料。就像藝術家一樣，調製香料者會把某一類的元素放在一起，製作出具有同質性，卻又帶著獨特個人特色的成品。

調製香料既是藝術，又是一門科學。每一位專業的香料調製員都有個人特有的調製手法。而根據使用者的不同，需求的差異性可能極大。多國連鎖的食品公司要用於速食批發的調和香料風味就不能讓人覺得受到冒犯。價格以及成分品質的穩定性及供貨量也要列入考量。20 世紀中期，這些調和香料大多數都含相當高量的鹽、糖和味素。到了 1990 年代，還是有鹽含量偏高的情形（畢竟，鹽便宜又重呀——這是乾燥食品製造商對於用鹽來灌水，增加重量的回答）；麵粉被用來做填充劑，而且必須添加散粒劑，才能防止結塊（clumping）情況發生（「結塊」是香料商人用來形容香料結團的用語。當香料成分中含有會吸水或容易受潮的成分，或是材料在不算太理想的狀況下存放過久，就會發生的情況）。到了 2000 年後，品質較佳的調和香料降低了對鹽、味素及麵粉這類成分的依賴，並開始納入較高比例的純天然香草及香料。

當你熟悉香草和香料身上披覆的盔甲後，你就會明白我們所使用的這些東西大多擁有獨特且經常是極為不同的特色。有些極為濃郁——如果取樣並先隔絕起來檢驗的話——甚至能說令人覺得討厭。而有些（像是我個人偏愛的其中 2 種，肉桂和紅椒）則是一種快樂的享受，就算是單獨使用也一樣。

雖說後面的指南能幫你了解調製調和香料時的基本原則，但是其實沒有硬性規定可循。請善用您的創意和直覺，創作出一系列讓自己最享受的獨特口味吧！

調配香料的藝術

成功的香料調配之道在於將一系列不同口味和口感的香料調和在一起，製造出理想的均衡感。有點像是在做菜時，把酸甜鹹苦各種口味元素加以均衡。調和香料時，我們要平衡的是它們不同的特性，為了達成這個目的，我將香料分成 5 種類型：甜香型（sweet）、激香型（pungent）、香濃型（tangy）、辣味型（hot）、中和型（amalgamating）。

均衡典型調和香料中的
甜香、激香、香濃、辣味

以下的指導原則（683 頁）是為了幫助你對主要香料的相對強度有直覺性的反應。把最常用的甜香、激香、香濃、辣味型香料以建議的用量，混入適量的中和型香料，就能製造出屬於你的獨特調和香料。實際所需要的用量（以茶匙／毫升計算）大約等於在典型調和香料中所列出的，各種香料的相對比例。請別忘記，這只是概略性的指導原則。舉例來說，在激香型類組裡，八角粉強度就比研磨的葛縷子強，所以使用時可能要斟酌減量。

添加其他材料時請謹慎

調製調和香料在添加材料時，唯一需要小心的時候就是加入非香草或香料的材料時。在某些例子中，不良的風味反應可能會在一段時間後出現。例如，如果黑胡椒被混入含有油脂的材料（例如脫水椰子絲）中，那麼幾個月後，這個組合就會散發出令人不舒服的肥皂味。這樣的反應是一種例外，算不上是規則，並不影響一般居家料理使用天然香草與香料的情況。

澳洲的肉派製作廠
商在派裡放了相當
多的白胡椒，所以
即使派冷掉，胡椒
的辣度還是可以愚
弄一下吃的人，讓
他們覺得派好像剛
從烤箱裡面出來那
樣溫熱！

英制 / 公制換算表

1/4 茶匙	1 毫升
1/2 茶匙	2 毫升
1 茶匙	5 毫升
2 茶匙	10 毫升
1 大匙 （3 茶匙）	15 毫升
1/4 杯	60 毫升
1/3 杯	75 毫升
1/2 杯	125 毫升
1 杯	250 毫升

甜香型香料

　　甜香型香料是本身就具有不同程度甜味的香料。似乎大多用於甜味的食品，如布丁、蛋糕和糕點。不過，還是不要忘記，甜香型香料在均衡鹹味食品上也扮演了重要角色。

激香型香料

　　單獨去聞的時候，激香型香料的前香非常濃郁，味道甚至強烈到有點類似樟腦，有澀味。激香型香料很有價值，因為只要一點點，就能使味道清新，這可能是調和香料所缺乏的。所有的激香型香料都要斟酌使用。

香濃型香料

　　正如同酸在平衡菜餚味道中很重要一樣（想一想多少食譜都用了檸檬汁就知道了），香濃型香料中的澀味在平衡調和香料的口感上也很重要。

　　羅望子在調和香料時是不用的，因為處理起來會髒手，而且和乾燥的香料也無法混勻。不過，要在乾燥的調和香料裡添加香濃味道，鹽膚木就是個極好的選擇，青芒果粉也不錯。

辣味型香料

　　屬於這類型的香料在加入調和香料時要很謹慎，用的是最小的量。不過，這種香料入菜，成是它，敗也是它。這類香料數量相對少，基本上，被濫用的「辛辣食品」一詞靠的就是它。辛辣型香料，像黑胡椒和辣椒，都會刺激味蕾，也會讓身體釋放腦內啡（endorphins），帶來幸福舒暢的感覺。辣味不用多，就能讓食物變得開胃。辣味型香料只能少量使用。

中和型香料

　　只有少數的中和型香料會被經常使用，不過大多數（並非全部）常見的調和型香料裡都能見到它。芫荽籽（參見225頁）放再多也不怕，這一點你可以放在心上。如果你其他類型的某種香料下手太重，那麼多放一點芫荽籽便能拯救，使其免於被毀的下場。甜味紅椒在能夠加入的量上，和芫荽籽很類似。

香料類的使用比例

香料類型：甜香型
基準量：4 又 1/2 茶匙（22 毫升）

- 多香果
- 大茴香籽
- 桂皮
- 肉桂
- 肉荳蔻
- 玫瑰
- 香草

香料類型：激香型
基準量：7/8 茶匙（4 毫升）

- 澳洲灌木番茄
- 獨活草
- 阿魏
- 菖蒲
- 葛縷子
- 小荳蔻
- 芹菜籽
- 丁香
- 孜然
- 蒔蘿籽
- 葫蘆巴籽
- 南薑
- 薑
- 杜松子
- 甘草
- 肉荳蔻皮
- 黑種草
- 鳶尾草根
- 粉紅巴西乳香胡椒
- 八角
- 澳洲金合歡樹籽
- 莪朮

香料類型：香濃型
基準量：2 又 1/2 茶匙（12 毫升）

- 青芒果粉
- 刺檗
- 黑萊姆
- 酸豆
- 印度鳳果
- 石榴
- 鹽膚木
- 羅望子

香料類型：辣味型
基準量：1/4 茶匙（1 毫升）

- 辣椒
- 山葵／辣根
- 芥末
- 黑胡椒

香料類型：中和型
基準量：12 茶匙（60 毫升）

- 芫荽籽
- 甜茴香籽
- 紅椒粉
- 芝麻
- 薑黃
- 罌粟籽

留心材料的質地

如果你在正調製的香料質地不一樣——像是同時用了孜然粉、辣椒片、碎裂的胡椒粒和紅椒，那麼這就是另外一個值得列入考慮的現象了。在香料界，這稱作「分層化（stratering）」。經過一段時間後，大小不同的分子就會分層，看起來像沉積岩的橫斷面。情況嚴重時，有可能會分離到一湯匙下去，所盛出來的調和香料風味和下一匙大不相同。調和香料遇上這種分層狀況時，使用前應多搖一搖，或是重新混合，以確保風味的一致性。

製作自己的牛排抹料

利用下面的比例來做屬於自己的抹料，在牛排燒烤之前先撒在上面。

- 4 又 1/2 茶匙（22 毫升）肉桂粉
- 7/8 茶匙（4 毫升）薑粉
- 2 又 1/2 茶匙（12 毫升）青芒果粉
- 1/4 茶匙（1 毫升）現磨的黑胡椒
- 1/4 茶匙（1 毫升）辣椒粉
- 12 茶匙（60 毫升）甜味紅椒粉
- 鹽調鹹淡

請注意，雖然胡椒和辣椒都是辣味香料，但是風味和辣度不同，意味著使用量的調整其實是需要的。請記住，當你試過並熟悉香料後，這些比例都可以改變。不過，先以建議的量來著手可以避免鑄下大錯。

計量：容積 vs. 重量

計算各種香料的用量以調製調和香料時，無論是採容積或重量，一致性是很重要的。同一種混合搭配，不要同時採用兩種計量單位。一種配方中，材料千萬不要先用重量計量後，又用等量的容量來製作，例如，10 公克（1/4 盎司）等於 10 毫升（2 茶匙）。大多數的配方都有不同的「整體指數」（bulk index）——重量與容積之間的關係，詮釋最好的還是這個老謎語，「1 噸沙和 1 噸羽毛，誰輕誰重呢？」當然了，兩者的重量相同，不過重量相等的沙和羽毛，體積可是大大不同！

相同的原則也適用單獨的香料上。1 份研磨成粉的芫荽籽重量可能是 10 公克（1/3 盎司）而同一份研磨成粉的丁香 20 公克（2/3 盎司），因為後者的密度較高。這也是為什麼購買香料時，包裝的大小看起來一樣，但秤起來的重量可能有幾公克到幾百公克的差異。這些變數會因為材料是整顆、切碎、切片或研磨而變得更複雜——所有會影響每茶匙重量的因子就是「整體指數」。

我做調和香料之前，用的是容量，因為我們一般覺得用眼睛看得見的計量單位會比重量來得容易。不過，為了商業目的，我在加每種香料之前都會量重量，所以當香料調製好時，我便有了 1 份每種材料的重量記錄。之後，我會計算每種材料在配方中的百分比，這樣每一次調製，用品質相當的香草和香料時，調製出來的成品就會完全一樣了。使用容積製作還有一個好處，那就是要製作較大量時比較容易推算。為了一致性，本書中所有的調和香料都提供了容積，也就是茶匙（毫升）的計量。你製作的量如果要增加，茶匙可以換成大匙、杯或甚至桶（bucket）來計量！

在調和香料中使用香草

　　乾燥香草揉碎後可以加入某些調和香料裡。加入混搭香料中的香草，我一般是作為增色、增加材質口感以及添香氣之用。有些調和香料只採用香草，例如綜合香草料（mixed herbs）和燉煮用香草束（bouquet garni）。

　　調和香料中加入香草時，我的用量通常會略少於甜香型香料，例如，用 3 茶匙（15 毫升）來取代 683 頁上建議的 4 又 1/2 茶匙（22 毫升）。舉個例子，如果想讓稍早提及的牛排香料（參見 684 頁）增加一些香草的香氣，可以在裡面添加 3 茶匙（15 毫升）揉碎的奧勒岡乾葉。

在典型調和香料中均衡香草的味道

　　下面的說明列出了調和香草料中所使用各式乾燥香草（和／或香料）的適當比例。就典型的調和來說，均衡的調和香料會含有：

- 2% 辣味香料
- 4% 激香型香料和／或香草
- 12% 香濃型香料和／或濃香型香草
- 22% 甜香型香料和／或適中型香草
- 60% 中和型香料和／或溫和型香草

　　這裡所建議的香草和香料比例是以乾燥的香草和香料為基準調配的。如果加的是新鮮的香草，數量要乘以因子 3。

香草芬芳開胃

我沒把香草依照香料的方式，根據風味類型來分類，因為我覺得香草都是芬芳開胃的。所以我分類的根據是相對的濃郁度。

調和香草的保存

　　如果你做的調和香料或香草料保存時間需要超過 1、2 天，一定要使用乾燥香草。新鮮的香草不合適，因為鮮品的含水量和乾燥品相比，相對較高（最多比乾燥香草高 80% 以上）。這些水氣會讓調和物結成一團，加速香料中揮發油的敗壞，可能還會使調和物發霉。

香草類使用的比例

溫和型香草

基準量：5 茶匙（25 毫升）

- 亞歷山大芹
- 歐白芷
- 琉璃苣
- 細葉香芹
- 西洋接骨木花
- 黃樟粉
- 歐當歸
- 巴西利
- 小地榆
- 茉莉芹

適中型香草

基準量：2 茶匙（10 毫升）

- 香蜂草
- 大紅香蜂草
- 菊苣
- 蔥韭
- 泰國酸柑葉
- 香蘭葉

濃香型香草

基準量：1 茶匙（5 毫升）

- 羅勒
- 芫荽葉（香菜）
- 咖哩葉
- 蒔蘿
- 甜茴香複葉
- 葫蘆巴葉
- 薰衣草
- 檸檬香桃木
- 檸檬馬鞭草
- 香茅
- 馬鬱蘭
- 薄荷
- 香桃木
- 龍蒿
- 越南香菜

激香型香草

基準量：1/2 茶匙（2 毫升）

- 月桂葉
- 蒜頭
- 奧勒岡
- 迷迭香
- 鼠尾草
- 風輪菜
- 甜菊葉
- 百里香

絞牛肉用的調和香草料

　　這是個簡單的調製配方，可幫肉捲和漢堡肉提香，你最愛的牧羊人派或許也能加入這些激香型香草：

- 1/2 茶匙（2 毫升）乾燥的百里香
- 1/2 茶匙（2 毫升）乾燥的鼠尾草
- 1 茶匙（5 毫升）乾燥的馬鬱蘭

　　如果你愛用新鮮的香草，可用切成細末的鮮葉取代，用量大概要多 3 到 4 倍。要調製適合加砂鍋菜，像米蘭燉牛膝（osso bucco）的調和香草料，把下面香草加進去。

- 1/2 茶匙（2 毫升）搓磨的月桂葉
- 5 茶匙（25 毫升）切細末的新鮮的巴西利葉

　　請別忘記，如果你用的是新鮮香草，調和料應該要在 1、2 天內用掉。

醒香

調和香料有個現象常在不知不覺中發生，就是調和料會「圓熟」（round out），在經過烹煮或是 24 小時的儲存後，味道變得更均衡。換句話說，例如，調和的咖哩粉最初調製好之後，香氣中可能帶點刺激的味道。一天後，當所有的複合物產生中和效果之後，調和料的味道就均衡和順了，刺激的嗆味將不復存在。

味道均衡的典型烤肉用抹料

　　以下是根據調製香草和香料的基本原則做出來的配方，在肉類燒烤之前塗抹上去，味道絕佳。

- 2% 辣味香料＝2 茶匙（10 毫升）
  1 茶匙（5 毫升）辣椒粉＋1 茶匙（5 毫升）黑胡椒

- 4% 激香型香料和香草＝4 茶匙（20 毫升）
  2 茶匙（10 毫升）孜然粉＋1 又 1/2 茶匙（7 毫升）薑粉＋1/2 茶匙（2 毫升）乾燥的迷迭香

- 12% 香濃型香料＝12 茶匙（60 毫升）
  10 茶匙（50 毫升）鹽膚木＋2 茶匙（10 毫升）青芒果粉

- 22% 甜香型香料＝22 茶匙（110 毫升）
  14 茶匙（70 毫升）肉桂粉＋8 茶匙（40 毫升）多香果粉

- 60% 中和型香料和溫和型香草＝60 茶匙（300 毫升）
  30 茶匙（150 毫升）芫荽籽粉＋23 茶匙（115 毫升）甜味紅椒粉＋7 茶匙（35 毫升）揉碎的乾燥巴西利

香料和香草的混搭金字塔

香料和香草的混搭金字塔是使用起來很方便的「計算結果表」，裡面列出製作調和香料時香料和 / 或香草的比例。金字塔把每一類型的香草和香料依照大概的相對風味強度進行了分組。金字塔頂端是風味最濃郁的材料，底下則最溫和。列出的百分比是依照大概容量計算出來的指標，根據百分比來混合可做出味道均衡的調和料。

辣味型香料
（2%）
辣椒、山葵 / 辣根、
芥末、胡椒

**激香型香料
和香草**
（4%）
獨活草、
澳洲灌木番茄、
阿魏、月桂葉、
菖蒲、葛縷子、小荳蔻、
芹菜籽、丁香、孜然、
蒔蘿籽、葫蘆巴籽、南薑、蒜頭、薑、
杜松子、甘草、肉荳蔻皮、
黑種草、奧勒岡、鳶尾草根、
粉紅巴西乳香胡椒、迷迭香、鼠尾草、
風輪菜、八角、 甜菊葉、百里香、
澳洲金合歡樹籽、莪術

香濃型香料和濃香型香草（12%）
青芒果粉、刺檗、羅勒、研磨的黑萊姆、
酸豆、芫荽葉（香菜）、咖哩葉、蒔蘿、甜茴香複葉、
葫蘆巴葉、印度鳳果、薰衣草花、 檸檬香桃木、
檸檬馬鞭草、香茅、馬鬱蘭、薄荷、香桃木、石榴、鹽膚木、
羅望子、龍蒿、越南香菜

甜香型香料和適中型香草（22%）
多香果、大茴香籽、香蜂草、大紅香蜂草、
桂皮、肉桂、蔥韭、 泰國酸柑葉、肉荳蔻、玫瑰、香蘭葉、香草

中和型香料和溫和型香草（60%）
亞歷山大芹、歐白芷、琉璃苣、細葉香芹、芫荽籽、西洋接骨木花、甜茴香籽、黃樟粉、
歐當歸、紅椒、巴西利、罌粟籽、小地榆、芝麻、茉莉芹、薑黃

調和香料

下面調和香料的配方使用的是容積量。因此，1 茶匙（5 毫升）的奧勒岡可以當做 1 份奧勒岡。你可以用 1 茶匙（5 毫升）、1 大匙（15 毫升）、1 杯（250 毫升）或是 1 夸脫罐（quart jug，1 公升）的材料來製作，全看你一次想製作多少量，不過要確定，所有材料的計量方式都要使用相同的容器。我會建議用 1 茶匙（5 毫升）來當做標準的計量單位。這樣你一開始才不會做太多。等做出滿意的成果，之後自然可以多做些。如果你做了任何改變，一定要記錄，這樣如果有好的成果，才能複製。

保存

混合完成後，裝入氣密式容器中，遠離溫度過高、光線太亮、或潮溼的場所。以這種方式保存的調和香料，風味大概能保存到 1 年。不要把調和香料放進冰箱或冷凍庫。當你從低溫的環境把調和料拿出來，會出現濃縮的現象，而增加的水氣則讓裡面的揮發油氧化，讓調和香料更容易壞掉。

使用調和香料

有些調和香料的用途相當特定，如咖哩粉和印度香辣豆湯粉（sambar），即使如此，大多數的調和香料還是能以各種方式用於許多菜餚中，增加菜餚的風味。雖說調和香料風味的強度不一，但從基本經驗法則來看，以下列建議的份量來當做抹料或是添加到食譜中，都是可行的。

每 500 公克（1 磅）建議用量
- 紅肉：1 大匙（15 毫升）
- 白肉：2½ 茶匙（12 毫升）
- 蔬菜：1½ 茶匙（7 毫升）
- 穀類和豆類：1½ 茶匙（7 毫升）
- 烘烤食物：1 茶匙（5 毫升）

有需要的話先過篩

製作調和香料時，材料一定要採用能取得的最優良品質。使用研磨好的香料時，檢查看看是否有結塊。如果有結塊的情形出現，加進去混合前要先篩過。這樣混合出來的香料質地才均勻一致，不會有結塊。

把調和香料當成抹料來用

把調和香料當成乾燥的抹料（醃製料）來使用，以適當的量（參見左下方欄位）塗覆在肉類、魚或蔬菜上，再進行烹煮。

某些調和料中沒有摻鹽，你可能需要先用鹽調整一下鹹淡。即使是咖哩粉也能當做抹料使用，你可以試著把鹽摻入咖哩粉中，用它來塗抹──我想結果會讓你驚喜的。

亞洲炒菜調味料
Asian Stir - Fry Seasoning

炒菜已經變成了能快速煮好一頓營養餐食的熱門方式了。添加亞洲炒菜調味料到任何炒菜中，都能讓味道大變身！

<table>
<tr><td colspan="3">製作約1/4杯
（65毫升）</td></tr>
</table>

2 茶匙	八角粉	10 毫升
2 茶匙	細海鹽	10 毫升
1½ 茶匙	孜然粉	7 毫升
1½ 茶匙	薑粉	7 毫升
1 茶匙	桂皮粉	5 毫升
1 茶匙	超細砂糖（糖霜粉，參見左側提示）	5 毫升
1 茶匙	甘草粉	5 毫升
¾ 茶匙	多香果粉	3 毫升
¾ 茶匙	紅辣椒粉（參見左側提示）	3 毫升
¾ 茶匙	甜茴香籽粉	3 毫升
½ 茶匙	現磨的黑胡椒	2 毫升
½ 茶匙	芫荽籽粉	2 毫升

提示

超細砂糖（super fine sugar，糖霜粉 caster sugar）是顆粒非常細的砂糖，通常都是用於需要砂糖能快速溶解的食譜裡。如果商店裡面找不到，可以自己動手做。把食物處理機裝上金屬刀片，將砂糖打成非常細，質地像沙子一樣細緻的糖粉。

研磨的長辣椒粉，天津辣椒粉最適合拿來調製這款調和香料。如果你不辣不歡，加入超辣的蘇格蘭帽椒或是哈瓦那辣椒的研磨粉都可以。

1. 把所有材料放入碗中，攪拌均勻，分布要平均。做好後裝入氣密式容器中保存，遠離溫度過高、光線太亮、或潮溼的場所，大概能保存到 1 年。

如何使用亞洲炒菜調味料

使用這款調和料來幫用中式炒鍋炒出來的菜提味，在炒菜時，每 500 公克（1 磅）的肉或菜撒上 2 到 3 茶匙（10 到 15 毫升）的量即可。這款調和料在魚、雞肉和紅肉碳烤、炙燒／燒烤或甚至烘烤之前，當成乾抹料塗在上面，滋味也絕佳。

澳洲灌木綜合胡椒
Aussie Bush Pepper Mix

澳洲原生的香草和香料有獨特的香味特質，可以讓人想起遼闊的澳洲內陸以及澳洲灌木林獨特的氛圍。這些風味中有澳洲灌木番茄的堅果味、焦糖香，混合著澳洲金合歡樹籽那有如烤咖啡豆的香氣，而這些香氣則因檸檬香桃木的清新而更上一層。

製作約10½茶匙（50毫升）

提示

喜歡的話，多少可以加一點鹽來調味。我非常喜歡這個風味，所以常常把這款調和料撒在番茄三明治或蛋上，取代鹽和胡椒。

4½ 茶匙	芫荽籽粉	22 毫升
2 茶匙	澳洲灌木番茄	10 毫升
2 茶匙	細海鹽（參見左側提示）	10 毫升
½ 茶匙	澳洲金合歡樹籽粉	2 毫升
½ 茶匙	澳洲高山黑胡椒葉粉	2 毫升
½ 茶匙	澳洲高山黑胡椒莓粉	2 毫升
½ 茶匙	檸檬香桃木葉粉	2 毫升

1. 把所有材料放入碗中，攪拌均勻，分布要平均。做好後裝入氣密式容器中保存，遠離溫度過高、光線太亮、或潮溼的場所，大概能保存到 18 個月。

如何使用澳洲灌木綜合胡椒

澳洲灌木綜合胡椒用途很廣，可以在肉類進行炙燒 / 燒烤，烘烤或碳烤之前，當成乾抹料塗在上面。還能用來幫馬鈴薯塊和蔬菜（例如茄子）調味後再進行烹煮。拿來當取代原味的黑胡椒鹽，效果極佳。

澳洲風味

移民在澳洲的歷史有重大的影響力，因此，幾乎各種香料和香草在澳洲料理上都以某種方式被應用上了。下面所列的香料和香草是精選的澳洲風味，有些還是澳洲當地原生，是很經典的澳洲食物體驗。這些香料，無論是單獨使用還是混合應用在紅肉、白肉、蔬菜和穀物上，都能讓人聯想起澳洲精神中最純樸、沒有修飾的豪爽。

- 芫荽籽
- 澳洲灌木番茄
- 歐力大（森林莓果草）
- 澳洲高山黑胡椒葉
- 澳洲高山黑胡椒莓

- 薑
- 檸檬香桃木
- 澳洲金合歡樹籽
- 茴香桃金孃

巴哈拉綜合香料 Baharat

巴哈拉綜合香料（Baharat，也稱為 advieh）是一種經典的調和料，由氣味芳香的香料調製而成，在阿拉伯和伊拉克的料理上應用得很廣泛。要形容巴哈拉最好的方式就是：異國情調濃厚的調和料，以各種形形色色的香氣充盈你鼻間。它不辛辣，但用一切浪漫的芬芳傳遞了我們對於香料所有的遐思。結果是一種美麗均衡的組合：有木系花束之香、芳香月桂葉中帶著柑橘的清新、圓潤甜美的肉桂——桂皮味道，深沉馥郁，還帶著蘋果般的果香。風味圓融飽滿，甜蜜中帶辛澀味，藏著令人滿意且開胃的胡椒刺感。在調和高明的巴哈拉中，每種香料都有自己獨特的貢獻，個別的風味隱隱流蕩，久久不散，卻又不會有任何一種香料搶了其他香料的風味。這個比例可依照口味的偏愛而改變，但典型的巴哈拉則是嚴謹的以下列的研磨香料來製作。

製作約10½茶匙（50毫升）

同名未必是名稱相同的調和香料

造訪伊斯坦堡的香料市場時，看到一堆寫著「Baharat」（巴哈拉）字眼的大看板高高掛在商家的攤位上方，這不禁讓人有些費解。在當地，Baharat 意思只是「花和種子」，或是「香草和香料」的泛稱，他們提供的商品可不是巴哈拉調和香料。

4 茶匙	甜味紅椒粉	20 毫升
2 茶匙	現磨的黑胡椒	10 毫升
1 茶匙	孜然粉	5 毫升
1 茶匙	芫荽籽粉	5 毫升
1 茶匙	桂皮粉	5 毫升
½ 茶匙	丁香粉	2 毫升
½ 茶匙	綠荳蔻籽粉	2 毫升
½ 茶匙	肉荳蔻粉	2 毫升

1. 把所有材料放入碗中，攪拌均勻，分布要平均。做好後裝入氣密式容器中保存，遠離溫度過高、光線太亮、或潮溼的場所，大概能保存到 1 年。

如何使用巴哈拉

巴哈拉綜合香料用於料理中的方式就和印度人把馬薩拉綜合香料（garam masala）當成一般的提味料來使用大致相同。巴哈拉能為冬天溫暖的菜餚帶來一絲中東的異國情調。在燉羊腿肉煮好之前，抹一些上去能讓羊肉變得很美味。事實上，它和羊肉非常合搭，不論哪個部位都一樣，包括羊排和烤羊肉，只要在羊肉上撒些巴哈拉，並加一點鹽調味，在冰箱乾醃 1 小時後進行烹製，風味都能大大提昇。它和有韌度的牛肉料理搭配也很美味，例如燉牛尾。所有慢煮的牛肉料理都會因為巴哈拉的加入而讓口味飽滿，色澤濃厚，就跟羊肉一樣。巴哈拉是中東經典菜色番茄醬汁、湯品、魚咖哩和碳烤魚中的重要特色。

巴哈拉牛肉橄欖
Baharat Beef with Olives

巴哈拉綜合香料讓這道燉煮菜吃起來美妙而舒心——這是我們韓菲爾家冬天常見的料理。媽媽一開始用牛頰肉來作這道菜，牛頰肉很難買到，但是以這種方式做出來的肉質柔嫩無比。這道料理淋在軟綿的馬鈴薯泥上，令人舒服暖心到極點！

製作約4人份

準備時間：
- **15 分鐘**

烹煮時間：
- **3.5 個鐘頭**

提示

如果用牛頰肉來做，烹煮時間可能要增加到 5 個鐘頭。牛頰肉的結締組織多，需要較長時間的燉煮才能煮軟，不過當你嘗過這種入口即化的感覺，就會覺得多化的時間非常值得。

● **烤箱預熱到攝氏 100 度（華氏 200 度）**

1 大匙	橄欖油	15 毫升
3 瓣	蒜頭，切碎	3 瓣
2 磅	牛腱或牛頰肉（beef cheek），切成 6 公分（2½ 吋）大小的塊（參見左側提示）	1 公斤
1½ 大匙	巴哈拉綜合香料（baharat spice mix，參見 692 頁）	22 毫升
1 罐	398 毫升（14 盎司）整顆番茄，帶汁	1 罐
½ 杯	無甜味紅酒（干口）	125 毫升
¼ 杯	去核的黑橄欖，例如希臘卡拉馬塔橄欖（kalamata）	60 毫升
½ 杯	水	125 毫升
些許	鹽和現磨的黑胡椒	些許

1. 鑄鐵鍋開小火，熱油。加入蒜頭去炒 3 到 4 分鐘，直到蒜頭變軟，但顏色尚未變褐。

2. 這同時，牛肉用巴哈拉綜合香料全部抹好。

3. 鍋轉到中大火，鍋子裡加入抹好香料的牛肉，煎 8 到 10 分鐘，經常翻動，直到每一面都變焦黃（必要的話，分批煎）。加入番茄、酒、橄欖和水，煮到將近沸騰，偶而攪拌一下。用緊密的鍋蓋蓋好，放入預熱的烤箱中烤 3 個鐘頭，直到牛肉變得非常軟嫩（2.5 小時後檢查一下）。用鹽和胡椒調味，試試鹹淡後上桌。

烤肉用綜合香料
Barbecue Spices

1980 年代，烤肉用的調和香料大多是鹽、紅椒和其他香料混合，目的是增加紅肉的色澤和風味。從那時起，烤肉便如雨後春筍般流行了起來，而許多不同種類的調和香料（也就是典型印度、泰國和摩洛哥料理常用到的特色香料），現在都被認為很適合作為烤肉用的香料，其中並沒有包括被高度加工的檸檬酸。我自己偏愛加一點酸味，所以就摻入了百搭的中東香料鹽膚木。以下的配方是一款很經典的現代烤肉用綜合香料。

製作約18茶匙
（90毫升）

提示

超細砂糖（super fine sugar，糖霜粉 caster sugar）是顆粒非常細的砂糖，通常都是用於需要砂糖能快速溶解的食譜裡。如果商店裡面找不到，可以自己動手做。把食物處理機裝上金屬刀片，將砂糖打成非常細，質地像沙子一樣細緻的糖粉。

乾燥的香草要壓碎，但不能細碎到變成粉的程度。最好的作法就是用粗目篩網來搓揉。

根據自己的口味決定黑胡椒量的多寡。要特別注意，氣密式密封罐必須非常密合，因為鹽很容易潮掉。此外，烤肉用綜合香料也要保存在光線陰暗的地方，這樣紅椒才不會變色，並喪失風味。

7 茶匙	甜味紅椒粉	35 毫升
3 茶匙	粗海鹽	15 毫升
2 茶匙	鹽膚木粉	10 毫升
1 茶匙	蒜頭粉	5 毫升
1 茶匙	超細砂糖（糖霜粉，參見左側提示）	5 毫升
1 茶匙	壓碎的乾燥巴西利或細葉香芹（參見左側提示）	5 毫升
1 茶匙	乾燥的揉碎奧勒岡	5 毫升
1 茶匙	現磨的黑胡椒（參見左側提示）	5 毫升
½ 茶匙	肉桂粉	2 毫升
½ 茶匙	薑粉	2 毫升

1. 把所有材料放入碗中，攪拌均勻，分布要平均。做好後裝入氣密式容器中（參見左側提示）保存，遠離溫度過高、光線太亮、或潮溼的場所，大概能保存到 1 年。

如何使用烤肉用綜合香料

我喜歡用這款調和香料（其他的也喜愛）當做乾抹料，塗在要燒烤的肉上，而不用到處可見、無所不在的烤肉醃醬。和大家的一般的認知剛好相反，把肉泡在一缸液態醃料中幾個鐘頭未必會使肉變嫩，也不會讓肉更入味。醃料的含鹽度高的話，事實上還會讓肉中原有的天然肉汁流失。

烤肉用的調和香料最好在肉要烤之前 20 分鐘左右（肉表面的溼度已經足以讓香料黏在上面）遍撒在上面。把肉放在室溫中，置於一旁乾醃。想要的話，烤的時候可以擠一點檸檬汁在肉上，這樣不但能讓香料較不會焦掉，還能增進風味。

美式灣區調味料
Bay Seasoning

這款調和香料是以美國高人氣的綜合香料老灣調味料（Old bay seasoning）為基礎調配的，這款調味料向來是各種海鮮料理的調味料。市售版本通常含鹽量高，掌廚者若想要減少鈉的攝取，可以製作這款自家用的低鹽版本。

提示

灣區調味料的辣度可以用你喜歡的研磨辣椒來調整。不過最好不要用使用有明顯香氣的辣椒，例如帕西拉乾辣椒、安丘辣椒或慕拉托辣椒，因為它們的果香與其他的香料，例如喀什米爾辣椒粉並不搭配。

月桂葉用手指就能輕鬆壓碎，之後再把壓碎的葉子用研磨砵組研磨就可以。

8 茶匙	細海鹽	40 毫升
2½ 茶匙	甜味紅椒粉	12 毫升
2 茶匙	芹菜籽粉	10 毫升
¼ 茶匙	紅辣椒粉（參見左側提示）	1 毫升
¼ 茶匙	研磨的月桂葉（參見左側提示）	1 毫升
¼ 茶匙	肉荳蔻皮粉	1 毫升
¼ 茶匙	黃芥末籽粉	1 毫升
⅛ 茶匙	多香果粉	0.5 毫升
⅛ 茶匙	薑粉	0.5 毫升
⅛ 茶匙	現磨的黑胡椒	0.5 毫升
⅛ 茶匙	小荳蔻粉	0.5 毫升
⅛ 茶匙	肉桂粉	0.5 毫升

1. 把所有材料放入碗中，攪拌均勻，分布要平均。做好後裝入氣密式容器中保存，遠離溫度過高、光線太亮、或潮溼的場所，大概能保存到 1 年。

如何使用灣區調味料

除了能加入經典的水煮螃蟹（參見 696 頁）中，灣區調味料還真是一種萬能的提味料。在食物烹煮前先撒上，或甚至用來幫炸薯條以及蒸好的蔬菜調味都可以。

水煮螃蟹 Crab Boil

水煮海鮮是美國人從新英格蘭州和南方沿襲下來的傳統——這是一群人一起享受的盛宴，吃的時候桌上鋪上一層又一層的報紙，食物通常有蟹貝類、馬鈴薯、玉米和香腸。而灣區調味料則給這道菜餚帶來絕佳風味。

製作4人份

準備時間：
- **15 分鐘**

烹煮時間：
- **25 分鐘**

提示 ------------

想要的話，可以用 1 公斤（2 磅）生的大明蝦（帶殼）來取代螃蟹，煮 5 到 7 分鐘。

- **50 夸脫（47 公升）的大湯鍋或類似容器**
- **上菜用的報紙**

12 顆	新馬鈴薯，刷洗乾淨並切半	12 顆
¼ 杯	灣區調味料	60 毫升
2 大匙	細海鹽	30 毫升
2 顆	檸檬，切成 4 瓣	2 顆
4 根	玉米穗，切半	4 根
1 磅	煙燻香腸，切半	500 公克
12 杯	水	3 公升
8 隻	活蟹（參見左側提示）	8 隻
1 大匙	灣區調味料，用來撒在上面	15 毫升
1 杯	融化的奶油	250 毫升

1. 把馬鈴薯放在鍋子底部，上面撒上灣區調味料、鹽、檸檬、玉米和香腸。把水倒進去，蓋上蓋子，中火煮到水滾。水滾之後，小心的把螃蟹放進去，立刻蓋上蓋子，煮 10 到 12 分鐘，直到螃蟹熟透（顏色轉成粉紅或紅色，蟹爪一拉，可以輕易的拉下來）。

2. 要吃蟹的桌子至少得鋪上 4 層以上的報紙，用大夾子把煮熟的螃蟹夾到報紙上，用濾水籃把蔬菜水瀝乾，和香腸以及螃蟹一起排在報紙上。上面撒上 1 人匙（15 毫升）的灣區調味料，融化的奶油裝入幾個碗中方便沾取。

柏柏爾綜合香料 Berbere

這款衣索匹亞的調和香料材料質感粗糙，有土味，但具有濃烈刺激又芬芳的香料香氣。根據所加辣椒量的多寡，有可能非常的辣。柏柏爾綜合香料也是一種醬料的基礎材料，用法和咖哩醬類似。

2 茶匙	整顆的孜然籽	10 毫升
2 茶匙	整顆的芫荽籽	10 毫升
1 茶匙	整顆的獨活草籽	5 毫升
¾ 茶匙	整顆的葫蘆巴籽	3 毫升
1 茶匙	整顆的黑胡椒粒	5 毫升
½ 茶匙	整顆的多香果	2 毫升
4 茶匙	細海鹽	20 毫升
1 茶匙	薑粉	5 毫升
½ 到 1 茶匙	鳥眼辣椒粉（1 茶匙 /5 毫升，多了會很辣）	2 到 5 毫升
½ 茶匙	丁香粉	2 毫升
½ 茶匙	肉荳蔻粉	2 毫升

1. 乾的煎鍋開中火，把孜然、芫荽、獨活草和葫蘆巴籽、胡椒粒和多香果放進去混合。稍微烤一下，鍋子要一直晃動，直到香氣散出，大約 2 到 3 分鐘。裝到研磨砵，或是香料研磨機中，研磨成粗粒。

2. 把混合材料裝到碗裡。加入鹽、薑、辣椒、丁香和肉荳蔻，攪拌均勻，分布更平均。做好後裝入氣密式容器中保存，遠離溫度過高、光線太亮、或潮溼的場所，大概能保存到 1 年。

變化版本

柏柏爾醬（Berbere paste）：煎鍋中開中火，加熱 1 大匙（15 毫升）的油。加入 1 顆切成細末的洋蔥開始炒，要一直翻炒，直到顏色開始變焦黃。加入 1 大匙（15 毫升）甜味紅椒粉和 3 大匙（45 毫升）的柏柏爾綜合香料，繼續炒，要經常攪拌，炒大約 5 分鐘，直到洋蔥變軟。離火，放置一旁待涼。冷卻後裝入氣密式容器中，放入冰箱保存，可以放到 2 星期。

如何使用柏柏爾

在西式料理中，把乾燥的綜合香料抹在還沒烹煮的肉上可以增加誘人的辛辣香味。當柏柏爾醬被當成類似美味咖哩醬的基底，加到燉煮的菜餚和砂鍋中，有提味的效果。500 公克（1 磅）的肉加 1 大匙（15 毫升）柏柏爾醬。

印度香飯香料（比爾亞尼綜合香料）
Biryani Spice Mix

米飯是熱帶地區常見的食物，而以米飯為基礎的菜色是全世界各地熱帶和亞熱帶地區料理的特色。我們在印度時，總是希望能吃到印度香飯，最好還是那種自家廚房料理的。每一個家庭都有屬於自家料理獨特的味道。這款綜合香料，或稱比爾亞尼綜合香料（Biryani Spice Mix），讓家家都能隨時隨興在家製作出香氣四溢的印度香飯。我們家喜歡一次多做一些份量，這樣就能放一些在冰箱，第二天加熱一下，就有午餐了。

製作約15茶匙
（75毫升）

提示

由於這是一款印度的調和香料，我會建議使用由印度的清奈或喀什米爾辣椒製成的乾辣椒片。

3 茶匙	芫荽籽粉	15 毫升
2½ 茶匙	肉桂粉	12 毫升
2 茶匙	薑粉	10 毫升
1½ 茶匙	現磨的黑胡椒	7 毫升
1½ 茶匙	甜茴香籽粉	7 毫升
1 茶匙	孜然粉	5 毫升
¾ 茶匙	喀什米爾辣椒粉	3 毫升
¾ 茶匙	小荳蔻粉	3 毫升
¾ 茶匙	肉荳蔻粉	3 毫升
¾ 茶匙	整顆的孜然籽	3 毫升
½ 茶匙	中等辣度的乾辣椒片（參見左側提示）	2 毫升
¼ 茶匙	丁香粉	1 毫升

1. 把所有材料放入碗中，攪拌均勻，分布要平均。做好後裝入氣密式容器中保存，遠離溫度過高、光線太亮、或潮溼的場所，大概能保存到 1 年。

如何使用印度香飯香料

使用這款調和香料來製作印度香雞（Chicken Biryani，參見 699 頁）。

印度香雞
Chicken Biryani

這原是一道波斯菜，但是比爾亞尼綜合香料已經找到方式進入印度、斯里蘭卡、印尼和馬來西亞了。我之所以覺得這道料理很好，大概是因為它是一道全包式菜色，有肉、有飯、有香料和蔬菜，實在令人心滿意足。

製作4人份

準備時間：
- **15 分鐘**

烹煮時間：
- **50 分鐘**

提示

Ghee 是一種印度料理常用的澄清奶油。如果你手上沒有，可以用等量的奶油或是無水奶油來代替。

- **28 x 18 公分（11x 7 吋）的砂鍋，或有蓋烤盤**
- **烤箱預熱到攝氏 160 度，華氏 325 度**

1 大匙	印度澄清奶油（ghee，參見左側提示）	15 毫升
1 顆	洋蔥，切成細末	1 顆
1 大匙	比爾亞尼綜合香料（參見 698 頁）	15 毫升
1 磅	去皮的無骨雞胸肉，切成 2.5 公分（1 吋）大小的塊	500 公克
2 顆	番茄，去皮、切塊	2 顆
⅓ 杯	原味優格	75 毫升
1 杯	印度香米（basmati rice）	250 毫升
1 杯	雞高湯	250 毫升
3 顆	整顆的丁香	3 顆
3 莢	整莢的綠荳蔻莢	3 莢
1 根	3 吋（8 公分）肉桂棒	1 根
½ 杯	新鮮或冷凍的青豆，解凍	125 毫升
1 大匙	奶油	15 毫升

1. 煎鍋開小火，融化澄清奶油。加入洋蔥和綜合香料下去炒，要經常攪拌，約 3 分鐘，直到散出香味。火轉成中火，加入雞肉炒，經常攪拌，直到每一面都變焦黃色為止，大約 5 分鐘。加番茄和優格，攪拌混勻。火轉小並煮 5 分鐘，直到醬汁開始變稠。離火，放置一旁。

2. 同時，平底鍋開中火，把米、高湯、丁香、小荳蔻和肉桂放入。煮到滾，轉成小火，蓋上緊密性好的蓋子。燜煮 7 分鐘，直到高湯被米吸乾。鍋子離火，把整顆的香料丟棄，米飯用叉子翻鬆，把豆子加入混合均勻。

3. 砂鍋或烤盤塗上油。把一半的米飯平均的放在鍋子或烤盤底部。上面鋪上雞肉混合材料，再把剩下的米飯蓋上去。上面放點奶油，用鋁箔紙緊緊封好，再蓋上蓋子（封兩層能使飯蒸得漂亮又鬆軟）。在預熱好的烤箱烤 20 分鐘，直到飯變得又鬆又軟（開鋁箔紙時小心冒出來的蒸汽），立刻上桌。

燉煮用香草束
Bouquet Garni

燉煮用香草束有種熟悉的均衡風味，和綜合香草不同，因為加入了巴西利，所以更圓潤醇厚，且因為裡面不含鼠尾草，因此味道比較不刺激嗆鼻。法文的「Bouquet Garni」意思就是單純的「香草束」——依據傳統，內容有百里香、馬鬱蘭和巴西利各 1 枝，再加上一些月桂葉，緊緊綁成 1 束。乾燥版則將調和料放進方形的棉質紗布袋裡，煮好後就取出丟棄，也能直接入菜，如此一來小小的乾葉通常就會變軟，和其他材料調和在一起了。

製作1束

新鮮的燉煮用香草束

1 枝	新鮮的百里香	1 枝
1 枝	新鮮的馬鬱蘭	1 枝
1 枝	新鮮的捲葉或平葉巴西利	1 枝
3 片	新鮮的月桂葉（帶莖）	3 片

1. 使用能燉煮的繩線把百里香、馬鬱蘭、巴西利和月桂葉的枝綁好。立刻使用。

製作約9茶匙（45毫升）

提示

乾燥的月桂葉放進換上金屬刀片的食物處理器大約 30 秒就能打碎了，不然也能打到碎葉平均尺寸小於 5 公釐（1/4 吋）。

乾燥的燉煮用香草束

4 茶匙	乾燥的百里香	20 毫升
2½ 茶匙	乾燥的馬鬱蘭	12 毫升
1½ 茶匙	乾燥的巴西利片	7 毫升
1 茶匙	壓碎的月桂葉（參見左側提示）	5 毫升

1. 把所有材料放入碗中，攪拌均勻，分布要平均。做好後裝入氣密式容器中保存，遠離溫度過高、光線太亮、或潮溼的場所，大概能保存到 1 年。

如何使用燉煮用香草束

燉煮用香草束可以在煮湯、燉煮菜或砂鍋的時候加進去，把香草的風味釋放到湯汁裡。如果你用的是新鮮的燉煮用香草束，大多數的葉子都會變軟，在煮的時候掉下來，只留下硬硬的梗和大葉，這些在煮好之後可以輕鬆的拿起來丟掉。

乾燥的燉煮用香草束用在慢火熬煮的菜色中效果比較好，雖說樣子不像新鮮香草束那麼好看。如果乾燥材料是放在棉質紗布袋中，菜煮好後就能輕鬆丟掉了。

巴西綜合香料
Brazilian Spice Mix

幾年前，澳洲洋菇種植協會的人找上了我，他們想把產品定位成「素食者之肉」。他們從巴西把一位大主廚請來澳洲，示範如何讓洋菇好吃又容易入手，並請我為這個目的研發一款巴西綜合香料。這款溫和的調和香料使用了許多在巴西食譜中能夠看到的香草和香料。大家可以看看肉桂和多香果的甜香如何和孜然的土味以及胡椒與辣椒的辣度進行完美的平衡。

製作約15茶匙（75毫升）

提示

辣度溫和的研磨辣椒粉比較適合這款調和香料，像新墨西哥、瓜希柳和帕西拉乾辣椒。

3½ 茶匙	甜味紅椒粉	17 毫升
2½ 茶匙	薑粉	12 毫升
2 茶匙	細海鹽	5 毫升
1¾ 茶匙	蒜頭粉	8 毫升
1½ 茶匙	洋蔥粉	7 毫升
¾ 茶匙	孜然粉	3 毫升
¾ 茶匙	芫荽籽粉	3 毫升
½ 茶匙	乾燥的芫荽（香菜）葉	2 毫升
¼ 茶匙	多香果粉	1 毫升
¼ 茶匙	肉桂粉	1 毫升
¼ 茶匙	現磨的黑胡椒	1 毫升
¼ 茶匙	現磨的白胡椒	1 毫升
¼ 茶匙	紅辣椒粉（參見左側提示）	1 毫升

1. 所有材料放入碗中，攪拌均勻，分布要平均。做好後裝入氣密式容器中保存，遠離溫度過高、光線太亮、或潮溼的場所，大概能保存 1 年。

如何使用巴西綜合香料

除了能和菇類相得益彰外，這款有點辛辣的調和料也是絕佳的乾抹料，很適合拿來抹在魚和雞肉上。我最愛的作法是，洋菇用奶油炒一下，在炒的時候，撒上一點這款調和料。用量大約每 250 公克（1/2 磅）的洋菇用 2 茶匙（10 毫升）調和香料。

美式肯瓊綜合香料
Cajun Spice Mix

美國紐奧良肯瓊綜合香料（Cajun spice mix）是一個把香草和義大利料理中常用的羅勒，混合到一些常讓人聯想起拉丁美洲、印度與亞洲菜用的香料中的絕佳範例。這款綜合香料獨特的風味來自於紅椒、羅勒、蒜頭、洋蔥、百里香、鹽和卡宴辣椒混搭的意外組合，此外可依照你對辣度的偏好，調整黑胡椒和白胡椒的用量。

製作約½杯（125毫升）

提示

如果你希望肯瓊香料的味道辣一點，那麼就增加白胡椒或卡宴辣椒粉的量來符合你的口味。

4 茶匙	甜味紅椒粉	20 毫升
4 茶匙	乾燥的羅勒	20 毫升
3 茶匙	洋蔥碎片	15 毫升
3 茶匙	蒜頭粉	15 毫升
2 茶匙	細海鹽	10 毫升
2 茶匙	現磨的黑胡椒	10 毫升
2 茶匙	甜茴香籽粉	10 毫升
1½ 茶匙	乾燥的巴西利片	7 毫升
1½ 茶匙	肉桂粉	7 毫升
1½ 茶匙	乾燥的百里香	7 毫升
½ 茶匙	現磨的白胡椒（參見左側提示）	2 毫升
½ 茶匙	卡宴辣椒粉	2 毫升

1. 把所有材料放入碗中，攪拌均勻，分布要平均。做好後裝入氣密式容器中保存，遠離溫度過高、光線太亮、或潮溼的場所，大概能保存到 1 年。

如何使用肯瓊綜合香料

這款辛辣的胡椒味調和料是奧爾良人愛用來製作肯瓊香辣黑魚或黑雞的傳統調味料。把調和香料撒在雞肉、魚或牛肉上，放置一旁乾醃 20 分鐘左右再下鍋料理。無論是用鍋煎、炙燒 / 燒烤或碳烤都可以。為了能做到傳統的黑化效果外觀，請將調味好的肉用奶油來煎──這經典的黑化效果正是奶油在料理時燒焦造成的。肯瓊綜合香料也經常加到秋葵濃湯裡（參見 284 頁）。

印度恰馬薩拉綜合香料
Chaat Masala

在印度，Masala 的意思單純只是「混合」而已。恰馬薩拉每日都被用於家常的鹹味料理中，點心或街頭攤位的食物裡也會使用。

製作約18½茶匙（90毫升）

提示

這款調和香料最適合使用的就是由色澤豔紅的喀什米爾辣椒或清奈製成的研磨辣椒。恰馬薩拉是我愛用的特選香料，實際上被我拿來當鹽放在每一道印度菜餚中。我稱它為印度的「萬用粉」。

8 茶匙	孜然粉	40 毫升
3 茶匙	細海鹽	15 毫升
3 茶匙	粉狀的黑鹽	15 毫升
3 茶匙	甜茴香籽粉	15 毫升
1½ 茶匙	馬薩拉綜合香料（garam masala）（參見 735 頁）	7 毫升
1 撮	阿魏	1 撮
1 撮	紅辣椒粉（參見左側提示）	1 撮

1. 把所有材料放入碗中，攪拌均勻，分布要平均。做好後裝入氣密式容器中保存，遠離溫度過高、光線太亮、或潮溼的場所，大概能保存到 1 年。

如何使用恰馬薩拉

恰馬薩拉是一種很不錯的通用調味料，用在肉和蔬菜上都好，烹煮之前或之後用都行。由於它的含鹽量很高，所以被用來當做馬鈴薯和炒豆子（如鷹嘴豆）的調味料。它被用在咖哩中，取代一般的料理鹽，能讓咖哩添加很美妙的實在香氣。經典的優格飲品拉西可以做成甜味或鹹味，甜味版用的是芒果汁，而鹹味版則是在每杯（250 毫升）的飲料中加入 1/4 茶匙（1 毫升）的恰馬薩拉。在溼度高的大熱天，鹽應該有助於維持你體內鹽分的平衡。

印度香料奶茶和香料咖啡
Chai Tea and Coffee Masala

近來西方對印度食物的狂熱不僅引發了對特定食譜的興趣，也讓大家更了解印度人生活中許許多多美味的小樂趣。到印度旅行後的人會有在家複製某些經驗的渴望，而其中之一就是喝印度奶茶——甜的，加了香料的奶茶。奶茶中加的香料通常是肉桂、丁香和小荳蔻，偶而也會加一點番紅花來些特別的享受。

**製作約2杯
（500毫升）**

準備時間：

● 5 分鐘

烹煮時間：

● 5 分鐘

1 根	2.5 公分（1 吋）肉桂棒	1 根
2 莢	綠荳蔻莢	2 莢
3 顆	丁香	3 顆
1 杯	牛奶	250 毫升
1 杯	水	250 毫升
1 大匙	印度紅茶茶葉	15 毫升
4 茶匙	砂糖（大約量）	20 毫升

1. 鍋子開中火，把香料、牛奶、水、茶葉和糖（如果你喜歡喝很甜，就多加些糖）加入混勻。加熱到鍋緣剛要開始冒泡。離火，在一旁放置幾分鐘，然後過濾到個別的杯子裡。

變化版本

這些香料加到咖啡中也同樣很合味，所以我才稱它為「茶和咖啡的馬薩拉」（香料茶和香料咖啡）。如果想在飯後咖啡中添一點辛香氣，每杯（250 毫升）的咖啡中使用相同份量的香料。如果使用沖泡式咖啡壺來泡咖啡，還沒倒滾水前，香料就要先加入咖啡粉裡。

摩洛哥切爾末拉綜合香料
Chermoula

切爾末拉（Chermoula）是經典的摩洛哥綜合香料，裡面放了很多我們在印度料理中會看到的香料，此外還添加了新鮮巴西利和香菜（芫荽葉）的香氣。隨著摩洛哥食物的風行，這款醬料已經是市區餐廳中常見的特色菜了。許多人認為這款調和香料容易親近、不會太辣，是因為裡面很聰明的混合了味道強勁的風味香料，如孜然、溫和的西班牙紅椒和薑黃，並藉由洋蔥、巴西利和香菜的清香來加以平衡，調和之中還隱隱透出蒜頭和卡宴辣椒的味道。切爾末拉常會以新鮮的香草（大部分是蒜頭和洋蔥）來製作，就像莎莎醬，然後再以微辣的香料調味，用來當做調味料或醃魚和雞肉，醃過的魚或雞之後再稍微進行烹煮（參見切爾末拉香辣醬，650頁）。

製作約9茶匙（45毫升）

提示

阿勒皮薑黃（Alleppey turmeric）中的薑黃素含量較高，風味也比一般的薑黃濃厚。在這款調和香料中，能與其他香料產生完美的均衡效果。

3 茶匙	孜然粉	15 毫升
2 茶匙	甜味紅椒粉	10 毫升
1 茶匙	乾燥的芫荽葉	5 毫升
1 茶匙	阿勒皮薑黃（參見左側提示）	5 毫升
1 茶匙	乾燥的巴西利葉	5 毫升
½ 茶匙	蒜頭粉	2 毫升
½ 茶匙	洋蔥粉	2 毫升
1 撮	卡宴辣椒	1 撮
1 撮	現磨的黑胡椒	1 撮
1 撮	細海鹽	1 撮

1. 把所有材料放入碗中，攪拌均勻，分布要平均。做好後裝入氣密式容器中保存，遠離溫度過高、光線太亮、或潮溼的場所，大概能保存到 1 年。

如何使用切爾末拉綜合香料

這款調和的香料用途很廣，能用來當做抹料（乾醃料），塗在肉類或肉質緊實的魚肉（如鮪魚）上。我尤其喜歡用它來抹燒烤和碳烤的肉塊，包括羊肉。把調和香料撒在肉或魚肉上，在一旁放置 20 分鐘再行烹煮，看是油煎，或炙燒／燒烤或碳烤都可以。

中式五香粉
Chinese Five-Spice Powder

這款極具特色的調和香料充滿著馥郁的八角香（很多中式食譜中都有的一種香料）、桂皮和丁香的甜香、以及胡椒的刺激感，此外添加了很多甜茴香籽粉來中和各種風味。調和香料中很少有像中式五香粉這樣，被八角一種香料所主控的。

製作約10¾茶匙
（55毫升）

6 茶匙	八角粉	30 毫升
2½ 茶匙	甜茴香籽粉	12 毫升
1½ 茶匙	桂皮粉	7 毫升
1½ 茶匙	花椒或黑胡椒粉	2 毫升
¼ 茶匙	丁香粉	1 毫升

1. 把所有材料放入碗中，攪拌均勻，分布要平均。做好後裝入氣密式容器中保存，遠離溫度過高、光線太亮、或潮溼的場所，大概能保存到 1 年。

如何使用中式五香粉

許多亞洲的菜色都會用到中式五香粉，它甜香、濃厚的香味特質和油膩的肉類特別搭配，如豬肉和鴨肉，快炒蔬菜時撒一點五香粉也能讓味道大幅提昇。只要加一點鹽，它也能拿來當做雞、鴨、豬和海鮮理想的抹料（乾醃）。

肉桂糖
Cinnamon Sugar

這個版本的經典老口味有點特別，因為裡面加的不僅僅只有肉桂和糖。在我幾本書中，這款加料糖都是甜味香料的一種極致寵愛！

製作約15茶匙
（75毫升）

提示 --------------

超細砂糖（super fine sugar，糖霜粉 caster sugar）是顆粒非常細的砂糖，通常都是用於需要砂糖能快速溶解的食譜裡。如果商店裡面找不到，可以自己動手做。把食物處理機裝上金屬刀片，將砂糖打成非常細，質地像沙子一樣細緻的糖粉。

¼ 杯	超細砂糖（糖霜粉，參見左側提示）	60 毫升
1 茶匙	肉桂粉	5 毫升
1 茶匙	桂皮粉	5 毫升
¼ 茶匙	小荳蔻粉	1 毫升
¼ 茶匙	丁香粉	1 毫升
¼ 茶匙	薑粉	1 毫升
¼ 茶匙	香草豆莢粉	1 毫升

1. 把所有材料放入碗中，攪拌均勻，分布要平均。做好後裝入氣密式容器中保存，遠離溫度過高、光線太亮、或潮溼的場所，大概能保存到 1 年。

如何使用肉桂糖

這款糖真是我們全家的摯愛，無論是甜甜圈、吐司、麥片粥、甜點和新鮮的水果沙拉上，都得撒上一撒。你可把它撒在蘋果肉桂茶點蛋糕（參見 211 頁）上嚐嚐看。

美式克里奧綜合調味料
Creole Seasoning

這款克里奧（Creole）綜合調味粉和肯瓊綜合香料相當類似（參見 703 頁）。不過，這一款的味道稍微溫和些。

（參見 703 頁）

製作約14茶匙
（70毫升）

提示

乾燥的香草用研磨砵組就能研磨，用細網目的篩漏也能輕鬆搓揉成粉。

月桂葉用手指就能輕鬆壓碎，之後再把壓碎的葉子用研磨砵組研磨就可以。

3½ 茶匙	甜味紅椒粉	17 毫升
3 茶匙	細海鹽	15 毫升
2 茶匙	洋蔥粉	10 毫升
2 茶匙	蒜頭粉	10 毫升
1 茶匙	研磨／揉碎的乾燥奧勒岡（參見左側提示）	5 毫升
½ 茶匙	研磨／搓揉的乾燥羅勒	2 毫升
½ 茶匙	現磨的黑胡椒	2 毫升
½ 茶匙	現磨的白胡椒	2 毫升
¼ 茶匙	研磨／搓揉的乾燥百里香	1 毫升
¼ 茶匙	研磨的月桂葉（參見左側提示）	1 毫升
¼ 茶匙	多香果粉	1 毫升

1. 把所有材料放入碗中，攪拌均勻，分布要平均。做好後裝入氣密式容器中保存，遠離溫度過高、光線太亮、或潮溼的場所，大概能保存到 1 年。

如何使用美式克里奧綜合調味料

在這款調和香料中，所有的材料都是細粉狀，所以拿來當抹肉的香料很理想。這款調和料也可以取代肯瓊綜合香料，用在秋葵濃湯中（參見 284 頁）。

咖哩粉 Curry Powder

　　咖哩粉的觀念相信是源自於印度，在那裡，當地人把它稱作「馬薩拉」（masala），就是「混合」的意思。那些從殖民地打包回家後的人，希望能複製他們在次大陸的異國風味經驗，於是就把馬薩拉簡化成今天我們所稱的「咖哩粉」了。他們把香料製作成粉狀是為了方便，因為許多香料質地非常堅硬，需要槌打或弄破後風味和香氣才能散發出來。

　　咖哩粉調和了甜味、激香、辣味和中和型的香料。可以依照數百種不同的比例自由調配，製作出適合的特定口味，也可以考慮調和料和個別食物的搭配效果是否夠好，例如，和魚以及豆類相比，牛肉就需要風味較濃烈的調和料。

如何使用咖哩粉

　　咖哩粉的用途之廣令人驚喜。舉例來說，美乃滋中放一點咖哩粉進去調和，就能做出美味的沙拉醬；只要一點點量的咖哩粉就能讓平淡無味的蔬菜濃湯成功進化。說到「咖哩」，我們想到的一般都是燉菜，或是浸著肉塊或蔬菜的濃濃醬汁，但乾粉其實很容易就能跟鹽混合，抹在肉上，當做乾醃料來用。肉中的水分可以讓粉附著，在肉炙燒、燒烤或碳烤之前或期間，擠一點檸檬汁上去可以讓肉更入味，而且碳烤溫度如果太高的話，還能避免肉燒焦。

　　基礎的馬德拉斯（Madras）式印度咖哩粉——當食譜中只提到「咖哩粉」時，指的就是它——主要原料是甜香型的香料，和一般在綜合香料中看到的一樣，有肉桂、多香果和肉荳蔻。激香型香料，如丁香、小荳蔻和孜然則會增加調和料的風味深度，而辣味香料，如辣椒、胡椒和苦苦的葫蘆巴則給調和料帶來刺激口味。這些在中和型香料：甜茴香和芫荽籽（非常重要）和薑黃的作用下，就能和諧的融合在一起了。所有在家自製的咖哩粉都要徹底調和混勻，做好後裝入氣密式容器中保存，遠離溫度過高、光線太亮、或潮溼的場所，大概能保存到1 年。

乾烤香料

製作咖哩粉有個常用技巧，那就是香料要乾烤過。乾烤可以調整風味，讓製作咖哩粉的藝術向上提昇一個層次。傳統的方式是把整顆的香料先乾烤過，之後再一起研磨。每一種香料乾烤的時間長短不一，得看想要的風味，或是香料個別的特性。舉例來說，葫蘆巴炒太久會出現極苦又不好聞的氣味。

如果你希望已經調配好的咖哩粉能擁有深度以及更濃郁的風味，那麼這裡提供一個簡單的辦法：在乾燥的煎鍋開中火，加入適量的咖哩粉（為了方便起見，請使用稍後要煮咖哩的煎鍋或湯鍋）。鍋子必須非常乾燥，沒有一點油；香料中所含的天然油脂自然不會讓它黏鍋或燒焦。乾烤時要持續不斷的翻動，這樣咖哩粉才會炒得均勻。當粉的顏色開始改變（可能在30到60秒之間），並散發出一種烘烤的香氣時，把咖哩粉從爐上拿走。你可以把一次用的咖哩粉炒足，喜歡的話，還可以多炒一些，方便之後使用。如果要先炒一批來存放，一定要等完全冷卻後，再裝入氣密式的容器中。以乾烤過的香料製作出來的咖哩粉保存時限比一般咖哩粉短；應該在製作之後的1個月內用完。

香料筆記

我吃咖哩時，常常會想起在南印度的芒格洛爾（Mangalore）和西迪雅布（Sediyapu）家一起用餐的時光。看到我們以他們傳統的方式用手指吃東西時，他們很高興地說道：「除非你先感受食物，不然怎麼會知道吃的是什麼呢？」在西方，我們認為自己很文明，因為我們用刀叉吃東西。但是在印度的思考方式裡，我們很傻，因為沒去感受，看看食物有多冷或多熱，有多硬或多軟，就直接送進嘴巴裡了。有些印度人還告訴我，他們的知覺非常發達，可以透過手指感受盤中辣椒的辣度。在從前，這樣的本領應該能讓我們許多人不會被灼傷或燙傷。

柬埔寨阿莫克咖哩粉
Amok Curry Powder

這款柬埔寨的咖哩粉是用來煮魚的。這也是柬埔寨的印度移民在印度之東的亞洲料理產生影響的完美範例。這道菜味道濃郁辛辣，但令人驚喜的是，並不會壓過一起烹煮海鮮的風味。

製作約18茶匙（90毫升）

提示

阿勒皮薑黃（Alleppey turmeric）中的薑黃素含量較高，風味也比一般的薑黃濃厚。在這款調和香料中，能與其他香料產生完美的均衡效果。

2½ 茶匙	紅辣椒粉	12 毫升
2 茶匙	阿勒皮薑黃粉（參見左側提示）	10 毫升
2 茶匙	馬德拉斯（Madras）薑黃粉	10 毫升
1½ 茶匙	蒜頭粉	7 毫升
1½ 茶匙	薑粉	7 毫升
1½ 茶匙	甜味紅椒粉	7 毫升
1¼ 茶匙	孜然粉	6 毫升
1¼ 茶匙	芫荽籽粉	6 毫升
1 茶匙	南薑粉	5 毫升
1 茶匙	研磨的乾燥泰國酸柑葉	5 毫升
1 茶匙	山奈（kenchur）粉	5 毫升
¾ 茶匙	現磨的黑胡椒	3 毫升
¾ 茶匙	研磨的乾燥檸檬香桃木葉	3 毫升

1. 把所有材料放入碗中，攪拌均勻，分布要平均。做好後裝入氣密式容器中保存，遠離溫度過高、光線太亮、或潮溼的場所，大概能保存到 1 年。

如何使用阿莫克咖哩粉

這款調和料拿來當乾抹料（醃料）使用極為合適，不僅能用在魚上，用在雞肉上也很好，在碳烤、炙燒／燒烤或甚至烘烤之前使用。這款調和料可用來做柬埔寨魚肉咖哩（參見 714 頁）。

柬埔寨魚肉咖哩
Cambodian Fish Curry

我父母親第一次吃到阿莫克咖哩是在雪梨一家小而不起眼的柬埔寨餐廳，他們對於這道菜風味的均衡以及與海鮮搭配的契合度印象深刻。我老爸立刻動手配製出了能入手的香料組合，這樣大家就能在家自己動手做了。這道菜上桌時可以和泰國茉莉香米飯一起，上面加些切好的辣椒。

製作4人份

準備時間：
● **10 分鐘**

烹煮時間：
● **15 分鐘**

● **研磨砵和杵，或小型果汁機**
● **中式炒鍋**

2 顆	小顆的紅蔥頭，切細末	2 顆
½ 茶匙	細海鹽	2 毫升
1 大匙	阿莫克（Amok）咖哩粉（參見 713 頁）	15 毫升
½ 茶匙	魚露（nam pla）	2 毫升
1 大匙	棕櫚糖或赤砂糖，壓實	15 毫升
1 罐	400 毫升（14 盎司）椰奶	1 罐
1 磅	去皮、肉質結實的白色魚排肉	500 公克
12 尾	中等大小的生蝦，去殼並抽沙腸	12 尾
½ 杯	四季豆斜切成段	125 毫升
1 條	新鮮的長條紅辣椒，切絲或切片	1 條

1. 用研磨砵組，或小型果汁機把紅蔥頭、鹽、咖哩粉、魚露和糖攪拌成泥狀，需要的話，加一兩滴水。

2. 炒菜鍋開中火，把泥狀醬料倒進去，炒 2 到 3 分鐘，直到散發香味。拌入椰奶，並煮到將近沸騰。加入魚肉、蝦、豆子繼續煮 10 到 12 分鐘，直到海鮮顏色轉白並熟透。撒上鮮辣椒，立刻上桌。

印度香燉豆綜合香料
Lentil and Dal Spice Mix

我們常說，如果你想當個素食主義者，那麼印度肯定是你該選擇的地方。穀類和豆子（豆子和豆莢）對人的健康好，添加了這款綜合香料後，一罐簡單的紅腰豆（red kidney beans，其他任何豆子也都行）就能立刻轉換成營養滿滿的美食。我喜歡用這款調和料來製作德里香燉豆（Delhi Dal，參見651頁）。

（參見651頁）

**製作約15茶匙
（75毫升）**

（參見 735 頁）

提示

阿勒皮薑黃（Alleppey turmeric）中的薑黃素含量較高，風味也比一般的薑黃濃厚。在這款調和香料中，能與其他香料產生完美的均衡效果。

由印度的清奈或喀什米爾辣椒製成的乾辣椒片很適合用於這道印度菜餚。

2½ 茶匙	芫荽籽粉	12 毫升
2¼ 茶匙	孜然粉	11 毫升
2 茶匙	整顆的褐／黑芥末籽	10 毫升
2 茶匙	整顆的孜然籽	10 毫升
1½ 茶匙	馬薩拉綜合香料（garam masala）（參見 735 頁）	7 毫升
1½ 茶匙	阿勒皮薑黃粉（參見左側提示）	7 毫升
1 茶匙	薑粉	5 毫升
1 茶匙	阿魏粉	5 毫升
1 茶匙	中等辣度的辣椒片（參見左側提示）	5 毫升
¾ 茶匙	蒜頭粉	3 毫升

1. 把所有材料放入碗中，攪拌均勻，分布要平均。做好後裝入氣密式容器中保存，遠離溫度過高、光線太亮、或潮溼的場所，大概能保存到 1 年。

如何使用香燉豆綜合香料

除了跟豆類搭配相得益彰外，這款綜合香料也是提昇蔬菜風味的完美香料。加入馬鈴薯和花椰菜的湯品、烤根莖類的蔬菜，甚至是炸甜玉米餡餅（sweet corn fritters）中，滋味都非常好。每 500 公克（1 磅）基礎材料大約使用 3 茶匙（15 毫升）的量。

印度馬德拉斯咖哩粉
Madras Curry Powder

雖然帶著土味，但香氣十足，這就是食譜中如果只說加「咖哩粉」時所指的咖哩粉了。

製作約17茶匙
（85毫升）

提示

可以根據個人的口味，調整研磨辣椒的用量。這款調和料最適合使用的是由長的清奈辣椒或喀什米爾辣椒製成的辣椒粉。如果你愛吃辣，可以加些研磨好的鳥眼辣椒粉。

7 茶匙	芫荽籽粉	35 毫升
3 茶匙	孜然粉	15 毫升
3 茶匙	薑黃粉	15 毫升
1 茶匙	薑粉	5 毫升
¾ 茶匙	現磨的黑胡椒	3 毫升
½ 茶匙	黃芥末籽粉	2 毫升
½ 茶匙	葫蘆巴籽粉	2 毫升
½ 茶匙	肉桂粉	2 毫升
¼ 茶匙	丁香粉	1 毫升
¼ 茶匙	小荳蔻粉	1 毫升
¼ 茶匙	紅辣椒粉（參見左側提示）	1 毫升

1. 把所有材料放入碗中，攪拌均勻，分布要平均。做好後裝入氣密式容器中保存，遠離溫度過高、光線太亮、或潮溼的場所，大概能保存到 1 年。

如何使用馬德拉斯咖哩粉

馬德拉斯（Madras）咖哩粉是人氣最高、用途最廣的印度綜合香料。它可以應用到各種菜色裡面，無論是肉類還是蔬菜，只要說需用到「咖哩粉」，那就能用它。

香草家的週六咖哩 Herbie's Saturday Curry

在我家的香草家（Herbie's）開過每週一次的香料品鑑課後，我爸常會留下一碗他在講解調和香料原則時，所示範的咖哩粉，所以星期六一到，他就開始做這道菜。上菜時附上印度香料飯（Basmati Pilaf，第 164 頁）或一般的白米飯。

製作4人份

準備時間：

● **15 分鐘**

烹煮時間：

● **2.5 個鐘頭**

提示

許多種類的辣椒都是乾燥後使用的。基本款的乾燥紅色長辣椒通常會比新鮮時辣一點，也會稍微帶一點鮮品中沒有甜香焦糖味。賣亞洲雜貨的店有很多乾辣椒種類可選購。

這道食譜相當簡單，也是嘗試不同酸源的好基底；你可以用印度鳳果、青芒果粉或羅望子來取代檸檬汁，比較看看有什麼不同。

● **烤箱預熱到攝氏 120 度（華氏 250 度）**

2 大匙	馬德拉斯（Madras）咖哩粉（參見 716 頁）	30 毫升
2 大匙	油	30 毫升
1 大匙	印度／孟加拉五香（panch phoron）（參見 748 頁）	15 毫升
1 顆	洋蔥，切好	1 顆
1 磅	羊腿，切成 2.5 公分（1 吋）的塊狀	500 公克
2 茶匙	現壓檸檬汁	10 毫升
1 罐	398 毫升（14 盎司）整顆的番茄，帶汁	1 罐
2 茶匙	馬薩拉綜合香料（garam masala，參見 735 頁）	10 毫升
2 茶匙	恰馬薩拉綜合香料（chaat masala，參見 704 頁）	10 毫升
3 條	長條的紅色乾辣椒（參見左側提示）	3 條
2 大匙	大片的乾蒜頭片	30 毫升
2 大匙	番茄醬	30 毫升
8 片	新鮮或乾燥的咖哩葉	8 片
1 茶匙	乾燥的葫蘆巴葉	5 毫升
1 到 2 杯	水	250 到 500 毫升

1. 厚重的平底大鍋或是鑄鐵鍋開中火。加入咖哩粉開始炒，要用一支木杓不斷攪拌，約 2 分鐘，直到散發出香味（小心別燒焦）。倒入油，攪拌成泥狀。加入印度五香炒，要不斷攪拌，直到籽開始爆跳。加入洋蔥持續翻炒 2 分鐘，直到顏色稍微變焦黃。分批加入羊肉，一次大約 6 塊，炒 8 到 10 分鐘，直到顏色變焦黃並沾上香料（煮好的羊肉塊裝到盤子上）。把炒好的羊肉重新回鍋，並加入檸檬汁和番茄，利用翻炒時用木杓把番茄進行粗切。煮 5 分鐘，直到番茄變軟。撒上馬薩拉綜合香料（garam masala）、恰馬薩拉綜合香料（chaat masala），上面放整條的辣椒和蒜頭片。加入番茄醬、咖哩葉、乾燥的葫蘆巴葉和水，攪拌均勻並熄火。用緊密的蓋子蓋緊，放入預熱好的烤箱烤大約 2 個鐘頭，直到變軟。煮好後可以立即食用，不過完全冷卻後放入冰箱冷藏一晚，風味完全熟成之後，風味最佳。

馬來式咖哩粉
Malay Curry Powder

馬來式咖哩和馬德拉斯（Madras）式咖哩類似，但是裡面含有甜茴香籽粉。如果你看到娘惹（Nonya）、新加坡或馬來西亞咖哩食譜中只寫「咖哩粉」，那麼用的就是這種咖哩粉。

提示 ----------

可以根據個人的口味，調整研磨辣椒的用量。這款調和料最適合使用的是喀什米爾辣椒製成的辣椒粉。不過任何中等辣度的研磨紅辣椒也都能用。

6 茶匙	芫荽籽粉	30 毫升
3 茶匙	孜然粉	15 毫升
3 茶匙	甜茴香籽粉	15 毫升
1½ 茶匙	阿勒皮薑黃粉	7 毫升
1 茶匙	薑粉	5 毫升
1 茶匙	肉桂粉	5 毫升
¾ 茶匙	現磨的黑胡椒	3 毫升
½ 茶匙	黃芥末籽粉	2 毫升
¼ 茶匙	丁香粉	1 毫升
¼ 茶匙	小荳蔻粉	1 毫升
¼ 茶匙	辣椒粉（參見左側提示）	1 毫升

1. 把所有材料放入碗中，攪拌均勻，分布要平均。做好後裝入氣密式容器中保存，遠離溫度過高、光線太亮、或潮溼的場所，大概能保存到 1 年。

如何使用馬來式咖哩

馬來式咖哩使用的方式就和馬德拉斯咖哩粉一樣。主要的差別在馬來式咖哩粉的香氣口味比較沒有會嗆的刺激味，這是因為裡面成分省略了研磨的葫蘆巴，加入了甜茴香籽，所以口味比較明亮、甜蜜。

馬來西亞和新加坡料理中的香料

馬來西亞和新加坡料理代表了某些最佳的融合典範。他們典型的特色中很多都受到中國、葡萄牙、印度和斯里蘭卡料理的影響。被稱為「娘惹」的麻六甲海峽可口烹飪風格愈來愈受到觀光客的歡迎，或許是因為其中融合了中國、馬來西亞、葡萄牙、印度和緬甸的傳統。雖說變化的版本很多，但以下是星馬兩地一些最常使用的主要香料。

- 芫荽（葉和籽）
- 甜茴香籽
- 肉桂和桂皮
- 薑黃
- 香茅
- 孜然
- 薑
- 越南香菜
- 胡椒（黑和白）
- 南薑
- 羅望子
- 辣椒
- 八角
- 小荳蔻（綠和泰國白）

泰式瑪莎曼咖哩粉
Massaman Curry Powder

這是一款泰式咖哩粉，但有個不同之處：裡面沒有泰國綠咖哩和紅咖哩預期中的清爽、穿透的風味，而是傳承了明顯的馬來式影響。這個組合使用的香料味道厚重，加入了南薑和八角，這通常是馬來和印度式咖哩所使用的材料，會讓咖哩豐盛濃郁。

製作約15茶匙（75毫升）

提示

喜歡吃辣咖哩的，我會建議他們使用鳥眼辣椒粉。想要味道稍微溫和一點的，可以用外面研磨好的溫辣喀什米爾辣椒粉或辣味的紅椒粉。如果用餐的人年紀小，可以把辣椒減量，或甚至不用，而以等量的甜味紅椒粉取代，風味上不會有所減損。

5 茶匙	芫荽籽粉	25 毫升
4 茶匙	孜然粉	20 毫升
1½ 茶匙	甜茴香籽粉	7 毫升
1 茶匙	阿勒皮薑黃粉	5 毫升
¾ 茶匙	甜味紅椒粉	3 毫升
¾ 茶匙	薑粉	3 毫升
¾ 茶匙	紅辣椒粉（參見左側提示）	3 毫升
½ 茶匙	南薑粉	2 毫升
½ 茶匙	桂皮粉	2 毫升
½ 茶匙	八角粉	2 毫升
¼ 茶匙	小荳蔻粉	1 毫升

1. 把所有材料放入碗中，攪拌均勻，分布要平均。做好後裝入氣密式容器中保存，遠離溫度過高、光線太亮、或潮溼的場所，大概能保存到 1 年。

如何使用瑪莎曼咖哩粉

瑪莎曼咖哩粉在傳統上是用來煮牛肉的。不過，這款咖哩粉用來搭配豬肉、雞肉，甚至魚也都不錯。

泰式食物中的香料

泰式食物給人的形象是芬芳清新、但又辣又酸。不過再加了棕櫚糖後，風味就美妙均衡了，而且泰國南部還會加入椰子的味道。廣義一點，用最簡單粗淺的說法來講，泰式料理不是主清爽、刺激並清新，就是風味飽滿、濃郁、辛辣，並充滿核果的感覺，例如這款瑪莎曼咖哩或是叢林咖哩（jungle curries）。雖說變化的版本很多，但以下是泰式料理中最常使用的一些主要香料。

- 芫荽葉（香菜）
- 泰國酸柑葉
- 香茅
- 辣椒（紅和綠）
- 薑黃
- 蒜頭
- 薑
- 南薑
- 丁香
- 小荳蔻（綠和泰國白）
- 胡椒（白）

泰式瑪莎曼牛肉咖哩
Massaman Beef Curry

瑪莎曼咖哩通常比較溫和，也比印度的對應版本甜些，跟泰國北部的料理關係較深。加花生可讓這種式樣的咖哩成為所有年齡層都喜歡的餐點。如果用餐的人年紀小，可以把辣椒減量，或甚至不用，而以等量的甜味紅椒取代，風味上不會有所減損。

製作4人份

準備時間：
● **15 分鐘**

烹煮時間：
● **2 小時**

提示

椰子奶油（coconut cream）味道嘗起來和椰奶一樣，只是更為濃稠，含水量較少。椰奶是從椰肉萃取出來的液體，加水稀釋後製成的。而「椰子奶油」則會黏在罐頭的頂蓋上，所以打開使用前最好先搖勻，以免濃稠度不均。椰子奶油和椰奶這兩種本食譜中都會使用，這樣才能達到最佳的濃稠度。

想要的話，這道咖哩可以用攝氏 120 度（華氏 250 度）的溫度烘烤，使用的時間大致一樣。

2 大匙	油	30 毫升
1½ 磅	牛肩胛肉或後腿牛排肉，修好並切成 5 公分（2 吋）的塊狀	750 公克
2 大匙	瑪莎曼咖哩粉（參見 719 頁）	30 毫升
2 大匙	椰子奶油（coconut cream，參見左側提示）	30 毫升
1 顆	大顆馬鈴薯，去皮並切成 2.5 公分（1 吋）的塊	1 顆
1 杯	椰奶（參見左側提示）	250 毫升
1 杯	雞高湯	250 毫升
2 大匙	棕櫚糖或赤砂糖，壓一下	30 毫升
½ 杯	無鹽的烤花生	125 毫升
1 茶匙	細海鹽	5 毫升

1. 厚重的平底大鍋或開中火，熱油。分批加入牛肉，經常翻炒，炒 8 到 10 分鐘，直到每一面都變焦黃色。把牛肉裝到盤子上。

2. 在同一個鍋中加入咖哩粉和椰子奶油，要一直攪拌，約 1 分鐘，直到變成濃稠的糊狀。牛肉回鍋，所有湯汁都要倒回鍋子裡去，並在鍋中加入馬鈴薯、椰奶、高湯、糖和花生。攪拌均勻，蓋上緊密的蓋子，火轉到最小。加蓋燜煮 1 個鐘頭，偶而攪拌一下，直到牛肉開始變軟。打開蓋子繼續用小火煮，偶而攪拌一下，煮大約 30 多分鐘，直到湯汁變得濃稠，牛肉軟爛為止（參見左側提示）。立刻上桌食用。

仁當咖哩粉
Rendang Curry Powder

沒人真的知道仁當咖哩到底從哪裡起源。不過，用這款調和香料製造的咖哩是一道傳統的菜，而且被成千上萬個家庭做出許許多多的版本。製作好仁當咖哩的祕訣就在久煮——可以到 8 個鐘頭之久——直到椰奶和油都分離開來。做出來的成果是非常乾的咖哩，味道相當濃郁。（參見 722 頁，上面有美味的食譜）。

製作約10¾茶匙
（55毫升）

提示

這款調和料最適合使用的研磨辣椒是由喀什米爾辣椒、鳥眼辣椒，或是任何辣度中等的辣椒製成的研磨辣椒。

4 茶匙	芫荽籽粉	20 毫升
2 茶匙	孜然粉	10 毫升
1 茶匙	甜茴香籽粉	5 毫升
1 茶匙	薑粉	5 毫升
¾ 茶匙	辣度中等的研磨辣椒（參見左側提示）	3 毫升
½ 茶匙	南薑粉	2 毫升
½ 茶匙	阿勒皮薑黃粉	2 毫升
½ 茶匙	桂皮粉	2 毫升
¼ 茶匙	丁香粉	1 毫升
¼ 茶匙	現磨的黑胡椒	1 毫升
¼ 茶匙	小荳蔻粉	1 毫升

1. 把所有材料放入碗中，攪拌均勻，分布要平均。做好後裝入氣密式容器中保存，遠離溫度過高、光線太亮、或潮溼的場所，大概能保存到 1 年。

如何使用仁當咖哩

所有要用咖哩粉的菜餚都可以使用仁當咖哩粉。當你把一般咖哩食譜中的水分減少時，這款咖哩會特別出色，你會做出比較乾、但風味更濃郁的咖哩。

印尼料理中的香料

　　印尼菜系中並沒有大量傳承使用當地的香料，而香料出自當地也只能追溯到 17 世紀。丁香、肉荳蔻、肉荳蔻皮、蓽澄茄和蓽芨 都有程度不一的當地特色，只是這些香料的應用完全受到阿拉伯、印度、中國、葡萄牙和荷蘭商人的影響。各式各樣的烹飪風格和文化影響也頗有影響。雖說變化的版本很多，但以下是最常使用的一些主要香料。

甜茴香籽	芫荽籽	孜然籽	桂皮
薑黃	薑	南薑	肉荳蔻
胡椒（黑胡椒、蓽澄茄和蓽芨）	羅望子	八角	

仁當咖哩牛肉
Beef Rendang

這道美味的牛肉咖哩作法簡單，加入了研磨的華芨（long pepper）粉，讓它擁有了真正的印尼風味。

製作4人份

準備時間：
- 10 分鐘

烹煮時間：
- 2 到 2.5 個鐘頭

提示 ----------------

想要製作質地細緻的研磨鹽，可使用乾淨的香料或咖啡研磨機。

乾烤椰子絲： 乾的煎鍋開中火，將椰子絲放入炒 3 到 4 分鐘，經常翻動，直到顏色變金黃色。

如果使用新鮮的壓製羅望子，將羅望子放在小碗中，倒入滾水，要蓋過羅望子，浸泡 10 分鐘。湯汁用細網目的篩漏瀝好，固形物用湯匙背壓，把裡面的酸汁盡量壓出來，壓過的果肉丟掉。

● 烤箱預熱到攝氏 120 度（華氏 250 度）

分量	材料	公制
3 大匙	仁當咖哩粉（參見 721 頁）	45 毫升
1 大匙	芝麻油	15 毫升
1 大匙	油	15 毫升
1 顆	洋蔥，切碎	1 顆
2 瓣	蒜頭，切成細末	2 瓣
1 磅	燉煮用牛肉，切成 7.5 公分（3 吋）方塊	500 公克
1 茶匙	研磨的乾燥華芨（long pepper）	5 毫升
1 茶匙	羅望子濃縮液或 5 公分（2 吋）的新鮮羅望子塊	5 毫升
2 茶匙	鹽，細磨（參見左側提示）	10 毫升
½ 杯	水	125 毫升
¼ 杯	沒有加糖的椰子絲，先乾烤過（參見左側提示）	60 毫升

1. 厚底耐熱的平底鍋或鑄鐵鍋開中小火，把咖哩粉放進去乾烤約 2 分鐘，偶而搖動一下鍋子，直到發出香味。加入油、洋蔥和蒜頭炒，要經常翻動，炒 1 分鐘直到混合均勻。加入牛肉，一次數塊，再炒約 6 分鐘，直到每一面都變成焦黃色。加入華芨、羅望子和鹽，攪拌均勻。加水，小火煮滾。蓋上蓋子，放進預熱好的烤箱烤 2 個鐘頭或直到肉變得非常軟嫩。拌入乾烤過的椰子絲，在一旁放置 5 分鐘後再上桌。

斯里蘭卡咖哩粉
Sri Lankan Curry Powder

雖說印度和近鄰斯里蘭卡的咖哩粉有許多相似之處，但還是有明顯差異的。斯里蘭卡的調和咖哩粉中的肉桂量多很多——這沒什麼好意外的，肉桂這種香料是他們國家自家產的——辣椒也放比較多。不過，裡面倒是沒放葫蘆巴來添加一點苦味元素。大家可能會覺得斯里蘭卡咖哩吃起來比較甜，但是肉桂卻和其他香料產生很好的均衡感，所以製造出來的風味濃郁又有深度，讓這款風格的咖哩非常有吸引力。

製作約11茶匙（55毫升）

提示

可以根據個人的口味，調整研磨辣椒的用量。這款調和料最適合使用的是鳥眼辣椒製成的研磨辣椒（斯里蘭卡人喜歡吃相當辣的咖哩）。不過，由喀什米爾辣椒或是任何辣度中等的紅辣椒製成的研磨辣椒也都能用。

3 茶匙	芫荽籽粉	15 毫升
2 茶匙	孜然粉	10 毫升
1½ 茶匙	甜茴香籽粉	7 毫升
1 茶匙	紅辣椒粉（參見左側提示）	5 毫升
1 茶匙	阿勒皮薑黃粉	5 毫升
1 茶匙	肉桂粉	5 毫升
¾ 茶匙	丁香粉	3 毫升
½ 茶匙	小荳蔻粉	2 毫升
½ 茶匙	現磨的黑胡椒	2 毫升

1. 把所有材料放入碗中，攪拌均勻，分布要平均。做好後裝入氣密式容器中保存，遠離溫度過高、光線太亮、或潮溼的場所，大概能保存到 1 年。

如何使用斯里蘭卡咖哩粉

斯里蘭卡咖哩粉的用法和所有咖哩食譜中的咖哩粉一樣。這款調和咖哩粉和牛肉、雞肉及豬肉都很合搭。

斯里蘭卡咖哩 Sri Lankan Curry

我父親初次體驗到斯里蘭卡咖哩是在 1980 年代初期。那時，他有一位員工叫做艾蒙，個性活潑，是個斯里蘭卡人。每天午飯時刻，艾蒙打開他的便當盒，滿滿的美味咖哩飯便出現在眼前，那是他妻子在前一天晚上幫他做的，咖哩的濃郁香氣美妙無比，空氣中瀰漫著。在一番誘拐哄騙之下，艾蒙透露了老婆的祕密，這也是我父親調和香料以及這款咖哩配方的靈感來源。這款咖哩可和印度香料飯（參見 164 頁）或是一般的白米飯一起食用。

製作4人份

準備時間：
- **15 分鐘**

烹煮時間：
- **2 到 2.5 個鐘頭**

提示

許多種類的辣椒都是乾燥後使用的。基本款的乾燥紅辣椒通常會比新鮮時辣一點，也會稍微帶一點鮮品中沒有甜香焦糖味。賣亞洲雜貨的店有很多乾辣椒種類可選購。

這款咖哩煮好後可以立即食用，不過完全冷卻後放入冰箱冷藏一晚，風味完全熟成之後，味道最佳。

● **烤箱預熱到攝氏 120 度（華氏 250 度）**

2 大匙	斯里蘭卡咖哩粉（參見 723 頁）	30 毫升
2 大匙	油	30 毫升
1 顆	洋蔥，切好	1 顆
1 磅	羊肩肉，切成 2.5 公分（1 吋）的塊狀	500 公克
2 茶匙	現壓檸檬汁	10 毫升
1 罐	398 毫升（14 盎司）整顆的番茄，帶汁	1
2 茶匙	馬薩拉綜合香料（garam masala，參見 735 頁）	10 毫升
2 茶匙	恰馬薩拉綜合香料（chaat masala，參見 704 頁）	10 毫升
3 條	乾燥的長條紅辣椒（參見左側提示）	3 條
2 大匙	大片乾燥的蒜頭片	30 毫升
2 大匙	番茄醬	30 毫升
8 片	新鮮或乾燥的咖哩葉	8 片
1 茶匙	乾燥的葫蘆巴葉（methi）	5 毫升
1 到 2 杯	水	250 到 500 毫升

1. 厚重的平底大鍋或是鑄鐵鍋開中火。加入咖哩粉開始炒，用木杓不斷攪拌，約 2 分鐘，直到散發出香味（小心別燒焦）。倒入油，攪拌成泥狀。加入洋蔥持續翻炒 2 分鐘，直到顏色稍微變焦黃。分批加入羊肉，一次大約 6 塊，炒 5 到 7 分鐘，直到顏色變焦黃並沾上香料（煮好的羊肉塊裝到盤子上）。

2. 把炒好的羊肉重新回鍋，並加入檸檬汁和番茄，翻炒時用木杓把番茄粗切一下。煮 5 分鐘，直到番茄變軟。撒上馬薩拉綜合香料（garam masala）、恰馬薩拉綜合香料（chaat masala），上面放整條的辣椒和蒜頭片。加入番茄醬、咖哩葉、乾燥的葫蘆巴葉和水。攪拌均勻並熄火。用緊密的蓋了蓋緊，放入預熱好的烤箱烤大約 2 個鐘頭，直到羊肉變軟。

法式味都聞咖哩粉
Vadouvan Curry Powder

英國殖民者擁抱印度咖哩的方式是製作出算得上是無所不在的馬德拉斯（Madras）風格咖哩粉，而殖民過龐迪切里（Pondicherry，印度科羅曼德爾海岸東部）的法國人就開發出屬於自己風格的調和咖哩，稱為味都聞（Vadouvan）。這是一款特別令人愉快的咖哩粉，因為它的甜味來自於所加的洋蔥和蒜頭粉，溫和的辣度來自於辣椒，而經典的南印度芬芳香氣則來自於小荳蔻和咖哩葉。

提示

這款調和料最適合使用的是由喀什米爾辣椒製成的研磨辣椒粉。不過，清奈或任何中等辣度的紅辣椒粉當然也都能用。這是一道適合全家人的咖哩粉，如果想做給年紀小的孩子食用，可以用等量的甜味紅椒取代辣椒粉。

4 茶匙	洋蔥粉	20 毫升
3 茶匙	蒜頭粉	15 毫升
3 茶匙	孜然粉	15 毫升
1½ 茶匙	芫荽籽粉	7 毫升
1½ 茶匙	馬德拉斯薑黃粉	7 毫升
1 茶匙	乾燥的咖哩葉，切碎	5 毫升
¾ 茶匙	現磨的黑胡椒	3 毫升
½ 茶匙	葫蘆巴籽粉	2 毫升
½ 茶匙	薑粉	2 毫升
½ 茶匙	喀什米爾辣椒粉（參見左側提示）	2 毫升
¼ 茶匙	小荳蔻粉	1 毫升
¼ 茶匙	丁香粉	1 毫升

1. 把所有材料放入碗中，攪拌均勻，分布要平均。做好後裝入氣密式容器中保存，遠離溫度過高、光線太亮、或潮溼的場所，大概能保存到 1 年。

如何使用法式味都聞咖哩

法式味都聞咖哩搭配蔬菜和搭配肉類一樣美味，搭花椰菜尤其好吃。可以用這款咖哩粉來製作調味料香料奶油，加到煮好的豆子裡。把 1 茶匙（5 毫升）的法式味都聞咖哩粉和 1/4 杯（60 毫升）奶油混合即可。

法式味都聞雞肉咖哩
Chicken Vadouvan Curry

有一天，一位客人來到我父親的店，還帶著一包在法國買的咖哩粉。她想知道那是什麼，也想知道父親是否做得出來。父親一向勇於接受挑戰，所以便著手研究了。在不斷的聞香並嚐了一點味道之後，他認出那是法式味都聞咖哩粉，並隨即開始複製，還稍稍改良了一下。這是一款親和力十足的咖哩，我們全家都喜歡，大人小孩都愛吃。上桌時可附上白米飯。

（參見 725 頁）

製作4人份		

準備時間：
- **10 分鐘**

烹煮時間：
- **30 分鐘**

提示 - - - - - - - -

需要的話，可以用一顆現壓的檸檬汁來取代羅望子醬。

- - - - - - - - - - - - - -

2 大匙	油	30 毫升
1 顆	洋蔥，切碎	1 顆
2 大匙	法式味都聞（Vadouvan）咖哩粉（參見 725 頁）	30 毫升
1½ 磅	去皮無骨的雞腿肉，修乾淨後切成 5 公分（2 吋）的塊	750 公克
1 茶匙	細海鹽	5 毫升
些許	水	些許
1 茶匙	羅望子醬（參見左側提示）	5 毫升
1 杯	原味優格	250 毫升
½ 杯	粗切的新鮮芫荽（香菜）葉，輕壓一下	125 毫升

1. 大平底鍋開中火熱油。加入洋蔥炒 2 分鐘，直到顏色稍微變焦黃。加入咖哩粉一起炒，不斷攪拌約 1 分鐘，直到混合均勻。加入雞肉炒 5 分鐘，要經常翻炒，直到雞肉每一面顏色都變焦黃並沾上香料。

2. 加入鹽和剛好足夠蓋住雞肉的水。拌入羅望子醬，好好混合均勻。煮到將近沸騰，火改成中小火，煮 20 分鐘，直到雞肉熟透。離火，拌入優格並立刻上桌，用香菜裝飾。

蔬菜咖哩粉
Vegetable Curry Powder

這款咖哩粉和其他咖哩粉相當不同，它完全是為了襯托蔬菜、幫蔬菜提味而設計的，不會搶了蔬菜的風味。材料中沒有辣椒或胡椒，所以即使是口味保守的人也都會覺得溫和，菜餚的整體風味不會因此而折損。

製作約15茶匙（75毫升）

提示

乾燥的香草用研磨砵組就能研磨，用細網目的篩漏也能輕鬆搓揉成粉。

月桂葉用手指就能輕鬆壓碎，之後再把壓碎的葉子用研磨砵組研磨就可以。

用量	材料	容量
4 茶匙	芫荽籽粉	20 毫升
2 茶匙	甜味紅椒粉	10 毫升
1½ 茶匙	阿勒皮薑黃粉	7 毫升
1½ 茶匙	整顆的孜然	7 毫升
1½ 茶匙	整顆的黃芥末籽	7 毫升
1½ 茶匙	整顆的褐（黑）芥末籽	7 毫升
1 茶匙	孜然粉	5 毫升
½ 茶匙	甜茴香籽粉	2 毫升
½ 茶匙	桂皮粉	2 毫升
½ 茶匙	薑粉	2 毫升
¼ 茶匙	小荳蔻粉	1 毫升
¼ 茶匙	阿魏粉	1 毫升

1. 把所有材料放入碗中，攪拌均勻，分布要平均。做好後裝入氣密式容器中保存，遠離溫度過高、光線太亮、或潮溼的場所，大概能保存到 1 年。

如何使用蔬菜咖哩粉

用這款調和料來提昇蔬菜類菜色的風味，特別是炒菜類時，烹煮時，每 500 公克（1 磅）蔬菜撒上 2 到 3 茶匙就可以了。除了和蔬菜相得益彰外，這款極為美味卻十分溫和的咖哩和海鮮也超搭。想要快速做一份魚肉咖哩，先把肉質堅實的魚肉塊沾上蔬菜咖哩粉，再用一點油在中式炒鍋中煎炒。魚肉熟之後（魚肉轉白，用叉子就能輕易片開），加入 2 到 3 大匙（30 到 45 毫升）的椰奶，煮到滾，攪拌，把所有黏在鍋底的焦黃渣渣挖起來，澆在米飯上食用。

葡式溫達露辣咖哩粉
Vindaloo Curry Powder

果阿邦（Goa）是印度西岸的一座古老海港，16 世紀時被葡萄牙人占據居住。它以溫達露咖哩而聞名——這是一種極辣的體驗。溫達露 Vindaloo 之名相信是從添加了紅酒（vinho）醋而來。這種添加物讓許多從羅望子取得濃烈酸味的咖哩變得相當不同。

製作約13½茶匙
（70毫升）

提示

可以根據個人的口味，調整研磨辣椒的用量。這款調和料最適合使用的是鳥眼辣椒製成的辣椒粉。不過如果你不愛吃那麼辣，那麼也能用喀什米爾辣椒研磨粉或任何中等辣度的研磨紅辣椒。

3 茶匙	鳥眼辣椒粉（參見左側提示）	15 毫升
2 茶匙	白罌粟籽	10 毫升
2 茶匙	孜然粉	10 毫升
2 茶匙	辣味紅椒粉	10 毫升
1 茶匙	桂皮粉	5 毫升
1 茶匙	薑粉	5 毫升
1 茶匙	鳥眼乾辣椒碎片	5 毫升
½ 茶匙	青芒果粉	2 毫升
½ 茶匙	現磨的黑胡椒	2 毫升
¼ 茶匙	丁香粉	1 毫升
¼ 茶匙	八角粉	1 毫升

1. 把所有材料放入碗中，攪拌均勻，分布要平均。做好後裝入氣密式容器中保存，遠離溫度過高、光線太亮、或潮溼的場所，大概能保存到 1 年。

葡式溫達露咖哩 Vindaloo Curry

1990 年代初期，我父親出席了一場位於印度西海岸果阿邦（Goa）的香料會議。他在當地一家小餐廳吃豬肉溫達露辣咖哩，被它神奇的味道吸引了。無論你信不信，這款咖哩可以辣到讓人體虛氣弱，我父親已經把這款經典菜色中的辣椒量減少了。

製作4人份

準備時間：
- **10 分鐘**

烹煮時間：
- **2.5 個鐘頭**

提示

雖說用其他種類的肉也一樣美味，但溫達露咖哩幾乎都是做成豬肉口味。

許多種類的辣椒都是乾燥後使用的。基本款的乾燥紅色長辣椒通常會比新鮮時辣一點，也會稍微帶一點鮮品中沒有的甜香焦糖味。賣亞洲雜貨的店有很多乾辣椒種類可選購。

● **烤箱預熱到攝氏 120 度（華氏 250 度）**

2 大匙	溫達露咖哩粉（參見 728）	30 毫升
2 大匙	油	30 毫升
1 顆	洋蔥，切好	1 顆
1 磅	豬肩胛肉，切成 2.5 公分（1 吋）的塊狀	500 公克
2 茶匙	現壓檸檬汁	10 毫升
1 罐	398 毫升（14 盎司）整顆的番茄，帶汁	1 罐
2 茶匙	馬薩拉綜合香料（garam masala，參見 735 頁）	10 毫升
2 茶匙	恰馬薩拉綜合香料（chaat masala，參見 704 頁）	10 毫升
3 條	乾燥的長條紅辣椒（參見左側提示）	3 條
2 大匙	大片乾燥的蒜頭片	30 毫升
2 大匙	番茄醬	30 毫升
8 片	新鮮或乾燥的咖哩葉	8 片
1 到 2 杯	水	250 到 500 毫升
½ 杯	紅酒醋	125 毫升
1 茶匙	乾燥的葫蘆巴葉	5 毫升

1. 厚重的大鍋或是鑄鐵鍋開中火。加入咖哩粉開始炒，用一支木杓不斷攪拌，約 2 分鐘，直到散發出香味（小心別燒焦）。倒入油，攪拌成泥狀。加入洋蔥持續翻炒 2 分鐘，直到顏色稍微變焦黃。分批加入豬肉，一次大約 6 塊，炒 5 到 7 分鐘，直到顏色變焦黃並沾上香料（炒好的豬肉塊裝到盤子上）。

2. 把炒好的豬肉重新回鍋，並加入檸檬汁和番茄，利用翻炒時用木杓把番茄進行粗切。煮 5 分鐘，直到番茄變軟。撒上馬薩拉綜合香料（garam masala）、恰馬薩拉綜合香料（chaat masala），上面放整條的辣椒和蒜頭片。加入番茄醬、咖哩葉、水、醋、和乾燥的葫蘆巴葉。攪拌均勻並熄火。用緊密的蓋子蓋緊，放入預熱好的烤箱烤大約 2 個鐘頭，直到豬肉變軟。煮好後可以立即食用，不過完全冷卻後放入冰箱冷藏一晚，風味完全熟成之後，風味最佳。

黃咖哩粉
Yellow Curry Powder

黃咖哩粉中主要的味道是薑黃。不過，發現薑黃的土味在黃咖哩中一般並沒有太過濃烈的味道倒是令人有點驚訝。例如，和印度家常起司（paneer）以及腰果搭配，就像在腰果咖哩（參見 281 頁）中那樣，你就能看到薑黃和其他香料搭配起來有多均衡。

（參見 281 頁）

製作約16茶匙
（80毫升）

提示

這款調和料最適合使用的是喀什米爾辣椒製成的辣椒粉或其他中等辣度的研磨長條辣椒。不過由於這是一款溫和的咖哩粉，所以甜味紅椒粉當然也能使用。

使用之前，先把調配好的咖哩粉放個 2 天，讓時間把香料的香氣先調和好。剛做好的時候，香味如果有點嗆，也不要擔心；大約 24 個鐘頭後，香氣就會變得香醇，「圓熟」起來了。

4 茶匙	芫荽籽粉	20 毫升
4 茶匙	馬德拉斯薑黃粉	20 毫升
1½ 茶匙	阿勒皮薑黃粉	7 毫升
1½ 茶匙	甜味紅椒粉	7 毫升
1½ 茶匙	孜然粉	7 毫升
1 茶匙	甜茴香籽粉	5 毫升
1 茶匙	薑粉	5 毫升
¾ 茶匙	桂皮粉	3 毫升
½ 茶匙	辣椒粉（參見左側提示）	2 毫升
¼ 茶匙	小荳蔻粉	1 毫升

1. 把所有材料放入碗中，攪拌均勻，分布要平均。做好後裝入氣密式容器中保存，遠離溫度過高、光線太亮、或潮溼的場所，大概能保存到 1 年。

如何使用黃咖哩粉

當泰式或其他亞洲料理需要溫和的咖哩時，就可以使用這款調和料。它和海鮮特別合搭，還能中和某些魚特別濃的腥味。

杜卡
Dukkah

杜卡（Dukkah）是埃及的美食，嚴格來說，不算是綜合香料，而是以香料調味的烤核果。杜卡可以加的核果種類很多，我覺得最吸引人的組合中都含有榛果和開心果。

製作約1½杯
（375毫升）

提示 ------------------

芫荽和孜然可以整顆烤過再研磨，不過，我發現使用原味、沒有烤過的研磨芫荽籽和孜然風味比較清淡。

● **食物處理器**

¼ 杯	榛果	60 毫升
¼ 杯	開心果	60 毫升
⅔ 杯	白芝麻	150 毫升
⅓ 杯	芫荽籽粉	75 毫升
2½ 大匙	孜然粉	37 毫升
1 茶匙	細海鹽（或調味用）	5 毫升
½ 茶匙	現磨的黑胡椒	2 毫升

1. 煎鍋開中火，將榛果和開心果放進去乾烤，要不斷的翻動，直到散發香氣，約 3 分鐘。盛到裝上金屬刀片的食物處理器中，打碎。再盛到混合用的碗中。

2. 同樣一個鍋，乾烤芝麻，不斷翻動，直到顏色變成金黃色。離火，立刻加到碗裡，芫荽籽、孜然、鹽和胡椒也一起加進去。混合均勻，放置一旁。完全冷卻後，裝入氣密式容器中保存，遠離溫度過高、光線太亮、或潮溼的場所，大概能保存到 6 個月。

如何使用杜卡

杜卡最受歡迎的吃法是把 1 片土耳其麵包或脆麵包剝開，沾上初榨橄欖油後再將沾油的麵包放到杜卡裡面去沾。這是一道美味的小點心，配飲料正好。杜卡也能用來當做雞肉或魚肉很不錯的酥脆外皮（油炸之前先沾好），撒在新鮮沙拉，如奶油小南瓜鷹嘴豆沙拉（參見 597 頁）上時，口感酥脆迷人。最好還能放一點鹽膚木。塞爾粉（Tsire，參見 777 頁）是一款類似的綜合香料，來自西非。

炸雞香料粉
Fried-Chicken Spice

蛋白質中因為添加香料而得到最多好處的，或許該算是雞肉了。多年前，身為香草與香料調和大師的父親接受委任，要製作出一種能模仿某位退休軍隊紳士炸雞的調和香料。老爸調製出來了，他拿掉了味素，而這款調和料 50 多年來，一直深受我們全家的喜愛，歷久不衰。我更新的現代版本也能當做烤家禽時的塗抹料。

製作約15¾茶匙
（80毫升）

提示

超細砂糖（super fine sugar，糖霜粉 caster sugar）是顆粒非常細的砂糖，通常都是用於需要砂糖能快速溶解的食譜裡。如果商店裡面找不到，可以自己動手做。把食物處理機裝上金屬刀片，將砂糖打成非常細，質地像沙子一樣細緻的糖粉。

乾燥的巴西利葉有時可能很大片。為了能順利的和其他材料混勻，可以先用粗目的篩漏揉過，這樣就製作出類似粉狀，但是更有口感的質地。

5 茶匙	甜味紅椒粉	25 毫升
4 茶匙	細海鹽	20 毫升
1 茶匙	蒜頭粉	5 毫升
1 茶匙	超細砂糖（糖霜粉，參見左側提示）	5 毫升
1 茶匙	研磨 / 揉碎的乾燥奧勒岡	5 毫升
1 茶匙	揉碎的乾燥的巴西利片（參見左側提示）	5 毫升
1 茶匙	薑粉	5 毫升
¾ 茶匙	現磨的黑胡椒	3 毫升
½ 茶匙	研磨的乾燥迷迭香	2 毫升
½ 茶匙	肉桂粉	2 毫升

1. 把所有材料放入碗中，攪拌均勻，分布要平均。做好後裝入氣密式容器中保存，遠離溫度過高、光線太亮、或潮溼的場所，大概能保存到 1 年。

如何使用炸雞香料粉

炸雞香料是一種萬能的調味料。烹煮前，可以撒在任何肉類或烤蔬菜上。炸薯條剛撈上來瀝完油後，馬上撒在上面也非常美味。

炸雞
Fried Chicken

這是經典的炸雞作法。白脫牛奶能帶出沾附外層的溫和香味，讓雞肉裡面非常軟嫩，外層略微酥脆。炸的時候請小心，因為油溫非常高。食用時可配三色高麗菜沙拉（參見 149 頁）。

製作4人份

準備時間：
- 5 分鐘，外加 6 小時或 1 晚的醃製

烹煮時間：
- 40 分鐘

提示

要試試看油是否夠熱，可將一小片不帶外皮的麵包投入。它應該會在 60 秒內變焦黃色，但還沒燒焦。

4 隻	帶皮帶骨的棒棒腿	4 隻
4 隻	帶皮帶骨的雞腿排肉	4 隻
2 杯	白脫牛奶（buttermilk）	500 毫升
1 杯	中筋麵粉	250 毫升
1 大匙	炸雞香料粉（參見 732 頁）	15 毫升
適量	油，炸雞用	適量

1. 把雞肉和白脫牛奶放入夾鏈袋中。封緊並轉面，讓牛奶均勻沾附，之後在進冰箱冷藏 6 個鐘頭或 1 晚。

2. 炸前至少 1 個鐘頭，把雞從冰箱拿出來，放在室溫中（這樣可讓雞肉比較容易熟，降低燒焦機會）。

3. 在淺盤中把麵粉和炸雞粉混合均勻。放置一旁。

4. 把雞從白脫牛奶中取出，浸泡的液體丟棄（雞肉應該要附滿一層白脫牛奶，可以沾黏調味粉的程度）。

5. 深煎鍋開中火，倒入 4 公分（1 又 1/2 吋）高度的油，加熱到攝氏 180 度（華氏 350 度，參見左側提示）。把調味麵粉隨意撒在每一塊雞肉上，兩面都要沾滿，之後再小心的放入熱油中（看鍋子的大小，一次可以炸 3 到 4 塊）。每一面炸 5 分鐘，直到呈現金褐色，把食物溫度計插入肉最厚的部分，溫度應該有攝氏 74 度（華氏 165 度）。放到網架上 2 分鐘再上桌。

野味用香料
Game Spice

野味味道重，這款調和香料中有充滿松樹香氣的杜松子以及馥鬱芬芳的丁香，剛好能將味道平衡得很好。

我製作這款綜合香料時，把所有整顆的材料都放進研磨砵中，用杵大略粗壓。這樣杜松子中的油質就會被其他香料吸收了。

製作約5茶匙 (25毫升)		
2 顆	整顆丁香	2 顆
1 條	整條的乾燥鳥眼辣椒	1 條
1 片	乾月桂葉	1 片
2 茶匙	杜松子	10 毫升
1 茶匙	整顆的多香果	5 毫升
1 茶匙	整顆的黑胡椒粒	5 毫升
½ 茶匙	芫荽籽	2 毫升

1. 把所有材料放入碗中，攪拌均勻，分布要平均。做好後裝入氣密式容器中保存，遠離溫度過高、光線太亮、或潮溼的場所，大概能保存到 1 年。

如何使用野味用香料

這款調和香料的風味迷人均衡，能把內餡料、砂鍋、自家製作的香腸或甚至肉捲都襯托得很好。當成乾醃料塗抹在肉上後，在一旁放置 30 分鐘再繼續料理。每 500 公克（1 磅）的肉使用 1 茶匙（5 毫升）或更多的野味用香料，也可以拿來當作杜松子的替代品（用量和杜松子原來的用量一樣）。

馬薩拉綜合香料
Garam Masala

馬薩拉綜合香料（garam masala）是一款印度傳統的調和香料。有些人甚至還把它視為許多不同菜色的關鍵成分，其中包括了咖哩和奶油雞。「Masala」意思是「調和」或「混合」，「garam」意思是「香料」，但是「garam masala」合起來卻是一種獨特的調和香料。雖說這款調和料各家的配法方式很多，但是口味特質應該要一樣。看到印度的廚師們煮菜時愛加馬薩拉香料，頻率多過加個別的材料，我覺得很有趣—— 這當然是因為簡單的緣故，因為馬薩拉是現成的。

**製作約10½茶匙
（55毫升）**

4 茶匙	甜茴香籽粉	20 毫升
2½ 茶匙	肉桂粉	12 毫升
2½ 茶匙	研磨的葛縷子籽	12 毫升
½ 茶匙	現磨的黑胡椒	2 毫升
½ 茶匙	丁香粉	2 毫升
½ 茶匙	小荳蔻粉	2 毫升

1. 把所有材料放入碗中，攪拌均勻，分布要平均。做好後裝入氣密式容器中保存，遠離溫度過高、光線太亮、或潮溼的場所，大概能保存到 1 年。

如何使用馬薩拉綜合香料

這款風味均衡，幾乎要算是甜的調和香料有一點黑胡椒的微辣，但是沒有典型咖哩中孜然、芫荽和薑黃的香氣，所以非常百搭，是許許多多印度菜餚都能使用的香料介質。馬薩拉綜合香料雖說大多會與咖哩聯想在一起，但是當做抹料也很美味，塗抹在要碳烤的魚肉上，再依照個人喜歡的辣度加入研磨的乾辣椒和鹽調鹹淡。我最喜歡的馬薩拉用法之一就是加在香草家的週六咖哩（參見 717 頁）裡。

蒜味肉排抹料
Garlic Steak Rub

蒜頭風味的肉排抹料人氣超高，這款調和香料很萬用，使用上也容易。

**製作約15¼茶匙
（75毫升）**

提示

紅色和綠色彩椒被切丁後乾燥，製成乾彩椒粒。這種乾彩椒粒雖然大多用在加工食品和乾燥餐包及湯包中，一些超市或是食品批發店還是買得到的。和甜味紅椒一起吃的時候，會有很不錯的口感。如果市面上買不到，可以把紅彩椒片的籽篩除（籽丟掉），再把乾燥的彩椒肉用研磨砵組壓成粗粒。

4 茶匙	蒜頭粉	20 毫升
3 茶匙	洋蔥粉	15 毫升
2½ 茶匙	細海鹽	12 毫升
1½ 茶匙	紅色彩椒粒（參見左側提示）	7 毫升
1½ 茶匙	甜味紅椒粉	7 毫升
1 茶匙	薑粉	5 毫升
1 茶匙	現磨的黑胡椒	5 毫升
½ 茶匙	黃芥末籽粉	2 毫升
¼ 茶匙	肉桂粉	1 毫升

1. 把所有材料放入碗中，攪拌均勻，分布要平均。做好後裝入氣密式容器中保存，遠離溫度過高、光線太亮、或潮溼的場所，大概能保存到 1 年。

如何使用蒜味肉排抹料

蒜頭混合了洋蔥、鹽和精緻香料的風味和紅肉搭配相得益彰，還能增色，讓肉質多汁。我會在肉要燒烤之前，先抹上這種調和香料。

哈里薩辣醬 Harissa

哈里薩辣醬（harissa）是突尼西亞傳統的醬料，通常拿來當調味料用。如果你正在用餐，而這款醬料正被拿來拿去的輪流用，那麼用的時候千萬小心——它最主要的材料是辣椒，很多很多的辣椒。哈里薩辣醬是用乾辣椒製作的，因為乾辣椒風味比較強烈，味道也比本來的鮮品更多層次。突尼西亞還有另外一種調和料，塔比爾（tabil），作法完全一樣，只除了沒放紅椒和孜然之外，所以，相對更辣些。

**製作約1杯
（250毫升）**

提示 --------------

這本來就是辣醬，我個人喜歡用乾燥的鳥眼辣椒片來做。你也可以用喀什米爾辣椒、艾斯佩雷辣椒或是味道濃郁、風味飽滿的阿勒坡辣椒製作的乾辣椒片來做。

乾烤孜然： 把孜然放在乾熱的煎鍋中來乾烤烘香，要不斷搖晃鍋子，孜然才不會黏住或燒焦，　直烘到孜然顏色變深，散發出香氣。離火，將孜然盛到盤子上冷卻。烤過後的孜然放在氣密式容器中（保存前要完全冷卻）能放1個月左右。保存時要遠離溫度過高、光線太亮、或潮溼的場所。

● **研磨砵和杵**

¼ 杯	乾的辣椒片（參見左側提示）	60 毫升
¼ 杯	熱水	60 毫升
6 片	新鮮的香薄荷（綠薄荷）葉，切碎	6 片
5 茶匙	壓碎的蒜頭	25 毫升
5 茶匙	甜味紅椒粉	25 毫升
2 茶匙	整顆的葛縷籽	10 毫升
2 茶匙	整顆的芫荽籽	10 毫升
1 茶匙	整顆的孜然，乾烤後研磨（參見左側提示）	5 毫升
1 茶匙	細海鹽	5 毫升
1 大匙	橄欖油（大約量）	15 毫升

1. 在碗中把辣椒片和熱水混合，放置 10 分鐘，直到辣椒片變軟。（別把水瀝乾，水對於醬料的製作有幫助，還能讓其他的香料吸收。）加入綠薄荷、蒜頭、紅椒、葛縷子、芫荽和孜然以及鹽。盛到研磨砵中，用杵壓碎並混合。把油慢慢倒入，混合到變成濃醬狀（油量依想要的濃稠度決定）。做好後裝入氣密式容器中保存，放進冰箱，大概能保存 2 週。

如何使用哈里薩辣醬

傳統上，哈里薩辣醬是熟肉的調味醬，像土耳其的旋轉烤肉串卡巴（kebabs）。出現在餐桌上時，通常是以小碟盛裝，它在中東無所不在，就像辣椒醬汁之於新加坡。哈里薩辣醬是甜味的泰式辣椒醬和越式拉差甜香辣椒醬（sriracha）很不錯的另一種選擇。我喜歡和冷肉三明治一起吃，是芥末醬外的辛辣選擇。哈里薩辣醬塗在香脆的麵包很美味，塗滿鷹嘴豆醬的口袋麵包加上它也很棒。和中東常見的菜餚辣煮番茄雙椒（Chakchouk，參見 190 頁）搭配，滋味也美妙。

普羅旺斯料理香草
Herbes de Provence

普羅旺斯料理香草是法國菜和歐洲菜食譜中使用的傳統綜合乾燥香草。它有綜合香料與燉煮用香草束的濃烈味道，或許有些過於明顯的氣味，不過被其他均衡味道用的材料調整過了。龍蒿中大茴香的清新、芹菜的清爽，以及薰衣草的花香都能中和一些百里香和馬鬱蘭的濃烈。可以常常買些優質材料，少量多次製作出一些普羅旺斯料理香草備用（味道較佳，也能保持得久些）。我最喜歡的混合方式如下：

提示

碎月桂葉在烹煮時會釋放出香味，而小碎片在煮1個鐘頭以上的菜色中也會變軟。乾燥度良好的月桂葉很酥脆，你用手指一壓就會碎掉，可以一直壓到變成小於5公釐（1/4吋）的碎片，之後再把已經壓碎的葉子用研磨砵組磨就可以。另一種方式是先用尖銳的刀子切碎或用香料研磨器來打——只是要小心，還沒打成粉之前就一定要停止！

4 茶匙	乾燥的百里香	20 毫升
2 茶匙	乾燥的馬鬱蘭	10 毫升
2 茶匙	乾燥的巴西利片	10 毫升
1 茶匙	乾燥的龍蒿	5 毫升
⅔ 茶匙	乾燥的薰衣草花	3 毫升
½ 茶匙	芹菜籽	2 毫升
1 片	乾月桂葉壓碎（參見左側提示）	1 片

1. 把所有材料放入碗中，攪拌均勻，分布要平均。做好後裝入氣密式容器中保存，遠離溫度過高、光線太亮、或潮溼的場所，大概能保存到1年。

如何使用普羅旺斯料理香草

普羅旺斯料理香草使用的方式和綜合香草料（參見745頁）一樣，可以用在野味或禽肉類的砂鍋；3到4人份的份量用2到3茶匙（10到15毫升）就夠了。把這款香草料當成麵包內餡料中的綜合香草，也可以加在普羅旺斯洋蔥塔（Provençal Pissaladière，參見345頁）中試試。

義大利綜合香草料
Italian Herb Blend

在北美洲，到處可見一種稱為「義大利乾燥調味料（dry italian seasoning）」的包裝綜合香料。事實上，這款香料被推薦給許多人，因為它的風味代表了義大利食物的味道（當然了，對道地的義大利人並非如此）。除了一般性用途極為廣泛之外，義大利綜合香料中還含有能有效提昇義大利料理，如波隆那肉醬 (bolognese sauce)、義大利麵和披薩的香草組合。

製作14茶匙 **（70毫升）**		
4 茶匙	乾燥的羅勒	20 毫升
3 茶匙	乾燥的百里香	15 毫升
2 茶匙	乾燥的揉碎馬鬱蘭	10 毫升
2 茶匙	乾燥的揉碎奧勒岡	10 毫升
1 茶匙	乾燥的揉碎鼠尾草	5 毫升
1 茶匙	乾燥的蒜頭片	5 毫升
1 茶匙	乾燥的迷迭香	5 毫升

1. 把所有材料放入碗中，攪拌均勻，分布要平均。做好後裝入氣密式容器中保存，遠離溫度過高、光線太亮、或潮溼的場所，大概能保存到 1 年。

如何使用義大利綜合香草料

把調和料撒在披薩上再進去烘烤，也能放在熱食的蔬菜和肉湯、燉品和砂鍋中，作為一般性的調味料。製作波隆那肉醬時，每 500 公克（1 磅）的碎牛肉加 2 到 4 茶匙（10 到 20 毫升）的義大利綜合香草料。

叻沙綜合香料粉
Laksa Spice Mix

叻沙是一款經典的東南亞湯麵，已經變成澳洲最受歡迎的外帶餐點之一了。這款綜合香料使用的材料雖然很多，但是還是值得花些工夫來做一做。用新鮮的材料自己做，風味豐滿濃郁，比大多數市售版本好太多了。

製作12茶匙（60毫升）

提示

超細砂糖（super fine sugar，糖霜粉 caster sugar）是顆粒非常細的砂糖，通常都是用於需要砂糖能快速溶解的食譜裡。如果商店裡面找不到，可以自己動手做。把食物處理機裝上金屬刀片，將砂糖打成非常細，質地像沙子一樣細緻的糖粉。

叻沙喜歡吃辛辣一點的人，可以改用鳥眼辣椒片。

3 茶匙	芫荽籽粉	15 毫升
1½ 茶匙	孜然粉	7 毫升
1½ 茶匙	甜茴香籽粉	7 毫升
1 茶匙	細海鹽	5 毫升
¾ 茶匙	薑粉黃	3 毫升
¾ 茶匙	南薑粉	3 毫升
¾ 茶匙	中等辣度的辣椒片（參見左側提示）	3 毫升
½ 茶匙	蒜頭粉	2 毫升
½ 茶匙	乾的泰國泰國酸柑葉，磨細	2 毫升
½ 茶匙	薑粉	2 毫升
½ 茶匙	肉桂粉	2 毫升
½ 茶匙	現磨的黑胡椒	2 毫升
½ 茶匙	超細砂糖（糖霜粉，參見左側提示）	2 毫升
¼ 茶匙	研磨的檸檬香桃木乾葉	1 毫升
¼ 茶匙	黃芥末籽粉	1 毫升
⅛ 茶匙	丁香粉	0.5 毫升
⅛ 茶匙	小荳蔻粉	0.5 毫升

1. 把所有材料放入碗中，攪拌均勻，分布要平均。做好後裝入氣密式容器中保存，遠離溫度過高、光線太亮、或潮溼的場所，大概能保存到 1 年。

如何使用叻沙綜合香料粉

用這款綜合香料粉來做蝦叻沙（參見 667 頁），或東南亞的海鮮湯麵。

綜合胡椒粒
Mélange of Pepper

和 749 頁上直接磨在食物上的綜合研磨用胡椒粒不同，這款綜合胡椒粒是烹煮用的，不適合放進胡椒研磨罐裡。我和凱特在法國南部卡維雍（Cavaillon）的市場上看到有人在賣綜合胡椒粒時，完全被吸引住了。數百年來，法國的這個地區一直受到馬賽商人的影響，而這些商人跟北非有聯繫，也能取得近東與遠東的許多香料。我無法克制自己不去複製出這款芳香四溢的調和香料。

製作約27½茶匙
（140毫升）

9 茶匙	整顆的黑胡椒粒	45 毫升
5 茶匙	整顆的白胡椒粒	25 毫升
4½ 茶匙	粉紅巴西乳香胡椒	22 毫升
3 茶匙	綠胡椒粒	15 毫升
3 茶匙	蓽澄茄	15 毫升
3 茶匙	花椒	15 毫升

1. 把所有材料放入碗中，攪拌均勻，分布要平均。做好後裝入氣密式容器中保存，遠離溫度過高、光線太亮、或潮溼的場所，大概能保存到 1 年。

如何使用綜合胡椒粒

這款調和料拿來燉煮大部分的菜餚都是滋味絕佳的。一開始料理時，每 500 公克（1 磅）先加 3 茶匙（15 毫升）。不要先拿去研磨，因為整顆的香料在燉煮時會變軟，能增色又能增加口感。我們喜歡拿它和紅酒燉煮雞肉砂鍋，也愛在冬天暖呼呼的牛肉料理中把它加進來。燉羊肉加入這款香氣四溢的綜合胡椒，風味能進入一個新的境界。無論我們何時用它來做菜，我總會想起那 1 年在卡維雍市場裡的經歷。

墨西哥辣椒粉
Mexican Chili Powder

這就是一款由辣椒、孜然和紅椒配成的簡單調味粉，很多人覺得比單純的紅辣椒研磨粉和市售的辣椒粉味道好，而且市面賣的辣椒粉裡面常含有人工的成分。之所以覺得它好，是因為味道溫和，由孜然土味帶出來均衡感正是典型「墨西哥」風味的基礎。

同屬於辣椒家族的甜味紅椒的加入，讓甜味更有層次。當一向與印度咖哩與摩洛哥和中東料理連結在一起的孜然與甜味紅椒結合後，居然能營造出明顯的墨西哥風味，我不禁覺得十分有趣（雖說並不意外）。這也點出，香料在使用上只要有些許細微差異，就能營造出截然不同的意義。這和藝術、音樂與文學一樣，怎麼對手上材料進行處理，就能製造出怎樣的成果。

製作約12茶匙（60毫升）

提示

這款調和料能使用的墨西哥辣椒種類很多，從辣到冒煙的哈瓦那辣椒到溫和甜口的新墨西哥辣椒及科羅拉多辣椒，以及帶著果香的安丘辣椒、帕西拉乾辣椒和慕拉托辣椒，都能做出好辣椒粉，就看你個人對辣味的喜好了。

你可以根據自己的口味，多少用點鹽來調一下鹹淡。

5 茶匙	辣度溫和、中等或辣的研磨紅辣椒（參見左側提示）	25 毫升
3 茶匙	孜然粉	15 毫升
2 茶匙	甜味紅椒粉	10 毫升
1 茶匙	揉碎的乾燥碎奧勒岡，可選	5 毫升
1 茶匙	細海鹽（參見左側提示）	5 毫升

1. 把所有材料放入碗中，攪拌均勻，分布要平均。做好後裝入氣密式容器中保存，遠離溫度過高、光線太亮、或潮溼的場所，大概能保存到 1 年。

如何使用墨西哥辣椒粉

墨西哥辣椒粉是北美洲墨西哥辣味番茄牛肉醬（chili con carne）的調味，也是其他許多德州墨西哥料理的主調。墨西哥玉米捲餅的調味料經常就是以墨西哥辣椒粉加上澱粉來降低成本（有些裡面還含麩質），再添加一些味素和鹽製成。這款綜合香料可以拿來當做墨西哥玉米捲餅優質的純天然調味料，還能加到墨西哥起司餡餅（cheese quesadillas）裡。

中東海鮮香料
Middle Eastern Seafood Spice

這款調和香料很能捕捉中東獨特的味道。特別的香味是因為加入了酸性的鹽膚木，不僅能幫海鮮增色，還能提味。

提示

阿勒皮薑黃的薑黃素含量較高，風味也比一般的薑黃濃厚。

如果想要擁有更道地的中東風味，可以使用中東式的研磨紅辣椒，像是阿勒坡辣椒。

黑萊姆通常是整顆購買的，所以你必須自己磨。把 2 或 3 顆黑萊姆放進袋子裡，用擀麵棍滾壓成 5 公釐（1/4 吋）的塊狀。再放進研磨缽中，用杵徹底磨成粉。

2 茶匙	孜然粉	10 毫升
2 茶匙	阿勒皮薑黃粉（參見左側提示）	10 毫升
1 茶匙	紅辣椒粉（參見左側提示）	5 毫升
1 茶匙	現磨的黑胡椒	5 毫升
1 茶匙	研磨的乾燥的黑萊姆（參見左側提示）	5 毫升
1 茶匙	薑粉	5 毫升
1 茶匙	鹽膚木	5 毫升
½ 茶匙	小荳蔻粉	2 毫升
½ 茶匙	甜味紅椒粉	2 毫升
些許	鹽，調整鹹淡	些許

1. 把所有材料放入碗中，攪拌均勻，分布要平均。做好後裝入氣密式容器中保存，遠離溫度過高、光線太亮、或潮溼的場所，大概能保存到 1 年。

如何使用中東海鮮香料

味道厚重的魚肉和海鮮，如鮭魚、鮪魚、蝦，和油質豐富的魚，如烏魚類（mullet），烹煮之前先抹上這款綜合的乾燥辛香碎料，在一旁放置 30 分鐘後，風味能大幅提昇。

中東料理使用的香料

「中東」是一個定義相當鬆散的名詞，指的是包括以色列、巴基斯坦、黎巴嫩、約旦、敘利亞、波斯灣諸國以及葉門。這些地區的料理受到阿拉伯、波斯、印度和歐洲文化的影響，多多少少都會使用堅果、水果、優格和芝麻（麻油和芝麻醬），以及香料。以下就是這些地區料理使用的香料。

紅椒	芫荽籽	鹽膚木	巴西利
百里香	孜然	桂皮	石榴（籽和糖蜜）
黑胡椒	丁香	小荳蔻（綠）	馬哈利櫻桃
乳香脂			

綜合香草料
Mixed Herbs

在澳洲，說到組合的綜合香草料，指的一定是這款 1970 年代早期的經典材料（在當時是澳洲最常用的調和香草料）。我小時候，許多到我父母親香草店裡買東西的客人都只會用綜合香草和胡椒來做菜。那時候，在超市販賣的綜合香草料通常都只把等量的百里香、鼠尾草、馬鬱蘭搭配起來，加上蠻多的小枝椏、小石頭和塵土而已，品質很差。我第一次看到香草和香料的調配是在我父母親研發出一種品質很好的綜合香草時。我母親拿肉捲來試她的綜合香草，她改變了傳統三香草的比例，並添加了巴西利、奧勒岡和薄荷進去。我永遠不會忘記我們一連 2 個星期，天天晚上都吃肉捲，直到她把正確的比例配製出來為止！就我來看，她的配方最好，所以，在這裡，我想和你分享她的配方。這裡使用的所有材料都是你能從自家香草園（如果你有的話）採摘，並自行乾燥的。

製作約10茶匙 （50毫升）			
4 茶匙	乾燥的百里香	20 毫升
2½ 茶匙	乾燥的揉碎鼠尾草	12 毫升
1½ 茶匙	乾燥的揉碎奧勒岡	7 毫升
1 茶匙	乾燥的綠薄荷	5 毫升
¾ 茶匙	乾燥的揉碎馬鬱蘭	3 毫升
½ 茶匙	乾燥的巴西利片	2 毫升

1. 把所有材料放入碗中，攪拌均勻，分布要平均。做好後裝入氣密式容器中保存，遠離溫度過高、光線太亮、或潮溼的場所，大概能保存到 1 年。

如何使用綜合香草料

漢堡肉添加了綜合香草料，風味能大幅提昇，大多數的湯品、燉菜和砂鍋菜也一樣。食譜中用到市售綜合香草的地方，都能用這款綜合香草料來取代，用量相等。每 500 公克（1 磅）的碎肉大約加 2 到 3 茶匙（10 到 15 毫升）。

綜合香料（蘋果派香料 / 南瓜派香料）
Mixed Spice

這款高人氣的調和甜香型香料常被和多香果（參見 61 頁）搞混。在澳洲，我們把這種調和料就叫做「mixed spice（綜合香料）」。在北美洲通常是隨著它的一般用法，以「apple pie spice（蘋果派香料）」或「pumpkin pie spice（南瓜派香料）」來稱呼。這款綜合香料出自於歐洲料理食譜，以不同的名稱傳入並流傳於世界各地。它是幫水果蛋糕、奶油餅乾、甜味派和形形色色令人快樂的糕餅點心提味最受歡迎的方式。

芫荽籽粉的使用量看似令人訝異，但芫荽籽是中和型香料，可以讓甜香型與激香型香料以芬芳細膩的方式調和在一起，這是其他香料辦不到的。

製作約10茶匙（50毫升）		
4 茶匙	芫荽籽粉	20 毫升
2 茶匙	肉桂粉	10 毫升
2 茶匙	桂皮粉	10 毫升
½ 茶匙	肉荳蔻粉	2 毫升
½ 茶匙	多香果粉	2 毫升
½ 茶匙	薑粉	2 毫升
¼ 茶匙	丁香粉	1 毫升
¼ 茶匙	小荳蔻粉	1 毫升

1. 把所有材料放入碗中，攪拌均勻，分布要平均。做好後裝入氣密式容器中保存，遠離溫度過高、光線太亮、或潮溼的場所，大概能保存到 1 年。

如何使用綜合香料

想讓蛋糕、派、餅乾和糕餅甜點擁有美味的甜蜜辛香風味，在混合乾燥材料時，每 1 杯（250 毫升）的麵粉中添加 2 茶匙（10 毫升）的綜合香料。水果蛋糕、英式果料肉餡餅（mince pies）以及濃郁或甜味的食物需要的量更多；如果你想要香料的味道明顯，用量要多到 2 倍。

摩洛哥香料
Moroccan Spice

摩洛哥的傳統風味跟典型由孜然、薑黃、芫荽、辣椒和小荳蔻營造出來的印度香料沒有什麼不同，不同的是香料的使用比例。例如，摩洛哥的調和香料在辣度上較溫和，口味上也不那麼嗆。

<table>
<tr><td>製作約23¼茶匙
（115毫升）</td><td>8 茶匙</td><td>孜然粉</td><td>40 毫升</td></tr>
<tr><td></td><td>6 茶匙</td><td>甜味紅椒粉</td><td>30 毫升</td></tr>
<tr><td></td><td>3 茶匙</td><td>切成細末的乾洋蔥片</td><td>15 毫升</td></tr>
<tr><td></td><td>2 茶匙</td><td>芫荽籽粉</td><td>10 毫升</td></tr>
<tr><td></td><td>1½ 茶匙</td><td>阿勒皮薑黃粉</td><td>7 毫升</td></tr>
<tr><td></td><td>1 茶匙</td><td>卡宴辣椒</td><td>5 毫升</td></tr>
<tr><td></td><td>¾ 茶匙</td><td>蒜頭粉</td><td>3 毫升</td></tr>
<tr><td></td><td>½ 茶匙</td><td>現磨的黑胡椒</td><td>2 毫升</td></tr>
<tr><td></td><td>½ 茶匙</td><td>多香果粉</td><td>2 毫升</td></tr>
</table>

1. 把所有材料放入碗中，攪拌均勻，分布要平均。做好後裝入氣密式容器中保存，遠離溫度過高、光線太亮、或潮溼的場所，大概能保存到 1 年。

如何使用摩洛哥香料

無論何時，當你在食譜上看到使用乾燥的摩洛哥綜合香料時，用這款摩洛哥香料就對了。這款調和料如果加入一點鹽，就能變成絕佳的乾抹料，用來塗在雞肉和味道厚重的海鮮上，之後再拿去烤。

摩洛哥料理中的香料

摩洛哥料理大多都借師於長期與其交易的北非鄰居，例如衣索匹亞、埃及和突尼西亞。在西方，取法自這地區的風味通常就稱為「摩洛哥」風味。雖說變化的版本很多，但以下是摩洛哥料理中最常使用的一些主要香料。

芫荽籽	薑黃	紅椒
孜然	肉桂和桂皮	薑
丁香	胡椒	辣椒

孟加拉五香
Panch Phoron

孟加拉五香據說起源於孟加拉，是由五種種子類香料調和而成，風味獨具一格。根據傳統，孟加拉五香是由褐芥末、黑種草、孜然、葫蘆巴及甜茴香籽混合而成。印度北部最常看見，因為那裡是大多數種子類香料生長種植的地方。這款精妙的調和料有種獨特的風味特質，美麗的詮釋了「適度的將多種香料風味融合，滋味能達到什麼程度」。雖說名稱中有出自於印度斯坦文的「panch」，意思是「五」，以及「phoron」，意思是「種子」，但可別跟中式五香粉搞錯了。在印度和西方的香料店裡，這款調和料有時也會被稱作 panch puran、panch phora 或是 panch pora。

製作10茶匙
（50毫升）

提示

如果你很有冒險精神，試試看將香料改變一下比例，製造出些微的差異，應該會更能符合您的口味。舉例來説，增加黑種草味道會更強烈，增加茴香籽甜度會提高，而葫蘆巴則會添加一點點苦感。我們認識一位主廚，他會把孟加拉五香的材料進行粗磨，當做烤肉的裹粉，在肉進行烹飪之前先撒上，用量則是隨心所欲。我們自己喜歡在用牛絞肉製作肉捲時加 3 茶匙（15毫升）整顆的孟加拉五香。想了解使用孟加拉五香的經典料理食譜，請參考辣炒花椰菜（參見 421 頁）以及香草家的週六咖哩（參見 717 頁）。

3 茶匙	褐芥末籽	15 毫升
2½ 茶匙	黑種草籽	12 毫升
2 茶匙	孜然	10 毫升
1½ 茶匙	葫蘆巴籽	7 毫升
1 茶匙	甜茴香籽	5 毫升

1. 把所有材料放入碗中，攪拌均勻，分布要平均。做好後裝入氣密式容器中保存，遠離溫度過高、光線太亮、或潮溼的場所，大概能保存到 3 年。

如何使用孟加拉五香

這款經典的孟加拉調和香料可以用在蔬菜、印度香燉豆和魚肉咖哩中。在做魚料理時，一般會在開始時先用油炒香。種子類香料和碳水化合物非常搭配，因此我們很愛把孟加拉五香用在無所不在的碳水化合物——不起眼的馬鈴薯上。我們用油把一點點研磨過的孟加拉五香「炒香」，之後把已經稍微煮過的馬鈴薯丁放進去煮，要翻炒，直到馬鈴薯變得焦黃。這樣的馬鈴薯是所有肉類的美味好搭檔。

綜合研磨用胡椒粒
Peppermill Blend

這款加了各種不同胡椒粒與整顆多香果的綜合胡椒是用來放在研磨罐中，直接現磨，撒在食物上的。在調配這款研磨用胡椒粒時，我挑的是胡椒粒的風味，而不只是外觀。下面這款香料可以創造出氣味芳香，味道均衡的調和料，大多數需要一點現磨胡椒的場合都適用。

製作9茶匙
（45毫升）

提示

在混合各種大小不同的整粒香料（如多香果）時，最好把直徑大於3公釐（1/8吋）的挑掉。顆粒太大可能無法利用胡椒研磨罐研磨。

5 茶匙	整顆黑胡椒粒	25 毫升
1 茶匙	整顆的白胡椒粒	5 毫升
1 茶匙	整顆的多香果	5 毫升
1 茶匙	綠胡椒粒	5 毫升
1 茶匙	蓽澄茄	5 毫升

1. 把整顆的香料放入碗中混合，攪拌均勻，以免分布不均。混好後裝入氣密式容器中保存，遠離溫度過高、光線太亮、或潮溼的場所，大概能保存到 3 年，或直到被你放入胡椒研磨罐裡為止。

變化版本

你可以根據自己的口味，調整組合比例。如果想要辣一點，可以提高白胡椒比例，使用印度、馬來西亞和貢布省（Kampot）的黑胡椒粒可以讓味道稍甜，並具有一點類似檸檬的風味。這款調和中添加 4 茶匙（20 毫升）芫荽籽，在餐桌上研磨，撒在雞肉和魚肉上，會有誘人的清新味道。

波斯香料
Persian Spice

你可能偶而會發現一款打破所有規則的調和香料。我自己研發配製的調和香料——波斯香料，就是一個例子。這款香氣四溢的組合使用大比例激香型和辣味型的香料，為的是重現波斯的口味，但這款調和料的風味實在融合得太好了，所以可以在烹飪海鮮或肉類之前，就直接抹上去。

製作約8茶匙（40毫升）

2 茶匙	現磨的黑胡椒	10 毫升
2 茶匙	孜然粉	10 毫升
2 茶匙	阿勒皮薑黃粉	10 毫升
1 茶匙	小荳蔻粉	5 毫升
1 茶匙	青芒果粉	5 毫升
些許	鹽，調整鹹淡	些許

1. 把所有材料放入碗中，攪拌均勻，分布要平均。做好後裝入氣密式容器中保存，遠離溫度過高、光線太亮、或潮溼的場所，大概能保存到 1 年。

如何使用波斯香料

這款調和料當成乾料抹在海鮮或紅肉上實在太出色了，抹完再行碳烤或烘烤。另一個選擇是當成中筋麵粉的調味粉，調好裹在紅肉外面，然後煎黃，放入砂鍋或燉菜中慢煮。我們也愛用波斯香料來裹旗魚肉塊，然後用一點橄欖油去煎。

泡菜用香料
Pickling Spice

沒有什麼比得上來趟鄉間的小旅行，購買當季蔬菜回家自己動手醃製，享受那份滿足更令人覺得愜意。醃製蔬菜水果時，通常都會使用整顆的香料。和研磨的香料不同，整顆的不會有粉狀殘留，破壞了成品的外觀。

製作約22茶匙（110毫升）			
5 茶匙	整顆的黃芥末籽	25 毫升
4 茶匙	整顆的黑胡椒粒	20 毫升
3 茶匙	蒔蘿籽	15 毫升
3 茶匙	甜茴香籽	15 毫升
3 茶匙	整顆多香果	15 毫升
2 茶匙	整顆丁香	10 毫升
1½ 茶匙	壓碎的月桂葉	7 毫升
1 根	4 公分（1½ 吋）肉桂棒，打碎	1 根
1 茶匙	乾燥的鳥眼辣椒丁（或隨口味調整）	5 毫升

1. 把所有材料放入碗中，攪拌均勻，分布要平均。做好後裝入氣密式容器中保存，遠離溫度過高、光線太亮、或潮溼的場所，大概能保存到 3 年。

如何使用泡菜用香料

食譜中需要用到泡菜用香料的地方，用這款調和料就對了。每 1 公斤（2 磅）的蔬菜大約要用到 3 茶匙（15 毫升）的泡菜醃製香料。有些廚師會把這款調和料用一塊方形的棉紗布綁住，方便泡好後取出。另外一些廚師則喜歡和其他醃製食材一起留在罐子裡，如果繼續留在罐子裡，香料的味道就會持續被浸泡出來醃著泡菜，而多樣的色彩和材質口感也能增添食物的美感。

泡菜用香料也能用來浸泡湯汁，豐富清湯的風味。把 4 茶匙（20 毫升）的香料兌 4 杯（1 公升）沒有甜味的雪莉酒，放在消毒過的有蓋圓酒瓶或可封口的玻璃罐中，放置 1、2 個星期，再把浸泡液用細目篩網瀝出來。在清湯上桌之前，每一份湯拌入 1 茶匙（5 毫升）。只要放在陰暗涼爽的地方，這種浸泡酒可以一直保存下去。泡菜用香料加入滾水中，也能產生特別的風味，用來煮甲殼類（例如螃蟹），也是很不錯的。

霹靂霹靂綜合香料
Peri Peri Spice Mix

這款香料粉是由很辣的辣椒研磨而成，帶著獨特的、檸檬味道的香濃風味，對南非的消費者很有吸引力，喜歡同名葡式烤雞的人可能也會受到吸引。

製作約15茶匙
（75毫升）

提示 - - - - - - - - - - -

霹靂霹靂（peri peri）這個詞在南非和印度的某些地區被籠統的用來稱呼辣椒。因此霹靂霹靂（peri peri 也拼成 piri piri）醬基本上就是一種辣椒醬，口味特質固定。

10 茶匙	鳥眼辣椒粉	50 毫升
1½ 茶匙	甜味紅椒粉	7 毫升
1 茶匙	孜然粉	5 毫升
1 茶匙	細海鹽	5 毫升
1 茶匙	薑粉	5 毫升
½ 茶匙	青芒果粉	2 毫升

1. 把所有材料放入碗中，攪拌均勻，分布要平均。做好後裝入氣密式容器中保存，遠離溫度過高、光線太亮、或潮溼的場所，大概能保存到 1 年。

如何使用霹靂霹靂綜合香料

這款調和料可以當做研磨辣椒的替代品，或隨時準備好，想要時就能撒在義大利麵或披薩這類的食物上。

霹靂霹靂綜合香料是絕佳的乾抹料，可以在烤雞肉或豬肉之前，先抹在肉上面。想要製作美味的霹靂霹靂烤雞，請先把調和料抹在雞肉上，放進冰箱冷藏，或乾醃 1 個鐘頭，之後再取出碳烤或烘烤。去殼並抽好沙腸的蝦撒上霹靂霹靂綜合香料，再以奶油和蒜頭去煎，簡單迅速，還非常美味。

南非的香料

　　撒哈拉沙漠以南的非洲料理以奈及利亞（尼日）、衣索匹亞和南非共和國的最具代表性。非洲的印度移民影響了這些地區在香料上的使用，正如同對馬來人造成的影響，這在南非開普敦的馬來式料理上可以明顯看出。就像世界其他地方一樣，非洲人在早期的美洲之旅後，熱情的擁抱了辣椒。在他們的歷史中，這是第一次不分社會貧富階級，只要種了容易生長、充滿風味特質的辣椒類植物，人人就能享受到辛辣的衝擊。以下是這些地區最常使用的一些主要香料。

- 芫荽籽
- 辣椒
- 孜然
- 多香果
- 薑
- 胡椒
- 天堂椒（grains of paradise）
- 葫蘆巴籽

豬肉調味料
Pork Seasoning

豬肉相當油膩，有很明顯的口感以及深奧的風味。這種油膩感可以透過把芹菜籽添加到這款調和料中當做抹料來把它均衡掉。這個組合和較為油膩的鴨肉和鵝肉也很合搭。

製作約16茶匙（90毫升）		
7 茶匙	芹菜籽研磨粉	35 毫升
3 茶匙	乾燥的奧勒岡粉	15 毫升
3 茶匙	甜味紅椒粉	15 毫升
2 茶匙	現磨的黑胡椒	10 毫升
1 茶匙	細海鹽	5 毫升

1. 把所有材料放入碗中，攪拌均勻，分布要平均。做好後裝入氣密式容器中保存，遠離溫度過高、光線太亮、或潮溼的場所，大概能保存到 1 年。

如何使用豬肉調味料

用這款調和料來當做乾抹料（醃製料），抹在里肌肉上再下去煎或烤，能增色提味。如果豬肉帶著已經劃好花的皮，那麼燒烤之前要多抹一點料。

葡式調味料
Portuguese Seasoning

葡式作法的雞，無論是美味的炸雞或烤雞都和霹靂霹靂雞（參見 752 頁）類似。這種作法的雞在澳洲人氣很高，不管是內用還是外帶，都很受歡迎。可惜的是，太多大型速食店都靠加了大量鹽、味素和提味料，如人工添加劑植物水解蛋白（hydrolyzed vegetable protein，簡稱 HVP）的佐料來製作。這裡提供了一種比較健康，也更有滋味的替代配方。

製作約10茶匙（50毫升）

6 茶匙	甜味紅椒粉	30 毫升
1 茶匙	孜然粉	5 毫升
1 茶匙	肉桂粉	5 毫升
1 茶匙	薑粉	5 毫升
½ 茶匙	多香果粉	2 毫升
½ 茶匙	鳥眼辣椒粉	2 毫升

1. 把所有材料放入碗中，攪拌均勻，分布要平均。做好後裝入氣密式容器中保存，遠離溫度過高、光線太亮、或潮溼的場所，大概能保存到 1 年。

如何使用葡式調味料

這款綜合調味料可以當做乾抹料，在雞肉烤之前抹在整隻雞（參見 755 頁的提示）或是雞塊上，製作出經典的葡式雞。另一個選擇是做成美味的醃製醬料，如同葡式烤雞（參見 755 頁）的作法。

葡式烤雞
Portuguese Roast Chicken

這道食譜是一般烤雞之外的選擇，滋味美妙。紅椒讓烤雞的色澤變得很漂亮，辣椒與其他香料會讓烤雞擁有深奧的溫暖辛辣味道。

製作4人份

準備時間：

- **20 分鐘，另加 2 小時醃製**

烹煮時間：

- **50 分鐘**

提示

雞可也可以用中火，在炭火或瓦斯碳烤爐上料理。每隔 10 分鐘要翻 1 次，在皮面上塗 1 次油，直到雞烤熟。

葡式雞最常用把整隻雞「去骨攤平」（spatchcocking）來做，也就是把雞的脊骨拿掉，整隻雞攤平，這樣烹煮時可以更迅速、火力也更均勻。雞肉下面放的蔬菜可以把所有好滋味的雞肉湯汁和調味料吸收進去。

- **果汁機**
- **33 x 23 公分（13 x 9 吋）的烤盤**

雞肉

1 隻	整隻雞，約 1.5 公斤（3 磅）	1 隻
1 顆	大顆的馬鈴薯，去皮，切成薄片	1 顆
1 顆	大顆的地瓜，去皮，切成薄片	1 顆

醃料

2 大匙	葡式調味料（參見 754 頁）	30 毫升
½ 顆	洋蔥，切好	½ 顆
2 瓣	蒜頭，粗切	2 瓣
1 茶匙	紅酒醋	5 毫升
2 大匙	現壓檸檬汁	30 毫升
3 大匙	油	45 毫升

1. **雞肉：** 把雞放在砧板上，雞胸朝下，用廚房剪刀沿著雞的脊椎骨兩側剪開，把脊椎骨取出（丟棄不用）。將雞翻面，用手掌攤平，用刀在皮下劃大約 2 公釐（1/16 吋）深的斜紋，每隔 2.5 公分（1 吋）劃一道，方便醃料滲入。放置一旁待用。

2. **醃料：** 把綜合香料、洋蔥、蒜頭、醋、檸檬汁和油一起放入果汁機內打，用高速打到材料變得滑順。把醃料分成兩半，一半和雞一起放入夾鏈袋中；封好口，翻一翻，讓醬料均勻沾附。冷藏至少 2 個鐘頭或 1 個晚上。剩下的醃料放在氣密式容器中，進冰箱冷藏。

3. 烤箱預熱到攝氏 200 度（華氏 400 度），烤盤薄薄塗上一層油。

4. 把馬鈴薯和地瓜片平均排在烤盤上，雞放上去，皮面朝下。在預熱的烤箱中烤 20 分鐘（參見左側提示）。把烤盤從烤箱中取出，雞翻面，塗上剩下的醃料。再烤 20 到 30 分鐘，直到雞熟透（用即讀式溫度計插入最厚的部分，溫度約 74°C/165°F），這時皮顏色應該已經變深。從烤箱中取出，在一旁放置 5 分鐘。把雞肉切成塊，和烤好的馬鈴薯以及地瓜一起上桌。

法式綜合四辛香
Quatre Épices

法文名稱「quatre épices」字面意思就是「四種香料」。就和許多名稱簡單明瞭的調和香料一樣，這是一種法國料理用的傳統香料組合。唯一複雜的地方就是分鹹味版和甜味版。鹹味版的法式綜合四辛香，最常被熟食店使用；甜味版則常用於布丁和蛋糕。

製作約11茶匙（55毫升）

鹹味版綜合四辛香

6 茶匙	現磨的白胡椒	30 毫升
2½ 茶匙	肉荳蔻粉	12 毫升
2 茶匙	薑粉	10 毫升
½ 茶匙	丁香粉	2 毫升

甜味版法式綜合四辛香

6 茶匙	多香果粉	30 毫升
2½ 茶匙	肉荳蔻粉	12 毫升
2 茶匙	薑粉	10 毫升
½ 茶匙	丁香粉	2 毫升

1. 把所有材料放入碗中，攪拌均勻，分布要平均。做好後裝入氣密式容器中保存，遠離溫度過高、光線太亮、或潮溼的場所，大概能保存到 1 年。

如何使用鹹味版綜合四辛香

鹹味版綜合四辛香的典型用法是在製作熟食（醃肉，主要是豬肉以及香腸的加工，如義大利臘腸 salami）時，做為肉類的調味香料。我還發現鹹味版綜合四辛香可以拿來當做普通白胡椒粉的替代品，放在胡椒罐裡。其他香料強烈的香氣會把白胡椒容易產生的陳味掩蓋掉。

如何使用甜味版綜合四辛香

甜味版的綜合四辛香可以讓水果蛋糕以及布丁風味更加豐醇。這是反轉蘋果塔（tarte Tatin），也就是用奶油和糖做的美味焦糖蘋果塔使用的經典香料組合。

摩洛哥綜合香料 Ras el Hanout

這款摩洛哥傳統綜合香料是所有調和香料中的登峰造極之作。它有時會使用 20 種以上的材料來調製，成品味道均衡、風味飽滿，沒有哪個味道特別突出。這款綜合香料可以說是一種最佳範例，告訴大家各種不同香料調製而成的綜合香料，效果可以比原先任一種單一香料更出色到什麼程度。

製作約40茶匙（200毫升）

提示

阿勒皮薑黃中的薑黃素含量較高，風味也比一般的薑黃濃厚。在這款調和香料中，能與其他香料產生完美的均衡效果。

月桂葉用手指就能輕鬆壓碎，之後再把壓碎的葉子用研磨杵組研磨就可以。

15 根	整根的番紅花柱頭	15 根
5 茶匙	甜味紅椒粉	25 毫升
4 茶匙	孜然粉	20 毫升
4 茶匙	薑粉	20 毫升
2 茶匙	芫荽籽粉	10 毫升
1 茶匙	桂皮粉	5 毫升
1 茶匙	阿勒皮薑黃粉（參見左側提示）	5 毫升
¾ 茶匙	甜茴香籽粉	3 毫升
¾ 茶匙	多香果粉	3 毫升
¾ 茶匙	小荳蔻（綠荳蔻）粉	3 毫升
¾ 茶匙	整顆的蒔蘿籽	3 毫升
¾ 茶匙	南薑粉	3 毫升
¾ 茶匙	肉荳蔻粉	3 毫升
¾ 茶匙	研磨的鳶尾草根	3 毫升
¼ 茶匙	研磨的碎月桂葉（參見左側提示）	1 毫升
¼ 茶匙	葛縷子籽粉	1 毫升
¼ 茶匙	卡宴辣椒	1 毫升
¼ 茶匙	丁香粉	1 毫升
¼ 茶匙	肉荳蔻粉皮	1 毫升
¼ 茶匙	蓽澄茄研磨粉	1 毫升
¼ 茶匙	褐荳蔻豆莢研磨粉	1 毫升

1. 把所有材料放入碗中，攪拌均勻，分布要平均。做好後裝入氣密式容器中保存，遠離溫度過高、光線太亮、或潮溼的場所，大概能保存到 1 年。

如何使用摩洛哥綜合香料

雖然知道這款調和料絕對算得上是濃烈，但是和其他調和香料一比高下立見，它只要一半的用量就能使食物全面展現出效果。摩洛哥綜合香料用途實在太廣泛了，可以幫雞肉與蔬菜塔吉鍋（砂鍋）提香，也可以做成摩洛哥香料雞（參見 758 頁）。可以先撒在雞肉和魚肉上，然後下去煎或烤，還能在煮庫司庫司（蒸粗麥粉，couscous）時，加到裡面去（參見 758 頁的提示）。

摩洛哥香料雞
Ras el Hanout Chicken

這道均衡、風味絕佳的砂鍋菜是我家孩子剛開始學吃固體食物時，最先接觸到的第一批菜色之一，到現在還依然是他們喜愛的菜色（雖說不用再磨成泥了！）這絕對是一道老少皆宜的菜。可以和添加了香料的庫司庫司（蒸粗麥粉）一起上桌（參見下面的提示）。

製作4人份

準備時間：
● **15 分鐘**

烹煮時間：
● **45 分鐘**

提示

要製作香料庫司庫司，在煮 1 杯（250 毫升）量的庫司庫司時，加入 1/2 茶匙（2 毫升）的摩洛哥綜合香料。

6 塊	帶皮帶骨的雞腿排肉	6 塊
2 大匙	摩洛哥綜合香料（參見 757 頁）	30 毫升
1 大匙	橄欖油	15 毫升
2 顆	小顆的洋蔥，切成四瓣	2 顆
4 瓣	蒜頭，切半	4 瓣
1½ 杯	雞高湯，分批	375 毫升
2 根	小條胡蘿蔔，去皮，切成 1 公分（½ 吋）的塊狀	2 根
1 杯	新鮮或冷凍的青豆	250 毫升
12 顆	小顆的洋菇，對半切	12 顆
些許	鹽	些許

1. 把雞肉裹上摩洛哥綜合香料。

2. 厚底鍋開中火熱油，加入備好的雞肉下去煎，每一面大約煎 3 到 5 分鐘，直到兩面都變焦黃色為止。拌入洋蔥、蒜頭和 1/4 杯（60 毫升）的高湯。火轉到最小，用緊密的鍋蓋蓋上，燜煮 15 分鐘（不可掀開鍋蓋）。之後再加入胡蘿蔔以及剩下的 1 又 1/4 杯（300 毫升）高湯。蓋上蓋子再煮 10 分鐘，直到胡蘿蔔幾乎要變軟為止。加入青豆和洋菇，用鹽調鹹淡；攪拌混合。煮 5 到 10 分鐘，直到蔬菜變軟，立刻上桌食用。

烤肉抹料
Roast Meat Spice Rub

做烤肉（除了滋味美妙外）講究的是要能從汁多而顏色漂亮、外酥內嫩的肉塊上把肉片下來。這款抹料也可以稱作脆皮配方，因為它除了風味之外，還能讓烤肉擁有漂亮的色澤和口感。

製作約16茶匙（80毫升）

提示

不要因為這款調和料裡有芥末籽就打退堂鼓。烤肉時的熱度會讓芥末中產生辣度的酵素不再作用，也就是說，這個原料只會使烤肉添加核果般的口感，提高酥脆的效果。

超細砂糖（super fine sugar，糖霜粉 caster sugar）是顆粒非常細的砂糖，通常都是用於需要砂糖能快速溶解的食譜裡。如果商店裡面找不到，可以自己動手做。把食物處理機裝上金屬刀片，將砂糖打成非常細，質地像沙子一樣細緻的糖粉。

4 茶匙	芫荽籽粉	20 毫升
4 茶匙	甜味紅椒粉	20 毫升
2 茶匙	整顆的褐芥末籽（參見左側提示）	10 毫升
2 茶匙	鹽膚木	10 毫升
1½ 茶匙	細海鹽	7 毫升
¾ 茶匙	薑粉	3 毫升
½ 茶匙	超細砂糖（糖霜粉，參見左側提示）	2 毫升
½ 茶匙	揉碎乾燥的奧勒岡	2 毫升
½ 茶匙	現磨的黑胡椒	2 毫升
¼ 茶匙	多香果粉	1 毫升

1. 把所有材料放入碗中，攪拌均勻，分布要平均。做好後裝入氣密式容器中保存，遠離溫度過高、光線太亮、或潮溼的場所，大概能保存到 1 年。

如何使用烤肉抹料

這款調和料除了能當做烤肉的抹料外，我向來拿它撒在烤盤旁擺放的蔬菜上（馬鈴薯、櫛瓜、胡蘿蔔和甜菜根是我的最愛）。別忘了，一定要利用烤盤中的汁液做個簡單的肉汁醬，這個滋味肯定讓你驚喜萬分。

沙拉調味料
Salad Dressing Seasoning

被做成沙拉的健康綠色葉菜想要鮮活起來，最佳方式就是加上沙拉調味醬。市售的沙拉醬大多含鹽量極高，還會添加一些我們不想要的防腐劑，以及從褐藻酸鈉（alginates）提煉製造的乳化劑。這些添加劑會讓不少沙拉醬變得黏糊糊的，就我來看，這和沙拉享受新鮮爽脆的整體目的有衝突。這款調味料裡含有芥末粉，芥末粉是一種乳化的介質，不會有令人不舒服的副作用。製作這款沙拉醬時，醋會抑制芥末中的酵素作用，所以成品不會太辣。

製作約4茶匙（20毫升）

提示

乾燥的香草葉要壓碎，但是不要變成粉末的程度。要達到這種粗細標準，最好的作法就是用粗的篩網來磨碎。由於這款調味料中使用的乾燥香草含水量非常低，所以調味料做好後不需冷藏，可以直接放置在室溫下保存，時間至少可達 3 個月。如果你用新鮮的巴西利和蒔蘿取代乾品，那麼調味料就必須進冰箱冷藏，而且必須在3 個星期內用完。

2 茶匙	黃芥末籽粉	10 毫升
1 茶匙	乾燥的巴西利片（參見左側提示）	5 毫升
½ 茶匙	乾燥的綠蒔蘿葉尖	2 毫升
¼ 茶匙	粗磨的黑胡椒	1 毫升
¼ 茶匙	多香果粉	1 毫升

1. 把所有材料放入碗中，攪拌均勻，分布要平均。做好後裝入氣密式容器中保存，遠離溫度過高、光線太亮、或潮溼的場所，大概能保存到 1 年。

如何使用沙拉調味醬

在帶有倒嘴的杯中，將 4 茶匙（20 毫升）的沙拉調味料、1/3 杯（75 毫升）的橄欖油和 1/4 杯（60 毫升）的醋混合。攪拌均勻，再裝進消毒過的瓶子或罐子裡。在室溫中保存，最多可放到 3 個月（參見左側提示）。

印度香辣豆湯粉
Sambar Powder

印度香辣豆湯（Sambar）是南印度的一種湯品，可以單獨當做主食用（參見印度香辣蔬菜豆子湯，93頁），也可以淋在米飯上，拌著咖哩吃。印度香辣豆湯的好壞取決於綜合香料，這種調和料稱作印度香辣豆湯粉或是印度香辣豆馬薩拉（sambar masala）。這裡這個版本辣度溫和，不過想要的話，你可以多添一些辣椒。

製作約17茶匙
（85毫升）

提示

如果這款粉你是立刻使用，可以改用新鮮的咖哩葉。不然，還是使用乾燥的咖哩葉為好，因為這樣調和粉的保存期限可以到12個月。

鷹嘴豆粉（chickpea flour）也稱為革蘭粉（gram flour）或雞豆粉（besan flour）。東南亞食品店或印度市場、健康食品店裡可以找到。

8 片	乾燥的咖哩葉，切碎（參見左側提示）	8 片
5 茶匙	芫荽籽粉	25 毫升
5 茶匙	鷹嘴豆粉（參見左側提示）	25 毫升
2 茶匙	孜然粉	10 毫升
1 茶匙	粗磨的黑胡椒	5 毫升
½ 茶匙	細海鹽	2 毫升
½ 茶匙	葫蘆巴籽粉	2 毫升
½ 茶匙	青芒果粉	2 毫升
½ 茶匙	整顆的褐芥末籽	2 毫升
½ 茶匙	辣度溫和的辣椒粉	2 毫升
¼ 茶匙	肉桂粉	1 毫升
¼ 茶匙	阿勒皮薑黃粉	1 毫升
¼ 茶匙	阿魏粉	1 毫升

1. 把所有材料放入碗中，攪拌均勻，分布要平均。做好後裝入氣密式容器中保存，遠離溫度過高、光線太亮、或潮溼的場所，大概能保存到1年。

如何使用印度香辣豆湯粉

印度香辣豆湯粉是絕佳的雞肉和海鮮裹粉，可以在煎之前先撒在上面。我發現鷹嘴豆粉可以讓咖哩的湯汁變得更濃稠。每500公克（1磅）的肉或蔬菜咖哩在烹煮時，拌入2茶匙（10毫升）的印度香辣豆湯粉即可。

調味鹽
Seasoned Salt

風味鹽（flavored salts）是世界第一個以大眾市場為行銷目標的調和香料。這個調和料以最常見的調味料（鹽），加上各種怡人的風味，如洋蔥、蒜頭和芹菜等製成產品，讓大家可以在菜餚料理時或煮好上桌後，很方便的隨手撒在食物上。

接著出現的就是調味鹽了。這種鹽的風味較為複雜，有明顯的特色，和烤肉用綜合香料（參見 694 頁）類似。這類鹽裡面有甜味紅椒、洋蔥、蒜頭、巴西利以及其他的風味，裡面也加了味素，所以變得和早期的蔬菜鹽相當不同。

到了 20 世紀下半葉，大家流行為了健康的理由減少了鹽的攝取，而以蔬菜鹽代替，像是 Herbamare，這種鹽裡面就包含了海鹽、巴西利葉、韭蔥、西洋水芹、洋蔥、蝦夷蔥、巴西利、歐當歸、蒜頭、羅勒、馬鬱蘭、迷迭香、百里香和海帶，並添加了碘，以及代鹽，如氯化鉀（potassium chloride）。直到那時，經常消費這些鹽產品的大多還是那些對健康很注重的消費者。

製作約1杯（250毫升）

1 杯	細海鹽	250 毫升
1 茶匙	研磨的乾燥香料或香草	5 毫升

1. 把所有材料放入碗中，攪拌均勻，分布要平均。做好後裝入氣密式容器中保存，遠離溫度過高、光線太亮、或潮溼的場所，大概能保存到 1 年。

提示

由於自家製的調味鹽不含抗結塊劑，所以有可能會結塊。不過，結塊隨時都可以被輕鬆的打碎，不會損及調和鹽的風味。

變化版本

蒜頭或洋蔥鹽： 依照製作調味鹽的方式來製作，不過鹽和蒜頭粉或洋蔥粉的比例要一樣。你可以試試把比例提高或降低，以適合自己的口味。

什麼是蔬菜鹽？

蔬菜鹽目的是要用在某些特定蔬菜、香草和海藻中發現的天然鹽來取代高濃縮的氯化鈉（sodium chloride）。不過，這些產品許多都標示錯誤，所以正在施行低鈉餐的人在以它當做代鹽時，應該要特別小心——就算只瞄一眼成分標示，常常也可以看出鹽是最主要的成分。以適當的蔬菜鹽（選擇成分主要非氯化鈉者）來取代等量的桌鹽，可以降低鹽的攝取量。而香草、香料和其他成分中提昇風味的特質也應該一樣能令人感到滿意。

七味辣粉
Shichimi-Togarashi

這款由整顆與研磨香料製成的日式調味料被稱作「七味辣粉」。它有很多變化版本（有時甚至會混合不同種類的海藻進去），但的這款是最典型的七味辣粉。

提示 -----------

由長條紅色乾辣椒製成的辣椒片最適合放在這款配方裡。磨成粉的蜜柑或橘皮可以從亞洲雜貨店購買乾燥的蜜柑、柳橙或橘子皮片來自行製作，用研磨砵組研磨成粗粉就行了。

這款調和料最適合使用的是喀什米爾辣椒製成的研磨辣椒。不過任何中等辣度的研磨紅辣椒也都能用。

6 茶匙	中等辣度的辣椒片（參見左側提示）	30 毫升
3 茶匙	磨成粉的花椒葉（Sichuan pepper leaf）（山椒粉）	15 毫升
2 茶匙	磨成粉的蜜柑或橘子皮（參見左側提示）	10 毫升
1 茶匙	黑芝麻	5 毫升
1 茶匙	白芝麻	5 毫升
½ 茶匙	大麻籽（hemp seed）	2 毫升
½ 茶匙	白罌粟籽	2 毫升
½ 茶匙	褐芥末籽	2 毫升

1. 把所有材料放入碗中，攪拌均勻，分布要平均。做好後裝入氣密式容器中保存，遠離溫度過高、光線太亮、或潮溼的場所，大概能保存到 1 年。

如何使用七味辣粉

七味辣粉可以在烹飪時調味，也可以當做餐桌上的調味品，加在湯品、麵類、天婦羅和許多其他日本菜裡（芝麻鮪魚，參見 598 頁）。在西方料理中，它是很有效率的海鮮調味品，無論是烤還是煎——只要和一點鹽混合，在烹煮之前抹在上面就行了。煮熟的玉米棒趁熱塗上奶油，然後撒上七味辣粉，味道可比光撒鹽和胡椒有趣多了。

日式料理中的香料

日本料理向來以簡單和美感著稱。它料理的風味主要來自於主食材本身，以及烹飪的方式。除了壽司之外，典型的日本料理主要以烤、燜、蒸和油炸等手法來處理新鮮的食材。香料和香草似乎都用得很巧妙，蛋白質和蔬菜都能維持它們本來最具特色的風味。以下是日式料理中最常使用的一些主要香料。

- 山椒（花椒葉）
- 花椒
- 黑芝麻
- 白胡椒
- 芥末籽
- 日本芥末哇沙米

土耳其旋轉烤肉串香料
Shish Kebab Spice

土耳其旋轉烤肉串（Shish kebabs）—— 也就是把肉和蔬菜串在叉子上烤的肉串——在肉和蔬菜還沒烤之前先抹上香料才會美味。這款調和料中含有典型的中東綜合香料，可以讓食物的風味和色澤都更有深度。香料中加入了巴西利、薄荷和小荳蔻，香氣清新。

製作約15茶匙（75毫升）

提示

黑萊姆通常都是買整顆的，所以你必須自己研磨。最簡單的方式是把 2 到 3 個黑萊姆放進夾鏈袋中，用一支擀麵棒去打，直到破成小於 5 公釐（1/4 吋）的碎片，再換到研磨砵中，用杵好好研磨成粉。

乾燥的香草葉要壓碎，但是不要變成粉末的程度。要達到這種粗細標準，最好的作法就是用粗的篩網來磨碎。

3½ 茶匙	孜然粉	17 毫升
3 茶匙	阿勒皮薑黃粉	15 毫升
2 茶匙	研磨的乾燥黑萊姆（參見左側提示）	10 毫升
2 茶匙	甜味紅椒粉	10 毫升
1 茶匙	現磨的黑胡椒	5 毫升
1 茶匙	細海鹽	5 毫升
1 茶匙	小荳蔻粉	5 毫升
½ 茶匙	洋蔥粉	2 毫升
½ 茶匙	壓碎的乾燥巴西利（參見左側提示）	2 毫升
½ 茶匙	乾燥的綠薄荷	2 毫升

1. 把所有材料放入碗中，攪拌均勻，分布要平均。做好後裝入氣密式容器中保存，遠離溫度過高、光線太亮、或潮溼的場所，大概能保存到 1 年。

如何使用土耳其旋轉烤肉串香料

土耳其旋轉烤肉串香料是用途廣泛的乾抹料，可用來抹紅肉，主要是羊肉，而抹了料的羊肉無論是烤還是煎都行。

要製作玉米片的可口沾醬，可以把 2 茶匙（10 毫升）的土耳其旋轉烤肉串香料加入 1 杯（250 毫升）的酸奶油中，接著蓋上蓋子，放入冰箱冷藏 30 分鐘。

土耳其旋轉烤羊肉串
Lamb Kebabs

土耳其旋轉烤羊肉串是夏天碳烤的大宗，外層微焦會讓味道更好。這種羊肉串可以和庫司庫司及沙拉一起上桌，也可以和土耳其鹹優格醬（cacik）用柔軟的薄餅包起來吃。（參見400頁）

製作2人份

準備時間：
- **25 分鐘**

烹煮時間：
- **15 分鐘**

提示

如果使用的木製的串燒籤，使用前一定要在水中先浸泡至少 30 分鐘，烤的時候才不會燒起來。

- **金屬製的串燒籤，上油；或是木製的串燒籤，泡過水（參見左側提示）**

8 盎司	精瘦的羊肉，切成 4 公分（1½ 吋）大小的塊	250 公克
1 茶匙	現壓檸檬汁	5 毫升
1 茶匙	土耳其旋轉烤肉串香料（參見 765 頁）	5 毫升
1 顆	紅色彩椒，去籽，切成 4 公分（1½ 吋）的塊	1 顆
1 顆	洋蔥，切成 4 瓣，一層層撥開	1 顆

1. 在大碗中放入羊肉、檸檬汁和綜合香料，並混合均勻。蓋上蓋子，在一旁放置至少 15 分鐘或在冰箱冷藏 1 晚。

2. 碳烤的烤架或燒烤架調整到高溫。

3. 以 1 塊羊肉、1 塊紅色彩椒再 1 塊洋蔥的方式將肉和蔬菜交叉插在已經準備好的串燒籤上。

4. 把肉串放進預熱好的碳烤架或燒烤架上 10 分鐘，要不斷翻轉，讓每一面都能平均受熱（肉裡面應該呈粉紅色）。離火，在一旁放置 5 分鐘後再上桌。

四川辣椒香料
Sichuan Chile Spice

1980 年代中期，我在新加坡管理一家香料公司時，我最常上的餐廳對四川菜很有一手。我最喜歡他們的宮保雞丁，那道料理其實只是用和這款調和料類似的綜合香料炒雞肉而已。在料理快好的時候，他們還會丟一小把天津紅辣椒乾進去，份量大約是每 250 公克（1/2 磅）雞肉，用 1 大匙（15 毫升）天津紅辣椒乾。這款調和料對辣椒成癮者來說，屬於一定要有等級。

製作約16茶匙（80毫升）

提示

這款調和料使用中國的天津紅辣椒片風味最佳。如果你手上沒有，用瓜希柳辣椒或科羅拉多辣椒的辣椒片風味也很不錯。

4 茶匙	甜味紅椒粉	20 毫升
4 茶匙	中等辣度的辣椒片（參見左側提示）	20 毫升
3 茶匙	超細砂糖（糖霜粉，參見 780 頁的提示）	15 毫升
2 茶匙	細海鹽	10 毫升
1 茶匙	薑粉	5 毫升
1 茶匙	蒜頭粉	5 毫升
1 茶匙	現磨的白胡椒	5 毫升

1. 把所有材料放入碗中，攪拌均勻，分布要平均。做好後裝入氣密式容器中保存，遠離溫度過高、光線太亮、或潮溼的場所，風味大概只能維持 6 個月。（糖、洋蔥粉和蒜頭粉以及鹽都容易受潮）。

中式料理的香料

中式料理使用的香料種類並不太多。中式菜餚的許多風味來自於烹飪時做出來的高湯。在我經歷的世界各國料理中，中式料理是唯一一種被單一香料強力主控的菜系，這香料就是八角。這或許是因為八角以及花椒，是少數幾種原產地在中國的料理用香料。雖說變化的版本很多，但以下是中式料理中最常使用的一些主要香料。

- 八角
- 桂皮
- 辣椒
- 甜茴香籽
- 薑
- 丁香
- 芫荽葉（香菜）
- 花椒
- 甘草
- 蒔蘿葉
- 黑胡椒

綜合內餡塞料
Stuffing Mix

嘗試使用不同的香料組合總是令人驚喜不斷。孜然和明顯不是咖哩的風味百搭的能力，在我們調製這款為烤雞生產商研發的綜合內餡塞料時很明白的顯露出來。我們把認為和麵包屑合搭的基本元素都放進去了，像洋蔥、蒜頭、百里香、鼠尾草、馬鬱蘭、巴西利、奧勒岡、月桂葉以及甜味紅椒。不過，當我們進行烹煮時，出來的成果總覺得有點嗆，呆呆板板的，直到抓了一撮孜然進去。這個添加料的量實在太小，所以最終成品中很少人能辨識出來，不過卻讓這款調和料大變身，滋味變得非常均衡，風味飽滿。這款綜合內餡塞料也是乾品表現比鮮品出色的絕佳範例。

製作約10茶匙（50毫升）		
5 茶匙	匈牙利甜味紅椒粉	25 毫升
2 茶匙	芫荽籽粉	10 毫升
1 茶匙	乾燥的鼠尾草	5 毫升
1 茶匙	乾燥的百里香	5 毫升
½ 茶匙	孜然粉	2 毫升
½ 茶匙	乾燥的奧勒岡	2 毫升
¼ 茶匙	現磨的黑胡椒	1 毫升
些許	鹽	些許

1. 把所有材料放入碗中，攪拌均勻，分布要平均。做好後裝入氣密式容器中保存，遠離溫度過高、光線太亮、或潮溼的場所，大概能保存到 1 年。

如何使用綜合內餡塞料

在大碗中，把一帖（10 茶匙 /50 毫升）量的綜合內餡塞料、1 顆切碎的洋蔥和 4 茶匙（20 毫升）切碎的新鮮巴西利葉放入混合。加入 4 杯（1 公升）新鮮的 2.5 公分（1 吋）麵包丁和 1/2 杯（125 毫升）融化的奶油，混合均勻，塞入禽類的腹腔內（烹煮的時候，內餡就會吸收滲出的湯汁變濕）。這道作法用來做感恩節火雞、雞以及野禽都很美味。

墨西哥玉米捲餅調味料
Taco Seasoning

墨西哥玉米捲餅是我們家的最愛。我記不得年輕時，到底有多少次凱特和她妹妹們跟著我和麗姿一起享受這玉米捲餅的美好滋味。市售的墨西哥玉米捲餅調味料裡面不知道放了什麼，所以我都自己動手製作屬於我們全家的純天然綜合調味料。

製作約15½茶匙（80毫升）

提示

安丘辣椒是墨西哥料理中最受歡迎的溫和辣椒。瓜希柳辣椒的色澤和風味都好，研磨的安丘辣椒辣椒粉在市場上很容易買到，這幾種都能給這款調和料帶來一定的道地味道。

墨西哥玉米捲餅調味料辣度相當溫和，因為材料中加入了紅椒和孜然。

4 茶匙	甜味紅椒粉	20 毫升
3 茶匙	孜然粉	15 毫升
2 茶匙	細海鹽	10 毫升
1½ 茶匙	煙燻的甜味紅椒粉	7 毫升
1 茶匙	芫荽籽粉	5 毫升
1 茶匙	青芒果粉	5 毫升
½ 茶匙	研磨的墨西哥辣椒粉（參見左側提示）	2 毫升
½ 茶匙	肉桂粉	2 毫升
½ 茶匙	乾燥的芫荽葉（香菜）	2 毫升
½ 茶匙	乾燥的揉碎奧勒岡	2 毫升

1. 把所有材料放入碗中，攪拌均勻，分布要平均。做好後裝入氣密式容器中保存，遠離溫度過高、光線太亮、或潮溼的場所，大概能保存到 1 年。

如何使用墨西哥玉米捲餅調味料

用這款調味料來幫玉米捲餅的絞肉以及墨西哥菜餡調味（每500 公克 /1 磅使用 3 茶匙 /15 毫升），裡面有豆子更是適合。烤肉之前拿一些當乾抹料抹上也能讓味道加分。

拉丁美洲的影響

除了從印度出口的香料可能是個例外，墨西哥和拉丁美洲的香料對世界各地的料理影響最大。在西班牙人到達美洲之前，多香果、香草、辣椒、巧克力、番茄、馬鈴薯以及豆子在世界其他地方是沒有人認識的。而歐洲，尤其是西班牙，則反過來影響了阿根廷、智利、尼加拉瓜、西印度群島和墨西哥。以下是墨西哥和拉丁美洲的料理中最常使用的一些主要香料。

紅椒	孜然	芫荽葉（香菜）	奧勒岡
肉桂	土荊芥	印加孔雀草	胭脂樹

帕西拉乾辣椒、安丘辣椒、慕拉托辣椒、瓜希柳辣椒、 皮奎辣椒、哈拉皮紐辣椒、哈瓦那辣椒、 新墨西哥辣椒

塔吉綜合香料
Tagine Spice Mix

用最簡單的方式來形容，塔吉鍋可以說是摩洛哥的砂鍋菜。由甜味型和辣味型香料調製而成，冠上此名的綜合香料香氣濃郁，和巴哈拉綜合香料（參見 692 頁）有著不可思議的相似之處，只是這裡少了黑胡椒。典型塔吉綜合香料和羊肉特別合適，尤其是羊肉如果有濃烈，幾乎要算是腥羶的味道時，這裡面的香料可以幫忙把這種重味中和掉。

製作約10茶匙（50毫升）			
5 茶匙	甜味紅椒粉	25 毫升
2½ 茶匙	芫荽籽粉	12 毫升
1 茶匙	桂皮粉	5 毫升
1 茶匙	紅辣椒粉	5 毫升
½ 茶匙	多香果粉	2 毫升
¼ 茶匙	丁香粉	1 毫升
¼ 茶匙	小荳蔻粉	1 毫升

1. 把所有材料放入碗中，攪拌均勻，分布要平均。做好後裝入氣密式容器中保存，遠離溫度過高、光線太亮、或潮溼的場所，大概能保存到 1 年。

如何使用塔吉綜合香料

用這款綜合香料來幫以紅肉或野味為主材料的燉煮菜調味非常理想，這也包括牛頰肉和牛尾，每 500 公克（1 磅）的肉使用 4 茶匙（20 毫升）的量。要體驗這種非比尋常的綜合香料和羊肉的搭配效果有多好，最好的方式就是試試羊膝塔吉（參見 771 頁）。

羊膝塔吉
Lamb Shanks Tagine

這道味道濃郁、用料豐盛的塔吉是寒冬裡暖身慰心的食物，可以和庫司庫司一起上桌。

製作4人份

準備時間：
- **15 分鐘**

烹煮時間：
- **2 小時**

提示 ----------------

要製作香料庫司庫司，在煮 1 杯（250 毫升）量的庫司庫司時，加入 1/2 茶匙（2 毫升）的摩洛哥綜合香料。

● **烤箱預熱到攝氏 160 度（華氏 325 度）**

8 塊	羊膝（譯註：也稱羊小腿）	8 塊
1/4 杯	塔吉綜合香料（參見 770 頁）	60 毫升
1 大匙	油	15 毫升
6 顆	黑棗，去核	6 顆
4 條	胡蘿蔔，削皮並切成 2.5 公分（1 吋）的塊狀	4 條
2 顆	洋蔥，切碎	2 顆
2 根	歐洲防風草（歐洲蘿蔔），削皮並切成 2.5 公分（1 吋）的塊狀	2 根
1 罐	398 毫升（14 盎司）整顆壓碎的番茄，帶汁	1 罐
4 杯	水	1 公升
2 杯	柳橙汁	500 毫升
2 大匙	蒜泥	30 毫升
2 大匙	番茄醬	30 毫升
1/4 茶匙	現磨的黑胡椒	1 毫升
些許	海鹽	些許

1. 把羊膝沾滿塔吉綜合香料。

2. 煎鍋開中火，熱油。加入羊肉，每一面煎 5 到 7 分鐘，直到顏色全部變焦黃。把羊膝盛進耐熱的鍋子或鑄鐵鍋中，加入黑棗、胡蘿蔔、洋蔥、歐洲蘿蔔、番茄、水、柳橙汁、蒜泥、番茄醬和胡椒。蓋上緊密的鍋蓋，放入預熱好的烤箱烤 1.5 到 2 個鐘頭，或是直到肉變得非常軟嫩為止。用鹽調鹹淡後上桌。

印度坦都里綜合香料
Tandoori Spice Mix

坦都里菜是用一種叫做坦都（tandoor）的烤爐做出來的菜，這是一種圓筒型的爐子，由陶土或金屬製成。這種烹飪方式的重要元素是令人口水直流的煙燻味道，由烤爐中的碳火燻製出來。請好好享受這款調味料的好滋味。

製作約9½茶匙（50毫升）

提示

避免使用現成的坦都里醬，因為裡面大多含有人工色素，為的是要製造出紅艷到幾乎要發亮的紅色外觀。這種反常的紅色對風味一點好處也沒有。

3 茶匙	甜味紅椒粉	15 毫升
1½ 茶匙	孜然粉	7 毫升
1 茶匙	芫荽籽粉	5 毫升
1 茶匙	薑粉	5 毫升
1 茶匙	煙燻的甜味紅椒粉	5 毫升
½ 茶匙	肉桂粉	2 毫升
½ 茶匙	葫蘆巴籽粉	2 毫升
½ 茶匙	綠荳蔻籽磨粉	2 毫升
½ 茶匙	黑荳蔻莢磨粉	2 毫升

1. 把所有材料放入碗中，攪拌均勻，分布要平均。做好後裝入氣密式容器中保存，遠離溫度過高、光線太亮、或潮溼的場所，大概能保存到 1 年。

如何使用坦都里綜合香料

這款調和料非常優質，加了鹽調鹹淡後，可以當成乾抹料，在肉類碳烤、炙烤／燒烤或甚至烘烤之前抹上。如果你稍微有點企圖心，還可以拿來當成烤肉（roast meat）的醃製料。在夾鏈袋中放入 2 茶匙（10 毫升）的坦都里綜合香料和 1 杯（250 毫升）原味優格，混合一下。把肉加進去，將袋子密封，翻轉幾次讓醬料沾上肉，放進冰箱冷藏一晚，用這種方式醃製的羊腿特別好吃。

印度料理中的香料

印度料理使用的香料可說是比其他任何料理都多。一般分為北印度與南印度料理，受到生長於該區的香料植物，以及移民、入侵者和殖民者文化上的影響。以下是一些主要的香料。

八芫荽（葉和籽）	薑黃	肉桂	孜然
葫蘆巴（葉和籽）	薑	胡椒	辣椒
肉荳蔻	肉荳蔻皮	丁香	羅望子
印度鳳果	小荳蔻（綠和黑）	番紅花	

罈吉亞綜合香料
Tangia Spice Mix

根據傳統，摩洛哥的單身漢會帶著自己的罈吉亞（tangia）去找很善於準備土鍋燉煮材料的屠戶。之後這種土甕容器內便會被裝滿適合的組合，像是切成 5 公分（2 吋）大小的帶骨小牛腱、油、香料和漬檸檬（preserved lemons）。甕口上會用紙綁緊。接著，這個土鍋就會被帶到當地的澡堂去；那裡會有專人會把罈吉亞放到燒著熱煤炭的爐子上，燉煮 5 到 6 個鐘頭。當天傍晚，單身漢就會回到澡堂拿自己的罈吉亞。這是他和親友共享的晚餐，而慢火燉煮的菜成果令人驚奇。今天很多人還是會用罈吉亞式的料理，只是他們使用的土甕鍋更加複雜，可以利用烤箱或甚至是處處可見能用慢燉鍋煮的場所。這款配方能提供牛腱或是其他切成塊狀的肉品更為深奧、濃郁的風味。

製作約 7½ 茶匙（40 毫升）

提示

罈吉亞是一種雙耳酒甕型的陶土製烹飪鍋具，深度約 45 公分（18 吋），是摩洛哥傳統的用具。它比塔吉鍋深，可以容納更多液體，所以更適合細火慢煮（塔吉鍋相當淺，煮的時間一久，材料就容易煮乾）。

阿勒坡辣椒是辣度溫和的辣椒，廣泛的用於中東料理。

3 茶匙	甜味紅椒粉	15 毫升
2 茶匙	芫荽籽粉	10 毫升
1 茶匙	桂皮粉	5 毫升
½ 茶匙	丁香粉	2 毫升
½ 茶匙	小荳蔻粉	2 毫升
½ 茶匙	阿勒坡辣椒粉，或根據口味調整用量（參見左側提示）	2 毫升

1. 把所有材料放入碗中，攪拌均勻，分布要平均。做好後裝入氣密式容器中保存，遠離溫度過高、光線太亮、或潮溼的場所，大概能保存到 1 年。

如何使用罈吉亞綜合香料

這款綜合香料用途很廣，用來慢火燉煮任何紅肉，都能提昇風味。每 500 公克（1 磅）的肉使用 4 茶匙（20 毫升）的量。要拿來當做雞和牛肉的乾抹料時，可以把 1 帖罈吉亞綜合香料加入 2 茶匙（10 毫升）甜味紅椒、1 茶匙（5 毫升）煙燻甜味紅椒、1 茶匙（5 毫升）研磨的黑萊姆以及一些鹽來調整鹹味。

罈吉亞小牛肉
Tangia of Veal

這道簡單的罈吉亞小牛肉使用的小牛肉肉質細緻，配上芬芳的香料和漬檸檬味道均衡完美，可和馬鈴薯泥或庫司庫司一起上桌。

製作4人份		

準備時間：
● 15 分鐘

烹煮時間：
● 3.5 個鐘頭

● 烤箱預熱到攝氏 120 度（華氏 250 度）
● 罈吉亞陶土鍋，耐火的砂鍋或鑄鐵鍋

4 塊	小牛肉腱，約 5 公分（2 吋）厚，重約 1.5 公斤（3 磅）	4 塊
2½ 大匙	罈吉亞綜合香料（參見 773 頁），分批使用	37 毫升
1 大匙	橄欖	15 毫升
2 顆	洋蔥，切碎	2 顆
1 罐	398 毫升（14 盎司）壓碎的番茄，帶汁	1 罐
1 顆	漬檸檬（參見 582 頁），只要檸檬皮，切碎末	1 顆
3 杯	水	750 毫升
1 茶匙	細海鹽	5 毫升

1. 用 1 又 1/2 大匙（22 毫升）的綜合香料把小牛肉蓋住。

2. 煎鍋開中大火熱油。加入小牛肉，每一面煎 6 到 8 分鐘，直到稍微變焦黃色。轉成小火，加入洋蔥、番茄、漬檸檬、剩下的混合香料、水和鹽；攪拌均勻。火轉成中火，煮到將近沸騰。蓋上蓋子，放入預熱好的烤箱烤 3 個鐘頭，或直到肉非常軟嫩。立刻食用。

巴西萬用調味料
Tempero Baiano

正如同綜合香草（mixed herbs）在西方世界，馬薩拉綜合香料（garam masala）在印度菜，普羅旺斯料理香草（herbes de provence）在法國菜中處處可見，tempero baiano 可以說是巴西最萬用的調味料了。就如同所有被廣泛使用的香草與香料組合，這款香料的變化版本，可以說是隨製作的人變化萬千。它起源自巴西的巴伊亞州（Bahia），不過，歡迎度遍及巴西全國，原因或許是因為它萬用吧。

製作約13-3/4茶匙
（70毫升）

提示

乾燥的巴西利葉有時候可能很大片，為了能順利的和其他材料混勻，可以先用粗目的篩漏揉過，這樣就製作出類似粉狀，但是更有口感的質地。

這道食譜加乾燥的長條紅辣椒製成的辣椒片最適合，若喜歡調味溫和一點，可使用研磨的帕西拉乾辣椒辣椒。

月桂葉用手指就能輕鬆壓碎，之後再把壓碎的葉子用研磨砵組研磨就可以。

4 茶匙	揉碎的乾燥巴西利（參見左側提示）	20 毫升
3 茶匙	揉碎的乾燥奧勒岡	15 毫升
2 茶匙	揉碎的乾燥羅勒	10 毫升
1 茶匙	肉荳蔻粉	5 毫升
1 茶匙	馬德拉斯（Madras）薑黃粉	5 毫升
¾ 茶匙	現磨的黑胡椒	3 毫升
¾ 茶匙	現磨的白胡椒	3 毫升
¾ 茶匙	中等辣度的辣椒片（參見左側提示）	3 毫升
½ 茶匙	研磨的月桂葉（參見左側提示）	2 毫升

1. 把所有材料放入碗中，攪拌均勻，分布要平均。做好後裝入氣密式容器中保存，遠離溫度過高、光線太亮、或潮溼的場所，大概能保存到 1 年。

變化版本

你可以製作新鮮版的巴西萬用調味料，巴西利、奧勒岡、羅勒和辣椒各用 1 大匙（15 毫升）壓實的新鮮材料，來取代 1 茶匙（5 毫升）的乾料。剩下的香料，包括月桂葉在內，都還是使用研磨的乾料。把食物處理器換上金屬刀片，加入油，把所有材料打成泥狀，油量如果足夠，濃稠度就會滑順。所需的油量依照新鮮香草中的含水量而有所不同。裝入氣密式容器中放進冰箱冷藏，可保存 2 天。

如何使用巴西萬用調味料

這款調味料拿來當做乾抹料（乾醃），塗抹在生的魚肉和雞肉上再去烤，滋味美妙。加到魚湯中也很可口：每杯（250毫升）的湯中使用 2 茶匙（10 毫升）的量。蔬菜燒烤前，先把巴西萬用調味料撒上去，滋味絕佳，還能使色澤加深。

酥脆羊肋排
Crumbed Lamb Cutlets

這道料理加入了巴西萬用綜合香料讓菜餚散發出淡淡的香草風味，其中間還帶著一抹不會太強的香料氣息。此外，麵包屑黏附在羊肋排上的顏色和質感極具視覺的誘惑力。除了一片檸檬和綠色沙拉配菜外，不需要其他東西。

製作4人份

準備時間：
- **10 分鐘**

烹煮時間：
- **10 分鐘**

提示

這裡使用的羊肉塊或羊肋排是從一整塊羊肋排上切下來的。這些是很高級的瘦肉，烹調時要快速。

製作新鮮的麵包屑： 將一條新鮮或做好一天左右的白麵包切成厚片（酸種酵母麵包做出來風味會很好）。把每一片麵包夾在兩隻手掌間磨成屑，你也可以使用盒型銼刀，但用裝上金屬刀片的食物處理器來打效果最好。如果麵包太新鮮，把麵包屑均勻的攤在砧板或是盤子上，稍微乾燥一下。

¼ 杯	中筋麵粉	60 毫升
1 顆	蛋，稍微打一下	1 顆
1 杯	新鮮麵包屑（參見左側提示）	250 毫升
1 茶匙	巴西萬用調味料（參見 775 頁）	5 毫升
8 塊	修好的羊肉塊或羊肋排，每一塊約 60 公克（2 盎司，參見左側提示）	8 塊
適量	油，煎羊排用	適量
1 顆	檸檬，切成數塊舟形	1 顆

1. 準備麵包屑沾料時，把麵粉放在較淺的碗中，在另外一個碗中打蛋，再找一個能容納羊肋排大小的碗，把麵包屑和巴西萬用調味料放進去混合好。

2. 把羊肋排放入麵粉裡（只要肉面端），把多餘的粉抖掉，然後沾上蛋汁，多餘的蛋汁滴掉，之後再裹上大量的香料麵包屑。放到網架上（可防止有一面會變潮溼）。剩下的羊肋排都依照相同的步驟處理。

3. 煎鍋開中火，加熱 5 公釐（1/4 吋）高度的油，直到鍋底冒出小泡泡。準備好的羊肋排放進來，每一面煎 3 分鐘，再盛到乾淨的網架上放 2 分鐘。上菜時，旁邊放切好的檸檬。

賽爾粉 Tsire

賽爾粉是西非的一種綜合香料，是把烤花生壓碎，用鹽和香料調味，而使用的香料中含有份量不一的辣椒。這種粉，在傳統上是作為肉類的裹粉使用的。

製作約125公克
（4 盎司）

提示

這款配方適合使用由鳥眼辣椒製作的辣椒片。

3½ 盎司	無鹽的烤花生，壓碎	100 公克
1 茶匙	細海鹽	5 毫升
1 茶匙	肉桂粉	5 毫升
1 茶匙	辣的辣椒片（參見左側提示）	5 毫升
½ 茶匙	多香果粉	2 毫升
½ 茶匙	薑粉	2 毫升
½ 茶匙	肉荳蔻粉	2 毫升
¼ 茶匙	丁香粉	1 毫升

1. 把所有材料放入碗中，攪拌均勻，分布要平均。做好後裝入氣密式容器中保存，遠離溫度過高、光線太亮、或潮溼的場所，可以保存 2 個星期。

如何使用賽爾粉

賽爾粉的傳統用法是把肉沾上油，或打散的蛋汁中，之後再裹上堅果和香料的混合料。出來的結果和極度美味的麵包屑類似。在西非，最容易買到的肉類是雞肉，就如同花生味的沙嗲和雞肉及羊肉非常搭配，賽爾粉也一樣對味。

突尼西亞綜合香料
Tunisian Spice Mix

哈里薩辣醬（參見 737 頁）是我最愛的北非綜合香料之一。由乾辣椒加上蒜頭、葛縷子和薄荷的調和料味道非常獨特，加到很多肉類中都很能勾起食慾。不過，我倒是有很多不愛吃辣的朋友，所以找到一種讓他們都能享受到這款綜合香料風味，卻不會吃得太辣的的方式，對我是種挑戰，而這正是我製作這款調和料的靈感來源。這款調和香料和哈里薩辣醬很相似，但是「辣度」溫和多了，風味卻依然不減。

製作約16茶匙
（80毫升）

提示

由紅色長辣椒製成的辣椒片，最適合用在這道配方裡。喜歡調味料溫和一點的人，可以改用研磨的帕西拉乾辣椒。

乾燥的薄荷葉有時候可能很大片。為了能順利的和其他材料混勻，可以先用粗目的篩漏揉過，這樣就能製作出類似粉狀，但是更有口感的質地。

5½ 茶匙	甜味紅椒粉	27 毫升
5 茶匙	蒜頭粉	25 毫升
1½ 茶匙	葛縷子粉	7 毫升
1 茶匙	芫荽籽粉	5 毫升
1 茶匙	孜然粉	5 毫升
1 茶匙	細海鹽	5 毫升
½ 茶匙	中等辣度的辣椒片（參見左側提示）	2 毫升
½ 茶匙	揉碎乾燥的綠薄荷（參見左側提示）	2 毫升

1. 把所有材料放入碗中，攪拌均勻，分布要平均。做好後裝入氣密式容器中保存，遠離溫度過高、光線太亮、或潮溼的場所，大概能保存到 1 年。

如何使用突尼西亞綜合香料

這款調和料能當做抹粉（乾醃），抹在生雞肉上，之後再去拿去烤，也能用在突尼西亞扁豆鍋（參見 779 頁）裡；這菜是一道快速又健康的蔬菜餐。

突尼西亞扁豆鍋
Tunisian Lentil Hotpot

這是一道營養豐富又有益健康的菜色，無論是單獨食用，還是加烤過的大餅來吃都會令人心滿意足。如果想要有辣椒的辣度，上菜之前，上面可撒上 1 茶匙（5 毫升）的哈里薩辣醬。

製作4人份

準備時間：
- **10 分鐘**

烹煮時間：
- **25 分鐘**

提示

煮扁豆：用細目的篩網把 1 杯（250 毫升）乾燥的小扁豆放在流動的冷水下清洗。洗好後裝入中型鍋，加入 4 杯（1 公升）水和 1 茶匙（5 毫升）鹽。中火燜煮約 20 分鐘或直到豆子變軟。

煮乾燥的鷹嘴豆和腰豆：用大碗把豆子浸泡一夜，水要蓋過豆子至少 2.5 公分（1 吋）。之後把水瀝乾，豆子在流動的冷水下洗乾淨後，放入大鍋裡，蓋上至少 12.5 公分（5 吋）的鹽水。中小火燜煮 1.5 個鐘頭或直到豆子變軟，瀝乾水。煮好的豆子放進冰箱冷藏可以放 1 個星期，冷凍的話，可以放 3 個月。

1 大匙	橄欖油	15 毫升
1 顆	洋蔥，切碎	1 顆
2 枝	芹菜管，切成小丁	2 枝
1 根	胡蘿蔔，切成小丁	1 根
3 大匙	突尼西亞綜合香料（參見 778 頁）	45 毫升
1 顆	馬鈴薯，切丁	1 顆
2 杯	水或蔬菜高湯，分批使用	500 毫升
1 杯	罐裝的整顆番茄，帶汁	250 毫升
2 杯	煮熟的棕色小扁豆（參見左側提示）	500 毫升
1 杯	煮熟的鷹嘴豆（參見左側提示）	250 毫升
⅓ 杯	煮熟的紅腰豆（參見左側提示）	75 毫升
3 大匙	乾燥的小顆義大利麵，如通心粉或小的貝殼麵	45 毫升

1. 煎鍋開中火，熱油。加入洋蔥、芹菜和胡蘿蔔，炒 2 到 3 分鐘，直到稍微變焦黃。加入綜合香料和馬鈴薯，炒 2 分鐘，直到發出香氣。

2. 倒入 1 杯（250 毫升）水並加入番茄，煮到將近沸騰，約煮 5 分鐘。加入小扁豆、鷹嘴豆、腰豆和剩下的 1 杯（250 毫升）水；混合均勻。拌入義大利麵，再煮到滾，再煮 10 分鐘或直到義大利麵變得不至於太軟，有嚼勁為止。如果想要比較多湯汁，再加水進去試試看。立刻上桌。

香草糖粉
Vanilla Bean Sugar

很多現成的香草糖粉都是用香草人工香精製作的，所以多年前，我就決定自己動手，用優質的香草來製作了。我喜歡把研磨好的香草豆和超細砂糖（也就是糖霜粉）一起混合。不過，如果你買不到優質的香草粉，可以用整顆的香草豆以下面的香味滲透法來製作（香草豆柔軟有韌性，不太容易磨，因為含水量高）。

製作約3⅓大匙（50毫升）

3 大匙	超細砂糖（糖霜粉，參見左側提示）	45 毫升
1 茶匙	香草粉	5 毫升

1. 把糖和香草粉放入碗中，攪拌均勻，分布要平均。做好後裝入氣密式容器中保存，遠離溫度過高、光線太亮、或潮溼的場所，能保存 1 年。

如何使用沙拉調味醬

把 2 顆柔軟的香草豆放入 250 毫升（8 盎司）帶有緊密瓶蓋的罐子裡，上面蓋上 1 杯（250 毫升）的超細砂糖（糖霜粉），把蓋子緊緊蓋上封好。放在光線陰暗的涼冷場所 3 個星期，讓香草的風味滲入糖粉裡。使用前搖晃一下。上面可以再加幾次的糖進去，用到隔年。

提示

超細砂糖（super fine sugar，糖霜粉 caster sugar）是顆粒非常細的砂糖，通常都是用於需要砂糖能快速溶解的食譜裡。如果商店裡面找不到，可以自己動手做。把食物處理機裝上金屬刀片，將砂糖打成非常細，質地像沙子一樣細緻的糖粉。

把籽從香草莢上刮下來後，不要把外皮丟掉。可以把它放進糖罐裡，香草的風味會一直會滲進糖裡面，直到皮完全乾掉為止。

薩塔香料
Za'atar

「薩塔」這個詞，在市場上很容易造成混亂。許多中東國家都會用這個阿拉伯字來指百里香這種香草，以及混合了百里香、芝麻、鹽膚木和鹽的綜合調味料。和許多調和香料一樣，薩塔根據所處地域的不同，差異性很大。不同地區喜歡的比例不同，有些地區，像是鹽膚木葉都會當材料加進去。

製作約7茶匙
（35毫升）

提示

乾燥的香草要壓碎，但不能細碎到變成粉的程度。最好的作法就是用粗目篩網來搓揉。

乾烤芝麻： 把芝麻放在乾的煎鍋中，開中火加熱，要經常搖動鍋子翻動，直到芝麻稍微變焦黃色，大約2到3分鐘。立刻盛到其他的盤子去冷卻，以免顏色繼續變深。

3 茶匙	乾燥的百里香葉，壓碎（參見左側提示）	15 毫升
2 茶匙	乾燥的巴西利片，壓碎	10 毫升
1 茶匙	鹽膚木	5 毫升
½ 茶匙	乾烤過的芝麻（參見左側提示）	2 毫升
¼ 茶匙	乾燥的奧勒岡葉	1 毫升
¼ 茶匙	細海鹽	1 毫升

1. 把所有材料放入碗中，攪拌均勻，分布要平均。做好後裝入氣密式容器中保存，遠離溫度過高、光線太亮、或潮溼的場所，大概能保存到1年。

變化版本

用9茶匙（45毫升）切碎的新鮮百里香或檸檬百里香來取代乾燥的百里香，是薩塔另外一個美味的清爽版本。用新鮮的百里香製作時，薩塔只能放個幾天。

如何使用薩塔香料

一般來說，薩塔和碳水化合物非常合搭。薩塔麵包可以用和蒜頭麵包相同的方式製作，也就是把2到3茶匙（10到15毫升）的調和料加入1/2杯（125毫升）的奶油中；然後把調味奶油塗在切片的法國麵包上，用鋁箔紙包住，放進已經預熱到攝氏180度（華氏350度）的烤箱中烤大約15分鐘。更傳統的中東用法則是把大餅（如黎巴嫩麵包或口袋麵包）用橄欖油塗一塗，再撒上薩塔香料，然後稍微烤過。薩塔混入馬鈴薯泥中，或是當調味料撒在烤馬鈴薯塊上，也都非常美味。當做烤雞、炒雞塊或碳烤雞塊的裹料漂亮又好吃。這種香料也能當成極美味的乾抹料（醃製），在烤羊排肉之前先抹上。

參考書目

The Australian New Crops Newsletter. Queensland, Australia: University of Queensland, Gatton College. Available online at www.newcrops. uq.edu.au.

Botanical.com. "A Modern Herbal." Available online at http://botanical.com.

Bremness, Lesley. Herbs. Dorling Kindersley Handbooks. New York: Dorling Kindersley Publishing, 1994.

Brouk, B. Plants Consumed by Man. London, England: Academic Press, 1975.

Burke's Backyard. "Burke's Backyard Fact Sheets." Available online at http://www. burkesbackyard.com.au/index.php.

The Chef's Garden. Available online at www.chefs-garden.com.

Cherikoff, Vic. The Bushfood Handbook: How to Gather, Grow, Process and Cook Australian Wild Foods. Balmain, NSW, Australia: Ti Tree Press, 1989.

Corn, Charles. The Scents of Eden: A History of the Spice Trade. New York: Kodansha America, 1998.

Cribb, A.B., and J.W. Cribb. Wild Food in Australia. Sydney, Australia: William Collins, 1975.

Dave's Garden. "Plant Files." Available online at http://davesgarden.com/guides/pf.

Duke, James A. Handbook of Edible Weeds. London, England: CRC Press, 1982.

Encylopedia of Life. "Plants." Available online at http://eol.org/info/plants.

Farrell, Kenneth T. Spices, Condiments and Seasonings. 2nd ed. New York: Van Nostrand Reinhold, 1990.

Feasting at Home. Blog. "Eggplant Moussaka." Available online at http://www.feastingathome. com/2013/03/rustic-eggplant-moussaka.html.

Gernot Katzer Spice Pages. Available online at www-uni-gray.at/~katzer/engl.

The Guardian. "Nigel Slater's Winter Recipes." Available online at http://www.theguardian. com/lifeand-style/2011/jan/23/nigel-slaterrecipes.

Gourmet Traveller. "Meyer Lemon and Olive Oil Cakes." Available online at http://www. gourmettraveller.com.au/recipes/recipe-search/ fare-exchange/2011/9/meyer-lemon-and-oliveoil-cakes.

Greenberg, Sheldon, and Elisabeth Lambert Ortiz. The Spice of Life. London, England: Mermaid Books, 1984.

Grieve, M. A Modern Herbal. Vol. 1 and 2. New York: Hafner Publishing, 1959.

Heal, Carolyn, and Michael Allsop. Cooking with Spices. London, England: David and Charles, 1983.

Hemphill, Ian. Spice Travels: A Spice Merchant's Voyage of Discovery. Sydney, Australia: Pan Macmillan, 2002.

Hemphill, Ian, and Elizabeth Hemphill. Herbaceous: A Cook's Guide to Culinary Herbs. Melbourne, Australia: Hardie Grant, 2003.

——. Spicery: A Cook's Guide to Culinary Spices. Melbourne, Australia: Hardie Grant, 2004.

Hemphill, John, and Rosemary Hemphill. Hemphill's Herbs: Their Cultivation and Usage. Sydney, Australia: Lansdowne Press, 1983.

——. Myths and Legends of the Garden. Sydney, Australia: Hodder Headline, 1997.

——. What Herb Is That? How to Grow and Use the Culinary Herbs. Sydney, Australia: Lansdowne Press, 1995.

Hemphill, Rosemary. Fragrance and Flavour: The Growing and Use of Herbs. Sydney, Australia: Angus & Robertson, 1959.

——. Herbs for All Seasons. Sydney, Australia: Angus & Robertson, 1972.

——. Spice and Savour: Cooking with Dried Herbs, Spices and Aromatic Seeds. Sydney, Australia: Angus & Robertson, 1964.

Herbivoracious. "Make Your Own Kimchi." Available online at http://herbivoracious. com/2013/05/making-your-own-kimchi-recipe. html.

Hot. Sour. Salty. Sweet. And Umami. Blog. "Holy Basil." Available online at http:// holybasil.wordpress. com/2008/01/09/bo-khovietnamese-beef-stew.

Humphries, John. The Essential Saffron Companion. Berkeley, CA: Ten Speed Press, 1998.

Jaffrey, Madhur. World of the East Vegetarian Cooking. New York: Knopf, 1981.

Johnny's Selected Seeds. Available online at www.johnnyseedsonlinecatalog.com.

Kennedy, Diana. The Essential Cuisines of Mexico. New York: Clarkson N. Potter, 2000.

———. My Mexico: A Culinary Odyssey with More Than 300 Recipes. New York: Clarkson N. Potter, 1998.

Kew Plant Cultures. Available online at http:// www. kew.org/plant-cultures/index.html.

Kew Royal Botanic Gardens. "Electronic Plant Information Centre." Available online at http:// epic.kew.org/index.htm.

Landing, James E. American Essence: A History of the Peppermint and Spearmint Industry in the United States. Kalamazoo, MI: Kalamazoo Public Museum, 1969.

Leith, Prue, and Caroline Waldegrave. Leith's Cookery Bible. 3rd ed. London, England: Bloomsbury Publishing, 2003.

Loewenfeld, Claire, and Phillipa Back. The Complete Book of Herbs and Spices. Sydney, Australia: A.H. and A.W. Reed, 1976.

Macoboy, Sterling. What Tree Is That? Sydney, Australia: Ure Smith, 1979.

Mallos, Tess. The Complete Middle East Cookbook. Sydney, Australia: Lansdowne, 1995.

Miers, Tomasina. Mexican Food Made Simple. Great Britain: Hodder & Stoughton, 2010.

Milan, Lyndey, and Hemphill, Ian. Just Add Spice. Sydney, Australia: Penguin Books, 2010. Miller, Mark. The Great Chile Book. Berkeley, CA: Ten Speed Press, 1991.

Morris, Sallie, and Lesley Mackley. The Spice Ingredients Cookbook. London, England: Lorenz Books, 1997.

Nguyen, Pauline. Secrets of the Red Lantern. Australia: Murdoch Books, 2007.

Our Italian Family Recipes. Blog. "Torcetti: Little Twists." Available online at http://www. ouritalianfamilyrecipes. com/recipes/desserts/ cookies/torcetti-little-twists.

Ottolenghi, Yotam, and Tamimi, Sami. Ottolenghi: The Cookbook. Great Britain: Ebury Press, 2008.

Perikos, John. The Chios Gum Mastic. Chios, Greece: John Perikos, 1993.

Plants for a Future Database. Available online at http:// www.pfaf.org/user/plantsearch.aspx.

Pruthi, J.S., ed. Spices and Condiments: Chemistry, Microbiology, Technology. London, England: Academic Press, 1980.

Purseglove, J.W., E.G. Brown, C.L. Green, and S.R.J. Robbins, Spices. Vol. 1 and 2. Tropical Agriculture Series. London, England: Longman Group, 1981.

Raghavan Uhl, Susheela. Handbook of Spices, Seasonings, and Flavorings. Lancaster, PA: Technomic Publishing, 2000.

Ridley, H.N. Spices. London, England: McMillan and Co., 1912.

Robins, Juleigh. Wild Lime: Cooking from the Bush Garden. St. Leonards, NSW, Australia: Allen & Unwin, 1998.

Rogers, J. What Food Is That? And How Healthy Is It? Willoughby, NSW, Australia: Weldon Publishing, 1990.

Rosengarten, Frederick, Jr. The Book of Spices. New York: Jove Publications, 1973.

Rural Industries Research and Development Corporation. "Plant Industries." Available online at http://www. rirdc.gov.au/researchprograms/plant-industries.

Smith, Keith, and Irene Smith. Grow Your Own Bushfoods. Sydney, Australia: New Holland Publishers, 1999.

Solomon, Charmaine. The Complete Asian Cookbook. Revised and Updated. Victoria, Australia: Hardie Grant Books, 2011.

———. Encyclopedia of Asian Food: The Definitive Guide to Asian Cookery. Kew, Victoria, Australia: Hamlyn Australia, 1996.

Spices Board India. Indian Spices: A Catalogue. Cochin: Ministry of Commerce, Government of India, 1992.

Stobart, Tom. Herbs, Spices and Flavourings. London, England: Grub Street, 1998.

Stuart, Malcolm, ed. The Encyclopedia of Herbs and Herbalism. Sydney, Australia: Paul Hamlyn, 1979.

Tannahill, Reay. Food in History. London, England: Penguin Books, 1988.

Thompson, David. Thai Food. Victoria, Australia: Penguin Group, 2002.

The Tiffin Box: Food and Memories. Blog. "Potato and Pea Samosas." Available online at http:// www. thetiffinbox.ca/2013/05/indian-classicstraditional-potato-and-peas-samosas-authenticrecipe.html.

Torres Yzabal, Maria Delores, and Shelton Wiseman. The Mexican Gourmet: Authentic Ingredients and Traditional Recipes from the Kitchens of Mexico. San Diego: Thunder Bay Press, 1995.

Toussaint-Samat, Maguelonne. History of Food. Oxford, England: Blackwell Publishing, 1998.

Turner, Jack. Spice: The History of a Temptation. New York: Knopf, 2004.

United States Department of Agriculture Plant Database. Available online at https://plants. usda.gov.

Von Welanetz, Diana, and Paul Von Welanetz. The Von Welanetz Guide to Ethnic Ingredients. Los Angeles: J.P. Tarcher, 1982.

Wikipedia. "List of Plants by Common Name." Available online at http://en.wikipedia.org/ wiki/List_of_plants_ by_common_name.

Wilson, Sally. Some Plants Are Poisonous. Kew, Victoria, Australia: Reed Books Australia, 1997.

Yanuq: Cooking in Peru. Blog. "Ocapa." Available online at http://www.yanuq.com/english/ recipe.asp?idreceta=75.

圖片提供

Photos by Mark T. Shapiro except, background texture: © istockphoto.com/Miroslav Boskov, chapter openers: © istockphoto.com/BVDC, page 2: © istockphoto.com/Bastun, page 6-9: istockphoto.com/AngiePhotos, page 21: © istockphoto.com/mjutabor, page 26: © istock-photo.com/ LisaInGlasses, page 30: © istockphoto.com/alle12, page 32: istockphoto.com/danishkhan, page 37: © istockphoto.com/ Linda Hides, page 40: © istockphoto.com/mwellis, page 46: © istockphoto.com/Kurtles, page 49: © istockphoto.com/Manu_Bahuguna, page 61: © istockphoto.com/ AngiePhotos, page 65: © istockphoto.com/alicat, page 68: @ shutterstock.com/saurabhpbhoyar, page 73: © shutterstock.com/marilyn barbone, page 78: © shutterstock.com/Svetlana Kuznetsova, page 79: © shutterstock.com/hsagencia, page 83: © shutterstock.com/testing, page 85: © istockphoto.com/ksmith0808, page 89: © shutterstock.com/zkruger, page 94: © istockphoto. com/luamduan, page 97: © istockphoto.com/VeraDo, page 100: © istockphoto.com/Kondor83, page 102: istockphoto.com/Lezh, page 105: © istockphoto.com/AntiMartina, page 107: © istockphoto. com/Floortje, page 108a: © istockphoto.com/cookie_cutter, page 108b: © istockphoto.com/lunanaranja, page 113: © istockphoto.com/kcline, page 115: © shutterstock.com/Volosina, page 116: © istockphoto. com/lvenks, page 119: © istockphoto.com/jopelka, page 120: © istockphoto.com/ BambiG, page 123: © istockphoto.com/Peter Zijlstra, page 125: © shutterstock.com/Joerg Beuge, page 129: © shutterstock.com/Catherine311, page 132: © istockphoto.com/dabjola, page 133: © istockphoto.com/dabjola, page 134: © istockphoto.com/HeikeRau, page 136: © istockphoto. com/bonchan, page 139: © istockphoto. com/zkruger, page 142: © istockphoto.com/cris180, page 143: © istockphoto.com/Floortje, page 146: © istockphoto.com/AntiMartina, page 151: © istockphoto.com/egal, page 155: istockphoto.com/coffeechcolate, page 158: istockphoto.com/ OMINDIA, page 161: © istockphoto.com/Creativeye99, page 162: © istockphoto.com/YelenaYemchuk, page 166: © istockphoto.com/travismanley, page 171: © istockphoto.com/Dirk Richter, page 175: © istockphoto.com/eli_asenova, page 185: © istockphoto.com/Siraphol, page 195: © istockphoto. com/felinda, page 203: © istockphoto.com/thebroker, page 205: © istockphoto.com/burwellphotography, page 209: © istockphoto.com/ timstarkey, page 216: © istockphoto.com/Oliver Hoffmann, page 221: © istockphoto.com/Sasha Radosavljevic, page 225: © istockphoto. com/li jingwang, page 227: © istockphoto.com/kjekol, page 229: © istockphoto.com/Scott Cressman, page 230: © istockphoto.com/James-mcq24, page 235: © shutterstock.com/eye-blink, page 238: © istockphoto.com/HandmadePictures, page 244: © istockphoto.com/Paul-Cowan, page 246: © istockphoto.com/Lalith_Herath, page 249: © istockphoto.com/dionisvero, page 250: © istockphoto.com/Suzifoo, page 251: © istockphoto.com/ Joe_Potato, page 257: © shutterstock.com/LianeM, page 259: © istockphoto.com/SilviaJansen, page 265: © is-tockphoto.com/MIMOHE, page 268: © shutterstock.com/Volosina, page 270: © shutterstock.com/Jessmine, page 276: © istockphoto.com/ PicturePartners, page 279: © istockphoto. com/CGissemann, page 286: © shutterstock.com/Pnuthong, page 288: © istockphoto.com/chon-chit, page 292: © istockphoto.com/lepas2004, page 295: © istockphoto.com/Floortje, page 302: © shutterstock.com/djgis, page 305: © istockphoto.com/Quanthem, page 307: © istockphoto.com/anna1311, page 308: © istockphoto.com/Elenathewise, page 313: © shutter-stock.com/Nathalie Dulex, page 318: © istockphoto.com/ eldinledo, page 320: © istockphoto.com/TeQui0, page 327: © Ian Hemphill, page 330: © shutterstock.com/Dionisvera, page 332: © istockphoto. com/jam4travel, page 342: © istockphoto.com/matka_Wariatka, page 343: © istockphoto.com/TheRachelKay, page 347: © shutterstock.com/ Nuttapong, page 349: © istockphoto.com/migin, page 351: © istock-photo.com/Rike_, page 362: © istockphoto.com/Christian Jung, page 367: © istockphoto.com/keithferrisphoto, page 369: © istockphoto. com/KathyKafka, page 371: © shutterstock.com/Sakarin Sawasdinaka, page 377: © istockphoto.com/felinda, page 379: © istockphoto.com/ barol16, page 382: © istockphoto.com/blowbackphoto, page 386: © istockphoto. com/burdem, page 395: © istockphoto.com/DrPAS, page 396: © istockphoto.com/lunanaranja, page 398: © istockphoto.com/kokopopsdave, page 402: © shutterstock.com/Madlen, page 404: © istockphoto.com/barol16, page 407: © shutterstock.com/Madlen, page 413: © istockphoto. com/ivstiv, page 417: © shutterstock.com/Swa-pan Photography, page 419: © istockphoto.com/Mantonature, page 423: © shutterstock.com/ Sarah Marchant, page 427: © istockphoto. com/AngiePhotos, page 437: © istockphoto.com/scisettialfio, page 439: © istockphoto.com/Floortje, page 440: © istockphoto.com/Hand-madePictures, page 448: © shutterstock.com/marilyn barbone, page 450: © istockphoto.com/PicturePartners, page 452: © istockphoto. com/PeterEtchells, page 455: © istockphoto.com/Kajdi Szabolcs, page 461: © istockphoto.com/Ivan Bajic, page 464: © istockphoto.com/ miss_j, page 468: © istockphoto.com/RedHelga, page 469: © shutterstock.com/Maks Narodenko, page 471: © istockphoto. com/artpipi, page 477: © shutterstock.com/Shawn Hempel, page 479: © istockphoto.com/Terry Wilson, page 482: © shutterstock.com/ Federica Milella, page 487: © shutterstock.com/Elena Schweitzer, page 489: © istockphoto.com/Sasha Radosavljevic, page 493: © shutterstock. com/ Borislav Bajkic, page 494: © istockphoto.com/PaulCowan, page 498: © shutterstock.com/zkruger, page 499: © istockphoto.com/Gabor Izso, page 500: © istockphoto.com/yamahavalerossi, page 509: © shutterstock.com/ultimathule, page 511: © shutterstock.com/ Tom Tomczyk, page 514: © shutterstock.com/bonchan, page 518: © istockphoto.com/AndreiRybachuk, page 520: © istockphoto.com/pjohnson1, page 526: © shutterstock.com/oriori, page 529: © istockphoto.com/MKucova, page 532: © istockphoto.com/kalimf, page 534: © istockphoto. com/Cecilia Bajic, page 540: © istockphoto.com/Alina555, page 543: © shutterstock.com/Tim U, page 544: © istockphoto.com/Alejandro Rivera, page 547: © shutterstock.com/Imageman, page 550: © istockphoto.com/Mny-Jhee, page 556: © istockphoto.com/SensorSpot, page 562: © istockphoto.com/ CWLawrence, page 565: © istockphoto.com/Erickson Photography, page 570: © istockphoto.com/PicturePart-ners, page 574: © shutterstock.com/ grafvision, page 577: © istockphoto.com/artpipi, page 578: © istockphoto.com/DebbiSmirnoff, page 581: © istockphoto.com/4kodiak, page 584: © istockphoto.com/PicturePartners, page 587: © shutterstock.com/Noraluca013, page 592: © shutterstock.com/bergamont, page 594: © istockphoto.com/draconus, page 599: @ yaymicro.com/ziprashantzi, page 603: © istockphoto. com/andyrobinson, page 604: © istockphoto.com/GMVozd, page 608: © istockphoto.com/Suljo, page 610: © istockphoto.com/HeikeRau, page 613: © shutterstock.com/vvoe, page 615: © istockphoto.com/ Skeezer, page 621: © istockphoto.com/dabjola, page 622: © istock-photo.com/LuVo, page 624: © istockphoto.com/bigjo5, page 629: © shutterstock. com/Volosina, page 630: © istockphoto.com/mtr, page 633: © istockphoto.com/Floortje, page 635: © istockphoto.com/Jamesmcq24, page 640: © shutterstock.com/Irina Solatges, page 645: © istockphoto.com/burwellphotography, page 648: © istockphoto.com/Floortje, page 653: © shutterstock.com/picturepartners, page 659: © istockphoto.com/TSchon, page 664: © shutterstock.com/Steve Heap, page 666: © shutterstock. com/Shahril KHMD, page 668: © Ian Hemphill, page 681: © istockphoto.com/anopdesignstock, page 685: © istockphoto.com/bdspn, page 701: © istockphoto.com/robynmac, page 710: © istockphoto.com/AnthiaCumming, page 739: © shutterstock.com/eleana, page 762: © istockphoto.com/ bill oxford, page 784: © istockphoto.com/Elenathewise.

〔索引目錄一〕

香草 & 香料應用食譜

〔索引目錄三〕

食材種類目錄

Family 健康飲食 46

香草 & 香料聖經
Spice & Herb Bible 3rd Edition

作　　　者／伊恩‧漢菲爾 Ian Hemphill
食譜設計／凱特‧漢菲爾 Kate Hemphill
譯　　　者／陳芳智
選　　　書／林小鈴
責任編輯／潘玉女

行銷經理／王維君
業務經理／羅越華
總 編 輯／林小鈴
發 行 人／何飛鵬
出　　版／原水文化
　　　　　台北市民生東路二段 141 號 8 樓
　　　　　電話：（02）2500-7008　　傳真：（02）2502-7676
　　　　　E-mail：H2O@cite.com.tw 部落格：http://citeh2o.pixnet.net/blog/
發　　行／英屬蓋曼群島商家庭傳媒股份有限公司城邦分公司
　　　　　台北市中山區民生東路二段 141 號 11 樓
　　　　　書虫客服服務專線：02-25007718；25007719
　　　　　24 小時傳真專線：02-25001990；25001991
　　　　　服務時間：週一至週五上午 09:30 ～ 12:00；下午 13:30 ～ 17:00
　　　　　讀者服務信箱：service@readingclub.com.tw
劃撥帳號／19863813；戶名：書虫股份有限公司
香港發行／城邦（香港）出版集團有限公司
　　　　　香港灣仔駱克道 193 號東超商業中心 1 樓
　　　　　電話：(852)2508-6231　傳真：(852)2578-9337
　　　　　電郵：hkcite@biznetvigator.com
馬新發行／城邦（馬新）出版集團
　　　　　41, Jalan Radin Anum, Bandar Baru Sri Petaling,
　　　　　57000 Kuala Lumpur, Malaysia.
　　　　　電話：(603) 90578822　傳真：(603) 90576622
　　　　　電郵：cite@cite.com.my

美術設計／劉麗雪
製版印刷／卡樂彩色製版印刷有限公司
初　　版／2020 年 12 月 29 日
定　　價／2000 元

國家圖書館出版品預行編目 (CIP) 資料

香草 & 香料聖經 / 伊恩 . 漢菲爾 (Ian Hemphill) 著；凱
特 . 漢菲爾 (Kate Hemphill) 食譜設計；陳芳智譯 . -- 初
版 . -- 臺北市：原水文化出版：英屬蓋曼群島商家庭傳
媒股份有限公司城邦分公司發行 , 2020.12
　面；　公分 . -- (Family 健康飲食；46)
譯自：Spice & herb bible, 3rd ed.
ISBN 978-986-99456-8-4(精裝)

1. 香料 2. 調味品 3. 食譜

427.61　　　　　　　　　　　　　　　109018564